U0256420

中国科学院物理研究所志

The Chronicle of Institute of Physics, Chinese Academy of Sciences

(1928~2010)

中国大百科全书出版社

图书在版编目（CIP）数据

中国科学院物理研究所志 / 《中国科学院物理研究所志》编纂委员会编著. -- 北京：中国大百科全书出版社，2015.4

ISBN 978-7-5000-9541-5

Ⅰ.①中…　Ⅱ.①中…　Ⅲ.①中国科学院－物理学－研究所－概况－1928～2010　Ⅳ.①04-242

中国版本图书馆CIP数据核字（2015）第066791号

中国科学院物理研究所志

中国大百科全书出版社出版发行

（北京阜成门北大街17号　邮编：100037）

http://www.ecph.com.cn

涿州市星河印刷有限公司印制

2015年4月第1版　2015年4月第1次印刷

开本：889×1194　1/16　印张：39.5

字数：1 213 千字　印数：1～3 000

ISBN 978－7－5000－9541－5　定价：365.00 元

1928年中央研究院物理研究所成立时在上海霞飞路（今淮海路）899号的所址

1930年在北平东城大取灯胡同42号（今北京东皇城根北街16号）建成的北平研究院理化实验楼。物理学研究所的实验室及金工车间设于该楼内

1933年中央研究院物理研究所迁入新建成的上海白利南路（今长宁路）865号理工实验馆

1936年中央研究院物理研究所在南京紫金山建成了第一座由中国人自己设计、建造的地磁观测台。图为地磁仪器调试室

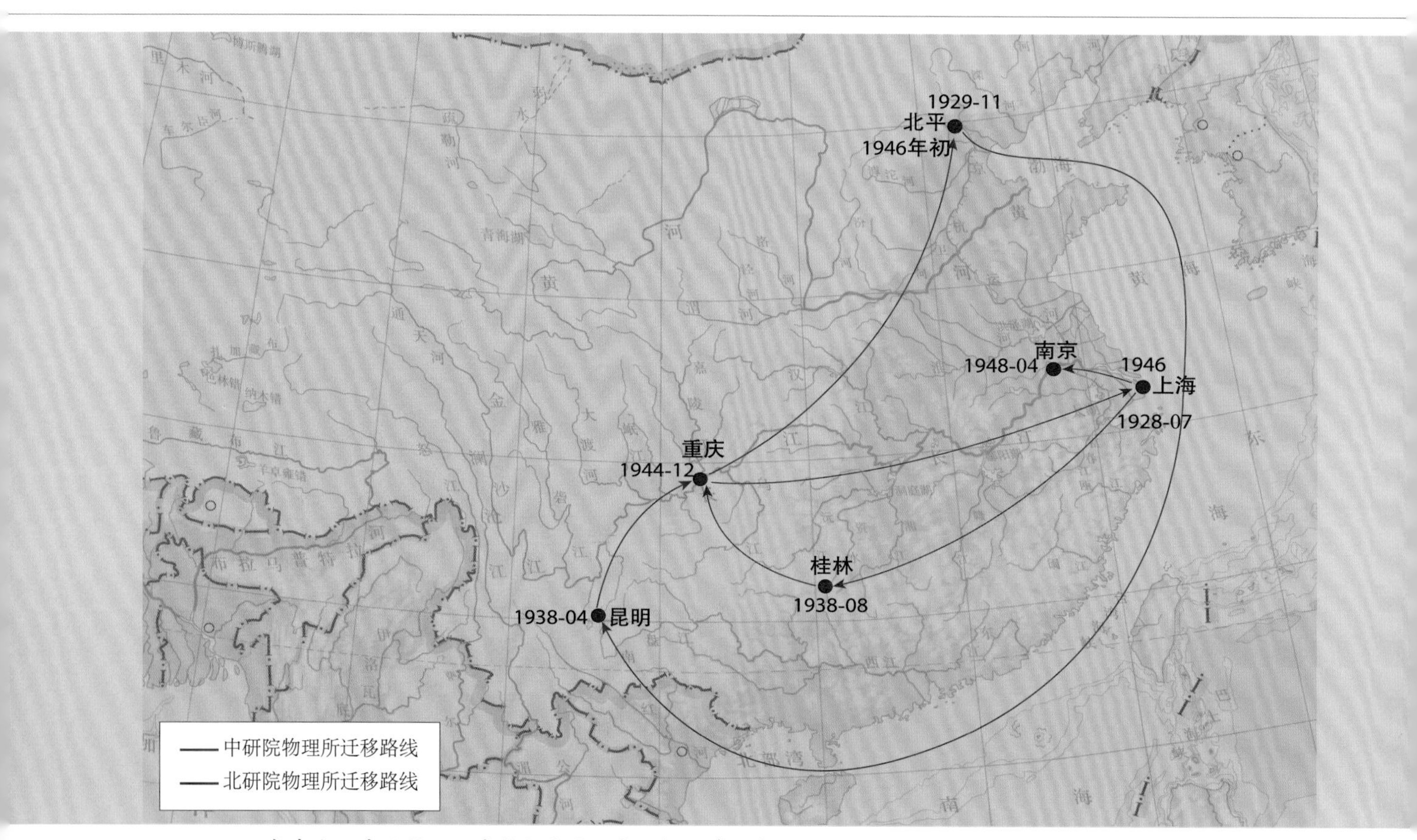

1937～1948年中央研究院物理研究所和北平研究院物理学研究所迁移图

1938年中央研究院物理研究所部分实验室迁至桂林郊外，图为实验室外貌

1948年在南京建成的中央研究院物理研究所实验楼（今中国科学院地理与湖泊研究所实验楼）

1950年在北京东皇城根建成的中国科学院应用物理研究所物理楼。该楼楼名为中国科学院首任院长郭沫若题写

1958年在北京中关村建成的中国科学院物理研究所物理大楼（A楼）。1959年各实验室陆续从北京东皇城根迁入

1992年建成的超导凝聚态物理楼（B楼）

2002年建成的凝聚态物理综合楼（D楼）

2002年由招待所和食堂改建成的物科宾馆和物科餐厅（H楼）

2002年建成的微加工实验室（C楼）

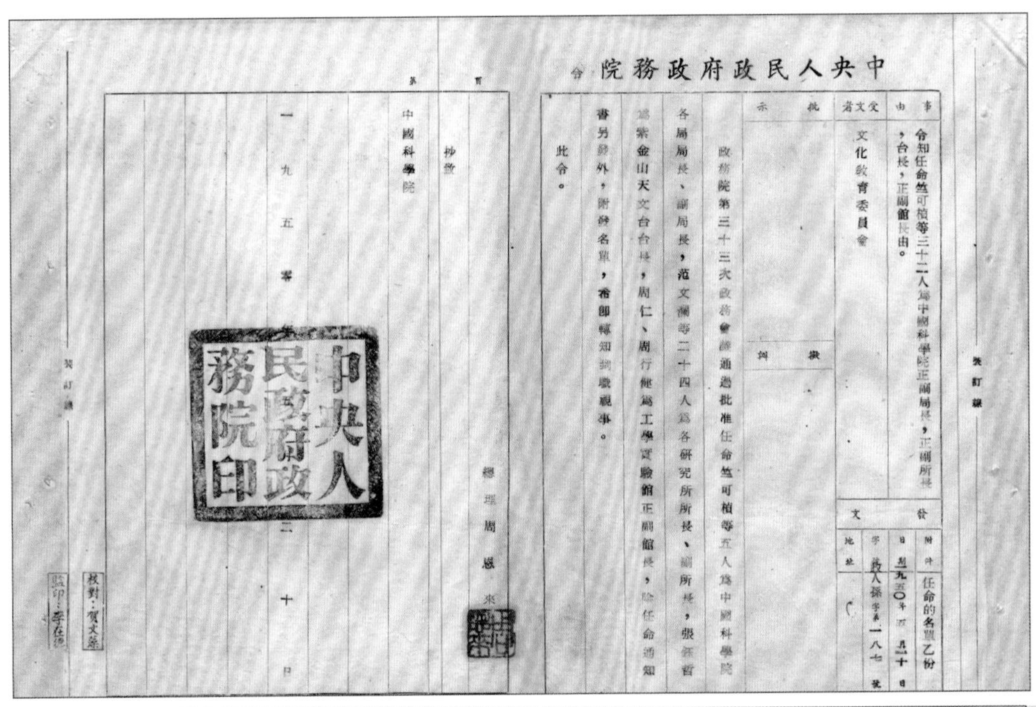

中央人民政府政務院 令

事由	令知任命竺可楨等三十二人為中國科學院正副局長，正副所長，台長，正副館長由。
受文者	文化教育委員會
批示	
擬辦	

發文	
附件	任命的名單乙份
日期	一九五〇年五月二十日
字號	政人孫字第一八七號
地址	

政務院第三十三次政務會議通過批准任命竺可楨等五人為中國科學院各局局長、副局長，范文瀾等二十四人為各研究所所長、副所長，張鈺哲為紫金山天文台台長，周仁、周行健為工學實驗館正副館長，除任命通知書另發外，附發名單，希即轉知到職視事。

此令。

抄發 中國科學院

總理 周恩來

一九五〇年 月二十日

中央人民政府政務院印

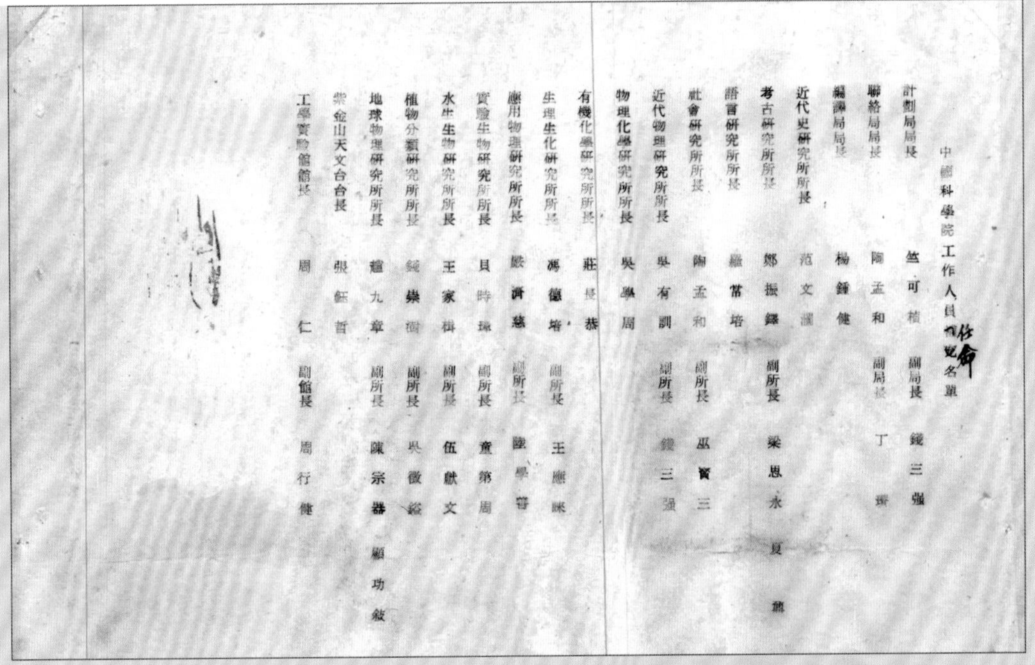

中國科學院工作人員任命名單

職務	姓名	職務	姓名
計劃局局長	竺可楨	副局長	錢三強
聯絡局局長	陶孟和	副局長	丁瓚
編譯局局長	楊鍾健		
近代史研究所所長	范文瀾		
考古研究所所長	鄭振鐸	副所長	梁思永 夏鼐
語言研究所所長	羅常培		
社會研究所所長	陶孟和	副所長	巫寶三
近代物理研究所所長	吳有訓	副所長	錢三強
物理化學研究所所長	吳學周		
有機化學研究所所長	莊長恭		
生理生化研究所所長	馮德培	副所長	王應睞
應用物理研究所所長	嚴濟慈	副所長	陸學善
實驗生物研究所所長	貝時璋	副所長	童第周
水生生物研究所所長	王家楫	副所長	伍獻文
植物分類研究所所長	錢崇澍	副所長	吳徵鎰
地球物理研究所所長	趙九章	副所長	陳宗器 顧功敘
紫金山天文台台長	張鈺哲		
工學實驗館館長	周仁	副館長	周行健

1950年中央人民政府政务院任命严济慈为中国科学院应用物理研究所所长、陆学善为副所长的文件

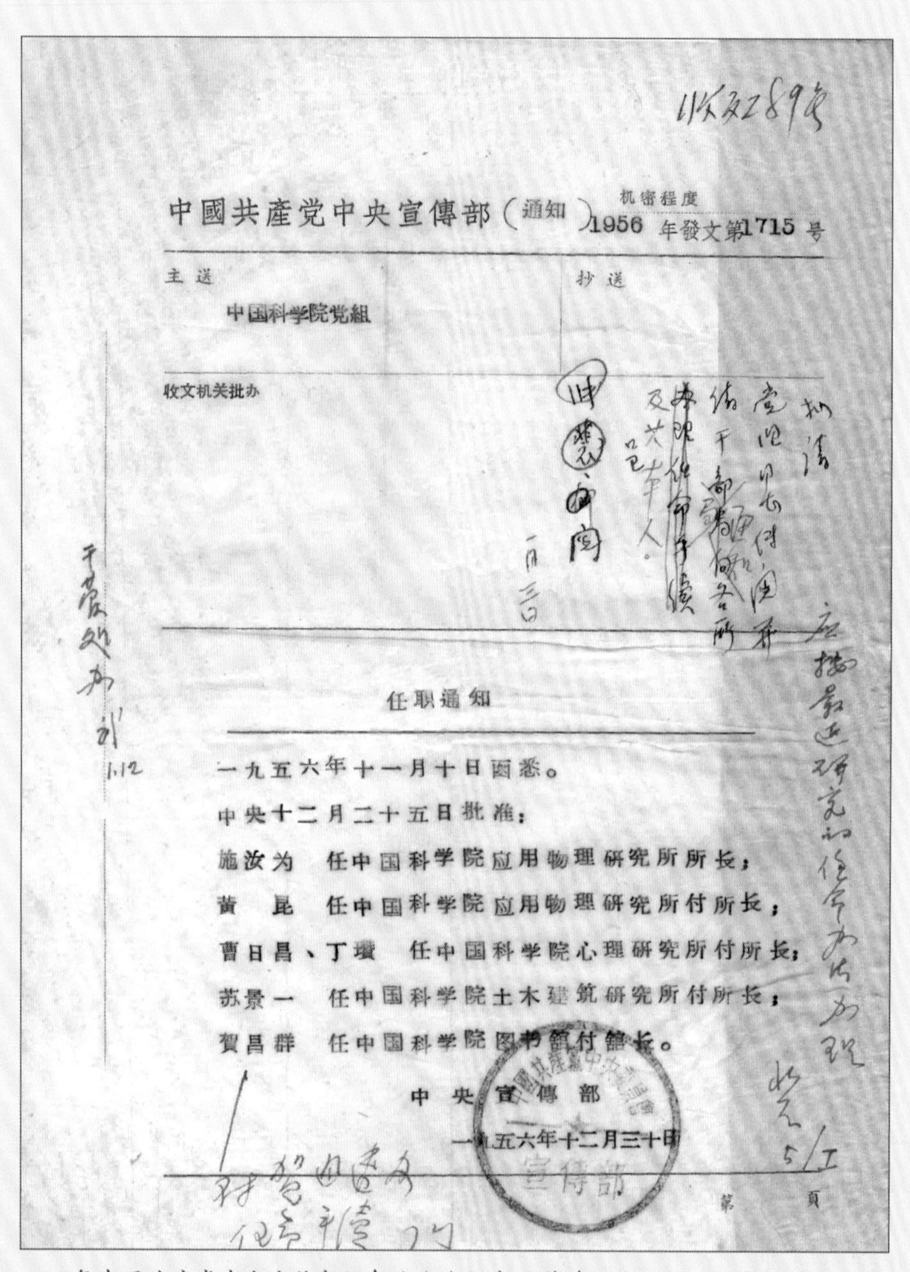

中國共產党中央宣傳部（通知） 机密程度 1956 年發文第1715 号

主送 中国科学院党組 抄送

收文机关批办

任職通知

一九五六年十一月十日函悉。

中央十二月二十五日批准：

施汝为 任中国科学院应用物理研究所所长；

黄 昆 任中国科学院应用物理研究所付所长；

曹日昌、丁瓚 任中国科学院心理研究所付所长；

苏景一 任中国科学院土木建筑研究所付所长；

賀昌群 任中国科学院图书館付館长。

中央宣傳部

一九五六年十二月三十日

第 頁

1956年中国共产党中央宣传部任命施汝为任中国科学院应用物理研究所所长、黄昆为副所长的文件

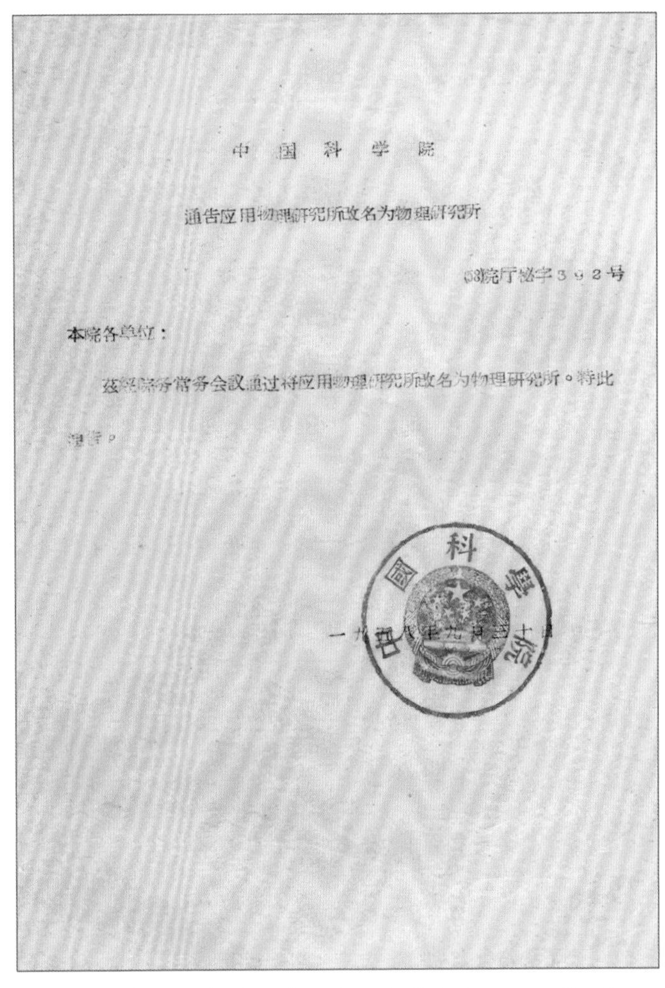

中　国　科　学　院

通告应用物理研究所改名为物理研究所

(58)院厅秘字３９２号

本院各单位：

兹经院务常务会议通过将应用物理研究所改名为物理研究所。特此

通告。

一九五八年九月三十日

为体现研究所以基础研究为主的发展方向，1958年9月30日，经中国科学院批准，应用物理研究所更名为物理研究所。图为中国科学院批准应用物理研究所更名为物理研究所的文件

中国科学院首任院长郭沫若为中国科学院物理研究所题字手稿

1932年初法国物理学家P.朗之万（左二）访问北平研究院物理学研究所，左一为严济慈

1936年北平研究院的同事们。前排左起：盛耕雨、严济慈、李书华、饶毓泰、朱广才、吴学蔺；后排左起：钱临照、鲁若愚、陆学善、钟盛标

1937年，诺贝尔奖获得者N.玻尔（前左）访问北平研究院物理学研究所，前右为李书华

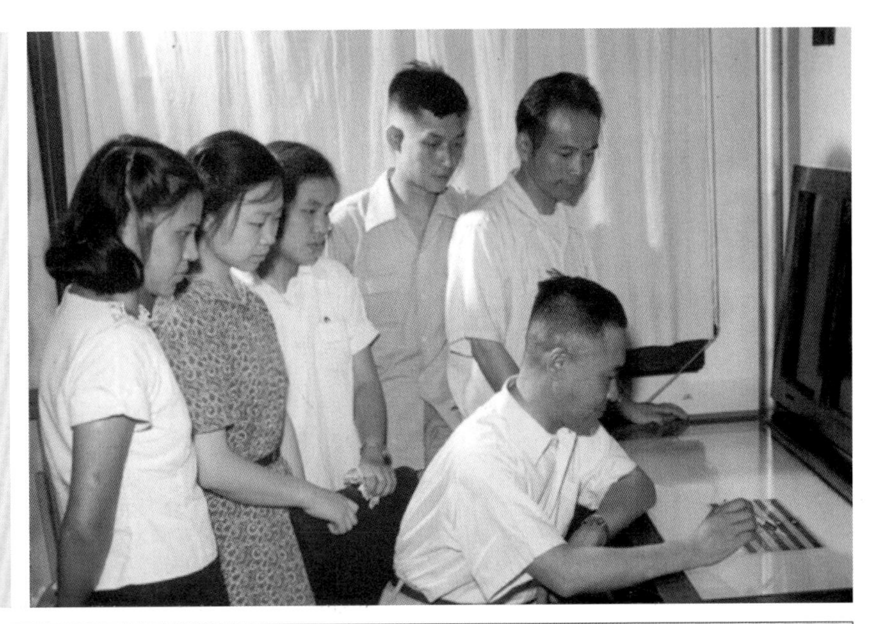

20世纪50年代，陆学善（右一）与青年科研人员讨论学术问题

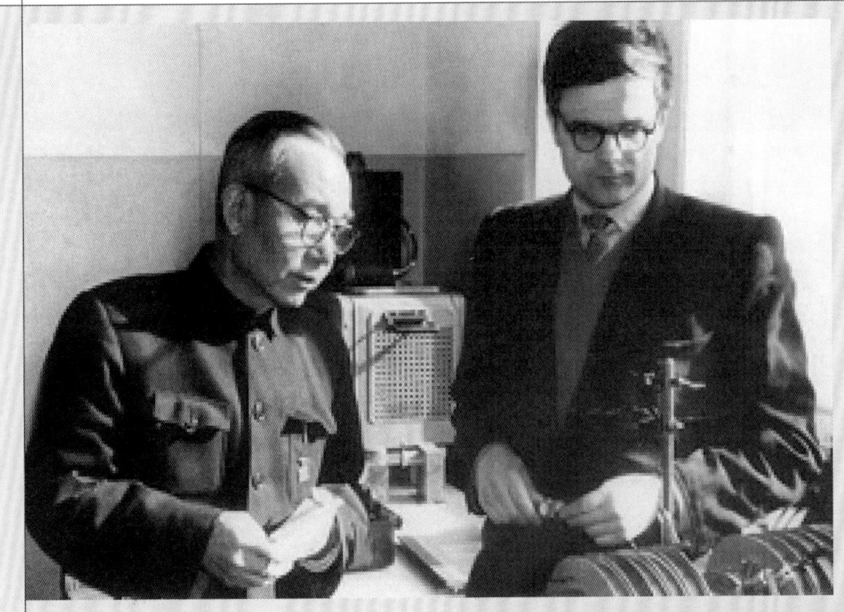

20世纪50年代，施汝为（左）接待来访的外国专家

1960年，施汝为（左二）率中国科学院代表团访问苏联科学院技术物理研究所，右二为徐叙瑢

20世纪60年代，陆学善（右）与吴乾章（左）接待来访的英国晶体学家D.M.C. 霍奇金（中）

1972年，诺贝尔奖获得者杨振宁（左）访问物理所

1972年，诺贝尔奖获得者李政道（右三）访问物理所

1975年，物理所科研人员作为中国固体物理代表团成员访问美国阿贡国家实验室（后排右二为章综，中排右一为鲍忠兴，前排右一为王金凤）

1979年，经美国西北大学物理系主任吴家玮促成，物理所科研人员赴该校访问，开启了中美中断数十年的民间访问学者交流。左起：吴家玮、沈觉涟、林磊、郑家祺、顾世杰、钱永嘉、程丙英、李铁城、王鼎盛

1979年，物理所科研人员作为中国科学院代表团成员访问英国皇家学会（后排左一为杨国桢，前排右一为吴令安）

1979年，李荫远（前排左四）率中子散射代表团访问美国阿贡国家实验室（前排右三为章综）

1979年，中国代表团首次赴国际理论物理中心访问，杨国桢（左一）参加

1982年，美籍华裔物理学家吴健雄（右二）、袁家骝（左二）访问物理所

1984年，第三世界科学院（今发展中国家科学院）院长、诺贝尔奖获得者萨拉姆（中）访问物理所

1987年，诺贝尔奖获得者K. A.缪勒（中）访问物理所

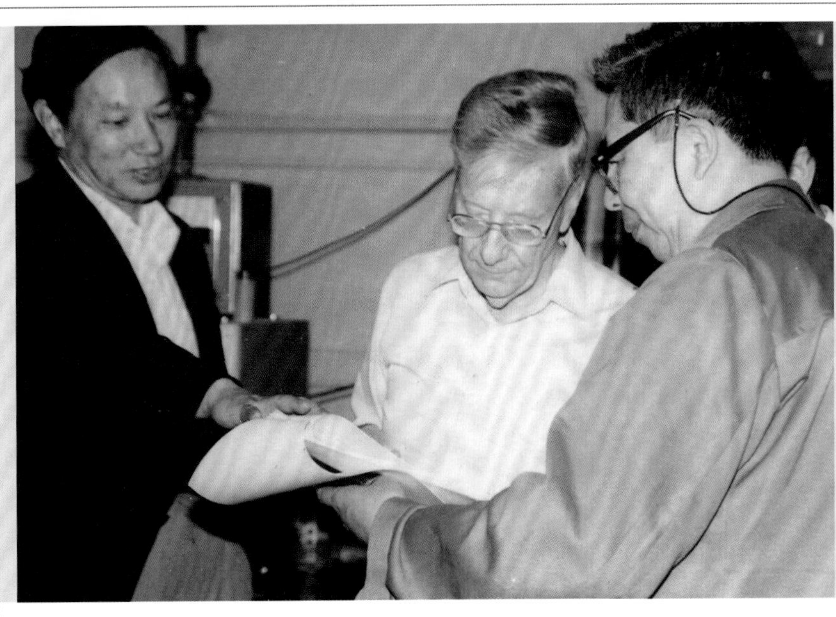

1987年，诺贝尔奖获得者N.布洛姆伯根（中）访问物理所

1987年，赵忠贤（右）获第三世界科学院（今发展中国家科学院）物理奖

1988年，诺贝尔奖获得者K.M.B.西格班（左）访问物理所

1988年，李荫远（坐者）、蒲富恪（右二）与理论工作者讨论学术问题

20世纪80年代，参加物理所学术委员会会议的部分学术委员。左起：詹文山、李荫远、李正武、钱人元、洪朝生

20世纪80年代，诺贝尔奖获得者A.M.普罗霍罗夫（中）访问物理所

20世纪80年代，美籍华裔物理学家朱经武（前排右三）访问物理所

1992年，物理所科研人员在日本东京参加中日双边准晶研讨会，前排左三为郭可信、右二为李方华，后排右二为张殿琳

20世纪90年代初，蔡诗东（右三）与同事们讨论学术问题

1996年，中国科学院凝聚态物理中心成立大会全体参会代表合影

20世纪90年代，梁敬魁（前左）和同事们讨论学术问题

1997年，范海福（右一）获第三世界科学院（今发展中国家科学院）物理奖

1997年，诺贝尔奖获得者R.L.穆斯堡尔（中）访问物理所

2001年，诺贝尔奖获得者R.B.劳克林（左二）访问物理所

2001年，诺贝尔奖获得者H.罗雷尔（中）访问物理所

2003年，李方华（中）获欧莱雅－联合国教科文组织世界杰出女科学家成就奖

2005年，诺贝尔奖获得者H.L.施特默（左一）访问物理所并作学术报告

2006年，诺贝尔奖获得者C.科昂-塔努吉访问物理所并作学术报告

2006年，诺贝尔奖获得者W.科恩（中）访问物理所

2006年，物理所成立崔琦实验室，中国科学院常务副院长白春礼（右三）和诺贝尔奖获得者崔琦（左三）为实验室揭牌

2007年，诺贝尔奖获得者朱棣文（左四）访问物理所

2007年，诺贝尔奖获得者D.D.奥谢罗夫访问物理所并作学术报告

2007年，物理所与意大利国际高等研究学院签署合作协议

2008年，诺贝尔奖获得者I. 贾埃沃（右）访问物理所

2008年，物理所与台湾“中央研究院”物理所签署合作协议

2009年，诺贝尔奖获得者J.G.柏诺兹访问物理所并作学术报告

2009年，物理所与美国布鲁克黑文国家实验室签署谅解备忘录

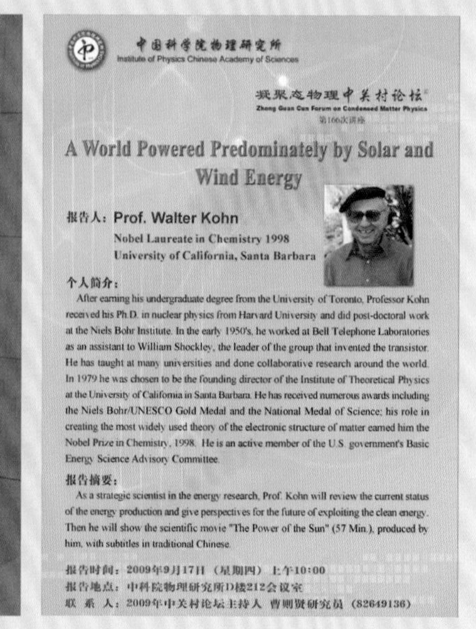

凝聚态物理中关村论坛——2000年设立，每月举办一次，邀请国内外知名科学家来物理所，就凝聚态物理及其交叉科学技术领域中的前沿和热点问题进行交流。左图为向报告人诺贝尔奖获得者W.科恩（右）颁发“中关村论坛”纪念奖牌，右图为2009年论坛海报

凝聚态物理前沿讲座——2001年设立，每两周举办一次，由物理所研究人员主讲，介绍凝聚态物理研究中的前沿和热点工作以及自身工作进展。左图为2009年讲座海报，右图为讲座会场

崔琦讲座——2003年设立，由诺贝尔奖获得者崔琦每年邀请一名世界一流的物理学家来物理所进行短期访问和学术交流。左图为2010年讲座海报，右图为向报告人美国普林斯顿大学教授L.菲弗（右）颁发“崔琦讲座”纪念奖牌

青年学术论坛——2005年设立，每年举办两次，设有专门面向青年科研人员的“科技新人奖”，是物理所青年科技人员的交流平台

苹果树月谈——2009年设立，每月举办一次，是面向物理所青年科技人员的学术沙龙

春季学术交流大会——2002年开始，每年1月召开，是物理所内规模最大的学术会议，既是所内各研究方向之间合作交流、成果展示的平台，也会吸引国内凝聚态物理领域高水平的专家参会，成为所内外有效交流的桥梁

中央研究院物理研究所的热极式阴极射线仪

中央研究院物理研究所自制的150瓦广播电台。该广播电台1932年正式与国内指定地区通信，也可以接收美、欧、日大功率电台的电信

北平研究院物理学研究所的磁光研究设备

北平研究院物理学研究所的X射线研究设备

北平研究院物理学研究所自制的光栅分光仪

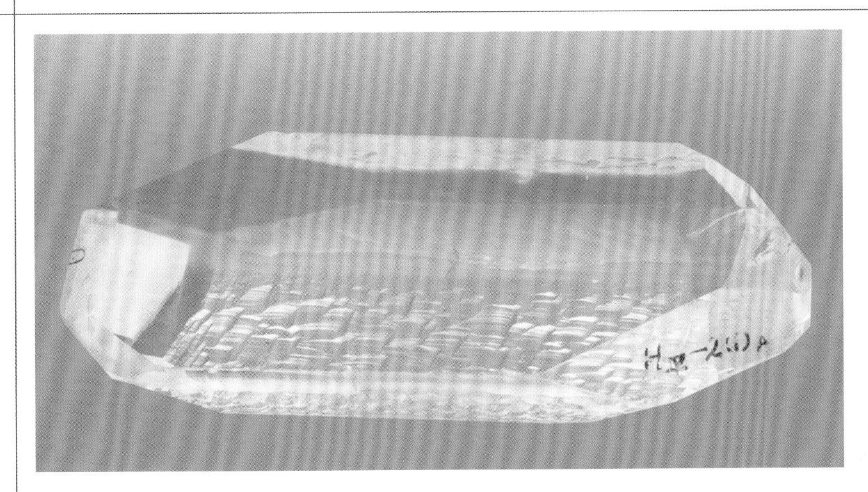

高质量水晶晶体。1958年物理所在国内首次生长成，后被推广批量生产

中国第一批晶体管。1958年物理所研制，用于109系计算机

20世纪50年代物理所研制的5特电磁铁

1958年用物理所研制的晶体管制成的中国最早的晶体管收音机

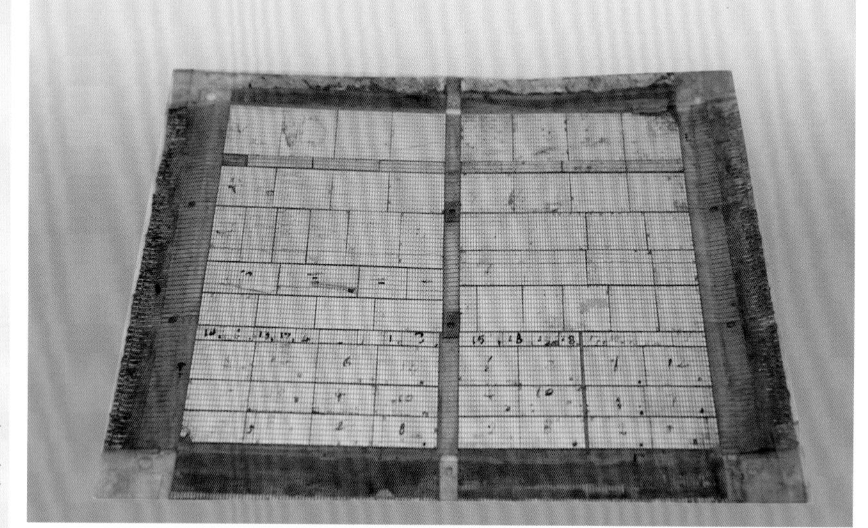

磁膜存储器。1959～1967年物理所研制，后被用于中国研制的高速大型计算机的缓冲存储器中。1978年获全国科学大会奖

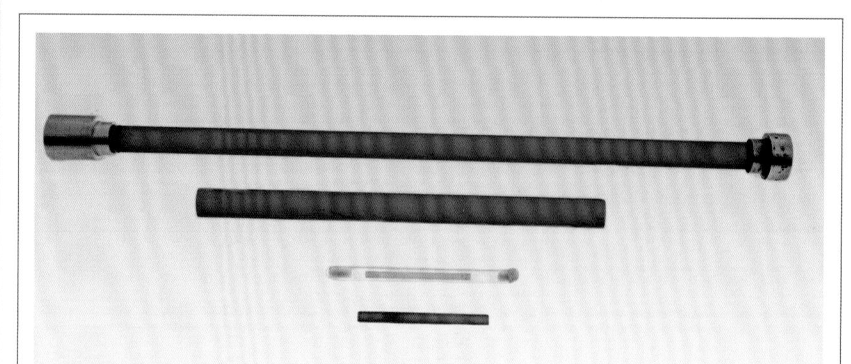

红宝石激光棒。物理所1961年生长出红宝石晶体，随后利用较大尺寸的红宝石晶体研制出当时国内输出能量最大的红宝石激光器，单脉冲能量达千焦

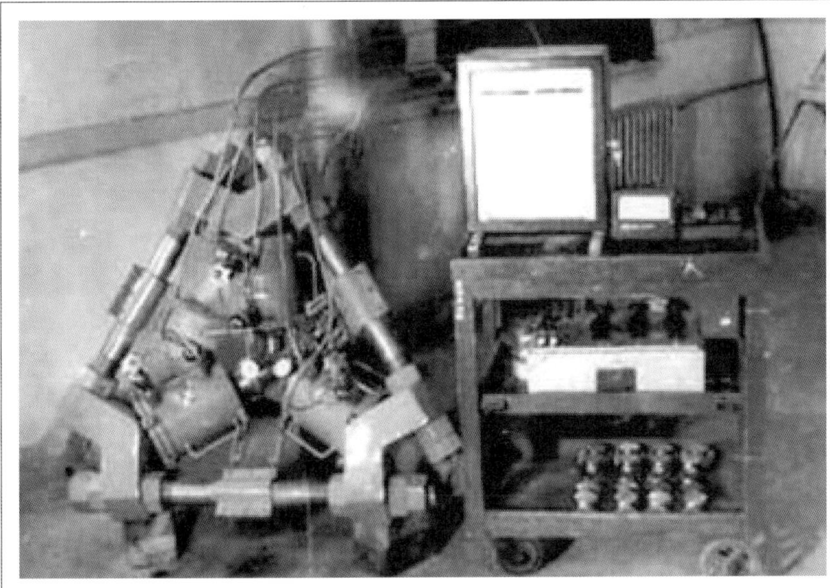

1962年物理所建成的中国第一台拉杆式4×200吨四面顶压机（左图）。1963年，在这台压机上用静态高压法在国内首次合成金刚石（右图）

1964年物理所研制的中国第一台长活塞膨胀机式氦液化器

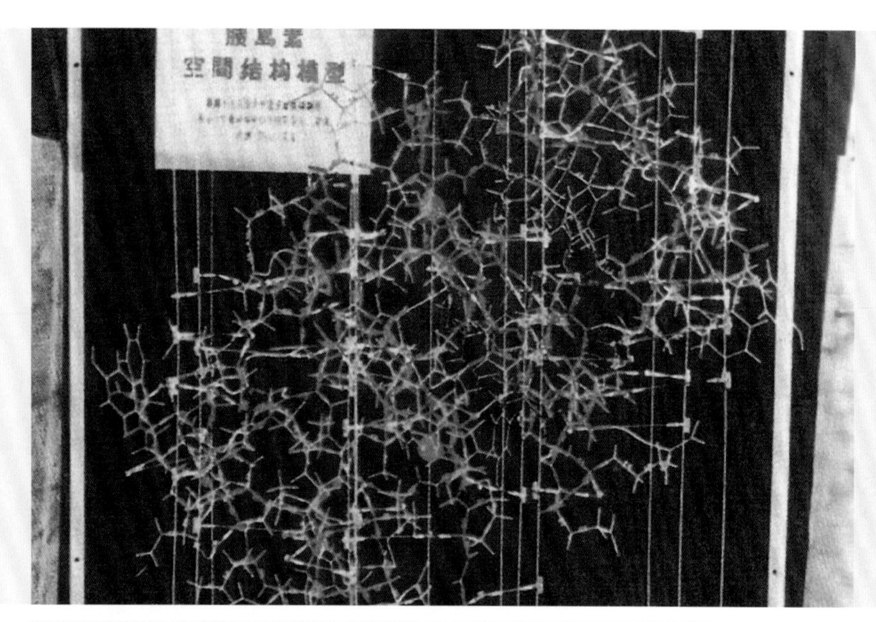

猪胰岛素结构模型。1970～1973年，物理所、生物物理所和北京大学等单位合作完成了4埃、2.5埃和1.8埃分辨率的猪胰岛素晶体结构的测定。1982年获国家自然科学二等奖

1974年物理所和电工所合作研制的中国第一台托卡马克CT–6装置。1978年完成升级改造，改称CT–6B装置。1978年获全国科学大会奖

中子四圆衍射仪。1978年物理所等单位与法国相关机构合作研制。1985年与另外两台中法合作完成的中子散射装置获中国科学院科技进步奖

1980年物理所和法国奈尔实验室联合研制的低温提拉样品磁强计

20世纪80年代物理所研制的稀释制冷机机芯

分子束外延设备。1985年物理所和半导体所等单位合作完成的“分子束外延技术的研究”获国家科技进步二等奖

钕铁硼产品。物理所参股的北京三环公司生产。1988年物理所和电子所合作研制的“低纯度钕稀土铁硼永磁材料”获国家科技进步一等奖

证书

1989年国家自然科学奖

项目名称：液氮温区氧化物超导体的发现

主要研究者：赵忠贤 杨国桢 陈立泉 杨乾声 黄玉珍及其研究集体（中国科学院物理研究所）

奖励等级：一等

中华人民共和国
国家科学技术委员会主任
1990年8月11日

宋健

证书号：Z8910102

磁悬浮现象。处于液氮温区的YBaCuO材料将钕铁硼磁体悬浮起来（右图）。1989年物理所“液氮温区氧化物超导体的发现”获国家自然科学一等奖

辐射探测器。1990年物理所研制的聚偏氟乙烯（PVDF）薄膜辐射探测器获得美国专利，1992年获国家技术发明二等奖

1996年物理所“Ce:$BaTiO_3$单晶生长及物理性质”获国家科技进步二等奖。左图为Ce:$BaTiO_3$原晶，右图为经光学加工后的晶体

1998年物理所和福建物构所合作研制的BBO/LBO晶体多波长光参量激光器，获国家技术发明二等奖

1996年物理所用化学气相沉积法制备的定向生长的高密度、高纯度的多壁碳纳米管的阵列（左图）。1998年物理所生长出长度为2毫米的碳纳米管阵列（右图），比当时国际上碳纳米管的长度提高了一二个数量级。2002年获国家自然科学二等奖

2002年物理所自行设计的超高真空四探针扫描隧道显微镜系统，可用于原位研究纳米体系的表面结构、电子态结构与电子输运性质

2004年物理所和沈阳科仪中心合作研制出II型激光分子束外延设备。“II型激光分子束外延设备及其应用研究”2006年获北京市科学技术一等奖

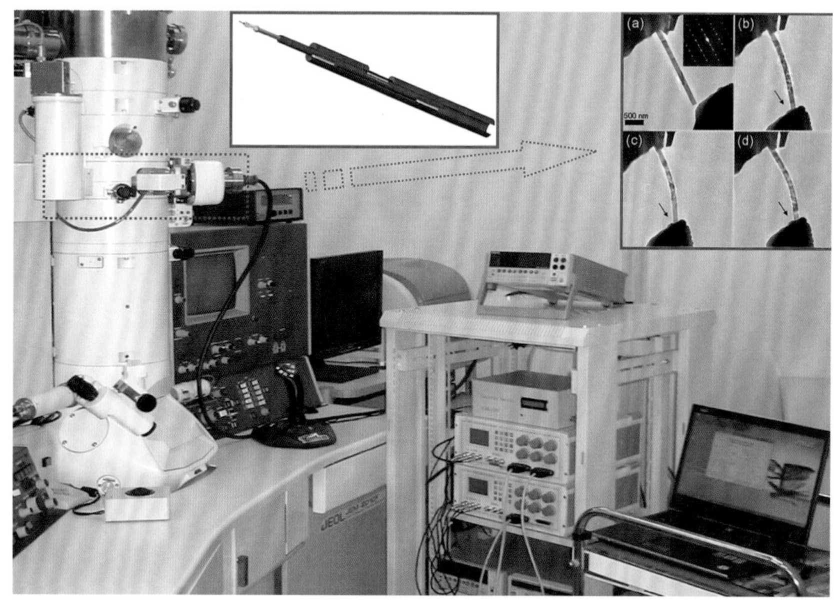

2005年物理所自行研制的原位微区结构分析与性质测试联合系统。在该设备上完成的“轻元素新纳米结构的构筑、调控及其物理特性研究”，2009年获北京市科学技术一等奖

2006年物理所和理化所合作研制的国际上第一台真空紫外激光高分辨角分辨光电子能谱仪

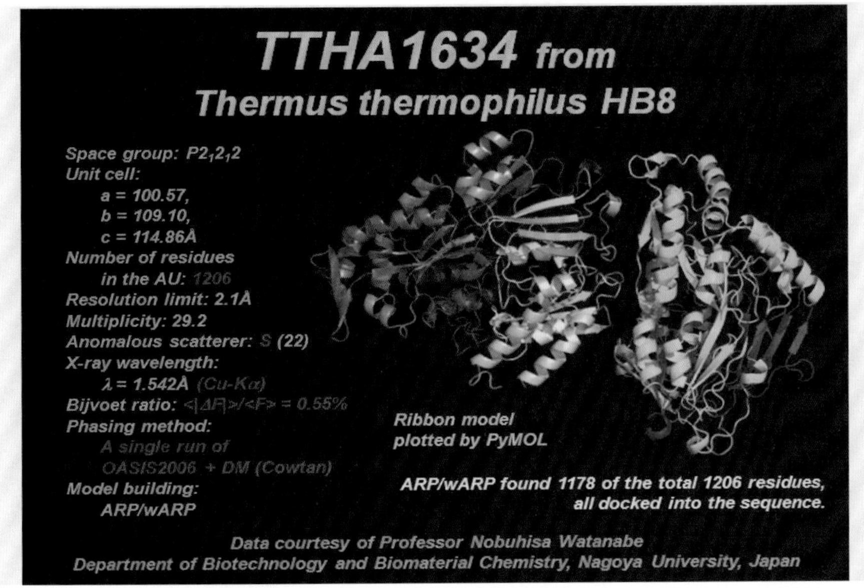

物理所编写的OASIS程序是世界上第一个成功破解蛋白质晶体结构分析中SAD或SIR相位模糊问题的直接法程序。该程序在2004年帮助日本同行解出一例用其他程序未能解决的蛋白质结构。2006年物理所的有关研究“晶体结构分析中的相位不确定性问题”获陈嘉庚数理科学奖

2007年物理所自建的350太瓦超强飞秒激光装置

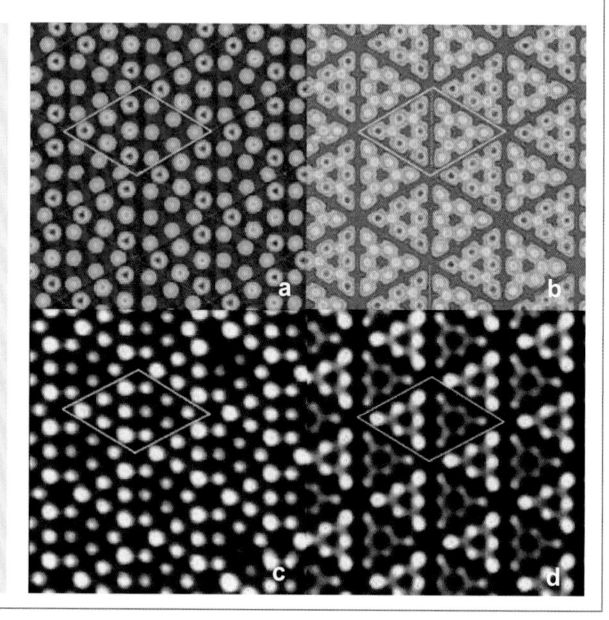

2008年物理所“原子分子操纵、组装及其特性的STM研究”获国家自然科学二等奖。图为物理所获得的最高分辨的硅(111)−7×7的STM图像，a、b为第一性原理计算结果，c、d为STM的实验结果，其中白色菱形标出硅(111)−7×7表面的一个元胞，b、d的每个元胞中可以清晰地分辨出有6个静止原子

2010年物理所“非晶合金形成机理研究及新型稀土基块体非晶合金研制”获国家自然科学二等奖。图为具有优异非晶形成能力的块体非晶合金

1991年，国务院副总理吴学谦（左二）视察物理所

1995年，中共中央政治局常委、全国人大常委会委员长乔石（中）视察物理所

2000年，中共中央政治局常委、国务院副总理李岚清（左三）视察物理所

2001年，科技部部长徐冠华（中）视察物理所产业化成果

2001年，全国人大常委会副委员长、中国科学技术协会主席周光召（左三）视察物理所锂离子电池研发项目

2004年，中共中央政治局常委、国务院总理温家宝（前左）视察物理所

2007年，科技部部长万钢（前排左二）视察物理所

2007年，全国人大常务委员会副委员长、中国科学院院长路甬祥（中）视察物理所

2008年，国家自然科学基金委员会主任陈宜瑜（中）视察物理所

2009年，中国科学院常务副院长白春礼（左二）视察物理所

2009年，国务委员刘延东（左二）视察物理所

资料提供人

丁洪　丁馥　于渌　于鲲　于书吉　于全芝　于志弘　王硕
王天祥　王凤莲　王文书　王文君　王文魁　王玉梅　王业亮　王传珏
王汝菊　王听元　王岩国　王念先　王建涛　王荫君　王树铎　王原柱
王恩哥　王积方　王焕元　王鼎盛　王皖燕　王楠林　车广灿　车荣钲
毛翰香　方忠　邓道群　卢振中　叶佩弦　申承民　田秀琴　田焕芳
田静华　付春红　白元根　白雪冬　冯稷　冯克安　成向荣　成众志
成昭华　吕力　吕惠宾　朱涛　朱绮伦　任治安　刘维　刘再力
刘红亮　刘宜平　刘竟青　许政一　许祖彦　孙继荣　严仁憬　杜小龙
杜世萱　李玉同　李执芬　李来凤　李宏成　李金拄　李建奇　李荫远
李晨曦　李银安　李翠英　杨大宇　杨伏明　杨华光　杨克剑　杨沛然
杨国桢　杨海清　杨乾声　杨槐馨　杨新安　时东霞　吴星　吴克辉
吴锡九　邱祥冈　何珂　何毅　何伦华　何豫生　邹薇　汪力
沈中毅　沈主同　沈觉涟　张杰　张亮　张昶　张广宇　张泽渤
张治国　张洪钧　张益明　张道中　张裕恒　张殿琳　张遵逵　陆兴华
陈一询　陈万春　陈小龙　陈兴信　陈岩松　陈冠冕　陈雁萍　陈赓华
陈熙琛　陈漪萍　邵有余　林晓　林彰达　罗启光　罗河烈　金英淑
金奎娟　周远　周放　周友益　周玉清　周均铭　郑岩　郑东宁
郑步远　郑国光　郑国庆　郑家祺　宛振斌　居悌　孟胜　孟庆安
孟继宝　赵忠贤　胡伯平　胡伯清　柯永丰　禹日成　饶光辉　闻海虎
姜惟诚　洪朝生　姚湲　姚玉书　姚裕贵　贺鹏　贺建伟　莫育俊
贾惟义　夏钶　顾本源　徐力方　徐济安　殷雯　高太原　高宗仁
陶宏杰　曹立新　曹则贤　戚德余　崔佳　崔树范　章晋昌　梁天骄
梁敬魁　葛培文　董碧珍　韩大星　韩秀峰　韩宝善　韩顺辉　景秀年
程鹏翥　傅盘铭　焦正宽　靳常青　詹文山　鲍忠兴　解思深　窦艳
樊于灵　潘友信　戴鹏程　魏志义　魏惠同

这本所志的编写既是偶然，也是必然。偶然在于，2008年庆祝物理研究所建所80周年时，我们在所内征集到很多老照片，邀请多位院士和专家撰写了一些关于物理所历史的文章，并拍摄了一部反映物理所发展历程的纪录片。这些资料的集中展示，在全所引起强烈反响，勾起物理所人对过往的回忆和怀念，更引起大家对研究所历史的兴趣和重视。必然在于，对于物理所这样一个历史悠久的机构，如果没有自己的史志，实乃憾事。因此，本着述而不作的原则，编写一本全面记录和反映物理研究所发展历程的志书，成为大家的共识。

物理所有悠久的历史。其前身，是始建于20世纪初期的中央研究院物理研究所和北平研究院物理学研究所。作为中国成立最早的国立物理学研究机构，物理所的成长轨迹几乎与近代物理学在中国的发展同步。她陆续开展了光谱学、磁学、结晶学、金属物理、地磁观测及物理探矿等多领域的研究，率先开创了半导体物理、低温物理、固体发光等多个学科，为推动近代物理学在中国的生根发芽奠定了坚实基础。编写物理所所志，其意义不仅限于记录一个机构的变迁发展，更是留下一份洞见中国近代物理学发展历程的重要史料。

物理所有优秀的文化。在80余年的发展历程中，无论是动荡不安的战争年代，还是建设发展的和平时期，物理所始终汇聚着一批科学大家。他们肩负报效祖国的责任使命，怀抱科技强国的理想信念，筚路蓝缕、攻坚克难，为中国物理学研究播撒火种、添柴拾薪，为中国科技事业的发展殚智竭力、奉献一生。在从事科学研究的过程中，他们通过率先垂范，留下的治学严谨、精益求精的学术风范，值得我们永远铭记和学习；他们通过言传身教，塑造的穷理、有容、惟才、同德的优秀文化值得我们永远感悟和传承。

悠久的历史和优秀的文化是物理所最为宝贵的精神财富。如果不能及时把80多年的历史加以梳理记载，而任由时间将其尘封，若干年后必定无法补救，追悔莫及。因此，2010年2月，当我在所务会上提议编写《中国科学院物理研究所志》时，大家一致表示赞同，并决定将其作为一项极具重要意义和紧迫感的工作来做。同年6月9日，也是物理所建所82周年的纪念日，所志编撰工作正式启动。

编史修志历来是繁杂浩大的系统工程，为了顺利而圆满地完成这项工作，物理所专门成立了《中国科学院物理研究所志》编纂工作机构，邀请所内院士及曾经在物理所工作过的老领导、老专家担任顾问，召集部门负责人和多位老同志组成编委会。在编撰过程中，来自所内所外300多位同志积极建言献策，提供史料；30多位离退休老同志和数十位在职职工执笔，撰写文稿；全所各部门通力协助，鼎力支持，都为这本志书贡献了智慧和力量。历经4年的不懈努力，直到2014年6月，这部100余万字的志书终于顺利完稿。

将80多年的历史高度概括，浓缩于册页之中；将纷纭复杂的往事取舍梳理，呈现于字里行间，其中的艰难可以想见。在此，我要感谢本书顾问委员会、编纂委员会的全体成员及各位撰稿人的辛苦付出，使这本志书的内容丰厚与凝练兼具；感谢来自所内所外的同仁友人在编写过程中的热情相助，为我们提供了更多极有价值的史料和线索；感谢中国大百科全书出版社同志们的辛勤工作，使全书能够高质量出版。希望这本志书的问世，能够为从事物理学工作的人士提供有益参考，能够感召和激励更多后人学习老一辈科学家的精神，勇担时代赋予的重任，为提升中国科技实力共付心力！

在付梓之际，回首往昔，我们倍加怀念为物理所的创建和发展做出不可磨灭贡献的前辈们。谨以此书向他们表示由衷的敬意！

王玉鹏

2014年8月

一、本志是记述中国科学院物理研究所发展历程的专志，本着述而不作的原则，内容力求全面、客观、准确、真实，体现科研机构的特点。时间断限上及1928年，下至2010年底。

二、本志采用述、记、志、传、图、表、录、索引8种体裁，以志为主体。全书按志书规范设置篇目，以文字为主，辅以图、表。

三、本志行文采用第三人称。中央和国家机关的名称，按照国家行文有关规定直接使用简称。其他有关机构和组织首次出现时用全称，需用简称时，注明简称称谓。

四、本志采用公元纪年。数字的用法，计量单位、物理量、符号的用法，执行国家现行规定（引文除外）。

五、本志出现的外国人物、术语等如用中文译名，译名均以全国科学技术名词审定委员会公布名词和《英汉物理学词汇》（赵凯华主编）为准。无规范译名者从习惯。

六、本志正文中插入的图和表序号以章为单元，章中只配一幅图或表时不编序号。

七、本志统计数据以各种馆藏档案和各类年报为准。

八、本志资料来源于中国第二历史档案馆所藏中央研究院物理研究所和北平研究院物理学研究所档案、中国科学院档案馆所藏中国科学院应用物理研究所和中国科学院物理研究所档案、中国科学院物理研究所档案室所藏档案，以及相关出版物。

目录
中国科学院物理研究所志
Institute of Physics CAS

中国科学院物理研究所志
CONTENT
Institute of Physics CAS

第一篇
概述

中国科学院物理研究所是以物理学基础研究与应用基础研究为主的多学科、综合性研究机构，研究方向以凝聚态物理为主，包括光物理、原子分子物理、等离子体物理、凝聚态理论和计算物理等。经过82年的发展，物理研究所的学科布局不断优化和完善，已经成为在国内外物理学界具有较强实力和重要影响的知名研究机构。

物理学是探究物质结构与运动基本规律的科学。物理学研究物质世界最基本的结构、最普遍的相互作用、最一般的运动规律。实验、理论和计算是物理学研究的三种主要工作方式。物理学作为严格的、定量的自然科学的基础学科之一，一直在科学技术的发展中发挥着重要的作用。随着科学的发展，人们对物理现象的认识不断深入，物理学得到日益广泛的应用并与其他学科相结合，形成了一系列交叉学科并衍生出一些尖端的科学技术门类。物理学的迅速发展及其应用，促使自然科学其他学科的发展，也促进技术的重大进步和创新，对社会和经济的发展产生了巨大影响，推动了人类社会的文明进步。

凝聚态物理学是研究凝聚态物质（包括固态物质、液态物质等）的物理性质与微观结构以及它们之间的关系，即通过研究构成凝聚态物质的电子、离子、原子及分子的运动形态和规律，从而认识其物理性质的学科。

中国科学院物理研究所是以物理学基础研究与应用基础研究为主的多学科、综合性研究机构，研究方向以凝聚态物理为主，包括光物理、原子分子物理、等离子体物理、凝聚态理论和计算物理等。

中国科学院物理研究所位于北京市海淀区中关村中国科学院基础科学园区，东临中关村东路，南接中关村南路，西至中关村南三街，北以北四环路为界，与中国科学院数学与系统科学研究院、中国科学院理论物理研究所、中国科学院自然科学史研究所、中国科学院研究生院（今中国科学院大学）中关村园区、中国科学院计算技术研究所等单位毗邻。

中国科学院物理研究所的组织框架由科研、管理、技术支撑3个体系组成。科研体系设有超导、磁学、表面物理3个国家重点实验室，光物理、先进材料与结构分析（电子显微镜）、纳米物理与器件（真空物理）、极端条件物理、清洁能源、软物质物理6个中国科学院重点实验室，凝聚态理论与材料计算、固态量子信息与计算、微加工3个所级实验室，另有国际量子结构中心、量子模拟科学中心、北京散裂中子源靶站谱仪工程中心、清洁能源中心、超导技术应用中心、功能晶体研究与应用中心6个研究中心。管理体系设有综合处、科技处、人事处、财务处、研究生部和科学工程处6个职能管理部门。科技支撑体系以技术部为核心，由微加工实验室、图书馆、网络中心、电子学仪器部、分析测试部、机械加工厂和低温条件保障中心以及各实验室和研究组的公共技术岗位构成。中国物理学会办公室、中国物理学会和中国科学院物理研究所主办的期刊《物理学报》《物理》、*Chinese Physics Letters*（《中国物理快报》）、*Chinese Physics* B（《中国物理B》）的各编辑部由中国科学院物理研究所管理。

中国科学院物理研究所是硕士和博士研究生培养单位。1981年11月，经国务院批准为凝聚态物理、理论物理、等离子体物理、光物理4个博士学位授予点和凝聚态物理、理论物理、等离子体物理、光物理、无线电电子学5个硕士学位授予点。1998年被首批批准为物理学一级学科博士、硕士授予单位。1986年经批准设立物理学一级学科博士后流动站。

一

中国科学院物理研究所的前身是成立于1928年7月的国立中央研究院物理研究所（以下简称中研院物理所）和成立于1929年11月的国立北平研究院物理学研究所（以下简称北研院物理所）。

1950年2月上旬，中国科学院决定将原中研院物理所与北研院物理所合并，组建中国科学院应用物理研究所。1950年6月20日，中科院院务扩大会宣布应用物理研究所在北京成立，所址设在北京东皇城根（今北京市东城区东皇城根北街16号）。1958年9月30日，中国科学院应用物理研究所（以下简称应用物理所）更名为中国科学院物理研究所（以下简称物理所），是年底迁往北京市海淀区中关村现址。

作为专门从事物理学研究的国立科研机构，无论是国民政府时期的中研院物理所和北研院物理所，还是中华人民共和国成立后的应用物理所以及更名之后的物理所，都致力于开拓物理学研究领域，推动物理学在中国的发展。在学科建设上，结合不同时期的实际，以服务国家需要为己任，不断进行调整、凝练和完善，形成了自己的学科特色。

中研院物理所开展了电学（重点是无线电学）、光谱学、磁学、地球物理、X射线及高压、电介质、金属物理等方面的基础研究及应用研究，还开展了地磁观测和磁性探矿研究。先后设有通用电学、无线电、地球物理、X射线及高压、光谱学、磁学、电介质、金属物理、原子核学（筹建）等研究室和电学标准计量实验室以及地磁观测台和科学仪器工厂。北研院物理所先后开展了光谱学、应用光学、压电水晶片、地球重力、结晶学和镭学方面的研究。设有光谱学研究室、应用光学研究室，压电水晶片研究组、地球重力学研究组。1948年，北研院物理所在上海设立结晶学研究室。

应用物理所成立之初，借助中研院物理所和北研院物理所的基础，组织开展光谱学、应用光学、磁学、结晶学和金属物理研究，设有光谱学、应用光学、磁学、结晶学和金属物理5个研究室（上述研究室因人员少，曾一度缩编为光谱学、磁学、结晶学和电学4个研究组）及光学仪器厂。1953年，中国科学院确定应用物理所以发展固体物理为主要研究方向，同时担负起一定的工业技术任务，为经济及国防建设服务。为此，应用物理所在国内率先开展了半导体物理、低温物理和固体发光等领域的研究，随后又相继开展声学、物化分析等研究工作。1956～1959年，物理所共设置有光谱学、磁学、固体发光、晶体学、低温物理、金属物理、固体理论、半导体物理和固体电子学9个研究室及物化分析组。1960年增设红外物理、高分子物理研究室。1962年又设立了高压－金属物理研究室，1965年增设了电介质物理、电子仪器等研究室。

历经多次调整，至1966年初，物理所主要设立光谱学、磁学、晶体学、低温物理、高压物理、固体理论、电介质物理、电子仪器等研究室及物化分析组。1967年，物理所与中国科学院生物物理研究所和北京大学生物系的有关人员组建胰岛素晶体结构分析研究组。1969年冬，光谱学研究室调整为激光研究室，固体理论研究室被撤销。1970年，电介质物理研究室被撤销，中国科学院声学研究所的空气声和超声等研究工作及相关人员划入物理所，分别成立空气声研究室和超声研究室。1972年，等离子体物理研究室成立。1979～1982年，空气声研究室、超声研究室、相对论与引力物理研究室（原由物理所代管）划归原属相关单位；部分理论物理研究和低温技术工作及其人员分别并入新组建的中国科学院理论物理研究所和中国科学院低温技术实验中心。

1984年，物理所撤销研究室，重新组建研究组，实行研究组长负责制。经所学术委员会及相关专家的评议首次进行课题调整，批准全所共设70个研究组。减少研究体系管理的层次后，以原研究室为基础，相应设立7个联合行政办公室（一至七联办），协调处理行政管理等事项。各联办设立学术片，成立学术小组，负责学术交流和协作工作。

随着改革开放的深入，物理所根据中央精神和中国科学院实施“一院两制”的办院方针，在前期改革的基础上，积极探索和认真思考长远发展的战略目标，确立研究所的办所方针和任务。1987年，物理所提出将主要科技力量和优秀人才组织到基础研究和应用基础研究及国家重大科技项目上来，有选择地积极推动若干领域在基础、应用和开发三类研究之间的有机联系，发挥多学科综合性优势，以形成十几个或更多处于物理前沿的研究课题及部分与高技术密切联系的“拳头”产品，参与国际竞争。同时通过开放与联合并用的方针，逐步将物理所办成具有国际科研水平、全国非核物理学的重要研究中心。主要举措有：1994年，国家科学技术委员会批准物理所为基础性研究所改革试点单位后，物理所在多次课题调整的基础上，坚持择优原则，于1996年建立了中国科学院凝聚态物理中心；1997年1月，中国科学院将电子显微镜、真空物理两个开放实验室由中国科学院科仪中心划入物理所；1998年中国科学院开始实施知识创新工程试点工作，物理所成为首批知识创新工程试点单位，同时与中国科学院化学研究所、中国科学院理化技术研究所共同组成中国科学院北京物质科学研究基地，基地办公室设在物理所。

1999年，本着研究方向既要体现基础性、战略性、前瞻性，又要反映出优势和特色的要求，物理所进一步凝练学科方向，完善学科布局。2000年按照中国科学院的部署，物理所将由中科院低温技术实验中心划入的低温物理实验室与物理所的高压、极低温研究部分进行整合，成立极端条件物理实验室。2000年10月成立中国科学院国际量子结构中心。2001年物理所在真空物理开放实验室的基础上，成立纳米物理与器件实验室；新成立软物质物理实验室和微加工实验室，重新组建凝聚态理论与材料计算实验室。2003年将晶体学的部分研究组与中国科学院电子显微镜开放实验室进行整合，成立先进材料与结构分析实验室。同年11月经科技部批准，以物理所为依托单位，开始筹建北京凝聚态物理国家实验室。2004年1月成立固态量子信息与计算实验室。2005年2月成立量子模拟科学中心。2006年2月成立北京散裂中子源（BSNS）靶站谱仪工程中心（筹）和清洁能源中心。2008年12月成立超导技术应用中心。2009年3月将锂离子电池、纳晶太阳能电池、GaN半导体照明和ZnO半导体照明4个研究组从其他实验室调整出来，成立清洁能源实验室。2009年8月成立功能晶体研究与应用中心。

此外，物理所积极推进重大科研设备和先进技术条件的建设，在承担散裂中子源项目预研的基础上，于2007年参与由中国科学院高能物理研究所作为项目建设法人单位的散裂中子源国家重大科学基础建设项目的共建工作。物理所还是上海光源束线站、中国科学院物质科学区域中心等中国科学院技术平台建设项目的牵头单位或成员单位。

经过82年的发展，物理所的学科布局不断优化和完善，物理所已经成为中国凝聚态物理研究的重要基地。

二

出人才和出成果是科研机构的根本任务，也是衡量一个科研机构实力的重要指标。物理所在82年的发展历程中，培养造就了一支推动物理所持续发展的高素质人才队伍，涌现出一批在国内外学术界具有重要影响的原创性科研成果。

在1928～1948年的20年中，由于学科特点、社会条件、人才来源等现实条件的影响，中研院物理所和北研院物理所的人员规模偏小。中研院物理所建所之初共有10人，1935年人员最多时也只有39人。但两所却汇聚了一批推动物理学在中国植根、成长的奠基性人才，其中丁燮林、李书华、严济慈、施汝为、陆学善等堪为中国近代物理学的开创者和组织者。

应用物理所及物理所的历届领导班子都高度重视人才队伍建设工作。20世纪50～60年代，物理所的主要领导就主动向上级机关请调和争取优秀科学家到所工作。先后有钱临照、潘孝硕、王守武、葛庭燧、余瑞璜、赵广增、汤定元、洪朝生、徐叙瑢、陈能宽、马大猷、应崇福、李荫远、唐有祺、王守觉、黄昆、林兰英等加入物理所，为该所学科的创建和发展作出了重要贡献。自20世纪70年代开始，物理所积极选派科研人员出国深造。1994年，中科院“百人计划”实施后，物理所从海外知名科研机构和大学广揽优秀人才。2005年3月，物理所首次在美国物理学会年会（APS March Meeting）举办人才招聘答辩会，为吸引海外优秀人才到物理所工作开辟“直达通道”。2005年8月，实施“国家实验室特殊人才引进计划”，设立海内外联聘教授（Adjunct Professor），引进相当于海外终身教授（Tenured Professor）的高水平人才到物理所长期工作。2006年6月，物理所自筹资金设立所级的“引进国外杰出人才计划”(也称“小百人”计划)。自2008年开始，物理所通过国家“千人计划”项目，在全球范围引进国外知名科学家到所工作。2009年，物理所入选国家首批“海外高层次人才创新创业基地”。

82年来，物理所先后共有30多名优秀科学家当选为中国科学院院士（学部委员），有3名科学家当选为中国工程院院士；有60多名中国科学院院士（学部委员）和中国工程院院士曾在物理所工作过。2010年物理所有11位中国科学院院士、1位中国工程院院士、2位发展中国家科学院（原第三世界科学院）院士。

自1978年以来，物理所科研人员不断获得国内外学术奖励和荣誉。其中赵忠贤、范海福、王恩哥、高鸿钧等先后获得第三世界科学院物理奖，2003年李方华获欧莱雅－联合国教科文组织世界杰出女科学家成就奖，还有10人获得何梁何利基金科学与技术进步奖，累计有100余人获得政府特殊津贴。

截至2010年末，物理所在职职工456人，其中专业技术人员367人。累计有中国科学院“百人计划”入选者54人、“国家杰出青年基金”获得者45人、国家“千人计划”入选者5人，另有7个研究团队获得国家自然科学基金委创新群体基金。

在读研究生和博士后是物理所人才队伍的重要组成部分。截至2010年末，物理所累计授予422名毕业生理学硕士学位，授予1203名毕业生理学博士学位，累计进站的博士后320人（含外籍博士后）。

在82年的岁月中，几代物理所人为开拓中国物理学的研究领域和推动物理学在中国的发展，作出了重要贡献，使物理所成为国内外物理学界具有较强实力和重要影响的知名研究机构。

中研院物理所在20年的物理学研究中，研究人员对无线电学、光谱学、磁学进行了专题研究，取得了一批重要学术成果。中研院物理所坚持物理仪器设备的研制，用以武装自己和全国物理学界；在抗日战争期间，面向军事急需，制造了抗战前线和后方急需的仪器设备，直接为抗战服务。最早参加西北科学考察团，获得了中国西北荒漠地学、大气学、天文学等第一手科学资料。开辟了中国地磁观测事业和物理探矿研究，初步奠定了中国地磁观测和物理探矿事业的基础。1930年，中研院物理所在所长丁燮林的主持下，在南京紫金山西坡筹建地磁台，1935年竣工。南京紫金山地磁台是中国人自己设计、自己建造的第一座地磁台。1941年，中研院物理所的科学家们积极筹划了在日全食时观测地磁变化的研究课题，委派陈宗器率领陈志强、吴乾章等从广西桂林出发，穿越敌占区，长途跋涉至福建崇安进行日全食观测，并认真分析总结完成观测报告，后又进行了数月的地磁测量工作。中研院物理所坚持提供大学教学仪器、中等学校理化设备及机关事业单位通用设备的研制和修理等社会服务，起到了全国物理仪器设备研制中心的作用。

北研院物理所的研究工作，注重于光学与地球物理的研究，主要包括光谱学、水晶压电效应、经纬度测量、重力加速度测量、地磁测定、物理探矿、应用光学等多项工作。其中，地磁测量工作特别注重于中国南部及西南部地磁的长期变化，光学研究方面设有光学工厂，曾于抗战期间制造显微镜50架、测量仪器约30套、水晶振荡片1000多片。研究人员发表于《中国物理学报》及英、美、法、德各国专业刊物上的学术论文90余篇。

中华人民共和国成立后的十余年间，应用物理所及物理所先后取得了一批国内首创的科技成果。其中包括1956年研制出中国第一台氢液化器，1958年研制出中国第一批锗高频大功率晶体管、中国第一根硅单晶及生长出中国第一批高质量的水晶晶体，1959年研制出中国第一台氦液化器，1963年在中国首次合成人造金刚石。此外，还最早研制出集成电路、铝镍钴永磁合金与磁膜变址存储器、长余辉阴极射线发光材料等，同时在固体物理理论的一些领域也取得多项重要研究成果，为物理所的发展奠定了坚实的基础。

1966年5月至1976年10月的“文化大革命”，是一场给党和人民造成严重灾难的政治运动，使党、国家和人民遭到建国以来最严重的挫折和损失。十年“文化大革命”，对物理所的正常秩序和科学技术研究工作也造成了极为严重的破坏。运动初期，职工和研究生中一些人参加了造反派等群众组织，批判院、所、室各级党政领导以及专家。他们张贴大字报，组织批判会，使原有的各级组织瘫痪，专家无法工作。物理所先后有多人受到错误批判和审查，有8位干部和科技人员在“文化大革命”中被迫害致死。一些研究方向被取消（如固体理论研究室被解散），研究队伍被削弱，造成了许多人思想上的混乱。尽管如此，物理所仍有许多职工坚持不懈，在极端困难的条件下继续进行科学和技术研究工作，并取得了显著的成绩。“文化大革命”期间，物理所承担了多项重要的国防科研和工程任务，如“21号任务”“6405任务”以及声学方面的任务等。领导和参加这些国防任务的人员，都以国家利益为重，全力以赴，保证任务的圆满完成，为中国的国防事业作出了重要贡献。物理所与中国科学院生物物理研究所、北京大学等单位合作，于1973年8月共同完成了1.8埃分辨率的猪胰岛素晶体结构的测定工作。1974年物理所和中国科学院电工所合作建成中国自行研制、用于高温等离子体物理与核聚变研究的第一台托卡马克CT-6装置。

20世纪60～70年代，国际上相继研制出第一代、第二代稀土－钴永磁材料，但因含钴而造价昂贵。中国钴资源稀缺，95%依靠进口，因此研制新型稀土永磁材料对中国具有重要的战略意义。物理所的科研人员根据多年来积累的研究基础，于1983年10月研制出钕铁硼永磁材料，成为中国第一家研制成功钕铁硼永磁材料的科研机构。中国由此也成为国际上少数几个研制出第三代稀土永磁合金的国家。王震西主持的“低纯度钕稀土铁硼永磁材料”项目获国家科技进步一等奖。

1982年，中国科学院把超导技术列为重点发展的新技术之一，并组织了1983～1985年超导技术研究攻关。赵忠贤领导的高临界温度超导体研究组，于1987年2月19日在钇钡铜氧多相氧化物体系中发现在93K时出现抗磁性的超导样品，且重复性很好。2月24日物理所公布了钇钡铜氧（YBaCuO）超导材料的组成。这一成果标志着中国超导研究跃入世界先进行列。“液氮温区氧化物超导体的发现”获国家自然科学一等奖。

1999～2010年，物理所的科研工作在表面物理、超导物理、低维物理、光物理和强场物理等方面均取得重要成果。先后有“定向碳纳米管的制备、结构和物性的研究”“求解光学逆问题的一种新方法及其在衍射光学中应用”“高温超导体磁通动力学研究”“原子尺度的薄膜/纳米结构生长动力学：理论和实验”“微小晶体结构测定的电子晶体学研究”“超强激光与等离子体相互作用中超热电子的产生和传输”“原子分子操纵、组装及其特性的STM研究”“非晶合金形成机理研究及新型稀土基块体非晶合金研制”等重要科研成果获得国家自然科学二等奖。

在科技成果产业化方面，物理所积极推动科研成果的转移和转化。在改革开放的大潮中，陈春先、陈庆振等部分科研人员离开物理所，专职从事科技成果转化工作。1984年，物理所成立研究开发公司（又称开发部），并于1984年10月18日在北京市海淀区工商行政管理局注册，专门从事科技成果推广和转化工作。1985年初，由中国科学院出资，以生产钕铁硼永磁材料为主的北京三环新材料高技术公司正式组建，迅速形成百吨级的生产能力，产品当年就进入国际市场，使中国成为继美国、日本之后，国际上第三个钕铁硼永磁材料的生产国。1998年，物理所在国内最早研制成功锂离子电池，并以锂离子电池专利技术为核心，先后参股成立了北京星恒电源有限公司和苏州星恒电源有限公司。苏州星恒电源有限公司已成为欧洲市场第二大电动自行车电芯供货商。此外，物理所通过组织引导和推介转化等一系列措施，开展产学研结合，在北京及外地多个工业或科技开发园区成立控股或参股公司10个。但是，由于经验不足等原因，在科技成果转移转化方面也有过不成功甚至是失败的教训。

据不完全统计，应用物理所及物理所累计承担各类科研项目3000余项。1978～2010年，物理所共获各类科技成果奖350余项。物理所被SCI收录论文数和被引用数，长期在国内科研机构中名列前茅，其中1990～2001年连续12年位居国内科研机构第一名。物理所在*Nature*、*Science*、*Phys. Rev. Lett.*等国际著名学术期刊上发表的论文（或相关评论、专刊）逐年增多。自1985年中国实施专利制度以来到2010年，物理所共获授权专利600余项。

随着科研事业的发展，物理所的基础设施和科研条件也得到不断改善。截至2010年末，物理所园区面积约8.6万平方米，建筑面积约8.1万平方米。物理所科研设备仪器价值6.9亿元，除购置国内外的先进科学仪器外，还自主研发了一批具有国际先进水平的实验仪器和装备，使得科研装备条件和水平都得到不断改善。

三

作为科研机构，与国内外同行进行充分的学术交流和合作至关重要。早在国民政府时期，参加国际学术交流和合作是中央研究院的一项基本方针。中央研究院通过支持研究人员参加国际学术会议、学术组织，出国留学、进修、考察以及在国外培养中高级研究人才，聘请国外知名科学家为名誉研究员、特约研究员、通讯研究员、兼任研究员和顾问，或国内研究人员出国讲学等多种形式，开展国际学术交流和合作。1929～1934年，中研院物理所分别聘请了德国莱比锡大学的W.K.海森伯和德国探险家W.费煦纳为名誉研究员和通讯研究员。1932年法国物理学家P.朗之万，1934年美国物理化学家、诺贝尔奖获得者I.朗缪尔，1935年英国物理学家、诺贝尔奖获得者P.A.M.狄拉克，以及1937年丹麦物理学家N.玻尔等，都曾到北研院物理所参观访问。1936年1月，中研院物理所选派助理员张煦到美国留学。1948年，中研院物理所所长吴有训也到美国考察。

中华人民共和国成立后，海外一大批华人青年科学家冲破重重阻力回国，为祖国服务。20世纪50年代，应用物理所和物理所国际交流和合作对象主要是苏联、民主德国等东欧国家。1959年，物理所选派一批科研人员赴苏联留学。“文化大革命”期间，物理所累计选派10多名科研人员赴西方国家进修。1975年，物理所实行公派出访制度。1979年11月，物理所8名科技人员赴美国西北大学进行访问研究。改革开放后，物理所国际合作交流的范围不断扩大，参与国际学术活动的人员明显增多。物理所参与了由中国科学院主持的中法合作研制的中子散射谱仪项目。进入21世纪以来，物理所先后与美、英、德、法、日等国家，以及香港、台湾等地区，包括英国皇家学会、法国国家科研中心、德国马普学会、荷兰皇家科学院、日本学术振兴会在内的数十个科研机构、大学、企业及相关国际学术组织，建立了多领域实质性的合作关系，通过签署双边科技合作协议、成立联合实验室、举办专题研讨会、联合培养研究生等措施，深化了国际和地区间的学术交流和合作，有多位诺贝尔奖获得者以及有关重要学术团体的国际知名学者都曾来到物理所进行访问和交流。其间，物理所的有关专家也被陆续选入相关国际学术组织任职，进一步推动物理所众多的研究领域融入国际科技前沿，提高和扩大了自身在学术界的地位和影响。2001年以来，物理所开始试行国际评价制度，2001年、2003年、2007年分别组织实施了国际专家评价工作，20多个国家和地区以及国内著名大学和科研机构相关研究领域的知名专家学者对物理所的科研方向和研究工作给予了肯定，并提出了具体建议。2008年，物理所被科技部和外国专家局授予首批“国家级国际联合研究中心”之一。

物理所通过学术会议、人员互访、合作研究和联合培养研究生等方式，密切保持同国内外科研机构和大学的联系，开展广泛的学术合作和交流。国际交流呈现良好的态势，仅以2010年为例，全年来访446人次，其中诺贝尔奖获得者、国际知名学者40多位；出访425人次，其中进行合作研究和参加国际会议的占97%以上。随着物理所科研实力和水平的日益提高，主办国际会议的次数也逐年增加，2010年物理所主持召开国际学术会议达12次。

为进一步活跃学术气氛，促进学术交流，物理所先后设立“凝聚态物理中关村论坛”（2000）、“凝聚态物理前沿讲座”（2001）、“崔琦讲座”（2003）、“青年学术论坛”（2005）、“苹果树月谈”（2009）等多个品牌学术交流平台，营造了良好的学术环境。

四

优良的传统和文化是物理所历久弥新、长盛不衰的灵魂。经过82年的积淀和发展，一代代物理所人通过自己的言行举止，培育、造就并弘扬着具有鲜明特色的物理所传统和文化。

抗战时期，物理所的科学家冒着生命危险，突破敌人的封锁线，主动开展科学观测和物理实验工作；“文化大革命”期间，物理所的图书馆照常开放，所内许多科研人员在不能做实验的情况下，把时间用来阅读文献资料和国外学术著作，或深入地进行理论研究，思考科研及其发展方向；改革开放以后，物理所顺应时代发展潮流，积极主动进行改革，不断增强自身活力，推动了物理所的持续、健康发展；进入中国科学院知识创新工程试点单位以后，物理所在诸多改革工作中迎难而上，率先垂范；2003年传染性非典型肺炎（“非典”）疫情发生期间，物理所的实验室依然灯火通明，科研人员照常通宵达旦、夜以继日地勤奋工作；82年来，在国家许多攻坚项目和紧急任务中，物理所的科学家勇于创新，孜孜以求，圆满完成相关的科研任务。

1984年，物理所被列为中国科学院改革试点单位，率先迈出了改革步伐，实行以“调整方向任务，明确战略目标，全面清理研究课题；撤销研究室，重新组建研究组，实行研究组长负责制；定编定员，采取自由组合和领导调配相结合的办法，促进人才的交流与输送；加速人才的教育培养，试行研究生新的招生、培养与管理办法；规范职能部门的职责范围和各级各类人员的岗位责任制，试行所长负责制；面向社会，开拓技术市场，组织成立研究所开发公司（开发部）；提高技术后勤和行政后勤服务的质量和效率，对部分工种试行承包责任制”为主要内容的体制改革，从而掀开了科研管理体制及其他各项工作改革的大幕。

1994年，国家科学技术委员会批准物理所为基础性研究所改革试点单位后，物理所综合配套改革工作进一步完善和深化。1999年6月，物理所实施了机关改革，并实行按需设岗、按岗聘任。2000年4月，物理所实行全员聘用合同制和岗位聘任合同制。2001年，试行国际专家评价制度。2003年底，改革技术支撑岗位聘任办法，实行“按需设岗、按岗聘任”的办法。2008年，物理所列为中国科学院综合配套改革试点的7个研究所之一。

实施知识创新工程以来，物理所党委和领导班子坚持把创新文化建设作为工作重点，不断挖掘、整理和传承物理所优良传统，努力营造适宜学术研究的良好环境和氛围。在坚持中国科学院“科学、民主、爱国、奉献”的优良传统和“三老四严”科学态度的基础上，结合物理所80余年的发展历程和文化传承，确立“穷理、有容、惟才、同德”为物理所所训，用以教育、引导和激励物理所人继承传统，努力工作，为物理所的发展贡献力量。

回顾过去，物理所成就辉煌；展望未来，物理所任重道远。站在新的历史起点上，物理所将坚持“面向国家战略需求，面向国际学科前沿”的办所方针，和“建成国际一流物质科学研究基地”的长远目标，以科学的态度、坦荡的胸怀、宽广的视野、扎实的作风，秉承“穷理、有容、惟才、同德”的文化理念，继续攀登科学技术高峰，努力为国家、为民族、为人类社会的科技进步作出更大的贡献！

第二篇
历史沿革

中国科学院物理研究所，前身是中央研究院物理研究所和北平研究院物理学研究所。1949年11月，中国科学院成立。1950年中国科学院决定将中央研究院物理研究所与北平研究院物理学研究所接收合并，组建为中国科学院应用物理研究所。1958年9月更名为中国科学院物理研究所，所名沿用至今。本篇设三章，记述中央研究院物理研究所、北平研究院物理学研究所和中国科学院应用物理研究所的组建、发展历程。中国科学院物理研究所的相关内容，在本书其他篇章中有详细记述。

第一章　中央研究院物理研究所

中央研究院物理研究所（以下简称“中研院物理所”）是中国最早建立的国立物理学科研机构之一，于1928年7月在上海成立。首任所长丁燮林。

第一节　创建与变迁

1927年5月19日，国民党召开中央政治会议第90次会议，决议设立中央研究院筹备处。同年7月国民政府公布《中华民国大学院组织条例》，10月大学院在南京成立。依照大学院组织条例第七条“本院设立中央研究院，其组织条例另定之”的规定，聘请中央研究院筹备员30余人，并于11月召集筹备会议。在当时制定的《中华民国大学院中央研究院组织条例》中，中央研究院被确定为中华民国最高科学研究机构。蔡元培担任中央研究院院长。中央研究院首先设立理化实业研究所、社会科学研究所、地质研究所及观象台四家研究机构。蔡元培指定了研究机构的40名筹备委员。理化实业研究所筹备委员会15人，其中物理学7人，分别是王小徐、温玉庆、丁燮林、颜任光、胡刚复、张廷金、李熙谋。

1928年3月，中央研究院理化实业研究所物理、化学、工程三个组在上海成立。同年7月，根据修正的中央研究院组织条例，理化实业研究所分设三个所，即物理研究所、化学研究所、工程研究所，其中物理研究所所长为丁燮林。根据中央研究院组织法和中央研究院研究所组织通则规定，“所长综理所务并指导研究事宜”。

理化实业研究所筹建时，在南京没有找到合适的建所地址，而且电力煤气等设施都存在困难，所以决定将所址暂时设在上海。1928年，理化实业研究所购上海霞飞路（今淮海路）899号房地为临时所址。1929～1930年，中研院物理所与另外两所在此地合建临时实验室16间，同时又花白银1.1万两，与化学所共建临时实验室两层8间。1931年1月，这三个研究所得到中华教育文化基金董事会50万元建筑及设备的资助，在上海白利南路（今长宁路）兴建理工实验馆。该馆共4层35间，三个研究所的所有研究室、检查室及仪器工厂均集中设在此处。理工实验馆于1933年夏落成。1935年，中研院物理所又投资3.3万元，在理工实验馆旁购地兴建了新的仪器工厂厂房。此外，该所于1930年6月至1931年10月在南京紫金山投资0.86万元，建成地磁台室、宿舍各一幢。1935年，又在紫金山地磁台址建成标准室、记录室，完成了地磁台房屋建设的先行任务。

1937年8月13日，日军入侵淞沪。中研院物理所于10月上旬在上海租界另租房舍，作为临时办公处，并将一切文卷和仪器工厂全成品、未成品、材料以及一部分机器、仪器移入保存。沪西陷落时，所有重要仪器、机器、图书及家具均已移至租界分别存藏，而留存在理工实验馆的仅是少数家具和不能拆卸的装置等。为了应对不断恶化的战争局势，1937年12月丁燮林前往湖南、武汉、云南、桂林等地勘查地址，于1938年3月返沪，决定将磁学研究部分迁至昆明，并在昆明筹设地磁观测台（在西北及西南设地球物理观测台为中研院物理所原有的计划）。迁至昆明的仪器为磁学部分，有电磁铁、感应电炉及显微照相机等；图书以期刊居多，共计200余册，也有部分图书遗失在上海。工作人员于1938年7月到达昆明，由于运输困难，仪器、书籍等于10月中旬到达。办事处和研究室同设于昆明圆通街。无线电研究部分和少数机器以及紫金山地磁台则跟随其他各所迁往长沙，后又转往桂林。紫金山地磁台所有的书籍、仪器，除发电机和蓄电池外全部迁出。1940年，磁学研究部分又由昆明迁到桂林。随着抗日战争的发展，1944年秋桂林形势恶化，中研院物理所又迁往重庆北碚。该所和心理所的部分设备由桂林沿湘桂及黔桂两条铁路线经昆明运往重庆时，被日军飞机炸毁。

1945年抗日战争胜利后，中研院物理所从各地回迁至上海自然科学研究所原址，其旧址理工实验馆由工学所使用。1946年6月，经中央研究院院务会议决定，在南京九华山小韩家庄购地200亩，作为数理化研究基地，建设数学、物理、化学三所办公大楼各一座，以实现将各所集中于南京的计划。1948年4月，中研院物理所先迁至南京鸡鸣寺路1号，后迁至小韩家庄新址。1946年7月，丁燮林辞去中研院物理所所长职务，中央研究院总干事萨本栋兼任该所代所长。1948年吴有训被任命为中研院物理所所长。1949年4月，中国人民解放军南京市军事管制委员会接管了中研院物理所。

1928～1948年，中研院物理所在人员方面呈现出以下两个特点：①规模较小。人员基本维持在20～30人左右。②行政管理人员少。长期实行所一级管理，由研究员兼任所秘书，后增设庶务员、事务员、管理员、书记等专职人员，承担研究所的行政和文书工作。此外，中研院物理所不仅从国外招揽杰出人才归国效力，而且聘请外国专家担任兼职，如聘请德国莱比锡大学理论物理学教授W.K.海森伯（Heisenberg）担任名誉研究员、德国探险家W.费煦纳（Filchner）担任通讯研究员。此外还选派青年科研人员出国深造，如1936年选派助理员张煦赴美国留学等。

第二节　科学与技术工作

中研院物理所成立之初设检验、仪器制造、度量衡三个组，西迁前后增设物性、X射线、光谱、无线电、标准检验、磁学六个实验室和一个金木工场，回迁后改设四个实验室，即原子核学、金属学、无线电学、光谱学实验室，以及恒温室、图书室、金工厂各一处。这些变动都是为了适应该所不同时期的发展需要。

中研院物理所坚持电学（重点是无线电学）、光学、磁学等学科的基础研究，开拓新的研究领域，其研究课题主要有微波波长计、电网络、日偏食时电离层的变化、脉冲发生器及各向同性铁磁质的磁性等，为推动中国现代物理学的发展贡献了一批奠基性学术成果。

一、电学和无线电技术的开拓

1928～1935年，丁燮林主持两项电学研究课题：①1928年开始的液体与绝缘固体的摩擦生电的研究，1930年得出水银与玻璃在极低气压下摩擦可以生电，且气压降低生电减少，当气压低于0.1毫米水银柱时生电量大增，再低至0.01毫米水银柱时生电又复减少的结果。②电场对于液体点滴大小的影响的研究。这两项研究的具体内容参见第三篇的第二十四章第一节“电学和无线电技术”。1941年，研究负阻抗在电路中的稳度及应用、振荡器及反馈电路的稳度课题。1943年9月发现直流电路的稳度两定则，即凡系直流电路，若在断路或截路时其稳度都可以测定。

1930年，陈茂康主持两项无线电学研究课题，分别是：①在阴极射线管内设置一个形同齿轮的栅，间断截取阴极发射的电子以发生极短电波的研究；②测量极短无线电波的研究，采用减弱外界电磁场干扰法及所谓的1米波长表计算法。这两种方法都得到预期的结果。1930～1934年，陈茂康等研制成无线电设备两项：①测量高频电波的微差平衡电器，可测量极短电波，该仪器能减轻电磁场的干扰，可用于电波反射、折射等现象研究；②空间电离层视高仪器装置，1936年6月19日上海日偏食，用临界频率法观察的结果是下层紫外线作用较强，E层（电离层由低到高分为D、E、F层等）的游离化是出于其他的作用。1939年，自制成振子整流器3只，装成2套可得400伏、1/10安的蓄电池，足供20瓦收发报机的电力，可供无电源地区通信2～3年使用。

1928～1929年，胡刚复研制短波收音机、150瓦短波晶片控制发报机，以及放大控制短波发报机各一台。1931年研究长波X射线，制成X射线照相分光机一台。1939年组装成可以携带的超短波无线电收发报机，还改装了手摇发报机。

1930年，康清桂自制无线调幅器，制成150瓦广播台，1932年广播台正式与国内各地通报，同时也可接收美、欧、日大功率电台的电信。1939年改装无线电广播机，加装收音放大器，可报话、广播两用，输出功率达100瓦。

1934～1935年，潘承诰有两项无线电学研究成果：①多级管振荡器频率变化的测试研究，目的是测定频率固定的振荡器，在变更阴极、栅极的电压后其频率的变化规律，测试结果是相等电压变更后，频率变动的程度随电容大小作波动变化；②三极管三相高频振荡器研究，各式振荡器大致可发生三相振荡，当电容随意变更时，显示正弦曲线波形的仅有二三种（参见第三篇第二十四章第一节“电学和无线电技术”）。

二、光谱学研究

由顾静徽主持，吴健雄、潘德钦协助，1934～1935年进行了多原子分子吸收光谱的强度与温度的关系，以及近红外及远紫外谱区多原子分子光谱带的研究。1934年对轻元素碳、氢、氧等的谱线及X射线的波长进行了测定。对软X射线波长的测定，其结果尚佳，但测得碳、铜的K及L线的结果却不理想。

三、磁学研究

1934年，由施汝为主持，潘孝硕协助，研究镍钴合金单晶的磁性，他们就现有的X射线设备自行加以其他配置，测定时使用了摆式磁强计。结果是含钴量由3%增至10%时，最易磁化方向由（111）变为（110）；若含钴量增至20%以上时，则最易磁化方向复返为（111）。此项研究结果挑战R.H.福勒（Fowler）已有的理论，论文寄到美国有关刊物发表。

1940年，磁钢的各种热炼及其永久磁性关系的研究完成两项内容，分别是多晶磁性物质的表面磁性和磁铁矿结晶的磁性构造。

1941年，对磁铁热炼与磁炼的研究结果是：以水为淬媒，碳钢的淬炼温度为703℃，钨铁为950～1000℃；以油为淬媒效果更佳，如钴钢的顽磁力经过4次淬炼后，比一次淬炼增加20%以上，其永久磁性比钨钢和低成分钴钢更为显著。

1941年，磁学理论研究获两项成果：①铁磁管强化时对于磁场的影响为管内外磁场强度减低，这是由于管的退磁效应所致；②测定矿石磁化系数的简便代替法。

1943～1945年，地磁研究取得3项成果：①通过地磁探矿估计矿量，必须先求得矿物磁化系数；磁化区域磁体对于地表磁场强度异常的图式，已由理论计算求得。②观察北极星以推算其方位的纬度法，只需知北极星的赤纬及其在任何时段的高度与水平位置即可。③对于中国地磁的长期变化的研究，已求得变化的趋势和数值特殊变化的区域。

四、其他工作

（一）科学考察

1930年7月1日，中研院院务会议决定组织中国海岸调查队开展海岸调查工作，物理所参与其中。1929年10月底至1933年5月，物理所陈宗器参加中国和瑞典科学工作者组织的西北科学考察团，对祁连山、罗布泊、额济纳河流域、肃州南山等地区，测定经纬度及子午线，测量地形及绘图，测定新疆重力及地磁，并寄回报告近30件。

（二）科学广播讲座

应国民党中央广播电台管理处邀请，中研院院务会议决定，在1929年10月4日至1933年6月30日（1932年2至9月停播8个月）5年时间内，由中研院所属11个单位在电台作施政报告，其实为科学广播讲座。中研院物理所共有5人参与，分别是1930年1月10日，丁燮林作《物理与人生》讲座；1930年9月25日，胡刚复作《顺风耳千里眼》讲座；1931年9月19日，康清桂作《我对于中国无线电事业之希望》讲座；1933年1月20日，陈茂康作《短波无线电波》讲座；1933年6月30日，还有一人（姓名不详）作《现代科学概观》讲座。

（三）地磁观测

1928年，丁燮林主持，谢起鹏协助，开始研制观测地磁急需的绝对、相对重力测量仪，并自制摆座和一台新式秤，为开拓地磁观测调查研究提供了基础设备。

1933～1946年，中研院物理所在南京紫金山第一峰、昆明凤凰山、桂林良丰雁山、重庆北碚四地设立了地磁观测台。除进行地磁观测外，还与有关部门合作，培训测量人员。研究人员利用四地磁观测台进行了7个省近50处的地磁测量，还做了日食对于地磁影响的专题研究，并进行了地磁探矿的探索，取得了开创性成果。

1.合作观测地磁。1936年3月至6月，应海运测量局要求，地磁台管理员陈宗器与上海徐家汇天文台磁力科协理鲁廷美合作，测量了广州、汕头、厦门、福州、宁波、温州、普陀、吴淞等八处地磁，并设立了地磁站。1939年11月，与国民政府陆地测量局合作，筹划全国地磁观察，设立地磁观测网，改制仪器，代培测量人员，代制全国地磁偏差表（参见第三篇第二十四章第二节“地球物理和科学考察”）。

2.磁性探矿。1938年3月，中研院物理所与地质所合作，用电阻方法进行探矿。1942年2月，为国民政府资源委员会、广西省政府桂平矿务局培训一批地磁探矿工程师，并为某一军用机场用电阻法探测一处异常土穴。

3. 日全食对地磁影响。1941年9月21日，陈宗器、陈志强、吴乾章等在福建崇安县日全食时进行了地磁观测研究，共获得了4项成果：①当日全食时，地磁水平分量约减少40单位，垂直分量约减少35单位，地磁角偏西1.2弧分；②用图解方法求得地磁分量矢量的末端偏于极西，即水平分量的东西向分量不变，而南北向分量逐渐向北增加；③日全食时，地磁的矢量差与空中各层电流感应生成的磁场方向相反，由此可知这种磁扰矢量确系受日食影响所致；④地磁的变化与当地光蚀同时发生，故推知地磁变化系受太阳紫外线辐射影响所致。

1947年2月，地磁观测台并入中研院气象研究所。

（四）为抗日战争服务

1938年，国民政府通令中研院为抗日战争的国防及建设事业服务。中研院物理所根据学科特点和研究人员专长，研制成探音器以测定炮位，指示飞机方向；制造地雷爆炸控制器；研制、修理军用精密仪器；制造超短波收发机；创设空间电离层通信。这些工作直接服务于对日军作战。

1939～1945年，制造抗日战争前线和后方急需的仪器设备，如地雷爆炸控制器、若干种军用望远镜、飞机用的地速仪、飞机投弹瞄准仪和反投弹瞄准器等。应盟国通讯协会商请，在重庆北碚创设高空电离层观测台。

五、专项研究及论文选摘

自1928年建所的21年内，在日本侵略、国难当头的形势下，中研院物理所的科学家们矢志不移，潜心研究，共发表论文109篇，代表性论文的名称及作者见表。

中研院物理所建所21年内发表的代表性论文

学科	论文名称	作者
光谱学	长波X射线之研究	胡刚复
	硬X射线之散射研究	赵忠尧
	多原子分子吸收光谱强度与温度之研究	顾静徽　潘德钦
	近红外及超紫外谱区多原子、分子光谱之特点	顾静徽
	轻元素X射线之波长研究	顾静徽
电学及无线电技术	电场对于液体点滴大小之影响	丁燮林　林树棠
	水晶片的切磨检定及高频率之测定	胡刚复
	三相振荡器之研究	潘承诰
	多极真空管振荡器频率变迁之研究	潘承诰
	三极管三相高频振荡器之研究	潘承诰　张民石
	发生极波无线电波之研究	陈茂康
	测量极短无线电波之研究	陈茂康
磁学	镍钴单结晶磁性之研究	施汝为
	氯化铬磁性体之磁化率的测定	施汝为
	铁金单晶体之磁性之研究	施汝为
	铁钴单晶体之磁性之研究	施汝为

第二章　北平研究院物理学研究所

北平研究院物理学研究所（以下简称“北研院物理所”）1929年11月在北平（今北京市）成立，是中国另一个国立物理学研究机构。首任所长由北平研究院副院长李书华兼任。1931年严济慈任所长。

第一节　创建与变迁

1927年5月19日，国民党召开中央政治会议第90次会议决议设立中央研究院时，筹备委员李煜瀛在会上提出设立局部或地方研究院的建议。该建议于1928年9月经国民政府会议通过，11月开始筹备。1929年5月筹备委员会成立，李煜瀛任筹备委员会主任，蔡元培、张人杰及其他学术机关代表为委员。最初北平研究院拟划在北平大学区内，作为北平大学的研究机构，不久又提议为中央研究院分院，但遭到蔡元培等人的反对。后经当时国民政府教育部部长蒋梦麟建议，定名为国立北平研究院，为独立的地区性国立科研机构。该提议于1929年8月经国民政府行政院会议通过。国立北平研究院于1929年9月9日正式成立，李煜瀛任院长，李书华任副院长。北平研究院成立之初共设十个部，其中行政机构三个部，学术研究七个部，各部再分设若干研究所。理化部成立于1929年11月，包括物理学研究所和化学研究所，部长由副院长李书华兼任。北研院物理所所址设于北平东城东皇城根大取灯胡同42号（今北京东皇城根北街16号）。1930年初在此新购地基，修建理化部大楼，内设有办公室、会议室、图书室、研究室、仪器药品储藏室等，同时还兴建煤气厂和发电厂各一所。在房屋建设及设备筹建未完成之前，北研院物理所已经开始进行研究工作，工作地点暂时借用中法大学居礼学院理化实验室。1930年底理化部大楼建成，为北研院物理所与化学所共同使用。该楼地上三层，地下一层。地上每层设有研究室、实验室、办公室20余间，地下室设有储藏室、蒸馏室、暗室、金工场及锅炉室等。楼前院落有平房若干间，设有光学工厂，专门用来设计并制造光学仪器。实验室内装有水、煤气、直流电及交流电等设备，专供研究工作使用。物理所占用整个理化大楼一层及二层和地下室的一半。一层主要用于阅览室（与化学研究所共用）、地学实验室、水晶分光照相仪实验室、显微光度调节实验室、显微度量计实验室、分光镜实验室、蓄电池室及办公室和会客室。二层主要用于电学实验室、高空实验室、放射实验室、放射物质储藏室及办公室、会议室（与化学研究所共用）。地下室主要分布金工场、洗照相室、吹玻璃室、磨玻璃室。

1937年7月抗日战争爆发，北平沦陷。北平研究院副院长李书华辗转前往云南，于1938年4月设立北平研究院昆明办事处。随即，总办事处及各研究所人员相继转移至昆明继续工作。抗战胜利后，1946年全体人员陆续返回北平，恢复工作。

镭学研究所是北平研究院与中法大学合作，于1932年初由严济慈创建，原设于北平东皇城根北研院理化楼内。该所也归属理化部，所内设有放射学、X光、光谱学等研究室及为提取放射性元素用的化学实验室。该所有两个研究方向，一为放射学，二为结晶学和光学。1936年由北平迁至上海福开森路（今武康路）。抗日战争时期，由于运输困难，该所未能西迁，仍留上海工作。抗日战争胜利后，镭学研究所的一部分改为北研院原子学研究所（设在北平），其余有关结晶学和光学部分划归北研院物理所（设在上海）。

第二节　科学与技术工作

抗战前的六七年间是北研院物理所研究工作最活跃、成果最多的一个阶段，共完成论文80余篇，绝大部分发表在国内外学术刊物上。主要开展光谱学、应用光学、感光材料、水晶压电效应、重力加速度和经纬度的测量、物理探矿等方面的研究。

1937年7月抗日战争全面爆发后，北研院在北平的工作暂时停顿。1938年4月北研院昆明办事处成立，各所先后迁滇。迁滇时，北研院物理所的工作人员冒着生命危险，抢运出绝大部分仪器设备，保证了该所在8年抗战期间能在昆明继续开展工作。抗战时期，北研院物理所的工作重心转向为抗战服务，主要开展水晶振荡片的制造、应用光学和应用地球物理三项工作。

1945年8月抗日战争胜利，北研院奉命回迁。因交通不畅，回迁工作进展迟缓，因而起初两年工作无法开展。此后，陈尚义、张志三恢复了一部分光谱工作。物理探矿野外工作不能进行，顾功叙只得根据物理所在抗战前测定的重力加速度计算重力平衡。严济慈则在这段时间写了大学普通物理、高中物理和初中理化教材。此时北研院物理所原有的工作秩序和研究课题不仅无法恢复，就是抗战中发展起来的几项工作也被迫停止。这种状态一直延续到中国科学院组建应用物理研究所时才有所好转。

自建所后20年间，北研院物理所具有代表性的工作如下：

一、 光谱学与应用光学

光谱学是当时物理学比较前沿的研究领域。在国内，北研院物理所这方面的研究设备比较先进，有从德国Adam Hilger公司进口的E1、E2、E3等型号的摄谱仪，大口径拉曼摄谱仪，恒偏向分光仪，氟石棱镜真空摄谱仪和10英尺光栅摄谱仪等。最早的工作有严济慈与钟盛标合作完成的臭氧紫外线吸收光谱的研究。1929年春，巴黎国际臭氧会议有重新测定臭氧在3000～3450埃的吸收系数的决议，严济慈等采用照相光度术对此开展了精细的测量。他们在实验室模拟条件下，以氩管为光源，用大号水晶分光仪摄臭氧吸收带，再经摩尔显微光度计进行分析，得出了更为精确的结果。1933年国际臭氧委员会将他们测定的吸收系数定为标准值。这项成果被世界各国气象学家每日用来测定高空臭氧层厚度变化达30年之久。严济慈又接着完成了氖气连续光谱的分析，结果与氢连续光谱相比较，得出其光谱随波长的减小而增加，在2550埃处有一极大值。随后，严济慈分别和钟盛标、翁文波合作，对铯、铷和钠三种碱金属蒸汽在电场下的吸收光谱进行了研究，发现主线系有位移和禁线S-nS、S-nD的出现。

严济慈与钱临照合作开展压力对照相乳胶感光性能的影响的研究，发现压力会减弱乳胶感光的性能，并求得此现象的数量关系。研究论文于1932年在法国《科学院周刊》发表，这不仅是中国研究成果发表在法国《科学院周刊》上的第一篇，也是国内研究成果在国外有影响的学术刊物上发表较早的一篇。

1935年，光学仪器制造工厂成立，在设备、人员有限的条件下，该厂生产出许多品质优良的产品。其中水晶透镜、玻璃透镜、各种三棱镜、光学平片、方解石的偏光镜、无线电用的水晶控制振荡器等，精良度可以与进口产品媲美。这些产品不仅供北研院物理所研究使用，也提供给有需求的其他学术机构。

受国民政府教育部委托，北研院物理所制造专科以上学校用单鼻式和三鼻式两种显微镜400余架。这些显微镜除分配学校应用外，其余的供应到医院、工厂及工业研究单位使用。显微镜的金属部分由中央机器厂制造。经评定，产品质量略逊于德国名牌，但远胜于日本货。又受战时的中央水利实验处及滇缅公路工程局的委托，专门制造了各类测量仪器100余套，包括经纬仪、水准仪、望远镜透镜、读数放大镜及水平气泡等。此外，还为当时的国民政府资源委员会制造缩微胶片放大显映器50余具，为一些学校和学术机关配制实验室内所需的各种光学零件，如棱镜、望远镜等。

二、电学与无线电技术

这方面的工作主要集中在水晶压电和扭电现象及其在无线电上的应用。严济慈与钱临照合作，系统研究了实心和空心圆柱的长短、半径大小与由扭力所产生压电量的关系，还研究了其反现象。实验中他们还发现，将水晶圆柱放在无线电振荡器中能产生共振效果，与压电水晶片无异，可用作温度系数为零的无线电稳频器。这项工作对于控制、检测无线电波频率，以及后来在抗战期间实际生产水晶振荡器提供了理论基础。他们在民间艺人的帮助下，掌握了切割水晶体的土方法，可以很方便地向社会各界提供平行光轴或垂直光轴的水晶片，以及用于无线电稳频的压电水晶振动片等，而价格只有进口材料的1/4或1/5。

抗日战争爆发前，北研院物理所对水晶振荡现象已有深入研究，并自己切割制造水晶振荡片，供所内研究使用和外界需求。抗战中，后方无线电台及军用无线电收发报机日益增多，各电台互相干扰现象日益严重，迫切需求品质优良的无线电稳频器，为此北研院物理所先后向国民政府资源委员会中央无线电器材厂、军政部电信器材修理厂和中央广播事业管理处提供了各种厚度的优质水晶振荡片1000余片，还为驻昆明的美军和驻印度的英国皇家空军解决了一批急需的水晶振荡片。各地军用或民用无线电设备得此配件，频率从此稳定。这项工作对改善战时的中国电信技术帮助很大。

三、应用地球物理

这方面的工作有：①西从陕西宝鸡，东至黄河入海口山东利津，沿黄河测定了7个点的经纬度作为基点；还测定了北平及津浦、宁沪杭沿线各点的经纬度。②测定珠江流域地磁场的长期变化。③与上海徐家汇天文台法国传教士雁月飞（P. Lejay）合作，用雁月飞自己设计的便携式弹性摆（雁氏摆），测定了18个省各重要城市的重力加速度，共计220余处，初步完成全国重力图。④开始尝试物理探矿方面的工作，参加这些工作的有顾功叙、王子昌、胡岳仁、张鸿吉等。

抗日战争开始后，北研院物理所从原先的纯粹地球物理研究工作转变到物理探矿方面，这些工作主要由顾功叙等完成。应国民政府资源委员会西南矿产测勘处等单位之邀，采用电阻系数法、自然电流法等物理方法，先后探测云南和广西的矿区12处，推知矿床地下分布情况和蕴藏量，为进行科学开采和有效利用矿产资源提供了依据和帮助。太平洋战争爆发后，陆学善等仍滞留上海，为保护北研院物理所运到上海的仪器设备，与日伪进行了多次的周旋和斗争，避免了许多损失。由于无法从事物理学研究和教学工作，陆学善和留在上海的北研院其他一些物理学会会员，专门从事物理学名词的修订工作。1950年，原北研院物理所地球重力研究组调整到中科院地球物理所，顾功叙等随同调出。

四、发表论文选录

自1929年建所后的20年内，北研院物理所历经筹建、迁移，在极端困苦的条件下共发表论文百篇左右，代表性论文的名称及作者见表。

北研院物理所建所20年内发表的代表性论文

学科	论文名称	作者
光谱学	电场对于钠吸收光谱之影响	严济慈　翁文波
	铷之吸收光谱	严济慈　翁文波
	钾之吸收光谱	严济慈　翁文波
	稀有气体对于铷主系光谱线之位移	严济慈　陈尚义
	在电场下铯原子之光谱系	严济慈　钟盛标
	电场对于铯及铷吸收光谱之影响	严济慈　钟盛标
	铯及铷主线旁之吸收光带	严济慈　钟盛标
光学	压力对于照相片感光性之作用	严济慈　钱临照
	压力对于γ射线照相之效应	严济慈　陆学善　李立爱
	压力对于X光照相之影响	陆学善　吕大元　张鸿吉
	压力对于镭的两种射线照相之影响	严济慈　陆学善　李立爱
	气体压力对于照相潜影之影响	钟盛标
	照相潜像之形变论	陆学善
	水晶紫外光灯之制造技术	钟盛标
晶体学	空心水晶柱之绕周振动	严济慈　方声恒
	柱轴与光轴平行之空心水晶柱之振动	严济慈　钱临照
	水晶扭电定律	严济慈　钱临照
	水晶扭电之研究	严济慈　钱临照
	水晶电蚀图与结晶缺陷	钟盛标
地球物理	乙酰丙酮之磁偏极	陆学善
	中国中部重力加速度之测定	雁月飞　张鸿吉
	中国中部重力加速度之概况	雁月飞　张鸿吉
	云南会泽县矿山厂铅锌矿之自然电流法探测	顾功叙　王子昌

第三章　中国科学院应用物理研究所

中国科学院应用物理研究所是中华人民共和国成立后组建的第一个非核研究的物理学研究机构，1950年6月20日在北京宣布成立。首任所长严济慈，1951年6月因其调任中国科学院东北分院工作，所长由副所长陆学善代理，1956年施汝为接任所长。

第一节　创建经过

1949年11月1日中国科学院在北京成立，11月5日接收了北研院物理所。1950年2月上旬中国科学院在北京召开物理、化学研究机构座谈会，严济慈、陆学善等参加会议，会议决定把中研院物理所与北研院物理所合并。1950年3月21日接收北研院物理所结晶学研究室。4月6日接收中研院物理所。两所随后筹备合并工作，并命名为中国科学院应用物理研究所。5月20日由中华人民共和国政务院任命严济慈为所长，陆学善为副所长。6月20日，中科院院务扩大会宣布中国科学院应用物理研究所（以下简称“应用物理所”）成立，为中科院首批研究机构之一，所址定在北京。

中国科学院接收时有北研院物理所的光谱学、应用光学、结晶学和中研院物理所的磁学、金属物理等五个研究室及光学仪器厂。1950年末应用光学研究室和光学仪器厂划归中科院仪器馆（长春光学精密机械与物理研究所的前身），该室人员、设备全部迁至长春。应用物理所建所时工作人员有40名左右，其中研究人员仅20名。因为研究室规模小、人员少，把四个研究室编为光谱学、磁学、结晶学（包括金属物理）三个研究组。随后又增设电学组。到1953年发展为五个研究组，即磁学组（组长施汝为）、光谱学组（组长赵广增）、半导体组（由电学组改建而成，组长王守武）、结晶学组（组长钱临照）、低温物理组（组长洪朝生）。到1956年下半年由于科研事业发展的需要，把半导体组扩大为研究室，把半导体中的固体发光和结晶学组中的金属物理独立出来，建立研究组，即固体发光组（组长徐叙瑢）、金属物理组（组长钱临照）、晶体学组（组长刘益焕），新成立了物化分析组。另外，1956年初建立的声学组，同年底划归中国科学院电子学所筹备处。同年金属物理组的计量标准工作和人员划归国家计量标准局。应用物理研究所成立后，设址于北京市东城区东皇城根，原北平研究院旧址。原中研院物理所和北研院物理所的人员、设备分散在南京、上海、北京三个地方，初期交通运输不便，人员设备集中费时费力，各项工作在搬迁整顿中进行，至1952年9月搬迁工作才基本完成。主要设备有比长仪、感应炉、显微光度计及单晶炉以及附属工厂的金属加工设备等，其余都是后备材料库里的陈旧设备，这些就是应用物理所建所时的主要物质基础。

应用物理所共有房屋建筑面积7763平方米，其中实验室5106平方米、工厂仓库767平方米、办公室480平方米、生活福利用房1410平方米。到1957年底，重要设备有电子显微镜、金相显微镜、石英光谱仪、显微光度计、比长仪、X光机、精密电桥、液化气体设备、高频感应电炉等。

第二节　建所初期专项研究与成果

应用物理所初创时，研究人员较少，研究课题一部分和国家经济建设的需要相关，也有一些研究选项以研究人员在国外留学所学专业专长为主。这些研究工作不仅紧随国外研究的新动向，而且对该所的学科创立及发展起到了奠基作用。本节主要介绍应用物理所早期的专题研究。

一、基础研究

1.X射线晶体结构测定。项目负责人唐有祺和余瑞璜。唐有祺组建了中国第一个单晶结构分析研究组，开展X射线衍射晶体结构分析工作，测定了中国第一批单晶结构，撰写了论文，培养了用X射线衍射方法进行晶体结构分析的人才。余瑞璜发明了X射线新综合法进行联系系数的计算和应用，在一维结构中比通用的傅里叶方法好得多，二维或三维结构的应用亦有很强的优势。他所创制的用于晶体反射的X射线单色器，经使用证明非常符合需要。

2.金属力学性质的研究。这项研究包括三个方面的工作：①金属强度问题。项目负责人葛庭燧。研究的目的是根据原子物理的理论来了解和解决金属强度的基本问题，以达到增加金属强度的目的。其课题包括铁及铁合金中原子扩散及热处理，耐高温金属、铝铜合金的时效硬化，金属范性形变的机理等问题。②金属的弹性问题。项目负责人钱临照、何寿安。研究者用自制的伸长计来实验单晶铝的弹性，发现铝丝刚被拉过不久应力与应变存在弹性滞后现象，并且被拉过不久与拉过很久的铝丝的弹性后效有很大差别。③滚压时金属内部范性应力的分布。项目负责人王守武。研究者从理论方面先计算滚筒与金属片之间无摩擦发生的情况，用逐步近似的方法可计算出金属片内部任何部位的范性应力，所得结果比一维理论方法求得的准确。

3.物质的磁性。项目负责人施汝为、潘孝硕。他们的工作主要专注在铝镍钴（Alnico）合金的热处理方面，采用高温快速冷却方法，将合金样品从1200℃迅速冷却到700℃，再在600～700℃间锻炼1～2小时，所得到的最大优值是$(BH)_{max}=1.6\times10^6$高·奥，把样品的磁性提高了2倍多，并超过了Alnico V的标准。

4.利用拉曼散射光谱对氢键问题的研究。项目负责人张志三。研究者主要通过苯甲酸作为研究样品，其结果是看到苯甲酸的溶液及其粉末的光谱有若干不同，即有些谱线发生位移，有些谱线发生分裂，这些现象初步确定为氢键力的干扰。

5.铝镍钴三元合金的磁性。项目负责人施汝为。研究者通过制备铝镍钴三元合金的样品，观测对其经多种热处理前后的磁性，结果是在磁场中冷却后得到显著的磁导性，但矫顽力及顽磁感应尚未达到一般的标准。

6.氧化铜定态光电导的测量。项目负责人汤定元。研究者完成测量并得出结果后，又对氧化铜的吸收光谱进行了研究，所用反射法和透射法测量吸收系数的设备都取于自制。

7.氧化铜电导率与霍尔常数的测量。项目负责人王守武。研究者研制了两项测定的基本装置，并装置了烧制和处理氧化铜样品所需的电炉及其温度控制设备，完成测定工作。

8.红外磷光体物质性质的测定。项目负责人许少鸿。研究者制备出亮度符合一般标准的红外磷光体，建立了测量其衰变过程的设备，完成了其光谱能量分布的测定。

9.铝铜镍三元合金的X射线衍射研究。项目负责人陆学善。该研究通过X射线对铝铜镍三元合金衍射的分析，完成了其在室温下的相图。

10.酒石酸钾钠晶体生成过程中所发生的晶体缺陷与温度及其他因素的关系。项目负责人钱临照。该研究通过测定掌握了酒石酸钾钠晶体的一些生长缺陷的规律。

11.铝、锌、银、铜单晶体的制备及其范性形变的初步观测。项目负责人钱临照。

12.建立低温物理实验室基本设备。项目负责人洪朝生。研究者建立了液化空气的设备和液化氢气的主要设备，包括氢发生器的制备及试用、氢液化系统部件的制备等。

二、应用研究

1.压电晶体的研究。应用物理所是当时国内唯一能制造水晶振荡器的单位，为广播电台、军委通信部门及本所供应水晶振荡片。此外，对水晶振荡器电极板的改进，使磨制效率提高五六倍，装配工作的效率提高两倍。针对此项研究，还做了电场影响下水晶的腐蚀圆和溅射圆的研究。这项工作的负责人是张济舟，他发现腐蚀圆线和天然解理面与电轴的方向有一定关系。此外，压电水晶晶体中还存在天然晶体中尚不存在的罗谢尔盐及ADP（磷酸二氢铵）等，这必须人工培养，此项工作负责人为向仁生和佟仲昭，他们通过用ADP饱和的溶液，保持温度与压力不变，而使溶剂蒸发、ADP分子沉淀的方法进行实验，最后获得达到要求的压电晶体。对于消除水晶中孪生状丝的工作，由陆学善和张济舟负责。水晶的孪生主要有两种：一种是光学孪生；一种是电学孪生。他们采用在电场中热处理的方法取消电学孪生。

2.氧化铜整流器的制造。项目负责人是陆学善和王守武。此项工作对于半导体的研究有一定意义。

3.炼钢平炉中所用镁质材料（包头黏土）的矿物组成分析。项目负责人吴乾章。分析结果解决了炼钢平炉耐火材料中的一些具体问题。

4.热电偶式海浪自记仪的制造。项目负责人钱临照。试制成的自记仪在青岛附近的海中进行了实地试验，可以记录。

第三节　专题研究概况

应用物理所自建立至1958年更名物理研究所时，正值中国实施第一个五年计划以及十二年科学技术发展规划时期，各项研究按照国家的指令有计划地进行。所承担国家重要科学技术任务中，最具有代表性的项目包括：研究超级硅钢片及各种坡莫合金的制造技术及其有关理论，并发展新型磁性材料；掌握并改进超纯元素的制备、检验方法及其物理性质研究；结合中国资源研究新型耐火材料的生产工艺与理论基础；无线电技术用新材料的研究和发展；固体和液体物理中主要理论问题的研究；超纯半导体单晶材料制备工艺的掌握及其发展；半导体电子学线路的应用及发展；光电现象的研究和各种射线对于半导体作用的研究；发光现象的研究，发光材料的制备、改进及新材料的探索；铁氧体磁性及其他半导体磁性材料的研究及利用等。纳入规划的学科有理论物理、无线电电子学、半导体物理、光学、晶体学、金属物理、磁学、声学和低温物理等。从建立的研究室及开展的课题来看，研究方向与规划要求相吻合。

一、半导体研究

1956年开始发展锗晶体管的研究，并进行了锗的提纯，单晶和晶体管制备工作业已开始，小功率低频率晶体管制成。主要工作如下：

1.半导体光电导的研究。继续以氧化亚铜为研究对象，开展吸收光谱、光电导光谱分布、灵敏度及弛豫时间的测量。

2.半导体基本性质和有关整流效应特性的研究。主要是了解半导体内部和表面上或阻挡层内电子输运的规律。

3.锗晶体管试制工作已经完成。二极管、中显三极管放大器已能试制。高频晶体管及面垒晶体管尚在研究有关内容。

4.掌握了测量非平衡载流子的方法，并建立了高能电子轰击半导体的设备。

5.半导体电子学的工作主要是研制测量晶体管参数及特性的设备。

二、光学研究

分为光谱学及固体发光两个研究领域。

1.光谱学。包括三个方面的工作：①掌握了光谱定量分析的技术，用自制的溶液制作锰、铬、镍等的工作曲线。②进行了光的拉曼散射效应、固体吸收光谱的工作。利用拉曼散射效应完成石油成分的分析，完成偏振度的测量。研究了氧化亚铜的光谱。③在硫化镉单晶体中利用偏振光观察到一系列吸收谱线。在硫化镉多晶体的本征吸收边上观察到两条强的谱线，在其短波方向还出现两条弱的带，这些谱线可能是晶体的激子光谱。

2.固体发光。包括三个方面的工作：①硫化锌的提纯及发光材料的制备基本完成，得到的样品发光亮度最好时可与苏联样品相媲美。②进行了光致发光、场致发光的研究，开展了阴极射线发光及带电粒子发光的研究工作。③确定了铜杂质对SrS: Ce, Sm红外发光体的闪光作用，进行了ZnS: Cu, Co的复合发光的外部淬灭研究，提出测定能级深度的方法。

三、晶体学研究

开展的研究有如下几个方面：

1.观察晶粒的方向。采用伸力形变和扭曲形变，用X射线测定晶粒方向。用金相方法观察晶粒的大小。

2.晶体结构的研究。包括合金的平衡图，合金的形成机理，合金在某一相内的原子排列等用粉晶试样进行的研究，以及建立单晶体X射线结构分析的基础。

3.晶体力学性质的研究。主要内容是晶体受到外力作用达到范性时，研究晶体的宏观与微观变化。

4.耐火材料研究。研究耐火材料在高温下其物相变化及物理、化学性质与晶体结构的关系，了解其固态物相间的转变情况，即测定这类氧化物的平衡图，以期从晶体学观点掌握不同耐火材料的优劣，进而寻找更加完好的新原料。

5. 铝铜镍合金 τ 相结构研究。在 τ 相区找到了8种以一个基本菱面单位为基础的互相有密切关系的结构，这表明 τ 相结构随成分而改变。确定了 τ 相内各种单胞的原子排列，了解到8种单胞间原子排列的相互关系，发现每个菱面体内所含的电子数目保持常数。

6. 铝铜镍合金相结构研究。研究了相区内点阵常数的变化和单胞原子数随成分而变化的规律，并比较准确地定出了相的相界。

7. 建立了细聚焦X射线的设备与技术。

四、磁学研究

研究了磁合金的处理技术及磁化机制，硅钢片的测试与改进，为发展铁氧体准备了条件。有代表性的工作如下：

1. 改进硅钢片的性能。国产硅钢片含硅量为3.55%，其样品在800℃左右熟炼后铁芯损失降低至16瓦/千克，仅为原来的40%，其他磁性也得到改进，如以铁芯损失及磁感应值性质而论，该硅钢片样品已达到苏联较高级合金的规格。

2. 铁氧体磁性的研究。该物质是2个三价铁原子、4个氧原子及1个二价金属原子的化合物，为一类磁性材料，可用于高频电工中的软磁材料等。开展了该单晶的制备及其磁化率的测量等。

3. 钴单晶体磁各向异性研究。测定在400℃以上立方钴的磁各向异性并研究在相变范围内磁各向异性如何变化。

4. 铁磁合金的研究。对铝镍钴－V的脱溶及磁性关系的研究，观测到含铁量低的合金中的异常现象。对铝镍钴－V的磁性硬化中可逆现象及磁致伸缩与温度关系进行了观测与研究。

五、金属物理研究

1. 单晶体的形变研究。利用自制的附带显微镜的伸长计，观测了铝单晶体在拉伸开始阶段的表面变化及其发展为滑移带的过程，初步了解了铝单晶体人工滑移的特性。

2. 金属的高度提纯及单晶体的制造。利用线绕电炉进行铝、锑、锌等金属的区域熔化，提高了金属的纯度。

3. 金属织构研究。研究纯铝冷加工织构，把纯铝冷加工后在不同温度下退火，测量样品不同方向的力学性质，并绘出相图。结果是力学性质曲线有程度不同，但基本属于一种类型。

4. 对经区域熔化提纯的锑单晶形变机理研究。观察到孪生与滑移等现象。

六、低温物理与技术

建立了液化空气、液化氢气设备，开始了液化氦设备的初步设计。

1. 建立低温设备。1954年开始生产液体空气，供给本所及少数科研单位物理实验使用。

2. 建立氢液化器。1956年建立氢液化器，运转情况良好。

3. 对100K至350K的量热系统进行设计工作，配置了真空系统。

4. 1957年开始进行物质在低温下热容量测量方面的工作。

应用物理所从建所到更名仅8年的历程，但各项科研工作成果不菲，发表论文达70篇左右，有的发表在专业期刊上，有的在国际、国内专业会议上作报告或宣读。研究工作所必需的物质条件更加充实。图书期刊从建所以来逐年购置，至1957年共有32 000余册，其中书籍9700余册，期刊450多种，共计22 000余册。仪器、机床1957年有4000余件，器材供应保证了科研工作的需要。附属工厂在各项物质条件保证中起到较大作用，有车床、刨床、铣床、钻床若干台，仪器、机床利用率较高。

总的说来，应用物理所的科研工作是稳步发展的，至第一个五年计划末期，已发展成为具有一定规模的以固体物理为主要研究方向的综合性基础科学研究机构。

第三篇
学科发展与变迁

物理所在80多年的发展历程中，涉及了物理学领域中许多学科的研究工作。其中有几个学科从中研院物理所和北研院物理所建所初期一直延续至今，如光学、晶体学和磁学；有些学科因机构和学科调整等原因被安排到其他研究机构，停止了在物理所的工作；也有一些新兴或交叉学科在物理所陆续建立和发展起来。列入本篇的学科有23个，从第一章到第二十三章大体上按照各学科在物理所的起始时间排序。此外，有一些学科的研究工作在物理所的持续时间不很长，或者范围不很宽，还有两项比较特殊的工作任务（“325工程”和“一号任务”），一起放在第二十四章，各为一节。

应当说明，已编入本篇的学科尚不完备，编排也未尽合理。如20世纪70年代物理所代管过“相对论批判组”和引力理论与引力波实验探测工作，后被调整到中科院其他研究所。由于他们在物理所的时间不长，物理所保留的资料有限，这部分工作未能编入到本志中。

第一章 光物理

物理所的光学研究工作，前期以光学和光谱学为主要内容，20世纪60年代激光出现以后，逐步转向以光物理为主要研究方向。光物理既要进行光与物质相互作用的基础研究，也要开展新型人工结构和材料在光学，尤其是在光子学领域的应用基础研究。一方面重视光物理本身的研究，另一方面将现代光学的方法和技术引入凝聚态物理和材料科学中去，开拓新材料在高技术产业中的可能应用。光物理实验室在低维人工结构材料中的光科学、激光物理、光子晶体、非线性光学、量子光学、强场物理、高能量密度物理及超快过程等方面开展基础和应用研究工作，与凝聚态物理、材料科学紧密结合是光物理实验室研究的重要特点。光物理实验室在新型激光器的研究和研制方面，具有很强的研发能力。

第一节 发展概述

1928年，中研院物理所在上海成立之初，就先行采购了以光学、电学为主的科研仪器。1929年，北研院物理所成立，首先开展光谱学研究。1950年应用物理所成立时，在组建的光谱学、应用光学、结晶学、磁学、金属物理五个业务研究机构中，就有两个与光学相关。该所首任所长严济慈，不仅是中国现代物理学研究工作的创始人之一，也是中国光谱学研究和光学仪器研制工作的奠基人之一。

一、实验室的建立与发展

在20世纪50年代的大部分时间里，物理所的研究单位以组划分，光学为第一研究组，这期间北京大学物理系光学教研室主任赵广增兼任光学组组长，张志三为秘书，研究组成员有孙湘、李维成、徐世秋、王传钰、彭子和、唐福海、徐积仁、张遵逵、张洪钧等。组建有激子光谱、拉曼光谱及红外光谱、真空紫外光谱、光谱分析4个课题组。为了配合当时国家经济建设的需要，应石油、地质等部门的要求，光学研究组不仅开设了光谱学习班，为有关厂矿培养技术人员约20人，而且承担了国产石油的鉴定工作[1]，为中国石油工业的拉曼光谱分析奠定了基础。1959年，张志三与张遵逵、邱元武、钟权德一起，组建了波谱研究小组，孙湘和张洪钧等组建了高温等离子体研究小组。物理所建立起国内有重要影响的分子振动光谱实验室，拥有德国进口的红外光谱仪（UR-10）等先进设备，研究工作也从支援国家建设逐渐扩展到基础科学研究，不少单位派人来物理所先后进行过物理、化学、生物、天文等方面的合作研究。

1959年6月，光谱学研究室成立，张志三任实验室主任。当时国际上受激辐射的研究正在向光学波段推进，张志三、徐积仁、张遵逵、佘永柏等独立开展了这一课题的研究工作，于1962年利用物理所张乐潓等生长的红宝石晶体实现激光输出，次年在《科学通报》发表了国内较早的激光实验论文[2]。1965年初，由于研制的大尺寸红宝石晶体的出色质量及产生激光的优良性能，物理所在全国科技项目表彰会上获奖（陈春先负责大能量红宝石激光器的研究）；霍裕平等还进行激光理论的工作[3]；徐积仁等又研制成功晶体电光开关。

由于这些工作的发展，1969年物理所成立激光研究室（简称“三室”），实验室同时还配有玻璃加工组，总人数达70多人。研究工作主要是激光大屏幕显示[4]及雷达二维信号处理等，同时也开始了国际交流。诺贝尔奖获得者、美国非线性光学专家N.布洛姆伯根和加州大学伯克利分校的沈元壤先后到物理所参观访问（图1）。随着光学研究工作的进一步发展，1974年三室又作了新的调整，至1977年先后设立了激光全息及信息处理、非线性光学、氩离子激光器、二氧化碳激光器、固体激光器、半导体激光器及激光物理理论等研究组，研制成功室温运转的砷化镓半导体激光器[5]和横向激励的二氧化碳激光器，多项成果获全国科学大会奖及中科院重大科技成果奖。

1978年10月，根据中科院的规划精神，物理所明确以凝聚态物理为主要发展方向，光物理为主要研究领域之一。在光学、激光物理与技术等方面，开展了皮秒光谱学、原子激光光谱学、分子光谱学、非线性光学、光学信息处理、激光理论、激光技术及激光干涉测量等工作，研制成功高功率单频氩离子激光器[6]、氮分子激光器[7]及被动锁模Nd:YAG激光器[8]，后者被用于凝聚态物质的瞬态效应和化学与生物反应的能量转移过程研究；横向激励二氧化碳激光器的单脉冲能量达到5焦耳，寿命达到百万发[9]；建成脉冲闪光灯泵浦的重复频率染料激光器[10]。这期间研究室工作人员达到92人。

1984年物理所撤销研究室建制后，成立的有关光学的研究组有11个，研究方向分别为相干紫外辐射产生、共振多光子电离、非线性光学和光谱学、光学一般变换与光计算、激光增强催化、激光分子动力学、液晶光学双稳态中的混沌、表面非线性光学、激发态原子和分子动力学的基础研究、拉曼散射和表面增强拉曼散射、布里渊散射和荧光光谱。此外，还设有可调谐激光器研究组，研究开发部设有激光测量组。随着光物理的发展和研究组的调整，1993年又新成立非线性光学的新效应及应用研究组。这期间，在原子分子动力学的理论研究、光学双稳态中混沌（光学混沌）的研究、四波混频与四波混频光谱学的理论与实验研究、光学信息处理的理论与实验研究、凝聚态物质的光散射研究等方面初步形成自己的特色。在激光诱导化学反应合成纳米颗粒和薄膜研究方面，他们1985年合成出质量优于美国和德国、平均粒度为23纳米的SiC纳米颗粒[11]，这也是国内首次研究并制备出的纳米颗粒；研制的首台微波激励实用型千瓦级二氧化碳激光器被1991年*Laser Focus World*（《激光集锦》）报道，引起国内外同行的关注。

1994年12月，经中科院组织专家评审，物理所成立光物理实验室（以下简称“光物理室”）并作为院级开放实验室正式对国内外开放。实验室主要研究方向为光与物质相互作用的基础研究，同时开展新材料在光学，尤其是在光子学领域的应用基础研究。设有5个研究组和公共实验室，在开展光折变效应、激光法薄膜制备、光学混沌等研究的同时，也开展了超强激光物理、极紫外及高次谐波的产生、光镊、光子晶体、太赫兹相干辐射与机理、飞秒超快过程、参量激光器与大功率全固态激光器等前沿课题的研究。杨国桢任首届实验室主任，陈

图1 1978年沈元壤（前排左六）来访时与物理所领导和激光研究室部分研究人员的合影

创天、吴以成、孔繁敖、张杰、张希成、张景园、朱湘东等国内外有重要影响的专家，通过客座研究课题的方式，先后来实验室开展合作研究。1999年光物理室换届并由张道中出任实验室主任时，进入中科院知识创新工程试点的研究组有6个，分别开展光子晶体特性与应用、超快光谱、薄膜与超晶格物理及光学非线性、光量子信息与原子相干性研究、超强超短激光物理及与物质相互作用、可调谐全固态激光的研究和应用等工作，在光子晶体机理、激光分子束外延、飞秒太瓦激光装置、多波长参量激光等方面取得一批重要成果。图2为1999年光物理实验室的负责人。2005年，基于飞秒激光在精密频率测量中的应用和计量测试高技术联合实验室的发展，成立超短激光脉冲与量子频标研究组（魏志义任组长）。聂玉昕和魏志义先后任计量测试高技术联合实验室主任。2005年张杰接任光物理实验室主任，2009年金奎娟任实验室主任。

图2　1999年光物理实验室的负责人
（左起：汪力、张杰、许祖彦、杨国桢、张道中）

至2010年，光物理室的各个研究组在纳米光子学、低维氧化物体系的设计制备及其物理研究、相干与非相干多波混频的理论和实验研究、双光子量子干涉与成像、量子保密通信、单光子探测的理论和技术、太赫兹时域光谱和太赫兹与物质相互作用、超强激光作用下的高能量密度物理、阿秒激光物理与技术、光学相干控制、新型全固态锁模激光等方面开展了研究。利用超快光子晶体全光开关获得25飞秒国际上最快的开关速度，首次在近乎均匀结构的十二重准晶中观察到负折射和非近场成像效应，利用两维准周期非线性光子晶体实现准连续波的频率转换。他们研制成功Ⅱ型激光分子束外延设备，制作出多种高质量的钙钛矿氧化物薄膜材料，在钛酸锶、铝酸镧等晶体上观测到皮秒的超快光电效应，在氧化物多层膜结构上观测到电、磁双调制效应，研制出两种纳米团簇增强非线性光学材料。此外，还通过自主创新研制成功整体性能可与国外同类工作相媲美的近红外单光子探测器；首次获得Nd:CNGG、Nd:$LuVO_4$、Nd:$GdVO_4$、Nd:GGG等系列全固态激光器的准三能级运行或锁模运行；建成峰值功率大于350太瓦的台面飞秒钛宝石激光装置及高精度的新型同步飞秒激光，研制成功能直接产生小于6飞秒脉冲的飞秒钛宝石激光器，并实现载波包络相位的稳定锁定；利用太瓦飞秒装置和强场物理研究平台，首次发现了沿靶面方向发射的超热电子束，揭示了飞秒激光脉冲在大气中的自聚焦成丝以及多丝相互作用对等离子体通道长度和稳定性的影响；证明了高信噪比的激光脉冲可以大幅度提高超短Ka X 射线脉冲的产额，提出了超强激光新的质子加速机制——稳相加速；详细分析了等离子体在各种强度的直流电场下的电子分布函数，推导出了一组类似于流体力学方程的公式；实现了输出功率国际先进的三基色激光，并研制出国际上色面积最大的激光全色显示样机；在对覆盖纳米厚度电介质液膜劈裂共振环阵列的太赫兹响应实验研究中，观察到磁共振峰和电共振峰处的显著透射增强以及和液膜介电性质相关的光谱特征，这对于发展基于结构材料的高灵敏太赫兹探测器件具有重要启示[12]。

光物理室为全国光学学科博士、硕士研究生培养点和博士后流动站。至2010年底，该实验室的研究工作大多已进入国际竞争的前沿，承担多项国家和省部级的重大和重点研究课题。与国内外十几所大学和研究所建立了良好的学术合作关系，对国内外科学家提出的优秀研究项目给予资助并开展合作研究。

中国物理学会光物理专业委员会的办事机构，自1996年成立以来一直挂靠在物理所光物理室。1996～2001年专业委员会主任为徐积仁，2001～2009年为张道中，2009年起为金奎娟。中国光学学会基础光学专业委员会的办事机构1981～2004年挂靠在物理所，2005年转到北京大学物理学院。1981～2001年专业委员会主任为徐积仁，2001～2004年为聂玉昕。以上两个专业委员会多年来联合组织了多次全国激光物理讨论会，郑师海和冯宝华做了大量的组织工作。

二、研究成果和人才培养

物理所光学研究在不断发展的过程中，先后取得了一系列有重要影响的学术成果，在不同时期完成了满足国家重要需求的工作，培养了许多优秀人才。早在抗日战争内迁昆明期间，北研院物理所就建有15人的光学工厂，在严济慈的领导下进行150倍显微镜的研制工作。当时光学仪器是急需的战略器材，该所在一年多的时间内制成50架显微镜，缓解了抗战时期后方部分学校的需要[13]。中华人民共和国成立后，上级交给物理所一项紧急任务，要求检测美国在朝鲜战场上投掷的细菌弹各组成部分的元素成分，张志三等利用光谱分析技术很好地完成了这一工作并得到卫生部的奖励。为了配合国家经济建设的需要，实验室及时开展了石油、钢铁、地质等行业所需的光谱分析研究。20世纪60年代开始，继获得红宝石激光输出后，孙湘研究组承担了当时国防任务中的三项光学测试工作，1964年由张洪钧带队参加了中国首次原子弹爆炸试验，出色地完成了任务。1976年毛泽东逝世后，中央制定了保护毛泽东遗体的“一号任务”，物理所光学部分人员参与了水晶棺设计及光学照明的工作，他们被授予毛主席纪念堂工程先进工作者称号。在1978年召开的全国科学大会上，光学信息处理研究、二氧化碳激光器、光学普遍变换、激光光导纤维通信获奖。此外，非相干光处理大运动模糊图像、红外激光多光子吸收分离硼同位素、脉冲多普勒雷达的光学信息处理获1978年中科院重大科技成果奖。自此之后，物理所的光学研究逐渐步入了一个快速发展和水平不断提高的阶段，至1984年先后获得中科院科技成果一等奖1项、二等奖3项及其他奖项。1985～1999年底，光物理室共获得国家自然科学三等奖和国家技术发明二等奖各1项，国家科技进步三等奖3项；中科院自然科学一等奖和二等奖各1项、三等奖2项，技术发明一等奖1项，科技进步一等奖3项、二等奖1项。随着21世纪的来临，中科院知识创新工程给了光学研究更加接近及进入国际前沿的机会，光物理室几个相关研究组通过不懈努力，在强场物理、氧化物薄膜制备、光子晶体、飞秒激光技术、二极管泵浦固体激光技术等多个方面初步形成国际影响。2000～2010年已在国际相关学术会议上作邀请报告100余次，并主办了国际X射线激光会议、亚洲原子分子物理会议等多个国际会议。研究工作获国家自然科学二等奖2项、北京市科技进步一等奖2项、中科院技术发明二等奖和科技进步二等奖各1项。2007年，张杰、盛政明、魏志义等获中科院杰出科技成就集体奖。

人才队伍的培养和建设是研究工作可持续发展的重要环节。20世纪50年代，物理所光学专业就开始招收研究生。1978年恢复研究生招生后，光学是物理所最早具有博士学位授予权的学科之一，王天眷、张志三是当时光学仅有的两位博士生导师。至2005年，光学博士生导师最多时达18位。据不完全统计，物理所光学专业共培养博士300多人。在科研队伍建设方面，1995～2010年有5人获得中科院“百人计划”的支持，6人获得国家杰出青年基金。

叶佩弦、傅盘铭、杨国桢、张杰、盛政明等人因在光学研究方面的成就，先后获中国物理学会饶毓泰物理奖。此外张杰还获得第四届中国青年科学家奖、香港求是杰出青年学者奖、中国光学学会王大珩光学奖、海外华人物理学会亚洲成就奖、第三世界科学院（今发展中国家科学院）物理奖等奖项及全国先进工作者称号，吴令安获全国三八红旗手称号，陈正豪获第二届中科院十大杰出妇女奖，魏志义获中科院青年科学家奖，金奎娟获全国优秀科技工作者奖章。李家明、杨国桢、张杰当选中国科学院院士，许祖彦当选中国工程院院士，并都先后获得何梁何利基金科学与技术进步奖。李家明当选第三世界科学院院士，张杰当选第三世界科学院院士和德国科学院院士。

光物理室出版的专著有张洪钧编著的《光学混沌》[14]，叶佩弦主编的《非线性光学》[15]和所著的《非线性光学物理》[16]。

第二节 光谱学

光谱是电磁辐射按照波长（或频率）的有序排列。光谱学是光学的一个分支学科，它研究各种物质光谱的产生，利用光谱研究物质的结构及物质与电磁辐射之间的相互作用。通过光谱学的研究，人们可以得到物质的能级（能带）结构、能级寿命、电子的组态、分子的几何形状、化学键的性质、反应动力学等多方面物质结构的知识。光谱学在物质成分分析中也提供了重要的定性与定量的分析方法。

一、北研院物理所和中研院物理所的光谱学研究

1930年底严济慈回国，北平研究院院长李石曾正式邀请他接任物理研究所所长并筹建镭学研究所。1930～1938年是严济慈一生从事科学研究的重要阶段，这个时

期他的研究工作属于物理学的前沿。严济慈关于光谱学的研究是多方面的。20世纪30年代，他在钟盛标、陈尚义、翁文波、方声恒、盛耕雨等人的协助下，共发表论文23篇，从研究氢、氖原子、分子连续光谱入手，进而研究三种碱金属（钠、铯、铷）的蒸气在电场下的紫外连续光谱，发现主线系有移位。再研究这三种碱金属蒸气在外加惰性气体氖、氦、氩压力下，发现其吸收系的高项谱线产生压力移位。经深入研究，从实验发现轴对称的分子有效截面数值与费米－莱因斯伯格（Fermi–Reinsberg）方程不符。这些研究成果对于原子物理学中的斯塔克效应等提供了实验证明，为丰富和发展原子、分子光谱学作出了贡献。多年来，国外原子光谱学的权威著作一直大量征引严济慈在30年代的这些结论。1961年英国牛津大学H.G.库恩（Kuhn）在*Atomic Spectrosc.*（《原子光谱学》）的专著中仅用了两幅铜版印刷的光谱图，其中一幅便是严济慈30年代所拍摄的。

严济慈关于臭氧对紫外线吸收的研究也是一项出色的研究成果，特别是在实验室条件下，对臭氧吸收光谱的研究以及臭氧紫外吸收系数的测定，引起了国际物理学界的高度重视。高空大气中臭氧的多少和分布直接影响着生物的生存和人类的健康。由于人类的排放物导致臭氧层遭到破坏以及南极地区臭氧层空洞的出现，已成为当代人类面临的严重环境问题。20世纪50年代以后，对大气中臭氧的测定研究已成为大气物理学的一个重要分支，但是它的方法却是基于30年代初严济慈的研究成果。1929年巴黎臭氧会议决议，要重新精确测定臭氧层紫外吸收系数。严济慈在钟盛标的协助下，于1932年采用照相光度术的方法，精确测定了臭氧在全部紫外区域（即215～345纳米）的吸收系数，并发现了若干新光带[17]。1933年法国M.D.夏隆热（Chalonge）和L.勒费弗尔（Lefebvre）利用严济慈的研究成果，进行臭氧紫外吸收区长波端的延伸研究，证实了严济慈发现的那些新光带。1933年国际臭氧委员会将严济慈等精确测定的吸收系数定为标准值，各国气象学家每日用此来测定高空臭氧层厚度变化达30年之久，该标准值被称为“严济慈系数”。1964年，美国哈佛大学R.M.顾迪（Goody）在*Atmos. Radiat.*（《大气辐射》）专著中指出，直到1953年这方面的工作才有新的进展。20世纪50年代以后，由于有了探空火箭和人造地球卫星进行高空直接观测，可以根据“同温层”实际的温度梯度变化来对吸收系数予以修正，但其原理还是基于严济慈30年代初的研究成果。

1932年，严济慈的论文《压力对于照相片感光性之作用》[18]寄往法国，发表于法国《科学院周刊》第194卷，这也是国内研究成果发表在该刊物的第一篇文章。在钱临照的协助下，严济慈研究了压力对照相乳胶感光性能的影响，发现压力能减弱照相乳胶感光性能，压力愈大效应愈显著，光波长愈短效应愈不明显。如用γ射线为光源则反之，压力愈大，效应愈不明显。这项研究是富有创造性的，与工业生产、民生应用和科学实验都有密切关系，引发数位外国科学家的后续工作。德国H.巴克斯东（Backstrom）运用严济慈创造的实验仪器和方法进行研究，于1948年发表了《静压力对照相乳胶感光性之影响》的论文。图3为北研院物理所的光谱研究设备。

图3　北研院物理所的光谱研究设备

中研院物理所20世纪30年代开展了光谱学研究。1933～1937年，中国第一位物理学女博士、当时在大同大学任教的顾静徽在该所任兼职研究员，从事低温下气体分子光谱的研究。1935～1936年，吴健雄在该所任研究助理，在顾静徽的指导下进行气体分子光谱的研究工作。

二、应用物理所和物理所的光谱学研究

1943年张志三在西南联合大学毕业后进入北研院物理所，1946年开始从事光谱工作。中华人民共和国成立后，张志三在应用物理所承接一项任务——检查美国在朝鲜战场上投掷的细菌弹各组成部分的元素成分。他利用光谱分析技术完成了任务，受到了卫生部的奖励。发射光谱分析技术在钢铁、有色金属、地质矿产等领域有广泛应用，张志三等人于1952年初在物理所举办了发射光谱分析学习班，为厂矿培养了20多名技术人员。同

年夏，他应邀赴黄石市钢铁厂，协助建立发射光谱分析实验室。他所建立的快速分析法，可在3分钟时间内完成一个钢铁样品的数种杂质的定量分析，出色地完成了任务。

20世纪50年代，中科院石油所（今中科院大连化物所）提出确定国产石油成分及质量的任务。张志三与他们合作，在物理所建立了拉曼光谱实验室，通过分子振动光谱可认定分子，利用谱线强度可测定分子的浓度，为中国石油工业的拉曼光谱分析打下了基础。他和张洪钧利用拉曼光谱技术进行弱键，特别是氢键的研究，观测了几种分子氢键的结合方式，其中包括罗谢尔盐。为全面研究分子振动光谱，张志三等1958年在物理所建立红外光谱实验室，从民主德国引进一台红外光谱仪，进行天然和合成物质中分子种类及主要成分和结构的研究，积累了许多数据和资料，引起当时国内同行的关注。

20世纪50年代和60年代初期激光尚未在中国兴起，光谱学和光谱分析是物理所重要的研究方向。1950～1960年，赵广增为北京大学和应用物理所（1958年更名为物理所）合聘教授（研究员）。考虑到国家的需要，他研究工业生产中定性、定量的光谱分析问题，招收光谱分析的研究生。1957年赴苏联，在列宁格勒技术物理研究所和莫斯科大学从事高分辨率光谱和晶体光谱研究工作。从苏联回国后，他主要从事氧化亚铜的吸收边、黄系激子及蓝系激子的光谱和这两个系的压力效应及空间色散等研究工作。20世纪50年代国际上激子光谱的研究刚刚起步，有关激子和激子光谱的研究在凝聚态物理领域中是很重要的方向，他指导研究生做了大量研究工作，取得很多成果。

20世纪50年代中期以后，孙湘在物理所开展真空紫外光谱研究工作，她和陶世尧、王文书等人利用国外的凹面反射光栅，设计和加工了一台2米正入射真空紫外光谱仪，研制成一台水晶毛细管放电的电容放电光源。利用此光源，完成了光谱仪的调试工作[19]。在真空紫外区的NIII光谱研究工作中[20]，他们观察到新谱线和新能级。物理所还有一台英国制造的3米掠入射真空紫外光谱仪，在20世纪70年代后期和80年代初期，王文书、赵理曾、江德仪等进行真空紫外区氩的高次离化光谱研究，也观察到新谱线和新能级[21]。

20世纪80年代，厚美瑛、张祖仁、冯宝华等（302组）进行激光光谱学和激光单原子检测研究工作。主要利用共振多光子电离方法和自己研制的闪光灯泵浦的可调谐脉冲染料激光器、原子束，通过对少数原子的选择性激发和检测，研究原子的光电离截面、激发截面、能级布居等。主要研究了几种碱金属原子的光电离截面，并利用该方法对铯原子进行了光电离研究，探测能力达到了单原子水平。

20世纪80年代后期和90年代，聂玉昕和赵理曾等开展过有机和无机材料的频域光谱烧孔研究。这是863计划新材料领域支持的项目，由物理所和中科院感光化学所及中科院长春物理所合作进行。物理所项目组主要从事材料光谱烧孔性能的测试，负责人为叶佩弦，另外两个所的相关组分别负责制备有机和无机光谱烧孔材料。由于光谱烧孔实验要在很低的温度下进行，物理所建立了低温光学测量设备，用氩离子激光器激励的染料激光器进行光谱烧孔和对光谱孔测量。在无机材料（氟氯溴钡掺钐）上烧出了频宽很窄的光谱孔，在几类有机材料上都可连续烧出数以百计的光谱孔，可以任意编码烧孔，也可全息烧孔。该项目组在国内外学术期刊上发表了多篇论文[22]。

20世纪80年代，由叶佩弦和傅盘铭领导的研究组开始从事液晶和钠原子蒸气等介质的四波混频实验和理论研究。1990年以后，由傅盘铭研究组在此基础上，开始系统地研究基于相位共轭的共振增强非简并四波混频（FWM），并将它应用于各种不同类型的光谱学问题中，其目的是建立一套完整的具有自己特色的新的光谱学方法。此方法将一些原来各自独立的光谱学技术，如饱和光谱学、双光子吸收光谱学、相干拉曼光谱学、瑞利和布里渊散射以及瞬态相干光谱学等，统一到一个相同的框架之内。利用此技术，他们研究了双色光FWM中的极化干涉，并在此基础上发展出一种全新的高分辨光谱学方法，即超快调制光谱学。他们提出用瑞利型FWM来研究超快过程，这是一种频率域的光谱学方法，其时间分辨率与激光脉宽无关。利用这种方法，可以用纳秒激光脉冲测量到小于10飞秒的弛豫时间[23]。他们研究了缀饰原子中的双光子共振FWM，通过加入耦合光产生能级的Aulter-Townes（AT）分裂，以测量两个高激发态能级间的偶极矩阵元。他们还研究了随机场对FWM的影响，在此基础上发展出用非相干光来测量拉曼模的超快弛豫时间的新方法。在FWM的研究基础上，他们在国际上首次提出相位共轭多波混频的新的光谱学方法[24]。

这是一种全相干的光谱学，它通过多光子跃迁感生出基态和高激发态之间的原子相干，因此可以研究高阶原子相干的退相干信息。他们用六波混频研究了钡原子的自电离里德堡态，观测到由于电子关联产生的电子轨道扰动。由于相位共轭多波混频是一种高阶效应，它可以研究任意阶数的原子相干，因此具有更大的适用性，不仅可以研究原子分子的高激发态，还可以研究高角动量态以及亚稳态。他们将六波混频与电磁感应透明结合起来，发展出一种较传统AT光谱学具有更高分辨率的新型AT光谱学方法。

第三节　激光器研制

激光是受激辐射通过光放大过程产生的相干辐射，激光器是产生激光的装置。自1960年美国物理学家T.H. 梅曼（Maiman）研制成功第一台红宝石激光器后，各种不同类型的激光器相继出现。激光器的出现和发展，不仅有力推动和深刻影响了光学的进步，也影响到许多科学与技术领域、产业部门和国防建设，以及人们的日常生活。

一、20世纪60～70年代的激光器研究

陈春先等1963年开始进行大能量红宝石激光研究，余永柏、于书吉、许祖彦、朱沛然等十余人参加，其中分配到该研究组的大学毕业生先到工厂水晶组、玻璃组劳动，包括磨红宝石，制作闪光灯等。该工作是与四室张乐潓、吴星等人合作进行的，他们负责大尺寸红宝石单晶的生长，最初红宝石棒长10～20厘米，后来达到100厘米。经过两三年的努力，他们研制成一级振荡两级放大的红宝石激光器，输出能量到几百焦耳量级，最高可达1000焦耳，聚焦可打透1毫米厚的钢板。1965年，和中国其他激光器研制单位相比较，物理所红宝石激光器的输出能量最大。当时的激光器件全部都是物理所自制的，包括电源、闪光灯和聚光反射器、镀膜等。后来发现使用过的红宝石已经被激光损伤，进一步提高能量输出有困难。1965年以后陈春先转向受控核聚变的研究，物理所大能量红宝石激光器的工作停止。

1963年张遵逵、叶茂福在孙湘、张志三等支持下，利用核聚变研究中的脉冲功率技术，研发固体激光器的共轴型无极放电激发光源。与传统闪光灯光源相比，它具有泵浦速率高的特点（其发光时间在相同输入能量下，可改变放电电压调节），因而在红宝石、钕玻璃激光实验中，获得了多种激光输出特性。初步结果于1964年在上海全国激光会议报告，研究论文于1966年在《物理学报》[25]发表，第二年被译成英文编入美国政府出版的报告（编号为AD673840）。该项研究中激励的激光棒尺寸与输入能量均大于同时期美、苏同类试验水平，作为激发光源已经达到稳定器件的水平。

20世纪60年代后期开始，聂玉昕和佘永柏等（101组）进行高功率钕玻璃激光器的研制以及激光产生等离子体的研究工作。高功率钕玻璃激光器的振荡器用的是电光开关调Q的钕玻璃激光器，经过激光触发火花隙带动的普克尔盒削波器，可产生几纳秒脉宽的1.06微米波长的单脉冲。光脉冲经过六级钕玻璃激光放大器（功率放大级口径为60毫米）和两组由波片堆及旋光玻璃组成的法拉第旋光隔离器，可输出几千兆瓦的单脉冲激光。他们也相应研制了非球面透镜聚光系统和聚氘乙烯（室温）及氘冰（低温）真空靶室，建立了探测范围近全立体角的闪烁计数器中子诊断等设备，并进行激光产生等离子体实验研究。他们用染料被动锁模的方式，在1971年初实现了钕玻璃激光振荡器的锁模，在高速示波器上记录到锁模脉冲列。该工作1975年结束。

二、20世纪80年代以后的激光器的研究

1979～1982年，许祖彦和邓道群等开展装配式同轴闪光灯泵浦染料激光器研究，单脉冲输出能量为10焦耳。在高重复频率闪光灯泵浦染料激光器研究中，他们提出“自注入调频”的新型激光调频原理，开发出适用可靠的复合腔调频技术，使脉冲染料激光输出功率成倍提高而输出线宽不变。他们将掠入射光栅调频与复合调频技术结合，使染料激光的调谐曲线变平坦宽阔，由此开发出实用性好的“布儒斯特棱镜扩束器”。他们在国内首先将气压微扫描技术应用于闪光灯泵浦高分辨率染料激光器，采用行波放大与过压火花隙同步激发技术，解决了振荡器与放大器的大电流高电压同步放电问题，从而获得窄线宽高能量激光输出。此外，还开展了腔倒空染料激光器研究，获得可控的纳秒级可变脉冲宽度输出。DL304型的四种型号染料激光器1982年通过成果鉴定，并获得1984年中科院科技成果二等奖。

1982年，许祖彦和邓道群等开展YAG激光泵浦染料激光器研究。该项目属“六五”国家激光攻关课题。为获得高功率宽调谐窄线宽染料激光输出，必须解决寄生振荡、超辐射噪声与调谐激光之间的能量竞争，窄线宽运转造成的低激光增益与宽调谐范围要求高激光增益的矛盾，以及高功率泵浦的热效应及机械不稳定性引起的输出不稳定性。为此他们设计了一级振荡二级放大激光系统，以掠入射全息光栅和长条宽带反射镜为调谐单元，采用布儒斯特棱镜扩束，成功发展了独特的压电微调谐技术。他们设计出高复位精度的磁性染料池支架和层流染料池，整体结构采用因瓦合金导轨骨架。用倍频YAG激光泵浦R6G染料，获得大于65毫焦耳的输出能量、激光线宽0.05埃的可调谐激光。用染料激光激励压缩氢，由拉曼移频技术使可调谐激光扩展到紫外和近红外。1985年11月通过了由中科院、电子部和国家教委组织的成果鉴定。1987年“YAG-染料-拉曼移频宽调谐激光系统”项目获得国家科技进步二等奖。

1986～1990年，许祖彦和邓道群等承担“七五”国家激光攻关课题“宽调谐高功率脉冲激光系统”。他们优化与改进了YAG激光泵浦染料激光器设计并组织生产，为科研单位提供20多台YAG激光泵浦的染料激光器；同时还与中科院福建物构所共同研制BBO晶体染料激光紫外频率扩展器。他们采用三块BBO晶体倍频、和频及和倍频，解决了激光扫描与晶体角调谐的精密跟踪，获得了从400纳米到200纳米的紫外激光输出。

20世纪80年代后期，许祖彦和邓道群等开展光参量激光的研究。由于福建物构所研制出新型高效非线性晶体BBO和LBO，在中科院重大科研项目和863计划的资助下，他们研究评估了BBO和LBO晶体的光参量应用前景：①在纳秒级BBO晶体光参量激光器研究中，采用泵浦反射单共振光路结构，具有人机对话功能，实现波长自动线性扫描。用纳秒级三倍频YAG激光泵浦时，信号波的能量转换效率为30%，调谐范围0.4～3微米。②在皮秒级BBO晶体光参量激光器研究中，发展了一种新型的皮秒脉冲光参量非共线相位匹配自注入放大光路，研制成功一台只需使用单块BBO晶体的光参量放大演示样机，采用三倍频锁模YAG激光激励源，获得0.402～3.01微米的调谐范围，最高转换效率大于12%。1992年“利用新型非线性光学晶体开发高效率宽调谐激光器件”项目获中科院科技进步一等奖。

1991～1995年，许祖彦和邓道群等承担“八五”国家激光攻关课题“BBO窄线宽光参量激光器研究”。他们发明了一种新型的“掠入射棱镜复合腔光参量激光器”，解决了常见的参量振荡器的高振荡阈值和低效率的关键技术问题，实现了低功率泵浦、高效率运转的技术特色；发展了泵光返回泵浦技术，采用对称放置双晶体同步行波放大技术，提高了输出功率，其光机电一体化的样机具有微机自控与人机对话功能。

“八五”期间许祖彦和邓道群等与福建物构所合作承担863计划“多波长光参量激光器”研究项目，从理论上证明了相位匹配折返现象对非线性晶体的倍频参量过程的普遍性。在用皮秒脉冲532纳米激光泵浦LBO晶体的光参量放大的研究中，在国际上首先观察到相位匹配折返区有两对参量光同时输出。“八五”期间还承担国家激光攻关课题“脉冲钛宝石激光与光参量激光器系统研究”，由YAG激光同时激励钛宝石和BBO光参量激光器，再利用窄线宽钛宝石激光做种子注入锁定BBO光参量振荡器，在解决了同步锁定问题后，实现了参量激光的窄线宽输出。1997年“多波长光参量激光器”项目获得中科院发明一等奖。

20世纪90年代初期，张泽渤等研制成功“500瓦微波激励轴流二氧化碳激光器实用化样机”，单束最大输出功率620瓦，连续运行时间超过8小时，功率不稳定性小于±2%，发散角小于2.5毫弧度，TEM_{10}模，效率达到20%。该激光器全面达到和部分超过国家“八五”攻关项目的要求，通过了国家教委的科技成果鉴定，获得了国家实用新型专利，专利名称为“微波激励快速轴流气体激光器”。

1997年、1998年，魏志义和张杰先后回国到物理所光物理实验室工作，开展飞秒激光产生及放大的研究，研制成功飞秒掺钛蓝宝石激光振荡器、腔倒空飞秒激光器等器件，并基于啁啾脉冲放大技术相继建成峰值功率1.4太瓦及20太瓦的“极光”Ⅰ、“极光”Ⅱ飞秒超强激光装置。其中“极光”Ⅰ装置获得2000年中科院科技进步二等奖。2002年起，魏志义等进一步相继开展了飞秒激光频率梳、飞秒激光同步、飞秒激光参量振荡、飞秒激光脉冲压缩及二极管直接泵浦的全固态超短脉冲激光等内容的研究。利用自己的飞秒激光器，研制成功国内首台光学频率梳，采用新的技术方案建成主要指标均领先国际最好结果的高精度同步飞秒钛宝石激光器，首次在国内实现了飞秒激光的参量振荡（OPO），通过腔外压缩技术得到脉宽小于5飞秒的国内最短脉冲，开展了阿秒高次谐波激光产生与测量的研究。至2006年建成“极光”Ⅲ装置，鉴定成果的峰值功率达350太瓦，2008年峰值功率进一步达到700太瓦。在全固态超快激光研究方面，至2010年先后实现了Cr:Mg_2SiO_4、Cr:YAG、Nd:YVO_4、Nd:$LuVO_4$、Nd:GSAG及Yb:YAG、Yb:GYSO、Yb:LSO、Yb:YGG等不同增益介质的稳定皮秒及飞秒运转。利用上述的部分研究成果，魏志义等进一步开发出系列超快激光产品并提供用户，如物理所L01组利用所提供的亚10飞秒掺钛蓝宝石激光振荡器，实现了国际上最快的光子晶体开关时间。中国科技大学潘建伟利用所提供的高精度同步飞秒激光，首次在国际上实现了纠缠光子对的同步。

20世纪末和21世纪的前10年，许祖彦、张治国和冯宝华等都做过半导体激光激励各类固体激光的研究工作，获得多项重要的研究成果，包括高输出功率、高效率、光束质量好、波长覆盖范围宽等，有多项指标当时居于国际领先地位。许祖彦等用研制的高功率三基色全固态激光器实现了彩色大屏幕显示（他的研究组后调到中科院理化技术所）。

本节介绍的激光器研制工作只是物理所激光器研究工作的一部分，有的激光器会在本篇的其他章节介绍（如半导体激光器参见第六章“半导体物理”；远红外激光器参见第十三章“等离子体物理”）；有些因篇幅所限略去，如氮分子激光器、准分子激光器、一氧化碳激光器、皮秒激光器等。

第四节　信息光学

信息光学是近代光学的一个分支学科，又称傅里叶光学。它运用信息科学的基本概念，对光学信号（光学图像）进行傅里叶变换，在空域和空间频域同时研究光学信号的行为。其方法是通过透镜等光学器件和衍射等光学效应实现傅里叶变换。

物理所1966年进口了一台光学干涉仪平台。朱沛然和董经武合作，开始全息照相课题。经过几个月的实验，于1967年初获得了二维和三维物体的全息照相，并于同年7月中旬在所内进行介绍展示。以后在一室成立了全息研究组。实验条件主要为He-Ne激光波长6328埃，单模输出约5毫瓦作光源，采用双光束，经傅里叶变换光路。记录介质采用220线/毫米比利时胶卷，拍摄物为二维透明底片上的中文字和三维有立体感运动员像章。目标束和参考光束干涉经胶卷记录冲洗后的全息图，经激光束重现，可看到底片后面的目标物影像。若采用透镜聚焦，可以得到两共轭实像。由于当时文献报道都采用高分辨率底片（大于1000线/毫米）记录，而他们首先采用的是低分辨率底片经傅里叶变换后获得的全息图，属国内首先开展，这为后来开展的光学信息处理创造了条件，也推动了中国高分辨率底片的研制和生产。

304组（1970～1999年，组长陈岩松）的主要研究领域是光全息、光学信息处理、光计算、二元光学和衍射光学。研究结果包括发表在*Opt. Lett.*、*Appl. Opt.*、*Opt. Commun.*、《物理学报》《光学学报》《光子学报》等期刊上的几百篇论文和7项授权专利。“光导热塑料全息”和“应用单个全息掩模的光学变换研究”1980年和1990年获中科院科技成果一等奖；“一种新的彩色全息”和“光计算与光学变换研究”1980年和1992年获中科院先进奖。

20世纪70年代，光学室经调研开始研究脉冲多普勒雷达对多目标信息的光学信息处理。研究组按照以下5个方向划分：①理论研究：目标是建立理论模型（负责人杨国桢）；②雷达信号模拟：四个目标的回波信号模拟，包括高频信号调制、中频放大等（负责人郑师海）；③光学信息处理系统（负责人张洪钧）；④超声光调制器（负责人陆伯祥）；⑤脉冲氙离子激光器（负责人许祖彦）。这是一个综合性的研究课题，包括多个子课题，研究工作取得很好的结果[26]，曾到第四机械工业部第十四研究所推广交流，但当时国内多目标雷达研究也刚起步，推广工作遇到一定困难。研究结果发表在《激光》杂志上，该项目获1977年中科院重大科技成果奖。

20世纪70年代，光学室开展了激光大屏幕显示研究工作，分激光器件、激光束偏转扫描和激光调制3个科研小组，由张道中、俞祖和、陈代远分别负责。至1974年，光学室在激光器件研究方面，研制成功光束质量及输出功率都达国际水平的氩离子激光器和红光氪离子激光器。他们用一套全新的偏转方案，实现了2×2平方米的激光大屏幕显示。到20世纪末21世纪初，用半导体激光激励的全固态激光器取得较快发展，许祖彦等在三基色高功率全固态激光器研究方面取得突破。他们以自行研制的全固态激光器为光源，建立了新的激光彩色大屏幕显示系统，并且与中科院光电研究院等单位合作，将激光大屏幕显示产业化，建立了激光大屏幕显示的电影院。

20世纪80年代初，张洪钧、戴建华等在国内首先观测到光学混沌现象，并对“液晶光学双稳态中混沌运动”进行一系列研究。在液晶光学双稳态中混沌运动的研究中，观察到在双稳区内存在新型周期为t_R（反馈回路中延迟时间）的暂态振荡，并做出理论解释。他们计算了液晶光学双稳态的分岔图，观察到劈分岔现象；研究了双峰迭代的符号动力学，得到了分岔图中边界和暗线方程的解析解。他们研究了光学双稳区边缘的临界慢化和光学双稳态中分岔点的临界，以及阵发混沌的临界指数间联系；在双延迟反馈系统中，从实验上观察到该系统的窘组不稳定性和类似圆－圆迭代中“魔梯”的频率锁定平台，以及两个平台间的频率突跳和滞后现象；观察到相邻模式之间竞争引起的拍频现象；研究了反馈强度对振荡模式的影响。该研究为混沌理论提供了进行实验验证的非线性系统模型[27,28]。该项目1987年获中科院科技进步二等奖，国家自然科学四等奖，在1987年的国际量子电子学会议上作邀请报告。

杨国桢、顾本源和董碧珍等1987~1999年研究了求解光学逆问题的新方法及其在衍射光学中的应用。由强度测量数据来恢复丢失了的相位信息问题，称为相位恢复问题，是光学逆问题中最为重要的一类，广泛存在于天文、物理等各分支学科中。在许多情况下直接测量相位是非常困难甚至是不可能的，为了实现重构物波函数，必须设法找回丢失了的相位信息，因此相位恢复问题已成为近20多年来众多科学家致力研究的重要课题之一。20世纪70年代德国科学家提出的一种实际算法（简称GS算法）成为基本算法，随后许多科学家相继提出各种修正算法。但是一般来说，这些只是局限于傅里叶变换的框架，只能处理无能量损耗的幺正变换系统中的相位恢复问题。在此背景下，杨国桢、顾本源和董碧珍等提出一种新方法（理论和算法）去处理广泛存在的普遍的非幺正变换系统中的逆问题，包括相位恢复问题。他们应用泛函变分和矩阵代数工具，对一般变换系统从数学上严格地推导出确定输入和输出平面上波场的振幅－相位分布函数的联立方程组，并且提出了求解这个方程组的有效迭代算法（有时简称YG算法）。这组方程适用于三类重构问题，即纯相位型、纯振幅型、振幅相位混合型的重构问题。他们首次推导出完整的方程组，建立了完整的理论框架，证明了迭代解的收敛性。在处理幺正变换系统时，YG算法自动地过渡到GS算法。在偏离幺正时，YG算法得到的结果明显优于GS算法得到的结果，研究表明偏离幺正越远，GS算法的结果偏离准确解越远，直到不能使用，而YG算法仍能得到很准确的结果[29]。因此YG算法是对GS算法具有根本性的重大推广和发展。

衍射光学是20世纪90年代新兴的光学前沿研究领域之一。衍射光学元件的设计问题实际上等价于光学系统中的相位恢复问题，杨国桢、顾本源和董碧珍等把相位恢复问题中的新方法应用于衍射光学元件设计并作了发展，从而为衍射光学元件的设计开辟了一条新的广阔途径。主要结果有：①提出了一般线性变换光学系统中逆问题的普遍描述及其分类；②应用新方法处理和解决了多种变换系统中的振幅－相位重构问题；③应用新方法成功地实现各种光学系统中不同功能的衍射光学元件的设计和光学实验。该项目2002年获北京市科学技术一等奖，2003年获国家自然科学二等奖。“光学系统中振幅－相位恢复的普遍理论与应用”1995年获中国物理学会第四届饶毓泰物理奖。

二元光学是二进制（$2n$）数字式的光学，即用台阶式的光学表面代替连续变化的表面的光学结构及其衍射特性的研究。从20世纪90年代初开始直到90年代末止，陈岩松等的研究是国内二元光学研究的发起者。他们先后研究了小于波长的矢量衍射，用光学标量衍射理论设计研制了用于高功率多模CO_2激光淬火的GaAs二元光学元件，获国家专利3项，研制的GaAs元件提供第六机械工业部、清华大学等有关单位试用，激光淬火效果优良，还为中国大恒（集团）有限公司提供给新加坡的设备研制成超长焦深（要求比普通透镜焦深长3～5倍）的二元光学激光透镜。

第五节　光与物质相互作用

光与物质相互作用的研究是研究光照射在各种物质上产生的现象与规律。它是非常重要的研究领域，特别是在激光光强不断提高情形下，光与物质相互作用会产生许多新现象、新理论和新的应用。历史上光与物质相互作用研究对物理学发展产生过重要影响，如A.爱因斯坦对光电效应的研究。强激光和超短脉冲激光与物质作用已经给物理学带来了许多新的内容。

一、激光分离同位素研究

20世纪70年代初，国际上兴起电子束预电离CO_2激光，这种激光有良好的应用前景。物理所开展了高压电子束激励TEA CO_2激光器研制。由于采用高压电子枪预电离，电离度高、均匀性好、受激体积大、输出光斑直径约50毫米，输出能量100焦耳左右，尚需提高稳定度和重复频率。此时，中科院青海盐湖所前来商谈合作，希望利用物理所的激光优势，开展激光分离同位素工作。徐积仁、朱沛然、周岳亮等进行激光分离同位素的实验，由青海盐湖所提供高纯BCl_3气体样品。他们利用红外多光子吸收法，在BCl_3与干燥空气混合体系中分离硼同位素，取得^{10}B或^{11}B一定浓缩系数。用液氮冷阱收集，可取得宏观可称量的固态BCl_3、B_2O_3混合体。经红外光谱和质谱分析，都证明有浓缩效应。该项目在1978年全国科学大会获重大成果奖。他们还研究了在调频TEA CO_2强红外激光场中同位素的选择性离解问题，TEA CO_2激光采用红外光栅调频在CO_2的10.4微米带的P支和R支输出80多条谱线，能量在0.2～1.5焦，重复率为1次/秒，脉冲宽度80纳秒。他们研究了强红外场中BCl_3的同位素选择性离解与激光频率、能量、脉冲数的关系，观察到离解速率的极值相对于线性吸收峰在长波方向有约21厘米$^{-1}$的位移，得到BCl_3的浓缩系数为5.8。

二、非线性光学研究

非线性光学研究是研究光学非线性电磁现象的学科，是激光问世后出现的近代光学重要分支。所有非线性光学现象，都来源于光与介质相互作用时介质与光场振幅非线性的响应。非线性光学的研究导致许多重要的应用，如激光频率的变换和扩展。

1964年李荫远认识到强激光束通过介质产生的和频效应在不满足相位匹配的条件下可能产生三光子拉曼效应（后被称为超拉曼散射），即入射激光束转化为频率等于$(2E-E_{if})/h$的出射光（E_{if}为多原子分子的正则模或晶体的声子能级），并估计出当时达到的激光强度已经能实现这一效应。他用群表示论判定介质的哪些正则模能级可以被超拉曼散射所测出。次年这一理论即被美国实验室所证实，而且不久后超拉曼散射与红外吸收二者并用成为测出全声子谱的标准方法。

303组（1990年之前负责人是叶佩弦和傅盘铭，之后是叶佩弦）的非线性光学基础研究开始于1978年，主要开展了以下工作：

（一）液晶四波混频及液晶相变前行为的研究

1978年秋，加州大学伯克利分校沈元壤来物理所工作访问时，叶佩弦提出液晶四波混频及液晶相变前行为的研究课题并得到沈元壤的认同，随后开始进行合作研究。主要思想是，由于线偏振激光场能使液晶分子重新取向，故当两束同偏振激光束干涉产生强弱相间的干涉条纹并作用于液晶后，会在液晶中形成分子取向栅，当第三束光在恰当方向入射时，便会被其衍射而产生第四束光，从而可实现一种特殊机制的四波混频。同时，重新取向的液晶分子会有一定弛豫过程，所以液晶四波混频也有一定的弛豫效应。利用这些效应测量在相变点附近不同温度下的弛豫行为，即可研究液晶的相变前行为。这些预言均被该研究组的实验所证实。他们还开展了液晶中激光感生双折射螺旋结构的理论研究，并在实验上用四波混频加以实现。

（二）瞬态四波混频与相干瞬态光学效应的理论研究

瞬态四波混频与相干瞬态光学效应的理论研究是1980年秋叶佩弦提出并与沈元壤合作开展，于1981年中完成的。该工作在微扰法的框架上，用双费恩曼图法，首次建立起超短脉冲激光在多能级系统中四波混频的普遍性理论；首次论证各种相干瞬态光学效应都是在不同条件下瞬态四波混频的相干输出，从而将四波混频与相干瞬态光学效应，这两个传统上认为互不关联的非线性光学效应在理论上统一起来。由此便可用更简单和更直观的方法讨论传统的相干瞬态光学现象，也使光子回波的研究能扩展到多能级系统和简并能级系统。而过去所有相干瞬态光学效应，都是只限在二能级系统用光学矢量模型来讨论的。该项工作发表后，美国SPIE在20世纪90年代出版的《非线性光学论文选编》集中收入了非线性光学发展中具有里程碑性质的130篇论文，其中有该工作的代表性论文[30]。1985年，日本物理学会出版的有15篇论文的《新编物理学选集(85)》也收进了该论文。该工作也被吸收到沈元壤的著名专著《非线性光学原理》（*The Principle of Nonlinear Optics*）中。

（三）非相干光时延四波混频的多能级理论及红宝石吸收带非相干光时延四波混频的实验研究

1984年日本矢岛达夫（Yajima Tatsuo）等人提出并实现了非相干光的时延四波混频，利用该方法用纳秒脉冲激光甚至连续激光即可探测短于皮秒、亚皮秒的超快弛豫过程，但其理论是在二能级系统中建立的。303组针对红宝石吸收带，也进行一系列由低温至高温的非相干光时延四波混频实验，发现实验结果与原有理论的预期有重大矛盾。他们将此归因于与红宝石吸收带相对应的不是二能级系统，而是一个含一系列振动子能级的多能级系统。为此他们提出了一个适合于这类吸收带的多能级模型，建立了非相干光时延四波混频的多能级理论。该理论不仅很好解释了实验结果，也澄清了由该方法所获得的弛豫参数的确切含义。特别是当他们将红宝石的实验做到低温20K时，在零声子线附近观察到该多能级理论预言的信号强度随探测光时延变化曲线中的周期性调制结构。

以上述几项为内容的研究成果“四波混频光谱术”先后于1991年获中国物理学会第二届饶毓泰物理奖、中科院自然科学一等奖，1995年获国家自然科学三等奖。

四波混频的其他开创性工作还包括用时延四波混频研究谱线碰撞变窄效应，用时延四波混频区分分子取向栅与热栅，对拉曼增强非简并四波混频光谱术作了重要改进，建立了激光感生分子取向栅及布居栅的四阶相干函数理论等。

三、有机光学非线性方面的研究

（一）有机聚合物表面波、波导和准波导中输入输出耦合及其光学双稳特性的研究

1989~1996年，303组与中科院感光化学所合作，先后制备出掺杂偶氮化合物的聚合物薄膜和光波导，并陆续用棱镜实现表面波、准波导及波导的输入和输出耦合，测得各自在弱光时的输入－输出双稳曲线。通过激发聚合物与金属界面的表面等离激元，制作了用棱镜耦合的低功率宽频带光学双稳器件。在钛菁掺杂聚合物光波导和准波导的输出－输入关系中，用皮秒激光实现了超快速的全光光学双稳，开关时间分别为10和20皮秒。

（二）增强有机物光学非线性物理机制的探索

在1993～1998年开展的研究中，303组在激发态增强研究的基础上，注意到具有电荷转移的有机分子一般都具有大的光学非线性，因此提出在超分子中可利用光激发后经电荷转移形成的电荷分离态来增强光学非线性，即电荷转移态增强的设想。他们与中科院化学所合作，在ZnTSPP-ZnTMPyP（卟啉异质二聚体）等超分子的实验中证实了这一设想，测得其非线性系数可增强一二个数量级；后又论证了具有一维周期性结构的有机共聚物分子由于存在类似超晶格的能带结构，其基态和激发态的光学非线性会出现来自量子尺寸效应的明显增强。他们与浙江大学化学系合作，在两种新的p-DEB-CO-PA共聚物中获得实验证实。

（三）有机聚合物全光极化的理论与实验研究

在1992～1998年开展的研究中，303组对该领域的贡献为：①设计完成了一个实验，直接论证了全光极化过程最初阶段的机制，不是光场下分子的强迫取向，而是不同取向分子的选择激发，即取向烧孔；②建立了全光极化稳态和瞬态过程的更完整理论，论证了顺式异构体的不可忽视作用；③发现全光极化存在温度增强效应；④系统对比了四种聚合物体系全光极化实验过程的不同行为和效果，并从结构差异上给予解释；⑤提出并初步实现了利用全光极化对分子取向的微观修饰进行可擦除光图像存储。

（四）非线性相位调制对自衍射、四波混频、二波混频影响的理论和实验研究

在1995～1998年进行的系统研究中，303组论证了非线性相位调制对光束自衍射的影响，预言了由此可能出现的一系列反常现象。如当介质非线性足够强时，增大入射光强反使衍射光变弱；在入射光强不变时，增大介质浓度反使衍射光强下降等。这个结果在非线性有机分子溶液的实验中加以证实。随后，他们分别研讨了非线性相位调制对简并四波混频和二波混频的影响：由此产生的相位失配会使四波混频输出下降，相位共轭保真度变差；由此产生的光束频率漂移，又可致使原来不能发生的二波混频能量转移可以在时间非局域介质中发生[31]。

303组也是国际上最早开展富勒烯分子及碳纳米管光学非线性实验研究的研究组之一。研究成果“有机聚合物光学非线性研究的若干重要进展”获2003年北京市科学技术进步二等奖。

四、光折变效应研究

光折变效应是一种特殊的光感生折射率变化现象。利用光折变效应可在介质中形成光折变相位光栅，导致一系列光折变现象的发生。光折变现象有许多重要应用。

303组的光折变效应研究始于1987年，主要开展了以下工作：

（一）晶体两波耦合放大系数与光折变自泵浦相位共

轭反射率的测量和提升

1987～1989年，他们与物理所晶体生长组合作，使所生长的钛酸钡（$BaTiO_3$）晶体的两波耦合放大系数与光折变自泵浦相位共轭反射率达到当时国际最高水平。两波耦合放大达20 000倍以上，自泵浦共轭反射率大于60%。包含该项内容的研究成果“光折变材料钛酸钡单晶”1989年获中科院科技进步一等奖，1991年获国家科技进步二等奖。1995～1997年，他们提出并实现了用一束附加的泵浦光来抑制扇光，以消除扇形效应对高增益光折变晶体两波耦合放大系数测量的影响；进而又提出一种新的入射光配置，使泵光的部分扇光也起到泵光的作用，从而使两波耦合增益不仅不下降，反而可提升。用此方法在钛酸钡晶体中获得高达3.27×10^5的稳态增益，瞬态增益还要高出若干倍。在此期间，他们还首次在四方相钽铌酸钾KTN:Fe中获得反射率高达50%～80%的自泵浦共轭反射，实现了由488至650纳米波长的相位共轭反射镜。在新晶体Ce:$BaTiO_3$中实现了低功率、波段延伸至红外（560～780纳米）的高效（80%）自泵浦共轭反射镜。用45°切割提高纯钛酸钡晶体的自泵浦共轭反射率至75%。

（二）光折变晶体光感生、光散射的研究

1988年，303组在$BaTiO_3$晶体中发现了一种新的可用四波混频解释的各向异性锥光散射，此前国际上只观测到基于三波混频的各向异性锥光散射。此后他们又发现了一种基于四波混频的各向同性锥光散射。

（三）光折变互泵浦相位共轭的研究

1989年，303组在$BaTiO_3$晶体中首次观察到两束相互不相干光束之间不依赖晶体界面反射的耦合通道，同时还观察到这两束入射光各自的相位共轭反射光。他们提出两作用区四波混频自振荡模型，以解释这种相互泵浦相位共轭反射光的产生，并用多作用区的连续作用解释了耦合通道的形成。该工作[32]发表后，在首届“国际非线性光学会议”上，被国际同行介绍为相互泵浦相位共轭器的四种典型之一，并被命名为“桥”式相位共轭器（因其耦合通道像一座桥）。后又被收进美籍华裔学者叶伯琦（P.Yeh）的专著《光折变非线性光学导论》（*Introduction to Photorefractive Nonlinear Optics*，1993）中。1995年在“桥”式的基础上，他们又在0.93毫米厚的Ce:$BaTiO_3$晶片中（这是当时最薄的）提出并实现了V型和W型的互泵浦相位共轭器（因其耦合通道像字母V和W）。

（四）光折变自泵浦相位共轭产生机制的研究

20世纪80年代初，J.芬伯格（Feinberg）首次在$BaTiO_3$晶体中观测到光折变自泵浦相位共轭反射，提出“内全反射机制”，并对其产生作出合理解释。按此机制，晶体相应的一个角必须是足够光滑的严格直角，以保证内全反射得以在此高效产生。长期以来，国际学术界都将这种机制视为产生光折变自泵浦相位共轭的唯一机制。20世纪90年代初，303组在KTN晶体和$BaTiO_3$晶体中，发现自泵浦相位共轭的产生并不一定非要依赖晶角的内全反射，且同样可以有很高的效率。为此，他们提出了一种新的不依赖晶角内全反射的光折变自泵浦相位共轭产生机制，即所谓“背向散射加四波混频机制”。这种机制不仅解释了所观测结果，而且由于它不依赖于晶角的完整而更具普遍性。他们还建立了与这种机制相应的完整理论。在发现这两种机制可以在不同条件下出现在同一晶体中时，他们又转而研究并搞清楚了这两种机制的转换规律及其原因[33]，并证实随着入射波长及掺杂浓度的变化，只要变化范围够大，晶体的自泵浦相位共轭都会由一种机制转变为另一种机制。该项工作突破了长期以来认为光折变自泵浦相位共轭只有一种主要机制的观念。存在两种主要机制以及它们之间的转换规律，已成为国际学术界的共识。

（五）光折变微观动力学与光折变中心的研究

1996～2000年开展的光折变微观动力学与光折变中心研究，303组取得以下成果：①用光致吸收的可见与红外光谱及光致吸收的弛豫过程，对晶体$BaTiO_3$、Ce:$BaTiO_3$及Rh:$BaTiO_3$的浅能级状况进行研究，确认前两者都具有两个深度相同、来源相同的浅能级；Rh:$BaTiO_3$也有两个浅能级，其中之一与前两者之一相同，另一则不同。同时对这些能级的深度及其他微观动力学参数进行估算。②用热致吸收光谱及光致与热致电荷转移过程，研究了Ce:$BaTiO_3$及Rh:$BaTiO_3$与光折变有关的深能级及其归属。③用光致及热致吸收光谱、光栅暗弛豫等方法，确定了上述所有深浅能级的热深度及光跃迁，并用位形坐标加以表示，从而基本清楚了这些能级的归属以及掺铑和掺铈两种$BaTiO_3$晶体与纯$BaTiO_3$之间的异同。④指出晶体Ce:$BaTiO_3$和Rh:$BaTiO_3$的有效载流子浓度均不是常数，并详细测定它们随波长和温度各自不同的变化关系。对于测量结果，分别用深浅能级模型和三价态模型，以及他们自己得到的上述能级参数进行理论解释。此外，还从理论上分析了深浅能级模型和三价态模型晶体有效载流子浓度随作用光强的不同变化关系。⑤在此研究过程中，提出一种测量有效载流子浓度和电光系数随波长变化的新方法。该方法有精度高和易于操作等特点。

20世纪90年代初，张洪钧和谢平对扇形效应进行系统研究，研究了它的物理机理。由于晶体表面及晶体内缺陷造成不同方向传播的很微弱的散射光，强的入射光与这些微弱散射光进行光耦合，从而对这些散射光进行能量放大。由于能量只能沿一个方向转移，从而引起在入射光束的一侧出现强的散射光，而另一侧微弱散射光得不到放大。进而，他们对出射散射光的强度分布进行详细的理论计算和实验验证，理论和实验结果吻合很好[34]。

光折变非线性光学中另一个重要的现象是在不需要任何外反射镜的情况下能够产生自泵浦位相共轭光。1982年，芬伯格在 $BaTiO_3$ 晶体中，获得共轭反射率达30%。1993年，物理所吴星等成功生长出掺铈 $BaTiO_3$ 晶体，发现 $Ce:BaTiO_3$ 晶体能够实现高效率和高保真度的自泵浦位相共轭光，共轭反射率高达90%，同时入射光束发生弯曲。张洪钧、谢平对此进行理论研究，同时考虑向前和向后不同方向的散射光。他们创建了入射光与散射光的耦合方程，然后通过数值模拟，发现晶体内的光强分布的确呈弯曲的形状，而且在入射光的相反方向出现很高反射率和很高保真度的位相共轭光[35]，从而很好解释了 $Ce:BaTiO_3$ 光折变晶体中光束的弯曲，以及高效率和高保真度自泵浦位相共轭光产生的机制。进而，他们对 $Ce:BaTiO_3$ 晶体自泵浦位相共轭光产生的动力学特性进行理论和实验研究，确定了产生稳定和非稳定自泵浦位相共轭光输出的条件和因素。同时他们对光折变其他非线性光学特性也进行开创性的理论和实验研究，如光折变光学双稳特性，光折变二波混频中信号光放大的效率和保真度随不同条件的变化规律，光折变简并四波混频中位相共轭光产生的效率和保真度随不同条件的变化规律，光束通过光折变晶体的时空调制等。

五、光子晶体研究

光子晶体被称为光子的半导体，是光物理和光子学的一个新领域，预期在光电子领域有广泛的应用前景。国际上对它的研究始于1987年，物理所张道中等对光子晶体的研究始于1992年。切入点是一维无序多层膜的能隙及透过特性，在实验上观测到它们的光子定域现象及宽能带的反射效应，为宽度达几百纳米的光学全反镜的设计提供了基础。后续的工作主要有几方面[36~38]：

他们用自组装的方法构成几百纳米尺度的二氧化硅面心立方三维光子晶体，其光子能隙位于可见光波段。进而用填充汽化方法，分别制成能隙在可见光及紫外波段的二氧化钛材料反蛋白石光子晶体。除了完全周期结构的光子晶体外，在实验上还发现二维准晶光子结构存在着与入射方向无关的完全光子能隙及无缺陷时的透过模式。这些与周期结构光子晶体有着很大的差别，与用多重散射方法计算结果一致。进一步研究中，考虑到在非晶半导体中也存在电子能隙，他们计算了只有短程有序而无长程周期结构的非晶光子结构的能带和能隙，发现它也有各向同性的完全光子能隙。实验上他们用陶瓷棒做成微波波段的二维非晶结构，测量了它的能带和能隙，得到了微波段的完全光子能隙。这些研究，深化了对光子能隙的存在与相应的介电结构之间关系的认识。

用微加工技术分别制成了二维桥式光子晶体光波导和微腔、波长选择元件、多种波分复用器等硅基二维光子器件。

折射率在光激发下会有超快速的变化，从而导致相应光子能隙及缺陷模频率的改变。他们设计并制成能隙可调的光子晶体，进一步利用能隙或缺陷模的超快速变化，分别在二维和三维聚苯乙烯光子晶体中研制了响应时间为皮秒、亚皮秒及飞秒的光开关，其最快的响应达到10飞秒量级。

在二阶非线性极化率分别被周期性、准晶型及非晶型调制的铌酸锂中，利用准位相匹配技术实现了波长的转换。特别是在非晶调制结构中，由于其具有连续分布的倒格矢，使得到的二次谐波的波长连续可调。实验上获得了几乎可以覆盖整个可见光波段的倍频谱。

在微波波段十二重准晶陶瓷光子晶体中观察到电磁波的负折射，并在相应的波长上测量到尺度达到衍射极限的成像效应；在硅光子晶体上，利用能带色散调控实现了红外光负折射、准直、聚焦等特异传输行为。

探索了磁光光子晶体在时间反演对称破缺下的新奇电磁波传输行为，实验上实现了单向导通的波导、单向带阻滤波器、单向通道下载滤波器以及外场可调谐等器件。

六、光镊研究与应用

光镊是利用光与物质间动量传递的力学效应形成的三维梯度光学势阱，可以用来捕获和移动从数十纳米到数十微米的微小粒子。由于光镊具有无直接接触、无损伤操纵等诸多优点，且光镊产生的力在皮牛顿量级，所以光镊技术及其应用得到越来越多物理及生物学家的热切关注。张道中等利用自行设计搭建的双光镊系统以及基于空间光调制器的多光镊系统开展了下列研究：

1. 实现对聚苯乙烯小球、二氧化硅小球、红细胞、酵母细胞、大肠杆菌、巨噬细胞、叶绿体、金纳米球、纳米棒等样品的操纵。

2. 测量白血病癌细胞的静态膜丝力和膜丝形成的动态过程，并对乳腺癌细胞在不同条件下的膜丝力进行比较。结果表明在不同条件下，细胞膜丝力有明显的差别。

3. 对荧光标记的微管在激发光照明下断裂的力学机制进行系统研究，得出微管断裂的过程不是连续的，而是阶梯式的结论。

4. 测量微管结合蛋白AtMAP65-1和微管的结合力，结合理论模拟分析，得到微管与AtMAP65-1键的寿命、活化能等动力学参数。

5. 测定易位酶FtsK蛋白以及SpoIIIE蛋白运输DNA的动态过程，并给出SpoIIIE在DNA上运动的模型。

6. 研究了UvrD解旋酶在不同外力下解旋的动力学行为，发现外力越大，解旋速率越小，并且解旋速率随外力的变化，可以用衰减指数函数很好地拟合。

7. 实现对金纳米球、纳米棒的成功捕获与观察，并测量了两个金纳米棒互相靠近时的光谱变化。

8. 利用多光镊系统操控，实现同时对多达25个聚苯乙烯小球的三维操控[39,40]。

七、强场物理研究

1985年啁啾脉冲放大（CPA）技术的发明，突破了提高激光峰值功率的瓶颈，短短几年内人们利用该技术放大飞秒激光脉冲，将所能得到的激光最高峰值功率提高了六七个数量级，聚焦后的功率密度突破了10^{20}瓦/厘米^2，并具有飞秒时间特性。利用这种超短超强激光与物质相互作用，可以在实验室中产生原本只存在于天体或者核爆中的极端物理条件，比如极高的电场（大于10^{11}伏/厘米）、磁场（大于10^9高斯）、加速度（$10^{19}g$）、高温（10^9K）、高压（10^8帕）等，从而极大地拓宽了人类的认知范围，为人们取得重大科学发现提供了机遇。超短超强激光与物质相互作用已经成为物理学中重要的交叉前沿方向之一，并渗透到许多学科的多个方面。该研究方向在美国、欧洲、日本等国家都得到了高度重视，相关研究对惯性约束聚变中的快点火物理、实验室天体物理、台面加速器、国防等具有重要意义。

从1995年起，102组（王龙等）与尚在英国卢瑟福实验室工作的张杰合作，开始进行激光等离子体的实验研究。他们利用光物理实验室的商用飞秒激光器，结合自行研制的靶室进行激光打靶实验，并与中科院高能物理所合作，着重高能产物的测量与研究[41]。

张杰1998年正式回国，在物理所成立了强场物理研究组。该研究组自主研制了由超短超强激光装置（和魏志义研究组合作）、靶室系统和物理实验诊断设备、大型数值模拟程序组成的先进研究平台。利用这一平台，对与激光聚变相关的新物理、基于强激光的先进辐射源（太赫兹-X射线）、激光驱动粒子加速、实验室天体物理、飞秒激光在大气和等离子体中的传输、超短超强激光新技术等问题进行深入研究，并取得一系列原创性成果，在*Phys. Rev.*和*Phys. Plasmas*等国际重要学术刊物上发表学术论文200多篇（其中*Nat. Phys.* 2篇，*Phys. Rev. Lett.* 18篇），在重要国际学术会议作特邀报告100多次。研究成果受到国内外同行的广泛关注和认可，先后被本领域5家专业学术刊物和德国斯普林格（Springer）出版社邀请撰写专题综述论文。同时建立了一支具有创新精神和冲击国际前沿能力的研究团队，研究组成员中有3人入选中科院“百人计划”，1人入选教育部“长江学者奖励计划”，3人获得国家杰出青年基金资助，集体和个人曾先后荣获国家自然科学二等奖（集体）、中科院杰出科技成就奖（集体）、第三世界科学院（今发展中国家科学院）物理奖、何梁何利基金科学与技术进步奖、世界华人物理学会亚洲成就奖等，1人当选中国科学院院士、德国科学院院士。研究组还同英国卢瑟福实验室、日本大阪大学等国际上强场物理研究基地建立了密切的合作关系和伙伴关系。群体学术带头人和主要成员承担着多项国际学术任职，如亚太物理学会联合会（AAPPS）主席、IUPAP量子电子学和激光专业委员会委员、IUPAP超短超强激光委员会（ICUIL）委员、欧洲ELI计划顾问委员会成员、委员等。

八、将Fano共振理论推广到半导体体系

杨国桢、潘少华和金奎娟将Fano共振理论应用到半导体薄膜、量子阱、超晶格的光吸收、拉曼散射、光电导以及荧光发射等物理过程中，建立新体系的理论描述方法，设计并参与实验，证实新体系的Fano共振效应。

在原子、分子体系中，由于连续能态和分立能态的相互作用，导致光谱谱线的不对称，而用于解释这种不对称性的理论就是通常的Fano理论。但有关声子在量子阱、超晶格中能否引发Fano效应，在20世纪90年代初尚未被探索过，只是在实验中有过相似的现象，曾引发人们的猜测。他们将Fano量子干涉的理论推广应用于新体系（量子阱、超晶格），建立起新的理论描述方法，并预言在适当设计的此类结构中和合适的激光波长下，拉曼谱线将呈现非对称线形。他们研究导出了非对称参量q的解析表达式，阐述了q对结构参数（阱宽和垒高等）和对激光波长的依从性[42]。陈正豪等首次在实验上证实了超晶格中的Fano效应[43]。他们建立了半导体量子阱“电子吸收光谱中由声子引发的非对称线形理论”，这是半导体带内吸收过程中Fano共振的国际首例研究[44]。上述有关Fano效应的论文发表后，迅速被国际同行引用。该成果作为“半导体超晶格量子阱光学非线性理论和实验研究”的部分成果，获1997年中科院自然科学二等奖。随后他们和复旦大学合作，把Fano量子干涉机制引入到浅掺杂硅的光电导过程中，定量解释了实验中观测到的光电导谱的奇异线型。此项研究不仅把Fano效应引进光电导这样一个新领域，同时拓宽了对光电导物理机制的现有理解[45]。随后他们与香港大学合作，又将Fano共振理论应用到了GaN和ZnO的荧光光谱的研究中，推导出新体系、新物理过程中Fano共振的不对称参量的解析表达式，证实了荧光光谱中出现的Fano共振现象，揭示了声子引发的Fano共振效应在半导体荧光发光过程中的重要作用[46]。

九、太赫兹辐射研究

太赫兹辐射（1太赫=10^{12}赫）在电磁波谱中覆盖微波和红外之间0.1～10太赫的范围，但由于缺少可用的太赫兹光源，有关研究长期处于沉寂状态。自20世纪90年代初钛宝石固体飞秒激光器问世以后，很快在光导天线和非线性光学材料光整流中观察到相干太赫兹辐射，并发展了一种全新的太赫兹时域光谱测量技术（THzTDS）。1994年，汪力建立了国内第一台THz-TDS实验系统，开展的第一项工作是利用亚皮秒时间分辨的泵浦—探测技术，研究砷化镓表面光泵浦导致的载流子对表面场的屏蔽和带隙中深能级俘获效应。他1996年获得国家基金委在该领域的第一个项目资助“太赫兹辐射及相关的超快物理过程研究”。此后，在THz-TDS测量和样品光学参数提取中的噪声分析、太赫兹电场的空间传播特性、太赫兹电磁场与凝聚态材料、生物体系和亚波长人工电磁材料的相互作用等方面，开展了一系列工作。其中，研究不同晶相氨基酸样品中太赫兹共振机理的文章被两篇专题综述论文引用[47]。2010年，为了对亚波长人工电磁材料的完全电磁响应进行实验测量和表征，他设计并自建了一台具有国际最好性能、可以进行变角度反射测量的THz-TDS系统。盛政明和李玉同等在2000年以后开展了强激光等离子体中太赫兹产生的理论和实验研究，发现存在密度梯度的激光等离子体中，通过尾波场的线性模式转换，可以产生10兆伏/厘米的高功率太赫兹辐射[48]。2010年，光物理实验室在太赫兹领域的工作主要集中在人工电磁材料的太赫兹响应机理和器件应用、生物体系结构变化和分子反应的太赫兹探测，以及激光等离子体中超强太赫兹辐射的产生等方面。

第六节 国防任务及其他研究工作

本节的内容包括光学室承担的国防任务、激光能量计研制、激光分子束外延设备的研制与研究和光学镀膜工作等4部分。

一、国防任务

（一）有关核爆炸测量技术及测量仪器的研制

1962～1964年，物理所承接了有关核爆炸测量技术及测量仪器研制的3个项目：①核爆炸最小亮度的测量；②核爆炸光冲量的测量；③核爆炸光谱的测量。组长孙湘，副组长张洪钧和陈兴信（所领导调八室陈兴信当副组长帮助电子测试设备的研制）。该组对核爆炸火球的辐射进行数值估算，对光电倍增管的暗电流进行系统测量，

调来防空探照灯标定探头，研究晶体管直流放大器的直流漂移。他们充分考虑仪器的可靠性，在中科院科仪厂对仪器进行温度、振动、湿度等环境试验，确保仪器在沙漠恶劣环境下能正常工作。1964年5月由张洪钧带队去现场参加第一次核试验测量，圆满完成3项测量任务。张洪钧荣立三等功。

（二）参与“6405任务”

1964年，物理所接到探测和预警洲际导弹再入段的“6405任务”，由孙湘负责，张洪钧、洪明苑等多人参加。除了调研和分析，还开展了激波管和高速炮等方面实验研究工作。到20世纪60年代末期该任务仍在进行，物理所参与工作的人员连同实验设备调到了第七机械工业部二院207所，其中有光学室的徐根兴、曲学基、朱友清、仇维礼、姚连兴等。

（三）参与“G157任务”

“G157任务”是1968年由海军司令部下达给物理所（04单位401部）的一项预研项目。开始时任务要求探索激光用于水下单向通信及舰艇编队联络的可能性，后随着项目的进展又增加了水下测距的可行性。该项目由曾传相任项目组长，吕大炯、初桂荫、朱化南等参加。此类工作当时在国内尚无人开展，国外的工作也只见很小篇幅的报道。该项目的立项论证、实验方案确认及实验装置的建立均由项目组在物理所独自完成。

该项目是依据水对于波长为530纳米附近的绿光有较高透过率这一实验事实开展的。如果向水中目标发射一绿色激光短脉冲且能接受到来自目标的回波信号，则可依据雷达原理测出发射源与目标间的距离；如果对发射脉冲进行一定的调制，预期可用于水下通信。这在探潜、水下目标搜寻、水下舰只编队和通信等方面有重要意义。

根据当时国内的条件，实验样机发射部分采用自然冷却闪光灯泵浦的钕玻璃激光器。该激光器由单灯泵浦钕玻璃激光棒、磷酸二氘钾电光Q开关、碘酸锂（$LiIO_3$）倍频晶体组成，单次运行，绿光脉冲能量约300毫焦。接收部分采用英国EMI公司的快速光电倍增管（上升时间2纳秒），发射和接收光路各用独立的密封窗口和望远镜以避免相互干扰。整个系统安装在长宽高约1.3米×0.6米×0.4米，由钢板焊接的密封箱中。激光器供电电源及快速示波器（观察光电倍增管接收到的回波信号）放于陆地，用密封电缆与水下的试验样机连接。

试验场地设在位于中关村的中科院游泳池，采用三脚架起重装置将实验设备放入水中及从水中提起。1970年9～11月共进行两轮水下实验，实验结果为，在较清洁的水中成功探测到来自50米远的合作目标的回波信号，其与发射信号的时间差符合激光脉冲在水下的往返时间，实验的重复性好。这一结果肯定了水下激光用于测距及通信的可能性。

在实验后的总结中提出了对下一步工作的改进要点：加强对光束在水中“后向散射”的认识和处理；采用“距离选通”技术以提高目标搜寻效率；为缩小系统的体积、重量，提高工作效率，下一代样机应采用10次/秒以上重复频率的Nd:YAG激光器；接收部分采用PIN快速硅光电二极管或雪崩二极管；采用示波器与计数器对接收目标进行双重判读。

根据项目下达时的约定，物理所将该项目的设备和全部资料转交协作单位中国人民解放军海军青岛海洋一所，进行后续工作。

（四）参与战场激光防护任务

1971年，根据抗美援越战场的需求，物理所接受了对美国在越南战场上使用的“炫目武器”（即由飞机向中方高射炮兵、步兵发射强激光，使中方战斗人员的视力短期甚至长期失明）的模拟及提出对抗措施的任务。共同承担此项任务的还有中科院生物物理所、北京同仁医院、解放军301医院等。物理所主要负责提供实验用的各种波长和不同功率、能量水平的激光器，及提出对抗方案、制作对抗装备。其他单位负责提供试验用动物及眼科医学分析等。

物理所组成两个实验组。一个实验组负责提供高功率氩离子激光器（波长514纳米绿光，连续工作），参加人为张绮香、张道中、于书吉。他们使用自己研制的连续绿光激光器，在不同功率下照射活体兔的眼睛。另一组曾传相、刘承惠、朱化南等用不同能量的纳秒脉冲钕玻璃激光（1064纳米红外光和532纳米绿光）做兔眼照射实验。医院负责诊断不同激光剂量的照射对兔眼的损伤程度。

实验获得大量有效数据。经归纳得出不同照射条件（波长、连续或脉冲、辐照剂量）对活体眼睛的损伤程度，并提出用窄带（532纳米）镀高反射率薄膜的眼镜防护激光照射，依此物理所张有珑等研制成功窄带镀高反射膜的抗激光损伤的护目镜，提供给中国军队使用。

二、激光能量计（功率计）研制

激光技术的发展及其在物理学和其他科学技术领域的广泛应用，需要解决专门针对激光辐射的功率、能量等技术参数的测量问题。为了研究激光辐射参数特定的测量技术，1981年物理所激光研究室“激光光谱仪器光检测系统的研制”项目立项，成立项目组。1983年后更名为“激光辐射检测系统研制”。该项目组专门从事激光探测技术的研究和激光功率、能量测量仪器的研制，组长由王树铎担任。1982年，他们研制成功NJ-J1型脉冲激光能量计。1983年11月研制成功LPE-1型激光功率/能量测试仪，并通过了国家科委委托、物理所主持的技术鉴定。1985年，“LPE-1型激光功率能量测试仪”获得中科院科技成果一等奖，“宽波段响应数字式激光功率/能量测试仪”获得国家科技进步三等奖。1987年“薄膜腔型激光辐射探测器”获第15届日内瓦国际发明与新技术展览会镀金牌奖。1990年“聚偏氟乙烯薄膜激光辐射探测器”(*Laser Radiation Detector Using Polyvinylidene Fluoride Film*)获得美国专利，并于1992年获国家发明二等奖。1993年“多功能、智能化激光功率/能量测量仪器”获得国家科技进步二等奖。1991～1995年承担国家863计划项目委托任务ICF实验散射光和激光吸收能量精密测量，包括“64路阵列、双通道等离子体卡计及散射光测试系统”和“热释电型4π盒式卡计”，委托方为中国工程物理研究院。这是一台用于ICF实验的散射光和激光吸收能量精密测量系统，获得国防科工委科技进步三等奖。该项目组向所外转让过相关技术，也进行产品开发工作。1984年物理所技术开发公司成立，该项目组调入技术开发公司。

三、脉冲激光沉积薄膜设备和激光分子束外延设备的研制与研究

脉冲激光沉积制备薄膜是20世纪80年代后期出现的一种新型制备薄膜技术和方法。脉冲激光制备薄膜的基本过程是将一束强脉冲激光通过光学窗口进入一个真空生长室，以一定的能量密度入射到被溅射靶材表面，使靶材局部瞬时被加热蒸发，随之产生含有靶材成分的等离子体羽辉。羽辉中的靶材物质到达放置在靶对面并被加热到一定温度的基片表面而沉积成膜。通过适当选择激光波长、脉冲重复频率、能量密度、工作气压、基片温度以及基片和靶的距离等，得到合适的沉积速率和成膜条件，便可制备出高质量的外延薄膜和多层膜。20世纪90年代初，光物理实验室在国内开展了激光脉冲沉积薄膜技术的研究工作。他们与中科院沈阳科仪中心合作，研制成功中国Ⅰ型和Ⅱ型脉冲激光沉积设备，并在国家863计划项目“大面积超导薄膜”的攻关过程中，制备出电流密度为10^6安、表面微波电阻小于300微欧的2英寸YBCO超导薄膜。在全国大面积超导薄膜比对中，物理所和北京有色金属研究院并列全国第一。“多功能激光淀积设备暨激光法制备YBCO高温超导薄膜”获1996年中科院科技进步一等奖和1997年国家科技进步三等奖。周岳亮和吕惠宾被国家科技部授予“863计划十周年先进个人”称号。

随着脉冲激光沉积技术的发展，在20世纪90年代初又出现了新型高精密制膜技术——激光分子束外延。激光分子束外延集中了普通脉冲激光沉积和传统分子束外延的主要特点，可在高真空和超高真空条件下，实现薄膜材料原子尺度控制的层状外延生长。该技术不仅可以生长通常的有机和无机薄膜材料，尤其适用于外延生长其他制膜设备和方法难以制备的高熔点、多元素（特别是含有气体元素的多元素）和复杂层状结构的薄膜和超晶格；同时还能进行其相应的激光与物质相互作用和成膜过程的物理、化学等方面的基础研究。激光分子束外延不仅是一种高精密的制膜技术和方法，而且是探索开发新材料和新器件与进行相关基础研究的一个平台。

由杨国桢负责，物理所与沈阳科仪中心合作，完全依靠自己的力量（物理所703组负责研制控制系统），全部选用国产材料、仪器和元部件，于1995年研制出中国第一台激光分子束外延设备。使用该设备实现了复杂结构钙钛矿氧化物薄膜、异质结和超晶格材料的原子尺度控制的层状外延生长，薄膜的层厚达到原子尺度的控制，薄膜、异质结和超晶格的表面和界面达到原子尺度的光滑。该项目得到中科院和国家基金委等单位的支持。1997年12月15日通过由中科院主持的专家鉴定。“激光分子束外延设备和关键技术研究”获1998年中科院科技进步一等奖和1999年国家科技进步三等奖。

在Ⅰ型激光分子束外延设备的基础上，在中科院和美国摩托罗拉公司的资助下，物理所和沈阳科仪中心合作，研制出Ⅱ型激光分子束外延设备，并在2004年12月13日通过中科院主持的专家鉴定。SCI国际检索和专利检索表明，物理所在激光分子束外延应用研究方面居于

国际前列，具有相当的优势和特点。其中氧化物pn结和在硅衬底上生长高钾氧化物栅绝缘材料等方面取得突破性进展，首次在全氧化物pn结构上观测到电流和电压的磁调制现象与正磁电阻效应，首次在镧锰氧化物和镧锰氧化物相关pn结上观测到10^{-10}秒超快光电效应。“Ⅱ型激光分子束外延设备及其应用研究”获2006年北京市科学技术一等奖。

物理所使用自行研制的激光分子束外延设备，通过对薄膜和异质结生长动力学与结构特性的研究，制备出具有不同结构、不同特性、从几个原胞层到上万原胞层的氧化物薄膜、异质结和超晶格材料30多种。在外延过程中，能观测到上千周期的反射高能电子衍射（RHEED）强度振荡[48,49]，制备上万原胞层的氧化物多层膜[50]，截至2010年底均为国内外最高水平。物理所提出的铁磁和非铁磁材料体系，首次在全氧化物pn结上观测到不同于体材与薄膜的反常低场高灵敏度正磁电阻效应，在100高斯外场条件下室温正磁电阻的变化率超过20%，这是到2010年底为止相关报道的最大值[51]。并从理论上提出物理模型，用界面区自旋极化能态分布的不同解释了其反常的正磁电阻现象[52]。

利用该设备，物理所首次观测到pn结的丹培效应，其效应比体材增大一个多数量级。首次在钛酸锶体材、镧锰氧化物薄膜及相关的异质结上，观测到皮秒的光生伏特效应，响应时间比相关报道提高3个数量级，并证明其光生伏特是光电效应起决定作用，而不是以前相关报道中认为的热电效应。在此基础上，研制出钛酸锶和铝酸镧紫外光电探测器，相关论文被*Laser Focus World*刊物在其新突破栏目进行转载报道，并指出“中国科学院和中国地质大学的研究者第一次创造出一个铝酸镧单晶光电探测器”。他们发表的相关系列论文被SCI引用2100多次，其中他引1400多次；国际学术会议邀请报告17次；获授权发明专利26项。

沈阳科仪中心已向国内外提供Ⅰ型和Ⅱ型激光分子束外延设备30余套，其中出口到美国、新加坡和中国香港4套。

四、光学镀膜工作

20世纪60年代激光发明以后，物理所光谱学室就开展了不同类型激光器的研究工作，也建立了镀膜组，主要任务是为激光器的研制及使用激光的实验定制各种光学镀膜（高反射膜、部分反射膜、偏振膜、增透膜、滤光片等）。张有珑、陈武振、高淑静等先后为该组的负责人。他们具有根据要求设计膜系的能力，研制了镀膜过程中膜厚度的监控设备，可以及时满足实验人员对镀膜的需求，在激光器研制和各类激光实验中发挥了重要作用。到20世纪90年代，由于国内光学镀膜行业和市场的发展，物理所的光学镀膜组被撤销。

参考文献

[1] 张志三，张洪钧. 物理学报，1959, 15(10):559.
[2] 徐积仁，张遵逵，佘永柏，等. 科学通报，1963,8(11):39.
[3] 霍裕平. 物理学报，1964, 20(10):954.
[4] 邱元武，章思俊，张道中，等. 激光，1974, 1(1):17.
[5] 中国科学院物理所半导体激光组. 物理，1975, 5(4):202.
[6] 中国科学院物理所光学全息组. 物理，1977, 6(3):133.
[7] 张绮香，王庭袅，张治国. 物理学报，1979, 28(1):125.
[8] 林金谷，刘承惠，朱振和，等. 物理学报，1980, 29(3):406.
[9] 周岳亮，朱文森，尹燕生，等. 激光，1980, 2(1):475.
[10] 邱元武，俞祖和，张治国，等. 物理，1979, 8(5):269.
[11] 赵圣之，张志三，张泽渤，等. 硅酸盐学报，1988, 16(2):189.
[12] 魏志义，张杰. 物理，2008, 37(6):400.
[13] 张道中. 物理，2004, 33(4):289.
[14] 张洪钧编著. 光学混沌(非线性科学丛书). 上海：上海科技教育出版社，1997.
[15] 叶佩弦主编. 非线性光学. 北京：中国科学技术出版社，1999.
[16] 叶佩弦著. 非线性光学物理. 北京：北京大学出版社，2007.
[17] Ny T Z, Choong S P. *Chinese J. Phys.*, 1933, 1(1):33.
[18] Ny T Z, Tsien L C. *Comptes Rendus des Séances de l'Académie des Sciences*, 1932, 194:1644.
[19] 陶世尧，王文书，孙湘. 物理学报，1963, 19(1):11.
[20] 王文书，曹津生，陶世尧. 物理学报，1979, 28(5):72.
[21] 江德仪，沈立康，赵理曾，王文书. 物理学报，1984, 33(4):508.
[22] Zhao L Z, et al. *J. Opt. Soc. Am.* B, 1997, 14(7):1591.
[23] Fu P M, Jiang Q, Mi X, Yu Z H. *Phys. Rev. Lett.*, 2002, 88:113902.
[24] Zuo Z C, Sun J, Liu X, Jiang Q, Fu G S, Wu L A, Fu P M. *Phys. Rev. Lett.*, 2006, 97:193904.
[25] 张遵逵，叶茂福. 物理学报，1966, 22(2):174.
[26] 中国科学院物理所光学信息处理组. 激光，1979, 4(6):25.
[27] Zhang H J, Dai J H. *Opt. Lett.*, 1986, 11(4):245.
[28] Xu G, Dai J H, Yang S P, Zhang F L, Zhang H *J. Phys. Rev.* A, 1990, 42:4269.
[29] Yang G Z, Dong B Z, Gu B Y, Zhuang J Y, Ersoy O K. *Appl.*

Opt., 1994, 33(2):209.

[30] Ye P X, Shen Y R. *Phys. Rev.* A, 1982, 25:2183.

[31] Yang Q, Si J, Wang Y, Ye P X. *Phys. Rev.* A, 1996, 54:1702.

[32] Wang D, Zhang Z, Zhu Y, Zhang S, Ye P X. *Opt. Comm.*, 1989, 73:495.

[33] Lian Y, Dou S, Gao H, Zhu Y, Wu X, Ye P X. *Opt. Lett.*, 1994, 19:610.

[34] Xie P, Hong Y H, Dai J H, Zhu Y, Zhang H J. *J. Appl. Phys.*, 1993, 74:813.

[35] Xie P, Dai J H, Wang P Y, Zhang H J. Phys. Rev. A, 1997, 55:3092.

[36] Jin C J, Cheng B Y, Man B Y, Li Z L, Zhang D Z, Ban S Z, Sun B. *Appl. Phys. Lett.*, 1999, 75(13):1848.

[37] Jin C J, Meng X D, Cheng B Y, Li Z L, Zhang D Z. *Phys. Rev.* B, 2001, 63(19):195107.

[38] Feng Z F, Zhang X D, Wang Y Q, Li Z Y, Cheng B Y, Zhang D Z. *Phys. Rev. Lett.*, 2005, 94(24):247402.

[39] Qu E, Guo H L, Xu C H, Liu C X, Li Z L, Cheng B Y, Zhang D Z. *J. Biomed. Opt.*, 2006, 11(6):064035.

[40] Guo H L, Xu C H, Liu C X, Qu E, Yuan M, Li Z L, Cheng B Y, Zhang D Z. *Biophys. J.*, 2006, 90(6):2093.

[41] Zhang P, He J T, Chen D B, Li Z H, Zhang Y, Bian J G, Wang L, Li Z L, Feng B H, Zhang X L, Zhang D X, Tang X W, Zhang J. *Phys. Rev.* E, 1998, 57:3746.

[42] Jin K J, Pan S H, Yang G Z. *Phys. Rev.* B, 1994, 50:8584.

[43] Pan S H, Chen Z H, Jin K J, Yang G Z, Huang Y, Zhao T N. *Z. Phys.* B, 1996, 101:587.

[44] Jin K J, Pan S H, Yang G Z. *Phys. Rev.* B, 1995, 51:9764.

[45] Jin K J, Zhang J D, Chen Z H, Yang G Z, Chen Z H, Shi X H, Chen S C. *Phys. Rev.* B, 2001, 64:205203.

[46] Jin K J, Xu S J. *Appl. Phys. Lett.*, 2007, 90:032107.

[47] Shi Y L, Wang L. *J. Phys.* D: *Appl. Phys.*, 2005, 38:3741.

[48] Sheng Z M, Mima K, Zhang J, Sanuki H. *Phys. Rev. Lett.*, 2005, 94:095003.

[49] Yang G Z, et al. *J. Cryst. Growth*, 2001, 929:227−228.

[50] Lu H B, et al. *Adv. Sci. Technol.*, 2006, 45:2582.

[51] Lu H B, et al. *Appl. Phys. Lett.*, 2005, 86:032502.

[52] Jin K J, et al. *Phys. Rev.* B, 2005, 71:184428.

第二章 晶体学

晶体学是研究晶体的形态、结构、生长和各种特性的学科。它涉及自然科学中的多学科、多领域，是凝聚态物理和材料科学的重要基础与组成部分。自1912年发现晶体的X射线衍射以来，晶体学的发展使化学、凝聚态物理、生物学、医药学以及与此相关的工艺技术发生了深刻的变化。其影响涉及人类社会的各个方面。为此，联合国决定将“诺贝尔物理学奖授予晶体X射线衍射的发现”100周年的2014年命名为“国际晶体学年”。本章以下将分七节（发展概述，X射线粉末衍射、相图与相变，单晶体结构分析及分析方法，晶体缺陷，XAFS方法及液体结构和性质，人工晶体生长，晶体性能与相关理论）对物理所在晶体学方面的多项研究工作予以表述。

第一节 发展概述

物理所在中国的晶体学研究中，有悠久的历史和重要的地位。1932年，北平研究院与中法大学合作，设立镭学研究所，所长由物理所所长严济慈兼任。该所设有X射线研究室，开始仅有X射线装置一台，主要从事水晶的研究，通过对水晶腐蚀的电场效应研究，发明了晶轴新测定法，并发现了新的结晶缺陷。

1936年，镭学研究所由北京迁至上海。1937年陆学善受聘为镭学研究所研究员，从事X射线晶体学方面的研究。

1948年，镭学研究所组建为原子学研究所，将该所的结晶学研究室划归北平研究院物理研究所。

中科院成立后，1950年陆学善被任命为应用物理所副所长，1951年任代理所长，并由他组建和主持结晶学组，主要开展粉末衍射分析、合金相图与相变方面的研究。1952年，刘益焕、吴乾章相继回国参加到结晶学组。刘益焕开展了合金加工和热处理后的结构、结构变化以及休姆-罗瑟里电子化合物中的相变及超结构的研究；吴乾章则利用X射线多晶衍射物相分析方法对耐火材料的耐用性进行研究。1954年由刘益焕出任结晶学组组长。1955年唐有祺（时任职于北京大学化学系）应邀来结晶学组兼职，组建X射线单晶体结构分析研究小组。1959年结晶学组更名为晶体学室（又称“四室”），刘益焕任主任，吴乾章任副主任。

20世纪50年代至1965年，陆续有国内毕业生及从苏联归来的留学生充实到结晶学组及后来的晶体学室，其人员增至六七十人。科研人员不仅在数量上有较大增加，而且在年龄和知识结构上亦日趋合理均衡。研究领域从X射线多晶衍射、相图与相变扩展到包含X射线单晶衍射、电子衍射以及衍射分析方法的研究，并建立和开展起晶体化学、晶体光、电等性能的基本实验和测试。吴乾章、张乐潓、贾寿泉、姜彦岛等开展了人工晶体生长领域的研究，它包括水溶液法、水热法、焰熔法、熔盐法等多种晶体生长方法。吴乾章还兼任中科院原子能所第六研究室主任，开展用中子衍射方法研究晶体结构的工作。

“文化大革命”开始后，研究室的工作除与国防相关的“21号任务”（地下核试验测温装置）的研制、带有指令性任务的“691”项目（胰岛素晶体结构测定）以及几个指定性课题外，其他课题的研究工作基本停顿。

1969年，李荫远等来到四室，开展人工晶体生长及晶体物理理论研究。1972年李荫远任晶体学室主任。同年，物理所参加“691”项目的全体人员划归中科院生物物理所。

1978年李荫远调任物理所副所长，梁敬魁接任研究室主任。同年，梁敬魁、范海福作为中国晶体学代表团的成员，出席在波兰华沙召开的第十一届国际晶体学大会，会后应邀访问了波兰和英国一些晶体学研究单位。此后，晶体学室每年都有科研人员参加各种国际学术交流，同时也邀请国外的学者来研究室讲学和工作。

到20世纪70年代末，晶体学室职工人数达100人以上，并先后增加了快离子导体、X射线形貌术与晶体缺陷、EXAFS、空间微重力条件下晶体生长、介观物理、纳米物理和材料、液态结构与性质等新研究方向。这些新课题促进了物理所新学科方向的发展。

1981年，晶体学室分划为晶体学室（四室），吴乾章任主任；相图相变与晶体结构室（十四室），梁敬魁任主任；固体离子学室（十五室），陈立泉任主任。

1984年，物理所实施科研体制改革试验，采用研究组直接对所长负责的学术管理模式。为促进相互关联学科的交流，成立相应的学术片，陆坤权为晶体学学术片负责人。

1990年建立纳米物理与介观物理研究组，解思深任组长，深入开展碳纳米物理和材料的研究。

2001年，物理所对研究方向进行了重新布局，相继成立软物质物理实验室、先进材料与结构分析实验室、纳米物理与器件实验室和清洁能源实验室。晶体学学术片中X射线单晶结构分析研究组、X射线形貌与晶体缺陷研究组、液态结构和性质研究组划归于软物质物理实验室；有关纳米材料、X射线多晶衍射、相图与相变等方面的研究工作划归新成立的先进材料与结构分析实验室；人工晶体生长组的一部分划归纳米物理与器件实验室（后又成立“功能晶体研究与应用中心”）；快离子导体部分划归清洁能源实验室。

晶体学研究室从成立至2001年，共获得国际、国家和省部级一等奖20多项。共培养硕士生46人，博士生96人（包括联合招生培养的硕士生和博士生）。在毕业的研究生中解思深（导师陆学善、梁敬魁）和陈小明（与中山大学联合培养，导师范海福）现已当选为中国科学院院士。研究室向本所及国内外的院校、科研机构、国内的工矿企业输送了许多人才，推动和促进了中国晶体学研究的发展与进步。

第二节　X射线粉末衍射、相图与相变

晶体学室X射线粉末衍射、合金相图与相变方面的研究可追溯到20世纪30年代，中国X射线晶体学研究主要创始人之一、中科院院士、著名晶体学家陆学善在北研院物理所和中科院应用物理所从事的研究工作。

1952～1955年，刘益焕、黄世明、何荦、章综、贾寿泉等来到应物所结晶学组，此时X射线粉末衍射、相图与相变方面的研究在结晶学组内已形成相对独立的研究小组。该研究小组一方面是刘益焕主持的合金加工和热处理后结构、结构变化以及休姆－罗瑟里电子化合物中的相变及超结构的研究。他们完成了银锌合金中的β相变、含有50%锌原子的银金锌（AgAuZn）合金的研究、合金$AgAuZn_2$的有序化研究、铝在变形过程中亚结构的形成问题等课题的研究。此外，他们在X射线衍射实验设备的研制和改造方面也做了许多工作。何荦自行设计和安装了中国第一台可供实用的细聚焦X射线衍射仪。另一方面是陆学善主持的X射线粉末衍射、相图与相变方面的研究。20世纪50年代，该研究组开展了关于缺陷点阵合金相的结构变迁和超结构相的理论和实验研究。1954年，陆学善和章综完成了铝铜镍三元合金系中τ相晶体结构变迁的研究[1]。他们在合金相中发现了一类以CsCl型结构为基本结构单位，其空缺有序分布形成的超结构相，并指出这类超结构相是由基本结构单位内的平均价电子数所决定的。他们首先发现了铝铜镍三元合金系中，τ相晶体结构单胞的成分随成分不同而经历了8种不同的变态，且变化时原子排列都服从一定的规律，此现象不论在二元或三元金属间化合物中都未被发现过。1957年，陆学善在莫斯科第二届国际晶体化学会议上宣读了题为《铝铜镍三元合金系中τ相晶体结构》的报告，其研究结果被晶体化学和物理方面的有关专著收录。

继后，陆学善、黄世明还发现在铝镍（AlNi）二元系中，理想成分为Al_3Ni_2的δ相是合金相缺陷点阵的另一种新类型。这些研究都进一步证实了陆学善提出的在合金相中存在着一类超结构相，其基本结构单位内的平均价电子数是控制结构及结构变化的主要因素。

粉末衍射图谱的指标化是晶体学的基础问题。陆学善提出了X射线粉末衍射指标化的一种新图解法，它

适用于四方、六角、正交和单斜晶系。该方法运用等原子曲线概念，限制了指标化的多解，使指标化结果快速可靠。他与北京航空学院合作，将此方法编制成计算机程序，首次在中国使用计算机程序对未知结构的X射线粉末衍射图谱进行指标化。在严格的实验条件下，陆学善根据消除德拜-谢勒照相法系统误差的漂移常数图解外推法，同时考虑了吸收和偏心误差，在用图解法测定漂移常数的同时，精确测定其点阵常数，其准确度可达五十万分之一[2]。

一、传统研究领域的传承与深入

1960年初梁敬魁从苏联归国到物理所，起初作为陆学善助手，后接任X射线粉末衍射、相图与相变研究组组长。研究组除继续X射线粉末衍射、相图与相变的研究方向外，更深入和拓展了对该领域的研究。初期由于科研条件的限制，为精确测定点阵常数，他们靠自己镀不同材料的靶获取所需的不同X射线辐射波长。陆学善设计，张道范绘图，物理所工厂加工了适用于不同需求的粉末衍射照相机。他们巧妙地应用绝对常数圆周率π标定其刀边常数消除误差，成功研制了正规装片法的德拜-谢勒型X射线粉末衍射照相机；另还设计加工测定物质相变所需要的热分析仪等设备。梁敬魁在分析了布拉格-布伦塔诺型衍射仪衍射线产生误差的几何和物理因素的基础上，提出了对于厚度小于40微米的试样，应用2θ为100°～140°衍射线的峰值，不加任何修正，其点阵常数测量的精确度可达十万分之三，与常用测角仪测量精确度相当，但其方法更加简便[3]。他们还提出用X射线粉末衍射强度的准确测量来测定晶体的德拜特征温度、晶体各向异性与非均匀性的新方法[4]。1986年，“X射线多晶衍射方法的建立和发展”项目获中科院科技进步三等奖。

20世纪60年代初期，研究组的工作主要是延续陆学善1958年前被停顿的Al_3Ni_2 δ 相结构及其固溶体、铜金（CuAu）二元系的超结构的研究。他们靠精确的点阵常数测量和衍射强度实验数据，从实验上证实了$CuAu_3$超结构相的存在，证明有序两相共存区是由同种化学成分、两种不同堆垛形式所组成的亚稳相，且CuAu二元系有序化过程属热力学二级相变。在金属合金体系有序化研究中，他们发现经长时间热处理的合金，除在等原子Cu-Au成分附近存在着CuAu-Ⅰ四方超结构相外，在富Cu和富Au区域里也存在着CuAu-Ⅰ相。他们还发现不但在400℃上下存在CuAu-Ⅱ正交超结构相，在室温等原子富Cu和富Au两个成分范围也存在CuAu-Ⅱ相；提出了用粉末衍射法准确测量超结构衍射线位置，依据CuAu-Ⅰ转变为CuAu-Ⅱ的劈裂双线的线间距测定CuAu-Ⅱ堆垛层错数的方法；发现了不同堆垛层错数的超结构相及有序化过程等一系列从未发现过的现象；同时发现堆垛层错数除通常认为的10层以外，还存在更高层的堆垛层错数；并详尽讨论了CuAu-Ⅱ超结构衍射线的晶面指数的出现规律及其与CuAu-Ⅰ超结构的对应关系。这些研究丰富了有序化超结构相形成的实验和理论[5]。

考虑到镓是稀有半金属元素，镓与过渡金属可能组成多种组分不同的合金相，可为新型功能材料提供丰富的研究对象，研究组开展了镓二元合金的相图和晶体结构的系列研究。他们用X射线衍射配合差热分析，先后完成了镓与铁、钒、锰、钴、镧等多种二元合金系的相图；还最早在中国应用X射线粉末衍射方法测定了一些新物相的晶体结构，将X射线粉末衍射从物相分析提升到晶体内部结构分析的水平。继后他们又用X射线粉末衍射数据，结合单晶结构分析方法，测定了一系列硼酸盐新物相的晶体结构，推动了中国X射线粉末衍射测定新物相晶体结构的研究。研究组多年用X射线粉末衍射法测定晶体结构工作的结果，被收录到梁敬魁编著的《粉末衍射法测定晶体结构》书中。

20世纪70年代初，研究组经过调研，认为碘酸根IO_3^-具有孤对电子，可能具有较大的倍频系数，于是开始在碘酸盐体系中探索新型非线性光学材料以及碘酸锂（$LiIO_3$）多型性的研究[6]。当时，中科院原子能所观察到α-碘酸锂（α-$LiIO_3$）单晶体在静电场的作用下中子衍射强度显著增加，后物理所又观察到光电性能异常等现象。然而，由于X射线穿透能力弱，且入射单色X射线辐射波长范围窄、强度低，很难观察到α-$LiIO_3$在静电场作用下X射线衍射强度的变化。梁敬魁、易孙圣将国产衍射仪改装成简易的平行排列符合双晶衍射原理的衍射谱仪，观测到了α-$LiIO_3$单晶体在不同方式的外加静电场下X射线衍射强度异常增强，以及α-$LiIO_3$单晶的不同晶面双晶衍射曲线半高宽、最大反射系数、积分反射能力和点阵常数随外加电场强度和时间的变化。他们提出了α-$LiIO_3$单晶在静电场作用下衍射强度异常现象可能是IO_3^-离子沿z轴移动或绕z轴转动的解释[7]。该研究工作作为“静电场作用下 α-$LiIO_3$单晶的基础理论研究”的一部分，1980年获得中科院科技成果一等奖。

二、地下核试验测温装置的研制——“21号任务”

1965年，国防科委向物理所提出有关地下核试验测温装置的研制任务。测温装置必须在被地下核爆炸冲击波摧毁前，收集到相关实验数据。由于光辐射在真空中以光速传播，而冲击波则以声速传播，因此在冲击波摧毁测温装置前，完全可实现对辐射分布的测量。梁敬魁采用逆向思维：X射线晶体学是利用已知的X射线辐射研究未知的晶体结构；反之，亦可利用已知的晶体结构去探测未知的辐射波长，获得核爆炸时的辐射分布，最后计算出核爆炸时爆心的瞬时温度。经过周密思考，梁敬魁等研究并制定出测定核爆炸瞬时过程辐射分布的实验方案，提出了“X射线分光测温装置”的构想。通过X射线分光测温装置，测定不同辐射波长及其强度分布，进而推算出核试验时爆心的瞬时温度。这一全新测温方案被国防科工委采纳。1965年9月14号，关于“核试验测温装置”的研制被批准立项，代号为“419”(又称“21号任务”)。梁敬魁作为该项目负责人，从研究组抽调多名研究人员组成了专门攻关组。在当时极端困难的条件下，全体参加人员凭借智慧和责任感，圆满完成了这一重大任务。该装置在中国第一次地下核试验测温工作中获得圆满成功。“21号任务-X射线分光测温技术”项目获1978年中科院重大科技成果奖。

三、相图与相变研究

相图与相结构是材料科学的重要基础。对相图与相结构的研究是该研究组一项具有传统和优势的基础性研究工作，也是几乎贯穿他们所有研究工作中不可缺少的主线。

相图又称相平衡图或状态图，是处于平衡状态下物质的组分、物相和外界条件相互关系的几何描述，是一个物质体系相平衡图示的总称。同一物质在不同的外界条件下可能存在不同的相状态，而在相图上各种组分在不同外界条件下的相关系一目了然，因而相平衡关系的研究是解决材料问题的重要基础。

研究组利用X射线衍射、热力学分析并辅以物理性能的测试实验，先后测定了一系列金属合金体系、氧化物体系、无机盐体系以及难生长单晶的助熔剂体系的相图和相结构。研究组及与合作者共同测定和发表的相图、相关系达100多个体系。此外，他们还开展了实验与理论计算相结合的方法构筑相图的研究，即利用实验上较容易测得的可靠结果，通过最小二乘法拟合获得相关的热力学参数，再根据相平衡原理计算出实验难以测定的相图部分。他们所构筑的相图被国内外相图汇编收集，并结合多年的研究结果和经验，著有《相图与相变》《相图与相结构》丛书。他们对碘酸盐、硼酸盐、铌酸盐相图等系统性的研究，有效地指导了晶体生长和材料的研究工作。其中“碘酸盐的相图、相变和结构研究”获得1987年中科院科技进步二等奖，“碱与碱土金属硼酸盐体系相图、相变和相结构的研究”获得1988年中科院科技进步二等奖。

研究组还利用物相的诱导作用，根据相图的共晶组分，通过不同条件下制备非晶态无机盐。依据它们可能存在着不同短程有序的离子基团，经过适当条件的热处理，有望诱导出常规条件下难以合成的物相或某些具有特殊性能的亚稳相的思路，运用硼酸锂在非晶态中存在四配位硼$[BO_4]^{5-}$的诱导作用，他们在常压下制备出通常只有在高压下才能合成的含$[BO_4]^{5-}$基团的 γ-$LiBO_2$[8]。

20世纪70年代中期，研究组在中国首先开展了相图在晶体生长中应用的研究。当时晶体生长组接受国防科工委下达的生长半波电压，且温度系数都比较低的电光调制材料铌酸锶钠锂单晶的任务。然而，他们初期生长出的晶体中锂含量很不稳定；按常规退火拟提高其均匀性和完整性，但晶体反而开裂。他们后来通过对$LiNbO_3$-$NaNbO_3$-$SrNb_2O_6$三元系相关系的研究，确定了铌酸锶钠锂是由包晶反应形成，经包析分解的固溶体化合物，从而解释了晶体生长中存在的问题，为生长优质铌酸锶钠锂单晶提供了热力学依据。“铌酸盐赝三元系相平衡关系的研究”是1980年中科院科技成果三等奖“铌酸锶钠锂晶体的生长、性能和相图研究”项目的一部分。

优质紫外倍频材料偏硼酸钡(BBO)低温相是中科院福建物构所发现的。初期被误认为在多元的硼酸盐体系中，具有倍频效应的物质是“硼酸钡钠”，无法生长出单晶。该研究组与福建物质结构研究所合作，开展与硼酸钡相关体系的相图和相变的研究，在中国最早发表了两篇有关偏硼酸钡的研究论文[9]。在含硼酸钡的复杂多元体系中，确定了具有倍频效应的物质是BBO，其中钠盐所起的是助熔剂作用，纠正了研究初期的错误，并测定了它的相变温度，为BBO晶体生长提供了热力学依据。该研究解决了BBO单晶生长中的原理和实践问题，并依据其相图研究结果，用熔盐提拉法生长出了BBO单晶。

随后，基于热力学相平衡关系，研究组开展了应用熔盐法在常压及温和的温度条件下，生长难以直接从熔体中生长的GaN、ZnO等单晶体的探索，构筑了大量与之相关的赝二元系和三元系相平衡关系图。

由于研究组所取得的成绩得到了中科院及物理所的肯定并在物质设备上得到支持，研究组先后从联邦德国STOE公司购买了全自动粉末衍射仪，带两台测角仪，其中一台具有入射线和反射线单色仪的高精度和高分辨率测角仪，并有高温衍射附件，以及高低温粉末衍射单色聚焦照相机、高分辨率高精确度的Guinier–Hägg单色聚焦照相机；从美国进口了综合热分析仪；从日本进口了低中温比热仪。至此，研究组已具备了国内领先，乃至与国外实验室相当的从事相图、相变和晶体结构方面研究的设备条件。

1978年，研究组依据多年研究工作经验，确立了无机功能材料的相平衡关系、无机化合物的晶体结构以及组分、结构与性能之间关系的研究方向。随后多年，研究组开展了多种新型功能材料的探索与开发，并对其宏观物理和化学性质、组分、微观晶体结构，以及它们之间的关系进行了深入研究，在这些既是基础又是前沿的研究中取得了丰硕成果。

1984年，梁敬魁出任中科院福建物构所所长，但仍兼顾主持物理所研究组的工作。1987年，解思深接替和主持该研究组的工作。

四、高T_c新型超导材料的探索与研究

1986年底，物理所开始镧锶铜氧（LaSrCuO）高温超导体的研究，很快钇钡铜氧超导体（YBCO）又成为研究热点。针对高温氧化物超导体的成分复杂、结构不清楚、难以得到纯氧化物超导相等问题，研究组将X射线多晶衍射与电镜相结合，率先开展了YBCO体系超导相的合成、结构和超导电性的研究。1987年，他们较早地独立指出了Y–Ba–Cu–O体系超导相是钙钛矿型基本单胞沿z轴阳离子有序排列，并存在有氧空位的畸变钙钛矿型结构，其理想化合式应为$YBa_2Cu_3O_{9-y}$[10]。该研究推动了早期单相超导体的合成工作。

与此同时，研究组研究了$RBa_2Cu_3O_7$（R为稀土元素）的超导转变温度（T_c）与正交畸变的关系，提出用X射线多晶衍射谱线分裂区别正常态（四方相）与超导态（正交相）的方法。他们在镧钡铜氧（LaBaCuO）体系中观察到$LaBaCu_2O_{4.5}$（即所谓La–112相）超导相的基础上，提出并实验证实了La–112相是$LaBa_2Cu_3O_7$超导相在富La_2O_3区域的固溶体[11]，纠正了当时国际上认为La–112是独立超导相的错误看法。研究组还率先在国际上开展了镨对稀土系和铋系超导电性影响的研究[12,13]，测定了一系列R_2O_3–AEO–CuO（AE为碱土金属钡、锶、钙等）以及铋系超导体相关系的赝三元系固相线下的相关系，为合成这些体系的物相提供了依据。他们合成了一系列铋锶钙铜氧和铊钡钙铜氧超导体，并测定了它们的晶体结构。他们所测定的许多氧化物超导体的晶体结构被国际权威的无机化合物数据库（ICSD）收录。

研究组测定了一系列高T_c氧化物超导体的晶体结构，总结出超导相的结构规律。他们指出，氧化物超导相的氧含量是可变的，所以物理与化学性质相似的离子可以互相替代；而原子价不同，但在结构中配位多面体相同的离子也可以相互替代。这一结果扩大了新超导材料组分的选择范围，促进了氧化物超导新材料的探索，对新型超导体的合成有指导作用。

根据高T_c氧化物超导体其晶胞尺寸a轴与b轴短，而c轴长很多的结构特点，梁敬魁提出了通过粉末衍射图谱第一条衍射线给出的面间距值，确定高T_c超导体结构类型和原子粗略位置的简便方法[14]，并发现了新型铊系超导体。这一简便方法被国际评述文章收录，并被国内外同行采用。

研究组的“液氮温区氧化物超导体的合成、相关系和晶体结构”研究工作是物理所1989年获国家自然科学一等奖项目“液氮温区氧化物超导体的发现”的重要组成部分之一，这部分工作还单独获得了1991年国家自然科学三等奖；梁敬魁由于在“七五”国家高温超导攻关工作中成绩显著，1991年受到国家科学技术委员会的表彰。

研究组对铅系、钌系、铁系开展了一系列新型氧化物超导体的探索。研究了多种含稀土组分的铅系超导体的合成、晶体结构及稀土元素的择优占位对超导体晶体结构和超导电性的影响；研究了$FeSr_2RCu_2O_{8-\delta}$和$FeSr_2(Ce_{1.5}R_{0.5})Cu_2O_{10-\delta}$等新型化合物的合成、晶体结构及其电磁性能，以及赝四元系Fe_2O_3–SrO–Gd_2O_3–CuO

的四个边三元系的相关系；研究了铷和钌的晶位被替代时对铁磁超导体$RuSr_2GdCu_2O_{8-\delta}$超导电、磁性有序影响。在高压条件下，他们合成出离子半径小的稀土元素$RuSr_2RCu_2O_{8-\delta}$（R为铽、镝、钇、钬、铒）相化合物，并讨论了在常压下不能合成这些化合物的原因。这些研究结果为高T_c氧化物超导体的机制研究提供了实验依据。他们还编著了两本有关新型超导体系相关系和晶体结构的专著。

五、新型稀土功能材料的研究

中国是稀土资源最丰富的国家。开发稀土应用、开展含稀土元素功能材料的基础研究及与稀土相关体系的相图研究，成为该研究组的重点基础研究之一。

从20世纪70年代后期，研究组就开始了稀土功能材料的研究，对稀土储氢材料进行了系统的探索。他们研究了$LaNi_5$基稀土过渡族金属材料的相平衡关系和储氢性能，发现其他元素替代$LaNi_5$中的镍（Ni）时，氢化物的稳定性提高，吸收氢的平台压力下降，储氢量减少，而其他稀土替代镧（La）时，稳定性和储氢量都下降；稀土对储氢材料TiFe和TiMn起净化作用，降低其活化的温度和压力。

1983～1984年，国际上发现了第三代优质永磁材料$Nd_2Fe_{14}B$，研究组的工作重点转为稀土富过渡族金属体系永磁材料的探索。研究组随即开展了稀土富过渡族金属间化合物的研究，通过R－铁－硼（R为钕、镨）三元系若干个等温截面和$R_2Fe_{14}B$的纵截面相关系的研究，为合成优质永磁材料的组分选择和热处理工艺条件提供了依据。研究组测定了优质永磁材料中的富硼相$R_{1+\varepsilon}Fe_4B_4$（R为镨、钸）的晶体结构，确定了该富硼相是由点阵常数a值相同、c值不同的两个四方对称的亚晶胞FeB和R套插而成的游标卡尺型的一维无公度结构。

1990年，解思深涉足碳纳米材料的研究，成立了新的研究组，由饶光辉接任原研究组组长。在饶光辉1997～1999年出国访问期间，陈小龙代任该研究组组长。

稀土元素（R）具有大的原子磁矩和磁晶各向异性，过渡金属（T）如铁、钴等具有高的饱和磁化强度和居里温度。稀土富过渡族金属间化合物具有优良磁性能，但它们的二元化合物能稳定存在的为数不多。基于形成焓、原子半径、电子组态和电负性等因素，他们认为加入某些元素作为第三组元M，在合成这类稀土金属间化合物中产生稳定作用是关键因素。他们深入研究和分析第三组元M对化合物的稳定作用的机制，给出了化合物稳定存在的热力学和晶体学依据。据此，研究组应用中子和X射线衍射以及热学分析等方法开展了一系列R－T－M三元系的相关系、成相规律、晶体结构和磁性能的研究，合成了一系列未见报道的稀土富过渡族元素经M稳定的金属间化合物，并发现M的加入不仅能够形成这类稳定化合物，还能够改善化合物的磁性能。他们还从晶体结构角度，阐述了第三组元M的占位对磁性能的重要影响[15]。

RT_5化合物是优良的磁性能结构类型，随着过渡金属含量的增加，其饱和磁化强度和居里温度也随之提高。用2T哑铃对无序或有序替代RT_5中的R，可能形成通式为$R_{m-n}T_{5m+2n}$的一系列RT_5衍生化合物。无序替代时，研究组合成了一系列未见报道的9个$TbCu_7$型新化合物，其中$SmCo_{6.9}Hf_{0.1}$具有优异的内禀磁性能，可能作为急需的高温永磁材料。有序替代时，合成了11个$R_3(Fe,M)_{29}$以及5个$R(T,M)_{12}$化合物，将已有的$R_3(Fe,M)_{29}$和$R(T,M)_{12}$化合物中的稳定元素M扩展到第五和第六周期，稀土扩展到重稀土元素[15]，并测定了M的占位，为探索新型稀土磁性功能材料提供了丰富的研究对象。所研究的化合物覆盖了所有稀土元素，其中部分将面磁晶各向异性转变为轴磁晶各向异性。

利用RCo_5的高饱和磁化强度、高居里温度以及RCo_3B_2的高磁晶各向异性，合成$R_{m+n}Co_{5m+3n}B_{2n}$系列层状磁性化合物。从晶体学原理出发，应用结构组合的概念，采用分子堆积的方法，研究组设计出一系列尚未见报道的可能具有优异磁性能的化合物。他们通过非平衡法合成和低温长时间退火，合成出12个包含3个新结构类型的化合物，并测定其晶体结构。基于原子尺度的设计，这些化合物不仅保留了自身巨大的磁晶各向异性，还显著提高了居里温度及饱和磁化强度。

$NaZn_{13}$型结构的稀土富过渡族金属间化合物，是含量最高的二元稀土过渡族金属间化合物，可望有较大的饱和磁化强度和较高的居里温度，从而可以作为优质永磁材料。但稳定存在的$NaZn_{13}$型稀土二元化合物只有具有立方结构的$LaCo_{13}$，它的磁晶各向异性能很小，从而限制了其作为永磁材料的应用前景。从晶体结构角度入手，通过热力学计算选取合适的稳定元素M（为铝、硅），对过渡族元素T（为铁、钴）进行部分无序或有序替代，研究组合成出12个具有$NaZn_{13}$型结构的$R(T,M)_{13}$金属间化合物。再通过合适的热处理工艺，实现T与M原子的有序化占位，获得对称性较低的晶体结构，从而提高化合物的磁晶各向异性场，实现了该化合物晶体结构的立方－四方－正交的转变。这不仅保留了该化合物本身较高的居里温度和高饱和磁化强度，又提高了其磁晶各向异性场。这一成果同时也成为该型化合物室温巨磁卡效应研究的基础。

这些研究结果被国内外同行广泛引用。“稀土富过渡族金属三元系相图、化合物晶体结构和磁性能的研究”项目获得2005年北京市科学技术一等奖。

20世纪90年代中期，研究组对含稀土元素的新型磁致电阻材料进行了探索，在国际上较早地开展了对钙钛矿型的稀土锰氧化物体材料的庞磁电阻效应（CMR）及晶格效应的系统研究，合成出1特以下的磁电阻效应高达96%的$La_{1/3}Nd_{1/3}Ca_{1/3}MnO_3$材料。研究组利用X射线衍射及结构精修，结合磁性测量及键价分析后指出：化合物中磁结构不均匀性对CMR效应会产生影响；原子尺寸不同的元素相互替代会导致化合物中局域结构畸变的不均匀分布，引起其中微观金属性铁磁畴和半导体性非铁磁畴的不均匀分布，导致其电输运的逾渗行为。他们还对锰氧化物中的电、磁相分离现象开展了深入研究。这些发现被随后发表在*Nature*、*Science*和*Phys. Rev. Lett.*的多篇论文所证实，它是电荷有序和轨道有序演变过程中的典型行为。

2000年，研究组开始对稀土过渡金属变磁性化合物进行研究。变磁性化合物随温度或压力的变化是通常发生的一级变磁性相变，伴随着化合物的熵和体积不连续变化，从而引起化合物中电子结构、磁相互作用、电－声相互作用、电输运性质等的变化。对变磁性化合物施加磁场可诱导一级变磁性相变，导致巨大的磁电阻效应、磁卡效应、磁致伸缩效应等，这为人们利用磁性材料的非磁性质和探索多功能材料开辟了新思路。针对变磁性化合物所呈现的特异物理性质，他们用不同的制备方法，采用X射线衍射、中子衍射和磁测量不同的手段，开展了对变磁性稀土化合物及相关化合物的合成、晶体结构和磁结构以及结构与性能关系的研究。2005年完成了该项目研究，取得了一系列研究成果并提出一些具有创新意义的学术观点。

2002年饶光辉研究组编入“先进材料与结构分析实验室”，继续开展有关先进功能材料、X射线粉末衍射、相图与相变、晶体结构分析方面的研究，并筹建热电、介电物理测试系统。到2010年底，该研究组有中、高级固定研究人员6人，建立了较为完善的样品制备、先进的X射线衍射、热分析和热电性能表征设备。近两年，研究组发挥在相图、晶体结构和微结构研究方面的优势，开展了热电材料的设计、制备和性能调控研究，已在*Acta Mater. J.*和*Mater. Chem.*等发表多篇学术论文。

为了促进国际学术交流与合作，1998年7～8月梁敬魁作为访问学者，与美国国家标准和技术研究所（NIST）中子部，开展中子衍射测定稀土磁性材料$La_2(Co,Fe)_{16}Ti$和$Y(Fe,Co)_{11}Ti$晶体结构和磁结构的合作研究。在短暂的两个月里，完成两篇合作研究论文，并建立起良好的合作关系。2003年饶光辉作为访问学者及随后的在读博士生都充分利用NIST的设备，收集了一系列化合物的粉末中子衍射数据，并结合X射线衍射测定了它们的晶体结构及过渡族原子的择优占位，深入研究了这些化合物的磁结构随温度的变化，探讨其磁性及其他物理性能随温度变化的微观机制，为材料微观结构从原子分布、原子磁矩排布到电子密度分布的多角度多层次表征奠定了基础。

第三节 单晶体结构分析及分析方法

1955年，北京大学唐有祺应邀来“结晶学组”兼职，组建X射线单晶体结构分析研究小组。他指导贾寿泉以及北京大学化学系和中山大学化学系的有关人员，在当时国内极其简陋的条件下，测定出中国第一个单晶体结构[16]。这是国内单晶体结构研究的奠基性工作。

1956年，吴乾章指导范海福开展晶体X射线衍射的光学模拟研究，用光学衍射模拟X射线衍射，以了解晶体结构与衍射图之间关系的细节，从中寻找解决相位问题的途径。这是物理所单晶体结构分析方法研究的起点。

1957～1958年，物理所X射线单晶体分析的研究完全中断。1959年，晶体学研究室重新组建X射线单晶体结构分析研究组。该组除X射线衍射外，还包含电子衍射（参看本书第五章“电子显微学”）。研究室副主任吴乾章分管该研究组。1959～1960年，吴乾章邀请苏联专家I.V.亚沃尔斯基（И. В. Яворский）来所工作，在研究组内讲授当时苏联晶体学家用“不等式法”（一种早期的晶体学直接法）求解一个复杂的矿物晶体结构的详细过程。此外，还在中科院计算所的帮助下，用电子计算机验算亚沃尔斯基提出的一种新的直接求解晶体中原子坐标参数的方法。试验虽未成功，但却促成物理所与计算所合作，启动了建立中国第一个晶体学电子计算机程序库的工作。这是中国晶体学计算向自动化迈出的第一步。

1960年，梁栋材从苏联留学归国到物理所工作，接任X射线单晶体结构分析组组长，并接手与计算所合作建立晶体学计算程序库的工作。到“文化大革命”前的几年里，组内先后加入了一批大学毕业生，成员增至约10人，专业背景涵盖数学、物理、化学和医学，兼有研究和技术人员，同时开展了几个相对独立的研究课题。

结合当时国际上对单晶体结构分析方法研究的动向，吴乾章倡导和组织了对晶体X射线衍射结构分析方法的研究，以期使X射线衍射分析这一物理方法成为对物质结构研究更有效的工具。

1961～1963年，吴乾章邀请中科院数学所王寿仁到研究组讲授苏联A.I.季达伊格罗茨基（А. И. Китайгородсий）所著《结构分析理论》。吴乾章对结构分析方法学的倡导引起了范海福等对当时还处于发展初期的“直接法”的兴趣。从此结构分析方法的研究为该组增添了新的内含，并逐渐成为后来的主要研究方向。

在一定的约束条件下，从晶体的一组衍射振幅“直接”推定相应的衍射相位，这就是晶体学中的“直接法”。1963年，范海福向全国固体物理学会议提交了两篇学术报告，提出在赛瑞（Sayre）等式中加入“重原子校正项”，以及用“分量关系式”（变形的赛瑞等式）破解晶体结构分析中单对同晶型置换法和单波长异常衍射法的相位模糊问题[17,18]。论文[17]后来衍生出用直接法处理赝对称性引起的“相位模糊”（phase ambiguity）问题[19,20]。论文[18]是直接法用于结构生物学研究最早的尝试之一。当时刚起步的工作得到了物理所吴乾章、吉林大学余瑞璜、中科院副院长吴有训的鼓励和支持。

一、中药有效成分的晶体结构分析

X射线单晶体分析用于研究中药，是中药研究现代化的一个重要环节。衍射分析所得药物分子的立体结构，对于敲定化学结构式、在分子和原子的层次探讨药理、实现药物的人工全合成，都是不可缺少的依据。中国在这方面的研究是由中科院前副院长吴有训亲自推动而及时开展的。1960年中科院上海药物所在研究中药南瓜子时，发现了一种新的天然氨基酸。吴有训当即建议药物所将样品送到物理所测定晶体结构。于是开始了药物所和物理所在“文化大革命”前的一段合作。物理所为药物所测定了南瓜子氨基酸、延胡索乙素、狮足草碱、使君子氨基酸、紫草乌碱乙等的晶体结构。20世纪70年代初，中国在中药研究中发现了获得世界公认的抗疟新药青蒿素。该项研究中有关青蒿素晶体结构的测定由原来在物理所参加中药结构分析和方法研究的郑启泰主持完成。他们在结构测定中使用了当时国际上推演相位的新算法symbolic addition算法，以及利用氧原子确定分子绝对构型的新技术。

二、胰岛素晶体结构的测定

胰岛素晶体结构测定是20世纪60～70年代中国基础科学研究中的一件大事。1958年，中科院生物物理所所长贝时璋在建所之初就把结构生物学列为重要的发展方向之一。1960年，生物物理所派林政炯到物理所单晶体结构分析组进修。期间，范海福与林政炯等合作测定了一个天然氨基酸和一个小肽的晶体结构[21,22]。他们还针对天然有机物（包括蛋白质）晶体结构分析展开全面的文献调研。1963年在上海召开的全国天然有机化学会议上，范海福、林政炯、梁栋材作了题为《单晶体X射线结构分析及其在研究天然有机物中的应用》的大会综述报告。该报告论述了国际上单晶体衍射分析的对象从天然有机小分子到生物大分子的演化历程。1965～1966年，梁栋材到英国进修蛋白质晶体结构分析。同时，物理所从中科院获得一笔专款，向英国订购用于自动采集蛋白质晶体X射线衍射数据的“线性衍射仪”。这套实验设备连同中科院计算所与物理所合作建成的中国第一个单晶体结构分析计算程序库，是后来进行胰岛素晶体结构分析的重要技术支撑。1966年秋，在组建胰岛素晶体结构联合研究组之前，生物物理所和物理所已共同启动了胰岛素晶体结构测定的前期工作。生物物理所成功生长出优质的胰岛素单晶体，拍摄到中国第一张蛋白质单晶体的X射线衍射图。物理所则对生物物理所培育的胰岛素的各种重原子衍生物做X射线鉴定，观察晶胞参数和衍射强度的变化。多年的科研活动、“硬件”和“软件”的积累，使物理所在胰岛素晶体结构测定项目正式启动之后，自然地成为该项目组的活动中心。

1965年，中国人工合成胰岛素取得举世瞩目的成功。国家科学技术委员会立即组织科学家酝酿这项研究的后续项目。1967年5月，国家科委根据1966年4月唐有祺在人工合成胰岛素工作鉴定会上的倡议，正式启动胰岛素晶体结构测定项目，组建了包括中科院的物理所、生物物理所、计算技术所和北京大学的化学系、生物系等单位共30多位科研人员组成的联合研究组。物理所有梁栋材、范海福等多人参加。基于当时国内已有的知识和技术积累，开始工作还比较顺利。1968年制备出中国独有的乙基汞胰岛素衍生物单晶体，并用“线性衍射仪”采集了衍射数据，测定了汞原子的位置。其后，因“文化大革命”的干扰，研究进展缓慢。1969年各单位的相关研究人员被集中到受干扰相对较小的中科院物理所，重新组建代号为“691”项目的联合研究组，负责单位为物理所。

1969～1973年，“691”联合研究组解决了多对同晶型置换试样的制备、多对同晶型置换法中的相位推演、电子密度图的分析跟踪等关键问题，先后获得分辨率为4.0埃、2.5埃、1.8埃的三方二锌猪胰岛素的晶体结构。这是中国解出的第一个蛋白质晶体结构，也是当时国际上少数几个高分辨率蛋白质晶体结构之一。“猪胰岛素晶体结构的测定”项目于1978年获全国科技大会重大科技成果奖，1982年获国家自然科学二等奖。该成果最重要的意义在于，为中国开展结构生物学研究打下了蛋白质晶体学的X射线衍射分析基础。

三、“直接法”处理赝对称性问题

1966～1976年“文化大革命”期间，刚起步的晶体结构分析方法研究受到严重的冲击，只能私下断续地进行。尽管如此，范海福等所发表的论文[17～20]仍被国际著名晶体学家C.贾科瓦佐（Giacovazzo）在其1980年出版的专著*Direct Methods in Crystallography*中，以近3页的篇幅详细引述。在这一时期，国际上的直接法研究取得长足进展，从仅能解析约20个独立原子的晶体结构，发展到可以解出近百个独立原子的晶体结构。伴随计算机技术的发展，直接法逐渐在小分子晶体结构分析领域取得主导地位，有力地推动了结构化学的发展，促成了小分子药物设计的创立，充分展示了晶体结构分析方法研究的科学潜力和价值。此后，由英国约克大学M.M.沃尔夫森（Woolfson）研究组研发的直接法单晶体结构自动分析软件MULTAN在世界上被普遍使用。

到1978年，直接法虽已在小分子晶体结构分析领域取得极大成功，但对于存在赝平移或赝中心对称性的晶体，由于存在相位模糊问题，其结构的解析还是困难重重。范海福、郑启泰等就X射线单晶体结构分析中的这一困难问题进行了系统的研究。他们阐明了这一问题的成因和表现形式，并建立了解决这一问题的方法理论和实用算法。这套算法经过比较完整的实例试验，成功地解决了若干个原属未知的含赝对称性的晶体结构。研究结果在《物理学报》和国际《晶体学报》(*Acta Cryst.*)先后发表了十多篇论文。范海福因此多次应邀在国际晶体学会议上作学术报告和讲座。为了推广这一成果，姚家星、范海福等编写了一套命名为SAPI的单晶体结构分析直接法软件（SAPI自左至右是Structure Analysis Program with Intelligent control的缩写；自右至左则是Institute of Physics, Academia Sinica的简称）。这个软件以英国沃尔夫森的MULTAN程序为基础，包含了姚家星在英国沃尔夫森研究组中研发的RANTAN程序以及物理所独立研发的赝对称性处理程序。SAPI是当时世界上唯一能够自动处理具有赝对称性晶体结构的直接法软件，曾被国外两家分析仪器公司（日本的RIGAKU公司和美国的MSC公司）采用为单晶体结构分析的主程序。晶体赝对称性问题的研究获得1987年中科院自然科学一等奖和国家自然科学二等奖。

1986～2003年，研究组通过中科院与英国皇家学会的科技交流协议，与英国皇家学会会员、约克大学沃尔夫森研究组在直接法研究领域开展了长期的合作研究，范海福与沃尔夫森还合作撰写了一部专著*Physical and Non-Physical Methods of Solving Crystal Structures*（剑桥大学出版社，1995）。

四、超越传统的直接法研究领域

1985年，直接法的两位先驱J.卡尔勒（Karle）和H.A.豪普特曼（Hauptman）荣获诺贝尔化学奖，似乎直接法研究已经走到尽头，但范海福研究组已经开始致力于开辟直接法新的应用领域。1987年，第十四届国际晶体学大会在庆祝卡尔勒和豪普特曼获得诺贝尔奖的学术报告会上，范海福以*Outside the Traditional Field*为题作报告指出，诺贝尔奖之后的直接法应该走出传统领域去开拓新的应用，为此他提出了四个发展方向：①从单晶分析到粉晶分析；②从X射线晶体学到电子显微学；③从周期性晶体到非公度晶体；④从小分子晶体到生物大分子晶体。这些前瞻性的想法在9年后的1996年国际晶体学会议上得到同行的认同。而那时，范海福研究组的工作已经在后三个方面占有重要的国际地位。

（一）从X射线晶体学到电子显微学

高分辨电子显微学是研究固体材料微观结构的重要手段。许多材料因其晶粒太小或缺陷严重而不便使用X射线分析，但却适用于电子显微镜观察。然而，高分辨电子显微像往往因电子光学系统的像差而产生严重畸变，其分辨率又远低于相应的电子衍射图，多数情况下不足以辨认单个原子。因此，高分辨电子显微像需经特殊处理后才能反映出物体内部的结构细节。国际上常用的处理方法，实验量大，计算繁复，并且需要事先对被观察试样的结构有所了解。这就局限了高分辨电子显微学的应用。另一方面，X射线晶体学中的直接法，实质上是一种特殊的图像处理方法。在高分辨电子显微学中引入直接法，可创立新的图像处理技术。从20世纪70年代起，范海福和李方华合作，将衍射分析和显微成像结合起来，建立了用于高分辨电子显微学图像处理的新方法[23]。该方法与国外惯常使用的处理方法相比，所需的实验工作量较少，计算过程也较简捷，而且无需对被测试样的结构预先有所了解。1994年，这一方法曾成功用于处理一张高T_c超导材料Bi-2212的高分辨电子显微像。经处理后的图像，除校正了畸变外，还将图像的分辨率从2埃提高到1埃。Cu-O层上的氧原子也清晰可见（图1，参见第五章“电子显微学”）。

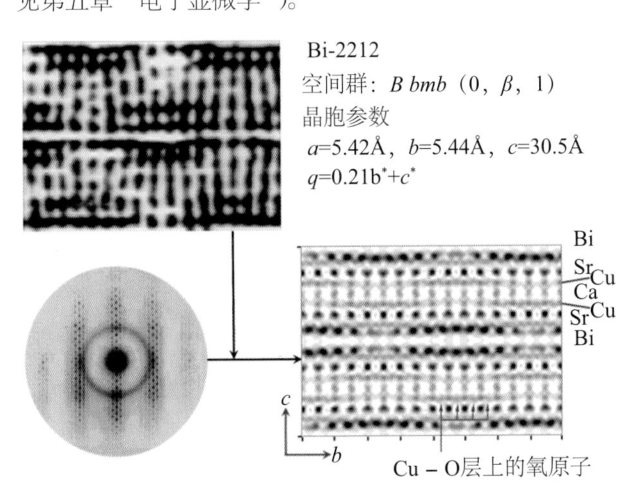

图1 经图像处理后高T_c超导材料Bi-2212的高分辨电子显微像，其图像分辨率从2Å提高到1Å

（二）从周期性晶体到非公度晶体

通常晶体结构分析都假定晶体具有严格的三维周期性，但实际晶体的原子往往存在被取代、缺位或偏离平均位置等缺陷。基于衍射效应的晶体结构分析，只给出大量晶胞的平均结果。如果这种缺陷的分布本身具有周期性，就形成所谓调制晶体。缺陷分布的周期若为晶体周期的整倍数，即形成公度调制结构或称超结构；缺陷分布的周期若非晶体周期的整倍数，则形成非公度调制结构，它是晶体缺陷长程有序分布的一种形式。国际上用于测定非公度调制结构的流行方法均在某种意义上属于尝试法，因此有必要建立一种更客观、直接的方法去代替尝试法。非公度调制结构，就其整体而言在三维空间不具备严格的周期性，但它可表示为一个n维（$n>3$）周期结构的三维“超截面”。为了在n维空间中求解晶体结构，需将现有的晶体结构分析方法从三维空间推广到多维空间。范海福等在1987年首先将直接法推广到多维空间，建立了测定非公度调制结构的直接法相位推演理论[24]，并将此法成功用于研究高T_c超导材料Bi-2223晶体的非公度调制结构（图2）。该研究组还将用于电子显微学图像处理以及用于从头测定非公度调制晶体结构的直接法，综合到程序包VEC（Visual computing in Electron Crystallography）中[26]。

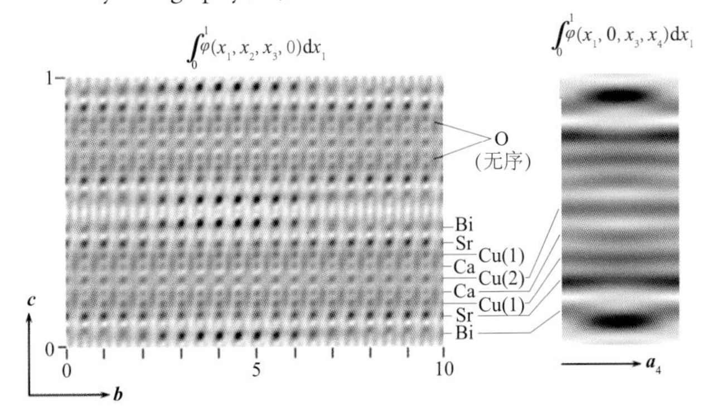

图2 高T_c超导材料Bi-2223晶体的非公度调制结构

（三）从小分子晶体到生物大分子晶体

蛋白质的晶体结构分析是结构生物学的重要实验基础。结构未知的蛋白质可分为两类，一类是本身结构未知，但有结构已知的同源类似物可供参照；另一类则是“完全未知”，即没有结构已知的同源类似物。测定前者的主要方法是分子置换（MR）法，测定后者的主要方法是多对同晶型置换（MIR）法和多波长异常衍射（MAD）法。MIR和MAD的共同缺点是对试样制备有特殊要求，且实验量和计算量都较大，遇到试样不易制备或者易受辐照损伤的情况就不便使用。因此，用单对同晶型置换（SIR）法或单波长异常衍射（SAD）法来代替是合乎逻辑的出路。但从SIR或SAD的实验数据不能唯一确定衍射相位，多数情况下每一个衍射点的相位都有两个可能解（双解），它成为使用SIR或SAD方法必须设法克服的障碍。1965年，范海福在论文[18]中提出用直接法破析SIR或SAD的相位双解问题。1982年，豪普特曼发表了整合直接法和SAD数据的论文，其目标和范海福的论文[18]相同，但方法各异。从1983年起，世界上多个著名的直接法研究组纷纷把研究重点转向这个方面，由此掀起的“国际竞争”一直延续了大约20年。物理所范海福、古元新等在论文[18]的基础上作了重大的改进和发展，发表了以[25]为代表的一系列论文。这些文章得到国际同行包括竞争对手的肯定。1988年应中国科学院邀请，美国科学院派出了一个生物技术代表团到中国考察。虽然他们没有访问物理所，但在他们的考察报告*Biotechnology in China*中，仍认真地评述和充分地肯定了范海福研究组在20世纪80年代中期的工作，认为“这一方法终将能够直接测定一系列肽和蛋白质的结构。这对蛋白质工程将有潜在的、深远的意义”。

范海福、古元新等人的后续工作证实了美国考察团的预见。1990年，该研究组在国际上首次用直接法推定一套2.0埃分辨率的SAD数据的相位，获得可跟踪解释的电子密度图。1995年，他们进一步提出用直接法和电子密度修饰法协同处理蛋白质的SAD数据，并用3.0埃分辨率的SAD数据证实这种方法可解出抗生物素蛋白链菌素（streptavidin）的晶体结构。这个结构原本是用3倍于SAD的MAD数据解出的。2000年，基于该研究组的方法编写的程序OASIS被国际上广泛使用的蛋白质晶体结构分析程序库CCP4正式采用，成为其中唯一的用于推演SAD或SIR衍射相位的直接法程序。

2001年，范海福研究组划入新组建的软物质物理实验室，但其原有的研究方向并未因此改变。2004年，他们提出SAD或SIR衍射相位的“双空间迭代”方法，将原有方法的功效提高了几倍，并使直接法在蛋白质晶体结构分析中，从相位推演的环节进一步渗透到自动建模的环节。图3示出用这一方法处理一套SAD信号极弱的数据并顺利解出结构。这套数据在当时，如果不用OASIS处理，就解不出结构。2007年，他们又提出无须SAD或SIR信息的“结构碎片双空间迭代扩展”方法。该法将直接法与测定蛋白质结构中使用最广的MR法相结合，显著提高了它的功效。2004～2010年，该研究组完成了OASIS程序的3个更新版本，每一次更新都在方法和算法上有重要改进。2010年发表的综述文章[26]对物理所近五十年来的直接法研究做了详细的介绍。其中包含的成果是范海福作为一个科研团队的代表获得1996年第三世界科学院（今发展中国家科学院）物理学奖以及2006年陈嘉庚数理科学奖的依据。

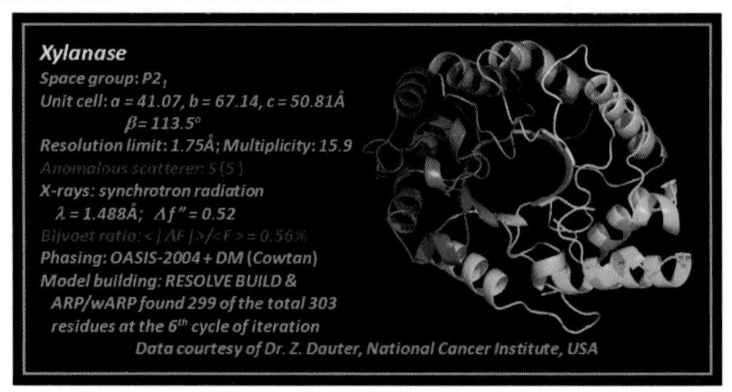

图3　用OASIS-2004和DM程序处理蛋白质木聚糖酶（xylanase）的、Bijvoet ratio = 0.56% 的SAD数据，并在RESOLVE和ARP/wARP的帮助下解出结构

第四节　晶体缺陷

晶体是由原子或原子团组成的质点在三维空间作周期排列的材料，若质点局部排列改变即出现晶体缺陷。晶体材料的性能与晶体结构和结构的完美性休戚相关，其中晶体缺陷的研究成为晶体学和材料科学的重要研究领域。

X射线形貌术是利用X射线在晶体中衍射动力学和运动学理论，根据晶体中完美和不完美部分衍射衬度的变化和消光规律，研究晶体材料及器件表面和内部微观缺陷的一种重要方法。它具有缺陷图像直观、反映缺陷体状态、重复性好和非破坏性检验等优点。

20世纪70年代初，陆学善多次提及单晶体缺陷及形貌研究的重要性。刘琳等装配了一简易的形貌相机，并与汤洪高、陆坤权等人用化学腐蚀法，开展了在显微镜下氟磷酸钙、钆镓石榴石（GGG）等人工晶体位错的研究。胡伯清、麦振洪应用光学干涉法和光散射方法，开展了钇铝石榴石（YAG）和GGG等人工晶体的应力和包裹物等缺陷的研究。随后，古元新等1978年应用X射线形貌法，对YAG晶体生长条纹进行了研究，1980年在李荫远的提议下，又对α－碘酸锂（α－$LiIO_3$）单晶在静电场作用下空间电荷对晶体缺陷的缀饰进行了动态X射线形貌术研究。

1980年，麦振洪向中科院和物理所提交《关于开展晶体缺陷和X射线衍射动力学理论研究》的报告，得到了中科院、物理所的大力支持，在晶体学室成立以麦振洪为组长的晶体缺陷研究组。该研究组与英国达勒姆（Durham）大学和日本富山大学合作，推导出Takagi-Taupin方程新的表达式，得到近完美晶体中存在随机分布微小点阵畸变的衍射统计动力学衍射方程及波场强度分布表达式；他们还应用静态德拜-沃勒因子表征晶体完美性，使其可用于近完美晶体中纳米级点状微缺陷研究；又应用X射线动力学衍射的pendellösung fringes现象，研究了氢气区熔硅单晶中的氢沉淀、直拉硅单晶以及磁场下直拉硅单晶氧沉淀，它们的尺寸和浓度与热处理的关系，拓宽了X射线统计动力学理论和X射线截面形貌技术的应用范围。

一、硅单晶中微缺陷和氢缺陷研究

硅单晶中微缺陷和氢缺陷研究首先是要在物理所建立X射线形貌技术等缺陷观察技术，填补国内某些观察技术的空白或加强某些薄弱环节，提高中国X射线形貌技术的分辨率；二是开展晶体缺陷X射线衍射动力学理论研究，编制X射线形貌像计算模拟程序；三是对硅单晶中微缺陷的组态、形成机制和消除工艺的研究；四是对氢气区熔硅单晶生长中氢致缺陷的组态、形成机制以及硅氢键进行实验和理论研究。

（一）硅单晶氢致缺陷的研究

1978年，中国援外建设的一个采用氢气氛生长工艺的单晶硅厂，其生产的硅单晶热处理后出现一种异常缺陷。晶体缺陷研究组参加冶金部与中科院的联合攻关，崔树范等应用X射线形貌技术，首次获得“氢硅”热处理导致的异常缺陷呈“雪花”状，命名为“雪花”缺陷，并实时观察初步弄清“雪花”缺陷形成的动力学过程。为研究“雪花”缺陷的形成，他们采用厚样品克服了硅氢键的弱吸收，首次证实了“氢硅”单晶中存在硅氢键，并研究了其热稳定性，得到硅氢键断裂与“雪花”缺陷产生的直接证据，确定为“氢致缺陷”。随后他们应用X射线形貌术、双晶衍射、扫描电镜、红外吸收光谱、红外显微镜、正电子湮没寿命谱及深能级瞬态谱等手段，深入研究了氢致缺陷的组态、分布、形成过程以及硅氢键的性质，揭示了“氢胀”导致“雪花”缺陷的形成过程。在后续研究中，他们还对氢致缺陷的X射线截面形貌进行X射线动力学衍射理论模拟，给出了单晶硅中氢致缺陷的特征及形变参数。用静态德拜-沃勒因子（SDWF）分析n型和p型单晶硅中氢致缺陷的同步辐射X射线形貌照片，给出其形成和演变过程，部分回答了关于单晶硅中氢的有关电子性质问题。部分文章[27]被国际专著《结晶半导体中的氢》和《现代物理评论》引用。“单晶硅中氢致缺陷和硅氢键的研究”获1986年中科院科技进步二等奖。

（二）硅单晶片“双吸除技术”研究

晶体缺陷研究组与外单位开展合作研究，通过扩磷层等技术手段吸除造成硅单晶片微缺陷的杂质，从而提高硅片的性能。该研究组应用光学显微镜、扫描电镜、透射电镜、电子探针和扩展电阻等技术，观察到封闭层、封闭层与扩磷层界面、扩磷层和扩磷层前沿四种不同的缺陷组态，确定扩磷层的位置及吸除作用可达400多微米，证实磷吸除效果比缺陷吸除强，并对吸除机理和连续吸除作用作了理论解释。他们还应用E中心理论计算出产生吸除作用的最低磷含量，提出一种在硅片背面扩磷后，再长一层具有高密度缺陷的单晶硅作保护的“双吸除技术”。它具有工艺简便、吸除能力强、稳定性和耐腐蚀性好、少数载流子寿命高一二个数量级、机械强度高二三倍等优点。这一新型的“双吸除技术”的部分结果被国际专著*Defects in Crystals*收录。“硅单晶磷和缺陷双吸除技术吸除机理的研究”获1989年中科院科技进步三等奖。

（三）集成电路工艺中材料缺陷的研究

为提高集成电路的成品率，晶体缺陷研究组用X射线形貌技术跟踪电子工业部878厂的5612集成电路制造工序，研究其硅中原生缺陷和二次缺陷的产生、演变及对器件的影响。发现电路制造工艺过程中存在滑移位错、机械损伤和沉淀物等多种缺陷，而硼扩散工序引进滑移位错和造成晶格弯曲最为严重，是影响双极型电路性能和成品率的主要因素。该厂运用其研究结果改进工艺，使成品率从20% ~ 30%提高到50%。同时研究组还通过与外单位合作，用多种技术研究了国产硅单晶，观察到两种不同类型的微缺陷，发现两种特殊组态的微缺陷[28]。另外，他们还开展了硅单晶生长条件及热处理对微缺陷的影响的研究，初步探明微缺陷的形成、生长条件及与热处理的关系，合作制作了“硅单晶缺陷图谱”，为优化硅单晶生长条件提供了依据。

二、人工晶体缺陷研究

20世纪80年代，晶体缺陷研究组用X射线形貌技术研究不同生长条件掺铟和不掺铟的半绝缘砷化镓（GaAs）

单晶位错及其分布，并应用位错理论计算了滑移位错产生的Schmid因子，解释了滑移位错呈四次或八次轴对称，对所观察到的两类缺陷和胞状网络结构进行了解释；应用红外扫描层析技术观察了不同生长条件和富镓晶锭头部和尾部的缺陷组态，表明由于分凝效应引起杂质在晶体生长后期富集；应用X射线双晶衍射研究了GaP晶片的完美性和切、磨、抛工艺引起的表面损伤。其研究结果对降低GaAs晶体的位错密度，提高GaAs晶体的完美性有重要作用[29]。该研究组用X射线形貌技术对人造石英晶体的位错、包裹物等缺陷开展研究，取得了比较好的结果[30]。1987年“人造石英晶体位错密度的X射线形貌检测方法”列入“电子工业技术标准编制计划”，以他们的研究结果编写了《人造石英晶体位错的X射线形貌检测方法》国家标准讨论稿，经修改定为国家测试标准，并推荐到国际电工委员会作为国际标准。

三、准晶结构的研究

1984年底，美国国家标准局的D.谢克特曼（Shechtman）等首次在急冷的铝－锰合金中发现二十面体准晶相，其电子衍射斑点的分布不具有周期性平移关系，违背了传统的晶体学规律，掀起了国际上“准晶体研究”热潮，成为凝聚态物理和材料科学一个新的研究领域。1986年，物理所陈熙琛、李方华和麦振洪三个研究组协同开展“准晶体研究”。陈熙琛组侧重于准晶生长，李方华组侧重于用电子衍射和高分辨像研究，麦振洪组侧重于用X射线衍射方法对准晶体结构的研究。麦研究组在国际上最早应用X射线旋进照相技术研究了铝－铜－锂准晶单晶的对称性，拍摄到各等效的二次、三次和五次对称轴的零层和高层X射线旋进照相图；他们首次观察到二十面体准晶的对称性向立方晶体的对称性退化的现象，并用特定的线性相位子应变场给予了圆满解释；分别在倒易空间和正空间从理论上阐明了在特定的线性相位子场的作用下，二十面体准点阵如何转变为简单立方点阵、面心立方点阵和体心立方点阵；理论预言了理想准晶在位相子场作用下可转变为晶体，提出了畸变准晶概念；他们还应用相位子应变场解释了八次准晶向β－锰晶体转变的电子衍射花样变化，并得到实验证实；从微观几何结构角度，提出了β－锰结构在八次准晶中成核长大的概念，并提出解释新八次准晶相的结构模型，确定其为体心准晶相，从原子分布的有序化到无序化，解释了旧准晶到弦准晶的转换；他们又应用张量不变式方法编写计算机程序，计算了十次准晶的弹性模量、电极化张量、压电张量和光弹张量等物理参量。该研究从X射线衍射花样出发，深入分析了现象的物理本质，以不同类型准晶为对象，阐明了准晶体结构与晶体结构之间的内在联系，相位子应变场是它们之间联系的媒介，圆满地解释了所观察到的实验结果[31]。“准晶体结构和相位子缺陷的研究”获1991年中科院自然科学二等奖。

四、多层膜微结构研究

（一）多层膜微结构、GMR的研究

1988年，法国巴黎大学A.费尔（Fert）研究组在铁/铬多层膜中发现巨磁电阻（GMR）效应后，磁性金属多层膜的GMR效应的研究成为热点。麦振洪、赖武彦、张泽三个研究组率先在铁/钼和铁/银系统中观测到GMR效应。在先后共同承担的“巨磁电阻效应的物理及材料科学”和“巨磁电阻的物理、材料研究及其在信息技术中应用”重大项目中，麦振洪研究组致力于磁性金属多层膜结构的表面、界面表征及其对GMR性能影响的研究，在原子水平上研究材料制备的微结构、微缺陷与GMR性质间的关系。他们在实验方法和理论上有所创新和突破，除了应用双晶衍射技术外，还发展了三轴晶衍射、异常散射和漫散射技术[32]；另外首次把射线吸收精细谱RAFS技术应用到镍铁/铜系统的研究，理论上还发展了畸变玻恩近似理论，并编制了相关的计算机程序。他们所取得的结果为改进制膜工艺，提高GMR性能提供了重要数据。

（二）半导体多层外延膜表面、界面结构的研究

半导体外延膜的真实参数直接影响材料和器件性能，是“能带工程”的重要内容之一。麦振洪研究组与周钧铭研究组以及中科院半导体所合作，开展化合物半导体多层膜和超晶格、量子阱材料的研究。麦振洪研究组致力于“固体微观结构和分析方法的研究”子项目“多层膜表面、界面结构研究”，以期从原子水平探讨外延膜微结构和表面、界面结构、应力和失配、界面粗糙度和界面互扩散、缺陷状态及其对材料性能的影响，发展原子级的薄膜微结构X射线探测新方法和X射线动力学衍射理论。他们在X射线衍射动力学理论研究中，发展了X射线统计动力学中加藤的衍射理论和畸变玻恩近似理论，并推广到外延多层膜内随机分布的微缺陷研

究；根据光学递归理论，应用矩阵法推导出薄膜材料X射线反射强度表达式；在国内首先应用X射线衍射动力学理论，建立多层膜和超晶格双晶衍射摇摆曲线计算机模拟程序和常用半导体、超导材料的数据库；经不断改进，该模拟程序不仅能确定样品各层的成分、厚度，还能确定外延层与衬底的取向差、成分梯度以及弛豫等参数，为材料制备工艺优化提供了依据。他们还发展了用X射线衍射数据确定多层膜、量子阱材料势垒和浅阱成分的新方法。

该研究组在国内最早编制多层膜X射线动力学衍射理论计算掠入射面内劳厄－布拉格（Laue-Bragg）反射强度计算机模拟程序，建立常用半导体材料参数的数据库，测定了100多个多层膜、超晶格的表面、界面粗糙度以及层厚、成分和衬底温度等因素对界面粗糙度的影响，使X射线衍射探测的分辨率达原子级水平[33]。

该研究组还应用三轴晶衍射技术，对多层膜材料进行高分辨X射线倒易空间扫描，获得倒空间衍射强度的二维分布，从而了解晶格参数和应力的深度分布。研究在不同衬底上生长的成分梯度的$Si_{1-x}Ge_x$外延膜，得到了不同衬底与不同膜厚的界面应力分布、应变状态、失配位错密度及晶格参数随深度变化。另对不同层厚、不同基片偏角的锗硅/硅及晶格的界面状态进行了深入研究，发现硅层上界面的粗糙度比下界面的小；随着外延层周期厚度和界面粗糙度的增加，界面粗糙度系数h和相干长度减少；激活剂锑能改善锗硅/硅界面粗糙度；衬底温度升高，粗糙度增加等现象；发现生长在低温硅缓冲层的不同锗硅层厚度的样品位错都集中在缓冲层与锗硅的界面，从而获得低位错密度的锗硅层，位错密度达到器件要求。

利用北京同步辐射实验设备，麦振洪研究组承担“新型功能晶体和薄膜材料微结构的同步辐射研究”的子课题“半导体外延膜和激光晶体微结构与缺陷的同步辐射研究”。深入研究了多种半导体外延膜的应变状态、缺陷组态、表面与界面结构以及薄膜完美性和热稳定性[34]，其研究成果为优化材料制备工艺和改善材料的性质提供科学依据。

（三）超导薄膜结构研究

1986年，国内外又掀起了超导体研究的新高潮。麦振洪研究组于1987年融入物理所高温超导体研究。他们首次采用X射线旋进照相法获得$Bi_2Sr_2CaCu_2$超导体完整的结构对称性信息及其调制结构类型，确定其空间群，并证实其为层状结构；应用同步辐射X射线倒空间衍射强度分布技术，发现Bi-2201超导单晶在b^*和c^*方向存在调制结构，并与超导电性有联系，为研究结构与超导性质的关系提供了重要依据；研究了不同氧分压制备BTO/YBCO//STO体系对BTO薄膜取向的影响，为制备优质BTO/YBCO//STO多层膜材料提供依据；首次采用掠入射衍射和三轴晶衍射技术，直接测定了BTO/STO超晶格和YBCO/LAO薄膜体系界面应变的水平弛豫，其给出的应变弛豫表达式表明了超晶格水平应变量和二次谐波产生系数随周期厚度变化的对应关系及微结构对物理性能的影响；研究了生长在STO和掺钇的氧化锆（YSZ）衬底上YBCO薄膜的微结构及buffer层对其性质的影响，发现对不同的衬底buffer层的作用不同[35]。

第五节 XAFS方法及液体结构和性质

20世纪70年代初，人们认识到X射线吸收精细结构谱（XAFS）、扩展X射线吸收精细结构谱（EXAFS）是吸收原子的出射光电子波与周围原子的散射波相干而产生。美国E.A.斯特恩（Stern）、D.E.塞耶斯（Sayers）和F.W.莱特尔（Lytle）等，在EXAFS数据处理中引入傅里叶变换，使利用EXAFS数据提取结构参数成为可能。几年以后，同步辐射光源的应用更使EXAFS有了迅速的发展。EXAFS成为研究原子近邻结构的一种方法，对有序和无序态样品均可进行研究，从而获得配位数、原子间距、原子种类等信息，并可测量少量杂质原子局域结构，解决X射线衍射方法等不能测定的结构问题。

一、EXAFS方法和固体原子近邻结构研究

1981年，陆坤权等开始利用转靶X射线源进行实验室EXAFS实验，并于1984年成立了以陆坤权为组长的EXAFS研究组，开展EXAFS方法和固体原子近邻结构研究。但当时国内还没有同步辐射装置，他们因地制宜地发展实验室X射线源的EXAFS。首先，他们对已有的转靶X射线源进行改造，加装以硅、锗等单晶制成的单色器和双窗口的流气式正比探测器，再配以原有的闪烁计数器，形成双探测器系统。他们与电子学室袁茂森等合作完成控制电路系统设置，形成一个全新的数据采集系统。与此同时，他们还开展了EXAFS数据分析处理软

件编制。以FORTRAN语言编写的软件于1983年投入应用。至此，物理所形成了一套当时国内功能最强的实验室EXAFS设备，以及与之相配套的数据处理与分析程序库。“EXAFS数据分析程序库”获1985年中科院科技成果二等奖；“双探测器测量EXAFS方法及数据检测采集系统”获1986年中科院科技进步二等奖。

在此基础上，EXAFS研究组系统研究了实验因素对EXAFS影响和方法研究，如“谐波对EXAFS振幅的影响”“能量分辨率对EXAFS的影响”、有关“混合配位态的处理方法”等。其中所提出的混合配位和混合相体系XAFS分析方法[36]，可研究复杂体系原子近邻结构和组分比例。

EXAFS研究组还用EXAFS研究了各类晶体、非晶、催化剂等原子近邻结构，通过对固溶体原子间距与成分变化关系以及固溶体的微观结构的研究，提出和证明了石榴石型晶体非立方对称的结构模型，较早发现ZrO_2纳米颗粒随尺寸变化发生结构相变，以及玻璃的结构特征等。

物理所EXAFS研究对国内XAFS领域发展起到重要推动作用。“X射线吸收精细结构谱方法和固体原子近邻结构研究”获1996年中科院自然科学二等奖。

二、液态结构和性质研究

液态物理研究具有重要意义，但人们对液态结构和性质的认识还很不深入，而对高温熔体的实验研究更为困难。由于研究组有开展XAFS研究的良好基础，可用此方法研究无序态物质微观结构。1990年，陆坤权率先在国内建立液态物理研究组，主要研究高温熔体结构和性质。1991年，李晨曦等开展了X射线吸收近边谱（XANES）工作，并编写了XANES多次散射程序。此方法可以将原子结构与电子结构联系了起来，从而扩展了熔体微观结构研究的领域。他们建立了高温熔体XAFS实验方法，并将反蒙特卡罗模拟用于分析液态XAFS数据，为液态结构研究提供了新途径。他们所研究的液体包括Zn-Rb-Cl体系、Ge、GaSb、InSb、GeO_2等熔体和低温液态Kr的结构。对液态GaSb、InSb、Ge结构和电子态的研究，解释了这些半导体熔化后变成金属态及密度变大的原因[37]。相关论文被认为是此领域的早期文献。

在研究熔体的同时，液态物理研究组还建立了多种熔体性质测量方法，包括黏滞性、密度、表面张力、电导率和热电势等，研究熔体性质随成分、温度的变化，与熔体结构变化建立联系；研究了Ga-Sb、In-Sb、$LiNbO_3$、BaB_2O_4、$Li_2O-4B_2O_3$等体系熔体的性质随成分、温度的变化，获得比较完整、精确的数据和结果，并发现某些成分的熔体其性质和温度系数的突变等有意思的新现象。

三、由液态物理到软物质研究

液态物理研究组在进行液态物理研究时，注意到国际上“复杂液体”研究的兴起和发展。“复杂液体”后来普遍称为“软物质”。在此后该研究组逐步开展了电流变液、颗粒物质、受限液体等课题的研究。

陆坤权等从1992年开始电流变液的研究。电流变液由介电颗粒和绝缘液体组成，剪切强度可在电场作用下连续、快速调节，有广泛和重要的应用前景。传统电流变液由于屈服强度低，发明数十年来一直未得到应用。在对传统电流变液材料进行较系统研究基础上，20世纪90年代中期他们提出用高介电常数颗粒添加极性分子的方法，制备出复合钛酸锶电流变液，屈服强度1998年达8千帕（电场为2.5千伏/毫米），2002年又达近30千帕（电场为2.5千伏/毫米），为当时最高值，导致后来极性分子型巨电流变液研究的出现。电流变液是介电颗粒和绝缘液体在电场中的行为，研究中他们开展了单纯用颗粒在电场中流动状态的实验，发现了电场导致流量减小的有趣现象，开启了颗粒物质研究。他们注意到国际上将颗粒物质作为一类新凝聚态物质研究的兴起，由此他们1999年在物理所成立了国内第一个颗粒物质物理研究课题。

关于电流变液、颗粒物质、受限液体结构和性质的研究，在第二十一章“软物质物理”有较详细表述。

第六节　人工晶体生长

材料科学是现代高科技的基础。单晶体，尤指功能晶体，具有特殊物理性能，其应用涉及多学科和技术领域。人工生长的各类单晶体，对中国经济和国防建设具有重大意义。

早期人工晶体生长可追溯到19世纪初期，但从原子观点讨论晶体成核和生长学术问题则是从20世纪50年代开始的。人工晶体生长的分类方法很多，按生长体系的物相可分为溶液法、熔体法、气相法和固相法生长；溶液生长又包括水溶液法、水热法（高温高压溶液法）生长等。

中国的单晶体人工生长随国家建设和国防需求而迅速发展起来。1952年，钱临照曾指导佟仲昭和杨大宇从事ADP（磷酸二氢铵单晶体，$NH_4H_2PO_4$）晶体生长的研究工作，其目标是替代水晶制作传声器、振荡器和滤波器等电子元件。他们经两年多的努力，研制成功晶莹透明的ADP单晶体。1958年，物理所晶体学研究室吴乾章、张乐潓、贾寿泉等组建起人工晶体生长研究组。他们逐步开展了包括水溶液法、水热法、焰熔法、助熔剂法等各种晶体生长方法的研究，经过几年的努力，成功生长出钴铬氰酸钾、红宝石、水晶等单晶。20世纪60年代后期，他们又确定了晶体生长的主要方向是激光和非线性光学晶体，除已有方法外，陆续建立了熔体法（提拉法）等生长方法，并开展了相应的激光和非线性光学晶体性能研究。在其后30年期间，他们先后研制成功多种高质量激光晶体，包括钇铝石榴石（YAG）、钆镓石榴石（GGG）、钕镓石榴石、钒酸钇等，以及非线性光学晶体，如α－碘酸锂（$\alpha-LiIO_3$）、钛酸钡、水热磷酸钛氧钾（KTP）等。这些人工晶体生长的成功有力地促进了晶体生长学科在中国的发展。

20世纪90年代末，人工晶体生长研究组根据需求，又将晶体生长方向由以生长氧化物晶体为主，调整为主要开展第三代半导体晶体材料的研究。

一、水溶液法晶体生长

水溶液晶体生长方法，由于其生长温度低，实验装置的研制和晶体生长温度控制方法简便，因而无论是在国外或国内发展都是最早的。1958年10月，物理所接受与中科院电子学所合作研制射电天文望远镜的任务。由贾寿泉着手成立3人课题组，负责生长作为该设备核心部分的固态量子放大器的顺磁材料——掺铬钴氰酸钾〔$Cr^{3+}:K_3Co(CN)_6$〕单晶体。该课题组在短时间内建立并改进生长装置，并在无任何资料可供参照情况下，制备了$K_3Cr(CN)_6$和$K_3Co(CN)_6$粉晶及晶种。通过大量实验，他们解决了在水溶液中分凝系数和遇光分解等难题，于1958年底生长出65×50×15立方毫米的$Cr^{3+}:K_3Co(CN)_6$大单晶[38]，加快了射电天文望远镜的研制进程。该晶体的质量和尺寸均远远超过当时国外生长的晶体。

非线性光学晶体是激光技术发展的关键晶体之一。α－碘酸锂（$\alpha-LiIO_3$）是非铁电性的极性晶体，它不仅可用作良好的非线性激光倍频材料，还能用作超声无损探伤与精密测厚技术中的换能器。自1968年美国贝尔实验室S.K.库尔茨（Kurtz）等用粉末样品，发现了$\alpha-LiIO_3$具有较大的激光倍频效应，同年联邦德国F.豪斯苏赫特（Haussuht）采用慢蒸发法培养出$\alpha-LiIO_3$小单晶体后，物理所人工晶体生长组李永津、薛荣坚和姜彦岛等于1969年末开始探索$\alpha-LiIO_3$单晶体的生长。此项研究工作的难点是晶体长不大、易龟裂、成品率低、质量差，致使西方国家1973年就停止了该晶体的人工生长。而贾寿泉、李永津、陈万春等对$\alpha-LiIO_3$的晶体生长进行了近10年的深入研究，经差热分析与X射线物相分析确认，$LiIO_3$在溶液中可形成六方系$\alpha-LiIO_3$与四方系$\beta-LiIO_3$两种晶相，它们的形成与溶液的温度或浓度直接相关，并分别获得了两种晶型在室温至80℃的水中溶解度随温度变化的精确数据[39]，可确切解释结晶生长实验过程中出现的现象，真实反映了两种相在不同温度范围内随$LiIO_3$溶液的浓度而变化的规律，为制取纯$\alpha-LiIO_3$相粉晶与优良晶种提供了可靠依据。

通常情况下$\alpha-LiIO_3$的生长率具有很强的各向异性，他们观察到各方向的生长率随着溶液的pH值和温度的明显变化，其酸性愈强、温度愈高，则沿3个方向的生长率之比愈小。通过控制生长条件，使细长晶种直径逐步增大并阻止$+z$端的不透明生长，生长出尺寸比较理想的单晶体[40]。他们同时发现，晶体如果沿$-z$轴向生长，则在$\alpha-LiIO_3$的负电性表面边缘区域容易形成孪生晶体。经测定表明，“寄晶”与“主晶”的旋光性相反，即两者的极性不同，它们属于构型相反的电孪生。根据$\alpha-LiIO_3$绝对构型，李荫远与贾寿泉利用两种构型的原子坐标，描绘出$\alpha-LiIO_3$孪晶的示意图，并详细讨论了$\alpha-LiIO_3$的晶体生长及其孪晶形成的机理。这使实验中出现的电孪生晶体和晶体正极面比负极面生长快得多等一些问题迎刃而解。

人工晶体生长研究组用氩激光扫描超显微方法来观测$\alpha-LiIO_3$晶体中包藏物的分布与密度，发现除各种生长参量、杂质以及晶种的大小等因素对包藏物形成的影响外，溶液的流体运动对晶体中包藏物数量具有相当大的作用。基于上述研究结果，他们建立了一整套生长$\alpha-LiIO_3$单晶的新工艺。生长出的优质大单晶各项指标均超过了当时美国、日本、苏联、法国等国家的同类晶体，在《发明与专利》发表了《优质、大尺寸$\alpha-LiIO_3$单晶体的生长新工艺》论文，1982年获得国家技术发明三等奖，并于1983年获得国家专利[41]，1986年获日内瓦国际新技术展览会镀金奖。

α-$LiIO_3$晶体生长研究工作与李荫远、许政一、朱镛、杨华光等有关α-$LiIO_3$晶体在静电场下沿c轴方向的一系列新现象的研究工作，一起获得1978年国家科学大会优秀成果奖。

到20世纪70年代中期，物理所已用水溶液法研制出20多种功能性单晶体，并都在器件上获得应用，还有部分产品销往国外。

针对中国晶体生长基础理论研究比较薄弱的情况，吴乾章在1977年全国自然科学规划会议上，提出召开首届全国晶体生长理论讨论会的建议。讨论会于1978年10月在山东济南举行，邀请闵乃本、蒋民华等专家就晶体生长基础理论方面的六个研究课题作专题报告。这次讨论会标志着中国晶体生长研究已由工艺性推进到学科性的新阶段。

自20世纪70年代后，人工晶体生长研究组开展了诸如非线性光学材料α-$LiIO_3$、$LiClO_4 \cdot 3H_2O$、羟基磷灰石HAP、KB_5晶体和$Ba(NO_3)_2$硝酸盐晶体等一系列晶体生长的基础研究。20世纪80年代初，陈万春从美国订购成套实验设备带回国内，创立了国内首套等组分晶体生长实验平台，建立了国内首座可视化晶体生长实时原位观察台。人工晶体生长组重组后使用该实验装置，更加深入地开展了水溶液晶体生长机理的研究[42]。“α-碘酸锂晶体的控件生长”1997年获中科院科技进步二等奖，“釉质脱矿与再矿化动力学研究”1999年获教育部科技进步二等奖。

二、水热法（高温高压溶液）晶体生长

水晶（α-石英，SiO_2）具有优良的机械性能和稳定的频率特性，最大用途是作谐振片，是无线电通信的关键材料，但天然的大尺寸单晶十分稀少。第二次世界大战后，英国、美国和苏联已人工生长出水晶，但对其他国家实施保密和封锁措施。因此1958年末至1969年，贾寿泉组开展了水晶在水热条件下的合成研究。由于水晶在其熔点（1625℃）之下具有形变率较大的结构相变（573℃），发生严重的破裂，因此不能用熔体法生长单晶，而在常温下又没有合适的溶剂进行溶液生长。他们依据少量文献报道，用Na_2CO_3之类的水溶液作为溶剂（或称矿化剂），在350℃左右进行水热法生长。

水晶后期裂隙是大致平行于生长方向的宏观缺陷，但其生长初始阶段是透明的，且无裂隙，因此要生长出大块优质光学水晶，必须克服后期裂隙。

在水热体系中，生长参量（压力、温度、溶液组成）对晶体的生长率与品质具有重要影响。然而1950年美国G.C.肯尼迪（Kennedy）发表的等温下纯水的两条$p-V(F)-T$曲线不适合水晶生长的实际需要，因此必须了解在饱和的石英体系中，压力p对矿化剂浓度C、溶液填充度F以及生长溶液温度T的依赖关系。贾寿泉组使用十多台自己设计的可测量内温并可直接读取压力数据的高压容器，反复测定出不同矿化剂浓度、溶液填充度与温度下的大批压力数据，绘制出12条$SiO_2-Na_2O-H_2O$体系的$p-V(F)-T$曲线，与肯尼迪的$p-V(F)-T$关系之间有明显的差异，这对水晶生长条件和生长过程的研究具有重要价值。

在开展提升水晶生长率研究时发现，存在一个$F=85\%$“转折点”，即当恒压下溶液填充度$F>85\%$，z轴方向生长率R_z直接正比于NaOH的浓度，而当$F<85\%$时，R_z的浓度相关性正好相反。姜彦岛、贾寿泉、蒋培植等做了大量研究，探询生长后期形成裂隙的原因。他们发现，在NaOH浓度对溶液填充度（或结晶温度T）的坐标系中，存在两条恒压（1000大气压与1500大气压）“分界线”[38]，当时称它为人工水晶生长的生死线。他们从热力学角度讨论上述裂隙形成的机制，获得用水热法晶体生长技术生长水晶的重要参数，并找出了克服人工水晶生长中“后期裂隙”的规律。同时为了避免生长后期出现垂直于（0001）面的裂隙，他们还研究了掺杂钙、镁、锰化合物（营养料中的杂质）的种类及含量与生长晶体表面形态间的关系。继后他们又对水热高温高压釜结构、高压密封结构进行了具有创新性的改造，解决了优质水晶晶体生长问题。

到1964年，人工晶体生长研究组取得重大进展，在国内首次成功在高压釜中生长出用于光学仪器和谐振器的高质量大块人工水晶。其高精密谐振器的品质因子Q值达到2.76×10^6、稳定度S达$10^{-5} \sim 10^{-6}$，超过天然超级产品的最高值。生长晶体的泰曼干涉条纹，其不规则区域的尺寸小于$\lambda/10 \sim \lambda/20$，完全可满足制造光谱仪棱镜的要求。随后贾寿泉和姜彦岛等绘制出更完整的人工水晶生长条件图，能批量地生长出可用作压电和光学器件

的大块优质水晶。1965年，“大块优质水晶的人工合成研究”获中科院优秀奖，“大块优质压电光学水晶的合成”项目获得国家发明奖。

用火焰熔融法生长红宝石晶体虽已早获成功，但用水热法生长的红宝石晶体其缺陷要比用火焰熔融法生长的少得多。1964年，贾寿泉等采用不同的培养料、矿化剂以及晶种取向切型，研究了在温度T、填充度F和压力p等水热条件下生长红宝石，获得良好的参量组合，生长出的晶体均呈天然红宝石形态，且沿三个方向R（$10\bar{1}1$）、（$11\bar{2}0$）与（0001）的生长率比苏联V.A.库兹涅佐夫（Kuznetsov）同年发表的数据好很多。

1984年，美国T.S.法伦（Fahlen）与P.珀金斯（Perkins）报道，他们已用水热法生长出的当时最佳的激光倍频材料$KTiOPO_4$（KTP）晶体，制造出绿光输出功率最高的激光器件。然而，当时生长水热KTP所需的温度为700～800℃、压力达5～6千大气压。在如此高温高压条件下，所需生长容器昂贵，且容量很小，直径仅几毫米，很难生长出有实用价值的晶体。贾寿泉、蒋培植于1982年开展使用矿化剂降低水热生长KTP所需的温度与压力的探索工作。他们发现，水热条件下KTP在碱性的KF溶液中具有足够大的溶解度与溶解温度系数。人工晶体生长研究组有关此项研究工作[43]在第七届国际晶体生长学术会议上受到很大的关注。

此后，另一个适用矿化剂也于1984年用淬火与称重法筛选出来，将水热生长KTP的温度下降至400℃左右，压力小于1400大气压。这样用普通合金钢即可制作内径达20毫米的容器，可生长出有实用价值的晶体。继后，人工晶体生长研究组又采用了恒温差下的梯度传输、等温溶液中下种慢降温、温度振荡法自发成核生长、尖底坩埚下降、坩埚底部局冷等多种不同的方法，开展从助溶剂中生长KTP的研究。研究组分别测定KTP在3种磷酸钾盐中的溶解度数据，也成功地生长出KTP单晶。

1989年，在日本仙台举行的第八届国际晶体生长学术会议上，物理所有关提高水热KTP的完整性与解决“着色”等问题的报告，以及所出示的7×5×3立方毫米的透明KTP晶体的照片再次受到重视[44]。

三、焰熔法生长红宝石

20世纪50年代中期曾有外国学者来华讲学，认为以焰熔法生长红宝石（$\alpha-Al_2O_3+Cr$），其生长温度高达2000℃以上，而且结晶部位温度要很稳定。物理所张乐潓为此到苏联科学院结晶学研究所学习红宝石晶体生长技术，1961年回国后负责组建人工生长红宝石研究组，开展焰熔法生长红宝石研究。他们很快用焰熔法生长出红宝石晶体。1961年，用他们提供的红宝石晶体成功地制成激光器。它仅比美国T.H.梅曼（Maiman）1960年发现激光晚一年多。

激光的发展促使中国用焰熔法生长红宝石的尺寸向大型化发展。人工生长红宝石研究组按苏联提供的示意图建立了多台自己设计的红宝石晶体生长装置，并自行设计制造了高温热处理设备，解决了红宝石晶体因热应力太大而无法加工的难题。而且，吴乾章还从该课题研究中提炼出单晶体X射线劳厄背散射归咎总图的绘制和定向方法。1964年，张乐潓、吴星、汤洪高等用焰熔法生长的激光红宝石晶体已长达1000毫米，直径20～30毫米，单根激光脉冲输出超过1000焦耳，达到国际水平。同年，在国家计委、国家经委、国家科委和中科院联合召开的科技成果奖励大会上，“激光红宝石晶体生长及高温热处理”的研究工作获全国“四新”(新发明、新材料、新技术、新工艺）三等奖。此后的若干年间，他们向物理所激光器研究组等部门提供了百根以上各种规格的红宝石激光元件，有力地促进了中国激光领域的研究，为中国早期的激光研究和发展作出了贡献。张乐潓1964年受到表彰及党和国家领导人的接见。

四、熔体法晶体生长

20世纪60年代后期激光和非线性光学晶体研究受到广泛重视，熔体提拉法晶体生长方法也迅速发展。人工晶体生长研究组开始用自制和改进的硅单晶提拉法设备生长高温氧化物激光和非线性光学晶体，先后开展铌酸钡钠、铌酸锶钡、铌酸锶钠锂、氟磷酸钙、钇铝石榴石、钆镓石榴石、铽镓石榴石等晶体生长的研究。

钇铝石榴石（$Y_3Al_5O_{12}$，简称YAG）晶体是1965年前后发现的新型激光晶体材料，性能优良，是固体激光器中使用最多的材料。1969年，人工晶体生长研究组姜彦岛、陈志学、汤洪高、吴星等采用提拉法生长技术进行钇铝石榴石晶体的研究。他们在建立、改造晶体生长和自控设备，晶体生长工艺方面都多有创新，在短时间内就生长出大尺寸的优质钇铝石榴石晶体。1970年，在相关部门组织的两次全国钇铝石榴石晶体质量和激光性能比测中，物理所提供的元件都名列第一。1978年，“钇铝石榴石晶体生长和性能研究”获得全国科技大会优秀成果奖。“优质掺钕钇铝石榴石晶体生长和自动控温系统的研究”获1980年中科院科技成果二等奖。

钇铝石榴石晶体生长的研究在1979年结束后，张乐潓、刘琳等开展了对具有能量相互转移功能的钆镓石榴石（GGG）的系列性〔(Ca、Mg、Zr)；(Nd、Cr、Cl)〕晶体生长研究，取得很好结果。采用他们生长的晶体制作的热容激光器部件所制成的固体激光武器输出功率已能满足战场使用的需求。“钆镓石榴石单晶的生长与完整性的研究”在1980年获得中科院科技成果三等奖。

钆镓石榴石晶体中的钆是稀土元素，稀少而昂贵。张乐潓依据晶体化学的规律，提出用其他元素替代晶体中钆的想法，生长出既具有能量相互转移功能而又不易产生色心的无钪替代型钙镁锆镓石榴石晶体。

1985年以后的十多年中，张乐潓、刘琳等在国内首先生长出在激光技术及光通信技术中有重要用途的磁光晶体——铽镓石榴石。国际上也只有少数实验室解决了铽镓石榴石单晶生长的技术问题。其中“光隔离晶体-TGG-铽镓石榴石晶体生长”获得1994年中科院科技进步二等奖。

随着半导体激光器研究的进展，出现了用半导体激光器作泵源，泵浦某种激光晶体，制成体积小、电光转换效率高、光束质量非常好的固体激光器器件的新思路。钒酸钇物理性质是符合需求的理想晶体，由于钒离子在高温下的变价和氧化钒蒸发问题，以前无法得到高质量晶体。吴星等1992年开始用弧光炉区熔技术，开展生长钒酸钇单晶的研究，对其影响单晶生长因素进行分析后发现，问题是出在原料合成环节。他们采用合适的技术，用提拉法单晶生长技术生长出优质的大尺寸钒酸钇单晶。其相关研究在国际激光领域有重要影响的*Laser Focus World*杂志上发表。美国ITI公司还提出了与物理所合作，共同推进有关钒酸钇晶体材料及器件的研发工作的意愿。钛酸钇晶体也很快成为物理所开发公司的重要产品。另外他们与光学室许祖彦课题组合作，用其提供的钒酸钇晶体，做出了许多出色的工作。

用熔体法生长的另一类晶体是性能很好的非线性光学晶体。他们在成功运用熔体法晶体生长铌酸钡钠、铌酸锶钡的基础上，着重于生长铌酸锶钠锂晶体的研究。这种晶体很有应用前景，其研究工作的主要难点是非固液同成分生长。从1970年开始，他们经过多年研究才得到少量可供测试性能的样品，但重要的是从中认识到非固液同成分晶体生长中相图、相变等基础研究工作的重要性，并与相关研究组合作开展了相应的相图研究。其“铌酸锶钠锂晶体的生长、性能和相图的研究”获1980年中科院科技成果三等奖。

针对非固液同成分晶体生长等的困难，吴乾章提出了“难长晶体”的研究方向。所谓“难长晶体”是指晶体由液相到固相的凝固过程中，熔体和晶体的成分均出现变化的复杂系统，如共晶反应、包晶反应系统等。对此，他们开展了对复杂相关系体系的“相图与晶体生长的关系”的研究，并在《人工晶体学报》发表了多篇有关“难生长晶体”方面的研究成果。其中一项有意义的工作是在吴乾章的指导下，与美国朱经武合作，由方跃、吴星等完成的铅铋酸钡晶体生长研究。在钇钡铜氧氧化物超导材料被发现之前，铅铋酸钡晶体是国际上首批研究的具有超导特性的氧化物超导材料。他们为朱经武研究组提供了铅铋酸钡单晶。

1985年，人工晶体生长研究组从苏联和日本引进了弧光炉，从美国引进了水热高压测试设备。他们利用该弧光炉，采用光加热浮区法生长出需要在高温熔融状态下保持氧化气氛，用常规技术难以生长的金红石单晶、钒酸钇单晶、多种铁氧体单晶。在高温超导研究中，常英传等用提拉法生长出钛酸锶和铝酸镧单晶，满足了超导基片材料制备的需要。

20世纪90年代蓝色激光材料比较缺乏，如何获得蓝色激光成为亟待解决的难题。$K_3Li_2Nb_5O_{15}$单晶是性能优良的蓝光倍频材料，能倍频二极管激光而获得蓝光输出，且能在790～920纳米波长范围内实现非临界位相匹配。但该晶体属于非同成分熔化的固溶体单晶，受组分偏析及结构等因素的影响，在生长过程中特别容易开裂，此前从未生长出大尺寸（厘米级）的单晶来，使其应用受到限制。1997年，吴星提出利用导模法工艺生长大尺寸$K_3Li_2Nb_5O_{15}$晶体的思路，并设计了导模模具。采用导模法生长工艺，通过优化生长工艺条件，解决了$K_3Li_2Nb_5O_{15}$晶体的开裂问题，并获得了晶体单畴化的最佳极化条件，在国内率先生长出大尺寸（20×15×30立方毫米）无开裂、组分均匀的$K_3Li_2Nb_5O_{15}$单晶[45]，在倍频实验中得到光斑质量较好的蓝光倍频输出。同时他们还开展了$K_3Li_2Nb_5O_{15}$单晶的掺杂实验研究，首次报道了该单晶的光折变性能。

五、熔盐法（助熔剂法）晶体生长

晶体的光折变效应具有重要应用价值，最受关注的是多年来被国际上认为难以生长好的钛酸钡（$BaTiO_3$）晶体。利用钛酸钡晶体可制作二波耦合光放大器、位相光频反射等光学器件，而且它又是光学基础研究中四波混频的理想研究对象。1985年吴星提出生长钛酸钡单晶的想法，1986年有关钛酸钡单晶生长及光折变性能的研究被纳入国家首批863计划。

为了得到具有光折变效率的钛酸钡单晶，不能使用一般的熔体凝固结晶的生长方法，而必须使用熔盐法生长。钛酸钡的导热率小，降温过程中有晶型相变，晶体生长困难。吴星组由于有较好的熔体生长基础，能对相变、孪生、多畴等问题应对处理。他们自己设计并加工了多套适合用于钛酸钡单晶生长的熔盐提拉法生长设备，于1986年已能稳定生长出大尺寸的钛酸钡单晶。物理所即时组织晶体学室与光学室相关研究组，在钛酸钡单晶性质和光学器件方面进行攻关研究，提高生长钛酸钡单晶的能力，批量制备出钛酸钡光折变晶体元件，销售到世界各地实验室作为研究样品。

1993年他们还通过掺杂改性，发现钛酸钡晶体掺入铈离子（Ce^{3+}）后，光折变性能出现重大变化，光共轭反射的转换效率、二波耦合光放大系数均大幅提高，产生共轭反射效应的现象和机理也与纯钛酸钡晶体不同。他们并与光学室研究组合作，对掺铈钛酸钡（$Ce:BaTiO_3$）的光折变性能作了大量研究。其中“光折变材料钛酸钡单晶”获1989年中科院科技进步一等奖，1991年国家科技进步二等奖；“掺铈钛酸钡单晶生长及物理性质研究”获1995年中科院科技进步一等奖，1996年国家科技进步二等奖；“掺铈钛酸钡晶体光折变器件及制作方法”1997年获得中国专利优秀奖。

六、新型半导体和其他功能晶体材料的研发

20世纪90年代后期，晶体生长研究方向由氧化物晶体调整为第三代半导体晶体材料。1999年调整重组后的陈小龙研究组，其研究方向主要是半导体晶体材料，包括氮化镓晶体、碳化硅晶体以及其他功能晶体材料等。氮化镓和碳化硅晶体都是重要的宽禁带半导体材料，在半导体照明、大功率电力电子器件和高频半导体器件上有广泛的应用；也是发展宽禁带半导体产业的基础材料，但是其晶体生长难度很大。他们从基础研究开始，进行了大量的系统研究，攻克了多个技术难点和核心技术，取得了一系列研究成果，并把碳化硅晶体推向了产业化，取得了良好的社会和经济效益。

（一）宽禁带半导体氮化镓（GaN）及碳化硅（SiC）单晶的生长

GaN在光电子和高温、高频电子方面有很重要的应用。它具有较宽的直接带隙，可用于制作蓝光发光二极管、蓝/紫光激光二极管、紫外探测器，在紫外探测、彩色显示、固态照明、数据存储等方面具有应用前景。GaN基器件是在蓝宝石单晶衬底上通过外延GaN及InGaN量子阱结构实现的。由于蓝宝石衬底和GaN之间存在大的晶格失配和热失配，使外延层产生很大的位错密度，极大限制了GaN基器件的应用。使用GaN单晶做衬底进行同质外延，可使外延层的位错密度降低几个数量级，显著提高器件的性能。但由于GaN熔点（2500℃）下的分解压特别高（4.5千巴），以及N在Ga液中的溶解度特别小，因此很难用通常的熔体提拉法来生长这种晶体。1997年，陈小龙等对熔盐法生长GaN单晶的助熔剂进行了探索，发现Li_3N可作为生长GaN晶体的助熔剂。继后他们和北京科技大学合作，对Li_3N作助熔剂的GaN单晶生长工艺和锂－镓－氮（Li-Ga-N）三元相关系进行了研究，采用实验数据和热力学计算相结合的方法优化了GaN助熔剂体系的相关系，构筑了Li-Ga-N三元相图，为GaN单晶生长提供了可靠依据，在常压和低于1000℃的温度下生长出了Φ1~4毫米无色透明结晶完好的六方GaN单晶。此方法已成为温和条件下生长GaN单晶的经典方法[46]。另外，陈小龙等还对氮化物的合成方法进行了研究，2005年提出一种碳热辅助还原的合成氮化物的方法。该法以石墨相的C_3N_4和氧化物或金属为原料，通过C_3N_4在一定温度下分解出富碳和富氮原子团，而富碳原子团能够将氧化物碳还原成金属，富氮原子团还可将金属氮化为氮化物[47]。在此期间，蒋培植等用水热法生长出毫米尺寸的GaN单晶。

碳化硅晶体（SiC）是制造高频、大功率、高温微电子器件的理想材料，其性能优于使用最多的单晶硅。由于碳化硅晶体的重要用途，1999年陈小龙、吴星等在物理所开展了碳化硅晶体生长工作。开始时使用电阻加热单晶生长炉生长碳化硅单晶，但电阻加热很难获得所需的高温，生长出的晶体质量不理想。后来，他们研制出感应加热碳化硅单晶生长炉，并解决了感应线圈放电这

一技术难题，自主研发成功了SiC单晶生长炉，生长出2英寸导电型6H-SiC和4H-SiC单晶，解决了SiC晶体生长中多型性相变问题，降低了主要缺陷微管的缺陷密度，提高了晶体生长的成功率。2006年陈小龙研究组在继续开展SiC晶体生长的基础上与相关投资方合作，成立了北京天科合达蓝光半导体有限公司，在国内率先开始碳化硅晶体产业化的工作。2006～2010年，他们先后攻克了3英寸和4英寸SiC的晶体生长和加工的关键科学问题和技术难点并推向产业化，建成了规模位居国内首位的SiC晶体生产线，实现了2～4英寸导电和半绝缘SiC晶片的规模化生产，晶片技术指标达到国际同类产品先进水平。

（二）稀磁半导体磁性起源的研究

虽然通过3d过渡族元素掺杂制备具有室温铁磁性宽禁带半导体的研究取得很大进展，但其磁性起源一直存在争议。有些磁性被认为源于第二相或磁性元素在基体中的偏聚，而并非本征属性。2008年，研究组在掺镍或锰的氮化铝中观察到了磁有序。2009年他们通过非磁性元素铝的掺杂，在Al:4H-SiC样品上也观察到了玻璃态的铁磁性。他们发现铝掺杂有两个作用，一是可在SiC晶体上诱导出长程磁有序，二是具有稳定4H-SiC的晶型的作用，从而证实了关于通过掺杂控制缺陷的产生能够调节宽带隙的Ⅲ－Ⅴ族氮化物磁性的理论预测[48]。继后研究组利用中子辐照SiC晶体，在SiC晶体中诱导出磁性，结合理论模拟证实了其磁性起源于晶体中的双空位。

（三）铜氧化物单晶和铁基高温超导体的探索

$YBa_2Cu_3O_7$是第一个被报道的超导转变温度突破液氮温区的铜氧化物高温超导体。经研究发现，与它同组分的$YBa_2Cu_4O_8$也具有高温超导特性。后者氧含量比较固定，没有孪晶畴，更容易获得高质量的单晶。但$YBa_2Cu_4O_8$常压下合成比较困难，其单晶一般需要在400大气压的纯氧条件下或1000大气压的混合气体气氛下才能获得。一般的实验室不具备高压条件，使得对这种材料的高温超导机理研究受到了极大的限制。2006年，研究组的宋友庭和德国马普学会固体所的林成天合作，发展出一种常压下生长$YBa_2Cu_4O_8$单晶的方法。他们研究了KOH助熔剂与$YBa_2Cu_4O_8$单晶的作用规律，指出KOH熔体中存在的过氧化物及超氧化物有利于$YBa_2Cu_4O_8$项的稳定存在并结晶析出。他们以KOH作助熔剂首次在常压下生长出超导$YBa_2Cu_4O_8$单晶。

2008年，相继发现了一系列具有不同结构的铁基高温超导体。其中FeSe的结构最为简单，由共边四面体组成的FeSe层沿c轴堆垛而成，不含其他铁基超导体中用来提供载流子的电荷库层。常压下非化学计量比的FeSe超导转变温度约为8 K。2010年，陈小龙研究组与“功能晶体研究与应用中心”发现了具有层状结构的新铁硒超导体KFe_2Se_2，其超导转变温度在30 K左右，此温度是FeSe层状化合物在常压下所展现的最高超导转变温度。该材料是一种超导转变温度接近铁砷层状化合物且不含砷的新型超导体，对于探索具有更高超导转变温度的新型铁基超导体具有重要参考价值，为研究高温超导的机理提供了新的线索。该成果已作为快讯（Rapid Communication）发表在*Phys. Rev.* B上[49]，并被选为该期的编辑推荐文章，也被评为2010年中国最具影响力的百篇论文之一。

（四）硼酸盐晶体生长及新化合物合成的研究

硼酸盐结构类型丰富，具有宽的透光范围、高的光损伤阈值等优良性能，在非线性光学材料、荧光材料、激光晶体材料等领域有着广泛应用。用其制成的闪烁晶体与光电倍增管结合，可用于核辐射探测。2007年，研究组通过系统研究发现并利用提拉法生长出大尺寸$YBa_3B_9O_{18}$单晶体。它是一种新的闪烁晶体，在相同条件下其光产额是$PbWO_4$的6～7倍，而且也是一种优良的薄片激光器基质材料，在很高的稀土离子浓度下也不会发生浓度淬灭。到2010年底，研究组宋有庭等首次在常压下制备出具有稳定边缘－共享构型的硼酸盐晶体$KZnB_3O_6$，并通过计算证实了在该化合物中共边连接构型比共顶点构型在能量上更为有利。

多年来，研究组共发现30多个硼酸盐新化合物。他们还发展了多晶衍射数据在结构分析中的应用，用多晶和单晶数据精确测定了一系列新化合物的晶体结构，向国际衍射数据中心（ICDD）提交了100多个新化合物的高质量标准衍射数据。

（五）手性晶体结晶对称性破缺的研究

对称性破缺现象普遍存在于自然界中，如天然蛋白质中的氨基酸大都是左旋，而DNA、RNA中糖都是右旋，但其原因仍是个谜。1990年美国的D.K.康德普迪（Kondepudi）报道，强烈地搅拌能导致手性$NaClO_3$晶体结晶对称性破缺。2008年，陈万春、陈小龙发现温度振荡可有效地提高$NaClO_3$晶体手性的对称破缺度，宋友庭等首次发现超声场也可导致$NaClO_3$晶体结晶手性对称破缺现象，还发现在自发结晶条件下获得的晶体结晶手性对称破缺度达到96.7%。他们通过自发成核和籽晶的诱导成核研究指出，晶体手性对称破缺实质上是由动力学控制的一个自籽晶诱导效应，具体取决于一个初始成核引发的二次成核和初始成核的速度差，而初始的晶核能够使周围的溶质以同手性的方式堆积并迅速合并到与其同手性的团簇上，增大了二次成核速度。此项研究对手性药物的合成及生命起源中生物大分子单一手性的认识具有启示作用。

（六）纳米材料、石墨烯的制备

纳米材料制备一直是材料科学研究的热点。2000年以来，研究组用化学气相沉积（CVD）法生长出GaN、Ga_2O_3、In_2O_3、Bi_2O_3、MgO、SnO_2等新纳米结构材料和SiO_2/ZnO复合纳米线，提出了一种制备纳米管的新方法，研究了这些纳米结构的形成机制，其中有关纳米线和纳米环研究的论文已经成为被引用的经典文章[50]。2008年，研究组开展在SiC衬底上外延石墨烯的研究，他们采用脉冲电子束辐照SiC衬底，在其上制备出厘米尺寸连续且层数小于四层的石墨烯，且石墨烯层间耦合较弱。他们又采用热退火的方法，在不同取向的SiC衬底上生长出具有晶片尺寸、连续分布、层数较均匀的平躺石墨烯。还采用热退火技术在SiC衬底上生长出自由站立密集排列的石墨烯。这种自由站立石墨烯是研究石墨烯本征物理特性、场发射特性、电荷存储特性的理想载体。

七、其他

在多年来对各种特性晶体的探索和研制的同时，结合国际对新材料研究的动向，物理所部分研究人员不失时机地关注和开展了对多种新材料的研究。

1978年，陈立泉研究组开启快离子导体及相关材料方面的研究。他们不但在该领域的基础研究方面有所斩获[51]，而且在实际应用方面也有突破。1990年，他们与企业合作建成了锂电池工业生产线（参见第十八章“固体离子学、电池物理、太阳能材料与器件”）。“复合快离子导体的物理研究”1986年获中科院科技进步三等奖。

1986年，陈立泉研究组应邀融入物理所超导研究团队，深入开展超导材料的探索和研究，并于同年底先后研制出当时处于世界领先的Sr(Ba)LaCuO超导材料和绝对温度70K时具有超导迹象的多相化合物，1987年研制出T_c=92.8K的液氮温区氧化物超导体[52]（参见第十一章“超导物理、材料和应用”）。“液氮温区氧化物超导体的发现”研究项目获得1989年国家自然科学一等奖，陈立泉是该获奖项目的主要参加者之一。

微重力科学是伴随着航天技术的进步而发展起来的。20世纪80年代中期，物理所组成空间微重力条件下人工晶体生长研究组。1988年研究组利用搭载中国返回式卫星，开展了非线性光学晶体α-$LiIO_3$的空间生长试验。1992～1994年他们共进行三次空间人工晶体生长试验，获得了多粒α-$LiIO_3$单晶体；葛培文等用温度梯度法在空间成功生长出数厘米的GaSb单晶体。研究成果“α-$LiIO_3$晶体的空间生长”获1997中科院科技进步二等奖。2009年，宋友庭、陈万春、陈小龙等提出利用疏水型的聚四氟乙烯半渗透膜（利用其透气不透水的特点）控制溶剂的蒸发速率，实现在空间生长大尺寸低温水溶液单晶的方法（参见第十九章“空间材料科学与实验技术”）。

2000年，美国加州大学的R.A.谢尔比（Shelby）、D.R.史密斯（Smith）等首次人工合成具有负折射的物质，向人们展示了一种新奇的光学现象。2005年，陈小龙等发现负折射和负反射是传统单光轴晶体中的内禀性质，即所有四方晶系、六方晶系和三方晶系的单晶，在一定条件下均能产生负折射和负反射现象，实验测量和理论计算高度吻合[53]。

第七节 晶体性能与相关理论

1960年前后，当时的人工晶体生长组为配合晶体生长，初步建立对红宝石和水晶晶体的物理特性检测设备，对红宝石和水晶晶体的部分物理特性进行有效检测和实验。随着晶体生长组的扩大和晶体种类增多，晶体学室成立了晶体物性研究组，在红宝石和水晶检测设备的基础上，建立了较完整的可用于研究晶体电、热、光等多种物理特性测量的设备，并开展相应的实验与研究。从成立到20世纪90年代末，研究组检验和测试了几十种单晶体，为物理所晶体物理特性的实验和相关理论方面的研究提供了重要支持。

一、晶体的物理特性检测与实验

单晶体的常规光学检测小组，对晶体的单形、孪生、偏光性能、旋光性激光散射，对晶体中杂质的浓度分布、位错等缺陷分布和应力的定性，对晶体的光学均匀性、光学各波段透过率和折射率等，进行了检测。其检测样品包括红宝石、水晶、Nd:YAG、Nd:GGG、Nd:YVO_4、α-$LiIO_3$、KTP、TGG、$KNbO_3$、TiO_2、LASAT和$SrTiO_3$等几十种晶体[54]。

单晶体激光性能检测小组，对激光晶体和非线性晶体相关性能检测，包括晶体的激光斜率效率、激光在晶体内的单程损耗、影响激光输出功率的因素、Q开关、连续和脉冲激光功率输出因素、倍频晶体参数和输出功率。主要检测的有Nd:YAG、Nd:GGG、Nd:YVO_4、α-$LiIO_3$等晶体。

晶体电学性能检测小组，对单晶体的电阻、介电、压电和铁电性能检测。特别是对光折变$BaTiO_3$晶体和Ce:$BaTiO_3$晶体，从晶体元件制备到晶体光折变性能的测试，以及对它的畴结构、单畴化、杂质对光折变性能的影响，对该晶体消光比、压电常数、铁电相变点和光折变输出功率的检测等方面的深入研究[55]。

晶体加工小组承担单晶体定向、切割和光学加工，摸索各种晶体不同的加工条件，提供用于光学、激光性能和电学性能的标准或非标准检测样品等。其中一部分人员于1988年发展成为超导基片加工组。

二、晶体性能与相关理论研究

自1975年中国原子能科学研究院杨桢等观察到静电场引起非铁电性电极性晶体α-$LiIO_3$中子衍射增强现象后，引起物理所相关人员的高度重视。在李荫远的倡议下，梁敬魁和易孙圣采用X射线双晶技术同样也观察到在静电场引起的X射线衍射增强现象，麦振洪发现α-$LiIO_3$单晶在静电场作用下透光异常现象，朱镛和张道范研究了α-$LiIO_3$单晶在静电场下的导电和介电行为，赵世富研究了低温下α-$LiIO_3$单晶的光学性质，李荫远、许政一、李铁城、顾本源等则对α-$LiIO_3$单晶在静电场下异常现象进行了深入的理论研究。

在α-$LiIO_3$单晶体主轴方向外加直流电场时，中子衍射强度显著增加。外加电场强度为数十伏/厘米时，其衍射强度即成倍增强。当外加低频交变电场时也有类似现象，但其增强随电场频率增加而减弱直至消失。另还有所谓低温冻结效应，即在低温时加上或撤去电场时，仍保持高温时的结果。研究组对这些有趣的物理现象开展了一系列基础研究。他们发现其表观介电常数和光衍射强度增强的情况与中子衍射情形完全类似，特别是通过光衍射实验，观测到光偏振态、衍射带的趋向和强度分布都有独特的性质。他们还在加直流电场情形下，用光学显微镜观察及通过X射线形貌和双晶衍射等手段，研究了晶体的完整性，发现样品中出现许多新的缺陷。他们研究表明，其原因是α-$LiIO_3$晶体为离子导体，加电场后载流子在输运途中的缺陷处沉积，导致附近晶格畸变增大，使原来不明显的缺陷显现出来。顾本源等采用光学空间滤波系统，研究了静电场作用下α-$LiIO_3$单晶中衍射光异常现象，提出空间电荷缀饰生长层形成相位型空间光栅的模型，并通过从微观机制进行探讨后指出，空间电荷的分布引起了电场的空间分布；通过电光效应导致折射率的空间分布，从而产生偏振态而改变光衍射的现象。这不仅从基本理论上揭示和解释α-$LiIO_3$单晶体在静电场的作用下中子衍射强度显著增加等诸多宏观物理表象，还创立了一种判别离子导体载流子类型的简单实验方法和测量迁移率的方法。其实质是离子导体中离子输运对物性的影响，从而开辟了离子导体研究的一个新的学科分支。此项研究共发表了《静电场作用下α-$LiIO_3$单晶的透射光异常现象的进一步观察》《静电场作用下α-$LiIO_3$单晶中衍射增强现象的理论解释》《静电场对α-碘酸锂单晶拉曼光谱的影响》等30篇学术论文。

KTP单晶也属非中心对称晶体结构，且为离子导体，理论上也应具有与α-$LiIO_3$类似的效应。后来用KTP单晶所完成的实验证明了他们前述研究结论是正确的。

“静电场作用下α-$LiIO_3$单晶的基础理论研究”获1980年中科院科技成果一等奖。杨华光等对静电场作用下α-$LiIO_3$单晶中衍射光异常现象又做了进一步研究，利用光学空间滤波系统定量研究了α-$LiIO_3$空间频谱变化、弛豫行为及低温冻结现象[56~58]。其研究项目“α-$LiIO_3$单晶中一维离子电导的光栅效应”获1987年中科院科技进步三等奖。

顾本源等在对非晶半导体光电导理论研究中，提出了非晶半导体光电导的新理论模型和处理方法，对有关的实验作出了合理解释，丰富和发展了非晶半导体的光电导理论，对改善非晶半导体光电导性能提供了一条新的途径。“非晶半导体光电导理论研究”获1993年中科院自然科学三等奖。他们还应用格林函数方法，导出电子从量子阱中逃逸速率的普遍表达式，唯象地研究了量子阱中杂质对电子共振隧穿的影响，提出可通过适度掺杂有效控制量子阱电子隧穿特性，设计新型的量子干涉器件。“量子阱的隧穿时间特性和杂质效应研究”获1997年中科院自然科学三等奖。

晶体物性研究小组利用拉曼散射方法，开展了对$KTiOPO_4$（KTP）单晶的偏振拉曼散射谱、$K_2H(IO_3)_2Cl$单晶的拉曼光谱、旋光性单轴晶体的拉曼光谱中TO和LO模的识别、$LiKSO_4$的低温相变的拉曼散射研究。

该研究小组还开展了利用光学倍频效应判定粉末样品的非中心对称性、单晶硅中杂质氢导致的局域模的红外吸收等领域的研究[59]。还就带短截线阵列的量子波导的电导性质、处于横向静电场中的耦合量子阱波导的电子波传输性质、各种障碍结构对双耦合量子通道的振荡磁导的影响、缺陷散射对耦合双量子线中电子导波的影响、耦合非对称量子阱中电子导波的传输性质、双耦合链系统中的量子渗滤和弹道电导、几何散射对通过微腔连接的双量子点序列的量子电导的影响、闪锌矿结构Ⅲ、Ⅴ族半导体价带顶的$\Gamma-X$谷间变形势的第一性赝势计算、伽马射线对非公度、公度相变的$RbZnCl_4$单晶的介电性质的影响等基本物理理论问题进行了研究。

参考文献

[1] 陆学善，章综. 物理学报，1957, 13:150–176.
[2] 陆学善. 物理学报，1980, 29:273–285.
[3] 梁敬魁. 物理，1981, 10:295–300.
[4] 陆学善，梁敬魁. 物理学报，1981, 30:1361–1368 和 1498–1507.
[5] 陆学善，梁敬魁. 物理学报，1966, 22:669–697.
[6] Liang J K, Rao G H, Zhang Y M. *Phys. Rev.* B, 1989, 39:459–466.
[7] 梁敬魁，易孙圣. 物理学报，1978, 27:126–136.
[8] 梁敬魁，柴璋，赵书清. 中国科学A, 1990, 33:105–112.
[9] 黄清镇，梁敬魁. 物理学报，1981, 30:559–564.
[10] Che G C, Liang J K, Chen W, Xie S S, et al. *Chinese Phys. Lett.,* 1987, 4:453–456.
[11] Dong C, Liang J K, Che G C, Xie S S, et al. *Phys. Rev.* B, 1988, 37:5182–5185.
[12] Liang J K, Xu X T, Xie S S, Rao G H, et al. *Z. Phys.* B–*Condens. Matter,* 1987, 69: 137–140.
[13] Chen X L, Liang J K, Min J R, et al. *Phys. Rev.* B, 1994, 50:3431–3434.
[14] Liang J K, Zhang Y L, Huang J Q, Xie S S, et al. *Physica* C, 1988, 156:616–624.
[15] 骆军，梁敬魁，饶光辉. 中国稀土学报，30, 4:385–402, 5:513–524.
[16] 唐有祺，贾寿泉，邵美成，沈家树. 北京大学学报，1956, 02:233–246.
[17] 范海福. 物理学报，1965, 21:1105–1114.
[18] 范海福. 物理学报，1965, 21:1114–1118.
[19] 范海福，郑启泰. 物理学报，1978, 27:169–174.
[20] 范海福，何荦，千金子，刘世祥. 物理学报，1978, 27:554–558.
[21] 范海福，林政炯. 物理学报，1965, 21:253–262.
[22] 林政炯，王家槐，范海福. 科学通报，1965, 10:148–150.
[23] Fan H F, Li F H. *Direct methods as a tool of image processing in high resolution electron microscopy*//Schenk H, Wilson A J C, Pathasarathy S. Direct Methods, *Macromolecular Crystallography & Crystallographic Statistics.* Singapore: World Scientific Publishing Co., 1987:400–409.
[24] Hao Q, Liu Y W, Fan H F. *Acta Cryst.* A, 1987, 43:820–824.
[25] Fan H F, Gu Y X. *Acta Cryst.* A, 1985, 41:280–284.
[26] Fan H F. *Phys. Stat. Sol.* A, 2010, 207:2621–2638.
[27] 崔树范，麦振洪，钱临照. 中国科学A, 1983:1033.
[28] Mai Z H, Zhao H. *Acta Cryst.* A, 1989, 45:602.
[29] 麦振洪，葛培文，何杰，等. 物理学报，1989, 38:727.
[30] Mai Z H, Ge P W, Chu X, et al. *Acta Cryst.* A, 1981, 37 suppl.:C–253.
[31] Mai Z H, Tao S Z, Xu L. *J. Phys. Condes. Matter,* 1989, 1:2465.
[32] Luo G M, Yan M L, Mai Z H, Lai W Y. *Phys. Rev.* B, 1997, 56:3290.
[33] Li M, Mai Z H, Li J H, Li C R, Cui S F. *Acta Cryst.* A, 1995, 51:350.
[34] Li J H, Mai Z H, Cui S F. *J. Appl. Phys.*, 1999, 86:1292.
[35] Mai Z H, Chen X M, Wang Y, Cao J, Li T K, Wong H Y, Zheng W L, Jia Q J. *Supercond. Sci. Technol.*, 2003, 16:590.
[36] Lu K Q, Wan J. *Phys. Rev.* B, 1987, 35: 4497–4499.
[37] Wang Y R, Lu K Q, Li C X. *Phys. Rev. Lett.*, 1997, 79:3664–3667.
[38] Jia S Q, Jiang P Z. *Prog. Cryst. Growth Ch.*, 1985, 11:335.
[39] 贾寿泉，陈万春，范先河，陈锦，等. 中国物理学报，1975, 24:91.
[40] 贾寿泉，李永津，薛荣坚，陈万春，等. 物理，1972, 1:28.
[41] 贾寿泉，陈万春，等. 发明与专利，1983, 4:26.
[42] Chen W C, Ma W Y, Shu J Z. *Sci. China,* 1993, 36(7):842.
[43] Jia S Q, Jiang P Z, Niu H D, Li D Z, Fan X H. *J. Cryst. Growth,* 1986, 79:970.
[44] Jia S Q, Niu H D, Tan J G, Xu Y P, Tao Y. *J. Cryst. Growth,* 1990, 99:900.
[45] Song Y T, Zhang D F, Liu H B, Yang C X, Wu X. *J. Cryst.*

Growth, 1998, 194:379.

[46] Li H, Bao H Q, Wang G, Song B, Wang W J, Chen X L. *Cryst. Growth Des.*, 2008, 8:2775.

[47] Zhao H Z, Lei M, Yang X, Jian J K, Chen X L. *J. Am. Chem. Soc.*, 2005, 127 (45):157.

[48] Song B, Bao H Q, Li H, Lei M, Peng T H, Jian J K, Liu J, Wang W Y, Wang W J, Chen X L. *J. Am. Chem. Soc.*, 2009, 131:1376.

[49] Guo J G, Jin S F, Wang G, Wang S C, Zhu K X, Zhou T T, He M, Chen X L. *Phys. Rev.* B, 2010, 82:180520 (R).

[50] Chen X L, Li J Y, Cao Y G, Lan Y C, Li H, He M, Wang C Y, Zhang Z, Qiao Z Y. *Adv. Mater.*, 2000, 12 (19):1432.

[51] Chen L Q. *Interactions Between Two Phases in Composite Ionic Conductors*//Chowdari B V R, Radhakrishna S. *Materials for Solid State Batteries.* Singapore: World Scientific Publishing Co., 1986:69.

[52] Chen L Q, et al. *Int. J. Mod. Phys.* B, 1987, 1:267.

[53] Chen X L, He M, Du Y X, Wang W Y, Zhang D F. *Phys. Rev.* B, 2005, 72:113111.

[54] 胡伯清，陈晖．物理学报，1984, 33:1301.

[55] 朱镛，张道范．物理学报，1979, 24:1112.

[56] 顾世杰，李荫远．物理学报，1983, 24:888−909. *Chinese Phys.*, 1984, 260−272.

[57] 杨华光，李晨曦，顾本源．物理学报，1979, 28:509.

[58] 许政一，李铁城，顾本源．物理学报，1979, 28:694.

[59] 顾本源，许政一，葛培文．中国科学 A, 1985,15:67−77.

第三章　磁学

磁学是研究磁的现象、磁的本质以及磁同其他物性关系和规律的学科。人类对磁现象的观察以及对磁石的技术应用已有2000多年的历史。中国早在春秋时期的《管子》中就有关于磁石的记载。公元前4世纪的《鬼谷子》中亦有关于“司南”的应用。北宋沈括著的《梦溪笔谈》中准确记述了指南针的制法和多种用法，还发现了地磁偏角现象。但磁现象作为科学研究，还应该从1600年英国科学家W.吉尔伯特（Gilbert）发表的《论磁体》开始算起。他基于对地磁异常现象和偏角的不规则分布的大量研究，提出了磁针指向力来源于地磁极的观点。后来由于19世纪法拉第电磁感应定律的发现、电磁场理论的创立，以及对抗磁性、顺磁性、铁磁性等各种磁效应的发现，才产生了近代和现代的磁学。几百年来，基于3d过渡元素和4f稀土元素的基础磁学和由此形成的各类磁性材料，始终是促进世界工业革命和信息化革命的重要动力。物理所的磁学实验室就一直以此类基础研究和应用基础研究为自己的使命。

第一节　发展概述

磁学实验室1934年由施汝为创建，历经近80年逐步发展成中国重要的，也在国际上有一定影响的磁学实验室。而在这之前，即1929～1946年底，中研院物理所在中国大陆建立了5个地磁观测台，在多个省份进行地磁观测，开展了地磁理论研究；1932～1935年，北研院物理所在北平、华南地区也进行了地磁观测[1]。物理所磁学实验室的发展大致可分为以下几个方面：

一、磁学实验室的建立和初期发展

1934年施汝为从美国学成回国，在中研院物理所任研究员，筹备建立中国第一个现代磁学研究实验室（图1）。他仅用一年半的时间，就将磁学实验室建设得大致就绪，并发表了几篇论文，后来这些工作因日军在上海发动侵略战争而被迫中辍。1937年，施汝为随中研院物理所辗转迁至桂林等地。在各种条件十分艰苦的情况下，他仍发表了三篇关于磁畴观测的论文[2]。

图1　施汝为在实验室

1950年8月应用物理所成立。施汝为是磁学研究组第一任组长，潘孝硕为副组长，并将原中央研究院的设备从南京运到北京，再次将中国的磁学研究工作开展起来。磁学研究组最早的成员除施汝为、潘孝硕两位研究员之外，还有1951年从美国回国从事顺磁共振研究的向仁生，他也是研究员。其他都是年轻人，有1951年招考入所的张寿恭、李国栋，1952年分配入所的孟宪振、蒲富恪、王焕元、朱砚磬，1953年分配入组的罗河烈。1957年磁学组改由潘孝硕负责。

1956年，李荫远从美国回国，作为研究员加入磁学组，并开展了铁氧体研究工作。李荫远是国际上最早利用中子散射研究磁性的科学家之一，1950年提出了反铁磁性相变的近似理论。他回国后与李国栋合作，对铁氧体进行了全面调研，合作写出“铁氧体物理学”讲义，并于1960年在长春面向全国举办了学习班。1962年《铁氧体物理学》一书由科学出版社发行，1978年印行了此书的修订本[3]。李荫远对磁学实验室磁性理论的研究工作也起了重要的推动作用。

1959年，物理所迁入中关村新址后，磁学研究组扩大为磁学研究室，由潘孝硕任研究室主任。当时国际上对铁氧体磁性的研究正处于高峰时期，其间由于研究室对此动向已做过充分调研并有初步工作，因此按照“任务带学科”的思想，决定对课题重新配置。研究室下设磁性薄膜组（组长罗河烈）、金属磁性材料组（组长张寿恭）、矩磁铁氧体组（组长萧孚筐）、软磁铁氧体组（组长周洋溢）、微波铁氧体和铁磁共振组（组长翟清永）、磁性理论组（组长李荫远）和电子学组（组长姜惟诚）。几年后因人员调迁，去苏联学习的人员1962年前相继回国，矩磁铁氧体组、软磁铁氧体组、磁性理论组组长分别由刚从苏联回国的林彰达、章综、蒲富恪等担任。李国栋为微波铁氧体和铁磁共振组组长。因为电子学组主要工作是配合其他组研制磁芯和磁膜的测试装置，因此撤销，人员并入其他相应组。这次大调整后，机构设置基本稳定保持到1966年。同样在“任务带学科”的指导思想下，各研究组利用自己研制的设备，先后承担了若干项国家和国防的科研任务。

1963年，磁学研究室配备了副主任，由张玉芳担任。同年孟宪振从苏联学成回国，建立了微波铁氧体和铁磁共振二组并担任组长，还兼任磁学研究室副主任。他连续3年协助施汝为在全国范围内选拔了一批优秀大学毕业生来研究室工作，后来他们中的许多人都成为研究室的业务骨干。

1965~1966年，计划将磁学实验室搬迁至四川绵阳，扩大为磁学研究所，为此开展了一系列设计和筹建工作。但最终因“文化大革命”而未搬迁成。

1966年开始的“文化大革命”使研究工作连续十年受到很大影响。即使如此，研究室还是尽量继续了原有的研究，仍然在快速磁膜存储器、宽温叠片铁氧体存储器、石榴石铁氧体单晶生长、掺铟铋钙钒石榴石单晶材料、电调YIG单晶微波器件、微波吸收材料、微粉永磁体、小型介质天线、用于地震预报的三分量旋进式核磁共振磁力仪等方面做出了成绩。

二、磁学研究的全面发展

1972年，章综任磁学研究室主任，王震西为副主任。他们就磁学发展趋势和动态在国内各地进行了广泛调研。章综和王金凤还参加了以卢嘉锡为团长的中科院固体物理代表团赴美访问，了解到不少科技新动向。他们根据调研结果和国际最新动态，相继对研究室的研究方向作了调整，对原有的一些组完成工作后即取消了其建制。新组建了记录磁粉组（组长罗河烈）、磁泡材料和动力学组（组长张寿恭）、非晶态磁性组（组长詹文山），后又从非晶态磁性组分出磁光薄膜组（组长王荫君）。另外，考虑到核技术在磁学上的应用是磁学研究向深入发展的必然趋势，为此先后新建了核磁共振组（组长孟庆安）、中子散射组（组长章综）和穆斯堡尔效应组（组长陈冠冕）等。还有磁性测量的自动化和信息处理组（组长姜惟诚）、理论与计算机应用组（组长郝柏林、蒲富恪）。1967 ~ 1976年，磁学研究室的人员变动很大，曾在该室工作过的人员先后达300余人，包括后来转到理论物理、分子束外延、电镜分析等其他方面的许多人员。

1978年全国科学大会召开，磁学研究室获得科学大会奖的项目有六项，分别是潘孝硕和罗河烈等的快速磁膜存储器，章综等的小型介质接收天线，林泉等的大功率介质发射小天线，詹文山等的微波吸收材料，蒲富恪和郝柏林等的介质天线单元振子的辐射理论计算，季松泉和赖武彦等的锰-锌铁氧体单晶生长和磁头研究等。其中有些还同时获得中科院重大科技成果奖。

1972年以后，在施汝为和章综等推动下，磁学研究室先后安排王震西去法国奈尔磁学实验室、詹文山与杨伏明去日本东京大学物性研究所的磁学实验室、张鹏翔去德国马普学会固体物理所进修，林泉去德国卡斯鲁尔研究中心进修中子散射研究等。1979年以后，磁学研究室先后以公派或争取奖学金的方式又派出了更多的人员作为访问学者去国外进修，同时有近十个国家的磁学同行也来磁学研究室访问。由此开始了磁学研究室与国外同行的广泛合作与交流。

从20世纪70年代中期开始，在章综、王震西、詹文山和姜惟诚等的推动和努力下，研究室相继引进磁天平、振动样品磁强计、核磁共振谱仪、穆斯堡尔谱仪、磁转矩仪等先进设备。1980～1981年还与法国奈尔实验室合作研制了超导磁场提拉样品磁强计（CF−2型），这是当时中国唯一的磁场达到8特、低温达到1.5K的极端条件磁测量设备。研究室又自行研制了射频磁控溅射设备、脉冲强磁场磁测量系统、真空快淬设备等。这些设备使磁学室的研究条件得到明显改善。潘孝硕和章综等还组织室内人员联合翻译出版了《材料的磁性》[4]。

1978年10月王震西任研究室主任。同年潘孝硕任研究室主任，张寿恭任副主任。

1984年，在物理所科研机构调整中，撤销了磁学研究室，设立磁学学术片（第二学术片），包括201～212等12个研究组。1986～1990年，随着研究方向的调整，磁学学术片各研究组的编制也有所调整。

1984年，由金龙焕、黄锡成、詹文山、杨伏明等翻译的《磁性材料手册》（共二册）出版，成为国内磁学界重要的参考书[5]。

三、从中科院磁学开放实验室到国家重点实验室

经詹文山、林泉、姜惟诚等人积极推动，1987年8月中科院磁学开放实验室正式成立，面向全国开放，并对批准的课题给予适量经费支持。詹文山为磁学开放实验室主任，副主任是姜惟诚、赵见高。学术委员会由国内同行专家17人组成，章综任主任，还聘请了6名国际著名同行教授为名誉学术委员。1987年10月召开第一届学术委员会会议，确立了实验室的目标，通过了实验室管理条例、实验室研究基金申请指南。实验室的建制基本保持了中子散射组（组长林泉）、纳米磁粉组（组长罗河烈）、亚稳态磁性组（组长沈保根）、稀土永磁材料组（组长杨伏明）、磁光薄膜组（组长王荫君）、超精细场研究组（组长孟庆安）、磁测量组（组长姜惟诚）等研究组。先后支持了磁性理论、稀土金属间化合物、磁光存储介质、磁性超微粒子、有机铁磁体等交叉学科，特殊磁测量设备研制等室内外的几十项开放课题，开放度达75%。

1990年10月，由中科院数理化学局主持召开中科院开放实验室检查评议会，就其研究方向、选题意义、研究成果和水平、学术交流、人才培养、开放度、学术委员会作用、管理水平等作了全面评议，对磁学开放实验室三年来的工作评价较高，并通过了评议。同年又经国家计委和中科院组织评审，批准筹建磁学国家重点实验室，批准世界银行贷款91万美元，用于引进先进磁学研究设备。由林泉和姜惟诚负责筹建工作，林泉为磁学国家重点实验室（筹）主任，常务副主任为赵见高、姜惟诚。后利用此项贷款引进了超导量子干涉磁化率仪（SQUID）、转靶X射线衍射仪、单晶生长炉、永磁回线测量系统、薄膜测厚仪等，另外还购置了磁力显微镜等重要装置，从而使磁学实验室研究条件大幅度提升。1991年林泉调国家科委工作，实验室增加杨伏明、沈保根任副主任。1992年詹文山兼磁学国家重点实验室（筹）主任。实验室此时聘请了20位国内同行科学家组成学术委员会，章综为学术委员会主任，同时还聘请了6名国外名誉学术委员。磁学实验室经国家计委和国家科委的两次评审，均被评为优良实验室。

由于研究条件的改善，磁学研究室内研究组也在原有的基础上增加了新的研究方向：磁性测量和磁性单晶研究组（组长姜惟诚）、磁性多层膜研究组（组长赖武彦）、磁力显微镜研究组（组长韩宝善）、磁性理论研究组（组长沈觉涟）、磁性交叉学科研究组（组长赵见高）等。虽然如此，实验室对外开放的课题却始终保持较高的开放度。

1995年9月6日，国家自然科学基金委受国家计委、国家科委委托，对磁学实验室组织评估。随后，中科院验收委员会对磁学国家重点实验室（筹）进行了验收评议和现场考察。评议结果，磁学国家重点实验室通过验收，正式成立。

1998年，中科院开展知识创新工程，实验室领导及研究课题再次进行较大范围调整。2000年9月沈保根任磁学国家重点实验室主任，成昭华和赵宏武为副主任。开展了一批新的研究课题的研究，有自旋电子学、磁性纳米结构、稀土氧化物的庞磁电阻效应、磁性材料的磁热效应、磁性智能材料等。

四、人才培养及国际合作交流

磁学研究组成立不久，施汝为和潘孝硕就为青年人系统讲授了历时两年的现代磁学课。1952年，施汝为送李国栋到哈尔滨外国语专科学校学习俄语一年，以适应

当时向苏联学习的需要。1956年后，施汝为又先后将蒲富恪、张寿恭、王焕元、孟宪振等送往苏联学习进修，后来几乎能派出的人都送出去进修过。施汝为非常注重因材施教，譬如他并不强求热衷于理论物理的蒲富恪做磁学实验，而是将他送到苏联科学院数学研究所，师从著名理论物理学家S.V.佳布利科夫（Tyablikov）。

施汝为也注意培养国内其他单位的人才。从1954年起，先后有东北人民大学（后称吉林大学）的陈慧男、南京大学的翟宏如、山东大学的陈梅初等青年教师，到物理所进修，学习磁学知识和参加研究工作。北京大学的钟文定、戴道生也常来实验室做实验。这些人后来几乎都在自己单位组建了磁学专业，成为各单位磁学教学和研究的骨干，为中国大批培养磁学专业人才作出了贡献。

1955年施汝为招收孟宪振为磁学专业研究生，1956年李荫远招收郑庆祺、朱砚磬为研究生，以加速磁学研究人员的培养。但均因1958年“大跃进”带来的学制变化而被中断。

1958年中国科学技术大学成立，根据“全院办学，所系结合”的办校方针，施汝为兼任物理系主任，潘孝硕兼任磁学教研室主任，向仁生调任专职教授，张寿恭协助课程设置和专业实验室建设。李国栋、林彰达、章综、郑庆祺、程干箴、李靖元等也都参加了教学工作。潘孝硕编写了“铁磁学”讲义并讲课。许多毕业生后来都成了物理所磁学研究室的骨干力量，如第一届毕业生詹文山先后任物理所、磁学国家重点实验室、中科院数理化学局、中科院理化技术所的负责人。他所从事的磁学研究课题多次获得国家和中科院的奖励。

1962年，潘孝硕招收了磁学研究室第一个研究生王鼎盛[6]从事磁性薄膜的理论和实验研究。王鼎盛一直延续和发展着磁性薄膜的理论工作并成为中科院院士。1963年，磁学室又招收了第二批研究生林泉和贾惟义两人。林泉后来从事磁学和中子散射研究，1991年调到国家科委（后称科技部），后任科技部秘书长。至2010年，研究室共培养博士和硕士研究生以及博士后约250名，并与各高校联合培养各类研究生近百名。其中胡凤霞获2002年度中科院院长奖学金特别奖，沈保根获中科院优秀指导教师奖。曾中明、魏红祥入选中科院优秀博士论文奖，曾中明、魏红祥、王琰、马勤礼分别获得中科院研究生院必和-必拓奖。

关于国际交流方面，1954年日本东京大学校长茅诚司来物理所访问，参观了磁学实验室，这是磁学实验室的第一次外事接待。1957年潘孝硕应邀参加了印度科学大会联合会第44届年会。1960年6~8月，苏联的磁学专家A.G.古列维奇就超高频铁氧体问题在物理所讲学，国内有关单位都来人参加。1963年，民主德国应用磁学研究所的安德烈就磁性薄膜问题来物理所为国内同行讲学一个月，这是磁学室当时的两次重要国外学术交流活动。

1978年在中科院副院长钱三强的倡导下，以章综为负责人，物理所与中国原子能科学研究院、中科院低温物理中心合作，通过中法合作项目在国内建设中子散射研究基地。其中1985年中子三轴谱仪及中子四圆衍射仪的研制获中国科学院科技进步二等奖。

1978年夏，张寿恭作为中国电子学会代表团成员，去意大利参加了第十六届国际应用磁学会议（INTER-MAG-16）。

1979年夏，张寿恭和刘英烈去美国参加第三届国际磁泡会议（ICMB-3）。

1979年，以李荫远为团长、章综参加的考察中子散射研究的中科院代表团访问美国。

1982年，潘孝硕邀请美国著名磁学家G.T.拉多（Rado）来访。接着各国磁学专家纷纷来访问，如英国的E.P.沃尔法思（Wohlfarth），荷兰的F.R.de布尔（Boer）、K.H.J.布朔（Buschow），奥地利的H.R.基希迈尔（Kirch-mayr），日本的近角聪信、武井武、安达健五等。有些人几乎每年都要访华一次，促进了物理所研究工作的提高。

1983年9月，协同中国稀土学会组织了第七届国际稀土永磁会议。

其他院所级国际交流项目有：1984年，以张乐潓为团长、罗河烈参加的代表团应朝鲜科学院物理研究所邀请前去讲学。1987年，以罗河烈为团长、魏玉年参加的代表团，再次去朝鲜讲学。1985年，赵见高与美国D.J.泽尔迈尔（Sellmyer）合作申请了为期两年的中国科学院-美国国家科学基金会的国际合作项目。1987年王荫君与赵见高又延续申请了合作项目。杨伏明在与荷兰王国教育科学部科学技术合作备忘录的框架内，积极推动了物理所与荷兰范德瓦尔斯-塞曼（Van der Waals-Zeeman）研究所从1988年起的长期合作研究计划。

1988年，以磁学开放实验室为基础，联系国内同行参加了在巴黎召开的国际磁学会议（ICM），并以中国物理学会的名义向会议提交了“申请在中国组织ICM-94年国

图2　现代磁学国际暑期学校合影

际磁学会议”的报告。国际纯粹与应用物理学联合会（IUPAP）磁学分会经认真讨论后，一致同意中国的申请。后来因为其他原因ICM-94没有在中国召开，但会议的申办成功对中国磁学界仍是一种荣誉和骄傲。

1988年，实验室作为国家科委的中国－罗马尼亚科技合作项目的主体，就大功率稀土永磁电机合作达成并最终完成了协议。1991年，以詹文山为团长，赵见高、赖武彦、杨林源等六人组成的磁学代表团，访问了苏联的有关磁学研究单位，使两国磁学界中断了30多年的学术交往得以恢复。

1992年7月，协同中国电子学会组织了第二届国际磁性材料物理讨论会（ISPMM-92）。

1995年8月，在联合国教科文组织（UNESCO）、国际理论物理中心（ICTP）、中科院和国家自然科学基金委的联合支持下，实验室组织并主持了现代磁学国际暑期学校，聘请了国内外十多位著名磁学界科学家作讲座，学员来自11个国家，达百人以上（图2）。主要讲座内容由新加坡世界科技出版有限公司出版：*Aspects of Modern Magnetism*[7]。

1997年诺贝尔奖获得者R.L.穆斯堡尔应国家科技部邀请，访问磁学室并作学术报告。

由于研究条件的变化，此后的国际学术交流更侧重于研究人员之间的交往和合作，各研究组的国际合作更加频繁和深入。

五、学会活动

1963年，施汝为和山东大学的郭贻诚发起并以中国电子学会和物理学会的名义，组织了第一届全国磁学和磁性材料会议。从此确定由多个学会定期联合召开这一学术会议。

1979年，中国电子学会应用磁学分会正式成立，推举潘孝硕为第一届主任委员，任期直至1984年。1999年，磁学实验室协同有关学会组织了第十届全国磁学和磁性材料会议，并编印《20世纪中国的磁学和磁性材料》纪念册，就20世纪中国磁学界的重要人员、组织、成果等作了全面的介绍和回顾。2001年5月后，由沈保根担任第六至第八届应用磁学分会主任，秘书处设在磁学室。

1982年，中国物理学会非晶态物理专业委员会正式成立，秘书处设在磁学室。王震西为第一届委员会主任，1994年詹文山为第三、第四届委员会主任。非晶态物理专业委员会协同其他学会，组织了历届全国非晶态材料和物理学术讨论会，此讨论会连续定期召开了20余年。

1989年，中国物理学会磁学专业委员会成立，秘书处也设在磁学实验室。蒲富恪为第一届委员会主任，1997年起詹文山为第二至第四届委员会主任。磁学专业委员会组织了近30次各类全国磁学和磁性材料的专业会议。

第二节　金属磁性和稀土永磁

单晶、多晶以及非晶、准晶等亚稳态合金和金属间化合物的结构和磁性，一直是磁学室研究的重点领域，从1934年建成磁学实验室后的第一个研究课题开始，这方面的工作从未停止过。

一、早期金属磁性研究

施汝为于1934年基本建成磁学研究实验室后，先延续其博士论文的课题，研究镍－钴合金单晶体的磁各向异性，发表了中研院物理所磁学实验室的第一篇论文[8]，随后他又与潘孝硕合作研究铁－钴、镍－钴合金和纯钴多晶体的磁性[9]。这时实验室增加了磁畴观测设备，由此，于1938年前完成了一些磁畴观测工作。这些铁－钴系和镍－钴系铁磁单晶体磁性的系统研究，在国际上均被公认为是这方面的奠基性和开创性研究。

1950年建立磁学研究组后，施汝为以国内生产铝镍钴永磁合金的工厂所希望解决的热处理问题，作为先行课题开展研究。那时虽忙于从南京运来的设备的安装调试，测量仪器的成龙配套，但他仍然做出了磁学研究组的第一篇研究论文[10]。随着工作的进展，他又陆续自行设计并研制成功高温电炉、低温液氮装置、比特型大电磁体、大口径磁场热处理等设备，以及灵敏度高、稳定性好的磁致伸缩仪、磁天平及测量磁各向异性的磁转矩仪和带温度装置的无定向磁强计等装置，使实验室的研究条件基本能够满足磁学研究的需要。

1952年为满足国家经济建设要求，施汝为把组内人员分成两队深入工厂。一队由他和向仁生带领王焕元和朱砚磬到太原钢铁厂，该厂是国家为改变电工磁钢依赖进口局面而重点建立的热轧硅钢生产基地；另一队由潘孝硕带领张寿恭、蒲富恪和孟宪振，到哈尔滨附近生产铝镍钴永磁钢的阿城电表厂，以求在生产第一线寻找磁学研究课题。由此确立了硅钢片和铝镍钴永磁钢两个研究课题。随后，以陈能宽为组长的金属组，运用优选法做出了取向度高达98%以上的双取向硅钢片，达到了当时的国际先进水平。潘孝硕和王焕元等也参加了他们的工作。他们在从事应用研究的同时，还开展了硅钢片磁涡流损耗机理、磁畴结构、各向异性的起因等基础研究[11]。硅钢片组还制定了硅钢片的工业检验标准，为太原钢铁厂培养了一名回厂后可以做在线检验工作的技术人员。在铝镍钴金属永磁领域，实验室还进行了不同成分、不同热处理以及冷却取向、磁场取向等全面的研究，同时研制出一系列各具特点的金属永磁材料。在国内首先做出了晶粒取向度约为95%的铝镍钴－V磁钢，最高磁能积达到国际最高水平。基础研究工作则为铝镍钴合金脱溶硬化机理等项目[12]。

在磁性理论提出"单畴粒子"概念的基础上，20世纪50年代末提出了"微粉磁铁"即所谓"伸长单畴粒子"（ESD）项目，利用粒子的形状各向异性以获取更高的永磁性能。"微粉磁铁"项目经过两年多的努力，在1964年全国第一次磁学会议上发表了研究成果，研究结果和国外相当。为探索规模生产的可能性，"微粉磁铁"项目曾先后在兰州长新电表厂和上海磁性材料厂进行试验，获得了成功。其中"磁场取向微粉磁铁"还作为中华人民共和国成立20周年献礼项目得到上海市的嘉奖。

二、非晶态磁性金属研究

1975年，根据国际新发展方向建立了以詹文山为组长的非晶态磁性组，研究内容包括快速冷凝薄带和磁光薄膜两类非晶态磁性材料。王震西从法国奈尔实验室进修稀土金属间化合物研究回国后，即于1978年春，发起并组织了在江苏无锡召开的第一届全国非晶态物理讨论会。潘孝硕和山东大学的郭贻诚为会议主席。会后，由郭贻诚、王震西主编的《非晶态物理学》出版[13]。相关研究成果[14]获得了1987年中科院科技进步三等奖，1994年中科院自然科学二等奖和北京市科技进步二等奖。该组赵见高、詹文山、王荫君和李国栋联合翻译的K.穆加尼、J.M.D.科埃等的专著《磁性玻璃》亦随即出版[15]。由此，非晶态磁性研究在全国许多单位开展起来，有些单位还发展成生产非晶态和纳米晶合金的上市企业。1985年，赵见高接任非晶态组组长，在国际上发现铝锰五次对称二十面体准晶态结构后，根据对3d过渡金属的磁性知识，他们很快利用快速冷凝条件获得亚稳态铝铁合金。他们和冯国光的电子显微镜组合作，首次发现十次对称的二维准晶体结构（图3），论文在*Phys. Rev. Lett.*上发表[16]，成为物理所在此刊物独立发表的第一篇论文，引用率达200次以上。

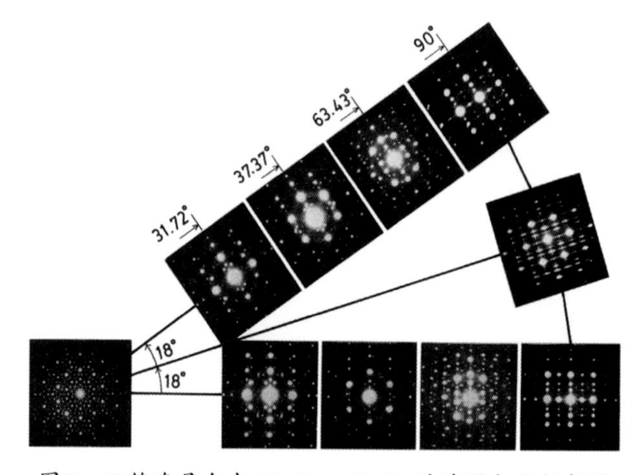

图3　二维准晶合金Al-14-at%-Fe的选区电子衍射图

三、钕铁硼永磁材料的研究及产业化

1978年秋，王震西和北京大学杨应昌组织了稀土磁性讲习班，请法国奈尔实验室的主任等来华系统讲授了稀土磁性理论和实验。国内从事磁学研究的单位都派人参加学习，对国内的稀土磁性研究起了推动作用。1980～1983年，王震西等采用离子注入、真空溅射和快速冷凝技术，开展稀土永磁材料的研究，获得了很好的结果。1983年当国际上发现新型稀土永磁材料时，他们很快就用烧结法研制成功钕铁硼永磁合金，并立即与中科院电子学所稀土磁钢组合作，在1984年2月试制成功中国第一块磁能积达38兆高·奥的钕铁硼磁体[17]。1986年，王震西、姚宇良、王亦忠等与电子学所合作的磁能积高达41兆高·奥的低纯度钕铁硼永磁材料研究成果获中科院科技进步一等奖。1988年这一成果又获得国家科技进步一等奖。由于这一成果具有巨大的市场潜力，当时中科院内又正在推行一院两制，为此1984年4月中科院委任王震西将物理所、电子学所、电工所和长春应化所有关的科技人员联合起来，进行钕铁硼成果的产业化试验。1985年，王震西负责组建北京三环新材料高科技公司（简称三环公司），并与姚宇良等在宁波建立中国第一条钕铁硼工业生产线，开始了中国最早的钕铁硼永磁材料的生产，并成为相当规模的产业（图4）。三环公司于2000年成为上市公司，发展成为全球前三、中国最大的稀土永磁企业。这也成为物理所科研成果产业化的成功范例。

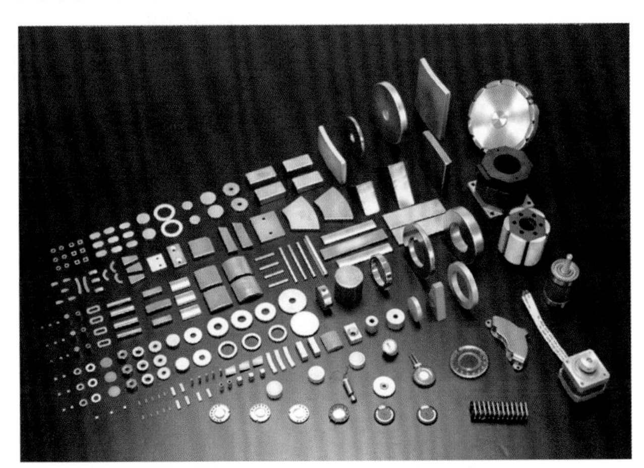

图4 三环公司的钕铁硼永磁产品

四、新型稀土铁基纳米晶永磁材料

1987年初，沈保根与南京大学顾本喜等合作，在德国鲁尔大学开始了钕铁硼（NdFeB）双相复合永磁材料的研究。1988年8月，在巴黎召开的国际磁学会议上，他们报告了快淬$Nd_2Fe_{14}B/NdFe_4B_4$复合永磁材料的研究工作。此时，他们还发表了1988年4月完成的低钕快淬NdFeB合金磁性的研究工作。1989年后，沈保根等进一步开展了快淬纳米复合永磁材料及其矫顽力机理的研究。所谓纳米复合材料是由纳米硬磁相和纳米软磁相复合而成，但软磁相的加入非但没有降低，反而提高了硬磁相的磁化行为，这一现象是传统磁学理论所不能解释的。

1990年，$Sm_2Fe_{17}N$稀土永磁氮化物的发现引起了国内外的广泛关注，但这类材料在600℃以上却发生不可逆的分解。沈保根研究组选用与氮化学性质和原子半径相近的碳作为间隙原子，研究间隙稀土碳化物，成功合成出稳定的高碳高温间隙稀土－铁基化合物。随后，他们系统研究了$R_2(Fe, M)_{17}C_x$ (R＝稀土元素；M=Ga,Al,Si) 化合物的结构、磁性和稳定性，并于1993年成功制备出结构稳定、高居里温度、强单轴各向异性的$Sm_2(Fe,Ga)_{17}C_y$永磁材料[18]。1998年，该组利用快淬工艺制备出$Sm_2(Fe,M)_{17}C_y$ / α－Fe纳米复合永磁材料。1999年9月在*Adv. Mater.*上发表了综述论文，总结了这方面的主要研究工作。研究成果获北京市科学技术一等奖、国家教委科技进步二等奖和中国物理学会叶企孙物理奖。1997年沈保根获香港求是基金会“杰出青年学者奖”。

五、高温稀土永磁材料

利用快淬工艺制备的稀土永磁薄带一般是各向同性的。1999年，沈保根研究组在研究快淬工艺对钐－钴基稀土永磁材料各向异性的影响时，发现钐－钴基永磁材料在低淬火速率下表现出优异的磁各向异性。合成的这类材料，其剩磁比高达0.9，室温磁能积可达18兆高·奥，且不需要热处理工艺，对直接快淬带球磨处理后制备出的黏结磁体，仍可保持各向异性，具有较高的矫顽力和磁能积。同时还发现可以通过碳的添加来控制易磁化轴在快淬带中的织构方向，并且碳还可起到细化晶粒进一步提高合金硬磁性能的作用。2002年，他们研究了稀土－钴基材料中1:7相结构向1:5和2:17相复合结构转变的规律，发现了新的1:7型PrCoCuTi永磁体[19]，同时也获得了可在高温使用的高性能的钐－钴基纳米复合永磁材料。2006年，他们利用微磁学有限元法研究高温磁体的反磁化机理，发现矫顽力在低温和高温条件下，分别由畴壁钉扎和形核机制控制，高温磁体反常矫顽力温度关系是由于矫顽力由畴壁钉扎机制向形核机制转变引起的，这一研究结果破解了国内外同行在这方面的争论。

六、单轴各向异性稀土－过渡族金属间化合物

1993年，沈保根研究组发现，在Sm_2Fe_{17}化合物中用少量镓替代铁，可使Sm_2Fe_{17}化合物的室温磁晶各向异性由易面转为易轴，并导致铁－铁交换作用的增强，使居里温度明显提高。随后的研究还发现，镓含量较高的$R_2(Fe,Ga)_{17}$化合物均出现室温单轴各向异性，这不仅与铁次晶格由易面各向异性转变为单轴各向异性有关，而且还与镓的加入而引起稀土晶位的二级晶场系数A_{20}由负值变为正值有关[20]。他们在$R_2(Fe,Ga)_{17}$化合物中，发现了其居里温度随镓含量的增加而升高的反常现象，证明了这与镓原子的择优占位引起的铁－铁原子间键长的改变有关。还进一步系统研究了$R_2(Fe,M)_{17}$(M=Al,Si)化合物的晶体结构、磁矩、居里温度和磁晶各向异性。同时，利用中子衍射他们又研究了镓、铝原子的占位对2:17型稀土－铁化合物磁性的影响，发现镓、铝原子的择优占位使得化合物的居里温度和磁晶各向异性明显提高。

七、大磁致伸缩的研究

由于立方拉弗斯相稀土金属间化合物RFe_2（R=Tb,Dy,Sm等）具有大磁致伸缩效应，为此1977年郭慧群等开展了$Tb_{1-x}Dy_xFe_2$的大磁致伸缩的研究，所得化合物在21千奥磁场下的磁致伸缩系数$\lambda_{\parallel}$为1640，镝的添加使$\lambda_{\parallel}$容易饱和。1991年，章综、姜惟诚和贾克昌指导了TbDyFe磁致伸缩材料研究，建设了各种测量系统。郭慧群还研究了SmDyFeCo材料的磁致伸缩和相关性能。虽然各国同行都了解TbDyFe最大磁致伸缩在立方结构的[111]方向，[111]单晶应具有最好的磁致伸缩性能，但由于严重的包晶反应和组分过冷两大障碍，所以当时国内外只能获得[112]取向的织构多晶。甚至1994年国外学者曾著文综述宣称：TbDyFe [111]单晶是不可能获得的。但在1995年，吴光恒研究组采用富稀土助溶剂和磁悬浮深过冷两种方法，同时解决了这两个障碍，报道了高质量、高完整性、无孪生[111]取向的TbDyFe单晶的成功生长[21]，成为当时国际上唯一能制备此单晶的实验室（图5）。他们观察到接近理论值的最大磁致伸缩数值，并完成了其掺杂、应力效应、交流特性等一系列研究工作。

图5　无孪生[111]取向的最大磁致伸缩TbDyFe单晶

八、磁性形状记忆合金研究

1996年，磁性智能材料霍伊斯勒（Heusler）合金型Ni_2MnGa磁性形状记忆合金在国际上出现。吴光恒、陈京兰等1998年报道了Ni_2MnGa单晶高达3%的可回复磁应变[22]，提出的“磁场诱发应变”(magnetic-field-induced strain）一词及其缩写MFIS被国内外同行接受，并沿用至今。王文洪研究了Ni_2MnGa中的相变动力学和内应力于预相变路径等问题。2003～2009年，研究组相继开发出Ni_2FeGa、Mn_2NiGa和Fe_2MnGa三种新的材料体系。当时国际上五个材料体系的三个出自于该研究组的发现；2005年以后开始研究磁场驱动马氏体相变，获得了Ni_2MnIn单晶80%的大磁电阻并在Ni_2MnSn、Ni_2MnGa、Mn_2NiGa和Mn_2NiSn中实现磁驱相变等结果。研究组总结出了与物质的成相失稳与结构失稳相关联的经验规律，并提出了磁性和共价键共同影响成相和结构稳定性的看法。据此他们发现了Fe_2CrGa中磁性干扰原子占位的现象，以及Ni_2FeGa和MnNiFeAl中的应变玻璃行为。刘恩克报道了MMX六角结构合金（如MnNiGe）中马氏体相变的居里温度窗口和交换作用阻断等结果。以上研究成果均引起国际同行的注意。吴光恒自2006年起被邀请担任本领域国际系列会议科学委员会成员，并在各种国际会议上作邀请报告16次。

与磁性形状记忆合金材料研究的同时，贾克昌研发了三个系列可测量在温度、磁场、外应力和交直流各种物理作用下的相变、应变、超弹性、磁化行为和磁电阻等性质的综合物性测量系统。除磁学室研究组使用外，定型产品已在国内12家单位使用。张宏伟还针对永磁矫顽力进行了微磁学计算。

九、半金属材料的研究

由于可能的100%自旋极化率，某些霍伊斯勒合金有望成为自旋电子学器件的核心材料。自2003年起，吴光恒研究组开展了半金属磁性材料的研究，并进行了大量的计算和实验，报道了立方结构中自旋极化率的各向异性。他们制备了高有序Co_2MnSi和NiMnSb单晶的样品，还用安德列夫反射测量了其自旋极化率；开发出抗环境干扰能力强的铁基霍伊斯勒合金半金属。王文洪在德国马普学会微结构物理所制备出Co_2MnSi薄膜，并利用自旋分辨的光电子谱探测了其自旋极化，证明霍伊斯勒材料的自旋极化率主要依赖于合金的有序度。随后又同日本国立材料科学研究所合作，用磁性隧道结方法证实了半金属材料Co_2FeAl接近100%的相干隧穿极化率[23]。这些结果为器件应用研究打下良好基础。2009年，王文洪和刘恩克开始研究霍伊斯勒合金的磁结构和晶体结构相变对自旋极化率的影响，发现了低温下晶格收缩造成的费米面拓扑结构奇异和自旋极化率异常等现象。通过理论计算和实验验证，还发现了一大类具有Ni_2In型六角结构的高自旋极化率半金属材料。

第三节 氧化物磁性

1960年，潘孝硕、施汝为、李国栋、向仁生、孟宪振等联合翻译了苏联科学院院士C.B.冯索夫斯基的《现代磁学》[24]。随后张寿恭、李国栋等翻译了苏联科学院的磁学专家A.G.古列维奇的《超高频铁氧体》《高功率铁磁共振及铁氧体微波放大器》。1962年，李荫远、李国栋合著了《铁氧体物理学》。这几部在中国最早出版的磁学专著对国内磁学事业的发展起到重要作用。

一、矩磁铁氧体研究

1959年成立的矩磁铁氧体研究组，任务是研究用于计算机存储器的磁芯记忆元件。这为中科院计算所提供了常温下的锰镁铁氧体矩磁磁芯。同时研究它在脉冲电流作用下的反磁化机理以及提高其开关速度的方法。该组1963年在林彰达的组织下，开始研究宽温域铁氧体磁芯的工作。锂铁氧体的居里温度很高，它的磁性参数在居里温度以下的很大温度范围内变化很小，可以满足宽温域要求，但其磁滞回线矩形度差，无法作为记忆元件。为此，在锂铁氧体的基础上，结合研究组对脉冲磁场下反磁化机理的研究结果，对材料进行了改造，掺入锰和少量稀土镧，同时在工艺上也做相应的调整，终于使这种锂－锰－镧矩磁铁氧体磁芯能在−60～120℃范围内正常工作。开关时间小于600纳秒，能够很好满足应用单位的要求。该成果通过鉴定并上报国家科委。1964年宽温磁芯研制成果被评为国家科委重大成果，并在第四机械工业部的十二所和798厂推广生产。

二、软磁铁氧体研究

随着国内无线电技术，尤其是通信方面的快速发展，对软磁铁氧体的性能要求越来越高。以周洋溢为组长的铁氧体软磁研究组开展了锰锌、镍锌和高频铁氧体Co_2Z系列的研究。1962年，章综开始领导软磁组工作，在他带领下考察了当时国内最大软磁铁氧体生产厂798厂，并与他们合作。毛廷德等开展了高磁导率（高μ）和高磁导率、高品质因素（高μQ）的锰锌铁氧体材料研究，以及磁导率随时间变化的机理研究。章综等从事低温度系数的镍锌铁氧体研究，以及镍铁氧体的高频磁导率研究。研究了掺杂镧、锆等氧化物对镍锌铁氧体温度系数的影响及其物理机制，发现掺镧的镍锌铁氧体具有最好的温度系数。1963年，在章综、孟宪振等指导下，詹文山在国内最早开展了隐身材料研究——软磁铁氧体在微波吸收材料中的应用。1966年，李裕民、赵忠仁扩大微波吸收材料的研究领域，并承担了国家“6405任务”中微波吸收材料专题的研究。他们在国内第一个用微波吸收材料建立了微波暗室，并与北京泡沫塑料厂、一得阁墨汁厂合作，开始微波吸收材料的研究和生产，后来还新建了专门生产微波吸收材料的红波微波吸收材料厂。1980年，詹文山、李裕民、潘习哲和俞伯良的WXP−5等七种微波吸收材料成果获中科院重大科技成果一等奖[25]。他们在1968年与第七机械工业部六院六所联合举办了第一次全国微波吸收材料学术会议，对中国国防科技的发展发挥了作用。

三、微波铁氧体研究

1959年微波铁氧体研究组成立后，筹建了多晶和单晶微波铁氧体材料制备系统，先后制备了钇铁石榴石（YIG）、掺杂钇铁石榴石、钇镧石榴石、钇镱石榴石、钇钆石榴石以及铋钙钒石榴石铁氧体等样品，还建立了3厘米和7.5厘米波段的铁磁共振测量系统（可变温度范围从液氮至室温以上）。1960年，磁学研究室邀请苏联专家A.G.古列维奇来物理所讲学和交流。在此基础上，李国栋等实验研究了不同稀土离子掺杂石榴石铁氧体的磁性、铁磁共振及相关的铁磁弛豫机理。另外，研究组又接受了研制高功率微波铁氧体材料的任务，王立吉、乔荣文等对此开展了全面调研和部分实验工作。翟清永、莫育俊等同时也完成了全国测试基地交给物理所的测量微波铁氧体张量磁导率的任务。

孟宪振同理论室的霍裕平合作，完成了稀土离子对铁磁共振影响的理论研究，解释了当时国际上非常关注的稀土离子引起钇铁石榴石铁氧体铁磁共振的诸多特异反常现象[26]。

1966年，孟宪振等对国内外相关情况进行调研，提出研究组要全面开展电调谐石榴石铁氧体微波单晶器件及相关的石榴石铁氧体单晶材料的研究和研制工作。李顺芳、贾惟义、庞玉璋等研制成功当时国际上尚无报道的掺铟铋钙钒石榴石铁氧体单晶。与国际上已有微波器件用的铁氧体单晶相比，在相同磁化强度$4\pi M_s$情况下，它具有磁晶各向异性低、铁磁共振线宽窄和较高的居里温度等优点。该成果于1979年获国家科技发明三等奖[27]。王震西、张鹏翔等研制成功微波带阻滤波器和带通滤波器等多种电调谐石榴石铁氧体单晶微波器件，并交有关部门在整机中试用，取得了较好的效果。其中3厘米波导电调谐带通滤波器成功用于全景侦察接收机，获第四机械工业部一等奖。他们开展的YIG电调滤波器的设计理论等研究获得了一些新成果，并编写出《钇铁石榴石谐振子电调滤波器》一书[28]。为配合全组工作，他们还建立了液氦至室温铁磁共振以及室温下的宽频段（0.5～10吉赫）铁磁共振测量装置。季松泉、赖武彦等的锰锌铁氧体单晶生长和磁头研究获得中科院重大科技成果奖。

四、氧化物庞磁电阻和相关效应研究

1994年，美国科学家发现稀土－锰氧化物$La_{0.7}Ca_{0.3}MnO_3$的电阻在磁场下的相对变化可以接近100%，比任何其他已知材料都大得多，称为庞磁电阻（CMR）效应。这一发现引起国际科技界的极大兴趣。1995年，孙继荣等在国内率先开展锰氧化物稀土替代、锰元素替代以及氧含量效应研究，注意力主要集中在CMR体材料（多晶、单晶）的相关效应和薄膜异质结等两个方面。

1996年，饶光辉、孙继荣等通过以适量的稀土元素钕部分取代镧，获得了当时国际上最大的低场磁电阻效应：0.67特时磁电阻高达96%。这一结果分别被收入国际上两篇综述文章。同时，针对钕掺杂导致的一系列奇特的物理行为，如分步磁化和热历史以及磁历史记忆行为，通过系统的理论分析，提出了体系中铁磁相、反铁磁相共存且强烈关联的电、磁相分离模型。这一假设两年后被国外科学家的进一步工作所证实。1999年，美国贝尔实验室的科学家利用低温透射电镜的直接观察，证实此类锰氧化物中亚微米尺度的反铁磁绝缘体相与铁磁金属相共存。这一类相分离行为后来成为锰氧化物研究的一个重要方向。

1996年，西班牙学者报道，以重稀土替代镧原子可导致自旋玻璃转变。1997年磁学室的研究发现，以适量铁取代锰破坏稀土－锰氧化物的长程铁磁序，同样可以导致自旋玻璃转变；还发现在铁磁序削弱过程中，外加磁场可以诱导磁化强度多次跃变，表现为磁化强度随磁场的不连续变化。伴随磁化强度跃变，电阻发生四五个量级的变化。这一结果揭示了锰位掺杂导致的复杂磁结构以及磁结构的磁场敏感性，也显示了和其他体系完全不同的强烈的铁磁、反铁磁竞争。

氧化物的另一个特点是其性质对氧含量极为敏感。由于氧含量难以测量，有关的定量研究很少。2000年，孙继荣、沈保根等与香港中文大学研究人员合作，根据薄膜晶格常数对含氧量敏感性的特点，采用X射线衍射数据确定样品氧含量，给出稀土－锰氧化物薄膜磁转变温度随氧含量变化的定量关系，发现居里温度随氧含量的减小而线性下降，并在某一临界氧含量下消失[29]。所用的X射线衍射标定氧含量已成为有关研究的一个重要方法。

具有327结构的双层稀土－锰氧化物$La_{2-2x}Sr_{1+2x}Mn_2O_7$是另一类重要的磁电阻材料，由于其独特的晶体结构而显示强烈的各向异性磁电阻效应。2000～2002年，李庆安利用独创的八电极测量法，系统研究了$La_{2-x}Sr_{1+x}Mn_2O_7$的各向异性磁电阻效应，给出了铁磁和反铁磁态下双交换电导率所满足的选择定则，得出双交换机制是主要的导电机制，并预言沿双层结构锰氧化物单晶c－轴磁化时，在一定的磁场强度范围内会出现铁磁－反铁磁相间的畴结构。这一预言被实验所证实。

交换偏置效应在自旋电子学和磁性功能器件中具有重要应用，以往只在磁性多层膜和磁性纳米颗粒体系中观察到交换偏置效应。2006年磁学实验室首次发现，在钙钛矿过渡金属氧化物$La_{1-x}Sr_xCoO_3$体材料中也存在交换偏置现象，他们还进一步研究了冷却磁场对交换偏置效应的影响。基于本征电子相分离的物理图像，对该交换偏置效应给出了合理的解释，并提出界面效应在相分离中起重要作用。这一工作对于认清复杂过渡金属氧化物中相分离的微观图像提供了重要信息，引起了国际上对单相体材料中交换偏置效应的广泛关注。

五、氧化物异质结磁、光、电效应研究

异质结是人工结构材料的基本单元。异质结的特点是能带结构的失配。能带失配赋予异质结很多奇特性质，具有丰富的物理内涵和巨大应用潜力。利用锰氧化物可以构成全氧化物异质结。这类异质结表现出一系列有趣性质，如磁电阻效应、磁场依赖的光伏效应等。2004年，孙继荣与香港中文大学、中科院合肥固体所研究人员合作，研究了稀土－锰氧化物与铌掺杂$SrTiO_3$构成的pn结的磁电阻效应、光伏效应，首次发现了锰氧化物异质结对温度、磁场强烈依赖的光伏效应。光电压随温度降低单调增加，从室温到7K光电压相对变化高达约7000%[30]。同时，0.5特磁场可以导致光电压约15%的变化。上述研究结果直接显示了磁、光、电效应的相互关联。

通过在$La_{0.67}Ca_{0.33}MnO_3$/$LaMnO_3$/$SrTiO_3$:Nb异质结界面引入第三种氧化物$LaMnO_3$缓冲层，2009年物理所研究人员首次得到了能带失配效应的直接证据。结合光电效应和电流－电压特性分析，证明锰氧化物pn异质结界面存在由下凹势阱和上凸势垒组成的复杂能带结构，并给出了能带结构的定量数据。同时，还观察到明显的反常磁场效应，磁场下电阻从下降转为大幅度上升，与简单锰氧化物异质结完全不同。这些工作为进一步利用能带失配进行电子、自旋注入以及有关物理过程的研究奠定了基础。

第四节 磁性薄膜及其他低维磁性材料

随着真空制膜技术的出现和提高，各类磁性薄膜先后出现，首先是针对国际上采用磁性镍铁合金薄膜作为存储单元，大幅度提高了电子计算机的速度，磁学实验室根据国家需要，从学习真空技术开始，启动了磁性薄膜研究。后来又开展了磁光薄膜、磁泡材料及其他低维磁性材料的研究，扩大了磁学研究的空间。

一、磁性薄膜存储器研究

1959年，罗河烈负责的磁性薄膜组和陈一询等负责的电子学室的相应组，都是为完成中科院下达的国防任务研制109丙机所使用的磁膜缓冲存储器而成立的。计算机CPU中高速运算的指令必须通过“缓冲存储器”才能与慢速主存储器进行数据交换。研制快速存取磁膜存储器，取代以较慢的触发器阵列组成的“缓冲存储器”，便成为提高中国早期计算机运算速度的关键。而单轴易向的单畴磁性薄膜有两个稳定的剩磁状态，可用于计算机二进制存储元件，其磁化强度反转仅在纳秒量级，比铁氧体磁芯要快近千倍，因而可用于快速存取缓冲存储器。

在外加定向磁场中，真空蒸发磁晶各向异性和磁致伸缩都接近于零的$Ni_{19}Fe_{81}$薄膜阵列到玻璃基底上，厚约80纳米、直径2毫米即可成为单轴易向的单畴磁性薄膜元件。经过全组约20人近5年的努力工作，在充分研究了制备工艺因素对磁膜性能的影响及磁膜静态和动态性能之间的关系后，终于制备出性能完全符合要求的圆形、矩形和双层耦合磁膜存储元件，后来将其推广到北京磁性材料厂生产。电子学室用这些磁膜元件研制成中国独一无二的不同容量、不同存取时间的快速磁膜缓冲存储器。除1966年计算所的109丙机中使用了128字19位磁膜存储器，使中国计算机速度提高一倍外，还有1969年中国早期洲际导弹试验用的320任务计算机、1971年第七机械工业部的640机、1973年解放军总参三部的905机等国防任务，都采用了磁膜存储器。1967年中科院华东计算所研制的TQ-6型计算机和1972年北京大学的150型百万次快速运算计算机，也都因采用磁膜存储器才得以研制成功。总参计算所（770部队）也采用了物理所生产的小磁膜体。朝鲜也多次向中国购买磁膜存储器。物理所研制的磁膜存储器对中国的国防建设和提高电子计算机的运算速度作出了贡献，起了不可或缺的作用。为此，快速磁膜存储器的工作获1978年全国科学大会重大成果奖。

二、磁泡研究

1967年贝尔实验室提出磁泡存储器的方案。此后磁泡材料、器件和物理的研究一直是国际上的热门课题。

1969年，张寿恭等调研磁泡并开始生长正铁氧体磁泡材料。当时，以张寿恭为组长的磁泡组将工作分为GGG基片单晶生长（贾克昌等）、石榴石单晶磁泡薄膜制备（毛廷德等）和建立磁泡测量实验室（韩宝善等）三部分，开展工作直至1984年。GGG单晶生长与晶体室张乐潓合作，生长出可供本组制备磁泡薄膜所需的GGG基片。磁泡薄膜液相外延制备，在配方、自动外延生长工艺及基片切、磨、抛光上不断取得进展，生长出性能良好的磁泡薄膜，促进了组内磁泡测量装置和设备的建立。1979年"磁泡测量实验室建设"获中科院科技成果三等奖。磁泡组刘英烈、韩宝善、于志弘、李靖元与电子工业部第九研究所合作编著的《磁泡》一书在1986年出版[31]。1977年，韩宝善、刘英烈开始用统计的实验方法研究硬磁畴，即磁泡畴壁中布洛赫线（VBL）链的行为。1983年，日本九州大学提出布洛赫线存储器的方案，即把畴壁中磁化矢量的微结构——布洛赫线对——作为信息的载体。VBL存储器密度比相应磁泡高两个量级，因而国际上又掀起研究高潮，同时也使磁学室的硬磁畴研究获得动力。

VBL链行为的研究成果有二：一是发现VBL链解体的临界温度T_0比相应居里温度T_C要低30～50℃，所以VBL存储器的温度稳定性实际上比磁泡差很多。此成果是1988年巴黎国际磁学会议的特邀报告。二是提出石榴石磁泡薄膜硬磁畴的新分类法（图6），其实质是发现了当磁泡畴壁中的VBL数逐步增加时，磁泡的静态特性剧变，因此证明VBL存储器用条状畴壁作信息存储的设想实际行不通。在连续多次的VBL国际研讨会上，此VBL存储机理研究成果受到国际同行的关注。此项工作于1989年和1993年两次获中科院自然科学三等奖。1991年，关于VBL链行为的研究总结入选*J. Magn. Magn. Mater.* 第100纪念卷。这是唯一代表中国入选的特邀评论，总结了1983年至20世纪90年代初国际上VBL存储器的研制工作[32]。

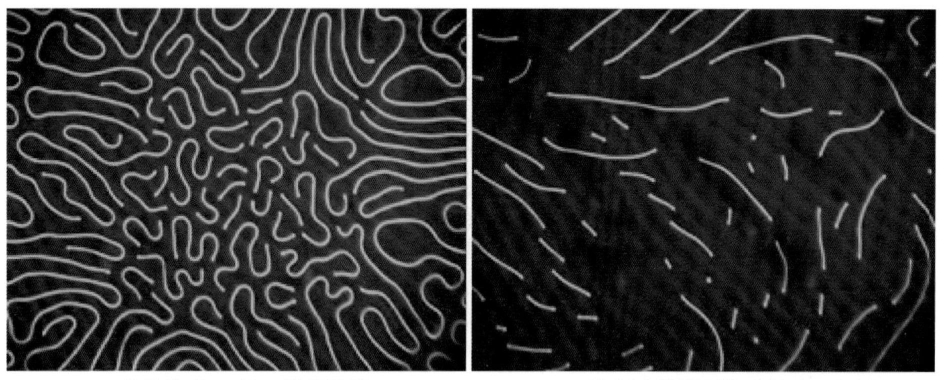

a 能收缩成SB的一群软畴段　　b 从软畴段群硬化成的ⅠD和ⅡD

图6 *磁泡薄膜硬磁畴新分类法*

随磁泡畴壁中VBL数的增加，从软磁泡（SB）转变为普通硬磁泡（OHB），再转变为第一类（ⅠD）及第二类哑铃畴（ⅡD）

三、记录磁粉研究

1972年新建的以罗河烈为组长的记录磁粉组，研究方向是研制记录磁粉和探索其应用，获得了两方面的成果。一项成果是记录磁粉方面。1979年研究人员到广州磁性材料化工厂推广生产两种高档磁粉：一种是碱法$\gamma-Fe_2O_3$磁粉，矫顽力（H_c）达400奥，适用于制造高档录音磁带；另一种是国内首先研制成的包钴包亚铁磁粉，矫顽力达600奥，适用于录像磁带。此外，为解决大规模生产磁粉必要的还原和氧化关键设备，物理所与中科院化工冶金所合作，共同研制成流态化磁粉的还原和氧化设备，使广州磁性材料化工厂成为中国唯一能生产上述两种高档磁粉的工厂，每年出口达数百吨。为此，魏玉年、黄锡成等研制的碱法生产$\gamma-Fe_2O_3$磁粉，罗河烈、孙克研制的包钴包亚铁$\gamma-Fe_2O_3$磁粉以及罗河烈、孙克的流态化还原氧化磁粉设备等三项研究成果，分别获得1982年广东省科技二等奖和中科院科技二等奖[33]。另一成果是硬磁盘组的研制方面。1980年，中科院组织计算所、物理所和化学所成立硬磁盘攻关组，罗河烈和孙克参加攻关组，罗河烈任副组长。通过使用表面活性剂处理磁粉表面，使磁粉与黏合剂亲和良好，从而解决了原来研制的磁盘漏码过多的关键问题。攻关组分别于1981年和1983年研制出29兆和200兆字节的硬磁盘组。这两种存储容量不同的硬磁盘组的研制成功，将中国计算机外存容量提高几十倍，促进了中国计算机事业的发展。为此，罗河烈和孙克分别获得两次中科院科技进步一等奖。1992年，罗河烈和南京大学都有为还合著了《磁记录材料》一书。

1987年成立中科院磁学开放实验室后，研究方向转为纳米磁粉和磁性原子团的基本磁性研究。罗河烈等研究了钕铁硼类永磁体的磁黏滞性和矫顽力机制，首先推导出热涨落场与矫顽力、激活体积与矫顽力之间的磁黏滞理论关系，并用相应实验证明磁黏滞理论能很好地解释钕铁硼类永磁体的矫顽力机制。韩德华和王建平研究了20～100纳米的 $\gamma-Fe_2O_3$ 磁纳米颗粒的比饱和磁化强度随颗粒变小而线性下降的规律，并对此作了合理解释[34]。他们还研究了外包氧化硅的铁原子团，证明铁原子团的比饱和磁化强度比块状铁大。蔡建旺用第一原理离散变分原子团计算方法研究了一些材料的电子结构和局域磁性。另外，魏玉年等还研究了铁－氮系统的磁性，并参与了用中子散射研究高温超导材料等工作。

四、磁光薄膜研究

1972年磁光研究隶属于非晶态合金研究组，后来独立成组。他们从稀土－钴薄膜入手，结合原子配位数的电子衍射测定，研究磁光薄膜的制备工艺、性能及结构的规律（参见第五章“电子显微学”）。1979年王荫君与王忠铨、李方华等获得中科院科技成果三等奖。1990年，磁光薄膜组的王荫君等对锰基合金磁光薄膜性能的研究取得进展。他们在磁光盘材料的研究中采用扩散掺杂法制备的锰铋铝硅磁光膜材料，其磁光克尔旋转达2.04°（图7），比当时国外使用的非晶态稀土－铁族合金膜在蓝光波长大5倍以上。当时认为这种锰铋铝系列薄膜有可能成为第二代蓝光磁光存储材料的候选物[35]。此项成果是物理所第一次向美日和西欧国家申请的专利。因此王荫君1991年在大阪举行的日本振兴协会年会上，应邀作了《锰铋铝磁光膜的性能研究》的报告，并在日本举行的国际磁性超晶格会上应邀作了《铂钴多层膜中垂直各向异性来源》的报告。1992年又在美国举行的第二届国际磁光存储会上应邀作了《掺杂锰铋铝膜的磁光性能研究》的报告。由此，他成为第一届国际磁光存储会和第二届国际磁光存储会的国际组委会成员。此成果获得中科院自然科学二等奖。

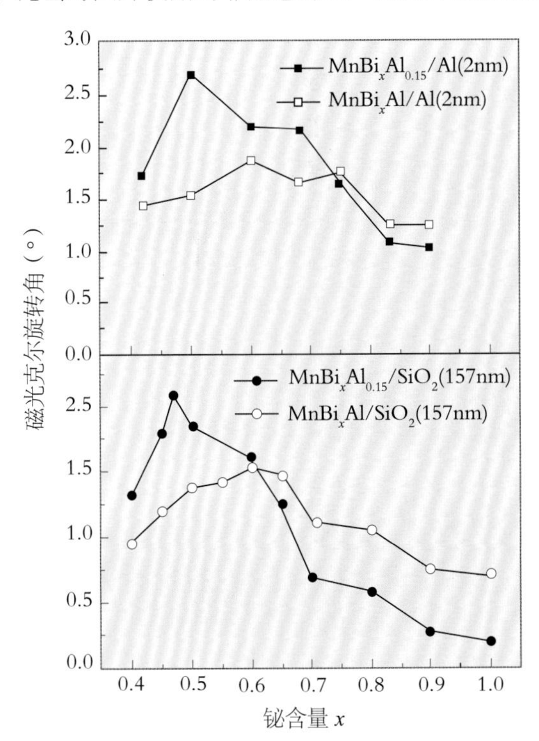

图7 锰铋铝系列薄膜的磁光克尔旋转角与铋含量x的关系

五、磁性纳米结构的可控生长与磁电特性调控研究

磁性纳米结构是指以纳米尺度的磁性物质为基础单元，按照一定规律构筑的一种新的有序结构阵列。当磁性微结构至少在一个维度上控制在纳米量级之内时，表现出明显的表面/界面效应、量子效应和尺寸效应。这些新奇的磁特性不但对传统磁学研究提出了挑战，而且在磁性纳能源、生物医学和信息等领域得到了广泛应用。

2004年，成昭华、何为等建成原位磁性金属超薄膜生长/超高真空变温SPM/磁光克尔效应联合系统。研究重点逐渐由原来纳米磁性转向磁性纳米结构的可控生长、低维磁性调控和自旋动力学性质等方面。在国家科技部项目、科技部重大专项、基金委重点项目、杰出青年基金和中科院“百人计划”等项目的支持下，重点开展磁性纳米结构的可控生长与磁电特性调控研究。

研究了磁性金属纳米阵列可控生长与磁性半导体超薄膜的磁电特性调控。利用分子束外延手段，在硅(111)－7×7表面上生长得到了尺寸分布均匀的有序的磁性金属量子点。通过控制生长动力学和热力学过程，可以人工控制磁性金属量子点阵列由三角对称到形成蜂窝结构的转变，并利用动力学蒙特卡罗模拟，系统研究了沉积速率和衬底温度对择优占位的影响，实现磁性量子点的可控生长。获得具有大面积原子尺度平整的MnSi超薄膜，发现随着MnSi超薄膜厚度的减小，其导电性能逐渐由铁磁性金属转变为铁磁性半导体，实现超薄膜维度对其磁电特性的调控。

研究了准一维铁磁性纳米链与超薄膜磁各向异性的人工调控。利用分子束外延的手段，通过对单晶硅（111）衬底沿一定方向切割成不同宽度的台阶，并在台阶上生长出尺寸可控的一维磁性金属铁、钴等纳米线或条带结构。发现原子台阶诱导大的磁各向异性，该研究为通过衬底修饰操纵磁各向异性提供了一个新途径，有利于提高磁记录介质的温度稳定性[36]。

在0.1° 斜切硅（111）衬底上，采用铁硅化合物作为缓冲层制备了铁单晶薄膜。通过铁磁共振，精确确定了整个系统的磁各向异性常数，发现由于台阶的修饰作用，系统的面内共振场的对称性显示为一个四重和一个两重的叠加。利用分子束外延，在硅（111）衬底上分别以垂直入射和60° 倾角入射制备10纳米厚的钴薄膜，发现倾斜入射可使钴薄膜的磁各向异性常数提高一个数量级。

六、化学法制备单分散磁性纳米颗粒和纳米线

成昭华研究组利用钴的醋酸盐作为前驱体，一步合成具有亲水性的粒径在100～300纳米范围内可调的单分散钴空球和半圆球。具有空球结构的钴可望作为纳米胶囊，应用于催化、磁分离和药物的靶向输运领域。通过反胶束法在单分散Fe_3O_4纳米颗粒表面，包覆一层均匀的硬质SiO_2壳层，实现了对纳米颗粒间距的直接调控，得到了确定无偶极相互作用颗粒体系的临界颗粒间距的函数关系，从而促进了对超顺磁性的深入理解。

同时该研究组还采用交流电化学沉积的方法，首次制备了Fe_3Pt、$Co_{48}Pt_{52}$纳米线阵列。磁测量表明，Fe_3Pt纳米线阵列的矫顽力H_c随温度的升高明显降低，其原因不仅来源于饱和磁化强度M_s的降低，而且热激发过程参与的磁化机制也是很重要的诱因。他们发现矫顽力H_c随纳米线直径的增大而减小，磁化反转机制则以折曲式发生；并系统研究了磁晶各向异性和形状各向异性的竞争对磁化反转过程的影响。

该研究组还利用低温强磁场穆斯堡尔谱，从微观角度对铁纳米线阵列的形状各向异性进行了研究，发现铁纳米线阵列的形状各向异性常数高于磁晶各向异性常数一个数量级。引用对称扇形球链模型可以很好地解释纳米线的磁畴结构和平行方向的矫顽力[37]。

第五节　自旋电子学材料、物理及器件

电子是电荷与自旋的统一载体。具有自旋属性的电子，在传导过程中，当材料尺度和传导电子的物理特征长度相当时，表现出独特的物理效应。自旋电子学正是研究在纳米尺度内自旋极化电子的输运特性及其新材料和新器件的学科。1988年，A. 费尔（Albert Fert）和P. 格林贝格（Peter Grünberg）分别在金属纳米多层膜中发现的巨磁电阻（GMR）效应，成为自旋电子学起步发展的奠基性工作。两人因此获得2007年诺贝尔物理学奖。

一、巨磁电阻效应研究

1986年，物理所的庞玉璋作为访问学者，在德国格林贝格的实验室参与了金属多层膜中铁磁和反铁磁耦合作用的实验研究，这一研究是导致GMR效应被发现的关键。磁学国家重点实验室赖武彦研究组，自1990年开始金属多层膜巨磁电阻效应研究，先后在铁/铝、铁/银和镍铁/铝多层膜中观察到巨磁电阻长程振荡现象[38]。1999年，*J. Magn. Magn. Mater.* 的专刊《2000年之后的磁学》中，发表的综述性评论列出了全世界发现具有巨磁电阻效应的20多种金属多层膜，指出有三种GMR多层膜结构是赖武彦研究组发现的。费尔在《磁性材料手册》（*Handbook of Magnetic Materials*）12卷的专文中，也收录了他们的工作。蔡建旺等2004年进一步在铁锰/铜/铁锰中发现了长程振荡耦合效应，该结果使长程交换作用统一为铁磁、反铁磁这两种基本磁有序均具有的基本特性。2005年，蔡建旺还制备出一种全新的反铁磁钉扎材料铬铂，比原有反铁磁钉扎材料铂锰和铱锰的最高截止温度高出150℃，通过界面反铁磁原子操控，使之钉扎场大小达到钉扎材料的最好值的水平。2007年，通过调控界面自旋－轨道散射和界面各向异性，在钴铁/铂多层膜体系中实现了1200欧/特的超高霍尔灵敏度；2009年，在钴/铂多层膜垂直交换偏置体系中，通过界面磁性原子调控，使垂直交换偏置场增强了2～3倍，相关论文被英国刊物*J. Phys.* D选为年度亮点论文[39]。

二、磁性隧道结材料、物理及器件研制

2002～2006年，詹文山作为首席科学家，负责组织和启动科技部973计划项目“自旋电子材料、物理及器件研制”。韩秀峰研究组以探索和制备自旋电子学功能材

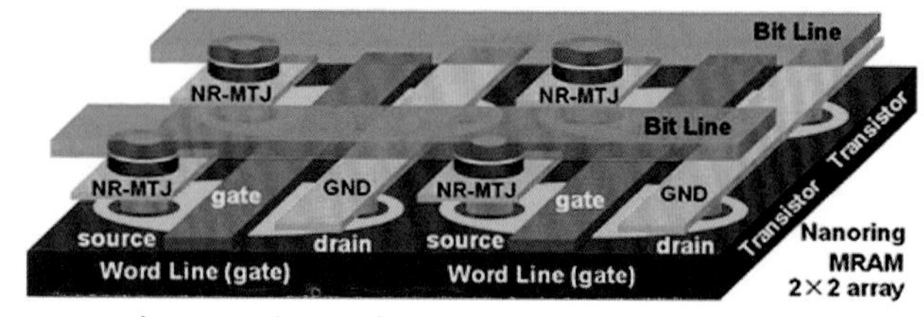

图8　基于“1（晶体管）+1（纳米环型磁性隧道结）”为基本结构单元的新型纳米环磁随机存取存储器[40]

料为核心，结合人工材料和过渡族氧化物的自旋极化电子输运性质研究，研制新型磁随机存取存储器（MRAM）和磁敏传感器等原理型器件。韩秀峰采用新型纳米环状磁性隧道结、自旋极化电流驱动（current driving）和自旋转移力矩（spin transfer torque）效应原理，设计了一款基于“1（晶体管）+1（纳米环型磁性隧道结）”的新型纳米环磁随机存取存储器（nano-ring MRAM）。这种存储器具有相对结构简单、成本低、无漏磁、比特层易反转、功耗小、信噪比好、密度高、均匀一致性好等优点，具有非常好的实用化前景（图8）。“纳米环磁性隧道结及其纳米环磁随机存储器的研究”成为2007年美国第52届磁学与磁性材料年会的邀请报告[40]。另外，韩秀峰还在双势垒磁性隧道结中，首次观测到隧穿磁电阻随直流偏置电压增加而振荡的量子效应。该项研究也成为2005年美国物理学会年会的大会邀请报告。

三、基于自旋和量子效应的磁和半导体纳米存储与逻辑器件的研究

2006～2010年，韩秀峰作为首席科学家，主持了科技部重大科学研究计划项目“基于自旋和量子效应的磁和半导体纳米存储与逻辑器件的研究”。该项目组研究发展出一种利用纳米尺度的自旋电子学器件有效观测自旋翻转长度可达微米量级的新方法，发现了双势垒磁性隧道结中的量子阱共振隧穿磁电阻效应[41]，以及一种全新的自旋相关库仑阻塞磁电阻（CBMR）效应，为以后研制具有超过1000%的巨大室温磁电阻效应新材料体系开拓了新的研究方向。项目组还提出三类七种以上的新型磁随机存储器原理型器件的设计结构和工作原理，包括第一类型磁场驱动磁矩翻转和信息写入的磁随机存取存储器（MRAM），第二类型电流及其自旋转移力矩（STT）驱动磁矩翻转和信息写入的MRAM，第三类型基于自旋轨道耦合效应的磁随机存取存储器（SOC-MRAM）。其中有五种以上的MRAM设计方案已经获得中国发明专利授权和美国专利授权。特别是在发展电流驱动型纳米环和纳米椭圆环，以及基于自旋轨道耦合效应的磁随机存取存储器的技术方面获得了创新性进展。

2010年，詹文山和韩秀峰与中芯国际集成电路制造（上海）有限公司以及南京大学陈坤基研究组合作，启动了以中芯国际集成电路制造有限公司为依托单位，拟以纳米环和纳米椭圆环状的MgO(100)势垒磁性隧道结为存储单元，并基于中芯国际集成电路制造有限公司的8英寸或12英寸半导体生产线技术，开展1k、2k和4k MRAM标准演示芯片的设计和研制。

四、新型自旋电子学材料及其基础科学问题研究

2007年，由磁学室韩秀峰、沈保根、孙继荣、成昭华、蔡建旺、孙阳等组成的研究团队，获得了国家自然科学基金委“新型自旋电子学材料及其基础科学问题研究”创新群体项目。通过已建立的先进实验平台和实验手段，在新型自旋电子学材料制备和探索、材料物理性能和物理效应研究以及原理性器件的设计方面，制备出多种高自旋极化率、高磁电阻比值和高性能的磁性隧道结材料。他们研制出具有高灵敏度的磁敏感功能材料；制备出正电致电阻效应和特殊功能特性的锰氧化物材料以及具有磁电耦合效应的多铁性材料；利用纳米加工技术，制备出30～100纳米尺度的多种磁性薄膜点阵列；利用电沉积方法，制备出十多种铁磁性纳米管（线）材料。他们还深入研究了磁性隧道结中自旋相关的磁电阻增强及振荡效应、自旋转移力矩效应、共振隧穿和库仑阻塞磁电阻效应、金属氧化物中的电致电阻效应、多铁性材料RFe_2O_4 (R=Lu, Yb, Er, Ho) 中的磁电耦合效应、稀土－过渡族化合物中的巨磁熵和磁热效应等物理效应；提出了纳米椭圆环磁随机存储器、电致电阻存储器、忆阻器、线性磁敏传感器、自旋纳米振荡器、自旋霍尔效应传感器等原理性器件的设计原理及其结构组成。在项目实施的3年时间里，他们除发表论文和获国内外专利外，还参与两部学术专著*Electrodeposited Nanowires*和*Nanoscale Magnetic Materials and Applications*的撰写。

第六节 磁性材料的磁热效应

与普通气体制冷相比，以磁热效应为基础发展起来的磁制冷技术，具有绿色环保、高效节能等优点。利用磁热效应材料作为磁制冷工质，实现室温磁制冷是国际上长期追求的目标。磁制冷技术应用的关键是获得大磁热效应材料。沈保根研究组开展对稀土金属间化合物磁热效应的研究始于1998年5月。该组与北京大学等单位联合申请国家973计划项目“稀土功能材料的基础研究”，沈保根为项目副首席科学家，负责“稀土－过渡族化合物的结构、磁性和磁熵变研究”等方面的研究。2005年，项

目得到科技部的滚动支持，题目是“新型稀土磁、光功能材料的基础科学问题”。沈保根研究组承担了其中的“稀土–过渡族金属间化合物的室温巨磁熵变研究”子课题。该组以探索高效磁热效应材料及阐明磁热效应机制为目标，在前期探索的基础上，选择$La(Fe, M)_{13}(M = Si, Al)$基化合物体系、霍伊斯勒合金$Ni_2MnGa$体系、稀土基金属间化合物等作为研究对象，对它们的结构、磁性、磁相变、磁热效应及其相互关系，以及磁热效应机制进行了深入研究。

一、$La(Fe,Si)_{13}$体系的磁热效应研究

在分析$La(Fe,Si)_{13}$化合物成相规律的基础上，研究了LaFeSi的凝固过程，制备出低硅含量的$NaZn_{13}$型化合物$LaFe_{13-x}Si_x$ ($1.1 \leqslant x \leqslant 1.6$)，通过研究$La(Fe,Si)_{13}$化合物的结构、相变、磁性和磁热效应，首次发现了低硅含量的一级相变$La(Fe,Si)_{13}$化合物，在其相变温度附近具有巨大的磁热效应。2000年他们首次报道了$LaFe_{11.4}Si_{1.6}$化合物在0～5特的磁场变化下的磁熵变可以达到19.3焦/（千克·开），在0～2特磁场变化下的磁熵变也达到14.3焦/（千克·开），居里温度为209开[42]（图9）。

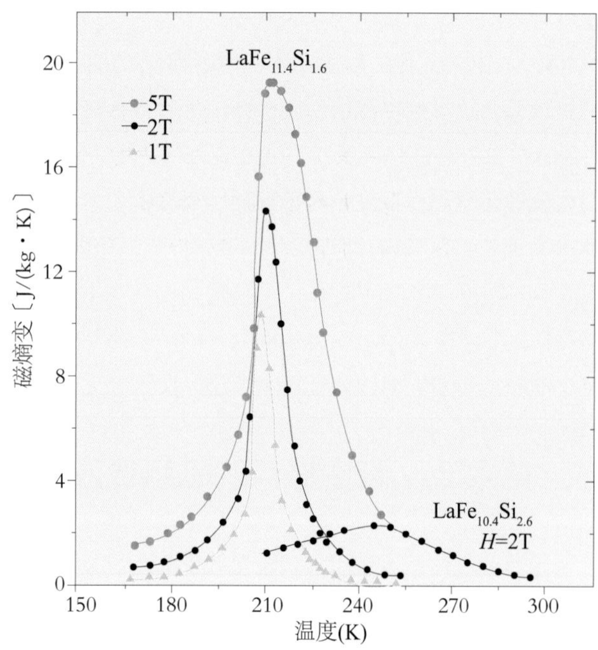

图9　$LaFe_{11.4}Si_{1.6}$化合物具有磁熵变达19.3焦/(千克·开)的大磁热效应

他们的研究发现，低硅含量的$La(Fe,Si)_{13}$化合物在其相变温度附近，显示出的大磁热效应和与之相伴的大晶格负热膨胀密切相关，其晶胞参数在相变温度附近陡降约0.4%，呈现典型的一级相变性质[43]。文章发表以来，国内外120多个实验室相继开展了$La(Fe,Si)_{13}$材料的磁热效应研究。该篇论文被国内外引用500余次，是国际上发表的8900多篇磁热效应论文中被引用最多的6篇文章之一。

在此基础上，他们通过引入钴或者碳、氢等间隙原子调控交换作用，使化合物在保持大磁热效应的前提下，其相变温度（即产生大磁熵变的温度）在室温附近到150开的范围内连续可调，获得的LaFeSi基室温大磁热效应材料，在0～2特和0～5特磁场变化下，其室温最大磁熵变值分别超过12焦/(千克·开)和20焦/(千克·开)，是传统材料稀土钆〔5.0和9.7焦/（千克·开）〕的2倍以上，并成功应用于磁制冷样机。

该组还利用中子衍射、穆斯堡尔谱、第一性原理电子结构计算等手段，系统研究了原子占位/间距及局域环境对$La(Fe,Si)_{13}$化合物磁性、磁晶耦合效应和磁热效应的影响，证明了低硅含量$La(Fe,Si)_{13}$的一级相变性质，占据不同位置的铁原子具有不同的磁矩，并且晶格和铁磁矩之间存在强烈耦合效应；解释了相变温度以上变磁转变的产生以及与磁热效应的关系；定量研究了间隙原子导致的晶胞体积膨胀、压力导致的晶胞收缩所对应的磁热效应；研究了磁性稀土原子铈、镨、钕对镧位的替代效应，发现镨和钕稀土原子和铁原子间存在的磁相互作用，大小与铁–铁相互作用相当。

与此同时，他们申请了两项国家发明专利。其中一项专利指出了$R_x(Fe_{1-y}M_y)_{100-x}$材料一级磁相变温度附近的巨磁熵变以及相应的成分范围；另一项专利提出利用间隙原子碳、氢、氮大幅度连续调节稀土–铁基化合物磁熵变出现的温度范围，尤其在室温附近可获得高于金属钆2倍以上的磁熵变。至2010年为止，国内外有关磁热材料的专利中超过半数是围绕$La(Fe,Si)_{13}$系列提出的。美国、加拿大、日本、欧洲等相关单位已将$LaFe_{13-x}Si_x$基材料用于磁制冷样机。

二、一级相变体系磁熵变的表征方法

结合磁化强度数据与麦克斯韦关系，分析研究材料的磁熵变性质是国际上通用的研究方法。麦克斯韦关系适用于表征二级相变体系的磁熵变，它能否用于一级相变体系，十余年来一直存在争议。该组研究了一级相变体系磁热效应的物理本质，证明了麦克斯韦关系适用于理想的一级相变体系，但不适用两相或多相共存的相分离体系[44]。在铁磁–顺磁两相共存的一级相变材料中，只有磁场诱导的顺磁相的变磁转变对熵变有贡献，而麦

克斯韦关系多计算的是铁磁分量的贡献，导致相变温度附近出现远远高于实际熵变的峰值。他们又进一步用磁测量和热测量手段，研究了具有不同磁有序特征的多个一级相变体系的磁热效应，发现当样品在饱和场作用下，处于顺磁态或者铁磁态时，麦克斯韦关系是适用的；但在相变温度附近，在低磁场作用下的两相或者多相共存区域，由麦克斯韦关系给出的超大磁熵变值是错误的。他们给出了确定铁磁－顺磁两相共存一级相变体系磁熵变的正确方法，证明了在*Nat. Mater.*、*Phys. Rev. Lett.*等刊物上发表的多篇文章中报道的巨大熵变是错误的。

三、$La(Fe,Al)_{13}$、霍伊斯勒合金等体系的磁热效应研究

在进行$La(Fe,Si)_{13}$体系研究的同时，该组还研究了$La(Fe,Al)_{13}$化合物和霍伊斯勒合金Ni_2MnGa合金的结构、相变、磁性和磁热效应。他们最早报道了$La(Fe,Al)_{13}$基体系以及Ni_2MnGa体系中的大磁热效应，证明了$La(Fe,Al)_{13}$化合物的室温大磁热效应来自于高饱和磁化强度在相变温度的快速变化，Ni_2MnGa中的室温大磁热效应来源于马氏体结构相变。2009年9月，他们在*Adv. Mater.*上发表的综述论文总结了近十年的主要工作[45]。新型LaFeSi等磁热效应材料的发现及磁热机理研究获2010年度北京市科技进步一等奖。

第七节　磁性测量及其他分析手段的建立

1959年，为了配合相关研究组研制磁芯和磁膜等材料的磁性能测试装置成立了电子学组，组长为姜惟诚。1987年设立中科院磁学开放实验室时，成立了磁性测量组，组长为姜惟诚。1996年贾克昌继任组长。研究室的大型设备中，每台设备的使用率和完好率都很高，故而每年都获得中科院的奖励。此后，公用仪器设备不再由专人负责测试操作，推行经过培训后的研究人员自己操作仪器设备进行测量。1998年测量组不再独立设置，2000年改称磁学室公共测试服务，先后由吴光恒、张宏伟和赵同云等人负责日常管理工作。

一、磁学室公用仪器设备与测试服务

磁学开放实验室成立后，测试组开始对国内的科研院所和企业开放磁性测量服务。1993年8月，成立“中国科学院物理研究所磁学国家重点实验室磁学基本量检测中心”（以下简称“磁学基本量检测中心”），为社会提供磁性测量服务。1997年，磁学基本量检测中心的超导量子磁强计进入北京科学仪器协作共用网；2009年小角X射线衍射仪、超导量子磁强计和多功能物性测量系统等三台设备进入中科院大型仪器区域中心共享网络。

1995年7月，磁学基本量检测中心通过国家计量认证，被授予中华人民共和国计量认证合格证书，可以为社会提供包括磁矩、居里温度、磁转矩、磁化率、剩磁、矫顽力和最大磁能积等七个磁性基本参数的中国计量认证（CMA）数据。此后国内研究条件普遍提高，此检测中心已无存在必要性，自2006年9月起，为社会提供的磁性测量服务不再以磁学基本量检测中心的名义对外行文。

二、核磁共振谱仪及有关研究

20世纪70年代中期，以孟庆安为组长筹建核磁共振研究组，引进了当时国际上最先进的SXP4-100高功率核磁共振谱仪。这也是中国第一台核磁共振谱仪。此谱仪的频率范围不直接适用于磁性元素，因而该组的主要工作是围绕其他元素开展固体物理研究。在王天眷的指导下，该组开展了核电十六极相互作用的研究，先后研究了固体单晶的结构与相变、准晶体、液晶的相变、玻璃体的结构、有机高分子的内旋转运动、磁性材料的超精细相互作用、高分子溶液及离子导体中的扩散，以及核磁共振医学成像等，并取得了许多重要成果。如通过核磁共振测定的锂离子所受的核四极相互作用的强度，不符合一直被引用的1925年A.J.布拉德利（Bradley）用X射线衍射法测定的硫酸锂钾的结构数据，从而重新对其进行了准确测定，1983年在《物理学报》上发表了正确的结构数据[46]。

在对$\alpha-LiIO_3$单晶的研究中，该组发明了通过单晶取向实现交叉极化的测量方法，修正了以前一直被认定的苏联学者测定的四极耦合常数和偶极作用常数。从1993年起，该组特别注意向交叉学科发展。他们与国外合作，开展了核磁共振成像研究人类大脑的高级神经活动的工作。核磁共振实验室曾发展成为国内唯一用核磁共振研究固体物理基本问题的实验室，承担过多项重要研究项目。

三、穆斯堡尔效应谱仪及有关研究

1977年，陈冠冕等开始穆斯堡尔效应的磁性研究。

1979年4月穆斯堡尔效应研究组成立，组长为陈冠冕，与核磁共振组组成一个大研究组。1979年4月至1981年3月研制成功穆斯堡尔谱仪微机控制部分，由当时物理所电子学室的高宗仁、熊秀钟和金朝鼎等协助完成。后来又进口了一台穆斯堡尔谱仪，不仅具有透射测量功能，还可做反射测量。1984年，凌启芬、戴守愚、孙克、黄锡成等与中科院高能所联合组成固体物理代表团赴罗马尼亚访问，就穆斯堡尔效应与罗马尼亚科学院固体物理所开展长期合作。罗马尼亚的G.费洛蒂（Feloti）等也曾多次来中国工作。研究组开展的课题配合了磁学室许多研究组的工作，如非晶态合金、准晶态合金、稀土永磁、磁记录粉、氧化物磁性等。

2001年，成昭华研究组在中科院"百人计划"、科技部项目和德国洪堡基金等支持下，重新建立两台透射穆斯堡尔谱仪。在物理所仪器升级改造项目的支持下，成昭华、邸乃力、李庆安等于2003年1月建成当时国内唯一、国际上为数不多的低温强磁场穆斯堡尔谱仪（工作温度范围为1.5～300K，磁场范围为0～9特）。主要是从事磁性纳米结构、超大磁电阻材料、巨磁热效应材料和稀土磁性材料的穆斯堡尔谱学的研究。

四、中子散射谱仪及有关研究

中子散射研究组成立于1979年。章综、林泉、严启伟和张泮霖先后担任组长。在中科院副院长钱三强的推动和领导下，改组了中法合作项目，在中国原子能研究院建设中子散射研究基地，以章综为中方负责人。先后派出十几名科技人员到法国和美国进修，在国内举办了多次中子散射学习班，邀请美籍华裔学者陈守信、法国物理学家G.佩皮（Pépy）、B.法尔努（Farnoux）等讲授中子散射课程。通过6年的努力，与中国原子能研究院、中科院低温中心合作，在原子能研究院的101堆上建成了中子三轴谱仪、中子四圆衍射仪、中子小角衍射仪和冷中子源，为在国内开展中子散射研究工作打下物质基础。1985年，中子三轴谱仪和中子四圆衍射仪获得中科院科技进步二等奖。

中子散射研究组的林泉等在中子三轴谱仪上开展的多种单晶的旋声性系统研究中，首次发现并非仅石英单晶具有旋声性，锗酸铋等多种单晶也具有明显的旋声性，这一发现推动了对旋声性的研究工作，该成果发表在*Phys. Rev. Lett.*上[47]。严启伟、张泮霖等在此谱仪上开展的钇钡铜氧高温氧化物超导体的中子散射结构分析研究，揭示了它的超导电性与氧原子占位率、铜氧八面体畸变的内在联系，以及它的超导电性的温度依赖关系的结构机制，多篇论文发表在*Phys. Rev.* B上，这是当时国际上发表较早的钇钡铜氧中子散射结构分析研究的系列论文。

2001年以后，中子散射研究组着手调研和筹备建立国家散裂中子源的工作，这方面工作参见第二十三章"中国散裂中子源及其靶站谱仪"。

五、脉冲强磁场及相应永磁性研究

1980年稀土永磁研究组组长杨伏明从日本回国后，着手在中国建立脉冲强磁场系统。1983年首次完成40特的脉冲磁场磁测量系统，磁场的脉冲宽度为10毫秒，可利用的有效空间为孔径22毫米、高120毫米。此成果获中科院重大成果二等奖。1988年，进一步采用镍钛超导线加固冷加工铜线绕制成的多层螺线管，获得的磁场强度达到51特，成为中国首个脉冲强磁场系统（图10）。杨伏明在

图10　中国首个脉冲强磁场系统（磁场强度可达51特）

1988年的国际强磁场学术讨论会作了邀请报告。利用该脉冲强磁场磁测量系统，开展了稀土金属间化合物的高场磁性，特别是稀土永磁材料的磁晶各向异性、二维电子系统的磁声子共振等研究。杨伏明和唐宁还成功合成了以钕、钆、钐、铒稀土为基，过渡金属以铁、钴为基，涉及钛、钇、钛、铬、钒、钼、锰、镓、铌等元素的3:29永磁材料，深入研究了这一物相及多种2:17和1:12型稀土金属间化合物的结构、成相稳定性、磁性、磁晶各向异性和交换作用等物性，并系统报道了详细的实验数据。其中"新相$R_3(Fe,T)_{29}$及其间隙化合物的结构、磁性研究"获1998年中科院自然科学三等奖。新型磁性材料探索的工作还包括李靖元的1:12稀土磁性材料单晶的各向异性研究。

六、磁力显微镜及有关研究

1987年磁力显微镜（MFM）问世。实验室由韩宝善负责引进了美国DI公司的产品，并于1996年9月建成中国首个磁力显微镜实验室。此后通过国内外合作，开展了微小磁性图型、稀土过渡族合金和化合物、纳米晶磁性材料、磁性多层膜、磁记录器件和材料、软磁性材料以及其他新型磁性材料等一系列磁性材料、图型、器件的磁畴和各种微磁结构的MFM实验研究，以及相应的理论研究与计算机模拟等。

第八节　磁性理论研究及其他

凝聚态理论研究中常以磁性为研究对象，如相变理论和临界现象等，因此磁性理论研究具有重要意义。自1956年李荫远回国，他就积极推进磁性理论研究。磁学室始终保持着关注理论研究的传统，即使在理论研究饱受冲击的“文化大革命”时期，磁学室也保护着一批理论研究人才和研究工作。后来他们都在理论工作上发挥了重要作用。

一、早期磁性理论研究

1959年成立的磁性理论组成员分工合作，分别就铁氧体铁磁共振、稀土金属的磁性、自旋波等多方面开展研究，获得了不少结果。当时的论文都是发表在国内的《物理学报》上。如蒲富恪和严启伟关于磁原胞与化学原胞不一致的磁性晶体的磁结构讨论；沈觉涟对镧系金属磁性相变理论的研究，论证了其二级相变中里夫施茨（Lifshitz）条件不成立；蒲富恪和郑庆祺关于磁性物质的自旋位形的研究等。特别是孟宪振与蒲富恪合作，完成了“用推迟格林函数理论对铁磁共振线宽的研究”，这是一项理论与实验都十分突出的成果[48]，展现了他们在实验和理论研究方面的才华。

二、理论与计算机应用研究

1966年以后磁性理论组解散，但蒲富恪、郝柏林等并没有停止理论研究。他们对介质天线单元振子的辐射理论计算获得了1978年的全国科学大会奖。1972年磁学室成立了理论与计算机组，郝柏林、蒲富恪任组长，于渌、李铁城、褚克弘等加入，开始了计算物理的研究，为电子计算机和计算机语言在物理所的普及与推广应用起了重要作用。

1986年，蒲富恪、李伯臧的铁磁体磁化分布连续-不连续变化的微磁学理论获中科院科技进步一等奖，1987年获国家自然科学三等奖[49]。在1985年的国际磁学会议上还作了特邀报告。

蒲富恪自1956年去苏联科学院数学研究所从事磁性量子理论研究后，一直专心研究磁性理论，组建了磁学室理论组。蒲富恪1979～2001年任国际著名杂志*J. Magn. Magn. Mater.*的国际顾问，1987～1994年任国际纯粹与应用物理学联合会（IUPAP）的磁学分会委员。1991年，蒲富恪当选为中科院院士。

1990～1994年初，由于计算机理论工作已停止，组名改为理论组，组长为沈觉涟。这时该组的研究方向除磁性理论外，还涵盖量子可积系统、强关联多电子系统，其中包括高温超导理论和巡游电子磁性理论，以及统计物理中相变理论和“分形”理论等。磁性理论方面研究的重要成果有：在永磁材料探索中，赖武彦与合作者从理论上成功计算了$Rd_2Fe_{17}N_3$的电子结构和磁性；刘邦贵发展了一个非线性准二维自旋波理论，成功解释了铜氧化物的磁性性质；孙刚与合作者开发了研究相变的数值界面方法，成功研究了三维受抑的伊辛模型。量子可积系统研究的重要成果是庞根弟、蒲富恪和合作者用贝特拟设方法，严格地求解了2+1维Davey-Stewartson模型。1994年，理论组由孙刚任组长。

三、交叉学科研究

1970年，磁性薄膜存储器工作基本完成，磁性薄膜研究组转而探索新研究方向——铁磁半导体硒铬镉（$CdCr_2Se_4$）的研究。周均铭和黄锡成以他们的半导体和化学专业基础，在全组的配合下，建立了样品制备和光学性能测试设备，并研制成硒铬镉单晶。

李德新等与中科院金属所和大庆油田合作的磁处理技术在油田应用的研究成果，1995年获中科院科技进步一等奖，随后又获国家科技进步三等奖。磁处理防蜡技术在大庆油田9000多口油井的应用，使单井热洗周期从30天延长到150～500天。

磁学开放实验室成为国家重点实验室后，委托赵见高探索和其他学科的交叉。赵见高先后与化学所合作研究了高分子磁性材料，与四川师范大学合作研究了无机/高分子复合磁性材料，与北京协和医院、烟台大学合作研究了生物磁性——大脑和石鳖中的纳米磁性粒子[50]。孟庆安和赵见高还参与编写了唐孝威主编的《脑功能成像》一书中有关脑核磁共振成像和功能成像、脑磁场与脑磁图等篇章。

参考文献

[1] 陈展超，等. 尘封六十载. 北京：红旗出版社，2007:3–17.

[2] 赵见高. 物理，2005, 34:758.

[3] 李荫远，李国栋. 铁氧体物理学. 修订本. 北京：科学出版社，1978.

[4] 施密特J. 材料的磁性. 中国科学院物理研究所磁学室（潘孝硕，章综，等），译. 北京：科学出版社，1978.

[5] 近角聪信，等. 磁性材料手册（共三册）. 金龙焕，黄锡成，杨膺善，詹文山，杨伏明，译. 北京：冶金工业出版社，1984.

[6] 王鼎盛，陈冠冕，潘孝硕. 物理，1973, 2:2169.

[7] Pu F C, Wang Y J, Shang C H. *Aspects of Modern Magnetism*. Singapore:World Scientific Publishing Co., 1996.

[8] Shih J W. *Phys. Rev.*, 1936, 50:376.

[9] Shih J W, Pan S T. *Chinese J. Phys.*, 1939, 3:27.

[10] 施汝为，潘孝硕. 科学通报，1951, 2(7):750.

[11] 向仁生. 物理学报，1956, 12(1):50–57.

[12] 王焕元，张寿恭，潘孝硕. 物理学报，1960, 16(4):214–228.

[13] 郭贻诚，王震西. 非晶态物理学. 北京：科学出版社，1984.

[14] 詹文山，沈保根，赵见高. 物理学报，1985, 34(12):1613.

[15] 穆加尼K，科埃J M D. 磁性玻璃. 赵见高，詹文山，王荫君，李国栋，译. 北京：科学出版社，1992.

[16] Feng K K, Yang C Y, Zhou Y Q, Zhao J G, Zhan W S, Shen B G. *Phys. Rev. Lett.*, 1986, 56:2060.

[17] Wang Z X, Gong W, Wang Y Z, Feng M Y, Wu Z L, et al. *Chinese Phys. Lett.*, 1985, 2:79.

[18] Shen B G, Kong L S, Wang F W, Cao L. Appl. Phys. Lett., 1993, 63:2288.

[19] Zhang J, Shen B G, Zhang S Y, Wang Y Q, Duan X F. *Appl. Phys. Lett.*, 2002, 80:1418.

[20] Shen B G, Cheng Z H, Liang B, Guo H Q, Zhang J X, Gong H Y, Wang F W, Yan Q W, Zhan W S. *Appl. Phys. Lett.*, 1995, 67:1621.

[21] Wu G H, Zhao X G, Wang J H, Li J Y, Jia K C, Zhan W S. *Appl. Phys. Lett.*, 1995, 67(14):2005.

[22] Wu G H, Yu C H, Meng L Q, Chen J L, Yang F M, Qi S R, Zhan W S, Wang Z, Zheng Y F, Zhao L C. *Appl. Phys. Lett.*, 1999, 75(6):2990.

[23] Wang W H, Liu E K, Kodzuka M, Sukegawa H, Wojcik M, Jedryka E, Wu G H, Inomata K, Mitani S, Hono K. *Phys. Rev.* B, 2010, 81(14):140402(R).

[24] 冯索夫斯基. 现代磁学. 潘孝硕，施汝为，李国栋，向仁生，孟宪振，译. 北京：科学出版社，1960.

[25] 微波吸收材料组（詹文山，等）. 物理，1972, 1:2117.

[26] 霍裕平，孟宪振. 物理学报，1964, 20(5):387–410.

[27] 中国科学院物理研究所磁性单晶组. 物理学报，1976, 25(5):273–282.

[28] 中国科学院物理所205组（张鹏翔，沈觉涟，莫育俊，等）. 钇铁石榴石谐振子电调滤波器. 北京：科学出版社，1972.

[29] Sun J R, Yeung C F, Zhao K, Zhao L Z, Leung C H, Wong H K, Shen B G. *Appl. Phys. Lett.*, 2000, 76:1164.

[30] Sun J R, Shen B G, Sheng Z G, Sun Y P. *Appl. Phys. Lett.*, 2004, 85:3375.

[31] 刘英烈，韩宝善，于志弘，李靖元，等. 磁泡. 北京：科学出版社，1986.

[32] Han B S. *J. Magn. Magn. Mater.*, 1991, 100:455–468. //Freeman A J, Gschneider K A Jr.. *Magnetism in the Nineties.* Holland:North–Holland, 1991:455–468.

[33] 罗河烈，孙克. 物理学报，1981, 30(5):642–649.

[34] Han D H, Wang J P, Luo H L. *J. Magn. Magn. Mater.*, 1994, 136(1–2):176–182.

[35] Wang Y J. *Magnetic and Magneto-Optical Properties of Doped MnBi Films (invited): The International MO Recording Materials and Direct Overwriting Symposium*: American. 1992–08–15.

[36] Sun D L, Wang D Y, Du H F, Ning W, Gao J H, Fang Y P, Zhang X Q, Sun Y, Cheng Z H, Shen J. *Appl. Phys. Lett.*, 2009, 94:012504.

[37] Zhan Q F, He W, Ma X, Liang Y Q, Kou Z Q, Di N L, Cheng Z H. *Appl. Phys. Lett.*, 2004, 85:4690.

[38] Cai J W, Lai W Y, et al. *Phys. Rev.* B, 2004, 70:214428.

[39] Liu Y F, Cai J W, He S L. *J. Phys.* D: *Appl. Phys.*, 2009, 42:115002.

[40] Han X F, Wen Z C, Wei H X. *J. Appl. Phys.*, 2008, 103:07E933.

[41] Wang Y, Lu Z Y, Zhang X G, Han X F. *Phys. Rev. Lett.*, 2006, 97:087210.

[42] Hu F X, Shen B G, Sun J R, Zhang X X. *Chinese Phys.*, 2000, 9:550.

[43] Hu F X, Shen B G, Sun J R, Cheng Z H, Rao G H, Zhang X X. *Appl. Phys. Lett.*, 2001, 78:3675.

[44] Sun J R, Hu F X, Shen B G. *Phys. Rev. Lett.*, 2000, 85:4191.

[45] Shen B G, Sun J R, Hu F X, Zhang H W, Cheng Z H. *Adv. Mater.*, 2009, 21:4545.

[46] 孟庆安，曹琪娟. 物理学报，1983, 32(4):525–529.

[47] Lin Q, Tao F, Shen Z G, Ma W Y. *Phys. Rev. Lett.,* 1987, 58:2095–2098.

[48] 孟宪振，蒲富恪. 物理学报，1961, 17(5):214–221.

[49] 蒲富恪，李伯臧. 中国科学A, 1982, 2:151.

[50] Qian X, Zhao J G, Liu C L, Guo C H. *Bioelectromagnetics*, 2002, 23:480–484.

第四章　金属和非晶物理

金属物理是以金属及其合金类物质为对象，研究其微观组织、结构形成和化学成分及性能的关系，从电子、原子及各种晶体缺陷的运动和相互作用来认识和说明金属及合金中的各种宏观规律和转变过程。经典的金属物理所研究的物质结构主要为原子排列有序的晶态类型。

非晶态物理则是以无序态（非晶态）物质体系为对象，研究包括其结构、形成、稳定性和相变动力学，以及物理、化学特性和理论模型等方面的内容。非晶态物理所研究的对象体系涉及传统玻璃、塑料、过冷液体、非晶态离子玻璃、非晶超导和最近发展起来的非晶合金材料，更广泛的还包括颗粒或胶体物质体系。

金属物理与非晶态物理都是凝聚态物理的分支，也是固体物理、材料科学的重要组成部分。物理所金属物理的研究工作可追溯到中研院物理所成立早期的1933年。以金属合金材料为主要研究对象的非晶态物理（非晶物理）则是较新的学科，近50年来才得到迅速发展。物理所是国内最早开展非晶物理和材料研究的单位之一。

第一节　金属物理

1950年6月应用物理所成立后，金属物理研究室随之成立。1952年末金属物理的研究人员编入结晶学研究组。1955年金属物理计量标准小组调整到国家计量标准局。1956年下半年，晶体学组中的金属物理的研究人员又分出单独建立研究组。

1960年中科院进行所际调整，将物理所金属物理室的30多人调整到沈阳金属所。1962年9月，晶体学研究室的高压物理研究组与物化分析组的电子显微镜组合并，建立高压－金属物理研究室（六室）。六室下设的603组，杨大宇任组长，继续从事金属物理研究，开展了细聚焦与转靶X光技术等研究工作。1965年东北物理所王文魁、沈中毅等调入物理所603组，加强金属物理研究工作。

1950～1967年，物理所的多个研究组涉及金属物理的研究方向，从金属单晶的制备、力学性质和内耗研究，到合金的组织结构、热处理与组织结构演变、缺陷等与力学性能关系的研究，也包括金属的磁性能、低温导电性与导热性研究等。

1965年以后，从事金属物理研究的603组将工作重点转向超导材料研究领域，开展了铌钛、铌三锡、钒三镓等超导材料结构、性能及制备等的研究。王文魁等通过铌钛超导线制备过程中显微组织结构分析研究，解决了多年来中国铌钛线性能的质量问题，为国家“七五”超导攻关项目作出了贡献。

1977年以后，物理所涉及金属物理的研究方向主要包含合金熔体的液态结构、性能与相关材料的组织结构形成机制，以及准晶材料的制备、结构与输运性质等。

从1987年起，物理所利用中国空间技术发展等特有条件，开展了以金属合金在微重力条件下的凝固、深过冷的空间材料科学研究。

1984年10月，物理所进行研究体制改革，涉及金属物理研究的组分散于不同研究学术片，如第二学术片“磁学”，第四学术片“晶体生长性质、结构与缺陷”和第五学术片“低温物理与超导”等。其中第五学术片的502组（组长陈熙琛）主要研究金属合金的组织结构形成、准晶体形成与结构、非平衡相变，503组（组长王文魁）主要研究高压和深过冷条件下的非平衡相变、多层膜复合与亚稳相变，505组（组长李方华）的研究包括准晶体的结构与缺陷，507组（组长张殿琳）的研究包括准晶体低温输运性质；第四学术片的陆坤权组研究包括合金熔体的黏度等热物性等。具体情况可参见本书有关章节。

1998年底，物理所的实验室按专业方向合并调整，研究组的方向与研究人员也相继变动调整。EX2组、EX4组，主要进行块体非晶合金和非平衡相变的研究。

物理所金属物理研究领域的国内外合作始于20世纪60年代。1960年钱临照与杨顺华等在长春举办了大型位错研讨会，对中国的金属物理研究起了重要推动作用。在何寿安的倡导下，20世纪70年代起，六室在金属物理和高压物理领域，逐步形成了与中国工程物理研究院合作的局面。

1988年，在国家科委的主持下，王文魁代表物理所与联邦德国空间模拟所签订了关于开展合金形核过冷研究的合作协议，该所的D. 黑尔拉赫（Herlach，后任德国金属物理学会会长）到物理所进行学术交流，后物理所派遣博士生到该所进行联合培养。

从1988年开始，物理所与乌克兰金属物理所合作开展熔体液态结构研究。在熔体液态结构研究方面，502组陈熙琛与乌克兰国家科学院金属物理研究所A.V. 罗曼诺瓦进行了近十年的合作，在合金液态结构与平衡状态图的定性和定量相关性、准晶结构的热稳定性和液态结构反演方面取得了研究结果。

本节内容包括物理所金属物理学科的研究与发展。关于金属及合金的晶体学与结构、磁性材料与磁学、超导材料与超导电性、高压下的结构与相变等方面的内容，在其他章节记叙，本节仅简要提及。

一、早期的金属物理——力学性质与缺陷研究

1950～1966年为物理所金属物理早期研究工作时期，参与研究工作的主要有钱临照、陈能宽、颜鸣皋、何寿安、周邦新、刘民治、杨大宇、刘益焕、陶祖聪、葛庭燧、孔庆平、谢国章、许振嘉、陈克铭、王维敏、易孙圣等[1]。

（一）金属内耗

金属内耗是由于应变落后于应力所产生的能量损耗，它反映了金属结构和组织变化的动力学过程。在合金中由于间隙原子或空位的存在，促成了微观结构的变化，这是导致内耗的主要原因之一。葛庭燧主要从事固体内耗和光谱学等方面的研究，是国际上固体内耗研究领域的创始人之一。1949年他回国后在清华大学任物理系教授，随后被聘为应用物理所研究员。1950～1952年在清华大学物理系的科学馆二楼建立了中国第一个内耗实验室——“金属物理实验室”，第一项研究工作是关于铝铜合金在陈化时的内耗及晶粒间界沉淀。物理所的孔庆平参与了该实验室的建设，并在葛庭燧的指导下开展了“纯铁的高温蠕变和内耗”的研究[2]。

1952年冬，葛庭燧奉调沈阳参加创建中科院金属所的工作。

（二）范性变形与再结晶

金属晶体的形变是金属材料最重要的力学特性之一，而强化、形变和断裂是与金属晶体中存在的缺陷、组织结构的变化等直接相关联的。国际上早在20世纪30年代，就已经在进行这方面的研究。物理所开展金属形变机理的研究可追溯到1945年钱临照在中研院物理所的工作。当时他制备了金属单晶体，还设计出一台高灵敏度的拉伸机（可测出10^{-5}的应变量），供研究金属单晶微形变用。

从1955年起，钱临照、何寿安等研究了铝单晶体形变初期的滑移过程和元滑移线的形成和发展。他们观察到在纯度较低、表面经过浸蚀的样品里，滑移线的滑移量都较大[3]；在样品表面上可以同时观察到滑移量为20纳米和200纳米的滑移带。他们利用对晶体表面划痕的办法，研究了预形变对于以后拉伸时滑移线生长的影响，观察到拉伸时的滑移从滑痕（即形变的区域）开始。通过滑移带形成过程的电子显微镜观察，证实了金属力学状态方程并不存在这一事实，还证明了这一温度的预形变，对另一温度形成的滑移带的形态有着显著的影响。在−180℃预形变后再在较高温度继续形变时，滑移线常常呈曲折状，曲折处是由交滑移线、平行滑移线、一组组的细滑移线或弯曲的滑移线组所组成。他们认为，这种过渡地带的形变，是由于邻近两个区域形变带相向平行传播时，在边缘接近时造成中间区域的应力集中所引

起的。钱临照和杨大宇还与苏联专家L.I.华西列夫合作，进行了预形变后铝单晶范性的研究。

金属的范性以及许多其他性质均与金属所含杂质有密切关系，因此区域熔化提纯的方法得到广泛的注意，利用这个方法和其他提纯方法配合，制成了多种高强度的金属。刘民治用螺旋形管提高了区域熔化提纯镓的办法。普通的锑的脆性较大，但利用区域熔化与蒸馏结合的方法，99%纯度的锑经过两次处理后，具有一定取向，纯度为99.999%的锑单晶变得可以弯曲。杂质的作用也表现在微蠕变上。在某些金属中，单晶体在外加应力很低时会发生缓慢的蠕变，其初始的切变速度与应力成正比，蠕变量则随应变增加而减少，最终停止。这种现象称为微蠕变。他们还研究了含有较多杂质的锡的微蠕变，发现经过微蠕变后的样品有硬化的现象，在室温下24～72小时后，还不能恢复原始状态。

（三）再结晶与织构

1956年起，陈能宽回国后到应用物理所工作。陈能宽、刘长禄研究了工业纯铁和含2.9%～4.2%硅的硅钢片轧制和再结晶织构的形成机制，认为定向生核的再结晶的织构形成理论较为恰当。周邦新、王维敏及陈能宽获得了具有(100)[001]织构即双取向的硅钢片，并且他们用单晶体形变后的再结晶研究了这种立方织构的形成机制[4]。陈能宽、刘民治还观察到经过区域熔化提纯的锡使微蠕变时形变量变小，而且恢复得较快。

1959年，陈能宽和金属所李薰、龙期威等提出了“建立晶体缺陷和金属键统一的金属强度理论”的建议。1960年3月陈能宽和陶祖聪受中科院委派赴苏联学术考察，就金属强度等方面的问题与苏联学者进行详细有益的交流。

刘益焕和陶祖聪利用X射线劳厄与背射照相技术，研究了铝在高温下形变和形变后退火时亚结构的形成[5]。他们认为，经过形变的金属中的亚结构是在形变过程中直接产生的，而不是通过形变后位错由于热运动重新排列所造成晶畦化的结果。高温应变对于亚结构的发展比一般冷应变后熟炼（从低温到高温的等温退火）处理有效得多，这是由于亚晶粒边界处的原子，在“应力熟炼”下具有更大的灵活性造成的。高温形变时所形成的亚结构，在以后的熟炼处理过程中显示出高度稳定性。

颜鸣皋、周邦新对纯铜的再结晶织构的研究指出，当压下量为90%时，具有已知的轧制织构的铜板，在低温退火后具有多种取向的再结晶织构，其中(100)[001]取向的晶粒在再结晶时首先形成；提高温火温度使(358) [352]的取向减少，(100)[001]取向增多，达到900℃时仅有(100)[001]织构[6]。他们认为这种立方织构的形成是同位再结晶和选择性生长的结果。颜鸣皋、陈克铭对纯铝的轧制和再结晶织构以及温度对后者的影响研究，也发现了类似的规律。

（四）将晶体位错理论引入中国

金属晶体形变的发生，得益于晶体中存在的一种特殊的缺陷——位错。位错理论在20世纪30年代发源于英国，成熟于40年代末。1956年英国剑桥大学P.B.赫什（Hirsch）等发表两篇论文，展示了电子显微镜中观察到的位错图像与1934年G.I.泰勒的理论模型一致，从而得到国际学术界广泛的重视。1959年钱临照开始在物理所编写讲义，讲授和讨论位错理论，并举行了两次全国性的晶体缺陷和金属强度的讨论会。钱临照和杨顺华合写了10万字的《晶体中位错理论基础》专文赴会报告。钱临照还和几位合作者一起撰文介绍了《晶体中位错的观测》。这两篇文章均被收入《晶体缺陷和金属强度》一书中。

二、金属合金的相变

金属合金的相变是金属物理的重要分支。它是指在一定温度、压力等的作用下，金属合金由一个相到另一个相的转变。合金的化学组分是其一个重要参量，当合金的化学组分不同时，合金可有不同的晶体结构，亦即不同的相，这是与纯金属的单相所不同之处。

（一）金属合金的固态相变

从20世纪50年代中期开始，刘益焕、谢国章等采用X射线德拜粉末衍射、低温技术和高温照相技术，研究了银－锌合金中的β相在冷却到室温的过程中发生的相转变机制，发现高温的β相在冷却的过程中，如果是快冷则形成亚稳的β′相到室温，低温退火处理可以使其转变为稳定的ζ相；而若是缓冷则直接变成ζ相。此外，单相区β相稳定性高于双相区中的β相[7]。

刘益焕、许振嘉还用金逐渐替换银－锌二元系中的银，系统研究了在50 at%锌时的三元系银－金－锌合金，从高温以不同冷却速度冷却到室温时的相转变规律和无序－有序化转变特征。他们的工作取得了多项结果，如发现在银－金－锌替换过程中，金和银原子的替换或多或少是无规律性的，但锌原子则仍保持它们的适宜位置而不受到影响。当成分偏离于理想化学式$AgAuZn_2$时，有序度减小。少量的金明显提高了由淬火而得到的β′相的稳定性，但金含量多的合金在高温和室温都具有β′结构。后来易孙圣、刘益焕在对$AgAuZn_2$合金的有序度与淬火和退火处理的温度等关系的研究中，验证了上述的有序化规律。

（二）金属合金的凝固

陈熙琛于1978年10月进入物理所工作，他与合作者仅用了两年就建成了一个初具规模的材料物理实验室，同时与组内研究人员一起自己动手，对国产DX3扫描电子显微镜（扫描电镜）进行改造以增加原位离子刻蚀功能，继续对铁－碳熔体中石墨形成机理进行深入研究。

在新实验室里，陈熙琛等利用热解石墨作为籽晶原材料，用X射线定位法确定其（0001）和（1010）晶面并按（0001）和（1010）晶面切成籽晶。随后将它们置入过饱和的铁－碳熔体中使之外延生长，而后采取两种方案进行观察：一是晶体提拉出来后，在扫描电镜下观察其形貌，二是将籽晶留在熔体内随熔体一起冷却，然后制作金相样品进行观察。两种方案得出的结论一致，即在（0001）面上以螺旋位错方式生长，进而提出小角簇分叉生长模型（图1），对表面活性元素（硫、氧）与球化元素（铈、镁）的作用机制给出明确解释[8]。

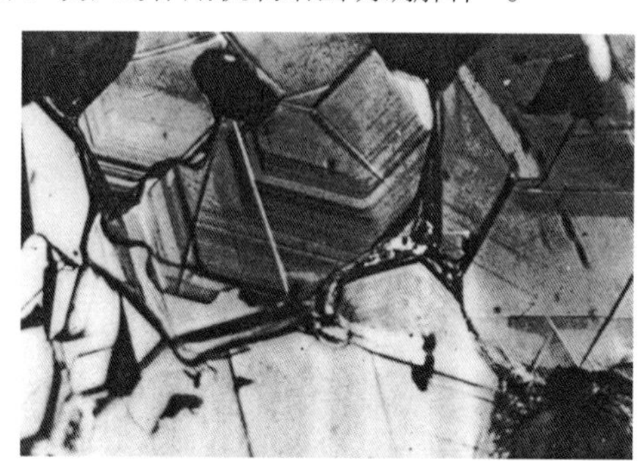

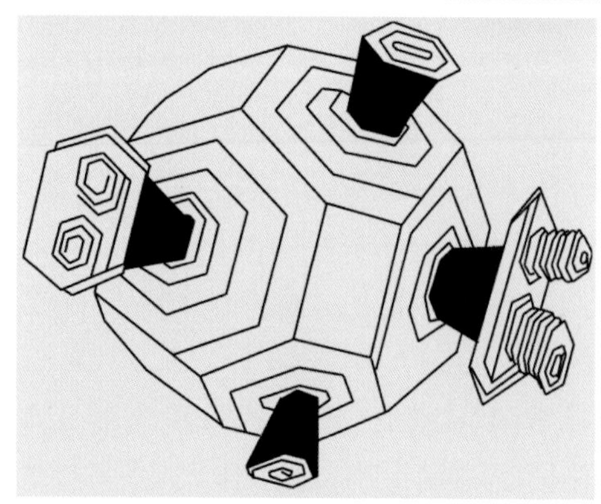

图1　石墨籽晶(0001)晶面在过共晶铁－碳－硫熔体中外延层表面形貌的金相观察（上，×340）及石墨晶体分叉生长模型（下）

在球墨铸铁问世以后的30年中，人们始终把研究石墨球的结构作为热门课题。因此，揭示石墨球的结构是理解球状石墨生成的一个重要方面。他们用单晶石墨在过饱和铁－碳熔体中外延生长方法，跟踪观察了球化元素和反球化元素对不同取向石墨生长的过程。陈熙琛基于观察到的球化元素促使强烈分枝的现象提出“小角簇螺旋位错生长方式”模型，进而创立了“位错－起伏”石墨球化理论（图2）。陈熙琛对铁水中大碳分子存在的判断和

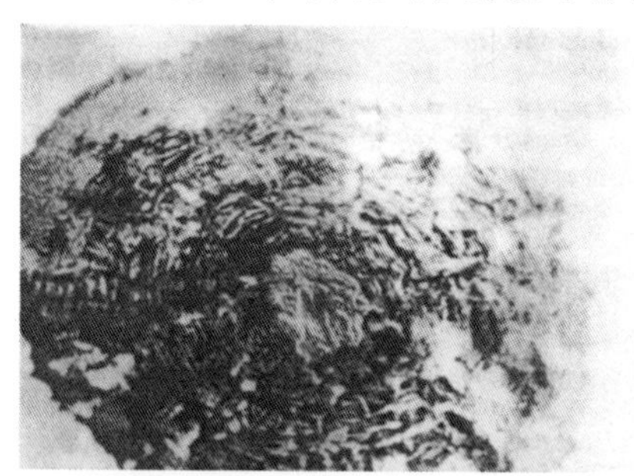

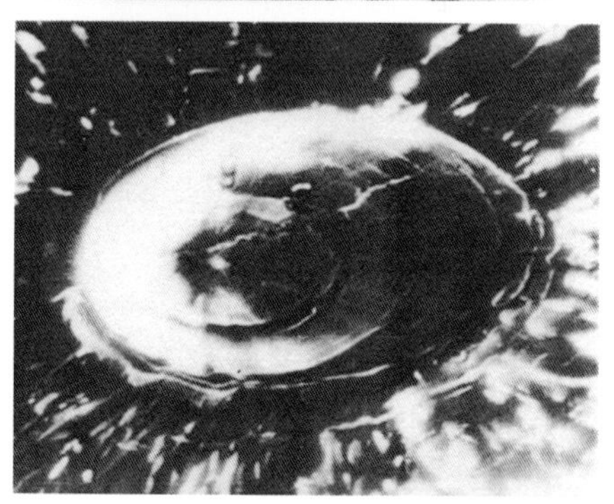

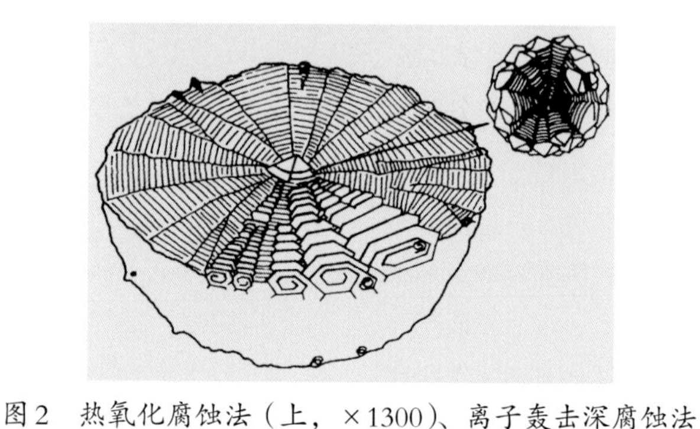

图2　热氧化腐蚀法（上，×1300）、离子轰击深腐蚀法（中，×1800）观察到的球状石墨中心螺旋生长形态及其球状石墨构造的“小角簇螺旋位错生长方式”模型（下）

给出的结构模型[9]与6年后国际上发现的C_{60}结构相一致。随着研究方法的不断进步，认识也逐渐深入。陈熙琛等做了新的尝试，他们将球化完好的球墨铸铁样品深腐蚀至石墨球突出后，用改造的DX3扫描电镜的离子刻蚀方法从表面一层一层向中心剥去，每剥去一层便在扫描电镜下观察，如此由表及里考察了石墨球的结构[10]。

总结20年来有关球化机制研究结果，1981年陈熙琛等将其撰写成*The Mechanism of Spheroidal Graphite For-*

*mation During Primary Crystallization of Cast Iron*一文，在第48届国际铸造年会上宣读。

（三）金属与合金熔体（液态）结构研究

人们使用的金属材料部件，大部分是从液态制取，因此其母态是处于熔融态的液体。陈熙琛认为对熔体液态结构和性质的认识十分重要。20世纪50年代早期，他就在国内率先开展合金熔体(液态)结构方面的研究工作，他根据大量实验结果和理论分析，创立了合金熔体中局部浓度起伏的温度起伏理论，并将其成功应用在铸铁的孕育上。他提出熔体结构与凝固后结构之间存在着相关性，被后继者用实验证实并获得工业上广泛应用。1987年春陈熙琛访问乌克兰，发现以罗曼诺瓦为首的关于液态金属结构的乌克兰学派成就显著。他们研制的实验装备已步入第四代。陈熙琛过去也一直寻找机会去探索熔体液态的奥秘。他在乌克兰国家科学院金属物理研究所任客座教授期间，罗曼诺瓦提议开展长期合作研究，由乌克兰方面提供实验条件，将他们在30年前就一起讨论过的想法付诸实现。这一合作开始于1988年。在10年的合作中取得如下3个主要结果[11]：①证实了合金液态结构与平衡状态图的定性和定量相关性，不同结构微团原子数量的比例遵循着杠杆定律。进而对银–铟、铟–镓、铋–镓、锗–锡、镓–锡等有限固溶二元共晶系合金进行了细致的研究，结果证实了这一规律。这一模型被称为“熔体微观多相结构模型”。②创立了一个从固态到液态连续观测的结构分析方法。③准晶结构的热稳定性和液态结构反演。

1995年以后，在陈熙琛的倡议下，山东大学材料科学与工程学院建立了“液态金属结构及合金遗传”山东省的重点实验室。该室与乌克兰国家科学院金属物理研究所建立了长期合作研究的关系。2000年该室成为国家教育部重点实验室。

（四）深过冷与凝固

经典金属学理论给予人们一个重要概念，即结晶的过冷度是随冷却速度变化而变化的。20世纪80～90年代，国内外的学者找到了使液体过冷度独自变化途径，进行了大量的熔体深过冷与非平衡相变的探索性工作。

当时物理所的王文魁、陈熙琛这两个研究组，在这一方面都开展了相关研究工作。王文魁1983～1985年曾作为访问学者在美国哈佛大学的D. 特恩布尔（Turnbull）研究组进行过部分相关工作，他回国后在1988年前后开始在组内采用助熔剂净化和落管无容器技术，进行钯基合金的深过冷与非晶固体的形成。陈熙琛研究组从1990年开始，在这一方向上进行了两项研究：一是与乌克兰学者共同研究适合于从过热态到过冷态连续原位X射线结构分析的方法，以研究不同过冷状态下熔体液态结构。因为陈熙琛曾预见在过冷态的液体中蕴藏着许多液／固转变的奥秘，工作取得了一些结果。后来相关的工作在山东大学“液态金属结构及合金遗传”实验室继续进行，并取得了一些重要结果。第二项是采用B_2O_3助熔剂净化技术，进行合金深过冷研究的工作[12]。他们研究了Ni–32.5wt%Sn合金的深过冷与非平衡凝固过程，发现在过冷度小于10K时，该合金凝固形成规则共晶结构的组织；过冷度在10～130K之间，熔体再辉后先在熔体中形成枝晶状集团，后在枝晶集团间的熔体中形成规则的共晶结构的组织；而在过冷度大于130K时，则合金熔体再辉后全部转变成反常共晶结构的组织。对$Ni_{75}B_{17}Si_8$合金的助熔剂净化深过冷研究发现，要实现该合金的均质形核的最小过冷度要大于$0.355T_l$（T_l是液相线温度）。

三、准晶态结构新金属材料的合成探索

自1984年D.谢克特曼（Shechtman）在快速凝固的铝–锰合金发现具有5次对称的二十面体准晶结构材料，国际上材料与物理学界开始了准晶材料的合成与相关的物理等方面的研究。物理所的陈熙琛、李方华、冯国光、麦振洪和张殿琳5个研究组从材料的合成、结构和缺陷、物理性质等多方面进行了实验与理论研究。

（一）准晶结构材料合成、固态结构与缺陷研究

502组主要进行新型准晶材料的合成，并与所内相关研究组及国外合作，进行结构方面的研究。二十面体准晶结构是密排结构中独具特色的：12个原子等距离地分布在第一配位球面上，而常见的面心立方密排结构，其12个原子在第一配位球面上的距离是不相等的。因此陈熙琛认为，二十面体准晶结构的能位最低，应能在块状材料中找到它的存在，同时在熔体中也应找到它的踪迹。为了证实这一点，他们将主要目标集中到这一研究方向。这项工作取得的成果归纳起来有以下几项：在国际上最早生长出毫米量级的铝–铜–铁准晶及长度达到厘米量级铝–铜–钴–锗准晶单晶（图3）[13]，首先将定向生长技术用于准晶的生长，获得了取向一致的准晶棒，这为准晶的深入研究奠定了物质基础。其次是成功用相位子

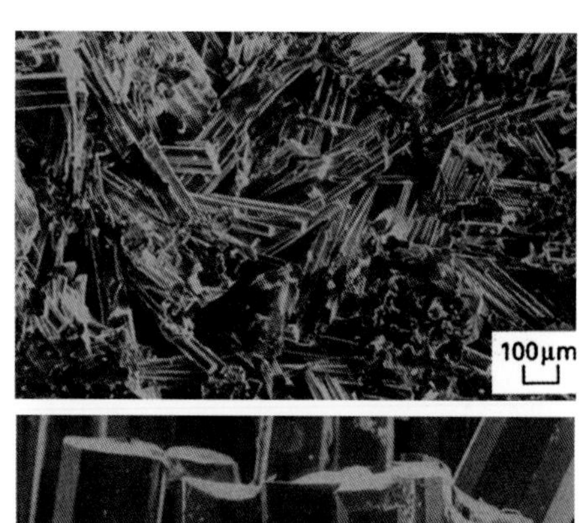

图3 慢速自由生长（上）和定向凝固生长（下）获得的长度达1厘米的铝–铜–钴–锗准晶单晶棒

应变场剖析了准晶的结构和缺陷，这为准晶深入研究奠定了理论基础。

陈熙琛研究组与李方华和冯国光两个研究组合作分别用高分辨电子显微镜和会聚束电镜分析了铝–铜–镁、铝–锂–铜和铝–铜–钴–锗等准晶体系的结构和对称性，并做了计算机模拟研究[14, 15]。

在这期间，麦振洪研究组与陈熙琛组合作，用旋进X射线分析技术进行了准晶体缺陷研究。

1991年物理所对准晶的研究工作获中科院自然科学二等奖。

（二）准晶体材料的液态和固态结构相关性的X射线结构研究

陈熙琛同乌克兰国家科学院金属物理研究所合作，进行了准晶的液态结构分析。准晶最初出现在铝–锰液态急冷薄带的局部区域中，故人们认为它是一个不稳定的过渡态。陈熙琛基于其结构特点认为，在一定的条件下它应当是稳定的。他们将制备的块状$Al_{65}Cu_{20}Fe_{15}$准晶从室温升到熔点，直至熔化后再进行过热态跟踪X射线结构分析，发现准晶的衍射峰接近熔点时仍很尖锐，熔化后甚至在一定程度的过热下还保留准晶峰的特征。这一结果首先证实了它的稳定性，其次说明它在液态中的存在[16]。在这项准晶体液态结构的工作中，他们不仅创立了一个从固态到液态连续观测的结构分析方法，而且通过对准晶液态结构的研究，进一步了解了熔体固液结构的相关性和转化规律。

第二节 非晶物理

1975年物理所建立了以詹文山为组长的非晶态磁性组，研究快冷非晶条带和磁光薄膜两类非晶态磁性材料。

1977年起，物理所金属物理组开展了快速凝固金属合金和非晶合金的结构、弛豫、超导电性和磁性，合金熔体的液态结构、性能，金属多层膜材料制备与相变，高压与非平衡相变，非晶输运性质等方面的研究。

1978年春，王震西发起并组织了在江苏无锡召开的第一届全国非晶态物理研讨会。潘孝硕为会议主席之一。

1979年王文魁负责的503组开始非晶等亚稳相的高压合成和相变工作。主要关注不同压力下非晶固体的结构演化规律、超导电性、非晶晶化规律等问题。研究成果“高压下非晶合金的变态”于1988年获中科院科技进步二等奖。

20世纪80年代，赵忠贤、李林、金铎等开展了非晶银–锗薄膜、钛–钯等材料的超导电性研究；沈中毅负责的208组对金属化合物高压下非晶态转变、非晶态固体压力下物理性质变化进行了系统研究。

1984年10月，物理所进行了所内研究体制改革。502组和503组主要从事非晶形成机理、非平衡相变、高压和深过冷条件下的非平衡相变、多层膜复合与亚稳相变研究。

从1987年起，物理所开展了非晶金属合金在微重力条件下的凝固、深过冷和非平衡相变的研究。503组系统研究了落管中块体钯基非晶合金的形成规律，同时开展了高压下非平衡相变的研究，利用中国返回式卫星进行了3次非晶合金空间搭载实验。

1987年起，503组开展了多层膜固相反应非晶化方面的工作，获得铁–钛、钼–硅、镍–硅、钴–硅等一系列非晶材料，并开展了非晶中扩散的研究。

1998年，502组（组长潘明祥）开始锆基块体非晶的合成制备研究工作。同年底503组与502组合并成立C501组（组长汪卫华），该研究组（后改为EX4组）以块体非晶合金为模型体系，系统开展了非晶固体的结构、形成规律、玻璃转变、非晶本质、常规和极端条件下非晶态物理、力学和化学性质等多方面的研究。

2000年，EX4组发明稀土微合金化方法，该方法可大大降低块体非晶合金制备成本和工艺条件，提高非晶形成能力同时改进性能。该方法获得美国和中国专利，并被美国液态金属技术公司应用于块体非晶产品的制造。他们和物理所北京物科光电技术公司合作研制出制备块体非晶合金的电弧炉吸铸设备，并成功在国内外推广。该设备已成为实验室制备块体非晶合金的主要方法和设备。

2002年，王文魁和秦志成在神舟3号飞船上成功地制备出接近理想球形的钯基块体非晶球；潘明祥等在神舟3号飞船上成功地制备出具有硬磁性的钕基块体非晶合金，为中国今后空间非晶材料和物理的发展奠定了良好的基础。

2004年，汪卫华与香港城市大学石灿鸿等合作，在*Mater. Sci. Eng.* R−*Rep.*上发表长篇综述文章*Bulk Metallic Glasses*[17]，总结了EX4组在块体非晶物理和材料方面的工作。该论文成为非晶合金材料领域高引用论文之一，被引用900多次。同年他们研制出铜−锆二元非晶合金，该体系已经成为研究非晶物理和材料基本问题的模型体系；2005年发明非晶金属塑料；2007年研制出高强度、大压塑性的锆基非晶合金。

自1999年起，汪卫华组与国际上非晶物理和材料主要研究组建立合作关系，多次接待国内外访问学者及进修人员来组工作，并联合培养研究生。

2001年，在基金委支持和倡导下，EX4组汪卫华、潘明祥等组织承办了全国第一次块体非晶合金材料学术研讨会，讨论非晶合金材料和物理的发展方向。

2003年10月，物理所组织承办了第三届国际块体非晶材料学术研讨会。汪卫华是大会主席之一。来自20多个国家和地区的130名科学家和研究人员参加。会议论文集发表在*Intermetallics*杂志上。

2009年4月，物理所申办并召开了“非晶态物理和材料”香山会议，讨论非晶物理和材料的发展方向。

2009年8月，在中科院和国家外国专家局共同资助下，组织召开了非晶材料和物理的未来研究方向学术讨论会。物理所“非晶材料和物理研究团队”及主要合作成员、10多位受邀参会的该领域国内外知名学者，以及物理所、中科院力学所和北京工业大学等单位的研究生40多人参加本次讨论会。

2010年10月，组织召开中德非晶物理和材料研讨会。本次会议由中德科学基金研究交流中心资助，物理所主办，以“架起非晶合金中物理和材料科学桥梁”为主题。汪卫华与德国科学基金会副主席、德国格丁根大学K. 扎姆韦尔（Samwer）共同担任了此次研讨会的主席。会议吸引了*Nat. Mater.*的高级编辑J. 黑贝尔（Jörg Heber）以及国内外100多位非晶研究领域的专家学者参会。

从2003年起，以汪卫华为学术带头人的非晶物理和材料研究群体连续3期获得国家自然科学基金委员会的“创新研究群体科学基金”项目的资助，项目名称为“亚稳材料的制备、结构表征和物性”。

2008年，他们获中科院“创新团队国际合作伙伴计划”资助，成立以汪卫华为学术带头人的“非晶材料和物理研究团队”。

汪卫华于1999年获得国家自然科学基金委的杰出青年基金资助，白海洋2002年获得国家自然科学基金委的杰出青年基金资助，郗学奎2009年获得中科院“百人计划”支持。

非晶物理研究获得的部委级奖和国家奖有：1999年“合金的非平衡相变与相演化”获中科院自然科学二等奖，“非晶合金形成规律及工艺研究”获机械工业部科技进步一等奖，“微重力条件下钯系合金的凝固”获国家科技进步二等奖。2000年“非晶合金形成规律及块体非晶合金制备工艺研究”获国家发明二等奖。2010年“非晶合金形成机理研究及新型稀土基块体非晶合金研制”获国家自然科学二等奖，主要获奖人汪卫华、潘明祥等。

获得的个人荣誉有：2002年汪卫华获中科院十大杰出青年称号，2009年汪卫华获中国物理学会周培源物理奖。

其他荣誉有：“研制出新型铈基非晶结构材料——金属塑料”被列为2005年中国基础研究十大新闻，“合成出室温条件下具有超大塑性的块体金属玻璃材料”被列为2007年中国基础研究十大新闻。

物理所相关的非晶研究组培养了50多名博士研究生。其中有12人获德国洪堡奖学金，20多人成为国内相关领域的教授或研究员，成为国内非晶物理和材料研究的骨干。

一、非晶形成机理的早期研究

陈熙琛于1978年进入物理所工作，建成材料物理实验室，进行了大量的熔体深过冷与非平衡相变的探索性工作[12]。王文魁也早在1979年就开始非晶等亚稳相的高压合成和相变研究工作。这些工作在前一节中已有介绍。陈熙琛组研制了薄带状金属玻璃制备用的铜辊快速急冷甩带机、电磁悬浮炉和电阻加热熔体液淬炉。王文魁组研制了离子束溅射镀膜机。这些设备为后续块体非晶合金的研制打下重要的基础。

（一）多层膜固相反应非晶化研究

1983年R.B.施瓦茨（Schwarz）和W.L.约翰逊（Johnson）报道用固态反应法制备出镧－镥非晶合金后，该方法受到国际非晶物理和材料学界的关注和重视。它为探索制备非晶态合金材料提供新途径，亦为研究非晶形成机制、非晶中扩散、固态反应等提供新的方法。

503组于1986年开始开展多层膜固相反应非晶化研究。他们与中科院科仪厂合作研制出离子束溅射沉积镀膜装置，采用离子束溅射沉积方法制备出多种不同成分和尺度的多层膜，对一系列不同的多层膜体系，通过固态反应形成非晶的实验研究，探讨这种反应形成非晶的组成、热力学与动力学基本规律[18, 19]。他们采用小角X射线原位测量多层膜扩散的分析手段，在反应形成非晶的动力学与热力学、非晶扩散机制、非晶形成能力与组成范围等多方面取得了结果。如在铁－钛及铁－硅系中实现了固态反应非晶化，并采用多种结构分析手段确定了在镍－钛系中发生的非晶化过程，认为上述非晶相在固态反应中的形成主要是动力学选择的结果。其意义在于，它指出了在混合焓为负的二元系及金属－硅系统中，只要样品制备及反应条件合适，非晶相的形成在动力学上都有可能。在考虑成分调制结构、退火扩散行为及多相动力学竞争规律的基础上，提出了固态反应形成单相非晶的判据为调制峰在扩散反应过程中调制衰减速率小于一个特定值时才能形成，它与由亚稳自由能图所确定的非晶成分范围共同构成了固态反应非晶化发生的动力学与热力学条件。钼－硅多层膜在退火过程中，通过互扩散进行的主要是固态反应晶化过程，非晶化过程则很短暂。实验发现，铁－钛多层膜的互扩散系数正比于调制波长。实验及理论分析表明，对镍－非晶硅多层膜在沉积过程中就发生固相非晶化反应，其单一非晶相的形成范围比较宽，与理论预计相符。镍－硅系较大的负混合热为固相反应提供了驱动力，固相反应中的相选择由形核控制。在界面反应相选择过程中，镍－硅非晶由于具有远比晶态镍硅化物小的形核势垒，在动力学上处于有利地位，因而在界面固相反应中优先成核和长大。对铌－硅多层膜沉积过程中相形成和相演化问题的研究发现，在较高沉积温度条件下进行沉积时，晶态Nb_3Si相作为第一晶态形核相出现；而在室温下沉积的铌－硅多层膜中，在界面处形成的是非晶硅化物相。

（二）深过冷技术制备块体钯金属玻璃

1987～2002年，王文魁组采用深过冷技术加助熔剂包裹处理技术，利用自制的1.2米高落管、陈佳圭组研制的20米高落管和西北工业大学3米高落管等，通过原子团簇触发，配合X射线、电子显微镜及热分析和物理性能测试手段，进行了块体金属玻璃的形成与亚稳结构形成的机理、形成条件等的研究。研究的合金体系包括PdNiP和PdAuSi体系及PdNiCuP等。他们在利用助熔剂包裹循环净化去除异质形核、落管无容器深过冷、玻璃的结构弛豫与晶化动力学等方面取得了多项结果。如用落管技术测定与研究得出$Pd_{40}Ni_{40}P_{20}$合金形成毫米直径的金属玻璃，需要的冷却速度至少要达150K/秒；而采用助熔剂包裹循环净化处理技术，使得形成金属玻璃所需要的最低冷却速度降到了1.5K/秒[20]。采用原子团簇触发技术证明，熔体中高熔点的异质团簇存在，会使体系能够获得的最大过冷度减小，从而降低合金形成玻璃的能力[21]。采用落管技术制备的ZrTiCuNiBe块体金属玻璃的转变激活能及晶化结合能，明显不同于用水淬技术获得的。采用超声测量技术研究表明，$Pd_{39}Ni_{20}Cu_{20}P_{21}$块体金属玻璃在玻璃态和晶体态的模量、德拜温度都有明显变化。他们利用中国返回式卫星进行过3次非晶合金空间搭载实验。这一阶段的研究成果“合金的非平衡相变与相演化”于1999年获中科院自然科学二等奖。

1990年，陈熙琛组采用电磁悬浮技术与助熔剂包裹净化技术相结合的方法，研究了镍硼硅系和镍锡合金系的深过冷与金属玻璃形成及非平衡相变。如经过用多种氧化物Na_2SiO_2－$Na_2B_4O_7$－SiO_2－B_2O_3组成的助熔剂处理，镍硼硅合金能够形成的金属玻璃尺寸增加了3倍。

二、块体非晶态合金材料的探索

（一）新型块体非晶合金的研制

1994～1997年，汪卫华受德国洪堡基金资助在德国格丁根大学、柏林哈恩－迈特纳研究所从事块体非晶合金制备、非晶中扩散、相分离与相关结构、性能等研究。1998年初他加入502组，与潘明祥等一起，以块体非晶合金为主要研究对象，开始了非晶态材料与物理的研究工作。当时502组还没有专门制备块体非晶合金的设备，他们因陋就简，采用电弧炉预制合金锭，然后将合金锭直接密封在石英管中，再用高温电阻炉重熔、水淬的方法，研制出直径超过10毫米的$Zr_{41}Ti_{14}Cu_{12.5}Ni_{10}Be_{22.5}$块体非晶合金[22]。

1998年底，在$Zr_{41}Ti_{14}Cu_{12.5}Ni_{10}Be_{22.5}$合金制备成功之后，汪卫华组对该非晶合金系的稳定性、晶化、高压下的相变、物理性能进行了系统研究[23~25]。他们在王汝菊的协助下，率先开展了非晶合金超声及弹性性能的研究工作[25]。同时该研究组还进行了提高非晶形成能力方法的研究，对合金的非晶形成特点、物理力学性质的变化开展拓展研究，来认识块体非晶合金的非晶形成机制和能力。他们发现微量掺杂对非晶形成能力影响以及物理性能影响很大，并发展出研制非晶合金的微合金化方法。其中一个有重要应用价值的研究结果是发现稀土元素钇微量添加，对锆基非晶合金的非晶形成能力、稳定性以及性能的影响很显著。钇的微量添加可使制备非晶锆原材料的纯度从99.99%降到99.9%[26]。这项发现受到美国工程院和科学院院士W. L.约翰逊（Johnson）、美国工程院院士刘锦川（C. T. Liu）的重视，很快获得了美国发明专利，并应用于锆系合金的应用制备中[27]。他们随后发展、推广了微合金化方法。现在微合金化方法已被广泛应用于非晶合金的制备和性能改进。材料领域著名综述期刊*Prog. Mater. Sci.*因此邀请汪卫华就微合金化方法撰写长篇综述[28]。

（二）铜－锆二元块体非晶合金的合成

EX4组从1999年起进行块体非晶合金新体系的探索研究。他们先后合成出铜基、铁基、镍基、钽基、钛基、镁基、钙基、锶基、锌基等多种具有自主知识产权的多元块体非晶合金的样品，获得授权专利20多项。非晶形成能力强的合金系都是3个组元以上的体系。当时一条普遍接受的非晶合金形成经验规律就是：块体非晶合金必须是多于3个组元的合金。他们在调整合金的组成和熔炼合金的过程中发现铜－锆二元块体非晶合金在$Cu_{50}Zr_{50}$配比附近的合金具有很强的非晶形成能力，多次尝试后，他们直接用电弧炉吸铸出了铜－锆二元块体非晶合金。在二元合金相图上$Cu_{50}Zr_{50}$的成分是金属间化合物形成成分，与通常的非晶合金形成的经验规则明显不符。为了快速报道这一重要结果，他们将研究结果通过英文版的《中国物理快报》向外报道[29]。几乎同时，新加坡国立大学的李毅研究组、美国加州理工学院的约翰逊研究组和日本的井上明久研究组也报道了铜－锆二元块体非晶合金的合成。这四个研究组独立发现了铜－锆二元块体非晶合金形成体系，但成分不一样，物理所得到的结果与其他研究组存在明显差异，后来物理所发现的铜－锆组成的玻璃形成合金体系成为非晶物理和材料很多基本问题研究的模型体系，得到了国内外同行更广泛的引用。发表在《中国物理快报》的文章多次被该期刊评为最佳引用文章。

（三）具有功能特性的稀土基块体非晶合金的合成

国际上有两个研究组在新型块体非晶合金研究方面走在最前沿。一个是日本东北大学井上明久研究组，该组已经合成出许多体系的块体非晶合金，尤以首先制备出非钯基块体非晶合金而闻名。另一个是美国加州理工学院的约翰逊研究组，该组是以第一个制备出直径在10毫米以上已具有应用价值的锆－钛－铜－镍－铍体系块体非晶合金而闻名。物理所新型块体非晶合金的探索定位于稀土基。井上明久虽报道已合成出镧、钕和镨基三个体系的块体非晶合金体系，但后二个体系并非是完全非晶态。EX4组从钕基和镨基的块体非晶合金入手，从1999年5月开始，经过近半年的努力，合成出有明显玻璃转变特性、具有宽过冷液相区的$Nd_{65}Al_{10}Fe_{25-x}Co_x$块体非晶合金[30]。在此基础上于2001年初，他们又合成出当时具有最低玻璃转变温度（409K）的$Pr_{60}Cu_{20}Ni_{10}Al_{10}$块体非晶合金，样品的直径可达5毫米[31]。在合成出钕基和镨基块体非晶合金的基础上，他们制定了发展具有功能特性的稀土基块体非晶合金的目标，并合成出一系列以镧系稀土元素为基的块体非晶合金，包括铈基、钪基、钆基、镝基、钬基、铒基、镱基、镥基、铥基、钐基等非晶合金，这些非晶合金具有优异的非晶形成能力和独特的物理性能，为探索具有新异物理和化学性能的非晶合金材料奠定了基础。稀土非晶合金是物理所非晶研究具有特色的工作，且所提出的研制具有功能特性块体非晶材料的新方向，可能拓展非晶合金新的用途。2009年，他们应邀在*J. Non-Cryst. Solids*上发表了题为《稀土基块体非晶合金》（*Rare Earth Based Bulk Metallic Glasses*）综述性文章[32]；在*Adv. Mater.*发表功能特性块体非晶合金的综述文章[33]。稀土基非晶研制工作获2010年国家自然科学二等奖。

（四）具有磁性和磁热效应的稀土基块体非晶合金

材料的磁热效应在物理研究和应用领域一直备受关注。从2003年开始，EX4组从材料合成到物性测量，多方面开展稀土非晶合金材料的探索和性能研究工作。研究发现，钆、铽、镝、钬、铒稀土基块体非晶合金，在很宽的温度范围内（2～300K）均表现出可观的磁熵变，与钆单质、钆－硅－锗－铁、稀土金属间化合物等体系的磁熵变相当，甚至更好，并且优于大多数铁（钴）基非晶薄带。形成非晶合金的成分范围很宽，使得可以实现对材料磁熵变的调控。此外，非晶无序结构使其电阻比其晶态要大一二个数量级，从而减小了涡流损耗，能提高非晶作为磁制冷材料的使用效率。

随机磁各向异性系统和自旋玻璃系统基态的本质以及两者之间的关系，一直是困扰物理学界的难题。为了解稀土基非晶合金的磁性结构特征，他们对钬基、钆基和镝基块体非晶合金的磁转变和非平衡态动力学行为进行了研究，发现随机磁各向异性作用（RMA）较强的镝基非晶合金，在有限温度下冻结为既与伊辛自旋玻璃有类似点、又有不同点的散反铁磁基态。在钆基非晶合金中RMA作用非常弱，在钆原子浓度高的情况下，铁磁交换作用占主导地位，因而系统在低温下为铁磁基态。当钆原子被部分其他稀土原子替代后，或者浓度降低时，会在更低温度出现再入自旋玻璃态。这些结果揭示了RMA系统和自旋玻璃系统之间的联系与区别，从而加深了各向异性作用对于无序和受挫系统磁性转变的影响。同时这也有助于具有良好功能特性的新型稀土基非晶合金的开发[32]。

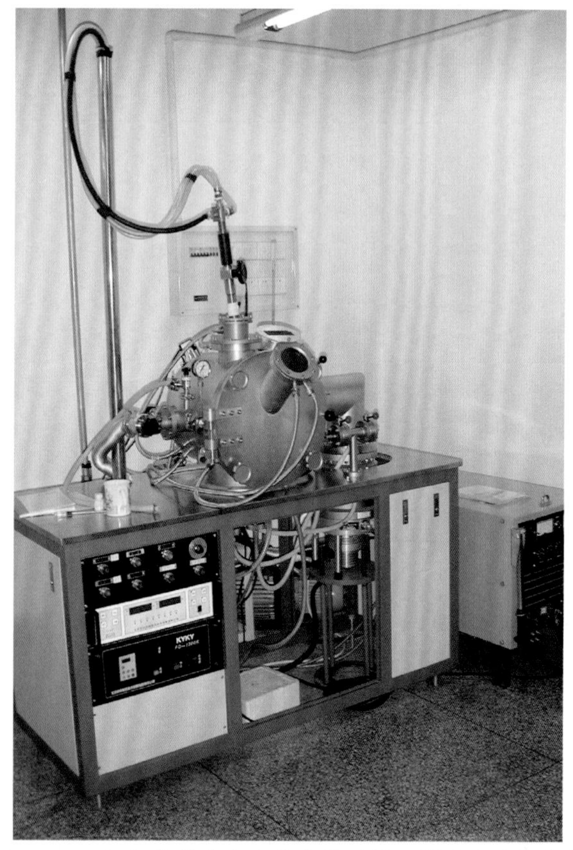

图4 EX4组与物科光电公司合作设计研制的非晶合金合成用双吸铸口电弧炉

（五）非晶物理和材料的实验和测试分析技术设备

在非晶材料合成装置方面，2000年EX4组新购置或提出功能和性能要求，委托北京物科光电技术公司或国内其他公司设计加工了一批装置：如带吸铸功能的电弧炉（图4）、不同速度的急冷甩带机、电磁悬浮炉等。其中带真空吸铸功能的电弧炉，使得物科光电公司开发的该产品畅销国内外，也为该组新型块体非晶合金的探索合成发挥了重要作用。2010年他们又研制出非晶微纳米纤维的制备设备，并成功研制出高质量的非晶合金微纳米纤维。

1995～2010年，EX4研究组购置了多台测试设备，如多台不同功能的差示扫描量热仪（DSC）和差示热分析仪（DTA）、动态热机械分析仪、带能谱仪的扫描电子显微镜等。

三、非晶态金属塑料的发明

2002年，汪卫华组计划合成出具有极低玻璃转变温度的块体金属玻璃，为非晶态物理研究和探索新特性的材料奠定基础。潘明祥基于对稀土元素特性的理解和分析，提出从铈基块体非晶的探索着手。2003年底他们合成出铈基块体金属玻璃，并找到玻璃转变温度仅比室温稍高的成分范围。2004年在铈基块体金属玻璃新特性基础上，结合他们提出的弹性模量判据，选择杨氏模量低的组元进行合金化，研制出兼有聚合物塑料与金属特点的新型铈基金属非晶合金，并提出“金属塑料”的概念（图5）。该材料在很低温度和很宽温度范围内表现出类似

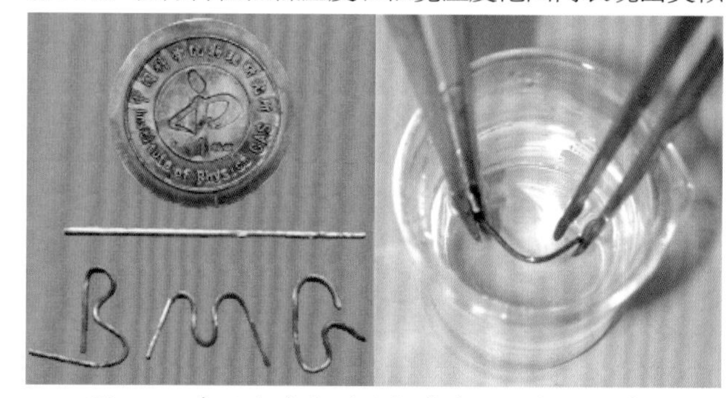

图5 可在开水中成型的铈基非晶“金属塑料”

聚合物塑性的行为，即可以像塑料一样在较低温度下（如在热水中）对该材料进行成型、弯曲、拉伸、压缩和复印等形变，当温度恢复到室温后，又可恢复非晶合金所

具有的优良力学和导电性能。该非晶合金具有很强的玻璃形成能力，是当时为数不多的几个可以达到厘米尺寸的非晶合金体系之一。作为一种集塑料和金属的特点于一身的材料，铈基块体非晶在很多领域都具有潜在的应用和研究价值，为合金成型提供了新的途径。在基础研究方面，它为深入认识金属玻璃以及过冷液体提供了理想的材料。同时也为设计具有不同的力学性能的金属塑料提供了理论依据和新方法。结果先后发表在*Appl. Phys. Lett.*、*Phys. Rev.* B和*Phys. Rev. Lett.*等期刊上[34]，引起国际同行的高度关注。*Nature*杂志专题报道了金属塑料合成的工作。*Phys. Rev. Focus*撰文评论金属塑料的发明和意义。2005年被评为中国基础研究十大新闻、中国稀土研究十大进展。非晶金属塑料的发明工作获2010年国家自然科学二等奖。金属塑料已成为非晶研究领域的模型材料，引发国内外很多研究组的跟踪研究。

他们通过进一步研究发现，铈基非晶的玻璃形成能力和物理性能对微量元素的掺杂非常敏感。0.2%钴掺杂可将玻璃的临界形成尺寸从1～2毫米增加到10毫米，同时其物理、力学性能也有明显的改变[35]。随后他们和美国北卡罗来纳大学吴跃合作，以铈基金属塑料为模型体系研究了这种材料的微观结构与其形成能力的关系。核磁共振（NMR）研究发现这种非晶合金是由小于1纳米的团簇密堆组成，团簇的几何对称性对非晶形成能力有重要影响。微量钴掺杂对铈基非晶形成能力的影响与铝原子所在位置的对称性因钴掺杂而显著改变相关联，这表现为用NMR测得的四极矩频率随着钴掺杂明显下降。该项结果对于从微观结构角度认识非晶合金的形成能力、探索新的非晶材料具有意义[36]。

四、非晶形变、断裂机制及塑性非晶合金材料

在室温条件下，非晶合金的强度明显高于同成分的晶态合金。但非晶合金没有位错等典型的晶体缺陷，其塑性变形能力很差。2003年以前合成出的块体非晶合金不仅没有拉伸塑性，且绝大部分也没有压缩塑性（塑性应变小于1%）。这些问题极大地限制了块体非晶材料的广泛应用，脆性一直是非晶合金应用的最大难题。认识非晶材料的断裂及形变机理和规律，寻找具有高强度、高塑性的低成本块体非晶材料，是结构材料领域的难题和前沿课题。探索同时具有高强度和大塑性的非晶合金材料一直是非晶材料和物理领域追求的目标。EX4组从2003年开始研究非晶的形变、断裂机制，试图研究非晶合金材料脆性难题。

（一）非晶脆韧性断裂机制研究

导致灾难性事故的重要原因往往与结构材料的脆性断裂相关，所以深入理解脆性断裂机制一直为人们所关注。传统的氧化物类等非晶材料不导电，其断裂面很难用高分辨电镜等手段观测研究。因此对非晶类脆性材料断裂机理的了解还远远不够，有很多重要问题有待澄清。玻璃类脆性材料的断裂机理研究成为材料科学乃至凝聚态物理中热点和前沿课题之一。2004年下半年，EX4组研制出一类脆性接近氧化物玻璃的镁基、铁基非晶合金材料，但与氧化物玻璃和高聚物不同的是这类非晶材料具有良好的导电性，因此其断面形态可方便地用高分辨率扫描电镜在纳米尺度下观察。通过高分辨率扫描电镜和原子力显微镜对其断裂面形态的系统观察和分析，发现这类脆性材料具有与其他韧性金属材料类似的脉纹状形态特征，只是其脉纹形态的尺度是纳米级（小于100纳米），并指出它们可能是孔洞或韧窝萌生和长大形成的。结果表明该脆性材料在变形区发生了塑性流变。塑性变形区的存在支持脆性非晶合金的宏观脆性断裂在微观尺度上属于韧性断裂的结论。不同韧性的块体非晶材料的断裂遵循同样的局域软化机制。并且脉状条纹结构与其宏观断裂韧性K_c和断裂强度σ_γ存在$\omega=0.025(K_c/\sigma_\gamma)^2$关系。该成果有助于深入理解非晶态等脆性材料断裂机制。这项工作发表在*Phys. Rev. Lett.*[37]。

利用原子力显微镜并配合扫描电镜对脆性块体非晶合金的断裂面结构进行了三维成像观察，发现在适当的条件下，一些脆性非晶合金的断裂面上会形成非常规则、反常的具有纳米周期条纹结构（接近80纳米）。这种纳米周期条纹形貌结构，沿裂纹的扩展方向。在此基础上，他们建立了产生这些纳米周期条纹的唯象模型，并对断口表面形成韧窝结构和条纹结构的极限条件进行了定量描述。该研究结果有助于在更微观层次上理解脆性材料的断裂机制，阐明脆性材料断裂过程中的一些重要科学问题。结果发表在*Phys. Rev. Lett.*、*Appl. Phys. Lett.*等期刊[38]。

（二）探索塑性非晶材料的泊松比准则的建立

2005年4～7月汪卫华到剑桥大学做学术访问，与当时也在剑桥做学术访问的美国凯斯西储大学的J. J. 莱万多夫斯基（Lewandowski）、剑桥大学A. L. 格里尔（Greer）等合作，提出探索韧性非晶合金材料的泊松比判据，即泊松

比大的非晶合金韧性性大[39]。这为探索塑性非晶合金材料提供了指导，有助于加深对非晶合金塑性机理的认识。

EX4组通过对非晶合金剪切带萌生、扩展的深入研究，证明只要引入大量剪切带并能控制其扩展，就可有效增强非晶合金的塑性。他们用非平衡态统计力学方法证明非晶合金塑性和剪切带的动力学状态密切相关，多重剪切带空间分布具有分形特征，其演化符合幂次方规律，非晶变形过程可演化到自组织临界状态，并建立了量化的多重剪切带演化动力学模型[40]。

（三）具有压缩塑性和可“加工硬化”的非晶合金材料

EX4组在发现铜-锆二元块体非晶合金的基础上，采用他们发展的微合金化方法，添加少量的铝来改进其塑性。2005年他们合成出$Cu_{47.5}Zr_{47.5}Al_5$块体非晶合金。在中德科学中心的支持下，与德国德累斯顿材料研究所合作进行该体系的力学性能研究。发现该非晶合金有大的延展性（约20%，而一般非晶合金材料的塑性只有约1%）、高强度（断裂强度达2265兆帕），并且还有类似于金属晶态合金中存在的“加工硬化”现象。通过对该非晶合金微结构的分析，发现是该非晶结构在原子尺度的非均匀性导致了其优异的力学性能。这是首次用一般金属材料研制出具有超高强度、大压缩塑性的非晶合金材料。该结果由德、中双方署名发表后引起材料物理界的争议和反响，也引发后续大量探索塑性非晶合金的工作。随后又在钛-铜基、锆基块体非晶中发现大塑性和加工硬化。这些结果意味着块体非晶材料的应用范围将会大大拓宽，并为设计新的塑性非晶材料提供了实验依据和方向。具有大塑性的非晶合金也为研究非晶领域重要基本问题——形变机制提供了模型材料。相关成果发表在*Phys. Rev. Lett.*上[41]，被引用400多次，这项工作被该刊选作焦点作专题介绍。

随后EX4组又探索如何通过控制剪切带来提高非晶合金塑性的新方法。如通过对非晶合金表面进行喷丸（与剑桥大学合作）来增加非晶合金表面的应力，大量诱发剪切带的产生，同时抑制剪切带的扩展，从而达到增加塑性的目的。这可有效增加各类非晶合金的塑性和强度，为改进非晶合金的塑性提供了新的途径。相关成果发表在*Nat. Mater.*上[42]，被多次引用。

五、高强度、超大压缩塑性的块体非晶材料

在对非晶合金形变、剪切带和断裂行为3年多系统研究的基础上，EX4组于2006年下半年在高强度、大塑性非晶合金研制方面的研究取得了重要突破。他们采用锆、铜、镍和铝金属元素，通过快速凝固的材料制备手段，合成出$Zr_{64.13}Cu_{15.75}Ni_{10.12}Al_{10}$等成分的非晶合金，这些非晶材料室温条件下具有超高压缩塑性，其压缩塑性超过50%的真应变（图6），并兼有高强度。不同于以往的非

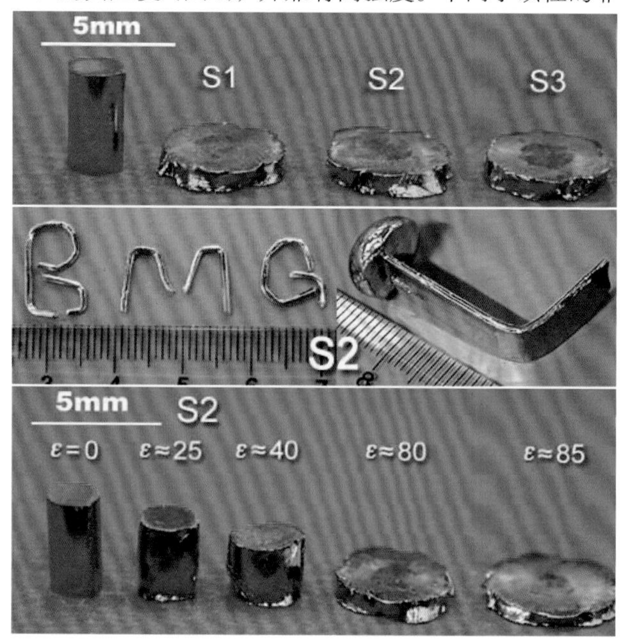

图6　具有超大压缩塑性的非晶合金

晶合金，这种材料室温压缩塑性变形能力非常强，可以像纯铜和铝一样弯曲或形变成一定形状。同时该材料还保持了非晶合金高强度的特点。结构分析表明，这种非晶合金具有一种特殊的微观结构，使其具有优异的塑性。该材料的发现对传统的非晶形变理论和认识提出了挑战。通常认为高度局域化并软化的剪切带是非晶合金材料脆性的原因，上述工作表明，通过合适的成分和结构调制，可以有效控制剪切带的形成、运动和扩展，从而有效改善非晶合金的塑性，且不影响其高强度的特点。这在物理上证明了高强度和大塑性（结构材料最重要的两个性质）在非晶材料中可以有机结合在一起。他们提出的硬、软区模型较好地解释了非晶合金中的塑性机制，对于理解非晶材料的塑性变形机理、解决非晶合金材料的脆性难题都有重要意义。该工作2007年在*Science*上发表[43]，并引起国际同行的高度关注。很多著名科学媒体和期刊如*Science News*、*MRS Bull.*、*Chem.Eng.News*、*Mater Today*、*Discovery*等发表专题报道，评价这项成果。*Discovery*将其列为2007年100项重要科技成果之一，被评为2007年中国基础研究十大进展之一。美国科学信息研究所（ISI）

将该文章列为材料领域热点论文。该项工作使得探索塑性非晶合金材料、研究非晶形变机理成为热点课题。

六、非晶物理中的若干基本问题研究

非晶中未解决的核心问题是关于液态和玻璃态之间转变的问题，它是从熔体冷却形成非晶过程中必然涉及的。另一个重要问题是非晶结构的物理描述和模型，症结之一是液态和非晶结构探测和模型化的困难。第三个重要问题是非晶的形变机制，关于无序非晶体系的形变研究现仍处在非常初级的阶段。

从2001年起，美国北卡罗来纳大学吴跃和EX4组建立密切的合作关系，2003年吴跃和汪卫华联合申请到杰出青年基金（B类）。他们合作开展以金属非晶为模型体系的非晶物理中若干基本问题的研究。2001年白海洋开始参与非晶低温物理性能和特性的系统研究，包括玻璃转变、弛豫、非晶形成过冷液体/非晶低温物理性质诸如比热和低温输运特性、重费米子特性，以及非晶反常振动态密度玻色峰等。

（一）非晶软化行为及状态方程

EX4组用超声、高压、比热等手段系统研究了非晶合金的晶化、晶化前后的弹性模量变化，以及非晶合金压力和体积的关系。他们首次在块体非晶合金中发现普遍存在的模量软化行为，并提出模量软化行为是由于非晶特殊的非均匀结构原因造成的。采用超声测量等方法系统研究了玻璃转变与德拜温度的关系，发现了块体非晶合金中德拜温度θ_D与玻璃转变温度T_g有关联，它们满足Lindemann关系，表明玻璃转变与材料振动特性有关。通过块体非晶的可控晶化，可获得全致密、界面清洁、纳米颗粒小的高质量大块纳米晶。实现纳米晶化的关键是掌握块体非晶晶化时形核及其长大规律，根据其规律来促进形核，抑制长大。汪卫华等系统研究了非晶合金密度随压力的变化规律，得到一系列非晶合金的状态方程[44]，并研究了压力对非晶合金晶化、形成的影响。

（二）非晶合金形成和性能设计的弹性模量判据的建立

王汝菊等1998～2010年系统测量、研究了上百种不同金属玻璃的超声和弹性性能，得到了不同特性的非晶合金弹性模量，以及这些参量随压力的变化规律。由此获得块体非晶合金的格林艾森常数、在费米能级上的态密度、超声衰减系数等一系列对应用和进一步研究的重要参数，这些结果成为EX4组非晶研究的特色之一。汪卫华等系统总结了块体非晶固体超声研究和弹性模量的研究结果。他们在比较块体非晶合金弹性及其玻璃转变、热力学和动力学特征、稳定性、力学和其他物理性能的关系基础上，提出非晶的形成、形变、弛豫都可用流动来描述，其流动的势垒由弹性模量决定，而弹性模量是控制非晶形成和性能的关键参量；建立了非晶合金弹性模量与其振动特性、玻璃转变、力学性能和形成能力等的关联。许多已有的表征非晶形成能力的判据，主要用于成分探索，不能控制和预测非晶性能和稳定性。汪卫华等提出了通过调控金属玻璃弹性模量来研究金属的形成机理，控制其力学性能、稳定性和形成的弹性模量判据。弹性模量判据包括：泊松比大的金属玻璃塑性或韧性也大；杨氏模量高的金属玻璃具有高强度和高硬度；体弹性模量高的金属玻璃具有高晶化温度等。另一方面，在大量统计和实验基础上，他们发现，非晶合金的弹性模量M和其组元弹性模量M_i及成分c_i之间满足简单关系$M=\sum c_i \cdot M_i$。这说明块体非晶合金的弹性模量可以通过其已知的组元模量来预测和设计。这些判据为探索设计性能可控的非晶合金材料提供了新的方法和理论[45]。

（三）非晶中流变的弹性模型

2010年白海洋等通过大量实验表明，玻璃转变和形变这两个表面上看似完全不同的过程，实际上都是玻璃对外加能量（温度和力）的反应，本质上都是外加能量造成的玻璃和液态之间的转变或者流变。非晶合金形变的基本单元和玻璃转变的基本弛豫单元激活能一样，这说明它们有共同的结构起源[46]。非晶合金在剪应力作用下会发生体积膨胀、软化，会产生不可恢复的永久变形。他们发现只要非晶合金中自由体积达到一个临界值，即使这时应力远小于其对应的屈服剪应力，非晶合金由于其独特的微结构会在小于屈服应力下“屈服”。闻平等发现在玻璃转变过程中，不同的非晶合金的比热以及自由体积变化都是常数$3R/2$（R是气体常数）[47]，从实验上进一步说明玻璃转变和塑性形变之间的关系。在大量实验的基础上，他们提出从弹性模量的角度来研究非晶结构及性能的关系，认识非晶中一些基本问题，并提出了非晶合金弹性模量模型：即把非晶合金的形成、形变、弛豫统一用流变的物理图像加以描述，其流变的势垒和弹性模量成正比。该模型揭示了弹性模量是控制非晶合金形成、性能和稳定性的关键物理因素。

（四）非晶合金中第二类弛豫的发现

非晶形成体是多体相互作用系统，任意温度下的分子动力学行为决定于多体的弛豫。随温度降低，玻璃转变是多体弛豫在时间上逐步慢化的结果。但是弛豫特征与过冷液体、非晶微观结构的关系仍是非晶物理中的关键问题。闻平等利用超声、动态模量分析仪、内耗等手段系统研究了非晶合金中的弛豫行为。2004年，闻平等研究了非晶合金中的玻璃转变，首先在非晶合金中发现第二类弛豫（excess wing或beta-relaxation），并解释了第二类弛豫的物理机制[48]。随后EX4组对非晶中第二类弛豫进行了系统研究，他们又发现非晶合金形变的基本单元和第二类弛豫激活能几乎一样，这说明形变和弛豫有共同的结构起源。

（五）非晶合金玻色峰基爱因斯坦振子模型

非晶的一个普遍特征是其声子振动态态密度不服从德拜的频率平方（ω^2）分布，在0.1～5电子伏的能量区间内偏离德拜模型的估计，并且出现过剩振动态。这种过剩振动态所对应的峰被称为玻色峰（boson peak）。该过剩振动态可能与非晶中低温下的比热和热导反常相关。但玻色峰的本质或者起源问题却存在很大争议，一直未得到很好的解释。EX4组通过对典型块体非晶的低温比热在较宽温度范围内的测量，发现非晶合金的低温比热不符合晶体中的德拜模型或者不能用非晶中常用的软势模型解释，引入局域共振模（或爱因斯坦振子）能够很好地解释非晶在较宽温度范围内的低温比热，同时也可与非晶中普遍存在的玻色峰相关联。结果说明局域共振模导致非晶中普遍存在的玻色峰。该结果也与中子衍射结果吻合得很好。该项工作有利于认识非晶中玻色峰的本质。他们还发现铜－锆非晶合金在10开以下存在明显的二能级隧穿效应，这种自由电子协助的二能级隧穿态的态密度达到1.36×10^{-3}，超过绝缘玻璃或者超导态的非晶合金相应的态密度二三个量级[49]。

白海洋等与德国格丁根大学的K.扎姆韦尔（Samwer）合作，通过测量低温比热、磁化率和电阻等物性发现，$Ce_{65}Cu_{20}Al_{10}Co_5$非晶的4f电子的比热系数$\gamma$(0开)，在0开的外推值达到了540毫焦/（摩铈·开^2），属于典型的重费米子行为。这种重费米子行为的典型特征是与自旋玻璃效应共存，并且有大的Wilson比率。在$Ce_xLa_{65-x}Cu_{20}Al_{10}Co_5$（$x$=65、20和10）成分中，随着铈含量的减小，重费米子行为逐渐加强，这主要是由于RKKY交换作用与近藤效应两种作用力相互竞争的结果。同时无序度和磁场也对重费米子行为有调制作用[50]。

参考文献

[1] 戴念祖. 中国科技史料, 1983, 4:71.
[2] 葛庭燧. 物理学报, 1950, 7:427.
[3] 钱临照, 何寿安, 杨大宇. 物理学报, 1956, 12:643.
[4] 周邦新, 王维敏, 陈能宽. 物理学报, 1960, 16:155.
[5] 刘益焕, 陶祖聪. 物理学报, 1956, 12:173.
[6] 颜鸣皋, 周邦新. 物理学报, 1958, 14:121.
[7] 刘益焕, 谢国章, 许振嘉. 物理学报, 1955, 11:367.
[8] 陈熙琛, 易孙圣, 王祖仑, 陈希成, 贾顺连. 机械工程学报, 1980, 16:47.
[9] 陈熙琛. 机械工程学报, 1979, 15:122.
[10] 陈熙琛, 王祖仑, 易孙圣, 陈希成, 贾顺连. 机械工程学报, 1982, 18:15.
[11] Михайлова Л Е, Си-шеньЧ, Романова А В, Ильинский А Г. *Металлофизика*, 1991, 13(6):116.
[12] Xing L Q, Zhao D Q, Chen X C, Chen X S, Yang G C, Zhao Y H. *J. Mater. Sci.*, 1993, 28:2733.
[13] Chen L F, Chen X S. *J. Mater. Sci. Lett.*, 1993, 12:1823-1825.
[14] Li F H, Teng C M, Huang Z R, Chen X C. *Philos. Mag. Lett.*, 1988, 57:113.
[15] Cheng Y E, Hui M J, Chen X S, Li F H. *Philos. Mag. Lett.*, 1990, 61:173.
[16] Chen L F, Chen X S. *Phys. Stat. Sol.* B, 1992, 169:15.
[17] Wang W H, Dong C, Shek C H. *Mater. Sci. Eng.* R-*Rep.*, 2004, 44: 45.
[18] Yan Z H, Wang W K. *Chinese Phys. Lett.*, 1987, 4:569.
[19] H Y Bai, W H Wang, H Chen, Y Zhang, W K Wang. *Phys. Stat. Sol.* A, 1993, 136:411.
[20] 许应凡, 王文魁. 物理学报, 1990, 39:555.
[21] Liu R P, Jing Q, Cao L M, Zhang M, Zhang F X, Zhang X Y, Zhao J H, He D W, Xu Y F, Wang W K. *Chinese Phys. Lett.*, 1998, 15:149.
[22] Zhuang Y X, Wang W H, Zhang Y, Pan M X, Zhao D Q. *Appl. Phys. Lett.*, 1992, 75:2392.
[23] Wang W H, Zhao D Q, He D W, Yao Y S. *Appl. Phys. Lett.*, 1999, 75:2770.
[24] Wang W H, Wang R J, Li F Y, Zhao D Q, Pan M X. *Appl. Phys. Lett.*, 1999, 74:1803.
[25] Zhao D Q, Pan M X, Wang W H. *Mater. Trans. JIM*, 2000, 41:1427.
[26] Zhang Y, Pan M X, Zhao D W, Wang W H. *Mater. Trans. JIM*, 2000, 41: 1410.

[27] Zhang Y, Pan M X, Zhao D W, Wang W H. US, Patent No.6682611 B2. 2004.

[28] Wang W H. *Prog. Mater. Sci.*, 2007, 52:520.

[29] Tang M B, Zhao D Q, Pan M X, Wang W H. *Chinese Phys. Lett.*, 2004, 21:901.

[30] Wei B C, Wang W H, Pan M X, Han B S, Zhang Z R, Hu W R. *Phys. Rev.* B, 2001, 64:012406.

[31] Zhao Z F, Zhang Z, Wen P, Pan M X, Zhao D Q, Wang W H. *Appl. Phys. Lett.*, 2003, 82:4699.

[32] Luo Q, Wang W H. *J. Non-Cryst. Solids*, 2009, 355:759.

[33] Wang W H. *Adv. Mater.*, 2009, 21:4524.

[34] Zhang B, Zhao D Q, Pan M X, Wang W H, Greer A L. *Phys. Rev. Lett.*, 2005, 94:205502.

[35] Zhang B, Wang R J, Zhao D Q, Pan M X, Wang W H. *Phys. Rev.* B, 2006, 73:092201.

[36] Xi X K, Wang W H, Wu Y. *Phys. Rev. Lett.*, 2007, 99:095501.

[37] Xi X K, Zhao D Q, Pan M X, Wang W H, Wu Y, Lewandowski J J. *Phys. Rev. Lett.*, 2005, 94:125510.

[38] Wang G, Xi X K, Bai H Y, Zhao D Q, Pan M X, Wu Y, Wang W H. *Phys. Rev. Lett.*, 2007, 98:235501.

[39] Lewandowski J J, Wang W H, Greer A L. *Philos. Mag. Lett.*, 2005, 85:77.

[40] Sun B A, Yu H B, Jiao W, Bai H Y, Zhao D Q, Wang W H. *Phys. Rev. Lett.*, 2010, 105:035501.

[41] Das J, Tang M B, Kim K B, Theissmann R, Baier F, Wang W H, Eckert J. *Phys. Rev. Lett.*, 2005, 94:205501.

[42] Zhang Y, Wang W H, Greer A L. *Nature Mater.*, 2006, 5:857.

[43] Liu Y H, Wang G, Zhao D Q, Pan M X, Wang W H. *Science*, 2007, 315:1385.

[44] Wang W H, Wen P, Zhang Y, Pan M X, Wang R J. *Appl. Phys. Lett.*, 2001, 79:3947.

[45] Wang W H. *J. Appl. Phys.*, 2006, 99:093506.

[46] Yu H B, Wang W H, Bai H Y, Wu Y, Chen M W. *Phys. Rev.* B, 2010, 81:220201(R).

[47] Ke H B, Wen P, Wang W H. *Appl. Phys. Lett.*, 2010, 96:251902.

[48] Wen P, Zhao D Q, Pan M X, Wang W H, Huang Y P, Guo M L. *Appl. Phys. Lett.*, 2004, 84:2790.

[49] Tang M B, Bai H Y, Pan M X, Zhao D Q, Wang W H. *Appl. Phys. Lett.*, 2005, 86:021910.

[50] Li Y, Bai H Y. *J. Appl. Phys.*, 2008, 104:013520.

第五章 电子显微学

1932年，E. 鲁斯卡（Ruska）和他的导师M. 克诺尔（Knoll）发明世界上第一台电子显微镜（简称电镜），开始了材料的质量厚度（简称质厚）衬度电子显微像的应用研究，借助复型技术研究固体材料表面结构。20世纪50年代，随着薄膜样品制备技术的出现，能间接反映晶体内部缺陷的双光束衍射衬度（简称衍衬）理论和衍衬像分析得到迅速发展。随后，电镜增加了选区电子衍射功能。相位衬度像虽也是20世纪50年代提出，然而直到1971、1972年电镜的点分辨本领提高至0.3~0.4纳米，相位衬度像能够直接显示出晶体内的原子团，才引起人们的重视。20世纪70年代，用相位衬度像研究晶体结构和缺陷的报道如雨后春笋，带动了像模拟计算的发展和电镜分辨本领的不断提高，形成了高分辨电子显微学的分支。随之分析电镜、超高压电镜、超高压高分辨电镜、扫描透射电镜陆续出台，呈现出电子显微学蓬勃发展的局面。到20世纪末期，电镜的图像分辨率逐渐达到0.1~0.2纳米，电子束直径缩小到纳米尺度，结合不断改进的X射线能谱、电子能量损失谱及能量过滤成像系统，可以获得样品几个纳米区域的高分辨像、电子衍射、化学成分以至电子结构等信息。电子全息术、洛伦兹电子显微术、各种原位技术，以及电子显微像的在线和后处理技术等进一步丰富了电子显微学的内容。21世纪以来，球差校正器（成像和束斑）、色差校正器以及能量单色器可以集成在一台电子显微镜中，使电镜的图像分辨率和束斑直径都可小于0.1纳米，能量分辨率优于0.1电子伏。这样电镜已成为在亚埃尺度对样品的晶体结构、化学成分和电子结构进行综合表征的强有力手段。

第一节 发展概述

物理所是在国内最早建立电子显微镜实验室和开展电子显微学研究的单位。物理所电镜实验室的建立与发展可分为以下几个阶段。

一、实验室的建立和早期发展

1951年，应用物理所金属物理研究组将原国民政府广播事业局留下的一台英国Metropolitan Vickers公司生产的EM2/1M型电镜运回所内。1952年7月完成电镜安装工作，这是第一台中国自己装配起来的电镜。1954年民主德国总统W. 皮克（Pieck）为祝贺毛泽东的生日，赠给中国一台蔡司公司制造的C型静电式电镜，也安装在应用物理所。随后，在中科院副院长吴有训的主持下，组建了电子显微镜实验室（以下简称电镜室），这是中国最早的电镜室，隶属金属物理研究组，由吴有训担任第一任室负责人，钱临照是第二任负责人，在中国开始了电子显微学在固体表面缺陷的应用研究。20世纪60和70年代电镜室分别由何寿安和杨大宇负责，隶属高压－金属物理研究室。

20世纪70年代杨大宇等把日立公司生产的HU-11电

镜从中科院科仪厂搬迁至物理所。HU-11电镜属于新一代的电镜，功能明显提高。用它开始了固体内部缺陷的研究。

二、电子衍射研究

在国内，电子衍射的研究始于1955年，当时李林在中科院冶金所开始了多晶体电子衍射的研究。1961年物理所晶体学室李方华用EM2/1M型电镜改装的电子衍射仪，开展了单晶体（单晶）电子衍射结构分析的研究。1977年，为配合非晶态合金磁光薄膜的研究，在磁学室开展了非晶体（以下简称非晶）电子衍射结构分析研究。在国内均属最早。

三、组建高分辨电镜实验室

1979年，根据学科发展需要，物理所组建了以国际前沿高分辨电子显微学研究为宗旨，科研与服务并举的高分辨电镜室（以下仍简称电镜室），隶属高压与金属物理室，科研业务直属所领导，由何寿安分管，李方华为负责人。在没有高分辨电镜的情况下，部分成员与装备有日本电子JEM 100B电镜的中科院感光所合作，另一部分成员争取成为北京市器材公司新引进飞利浦EM400电镜的用户，开展了石棉、新矿物、铌酸盐等晶体结构和缺陷的点阵像研究，使物理所成为中国最早开展高分辨电子显微学研究的单位之一。

1981年中科院北京地区公用的JEM-200CX高分辨电镜（点分辨率0.26纳米）安装在物理所电镜室。服务量大增，除拍摄像和协助操作常规服务以外，还根据用户提出的要求代为拟定实验方案，并予以实施，包括实验结果分析及撰文等，由杨大宇分工主管。1990年刘维接任室负责人，并分管服务和合作研究。李方华则一直分管自主科研。1987年中科院成立了北京中关村地区联合分析测试中心，物理所电镜室以“JEM-200CX高分辨电子显微镜小组”的名义加入该中心。在最初的5年内完成了服务项目69项。用户来自北京大学、清华大学等十所大专院校，院内外多个研究所和物理所的多个研究室。观察分析的样品涉及高温超导体、半导体、金属合金、氧化物、陶瓷、矿物、碳纳米管、高分子化合物及生物，其中大部分为晶体，也有准晶体和非晶体。充分发挥了当时国内极为短缺的大型贵重仪器高分辨电镜的作用，促进了学科的发展和学术交流。物理所电镜室1995年在中心召开的用户大会上获奖。

从1955年组建电镜室后，在物理所历次机构调整中，先后隶属于金属学研究组、高压-金属物理研究室、高压物理学术片、超导物理学术片、极端条件研究室和先进材料研究室，负责人先后为吴有训、钱临照、何寿安、杨大宇、李方华、刘维、蒋华（1999年接任，不久出国，由李方华代理）。2003年并入先进材料实验室，编号A04研究组，后来并入A06组。

四、会聚束电子衍射研究

1980年，冯国光从英国布里斯托尔大学回国，在物理所李林的研究组开始了会聚束电子衍射方面的研究。当时物理所没有分析型透射电镜，他们就利用中国林业科学研究院的飞利浦EM400T开展工作。1985年冯国光兼任中科院北京电子显微镜开放实验室副主任，研究条件改善，能使用该实验室当时最先进的分析型电镜飞利浦EM430和EM420开展工作。冯国光及其合作者与北京电镜实验室的褚一鸣、彭练矛、段晓峰等开展合作研究，在晶体的对称性、半导体应变层超晶格中应变分布的表征、高温超导体的结构和会聚束电子衍射图的理论模拟等方面的研究都取得了重要进展。

五、超导实验室引进分析型电镜

为了适应高温超导和新材料研究的进展，1989年，国家超导实验室（筹）主任赵忠贤争取到专款，购置了一台日立H-9000NA分析型电子显微镜，用于超导材料块材和薄膜晶体结构的研究。H-9000电镜前期由李林主管。李林等用此电镜完成了一系列超导块材和薄膜结构的研究工作。1998年，李建奇加入李林研究组，后来组建SC02研究组，用百人计划的经费购置了电镜的配件，对该电镜进行了一系列升级改造，包括原位高低温结构分析技术，在70K情况下，透射电镜（TEM）图像分辨率达到0.25纳米，直接观察了一系列超导材料的结构相变。同时购置了专用高分辨样品台，电子显微镜的分辨率达到0.2纳米。此外，也配备了样品的拉伸装置。李建奇等在编入先进材料实验室之前，一直用该电镜开展强关联材料的电子显微学研究（参见第十一章“超导物理、材料和应用”）。

六、表面物理实验室引进并改造场发射枪透射电镜

2005年表面物理实验室王恩哥研究组购置了一台

JEM-2010F场发射枪透射电镜。白雪冬等与厂商合作研制了原位透射电镜扫描探针综合测量系统，开展了纳米材料物性的原位测量研究（参见第十六章“表面物理”）。

七、北京电子显微镜实验室并入物理所

1997年1月，中科院北京电子显微镜开放实验室（以下简称北京电镜实验室）由中科院科仪中心进入物理所编制。北京电镜实验室作为中科院最早的开放实验室成立于1985年，郭可信任第一、二届实验室主任，张泽任第三、四届主任。北京电镜实验室在电子显微学理论、实验技术和准晶、半导体、高温超导体等材料的研究方面都取得了很多重要成果，并为中国电子显微学的发展培养出一批优秀人才。进入物理所后，张泽任实验室主任。实验室分成两个研究组。E01组，研究方向为电子衍射物理，组长彭练矛。E02组，研究方向为低维纳米材料，组长张泽。实验室共有6台透射电镜：荷兰飞利浦CM200/FEG、CM12、EM430、EM420，德国欧波同CEM902，以及日本电子JEM-2010。

北京电镜实验室进入物理所后与很多实验室开展合作研究。郭可信及其合作者继续开展准晶及其近似晶体相的结构研究，并编辑出版《准晶研究》一书，系统地总结了准晶的研究工作。张泽及其研究组开展了低维纳米材料的显微结构与性能研究，2002年担任国家973计划项目“纳米尺度下材料性能（原位/外场下）的表征及科学问题研究-纳米尺度极端条件下显微测试表征技术的发展及相关问题研究”的首席科学家；并与表面物理实验室的薛其坤、杜小龙等，磁学室的赖武彦、韩秀峰等开展了宽禁带半导体、磁隧道结等材料的合作研究。彭练矛等继续开展了定量电子显微学的基础理论和应用研究，并与超导实验室的赵忠贤、赵柏儒、董晓莉等开展了高温超导材料中的调制结构和相分离的研究。

2002年7月北京电镜实验室更名为中国科学院电子显微镜重点实验室，由中科院科仪中心迁至物理所。部分电镜（飞利浦CM200/FEG和CM12，日本电子JEM-2010）搬进凝聚态物理楼（D楼）；新购置的美国FEI公司的Tecnai F20透射电镜和XL30扫描电镜也安装在D楼。

八、电子显微学研究纳入先进材料和结构分析实验室

2003年先进材料和结构分析实验室成立，李建奇任实验室主任，共分6个研究组，其中4个以电子显微学研究为主。原北京电镜实验室的E01和E02组分别编为A01和A02组，继续原研究方向，组长、组员基本如前；原物理所电镜室编为A04组，研究方向为电子晶体学图像处理，组长李方华（代）；原物理所SC02组编为A06组，研究方向为功能材料的电子显微学，组长李建奇。2004年张泽、彭练矛先后离开物理所，先进材料和结构分析实验室的研究组进行了改组，A02组撤销，组员并入A01组，段晓峰任组长；A04组撤销，组员并入A06组。2007年，禹日成调入A01组任组长。2009年以后，物理所副所长冯稷兼任先进材料和结构分析实验室主任。

先进材料和结构分析实验室拥有多台性能先进的透射电镜，注重电子显微学理论和实验方法研究及其在凝聚态物理、材料科学及生命科学中的应用。A01研究组以现代分析电子显微学及其应用为研究方向，在会聚束电子衍射、电子能量损失谱、电子全息、洛伦兹电子显微术以及在外加电场、磁场的原位透射电子显微术等电子显微学方法及其在半导体、铁磁合金、铁电体、高压合成材料等的应用研究方面获得一些重要成果。A06研究组以功能材料的电子显微学及电子晶体学图像处理为研究方向。其中李建奇等的工作运用高分辨像、电子能量损失谱、电子全息、原位TEM技术等对强关联体系，如高温超导体、庞磁电阻锰氧化物和多铁材料等进行了系统研究；李方华等的工作重点是高分辨电子显微像衬度理论和像分析方法及其应用的研究，近年着重在借助解卷处理方法与原子识别相结合，研究半导体、高温超导体、多铁等材料中的高分辨晶体缺陷核心结构的测定，揭示出实验像中隐藏着的结构信息。

九、实验室的设备管理、技术培训和对外服务

2002年实验室的电镜搬进新建的D楼的地下室，由于每台电镜的循环冷却水系统都把热量排放在地下室的走廊里，对实验室的环境影响很大，杨新安、段晓峰等通过调研，结合实际情况，请北京众合创业科技发展有限责任公司开发了利用D楼冷却水的循环系统，有效解决了影响实验室环境的问题。循环水中生长微生物长期影响循环冷却水系统正常工作，杨新安通过在冷却水回路中增加了两路并联的过滤器，可以在电镜不关机的情况下更换滤芯，彻底解决了循环水中生长微生物的问题。2007年杨新安等自行制备了电子全息实验用的静电双棱

镜的镀金二氧化硅细丝，直径小于1.2微米，测试结果良好。这项工作填补了国内技术空白。

王凤莲等建立了多种新材料的TEM样品制备方法：横截面样品制备、小角度解理、化学反应离子减薄、包埋－超薄切片－低能离子减薄等，在国内首先应用低能离子减薄技术制备了多层结构半导体材料、超导材料、热敏感材料等。

实验室组织了四届“全国电子显微学讲习班”，已有国内几十个科研院所及高等院校的近千名专业人员参加，学习了电镜的理论和实验方法，以及样品制备技术。2010年实验室开设了电子显微学基础的研究生课程，有10位教师参加授课，讲述了电镜操作、样品制备、电子衍射、高分辨电子显微学、电子能量损失谱、电子全息等的理论和实验技术。公共技术人员每年都对新进实验室的学生进行统一的技术培训。

实验室的日本电子JEM－2010透射电镜和FEI公司SIRION场发射扫描电镜承担了对所内外的测试服务，透射电镜约600时／年，扫描电镜约1500时／年，每年的测试费收入支持了实验室的设备运行和维护。

经过近60多年的发展，电子显微学已经成为物理所在国内外有重要影响的学科。2010年国家财政部批准成立以物理所为依托的中关村物质科学大型仪器区域中心的亚埃尺度物质结构分析平台，购置一台最先进的双球差校正冷场发射枪透射电镜及相应的样品制备设备。

第二节 早期的透射电子显微学和电子衍射

按透射电子显微学成像衬度的机制，显微像可分为三类：质厚衬度像、衍射衬度（又称衍衬）像和相位衬度像。本节包括前两类显微像以及独立于电子显微学所发展的电子衍射工作。按惯例把相位衬度像归入第三节的高分辨电子显微学中。

一、质厚衬度显微像的晶体缺陷研究

1955年钱临照、何寿安在中国开创了电子显微学在固体物理中的应用研究。他们借助表面复型技术，把纯度为99.6%和99.99%铝单晶表面的结构形态复制在有机薄膜中，用分辨本领为100纳米的EM2/1M型电镜，观察、拍摄了有机薄膜复型的质厚衬度电子显微像，从显微像衬度分析中得出铝单晶滑移带的结构，指出滑移带的滑移量并不固定在200纳米左右；除在滑移带内有滑移量小一个数量级的精细结构（称滑移层）之外，还观察到与滑移层平行并有周期性的直线痕迹，提出这些直线痕迹是范性形变所致[1]。随后，他们进一步报道了经电解抛光处理的高纯度铝表面的电子显微像，发现先前所见的直线痕迹处处皆是，表现为近乎均匀分布的细滑移线，滑移量估计约为50纳米，且在晶体形变早期即已出现，应是滑移机制中的重要现象之一[2]。1956年李林参加了在日本召开的亚太电子显微学大会，代表钱临照等做了学术报告，这是中国第一次参加国际的电子显微学学术交流。

二、衍射衬度像和薄膜样品制备

1964年，钱临照、杨大宇参加冯端在上海主持的X射线衍射研讨会。钱临照作了X射线衍衬实验综述报告，报告中涉及当时国际上盛行的电子衍衬像技术。20世纪70年代杨大宇等把日立公司生产的HU－11电镜从中科院科仪厂搬迁至物理所。该电镜具有选区电子衍射功能，可拍摄衍衬像。为适应新一代电镜可以观察固体薄膜内部缺陷的需要，杨大宇参考国外制备薄膜电镜样品的文献资料，和陈希成合作设计并研制成功国内第一台制备电镜样品的离子减薄机[3]。他们用自制的离子减薄机制备了矿物和吉林陨石的薄膜样品，并用HU－11电镜观察、拍摄、分析了这些样品的明场像[4]。这样物理所的电子显微学研究从早期借助复型观察晶体表面缺陷，跨越到用薄膜样品间接观察晶体内部缺陷。物理所早期的质厚衬度和衍衬电子显微学研究，以及制备减薄样品的技术和经验，为后来开展高分辨电子显微学研究打下基础。

三、单晶和非晶电子衍射

1961年，晶体学室X射线单晶结构分析研究组李方华等接管了EM2/1M型电镜，改造了镜筒和光路，设计并请所工厂加工了透射和反射两个具有平移、旋转和倾转功能的样品台，把电镜改装成电子衍射仪。用它在国内最早开展了单晶电子衍射结构分析的研究，并发展了分析方法，从而测定了23烷醇的晶体结构，包括氢原子的位置，这是中国最早的单晶电子衍射研究，也是用衍射方法测定氢原子位置的最早工作。同时观察分析了铁镍合金多晶磁膜的衍射花样、硫化锌场致发光薄膜的择

优取向和一批子弹头表面的电子衍射花样。1977年，为配合磁光薄膜的研究，李方华等在磁学室开展了非晶电子衍射结构分析和方法研究，亦属国内最早。他们测定了稀土和过渡元素非晶合金磁性薄膜中的原子径向分布函数和配位数（参见第三章“磁学”）。其中涉及电子衍射非晶结构分析方法研究的结果于1980年发表在《物理学报》，1981年被美国物理学会翻译成英文刊登。以上单晶和非晶电子衍射结构分析方法的研究，对后来开展高分辨电子显微像衬度理论和像分析方法研究有一定引导作用。

第三节　高分辨透射电子显微学

20世纪70年代初，国外报道了能直接观察晶体中原子团的相位衬度像，称高分辨电子显微像（以下简称高分辨像或像），逐渐在透射电子显微学中形成了“高分辨电子显微学”分支，为测定晶体结构提供了不同于衍射方法的新手段。此手段尤其适用于衍射方法难以测定的微小完整晶体结构，以及缺陷晶体的局域结构。

一、晶体微结构的直接观测

国际上高分辨电子显微学的早期工作集中在直接观测晶体结构和缺陷，建立像模拟计算的方法，以及用模型法测定晶体结构。物理所在开展高分辨电子显微学的最初十年间，首先借助前人建立的高分辨电子显微学实验技术和分析方法，研究材料的晶体结构、晶体缺陷和微结构。电镜室成员应国内矿物界的需求，在国内新矿物中观察到许多新的结构现象，展示了用高分辨点阵像技术研究矿物微结构的优越性，为合理地解释矿物的成分、结构、性能之间的联系提供了依据。同时配合物理所晶体生长工作，观察了钨青铜结构类型难长晶体的微结构，为改进工艺、提高晶体性能提供结构上的依据。后来随着高温超导体和准晶体（以下简称准晶）的发现，以及纳米材料的兴起，充分利用了20世纪80年代建立的高分辨电子显微学实验和分析技术，适时地配合物理所各种新材料的研究，起到了不可缺少的作用。

（一）新矿物和人工晶体

在实验室建设初期，基本上根据所内外的需求选定研究对象，以中国发现的新矿物居多。这类工作主要集中在20世纪80和90年代初，由杨大宇、刘维和李方华按晶体分头负责。

在自然环境下形成的矿物常含有各种形态的微结构，如混生、交生、孪生、层错、位错、晶畴等。用高分辨电子显微镜拍摄点阵像是唯一能直接观测晶体微结构的手段。中国矿物、地质界的专家陈光远、彭志忠、付平秋、江绍英、马喆生、张培善、周景良、朱自尊等十分关心高分辨电镜在矿物方面的应用研究。在他们的支持和合作之下，杨大宇、刘维等用点阵像技术，在弓长岭磁铁矿中观察到许多新的结构现象，在莱河矿 $(Fe^{3+}_{1.00}\ Fe^{2+}_{0.58}\ Mg^{2+}_{0.03})[Si_{0.96}O_4]$ 中观察到晶畴结构，在纤蛇纹石矿 $Mg_6[Si_4O_{10}(OH)_{10}](OH)_8$ 中观察到生长缺陷和电子辐照损伤[5]。刘维等发现了一种多边形卷层结构的蛇纹石，直径达150纳米[6]，并在角闪石石棉 $(Mg\cdot Fe)_{17}Si_{20}O_{54}(OH)_6$ 的点阵像中，证实了沃兹利（Wadsley）缺陷和（100）双晶的普遍存在[7]。在中国发现的钡－铈氟碳酸盐矿物黄河矿 $BaCe(CO_3)_2F$ 和氟碳铈钡矿 $Ba_3Ce_2(CO_3)_5F_2$ 的点阵像中，樊汉节等观察到对应于钙－铈氟碳酸盐晶体的点阵条纹，并分析出这两个矿物试样夹杂有多种不同组分的钙－铈氟碳酸盐和钡－铈氟碳酸盐单层，某些区域甚至是由不同组分的钙－铈氟碳酸盐和钡－铈氟碳酸盐薄片无序堆垛而成，其中往往含有因堆垛错而引起的位错[8]。

1990年前后，李方华等与日本学者桥本初次郎合作进行了矿物微结构的研究。产于中国的岫岩玉 $Mg_{42}Si_{30}O_{75}(OH)_{54}$ 和产于马忒洪峰的蛇纹石 $Mg_{60}Si_{42}O_{105}(OH)_{78}$ 均属于叶蛇纹石家族。1989年，除直接观察到它们都有面缺陷之外，还发现二者的区别在于超结构的周期不同，以及杂质原子数目和种类的差异。另一个矿物是中国新发现的安康矿 $Ba_{0.827}(Ti_{5.827}V_{2.2954}Cr_{0.053})O_{16}$。1990年观察了北京地质大学马喆生提供的安康矿样品，除肯定了马喆生等认为安康矿有一维无公度调制结构的结论，还得出其结构是由钡离子空位而导致的位移型无公度调制结构，否定了20世纪80年代L.A.布尔希尔（Bursill）等用交生结构模型对矿物无公度调制结构的解释。

在人工生长晶体方面，吴乾章研究组生长了两种难长的钾－铌复合氧化物，钾与铌之比分别为1:7（$K_2O\cdot 7Nb_2O_5$）和1:4（$K_2O\cdot 4Nb_2O_5$），他们希望从结构的角度了解影响晶体完整性的原因。20世纪80年代中期，点阵像观察发现两个晶体都含有大量微晶畴。在1:7的晶体中有位移畴，在1:4的晶体中有反相畴和反演畴[9]。在铌酸盐研究组早期生长的铌酸锶钠锂（$Sr_4NaLiNb_{10}O_{30}$）晶体中，曾用光学显微镜观察到较多解理裂纹和裂缝，

1982年用高分辨电镜则观察到大量微晶畴。1988年，在姜彦岛等生长的锂－钛复合氧化物（Li_2O-TiO_2）晶体中，观察到两个相互交生的三方相，以及夹在三方相中的金红石晶体（TiO_2）。

上述工作主要发表在《中国科学》《科学通报》《物理学报》《矿物学报》《硅酸盐学报》、*Acta Cryst.* B、*Philos. Mag.* B等期刊，其中完成于20世纪80年代前期者于1984年获中科院科技成果二等奖；完成于80年代中、后期者于1989年获中科院自然科学二等奖。

（二）高温超导体

在高温超导体发现之前，低温物理研究室李林等与刘维合作，用电镜研究了常规超导体多股铌－钛复合超导线材中的晶界和亚晶界。国际上发现高温超导体之后，电镜室配合所内相关研究组对新合成的材料做了大量的物相鉴定和晶胞参数测定。早期在$YBa_2Cu_3O_{7-x}$高分辨像中，直接观察到（110）孪晶畴和90°晶畴；在$NdBa_2Cu_3O_y$中观察到尺寸为数十至数百纳米的90°微晶畴；在以Tl为基的超导氧化物$Tl_{0.4}BaAl_{0.6}CaCu_3O_y$和$TlSr_2CaEr_{0.5}Cu_3O_y$中观察到无序堆垛。较重要的结果是1988年与赵忠贤研究组合作，最早确定在铋系高温超导体中有一维无公度调制结构[10]。

随后电镜室配合高压、超导、表面等研究组做了大量合作研究。刘维等与高压物理组合作，用高分辨像研究高压合成方法制备的HgBaCaCuO超导体，几乎和国外同时发现了汞系Hg－1212、Hg－1223两相交生和Hg－1212、Hg－1223、Hg－1234三相交生的现象。继而在汞系中又发现了Hg－2435相（即Hg－1212+Hg－1223）[11]。同时用高分辨像结合电子衍射研究了高压合成的无限层高温超导化合物$Sr_{0.86}Nd_{0.14}CuO_2$，第一次在无限层超导化合物中直接观察到由四方－正交相变过程导致的孪晶畴和沿*b*方向的二倍超结构，并且借助模拟像证实了沿c方向二倍超结构的形成与氧空位有关。与超导研究组合作，在LaCuO系超导氧化物研究中，对比标准化学比和富铜的LaCuO样品的高分辨像，发现富铜的LaCuO样品中存在相分离现象。

在高温超导薄膜方面，李林研究组与刘维合作，用高分辨电镜研究该组在白宝石（Al_2O_3）、ZrO_2和$SrTiO_3$单晶衬底上，用不同方法制备的氧化物超导薄膜，如$YBa_2Cu_3O_{7-x}$、$GdBa_2Cu_3O_y$和$Tl_2Ba_2CaCu_2O_5$（Tl－2212）等。在$GdBa_2Cu_3O_y$薄膜中直接观察到90°畴和缺陷[12]。在$LaAlO_3$衬底上生长的Tl－2212薄膜的点阵像中观察到大角度晶界，并发现在Tl－2212/ $LaAlO_3$界面上有Tl－2223的晶粒。对于在$SrTiO_3$衬底上生长的$YBa_2Cu_3O_{7-x}$薄膜，详细地观察了薄膜取向、微结构（包括晶格畸变和局域非晶化等）以及薄膜和衬底之间界面上的晶格匹配状态。李林等在大量电镜观察和电性测量的基础上，讨论了薄膜微结构与性能之间的关系，得出重要结论如下：①孔洞、杂相和非共格晶界等降低薄膜的超导电性；②正交钙钛矿结构$YBa_2Cu_3O_{7-x}$的晶胞参数*b*和*c*/3与$SrTiO_3$的*a*很接近，因此容易外延生长出单相薄膜，是具有较高致密性和良好超导性的重要因素；③制备出单相、均匀、致密和有规则的*c*取向薄膜是提高电流密度的关键[13]。同时比较了用激光淀积和磁控溅射方法生长$YBa_2Cu_3O_{7-x}$的结果，指出只要掌握好工艺参数，两种方法均可制备出外延的*c*取向单相$YBa_2Cu_3O_{7-x}$薄膜，以应用于超导量子干涉器件（SQUID）。至于生长在$LaAlO_3$衬底的Tl－2212薄膜，发现当薄膜和衬底表面缺陷很多时，用其制备出的台阶边沿结的*I-V*特性不好，而*I-V*特性好的则未见缺陷[14]。

以上研究结果主要在《物理学报》《电子显微学报》、*Ultramicroscopy*、*J. Modern Phys.*、*Modern Phys. Lett.*、*Supercond. Sci. Technol.*、*J. Phys.* D、*Phys. Rev.* B、*Physica* C等期刊上发表。1990年，物理所以"高温超导体的发现与研究"项目获国家自然科学奖一等奖，其中包括电镜室许多成员的贡献。

（三）纳米材料

1991年饭岛澄男用电子显微镜发现了碳纳米管后，物理所迅速开展了相关的研究。刘维等与解思深组合作，首先在该组制备的纳米材料中观察到碳纳米管和超长的碳纳米管。随后又对热解法制备的碳纤维进行了观察，2000年用二次电弧放电法制备的碳纳米管样品中观察到内径等于0.4纳米的碳纳米管（参见第二十章"纳米物理与器件"）。此外，还曾研究液态合金经高压淬火直接形成的Pd－Si块状纳米晶体，得出了反映结构特征的点阵像。

二、从相位子缺陷准晶到准晶结构测定方法研究

1984年D.谢克特曼（Shechtman）在Al－Mn合金中发现了有二十面体对称性的准晶之后，国内外纷纷开展了准晶的研究。初时研究多集中在寻找新的准晶材料。在物理所所长杨国桢的领导下，陈熙琛组、麦振洪组和

电镜室协同开展准晶的研究（参见第四章“金属和非晶物理”和第二章“晶体学”），定期举办研讨班，由李方华主持。电镜室侧重于研究相位子缺陷准晶和准晶结构测定方法。工作始于高分辨像和电子衍射的观察和分析，根据实验结果所做出的推断“准晶－晶体过渡态”把工作推向准晶体学的理论研究。理论解释了过渡态源于相位子缺陷，使“过渡态”在实验与理论的相互印证下得到充分确认。随后高分辨像被用来求定局域相位子应变量，并使高分辨像的模拟工作摆脱人为大晶胞。最后工作再进一步扩展到测定准晶结构的新方法。

（一）准晶－晶体过渡态的直接观测

1988年，发现快速凝固的二十面体Al−Cu−Mg准晶沿五次对称轴拍摄的电子衍射花样明显畸变，不严格遵循黄金律。相应地高分辨像上观察到等间距的条带，以及反映相同原子团的等间距白点，且条带和白点的间距分别等于其晶体近似相 $(Al, Zu)_{49}Mg_{32}$ 的（200）和（111）面间距。于是推断被观察样品处于准晶与其晶体近似相之间的过渡态。1989年，在陈熙琛组用坩埚冶炼的二十面体准晶 Al_6CuLi_3（称T2相）中，发现畸变的电子衍射花样处处皆是，而且畸变程度各不相同。据此进一步推断，二十面体准晶与体心立方晶体之间可能存在连续的过渡态。

（二）准晶与晶体近似相之间关系

为证实上述推断，从理论上开展了完整准晶及其近似晶体相之间关系的研究[15]。首先，把准晶点阵描述为一个六维周期点阵与三维物理空间相截所得出的三维超截面。然后，在与物理空间相垂直的赝空间中引入线性相位子应变，推导了完整准晶点阵与有线性相位子应变的准晶（称相位子缺陷准晶）点阵在正空间和倒易空间之间的数学关系式，以及完整晶体和相位子缺陷准晶的结构因子表达式。由此得出一个重要结论，即线性相位子应变的作用等效于物理子空间相对于原六维空间进行旋转。在线性相位子作用下，完整准晶转变为处于准晶与晶体之间过渡态的相位子缺陷准晶，而在一个特定的线性相位子作用下，准晶将转变为其晶体近似相。于是从理论上阐明了过渡态的特性及其存在的合理性。而且只需给定一个线性相位子量，即可计算有相位子缺陷准晶的电子衍射花样和高分辨像，以此与实验结果比较，有助于对电子衍射花样和高分辨像做更深入的分析。

（三）准晶－晶体过渡态得到理论与实验的相互印证

在推导出的准晶点阵数学公式中，加入相位子应变。与麦振洪研究组合作，针对T2准晶相，改变相位子应变量，分别计算垂直于二次和三次对称轴的准晶零层倒易点阵平面。计算结果与一系列实验的畸变准晶电子衍射花样匹配良好：①肯定了实验观察到的畸变电子衍射花样反映T2相准晶与其晶体近似相（Al_5CuLi_3，称R相）之间不同阶段的过渡态，这是第一次从实验上几乎连续地展示出T2相向R相之间的过渡态；②确认实验上观察到的畸变准晶源于相位子应变；③从实验上证明了线性相位子应变是在结构上联系T2相与其R相之间的桥梁；④实验证明准晶与其近似相之间可以有连续的过渡态。

（四）准晶高分辨像的模拟计算和测定局域相位子应变量

1992年，李方华在日本冈山理科大学用400千伏、点分辨本领0.17纳米的高分辨电镜拍摄了T2准晶相沿五次轴投影的高分辨像，直接观察到准晶有相位子缺陷。按相位子缺陷准晶的六维结构因子公式和根据高分辨像的成像原理，计算了弱相位物体情形的高分辨像。当相位子应变量等于某一定值时，实验像和模拟像的衬度符合良好。这种做法提供了求定局域相位子应变量的方法，也是首次在计算准晶的高分辨像时无需佐以人为构建的大晶胞。

以上研究结果，1993年以“二十面体准晶与其（1/1）立方近似相之间关系”为题，李方华应邀为*Crystal Quasicrystal Transition*一书撰写了一章[16]，由爱思唯尔出版社出版。

（五）测定准晶结构新方法的研究及应用

为了避免不同的六维原子沿赝空间延伸而重叠，把准晶描述为六维晶体在物理空间的投影（用投影和截面描述准晶是等价的）。因准晶与其晶体近似相对应于同一个六维结构模型，故提出一个求定准晶结构的方法，即从近似晶体相的已知结构出发，先在六维空间构建一个六维晶体结构模型，然后把六维晶体投影到三维物理空间，得出准晶结构模型。1990年从T2相准晶的R相的结构出发，构建了六维Al−Cu−Li的结构模型，再把六维模型投影到物理空间，求得T2相准晶的结构模型。1992年从i−(Al−Mn−Si)准晶的晶体近似相α−(Al−Mn−Si)的晶体结构出发，用同样方法求得i−(Al−Mn−Si)准晶在三维空间的结构模型[17]。

此外，还以Al−Cu−Fe合金为例研究了二十面体准晶与单斜晶体之间的关系，也研究了八次对称准晶与β-Mn型晶体之间的关系。

物理所三个单位（电镜室、麦振洪组、陈熙琛组）对准晶的协同研究工作于1992年获中科院自然科学二等奖。

三、模型法测定晶体结构

除直接观测晶体的微结构之外，高分辨像的另一个重要用途是测定完整晶体的结构。迄今高分辨电子显微学中测定晶体结构的惯用方法是模型法。当晶体很小，难以用X射线衍射测定其结构时，参考高分辨像的衬度，根据对结构的估计或初步了解，提出若干可能的结构模型，然后计算这些模型的像衬并与实验对比，以确定正确模型。然而模型法有其局限性：①高分辨像未必直接反映结构，需事先对被测结构有所了解，方可提出模型；②需在同一个样品区拍摄一系列不同离焦量的像（离焦系列像），故晶体需较耐电子辐照；③即使像直接反映结构，但由于电镜分辨本领不足，像上往往不能显示出全部原子。20世纪80年代，开展了模型法测定晶体结构的研究。一方面是为了引进、应用国外的方法，另一方面是进一步了解模型法的局限性，以决策是否开展新方法的研究。

（一）模型法测定晶体结构的应用

1982年，李方华应日本学术振兴会邀请，访问大阪大学应用物理系桥本研究室，携带了中国新发现的氟碳铈钡矿和黄河矿。前者的基本结构参数已知，仅原子位置待定。黄河矿的晶体结构已知，在此作为辅助样品。使用桥本研究室分辨本领为0.3纳米的电镜拍摄了两个矿物的离焦系列高分辨像，从黄河矿的系列像中找出直接反映结构的像（结构像），然后参照黄河矿结构像衬度的特征，挑选出氟碳铈钡矿的结构像，根据后者的衬度和结晶化学知识，猜测重原子铈和钡的位置。轻原子碳、氧和氟原子的可能位置有多种。最后，使用他们计算高分辨像的软件，分别计算了七个可能结构模型的离焦系列高分辨像，再一一与实验离焦系列像对比，确定出正确的结构模型。在测定晶体结构的过程中，发现在较厚的样品区，轻原子的像衬相对增高，说明电子衍射的动力学效应有助于提高轻原子像衬。于是一反选用极薄样品的惯例，利用了较厚样品区的电子衍射动力学效应。这是从七个可能模型中唯一地确定出正确结构模型的关键。同时从大量实验和计算结果中观察到较轻和较重原子的像衬随晶体厚度有一定变化规律，这对后来开展高分辨像衬理论研究很有帮助。

此外，在挑选结构像、构建结构模型、计算高分辨像并与实验像匹配等一系列工作中，具体体会到模型法的局限性，为后来开展新方法的研究作了准备。

1983年，大阪大学桥本研究室把计算高分辨电子显微像的软件赠给物理所。此时物理所的JEM-200CX高分辨电镜已安装调试完毕，在设备、计算程序和工作经验三个层面上，物理所电镜室是国内较早具备开展尝试法测定晶体结构的单位。

1984年，刘维、杨大宇等使用该软件计算了钡-铈氟碳酸盐家族中另两个新矿，氟碳钡铈矿和白云鄂博矿（氟碳钡铈矿中掺有钠原子）的高分辨像，分析了重原子钡、铈和轻原子氟、钠的像衬，印证了X射线结构分析的结果。

（二）对摆脱模型法局限性的思考

早在20世纪70年代，施汝为组织物理所调研时，从事电子衍射的人员曾从文献中感觉到模型法的局限性，李方华常思索、探讨摆脱局限性的问题。通过W.O.萨克斯顿（Saxton）和R.W.格尔希伯格（Gerchberg）工作的启发，以及与范海福的讨论，逐渐形成两个想法：其一是当高分辨像能直接反映被测晶体的结构时，结合电子衍射花样，可以提高像分辨率；其二是设法把原本不直接反映晶体结构的像转换为结构像。第一个想法的依据是：高分辨透射电镜可提供两种信息，分别是处于物镜像面的高分辨像波振幅和处于后焦面的衍射波振幅，像波与衍射波互为傅里叶变换关系。像的分辨率受电镜点分辨本领限制，20世纪80年代初达到0.26纳米，达不到分辨原子的水平。然而电子衍射的分辨极限优于0.1纳米。第二个想法的依据是：在衍射晶体学中，为求定衍射波相位设置了判据，如直接法中的赛瑞（Sayre）等式。以上两个想法分别于1977年和1979年发表在《物理学报》。

第四节　电子晶体学图像处理

本节的内容是在高分辨像衬度理论和高分辨像分析方法研究的基础上，建立测定晶体结构新方法，以及新方法的应用。新方法的萌芽是上一节所述的两个新想法，其核心是衍射分析与高分辨电子显微学相结合，属于电子晶体学范畴，而形式上是图像处理，故称之为电子晶体学图像处理。从物理学的角度看，是求解高分辨电子显微学的逆问题。这是一项由物理所自行提出的全新的研究内容。虽然为达到同一目的，欧洲学者进行了出射波重构的研究，但途径不同。欧洲学者从一系列离焦像出发；物理所研究人员从一幅像出发，并充分利用了晶体学和晶体的特性。

2010年，物理所在*Phys. Status Solidi* A出版了一期专辑，该专辑刊登了一篇以*Developing Image-Contrast Theory and Analysis Method in High-Resolution Electron Microscopy*为题的综述文章[18]，总结了物理所近30年来这方面的工作。本节大部分内容的出处均列于该综述文章的参考文献目录中。

一、测定弱相位物体结构的新方法

弱相位物体是指由轻原子（原子序数很小）所组成，或者是很薄的物体。电子波穿过弱相位物体之后，相位改变不大，振幅不变。实际的固体材料多不严格满足弱相位物体的条件。

20世纪80年代中前期，李方华和范海福两个研究组合作，借助解卷处理和相位扩展实现上述两个新思想，大致分别负责有关高分辨电子显微学方面和X射线衍射分析方面的问题。

（一）解卷处理

在弱相位物体近似下，高分辨像的强度正比于反映物体结构的投影电势分布函数与物镜传递函数傅里叶反变换之卷积。于是提出从任意一幅原本不直接反映晶体结构的高分辨像出发，借助解卷（卷积的反操作）处理，把像转换为结构像。1986年设计了解卷处理的算法，并借用衍射分析中直接法的赛瑞等式作为判据，以测定拍摄高分辨像时的物镜离焦量。选取了较接近弱相位物体的有机晶体氯代酞菁铜的理论计算像为试验对象，证实通过解卷处理，可把一幅原本不直接反映晶体结构的像转换为结构像。但是在分辨率等于0.2纳米的解卷像上，只能分辨出铜和氯原子，碳、氮、氧原子则因散射本领弱和结构像分辨率不足而分辨不开。

1991年李方华等尝试把信息论中的最大熵原理应用于解卷处理，作为确定高分辨像离焦量的判据，效果与上述借助直接法解卷相当。后来进一步研究了最大熵解卷的特性，发现它有重要的优越性。最大熵原理较易为电子显微学工作者所接受，逐渐成为解卷处理的主要工具。

（二）相位扩展

1985年，仍以氯代酞菁铜为对象，试验了结合电子衍射信息，通过相位扩展提高像分辨率的可行性。在试验中，把分辨率为0.2和0.25纳米的投影电势作为结构像，把分辨率等于0.1纳米的结构因子平方作为衍射强度。结合前者的相位和后者的振幅，运用X射线衍射分析的程序，得到结构像。证明结合电子衍射强度，通过相位扩展，可以提高结构像的分辨率，使之超出电镜的分辨本领，而接近电子衍射分辨极限，约0.1纳米或更高。

1989年，向日本京都大学植田夏索取到用500千伏、点分辨本领0.2纳米高分辨电镜拍摄的氯代酞菁铜晶体高分辨像，先后试验了解卷处理和相位扩展，均得到满意结果。

至此，建成一套全新的高分辨电子显微像图像处理技术，称电子晶体学二步图像处理技术。其特点是高分辨电子显微学与衍射晶体学相结合，可用于从头测定晶体结构，不受模型法的局限性，但原则上仅适用于弱相位物体，试验证明可略放宽至基本上由轻原子组成的薄晶体。

以上研究工作均发表于*Acta Cryst.*或*Ultramicroscopy*。1994年以“电子晶体学二步图像处理”为题，应邀在第13届国际电子显微学会议作了邀请报告。1992年获中科院自然科学一等奖，两位学术带头人李方华和范海福于1991年获中国物理学会叶企孙物理奖。至此这个研究项目似可画上句号了。可是，物理所电镜室李方华等又再度踏上征程。因为欲使电子晶体学二步图像处理技术能合理且普遍地应用于实际晶体，还需要有相应理论的支持。于是，引申出了理论的研究。

二、高分辨电子显微像衬度理论

（一）实用像强度解析表达式的推导和新像衬理论的建立

因为能摄得高质量像的晶体多是厚度小于10纳米的薄晶体，所以实用的像衬理论应该与较弱的动力学电子衍射相当。1985年，李方华等从J.M.考利（Cowley）和A.F.穆迪（Moodie）沿物理光学途径得出的动力学电子衍射理论出发，改为弱动力学衍射的约束，推导出一个实用的像强度近似解析表达式。该式包含了与晶体厚度有关的投影电势二次项，近似程度高于弱相位物体近似，称之为赝弱相位物体近似[19]。再用高斯函数替代该表达式中的电势投影函数，分析出像强度随晶体厚度变化的明显规律，并发现本章第三节之三的（一）所述的氟碳铈钡矿像衬规律与此相一致。1986年，在理论的指导下，设计了$Li_2Ti_3O_7$晶体高分辨像衬的观察，进一步验证了理论与实验结果的一致性。这是第一次推导出与晶体厚度有关的高分辨像强度的解析表达式，也是第一次从高分辨像上观察到轻如锂原子的像衬。

（二）根据实用像衬理论探讨电子晶体学二步图像处理的实用性

赝弱相位物体近似说明，只有晶体厚度小于临界值的像才可能直接反映结构。从赝弱相位物体近似理论得出以下结论：①在晶体厚度小于临界值时可以进行解卷处理。此时的解卷像正确显示出原子的位置，只是原子的像衬不再与原子序数成线性关系；②选择较厚的像区可择优观察较轻的原子；③通过对厚度不同的系列像进行解卷处理，分析像衬随厚度的变化规律，有助于识别不同种类原子；④电子衍射的动力学效应不可忽略，需要对衍射强度进行处理，使之尽可能接近晶体结构因子的平方，方可用于相位扩展中。

三、实用的电子晶体学二步图像处理方法

在赝弱相位物体近似像衬理论的指导下，从20世纪80年代后期开始，李方华等在上述电子晶体学二步图像处理技术的基础上予以完善、发展，使之适用于实际晶体。

（一）建立电子衍射强度校正方法

如上所述，最需要校正的是电子衍射动力学效应，其次是埃瓦尔德球的曲率效应，以及电子辐照效应和晶格畸变等引起的衍射强度变化。考虑到难以把衍射畸变写成准确的表达式，1996年参照X射线衍射分析中的重原子法，并借鉴Wilson统计方法，建立了概率性的电子衍射强度经验校正方法，与传统的相位扩展方法合为一体，形成特别针对电子衍射的相位扩展方法。用高温超导体$YBa_2Cu_3O_{2-x}$晶体的实验电子衍射强度进行检验，证明此方法很有效。1997年，在测定$Bi_4(Sr_{0.75}La_{0.25})_8Cu_5O_y$晶体结构时，使用了电子衍射强度校正方法，着重分析了校正的效果。发现循环校正后，强衍射一般逐渐加强，弱衍射逐渐减弱，恰反映了动力学衍射效应的逆过程；最低散射角的衍射经校正后明显渐弱，相当于校正了Ewald球的曲率效应。说明此经验校正方法对补偿动力学衍射和Ewald球曲率效应均很有效。

（二）解卷处理性质的进一步研究

一个亟待解决的问题是从解卷处理的“多解”中去伪求真。虽然赝弱相位物体近似支持解卷处理，可是无论在直接法或最大熵解卷处理中，常出现多解的现象，晶胞小、结构简单时尤为明显，有必要对之做更细致的研究。1996年详尽地研究了最大熵解卷中的“多解问题”，为此分别从体心立方和正交晶体结构模型的模拟像出发，研究熵值随离焦量的变化曲线。首先识别出源于衬度传递函数零截点的锐峰是伪峰，指出圆钝的峰才可能是最大熵的真峰。其次，针对诸多最大熵值可同时对应同一幅解卷像的复杂性，阐明黑点像和白点像之间的衬度反转关系，从成像原理的角度，明确球差系数大于零时，只有黑点像才可能属于真解，并查明黑点像的多解现象来源于傅里叶像效应。在诸多的黑点像中，根据摄像的实验条件、晶胞中的原子数目、组成原子的原子量、原子半径等信息，可确定唯一的正确解。同样，可分析出负球差系数的情形，此处不赘述。

进入21世纪之后，进一步研究了基于最大熵原理的解卷处理特性，着重于研究最大熵解卷处理对成像参数误差和晶体厚度的补偿作用。用氯代酞菁铜晶体的结构模型进行计算，发现当输入的球差系数，加速电压和色差离焦扩展等参量偏离其真值时，在熵值随离焦量变化的曲线上，最大熵值所对应的离焦量亦将偏离其真值，以使解卷像最接近被测定的晶体结构。同时当晶体厚度小于临界值时，最大熵解卷处理亦能补偿晶体的厚度效应。这一点符合高分辨像的成像原理。实际中最大熵解卷所测定的离焦量不是以获得其真值为目标，而是以寻找最佳的结构像为准。因此最大熵解卷不仅可以有效地把任意一幅不反映晶体结构的像转换为结构像，而且有补偿输入参数误差的功能，提供了一种很可靠的从头测定晶体结构的新方法。

四、测定原子分辨率晶体缺陷的电子晶体学图像处理方法

完成了高分辨像衬理论和从头测定实际晶体结构的图像处理方法研究之后，从20世纪90年代中期开始，李方华等着重于研究原子分辨率晶体缺陷的测定方法。在新像衬理论的支持下，二步图像处理中的解卷处理仍然有效。但因测定晶体缺陷时不能结合衍射强度，故相位扩展不再适用。单独通过解卷处理，原则上可以得到分辨率等于或接近电镜信息极限的缺陷细节，但需对解卷

处理方法予以进一步完善、发展。

（一）解卷处理的特殊性和离焦量的修正

本章第三节之一所叙述的离焦量测定方法仅适用于完整晶体。对于缺陷晶体，无论对缺陷区域附近的完整晶体区进行解卷，还是对缺陷附近的非晶像区进行傅里叶变换并求得Thon衍射图，均只能测定大致的离焦量，然后都需对离焦量进行修正。为此从1997年开始，他们建立了在解卷过程同时完成离焦量修正的方法，包括有关细节的处理。如对像区的选取，用它构造一个人为大晶胞，尽量减少离位和断尾效应，以及在衍射空间扣除背底等做了仔细的研究。同时明确，这一系列工作均需在参与成像的衍射信息不严重缺失的情况下进行，需从实验像的衍射图（即像的傅里叶变换）中挑选合格的实验像。然后在修正的离焦量下进行解卷处理。

（二）衍射振幅校正

缺陷晶体解卷像的质量随晶体厚度增大而明显下降。为使解卷处理能应用于较厚晶体中的缺陷研究，他们分析了含60°位错硅晶体模拟像的衍射图中不同衍射的振幅和相位随晶体厚度的变化，在此基础上提出了一种校正衍射振幅的方法，给出了计算校正系数的公式。此方法的实质是令衍射的积分振幅正比于完整晶体的结构因子，已成功应用于研究位错和其他缺陷，得出缺陷核心结构的原子组态[20]。

（三）面缺陷的椭圆滤波窗口

针对面缺陷的信息在衍射空间沿垂直于相应平面伸长的特点，他们建立和试验了借助椭圆形滤波窗口处理面缺陷的方法和有效性，为研究各类面缺陷迈出了重要的一步。

（四）异类原子识别

他们依据新像衬理论，建立在晶体临界厚度之下，跟踪像衬随厚度的变化，鉴别不同种类原子的方法。特别是当两个异类原子的间距小于高分辨像的点分辨率时，仍可识别原子的种类。首先从半导体化合物SiC的[110]高分辨像（点分辨率0.2纳米）中，识别出间距等于0.109纳米的硅和碳原子柱[21]。

五、高分辨电子显微像衬度理论和像分析方法的应用

上述从头测定晶体结构的电子晶体学二步图像处理方法和测定晶体缺陷的电子晶体学图像处理方法，均建立在高分辨电子显微像衬度理论和像分析方法的基础上。以下第（一）和第（二）小节分别记载的三维周期结构测定和无公度调制结构测定属于从头测定晶体结构的范畴；第（三）小节是当晶体完整区结构已知时，对测定局域缺陷结构的叙述。

（一）三维周期结构测定

选择了新合成的晶体测定结构，以下除钾和铌的复合氧化物之外，均为高温超导体或与之相关的化合物。所选晶体或者尺寸很小，或者很难得到单相试样，难以用其他方法测定晶体的结构。在应用本方法的同时一直坚持不断改进和发展方法本身。

为得到较好的图像处理结果，初始实验像的分辨率希望能达到0.2纳米。20世纪90年代分辨本领为0.2纳米的电镜已不稀缺，但物理所只有分辨本领为0.26纳米的电镜，直到2003年电镜室才得以用节余课题经费与周钧铭研究组联合引进了功能最简单、分辨本领达到0.2纳米的电镜。在此之前多争取外援，包括请外国电镜公司拍摄，或与国外同行合作，或与在国外的原物理所同事及学生合作。

$K_2O \cdot 7Nb_2O_5$ 和 $K_4Nb_{17}O_{45}$ 晶体都是吴乾章研究组生长的难长晶体，含有较重的铌原子，晶体中有大量的微晶畴〔见本章第三节之一的（一）〕。前者的高分辨像是请日立公司用300千伏电镜所拍摄，后者由滕晨明在美国威斯康星大学拍摄。1992年首次借助电子晶体学二步图像处理方法得出 $K_2O \cdot 7Nb_2O_5$ 晶体结构的图像，像上显示出全部原子，包括轻原子氧。参考了衍射分析中的Wilson统计对电子衍射强度做了初步处理，使之接近运动学衍射的情况。1997年测定了 $K_4Nb_{17}O_{45}$ 的晶体结构，此工作只从高分辨像出发，未结合电子衍射强度做相位扩展。先借助最大熵解卷处理得出分辨率约为0.2纳米的结构像，只包含金属原子。在此基础上，加入氧原子，构建包括全部原子在内的结构模型，再借助模拟像确定正确的模型。这种做法的实质是解卷处理与惯用的模型法相结合，因为只需一幅显微像，故在缺少电子衍射数据的情况下，是可取的办法。$Bi_4(Sr_{0.75}La_{0.25})_8Cu_5O_y$、$Bi_2(Sr_{0.9}La_{0.1})_2CoO_y$ 和 $(Pb_{0.5}Sr_{0.3}Cu_{0.2})Sr_2(Ca_{0.6}Sr_{0.4})Cu_2O_y$ 三个化合物分别测定于1997、1999和2001年，它们都有超结构，在完成结构的测定中，发展了方法，使之适用于超结构的测定。$Bi_4(Sr_{0.75}La_{0.25})_8Cu_5O_y$ 的高分辨像是陆斌在中国科技大学拍摄的。在测定该晶体结构时，着重分析了电子衍射强度校正的效果〔见本节之三的（一）〕。

$Bi_2(Sr_{0.9}La_{0.1})_2CoO_y$的基本结构与高温超导体Bi-2201相同，高分辨像由蒋华在北京电镜实验室拍摄，测定了原子在超晶胞中的位置。$(Pb_{0.5}Sr_{0.3}Cu_{0.2})Sr_2(Ca_{0.6}Sr_{0.4})Cu_2O_y$的工作与日本国际超导技术中心工作的吴晓京等合作，由他们提供高分辨像。在测定晶体基本结构的同时，着重分析了解卷处理过程出现的傅里叶像。2004年，研究了$(Y_{0.6}Ca_{0.4})(SrBa)(Cu_{2.5}B_{0.5})O_{7-x}$的晶体结构，这是第一次用该实验室自己的JEM-2010电镜拍摄用于电子晶体学图像处理的像。该结构与$YBa_2Cu_3O_{7-x}$同晶型。重点研究硼原子对铜原子的置换，对此提出一种技巧确定了硼对铜原子的有序置换，发展了图像处理方法。2005年，对$Nd_{1.85}Ce_{0.15}CuO_{4-\delta}$晶体高分辨像进行解卷处理，工作不属于从头测定晶体结构，目的在于研究因衍射波矢处于衬度传递函数零截点附近而导致结构信息严重缺失的情形。结果经过最大熵解卷处理之后，解卷像仍能忠实地反映晶体的投影结构，进一步说明最大熵解卷处理的功能很强，能揭示出缺失了的结构信息。

此外，根据蛋白质晶体晶胞大和成像电子束多的特点，适当修改了解卷处理方法，并成功试用于蛋白质晶体streptavidin。

（二）一维无公度调制结构测定

无公度调制结构不同于三维周期结构。当晶体中除反映基本结构的周期之外，还有更长的调制周期，而且调制周期与该方向上基本结构的周期之比为无理数，则这种晶体的结构称无公度调制结构。只沿一个方向有调制周期的无公度调制结构则为一维无公度调制结构。

1994年，电镜室与范海福研究组合作，把电子晶体学图像处理与四维空间直接法相结合，测定了铋系高温超导体$Bi_2Sr_2CaCu_2O_y$中的一维无公度调制结构，得到全部原子的结构图像。原始高分辨像是得到日本同行学者同意，取自他们在期刊发表的文章。这是第一次基于高分辨像测定出原子分辨率的无公度调制结构。1998年再次与日本国际超导技术中心的吴晓京等合作，由他们提供高分辨像，结合高分辨像和电子衍射测定了掺杂的铅系高温超导体Pb-1223 $(Pb_{0.5}Sr_{0.3}Cu_{0.2})Sr_2(Ca_{0.6}Sr_{0.4})_2Cu_3O_y$的一维无公度调制结构，这是第一次测定出此种掺杂的铅系超导体无公度调制结构。2008年基于高分辨像研究了铁电材料$Ca_{0.28}Ba_{0.72}Nb_2O_6$中的一维无公度调制结构，该结构属于钨青铜类型，确定了其中的弱无公度调制源于钙离子在高维空间中五元通道的有序占据。

（三）测定原子分辨率晶体缺陷的核心结构

从20世纪90年代中期开始，研究用解卷处理方法测定晶体缺陷的核心结构，使分辨率超出电镜的点分辨本领，达到电镜的信息极限。

首先从简单的单元素半导体，含有60°位错的硅晶体结构模型的[110]模拟像入手。间距0.136纳米的硅近邻原子组成原子柱对（俗称哑铃）。研究结果说明，用200千伏、点分辨本领0.24纳米、信息极限0.14纳米的场发射电镜偏离最佳离焦量成像，再借助解卷处理，可以分辨开哑铃中的两个原子柱，亦可辨认出滑移型和shuffle型60°位错。1995年请日本电子公司用200千伏场发射电镜沿[110]方向拍摄了$Si_{0.76}Ge_{0.24}/Si$外延薄膜的高分辨像。对外延薄膜完整区的像进行解卷处理后，解卷像上清晰显示出间距约为0.14纳米的两个硅（锗）近邻原子柱，证明解卷像的分辨率可达电镜的信息极限。再结合衍射振幅校正进行解卷处理，从缺陷区的实验高分辨像中得出了Lomer位错和复合60°位错的核心结构，均达原子分辨水平。

2003年以来，用JEM-2010电镜拍摄了二元半导体化合物外延薄膜，立方SiC/Si和AlSb/GaAs的高分辨像，目的是用分辨率0.2纳米和信息极限约0.15～0.16纳米的电镜所拍摄的像，研究从解卷像的衬度识别间距小于电镜信息极限的两种不同原子的可行性。2007年，重点分析了SiC的像衬随晶体厚度的变化。在SiC晶体[110]投影结构中，硅与碳近邻原子柱的间距等于0.109纳米，在解卷像上显示为一个长点，未能分辨开，但分析长点两端衬度随晶体厚度的变化，仍能辨认出硅和碳原子柱。据此从解卷像上判断出SiC外延薄膜中30°位错核心处{111}截断面的端点为碳原子，并得出{111}微孪晶界面的原子组态[21]。

2008年以后，研究了外延薄膜界面上的位错，得出SiC与硅界面上失配位错的原子分辨率核心结构，其中90°位错核心处截断面的端点为碳原子，Lomer位错的核心结构为5－7原子环。2010年，研究了AlSb/GaAs外延界面的失配位错。在AlSb和GaAs晶体[110]投影结构中，铝和锑近邻原子柱间距等于0.153纳米，镓和砷原子柱间距等于0.141纳米，均小于电镜的分辨本领。在解卷像上铝和锑，以及镓和砷原子柱原子都分辨不开，合成为一个略长的黑点，但是分析长点两端衬度随晶体厚度的变化，辨认出了铝和锑原子柱，再按阴阳离子间的成键关系，可确定镓和砷原子柱。由此从解卷像上得出界面缺陷的原子分辨率核心结构，其中的Lomer位错核心呈6－8原子环，且有一个悬键，其中的60°位错属于shuffle型。

此外，也研究了对多元化合物中的晶体缺陷。2008年，借助解卷处理把$Y_{0.6}Na_{0.4}Ba_2Cu_{2.7}Zn_{0.3}O_{7-\delta}$超导氧化物的实验像转换为结构像，像上金属原子均显示为黑点，据此确定了孪晶界面的缺陷类型。虽然电镜的分辨本领不足以分辨开全部原子，但通过解卷处理仍可从实验像上获得肉眼不可见的缺陷信息。

六、软件

为实现从头测定晶体结构的研究，范海福和万正华等用C++和FORTRAN语言编写了VEC（Visual computing in Electron Crystallography）软件包，可以在Windows 95/98/NT/2000下运行，并配有详细的在线使用教程，功能强，使用方便，应邀发表于德国出版的国际性晶体学期刊*Z. Kristallographie*（2003）纪念创刊125周年的“电子晶体学”专辑上（参见第二章“晶体学”及此章的参考文献[26]）。

在上述VEC软件中，为针对测定完整晶体所需，对衍射数据进行振幅积分，不适用于晶体缺陷的图像处理研究。因此特针对测定晶体缺陷，编写了DEC（Defect Electron Crystallography）软件包。1997年何万中首先编写了针对缺陷晶体高分辨像的解卷处理程序。2000年王迪对程序进行改进并界面化，命名为DEC2000，可运行在Windows98/Me/2000/XP下。随后唐春艳在开展界面结构的研究中，为该程序增加了使用椭圆滤波窗口的功能。2004年万威重新编写了软件，重在加强人性化设计，对结构和逻辑流程作了合理安排，命名为DEC2k4，可运行在Windows 98及其后续版本下。2005年该软件以摘要形式发表于《电子显微学报》。

本节的研究成果绝大部分发表在*Ultramicroscopy*和*Acta Cryst.* A，很小部分发表在*Acta Cryst.* B、*J. Electron Microsc.*、*Micron*、*Phys. Rev.* B、*Phil. Mag.*、*Phil. Mag. Lett.*等期刊。

2009年出版了李方华的专著《电子晶体学与图像处理》。全书共分三篇，第三篇包括了本章这一节的主要内容。

这一节中有关从头测定晶体结构方法的研究工作，于2005年获国家自然科学奖二等奖。

第三、四两节中研究工作的学术带头人李方华获2003年欧莱雅－联合国教科文组织世界杰出女科学家成就奖和2009年何梁何利基金科学与技术进步奖。

第五节　分析电子显微学

一、会聚束电子衍射及其应用的研究

会聚束电子衍射（CBED）是透射电子显微学最重要的实验技术之一，早在1939年W.科塞尔（Kossel）和G.默伦施泰特（Möllenstedt）就得到了会聚束电子衍射图，比常规的选区电子衍射（SAED）技术的发展还要早。20世纪60年代P.古德曼（Goodman）等改装了电子显微镜，用较小的电子束照射在样品上，获得了一些有意义的结果。随着透射电镜不断改进，尤其是在物镜采用强电磁透镜以后，CBED技术及其应用得到了快速发展。现在CBED已经广泛地应用于晶体的点阵常数的测量以及对称性、缺陷、应变、极性等的研究，基于衍射动力学理论的定量会聚束电子衍射还可以测定晶体的散射因子、德拜－沃勒因子和电荷密度分布。

1980年冯国光回国后在物理所开始了会聚束电子衍射在中国的研究。冯国光和合作者主要利用林科院的飞利浦EM400T电镜，后来是中科院北京电镜实验室的飞利浦EM430和EM420电镜开展会聚束电子衍射的研究工作。

（一）发展大角度会聚束电子衍射的新方法

按照田中通义（Tanaka Michiyoshi）发展的大角度会聚束电子衍射方法，先将电子束会聚到样品上，然后抬高样品，使原本会聚成一点的电子束扩展成衍射图，再用选区光阑套住透射束（明场）或一个衍射束（暗场），转换到衍射模式，去掉C_2光阑即可得到大角度会聚束电子衍射图。这种方法的缺点是样品离开测角台的共轴位置，倾转样品时会使电子束的照射区域发生明显的横向移动。1982年冯国光提出了一种先将物镜过焦，然后欠焦第二会聚镜，使选区光阑处的图像会聚成电子衍射图，进而获得大角度会聚束电子衍射的新方法，这种方法可以保持样品处于测角台的共轴位置，方便在实验过程中倾转样品[22]。

（二）晶体对称性的研究

CBED的对称性是晶体对称性的反映。B.F.布克松（Buxon）等指出CBED的带轴图对称性可以用31个衍射群表示，并且将它们与晶体的32个点群相对应，这样CBED便成为在微米和纳米尺度测定晶体对称性的重要方法。1982年冯国光等利用CBED研究了$LiZnTa_3O_9$晶体的对称性，他们先根据CBED的明场和全图的对称性得知$LiZnTa_3O_9$的对称性属于$3m$或6_Rmm_R衍射群，对应$3m$或$\bar{3}m$点群，再通过分析[0001]带轴的(11-20)暗场可以知道晶体$LiZnTa_3O_9$具有反演中心，由此推论晶体$LiZnTa_3O_9$的点群是$\bar{3}m$，而不是$3m$。1988～1992年冯国光等利用CBED确定了未掺杂和掺杂的铋系和铊系氧化物超导体的结构。1998年彭练矛等尝试通过对CBED图的计算机模拟优化，实现晶体对称性（点群、空间群）自动识别。

（三）晶体缺陷的研究

由于晶体缺陷会破坏CBED的对称性，因此很适合用来研究晶体中的缺陷。1985年冯国光利用CBED研究了石墨中的层错和位错对CBED图的影响，发现层错使石墨的点群对称性由$6mm$降低为$3m$；当位错的伯格斯矢量和衍射矢量的点积不为0时，相应的衍射线将发生分裂，并指出层错的位移矢量和位错的伯格斯矢量可以通过对CBED衍射图的运动学理论分析获得。2005年段晓峰等根据判断位错的伯格斯矢量的Preston-Cherns定则$g \cdot b=n+1$，利用CBED确定了赵柏儒等在(001)$SrTiO_3$衬底上生长的$La_{0.7}Sr_{0.3}MnO_3/Ba_{0.7}Sr_{0.3}TiO_3/La_{0.7}Sr_{0.3}MnO_3$异质外延薄膜中的穿透位错的伯格斯矢量$b$为[001]。

（四）晶体中的应变分析

1. 应变层超晶格的研究。会聚束电子衍射的衍射线对晶体的点阵常数非常敏感，因而可以用来分析晶体中的应变。1987年冯国光在美国伊利诺伊大学香槟分校利用CBED对GaAs/InGaAs应变层超晶格平面样品中的应变进行了研究，回国后继续开展这方面的研究。1990年冯国光等研究了GaAs/InGaAs应变层超晶格平面样品的会聚束电子衍射高阶劳厄线衍射伴线的强度分布，通过衍射运动学理论的模拟计算，揭示了衍射伴线的强度分布与应变层中的应变和应变层厚度及衍射线的指数之间的关系[23]。冯国光等考虑到电镜平面样品的衬底在制样过程中已经全部被减薄，提出应变层超晶格中存在调制和直流两种分量，在平面样品中应变直流分量完全被弛豫，会聚束电子衍射的强度分布取决于应变的调制分量。

2. 应变硅半导体器件的研究。应变诱导工艺可以在p型金属氧化物半导体场效应晶体管（p-MOSFET）沟道中引入压应变，通过改变沟道中硅的能带结构，可以提高空穴载流子迁移率和器件性能。LACBED是一种离焦会聚束电子衍射，在衍射图中叠加了样品的阴影像，可以直观地研究半导体器件中的应变分布。段晓峰等利用横截面样品的LACBED研究了中科院微电子所徐秋霞提供的锗离子注入制备的应变硅p-MOSFET器件中沟道区的应变分布及因电镜样品减薄引起的弹性弛豫的分布，并利用有限元方法结合电子衍射动力学理论模拟了沟道区的应变分布，与实验符合很好[24]。

（五）极性材料的研究

外延生长GaN层很容易形成倒反畴的结构，1998年段晓峰与半导体所韩培德利用CBED确定了GaN外延层中的倒反畴。由于CBED衍射盘中的摇摆曲线的强度分布与样品的厚度有关，当厚度超过一个消光距离，衍射盘的强度分布会发生反转，影响极性的正确判断。2005年段晓峰等利用CBED结合衍射盘强度的计算模拟，确定了ZnO纳米线的极性。

（六）定量电子显微学

从1996年起，彭练矛及其合作者在定量电子显微学方面做了很多基础性的工作，他们系统地研究了各向异性晶体、离子晶体和半无穷大晶体的电子衍射，通过将单个离子的散射因子分解成为一个发散项和一个非发散项之和，利用解析方法成功地处理了离子晶体散射的发散问题，精确计算出离子晶体表面的高能反射电子衍射束强度，给出了109种常用离子的电子散射因子的解析表达式，所得到的离子和中性原子的电子散射因子被收录在《国际晶体学表》C卷中。他们还拟合通过非弹性中子衍射实验获得的声子色散曲面和声子态密度等物理量，得到了大量晶体的晶格热振动模型的关键参数，并由此获得了107种晶体在任意温度下的德拜-沃勒因子，拓宽了传统定量电子显微学的应用领域[25]。

二、电子能量损失谱

入射电子与样品发生多种非弹性散射而损失部分能量，因而电子能量损失谱（EELS）包含了样品的很多结构信息，成为研究材料的相关结构的重要手段之一。

（一）高温超导氧化物的相分离研究

继1996年董晓莉等发现富铜可以促进$La_2CuO_{4+\delta}$体系中的相分离后，1997～2000年彭练矛、董振富和高旻等与超导国家重点实验室的赵忠贤、董晓莉和赵柏儒等合作，结合电子显微分析对富铜的$La_2CuO_{4+\delta}$体系中的电子相分离、超导电性、电荷序、磁有序之间的关系进行了系统的研究，利用EELS的氧的K电离边的前置峰验证了高温超导氧化物可以相分离成为富空穴相和贫空穴相，通过高分辨显微术和电子衍射观察到的非公度调制结构起源于氧空穴的有序化[26]。该项研究陆续在*Phys. Rev. Lett.*、*Micron*、*Phys. Rev.* B等刊物上发表了9篇文章。

（二）高温超导材料二硼化镁的能带结构研究

作为一种新的高温超导材料二硼化镁（MgB_2），理论预测在费米面附近存在一个较高的态密度，它将决定材料的超导转变温度。2001年极端条件实验室的禹日成等对高压合成的MgB_2的电子能量损失谱中B−K电离损失边的精细结构进行了研究，首次报道观测到对应跃迁到σ键的空穴态和π^*键态的前置峰，证实了费米面附近具有空穴态存在，且空穴掺入到了B的$\sigma(p_{xy})$态上[27]；段晓峰等结合第一性原理密度泛函理论的全势线性缀加平面波（FPLAPW）方法，对电子能量损失近阈结构进行了研究，计算模拟结果表明在费米面附近的态密度主要由$\sigma(p_x+p_y)$态的电子轨道组成，与实验结果一致。李建奇等利用电子能量损失谱的取向效应和第一性原理电子结构计算研究了金属间化合物超导体$Nb_{1-x}B_2$中电子结构的各向异性特征，以及掺杂对不同对称性电子态的影响。

（三）强关联系统研究

2004年以来，李建奇等开展了对电子能量损失谱的实验和理论模拟的系统研究，并结合第一性原理电子结构计算，对实验谱进行更好的解释，主要针对强关联系统中的电子关联强度、电子结构的各向异性和电荷不均匀分布等的研究。在超导材料$Na_xCoO_2 \cdot yH_2O$中，通过研究水含量变化对低能损失谱的影响，揭示了水分子的插入引起费米能级附近原子轨道杂化的改变，从而导致相应费米面的变化。通过理论模拟谱线与实验谱线的比较确定了其电荷有序结构特征以及电子关联强度大小（$U\approx 3.0$电子伏）[28]。他们还利用电子能量损失谱的取向效应确定了层状超导材料$Sr_{14-x}Ca_xCu_{24}O_{41}$费米能级附近空态的对称性，主要对应于平行CuO面的电子轨道，以及氧空位在不同CuO面的不均匀分布，并且在钙掺杂和低温下存在氧空位在CuO_2链和Cu_2O_3梯子之间的转移。

禹日成与靳常青等对高压合成的$Sr_2CuO_{2+\delta}Cl_{2-y}$进行了微结构的研究，发现在这个体系中超导性只是在过掺杂的样品中才出现。他们利用电子能量损失谱的取向效应研究了超导化合物$Sr_2CuO_{2+\delta}Cl_{2-y}$的电子结构，直接给出了空穴的分配情况。$Cu-L_3$吸收边表明所有掺杂的样品中铜表现为$Cu^{2+}$态，表明空穴掺杂在了氧的2p轨道。研究发现除了$CuO_2$平面上的氧的$2p_{xy}$轨道上掺入了空穴外，在顶角氧的$2p_z$轨道上也掺入了相当部分的空穴载流子。表明在这个体系中，如果没有足够的空穴掺杂在顶角氧上，即使CuO_2平面上掺入了足够的空穴也不能出现超导性[29]。

（四）氧化锌纳米线的电子结构和光学性质研究

2005年段晓峰等利用克拉默斯－克勒尼希（Kramers-Kronig）分析结合第一性原理计算，得到了氧化锌纳米线的包括各向异性（极化方向对光学性质的影响）在内的多种光学性质，结果和已有的结论非常一致。由于没有考虑切连科夫辐射损失效应的影响，所得结果在低能部分受到一定影响。

（五）六方氮化镓半导体极性研究

根据通道增强确定原子位置的分析技术的理论，对于六方氮化镓（GaN）在（0001）双束衍射条件下和在（000−1）双束衍射条件下，电子束流在镓原子面和氮原子面的分布不同。2002年段晓峰等利用这一现象，分别在这两种取向记录GaN的EELS，扣除背底后，都对镓电离边强度作归一化，通过比较氮的电离边的强度，确定了GaN的极性。这一方法的优点在于分析结果与样品的厚度无关，不用进行模拟计算，非常适合纤锌矿结构纳米材料的极性的研究[30]。

（六）磁二向色性研究

2009年段晓峰等在Tecnai F20电镜的洛伦兹模式下利用电子能量损失磁手性二向色性方法研究了坡莫合金中十字畴壁的圆布洛赫线和叉布洛赫线的磁矩方向。

（七）原子位置通道增强分析

刘玉枝、张泽等利用原子位置通道增强微分析（ALCHEMI）技术结合电子能量损失谱分析确定了ZnO基稀磁半导体中钴原子掺杂到ZnO的锌位置，证明该体系中的反常霍尔效应是由样品的本征磁矩引起的[31]。

第六节 其他电子显微学方法

一、电子全息术

入射电子束与样品发生相互作用，将导致透射电子束的振幅和相位的变化。通过电子全息图记录电子束的振幅和相位变化，可以研究材料的电学和磁学性能。1995年北京电子显微镜实验室新购置的飞利浦CM200场发射枪透射电镜安装了电子双棱镜，开展了电子全息研究。1997年北京电镜实验室并入物理所。1999年王岩国入选中科院百人计划，在物理所推动了电子全息的应用研究[32]。

（一）电子全息的初步研究工作

1997年，彭练矛等获得了在真空区域干涉条纹间距为0.7埃的电子全息图，以及干涉条纹间距为1埃、叠加在Si[110]带轴的高分辨像上的电子全息图，成功重构出空间分辨率为3埃的硅单晶薄膜的相位和振幅分布图；1998年他们通过在干涉条纹为2埃的硅颗粒的全息图上叠加干涉条纹为2.2埃的真空区域的全息图，将相位测量精度提高了一个数量级。

（二）界面电势和电荷分布的研究

1999～2004年，王岩国、张泽等利用电子全息技术精确测定了24°[100]钛酸锶孪晶界面的势场分布，建立了界面势场分布与重要物理性能之间的关系[33]；对多种薄膜/磁性隧道结进行了研究，分析了生长工艺对磁性隧道结的高隧穿磁电阻效应（TMR）影响[34]。2003年以来，李建奇等利用电子全息方法研究了$Ba_{0.5}Sr_{0.5}TiO_3$/$LaAlO_3$薄膜异质结，解释了室温下顺电相薄膜仍呈现一定弱铁电行为。锰氧化物异质结电子全息研究中发现明显的电子扩散现象，在Si/STO/LSMO外延薄膜结中通过对势垒分布情况进行定性计算分析，发现负电荷聚集在界面无序SiO_x层中，同时利用电子全息还研究了$Co_{40}Fe_{40}B_{20}$/MgO/$Co_{40}Fe_{40}B_{20}$隧道结的势垒分布，发现势垒分布直接影响电子相干隧穿过程[35]。

（三）极性确定

纤锌矿结构的ZnO、GaN都是极性材料，可以引起自发极化，导致样品表面出现束缚电荷，从而影响薄膜表面附近的真空电势。2003年张泽等利用电子全息测量了ZnO薄膜表面和真空中的电势分布，从而确定薄膜的极性。

（四）C_{60}一维纳米材料的研究

2008年以来，禹日成等与青岛科技大学合作，通过对单根C_{60}纳米管进行电子全息的观察和相位重构，分析了其管壁厚度的变化信息，以此来寻找其内壁的位置，确定内径的尺寸，推断C_{60}纳米管的截面形状，进而计算C_{60}纳米管的平均内电势。这项研究提出了利用电子全息方法同时确定具有规则形状的一维纳米材料的形状、尺寸及计算其平均内电势的方法。

二、洛伦兹电子显微术

洛伦兹电子显微术是研究材料磁畴结构的有力手段，由于通常的透射电子显微镜的物镜加在试样位置的磁场有2特（T）的强磁场，将改变样品中的磁结构。通常有两种方法将样品位置处的磁场降为零，一是用专用的洛伦兹电子显微镜，其中装有特殊的具有磁屏蔽功能的物镜极靴；二是将物镜电流降为零，利用专门安装的洛伦兹透镜或将衍射镜作为洛伦兹透镜在较低倍数下观察样品的磁结构。2009年在李建奇获得的基金支持下，在Tecnai F20电镜上安装了洛伦兹透镜，分辨率可达2纳米。

2005年王岩国等与磁学室的吴光恒合作，在飞利浦CM200/FEG电镜上利用洛伦兹电子显微术研究了$Co_{50}Ni_{20}Ga_{30}$合金的磁畴结构，并通过增加物镜电流对样品施加外磁场，原位观察了在磁化过程中畴壁的变化。

2010年李建奇等研究了具有Hg_2CuTi结构的铁磁形状记忆合金$Mn_{50}Ni_{40}Sn_{10}$的室温结构、低温结构、马氏体相变、磁畴结构及其原位磁化过程，这些微结构和磁畴结构的系统变化规律为深入理解$Mn_{50}Ni_{40}Sn_{10}$的物理性能提供了直接的结构信息。同时，在多铁材料（$Bi_{1-x}La_x$）FeO_3–$PbTiO_3$中的电磁畴结构中，发现多铁材料的磁结构形式是以一种条形或者环形的形状存在。

三、原位透射电子显微术

（一）外加电场下的铁电畴演变的原位研究

1.铁电畴的极化反转研究。研究外电场作用下铁电畴的极化反转对探寻铁电体的电学和力学极化疲劳的机制是十分必要的。原位透射电子显微学方法具有较高的分辨率和强大的动态成像能力。2007年段晓峰等利用自制的可加电场电镜样品台，对$BaTiO_3$单晶样品在外加电场作用下铁电畴的转变进行了原位研究。研究表明，铁电畴的极化反转是通过两次90°畴的翻转实现的，在反转过程中伴随有巨大的内应力产生[36]。

2.电荷有序结构在外加电场下的演变。李建奇等在电荷有序材料$LuFe_2O_4$单晶和多晶中都发现了很强的非线性电输运特性。实验分析表明多晶样品中的晶界对非线性特性的产生并没有起重要的作用。原位TEM实验结果清楚地显示出非线性I–V行为与电流驱动的电荷有序（绝缘体）–电荷无序（金属）转变和电荷有序态的融化直接相关，而与电荷密度波（CDW）集体运动模型存在很大差异。这一过程由电场作用下电子衍射花样中超结构衍射的消失和暗场像中电荷有序畴结构的消失清楚地表征。

3. 2008年禹日成与磁学实验室的孙继荣等合作开展了对异质结电致电阻材料的电子显微学研究，观察到$La_{0.15}Sr_{0.85}TiO_3/SrTiO_3$薄膜材料由外加电场导致的形貌变化及随后的电致电阻转变现象，表征了在电场作用下及电阻转变过程中材料界面和内部的氧空位浓度。研究发现，该材料中的导电通道可能是由局部的氧空位形成，而电阻转变现象是在导电通道形成之后通道中的局部通断所造成，该研究为已提出的丝导电通道模型提供了实验证据。

（二）外加磁场作用下的磁性材料的原位研究

磁性材料在电镜中将受到物镜强磁场的影响，必须关掉物镜，在洛伦兹模式下进行研究和分析。

2009年实验室在Tecnai F20电镜上安装了洛伦兹透镜，作为一项基础性工作，需要测定当物镜关闭后，样品处的剩余磁场强度。段晓峰等提出了一种实验方法，即在洛伦兹模式下通过倾转样品，改变物镜的剩余磁场沿样品表面方向的分量，然后标定坡莫合金十字磁畴壁的变化与物镜电流（即物镜磁场）之间的关系，从而在实验上估计了洛伦兹模式下在物镜极靴孔中心位置的剩余磁场强度。

段晓峰等自制了可加磁场的样品台，并对样品施加平行样品膜面的磁场，原位研究了坡莫合金中磁畴的畴壁变化，报道了一种新型链状位移畴壁，并在此基础上，估计了这种新型磁畴结构的磁滞特性。

（三）其他原位电镜研究

1999年彭练矛、张灶利在电子显微镜中利用电子束诱导，观测到直径为0.33纳米碳管生长过程，并通过基于量子力学的紧束缚分子动力学模拟，系统研究了亚纳米碳管的稳定性[37]。2004年以来禹日成与靳常青等合作开展了对高压合成的$BiMnO_3$多铁性材料的微结构研究，结果表明样品中的$4a_p \times 4b_p \times 4c_p$调制相是由电子束辐照引起，电子能量损失谱的研究揭示该调制相起源于有序的氧缺位，并提出了一个合理的结构模型，同时还指出$BiMnO_3$的铁电性可能来自该调制相[38]。

四、应变诱导在银/氧化硅核/壳结构表面结构的扫描电镜研究

2004年张泽等利用扫描电镜研究了应变诱导在Ag/SiO核/壳结构表面形成的自组装结构，该结构呈现出由次级小球组成的三角形格子图案。根据欧拉定理，这些由小球组成的三角形不可能布满整个球面，这必然会导致出现五边形或七边形的错排缺陷。他们在实验中观察到无心的五边形和有心的七边形缺陷。研究结果发表在*Appl.Phys.Lett.*上（封面故事）[39]。2005年李超荣等通过富有想象力的探索，利用这种应变诱导效应在Ag/SiO核/壳结构表面上制备出可以用一对顺时针螺旋线组和逆时针螺旋线组描述的自组织花样，并且这两组螺旋线的数目为斐波那契数列中相邻的两个数[40]。

五、生物大分子三维重构研究

1982年由于对发展电子显微镜三维重构研究生物大分子三维结构的方法所作的贡献，A. 克卢格（Klug）获得诺贝尔化学奖。郭可信敏锐地意识到电子显微学在生物学超微结构研究中孕育着巨大的发展潜力。1993～2000年，郭可信请中科院生物物理所的徐伟在北京电镜实验室建立起低温电镜技术，并与植物所的匡廷云、美国得克萨斯大学休斯敦医学院的周正洪、北京师范大学的薛绍白等合作，开展了生物大分子三维重构研究。先后进行了青霉素酰化酶薄晶的结构分析、草鱼出血病病毒三维结构研究、黄瓜叶绿体a/b捕光蛋白质复合体，光系统－Ⅱ复合体等蛋白质复合体的二维结晶化及其晶体结构分析研究、质子ATP酶的二维结晶化与结构分析研究、兔出血病病毒三维结构研究等。

六、氧化钛纳米管结构的研究

氧化钛纳米材料因其光催化效应在能源和环保等领域有重要应用。2001～2004年彭练矛等成功地合成出大量高纯度的氧化钛纳米管样品，并通过电子显微分析系统研究了氧化钛纳米管结构，在系统的实验观察和对实验数据的定量模拟基础上，提出并确定了一个全新的基于层状$H_2Ti_3O_7$的非封闭纳米螺旋管结构模型。他们还结合第一性原理的计算，提出了一个基于对称层状结构的纳米管的形成机理，认为表面层的两面氢缺位不对称是驱动纳米管形成的主要因素，层间耦合能的大小决定了纳米管的直径，片层上的残余静电荷主导了纳米管的层数，为可控合成相关纳米管结构提供了理论依据。

第七节　新材料的电子显微学应用研究

本节包括综合利用透射电子显微学的不同方法，或因其他原因而不适合列入上述各节的重要研究工作。

一、准晶体合金的晶体结构

1. 1986年冯国光等与磁学实验室合作，通过系列倾转样品，发现在急冷Al-Fe合金中具有10/*mmm*点群的十次准晶相与二十面体相有关，十次准晶的带轴的对称性和角距离可以通过增加一个垂直于二十面体相的五次轴的镜面得到，该项研究成果发表在*Phys.Rev.Lett.*上[41]。1987年冯国光等利用选区电子衍射和衍衬技术在急冷Al-Fe合金中发现十次准晶与$Al_{13}Fe_4$单斜晶体的十次孪晶共存，并且准晶的十次轴与孪晶的伪十次轴平行；1991年利用劈裂衍射斑点成像的暗场技术在Mn-Si-Al八次准晶中直接观察到公度错[42]。

2. 郭可信在进入物理所后继续在准晶及相关领域开展研究。他在加州大学圣巴巴拉分校访问时，受到将锰离子注入GaAs生长磁性薄膜这一研究工作的启发，回国后指导学生开展Ga-Mn合金系结构的研究工作。首先发现了薄膜层中的具有铁磁性的Ga-Mn二十面体准晶体。随后又在Ga-Mn合金系中发现了十次对称准晶和系列相关的准晶近似相。Ga-Mn准晶高分辨电镜像上的嵌镶结构为德国数学家P. 顾默尔（Gummelt）提出的准晶覆盖模型提供了实验上的支持[43]。

郭可信等成功臻别了Al-Cr二元合金中成分几乎一致的六方Al_4Cr和正交Al_4Cr准晶近似相在相图中的相对位置。在Al-Cr-Si合金系中发现了两类稳定十次准晶及巨大单胞的六方准晶近似相τ相，在Al-Cr-Fe中也发现了超大单胞六方准晶近似相。这些准晶近似相为层状结构，且其中二十面体大都相互穿插，形成二十面体链。根据准晶近似相的这些特点，推测十次准晶中的二十面体也应该成链状，且沿十次对称轴方向，二十面体链相互平行[43]。

2002年前后由日本的蔡安邦等率先报道了Ag-In基准晶。随后郭可信等通过电子衍射分析，在Ag-In-Ca中发现了一个与二十面体准晶成分相近的简单立方准晶近似相，在$Ag_{42}In_{42}Yb_{16}$合金中发现了一个C-心单斜准晶近似相[43]。

此外，郭可信对和Mackay多面体相关的Anti-Mackay、Double-Mackay、Pseudo-Mackay二十面体壳团簇结构从统一的几何观点进行了分析，指出了其内在的联系和不同[43]。

二、强关联材料的晶体结构和电子结构

2003年以来，李建奇、杨槐馨等利用高分辨电子显微学等多种实验技术研究了包括超导材料、庞磁电阻锰氧化物和多铁材料在内的多种强关联电子系统中晶体结构和电子结构问题。他们探讨了超导材料$Na_xCoO_2 \cdot yH_2O$中的微结构问题，并将此研究扩展到六方层状M_xCoO_2(M= Na, Sr, Ca)化合物体系的层间阳离子有序及结构问题，总结给出了反映这种层状结构化合物中阳离子含量和结构特性关联的相图，并系统分析了该材料体系结构随温度的变化。自2008年后，随着铁基超导体的研究热潮，他们率先对铁基超导体中的各种结构缺陷、低温结构相变、铁空位有序和相分离现象进行系统观察，首次报告了超导材料$K_xFe_{2-y}Se_2$中的相分离，该材料中复杂的多重铁空位有序态和多尺度相分离与系统的超导电性存在密切关系。在多铁研究领域，他们关注于电子铁电体中的电荷有序结构与铁电极化之间的关联，系统研究了电子型铁电体$LuFe_2O_4$在低温区的结构相变和电荷序，确定出该铁电体系的三维电荷序基态结构特性[44]，并拓展研究了$(RFe_2O_4)(RFeO_3)_n$电荷阻挫体系结构和物理性能。他们在Fe_2OBO_3电荷序体系中观察到从室温几个纳米到低温数百纳米随温度演变的反相条带状畴结构和磁相变点强的磁电耦合效应。他们还利用电子衍射结构精修的方法结合第一性原理电子结构计算研究了庞磁电阻材料$La_{0.5}Sr_{1.5}MnO_4$电荷轨道有序结构及与之相关的结构畸变，确定了局域原子位移和化学键变化。

2004年以来禹日成与靳常青等合作对高压合成的$Sr_2CuO_{3+\delta}$体系进行了系统的透射电子显微学研究，确定了各个转变温度的超导相，*C2/m*→75K，*Cmmm*→89K，*Pmmm*→95K，而主相*Fmmm*调制相不是超导相；提出掺杂机制的分配几何（顶角氧的不同有序化）也可能是进一步提高T_c的一种途径[45]。

参考文献

[1] 钱临照，何寿安. 物理学报，1955, 11(3):287.

[2] 钱临照，何寿安，杨大宇. 物理学报，1956, 12(6):243.

[3] 陈希成、杨大宇. 物理，1979, 8(3): 232-5.

[4] 杨大宇，刘维，滕晨明，陈希成. *In New Trends of Electron Microscopy in Atom Resolution. Mater. Sci.*, 1981:124.

[5] 杨大宇，刘维，云宏年，冯贝民，江绍英. 硅酸盐学报，1981, 9(2):225-227.

[6] 刘维，江绍英. 科学通报，1984, 29(5):295-297.

[7] 刘维，朱自尊. 科学通报，1985, 30(9):1571-1573.

[8] 樊汉节，李方华. 物理学报，1982, 31(5):680.

[9] 滕晨明，李方华，杨大宇，吴乾章．硅酸盐学报，1986, 14:484.

[10] Yang D Y, Li J Q, Li F H, Zhao Z X. *Supercond. Sci. Technol.*, 1988, 1:100.

[11] Liu W, Yao Y S, Li F H, Li L, et al. *J. Supercond.*, 1994, 7(6):971−974.

[12] Liu W, Ming R F, Li L, et al. *Physica* C, 1994, 219:114−118.

[13] 李林，王会生，刘维．材料科学进展，1990, 4(3):251−256.

[14] 李林．电子显微学报，1996, 15(2−4):170−182.

[15] Li F H, Chen Y F. *Acta Cryst.*, 1990, A46:146−149.

[16] Li F H. //*Crystal−Quasicrystal Transitions.* Holland :Elsevier Science Publishers, 1993, 13−47.

[17] Pan G Z, Teng C M, Li F H. *Phys. Rev.* B, 1992, 46:228−235.

[18] Li F H. *Phys. Stat. Sol.* A, 2010, 207 (12):2639−2665.

[19] Li F H, Tang D. *Acta Cryst.* A, 1985, 41:376−382.

[20] Li F H, Wang D, He W Z, Jiang H. *J. Electron Microsc.*, 2000, 49:17−24.

[21] Tang C Y, Li F H, Wang R, Zou J, Zheng X H, Liang J W. *Phys. Rev.* B, 2007, 75:184103.

[22] Fung K K. *Ultramicroscopy*, 1984, 12:243.

[23] Fung K K, Xie Q H, Duan X F. *Ultramicroscopy*, 1991, 38:143.

[24] Liu H H, Duan X F, Xu Q X. *Micron*, 2009, 40:274−278.

[25] Peng L M. Acta Cryst. A, 1998, 54:481.

[26] Peng L M, Dong Z F, Dong X L, Zhao B R, Duan X F, Zhao Z X. *Micron*, 2000, 31:551.

[27] Yu R C, Li S C, Wang Y Q, Kong X, Zhu J L, Li F Y, Liu Z X, Duan X F, Zhang Z, Jin C Q. *Physica* C, 2001, 363(3):184.

[28] Yang H X, Li J Q, Xiao R J, Shi Y G, Zhang H R. *Phys. Rev.* B, 2005, 72:075106.

[29] Yang H, Liu Q Q, Li F Y, Jin C Q, Yu R C. *Appl. Phys. Lett.*, 2006, 88:082502.

[30] Kong X, Hu G Q, Duan X F, Lu Y, Liu X L. *Appl. Phys. Lett.*, 1990, 81:2002.

[41] Liu Y Z, Xu Q Y, Schmidt H, Hartmann L, Hochmuth H, Lorenz M, Grundmann M, Han X D, Zhang Z. *Appl. Phys. Lett.*, 2007, 90:154101.

[32] Wang Y G. *Mater. Sci. Forum*, 2005, 475−479:4077.

[33] Wang Y G, Dravid V P. *Philos. Mag. Lett.*, 2002, 82:425.

[34] Wang Y, Zhang Z, Zeng Z M, Han X F. *Acta Phys. Sin.*, 2006, 55:1148.

[35] Tian H F, L ü H B, Jin K J, Yang H X, Yu H C, Li J Q. *Phys. Rev.* B, 2006, 73:075325.

[36] Qi X Y, Liu H H, Duan X F. *Appl. Phys. Lett.*, 2006, 89:092908.

[37] Peng L M, Zhang Z L, Xue Z Q, Wu Q D, Gu Z N, Pettifor D G. *Phys. Rev. Lett.*, 2000, 85:3249.

[38] Yang H, Chi Z H, Li F Y, Jin C Q, Yu R C. *Phys. Rev.* B, 2006, 73:024114.

[39] Zhang X N, Li C R, Zhang Z,Cao Z X. *Appl. Phys. Lett.*, 2004, 85:3570.

[40] Li C R, Zhang X N, Cao Z X. *Science*, 2005, 309:909.

[41] Fung K K, Yang C Y, Zhou Y Q, Zhao J G, Zhan W S, Shen B G. *Phys. Rev. Lett.*, 1986, 56:2060.

[42] Jiang J C, Wang N, Fung K K, Kuo K H. *Phys. Rev. Lett.*, 1991, 67:1302.

[43] 郭可信．准晶研究．杭州：浙江科学技术出版社，2004.

[44] Zhang Y, Yang H X, Ma C, Tian H F, Li J Q. *Phys. Rev. Lett.*, 2007, 98:247602.

[45] Yang H, Liu Q Q, Li F Y, Jin C Q, Yu R C. *Supercond. Sci. Technol.*, 2007, 20:904.

第六章　半导体物理

半导体物理是研究半导体的原子状态和电子状态，以及多种半导体器件内部电子过程的学科，是凝聚态物理学的一部分。最早出现的是以硅为代表的单元素构成的、其能带具有间接带隙的半导体。随后发现的化合物半导体，具有直接带隙特性，按发光的波长波段，它又可分为宽禁带半导体和窄禁带半导体。其中很多材料体系的电子特性又优于硅材料，它们在微波、毫米波、电力电子、高温电子学领域的应用优势远远超过硅材料，按其出现的先后与特性，被称为第二代和第三代半导体。这些半导体又统称为半导体体材料，它们所表现出来的是材料的三维整体特性。

1970年引入半导体超晶格、量子阱概念，将不同禁带宽度的半导体材料，在量子力学的尺度上加以“剪裁”组合，它们失去了体材料原有的属性，构成全新的“人工半导体”材料，其维度降低，构成二维、一维、乃至零维半导体材料，将半导体带入了一个全新的研究领域。材料的制备工艺，也从拉单晶发展成为多层超薄单晶膜生长工艺，其中最重要的工艺技术是分子束外延和有机金属化学气相沉积。

从晶体管问世到半导体集成电路、红外传感器、激光器、发光二极管等多种半导体器件，在现代人类的生产和生活中扮演着不可或缺的作用。

第一节　发展概述

1928年中研院物理所成立时就含有电学组，但从事的是导体、绝缘体的电性研究和无线电研究。1947年，美国贝尔实验室的J.巴丁（Bardeen）、W.布拉顿（Brattain）和W.肖克利（Shockley）实现了第一个pn结，发明了首只晶体管，因此获得1956年诺贝尔物理学奖，半导体研究由此进入突飞猛进的时代。1951年，王守武和汤定元在应用物理所再次组建电学组，其中就包含半导体研究。1952年正式设立半导体研究组。1954年，他们和陆续回国的黄昆、洪朝生共同讨论中国半导体研究的发展，决定组织全国性的半导体物理讨论会和讲习班，翻译出版半导体方面的专著[1]，并在北京大学开设半导体物理课程，他们都参加授课，以加快培养中国半导体物理方面的人才。

1956年夏，以王守武、汤定元为领导，应用物理所正式成立半导体研究室（又称“五室”），下设3个研究组，分别是王守武兼任组长的半导体材料和物理组，吴锡九为组长的半导体器件组，成众志为组长的电子学组。1957年林兰英回国，接任半导体材料和物理组组长。这时的半导体室已有30余人，汤定元负责培训新加入该室的大学生，由此中国的半导体事业开始迅速发展起来。中国的第一只晶体管、第一根硅单晶、第一台分子束外延设备等多项首创成果都有物理所做出的重要贡献。为适应国家“两弹一星”研制中对计算机的需求，王守武又组建了中国最早的晶体管生产厂——物理所109厂。该厂1959年就完成了半导体器件的生产任务，为109乙型计算机提供了12个品种14.5万只高频合金扩散锗晶体管。由此，中国的半导体事业逐步走上独立发展的道路。

1960年9月中科院半导体所成立，物理所半导体室大部分人员调入该所。

1959～1966年间，物理所和中科院化学所共建了共轭高分子研究室（又称“十室”），从事有机半导体的研究。

1970年后物理所曾从事半导体激光器的研究，1975年该研究并入光学室。1972年磁学室在广泛调研的基础上进行课题调整，美国IBM公司提出的半导体超晶格概念及有关的分子束外延技术引起他们的高度重视。该室王震西组织伍乃娟、黄绮、刘旦华对此进行调研，并争取到经费支持。1975年，该室建立分子束外延设备的研制组，先后任该组组长和副组长的有刘振祥、陆华、赵中仁和周均铭。1978年秋，表面物理研究室开始筹建，自此分子束外延组归属到表面物理研究室，即后来的表面物理国家重点实验室。调整后组长为周均铭，2005年后为陈弘。由于增加用MOCVD技术研究宽禁带半导体，分子束外延研究组改名为化合物半导体研究组，2009年归属清洁能源实验室。2002年由杜小龙组建的氧化锌基宽禁带半导体研究组，编为E04组。

物理所的半导体研究工作曾多次获得奖励。1980年“分子束外延设备”获中科院重大成果一等奖。通过与中科院半导体所和上海冶金所合作，“分子束外延技术”获1985年国家科技进步二等奖，“金属有机源和分子束外延MBE-IV型设备”获1992年中科院科技进步一等奖、1993年国家科技进步二等奖。1993年与陈正豪研究组合作的“多量子阱红外探测器单管及线列”获中科院科技进步一等奖，1995年获国家科技进步三等奖。2006年“GaAs/AlGaAs量子化霍尔电阻基准”与国家计量科学院共同获国家科技进步一等奖。此外，还分别获得国家科技进步三等奖3项、中科院科技进步三等奖3项。

物理所还积极组织该领域专业学术会议，推动国内外同行的广泛深入交流。1956年1月30日在应用物理所召开了中国第一次半导体物理讨论会，王守武、高鼎三、黄昆、成众志、汤定元、许少鸿、徐叙瑢、洪朝生、周光池分别就各个专业领域作了综述报告，并将一份发展中国半导体科学技术的建议书提交给国家领导（见《半导体会议文集》，科学出版社，1957）。1986年9月组织了非晶态半导体国际讨论会，有十余位国际知名学者参加。2000年9月物理所周均铭任会议副主席兼组织委员会主席主办了第十届国际分子束外延会议，国外与会者超过150人。

截至2010年，上述研究组先后培养博士生55名，硕士生17名。

第二节　元素半导体

本节包括应用物理所在20世纪50年代的工作，即成立中科院半导体所以前的工作，以及20世纪80年代开展元素半导体中非晶态硅的研究。

一、元素半导体的起步研究

在研制第一只中国晶体管的过程中，由王守武负责全面指导材料组、器件组和电子学组，三个研究组分工合作，使研制工作快速推进。1957年11月，利用由材料和物理组设计、加工的单晶炉成功拉出中国第一根锗单晶棒。随后通过掺杂实现了对锗单晶的导电类型控制，使电阻率及少数载流子寿命，达到制造器件的要求。成众志领导的电子学组，用自己建立的晶体管测试设备，测试器件性能并及时反馈给器件组。同样在当年11月，吴锡九带领器件组解决了器件制作工艺的各种难题，成功研制出中国第一只pnp晶体三极管。

1958年初，第一批性能稳定的锗合金晶体管制成。1958年8月，王守觉在器件制作过程中引入合金扩散工艺，加速了中国第一批锗高频合金扩散晶体管的成功研制。

根据国家《1956～1967年科学技术发展远景规划纲要》（简称《十二年规划》）的安排，成众志综合了在美国工作经验和访苏考察结果，提出以晶体管参数测量为主，以晶体管基本电路应用为辅，同时完善实验室条件、提高研究人员业务水平的工作方针。他组建了晶体管性能测试的必要设备，并建立半导体线路理论，为培养中国的半导体科技人才翻译和编写专著[2]。他与器件组配合，获得锗合金结型和锗扩散型晶体管的H参数频率特性，并用国产晶体管研发了中波收音机实验电路板。

1957年林兰英回国，接任材料组组长。她除了协助王守武成功拉制出第一根锗单晶外，还着手硅单晶拉制的研究。1958年7月，在改进的锗单晶炉里拉出中国第一根硅单晶，提前完成了《十二年规划》的一个目标。

二、非晶半导体研究

长期以来，各种半导体器件制造是基于完美晶体的长程有序周期势场的能带理论。1968年美国S.R.奥弗申斯基（Ovshinsky）在硫系玻璃中发现了开关和存储效应，随后科学界逐步认识到这些半导体特性是基于材料的短程有序。20世纪60年代末，N.F.莫特（Mott）和M.H.科恩（Cohen）、H.弗里切（Fritzsche）、S.R.奥弗申斯基（Ovshinsky）(CFO）提出了著名的莫特−CFO能带模型，定义了非晶半导体中迁移率边及局域态概念。1969年，英国的R.C.切蒂克（Chittick）等利用硅烷辉光放电技术，使氢原子饱和了非晶硅中大量的悬挂键。这种氢化非晶硅（a−Si:H）可实现掺杂。1974～1975年，美国D.E.卡尔森（Carlson）和英国W.E.斯皮尔（Spear）等先后制成了a−Si:H硅太阳能电池。20世纪80～90年代，以太阳能光伏效应利用和以显示屏薄膜晶体管利用为背景的非晶硅研发热潮席卷全球。1977年美国D.L.斯特布勒（Staebler）和C.R.沃龙斯基（Wronski ）发现非晶硅具有光致亚稳态效应（SWE)，对其起因及克服方法的研究及争论成为非晶硅领域贯穿始终的热门课题。

1984年韩大星成立“非晶半导体−非晶硅薄膜的电学光学特性及亚稳性”研究组。他们搭建了化学气相沉积（CVD）非晶硅薄膜生长系统及多种测试系统，实现变温变频、近红外、小信号的测量，满足了研究非晶硅薄膜电学光学特性及亚稳性研究的需要。

该研究组观察到非晶硅中光电导的热淬灭、红外淬灭及超线性现象，以及与特定的带隙态−敏化中心的关系[3]；发现非晶硅中光致吸收边可逆变化[4]，以及非晶硅光致亚稳态的产生及退火恢复的规律[5]。研究组还创建了“红外激励电流”(IRSC）实验方法及理论模型，得到了非晶硅中深能级陷阱的分布，并研究其光致亚稳态变化[6]。他们用瞬态光电导方法研究了非晶硅带隙态及其光致亚稳变化[7]，观察到非晶硅中光致吸收现象[8]。

该研究组研制的低温恒温器（获专利）广泛用于样品电学、光学参数的变温测量，获1986年全国首届发明展览发明奖、1987年瑞士博览会铜牌。他们研制的国内第一台光热偏转谱测试系统（PDS)，测试灵敏度达10^{-5}，除用于非晶态半导体薄膜光吸收谱的测量外，还解决了透射法不能测量的吸收边以下的微弱吸收测量问题。1990以后，该PDS在所内被用于C_{60}、C_{70}吸收谱测量。

20世纪80年代初正值非晶硅薄膜及其太阳能电池学科处于研发早期。韩大星与中科院上海硅酸盐所的程汝光等人共同倡议并起草了《“非晶硅薄膜太阳能电池”国家重点项目计划任务书》。通过中科院的推动，该项目被列入国家第七个五年计划（1986～1990)，从此“薄膜太阳能电池”作为国家重点项目延续下来。

这个研究组曾活跃在前沿研究领域，与同行学者交流频繁，在物理所主办京津地区非晶态半导体讨论会十余次。在中国物理学会的帮助下，于1986年9月在北京主办非晶态半导体国际讨论会，吸引了十几位国际著名学者参加。

第三节 化合物半导体的早期研究

1952年联邦德国H.韦尔克（Welker）发现Ⅲ−Ⅴ族化合物半导体。作为直接带隙半导体，它克服了用硅不能制作发光器件的局限性，由此化合物半导体逐渐成为热门研究领域，尤其是砷化镓（GaAs)、磷化铟（InP）备受关注。

20世纪50年代初期，应用物理所电学组早期工作是从Ⅱ−Ⅵ族化合物半导体硫化铅、氧化亚铜开始的。

1957年，汤定元在筹备提纯锗的同时，对锗光电导光谱分布作了定量的解释[9]，实验证实表面复合速度在光电过程中的重要作用。他所提出的理论被国内外著名学者广泛引用。同时，许振嘉也在Ⅲ−Ⅴ族化合物半导体领域，成功获得InSb、InAs单晶，并着手研制GaAs单晶，1960年他调入半导体所。

1957年德国物理学家H.克勒默（Kroemer）指出，由导电类型相反的两种半导体材料制成异质结，比同质结器件具有更高的注入效率。1962年，R.L.安德森（Anderson）假定两种半导体材料具有相同的晶体结构、晶格常数和热膨胀系数，提出了异质结的理论模型，解释电流输运基本过程。1968年，美国贝尔实验室和苏联约飞技术物理研究所都宣布$GaAs/Al_xGa_{1-x}As$双异质结激光器研制成功。半导体激光器具有体积小、结构紧凑、操作简单、调制容易等特点，发光效率均优于其他类型的激光器，在激光通信、测距、报警、工业自动化方面有着广泛的应用前景。

1970年前后，物理所开展了半导体激光器的研究。经过一段时间的准备和摸索，通过液相外延工艺和制管工艺改进，在顾世杰、程文芹等成功拉制出多条GaAs单晶的基础上，霍崇儒等用液相外延技术，精确控制外延层厚度和掺杂分布，研制出界面平整的$GaAs-Ga_xAl_{1-x}As$双异质结优质外延片。接着，包昌林等采用质子轰击方法将外延片制成砷化镓半导体激光器。他们先后研制成功低温（77K）脉冲激光、室温脉冲激光，并在全国率先做成了室温连续工作的半导体激光器[10,11]，研究结果在1975年6月召开的第一届全国半导体激光会议上报告。后来从事半导体激光器研究的人员转入光学室，组成309组，何启楦、顾世杰任组长。

第四节　分子束外延技术研发和材料研究

本节包含分子束外延技术和设备的研制，及用分子束外延方法研究的多种化合物半导体人工低维晶体材料。

一、分子束外延技术研发

1970年，美国IBM公司提出一个全新的革命性概念——半导体超晶格。在此后的几十年中，超晶格、量子阱研究衍生出一系列新材料、新效应及新器件。超晶格概念的提出推动了制备超晶格材料有效手段，即分子束外延技术的发展。而分子束外延技术的发展，又成为其后几十年中化合物半导体发展的重要领域，甚至延伸到凝聚态物理的其他领域。

物理所是中国最早从事分子束外延（Molecular Beam Epitaxy，简称MBE）技术和材料生长及相关材料物理性质研究的单位之一。20世纪70年代，分子束外延设备代表了国际上科学仪器综合发展的最高水平。物理所的分子束外延设备研制项目于1975年正式启动。物理所作为这个项目的负责单位，主要负责设备的总体方案、承担分子束炉及温度自动控制设备的研制，其他参与设计和研制的主要单位有：航天部510所负责超高真空系统设计、俄歇谱仪研制，中科院北京科仪厂负责反射高能电子衍射仪研制，设备制造在中科院沈阳科仪厂进行。

超高真空系统是整个分子束外延设备研制成功的基础。510所李希宁任总体设计师，物理所参与总体设计与真空部件研制的有周均铭、黄绮、伍乃娟、赵中仁等。分子束炉的设计和制造是分子束外延设备研制的核心，它包括加热体、快门及温控系统。其载体的纯度，尤其是在加热状态下释放杂质的程度，直接影响外延生长的质量。分子束炉坩埚是中科院沈阳金属所专门为分子束外延设备研制的热解氮化硼坩埚。由于分子束外延用坩埚纯度还有一定欠缺，这项研究前后经历了几十年，带动了中国热解氮化硼材料的研制及产业。分子束炉设计是由物理所吴述尧负责，最初使用的是高纯石墨坩埚，后来才用上氮化硼坩埚。用PID控制炉温在当时也是一项新技术，由赵中仁、蒋长根负责。第二代、第三代分子束外延设备研制时，温控与快门控制采用微机控制，与七联办高宗仁研究组合作。超高真空反射式高能电子衍射仪（RHEED）的研制，由北京科仪厂曾朝伟和物理所黄绮负责。他们在研制中使用了电磁透镜，因此除部件设计的超高真空要求外，耐高温漆包线、高压瓷瓶、具有光学平整度的荧光屏玻璃与不锈钢的焊接、荧光粉的喷镀都采用了当时中科院电子学所新的科研成果。俄歇能谱仪由510所范垂帧和物理所伍乃娟负责。

在设备总体方案讨论过程中，美籍华人科学家张立刚作为美国物理代表团成员于1975年访问中国，对设计方案提出了中肯意见。1979年在设备最终调试阶段，他还亲临沈阳科仪厂，关心设备研制状况。他与中国的分子束外延和超晶格物理研究的同行结下深厚的友谊。

经过5年的艰苦努力，第一台分子束外延设备于1979年底运至物理所。由于设备研制周期较长，在这期间国际上分子束外延技术有了快速发展，因此在第一台设备运转时，其性能已经落后。其后几年，在设备运转中不断对其进行改造。1984年制备的二维电子气材料在4.2K的迁移率达到5×10^5厘米^2/（伏·秒），并观察到量子霍尔效应。利用这种调制掺杂技术，在GaAs/AlGaAs异质结界面的GaAs一侧形成的二维电子气，电子低温迁移率是表征外延材料纯度的一个非常重要的参数。至此，从设备研制到生长出合格材料，经历了12年时间。

物理所分子束外延材料的质量得到器件单位的认可，但是由于当初设计的局限性，外延材料尺寸小、均匀性差，满足不了器件制作的大面积、一致性要求。为了推进国内分子束外延技术的发展，物理所与电子部第55研究所以及沈阳科仪厂联合研制第二代的分子束外延设备。研制完成后，设备先在物理所运转，由物理所培训55所的技术人员，并及时提供器件用材料。这台设备生长两英寸样品，衬底可连续旋转，快门、温度及生长程序均由计算机控制，增强了生长多量子阱及超晶格结构的能力。控制系统由分子束外延研究组与刘培铭研究组合作完成。设备在物理所运转的3年中，除了保证55所的材料供应外，还为分子束外延研究组承担的“七五”科技攻关及国家各类项目提供了所需的各种异质结、多量子阱及超晶格结构样品。

由于当时西方国家对中国的“禁运”，1986年物理所与英国GV Semicon公司谈判，引进该公司MBE分子束外延设备的V80“特殊超高真空系统”，由研究人员自行研制分子束外延设备的关键部件分子束炉、快门、计算机控制系统。该公司允许黄绮、周均铭、徐贵昌在工厂验收设备时参观制作车间，就这些关键部件提问，回国后进行自行设计、加工。由于关键部件研制顺利，这台设备成功地在物理所表面实验室运转，研制出国内第一支量子阱红外探测器和第一支量子阱激光器等器件。

采取同样的模式，1989年物理所与英国GV Semicon公司再次合作，为民主德国科学院电子物理研究所制造和安装调试性能更好的分子束外延设备，解决了该研究所与中国相同的被“禁运”而无设备从事研究的困难。安装调试与材料生长由黄绮负责与高宗仁、熊秀钟、袁懋森、杨中兴共同完成。

随后国际上的分子束外延技术又有了飞速发展，设计理念和制造技术都发生极大变化。样品尺寸从一英寸扩大到两三英寸直至四英寸。外延片的大面积均匀性、表面的缺陷密度大幅度下降，从而满足了微波集成电路制作越来越高的要求。分子束外延技术及外延材料在微电子和光电子领域里的重要性已被国内外专业人士确认。中科院继续支持物理所、半导体所、上海冶金所与沈阳科仪厂联合研制第三代分子束外延设备，由此又把中国分子束外延技术的水平推向一个新的高度。

1987年，在国家计委和中科院的经费支持下，上述单位共同研制第三代Ⅳ型分子束外延设备共三台。物理所负责研制分子束炉、计算机控制系统等核心部件。研制过程中吸收了英国V80真空系统的优点，大力改善沈阳科学仪器厂制造超高真空系统的基础条件，使国产分子束外延设备的水平接近当时的国际先进水平，为中国这类大型科学仪器制造奠定了良好基础，有力地支持了国内超晶格、量子阱物理的研究工作。研究成果在国际上产生显著影响，并争取到2000年在中国召开国际分子束外延会议的机会。

1989年夏，MBE-Ⅳ型分子束外延设备还被国家选中，代表中国的高科技发展水平，全套设备运往莫斯科，参加苏联举办的“科技在中国”大型展览会。物理所周均铭和沈阳科仪厂谢琪在现场进行技术交流。

二、分子束外延材料研究

研制分子束外延设备的经验，对于保证高质量的材料起到重要作用。分子束外延研究组的每个成员都能全面掌握材料生长工艺，也能承担设备维修。他们随时能对材料的性能进行测试、分析，甚至制作原型器件，并培养了一批研究生。

在第一台分子束外延设备运转初期，美国贝尔实验室的美籍华人卓以和（中国科学院外籍院士）访华，亲自动手演示材料生长的全过程，给研究组成员以极大的启示。

该研究组利用分子束外延技术，在半导体能带工程理论的指导下，生长出多种低维量子系统，使电子在量子系统中的运动受到一维或二维的限制，出现各种新奇的物理现象，而利用这些现象很快就制造出新型的微电子、光电子器件。由于以砷化镓、磷化镓等为代表的第二代半导体，工作频率远高于硅，在很宽的频率范围（1～200吉赫）广泛应用于微波、毫米波的接收与发射，在卫星通信、无线通信等领域有很大的应用潜力。

物理所的研究人员认识到分子束外延材料的出路必须与器件应用相结合这一特点。1984年，他们主动与电子部55所建立合作关系，将刚研制的金属半导体场效应晶体管（MESFET）、高电子迁移率晶体管（HEMT）材料送去研制器件。由此物理所分子束外延材料的发展走上一条与国家需求紧密结合的道路，先后承担了“七五”“八五”“九五”国家科技攻关等任务。

经过近20年的分子束外延材料制备工艺的探索，物理所通过承接国家科技攻关、国家自然科学基金重大和重点项目以及攀登计划项目、中科院重大项目等，研制和生长的外延材料体系几乎涵盖分子束外延材料研究的所有重要领域。由于异质结界面或外延层与衬底之间的晶格失配，分子束外延研究组为此发展了材料生长的特殊工艺。与此同时，鉴于他们对材料的物理性质均有深入的基础性研究，对于进一步开展各种新型外延材料的开发和成熟材料的规模生产，也有着广泛的物理和技术基础。其重要合作研究成果如下：

（一）GaAs基材料

1985年研制成功国内第一支高电子迁移率晶体管（HEMT）器件，并研究了二维电子气的量子霍尔效应。2004年9月与中国计量科学院合作研制“GaAs/AlGaAs量子化霍尔电阻基准”，霍尔标准电阻的精度达到10^{-10}，获国家科技进步一等奖。

研制赝配高电子迁移率晶体管（PHEMT）。1989年，由物理所提供材料，与器件单位（电子部55所、13所）合作，研制出国内第一支12吉赫低噪声器件产品，可替代国外产品用于卫星地面站，使中国军用新型微电子器件研制至少提前5年。1990年，与电子部13所合作研制出国内第一支35吉赫低噪声器件，用于某重点工程。1994年研制成国内第一支35吉赫功率器件。1995年之后完成国家急需的一批PHEMT器件，其中包括2～18吉赫宽带功率单片、8毫米功率单片、8毫米宽带低噪声单片等，材料和器件均获得多项奖励。"八五"攻关项目"用于GaAs集成电路的PHEMT材料"，达到20世纪90年代国际先进水平。PHEMT材料已成为支持全球无线通信和国家安全相关器件所需的关键基础材料。

研制GaAs MESFET。这是一种不同掺杂浓度层的GaAs同质结材料，物理所用MBE生长MESFET材料，替代离子注入工艺是MESFET的发展趋势。用GaAs的功率及开关电路在Ku频段以下还大量使用这种材料，它是卫星转发器及其T/R模块的主要器件。

研制量子阱红外探测器（QWIP）。红外探测器是国家安全重点关注的发展领域。1987年美国贝尔实验室利用半导体能带工程，结合分子束外延技术，研制成砷化镓多量子阱新型红外探测器。同年物理所陈正豪研究组与605组合作，开始量子阱红外探测器的研制，很快完成了国内第一支多量子阱红外探测器原型器件的制作与测试，研制出45°光耦合方式四元线列，获中科院科技进步一等奖和国家科技进步三等奖。随后他们与中科院上海技物所长期合作，研制成功长波8～12微米及14～16微米不同规格的GaAs/AlGaAs红外焦平面组件。这是国内在该领域的开创性工作，也是国家长期研究的方向。2005～2008年，在量子点红外探测器、共振隧穿器件（RTD）高速数字器件等分立器件的研究基础上，将量子点和RTD集成，研制出具有量子放大功能的新型红外探测器。

研制微光夜视仪用外延材料。分子束外延研究组自2004年开始研究微光夜视仪用的高铝组分AlGaAs异质结外延材料，通过探讨光吸收和光生载流子输运的性质与生长工艺的关系，获得高性能GaAlAs/GaAs异质结构外延材料。2009年实现微光夜视仪用外延材料国产化，能够批量提供外延材料给微光夜视仪制造单位。

研制半绝缘量子阱光折变材料及器件。由于Franz–Keldysh效应和量子限制斯塔克效应，在共振吸收时量子阱具有比体材料更强的电光效应。1990年美国贝尔实验室首次在半绝缘多量子阱材料中实现了光折变效应，其中最困难的是需要采取非常规的生长技术，以实现多量子阱材料的半绝缘性。605研究组采用中等低温、接近化学配比的生长条件，不经退火可直接制备出具有高电阻率和高光学质量的GaAs/AlGaAs多量子阱，其室温电阻率为10^7欧·厘米[12～17]。在国家自然科学基金重点项目的支持下，他们与物理所张治国等合作，系统制作光折变器件，开展器件应用演示性实验，实现平行场下的高衍射效率；在非简并四波混频实验中获得了国际上最大的入射衍射效率6.5%；制备出了分辨率高达2.46微米的空间光调制器，接近于理论预测的2.38微米。

中等低温生长的方法，为发展低温条件下生长高质量的分布式布拉格反射镜结构奠定了基础，可以推广应用于微电子材料的生长。研究人员证实了低温拉曼散射对探测和分析局域无序是非常灵敏的方法。

量子线及量子点的生长及其器件制作，包括量子线共振隧穿结构、单电子器件结构、共振隧穿结构及其器件、量子阱微腔结构、硅衬底上GaAs基材料生长。

（二）InP基材料

InP基材料研制是从1988年开始的，605组完成了材料生长工艺的研究，并与相关研究所合作开展了HEMT、异质结双极晶体管（HBT）的器件研制，制成环振电路、分频器等。HEMT的跨导最高可达1000毫西门子/毫米，它可运用的频率范围在100～200吉赫，在国防和光纤通讯上有着重要应用。

（三）Si/SiGe材料

Si/SiGe的表面结构的研究。分子束外延研究组在Si(001)表面SiGe生长过程时，观察到双原子台阶Si(001)2×1表面结构转变为1×2，这说明表面台阶上的二聚体从平行台阶边缘转成垂直于台阶边缘。通过测量高能电子衍射线的强度变化，获得二聚体取向变化与SiGe材料覆盖度的关系。随后周均铭在香港科技大学合作访问期间，用扫描电子显微镜证实了这一现象[18]。

Si/SiGe材料外延生长技术研究。在弛豫的SiGe层上生长硅应变层，可降低载流子有效质量，提高电子迁移率，从而突破硅材料极限，这成为研制低功耗、高速率新一代计算机的重要途径。陈弘改变常规的组分渐变或阶梯变化生长方法，提出在SiGe与硅层间插入一层低温生长的硅（LT-Si）层的新思路，利用该层内高密度的点缺陷来阻挡位错[19]。当在LT-Si层上生长SiGe时，存在于界面上的应力很容易通过存在大量点缺陷的LT-Si层内产生位错而得到释放[20~22]。透射电镜照片显示，位错在退火前后都集中在LT-Si层中，大量穿透位错向衬底方向传播，所形成的位错网位于硅衬底里，SiGe层的位错密度降至$10^5 \sim 10^6$/厘米^2。用X射线测量指出，在LT-Si层上生长的$Si_{0.7}Ge_{0.3}$层厚达500纳米时，弛豫度为90%。极大地减少了弛豫的SiGe层的厚度，且获得高平整度表面，有利于与硅器件的集成。国际上采用此项技术，成功制备了HBT及HEMT，这充分说明此技术的实用性。该技术也被应用到其他晶格失配的异质外延材料体系中，产生点缺陷的方法也扩展到离子轰击等其他方法。该技术发表十余年来，几乎所有关于SiGe的评论性文章都引用了此项技术。

发展了研究外延膜表面局部应力新方法。在异质外延层表面形成的十字网络（crosshatch）是半导体晶格失配外延的普遍现象，是造成表面粗糙的主要原因，这会严重影响材料的实际应用，特别是亚微米的大规模集成电路方面的应用。国际上多年的研究认为，十字网络产生原因有两个，分别是由于网格型的失配位错引起生长时表面的原子迁移所致，及由于位错的滑移面与表面相切而产生的塑性位移。国际上通过判明其产生的原因来寻找减少和消除十字网络方法。陈弘等首次提出用微区拉曼光谱成像技术这一定量检测工具，研究异质外延表面十字网格的成因。与之前国际上采用的诸如光学显微镜、原子力显微镜、透射电子显微镜等定性的研究手段相比，他们的定量实验结果确切无疑地证明十字网格是由网络型的位错引起的应力产生的，与组分起伏无关，也与表面多余原子层无关。研究成果发表后，国际学术界充分肯定微区拉曼光谱成像技术是研究材料应变的有力工具，以及十字网格成因的实验结果。在他们的文章发表前，很多研究工作试图采用抛光方法减少十字网格的影响，本项目的实验结果对采用应力补偿的方法减少或消除表面十字网格[23]给予了启示。

（四）锑化物材料

通过对GaSb/InAs异质结界面的生长特性的研究，研制成功InAs/AlSb HEMT材料，室温迁移率高达24 000厘米^2/（伏·秒），载流子面密度为6.6×10^{11}/厘米^2，可用来制作高频低功耗晶体管。

第五节　宽禁带半导体

本节内容包含GaN基材料和ZnO基材料两个部分。

一、GaN基材料

1995年日本日亚（Nichia）化学工业公司的中村修二（Nakamura Shuji）宣布，他已解决GaN基外延材料制备的关键问题，成功开发了高亮度Ⅲ/Ⅴ族氮化物蓝光二极管。从而结束了无原色蓝光二极管的历史，在全球掀起了GaN“热”。他先后制造出高效率、长寿命、低功耗、高亮度的紫光、蓝光、绿光发光二极管（HB-LED）光源以及紫光、蓝光激光器。

1997年，605组在GaAs衬底上用分子束外延方法生长出立方GaN和六方GaN薄膜，为研制GaN的发光器件打下良好基础。

2001年5月，物理所与上海投资方共同组建上海蓝宝光电材料有限公司，在物理所建立氮化镓研发中心。通过两年多的筹备、研究与开发，解决了氮化镓基外延材料、器件工艺与器件后工艺的主要关键技术，获得水平先进的外延材料及器件，并有一定的销售量，具备了由中试向规模生产的技术转移基础。

2004年9月至2005年2月，SF02组的技术人员赴上海蓝宝光电材料有限公司，全力投入两台生产型金属氧化物化学气相沉积（MOCVD）设备和GaN基LED芯片生产线的系统调试和生产试运转，积累了丰富经验，完成了从中试到产业化的转化。随后物理所将重心集中在自身的基础研究上，以求在GaN领域取得更大突破。

物理所通过GaN基LED的技术投入，全面更新了实验室装备，拥有了氮化镓基材料制备设备、器件工艺线和相关测试仪器，提升了继续开展氮化镓基外延材料基础研究和承担国家项目的实力。至此，物理所化合物半导体实验室成为国内唯一同时拥有MBE和MOCVD技术，并且能够制备各类新型GaAs基、InP基、GaSb基、Si基、GaN基异质结、量子阱和超晶格单晶薄膜外延材料和基础研究的实验室。这些外延材料可广泛用于新型微波、毫米波电子器件与电路和红外到紫外激光器、探测器等光电子器件的研究与制造。

2005年，组长陈弘负责研究组研究方向和新的研究项目，王文新负责GaAs材料研究，贾海强负责发光材料研究，郭丽伟负责GaN HEMT和紫外探测器材料研究。在随后的研究中，主要的研究成果如下：

（一）成倍提高GaN基LED量子阱的内量子效率

影响GaN基LED内量子效率的主要因素是压电效应。它使InGaN量子阱能带发生倾斜，电子与空穴波函数出现空间分离，减小了辐射复合概率。陈弘提出非对称耦合双量子阱来替代传统的等宽量子阱的新结构[24]。利用窄阱中电子空穴波函数交叠，辐射复合概率高；而宽阱具有很强的载流子俘获能力，通过双量子阱之间的隧穿效应，使量子阱的发光效率明显增强，发光内量子效率由30%提高到50%，1毫米×1毫米功率型LED的输出功率大于300毫瓦。此技术已经转移到上海宇体公司，并申请了国际专利。他们完成了"十一五"863计划半导体照明重大专项任务。

（二）单芯片白光二极管

无荧光粉的单芯片白光二极管[25,26]，克服了使用荧光粉引起的器件退化和较低的白光转化效率，也避开了日本日亚公司的专利，是原创性的工作。陈弘研究组通过优化生长温度及调节Ⅲ/Ⅴ比等技术，使得InGaN层里形成3～4纳米富铟、密度为10^{12}/厘米^{2}的量子点的低维量子周期结构，从不同的微区分别发射出波长在蓝或黄色区的光。300微米×300微米芯片在20～60毫安电流驱动下，发出稳定的白光，其电学参数与蓝光和绿光发光二极管一致，重复性好。

（三）湿法腐蚀蓝宝石衬底

GaN与蓝宝石，硅衬底之间的晶格常数和热膨胀系数相差很大，导致外延层位错密度高达10^8～10^{10}/厘米^2，不利于制备高性能的紫外发光二极管、激光器及紫外探测器。陈弘研究组首创的湿法刻蚀蓝宝石图形衬底方法[27]，系统地研究了图形衬底的制备、外延生长机理、外延膜的晶体质量和光学特性，有效降低GaN的位错密度、减少干法刻蚀对衬底造成的损伤和污染，提高了外延生长GaN层的质量。采用图形衬底制备的0.3毫米×0.3毫米和1毫米×1毫米发光二极管的芯片，光强增加40%和70%。2007年，这一具有自主知识产权的新方法获得发明专利。此专利技术已经转移到上海宇体公司，用于生产输出大于14毫瓦的蓝光发光二极管。

（四）二极管的反向漏电机理及外延膜各向异性的起源

在蓝宝石衬底上生长GaN的大晶格失配的异质外延中，外延膜中的位错密度高达10^8/厘米^{2}以上。陈弘研究组发现，GaN发光二极管的反向漏电可表示为$L_0\exp(qV/E_0)$。其中能量参数E_0与不同电压下位错螺旋分量的电激活相关，而L_0与位错螺旋分量密度的平方成正比。此结果表明，减少反向漏电的主要途径须优化生长条件，特别是MOCVD反应室的压力，以提高位错的电激活能，并设法降低位错密度[28,29]。

在c面蓝宝石衬底上外延生长GaN材料，是GaN基发光二极管的主流，但因外延膜的极化效应影响了发光的内量子效率，所以研究无极化效应的a面生长成为热点，但难度很大。与c面的GaN外延膜不同，采取在r面蓝宝石衬底上外延生长a面GaN，所出现的各向异性源自于GaN的(1120)面的非对称性，并且预示这种各向异性是制备量子线的潜在方法[30,31]。

（五）计算外延膜中位错密度的新方法

在蓝宝石衬底上外延生长的GaN层中，外延薄膜由彼此有倾斜和扭转的亚晶粒组成，倾斜和扭转角的大小可直接反映出位错密度，但扭转角的表征较为烦琐。陈弘研究组提出使用测得的GaN薄膜(121)晶面的摇摆曲线和Φ扫描曲线半高宽的加权平均值，便可简单计算获得GaN外延薄膜中晶粒的扭转角，从而避免了现有测量方法的缺点，此方法也适用其他晶格大失配的异质外延的材料体系。英国剑桥大学M.A.莫拉姆（Moram）在评论文章中三次提及该方法的科学意义和实用价值。

（六）可见盲和日盲波段紫外探测器

陈弘研究组发展了AlN缓冲层和AlN/AlGaN超晶格组合生长技术，有效过滤了穿通位错，极大地抑制了高铝含量AlGaN势垒层中的位错，因而获得较高性能外延材料，使高性能的可见盲和日盲波段紫外探测器的研制取得成功。

（七）SiC衬底上制备高性能GaN基HEMT结构材料的关键技术和生长工艺

研究解决了材料易出现裂纹问题，有效降低了微电子器件的漏电，增加了器件的电流密度，使HEMT材料的迁移率达到最先进水平，器件获得良好性能。

（八）高亮度红光LED技术转移

在四元红光LED外延材料领域，与天津中环新光科技有限公司进行了产业化技术合作。2009年1～6月，陈弘、贾海强等在完成设备安装、调试与验收的基础上，边研究、边开发，很快制备出高亮度红光LED器件，亮度超过120毫坎，当年9月开始批量销售。经一年的工艺均匀性、一致性调试，生产稳定，形成了外延片6万片/年的生产能力，成品率大于95%，产品居于市场高档水平，销售收入超过1000万元。即使在固定费用较高的情况下，单台设备销售利润率仍超过10%，实现了企业资金的良性循环。与此同时，物理所为公司培训了15名技术人员和生产操作人员。

2001年，用分子束外延材料制成的高频高速器件业已商品化，国际上已出现多个分子束外延材料专业公司。周均铭和黄绮积极促进MBE外延材料科研成果向产业化转化，于2002年与上市公司圣雪绒公司合作，成立了以化合物半导体外延材料生产为宗旨的高科技公司“北京圣科佳电子有限责任公司”，并引进了生产型分子束外延设备和必要的分析测试设备。由此，在物理所实验室开始批量提供三英寸、四英寸HFET、PHEMT、MHEMT外延材料，其质量能够满足GaAs微波集成（MMIC）制造对材料的要求。

二、ZnO基材料

相比于禁带宽度为3.39电子伏、自由激子结合能为26毫电子伏的GaN，氧化锌（ZnO）作为一种直接跃迁型Ⅱ－Ⅵ族半导体，禁带宽度为3.37电子伏，其更高的自由激子结合能（60毫电子伏）使得ZnO更易在室温或更高温度下实现高效率的激光发射。ZnO与镁、镉等金属元素结合生成两元、三元半导体固溶体(ZnMgCd)O，禁带宽度可从2.3电子伏调节到7.8电子伏、覆盖波长从黄绿光带到紫外范围。同时，由于地球上富含锌元素，使得ZnO成为一种廉价的原材料。ZnO除作为商用透明导电电极外，在光伏领域中也有着广泛应用。

1996年，有研究者首次报道了在室温下ZnO微晶结构薄膜光泵浦紫外受激发射，引起全球范围的强烈关注。1997年，香港科技大学汤子康（Z.K.Tang）等报道了在室温下ZnO薄膜在三倍频YAG激光的激发下产生近紫外激光，并发现ZnO具有激光阀值低和高温工作等优点，比GaN更适合制作高温大功率器件。2005年，日本川崎雅司（Kawasaki Masashi）等利用氮掺杂，实现了ZnO的p型掺杂，制备出第一只蓝光ZnO发光二极管，极大地推动了ZnO光电子器件的研究进展，从此在国内外掀起研发ZnO材料与器件的热潮，也成为中国在21世纪扭转半导体技术落后局面的一个重要时机。国家科技部、国家自然科学基金委、中国科学院等部门作了专门部署，大力提升中国在该领域的研发水平。

2002年，杜小龙加入表面物理国家重点实验室SF04组，2009年组建E04研究组，实验室拥有从外延生长、器件制作、材料与器件性能检测的大型专用设备。该研究组在国内率先采用国际主流的生长技术——RF-plasma MBE法，开展ZnO基光电子材料与器件的研究工作，已在ZnO单晶薄膜的极性控制生长与p型掺杂研究、能带工程以及器件研制等方面，获得多项重要的突破和进展，并开发了多种独特技术。其中申请发明专利30余项，已获国际、国内专利授权25项，在*Adv. Mater.*、*Small*、*Appl. Phys. Lett.*、*Phys. Rev.* B等期刊上发表论文60余篇。他们在该研究领域形成了特色鲜明的自主创新技术体系，承担着ZnO相关国家自然科学基金重点项目、科技部973项目和中科院创新项目，业已成为中国研发氧化锌基光电子核心技术的重要力量。该研究组在氧化锌单晶薄膜以及器件研究方面，获得多项研究成果，主要成果如下：

（一）ZnO单晶薄膜的分子束外延生长、物性研究与器件研制

氧化锌单晶薄膜的表面/界面工程及物性研究。在RF-MBE法外延生长高质量、单一极性ZnO单晶薄膜方面，杜小龙研究组独创了多种衬底表面预处理及结构修正技术，获得了具有原子级光滑表面且各方面性能良好的器件单晶薄膜，为开展p型掺杂研究以及发光二极管的研制奠定良好基础[32]。

2004年，该研究组系统发展了在Si(111)－7×7清洁表面上，抑制硅与镁原子界面互扩散的镁薄层低温沉积工艺，生长出Mg（0001）单晶薄膜。该单晶膜可通过活性氧处理形成岩盐相的MgO(111)超薄膜，为两步法外延生长ZnO提供了良好的模板，并最终用MBE技术在2英寸硅晶片上制备出高质量的ZnO单晶薄膜，其结晶性和光电性能等综合指标居国际领先水平[33]。论文以确凿的证据展示了一种在硅衬底上制备ZnO单晶薄膜的机理与方法，而且所述利用镁氧化获得MgO的界面技术可应用到其他硅基异质膜的制备中。这一独创性的低温界面工程技术已申请国际专利一项、国内专利两项。

杜小龙研究组首创了锂、铝、氮三元共掺技术，在p型ZnO薄膜的制备及研究等方面取得一定进展。利用物理所微加工实验室的先进设备，在富锂的钽酸锂衬底上制备出适于室温工作的原型LED器件，观察到电致发光现象。首次利用高纯NaOH作为掺杂剂，实现Na-H共

掺杂，经退火后获得ZnO:Na弱p型材料，并澄清了相关的自补偿机理。通过离子注入与MBE原位生长两种锑掺杂工艺的对比，系统研究了锑掺杂ZnO薄膜的物理性质、相关缺陷以及缺陷对掺杂过程的影响。这些相关工作对ZnO的p型掺杂具有重要指导意义。

该研究组系统研究了ZnO极性表面的稳定性机制，在非掺杂锌极性表面上，观察到2×2、4×4再构。他们系统研究了再构形成条件，利用STM技术对O极性表面再构的原子和电子结构进行了探讨，首次获得了原子分辨的再构表面STM像，为掌握ZnO极性表面稳定机理打下了基础。他们对杂质原子在ZnO极性表面的吸附行为的研究，进一步发展了表面活性剂辅助外延的ZnO单晶薄膜生长技术，并率先采用锂、钙作为表面活性剂，实现了ZnO薄膜的二维生长，获得了表面原子级平整的高质量薄膜，并观察到锂及钙诱导的6×6、12×12、2×2、3×3 ZnO表面再构。

金属/氧化锌接触特性的研究及紫外探测器的研制。ZnO极性表面非常活泼，在大气中吸附的杂质对金属/ZnO的界面质量控制极为不利。为实现在ZnO清洁表面上的金属/氧化物薄膜的原位沉积，杜小龙研究组设计改造了一个可综合运用MBE、磁控溅射及电子束蒸发等技术进行金属/氧化物薄膜沉积的超高真空系统，与ZnO膜MBE生长室通超高真空传样系统相连，使金属/氧化物薄膜界面质量得到有效控制。加上样品台的冷却功能，实现金属/氧化物薄膜的低温沉积，从而可解决一些大失配金属/ZnO体系的MBE生长难题。

杜小龙研究组采用低温沉积的方法，对超薄银连续薄膜在ZnO表面动力学生长过程的研究，有效地降低了银原子在ZnO表面的迁移长度，获得了致密的连续膜，提高了银与ZnO的肖特基接触特性，显著改善了ZnO基MSM型紫外探测器的光电性能，其暗电流下降到纳安量级，2伏偏压下光电流比暗电流高达4个数量级，较采用磁控溅射法提高了2个数量级。该技术已获得国家发明专利授权。

光电集成因其重大的应用价值而备受关注，如何将宽带ZnO材料优越的光学性能与硅的成熟电性调控技术相结合，是国际上重要的研究课题。然而硅基高质量ZnO单晶材料的制备、器件结构的设计等问题具有很大的挑战性，这是由于硅表面具有很强的活性，极易形成无定形的氧化物与硅化物，阻碍ZnO的外延生长。另外，硅的能带结构与ZnO不匹配，难以获得理想的光电子器件性能，因此如何控制硅衬底表面和异质界面，并设计出新型器件结构，已成为这一研究方向的核心科学问题。经过5年多持续攻关，杜小龙研究组利用自己发展的低温界面工程技术，获得具有锐利界面的新型n-ZnO/i-MgO/p-Si双异质结pin紫外探测器结构，研制成功硅基ZnO可见盲紫外探测器原理型器件，其pin结具有良好的整流特性，在±2伏时的整流比达到10^4以上，高出当时报道值2个数量级。另外，该结构利用MgO势垒层，在负偏压下抑制了硅一侧对可见光的响应，并利用宽带隙ZnO卓越的光电性能，获得了良好的紫外光探测功能，最终制备出具有结构简单、性能优越的pin型可见盲紫外探测器原型器件[34]。

（二）ZnO基材料能带工程研究与相关光电子器件研制

MgZnO/ZnO异质结是制作短波长发光管和光电探测器的重要候选材料，在低阈值室温激光器、高效率发光二极管、MgZnO/ZnO异质结器件和日盲紫外（220～280纳米）探测器等方面有着广阔的应用前景，是光电子领域的研发重点。但是当镁含量超过34%时，$Mg_xZn_{1-x}O$合金就会发生相分离，出现纤锌矿结构ZnO和岩盐结构MgO共存的局面，致使薄膜的禁带宽度低于日盲区，成为获得器件质量的MgZnO薄膜瓶颈。杜小龙研究组通过研究MgZnO薄膜的MBE生长动力学过程，发现了低温富氧生长条件对抑制相分离现象起着重要作用，从而发展了具有自主产权的“准同质外延”和“活性气体环境中金属源束流的原位精确控制”技术。他们结合独创的界面控制与能带调控技术，研制出镁组分为55%、带隙为4.55电子伏（272纳米）的单纤锌矿相MgZnO单晶薄膜，其参数为当时报道的最高值，其带隙成功进入日盲波段[35]。在此基础上，利用微纳加工技术，该研究组研制出光响应截止波长为270纳米、光响应度为0.022安/瓦、光响应时间小于500纳秒的高性能纤锌矿相MgZnO日盲紫外探测原型器件。

制作n-MgZnO/p-Si异质结器件，是避开p型ZnO基材料制备难题的一个有效途径，在高质量、大尺寸和廉价的硅晶片上研制ZnO基短波长光电子器件具有诱人的应用前景。杜小龙研究组在研制蓝宝石衬底上外延MgZnO体系获得进展的基础上，进一步开展硅基MgZnO材料与器件的研究工作。然而硅衬底上高镁组分MgZnO单晶材料的制备具有更大的挑战性，除硅强活性表面外，高镁组分MgZnO的成核对模板的要求极为苛刻。为此他们采取了先沉积金属铍，再原位氧化的界面控制技术，在高温下实现了硅清洁表面的保护，最终在Si(111)上首次获得带隙为4.43电子伏（280纳米）的高质量MgZnO日盲紫外探测材料，研制出硅基MgZnO pn异质结型日盲紫外探测器，其截止波长为280纳米，最高光响应度达到0.04安/瓦，可望在民用和军事领域得到应用。研究组在MgZnO单晶薄膜的控制生长、器件结构设计和器件工艺等关键科学问题及技术环节上，发表了一系列论文，申请了7项国家发明专利，形成了从材料到器件完整的核心技术体系。

第六节　有机半导体

1954年，日本科学家首次提出了有机半导体这一概念。1959年苏联科学家成功研制出高分子半导体，即有机半导体，其性能比锗硅好，成本却低得多。中科院向有关研究所下达了开展有机半导体研制的任务。

物理所组织陈春先、郝柏林等攻关，对化学所采用不同聚合方法和不同技术处理的系列样品，进行材料的电学性能和半导体性能测试，再将测试结果反馈指导聚合物进一步的合成工作，参与了高分子半导体的研制，于1960年1月6日得到具有半导体电性能的高分子材料。

为了对有机半导体进行深入系统的研究，1960年初中科院决定由化学所和物理所共同组建成共轭高分子研究室（物理所十室），下设化学组和物理组。研究室经过大量的文献调研和实验条件准备，明确有机化合物导电机理成为研究室理论与实验的基础研究方向。

据长期研究发现，已知的有机化合物、有机高分子化合物都是饱和的碳氢化合物，是良好的绝缘体。有机半导体所用的聚丙烯腈PAN中的氢键在技术处理过程中结构发生了变化，在分子链中出现了共轭双键，即单双键间隔出现的现象。共轭双键上的π电子是有自由度的，因此在电场的作用下可以从基态被激发到激发态，随即产生电流。但这些有机化合物的导电性远低于金属的导电性，介于金属和绝缘体之间。

对上述材料导电性来源的认识，启发了他们开展合成具有共轭双键的更多的高分子材料，并探讨其电学和磁学性能的基础研究。1960～1965年，他们在物理所先后合成了缩聚丁二酮和聚西夫碱型共轭高分子材料，并研究了其光谱特性和特殊电学、磁学性能，先后发表了数篇文章[36～39]。在此期间，物理组建立了相应的电学、磁学、光谱及微波等测试设备，为有机半导体的光谱分析和特殊电磁性能研究奠定了良好基础。

1964年，十室接受第四机械工业部的国防项目，研制微波吸收材料。化学组的吕绳青、张树范等人承担材料制作，物理组的赵中仁等进行微波性能测试。

1966年以后，化学组迁回化学研究所，物理所十室解散。原微波吸收材料任务仍维持两所协作的方式进行。他们共完成微波吸收材料三项任务，分别是同轴线用衰减棒、波导管用衰减片、反弹道导弹的导弹用多层微波吸收材料。这些成果曾在全国新产品展览会上展出。

在物理所，起始于有机半导体室的泡沫塑料型有机半导体的研究，由潘习哲等转入十一室进行，获得良好结果。

在物理所开展的与有机半导体有关的工作还有另外两项：

在激光研究室，曾开展全息记录和实时记录介质的研究。其中介质材料采用的是一种有机光敏性半导体——聚N-乙烯基咔唑/2,4,7-三硝基芴酮的电荷转移络合物。研究工作是杨君慧等与化学研究所合作进行的。材料以化学所为主，物理所参加。其介质材料的半导体性能测量和全息记录方法的研究及设备加工由物理所完成。两研究所有十余人共同协作，历经六七年的密切配合，使国内光导热塑料的研究和全息记录达到同期国际先进水平，并获中科院科技进步一等奖。

在激光研究室，杨君慧等用激光诱导光敏性催化剂的方法，使催化剂分子吸收高光子能量，瞬间产生高活性自由基。这种活性自由基同时引发所使用的有机单体分子完成聚合反应，在3～5分钟内即可得到有机半导体聚合物。而使用传统化学方法制取同样的聚合物，要在严格的恒温条件下反应若干小时才能有结果，费时又费力。他们参与的激光催化法，使用同一个材料体系，不但得到了可溶性的有机半导体，在改变催化剂品种、光照时间后，还得到了红色、黑色、棕色、灰绿色等不溶解性颜料。他们发明的这种激光催化反应方法获得多项专利。

参考文献

[1] 约飞 A Φ. 半导体物理学. 汤定元，洪朝生，黄昆，王守武，译. 北京：科学出版社，1955.

[2] 罗无念，成众志. 晶体管电子学. 北京：人民邮电出版社，1958.

[3] Gu B Y, Han D X, Li C X, Zhao S F. *Philos. Mag.* B, 1986, 53:321.

[4] Han D X, Qiu C H, Wu W H. *Philos. Mag.* B, 1986, 54:L9.

[5] Qiu C H, Li W, Han D X, Pankove J I. *J. Appl. Phys.*, 1988, 64:713.

[6] Han D X, Wu L. *J. Appl. Phys.*, 1990, 67:3717.

[7] Qiu C, Han D X. *J. Non-Cryst. Solids*, 1987, 90:115.

[8] Xiao Y, Han D X. *Phys. Rev.* B, 1989, 40:5890.

[9] 汤定元. 物理学报, 1957, 5:421.

[10] 中国科学院物理研究所半导体激光组. 物理, 1976, 5(4):202−205.

[11] 中国科学院物理研究所半导体激光组, 高能物理研究所一室应用组. 物理, 1976, 5(1):4−6.

[12] Feng W, Zhang Z G, Yu Y, Huang Q, Fu P M, Zhou J M. *J. Appl. Phys.*, 1996, 79:7404.

[13] Feng W, Chen H, Cheng W Q, Huang Q, Zhou J M. *Appl. Phys. Lett.*, 1997, 71:1676.

[14] Feng W, Wang Y, Wang J, Ge W K, Huang Q, Zhou J M. *Appl. Phys. Lett.*, 1998, 72:1463.

[15] Zhang Y F, Sun J M, Zhang M H, Zhang Z G, Huang Q, Zhou J M. *Appl. Phys. Lett.*, 2000, 76:2586.

[16] Zhang M H, Han Y J, Zhang Y H, Huang Q, Bao C L, Wang W X, Zhou J M, Lu L W. *J. Cryst. Growth*, 2000, 217:355.

[17] Zhang Y F, Zhou Q, Zhang M H, Huang Q, Zhou J M. *Appl. Phys. Lett.*, 2000, 77:702.

[18] Zhou J M, Guo L W, Cui Q, Peng C S, Huang Q. *Appl. Phys. Lett.*, 1996, 68:628.

[19] Chen H, Guo L W, Cui Q, Hu Q, Huang Q, Zhou J M. *J. Appl. Phys.*, 1996, 79(2):1167−1169.

[20] Li J H, Peng C S, Wu Y, et al. *Appl. Phys. Lett.*, 1997, 71(21):3132−3134.

[21] Peng C S, Zhao Z Y, Chen H, et al. *Appl. Phys. Lett.*, 1998, 72(24):3160−3162.

[22] Peng C S, Chen H, Zhao Z Y, et al. *J. Cryst. Growth*, 1999, 201:530−533.

[23] Chen H, Li Y K, Peng C S, Liu H F, Liu Y L, Huang Q, Zhou J M, Xue Q K. *Phys. Rev.* B, 2002, 65(23):233303.

[24] Jia H Q, Guo L W, Wang W X, Chen H. *Adv. Mater.*, 2009, 21:4641.

[25] Wang Y, Pei X J, Xing Z G, Guo L W, Jia H Q, Chen H, Zhou J M. *Appl. Phys. Lett.*, 2007, 91(6):61902.

[26] Wang X H, Guo L W, Jia H Q, Xing Z G, Wang Y, Pei X J, Zhou J M, Chen H. *Appl. Phys. Lett.*, 2009, 94:11.

[27] Wang X H, Jia H Q, Guo L W, Xing Z G, Wang Y, Pei X J, Zhou J M, Chen H. *Appl. Phys. Lett.*, 2007, 91(16):161912.

[28] Li D S, Chen H, Yu H B, et al. *J. Appl. Phys.*, 2004, 96 (2): 1111−1114.

[29] Peng C S, Zhao Z Y, Chen H, Li J H, Li Y K, Guo L W, Dai D Y, Huang Q, Zhou J M, Zhang Y H, Sheng T T, Tung C H. *Appl. Phys. Lett.*, 1998, 72(24):3160−3162.

[30] Li D S, Chen H, Yu H B, et al. *J. Cryst. Growth*, 2004, 265 (1−2):107−110.

[31] Wang J, Guo L W, Jia H Q, Wang Y, Xing Z G, Li W, Chen H, Zhou J M. *J. Electrochem. Soc.*, 2006, 153(3):C182−C185.

[32] Mei Z X, Du X L, Wang Y, Zeng Z Q, Zheng H, Jia J F, Xue Q K, Zhang Z. *Appl. Phys. Lett.*, 2005, 86(11):112111.

[33] Wang X N, Wang Y, Mei Z X, Dong J, Zeng Z Q, Yuan H T, Zhang T C, Du X L, Jia J F, Xue Q K, Zhang X N, Zhang Z, Li Z F, Lu W. *Appl. Phys. Lett.*, 2007, 90:151912.

[34] Zhang T C, Guo Y, Mei Z X, Gu C Z, Du X L. *Appl. Phys. Lett.*, 2009, 94(11):113508.

[35] Du X L, Mei Z X, Liu Z L,Guo Y, Zhang T C, Hou Y N, Zhang Z, Xue Q K, Kuznestov A Y. *Adv. Mater.*, 2009, 21:4625.

[36] 吕树芬, 李执芬, 吕绳青, 张树范. 高分子通讯, 1960, 4(2):66−72.

[37] 李执芬, 吕绳青. 化学通报, 1961, 5:54−56.

[38] 李执芬, 刘轸, 唐明道, 刘同明. 科学通报, 1963,4:51−53.

[39] 李执芬, 张树范, 刘同明, 潘习哲. 高分子通讯, 1980, 3:162−167.

第七章　发光学

发光是物质在激发能量诸如辐射、电场或粒子轰击的激发作用下，产生非热辐射并带有明显弛豫特征的可见光波段附近的电磁辐射现象。发光学是从光谱学、光学和原子物理等学科中发展起来的学科。

发光是一种非平衡过程，包括激发、电子与空穴及电子与离化中心的复合、辐射跃迁及无辐射跃迁、电子的俘获和能量的传递等物理过程。发光极其灵敏地反映了包括外来杂质及各种缺陷所引起的定域能级及发光中心的特性。发光学是凝聚态物理的重要组成部分，包含凝聚态物质中的激发态过程等一些基本科学问题。

按照激发方式进行分类，发光现象包括光致发光、电致发光、阴极射线发光、X射线及高能粒子发光等。发光学在照明、标识、信息显示、电视、新能源、射线探测、高能物理和光电子学，以及航空航天等各个国防或民用领域具有广泛的应用。

第一节　发展概述

中国的发光学研究是从中华人民共和国建立后发展起来的。1949年以前，美、苏和欧洲的一些国家均已开始了这项研究。那时中国发光学的研究，除极少量的零星工作外，没有专业的发光学实验室。

1951年，应用物理所筹建发光学科，成为国内最早开展发光学研究的单位之一，其任务是以新技术为国家服务。1951年，应用物理所开始了发光学研究专业的筹备和专业人才的培养，参考材料之一是苏联高等学校“教学计划专门化课程”中有关发光学内容的部分。此时，该所许少鸿翻译的俄文发光专业书籍《永久和短时发光材料》[1]，也作为专业人员的培训教材。同年，徐叙瑢被中国科学院录取为留苏人员，赴苏专攻发光学专业。

一、固体发光研究室的建立

1952年末，许少鸿和黄有莘开始着手建立中国第一个发光学实验室，1953年正式启动应用物理所第一个发光研究课题。应用物理所早期开展发光学研究的还有徐叙瑢、许汝钧等。

1953年，应用物理所第一个发光研究课题为“红外磷光体（掺钐、铕的硫化锶）的研究”。许少鸿集中了物理和化学两方面的工作人员，从原料提纯和搭建设备开始，研究红外探测发光材料，建立专业实验室，在半导体物理组内开展固体发光研究。1955年，徐叙瑢留苏归来，开设了第二个发光学课题“建立测量光谱及效率的设备”，开始研究硫化锌（ZnS）发光材料和发光效率问题。1956年，固体发光组从半导体组分离出来，独立建组。1956～1957年间，每年提出的发光研究课题有3个，1958年增加到5个。

1956年，应用物理所发光学研究人员参与制订了国家《1956～1967年科学技术发展远景规划纲要》（简称《十二年规划》）。“发光学科学技术”的内容被写入规划的“半导体技术建立”部分。其中，物理方面的内容包括掌握紫外光、阴极射线及带电粒子激发下发光的测量方法，光致发光中的各种物理问题，阴极射线和带电粒子激发发光、场致发光，以及新材料的探索等；化学方面的内容包括发光材料的提纯和检验，发光特性与制备条件及晶体结构间的关系，物质结构与发光中心形成等；技术方面的内容包括电视和雷达屏以及彩色电视屏的试制，提高发光照明的效率和寿命，永久发光和长时发光材料的制备及使用，以及场致发光的利用等。至1965年，物理所的发光学研究已经基本涵盖了《十二年规划》的全部相关内容。

1959年6月，物理所固体发光研究室（三室）正式成立。研究室负责人是徐叙瑢、许少鸿。全室研究课题增加到8个。1965年8月，按照中国科学院的统一部署，包括徐叙瑢、许少鸿以及40多位科研骨干的物理所三室（见图），成建制迁往长春，与当地原有的几个研究单位合并，组成中国科学院东北物理研究所（后更名为中国科学院长春物理研究所）。

二、科研设备

应用物理所的发光实验设备是从无到有建设起来的。由于中华人民共和国建立初期，应用物理所的仪器设备比较缺乏且落后，从国外采购既困难又不及时，许少鸿和黄有莘自1952年末开始自己动手制作相关设备。他们先后绕制了焙烧材料的高温炉，搭建单色仪，制作了用于测量发射光谱能量分布的标准灯，用摄像法弥补光电倍增管的不足，并对采购的试剂进行再次提纯，以达到科研所需的纯度。1954年，他们建立了光谱和比色两种微量分析方法，实现定量测量发光材料中铜和铁等元素的含量，改进了光电倍增管接收系统以测量绝对光强；设计和调试了弱光光度计，建立了测量慢衰减过程的设备。当时，发光学实验室已经初步具有了测量荧光光谱、磷光光谱和光谱能量分布的条件。1955年徐叙瑢回国时，带回苏联科学院物理研究所赠送的器材，此后测量发射光谱、闪光光谱、激发光谱、刺激光谱和磷光光谱的技术问题逐步得到解决。其中发射光谱的测量已经可以准确到5%以内，闪光衰减也基本可以测量，这为此后发光实验室的建设奠定了基础。1957年，徐叙瑢等赴苏联科学院列别杰夫物理研究所参加培训。该所为物理所代制了一套阴极射线发光测试设备，可以实现电子束的散焦、扫描和激发，并可以测量发光光谱及衰减曲线等。1958年，发光实验室建立起测量发光衰减、发光效率、光谱、颗粒尺度及荧光屏分辨率的设备，建立了测量极弱光的设备，为研究发光体的热处理过程建立了差热分析设备。在光致发光方面，他们建立了测量加热发光、相对效率及光谱的光电设备和测量吸收光谱的仪器，实现了从液态空气到200℃的温度范围内不同激发条件下的测试。至1959年，物理所三室发光学实验设备的建立基本完成。

三、科研队伍及人才培养

物理所发光学研究人才的培养是与实验室建立同步进行的。中华人民共和国成立初期，应用物理所组织所内科学家给科技人员讲课，以提高业务水平。许少鸿主讲《温度及其量度》，他还翻译了《永久和短时发光材料》[1]、《固

1965年9月物理所三室成建制调往长春前合影

体和液体的光致发光》[2]和《硫化锌发光体的结构》[3]等学术专著，并撰写专业文章[4]作为发光学的培训教材。1955年，许少鸿主持讲授《发光体的物理化学》课程，以培训新进所的见习人员，使之熟悉物理化学并了解制备发光体时各种因素对发光性质的影响。

1958年，固体发光是当时物理所培养研究生的8个学术方向之一。全所27位导师中即有徐叙瑢和许少鸿两位发光学研究人员。1962年，钟国柱（导师徐叙瑢）成为物理所发光专业的第一个研究生；1964年，虞家琪（导师许少鸿）、张新夷（导师徐叙瑢）成为发光专业的第二批研究生。当年，物理所为培养年轻科研人员还组织了“拜师会”活动，三室许少鸿和范希武成为“师徒”。

1958年，在中国科技大学物理系初创时期，徐叙瑢和黄有莘在该校组建了中国第一个发光学专业，开设了中国第一门发光学专业课程。徐叙瑢兼任发光学专业教研组主任，徐叙瑢、许少鸿、范希武等担任兼职专业课教师。他们培养的学生很多都成为中国发光学界的学术带头人。

随着大学毕业生和其他人员逐渐加入物理所工作，至1959年三室的发光研究人员已经达到20多人，1965年迁往长春时已经超过40人，其中助理研究员以上职称科技人员约20人。迁出后，徐叙瑢和许少鸿分别担任了中科院长春物理所的所长、副所长，其他人也大都担任了该所和国内一些大专院校专业研究室的负责人，成为中国发光学及其应用研究的学术骨干。

第二节　红外磷光体

红外磷光体课题开始于1953年，主要内容为红外磷光体SrS:Sm,Ce（后增加激活剂铕）的制备、性能和实验技术，以及发光机制的研究。

一、红外磷光体的研制

硫化锶（SrS）是20世纪40年代最好的红外磷光体之一，该材料被紫外激发后，在红外线照射下能够发出可见光。当时国外已有关于钐、铈和铕等激活剂的作用和相互间影响的报道，而国内尚无这方面研究。鉴于美国在朝鲜战场上使用红外灯和红外武器的可能，许少鸿等关于采用红外磷光体侦测敌方红外光源的研究，成为当时应用物理所一项具有国防需求意义的任务。基于当时的条件，研究人员从建立实验室设备、配置器具、提纯试剂着手开展工作。他们提纯了硝酸锶和氯化锶，用以制备高纯度（大于等于99.9999%）的SrS；从提纯了的氯化铈和氯化钐中分离收集钐及铈的化合物，经热处理后制成红外磷光体。经过不懈努力，他们制成了光谱纯的硫化锶和掺杂试剂，显著改善了磷光物质的纯度，建立了单色仪，测量到磷光体的热释发光。

1954年，许少鸿、苏芳中、游俊明建立了光谱定量分析和比色两种微量分析方法，共同分析样品中微量的铜和铁，并采用提取法、沉淀法和电解法在锶化物的溶液中除去铜和铁两种杂质。他们还通过优化灼烧温度、激活剂含量、气氛及助溶剂等实验条件，改善磷光体性能。许少鸿和黄有莘建立了测量闪光强度和慢衰减过程的设备，并尝试采用α射线对磷光体进行激发。考虑到由于红外光致释光与热效应具有密切的关系，在不同温度下的测量可以获得更多的发光信息，他们分别建立了高温和低温条件下测量发光性质的设备，实现了从液态空气温度到200℃温度范围中各种发光性质的测量。他们改进了光电倍增管测量技术以测量绝对光强，设计和调试了弱光光度计，测量了荧光光谱、磷光光谱、刺激光谱、激发光谱、发光光谱和衰减等发光性质，还制备了几十个样品，获得了发光亮度同于一般文献报道水平的结果。

1955年，发光学研究集中在铜对SrS:Sm,Ce发光性质的影响。铜是比较容易混进的杂质，有三个可能的来源，分别是钐溶液、热处理以及称量和混料过程。当时仅见1篇相关文献认为铜对发光的破坏作用很大。该组研究人员测量了原材料及各制备阶段的荧光谱和闪光谱，从而避免了因使用白金舟引起的发光能力降低；选用了石英管为烧制容器，并发现新石英管是混进铜的主要来源。据此可重复制备含铜量小于10^{-7}克/摩的样品，闪光亮度达到文献报道的水平。他们同时确立了光谱能量分布的标准，解决了测定发射光谱的照相技术问题，测量准确度达到5%以内，并且在发射光谱、刺激及激发光谱、闪光衰减等方面，可以实现系统的定量测量。铜含量的可定量测量，使制备10^{-2}%～10^{-5}%不同铜含量和无铜样品成为可能，使研究各种光谱和闪光衰减、铜能级以及钐和铈离子的作用得以进行。实验发现，含铜多的样品显著增强了次级磷光，这说明铜的存在不是简单的减弱发光。铜含量的不同，对样品的磷光、荧光、闪光光谱都会带来影响，并且造成显著的剩余闪光自动增长现象。这些性质在实用中各有优缺点，对SrS红外磷光体的应用相当重要；在物理方面，对铜所产生的能级、对铈和钐的作用都有所了解。1956～1957年，他们系统研究了多种杂质，特别是重金属杂质及热处理条件对SrS:Ce,Sm发光特性的影响，研究对象扩展到SrS:Eu,Sm。研制的SrS:Ce,Sm及SrS:Eu,Sm两种红外磷光材料储存光能长达一年以上。

二、红外磷光材料的基础研究

1957年，红外磷光材料的工作转向基础研究，开设了“不同波长的长波辐射对局部能级的作用”课题。针对1956年所观察到的大量实验现象，研究集中于电子在局部能级中的分布，以及热释光和光致释光的不同行为所表现出的发光机制。当时人们普遍希望从光致释光现象推论能级中电子的分布，但看不出刺激光波长和能级的深浅有什么明显的联系，所得到的结果和热释光的完全不同。虽然许多实验都证明了刺激光释放电子时需要一定的热激活能，但无法解释有些磷光体要在低温下才对长波辐射有反应。这些都说明当时人们对光致释光的机制还不太清楚。

这项研究的主要实验方案是将加热发光和光致释光两种性质进行对比。两种实验方法各有优缺点，利用热释光曲线可以了解电子在局部能级中的分布和能级的深浅，但并不是所有的能级都可以从热释光中显示出来。光致释光可以揭示刺激光释放电子的能力和发光效率，但难以从刺激光谱中分析出局部能级特征和电子在其中的分布。而两者的结合，对于了解光致释光的机制和电子在局部能级的分布，研究光电子和热电子的行为、光致释光和温度的关系及其对电子分布的影响，以及刺激光谱和吸收光谱的关系等问题是有意义的。

这一课题主要研究内容为：①磷光体内部状态和闪光增长曲线的关系；②外部条件（温度、长波辐射强度、激活剂浓度）对闪光增长的影响；③1.0微米和0.6微米不同波长的刺激光谱和闪光光谱，以及刺激光对能级分布的影响；④铈、钐浓度对热释光曲线及刺激光谱的影响；⑤在激发态下对长波辐射的吸收；⑥SrS:Bi,Z（Z为其他重金属元素）受不同波长照射时的特性；⑦磷光体内部状态和闪光自动增长的关系；⑧闪光自动增长随时间、温度及铜浓度的变化；⑨制备单激活硫化锶材料，对比双激活材料的刺激光谱、能级结构和热释光行为；⑩闪光增长的曲线及重新俘获问题研究；⑪测量弱光的装置和技术。课题的目的是确定发光机制，并以发光的动力学理论加以解释。

通过详细的研究发现，铜能产生很强的磷光和次级磷光，其闪光自动增大最高可达十几倍，持续数分钟方达到稳定状态。研究认为这是由于电子落入闪光能级所致。研究人员分析了两个刺激光谱谱带的相互关系，发现SrS:Ce,Sm的两个刺激带（1μ和0.6μ）对局部能级中的电子作用完全不同。因此在用1μ的光刺激后再采用0.6μ刺激，闪光衰减并非前人报道的双曲线形式，而是服从简单的指数规律$G = At^{-\alpha}$。并且不同波长的辐射有不同的作用，与电子重新被俘获的过程以及不同波长的光对同一能级的作用不同有关。“不同波长的长波辐射对局部能级的作用”课题于1958年结束，从其中部分内容延伸出于1959～1960年进行的“硫化锶型长余辉光致发光材料的制备”课题，获得了发光余辉超过8小时的结果。

第三节　硫化锌光致发光材料和相关物理问题

硫化锌（ZnS）是重要的固体发光材料，其发光强度大，实用性强，吸收在长波紫外线区，作为发光物理的研究对象在实验上有许多方便。ZnS发光材料的制备、器件性质和物理机制研究，在基础研究和实际应用两方面都具有重要意义。

一、硫化锌光致发光材料的研制

徐叙瑢在留苏期间研究了ZnS:Cu和ZnS:Cu,Co的发光性质，发表了3篇论文。1955年，他将苏联先进的研究方向和科研思维引入应用物理所。当时恰逢一些大学毕业生进入该所工作，使发光学研究能力增强，研究内容扩展到以ZnS为基质的发光材料，提出了结合局部能级的形成及特性，从动力学的角度分析发光效率的研究课题。发光效率反映了激发能量转换成可见光能量的有效性，是微观发光物理机制的宏观体现，也是实际应用的重要指标及改进发光材料性能的主要目的。1955年开设“建立测量光谱及效率的设备”研究课题，开始建立制备和检验发光材料，以及测量发光光谱、发光衰减、加热发光等物理性质的有关设备。

1956年徐叙瑢和许少鸿提出“硫化锌材料的制备”“影响发光产额的某些因素的研究”两个课题。在前一课题中制备的ZnS一方面供给研究所需，另一方面借此掌握各种发光材料的制备技术；后一课题的研究将有助于了解淬灭过程及一般发光过程，由于发光性能在很大程度上取决于激活剂的作用，因而研究激活剂所引起的俘获能级的性质是其中的基本问题之一。两项课题研究以ZnS:Cu,Co为主要对象，同时建立基本的实验设备。

科技人员将外购的原料提纯后，降低了铜含量，制备出的ZnS材料的发光亮度已经与从苏联带回的样品接近。发光效率的研究工作大部分集中在制作设备上，解决了直流放大器放大倍数和线性度差的问题，实现了3个数量级的放大；解决了加热水晶管龟裂问题，建立了发光衰减的测量设备；采用电源稳压器和苏制水银灯解决了光源问题。研究工作从ZnS光致发光（即以紫外光激发时的发光现象）的动力学及效率方面入手，在衰减的测量中发现样品的外部淬灭现象相当普遍，还找到了按加热发光曲线准确计算局部能级深度的方法（以往的方法只能得到近似值）。1956年徐叙瑢发表《在结晶发光体ZnS:Cu,Co中电子被俘获及复合时有效截面之比的测定》的文章[5]，研究得出一个重要的结论即光电子与热电子具有很大差别。

1957年，许少鸿、徐叙瑢等在材料制备和测量技术两方面开设了研究课题“几种发光材料的试制及测量技术的建立”，一方面为光致发光和阴极射线发光提供材料，另一方面为发光性质测量建立必要的设备。

二、硫化锌光致发光材料的物理研究

在发光物理方面，徐叙瑢、桂璐璐、叶佩弦等开展了“研究复合发光中的外部淬灭过程”研究课题。在ZnS:Cu,Co复合发光的外部猝灭研究中，提出把重新俘获概率估计在内的新的测定能级深度的方法，从而避免了以往在采用单分子或双分子反应的假说下造成的不准确性。他们研究了光致发光从吸收到发射，特别是激发到复合过程中使发光效率降低的机制。1957年的研究内容包括：①制备含一种或两种激活剂的ZnS样品；②建立测量绝对效率的装置，即在效率随激发强度增长的区域内测量效率受温度、激发波长、红外光照射等因素的影响；③建立测定载流子电荷符号的装置；④测量在适当条件下的衰减规律；⑤从积累的光能量及发射的光能量观察淬灭的影响。在特别选择的实验条件下，通过减弱激发光的光强、提高温度、红外光照射等，使外部淬灭现象特别突出，以了解它的过程及所遵循的规律。他们于1959年发表了论文《关于加热发光曲线的分析》[6]。

1958年，徐叙瑢和苏芳中开设课题“复合发光中的外部淬灭过程”，研究光致发光现象中磷光体的发光效率。针对发光效率，将外部淬灭作为复合发光中的主要影响。同时开设课题“差热分析设备的建立及对某些样品的初步分析”，用差热分析法研究发光体的热处理过程，进一步了解制备方式对发光性质的影响。

对于发光的动力学过程，当时英国和苏联的学者各执己见于单分子反应及双分子反应规律两种观点。从电子复合及重新被俘获的概率看，这两种规律相应于两种极端情形，即概率为1或为0，未必符合实际情形。由于前人在ZnS:Cu,Co中发现了两个分得很清楚的加热发光峰，提供了通过加热发光特性来验证相关理论的可能，徐叙瑢等经过严格控制条件的实验，终于证明英、苏学者的看法仅仅是两种极端情况，而真实的情况是居中的。他们根据最深能级的加热发光特性，同时确定了定域能级的深度及电了复合及重新被俘获的概率，对发光效率与激发强度、样品温度的依赖关系作了分析，认为空穴的复合过程符合单分子反应规律，而电子复合及重新被俘的概率大致相等，定性地与实验结果一致。此外，当年还建立了测量发光慢衰减的设备。

徐叙瑢针对光电子亦进行了类似研究，验证光电子和热电子行为的差别。英国科学家N.F.莫特和R.W.格尼的专著《离子晶体中的电子过程》中有“导带电子不可区分”的见解，这个见解代表当时流行的理论。徐叙瑢通过实验结果提出了不同的看法，认为导带电子是可区分的。他采用分别测量光电子（过热电子）和热电子的复合和俘获截面比的方法，比较加热发光性质和测量发光的衰减规律，证明了ZnS中热电子的复合/俘获截面比，比光电子大两个数量级，由此证明导带电子是可区分的。他还提出了利用单峰加热发光曲线同时确定两个重要参数的方法。

这项研究工作期间，沙频之和张广基进行了光致发光材料性能测试技术的研究和设备的建立，包括测量光致发光光谱和发光衰减，建立光致发光衰减（$10^{-4} \sim 10^{-7}$秒）的测量装置；测量NaI和紫外发光材料的发射光谱，建立短波紫外光（300纳米以下）强光源等。

第四节　硫化锌电致发光材料、器件和相关物理问题

将电能直接转换成光能的现象称之为电致发光。在固态中被电场加速的电子，经碰撞离化激发发光中心导致的复合发光称为本征型电致发光（有别于注入式电致发光），因此曾称为“场致发光”。电致发光是一种冷发光效应，可以用于照明、显示、显像等方面。

一、硫化锌电致发光材料的研制

1956年，徐叙瑢和许少鸿组织了硫化锌（ZnS）电致发光材料的研究，所开课题为“硫化锌材料的制备”。他们首先对各种外购的原材料，如涉及试剂（盐酸、硫酸、硫单质和氨水等）、助溶剂（氯化钡、氯化钠和氯化铵等）和基质材料（ZnS和硫化镉等）进行了提纯，当年即制备出ZnS:Cu,Co电致发光材料，并进行了初步测量。他们将制备的ZnS原料供给光致发光和电致发光材料的研究，以及后来的显示屏研制所用。

1957年，徐叙瑢和许少鸿等开设研究课题“几种发光材料的试制及测量技术的建立”，以制备各种含铜量的ZnS材料和相关测量技术的建立为主要内容，制得的含有若干种激活剂的ZnS材料已经初步达到用于电致发光研究的质量。

1958年，徐叙瑢和许少鸿对ZnS电致发光的研究，在材料制备、性能测量、制屏工艺、效率测量等方面开展工作。从ZnS的源头，即采购阶段就控制团粒结构。物理及化学工作密切配合，采用离子交换树脂提纯ZnS原料，有害杂质铁、钴、镍的含量可以控制在低于10^{-7}克/毫升的水平，当年即合成了4000多个电致发光样品。他们逐步建立起测量电致发光效率的设备，选定可变电容抵消无功电流的方法，解决了测量电致发光功率损耗的问题，误差可降低到5%～10%，并建立了测量发光波形及温度效应的设备。研究工作当年即获得了ZnS粉电致发光效率（粉盒测量，不扣除介质损耗）15流明/瓦的结果。当年10月中国科学院举办的科学成果展览会，展示了发光科研人员研制的用于照明的平板电致发光屏。毛泽东曾对这一新成果给以鼓励和赞赏。

1959年，由ZnS电致发光粉末测量到的效率数据进一步提高，绿色材料电致发光研究结果成为当年物理所科研突出成就和建国十周年献礼的候选项目。1959年，物理所三室开始ZnS电致发光像增强器的研制工作。电致发光像增强器的原理是将人眼无法感知的光线，如红外线、X射线，或阴极射线经过电致发光技术进行“放大”，将图像以人眼能够感知的波长和强度的光线显示出来。三室研制的像增强器以CdS为红外光敏材料，在红外线照射下改变电学性质，进而为复合在一起的ZnS提供适宜电致发光的电场条件，实现像增强，在光电导和场致发光材料复合样品中初步观察到放大效果。两种材料做成层状接触后，光增强放大达到60倍。通过不断努力，他们研制出线密度为10条/厘米，面积为8平方厘米的像增强显示屏。

1960～1965年，高效率电致发光材料的探索、大面积电致发光显示屏、像增强器、薄膜电致发光和电致发光中的物理问题，成为三室在这一时期的持续性研究内容。

二、硫化锌成像器件的研制

1960年，像增强器成为中国科学院承担的国家重大科学技术项目之一。朱自熙等研究了硫化氢和氯化氢气氛的烧结方法，以此实现电荷补偿，使铜更易于进入ZnS晶格，从而找到了适用于较大量的材料的灼烧方法。罗晞等研究了各种稀土激活剂的掺杂作用，发现在ZnS中掺铕的亮度最大。工艺方面，研究了发光粉洗涤的影响；掌握了大面积喷涂屏方法和鉴定发光均匀度的方法；采用氯化氨作为助溶剂制备ZnS:Eu,Cu电致发光材料；采用X射线衍射方法，测量了ZnS晶格的完整性；采用化学逐层腐蚀的方法，对ZnS发光屏分层检测晶粒、组分、性能的变化。实验摸索出粉末粒度筛选、介质和固化剂种类、发光粉与介质的配比、涂屏厚度（几十微米）、导电玻璃选择、背电极蒸发等一系列制屏优化条件。技术方面的研究对提高发光屏的效率起到明显作用。

1961年，许少鸿和范希武等总结了电致发光粉效率测量的结果，指出晶粒尺寸的变化造成高场区和低场区在晶粒中的比例变化。他们用电致发光的碰撞离化机制，解释了随着ZnS:Cu晶粒尺寸减小，效率–电压关系中的极大值提高并移向低电压，以及发光效率随电压变化出现最大值等现象[7]。

1962年，三室承担了“电致发光显像技术（发光材

料方面)”和“大面积像增强器屏”两项国家任务。在电致发光的效率研究方面，许少鸿、张广基采用量热法测量电致发光的电功吸收，消除测量中的谐波和频率的影响，发光效率的测量误差在5毫瓦以下时小于5%，还发表了《测量场致发光电功吸收的量热法》研究论文[8]。

1963年ZnS电致发光的研究内容，增加了亮度和老化过程分析的应用等基础研究内容，并继续电致发光大面积显示屏的研制。三室研究人员采用蒸发和化学气相反应两种方法制备发光薄膜，研究了ZnS中铜浓度和热处理的影响、薄膜黏附力等性质，优化了制备条件。他们制备出交流和直流发光薄膜，发现类似于粉末材料中电压变化10伏时亮度变化3个数量级的现象，测量了光致发光和电致发光特性。在发光屏的老化过程方面，他们研究了老化区域及电极、介质对电场分布的影响，从离子迁移、发光中心、介质等方面了解老化，同时还研究了颗粒的大小对老化的影响。他们用光致发光特性研究老化前后发光中心的数量及性质，研制了100单元的显像模型。

1964年，在高效率电致发光材料方面，三室研究了ZnS原料状态、发光显微观察技术、不同稀土元素和退火条件对发光效率的影响；可以重复制备出合格的ZnS发光材料；采用硫化硒和硫化砷作介质，以及设计出的一种分离颗粒的方法，制备出的粉末屏效率达到8～9流明/瓦；对电致发光损耗的性质亦进行了研究。他们改进量热法，可测量激发频率高至100赫的电致发光效率；研究了不同介质中光强及损耗随电压的变化，建立了不同波形和叠加脉冲装置，观察了波形对发光的影响。设备和测量方法的改进，说明了电子学技术对发光研究的重要性。

在ZnS:Cu薄膜上已观察到均匀的电致发光，亮度达到20毫流明/厘米^2。三室的研究工作还包括自制导电玻璃、批量制备硫化镉（CdS）光敏材料和ZnS电致发光材料、制备扩散层和大面积制屏工艺。研制指标定为面积10×10平方厘米，器件放大倍数40；大面积电致发光屏做到50×50平方厘米，高频下的亮度达到200～300英尺·朗伯，寿命超过1000小时。

1965年，三室研究了材料制备的因素对亮度的影响，测量几种材料的铜分布，以及灼烧温度、表面处理、掺杂、冷却速度等条件对发光的影响。电致发光大面积显示屏的工作，已经瞄准了显示和照明等应用目标。小型显示屏的指标为点数8×8、面积16×16平方毫米，亮度达到5～10英尺·朗伯，能与计算机等信息源配合显示。在弱照明方面，电致发光屏初步应用于夜视，指标为市电下亮度1英尺·朗伯，寿命4000小时，耐受40～50℃的温度、湿度和日光。在应用基础方面，开展了ZnS电致发光薄膜的制备，拟达到100～400毫流明/厘米^{2}的亮度。他们还研究了电场分布、铜的分布、高场区的存在以及高场压与铜分布的关系。

在电致发光应用研究方面，交流粉末电致发光屏于1964年被确定为国务院科研成果。

三、硫化锌电致发光材料的物理研究

1961～1965年，徐叙瑢等围绕电场在电致发光中的激发、能量输运以及复合过程中的作用，集中研究了其中的物理问题。如在研制电致发光大面积显示屏的任务中，研究了电场分布和初电子的来源；利用光脉冲分析了激发过程，找到了温度升高引起倍增系数下降的规律；根据光谱随温度、电压、频率的变化，研究了在电致发光中空穴的作用及运动特征；比较了在本征激发和杂质吸收波段内光致发光激发下的发光光谱，分析了激发过程等。特别是在1963年，徐叙瑢等发现了电场对发光中心复合过程的调幅作用，证实其起因是电子速度的变化引起了复合的变化，还发现了电致发光中的电子倍增现象。他们采用紫外线瞬态微区激发显微观测的方法，在初始电子不同的情况下，在电脉冲的不同位相上，测得瞬态激发光强与发光强度的关系，从中导出了电场调幅细节。他们采用了“泵浦-探测”的方法，透过调幅现象的背景，验证了电致发光中电子倍增及激发的过程；研究了电致发光中的能量传递，激发态的发光动力学，以及激发态瞬态过程的发光性质。这些研究结果进一步验证了电致发光的碰撞离化机理。同年，徐叙瑢等在中国物理学会年会上报告了“场致发光中的电子倍增过程”“外电场对复合发光的调幅”等研究结果[9,10]。在电致发光屏亮度研究中，他们研究了极化场的建立与衰减及不同材料的极化场、极化场对亮度的影响，确定了极化场的激发作用。

1964年，在全国场致发光学术会议上，徐叙瑢等报道了各项研究结果。其中包括电致发光的激发机制、紫外光照对电致发光激发的激励作用、温度与电场对ZnS:Cu复合发光的淬灭作用、电致发光老化和薄膜电致发光的问题等[11～16]。

第五节 阴极射线发光材料和器件应用

阴极射线发光是发光材料被电场加速的电子束激发而产生的发光现象。电子束的电子能量通常在几千至几万电子伏，入射到发光材料中产生大量次级电子，离化和激发发光中心，产生发光。阴极射线发光主要用于雷达、电视、示波器和飞点扫描等方面。

1957年，许少鸿和徐叙瑢针对阴极射线发光材料的试制及特性提出了“几种发光材料的试制及测量技术的建立”研究课题。他们当年即试制了ZnO、$MgWO_4$、$ZnWO_4$、$(Zn,Be)_2SiO_4$以及ZnF_2和MgF_2等阴极射线发光用材料。同时还集中力量建立了真空及电子激发系统。苏联科学院列别杰夫物理研究所为应用物理所制备了一套阴极射线发光的测试设备，可以实现电子束的散焦及扫描、激发，并可以测量发光光谱及衰减曲线等。1957年，徐叙瑢和陈一询赴苏接收这套设备并接受该研究所的使用培训。1958年，他们继续建立测量衰减、效率、光谱、粉末颗粒尺寸的设备，根据测量结果对材料的制备条件进行优化。1959年，他们开设了两个与阴极射线发光有关的课题“长余辉阴极射线发光材料”和“单层长余辉阴极射线发光材料”，而且完成了测量阴极射线激发下发光光谱及衰减的设备调整。当年即达到长余辉阴极射线发光（双层屏）余辉3分钟，单层屏稳定激发下（40秒后，9000伏、10^{-7}安/厘米^2）余辉90秒的计划要求，指标与当时报道的国际水平相同，成为当年物理所突出科研成就之一。制成的阴极射线发光薄膜，亮度与粉末材料相比，真空蒸发薄膜达到后者的57%，气相化学反应薄膜达到32%。

1960年，阴极射线光致发光材料的研制课题被列为中国科学院承担的国家重大科学技术项目之一。长短余辉阴极射线材料列入1961–1962年重要项目规划。1959年接受国防单位的委托研制任务，为空军代制千克级两种色光和不同衰减的雷达用发光材料，为海军试制长余辉阴极射线发光材料，试用结果满意。

第六节 其他研究工作

在硫化锌（ZnS）光致发光和电致发光材料研究的基础上，三室相继开展了ZnS长余辉发光材料、永久发光材料等方面的研究工作。

一、硫化锌长余辉发光材料

1958年，三室科技人员在很短时间内获得了长时发光材料的研制成果。他们根据制备ZnS电致发光材料的经验，做出1000多个各种颜色的样品。从储存光能的多少、能级的深浅以及衰减曲线参数等几个方面进行了研究。其中，较好样品的衰减常数可以小到0.3，经过13小时的衰减后亮度仍然保持了较高的水平。至1959年，长余辉光致发光材料在紫外激发后10小时，发光亮度为70×10^{-8}流明/厘米^2；日光灯激发后10小时，亮度为$35\times10^{-8}\sim40\times10^{-8}$流明/厘米^2。用这种材料制成的毛泽东像作为国庆十周年献礼进行了展出。长余辉光致发光材料成为1960年中国科学院承担的国家重大科学技术项目之一。

二、永久发光材料

1958年，三室开设了“ZnS:Ag发光材料的试制及特性的研究（中子探测用）”课题，负责人黄有莘。研究带电质点激发发光现象，从发光学的观点研究其中的发光机制，为进行永久发光材料的试制作准备，以满足中科院原子能所在闪烁计数器方面对晶态辉光体的需要。

三、发光材料的推广应用

自1959年开始，物理所三室陆续与全国100多家研究、生产和应用单位，开展发光材料的推广应用、人员培训和交流协作等工作。与华东电子管厂、北京灯泡厂、北京化工厂等单位合作交流，推广光致发光和阴极射线发光材料的科研成果，与原子能所合作研究高能粒子发光，与中科院长春应用化学所合作研究稀土发光，与中国科技大学、北京大学、南开大学、复旦大学和吉林大学等院校结合教学开展科研工作，并为所外单位进行材料检验和校准标准灯的工作。1959～1961年，ZnS和CdS荧光纯原料在北京化工厂实现了批量生产，在华东电子管厂推广的黑光灯用材料获得高重复性且性能优于当时厂方进口的国外材料，在光华木材厂做成了各种颜色的发光装饰板，为一些单位制作发光地图，在三星铅笔厂制作发光铅笔，还把发光材料推广到剧场座位标识和舞台道具等应用方面。

四、学科建设和科学普及

物理所的发光科技工作者本着与各单位合作，共同发展中国发光学研究事业的目标，开展了学科建设工作。1956年，应用物理所与发光学相关的几位科学家参加了国务院领导的制定1956～1967年全国自然科学和社会科学十二年长期规划工作。他们撰写了5份与发光学有关的学科说明文件，分别是《固体的光致发光现象》（许少鸿）、《电致发光现象的研究》（徐叙瑢）、《高能粒子激发下的发光现象》（徐叙瑢）、《分子发光》（张志三）、《阴极射线发光现象的研究》（许少鸿）。1961年，物理所三室参加了中国科学院联合第三机械工业部、教育部建立全国测试基点的任务规划；规划了包括电致发光、光致发光、阴极射线发光、薄膜发光以及各种介质等材料在内的，针对各种光谱、弛豫效应等物理性质和发光指标的各种测量内容。1964年，三室具体筹办了以物理所名义召开的全国场致发光学术会议，这是中国发光学第一个全国性专业学术会议，为后来建立学会组织打下了基础。中华人民共和国建立初期，随着经济建设的需要，社会大众对科学知识的需求迅速增长。为了向人民群众普及物理学和发光学知识，许少鸿先后为《物理通报》和《科学大众》撰写《近代物理学的一些研究工作及其应用》（1953）和《发光晶体和新技术》（1959）等文章，并回答读者的来信询问。他作为主编或编委为这些刊物工作多年。

在1965年迁往长春之前，物理所三室还将一些科研项目列入计划并开展了初步的研究工作，包括雷达、电视用1024×1024像素点场致发光屏，高清晰度阴极射线红外变像管，薄膜屏高分辨率阴极射线红外变像管，γ射线闪烁晶体的研究和制备。

参考文献

[1] 弗里德曼(俄). 永久和短时发光材料. 许少鸿, 译. 北京: 科学出版社, 1954.

[2] 辽夫申(俄). 固体和液体的光致发光. 许少鸿, 张志三, 译. 北京: 科学出版社, 1957.

[3] 里尔(德). 硫化锌发光体的结构. 许少鸿, 译. 北京: 科学出版社, 1965.

[4] 许少鸿. 固体发光 // 全国半导体会议文集. 北京: 科学出版社, 1956:156.

[5] 徐叙瑢. 物理学报, 1956, 12(1):58.

[6] 陈一询, 徐叙瑢. 物理学报, 1959, 15(7):393.

[7] 丁恩云. 物理学报, 1961, 17(2):99.

[8] 张广基, 许少鸿. 物理学报, 1962, 18(5):250.

[9] 徐叙瑢, 戴仁松. 中国物理学会年会论文摘要, 1963:111.

[10] 徐叙瑢, 戴仁松. 中国物理学会年会论文摘要, 1963:109.

[11] 徐叙瑢, 戴仁松. 全国场致发光学术会议论文, 1964:9.

[12] 徐叙瑢, 张在宣. 全国场致发光学术会议论文, 1964:43.

[13] 徐叙瑢, 张在宣. 全国场致发光学术会议论文, 1964:45.

[14] 徐叙瑢, 许汝钧. 全国场致发光学术会议论文, 1964:17.

[15] 徐叙瑢, 刘行仁. 全国场致发光学术会议论文, 1964:13.

[16] 徐叙瑢, 郑建和. 全国场致发光学术会议论文, 1964:3.

第八章　低温物理和技术

低温物理学是凝聚态物理的重要分支，是研究在低温条件下物质物理性质和行为的学科。它是在低温实验的基础上发展起来的。物质由各种微观粒子组成，在温度下降时，特别是接近绝对零度的情况下，它们的热运动减弱，相互作用随之显现，在一定的条件下会发生相变，从而引起物质的物理性质发生很大变化。20世纪初期量子力学的创立，为物理学的发展奠定了新的基础。物质的量子效应需要在低温的环境下起作用，于是低温物理研究在一些国家开展起来。早期的低温实验用液氮作为冷源，温度可达77K以下。1908年，荷兰物理学家H.开默林·昂内斯获得液氦（4.2K），并在1911年发现超导现象，低温物理这一研究领域逐渐活跃起来。20世纪60年代，^{3}He−^{4}He稀释制冷机的发明，使mK（毫开）温度的实验能在实验室顺利进行，导致国际上更多低温现象相继发现，如液氦的超流动性、电荷密度波、重电子金属、量子霍尔效应、介观体系、强关联电子体系等。

中国的低温科学研究从20世纪50年代初期开始。应用物理所在中国最先开展低温研究，从研制氢液化设备和氦液化设备起步，同时研制低温液体的输液管、储存容器、液面的测量和温度测量装置、各种低温物理性质的测量系统。有了这些基础工作，低温物理研究逐步开展起来。

1951年，应用物理所建立低温物理实验室。1953年应用物理所成立低温研究组，工作人员有洪朝生、白伟民、朱元贞等。1959年低温研究组扩大为低温研究室（五室），研制液化器，为本室及全所提供低温液体，承担国家下达的各种制冷设备的研制任务，同时逐渐开始低温物理的研究。

1959年，五室有47名工作人员，洪朝生担任研究室主任。1967～1972年五室人员曾达到148人。当时，五室从事的科研工作主要包括低温技术研究、低温物理研究、超导物理和应用研究这三方面。

1976年低温研究室设立9个研究组，分别承担液氮、液氦的供应，各种低温实验技术的研究和测量装置的研制，以及一些低温物理方面的研究。

1978年，洪朝生等18人调入中科院气体厂，筹建中科院低温中心。1979年，在物理所从事低温物理研究的人员大多进入超导研究室，少数人继续低温物理的研究。2000年，原低温中心的“极低温物理开放实验室”整建制并入物理所，成立中科院极端条件物理重点实验室（极端条件室），吕力担任室主任。实验室成立之初有研究人员38名，访问学者和临时研究人员9名，研究生30名。

1958年中国科技大学成立后，五室的科研人员为该校物理系开设低温物理专业，承担全部专业课和专业实验的教学任务，这是中国第一个低温物理高等教育专业。

20世纪60年代五室培养了一批研究生，包括张裕恒（导师洪朝生）、张其瑞（导师管惟炎）、张殿琳（导师洪朝生）、李宏成（导师管惟炎）等。张裕恒和张殿琳后来当选为中国科学院院士。

为了满足国内从事低温研究的科技人员、研究生和大学生学习低温实验技术的迫切要求，1962年洪朝生等翻译出版了G.K.怀特著作《低温物理实验技术》。

2000年以后，极端条件室各研究组逐步购买了大批先进的仪器设备，显著改善了该室实验条件。从国内外引进多位优秀人才。物理所低温物理和超导电性的研究，在21世纪的前十年向前跨进了一大步，在国际学术会议上做邀请报告达100次以上，其中与铁基超导体有关的研究在国际上一直处于突出位置。

至2010年，极端条件室已与国际上多个著名的低温物理实验室建立了常年的合作互访关系，包括法国国家科研中心的低温中心、芬兰赫尔辛基的低温物理实验室等。与美国在犹他大学新建的亚mK极低温实验室之间也建立了双边合作关系，包括派学者互访和共同培养研究生等。该实验室的筹建人杜瑞瑞多次到物理所进行访问和讲学。通过有效的国际合作，该室的研究组得到了一些国际上最好的实验样品，包括贝尔实验室制备的、迁移率高达10^7厘米^2/（伏·秒）的二维电子气材料样品。

同时，极端条件室部分人员也在国际学术机构任职，如吕力任国际纯粹与应用物理学联合会低温物理专业委员会（IUPAP-C5）委员（2002~2008），2008年以后由王楠林接任。

国内学术交流方面，中国物理学会低温物理专业委员会成立于1990年，是中国物理学会下属的二级学会。物理所赵忠贤是该委员会第一至第四届（1990~）主任。委员会成立初期挂靠在中科院低温中心，后来挂靠在物理所。至2010年该委员会先后召开了12届全国会员代表暨学术交流大会。

本章涉及的内容包括低温制冷技术、低温实验技术和低温物理。低温实验技术为低温物理实验研究提供了必需的低温条件和实验手段。超导电性的研究是低温物理的重要部分，由于发展很快，内容丰富，在“超导物理、材料和应用”一章中叙述。

第一节 低温制冷技术

低温制冷技术是指物理实验及工业应用中获得低温条件的技术。低温通常指室温以下到绝对零度的范围。通过氮、氢、氦等气体的液化及其他制冷方法而获得各种低温条件，是低温制冷技术的研究领域。

一、开创中国的低温事业

1949年，钱三强和彭桓武从新中国发展战略目标考虑，提出应在中国开展低温物理基础研究的建议。从当时的国内国外形势来看，1956年开始推进的原子能事业中低温精馏制取重水的任务，1957年苏联的人造地球卫星上天、美国紧急研制液氢/液氧火箭发动机，这些都促使中国也将氢氧发动机列为发动机的预研任务，加之后来超导技术的发展，都迫切需要氮、氢、氦等气体液化技术的支撑。但当时中国低温事业完全空白，一切需要从零开始。

1951年，中科院决定在应用物理所建立低温物理实验室，由洪朝生负责筹划。洪朝生在民主德国订购了空气液化设备和有关仪表，又在莱顿实验室购买了一批德银管等低温实验材料。他从研制氢气和氦气的液化设备开始，在具备了一定的低温条件后，逐步开展对半导体、超导体和其他方面的低温物理研究(图1)。在这一过程中，他培养了一大批低温专业的人才。

图1　洪朝生在低温实验室指导工作

二、研制氢液化器，生产氢气和液氢

1953年，为了获取更低温度以及当时国防工业的需要，洪朝生带领青年技术人员开始设计和研制液空预冷、节流循环、真空绝热以及产量为每小时6升的林德型氢液化器。白伟民、朱元贞等在洪朝生指导下进行传热与热交换，管道中压力降的计算、设计和绘图。零部件由物理所附属工厂加工，热交换器等几个特殊部件则在实验室研制，总装置在实验室进行装配。1956年，氢液化器调试成功，首次获得了液氢。在物理所氢液化技术的基础上，化学工业部在大连化工厂建立大型液氢生产设备以及液氢精馏制备重水的设备，为国家的航天事业以及“两弹一星”工程创造了重要的条件。其间，物理所还建立了生产氢气的1500安低压电解槽以及氢气纯化和纯度分析装置。

三、氦液化器的研制

氢液化器研制成功后，五室的科技人员立即投入液氢预冷氦液化器的研制。曾泽培提出，国外实验室曾发现过氦气振荡现象，即氦气在管道中因产生振荡而损失大量冷量，因而不能液化。后来改变了管道的长度并采取了相关措施，果然得到了液体。1959年液氢预冷节流循环的氦液化器调试成功，首次获得了液氦，并开始用于科学实验。当时的液化器采用林德循环制冷方法，设备体积大，技术复杂，国内仅物理所一家能用液化器生产液氦。氦液化技术还需要进一步改进和推广。

1962年夏，附属工厂的工程技术人员为五室进行了各类制冷设备的研制，并给予有力的配合和帮助。低温车间生产的低温液体为物理所各种低温实验提供了重要的技术支撑。

由于液氢预冷的氦液化系统有引发氢气爆炸的危险，不适宜推广应用，因此1960年在洪朝生的指导下开始研制活塞式膨胀机取代液氢预冷的氦液化器。最初，膨胀机研制方案参照柯林斯型和卡皮查型的结构与工艺，但要求加工精度很高，未能试制成功。1962年底，周远对膨胀机结构做了根本性改进，采用室温密封长活塞结构代替短活塞结构，巧妙解决了对加工精度的要求。1964年12月，经多次试验，室温端密封长活塞氦膨胀机研制成功，取代了液氢预冷，从此液氦的制取得到了保证。新结构的氦液化器试车成功后，物理所把全部设计提供给其他单位。由于膨胀机易于加工，这种创新结构的氦液化器很快在国内多个单位推广应用，有力地推动了中国低温物理和超导研究的进展。

1964年5月，在全国工业新产品展览会上，物理所“氢氦液化设备”获展出纪念奖。1965年5月，“低温液体和氢气的生产供应”获中科院优秀奖。

物理所研制成氢、氦液化器后，向国内有需要的单位进行技术转让并进行技术交流。洪朝生参加过国防部第五研究院规划的研究和讨论，在液氢和低温技术方面提供意见。白伟民去该院作过有关液氢的生产和安全使用问题的报告。国防部及中科院有低温设备的分院曾派人来物理所参加低温技术培训。

四、大型空间环境模拟设备的研制

空间环境是指航天器在轨道上运行时所遇到的外围环境，包括自然环境与人为环境。空间环境(即太空环境)

工程中的低温技术，包括模拟真空冷黑环境的热沉技术、液氮制冷技术、氦制冷技术、气氮调温技术、低温抽气技术、航天器真空热试验技术等。其探讨的内容包括研究空间环境对航天器的影响及其机理，研究空间环境地面模拟方法及其模拟技术，研究空间环境的利用，研究空间环境模拟的试验方法、试验技术、试验方案与设计，研究提供航天员训练的空间环境模拟条件与试验方法。空间环境工程学是随着航天技术的发展而产生的新兴学科，是航天工程学科中的重要分支。

在空间环境模拟中，是利用低温凝结原理来获得超高真空，即通过气体氦制冷系统，使冷屏的温度达到20K，来捕获可冷凝的气体分子。该方法是大型空间环境模拟达到无油超高真空的最佳途径。

空间模拟实验3号和4号（KM3和KM4）低温氦制冷系统都是航天部511所委托物理所开发研制的。1965年开始建造的KM3设备，是首次采用气氦制冷系统的大型空间环境模拟设备。在洪朝生的指导下，物理所低温室和附属工厂部分科技人员参加研制，从设计、加工到调试全部自主完成，于1971年投入运行。KM3低温系统由活塞式压缩机、长活塞式膨胀机、纯化器、冷箱、气柜等组成，系统的制冷量为400瓦/20K，氦板面积为29平方米，可产生的抽速为1×10^6升/秒，使KM3模拟室的空载极限真空度达到9.3×10^{-7}帕。该系统由雷文藻、叶家鼎等设计并研制成功，主要参加的人员还有王殿英等10多人，其中叶家鼎解决的技术关键问题较多。

图2是某型号卫星组件在KM3设备的热沉、真空等环境中进行准备试验。液氮及热氮气外流程获国防科工委重大科技成果二等奖。KM3大型空间环境模拟试验设备获得1978年全国科学大会奖。

图2　KM3大型空间环境模拟试验设备

1967年，杨文治去杭州制氧机厂开展合作，开始了气体轴承透平膨胀机的研究，为KM4空间模拟低温氦制冷系统进行前期工作。在此基础上，杨文治回物理所负责为进行KM4项目做准备。1970年航天部511所正式委托物理所制造KM4设备，该设备比KM3大很多。KM4低温系统中采用了中国率先研制成功的静压气体轴承透平膨胀机。系统制冷量为1200瓦/20K，氦板面积为62.8平方米，可产生的抽速为2×10^6升/秒，使KM4模拟室的空载极限真空度达到5.1×10^{-6}帕。KM4低温系统的研制，从1970～1976年经过十余次大的改进和实验。杨克剑、程先凤等改进透平制动风机的叶型，提高透平制动能力；改进了透平低温部分的结构，解决了低温氦气泄漏的问题。尤其是他们研究开发出一种带补偿孔的外压气体轴承，有效提高了气体轴承的承载能力和高速稳定性能，使KM4氦气透平可在每分钟88 000转以上的转速稳定运行，在20K温度下净输出制冷量达到1300瓦。这是中国首台成功运行并投入使用的氦透平膨胀机。

1976年4月的联合实验中，KM4制冷系统全面达到设计指标，交付航天部511所使用。KM4设备直径7米、高8.5米，材料用紫铜，热沉温度低于95K。KM4设备的低温、真空系统于1977年建成投入运行，能为人造卫星在上天前提供空间环境的试验条件（图3）。

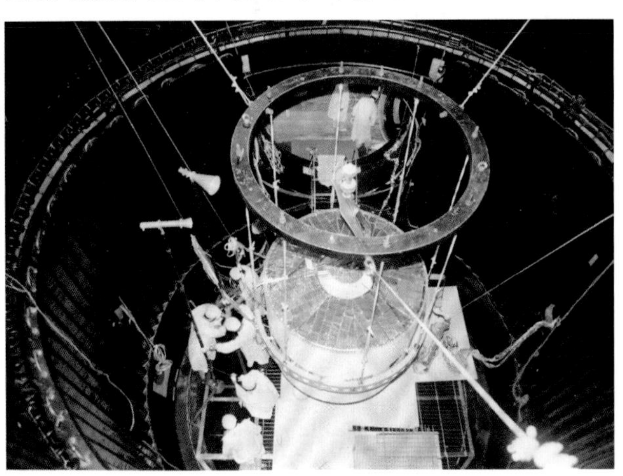

图3　中国第一颗气象卫星在KM4空间环模系统中做实验

KM3和KM4氦制冷系统都承担了多种型号的卫星实验工作。中国第一颗通信卫星实验时，起初未考虑使用氦制冷系统。实验中真空度突然下降，整个实验面临失败的危险，但启动了KM4氦制冷系统后，很快恢复了高真空度，保证了实验的成功。

由于大型航天器特别是载人航天器，气体载荷大，要求采用抽速为每秒百万升的内装式深冷泵，深冷板温度必须低于20K。内装式深冷泵一般有4种结构形式，其最佳尺寸按蒙特卡罗法计算，要求设计出的深冷泵有较大的抽速与较小的热负荷。为防止直接受航天器的热辐射，氦深冷泵是在液氮热沉壁板的保护下工作，以减少热负荷。氦深冷泵的热负荷计算方法是由物理所洪朝生首先提出的。

1970年，中国第一颗返回式卫星“尖兵”一号在北京卫星环境工程研究所KM3空间环境模拟室中进行真空热试验，模拟空间冷黑环境的热沉温度低于100K。自1978年开始，中国第一颗通信卫星“东方红”二号、第一颗气象卫星、返回式卫星等，在北京卫星环境工程研究所KM4空间环境模拟室中共进行过30多次真空热试验。

1978年，全国科学大会召开时，物理所将KM3、KM4以及微型制冷机、长活塞膨胀机预冷的氦液化设备等的研究工作，统一以低温技术研究作为综合性成果上报，获得了全国科学大会奖。1985年，“大型航天环境模拟设备的研制”又获得国家科技进步一等奖。

五、开展微型制冷机的研制

随着科学技术的发展以及国际上军事力量和空间研究的激烈竞争，低温制冷技术愈加显得重要。如整体式斯特林制冷机用于侦查飞机，可使低温下红外摄像的分辨率提高，这促使物理所开始研究斯特林循环小型制冷机。

1967～1972年，赵忠贤作为业务负责人，在物理所低温室开展了单级和双极斯特林制冷机研究。1969年物理所研制的单级2瓦/38K制冷机，冷却电子工业部第11研究所的锑镉汞（HgCdTe）红外探测器的红外激光雷达，野外联试取得成功。

1970年应解放军通信兵部19所的委托，为微波量子放大器（MASER）的应用研制小型4K制冷机。洪朝生、张亮等采用两级G-M制冷机加节流的流程方案，实现排出器的运动由气动控制，配气由平面旋转阀控制。1971年6月G-M机的制冷能力基本达到要求，第一级制冷温度为60～80K，在80K的制冷量为10瓦；第二级的制冷温度为12～20K，在20K的制冷量约为3瓦，同时试验节流流程。1972年G-M机空载温度达4K，此时因任务变更，改用冷参放作为卫星通信地面接收系统，要求的温度提高，改为20K以下即可，这样就停止了节流试验，集中力量改进制冷机。为满足试验要求，将两台2FZ-6.3型氟利昂压机改装成两台氦压机，为G-M机和节流流程供气。在1971年12月到1976年3月期间，经过几次改型，通过制冷机和参量放大器联试，证明制冷机的温度、制冷量和振动情况都满足要求。此后又将制冷机的活塞驱动改进为气动式，简化了结构，从而提高了制冷机长期连续工作的能力。在解决了冷凝真空问题后，制冷机工作时不需另用真空抽机来抽真空罩，这更符合地面站的使用要求。1975年10月，该制冷机在中国研制的地面接收站冷参放设备上得到应用。

G-M制冷机也用来进行冷凝真空试验，对氦气、氩气可有高的抽速；加用活性炭，则在制冷温度15K以下时，对氦气有强的吸附能力。

六、物理所低温车间的变迁

物理所低温车间的起源是低温研究室的501组和502组，主要任务为全所提供液氮、液氢和液氦。1954年，物理所从民主德国购进一套空气分离设备，生产液态空气，提供低温条件。1956年氢液化器研制成功，首次获得了液氢，产量为6升/时。后来，苏联专家帮助改进氢液化器中热交换器的技术，显著提高了设备的换热效率，液氢的产量也有所增加，此氢液化器被称作5914型。同时物理所又建立了水的电解槽，以获得大量氢气供液化。1959年4月，液氢预冷节流循环的氦液化器研制成功，在中国首次获得了液氦，产量为5升/时，标志着中国低温研究进入液氦温区。

1962年，液氢预冷氦液化器采用苏联专家的热交换器设计，提高了产量，此氦液化器称为5533型。1963年，物理所从杭州制氧机厂购来空气分离设备，为研究组提供液氮。1964年底，活塞式膨胀机型氦液化器研制成功，从此液氦的制取有了保证。此后出于安全考虑，物理所停止液氢生产，一律用液氦做实验。1963年物理所低温车间开始对中科院其他单位供应液氦、液氮、氢气等。1964年全年生产液氢3950升，液氮46 800升。1965年受到中国科学院嘉奖。20世纪70年代，双级膨胀机预冷研制成功，每小时可生产40升液氦。当时由于全所对液氦的需求量不大，因此仍用小产量的氦液化器提供液氦。1980年7月“双级膨胀机型氦液化器”获中科院科技成果三等奖。以任士元等为代表的技术人员成为当时物理所低温条件支撑的主要力量。

20世纪70年代中后期，物理所引进两台国产液氮机，以保障液氮需求和液氦生产。氦气最初由国外进口，后来由四川自贡提供。

1980年，中国科学院低温技术实验中心成立，中国低温制冷技术有了专门的研究机构，物理所液氦车间功能也发生相应转变，开始由研发与生产相结合的方式，转变为以生产和保障物理所液氮、液氦的供应为主。随着国内空气分离的大规模工业化，液氮供应社会化的条件成熟，车间及时建立了2.5吨液氮储槽，大量购买液氮以满足液氦生产需求，同时提供科研使用的液氮条件，并停用效率低的自有液氮机。

1987年高温超导体的发现，引发物理所许多研究组的研究热潮。因超导转变温度在液氮温区，故而此后3年内全所液氮用量迅速增长。

20世纪90年代以后，物理所的科学实验对低温设备需求增加，液氦年需求量自1989年的3007升，增长到1999年的10 685升。90年代末，自制氦液化器已超期服役，严重老化，产能小、效率低，液氦供应不能满足科学实验的需求，因此物理所停止液氦生产。1999年起改由中科院理化所（即原低温技术实验中心）协议供应。其间，物理所低温车间的功能主要是发放液氦、回收氦气，供应液氮。

2000年以后，凝聚态物理研究对液氦的需求成倍增长，2007年实际供量已达4万升，但液氦供应依然存在很大的缺口，已严重制约物理所的发展，妨碍科学研究项目的按期执行。2008年11月，物理所决定在低温车间的基础上成立低温条件保障中心。该中心拥有一套自动化程度高的氦液化及回收装置，用以保障物理所液氦的供应。中心通过引进林德L70氦液化装置，完善相应的配套设施，改造原有的低温车间及回收系统，逐步建立起一套先进、可靠、自动化程度高、氦气循环利用率高的氦液化系统（图4）。作为物理所技术支撑体系中的重要部分，低温条件保障中心的主要任务是为物理所的科学研究提供低温条件保障，具体职能包括生产液氦，供应液氮、液氦，回收氦气，所内回气管道建设与维护，用户技术支持，低温液体的使用，以及相关的公共技术改进与培训等。2009年11月底，新的氦液化器正式投入试运行，开始向物理所各相关研究组提供液氦，产率大于50升/时。自2009年开始，物理所液氦回收率保持在90%以上，实现了氦气资源循环利用的预想目标。至2010年，中心向物理所31个研究组（44台套低温设备）提供液氦，52个研究组提供液氮。图5是1988～2010年全所液氮和液氦用量，其中高温超导体的发现，使1990年前后液氮用量大幅度增长，而液氦用量则是稳步上升。

图4　L70氦液化装置、大型液氦储存槽和若干100升液氦输运容器

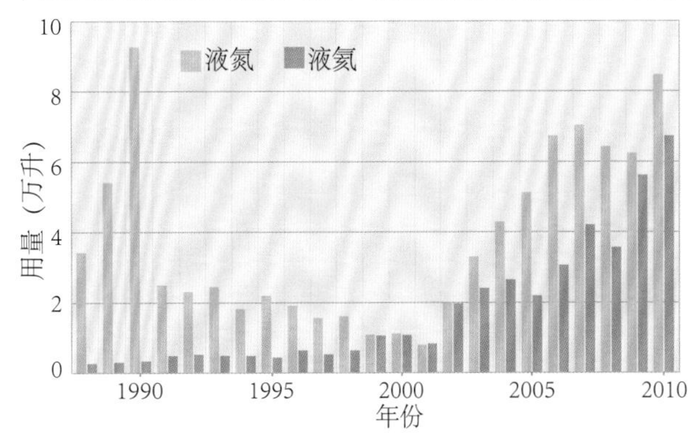

图5　1988～2010年物理所液氮和液氦用量

低温条件保障中心设备主要由L70氦液化器系统、氦气回收系统以及相关辅助设施组成，整套系统自动化程度较高。L70氦液化器系统主要由以下部分组成：氦气螺杆压缩机、油水过滤器与气体操作系统、8立方米的氦气缓冲罐、氦液化器与内纯化器、气体纯度分析器、在线干燥器、连接冷箱和液氦储槽的真空绝热管道、液氦储槽（2000升，收集和存储液氦）、液氦转移输液管、小型移动杜瓦、设备控制系统及远程监测和控制系统。

第二节　低温实验技术

低温实验技术包括低温温度测量技术、各种物理性质测量技术、低温液体容器研制和液面测量等技术。

一、发展低温测试与相关实验技术

火箭的低温液体发动机研制和低温物理研究，带动了相关低温实验技术的发展。为此，国家科学技术委员会于1960年开始组建“低温测试基地”，由中科院物理所等单位的相关实验室承担温度标准的建立和温度计的研制、低温液体流量的测定方法和容器中液面高度的测定、低温液体与固体材料的物性测量等课题。物理所的任务是研究低温温度测量和低温物理性质测试技术。开展的项目有温度标准及温度计（包括气体温度计、铂标准电阻温度计、锗电阻温度计、碳电阻温度计、温差热电偶温度计、磁温度计等），比热和热导测量，电导率、介电常数的测量。物理所的比热测量装置于1960年初步完成。在中国研制原子弹的过程中，为了确定铀的纯度，低温研究室承担了测量铀的比热的任务，管惟炎、郑国光、李世恕等用液氢作为低温源完成了此项测量任务。

1960年以后，物理所低温研究室率先发展起来的多种低温实验技术为国内不少科研单位、高等院校的低温研究起到了示范作用。20世纪60年代末和70年代，物理所开展的低温物理和超导电性研究促进了液氦容器绝热结构的试验工作，钱永嘉等采用多层绝热技术研制成功100升液氮、液氦金属杜瓦容器，以及按实验要求专门设计的金属杜瓦容器。金书林等还研制成生物实验用的小型玻璃钢低温液氮容器，并向国内有关工厂提供技术资料，培训技术人员，使这些工厂能批量生产生物用低温容器，以满足国内科研及农牧业的急需，如冷冻牛精液等。

1980年7月，“大口径（Φ210毫米）无液氮保护金属杜瓦瓶”获中科院科技成果三等奖。

1981年，郑家祺从美国访问后回国，深感国内对实用低温温度计需求的迫切性。当时，实验用的液氦温区的硅二极管温度计只能靠进口。郑家祺、冉启泽等利用北京电子管厂生产的晶体管，通过精心挑选和大量低温实验测试，终于找到该厂生产的型号为B320硅pn结二极管，在液氮和液氦温度下，有足够灵敏负的正向电压温度系数，适合在1.6～320 K范围内的温度检测，具有灵敏度高、稳定性好、有可互换性的优点，可以和国外产品的性能相比拟。1986年3月，该项成果获得国家专利局颁发的专利证书（第110号）。在此基础上研制成功的“SLT-1型数字式低温温度计”被国家科学技术委员会列入1987年《中国技术成果大全》。

二、极低温度的获得

国际上低温物理领域往往把绝对温度1K以下的温区叫极低温度。由于微观粒子的无规热运动，作为20世纪物理学最伟大成就之一的量子力学，所描述的物理现象一般只能在极低温条件下才能被清楚地观察到。虽然一些极低温实验已能丰富人们对于量子力学的认识，但对于量子现象的实验研究乃至应用研究仍然存在很大空间。许多基本物理问题，如电子强关联体系中的量子输运问题、基态和低能激发谱问题、量子相变问题等，都有待于进一步的实验和理论澄清，mK温区实验的重要性日渐突显。

要追赶当时国际低温物理研究的前沿，进行mK温区的实验是必不可少的。1965年，曾泽培、陈桂玉等人用绝热去磁方法达到10mK的极低温度，这是物理所向极低温度迈进的开端。中科院领导郭沫若、张劲夫在物理所视察工作时，曾亲临现场观看绝热去磁实验。

为开展超导物理研究，如隧道效应、超导能隙等现象，在管惟炎主持下，金铎、冉启泽等自1975年开始研制稀释制冷机，1978年完成，最低温度达34mK。这是由中国科研人员自己研制的第一台能达到几十mK温度的设备。在研制过程中，他们解决了液氦的高流阻、低温密封等关键技术问题。在这台设备上观察到AgGe超导合金的渗流现象、TiPd合金的超导温度随成分而变化的异常行为，后来还做过电荷密度波（CDW）隧道谱等研究工作。此台制冷机的mK温度测量使用的是日本同行赠送的已标定半导体温度计，周坚也曾试验过用顺磁盐测量mK温度。

“DR100-10稀释制冷机”1982年获中科院科技成果二等奖，研制情况及达到的性能发表在《低温物理》上[1]。

李福祯等在1978年以后开始研制了另一台稀释制冷机，制冷功率较大，最低温度达45 mK，在100 mK温度下制冷功率为65微瓦。

1987年，物理所表面物理实验室从英国进口一套稀释制冷机系统。1989年5月，稀释制冷机正式投入使用，最低温度达17mK。利用这台稀释制冷机，张殿琳研究组开展了电荷密度波样品和准晶样品低温隧道谱等实验研究。

三、小样品低温测量技术的创新

1980年以后，国际上凝聚态物理学界制备出多种小尺寸实验样品，如准晶、超导单晶、超导薄膜等细小固体样品。为研究它们的输运性质，张殿琳等用调制技术和锁相技术，研制了一系列测量小样品各种输运性质微弱信号的装置，包括测量霍尔系数的“相干双交流法”、测量热电势的“载波调制交流法”、测量热导的“温度扫描比较电桥法”、测量1/f噪声的“调制型准直流法”、测量非晶硅中Si–H键光致变化的“调制红外谱方法”。这些方法有效改善了测量信噪比，使一些极困难的实验研究成为可能。这些实验技术具有创新性和独特性，因此张殿琳等获得1997年中国物理学会颁发的胡刚复实验物理奖，获奖项目为“固体输运性质等研究中的实验技术”。

四、仪器设备不断完善

2000年以后，物理所的低温物理研究从中科院、国家自然科学基金委员会获得了较多的科研经费支持，增添了近十台精密实验设备，为科研工作的开展提供了方便条件，获得一批国际水平科研成果。这些仪器设备包括：

14特多功能物理性质测量系统（Physical Property Measurement System，简称PPMS）。2002年3月开始运行，可以测量的性质有AC/DC磁化强度、DC电阻、AC电子输运性质（最大0.5兆欧），包括电阻、霍尔系数、I–V曲线、超导临界电流测量、比热测量等。吕力和景秀年对此设备进行了改进，可进行交流输运性质的测量，从而能得到高精度的霍尔系数和迁移率。2009年，极端条件室又增添一台9特磁场的PPMS，以满足科研发展的需要。

2008年从牛津仪器公司购买^{3}He恒温器一台，温度范围0.3～50K，磁场0～17特，可测量R–T、I–V特性等，主要用于研究二维电子气和拓扑绝缘体。

2008年从牛津仪器公司购买^{3}He–^{4}He稀释制冷机一台，温度范围10mK至4K，磁场0～20特，可以测量R–T、I–V特性等，主要用于研究二维电子气和拓扑绝缘体。

2008年11月自行研制绝热去磁系统一套，系统最低温0.55mK，通过测量二维电子气特征，得出二维电子气的温度可达到4mK。

2008年购买SQUID VSM一台，是国内第一台该类型产品，其能提供的测量条件是：温度范围1.8～400 K，磁场范围–7～＋7特，主要测量直流磁矩信号，其测量精度1×10^{-8}电磁单位。

自行搭建的低温磁光系统一套。温度范围4～300K，磁场6特，频谱范围是200～1800吉赫。

真空型傅里叶变换光谱仪2台。波数范围分别为20～9000/厘米和20～8000/厘米，温度范围2～400K。

扫描电镜一台。主要技术指标：分辨率3.0纳米，最大样品尺寸Φ125毫米，放大倍数20～50 000，测量温度为室温。

X射线衍射仪一套。扫描角度范围0°～140°，最佳角度分辨率≤0. 02°，角度重现性±0.0001°，最小步进角度0.0001°，高速运转速度1000°/分，测量温度为室温。

样品制备条件包括样品烧结炉多台，磁控溅射镀膜机2台。

五、极低温等综合极端条件平台的搭建

极低温下的低维电子系统，蕴藏着分数量子统计等丰富多彩的宏观量子现象。量子现象的丰富性和重要性，可能会随着微电子学乃至纳米电子学的发展，更多地从各种低维材料以及用其所构造的介观器件中体现出来。当人们不断降低器件的尺寸和维度，以达到越来越高的集成度、越来越小的功耗和越来越快的运算速度时，单电子、单自旋器件等新概念应运而生，同时伴随着很多电子强关联效应、量子输运、量子相干，乃至量子相变问题的出现。对于这些问题的研究，需要有一个没有热扰动的环境，因而属于低温物理学典型的研究领域。为了对这些极低温度的电子体系开展量子调控和各种量子现象的研究，需要具备极低温制冷设备和极洁净的实验测量系统，以真正实现极低的电子温度。金铎、吕力、景秀年等一起致力于在物理所发展这方面的实验条件，在Oxford MX400稀释制冷机的基础上，实现了良好的屏蔽、滤波和接地，包括建立了双层电屏蔽系统、多层磁屏蔽系统、室温和低温滤波系统、电池驱动前放等。2008年11月，该系统经过鉴定，其中核去磁制冷装置已达到0.544mK的极低温。此平台随后在物理所的超导量子比特研究和二维电子气物性研究中发挥了重要作用。

第三节　低温物理

除超导电性单列一章专门介绍外，低温物理的基础研究，包括极低温条件下物质性质的奇特变化和量子效应等内容，为当代全新的研究领域，受到世人关注。低温研究室很好地把握住这一方向，开展了独具特色的研究项目。

一、早期半导体和超导体的研究

20世纪50年代初，洪朝生在美国工作期间就曾对掺杂锗的低温电性质进行过研究，观察到在低温下半导体锗单晶电导与霍尔效应的反常行为，并发现电阻变化与杂质含量之间的规律。根据这一开创性定量实验测量的结果，

他提出了半导体禁带中杂质能级导电的输运行为的概念。

20世纪50年代末60年代初，洪朝生在低温研究室开展锗晶体空穴性质和雪崩动力学研究。锗单晶由半导体研究室提供，制作单点雪崩元件，研究开关性能和信号储存。他还用蒸发镀膜方法制备计算机用的半导体薄膜矩阵元件，测量伏安特性和记忆特性。同时，洪朝生还带领一批青年研究人员，进行超导薄膜的研制、超导物理问题研究和超导器件的探索。

二、电荷密度波研究和准晶研究

电荷密度波（CDW）材料是1975年国际上发现的准一维导电系统，具有特殊的导电机制。1980年以后，张殿琳、林淑媛等对TaS_3、NbS_3、$NbSe_3$、$Rb_{0.3}MO_3$等CDW材料进行了深入研究。主要成果有：①对不同温度下电子隧道谱测量，观察到$NbSe_3$的CDW能隙形成的过程，反映在远高于派尔斯相变温度之上能隙已开始出现；②$NbSe_3$在磁场中热电势的反常特性；③一维链方向和链间方向的非线性电导；④压力对CDW输运性质的影响；⑤发现TaS_3中存在非零的能隙态密度；⑥介电常数的温度磁场依赖关系[2,3]。

长期以来，固体被分为具有平移对称性的晶体和没有任何长程序的非晶体两类。20世纪80年代，准晶体的发现揭示自然界还存在一种没有平移对称性但有长程序的新型固体。张殿琳、林淑媛等研制出高质量准晶单晶样品，并应用自己创新发展的实验方法，对多种物理性质进行测量，取得重要的成果。研究的性质包括：电导率、磁阻、霍尔效应、热导率、热电势、$1/f$噪声、导磁率、弹性模量、隧道谱等。主要成果有以下几方面：①D-AlNiCo准晶的单晶样品隧道谱测量表明，在赝能隙处费米能级附近发现丰富的态密度结构，而在4特以上磁场作用下态密度的结构消失；②D-相准晶样品电阻-温度关系和霍尔效应各向异性的普适特性；③霍尔系数在磁场中的各向异性，起因为表面与布里渊区的强烈相互作用；④热导沿准晶方向的电子贡献几乎为零。

此项工作在1997年12月获得国家自然科学三等奖。获奖项目名称为“二维准晶强烈各向异性输运性质的发现和研究”[4~11]。

三、介观和纳米结构中的量子输运研究

20世纪80～90年代，国外研究单位发现并合成了C_{60}和碳纳米管。物理所吕力等多年从事小样品材料的物性研究，从1998年起从事碳纳米管物性和器件的研究，在碳纳米管的热学性质方面做出了开创性工作。当时国际上关于碳纳米管电学性质的研究已经展开，但关于其热学性质（热导和比热）的研究仍是空白，因为尚未找到一种好的办法来测量小至纳克量级样品的热学性质。而热学性质对于理解纳米材料的声子结构，研究纳米尺度上的传热散热问题至关重要。他们改进与发展了一种能够同时测量细丝状导电样品热导和比热的方法，首次推导出在交流电流驱动下一维热传导方程在全频域的解，并从实验上示范怎样从这个解得到被测细丝状样品的热导和比热。这一工作为纳米传热研究开创了一种新方法，被确认是一种准确可靠和简便易行的方法。文章发表后得到了国际上该领域的重视和广泛引用。

他们在碳纳米管电学性质研究方面取得的进展主要有：①发现碳纳米管具有对数温度依赖关系的热电势行为；②从实验上证实了随着压强增加，碳纳米管会发生从金属到绝缘体相变的理论预言；③制备了“铁磁金属-碳纳米管-非磁金属”结构的量子点隧道器件，在低温下观察到其隧道电阻随磁场扫描的不对称结构，表明在碳纳米管量子点中存在着自发自旋极化态[12~20]。

四、卡皮查热阻的可逆性研究

从固体向超流液氦传热时，在固液边界上温度不连续，存在一个温度跳跃，这就是卡皮查热阻（R_K）。关于固体向液体（S→L）传热和液体向固体（L→S）传热的卡皮查热阻可逆性问题，对固体物理、表面物理、液氦理论研究和制冷技术的实际应用都有重要意义。1984年，管惟炎、郑家祺等对此课题作了定量验证。实验用的样品为单晶钆镓石榴石（$Gd_3Ga_5O_{12}$），取向为〔111〕。当界面温差ΔT小于25毫开时，ΔT正比于单位面积上的热流量(Q/A)。用稳态热流方法，在1.39～1.93开温区范围内，测得的卡皮查热阻R_K(S→L)为$2.22T^{-1.8}$(厘米^2·开/瓦)。当反向热流时，R_K（L→S）为$2.39T^{-2.3}$（厘米^2·开/瓦)。这表明两者只有较弱的温度关系。用固体和液体中存在着不同的声子频率解释了实验现象，表明卡皮查热阻与声子频率有密切的关系。

五、强关联电子体系的低温物性研究

关联电子系统是凝聚态物理的重要研究领域，包含

着大量前沿研究课题。关联电子体系的一个突出特征是其表现出的复杂性。这种复杂性来源于体系中存在的多种自由度（如电荷、自旋、轨道、晶格等）以及它们的相互作用。在不同的材料或在不同的外界条件下，不同自由度扮演的角色和重要性有所不同。这些自由度可能存在竞争也可能存在合作，导致材料形成或处于不同的有序态或量子涨落态。并且外界参量或相互作用引起的微小变化，都会导致体系性质的巨大差异，出现完全不能预期的新物相和新现象（所谓“层展”现象），表现出“非常规的”“奇异的”电子态行为。对关联电子系统复杂现象的研究，正在深刻推动着凝聚态物理学科的发展。从2000年开始，王楠林研究组主要在高温超导体和相关过渡金属化合物方面开展深入研究，尤其是在如下方面取得突出成果：

（一）Na_xCoO_2体系研究

2003年，日本研究组报道水分子插层的Na_xCoO_2可以超导，这一现象引起了人们对三角格子钴氧化物的关注。王楠林、雒建林等对Na_xCoO_2体系物性进行了系统研究。他们利用光学浮区炉生长出高质量的Na_xCoO_2单晶，首次在高钠含量的Na_xCoO_2层状化合物中，发现磁场诱导的混磁相变，并指出该组分的钴离子具有层内铁磁、层间反铁磁的磁性关联图像。通过光电导谱测量和分析揭示，体系有效载流子浓度随钠含量的减少单调增加，确认Na_xCoO_2体系不是掺杂的莫特绝缘体，而是由宽带绝缘体掺杂空穴演化而来。该结果首次揭示了低温下$Na_{0.5}CoO_2$电荷有序样品的电荷激发谱具有完整能隙打开，揭示了Na_xCoO_2体系低能电荷动力学系统偏离简单金属的德鲁德响应行为等。

（二）Cu_xTiSe_2体系研究

2006～2007年，研究组对Cu_xTiSe_2母体的CDW机理和铜插层后的电子结构和电荷动力学演化进行了细致研究，揭示了母体发生的相变是半金属到半金属的相变，对应于电子－空穴相互作用驱动的Kohn-Overhauser类型的CDW相变；铜插层提供的额外电子提高了体系化学势，导致体系由半金属到单一能带金属的相变，并发现其等离子体的频率随温度降低移向高频的罕见电荷动力学响应行为。

（三）铁基超导体研究

按照传统理解，铁元素是不利于超导电性的，但2008年2月日本研究组发现FeAs基超导体，临界温度高达26K。王楠林、雒建林、陈根富等立即组织研究，率先证实日本组的发现，并在国际上发表了第一项物性研究工作。研究组对不同氟掺杂的$LaFeAsO_{1-x}F_x$进行了系统研究，与物理所方忠研究组合作，从比热、电阻、光电导谱测量和第一性原理计算首次提出LaFeAsO母体具有自旋密度波（SDW）不稳定性、超导和SDW相互竞争，预言了条纹反铁磁结构，为理解铁基超导机理奠定了重要的物理基础。研究组用稀土离子铈替代镧，合成出$CeFeAsO_{1-x}F_x$体系，独立发现该体系的超导转变温度超过40K，还发现铈4f电子在4K以下形成另外一套和超导共存的反铁磁有序结构，确定该体系的电子相图和磁相图。研究组很快证实122铁基系统母体发生的SDW相变，使得费米面大部分区域打开能隙，同时伴随载流子浓度和散射率的快速下降。在超导态下，红外光反射谱具有s波配对特征谱型，Ferrell-Glover-Tinkham求和规则在低能得到满足，揭示了铁基超导体与最佳掺杂以下的铜氧化物高温超导体显著不同。雒建林、王楠林等还研究了镍基$LaNiAsO_{1-x}F_x$样品，发现和铁基样品不同，不掺杂的LaNiAsO是T_c为2.75K新超导体，且超导转变宽度极为狭窄，约为0.05K，比$LaFeAsO_{1-x}F_x$小近百倍。比热实验结果表明，不同能带打开的能隙不同，存在多个超导能隙；该超导体具有较强耦合的超导电性。在初期研究的突破之后，该研究组对铁基超导体各个体系的电荷动力学性质进行了系统和深入研究。他们还与国际上从事不同实验技术的研究组〔如戴鹏程的中子散射、美国洛斯阿拉莫斯（Los Alamos）国家实验室和麻省理工学院（MIT）的超快光谱等〕合作，研究铁基超导体其他方面的物理行为，揭示背后的物理机理。该研究组独立发表和合作发表的文章已被引用约5000次，王楠林在国际学术会议作邀请报告50余次，他们的工作在国际学术界产生了重要影响。

由于在铁基超导体和其他强关联电子系统方面研究所取得的突出成绩，王楠林获得中国物理学会2008～2009年度叶企孙物理奖。王楠林和陈根富还获得2009年香港求是基金会杰出科技成就集体奖[21～31]。

六、纳米管导电聚合物研究

导电聚合物具有优异的特性和类金属的电导率。在20世纪末，它的基础研究及应用研究已成为国际上关注的热点。由于导电聚合物复杂的结构和形貌，以及不同于金属和半导体的载流子，当时已有诸多的理论模型来解释它的各种物理性质。极端条件室的陈兆甲等对纳米管导电聚合物的导电机理进行了深入的实验研究，样品由中科院化学研究所提供。

物理所微加工实验室的建立，为研究组研究纳米尺度样品导电性质提供了不可缺少的样品加工和纳米引线的条件，使研究组成功制备各种含四个电极的单根纳米管导电聚合物样品，并测出纳米管的电阻－温度规律与纳米管压成的块状样品存在着很大差别。本项目通过对纳米管导电聚合物的直接测量，研究了导电聚合物随掺杂浓度的增加从绝缘体向导体转变的过程，以及样品直径对电导率－温度规律的影响。将该结果与现有各种理论模型进行比较与判断，提出了自己的导电机制模型[32]。

七、光电子能谱研究

角分辨光电子能谱（Angle Resolved Photoemission Spectroscopy，简称ARPES）是公认的用于研究固体电子结构和低能电子激发最直观的实验手段之一，能够直接测量单电子激发能谱对动量的依赖关系，不仅可确定电子的费米速率、有效质量、费米面等决定材料宏观物理性质的基本物理量，还能进一步揭示电子间的关联效应以及电子－玻色子耦合。这些效应直接导致了强关联电子系统中的异常物理性质。特别是对于高温超导的研究，ARPES能够直接测量不同费米面超导能隙以及赝能隙的动量依赖，为理解高温超导机理提供直接的超导序参量对称性方面的证据。这些独特的优势使其在高温超导研究中发挥着越来越重要的作用。

2008年丁洪作为国家首批“千人计划”杰出人才被引进回国工作，在物理所极端条件室组建光电子能谱实验室（EX7组）。2008年，丁洪研究组和王楠林研究组以及日本东北大学高桥隆研究组合作，利用ARPES发现了铁基超导体中依赖费米面的无节点的超导能隙[33]。该文章被引用次数已超过400次，并被*Science Watch*评为在科学领域内的Fast Breaking Paper。国际同行认为，他对铁基超导体的s波对称性的建立做出了具有奠基性意义的工作。在此后的两年多时间里，丁洪研究组和多个研究组合作，对铁基超导体进行了深入研究，取得了一系列重要的研究成果[34~38]。其中最突出的是用多个有说服力的实验结果，揭示了与反铁磁波矢相连的带间散射和费米面近似嵌套是导致铁基超导的最根本原因。上述工作引起了国际同行的广泛关注和重视，丁洪应邀在多个有关铁基超导的重要国际会议上做大会邀请报告。

丁洪研究组已建成一台先进的ARPES系统（图6）。

图6　角分辨光电子能谱（ARPES）系统

参考文献

[1] 冉启泽，钱永嘉，朱元贞．低温物理，1979，1(1):18–33.
[2] He H F, Zhang D L. *Phys. Rev. Lett.*, 1999, 82:811.
[3] Zhao Y P, Zhang D L, Kong G L, Pan G G, Liao X B. *Phys. Rev. Lett.*, 1995, 74:558.
[4] Li G H, He H F, Wang Y P, Lu L, Li S L, Jin X N, Zhang D L. *Phys. Rev. Lett.*, 1999, 82:1229.
[5] Lin S Y, Li G H, Zhang D L. *Phys. Rev. Lett.*, 1996, 77:1998.
[6] Zhang D L, Wang Y P. *Mater. Sci. Forum*, 1994, 150–151:445.
[7] Wang Y P, Zhang D L. *Phys. Rev.* B, 1994, 49:13204.
[8] Wang Y P, Zhang D L, Chen L F. *Phys. Rev.* B, 1993, 48:10542.
[9] Zhang D L, Cao S C, Wang Y P, Lu L, Wang X M. *Phys. Rev. Lett.*, 1991, 66:2778.
[10] Lin S Y, Wang X M, Lu L, Zhang D L, He L X, Kuo K H. *Phys. Rev.* B, 1990, 41:9625.
[11] Zhang D L, Lu L, Wang X M, Lin S Y. *Phys. Rev.* B, 1990, 41:8557.
[12] Lu L, Yi W, Zhang D L. *Rev. Sci. Instrum.*, 2001, 72:2996–3003.
[13] Yi W, Lu L, Zhang D L, Pan Z W, Xie S S. *Phys. Rev.* B, 1999, 59:9015–9018.
[14] Yi W, Lu L, Hu H, Pan Z W, Xie S S. *Phys. Rev. Lett.*, 2003, 91:076801.
[15] Kang N, Hu J S, Kong W J, Lu L, Zhang D L, Pan Z W, Xie S S. *Phys. Rev.* B, 2002, 66:241403(R).
[16] Kang N, Lu L, Kong W J, Hu J S, Yi W, Wang Y P, Zhang

D L, Pan Z W, Xie S S. *Phys. Rev.* B, 2003, 67:033404.

[17] Liu L W, Fang J H, Lu L, Zhou F, Yang H F, Jin A Z, Gu C Z. *Phys. Rev.* B, 2005, 71:155424.

[18] Liu L W, Fang J H, Lu L, Yang H F, Jin A Z, Gu C Z. *Phys. Rev.* B, 2006, 74:245429.

[19] Cai J Z, Lu L, Kong W J, Zhu H W, Zhang C, Wei B Q, Wu D H, Liu F. *Phys. Rev. Lett.*, 2006, 97:026402.

[20] 刘首鹏，周锋，金爱子，杨海方，马拥军，李辉，顾长志，吕力，姜博，郑泉水，王胜，彭练矛．物理学报，2005, 54:4251−4255.

[21] Chen Z G, Dong T, Ruan R H, Hu B F, Cheng B, Hu W Z, Zheng P, Fang Z, Dai X, Wang N L. *Phys. Rev. Lett.*, 2010, 105:097003.

[22] Chen G F, Hu W Z, Luo J L, Wang N L. *Phys. Rev. Lett.*, 2009, 102:227004.

[23] Hu W Z, Dong J, Li G, Li Z, Zheng P, Chen G F, Luo J L, Wang N L. *Phys. Rev. Lett.*, 2008, 101:257005.

[24] Li G, Hu W Z, Dong J, Li Z, Zheng P, Chen G F, Luo J L, Wang N L. *Phys. Rev. Lett.*, 2008, 101:107004.

[25] Cruz C de la, Huang Q, Lynn J W, Li J Y, Ratcliff II W, Zarestky J L, Mook H A, Chen G F, Luo J L, Wang N L, Dai P C. *Nature*, 2008, 453:899.

[26] Chen G F, Li Z, Wu D, Li G, Hu W Z, Dong J, Zheng P, Luo J L, Wang N L. *Phys. Rev. Lett.*, 2008, 100:247002.

[27] Dong J, Zhang H J, Xu G, Li Z, Li G, Hu W Z, Wu D, Chen G F, Dai X, Luo J L, Fang Z, Wang N L. *Europhys. Lett.*, 2008, 83:27006.

[28] Chen G F, Li Z, Li G, Zhou J, Wu D, Dong J, Hu W Z, Zheng P, Chen Z J, Yuan H Q, Singleton J, Luo J L, Wang N L. *Phys. Rev. Lett.*, 2008, 101:057007.

[29] Li G, Hu W Z, Dong J, Qian D, Hsieh D, Hasan M Z, Morosan E, Cava R J, Wang N L. *Phys. Rev. Lett.*, 2007, 99:167002.

[30] Li G, Hu W Z, Qian D, Hsieh D, Hasan M Z, Morosan E, Cava R J, Wang N L. *Phys. Rev. Lett.*, 2007, 99:027404.

[31] Luo J L, Wang N L, Liu G T, Wu D, Jing X N, Hu F, Xiang T. *Phys. Rev. Lett.*, 2004, 93:187203.

[32] Long Y Z, Chen Z J, Wang N L, Ma Y J, Zhang Z, Zhang L J, Wan M X. *Appl. Phys. Lett.*, 2003, 83:1863−1865.

[33] Ding H, Richard P, Nakayama K, Sugawara K, Arakane T, Sekiba Y, Takayama A, Souma S, Sato T, Takahashi T, Wang Z, Dai X, Fang Z, Chen G F, Luo J L, Wang N L. *Europhys. Lett.*, 2008, 83:47001.

[34] Terashima K, Sekiba Y, Bowen J H, Nakayama K, Kawahara T, Sato T, Richard P, Xu Y M, Li L J, Cao G H, Xu Z A, Ding H, Takahashi T. *Proc. Natl. Acad.* Sci., 2009, 106:7330.

[35] Sato T, Nakayama K, Sekiba Y, Richard P, Xu Y M, Souma S, Takahashi T, Chen G F, Luo J L, Wang N L, Ding H. *Phys. Rev. Lett.*, 2009, 103:047002.

[36] Richard P, Sato T, Nakayama K, Souma S, Takahashi T, Xu Y M, Chen G F, Luo J L, Wang N L, Ding H. *Phys. Rev. Lett.*, 2009, 102:047003.

[37] Richard P, Nakayama K, Sato T, Neupane M, Xu Y M, Bowen J H, Chen G F, Luo J L, Wang N L, Ding H, Takahashi T. *Phys. Rev. Lett.*, 2010, 104:137001.

[38] Nakayama K, Sato T, Richard P, Kawahara T, Sekiba Y, Qian T, Chen G F, Luo J L, Wang N L, Ding H, Takahashi T. *Phys. Rev. Lett.*, 2010, 105:197001.

第九章　声学

声学是研究物质运动形态的一门科学，即研究物质中机械波的产生、传播、接收及其与物质的相互作用。根据声波的传播介质不同，主要研究内容包括空气声学、超声学和水声学。

声学是一门历史悠久的学科，它是经典物理学——声、光、电、磁的重要组成部分。同时声学又是一门年轻的新兴学科，随着科学特别是近代物理学的发展，声学在国民经济和国防建设中的重要应用日益显现，它也在不断更新自己的研究内容。由于与其他学科的相互渗透，现代声学已经形成许多新的重要分支。如空气声学从经典的建筑声学、音乐声学逐渐扩展到电声学、语言声学、大气声学、次声学、噪声控制学、环境声学、生理声学和心理声学等领域；超声学已覆盖检测超声、医学超声、大功率超声、超声电子学、量子声学（声子声学），并进入微观世界的探索，研究声子与介质中各种微观结构（如电子、光子、自旋、空穴、位错、缺陷等）的相互作用，以及声子传播、声子成像和声子相互作用；海洋中只有声波能够远距离的传播，水声就成为水下通信、探测、导航、遥感等的有效手段，促使水声物理学、水声信号处理、水声换能器以及包括声呐在内的水声技术得到迅速发展。

声学研究已扩展到非线性领域。水声中利用非线性现象的参量湍射阵，成功应用于浅海海底的短程声呐系统中，它的波束窄且没有旁瓣，在探测中有独特作用。超声中非线性问题中的孤子、湍流、紊流或“混沌”的研究，成为非线性动力学中重要课题，逐渐引起各方面的关注。

1955年7月，时任哈尔滨工业大学教务长的马大猷调入中科院应用物理所，建立了从事声学研究的第六组。为引进国内外人才，他还延聘过叶培大〔北京邮电学院（今北京邮电大学）院长〕、杜连耀（北京大学无线电系主任）、许宗岳（武汉大学教授）等加盟应用物理所。1956年3月，应崇福回国来到应用物理所，开展超声和晶体方面的研究，为超声学的发展奠定了基础。1956年9月，应用物理所的声学部分划入中科院电子学所。1964年，声学部分从电子学所正式分出，成立中科院声学所。

1970年10月，中科院声学所空气声和超声两个研究室划入物理所，空气声研究室编为九室，超声研究室编为十二室，1979年初又划归中科院声学所。

第一节　空气声学

空气声研究室有科研人员108人，室主任是马大猷。按学科方向分为4个研究组，即910组噪声学，组长李沛滋；920组语言声学，组长张家騄；930组电声学，组长李昌立；940组建筑声学，组长饶余安；并扩展了两个任务组，即320任务组和700号任务组。这期间主要的科研内容和科研成果包括以下几个方面：

一、噪声与振动控制

（一）微穿孔板和多孔陶瓷吸声结构的研究

由于国防工程急需一种能够耐高温、耐腐蚀、不怕火焰、不怕水的新型吸声材料，为此马大猷提出了微穿孔板吸声结构原理[1]，即在金属板上穿以微孔而不需添加任何玻璃棉、矿渣棉等多孔性吸声材料，形成一种具有很好吸声特性的吸声结构。微穿孔板的实验和理论研究成果于1975年发表在《中国科学》上[2]，研究成果用于一项国防工程并取得了很好的效果，后逐渐在国内外得到广泛应用。如20世纪70年代初在抚顺炼油厂和抚顺煤矿设计了微穿孔板消声器，替代了传统的玻璃纤维材料。后微穿孔板吸声结构被中国访问学者用于德国新建的圆形议会大厅，解决了困扰德国学术界的议会大厅声聚焦问题，马大猷也因此于1997年获得德国夫琅和费协会金质奖章及建筑物理所ALFA奖。

在噪声控制中经常遇到高温、气流、潮湿甚至酸碱腐蚀的情况，为开发适应这种条件下的声学材料，从1975年开始莫中廉和高彦良在微孔板吸声理论基础上，进行了多孔陶瓷吸声材料和结构的研究，提出了适应不同要求材料的配方、结构形状和吸声特性，并根据小孔消声器的理论，研究了不同结构、不同形式和不同尺寸的多孔陶瓷消声器，在工业部门得到广泛应用。

（二）气流喷注噪声和小孔消声理论研究

气流噪声是最常见的一种噪声源。自20世纪50年代初开始，通过对喷气飞机及火箭喷气噪声研究，建立起比较完整的理论体系和大量的实验规律，除用于飞机噪声控制外，也用于工矿的气流噪声控制。但过去的研究主要限于与飞机、火箭以及工矿设备有关孔径较大的喷口和管道，是以法国科学家M.J.莱特希尔（Lighthill）的喷注噪声基本理论为基础的，而对小孔喷注的噪声研究较少，也没有小孔喷注的湍流噪声公式。1973年在马大猷领导下，组成了气流喷注噪声和小孔消声理论研究组。研究以喷注噪声的特性和人的听觉特性为基础，测定了喷注噪声中对人干扰的部分。从实验和理论上都发现，这种干扰声功率在小喷口只占声功率的很小一部分，并求得其定量的关系。气流喷注是四极子声源，产生噪声的功率与超压的平方成正比，与喷口直径的平方成正比。研究发现，如将大喷口用等面积的许多小喷口替代，噪声频谱将移向高频。这时如以A计权声功率来量度噪声对人的干扰，则A计权声功率与超压的2.3次方成正比，而随小喷口直径的3次方降低。因此，减小口径是降低噪声的基础。这是对湍流噪声的理论贡献，在此基础上发明了小孔消声器[3]。小孔消声器制造简单，耐高温高压，不怕水流冲击清洗，耗材少，没有二次污染，效果良好，一般都能达到20～30分贝，也就是可听频率范围内的声能降低至1%～1‰。小孔消声器一经发明，立即得到了广泛应用，成为高压排气放空噪声的基本降噪设备。气流喷注噪声和小孔消声理论研究成果[4,5]获中科院自然科学一等奖和国家自然科学三等奖。

继小孔消声理论后的另一项研究工作是扩散消声理论。研究成果包括：①首次提出了用有效面积S_{eff}和驻点压降Δp两个参数表示多孔材料的出流特性；②发现扩散消声器的噪声能量由大量小孔喷注所发的噪声和汇合后的面积较大、速度较低的扩散喷注噪声组成；③分析了出流阻塞和低速两种条件下的气流方程，得到了完整的多孔材料出流的理论关系和扩散消声理论曲线。上面提到的奖项中实际包括扩散消声理论这部分内容[6]。

（三）高声强技术研究

由于火箭、飞机等航空器功率的迅速提高，航空、航天飞行器的噪声强度也急剧增长，远大于工业噪声，不仅对人产生心理、生理影响，也影响飞行器的安全飞行和内部仪表的正常工作。为此沈嵃研究组应第二、第三、第七机械工业部的要求，协作开展了金属板材声疲劳的研究工作，得到了金属板材声疲劳的规律，这为飞行器抗声疲劳的设计提供了科学依据；相应还开展了高声强非线性声学的研究。此外，还与航天医学研究所、同仁医院等单位进行了家兔和豚鼠的强噪声生理效应试验，获得了动物病理损伤和死亡的噪声剂量阈值，并于1981年开始陆续发表多篇有关动物效应的科学研究论文[7,8]。

（四）城市环境噪声研究

20世纪70年代初期中国开始重视环境保护，水、气、声、渣污染受到重视，噪声污染已经成为中国环境污染三大公害之一。1973年7月，国务院环保办公室邀请马大猷做有关噪声污染问题的讲座。1973年10月在马大猷率领下，在北京进行了第一次交通噪声的调查。随后成立了城市噪声科研小组，由程明昆负责。1975年、1976年和1977年又进行了北京、天津、武汉、重庆、南京、杭州、广州和哈尔滨的噪声调查，掌握了中国城市噪声污染现状，得到了城市噪声的污染特性和传播规律，分析了影响交通噪声的各种因素，诸如噪声随时间的变化规律、噪声与车流量的关系、道路宽窄对噪声的影响、建筑层高对噪声的影响、车辆类型对噪声的影响、鸣笛对噪声的影响等。在城市噪声调查与分析的基础上，提出了城市噪声的测量规范和噪声标准的建议[9]，这一成果成为中国城市区域环境噪声标准（GB 3096）和测量方法（GB 14623）制定的依据。后又开展了城市绿化减噪、减少城市交通噪声途径等专题的探讨，提出了减少交通噪声污染的主要措施，诸如制定相应的噪声标准和法令，划定城市声功能区，加强城市噪声管理，搞好城市防噪声污染的土地利用和建筑规划，限制鸣笛等。该项工作开创了中国环境声学的研究领域。此后有关环境噪声的研究相继获得了中科院科技进步一等奖、二等奖，国家科技进步二等奖、三等奖等多个奖项。

（五）脉冲噪声听力损伤的研究

常规武器发射或弹药爆炸时产生的压力波对人体的安全会产生影响。由于火炮噪声对军事人员的健康尤其是听力损伤严重，以致影响到作战能力。为此由解放军总后勤部31基地牵头，组成了“常规兵器发射或爆炸时压力波对人体的安全标准”科研协作组，1975～1979年，开展了军事脉冲噪声的研究。代表物理所参加研究的人员有程明昆、周永申。实验中枪械类型包括12.7毫米口径机枪、152毫米口径大炮，使用子弹、炮弹上万发，200克TNT炸药上千块，实验动物上千只。利用演习、体验射击、执行任务等机会，进行了人和动物的实验，同时还深入部队进行了临床调查，共获得上万个实验与调查数据，由此得到了听力损伤的规律，确定了损伤的定义，即暴露人员的鼓膜有出血点或更重的中耳损伤，或者耳朵任一频率的永久性阈移（PTS）大于25分贝。依据这一定义，制定了中国脉冲噪声致听力损伤的《常规兵器发射或爆炸压力波对人体的安全标准》，填补了国内空白。此项成果获得了1981年军内科技成果一等奖。

（六）火箭发动机噪声控制

20世纪70年代初，噪声学研究组接受了第七机械工业部701所解决火箭发动机发射时产生的不明破坏事故的课题。701所曾经多次发现，事故火箭发动机内部有刀切所致的断裂，严重影响火箭的安全发射。李沛滋、戴根华、丰乐平等通过研究并参考国外文献，发现断裂原因是发射时噪声引起的箭体声致振动。经过测试和分析，发现箭体底部有周向和切向的本征响应。为抑制这些响应，在箭体底部四周安置了专门设计的声槽。经试车台试验结果表明，采用声槽设计后，事故发生率显著降低。据701所的介绍，火箭发射成功率显著提高。该项目获得了国防科工委三等奖。

（七）织机侧板的振动、噪声辐射与控制研究

纺织厂织布车间的噪声高达105分贝，严重损伤工人的听力和身心健康。织布车间的主要噪声源是有梭织机。为了降低车间噪声，冯瑀正等以广泛使用的1511型织布机为对象，于1978年开始了有梭织机的降噪研究。研究对织机的主要声源投打机构建立了简化的理论模型和振动与声辐射的理论计算，理论与实验结果一致。在此基础上提出了相应的降噪措施，使低、中频噪声减少10分贝左右，2～5千赫的高频噪声降低约6分贝，*A*计权声级减少10分贝，取得了良好效果。

（八）建筑声学和隔声研究

隔声在建筑声学和噪声控制中有着重要的作用。1973～1975年，沈嵘、冯瑀正、戴根华等开展了隔声评价量、隔声结构等内容的研究，提出了单值评价隔声性能的隔声指数和轻质复合结构隔声量的表达式，其论文《一个轻质复合构件隔声量的经验公式》获全国科学大会奖。此外，在厅堂音质方面也开展了扩声系统中声反馈对音质影响的研究，设计了声反馈抑制器，在改善厅堂音质的实际应用中取得了良好效果。

二、语言声学

语言声学是研究语言通信过程中有关语言信号的产生、传递、接收和处理中声学问题的学科。其研究内容体现了多学科相互渗透的特征。

（一）语音分析

始于20世纪70年代初的语音分析研究工作是在张家

隶主持下进行的，先后开展了音节清晰度与音位清晰度之间的统计关系[10]、言语知觉反映论[11]、普通话可懂度、准动态元音分析方法[12,13]等方面的研究。此外，还进行了语言长时平均频谱与发话声级和发话速度的关系，其主要内容作为邮电部1979年向国际电信联盟电报电话咨询委员会（CCITT）第12工作组提交的文稿。另一项研究是电话传输质量评定用试验句设计，于1978年提供邮电部作为国家标准的一部分。

（二）语音识别

20世纪70年代初，物理所曾组织徐焕章、王俊生、田时秀等研制了晶体管第二代语言识别机，采用的是相关矩阵识别口呼数字技术，能够识别十个元音和十个数字。同时以俞铁城为首，在国内最早开展了计算机语音识别的研究。为开展自动语音识别工作，在物理所支持下，专门配置了丹麦B&K公司生产的带有一台美国Varian620/L小型计算机的动态频谱分析仪，并建造了计算机房。张恩耀、石德宪等还负责把国产高速宽行打印设备与小型计算机相连，显著提升了系统性能。研究中提出了言语动态频谱的双值（0、1）表示法、非线性时域规整技术和新的图样匹配方法，简化了模式匹配的过程，从而得以在当时内存和计算速度非常有限的小型计算机上首次实现了汉语语音识别。该研究成果在1977年9月[14]和1978年9月的《物理学报》发表，处于国内领先水平，由此开创了汉语语音识别研究的高潮，推动了中国语言工程技术的发展。

在物理所9年左右的时间里，语音识别研究组在硬件方面也打下了良好的基础，并取得明显进展。以荣美玲为首、张恩耀等参与的滤波器组的研制成功，作为语音识别的前端分析器取得一定经济效益。20世纪70年代后半期，与中国人民解放军总参谋部二部合作研究以语音识别为手段的军用通信项目（任务代号“752”）取得良好效果，相关科研人员应邀出席1978年兰州军区的科技大会。

（三）语音编码

20世纪70年代初，保密通信问题受到党政军各级部门的高度重视。声码器是语音通信中保密程度最好的设备，第二次世界大战中声码器已得到应用，其后声码器愈来愈多被研究和应用，为此中国国防部门经常来物理所了解声码器的发展情况。

1972年物理所购买计算机（Nova机）并对科研人员进行培训，便于他们用于各自的工作。此时数字信号处理的理论和技术，特别是数字滤波器和快速傅里叶变换技术被广泛研究和应用[15]。语音信号因为频率范围较低，是电子计算机最早实用化的科研领域之一。在此背景下，李昌立、莫福源、宋知用等在总参谋部三部和有关部门的帮助下，仅用半年多的时间就在计算机上模拟了声码器的分析、合成过程。合成的语音有很高的清晰度和自然度，得到了总参谋部三部和物理所的好评。用计算机作方案模拟是当时世界上开始流行的先进科研方法，声码器计算机模拟的成功成为国内该领域最先的开拓者之一，引起了国内相关单位的浓厚兴趣[16]。

1975年夏，总参三部委托物理所研制2400比特/秒的全数字化声码器，并指定常州无线电总厂为试制单位。1977年初，由李昌立、王天祥等11人组成的研制组赴常州攻关。经过10余月的努力，用2700多片中、小规模集成电路试制成功全数字化声码器。这是一台专用计算机，运算、存储、控制功能齐全。样机（如图）完成后，经过5个多月的调试、改进，于1978年在总参三部进行了长途保密通信试验，效果良好。这项成果“汉语高自然度数字声码器”获得1979年国家创造发明二等奖[17]。

数字声码器样机

（四）口呼飞碟

1978年，徐焕章、荣美玲承担了多向飞碟声控程序控制器的声开关控制器研制工作。声控抛靶器的研究与试制成功取得良好效益，研究成果获得1982年第二轻工业部科技成果三等奖，为飞碟运动员提供了高科技的训练器材。

三、电声学

电声学是研究声、电转换的原理技术和应用的学科，包括电声系统中声信号的传播、存储、处理、重放、合成和测量分析的技术。物理所在此方向进行了多项相关的研究。

（一）远程有线广播系统的研究设计和气流扬声器

远程有线广播系统的研究设计总体负责人是马大猷，具体负责人为张家騄。项目前期工作是利用国内现有技术生产的250瓦电动扬声器及喇叭进行组阵设计，采用语音信号处理技术，以便在有限功率条件下取得最高语言可懂度。用上述250瓦电动扬声器和喇叭组阵建立了新的广播站。

为改进已有扬声器，沈嵃、田时秀、李健山等设计了2000电瓦电动扬声器并在上海研制成功。它虽然是世界上最大的电动扬声器，但在海上试验时发出的声音最远只能达到7千米，不能满足要求。为适应福建前线对台湾有线广播的需要，在马大猷的“气流扬声器”设计原理指导下，张扩基、张家騄、孙洪生等积极投入了气流扬声器的研制。在福建前线现场和北京实验室进行了大量试验，研制出合格的2000声瓦气流扬声器，其特点是声功率大、体积小，适用于远程广播。当时2000声瓦气流扬声器是国内首创，达到了国际同类扬声器的水平。

1975年，解放军总政治部给中国科学院下达任务，用物理所研制的2000声瓦气流扬声器组阵在福建前线大嶝、黄岐建两个广播站。1977年广播站建成，正式对金门、马祖广播，取得了很好的效果。马大猷、孙洪生、张扩基等的远程有线广播系统的研究与设计获得了1979年中科院重大科技成果奖。

在完成2000声瓦气流扬声器后，电声学研究组又研制成为航天器件声加载高声强试验目的的万瓦气流扬声器。该扬声器交天津电声厂生产，用其装备了国内多个相关高声强实验室。万瓦级气流扬声器研究成果获国防科工委科技三等奖。

（二）电容传声器的研制

电声转换是电声学中最基本的研究课题。电容传声器由于灵敏度高、频率响应好，一直都是声学测量中广泛使用的换能器，但由于其要求精度高、工艺复杂，所以20世纪60年代以前国内不能制造。1964年以陶中达为首的电容传声器组，突破了关键的镀膜工艺，研制出直径为24毫米的电容传声器样品。1970年他到物理所后，对电容传声器进行改进和提高，研制成功具有国际水平的电容传声器序列，将样品推广到第四机械工业部797厂和第一机械工业部衡阳仪表厂，获得了很好的社会效益和经济效益。

（三）精密声级计的研制

1974年第一机械工业部衡阳仪表厂与物理所九室联系，表示要共同开发精密声级计产品。由于环境噪声测量迫切需要精密声级计，当时国内不能生产，所以第一机械工业部非常支持。为此物理所为衡阳仪表厂技术人员开办了讲习班，并多次去衡阳仪表厂帮助他们攻克技术难关。1977年秋，双方合作研制出性能指标符合要求的精密声级计样机并于同年在国内市场推广。该项目获得1978年全国科学大会奖。由于该项成果和后续成果，该项目还获得了中国科学院和湖南省人民政府的科学合作创新奖。

（四）动态频谱分析仪的研制

1970年中国在声学研究领域还没有使用电子计算机，不能分析动态信号的频谱，如语音、由爆炸产生的声音等，物理所接受了分析声音信号动态频谱的任务。九室李昌立等根据当时国内电子技术的发展情况，提出了通过模拟电子技术和数字电子技术混合实现动态频谱分析仪的方案。该方案首先用模拟滤波器组分析声音信号的频谱，并用模－数转换器转换成数字信号，再用磁芯存储器将数字化的频谱快速地加以保持，然后显示或打印。这样就避免了使用高速模－数转换器（当时国内还不能制造）和专用电子计算机。该项目由物理所和天津红光无线电厂共同完成。

四、次声学

次声学是研究次声波的产生、传播、监测、识别、定位及次声波的生物效应的学科，是20世纪50年代以来迅速发展的研究领域之一。次声波是频率比最低声频还低的声波，大都集中在$10^{-3}\sim1$赫范围内，通过大气传播，吸声系数小于2×10^{-9}分贝/千米。因此次声波可传播几千千米而没有明显声能损耗。

（一）核爆炸远程侦查

中国次声学的研究是从实施“两弹一星”的宏伟战略起步的，次声被应用于大气核爆炸的远程侦察。作为一项代号为“320”的核爆炸远程效应测量的国防任务始于1965年，由中科院地球物理所和声学研究所承担，延续到1979年结束。地球物理所负责测量地震信号，声学所负责测量次声信号。九室划入物理所后项目继续进行，次声核侦察的大部分工作是1970～1979年在物理所期间完成的。这项任务由李炳光、屠焰和吕士楠负责，制定了全面的任务规划，提出任务组的人员和实验设备配置，以及全国核爆侦察站的规划。在他们的努力下扩充了研究队伍，订购了一批进口设备，建立了香山次声观察中心站和兰州、乌鲁木齐、昆明、广州、杭州五个分站。吕士楠等配合这一期间国家的历次大气核试验，组织远程次声效应的测试和各项研究工作，和任务组成员一起圆满完成了“320”任务。

（二）次声接收器的研制

20世纪60年代在接受“320”任务时，田时秀等将地球物理所移交的三台微气压计分别布置在北京白家疃地震台、上海佘山气象站和广州地震台作为次声接收设备。这些设备是苏联专家在中国配置的气象观察仪器，但这种主要用于观察缓慢大气压力扰动的设备不仅灵敏度低、安装要求较严格，而且它的光电信号输出还需光电转换，记录反应慢，不易实时观测。为此“320”任务组在物理所期间进行了接收设备的更新改造，包括提高灵敏度、改进频率响应和更新记录方式三项。前两项由屠焰完成，其技术要点是增加接收器腔体的体积，并根据田时秀的建议，用U形管滤波器调节频率使其响应到核爆炸次声频段，使得在核爆炸次声波的频率范围内灵敏度有一二个数量级的提高。后一项由李维鹏完成，他用装在墨水记录器笔架上的光敏电池，跟踪检流计反光镜的反射光点，使检流计的输出直接显示在记录纸上，可随时发现次声信号，而不必等照相纸显影之后。

李颖伯利用电容传声器的原理，研制成功电容式次声接收器。他用针孔高通声学滤波器和低通电学滤波器控制频率响应，取消了笨重的腔体和U形管，使接收器变得小巧，便于携带。由于电容式的输出电信号远大于动圈式，经放大后波形可用普通记录器记录，并且可以录音，经模数转换器可将次声信号馈入计算机作进一步分析和处理，显著提高了次声接收的水平。

这两套次声接收器全部由“320”任务组独立自主研制完成，属国内首创，在国际上也达到先进水平。

五、地声学

1976年7月唐山发生大地震，从此地震预报成为国家一项重要研究课题。九室田时秀、吕如榆等开展了地声预报地震的研究工作[18,19]。地声学是一门观测科学，需要经常在野外奔波。地声组科研人员终年不辞辛苦来往于河北省卢龙、昌黎、滦县等地的荒郊，通过对井下地壳活动产生的低频声进行监测和分析，判断地震活动的规律，以期探索地震预报的可能性。经过大量地声和地震数据的采集和信号处理，发现了以下规律：①地声的方向与地震方向较一致，不是地光也不是地电；②地声是耳朵可听到的声音，是地壳微破裂造成的；③中强震前的前兆地声显著；④高频地声可达1000赫以上。研究中用四口井内的水听器进行声源定位当时属首创，同时还研发了空气中使用的地听器，最高灵敏度可达50伏/克，超过国外水平。研究工作得到中国地震局专家的首肯。

第二节　超声学

超声学是研究超声发生及应用的学科。频率超过人耳可听频率（20 000赫以上）的声波叫超声波，又称超声。物理所超声研究室分为检测超声研究组、功率超声研究组、压电晶体研究组、声表面波研究组、流体动力超声研究组，主任是应崇福。该室在物理所期间主要的科研内容和科研成果包括以下几个方面：

一、检测超声

检测超声研究组主要延续并完成了自1962年以来所承担的多项国防检测任务，这其中有：

1. 由李明轩负责的固体火箭药柱包覆层黏接检测“541”任务（1966～1976）和“716”任务（1968～1976），08核元件（1974～1975）和09核元件（1970～1978）扩散黏接检测任务等四项国防任务，同时进行了机理研究，发表论文2篇[20,21]，出版专著1部[22]，和应崇福联合发表论文1篇[23]。1978年指导的研究生论文发表在*NDT International*上[24]，这是中国作者在此杂志发表的第一篇论文。他还负责完成了飞机蜂窝结构黏接检测任务（1969～1975）；声波测井换能器研究（1974～1976），此项工作“高温压电陶瓷测井换能器的研究”获1978年科学大会奖；超声中医诊脉研究（1977～1978）。1978年起由应崇福负责，重点开展固体超声散射研究，而检测换能器的研究由李明轩负责。

2. 由黄振俨负责的微晶陶瓷卫星天线导流罩超声测量任务（1966～1976）。由白玉海负责的固体火箭药柱燃速超声测量任务（1970～1974）。由朱煜光、解淑苓负责的09任务锆管检测任务（1970～1973）。由孙增铭、周静华负责的液面法声全息研究（1974～1978）。由刘忠齐负责的超声检测仪器研制。由孙增铭负责的玻璃钢导弹部件超声检测“502”任务（1962～1974）。

二、功率超声

1. 汪承灏等从1961年就开始声空化研究，1964年在《声学学报》发表了声空化发光的机理研究。1977年功率超声研究组进一步完成声空化乳化作用机理研究[25]，“超声空化机理研究”获1978年全国科学大会奖。声空化发光机理的研究，国际物理学界到20世纪90年代才开始形成研究热潮。

1968～1978年间，汪承灏等又开展了大功率压电换能器和振动系统（聚能器）及其超声处理方面的研究[26]；并在国内首先引入加应力的夹心式压电换能器以代替磁致伸缩换能器，并应用于大功率超声清洗和加工，迅速推广到全国。

2. 林仲茂负责超声搪锡和超声疲劳研究，其成果“CXT500，1000型超声波清洗器”获1983年北京市科技成果二等奖；“半穿孔（多孔）结构宽带夹心式压电换能器”[27]，1983年获中科院重大科技成果二等奖和1985年国家科技进步二等奖。

3. 宗健负责的是超声波点焊机的研究。该项工作主要是为发展电子工业，解决半导体器件外引线用铝丝代替金丝的问题。1968～1971年在东城电子机械厂研制出3瓦超声波点焊机，产品进入第四机械工业部产品目录。

4. 罗曾义于1970～1972年开展超声清洗电影胶片试验研究，在生产线上试验取得一定效果。1972～1979年，汪承灏和罗曾义又为完成“503”任务，建立了中国首个大功率（30千瓦）高频电机实验室，由物理所组织建造实验厂房。该室1974年配备了全国第一台大功率可控硅调频电源。

三、压电晶体

压电晶体研究组于1970年组建，负责人是施仲坚，主要从事浮力提拉压电晶体铌酸锂单晶，压电材料的性能测试及相应超声换能器和声表面波器件用晶片的研制工作。所用浮力提拉单晶设备全由物理所加工购置，拉出了特大直径铌酸锂单晶。该组主要工作成果获1978年全国科学大会奖，1980年中科院重大科技进步一等奖。

四、声表面波

声表面波研究组是1972年由应崇福在原来微波超声组的基础上扩建的，这为此后声表面波研究的发展奠定了良好基础。该研究组最初由吴连法、黄振俨两人负责，1979年由汪承灏、吴连法负责。先后研制了声表面波脉冲压缩滤波器、声表面波卷积器、带通滤波器和谐振器等。同时开始了声表面波技术基础——压电晶体表面波激发的研究。1980年以后多次获得国家、中科院、部委成果奖。

五、流体动力超声（哨）

流体动力超声研究组重点开展燃油掺水乳化和油煤浆的节能方面研究。除延续1970年以前的气哨、液哨的基础和应用研究，研制定型的X-1型簧片哨已推广应用于各工业部门乳化、粉碎的项目。1975年罗曾义负责的推广项目，用于燃油掺水超声乳化燃烧，对节油和降低大气污染的作用效果明显，为全国许多单位采用，后来还推广至房山列车电站项目。该工作获1978年全国科学大会奖，1981年北京市科技成果三等奖。史国宝负责对天津第一钢厂乳化燃烧项目的推广，以及以后开展的水煤混合燃料的制备与小型燃烧试验，此工作于1982年获中科院重大成果一等奖。

参考文献

[1] 马大猷. 物理学报, 1974, 23(6):17-26.
[2] 马大猷. 中国科学, 1975, 18(1):38-50.
[3] 马大猷, 李沛滋, 戴根华, 王宏玉. 中国科学, 1977, 20(5):445-455.
[4] 马大猷, 李沛滋, 戴根华, 王宏玉. 物理学报, 1978, 27(2):121-125.
[5] 马大猷, 李沛滋, 戴根华, 王宏玉. 物理学报, 1978, 27(6):631-644.
[6] 马大猷, 李沛滋, 戴根华, 王宏玉. 声学学报, 1979, 4(3):176-181.
[7] 沈嵘. 物理学报, 1974, 23(1):27-37.
[8] 沈嵘. 物理通报, 1975, 20:277.
[9] 中国科学院物理所噪声组. 环境科学, 1977, 3:26-28.
[10] 张家騄. 物理学报, 1974, 23(5):315-320.
[11] 张家騄. 中国科学, 1978, 5:519-530.
[12] Zhang J L. *Scientia Sinica*, 1978, 21(6):741-755.
[13] 张家騄, 齐士钤, 吕士楠. 声学学报, 1979, 4(1):23-29.

[14] 俞铁城. 物理学报,1977, 26(5):389−396.
[15] 李昌立, 宋知用, 赵一龙. 声学学报, 1979, 4(1):12−22.
[16] 中国科学院物理所九室声码器组. 电子工业技术动态, 1975, 20.
[17] 李昌立, 宋知用. 电子科学技术, 1978, 9.
[18] 地声组. 物理, 1978, 7(3)168−172.
[19] 田时秀. 物理, 1976, 5(6), 347−350.
[20] 李明轩. 物理, 1972, 1(2):79−88.
[21] 李明轩. 物理学报, 1974, 23(3):155−164.
[22] 李明轩. 声阻法检测原理. 北京:科学出版社, 1976.
[23] 应崇福, 李明轩. 声学学报, 1979(1):44−51.
[24] Li M X , Ding W Z, Chen J M. *NDT International*, 1982, 15(3):137−142.
[25] 汪承灏, 张德俊, 宗健. 物理学报, 1977, 26(5):381−388.
[26] 汪承灏. 声学学报, 1979, 4:279−287.
[27] 侯立琪, 林仲茂, 应崇福. 声学学报, 1979, 4:271−278.

第十章　电子学和计算机在物理研究中的应用

电子学源于物理学，是研究电子的发射、行为及效果的技术学科，即研究电子的运动和电磁波及其相互作用的规律，研究范围十分广阔，具体包含有源器件的各种电子电路及其应用。计算机是一种进行算术和逻辑运算的机器，处理的对象都是信息，以其自动、高速、大量的运算能力和计算的精确性，成为发展科学技术的新手段。

电子学和计算机在物理研究中的应用，直接和间接为物理所的科研服务，在技术上保障了科研的需要，对物理所的发展作出贡献。1958～2002年具体的研究内容为：新材料和器件的性能测试和应用，如半导体、磁膜、磁芯、超导存储器件和超导量子干涉效应器件等；大型科研设备的研制，如空间微重力搭载实验装置、激光分子束外延、落管、超导磁强计和心磁图测量仪等；先进的物理实验仪器研制，如多种微弱信号检测仪、瞬态波形存储仪、取样示波器、光声光谱仪等；国内最早的单板机和微机的推广应用；大型计算机的建立、应用、服务和网络建设；进口仪器的技术改造，如差热分析仪、热重分析仪、拉曼光谱仪、穆斯堡尔谱仪等；对物理实验的测量、数据采集、变换、存储、处理和输出过程的数字化和自动化控制，以及大量的仪器维修与机械设计等。另一方面，八室的研究方向、内容和水平与中国电子学相应领域的发展相一致，起到了良好的推动作用。

物理所1956年成立电子学研究组，隶属半导体研究室。1959年6月，在以“任务带学科”的方针下增设固体电子学研究室（八室），主任成众志，副主任吴锡九。1960年，成众志及八室部分人员调入中科院半导体所后，吴锡九任八室主任。后又因吴锡九1965年调至陕西临潼“156工程处”，1966年初至1977年陈一询担任八室负责人。1977年9月，陈佳圭任八室主任。1984～2000年，陈佳圭任第七学术片负责人。第七学术片在原固体电子学研究室的基础上增加的课题组有物理材料的组分分析组、可调谐激光器在激光物理中的应用组、极端条件实验技术组和低温车间组。这四个技术组以后又被陆续调整到其他学术片。2002年4月，第七学术片的电子学和微计算机应用组进入物理所技术部。

在这40多年中，曾经在八室工作过的在编人员超过400人，是物理所人数最多的研究室之一，共培养研究生31名。出版的著作有：《微弱信号检测》（陈佳圭），中央广播电大出版社出版

（1987）；《模-数和数-模转换器》（陆志梁、戌宗仁），电子工业出版社出版（1988）；《微弱信号检测——仪器的应用和实践》（陈佳圭、金瑾华），中央广播电大出版社出版（1989）。

第一节　半导体电子学

1956年电子学组（组长成众志，有外单位10人参加）是半导体研究室三个研究组之一，另外两个分别是半导体和物理组、器件组。电子学组的主要任务是建立晶体管测试设备，对晶体管性能进行分析，并把分析结果通报给器件组，以便尽快改进晶体管的性能。两组通过合作，在微观监控和宏观分析的基础上，确保晶体管的研制质量。

1956年上半年，成众志应邀参加国家十二年科学技术发展远景规划的编制会议，规划中将计算机、电子学、半导体、自动化列为四大优先发展的紧急措施。1956年底，成众志参加中国半导体代表团访苏考察。这一阶段成众志和吴锡九撰写了《固体电子学》专题文章、学术会议报告以及后来的全国固体电子学发展规划建议等，他们在《电信科学》(《电子学报》的前身）等杂志发表了20多篇论文和综述，并在国内最先全面铺开了对半导体电子学的研究，扩充了相应的科研队伍。

1956年11月，吴锡九领导的半导体室器件组研制出锗合金结晶体三极管，具有pnp结型晶体三极管的典型放大特性，这标志着中国第一只晶体管在物理所诞生。1958年9月，王守觉等研制出第一只锗合金扩散高频晶体管，截止频率由原来的2兆赫提高到200兆赫。同年又试制成高频大功率晶体管，功率由毫瓦提高到数瓦。晶体管交由109厂批量生产。

1958年物理所举办第二次半导体训练班，学员对象是中科院各分院的技术人员。这次训练班将半导体电子学列为主学内容，包括系统的讲课与晶体管性能的实验课，并编有课程与实验讲义。1959年八室成立，任务是将晶体管“测出来，用上去”，室内各组工作内容如下：

801组（组长白元根）承担半导体器件和以后的集成电路（IC）的研制，如研究硅的雪崩击穿、二极管的结击穿实验、雪崩二极管性能及线路、反向二极管的研究、扩散管pnp雪崩性能测试、锗二极管及三极管的基本理论和合金结pnp中频晶体管研究。由于隧道二极管（TD）的负阻效应可以构成快速的振荡电路，在吴锡九指导下该组进行点接触TD及其优值特性的研究、TD非线性振荡的图解分析、隧道器件开关性能的测量、用导纳电桥测量TD等效电路的参量、结电容的测量、单稳电路和快速脉冲线路中的应用等。

802组（组长王肇佑）建立微波测试设备，以满足半导体器件的高频测量和应用。该组实现了双通路、长线和同轴线测试，同轴线滤波器设计，频率测试范围从低频扩展到3吉赫。还完成了晶体管和二极管的功率增益、输入和输出阻抗等，如微波参量放大器研究、微波二极管高频等效电路参数的测量、变容二极管性能测试数据及曲线、一批变容二极管C_v-V和V_s性能数据比较、S频段上隧道二极管等效电路参量的测定等。

803-1组（组长王仁智）主要工作有晶体管h参数与自然等效线路，晶体管低频小信号参数（短路导纳、开路阻抗与杂系参数），共发射极Y参数测试，高频功率晶体管特性，超高频功率增益测试，扩散管的最大功率损耗，扩散管的α及f_α测试，晶体管噪声测量，I_{co}测试，直流放大器的温度补偿，振荡器功率输出与晶体管最大功耗之间的有效参数，信号流图在晶体管电路中的应用，用统计法挑选代表管的统计资料，用阶梯波方法的静态扫描图示等。这里需要强调的是，当时没有一个厂家能提供测试这些晶体管参数的仪器，所用都是物理所自主研制的专用设备。

804组（组长严仁悰）进行晶体管应用于高频通信的研究。在对晶体管中频放大器、变频理论和超外差收音机的设计的实践基础上，与南京无线电厂合作，参照国外资料做过的供表演的晶体管收音机样机，由修理组装配出若干台。以研制“400兆周50瓦的高频功率管”为目标，半导体室器件组研制出适用于米波段的可供实用的中功率管，电子学组在测定其高频响应后，立即试制

50兆赫和8兆赫的收发信机。在得到国防科委的支持后，该组着手试制50兆赫的试验样机。八室成立后，804组正式试制适用于空军的袖珍对讲机，先后交付了50兆赫及120兆赫样机。

803-2组（组长李锦林）负责取样示波器的研制。1960年改编制为805组（组长林金谷）后，成为研究晶体管脉冲响应的技术组，旨在晶体管快速瞬态特性的研究，以及希望采用晶体管取样开关电路完成微秒、纳秒设备的建立。通过取样示波器的材料收集，在理论和器件准备阶段后，进行了取样示波器灵敏度问题研究、短脉冲发生器及其配套设备的研制，初步完成了晶体管纳秒取样示波器原理样机的试制并通过鉴定。

806组（组长陈一询）研制109丙-晶体管计算机的运算器，目的是证实109厂生产的J303晶体管应用计算机的可行性。806组又分成若干小组，其中的主要技术力量和中科院山西分院的人员组成运算器研制小组，研究定型各种晶体管逻辑电路、时钟振荡器、脉冲整型器、多谐振荡器、间歇振荡器、双稳态（F-F）触发器和全加器与饱和开关快速进位链等，以及进行20位运算器的二进制运算逻辑设计，研制控制器和供电系统。其他各组分工负责晶体管的编号、测试、筛选、制插件板、焊接机柜布线等流程和工艺，根据电路与逻辑要求制备大量的功能插件，供运算器的单元测试和整机联调。经过全组人员日夜工作，终于在1959年底完成了能进行简单数值计算的109丙运算器的原理样机，充分证明了109厂生产晶体管的开关速度（几十纳秒）和可靠性能够满足109丙机的要求。

在物理所运算器工作的基础上，1960年初中科院计算技术研究所开始研制109丙机。806组运算器小组负责人陈佳圭与其他5位技术人员连同20位运算器一并到计算所，在蒋士騛领导的研究组工作，一年后6人撤回物理所。在此期间，806组其他人员在陈一询的领导下开始磁膜存储器的研究。

1960年半导体所正式成立，成众志及803组等的一部分调入半导体所。吴锡九任物理所固体电子学室主任，建立了固体集成电路研究组，研究集成电路的硅材料、研制的晶体管、薄膜NiCr电阻、钽电容、薄膜金属引线在微晶玻璃片上制作混合集成电路。1961年他们承担代号为“0515”任务的微型计算机运算用“全加器”和ADC混合集成电路，不到一年的时间研制成中国第一块集成电路。

1965年，805组与物理所工厂电工组合并，成立科学仪器室（十二室）。至此，八室一分为四，仍留在物理所的806组便成了八室发展的骨干力量和基础。

第二节 磁膜存储器

磁膜是磁记录器件，可实现信息记录、无接点开关和逻辑操作等功能。它有两个稳定的剩磁（$+B_R$和$-B_R$）状态，分别代表二进制的“0”和“1”。其特点是单畴磁膜的磁化反转速度比磁芯要快近千倍（从微秒到纳秒），不需要功率来维持剩磁，写入和读出方便、快速。磁膜存储器是用大量磁各向异性的铁镍薄膜单点构成的记忆元件三维阵列。

计算机中央处理单元（CPU）中高速运算的指令必须通过“缓冲存储器”才能与慢速主存储器进行数据交换。20世纪60年代，随着计算机速度和磁芯存储器容量不断扩大，用触发器阵列组成的“缓冲存储器”已不能满足要求，而磁膜存储器独特的结构和性能得到青睐，所以曾在中国计算机发展初期起到过非常重要的作用。

物理所磁学室（二室）201组和电子学室802组1959～1972年间研制了多种磁膜存储器。201组在0.17毫米厚的玻璃基底上，外加50高斯定向磁场中真空蒸发厚800埃、直径为2毫米的$Ni_{19}Fe_{81}$磁膜阵列，提供给802组装成磁膜存储体或存储器。

802组负责人是陈一询等，根据分工和需要分成若干小组，对制成的磁膜进行单点性能测试，切取合格的磁膜拼装成存储阵列，在双层软基底上进行线宽0.15毫米光刻工艺，从而完成字线、位线和读出线的制备，进而研制出快速字位驱动和读出放大电路，改善信噪比。组成磁膜存储体后，还需做环境和整体性能测试等工作。

20世纪60～70年代，国内曾研制过多种磁记忆元件的存储器，其中只有物理所研制的磁膜存储器成功用于中国研制的高速大型计算机的“缓冲存储器”中。如1966年计算所的109丙机采用物理所研制的128字19位磁膜存储器，1969年中科院华东计算所和1972年北京大学研制的百万次计算机都采用了物理所的8×8的小磁膜体，1968年物理所为总参计算所提供了10个小磁膜体，1969年为华东计算所研制的655大型计算机提供了256×60磁膜体，为总参三部用计算机研制成由1×2平方毫米双层耦合磁膜矩形组成的512×60磁膜存储体，并推广到北京磁性材料厂生产。具体的研究概况见表1。

表1　磁膜存储研制及推广应用情况

时间	研究任务	参加单位	研制内容	应用及推广情况
1959	磁存储元件测试台的研制	二室 八室	磁膜测试台的研制（T台） 磁芯测试台的研制（C台）	供二室应用
1960～1962	磁膜的研制和测量	201组 802组	磁膜单元器件、8×8磁膜矩阵的置备；磁膜存储单元参数和矩阵的性能测试	
1962～1966	109丙机磁膜存储器	201组 802组 计算所	用直径2毫米磁膜组成128字19位磁膜体及外围电路，工作频率600千赫	
1961～1967	磁杆存储器会战（国防科工委十院十五所于1965年组织）	十院十五所 物理所 计算所 四机部798厂	磁杆存储器生产工艺；磁杆存储单元性能测试	
1965～1969	655计算机	华东计算所 物理所	华东计算所负责磁膜存储器的大部分外部电路，物理所提供一个大磁膜存储体（256字60位）和10多个（8×8）小磁膜存储体，读写周期500纳秒，取数时间200纳秒。并参与655机磁膜存储器的调试	华东计算所用小磁膜体与上无十三厂联合研制成TQ-6型百万次计算机并生产了十几台；北京大学（1972）用小磁膜体研制成功百万次计算机（150机）
1968年左右	770部队用计算机	总参计算所 物理所	物理所提供小磁膜存储体（8×8）约10个	
1969	“320”任务用计算机	十院十五所 物理所 四机部734厂	用655机备份磁膜体分成两个256字30位的磁膜存储体	两台320机作为中国早期洲际导弹实验用于地面测控站
1970～1972	总参三部用计算机 “905”任务用计算机	201组 802组	研制成1×2平方毫米的磁膜对存储单元，组成512字60位，工作频率5兆赫的磁膜存储体；同时研制了“磁膜存储体测试台”，并提供了测试台主要电路图	磁膜体工艺推广给北京磁性材料厂生产 供给“905”任务30个磁膜体 供给“604”任务和朝鲜
1970年后	640-1，640-3 七机部706所用计算机	201组 802组	采用905同样的矩形磁膜体	

磁膜存储体的磁膜元件有圆和长方形两种规格，109丙、655和320机所用磁膜为圆形，材料为$Ni_{19}Fe_{81}$，厚800埃、直径2毫米、H_c约1高斯。“905”和“640”任务所用的双层铁镍耦合矩形磁膜，为1×2平方毫米、两层400埃厚的$Ni_{19}Fe_{81}$磁膜中间夹一层约20埃厚金膜，H_c为1.3～1.4高斯。该存储单元采用双层铁镍耦合矩形磁膜对后，磁膜单元体积增加30%。由于研制了脉冲前沿更快的字驱动电路，闭合磁路切割了更多磁力线，使读出信号幅度比109丙机时显著提高。

由于矩形磁膜对的磁力线基本闭合，能抗外界磁场的影响和位驱动引起的退磁效应，“905”型双层铁镍耦合磁膜体在未加磁屏蔽盒时仍能正常工作。磁膜体的位线与读出线平行，为了降低位驱动噪声，上述各种存储体位线均采用前后对半交叉结构方式，故而能自动抵消大部分位干扰。

物理所将“905”任务磁膜体工艺推广给北京磁性材料厂生产，1972年5月“905”工程完成后，把膜体性能测试台也交给了该厂。该厂将30多个成品膜体给了“905”和“640”工程。朝鲜也多次向该厂购买过该矩形磁膜阵列。

八室和二室合作了十多年，提供大小磁膜存储器几十个，技术队伍常年有40人左右。物理所将磁膜工艺推广给北京磁性材料厂后，还经常与该厂和用户单位有人员交流，为磁膜存储器的研制和应用投入了一定的时间、人力、物力和财力。这种从研究到生产应用一体化的多单位通力合作和集体攻关的形式，是当时国内工业和科学基础薄弱、技术力量不足条件下的正确选择。

20世纪70年代初，虽然IC存储器已得到很大进展，但容量和速度还不能替代磁膜存储器用于计算机，中国磁膜存储器与国外同年代产品性能相比还有不小差距。但随着国产晶体管等元器件速度的提高，磁膜存储器的速度也相应提高。从表1也可以看出，磁膜存储器研制的任务、委托单位和应用对中国的国防建设、科学技术的发展和百万次大型电子计算机的研制起到了关键作用。

该项目于1978年获全国科学大会重大成果奖。

第三节　微弱信号检测

1972年，陈一询、陈佳圭等通过对锁相放大器（LIA）的原理、技术和应用的广泛调研，认为将淹没在强背景噪声下的微弱信号，通过新的检测手段抑制噪声而获得信号恢复，当是电子技术和物理测量的新方向。因此物理所于1973年成立微弱信号检测研究组（801组，后为703组），从事微弱信号检测（WSD）的研究，直到2005年结束。陈一询（1973～1976）、陈佳圭（1976～2000）和张利华（2000～2004）任组长。

一、微弱信号检测仪器的研制

微弱信号检测研究组成立之初，必须研制WSD的仪器供所内外使用。1974年结合超导声子谱隧道结V-A特性微弱变化的测量，首先使用灵敏度为1微伏（FS）、频率为20赫到15千赫的LIA。1976年该组研制成功典型配置和结构的F-1型LIA，将其推广到江西庐山电子仪器厂。该厂于1978年定型产品投放市场，是国内最早生产的LIA。同年FS-1型LIA获中科院重大科技成果奖。

继FS-1型LIA后，801组在对电路抑制噪声的特性进行分析的基础上，又研制推广了一种新的FS-2型LIA，其特点是相敏检波器以后，被11赫方波斩波调制成交流信号，再送入一个同步外差旋转滤波作二次相检，显著衰减了干扰和噪声。1983年FS-2型LIA获中科院科技成果二等奖。

在FS-1、FS-2型LIA推广生产后，801组又研制了新的WS-1型LIA和改进后的WS-2型LIA，它是为高T_c磁化率测量设计的，配备微处理器选择参数和显示数据，还允许通过选配接口与PC机联用。1989年完成WS-2型LIA的鉴定，以后又有WS-3等改进型号。这是一些性能优越的普及型LIA，由物理所开发公司生产30余台，满足国内需要（表2）。

表2　物理所研制锁相放大器的性能指标

型号	输入阻抗 MΩ//pF	频率范围 Hz	灵敏度 μV（FS）	剩余噪声 nV/ $Hz^{1/2}$	相移	动态范围 dB
FS-1	100//50	20～100 000	1	10	0°～370°	30～40
FS-2	100//40	5～100 000	0.1		0°～370°	60（130）
WS-2	0.1//20	30～340*	10**	10	0°～370°	90～110

* 专用的WS-3为80、160、240、320Hz的点频。

** 未加前放的灵敏度。

不同物理量通过传感器进行非电量转换后，对低噪声前置放大器输入阻抗和频率有不同要求。801组研制了若干不同的低噪声前放，典型的性能为DC ～2兆赫、60分贝增益、噪声为5纳伏/赫$^{1/2}$，并在1979年于国内首次测绘了低噪声前放的源阻抗与频率相关的噪声因子（NF）图。同年还研制了低阻抗低噪声匹配变压器（20赫至10千赫，增益为10、30、100）等微弱信号检测附件。

BOXCAR取样积分器是另一种WSD仪器，它可以对被噪声掩盖的周期信号进行再现并记录。801组于1978年开始研制BJ-1型取样积分器，这是为分子束外延（MBE）中扫描高能电子衍射（SHEED）的损失谱和衍射强度的测量而设计的，而后推广到庐山电子仪器厂并于1983年定型生产。BJ-1型BOXCAR由处理后的信号通道和可变门宽的参考通道同时加到取样门并积分输出，其频率范围为0～20兆赫，门宽可小于10纳秒，有单点和重复两种工作方式，充分体现了当时技术的先进性。他们研制的WSD仪器见图1。

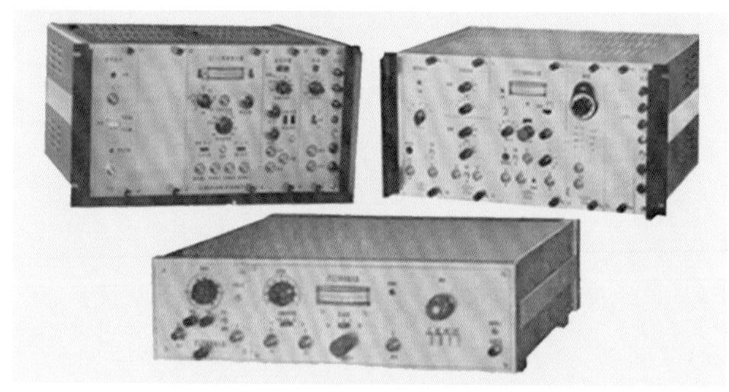

图1　微弱信号检测仪器

利用锁相环混频器（PLLM）外差同步跟踪LIA的研究在1982年是一种新的尝试，它可扩展频率范围、抑制谐波响应和提高动态储备。1985年开展对数字相敏检测的研究，其结果表明具有积分时常数不受限制、线性度好和超低频工作的优点。同时还研究了利用PLL移相、自动频率跟踪的集成LIA，1987年得到比较好的结果。

二、微弱信号检测技术的应用

WSD不是简单的仪器使用问题，它必须根据测量对象选择原理、仪器和匹配附件来满足要求，所以推广应用也是801组的工作重点。

1979年801组与中科院化学所合作研制双通道LIA、光声光谱仪（PAS）。1984年与苏州大学联合研制医用PAS，设计的WSD系统是用EVENS插件板做信号通道，将成熟方案简化设计参考通道，使PAS达到波长为350～820纳米，灵敏度为0.01ppm的水平。1986年该医用PAS定型为GSY-1通过鉴定和申报专利，由苏州大学推广生产。

1986～1987年801组对微弱光检测进行了比较深入的研究，如利用光电二极管阵列（RL1024G和RA32×32A）建立了一个光谱测量系统，它具有扫描频率和积分时间可以任意设定和调整的特点，由计算机控制和处理实验数据，所以实际上它可看成是一个简单的光学多道分析器（OMA）。另一项是光电倍增管（PMT）光子计数光强测量系统的动态性能研究，选择适当的PMT扩充动态范围的上、下限，采用高压脉冲选通方法提高时间分辨率，以及提高探测灵敏度和噪声抑制。同时还开展了对红外器件的探测率（D^*）的测试。

1991～1992年，801组完成基金项目“在光谱测量中实现相敏检波”。利用微通道板（MCP）和电荷耦合器件（CCD）抑制样品受激时伴有强荧光辐射的拉曼光谱测量，也可以区分样品中两种荧光体的光谱与图像的时空分辨率测定。

1993年物理所与浙江省兰溪市协议合作，801组与该市二轻局电器厂合作研发“三相异步电动机节能启动控制器”。通过自动获取电机负荷状态，调节其绕组的加载电压，控制绕组电流，提高功率因数，恰当降低有功功率，从而达到电机运行的节能降耗。研发历时一年有余，最终达到控制系统和电机的稳定运行，满足了技术要求。

1997～1999年801组对物理所的杜邦1090差热分析仪进行技术改造，提出的设计方案是将直流（DC）升温，调制成ΔT变化的交流（AC）升温，用改造的WS-11型LIA检测。最后达到检测的电压、质量和温度都降低30倍，如对质量为44.97毫克的铟样品作对比实验，改造前的信噪比为254，改造后可达5000，远超中科院技术改造申请项目的设计指标。1999年又提出了对TGA-951热重分析仪的技改，具体的要求是提高检测灵敏度，更新控制系统、兼容软件，以通用格式存储实验数据等。技改中选择用LIA检测信号，用PID控制温度，以ORIGIN软件处理数据，2001年完成，达到灵敏度为0.1微克（原仪器为2微克），控温精度优于±1.68℃等先进指标。这两项技改都与物理所开发公司和计算机组合作完成。

三、超导量子干涉器件的应用研究

超导量子干涉器件（SQUID）是利用约瑟夫森效应制成的磁通－电压转换的磁场高灵敏度传感器。超导电子器件和应用研究都需要WSD和电子技术的合作。

1983年801组协助低温室的SQUID测试，1986年参加铌－硅－铌超导隧道器件的dc SQUID磁强计研制，在分析美国SHE公司磁强计的基础上，研制出从低温到室温的低噪声前放、射频（RF）头、滤波、信号传输等的全套电子学单元（图2），测量精度达10^{-9}高斯。1990年PIC-1型dc SQUID磁强计开始小批量生产，1992年获中科院科技进步二等奖。

图2 dc SQUID磁强计的电子学部分

1986年高温超导体发现后，801组与超导实验室合作研制铊膜HT_c SQUID磁强计。该组研制了相应的电子电路和配置，以提高性能和数值化处理，1992年底通过鉴定。同年国家超导中心开始研究HT_c SQUID磁强计在大地电磁测量及其在TEM上的应用，该组主要进行了场效应晶体管（FET）放大器、信号传输线的噪声特性研究和长传输电缆进行大地测量等工作。1995年对30兆赫RF-SQUID测试系统作了进一步的改进工作。1998年物理所和中日友好医院合作开展HT_c SQUID适合于人体心磁测量的研究，以实现有临床诊断意义的心磁分析技术和配置完整的多通道心磁测量系统。心磁图仪（MCG）研究包括两个课题，其一是由物理所负责的能满足心磁诊断用“高温超导心磁图仪研制”，要求能在弱屏蔽条件下进行心磁检测，信噪比达100以上；其二是积累心磁资料作临床治疗分析研究。该项目于2006年8月通过验收。

四、扫描高能电子衍射仪的研制

1976年中科院组织分子束外延（MBE）的联合攻关，在801组的基础上临时组建805组，组长陈佳圭、李春成。805组与沈阳科仪厂共同研制MBE配套的扫描高能电子衍射（SHEED）仪，沈阳科仪厂负责真空室的设计加工，805组负责电子光学和全部电子电路。主要的工作有：根据电子光学的要求完成高压高稳定度的透镜电源，电对中、消像散的研究，高线性度与有定标的扫描部件的研制，完成衍射图像的显示和强度分布测量，能量分析器（0.1电子伏或0.01电子伏的 ΔE 步进阶梯扫描），不加高压下的能量损失谱的扫描调制，电子束斩波调制的LIA精确记录衍射强度曲线等。这些电路的研究都有沈阳科仪厂的参加，最后的设备由沈阳科仪厂提供。此项MBE的研制获1980年中科院重大成果一等奖、1985年国家科学技术进步二等奖。

1980年以后，805组与沈阳科仪厂联合研制独立的SHEED单机，单机有很多的提高和改进，如微通道板（MPT）和电子倍增管（EMT）的应用、LIA与数字平均器的使用，这些技术用于与清华大学合作的低能电子衍射（LEED）、长春光机所红外分光光度计以及四室阴极发光光谱的研究等，从而为沈阳科仪厂此后生产的MBE奠定了良好的技术基础。

第四节　微计算机应用

1979年，物理所成立“计算机在数据采集和过程控制中的应用”组（807组），后改名为“微处理机技术在实验物理中的应用”组，1987年改为705组。1979～2001年，高宗仁、袁懋森、缪凤英先后任该组组长。

2002年物理所成立技术部，电子学和微计算机应用组并入技术部，2004年该组改制为电子学仪器部，负责人缪凤英。

一、微计算机应用研究的发展

1979年微计算机应用研究组成立，初期对微计算机技术只是初步接触。为介绍和普及微计算机知识，该组1980年8月邀请美籍华人郭宝光在物理所举办第一届微处理机讲习班，吸引了全国计算机界及众多院校、研究单位参加。讲习班通过广泛的技术交流，深入分析微计算机的软硬件及学员动手设计等，使学员很快了解掌握了微计算机知识，这对中国微计算机技术的应用起到推广作用，也为适应以后微机工作培养出一支科技队伍。

电子学和微计算机应用组先后在物理所推广Z-80单板机的应用，与香港新芽公司和福建电子计算机厂合作推广BL-Z8000 16位微型计算机系统，从事TRS-80机和Apple机在物理实验中的应用。他们与第二炮兵部队协作引进Z8000机用于汉字信息处理系统的开发，引进与开发了IBM-PC机的应用工作等。该组还自行研制和开发了一些设备，如EPROM写入器、EPROM仿真器软件开发系统，提高了设备开发的能力。EPROM写入器、仿真器还作为产品进行了推广应用。

二、微计算机应用研究的工作简介

1979年以后，微计算机应用组为配合所内各研究组承担了多项国家级重点项目；参加并完成了所内各研究组多台新型电子仪器设备的研制开发项目；对仪器设备进行了升级改造及维护工作，取得了很多成果和经验，同时也为物理所提供了电子学和微计算机应用方面的技术支持；为维护所内各种仪器设备及计算机的正常运转随时提供维修、咨询服务。主要承担完成的工作如下：

（一）配合研究组承担国家重点项目，根据需求研制开发新的实验设备

1. 1979～1983年先后为物理所研制了以微处理机为核心的穆斯堡尔谱仪、单项瞬变过程采集系统；与北京综合仪器厂协作，研制了PROME-DA型多用途数据采集处理系统；为物理所研制了电介质特性测试仪自动化联机系统；推广记忆示波器、推广EPROM仿真器等。

2. 1984～1986年，807组与陆坤权组合作研制了扩展X射线吸收边精细结构（EXAFS）实验系统，为DAS-1拉曼光谱仪和PROME-DA穆斯堡尔谱仪研制了数据采集系统，研制了以单板机为核心的磁滞回线测试仪、智能化激光功率计及低温温度计、晶体生长自动控制系统，参加了中科院攻关项目激光照排系统。其中微机控制数字式存储示波器获1983年中科院成果二等奖，双通道EXAFS实验系统获1985年中科院成果二等奖，智能化激光功率计获1985年中科院成果三等奖。

3. 1986～1992年，807组与605组共同承担分子束外延设备（MBE）的研制工作。在此项目中807组主要承担研制MBE计算机自动控制系统（图3）软、硬件总体设计，安装及系统调试，自行设计开发了以STD为总线的计算机控制系统、快门控制系统、温度控制系统，并编写全部控制系统软件。该组先后完成了8套设备的安装及系统调试，这些设备分别在中科院物理所、半导体所、上海冶金所、上海技物所，以及清华大学等单位使用，

图3　MBE设备计算机自动控制系统

其中还有一台出口德国。Ⅳ型MBE设备项目获1995年中科院科技进步一等奖、1996年国家科技进步二等奖。

4. 1993～1996年，705组参加并完成国家自然科学基金重点项目中国第一台"激光分子束外延（LMBE）设备和关键技术研究"，这是中国首台利用强激光进行原子、分子层外延生长控制，以研究各类功能薄膜和各类超晶格新材料的设备。该项目负责人为杨国桢，由物理所L03组与705组协作完成。705组负责电控部分的研制工作，主要承担研制LMBE的计算机自动控制系统软、硬件总体设计，安装及系统调试，编制外延生长自动控制系统程序软件，使全部外延过程实现了计算机控制自动化；研制建立用于原位实时监控原子尺度的层状外延生长，实现使用直观、方便，提高了测量准确性的反射高能电子衍射（RHEED）图像、强度振荡的CCD图像和数据采集与处理系统。1996年Ⅰ型LMBE研制成功。1997年此项目通过成果鉴定，并获1998年中科院科技进步一等奖、1999年国家科技进步三等奖。

5. 2001年电子学和微计算机应用组在研制成功第一台LMBE的基础上，与L03组再度合作，共同研制Ⅱ型LMBE。该组完成了计算机控制系统的软、硬件改造设计项目，重新编写了第二版控制系统软件，使Ⅱ型设备设计更加先进，功能更加完善，控制程序具有更强的适应性。2001～2003年该组承担完成了三套Ⅱ型LMBE的研制，分别用于物理所与摩托罗拉公司协作项目、物理所磁学实验室及出口至新加坡南洋理工大学。Ⅱ型"激光分子束外延设备及其应用研究"项目获2005年北京市科学技术一等奖。

6. 1993～2004年，除以上工作外还完成了以下项目：建立光反射差法检测原子层式薄膜生长控制系统（2套）、PLD Ⅱ型激光沉积控制系统（3套）、激光镀膜激光扫描控制器和818控温电源（6套）、高温融体物性综合测量仪自动控制及测量系统（2套）、多功能对靶溅射台控制系统（1套），研制了磁控溅射多层镀膜制备设备（3套），磁控溅射－激光蒸发－扫描隧道显微系统复合制膜的设备（1套），建立高能电子衍射CCD图像采集和处理系统、高温SQUID锁相检测二维扫描便携式计算机自动控制及测量系统、两通道SQUID数据快速采集及处理系统。

7. 2004～2010年，完成了研制双（单）通道材料动态磁化率计算机自动测量系统、1万伏*I*–*V*测量系统、2404温度控制测量系统、为多铁性氧化物的材料探索及机理研究搭建材料特性T–LCR计算机控温测量系统、磁控溅射沉积系统计算机控制系统、样品输运电性质测量计算机控温测量系统、用光反差法探测生物芯片研究项目等。这些设备应用在物理所光物理、超导、磁学、表面物理、软物质等各个实验室的不同研究工作中。

（二）升级改造现有仪器设备，为实验过程自动化提供技术支持

为表面物理、磁学、光学实验室改造完成了磁化率减落测试仪的控制及数据采集处理系统、高分辨电子能量损失谱仪数据采集处理系统、拉曼光谱仪扫描控制和数据采集处理系统。改造后的设备使原人工手动、手抄的落后实验工作方式得到改变，从而提高了原进口设备的测量速度和精度。对现有设备实现了数据的自动测量、采集、存储，以及数据的处理与输出实现了过程自动化。

（三）向所内外推广现有研制开发的技术项目

这些研制开发的技术项目设备，除在所内一些实验室使用外，还分别将技术成果诸如激光扫描控制器、高能电子衍射CCD数据采集处理系统、拉曼光谱仪扫描控制和数据采集处理系统改造、MBE、Ⅱ型LMBE，推广到香港科技大学、新加坡南洋理工大学、中国科技大学等近20个大学和研究单位所使用，实现了技术资源共享，得到了认可与好评。

第五节　数据采集和变换

物理量大都是模拟量，随着数字技术的发展，需要通过模拟量和数字量之间的变换，利用计算机提高测量的精确度、可靠性和灵活性。数字量是一系列阶跃量的总和，与模拟量有不可避免的误差，所以衡量信号变换的指标是转换速度和分辨率（位数）。

1973年八室成立了数据采集组，负责人是陈满培，1974年起和计算机组共同参与用DJS-130计算机对“托卡马克6号实验装置”进行数据采集和过程控制，研制了“带误差校准并串型”和“V-F型”两种12位模数转换器（ADC）、12位数模转换器（DAC）和30千赫有源低通滤波器。该托卡马克装置获得1978年全国科学大会奖。

1977年数据采集和变换组（802组）组长为陆志梁。这里叙述该组1977～1984年的科研工作。

一、高速ADC和DAC的研究和成果推广

20世纪70年代初国外开始研制数字雷达和数码电视，802组开展了对视频信号进行数字化的技术研究，优先研发的是采样频率≥5兆赫的ADC和DAC。国内也在1975～1979年有40多个单位开展了高速ADC的研发工作，因为没有性能优良的高速运算放大器和采样保持器，ADC的采样频率都在0.5～2兆赫之间和4～8位分辨率。802组用分立元器件研制成当时国内最高速度的运算放大器（上升斜率≥300伏/微秒、建立时间≤20纳秒、开环增益≥60分贝）和用ECL电平的40兆赫的8位DAC，还有传输延迟8纳秒的ECL比较器和孔径时间15纳秒的采样保持器。

行波型可省略采样保持器具因而有很大发展前景，1979年初802组先后研制成功行波型和并串型6位ADC。同年9月用TTL电平的行波型13.3兆赫、7位ADC样机完成，北京电视设备厂用该组研制的7位ADC和DAC做了彩色电视信号传输试验，并在电子工业部1934所进行了国内首次93.1兆比/秒彩色电视信号串码传输实验，都取得了满意结果。11月该成果推广到北京半导体器件研究所，后来该所把方案中的7位DAC集成为薄膜组件，用于物理所研发的“瞬态记录仪”样机中。

1979年研制的并串型13.3兆赫、6位ADC方案中需要二次采样保持器，增加了转换时间和不稳定性。后受到行波型方案的启示，把并串型ADC中时序脉冲修改后就可省略二次采样保持器，采样频率提高了50%、从6位升级到8位已无障碍。随后立即研发了用ECL电平的8位ADC，第一次测试采样频率就达到17.732兆赫（彩色电视信号基频的4倍频）。该ADC中用的30个ECL比较器和4位DAC都由分立元器件组成。后改用IC比较器和高速运放，研制成TTL电平的8位并串型ADC样机。用8位13.3兆赫ADC和DAC分别在中科院电子学所和清华大学实验，以及用ECL电平的8位17.732兆赫ADC和DAC在1934所做了串码速率190兆比特/秒、电缆长途2.5千米的彩色数码电视信号传输实验。这三次实验都看到了非常清晰的彩色图像。

1980年初，中科院成都科仪厂（简称成都科仪厂）需要更新产品，中科院工厂局建议将刚研制成的“17.7兆赫和13.3兆赫的8位ADC”推广给该厂，同年2月签订了高速ADC成果转让协议。该组立即派人亲赴成都科仪厂并把全部资料及调试方法毫无保留地告诉对方，使新产品试制进度极快。同年5月下旬成都科仪厂邀请50多家用户单位参加产品定型会，对两种8位ADC的性能进行测试，全部指标达到设计要求。会后，全国有70多个用户单位询问或购买该仪器，成都科仪厂也从新技术开发与合作中看到了希望，当年就获得了经济效益。

二、快速瞬态记录仪的研制

视频信号数字化技术向普及和民用发展是必然趋势，所以单片高速ADC技术必将在应用中有所突破。20世纪70年代国际上已研发了高速和高精度瞬态记录仪、数字存储示波器和10兆赫8位双通道波形存储器等。

1979年夏，802组初步完成快速瞬态记录仪（以下简称瞬态仪）的设计方案后，受到第三、五、七机械工业部，总参谋部和第二炮兵部队等单位的重视，他们希望该组尽快研制指标先进、性能稳定的瞬态仪以满足国内需求。1980年802组与成都科仪厂开始联合研制瞬态仪，新产品除含有已投产的ADC板外，还有控制板、8位DAC板、静态存储器（SRAM）板和机箱电源。为了加快进度，京蓉两地同时开展研制工作，同年9月该组完成原理样机后，在第三机械工业部625所和物理所104组做测试实验，都捕捉到了微秒级瞬态信号。3个月后，成都科仪厂制成的样机在第三机械工业部611所做的测试实验取得满意结果。该厂立即小批量生产了5台样机，其性能为单通道的8位8兆赫ADC；1千比特的SRAM；双时基；有超前、延迟、自动和外触发功能；被记录下的瞬态信号数据可通过模拟输出口用示波器观察波形，或通过数字接口与TRS-80微机相连。1981年在成都科仪厂举行产品鉴定会，与会代表用超前触发方式看到被测单次信号时，签订了数十份供货合同。

经过4年多不懈努力，“BC-Ⅰ型瞬态波形存储器”

成果获得1982年中科院科技进步二等奖和1983年四川省重大成果三等奖。按“BC-Ⅰ型瞬态波形存贮器”的协议，物理所得到有偿转让费。

BC-Ⅰ型研发成功后，802组继续协助成都科仪厂改进瞬态仪性能，在BC-Ⅰ型基础上增加了示波管，改为双通道，采样速率从8兆赫提高到10兆赫，此外还研制了普及型和多通道瞬态仪等形成系列的自主产品（图4）。该组还参与了部分省市的讲课和售后服务，

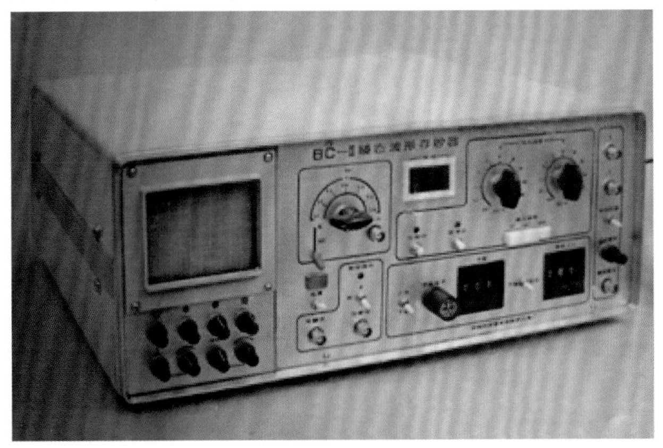

图4　BC-Ⅱ型瞬态波形存储器

使该系列产品迅速在国防、电力和材料测量中得到广泛应用。“瞬态记录仪的推广和应用”成果获得1987年中科院科技进步三等奖。

由于“数据采集和变换”课题的意义、技术和推广应用的需求都具有很大的开发价值，1984年成立中国科学院物理所研究开发公司时，802组作为重点开发项目调整到开发公司。

第六节　计算机在物理研究中的应用

1972年，郝柏林在磁学室成立小型通用计算机应用与推广组（Nova机组）。1974年八室成立计算机组（803组），组长许龙山。Nova机组于1978年转入电子学室合并为806组，组长董富民。1981年八室调整课题，计算机应用组为808组，组长褚克弘。1987年计算机应用组编制为702组，组长金英淑，1989～2001年何秋英任组长。2002年物理所成立技术部，计算机应用组与图书馆合并成立图书信息中心。2002年计算机应用组从图书信息中心分离，成立网络中心，隶属于技术部，负责人侯旭华。

一、Nova机的引进与国产计算机的发展

1972年物理所决定购买计算机，郝柏林等对国外几十种小型计算机进行了比较和选型。选型时考虑两点，一是能满足物理所的需要，二是引进的先进技术能对中国计算机工业起到推动作用。最后选定了具有较高的性能价格比和可靠性及较多的外部设备和软件的Nova系列，它是当时世界上最先进的小型计算机之一，对中国计算机工业有较大的参考价值。后来的实践充分证明这是明智的选择。

通过深入分析Nova机的软硬件，1972年在物理所召开了Nova机的技术解剖会，邀请了全国计算机界各主要单位参加，介绍了Nova机各方面的特点。会后不久，第四机械工业部便组成了DJS 100系列机联合设计组，从事仿制工作。

此后Nova机组与四机部计算机所和全国中小型计算机所有广泛的技术交流，特别是在物理所、计算所、四机部738厂等单位，详细介绍了对Nova机指令系统的分析和逻辑电路结构，使这些单位很快设计了100系列机、154机、JS20机和数控-1机等。1974～1975年该组还与这些单位协作，分析Nova机的实时操作系统（RDOS），并由计算机总局出版了《RDOS分析报告》和物理所翻译的《RDOS使用说明书》。这一工作对中国计算机操作系统的研制和移植起了重要作用，当时中国产量最高的100系列计算机就是在物理所工作的影响下完成的。

在引进Nova机的8年中，Nova机组为物理所进行了大量的人员培训和推广应用工作，共培养234名能操作计算机的科技人员（约占全所科技人员总数的1/3），接待参观、实习人员约2万余人次，向全国有关单位提供Nova机软件和技术资料，为物理所和国内有关单位完成科学计算和数据处理方面的作业2万余个。物理所当时一些重要科研成果的部分内容是在此机上完成的，如统计物理、介质天线理论、晶体结构分析、地震预报等。此机为物理所许多研究组作过理论研究的科学计算和实验数据处理，涉及原子分子物理、表面物理、中子散射、晶体结构、激光、磁学理论等方面的大量使用，是国内同类型机器中利用率最高的一台。在此期间Nova机组还对Nova计算机硬件进行了扩充，包括内存、磁盘、磁带、数据通信转接器、控制台显示设备和浮点部件、打印和绘图仪等外部设备，显著提高了系统的处理能力。在软件扩充方面，编写了反汇编程序、BASIC追踪程序、国际ASCII码转换程序、BASIC图形显示程序、EBCDIC－ASCII代码转换程序、前台命令系统、数据库文件等。

在辅助物理所行政管理工作方面，编制了工资计算程序、器材统计程序和外事档案检索程序。1979年通过市话系统进行计算机通信的研究，完成以终端为控制台的前台命令解释程序系统并应用于行政管理，该研究于1980年7月获中科院科技成果三等奖。1974～1981年，与Nova机同时开展国产小型计算机应用的还有八室803组，该组用DJS 131小型计算机开展了对托卡马克装置的数据采集、处理，计算机房的建设，以及转靶X光机的实时数据处理系统等工作。

二、IBM370计算机的维护与服务

由于物理所的科学计算量比较大，Nova计算机逐渐不能满足科学计算的需要，1981年物理所引进了IBM 370/138计算机替换Nova计算机。1982～1986年的主要工作是保证IBM 370/138系统正常运行，并在原有配置基础上添置了一些硬件设备，如打印机、磁盘备件、磁带控制器、通信控制器、终端及通信线路等。软件方面完成了操作系统扩充部分，如FORTRAN、COBOL、APL语言及数据库等。还为物理所及其他单位开办用户使用学习班，为物理所管理部门编制应用程序，协助使用从国外带回来的磁带文件。

1986年美国西北大学无偿赠送给物理所一台IBM 370/158机，物理所将138机更换成了158机，使得CPU、内存扩大了3倍，并扩充3350磁盘存储系统，使系统的外存容量增加2400兆比特，存取速度提高约1.5倍，提高了工作的稳定性。还配置了3203-5型行式打印机、3272和3274终端控制器，建立了大型机与PC机之间的通信系统；完成了终端显示站电源改装，使之与中国的供电体制相适应；研制了一台键盘仿真器，通过它可以将Apple机数据送进IBM 370/158机；开辟了第二终端室，增加了终端数；安装调试了新的操作系统（VM/SP）和全屏幕编辑、FORTRAN（H）和FORTRAN（G）、PL/I及BASIC语言的移植；安装了数据库文件；安装调试了FORTRAN 77；调试了先进的关系型数据库管理系统SQL；编写了用户使用信息和计费程序。1986年9月起IBM 370/158机在原每周4天24小时连续运行的基础上改为不停机运行。

在微处理机的应用方面，808组编写了物理所工资程序、出国人员管理系统、研究生录取程序、科研计划管理、物资管理、财务管理、科技与人事档案管理、用电管理及最高负荷预测等。1987～1989年该组从美国购进IBM 3274终端控制器的adapter（共三组），可接24个终端。装上了比较新的数据库MATHLIB，可在IBM 370与IBM PC/XT之间进行数据通信，使得部分研究组可以通过微机解决实验研究中的数据处理问题。利用FORT PJ通信卡将微机连接起来，使之仿真IBM 3278终端使用，用AST-PCOX卡实现与微机之间的数据传送。为人教处编制物理所硕士研究生招生管理系统，为工厂编制工时统计系统，在全所的范围内举办了dBASE-Ⅲ PLUS讲座。

三、DEC机与网络建设

进入20世纪90年代，计算机的发展趋势已经逐渐向小型机转移，物理所决定更新IBM370/158机，并且倾向选择运算速度高、体积小、耗电少的机型。通过对SUN、DEC及其他公司生产的计算机进行比较，于1991年购买了DEC System 5000/200型计算机系统，以满足全所日益增长的需求。引进新机器后，808组的首要工作是组织使用新系统的学术讲座，整理编制DEC 5200系统的软、硬件资料简介，便于用户上机。此外，更多的工作是为用户将IBM 370机磁带上的FORTRAN原程序转到DEC 5200计算机系统中。

1992年，物理所参加了中科院的“中关村地区教育和科研示范网”（NCFC）项目，是全院最早加入的单位之一。为配合项目建设，808组完成了物理所局域网络系统的设计、安装、调试工作，使DEC机接入NCFC，根据网络信号的传输特性选用了楼内细缆、跨楼粗缆联网，这标志着物理所网络应用的开始。1994年4月NCFC率先实现与国际互联网的全功能连接，6月正式开通运营，物理所内35台计算机可直接利用局域网或直接通过NCFC进行国内外电子邮件通信。1995年在PC机上安装NOVELL网络软件，将物理所情报室CCOD资料检索软件由单机搬到NOVELL服务器上，使联网计算机能方便地在自己的计算机上做CCOD资料检索工作。

经过几年的发展，物理所到1996年已有91台不同类型的计算机可连接物理所局域网，建立了220多个用户。在此期间，随着个人计算机性能的不断提高，使用大型计算机进行科学计算的需求逐渐减少，而对网络的需求却在不断增加，808组的工作重心逐渐向网络方面转移。为适应网络应用的快速发展，1997年物理所购买了一套高速网络系统，其中包括网络服务器Alpha 4100 5/300、

一台12路光交换器（SWICH）、四台16路RJ-45口的中继器、操作系统、应用软件和网络软件，使物理所的局域网络传输速率由原来10兆比特/秒提高到100兆比特/秒，且楼与楼之间实现了光缆连接。物理所各主要建筑物通过网络连接，组成一个所内的局域网，此网的IP地址由原来的64个扩充为256个，共有160台计算机和网络服务器相连，建立了260个用户账号。1997年底物理所网页制作完成并对外发布，此时的网络应用已由单一的邮件服务，扩展到了域名和WWW服务。

1999年物理所上网计算机增至350台，用户账号增至340个。为解决IP地址紧张的问题，为9个研究组安装、调试代理（Windows NT）服务器，通过Windows NT上网的计算机有38台。2002年后808组搬入D楼，转到技术部，负责全所的网络建设和管理。

第七节　仪器研制、图像处理和仪器维修

物理所修理组成立于1956年，任务是维修及保养常用的电子仪器仪表，制作电源变压器等技术服务。1959年修理组成为电子学室的一个组，又下设仪表、仪器、装配、变压器和电机5个小组。同年修理组又从八室分离出来，成为物理所工厂的5车间，1960年更名为电工组，负责人是杨从宽。

1965年电工组与八室805组合并，建立电子仪器室（十二室），主任徐文承，分五个（1201～1205）组，依次为仪器研制组（组长林金谷）、仪器试制组（组长曾中林）、仪器修理组（组长黄南堂）、仪表修理组（组长李长胜）和变压器组（组长王立林）。1969年十二室撤销，一部分到激光室（三室），一部分到固体能谱室（十一室）。留下的15人成立修理组，组长李长胜，任务是仪器仪表修理和配合各研究室研制一些自动控制装置。

1975年修理组纳入八室编为804组，任务是自动控制、图像信息处理和仪器维修。1984年物理所成立研究开发公司，804组划归公司为修理组。1987年公司调整，修理组调回第七学术片，编为707组，组长沈云野。1992年707组划归刚成立的服务公司，1999年6月撤销。

从上面的变迁可见，这是一个主要为科研服务的技术支撑组，它经历了研究系统、技术保障系统、工厂、开发、服务公司等调整过程，以致人员组织、从属关系、服务对象和任务性质变动都很大。但考虑该组在八室和七学术片的时间较长，在学科方向上也有非常密切的联系与交流，所以将十二室4年时间的工作也在此一并阐述。

一、脉冲技术的研究

805组是脉冲技术研究组，组长林金谷，20世纪50年代末开始取样示波器的研制。该组在国产漂移晶体管中挑选具有合适雪崩性能的作为取样脉冲，微波晶体管的取样门采用微波结构设计，从而实现了取样门和取样脉冲发生器的同轴结构化。经过四年多的改进和提高，1964年已完成线路和结构设计定型，制成建立时间为1纳秒全晶体管化的样机（频宽约1吉赫、建立时间约0.35纳秒、灵敏度约10毫伏/厘米）。1965年通过成果鉴定并多次在中科院成果展览会上展出。

1960年，物理所只有一台美国Tektronix 517快速示波器，带宽60兆赫，远远不能满足实验室的测量需要。803组用了一年左右时间，试制成带宽为60兆赫的电子管纳秒示波器，其中的“分布式放大器”单元部件是成功的关键。它可提供多方面的应用，如为磁膜存储器组提供数台带宽为60兆赫、增益60分贝的分布式放大器，供磁膜测试用。早在1957年，与二室合作制成提供磁芯测试用的“T”台。

为满足晶体管取样示波器配套使用的要求，805组与玻璃加工组合作研制“水银开关”。1962～1965年完成同轴结构的水银开关纳秒脉冲发生器的研制，达到的脉冲上升时间小于1纳秒，脉冲宽度5～50纳秒（调整电缆的长度），脉冲幅度0～250伏，重复频率小于200赫。它的输出作为似阶跃电压信号，用以检验快速的瞬态响应，也可用作高能物理研究需要的高电压输出纳秒单次脉冲。

二、电子仪器室（十二室）的工作

1201组研制的纳秒全套脉冲测试设备通过固体元件的纳秒快速特性的观察后，于1965年与锦州仪器厂合作推广了纳秒全套脉冲测试设备。双方经半年多的共同努力，于同年底完成了10台各种样机和400多张供生产用的图纸，包括SBQY-803同轴化晶体管取样示波器、HMF-803高Q值电子管纳秒电流脉冲发生器、同轴装置的水银开关放电型纳秒发生器和晶体管自动保护稳压电源等。

1966年后1201组接受一室提出的测爆炸速度任务。该组选用晶体管化行扫描（光栅扫描）示波器的方案，

充分利用示波器的屏幕得到较高的测量精度，测量范围0.5～500微秒，具有0.05微秒的时间分辨率。

1202组和403组共同承担1969年国家测量中国首次地下核爆炸能量的任务。十二室承担电子测量仪器系统，该系统为单次快速脉冲信号的多手段、多量程的捕获、传输的测量系统，采用的是单次取样、时间/幅度变换、脉冲幅值展宽等的“快变慢”新技术，同时还采用了多量程的传输匹配技术，以达到捕获及测量信号的目的。整个系统包括电子测量部件和设备70多台件，传输电缆20 000余米，工程量大，受到国防科委和有关部门的重视和表扬，并获得中科院重大成果奖。

三、自动控制和图像信息处理

1.自动控制主要是为晶体生长炉自动控制服务：①用硅光电池提取信号，用自动程序器实现射频功率稳定，用工业电视提取晶体直径做图像处理，对射频加热直拉式单晶炉进行计算机自动控制。②电阻炉数字自动程控，程控升降温速率1微伏/（0.1秒至1小时），控温精度1℃，自动温度记录精度为0.1℃。③利用取信号通过ADC/DAC后再到手编程序的执行机构的流程框图，完成高频感应炉YAG晶体生长的温度、直径及其他参数的控制等。④将研制的WZT-761精密温度程序控制仪推广到成都科仪厂和上海自动化仪表六厂生产。

2.图像信息处理的工作有：①利用环形分配及步进电视功率驱动器，跟踪门发生器和误差信号处理，实现电视信号的捕获、提取和自动跟踪的研究；用黑白摄像机提取图像变换成数字信号后，再用16个灰度等级并作假彩色显示的方法，对不规则图像面积和粒子数进行无接触测量。与卫生部药监局、中国医学科学院药物研究所合作，完成抗菌素抑菌圈的面积自动测量分析仪的研制，可一次测定抗菌素效价和自动分析组分，也可用于固体材料的杂质面积和其颗粒数（或粒度）的计数测量。②CCD（1728或2048线列）图像传感装置和测量数据处理的研究，成果推广到南通无线电仪器厂。

四、电子仪器的维修

由于物理所早年的仪器仪表多数是国产和以分立元件焊装的，出现故障往往是由于单个元器件失效，所以维修面临的特点是仪器面广类多、专业化强、技术含量高、维修工作量大，这就需要技术素质较高、精通仪器仪表使用与维修的有丰富经验的技术人员来完成。这些技术人员每年维修的工作量有数百台件，使有故障的仪器仪表再度发挥作用。修理组还为物理所各研究室提供所需的各式各样变压器的加工绕制，包括电源变压器、E型变压器、三相变压器、特别变压器等，从设计、材料以及试验和维护都形成了一套完整的流程。

1987～1992年修理组从开发公司转到第七学术片707维修组，组长沈云野，为四室完成晶体生长的籽晶杆旋转和坩埚加速旋转装置数十台，研制了温度（毫伏）设定器、变速旋转程序器、超导测试用数字式恒流源、二次谐波发生器、空间应用的形貌相机的自控程序等科研项目。707组在6年中，共修理仪器数644台，绕制变压器数共833个。

第八节　其他研究工作

本节内容包含参与空间材料科学的有关工作、协助中国科学技术大学的专业建设和教学、学会与学术会议、WSD协作组和展示实验室四个部分。

一、参与空间材料科学的有关工作

自1987年开始，建立与利用微重力环境的多种技术的综合设备，便成为电子学室703组的一项重要研究内容。简述如下：在国家专款支持下，进行5米、20米和52米现代化落管的研制，完成了多种熔融炉，微重力水平大于10^{-6}，飞行过程中的非接触测温和样品收集系统等，以及计算机全过程处理和自动控制功率移动晶体生长炉的研究。于1996年在中国返回式卫星上进行了以GaAs晶体为主的搭载实验，并利用晶体生长炉的余热和分区配套绝热技术，成功完成了共11项空间微重力试验。

在科技部863计划的支持下，于1994年立项开展“空间无容器技术研究”，电磁悬浮激光熔炼设备是前期探索。物理所采用一对线圈的电磁场只作微重力变化时的定位约束。计算和实验的结果表明，使用激光加热悬浮体是切实可行的，为空间实验的硬件研制提供了原理样机和论证依据。

1991年，703组和四室启动了美国国家航空航天局（NASA）提供航天飞机上搭载的独立密封GAS圆桶中的空间实验。物理所在G-432号搭载桶的实验中安装了两个新颖功率移动法晶体生长炉。1998年初在航天飞机第

STS-89航班飞行。1997年后，再次与四室合作，提出了一种两阶段的温场移动模式的功率移动炉，拟在G-438搭载桶上生长GaAs单晶。

空间热力学参数的研究课题是研究在无重力对流下的温度和温场分布与地面的比较，以提供地面模拟实验的温场修正和重力对流影响的依据。

有关上述的具体内容参见第十九章“空间材料科学与实验技术”。

二、协助中国科学技术大学的专业建设和教学

1958年5月中国科学技术大学（简称“中科大”）成立，在“全院办校，所系结合”的方针下中科大成立13个系，其中物理所负责技术物理系（02系）的建设，系主任是时任应物所所长的施汝为，专职副主任是黄有莘。02系分若干专业，物理所八室主任吴锡九任固体电子学教研组主任，陈佳圭作为固体电子学专业对口联系人，协助安排专业的具体教学、实验和毕业论文工作。

八室为02系开设全年级不分专业统一授课的专业基础课，主要有“脉冲技术”(陈佳圭讲课）与实验、固体电子学专业课（高宗仁、陈一询、陈佳圭讲课）及毕业论文的指导。

805组为中科大无线电系授“无线电基础”课、“毫微秒脉冲技术”专题讲座。

1989年陈佳圭应聘于中科大研究生院兼职教授，讲授“微弱信号检测”专业课，以后的课程与冯稷共同授课。

1986年陈佳圭应中央电大、国家科委和中科院的邀请，为“继续教育卫星节目”录制了20小时的“微弱信号检测讲座”，同年在中国教育电视台播出。1987年编写出版了《微弱信号检测》教材。

三、学会与学术会议

1979年8月在中科院的支持下，第一次全国WSD学术交流会于北京举行，钱临照出席会议。1980年筹备并成立中国仪器仪表学会和中国物理学会下属“微弱信号检测学会”理事会，挂靠在物理所，理事长、秘书长和学会工作由物理所WSD组承担。

学会的主要工作是在全国研制和推广WSD设备和应用。从1983年到2001年，平均两三年由学会组织在各地举办学术交流年会一次。从第四次会议开始，与会的论文由学会审定编辑，由《数据采集与处理》杂志的增刊分专题全文出版，共计刊登论文421篇，充分体现了WSD学科的发展。

学会还邀请美国PARC和AD公司等介绍WSD仪器及其应用，并多次举行专业展览会，召开科技新闻发布会，安排全国高校代表交流有关WSD的课程设置、教材及实验问题，研究在职科技人员开展技术培训工作等讨论与活动。

四、WSD协作组和展示实验室

1979年中科院成立WSD协作组，组长单位为物理所，有大连化物所、长春应用物理所等中科院下属单位参加。协作组的主要任务是开展合作研究、经验交流、推广应用等。在协作组的推动下，各成员单位研制了FS-3 LIA、BP-100型BOXCAR平均器，根据电生理的特殊测量开发了配套产品、研究了多点平均器和光学多道分析仪（OMA）的应用等。协作组连续活动了七八年后停止。

1984年微弱信号检测组与美国EG&G PARC联合举办了全国WSD培训班，在中科院的支持下，该组于1985年与PARC签订协议书，在物理所建立WSD展示实验室（Demo Lab)，PARC将其生产的部分WSD仪器（有LIA、BOXCAR积分器、数字信号平均器等，价值约20多万美元）长期放在物理所供无偿使用。该组则承担咨询和推广，并与PARC联合继续在全国各地举办WSD培训班，担任讲课与实验辅导。WSD展示实验室对国内提高技术水平和扩大影响起到了推动作用。

第十一章　超导物理、材料和应用

超导电性最先是荷兰科学家、莱登大学教授H.K.昂内斯于1911年在测量水银的电阻时于4.2K附近发现的零电阻现象，并将对应于零电阻的温度定义为超导体的超导临界（转变）温度T_c。随后相继认识了超导体的临界磁场、临界电流两个临界参数。1933年发现了超导态的完全抗磁性（迈斯纳效应），这样超导电性就由零电阻效应和迈斯纳效应完全界定。1957年，美国物理学家J.巴丁、L.N.库珀和J.R.施瑞弗创立了以电子-声子耦合为基础的超导电性微观机理，即BCS理论，其基本点是：超导电子是经交换虚声子的两个动量相等方向相反、自旋相反的电子结合成的电子对（库珀对）；建立了超导基态和T_c（能隙）方程；解释了超导电性的基本现象。1962年，英国物理学家B.D.约瑟夫森发现了超导电子对隧穿的宏观量子现象，不仅验证了BCS理论，并由此发展起了超导电子学。1986年，联邦德国物理学家J.G.柏诺兹和瑞士物理学家K.A.缪勒发现了铜氧化物超导体，推动了超导研究向液氮温区超导体的探索。1987年，美国休斯敦大学吴茂昆和朱经武、中科院物理所赵忠贤和陈立泉团队分别独立发现了钇钡铜氧化物超导体，超导转变温度达到了93K，超过了一些学者根据BCS理论计算得到的T_c为40K的上限。迄今，常压下最高超导转变温度记录是汞系铜氧化物超导体的超导转变温度134K。铜氧化物高温超导体超导电性的产生一般被认为与反铁磁中的自旋涨落密切相关，并得到了其能隙为d波对称的共识。1994年发现了一种不含铜的层状钙钛矿结构氧化物超导体Sr_2RuO_4，其超导电性的产生被认为与铁磁中的自旋涨落相关，对它的研究可能探讨到超导能隙p波对称的可能性。2001年和2008年，日本科学家相继发现了MgB_2和铁基超导体，后者的T_c被赵忠贤研究组提高到了55K，这向铁这样的磁性元素总是抑制超导电性的传统话题提出了挑战。人们将这些不同于BCS理论解释的超导体统称为非常规超导体。探索非常规超导体的超导电性机理和追求更高超导转变温度，不仅是超导研究领域的长远目标，也是整个凝聚态物理领域的前沿课题。另一方面，基于超导材料的独特的电子学和强电磁技术是一个具有巨大和广泛应用潜力的研究领域，在能源、信息、交通、科学仪器、医疗技术、国防和重大科学工程等方面具有重要作用。高温超导体的探索和研究将推动这些技术应用更向着实用化发展。超导物理、材料和应用研究已是涉及广泛领域的学科。

第一节　发展概述

中国超导学科从20世纪50年代初在物理所建立到2010年已有近60年的历史，经过几代人的努力，从最初开展实用超导材料和相关应用的研究，到随之发展起了超导材料物理性能和探索高温超导体研究全方位学科的形成，逐步建成了一支对超导发展勤于追求并有开创精神的研究队伍。液氮温区超导体的独立发现更促进了物理所超导研究全面和深入的开展。进入21世纪，随着国家经济建设的快速发展和中科院知识创新工程的实施，物理所超导研究条件和研究队伍得到大力增强，研究水平有了全面提升，已开始能够直接进行超导微观机理方面的实验研究，不断取得新的进展，在国际超导研究领域占有了一席之地。

一、物理所超导研究发展的简要历程

1953年，洪朝生从美国留学和欧洲考察后回国，他作为当时中国最早对低温和超导有了解的人，在钱三强和彭桓武两位对低温、超导极为重视的科学家的支持和中科院的资助下，成立了以白伟民、朱元贞和技术师柴之芬为骨干的低温组。

1956年，由美国回国的曾泽培和周坚加入低温组。同年在洪朝生的带领下研制成功氢液化器，1958年研制成功氦液化器，低温组增至16人。

1958年9月，洪朝生建立了国内第一个超导研究组，即超导体薄膜及电子计算机元件研究组，超导学科从此在中国建立。这个时期正值超导电性微观理论已经创立，国际上对超导电性产生的根源有了共识，如何寻找高超导转变温度的超导体和发展超导应用就成为超导研究的重要课题。洪朝生在此时明确提出了高临界温度超导体（目标是液氮温区超导体）探索的设想。

1959年7月，低温研究室（五室）建立，洪朝生任主任，他同时兼任超导体薄膜及电子计算机元件研究组组长，该组编号为505组。低温研究室编制逐步完善，提供低温条件的车间编号为501组，研究制冷技术的组为502组。

1960年，管惟炎从苏联回国，此时正逢国际上较广泛开展起了第Ⅱ类超导体的基础和应用研究，五室也将此作为重要研究课题，并建立了504组，管惟炎任组长（同时任五室副主任）。从此五室的超导研究较为全面地发展起来。

1963年，低温室建立了以曾泽培为组长的503组，进行以顺磁盐绝热去磁获得极低温的课题研究。

20世纪60年代，随着研究工作的发展和国家任务的需要，在504组的人员编制基础上先后组建了从事实用超导材料研究的509组，组长程鹏翥；从事超导磁体研究的508组，组长李世恕。60年代后期，低温室又组建了507组，从事非平衡态超导体研究，组长杨乾声；1966年建立了902任务组，进行微波激射器研制，由陶宏杰负责。1970年建立了506组，从事超导重力仪研究，组长钟锁林，1972年赵柏儒接任组长。

20世纪70年代后期，中国科学界已广泛重视高温超导体的探索研究。1976年12月，由物理所支持，赵忠贤等进行组织，在合肥召开了第一届全国高温超导学术研讨会议。此后每两年召开一次。1979年，在物理所支持下，赵忠贤等以探索高温超导体为目标，推动成立了物理所超导材料研究室（九室），由当时从高能所调入的李林担任室主任，赵忠贤任副主任。实验室研究方向是寻找高临界温度超导体，研究d带和f带金属和合金的超导电性和机理。主要研究对象是非晶态和亚稳相超导体材料。

1979年，物理所组建了能谱室，管惟炎任主任，李从周任副主任。在该室成立了超导能谱组，从事超导体单电子隧道谱和超声的研究，组长李宏成。1981年后，由郑家祺任组长。

1980年，李林领导的研究组研制成功当时最高超导转变温度（23.2K）的Nb_3Ge超导体薄膜。

1983年，中科院数理学部和技术科学部组织进行实用超导体材料NbTi合金和多芯Nb_3Sn超导线性能攻关，洪朝生担任学术小组组长。

1984年，物理所进行了体制改革，撤销实验室，原低温研究室各研究组，九室和高压实验室（六室）组成五联办，毛翰香任主任。与超导有关的有如下几个组：501组，组长李林，超导体薄膜和第Ⅱ类超导体材料性能的研究；502组，组长陈熙琛，非晶态材料超导电性和物理性能的研究；505组，组长冉启泽，极低温条件和物理研究；506组，组长杨沛然，超导量子器件研究；507组，组长张殿琳，低维材料超导电性和低温物理性质的研究；509组，组长杨乾声，非平衡态超导体的研究。

1986年，IBM在瑞士苏黎世的实验室的柏诺兹和缪

勒报道了LaBaCuO体系中可能存在35K的超导电性。赵忠贤等迅速认识到这个工作的重要性，开始这类超导体的探索。1986年12月成功合成了T_c分别为48.6K和46.3K的LaSrCuO和LaBaCuO超导体，为当时国际上得到T_c最高的这两种超导体的研究组之一。1986年12月27日，他们报道了LaBaCuO的70K的超导迹象。1987年2月，赵忠贤和陈立泉等成功获得了T_c达93K的超导体BaYCuO。1987年2月24日，物理所召开新闻发布会宣布了这一结果。在此期间及之后的一段时间，在物理所支持和组织下，先后约有20个研究组加入高温超导体探索研究的工作，涉及晶体、磁学、高压、光学、表面、理论、分析测试组等学术片的逾百位研究人员和研究生参加，其中主要研究人员达54人。研究方向主要集中在材料（包括体材料、薄膜材料、高温高压下的材料生长、晶体生长）、结构和相关系（包括成分、相图、X光、电镜和光散射等分析）、物性测试（首先是电阻和磁化率测量，也包括其他电输运、热和磁性质等）和理论研究几个方面，并逐步开展器件应用的研究。

1987年3月，物理所建起了联合测试组，规定关键的和首次的有关高温超导体研究结果必须由该测试小组测试确认后才予以公布。

1987年3月，李林、赵柏儒继1月首次在国内研制成功LaSrCuO超导体薄膜之后，首次在国内研制成功YBaCuO超导体薄膜，其T_c达89.5 K。

1987年5月，国家超导攻关领导小组第一次会议决定成立超导技术专家委员会和超导技术联合研究开发中心。物理所杨国桢、赵忠贤等为专家委员会成员。中心设在物理所，杨国桢为主任，洪朝生为学术委员会主任，杨乾声为办公室主任。

1987年5月，在物理所支持下，郑家祺组，陈熙琛组和常英传组成立联合研究组，开展铜氧化物超导体研究，负责人为管惟炎和郑家祺。

1988年4月，国家计委批准超导中心筹建超导国家重点实验室，杨国桢、赵忠贤、杨乾声、解思深、刘宜平等负责执行。

1988年12月，李林、赵柏儒等率先在国内将YBaCuO超导体薄膜在液氮温度的临界电流密度提高到了其本征值水平，达到1.34×10^6安/厘米^2。

1988年，物理所制备出了TlBaCaCuO（$T_c\approx120$K）超导体，随后发现了其两种超导相，即2223相（T_c=120K）和2212相（T_c=90K），并确定了这些相的点阵参数和相关系，以及沿c−轴不同堆积层数的Tl系超导体晶体结构，定出了上述两个相的空间群和通式。

1989年，由于在发现液氮温区超导体研究中的贡献，赵忠贤等获国家自然科学奖一等奖。

1991年4月，超导国家重点实验室建成，正式向国内外开放。赵忠贤担任实验室主任，杨乾声、熊光成（北京大学）和董成为副主任。北京大学甘子钊担任学术委员会主任。杨乾声获实验室建设“金牛奖”。

超导实验室的主要研究方向定位在与超导相关的新材料探索和基础物理问题，同时也开展超导的应用基础研究。从实验室建成至2010年，主要的研究内容始终集中在以下几个方面：①新超导体材料、新合成方法的探索和结构研究；②超导电性机理问题研究；③超导体物理性质研究；④薄膜材料制备、物理性质和器件的研究。

超导实验室正式成立后，成为所内超导研究的主要力量。同时在其他学术片和实验室也一直有多个从事超导研究的组，主要集中在低温和极端条件实验室、晶体和先进材料（包括纳米）实验室、光物理实验室等。

1991～1995年，超导实验室正式批准开展的外单位申请课题有34个，实验室的开放度达到60%。1995年超导国家重点实验室接受国家科委评估，评价为B类第一名。

1996年起，超导国家重点实验室成立4个研究组：新材料探索和超导机理研究组（组长赵忠贤）；超导薄膜器件及其物理研究组（组长李林）；新超导体薄膜和异质结物理性能研究组（组长赵柏儒）；磁通点阵动力学研究组（组长闻海虎）。此外，还成立了公共测试服务组，首任负责人是尹渤（物理性能测试）、董成（X射线结构分析）。

1996～2000年，超导实验室各研究组获得了一批高水平的成果，作为其中的一个重要标志在*Phys. Rev. Lett.*发表了7篇文章。2000年超导实验室接受了国家科委的第二次评估，被评为优秀（A类）国家重点实验室。

2000年，超导实验室领导换届，闻海虎任实验室主任，赵忠贤任学术委员会主任。实验室课题组设置为：CSC01组，组长闻海虎，高温超导磁通钉扎和高温超导物性研究；CSC02组，组长李建奇，超导体结构分析和超导电性研究；CSC03组，组长赵柏儒，高温超导和氧化物薄膜异质结研究，2002年邱祥冈以中科院百人计划入选者回到超导实验室，接任该组组长，开展起红外光谱研究；CSC04组，组长赵忠贤，新型超导材料探索和物理性质研究；2001年郑东宁成立CSC05组，开展超导薄膜和超导量子器件研究；何豫生组于2002年加入超导实验室，成立CSC06组，开展超导微波器件应用研究，并于2010年成立超导技术中心。2004年周兴江入选中科院百人计划回到超导实验室，建立CSC07组。

2004年，超导实验室被评为“国家重点实验室计划先进集体”，赵忠贤被评为“国家重点实验室计划先进个人”并获金牛奖。

2005年，实验室领导换届，闻海虎任实验室主任，赵忠贤任学术委员会主任。2009年6月起，周兴江担任实验室主任。

2001年和2008年，国际上先后发现了MgB_2和铁基超导体，这两类超导体的研究先后成为超导实验室的主攻方向之一。

2008年，物理所赵忠贤、闻海虎、王楠林等组在铁基超导体的研究中作出了重要贡献，2009年香港求是科技基金会将“求是杰出科技成就集体奖”颁发给了8位科研人员。超导实验室赵忠贤、闻海虎、任治安、祝熙宇和极端条件实验室王楠林、陈根富荣获了此奖项。

2009年，戴鹏程和郑国庆以千人计划入选者加入超导国家重点实验室，分别建立SC8和SC9组。

2010年1月，超导实验室周兴江研究组有关铜氧化物超导体高分辨激光角分辨光电子能谱的研究和闻海虎研究组有关铜氧化物超导体中与超导相关的熵变的研究，入选中国科技部基础研究管理中心主办的2009年度中国基础研究十大新闻。

至2010年，在物理所超导研究的发展中共培养了200余名硕士和博士研究生。

二、国家和物理所高温超导体攻关研究的组织领导机构

1987年，在物理所独立发现YBaCuO超导体之后，超导研究工作得到国家有关领导部门的关心和支持。1987年5月成立了以方毅为组长的全国超导攻关领导小组，下设办公室，国家科委副主任朱丽兰兼办公室主任。1987年5月9日，国家超导攻关领导小组第一次会议作出了如下决定：

1.成立超导技术专家委员会，作为超导攻关领导小组的咨询、参谋机构，由甘子钊、杨国桢、周廉、赵忠贤、吴培亨、方俊人、余定安、朱道本组成第一届专家委员会，甘子钊为首席专家。聘请温家宝、洪朝生、胡兆森和程开甲为专家委员会顾问。

2.组建超导技术联合研究开发中心，负责攻关计划的组织实施和国内外学术交流。中心设在中科院物理所，由物理所所长杨国桢任中心主任，赵忠贤、杨乾声、戴远东、李满园为副主任。成立国家超导技术联合研究中心学术委员会，洪朝生任主任。成立超导中心办公室，杨乾声任主任，刘宜平为副主任，负责处理超导中心日常工作。

3.将高临界温度超导的攻关项目作为专项列入“七五”期间的国家科技计划。通过了高温超导攻关计划，设立了超导攻关的专项，下达了专项经费，确定了中科院物理所等20个攻关单位，并批准在中科院物理所筹建国家超导实验室。

1991年，国家科委批准的第二届超导技术专家委员会成员为甘子钊、杨国桢、周廉任首席专家，委员包括赵忠贤、吴培亨、方俊人、朱道本、袁冠森、张其劭、林良真，聘任洪朝生、程开甲、胡兆森为顾问。

根据1987年7月11日方毅主持召开的国家超导攻关领导小组第二次会议通过的《国家超导攻关有关组织机构的职责任务》，国家超导技术联合研究开发中心的职责任务为：受国家超导攻关领导小组的直接领导，是国家超导攻关的实体，负责实施国家超导攻关计划；负责建立国家超导实验室，承担超导攻关的重要任务，并向全国开放，吸收高水平的研究人员到实验室工作；在学术上对参加超导攻关各单位的有关研究工作进行指导；掌握少量机动经费，采用专项资助的方式，重点支持分散在各地的高水平的研究项目或有显著特点的研究课题；建立超导测试中心，负责制定统一的测试方法和测试标准；负责国内外超导情报资料的收集与分析研究工作，及时提出有关报告，组织国内外学术、技术、情报交换以及重大课题的国际合作；负责对超导攻关项目的研究成果进行审议、评定和登记，协助专家委员会组织领导研究重大成果的鉴定。

从“七五”的第二年（1987）到“十五”(2001～2005)期间，国家通过超导中心、863计划、基金委、攀登计划和973计划，先后组织实施了13个方面67个专项的国家超导攻关和基础研究项目。物理所一直是主要参加单位。1987～2004年，国家投入的总经费1.6亿元。由超导中心统计发表的学术论文7988篇，专利104项。至2010年，组织召开了共11届全国超导学术研讨会。

2001年以后，随着国家对科研投入的增加和管理方式的改变，超导中心在国家高温超导研究上的管理和协调作用逐步由基金委、科技部和相关部委以项目管理方式取代。超导中心承担了1999年启动的973项目“超导科学技术”的协调和管理，组织全国超导学术会议及筹建国家超导技术标准化委员会，继续开展超导标准化工作。

1990年8月，国家技术监督局任命国家超导中心为国际电工委员会所属超导技术委员会（IEC/TC90）国内技术归口单位，代表中国参与超导国际标准的制定。1996年10月在北京举办了第四届国际超导标准化会议。1995年起，国家超导中心组织和进行了一些重要的超导标准化工作。其中《钇钡铜氧（123相）超导薄膜临界温度T_c的直流电阻测量方法》(GB/T 17711—1999)、《银包套铋（Bi）系2223相超导线材的直流临界电流测试方法》(GB/T 18502—2001)和《超导电性名词术语》已被批准为中华人民共和国国家标准。“九五”和“十五”期间超导标准化都被列入863计划专项。2003年5月，国家标准化委员会批准全国超导标准化技术委员会成立，国内编号为SAC/TC265，秘书处设在中科院物理所，杨乾声担任标委会主任，刘宜平担任秘书长。委员17人，顾问有甘子钊、杨国桢、周廉、赵忠贤。至2009年已发布实施的国家超导标准有8项。执行中的标准计划项目有4项。

三、物理所超导研究发展中的国内外学术交流与合作

1974年，赵忠贤到英国国家物理实验室和剑桥大学学习访问，开展超导方面研究。

1975年9月，诺贝尔物理学奖获得者J.巴丁为团长的美国固体物理代表团访问了物理所，参观了低温研究室有关研究组。

1976～1986年，赵忠贤等作为主要组织者先后举行了5次全国高临界参数讨论会。

1979年，中国派出了第一个代表团，赴法国参加第十五届国际低温物理会议，物理所参加人员有管惟炎、赵忠贤、李宏成。

1979～1981年，管惟炎、李宏成和南京大学蔡建华、北京大学吴杭生合著了《超导电性——物理基础》《超导电性——第Ⅱ类超导体和弱连接超导体》两本专著。

1980年，洪朝生在参加了第八届国际低温工程会议（ICFC-8）之后访问联邦德国，考察低温技术和超导研究发展情况，回国后详细介绍了会议和考察内容，整理出了相关材料共10部分，由于当时中国还未对外开放，这个考察报告对物理所低温和超导研究人员有重要的启发和参考作用。

1980年前后数年间，物理所先后选派多位中青年研究骨干前往国外从事超导研究的大学和研究机构的实验室进修，对于迅速恢复和提升物理所超导研究的力量发挥了重要作用。

1985年，以管惟炎为团长的中国科学家代表团应邀赴日本参加第一届中日双边超导学术讨论会（日本仙台），物理所参加人员有管惟炎、陈熙琛、唐棣生、赵柏儒。

1987年3月，赵忠贤应邀在美国物理学会三月会议做特邀报告，是高温超导专场的五位特邀报告人之一。

1987年7月，超导中心参与组织了北京国际高温超导电性学术研讨会（BHTSC’87），1989年和1992年又先后参与组织了BHTSC’89和BHTSC’92国际会议。此外，在超导中心的支持下，物理所在1987～2000年先后有几十人次出国参加国际学术交流会议，特别重要的大会有1991年在日本举行的第三届、1994年在法国举行的第四届和2000年在美国举行的第六届国际高温超导材料和机理大会（M^{2}S-HTSC）。

1987年9月，铜氧化物超导体的发现者之一K.A.缪勒访问了物理所。

1987年和1988年，超导中心举办了两届全国超导学术讨论会，以后基本上每两年举办一届，这是全国超导研究的最主要的大会。物理所也是中国电子学会超导电子学分会的主要成员单位，积极参与和组织两年一届的全国超导薄膜和超导器件的学术会议。

1992年，第一批大陆科学家代表团赴台湾访问，李林是成员之一。

1997年2月28日至3月4日，物理所作为主要单位主办了第五届国际高温超导材料和机理大会（M^{2}S-HTSC-V，北京）。赵忠贤、杨国桢和北京大学甘子钊担任会议共同主席。

1998年，通过中科院国际合作计划，超导实验室与比利时鲁汶大学建立了正式合作关系，中方负责人是赵忠贤和赵柏儒〔比方，鲁汶大学V.莫什夏尔科夫（Moshchalkov）；安特卫普大学D.约瑟夫（Josef）〕。先后于1998年、2006年在鲁汶大学，2000年在物理所举行了三次双边讨论会。

2000年和2001年超导实验室两次在云南丽江举行高

温超导机理讨论会。

2002～2008年，超导实验室和原中科院极端条件实验室合作，申请获得自然科学基金优秀群体项目，由闻海虎和王玉鹏负责。

2002年起，超导实验室和中科院理论物理所及清华大学研究人员共同发起举办北京高温超导前沿论坛，并自2004年起每年举办一次。邀请国际上从事超导机理研究的优秀华裔科学家和国内的科学家参加。

2005～2010年，实验室获得中科院“超导国际合作团队项目”，国内成员是超导实验室骨干，8位国外成员是张首晟、何北衡、潘庶亨、丁洪、戴鹏程、郗小星、胡晓和郑国庆，每年举行一次学术交流活动。

2008年，闻海虎、向涛和北京大学韩汝珊合编的《铜氧化物高温超导电性实验与理论研究》一书出版，物理所参与编写的还有雒建林、王楠林、周兴江、赵士平等。

2010年，超导国家重点实验室主办了2010年“中美新超导体探索双边会议”(北京)，由实验室学术委员会主任赵忠贤和美国空军科学研究局（AFOSR）H.维斯托克（Weinstock）担任会议主席。参加会议的美方代表16人，台湾中研院的吴茂昆也参加了会议。

2010年，邱祥冈应Woodhead Publishing Limited邀请编写了*High Temperature Superconductors*一书。

第二节　常规超导体研究

常规超导体通常是指基于电子－声子相互作用导致电子配对的超导体，分第Ⅰ类和第Ⅱ类超导体。第Ⅰ类超导体是除铌（Nb）、钒（V）和锝（Tc）以外的元素超导体，又称软超导体。其特点是只有一个热力学临界磁场H_c，几百到千奥斯特量级。当外加磁场或流过超导体的电流产生的磁场超过H_c时，超导电性即被破坏。由于H_c很低，能承载的临界电流密度小，所以第Ⅰ类超导体不能用于强电流和强磁场的情况。但由于元素超导体能够作到结构缺陷少，超导转变宽度窄，从而可用作灵敏的超导开关元件。1958年，中国跨入超导研究领域的大门，首先研究的是第Ⅰ类超导体。

第Ⅱ类超导体是元素超导体铌、钒、锝和大多数的化合物以及合金超导体。本章要介绍的铜氧化合物和非铜氧化合物高温超导体也都属于第Ⅱ类超导体。由于其机械强度高，又称为硬超导体。其主要特点是具有下临界磁场和上临界磁场两个临界磁场。外加磁场小于下临界磁场时，超导体处于完全抗磁态；外加磁场大于上临界磁场时，超导体处于正常态；在上下临界磁场之间，外磁场以量子磁通线的形态进入超导体。磁通线芯子处于正常态，其余区域为超导态，这就是第Ⅱ类超导体的混合态。由于多种原因造成的第Ⅱ类超导体的非均匀性能对磁通芯子产生钉扎作用，在大电流流过的情况下也不会移动（无能量损耗），因而第Ⅱ类超导体在混合态可承载超导电流，上临界磁场越高，在高磁场下承载超导电流的能力就越强。所以，研究第Ⅱ类超导体材料的合成和性能对发展强电强磁的超导应用非常重要。

一、超导体薄膜和电子计算机元件研制

1958年秋，五室建成了氦液化器，可为低温物理实验提供深冷条件后，洪朝生考虑可开展超导研究，为此建立了物理所第一个超导研究组，即超导体薄膜及电子计算机元件研究组，编号505组，并兼任组长。当时的背景是：1956年国际上利用超导－正常态转变作为“0”和“1”状态，提出了高速、大容量、小体积和低能耗的计算机元件研发的设想。最早是建构线绕冷子管，这是超导材料应用于计算机元件的最初尝试。随后提出了连续膜存储元件和交叉膜冷管的构想。505组主要集中于连续膜存储元件的研究，涉及的工作包括三个方面：

（一）高真空镀膜设备研制及成膜工艺研究

505组从1958年起，先后自行设计和研制了5台不同类型的高真空镀膜设备，可供薄膜生长研究之用。由杨海清等和上海曙光厂设计和研制了第一台。它设有两个工位，6个蒸发源和多个图型模板，真空度为10^{-7}托，各模板间对准精度为0.01毫米。通过摸索和实践，建立和完善了基板清洗、各种蒸发源设计制作、蒸发源温度测控、镀膜沉积率及厚度测控、基板温度测控、膜厚分布、剩余气体影响等整套成膜工艺。

（二）薄膜超导电性及其与制备条件关系的研究

1959年起，郑家祺等开展了此项研究。1961年，洪朝生又为其研究生张裕恒开展了独立的薄膜研究工作。他们的研究结果指出，从对镀膜条件及超导特性的考虑，铟膜比铅膜和锡膜更适合于研制超导计算机元件；在铟膜上生长对超导转变起屏蔽作用的SiO/Pb/SiO薄膜后，铟膜的临界电流转变宽度减小到原来的10%以下，更适合于计算机元件的需要。

（三）全薄膜元件制备工艺研究及性能测试

20世纪60年代，电子枪加热蒸发及溅射技术尚未进入镀膜工艺，505组采用的是欧姆蒸发的方法。为制作全薄膜型的计算机元件和矩阵，必须解决绝缘薄膜制备工艺，即各种图型的超导膜和绝缘膜在一次真空环境下的交替沉积、参数控制以及相互精确对准等问题。杨沛然等参加此项研究。元件和矩阵参数的测试要建立毫微秒级的测量设备和技术，此项工作由陈佳圭（八室）等担任。期间洪朝生的研究生张殿琳和崔长庚也参与了相关的工作。他们克服了工艺上的困难，减少了薄膜针孔漏率，增强了连续膜特性，研制出由十数层各种图型相互对准的超导/绝缘薄膜交替构成的全薄膜超导元件，并于1965年制成3×3矩阵。薄膜宽度和图形对准度分别为0.1～0.3毫米和0.01毫米，器件开关时间达到了4×10^{-7}秒。这是国内首个开展的超导薄膜器件研制的工作。1968年该项目结束。

二、第Ⅱ类实用超导材料的合成和性能研究

（一）A15相超导体研究

A15相（A_3B）超导体是一种体心立方（β-W）结构的第Ⅱ类超导体，也是常规超导体中T_c最高和上临界磁场相对高的超导体，有很强的实用性。1960年，五室决定开展第Ⅱ类超导体的基础研究和应用研究，建立了504组，管惟炎任组长。管惟炎等1960～1964年完成了原子弹材料铀-235和铀-238的比热测量的28号任务之后，集中于第Ⅱ类超导体的研究。他指导郑国光、张其瑞和李宏成开展了一系列基础研究。在这一工作启动之初，由周坚等调研，提出首先主要研究β-W结构Nb_3Sn、Nb_3Al和Nb_3Ga。而发展Nb_3Sn超导材料是第一位的工作，因为其临界温度高达18K，临界磁场高，为14万奥斯特，且预示着有可能加工成长线（带），发展高场超导磁体。当时由程鹏翥负责材料制作，主要采用金属冶金和金属物理分析手段进行。同时由周坚负责，利用四室的条件并和该室黄世民合作，开展结构分析。曾泽培负责建立测试条件。此时国际上发现了Nb_3Sn在10万奥斯特强磁场下，临界电流密度可达到10^5安/厘米^{2}量级，从而更增强了研究兴趣。1963年后，一种制备Nb_3Sn的方法——扩散法〔由液态锡扩散到铌线（带）表面，再经热处理形成Nb_3Sn〕被提了出来，李世昶和袁有祥等用真空镀膜机进行了这项工艺研究。但这种带材的临界电流密度低，不能作为实用材料。1965年，603组焦正宽和沈中毅用扩散法制成了V_3Ga，但不能制成长带。这些工作后来都停了。

1968年提出了快带速化学气相沉积法（CVD）制取高性能Nb_3Sn超导带的任务并予以实施。同年物理所与冶金部长沙矿冶研究院签订了共同研制超导Nb_3Sn带材的协议书。矿冶研究院负责探索工艺，物理所负责全部测试工作。为了使这两部分工作配合紧密，物理所张其瑞和焦正宽直接到矿冶研究院参加改进工艺的工作。他们共同创立了双向三带六次沉积和单区往复多道沉积的快速CVD法制取高性能Nb_3Sn带的工艺，使制备带速比当时美国无线电公司（RCA）的工艺提高了3倍以上。得到了掺碳均匀，晶粒细化的长带。而且这种多层Nb_3Sn载流能力有很大提高，成本下降。所生产的Nb_3Sn带材，由长沙矿业研究院供应当时国内所有研制强磁体的单位，这对中国超导磁体的发展起了重要作用。张其瑞和焦正宽这期间还合编了《超导电材料》一书。1983年，快带速化学气相沉积法制取高性能Nb_3Sn超导带的工作获国家科委发明三等奖，物理所获奖人员是张其瑞、焦正宽、林淑媛和于鲲。在上述Nb_3Sn超导带材工作开展的同时，如何提高其临界电流密度的工作也在进行。其中一个有显著效果的工作是程鹏翥等开展的以有ZrO_2脱溶相（粒子）作为磁通钉扎中心的铌-锆合金为Nb_3Sn基带的研究。他们采用铌-1.4at%锆合金作为基带，使Nb_3Sn带材的J_c为没有经ZrO_2脱溶处理的基带生长的Nb_3Sn的1.45倍。最高J_c达到7×10^5安/厘米^2[1]。

（二）铌-锆和铌-钛合金超导线（带）材研制

铌-锆和铌-钛合金是另一类重要的第Ⅱ类超导体材料，其临界磁场虽不太高，在6.5万奥斯特附近，但其机械性能好，加工长线（带）相对容易，是发展商用6万奥斯特磁体最合适的超导材料。另外，利用其机械性能可制作长线（带）的优势，可发展复合高场超导磁体（用它作磁体外层）。1965年为发展实用的铌-钛合金超导长线，进一步提高临界电流密度，五室建立起509组，程鹏翥任组长。他们和603组何毅、王文魁等合作，并与宝鸡902厂、本溪合金厂和株洲长江冶炼厂等协作研制铌-钛合金超导线。物理所的任务是研究材料组织结构和超导性能。他们还与中科院上海冶金所和北京有色金属研究总院合作研制铌-锆合金超导线。1965年底用研制出的铌-钛线绕制的磁体，得到6.2万奥斯特的强磁场。

到1967年，他们形成了一整套从铌－钛合金锭开坯，拉丝和中间热处理，到第二相脱溶形成钉扎中心的合理工艺。达到了能生产500米、1500米长线，J_c为10^5安/厘米^{2}量级的实用目标。此项目得到了1978年中科院重大成果奖。

（三）超导体交流损耗研究

非均匀第Ⅱ类超导体的一个重要特性是，在高频情况下超导体内磁通格子往返运动造成能量损耗，即交流损耗。研究这种损耗对发展第Ⅱ类超导体的高频应用十分重要。1972年开始，杨乾声组结合高频应用开展了交流损耗的研究。该组发展了用量热法测量超导线交流损耗的研究方法，在国内首次测出了铌在下临界磁场H_{c1}（约1000奥斯特）附近损耗与交变磁场的关系。该组还发展了以磁化曲线法测量交流损耗的方法，测出了铌－钛线的磁滞回线和相应的磁滞损耗。他们还用磁化曲线测出了铌－钛复合线的磁滞损耗，确定了损耗与温度的关系及损耗的各向异性。1974年在武汉举行的全国低温超导大会上，他们介绍了超导体交流损耗的理论模型和测量结果。

三、非晶和亚稳相超导体

在超导研究领域，研究非晶态和亚稳相超导体是超导材料研究的一个重要方面。物理所对这两类超导体的研究在20世纪70年代末就开始了，但因非晶态超导体的超导转变温度一般都较低，研究工作相对较少。亚稳相超导体的研究一直是普遍受关注的课题。相对于热力学稳定相，亚稳相的吉布斯自由能不是最小的，它一般要以一些极端的技术手段才能制备，或依赖于共生的相来稳定。亚稳相超导体的T_c一般都比同组分的热力学稳定相的高很多，而且有些材料只有在亚稳相才是超导的，所以研究亚稳相超导体是探索高温超导体的有效途径之一。

（一）非晶态超导体研究

20世纪80年代，九室和一些组合作开展了非晶态超导体的研究，赵忠贤、金铎和车广灿合作进行的银－锗合金的超导电性的研究为其代表，发现了其超导电性来源于银－锗扩展固溶体中弥散分布的某种颗粒和细丝。赵忠贤、李林、蒙如玲等开展了非晶态的钼－锗和钼－硅薄膜超导电性的研究，通过上临界磁场－温度关系的测量，发现了其基本的非晶态超导体的特性。1981年刘志毅、金铎等用悬浮熔炼液相高速淬火方法制备出了一种新的非晶态$Ti_{80}Pd_{20}$超导合金。提出了其超导电性是由钯在α－Ti中的固溶体所贡献的观点。就在这个时期，另一种形态非晶超导体，金属玻璃的超导电性的研究也成为一个新的研究课题。韩顺辉、刘志毅等研究了锆－铜（Zr－Cu）合金玻璃，发现其有高的上临界磁场和高*GL*参量，但为低的临界电流密度，这反映了金属玻璃材料的高度无序和高度均匀性。

（二）亚稳相超导体研究

1.Nb_3Ge和MoN超导体薄膜研究。Nb_3Ge薄膜是20世纪70年代国际上超导转变温度最高的超导体，是1973年美国西屋公司J.R.格瓦拉（Gavaler）发现的。它是一种典型的亚稳相超导体，只能以生长薄膜的途径才能使其T_c达到23K及以上。1979年，李林组开始研究Nb_3Ge薄膜。赵柏儒在1979年完成超导重力仪项目后被调来该组，就由他和李林一起承担这项工作。他们为此专门建立了一台在真空室内有冷凝吸附的吸气溅射装置，摸索出以共生的四角Nb_5Ge_3相稳定亚稳的Nb_3Ge超导相的生长规律。于1980年11月首次在国内生长成功T_c达23K的Nb_3Ge薄膜[2]，也是率先在国内发展起了多元第Ⅱ类超导体薄膜研究。

国际上基于能带计算和经验规律，预言B1结构MoN薄膜可能是继A15相Nb_3Ge薄膜之后的最高温度超导体，T_c可达29K。1984年，李林、赵柏儒将亚稳相MoN薄膜的研究作为主要项目。为生长出真正的B1结构MoN薄膜，建立了一台超高真空成膜设备（背底真空达10^{-6}帕量级）和N_2气纯化装置，于1986年生长成功单相MoN薄膜，得到的晶格常数和经卢瑟福背散射测定的N^{2-}离子含量（和刘家瑞合作完成），确认其为纯的B1结构，T_c为3.4K，转变宽度0.2K。他们工作的重要性在于证明了B1结构MoN薄膜不是预言的T_c为29K的高温超导体。

2.微丝和颗粒超导体研究。1979年起，陈熙琛组从冶金学的规律和途径发展了另一类亚稳相超导体材料。他和王祖仑、易孙圣（四室合作者）从两个方面开展新亚稳相超导体材料的研究工作。一是基于以美籍华裔学者崔章琪（C.C.Tsuei）名字命名的“崔氏线（Tsuei wire）”超导体的形成机理，即在铜基体中溶入铌颗粒，由于铌在铜中的固溶度极低（室温时小于0.1%原子比），在形变加工中铌颗粒被轧成细长丝复合在铜基体内，靠丝之间的间距小于相干长度而整体成为超导体。另一是基于颗粒超导现象发展超导材料，这种超导材料的超导电性在颗粒界面形成。他们建立起了金属和合金急冷材料制备实验室，包括熔炼、甩带和热处理等系列设备。

他们的主要研究成果：①成功制作出与铌－铜超导体相当的铌－铝超导线（T_c=7K）。在此基础上，他们提出了制作铌－铜、Nb_3Sn－Cu和铌－铝复合线的工艺。②与管惟炎合作研究了液态急冷30微米厚铝－11.3at%硅薄带的超导电性。管惟炎在法国科研中心所属的低温研究中心进行了样品低温电阻和磁测量。对于经100℃/50小时规范时效处理后的样品，在磁测量中首次发现了电阻和磁场之间的反常现象，即在较大测量电流的情况下出现“负磁阻效应”，管惟炎由此提出了这种急冷铝－硅共晶合金中有不同临界磁场的两相共存的模型[3]。

四、常规超导体超导电性和物理性能研究

（一）非平衡超导态研究

1978～1984年，杨乾声组采用多途径开展了非平衡超导态的研究工作。非平衡超导态是一种注入准粒子情况下的超导态，研究非平衡超导态可得到多种准粒子和电子对的信息，包括不同非平衡超导态下的电阻态、超导能隙、准粒子的分布，也可得到电子对配对媒介的信息。研究非平衡态也是发展电子学器件的基础之一。他们对非平衡超导态研究包括以下3方面的工作：①用隧道注入方法研究非平衡超导态的特性，研究对象为超导铌膜，发现在不同的注入历史条件下，存在两种不同的非平衡电阻态；从电子对、准粒子和声子的动态方程和实验比较，定性描述了非平衡超导体的阈值电流、不稳定性等非平衡超导体的特性[4]。②用隧道注入和双重隧道结技术研究超导体的均匀和非均匀两种非平衡态，在T_c附近发现一种新的非平衡超导电阻态。③用铌－铌点接触约瑟夫森结、电子线路模拟以及数字模拟，研究约瑟夫森结中的混沌现象，观察到多种模式的混沌噪声，并首次在点接触约瑟夫森结中观测到10^3～10^5K反常噪声。

（二）超导隧道谱研究

1979～1986年，物理所能谱室开展了超导能谱的实验研究，李宏成和郑家祺先后负责这方面的研究。当时，国内理论工作者提出了超导临界温度理论，给出了转变温度和声子谱的关系。超导能谱研究的一个主要目的是期望通过测量超导体的准粒子隧道谱，反演得到超导体的声子谱。实验上采用薄膜隧道结进行测量，得到InSn合金的隧道谱。还从理论上对温度的影响进行了校正。

（三）超导基础理论研究

物理所对第Ⅰ类和第Ⅱ类超导体材料的超导电性基础理论研究起始于一些经验规律的探讨，最早且有成效的是罗启光等从1960年开始的元素超导体和A15相化合物的超导电性经验规律的研究。首先，他们提出了超导元素的电负性都在1.3～1.9的规律。他们在A15相超导体的超导转变温度与B原子半径关系的研究中，得到了B原子半径越小T_c越高的规律。但对于B原子半径最小的Nb_3Si，虽然认为T_c可达23K，但由于其半径太小，导致结构不稳定，很难合成。所以他们预言，A15相系列化合物中不会存在T_c很高（大于25K）的超导体。用他们的经验规律，讨论了其他几种A15相超导体的T_c，结果和实验事实一致。此外，罗启光还和七室潘少华、北京大学刘福绥等合作，提出了A15相超导体中A原子各d电子子能级相对移动量与超导临界温度的关系，并由此进一步对A15相超导体超导临界温度与晶格常数的关系作了理论解释。罗启光在与清华大学物理系王荣跃等的合作中，得到了L12型超导体T_c的表达式，又用严格的数理统计理论导出了B2型超导体的T_c公式。他的T_c与电负性规律性的文章发表后[5]，受到相当程度的关注（至1993年，得到了国内外刊物33次引用），还引起了科学家们对测量电负性的重视，由此产生了用光谱测量电负性的新方法。这个工作获1996年国家科技成果奖。

1977～1980年，吉光达和蔡俊道与北京大学吴杭生、南京大学蔡建华、龚昌德合作开展了超导临界温度理论的研究。在《物理学报》发表了“超导的临界温度理论”（Ⅰ）、（Ⅱ）、（Ⅲ）共7篇文章，导出了临界温度T_c的严格级数表达式，并讨论了其收敛范围。此工作获得了1980年中科院科技成果四等奖。

第三节 第Ⅱ类超导体的技术应用

根据前述第Ⅱ类超导体的性能，其依外磁场的大小可以是迈斯纳态，也可以是混合态，所以第Ⅱ类超导体可以满足多方面应用的需求。这里介绍的是早期物理所根据国家发展需要承担的一些课题。所取得的初步研究成果说明，发展应用方面的超导研究是能够为国家需要作出贡献的。

一、超导强磁体研制及其应用

在发展Nb_3Sn和铌－钛线（带）材的同时，在管惟炎领导的504组的编制中，李世恕等分出成立了508组，

研制超导磁体。1975～1976年受中科院委托，该组于鲲负责在中国建立了第一个内径为40毫米，磁场强度为11.2万奥斯特的Nb_3Sn和铌－钛混合超导磁体装置。此项目获1978年中科院重大科技成果奖。

1978年，为满足磁体应用的需要，物理所派于鲲参加，与黑龙江省鸡西市电工仪表厂共同承担磁体电源研制任务。他们用1年时间研制成功满足要求的电源。定型为JWL−150A型超导磁体电源，获1981年黑龙江省政府颁发的优秀科技成果二等奖。

超导磁体的一个实际应用是超导电机的研制。由第六机械工业部武汉二十二所于1967年提出的超导电机研制项目由宋士元、田秀琴和冯明臣承担，与电工所合作共同进行。超导电机的结构：定子是超导线圈，转子是正常导体（铜）线圈，设计功率为20千瓦，于1970年完成，获得1978年科学大会奖。

二、早期微波技术应用

1966年7月，低温室承担了总参谋部的“研制红宝石行波微波激射器”的任务，为此建立了902任务组，由陶宏杰负责。该项目是要研制出一个微波受激量子放大器，用以接收卫星发射来的信号。其中心频率分别为4000兆赫和7000兆赫，3分贝带宽大于20兆赫。项目工作内容包括量子放大器微波结构及必要的微波元器件的设计，工作物质红宝石（物理所晶体学室提供）设计加工，铁氧体隔离器的研制，超导磁体的设计与研制，以及低温容器的设计与加工等。任务组采用微波激射方案的梳型慢波结构。研制出4000兆赫行波管，在1.8K温度下，电子增益达到40分贝，最高达到51分贝，扣除插入损耗，净增益一般在20分贝。这是中国首次研制出的接近实用的微波受激量子放大器。

杨乾声组在1969～1971年参与天线小型化会战任务，包括超长波发射台和发射天线中用低温线圈的可行性研究，以及超长波超导接收天线的研究等。他们用铜线圈制作的两个性能一致的20千瓦超长波发射机，比工作在室温的发射机的体积小70倍。超长波超导接收天线采用的是铌线（在4.2K工作），研制成的20千赫超长波接收天线，其性能与常规天线比较，信噪比增加了20分贝。

三、超导重力仪研制

1970年，为解决地质和地球物理研究中地球重力长周期变化的测量问题，同时对地震预报提供参考信息，国家科委和国家地震局委托物理所低温研究室研制超导重力仪。为此成立了506组承担这一任务，组长钟锁林。1972年，赵柏儒任组长。合作单位是中科院地质所和河北地震大队。重力仪总体组（郑家祺等负责）设计制作了超导重力仪装置。其核心部分是铌线绕制的持续电流线圈超导磁体和中空超导球组成的基于迈斯纳效应的超导磁悬浮系统。超导重力仪的测量系统包括利用约瑟夫森结为基础的超导磁强计（李宏成等负责）和电容电桥静电反馈检测系统（容锡燊等负责）。前者因研制时间长和国外禁运而没有用上。后者则作为超导重力仪的实际检测系统。他们还解决了大气压变化和漏热造成的温度波动对超导重力仪带来的不稳定问题。所研制的超导重力仪分辨力在10微伽（μgal）量级（$1gal \approx 10^{-3}g$，g为重力加速度）。1976年起，他们研制的超导重力仪能够在实验室一次不少于两天连续观测到地球固体潮汐（地球重力受月球影响的周期性变化）的轮廓。此项目于1978年结束。

第四节　液氮温区铜氧化物超导体的发现和早期的探索研究

国际上公布在BaLaCuO系统中存在有T_c为35K的超导相之后，物理所赵忠贤和陈立泉团队以科学的研究思维和方法，在国际上独立发现了BaYCuO液氮温区超导体，并在其后取得了多方面的研究成果。

一、液氮温区超导体的发现

1986年9月，IBM在瑞士苏黎世实验室的柏诺兹和缪勒关于BaLaCuO系统中可能存在转变温度为35K的超导相的文章发表，10月测出其抗磁效应，证实这种氧化物系统的超导性。不久，日本田中昭二（Tanaka Shoji）等重复了他们的结果，同时又得到了SrLaCuO超导体。赵忠贤等在1986年9月下旬开始研究，12月制出了起始转变温度为48.6K和46.3K的SrLaCuO和BaLaCuO超导体[6]，且48.6K是当时SrLaCuO超导转变温度的最高记录。在多相BaLaCuO中，赵忠贤等还发现70K超导迹象，这一结果引起全世界关注。

1987年2月初，美国休斯敦大学吴茂昆和朱经武等发现90K附近的超导氧化物，但未公布材料成分信息。

赵忠贤等在1987年2月19日独立制出BaYCuO液氮温区超导体，抗磁出现温度93K（图1），并于2月25日首先公布了元素成分。这一发现为世界各国承认。接着与国际上同时，独立地用多种稀土元素替代Y，获得10种液氮温区超导体，最早的一批结果在3月27日发表[7]。

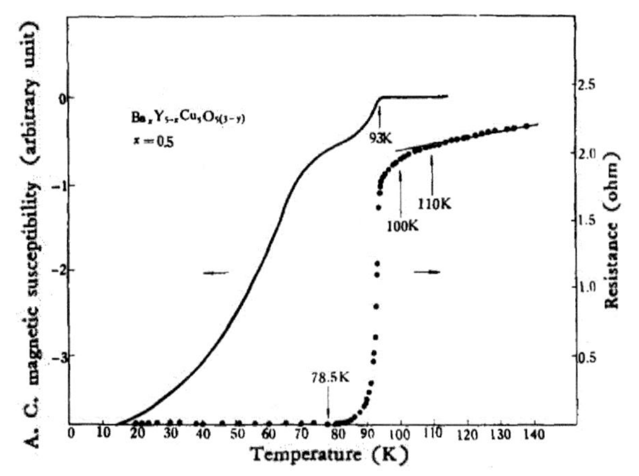

图1 液氮温区超导体BaYCuO第一个零电阻和完全抗磁性测量结果[7]

对于物理所的液氮温区超导体的发现，国家科委、中国科协和很多国内外同行都来电祝贺，中科院给予了特别表彰。发现液氮温区超导体的研究团队（图2）获“液氮温区氧化物超导体的发现和研究”中科院科技进步特等奖（1988年），“液氮温区氧化物超导体的发现”获国家自然科学一等奖（1989年）。杨振宁、李政道、N.布洛姆伯根、K.A.缪勒到物理所访问，都亲笔留言表示祝贺。第三世界科学院（今发展中国家科学院）授予赵忠贤第三世界科学院物理奖。

图2 发现液氮温区超导体的研究团队合影

至1987年8月，在物理所支持和组织下，所内有多个学术片，涉及20多个组投入到高温超导体的探索研究，在对新发现的YBaCuO超导体的研究中取得了一些重要结果。叶维江、杨沛然组在国际上最早用持续电流方法确定了YBaCuO超导态时2×10^{-18}欧·厘米的剩余电阻率上限；林泉组在国际上首先确定了（123）相YBaCuO在实验误差±0.2K范围内无铜的同位素效应。张殿琳组在国际上独立地以霍尔效应确定了YBaCuO超导体的载流子是空穴型的，并确定了通常工艺制备的YBaCuO晶粒存在壳层结构和超导弱联；陶宏杰、陈莺飞和杨乾声等用点接触隧道效应证明了YBaCuO超导体存在能隙，证明微波场中YBaCuO的约瑟夫森结感应台阶高度服从贝塞尔系数关系，与低温超导体相同；理论研究的进展是，用近半满哈伯特模型得出，在某些参数范围，反铁磁序参量与超导（RVB）序参量共存对系统能量有利的观点。

二、物理所对铜氧化物超导体相结构的界定以及超导与微结构关系的揭示

梁敬魁、解思深、车广灿、董成等与国际上同期确定了稀土氧化物超导体的结构和相图，部分结果是世界上最早发表的。1987年3月27日正式发表了LaBaCuO(112)结构的超导性，之后用晶格常数方法确定了（123）相的固溶区及对超导性的影响，上述结果是世界上最早的；与国际上同时确定了YBaCuO超导相的结构为正交（123）结构；给出了YBaCu、LaBaCu、GdBaCu和NdBaCu三元系氧化物相图，确定了镧系和钕系中存在（123）相的固溶区，而在钇、钆系中不存在这种固溶区；林泉和严启伟等用中子衍射方法确定了YBaCuO在室温的正交结构和氧含量，以及在750℃的四方结构和氧含量；麦振洪等在国际上较早地发现了大块烧结“单相”YBaCuO材料的微区成分不均匀；发现粉末烧结的YBaCuO大块材料中掺HoBaCuO有利于J_c的提高。

物理所还先后对几种主要的铜氧化物超导体的相关系进行了较全面研究，包括镧系，铋系和汞系。1988年1月27日，继日本前田雅辉（Maeda Hiroshi）等之后，赵忠贤和陈立泉团队研制出了名义成分为BiSrCaCuO无稀土氧化物超导体，用交流磁化率测量确定了该材料中存在$T_c>100$K的超导相。接着赵忠贤等和范海福、李方华合作，将电子衍射与晶体结构分析中的直接法相结合，对Bi-2223无公度调制结构细节与超导电性关系开展了研究，发现了沿b轴方向存在一维无公度的调制（调制周期为25.3埃），探讨了调制结构在铜氧化物超导体中的形成规律。特别是发现了Bi-2223相的三层铜氧面之间存在氧桥，对不同铜氧面上载流子的形成及分布提

供了直接观测的可能，文章发表于1988年2月24日[8]，是世界上这方面最早的结果。1991年物理所攻下了合成纯BiSrCaCuO体系2223相的难题，确定了Bi-2223相、Bi-2212相及Bi-2201相的（*mmm*）空间群。

1988年3月1日，物理所研制出了抗磁性出现的温度为117.5K的TlBaCaCuO超导体，工艺改进后，零电阻温度达到120K。随后发现了其两种超导相，即2223相（T_c=120K）和2212相（T_c=90K），并确定了一系列点阵常数和相关系，以及沿*c*轴方向不同堆积层数的铊系铜氧化物超导体晶体结构，定出了上述两种铊系超导体的空间群和通式。

1988～1989年，郑家祺组与中国原子能研究院合作，用微分角扰动关联方法（DPAC）进行了YBaCuO超导体系统微结构和超导电性关系的研究。他们按比例以同位素^{111}Ag部分代替铜的位置。以^{111}Ag作为探针测量中间态核磁矩与外场相互作用导致的扰动。观察到两个独立的电场梯度相分别对应于缺氧的钙钛矿结构YBaCuO中的Cu(1)链和Cu(2)面，并发现Cu(1)链非轴对称部分在90K附近有突变，是Cu-O链对YBaCuO系统超导电性起决定性作用的证据之一。此项研究成果获得了核工业部1989年科研成果二等奖。

为配合新材料探索，董成为多晶材料结构分析和数据处理开发出“Powder X”软件，并获得了国家计算机软件著作权登记证书，为新材料探索作出了直接的贡献，国内外有300多个实验室和研究组使用。

梁敬魁、车广灿和陈小龙合著了《高T_c氧化物超导体系的相关系和晶体结构》(1994年）和《新型超导体系相关系和晶体结构》(2006年）两本专著。

三、物理所高温超导体薄膜的攻关研究

鉴于高温超导体为钙钛矿结构陶瓷类材料的本征性质，要发展研究和应用必须进行薄膜生长的探索研究。1986年12月在物理所公布LaBaCuO化合物70K的超导迹象后，李林、赵柏儒即开始进行了薄膜研究。他们首次用超导靶材，采用射频磁控溅射先沉积非晶态薄膜再进行晶化的过程，在蓝宝石（Al_2O_3）基片上生长出LaSrCuO薄膜，1987年1月24日测到T_c>27K的结果，并独立测定出这类材料〔靶（块）材和薄膜〕上临界磁场随温度变化关系的第Ⅱ类超导体属性[9]。1987年3月下旬，他们又生长出YBaCuO薄膜，起始超导转变温度为89.5K[10]。此后郑家祺组，周均铭组，还有北京大学、北京有色金属研究总院也投入到YBaCuO薄膜的研究。物理所对薄膜研究进展非常重视，所里每两星期讨论一次，并将YBaCuO薄膜的零电阻温度达到90K为努力目标。1987年5月，郑家祺组采用电子束蒸发技术在钙钛矿结构的氟化钡基片上生长YBaCuO薄膜，首次在国内将其零电阻温度达到了80K。陈正豪组于1987年6月在国内发展了脉冲激光沉积法制备YBaCuO薄膜的工作。1987年7月，国家超导中心正式启动攻关计划，目标是YBaCuO薄膜的零电阻温度90K和临界电流密度J_c达1×10^6安/厘米^2（77K，零磁场）以上。之后，郑家祺组和陈正豪组合作，用脉冲激光沉积技术生长YBaCuO薄膜，零电阻温度达到80K。1988年，李林和赵柏儒在临界电流密度攻关中系统地进行了临界电流密度和微结构关系的研究，仔细分析了薄膜中存在的超导弱联及解决的途径，有效地提高了临界电流密度。1988年12月，他们在国内率先取得了突破性进展，对于零电阻温度为90.5K的YBaCuO薄膜，J_c达到了1.34×10^6安/厘米^2，薄膜质量全面达到国际水平，提前实现了国家攻关目标。期间，他们还利用离子束溅射的方法制备了T_c达90K的YBaCuO薄膜。在整个攻关过程中，物理所化分组在薄膜成分的分析方面给予了密切的合作。

YBaCuO薄膜研究的成果推动了超导薄膜器件研究的发展，1987年中科院成立了超导器件攻关组，进行了多种薄膜器件的研制。1989年9月前主要由李林、赵柏儒组提供薄膜材料。

1987～1988年，李宏成在德国卡尔斯鲁厄研究中心访问期间，采用直流磁控溅射制备高温超导薄膜，取得很好结果。1988年3月回所后，即开展薄膜制备工作，制备的GdBaCuO薄膜的超导转变温度和临界电流密度等主要指标比较稳定。1989年9月，他们用直流磁控溅射方法制作出了J_c>10^6安/厘米^{2}的YBaCuO薄膜，最高达3.8×10^6安/厘米^2。他们为所内外许多研究组提供了高质量薄膜。

1989年，李林、张鹰子等利用直流磁控溅射一次成膜获得了J_c最高达3.8×10^6安/厘米^{2}的YBaCuO薄膜。

从1987年下半年起，基于在晶体生长方面的优势，物理所开始投入力量发展了多种用于高温超导体薄膜生长的单晶基片，后由物科光电公司向国内外用户销售。同时相关研究组制备的一些薄膜和制备薄膜的靶材也通

过物科光电公司销往美国、欧洲、俄罗斯和香港等多个国家和地区。

1991年，鉴于对高温超导体薄膜研究所作出的贡献，李林、李宏成、赵柏儒等获得中科院科学技术进步一等奖，国家科学技术进步二等奖。赵柏儒、李林等获得第一个高温超导体薄膜生长的专利，即“液氮温区超导薄膜及其制备方法”国家发明专利（87102739.9）。

四、铜氧化物超导体的进一步探索

YBaCuO等铜氧化物高温超导体发现之后，寻找新超导体就成为物理所超导研究领域的一个重要内容。1991年起，赵忠贤组从几个方面进行了新材料的探索，不但合成出几乎所有的主要氧化物超导体材料，而且做出了一系列相图。进一步，从元素替代、工艺条件（高压合成和电化学等）入手，注意研究超导电性与微结构的关系，在多个体系中取得了重要成果。几年中先后合成了几十种新的化合物（有些是新超导体）。主要工作包括：

1992年，首次将氧化硼（BO集团）引入了铜氧化物，发展起了含BO_3根的1212相$(B_{0.5}Cu_{0.5})Sr_{0.8}Ba_{1.2}YCu_3O_{7-y}$新的超导体体系（$T_c$=51K），引起了国际上对硼离子在超导体中作用的重视。此外，还进行了氯、溴、硫、硒等元素的掺杂研究。

1991年，赵忠贤、姚玉书等建立起了高温高压装置，进行铜氧化物超导体的合成研究。1994年前后，他们采用高温高压技术首次合成了具有空穴型载流子的T'相超导体，表明紧邻CuO_2面有阳离子缺陷，可以向CuO_2面内注入载流子。

无限铜氧层化合物超导体的超导电性与晶体结构密切相关。无限铜氧层超导体不像通常的YBaCuO等空穴型超导体那样晶体结构中有CuO_6八面体（上下有顶点氧），而只是CuO_2平面。当时学者们认为，这是理想的更高T_c的超导体。1994年，赵忠贤组用高压技术成功生长出不含顶点氧的无限铜氧层电子型超导体$(Sr,Nd)CuO_2$，T_c=40K，在结构上观测到一种从$a\times a$的四方结构向$2a\times 2a$结构转变的调制相，并确定了超导电性只存在于$a\times a$的四方相结构中[11]。接着又生长出$(Sr,Y)CuO_2$等一系列不含顶点氧的无限铜氧层电子型超导体。赵柏儒等与他们合作，所作的$(Sr,Nd)CuO_2$薄膜（在20K出现超导转变）与这种块材有一致的结果。这些工作不支持无限铜氧层化合物是更高T_c超导体的说法。但这类铜氧化物超导体的制备难度特别大（尤其是薄膜），寻求其是否具有更高T_c仍是让人们感兴趣的课题。

1994年，车广灿和赵忠贤首次合成了T_c达80K的123相$LaBa_2Cu_3O_7$超导体，这可能说明1986年在LaBaCuO样品中观测到的70K超导迹象，来源于微量存在的123相$LaBa_2Cu_3O_7$。他们进一步研究相图发现123相$LaBa_2Cu_3O_7$体系存在很大固溶区，认识到镧和钡之间可能相互替换，导致该体系T_c比较低。1999年，他们发展了一种特殊工艺，可以阻止镧和钡的相互替位，从而获得了T_c达97K的$LaBa_2Cu_3O_7$超导体[12]。

1991年，赵忠贤、车广灿、姚玉书等对于公认的不可能超导的PrBaCuO−123相，在掺入元素钙之后，合成出$(Pr_{0.5}Ca_{0.5})Ba_2Cu_3O_7$超导体，$T_c$达115K，创造了“123”相超导体系超导转变温度的最高纪录，也使多年一直未解决的镨抑制“123”相超导电性的机理问题有了突破的可能，在第六届国际高温超导材料和机理大会（M^2S−HTSC−Ⅵ）上这一结果受到广泛关注。

随后一系列新超导体$[(R_{0.4}Pr_{0.6})_{0.5}Ca_{0.5}]Ba_2Cu_3O_7$(R=La,Nd,Sm,Eu,Gd,Y)成功合成，T_c>90K。他们的上述工作可以得到一个结论，即较轻稀土元素形成的“123”相超导体都可得到较高的T_c。

汞系超导体是已知T_c最高的超导体，合成比较困难，尤其对水汽十分敏感。通过研究，发展了将原料直接混合和一步合成的工艺，得到了几种汞系超导体的单相样品。并进一步采用高温高压合成的方法制备出临界温度为134K的$HgBa_2Ca_2Cu_3O_x$和120K的$HgBa_2CaCu_2O_y$超导体。

五、铜氧化物超导体单晶生长和研究

高质量单晶样品对超导体物理性质研究无疑是十分重要的。在高温超导体发现之后，物理所就组织力量开展单晶样品的生长工作。早期利用自助溶剂方法生长的YBaCuO单晶都比较小。在铋系超导体单晶生长方面较早取得进展，1988年严易峰等采用自助溶剂法生长出了大尺寸的Bi−2212单晶样品，在此基础上开展了一系列物理性质（各向异性电阻率、热电势、能隙等）的测量，并和国际上许多实验室进行了合作研究。20世纪90年代后期，利用金坩埚生长出更高质量的Bi−2212单晶样品，美国斯坦福大学利用这些单晶进行了大量角分辨光电子谱实验工作。1991年超导实验室又制备出高质量的

Bi-2201单晶，并和国外的研究机构开展了光电子谱实验。2000年以后，超导实验室多个研究组都生长了不同掺杂浓度的系列铋系单晶样品，用于输运、热学、光电子谱和中子等多方面物理性质测量。

对许多氧化物超导材料，浮区法生长单晶是一种很好的方法。1999年，超导实验室开始这方面的研究。从2001年起，周放等采用红外加热浮区法生长出高质量$La_{2-x}Sr_xCuO_4$（LSCO）系列超导单晶，锶掺杂浓度$x=0.063\sim0.16$。其中$x=0.11\sim0.16$的单晶布拉格反射X射线双晶衍射摇摆曲线半高宽（FWHM）仅为113～150弧秒（0.03°～0.04°）；晶体直径达到6～7毫米，长约100毫米。利用这些高质量单晶样品和国际上的多个实验室进行了很好的合作。随后超导实验室和其他实验室又引进了多台类似设备，用于超导体单晶样品的生长。

超导实验室还开展了熔融织构的123单畴大块样品的制备研究，采用薄膜作子晶的液相外延生长方法获得成功。此外，还通过样品制备工艺研究了Nd-123中第二相提高磁通钉扎效应的途径。

六、多类型铜氧化物超导体薄膜的生长和研究

为了进行物理机理研究和研制无源和有源电子学器件，必须发展多种类型的薄膜材料，特别是超薄、多层集成的薄膜以及钙钛矿结构铜氧化物超导体和相关氧化物异质外延集成薄膜。所以，在完成高温超导体薄膜的攻关研究之后，薄膜研究仍然是物理所高温超导研究的重要方面之一。

（一）YBaCuO超薄膜、多层薄膜和铊系薄膜生长研究

20世纪90年代初，李林、赵柏儒等将薄膜研究工作转到发展多种类型薄膜上，开始发展YBaCuO/PrBaCuO多层膜，以此为基础开展了磁通动力学各向异性和维度渡越等研究。

为了生长更高质量的多层膜，他们加强了YBaCuO超薄膜的生长实验，以研究薄膜初始成核和生长模式。1995年，他们在$SrTiO_3$（STO）基片上生长了一系列厚度从1个原胞（约12埃）到16个原胞的YBaCuO超薄膜。并和化学所白春礼组合作，利用STM观察到了YBaCuO薄膜的螺旋生长模式，得到了从两个原胞厚薄膜螺旋密度为10^6/厘米^2，到10个原胞厚薄膜螺旋密度为10^9/厘米^{2}的变化规律。对于1个原胞厚的YBaCuO薄膜的T_c为24K的问题，他们由失氧和二维涡旋-反涡旋对拆对的KT相变的物理机理给予了解释。

与此同时，张鹰子等在$SrTiO_3$基片上生长了铋系薄膜，利用超导实验室的原子力显微镜观测到了其为层状生长，说明YBaCuO和铋系薄膜存在不同的生长模式。

2000年下半年开始，李林带领博士后赵新杰等开始TlBaCaCuO薄膜的生长研究，他们自己建立起了薄膜生长和铊的防护设备，研究成膜条件，经过一年多的反复实验，于2001年11月生长成功$Tl_2Ba_2CaCu_2O_8$薄膜。从此，SC5组成为物理所唯一研究铊系薄膜的研究组。2003年，在863计划项目支持下，该组陈莺飞等研制成功2英寸双面$Tl_2Ba_2CaCu_2O_8$薄膜。

李宏成、闻海虎、张鹰子等也先后开展了YBaCuO、GdBaCuO及$Tl_2Ba_2CaCu_2O_8$薄膜的涡旋玻璃态-液态相变的研究。

1996年，光物理实验室周岳亮、吕惠宾、杨国桢等和超导实验室李林研制成功激光分子束外延成膜设备，以加强YBaCuO薄膜生长的控制，该设备以及制备YBaCuO薄膜的工作获中科院科技进步一等奖和1997年国家科技进步三等奖。

（二）大面积铜氧化物超导体薄膜研究

至21世纪初，国内大面积高温超导体薄膜制备技术和工艺还不太成熟，而高温超导微波器件又需要双面大面积超导体薄膜。为此，赵柏儒、陈正豪、周岳亮和郑东宁于2002年申请发展双面大面积高温超导体薄膜863计划项目，以推动国内超导大面积薄膜和超导微波滤波器等重要应用走向实用化。2002年10月该申请正式得到科技部批准，立项为“大面积实用高温超导薄膜的研制和产业化”，物理所为主持单位，联合参加的单位有南开大学、北京大学和物科光电公司，邱祥冈为首席主持人。他们建立了必要的成膜设备，研究和完善了双面2英寸大面积YBaCuO和TlBaCaCuO（2212相）薄膜生长机理、技术和工艺，研制的两类薄膜均稳定达到了微波器件研制的要求：YBaCuO薄膜T_c>90K，TlBaCaCuO薄膜T_c>109K，J_c均大于1×10^6安/厘米^2，微波表面电阻均小于500微欧，且有小批量生产的能力，达到了项目目标，还促进了物理所大面积薄膜制备所需靶材和基片的加工水平和产能的提高。项目于2005年通过科技部组织的验收。

（三）钙钛矿结构氧化物铁电体和锰氧化物磁电阻材料薄膜研究

高温超导体薄膜材料研究促进了钙钛矿结构氧化物铁电体和锰氧化物磁电阻材料薄膜技术的发展。相关课题组在这方面开展了工作并取得成果。

李洁、郑东宁等利用在有YSZ过渡层的硅基片上生长的LaCaMnO薄膜形成的高密度的孪晶界或大角度晶界的不同取向畴，观察到低场下较大的磁电阻效应。

李林等针对高质量高温超导体/铁电体异质薄膜的生长，较系统研究了斜切$SrTiO_3$基片上$YBa_2Cu_3O_{7-\delta}$薄膜生长的模式，制备出在斜切1°~3° STO基片上以step-flow模式生长的YBCO薄膜，表面粗糙度20纳米。李林于2000年应邀在*Mater. Sci. Eng.*写了一篇关于高温超导体/铁电体异质结的综述文章[13]。

1998年，李宏成与美国宾州州立大学物理系合作，在研究$SrTiO_3$外延薄膜生长方面取得了很好的结果，他们较为系统地研究了薄膜厚度对$SrTiO_3$介电性能的影响，获得了具有很低介电损耗的薄膜，发表的两篇文章总共被引用约250次。

郑东宁组针对电压调控微波移相的原理，对$(Ba,Sr)TiO_3$进行了较系统研究，并与何豫生组合作制备了移相器原型器件。

2002年赵柏儒应邀为美国Academic Press出版的*Handbook of Thin Film Materials*写了“High-T_c Superconductor Thin Films”一章（第4卷第10章）。

（四）薄膜生长的原位检测和生长控制

超导薄膜的研究促进了脉冲激光沉积（PLD）技术的发展，20世纪90年代又发展起了激光分子束外延（MBE）薄膜生长技术。与通常MBE生长技术一样，在激光MBE中也可以利用反射式高能电子衍射（RHEED）进行薄膜生长的原位观察。但是在PLD中，由于氧压较高，RHEED不能直接使用。1998年开始，李林、陈莺飞等建立了一台配有三级差分式的高气压RHEED及STM的PLD镀膜仪，用于YBaCuO超导体薄膜的外延生长。2002年后，李洁、陈莺飞、郑东宁等进一步将此系统完善，在采用三维转动样品台、减少气体分子散射和入射激光干扰、提高电子束质量和数据采集等方面进行了大量工作，观察到衍射花样和强度振荡曲线，实现了PLD生长薄膜的原位实时观测。利用该系统不但实现了结构相对较为简单的$SrTiO_3$和$LaAlO_3$材料的二维层状生长，而且在高温超导YBaCuO薄膜上也可实现二维层状生长。在实验中还观察到了温度和溅射率对薄膜生长模式，以及提高薄膜质量的重要作用。同时利用此系统，采用阶段性间歇式生长模式，对约40纳米厚的YBaCuO薄膜，始终可以观察到RHEED信号的振荡。在SOI（silicon on insulator）基片上，利用YSZ作为过渡层，外延生长了YBaCuO薄膜。并用RHEED监测保证界面和表面的平整度。

第五节 铜氧化物超导体和相关氧化物的物理性能研究

20世纪90年代，物理所钙钛矿结构氧化物超导体物理性能的研究主要集中于铜氧化物高温超导体的第Ⅱ类超导体性质方面。90年代后期，电子相和能隙对称性等问题的研究以多种途径开展起来（包括与其他钙钛矿结构氧化物的研究相结合）。2004年起，随着人才队伍增强和功能强大的研究设备和条件的逐步建立，超导国家重点实验室已逐步开展起高温超导体和相关氧化物角分辨光电子能谱、中子散射谱和核磁共振谱等的研究，已经开始获得了有关超导电性微观机理的信息。

一、磁通动力学研究

磁场进入超导体是以量子磁通线的形态存在的，它的芯子是正常态电子，环绕芯子的是超导涡旋线，芯子中正常态电子的运动就要产生能量损耗。为了获得无阻超流，就要钉住磁通线芯子使其不动，这就需要引进钉扎中心。由于高温超导体结构的各向异性和对掺杂的依赖性，在磁通动力学方面有其特有的性能，在高温超导研究的前十年中，磁通运动的研究是一个非常受关注的方面，超导实验室及其他实验室一些研究组在这方面开展了大量工作。

1994年，赵忠贤和北京科技大学李阳提出了一种由于超导体中元素替代造成应力的应力钉扎中心的思想。他们先后与闻海虎、李宏成等合作，利用不同稀土替代YBaCuO中的钇，发现了临界电流和磁通运动的不可逆磁场均有不同程度的上升，此为应力钉扎的证据。赵忠贤等还研究了熔融织构大块123材料中非超导相对磁通钉扎的影响。

1993～2004年，闻海虎参与建立并发展了一套广义反演方法，将实验测得的超导电流和磁化弛豫率，直接反演出本征临界电流和磁通钉扎势，用以有效辨认一个新超导体的磁通钉扎势和载流能力。他们还用此方法发现了平均自由程涨落钉扎模式。还通过实验证明了理论预言的各向异性超导体中，磁通系统会出现塑性方式运动的问题，以及Bi-2212单晶超导体的磁通布拉格玻璃转变在低温下没有截止点的问题。鉴于磁通和相关方面的工作，闻海虎于2002年获得第七届中国青年科技奖。闻海虎和李世亮、杨万里2004年获得国家自然科学二等奖，项目名称为“高温超导体磁通动力学研究”。

李林、赵柏儒、李宏成、邱祥冈、张鹰子等还分别在高温超导薄膜和异质多层薄膜上研究了高温超导体的磁通动力学问题，特别是利用多层膜研究了磁通钉扎和磁通运动的各向异性及与此相关的一些物理现象。

二、超导电子配对的d波对称性和赝能隙的研究

超导电子配对对称性的研究，一直是20世纪90年代以来认识铜氧化物高温超导体机理的一个重要方面。虽然d波对称性已成为共同的看法，但找到更多直接的实验证据仍是学者们感兴趣的课题。此外，铜氧化物超导体在T_c以上存在态密度减少的现象，即呈现正常态能隙，称赝能隙，这与传统超导体不同，对赝能隙的研究是高温超导机理研究的又一个重要议题。

2002年，赵柏儒等用测量安德列夫（Andreev）反射峰的存在研究了d波对称性。理论上预言，作为d波对称的高温超导体的波函数$d_{x^2-y^2}$，在{110}面有能量为零（相对于费米面）的束缚态。根据这个预言，金属和超导体异质结界面金属一侧中的电子入射到相对一侧超导体的{110}面时，就会产生安德列夫反射峰，所以如能生长这样的集成体系，测量安德列夫反射峰的存在与否就是d波超导体的判据之一。2002年，他们成功生长了{110}YBaCuO和$(La,Ca)MnO_3$集成薄膜，观测到了清楚的安德列夫反射峰，而界面是纯的{100}YBaCuO和$(La,Ca)MnO_3$形成的构型就只有安德列夫反射谷，即异质结的安德列夫反射研究是直接得到d波超导体判据的途径之一。

2004年，闻海虎等利用磁场中比热测量方法，在宽掺杂范围LaSrCuO系列单晶上观察到比热测量数据符合d波超导体的特征，给出了高温超导体的配对对称性为d波对称的证据。进一步，他们发现了超导能隙在d波的节点（nodal）处相对于欠掺杂量的变化，与赝能隙的规律一致，由此推论出超导与赝能隙密切相关。他们考虑到在超导态加磁场的情况下有新的准粒子激发，从而提出了在超导被破坏的正常态应该具有费米弧的特点，由此推出超导转变温度是由赝能隙大小和费米弧上的电子态所共同决定的，这些物理图像得到了一些实验结果的支持。进而他们对Bi-2201系单晶在最佳掺杂和欠掺杂情况下电子比热的测量和熵的计算，证明了正常态有电子配对态。

2005年，单磊、闻海虎等利用点接触的方法研究了电子型铜氧化物超导体中的赝能隙，并注意到与空穴型铜氧化物超导体的差别。此外，闻海虎等还通过正常态能斯特效应信号的测量来研究赝能隙及其起源。

2000～2004年，超导实验室的肖铭等对高温超导体赝能隙区临界涨落和电荷输运及位相动力学进行了研究。发现了d波超导体中磁性杂质的屏蔽行为。

在赝能隙研究方面，在1997年陶宏杰和国外合作者就首次利用电子隧道谱直接观测到Bi-2212系超导体单晶赝能隙的存在，这是国际上最早利用单电子隧道谱测量赝能隙的报道。

2005年以来，极端条件实验室的赵士平等利用微加工技术在Bi-系单晶上制备出亚微米量级的本征隧道结，进行了较为系统的隧道谱测量，研究了赝能隙随温度和磁场的变化以及和超导能隙的关系。

周兴江等在2006年建成真空紫外激光角分辨光电子能谱仪之后，对Bi-2201的超导能隙、赝能隙随温度和动量依赖关系进行了详细和精确测量，发现了二者之间的非常规演化关系。

三、电子相分离和电荷有序态的研究

由于电子的强关联特性，在极低掺杂情况下，高温超导体长程序反铁磁背景中的载流子呈现非均匀分布,称为电子相分离。这是20世纪90年代国际上的一个热门课题。赵忠贤在超导实验室提出进行这方面的研究。

1994年，赵柏儒组首先在国内对La_2CuO_4体系开展了这一课题研究，提出了用电子显微术与电子输运、磁化特性测量相结合直接观察电子相分离的设想。他们与电子显微镜实验室彭练矛合作在富铜、成分均匀和极低氧掺杂的样品（氧含量由美国休斯敦大学何北衡合作测定）上进行，在单相区域（微米尺寸量级）直接观测到了相分离形成的相对于最佳掺杂的超导区（150纳米量级范围），和周围极低掺杂的反铁磁

绝缘体区，这是典型反铁磁背景上的电子相分离。这种相分离区呈现非公度的调制结构，其在$b-c$平面内的调制矢量为$q = 0.192b^* + c^*/2$[14]。这和所观察到的条纹相相一致。赵忠贤等对高氧掺杂的镧铜氧化合物$La_2CuO_{4.12}$进行了类似的研究，他们观察到两种超导相的相分离，T_c分别为15K和41K。

李建奇于1998～2002年发展了强关联系统电子显微术的研究，提出了低温显微术方法。他们改进和提高了电子显微镜（H−9000NA）的功能，分辨率从0.35纳米提高到0.23纳米，后又引进了双倾转低温TEM台，分辨率达到0.25纳米（在95K温度下），特别适合于低温相变研究以及电子相分离和电荷有序化分析。同时他们还引进了PIPS 691精密离子薄化仪，使实验室的制样技术达到了国际水平。由此他们在用电子显微术研究电子强关联系统中取得了以下进展：观测到了高温超导体这种强关联系统的载流子局域化，电子条纹相和杨−特勒（Jahn−Teller，JT）效应；发现了$La(Sr)_2CuO_4$超导系统存在氧有序和电荷有序共存；系统分析了$La(Sr)_2NiO_4$中的电子条纹相。与此同时，他们又证明了锰氧化物中电子轨道的有序排列，并且确定了$La(Ca)MnO_3$中小极化子（载流子加上固体中感应极化形成的复合体）的存在及其物理行为[15]。

基于赵忠贤提出的欠掺杂$La_{2-x}Sr_xCuO_4$超导体中存在“魔数”载流子浓度的概念，董晓莉等通过欠掺杂$La_{2-x}Sr_xCuO_4$单晶磁性实验研究发现，在两个特定的锶掺杂浓度x =1/16 (0.0625) 和1/9 (约0.11) 附近，存在两个T_c分别为15K和30K的单一本征超导相；其实验特征包括具有相对窄的超导转变宽度、相对强的迈斯纳效应，以及超导转变温度在磁场下的“准刚性”现象。在后续进一步的$La_{2-x}Sr_xCuO_4$单晶磁性研究中，董晓莉等与美国休斯顿大学何北衡合作，提出了$La_{2-x}Sr_xCuO_4$（x=1/9）中30K本征超导相新的磁相图：发现了一个隐含的新的磁通相界位于磁通融化线下方；在此磁通相界之下，反铁磁序与超导序相互共存而不是竞争。

四、铜氧化物高温超导体角分辨光电子能谱研究

2004年5月，周兴江入选中科院百人计划，加入超导实验室，建立SC7组，研究方向为高温超导体角分辨光电子能谱研究。角分辨光电子能谱研究可以从费米面结构对高温超导体能隙对称性等方面提供本征的科学信息，揭示高温超导体的微观超导机理。为了在中国发展角分辨光电子能谱的研究，周兴江主持研制了国际上第一台超高能量分辨真空紫外激光角分辨光电子能谱仪，从设计、安装到调试都由他的研究组独立完成。能谱仪的重要之处在于采用了陈创天、许祖彦提供的具有中国自主知识产权的KBBF非线性光学晶体和棱镜耦合技术，以及真空紫外激光这种新的第三代光源。这些新技术的应用，赋予了角分辨光电子能谱仪独特的高功能，包括超高能量分辨率、超高光束强度和对材料体效应（材料表面以下更深层）测量的敏感性等，把角分辨光电子能谱仪技术提高到新的高度。

这台真空紫外激光角分辨光电子能谱仪于2006年11月研制成功。2007～2010年，他们组开展的工作取得了如下重要成果：①在Bi−2212体系中发现了一种新的电子耦合方式，对普遍关心的高温超导体中的高能色散和扭折，从本质上提出了新的认识[16]。②对高温超导体Bi−2201的超导能隙和赝能隙进行了高精度的测量，观测到其超导能隙为标准的d波对称形式，并提出了超导能隙和赝能隙的关系符合“单能源”的图像。2009年，他们在对Bi−2201欠掺杂区域的测量中，得到了费米口袋存在的证据[17]。特别是在正常态的实验中，观测到了费米口袋和费米弧的共存。这是尚没有理论预计到的情形。这些研究结果说明了真空紫外激光角分辨光电子能谱仪的强大功能。周兴江因上述工作于2009年12月入选为“新世纪百千万人才工程国家级人选”。该组利用高能量真空紫外激光光源能探测深层信息的优势，已经成为国际上角分辨光电子能谱研究的重要研究组之一。

五、铜氧化物超导体中子散射谱研究

2009年，戴鹏程以千人计划入选者从美国田纳西大学加入超导国家重点实验室，建立了SC8组，利用中子散射研究非常规超导体及其他强关联体系中的自旋涨落作为研究组的研究方向。因为高温超导体的超导电性关系着磁和超导的相互作用，超导电性的发生联系着材料的反铁磁背景的不稳定性，因此研究其自旋涨落将对理解高温超导电性机理起到关键性的作用。他们正在研制非弹性中子散射谱仪，并拟在中国原子能研究院的先进研究堆上建造一台热中子三轴谱仪。至2010年已经完成了谱仪的设计和模拟，将在中国散裂中子源上开展相关谱仪建设。

六、铜氧化物超导体核磁共振（NMR）谱研究

2009年，郑国庆以千人计划入选者从日本冈山大学加入超导国家重点实验室，建立了SC9组。他们的研究方向是以核磁共振（NMR）研究高温超导体的超导机理。NMR谱中有多种核自旋的相互作用，而且每一种都可能包含着丰富的结构和动力学信息。在超导体的研究中，这种信息可以判断超导电子配对方式。他们和相关研究组合作建设“超导及新功能材料的固体能谱测试平台”。SC9组已有一套核磁共振测量系统开展研究工作，包括一个12万奥斯特高均匀度磁体的核磁共振谱仪一套，还有自制氦气减压降温装置及相关仪器正在调试和进行初步的实验工作。

第六节　非铜氧化物高温超导体

2001年和2008年，国际上先后发现了MgB_2和铁基超导体。前者是多带超导体；后者是强磁性的铁对超导的发生起主要作用的超导体，不符合通常的磁抑制超导电性的理论和实验研究的规律。所以，对这两类超导体的研究，不仅对超导而且在凝聚态物理领域都是重要的科学问题。近几年超导国家重点实验室和物理所相关研究组从新材料探索、物理性能和机理方面对其进行了较全面深入的研究，取得了重要成果和进展。

一、二硼化镁超导体研究

MgB_2是日本科学家秋光纯（Akimitsu Jun）等于2001年发现的，其T_c=39K，正好被认为是BCS超导体T_c的上限，因而引起超导领域科学家们特别的兴趣。它也是第一个被明确发现具有多带效应的超导体，因此表现出很多新的物理现象。同时MgB_2基本晶体结构属于六角晶系，沿c轴具有明显的层状排列特性。所以对这类材料的研究是超导研究的新发展。

超导实验室部分组在较短的时间内就合成出高质量的MgB_2超导体。SC1组闻海虎等在磁通动力学研究上，通过磁场下电阻－温度关系的精细测量，得到H_{c2}−T相图，发现在低温下MgB_2上临界磁场与磁通融化场之间存在一个反常大的间隙，这可解释为多带效应导致的磁通量子涨落增强[18]。2008年，他们在深入研究中发现了强磁阻和非线性霍尔效应，同样利用多带效应给予了解释。同时他们还确定了每个能带电子散射率随温度变化的关系[19]。张鹰子等发现了MgB_2中涡旋量子隧道效应[20]。SC4组赵忠贤等首先采用高压合成的方法制备MgB_2，获得具有高临界电流密度的样品。随后他们还研究了$MgCNi_3$超导体的结构和超导电性。SC2组李建奇和郑东宁研究了掺铝（铝部分代替镁）的MgB_2超导体，发现掺铝对T_c和上临界磁场及正常态电阻等的调控都起因于铝替代对费米能级电子结构的改变[21]。SC3组陶宏杰等通过对安德列夫反射谱的研究，得到了MgB_2具多带（多能隙）的证据[22]。2010年，邱祥冈通过红外光谱的研究，首次在具有周期性孔阵列的MgB_2薄膜上，观测到超导态下的表面等离子体，其在传播过程中的耗散比正常态情况下降50%。各个方面的研究进展形成了对MgB_2超导体的较全面的认识，也为研究其多带电子散射和超导特性的关系提供了新的途径。

二、铁基超导体的超导电性研究

铁基超导体的进一步探索，机理研究和薄膜研究是超导实验室这些年来对铁基超导体研究的几个主要方面。

（一）铁基超导体的进一步探索

2008年2月18日，日本科学家细野秀雄（Hosono Hideo）等通过日本科学技术振兴会发布的新闻公报称，发现了T_c为26K的铁基超导体LaFeAsOF。随后出于对铁可能促进超导电性的奇特事实的兴趣，国内对这种新超导体的研究即形成了热潮。最先开展研究的是物理所超导国家重点实验室赵忠贤组、极端条件实验室王楠林组和中国科技大学陈仙辉组。3月25日和26日，陈仙辉和王楠林先后报道了用钐和铈替换镧，T_c分别提高到43K和41K的掺氟的SmOFeAs和CeOFeAs超导体。

赵忠贤组任治安和车广灿在几天内重复了这种26K的超导体后，随即考虑从两个方面开展铁基超导体的研究：一是考虑用稀土元素的替代探索新的高T_c铁基超导体；二是考虑不掺氟，在氧的位置形成氧空位，引入载流子调控来实现超导。2008年3月28日，他们制作出不掺氟的PrOFeAs超导体，T_c达52K，首次将铁基超导体的T_c突破50K。3月30日，制作出的NdOFeAs的T_c也达到52K。随后他们利用超高压技术，制作出了一系列不掺氟的超导体，其中SmOFeAs的T_c最高，达55K[23]。氧空位铁基超导体的工作在国际上引起重视，在这之后日本国立产业技术综合研究所（AIST）的伊豫彰（Iyo Akira）也公布做出了钕系的氧空位超导体。他们共制作出十种

系列的氧空位铁基超导体ROFeAs(R=La, Ce, Pr, Nd, Sm, Gd, Tb, Dy, Ho, Y)。这种结构的超导体后来被定义为1111系列超导体。包括砷、硒和磷元素等的铁基超导体系列还有122相、111相和11相。其中122相的$KFe_{2-x}Se_2$由纳米实验室陈小龙组发现，111相的LiFeAs相由物理所极端条件实验室靳常青组独立发现。

2008年，闻海虎组以2价的锶部分代替3价的镧，发现了第一个空穴型铁基超导体[24]。他们还于2008年率先生长出氟掺杂FeAs-1111单晶，发现其各向异性因子为5，具有很高的上临界磁场，同时发现其具有双能隙特征，并确定了两个能隙的大小和权重[25]。2009年，他们又独立发现了多个新铁砷母体材料，首次合成出一种新结构的铁砷材料$(Sr_3Sc_2O_5)Fe_2As_2$。它的结构特点是具有较大的铁砷面间距。他们又于2009年率先合成出一种新超导体$(Sr_4V_2O_6)Fe_2As_2$ (T_c=37K)[26]。2010年，闻海虎获海外华人物理学会"亚洲成就奖"。

（二）铁基超导体角分辨光电子能谱研究

周兴江组利用角分辨光电子能谱仪对铁基超导体的电子结构、费米面和超导能隙进行了研究，获得了重要进展。2008年，他们和其他研究组合作，对铁基超导体122相$(Ba,K)Fe_2As_2$进行角分辨光电子能谱实验，最先报道了铁基超导体的能隙结构，确定了其存在多带、各向异性、无节点并和费米面相关的超导能隙。随后在对其母体$BaFe_2As_2$的磁转变和结构转变后电子结构的测量中，发现了电子型超导体电子结构所表现出的剧烈结构重组和没有明显能隙打开的现象，这显著区别于典型的自旋密度波行为[27]。2010年，他们率先对1111相CeFeAsO的电子结构进行了全面深入的研究，发现围绕布里渊区中心存在一个大的空穴费米面，而能带计算并没有预言此费米面的存在，表明在1111体系铁基超导体中可能存在一种表面态。此外，他们还第一次在此种铁基超导体的母体中观测到色散扭折[28]。期间他们还与其他研究组合作，对$A_xFe_{2-y}Se_2$（A=K,Rb,Tl等）铁基超导体体系观察到另一种新的物理现象，发现在超导转变温度为32K的$Tl_{0.58}Rb_{0.42}Fe_{1.72}Se_2$超导体系中，围绕布里渊区中心的γ点不存在空穴型费米面，而首次观察到围绕γ点存在两个电子型的费米面，不同于能带理论预测及部分实验测量得到的没有或只有一个费米面的情形。这为完整认识122系铁基超导体的电子结构提供了重要的实验依据。进一步的超导能隙测量结果表明，在几种情形下费米面都无能隙结点，而具有接近各向同性的超导能隙，这也为铁基高温超导体机理的建立提供了重要信息[29]。

（三）铁基超导体的自旋动力学研究

戴鹏程在2008年建立研究组之后，工作之一是对镍掺杂（电子掺杂）的铁基超导体$BaFe_2As_2$大块单晶以中子散射进行自旋涨落的系统性研究。他们发现在最佳掺杂附近，不存在长程序反铁磁与超导的共存，而是存在非公度短程反铁磁与超导之间的竞争。进一步研究发现这种电子掺杂系统中，Fe-As面内存在自旋激发各向异性。虽然其横向和纵向的激发宽度都随着镍掺杂浓度的增加而增加，但前者的增速更快，该结果与理论计算相一致，表明该体系低能自旋激发是由巡游电子贡献的。为了对比，他们还测量了空穴型（钾掺杂）$Ba_{0.67}K_{0.33}Fe_2As_2$中的自旋激发，发现Fe-As面内激发的各向异性与电子型（镍）掺杂的相反，即纵向激发宽度比横向的增速要快。该研究组还对其他铁基超导材料的自旋涨落进行了研究。他们首次在$FeSe_xTe_{1-x}$体系中发现了"沙漏型"自旋激发谱，即其面内非公度峰的位置随着能量的增加呈现出先靠近再分开的趋势。他们率先给出了$Li_{1-x}FeAs$中的自旋激发谱，发现这类材料具有天然的电子过掺杂的特性。

郑国庆研究组李政等与德国马普学会固体物理所的林成天研究组合作，从2009年起，对LiFeAs开展深入的核磁共振研究。他们对LiFeAs进行了核四极（NQR）和核磁共振（NMR）实验，发现在T_c以下，自旋晶格弛豫率（$1/T_1$）随温度的变化与传统s波超导体行为不同，不存在相干峰，但可以用存在杂质散射的$s^{\pm}$波进行拟合。在正常态，高温部分$1/T_1T$和奈特位移（K）都随温度降低而下降，但在50K以下不随温度变化，由此得到的科林加系数〔$(4\pi k_B\gamma_n/\hbar\gamma_e)T_1TK^2$〕接近于1，说明LiFeAs呈现弱的电子关联特性，这也许是该系统T_c较低的原因。

（四）铁基超导体薄膜研究

铁基超导体薄膜研究对深入进行这类超导体的物理性质的认识和应用十分重要。2008年曹立新从铁基超导体发现起，就投入了铁基超导体薄膜的研究。他们首先从晶体结构简单的11相FeSe和FeSe(Te)超导体入手，解决了生长这类薄膜的两个关键问题：真空封装烧结FeSe靶材，以固定靶材成分；保持在$10^{-4}\sim10^{-5}$帕真空下制膜，尽量减少背底杂质气体污染。2008年，他们生长了纯单相FeSe超导体薄膜，T_c=7K[30]。对于FeTe，其块状材料是不超导的。2010年，他们采用（001）取向的

LAST、MgO、$SrTiO_3$和$LaAlO_3$基片，都得到了超导的FeTe薄膜。他们发现，这些FeTe薄膜超导电性的获得是由于薄膜与基片界面正或负的拉伸应力所引起。因为在薄膜生长过程中产生的拉伸应力，导致了FeTe薄膜在70K附近结构和磁的相变的弱化，而这种弱化有利于超导电性的发生[31]。2010年12月，曹立新被批准建立了一个新研究组SC2组，主要从事铁基超导体薄膜研究。

三、介观超导体和相关体系的研究

在材料的物理特征长度（如超导体的相干长度或磁场穿透深度）量级研究其物理性能就属于介观物理范畴。另外，人为地制造一些周期性结构超导体约束磁通线的运动，或用红外光谱研究人造周期性系统及其表面的色散关系和表面等离子体等，也属于介观物理范畴。这是2002年以后超导实验室开展的一些研究课题。

（一）铅膜超导量子尺寸效应研究的新发现

在铜氧化物超导体研究进程中，常规超导体研究也以新的方法深入进行。2004年，赵忠贤和薛其坤合作，研究了超薄铅膜的超导转变温度T_c的量子尺寸限制效应和上临界磁场的调制效应。他们在大面积硅片上生长厚度为原子尺度的铅膜，当薄膜厚度以一个原子层一个原子层增加时，观测到超导转变温度表现出周期性振荡行为[32]。这种振荡行为可以是薄膜中电子德布罗意波的法布里－珀罗干涉，它调制了费米面附近电子的态密度和电子－声子耦合强度这两个直接影响超导转变温度的因子。这说明通过控制与厚度相关的量子尺寸效应，可以调制薄膜的超导电性和其他临界参量。他们在其后对薄膜上临界磁场的测量中也观测到了振荡效应，只是临界磁场与超导转变温度对厚度的振荡位相相反[33]。

（二）介观材料的红外光谱研究

2002年起，邱祥冈等开展了红外光谱的课题，研究介观尺度周期性点阵的金属和超导体表面等离子体和磁通钉扎的各向异性，观测到一系列在金属和超导体表面等离子体的色散关系和等离子体引起的透射增强现象。发现沿YBaCuO的c轴方向和110方向光电导率的各向异性。2005年起研究了不同微米周期点阵的金属膜中的表面等离子体现象，观察到在特定波长下的放大效应。2007年在具有介观尺度周期性孔阵列的金属／介电材料界面的表面等离子体极化模的研究中，首次观测到TE模入射光照射下等离子体的低级到高级的模。随着孔的阵列周期加大，表面等离子体波长出现红移，理论计算和实验结果一致。他们将这种等离子体现象应用到超导体，观测到表面等离子体频率低于超导能隙时的透射增强现象[34]。2008年在具有亚微米周期性孔阵列的铌膜上观测到与Hofstadter butterfly能带相关现象，他们和理论学者合作，用金兹堡－朗道理论给予了解释；在具有周期孔点阵的MgB_2薄膜上观察到了超导态的表面等离子体，发现超导态下表面等离子体传播的损耗比正常态下降低50%。2010年在研究具有亚微米尺寸周期性圆孔阵列铌膜的磁阻行为时，发现磁阻随磁场的振荡行为，并取得系统性的结果。其中发现低磁场下的振荡现象来源于约瑟夫森干涉效应。

朱北沂多年在从事介观系统磁通受限现象的研究（和比利时合作项目的研究内容之一）中，对多种尺寸和多种形状周期性点阵进行了磁通钉扎模拟计算，取得多种情况下的计算结果。2009年，他在计算中观测到具有六角形周期性点阵的超导样品中，沿着不同方向施加电流时磁通钉扎表现出极大的各向异性，而这种各向异性在弱场区和强场区表现出不同的行为，对这种各向异性的解释导致对磁通钉扎模式新的设计及其应用。

第七节 超导薄膜电子学器件

物理所有关超导电子学的研究从20世纪50年代就开始了。首先进行的是基于常规第Ⅰ类超导体薄膜的超导计算机元件研究。60年代起，先后开展了超导天线、微波受激量子放大器、约瑟夫森结等的研究。随后于70年代起进行了直流超导量子干涉器件和磁强计的研究。1987年液氮温区高温超导体发现之后，常规超导体及高温超导体量子干涉器件和磁强计的研究均开展起来，并大力发展起了超导微波器件，特别是实用超导微波滤波器及基站子系统的研究。与此同时，还发展起高温超导体和相关钙钛矿结构氧化物集成薄膜，开始进行有源器件的探索研究。

一、直流超导量子干涉器件的研制

SQUID是超导量子干涉器件superconducting quantum interference device字首的缩写。直流SQUID是由两个约瑟夫森结对称（并联）构成的一个超导环，以直流偏置进行工作。这种构型的工作模式类似于光学中的双缝衍射，超导环的临界电流或结两端的电压是环中磁场的周期函数，引起临界电流一个周期变化的就是一个磁通量子（Φ_0=2.07×10^{-11}特/厘米^2），所以通过测量电流的变化就可测得环中磁场的变化。基于这种双结SQUID的磁强计的磁场测量灵敏度一般可达到10^{-11}奥斯特量级。包含一个约瑟夫森结的超导环（以射频调制）和一个LC谐振电路的电感耦合构型为射频SQUID磁强计，电路射频阻抗的变化反映单结超导环中磁通量的变化。单结SQUID磁强计的磁场测量灵敏度一般也可达到10^{-11}奥斯特。基于SQUID的高灵敏的磁强计，在科学和技术上有极为重要的应用。物理所有关的组一直从事直流SQUID和磁强计的研究。

20世纪70年代，506组在超导重力仪研制项目中，为了通过测量磁通变化进行重力变化的测量，进行dc SQUID磁强计的研究。1979年超导重力仪项目结束，杨沛然负责506组继续进行dc SQUID磁强计研究，承担国家科委下达的磁强计攻关任务。他们制作铌膜微桥，长春地质学院制作电子测试线路，这项工作最终在物理所内合作完成（和电子学室合作）。1992年，杨沛然、陈烈、张利华等因这方面工作获中科院科技进步二等奖。

铜氧化物高温超导体发现后，他们在研制全铌微桥磁强计的基础上，分别改用Sn-BiSrCaCuO和Sn-TlBaCaCuO薄膜双桥作dc SQUID磁强计，取得良好效果：磁通噪声为1.8×$10^{-3}\Phi_0$/赫$^{1/2}$，时漂小于9.3×10^{-4}/时，相应的磁通灵敏度为9×$10^{-1}\Phi_0$/赫$^{1/2}$。1991年中科院数理化局安排由杨沛然与紫金山天文台合作为中国在青海省建立的射电天文望远镜研制超导隧道结微波混频器，1994年他完成4.3×10^{10}赫的实验室测试，后续工作由紫金山天文台完成。

1991年，超导实验室陈烈、吴培钧等在研制铊膜dc SQUID磁强计的基础上，与南开大学、电子工业部第55所合作，参照国外研制Mr.SQUID的资料，试制了一台简易的dc SQUID磁强计，主要是供学生作演示实验。随后陈烈、吴培钧和杨涛等先后利用$LaAlO_3$基片研究了YBaCuO边沿台阶结和利用$SrTiO_3$双晶基片研究了YBCO双晶结，制备出了性能较好的dc SQUID器件，最好的dc SQUID器件的磁场白噪声灵敏度达100飞特/赫$^{1/2}$，与国际水平相当。

2000年，郑东宁等在平面式梯度计的设计方面，提出了利用二阶的平面式梯度计的设计方案，进一步推广到高阶和二维平面式梯度计，并进行了实验验证。低温和极端条件实验室杨乾声、陈赓华和赵士平等从90年代起开展了有关约瑟夫森结和dc SQUID研制的工作。

1996～2000年，杨乾声组成功实现了全难熔金属Nb/Al-AlO_x/Nb平面隧道结技术，这种可能实现平面型超导结集成的技术是中国低温电子学发展的重要技术积累，在此基础上制成的全铌结dc SQUID的传输函数达到1.4毫伏/Φ_0。在高温超导dc SQUID研制方面，他们主要集中于$SrTiO_3$基片制备台阶边沿结，对台阶的制备工艺进行了较为细致的研究。他们和南开大学合作，制备了$Tl_2Ba_2CaCu_2O_8$的dc SQUID结。

二、dc SQUID心磁图仪及其他应用研究

2000～2006年，杨乾声、张利华、陈赓华、任育峰等发展了高温超导心磁图仪[35]，他们和中日友好临床医学研究所合作研究，完成了一套单通道高温超导dc SQUID心磁测量系统，包括高T_c直流SQUID磁强计、带有源补偿的磁屏蔽室、心磁测量系统、无磁可移动定位床及数据采集系统和数据处理软件。系统的磁噪声小于1×$10^{-1}\Phi_0$/赫$^{1/2}$。用这个系统进行了100多例心磁图实验，建立了心磁图诊断软件。2007年，陈庚华等和北大物理系合作，完成了四通道心磁数据的采集和处理系统，其中采用了噪声的自适应滤波和信号的相干接收相结合的新方案，把心磁信号的信噪比提高到一个新水平。为了提高心磁图的空间分辨率，他们在软件中加入了测量平面外的心磁图成像等功能。为了降低由高温SQUID器件临界电流涨落造成的1/f噪声，他们研制了带偏置电流反馈的磁通锁定电路，使噪声的低频部分减小了一个量级。

1998年前后，陈烈等利用自制的dc SQUID器件参加了北京大学和地矿部廊坊物探所组织的SQUID大地电磁实验。

自1998年起，物理所几个研究组还开展了SQUID显微镜和无损检测方面的研究。陈烈、郑东宁等首先在国内开展了SQUID无损检测方面的研究，先后利用高温SQUID磁强计和梯度计进行涡流法无损检测试验，2001年SQUID无损检测装置参加了“九五”863成果展。至2007年所研制的SQUID磁强计的磁通噪声水平达1×$10^{-2}\Phi_0$/赫$^{1/2}$，用这种探伤仪已可探测金属表面10厘米以下深处的缺陷。何豫生组利用低温dc SQUID建立了SQUID扫描显微镜系统。随后陈赓华组又进一步进行了深入研究，他们建立的SQUID扫描显微镜于2005年参

加了“十五”863成果展。

自2008年，郑东宁等建立了超低磁场SQUID核磁共振成像的实验装置，在简易磁屏蔽环境中观测到微特斯拉量级磁场下水样品的核磁共振信号。进一步采用一维成像工艺，研究了环境干扰、磁场方向、频率、幅度和相位等对共振谱线测量的影响。

三、超导量子比特研究

超导量子比特（qubit）是发展超导计算机关键的第一步。2005年起极端条件实验室赵士平组、吕力组和超导实验室郑东宁组合作，开展了超导量子比特中宏观量子隧穿（MQT）现象的实验研究，建立了极低温、低噪声测量系统。在低温超导体铌结和高温超导体Bi-2212本征结中观测到MQT现象[36]。2009年在超导量子比特研究中，由量子系统绝热循环演化，得到一个称之为贝里相的几何位相因子，提出了在磁通量子比特和位相量子比特中利用贝里（Berry）相构造普适逻辑门的方案[37]。2010年设计和建立了用于制备铝结量子比特器件的高真空电子束蒸发设备。

四、铜氧化物超导体微波滤波器及移动通信基站子系统研制

李宏成等从1990年起与电子所合作承担“高温超导薄膜微波滤波器”项目，具体是研制微波延迟线，由李宏成负责提供薄膜，电子所负责器件设计制作和微波测试。他们研制成的低通滤波器在温度78K，频率$1\sim7\times10^9$赫范围，插入损耗从0.122分贝到0.215分贝，阻带衰减在9×10^9赫时为60分贝，远优于常规微带滤波器，获1992年中科院科技进步三等奖。

李宏成等利用高质量的超导薄膜和中科院电子所合作进行的红外探测器及带通滤波器的研究取得了国际水平的成果。其中GdBaCuO低通滤波器，在$0\sim7\times10^9$赫和77K，插入损耗小于1分贝。高通滤波器的$f_0=8.96\times10^9$赫，带宽$=5\times10^8$赫，插入损耗小于2分贝。对于GdBaCuO薄膜/宝石介质谐振器研究取得的结果是3.6×10^{10}赫，77K，$Q_0=11\ 000$。

李宏成等和西北大学合作研制的GdBaCuO薄膜红外探测器，其$NEP=3.8\times10^{-14}$瓦/赫$^{1/2}$，灵敏度达3.2×10^{-7}伏/瓦。相关工作1993年获陕西省科技进步二等奖。

高温超导微波滤波器及子系统的研制是超导技术在信息领域应用的一个紧迫任务。郑东宁组在前述“大面积薄膜研制和产业化”863计划等项目的支持下开展相关研究，制备出性能良好的双面大面积YBaCuO和TlBaCaCuO（Tl-2212）薄膜，并为所内和国内多家单位提供薄膜用于高温超导滤波器的试制工作。

20世纪90年代，受陈芳允委托，李林和赵忠贤积极为高温超导微波技术的实际应用立项而奔波，并前往航天部门，探讨高温超导微波器件在空间应用中的可能性。

1998年初，由超导实验室何豫生负责，承担中科院高技术局“高温超导材料及器件的研制”项目，研制高温超导低相位噪声振荡器。2000年器件达到的水平是：偏离中心频率（10千赫）时的相位噪声为−134分贝/赫。2001年采用了独特的带通和带阻滤波器无损超导集成技术，制作出卫星用超导滤波器及超导前端子系统，还在国际上首先提出了将高温超导前端用于气象雷达（风廓线雷达）。这个方案的实现，不仅使雷达整机灵敏度提高3.8分贝，抗干扰能力较常规雷达大幅提高。2006～2010年，他们承担了科技部“卫星飞行试验用高温超导滤波器的研制”863计划项目，中科院知识创新工程重要方向项目“金属型氧化物有源与无源器件的研究”之子课题“高温超导滤波器的实用研究”，发展了以下新的技术：①他们与中国空间技术研究院合作，研制出国内第一台使用国产斯特林制冷机的超导微波前端子系统，通过了全部航天环境地面模拟试验，在后续工作中完成了超导前端实用系统有效载荷模拟产品的研制任务，2009年通过评审。②发展了性能优异的线性相位超导滤波器[38]，在国家重要通信工程中发挥了重要作用。他们发展了国际上功率承受能力最高的平面超导滤波器，首次用于TD-SCDMA基站商业通信网微波信号的接收与发射，功率承受能力大于11.7瓦[39]。还研制出了国际上带通最宽的超导滤波器和超导巴伦，用于中国50米直径射电天文望远镜。何豫生和李春光应邀在*Radar Technology*一书中写了“气象雷达超导接收前端”一章[40]。

他们还和郑东宁组、赵柏儒等合作，研究了利用铁电$(Ba,Sr)TiO_3$薄膜制备微波移相器和可调谐滤波器等。

五、钙钛矿结构氧化物pin结和晶体管的探索研究

2004年，赵柏儒等的激光分子束外延和磁控溅射复合成膜系统研制完成之后，即在他们发展的电子型（n型）超导体LaCeCuO薄膜[41]、钙钛矿结构氧化物铁电体薄

膜和锰氧化物磁电阻材料薄膜[42]的基础上，进行这些类材料异质集成薄膜和器件的研究。其中以电子型超导体$(La,Ce)_2CuO_4$为n极，以空穴型锰氧化物$(La,Sr)MnO_3$为p极，以具本征n型半导体输运性能的铁电体$(Ba,Sr)TiO_3$为耗尽层(i)，研制出了集成全钙钛矿结构pin结，整流系数达到了2×10^4倍。2008年为发展氧化物电子学线路的目标，他们得到中科院知识创新工程“金属型氧化物有源与无源器件的研究”项目之子课题2“金属型氧化物晶体管的探索及其原型的研制”的支持，以pin结为基础进行了npn型双极型晶体管原型的研制，设计了晶体管构型，建立起了pin结和晶体管的能带图，首次获得了晶体管原型在输入电流为微安量级情况下的放大功能，以此说明了发展全钙钛矿结构氧化物晶体管的可行性。

第八节　与超导学科发展相关联的研究条件的建设

物理所超导学科的建立至20世纪60年代，对超导材料的认识主要是较为简单的临界参数的直流测量，低温容器都是玻璃液氦杜瓦瓶。70年代，超导材料基本性能研究逐步开展起来，为着特定的研究目的，有关研究组研制出所需的低温恒温器、控温器及测量装置。随着超导技术应用研究的发展，有关研究组自行制作了有特殊要求和大容量（至100升）的液氦杜瓦容器供测量之用。期间507组为非平衡态研究从美国购置了一台锁相放大器，对五室其他组的测试也起了很大作用。506组为测量超导重力仪磁悬浮系统稳定度，从联邦德国购置了一台分辨率为1×10^{-5}奥斯特的磁强计，也为有关组的SQUID磁强计和超导持续电流的研究提供了条件。80年代初（九室建立期间），为输运性能测试建立了配套较好的条件，保证了较深入的超导材料研究的开展。1986年高温超导体发现之后，物理所超导研究得到国家有力的支持，随着国家经济实力的增强，对超导研究的投入不断加大，研究条件空前提升，不仅可以进行超导体物理性能的深入研究，更有能力进行超导电性机理的微观信息的探测。下面是80年代起物理所超导学科研究条件建设的发展概况。

一、公共测量条件的建设

1981年，李林负责购置了一台北京科学仪器厂研发的带成分分析功能的扫描电子显微镜（DX3型），这是物理所第一台扫描电子显微镜，首要目的是为化合物超导体薄膜形貌和成分分析之用。

1987年3月，对杨乾声和陈赓华等建立的一套快速方便测量样品电阻和交流磁化率的装置进行升级改造，至今仍作为超导实验室的公共设备使用，在MgB_2超导体、铁基超导体和其他新超导材料的探索研究中发挥着重要作用。

自1988年国家开始投入资金支持高温超导研究起，1991年超导国家重点实验室建成，1997年实验室设备升级改造，先后购进了英国牛津仪器公司的一台磁天平和振动样品磁强计，一台美国Lakeshore公司的交流磁化率计，多台数字电压表（电流源）、锁相放大器、美国Quantum Design公司的SQUID磁强计、日本理学转靶X射线衍射仪和日立公司的H9000高分辨电镜。此外，还购买了美国Park公司的原子力显微镜，以及其他一些样品制备和分析仪器。

以上述设备为主，建立的实验室公共测试组，在20世纪90年代到21世纪初，不仅是实验室本身强有力的研究基础，也为超导国家重点实验室对外开放作出了重要贡献。

二、超导体物理特性测量装置的建立和发展

除上述公共测量装置外，实验室和物理所其他研究组也先后发展了一些物性测量装置。张殿琳、吕力、王云平等发展了高灵敏度微小样品交流磁化率测量装置（灵敏度达10^{-10}电磁单位），观察到高温超导体抗磁信号的微小变化。他们还发展了双调制测量超导体霍尔系数的装置，研究超导转变附近霍尔效应变化及机理。

20世纪80年代，五室刘振兴、韩顺辉、韩翠英和邵岫嵛等为研究压力对超导电性的影响以及探索新超导体，分别建立了低温高压测量装置。90年代，邓廷璋等为研究超导电性建立起超声测量装置。

2000年前后，闻海虎组购进了英国牛津仪器的Maglab低温强场测量系统，并配备和改进了多种物理性质的测量杆，包括磁电阻、霍尔电阻、热电势（能斯特信号）、比热等。

2000年之后，超导实验室相关组又陆续购进了美国Quantum Design公司的物性测量系统（PPMS）和磁性测量系统（MPMS），使得测量能力和手段大为扩展。

2009年前后，赵忠贤、孙力玲等建立了低温、高压、

强磁场测量系统。

三、隧道谱测量装置和隧道扫描显微镜的建立

20世纪80年代，杨乾声、李宏成等建立了隧道谱测量装置。在90年代中期，陶宏杰等建立了用于点接触、断裂结和平面结测量的装置。

从2007年开始，在中科院重大科研装备研制项目的资助下，闻海虎、单磊等与休斯敦大学的潘庶亨合作，自主设计搭建了一台高稳定度的低温强磁场STM/STS。整套设备于2008年完成投入使用。在对铁基超导体的能隙结构和磁通束缚态的研究中发挥了重要作用。其主要指标如下：①STM探头低温可达1.8 K，实现温度连续可调（从1.8K到液氦温区以上）；②磁场可以在0～9特斯拉范围变化；③单晶样品可以原位解理；④室温扫描范围可达5000埃以上，低温4.2K下最大扫描范围可达2000埃以上；⑤清晰观测原子像，z方向分辨率优于1皮米；⑥实现原子分辨的空间扫描隧道谱测量，偏压分辨率达到40微伏，空间可重复定位精度（经过24小时以上连续测试）在1埃以内，达到世界先进水平。

四、红外光谱研究条件的建立

2002年起，邱祥冈建立起红外光谱研究的条件，从加拿大ABB Bomen公司购进DA8 FT红外光谱仪，后又购进自动化程度更高的德国Bruker Optik GmbH公司生产的VERTEX 80v红外光谱仪，配上了超导磁体，开展了超导体和金属表面（界面）以及介观周期点阵等的等离子体研究，有效发展起了超导实验室的红外光谱研究。

五、单晶生长研究条件的建立

2001～2004年，超导实验室相继购进浮区单晶生长炉，对LaSrCuO超导体、铋系超导体和$Bi_2(Se,Te)$拓扑绝缘体单晶生长和研究起了重要作用。

六、超高能量分辨率的角分辨和自旋分辨光电子能谱仪的研制

2004年，为对单晶材料开展角分辨光电子能谱研究以揭示高温超导体的微观超导机理，周兴江等决定自行研制超高能量分辨的角分辨光电子能谱仪。2006年底，由他主持研制成功国际上第一台真空紫外激光角分辨光电子能谱仪。较传统的同步辐射光源和气体放电光源角分辨光电子能谱仪，该能谱仪具有独特优势，首次实现了优于1毫电子伏的超高能量分辨率，把角分辨光电子能谱技术提升到一个新的台阶。周兴江为此于2006年获“茅以升北京青年科技奖”，2008年获周光召基金会“杰出青年基础科学奖”，2009年获中国物理学会“胡刚复奖”。在此基础上，他们又建成了国际上第一台真空紫外激光同时具有自旋分辨和角分辨功能的光电子能谱仪和真空紫外激光基于飞行时间能量分析器的角分辨光电子能谱仪。

七、中子散射谱装置的建立

2009年，为以非弹性中子散射研究高温超导体超导电性的发生与反铁磁背景相关联的机制，由戴鹏程、李世亮负责在中国原子能科学院新建成的中国先进研究堆（位于北京市房山区）上搭建一台具有国际先进水平的热中子三轴谱仪。该谱仪特点如下：

1.背景噪声低。在一般热中子三轴谱仪中，速度选择器放置于单色器后，单色器所散射的高阶中子和非相干散射的中子将使背景噪音大大增加。传统上人们利用热解石墨过滤器来过滤掉二阶和高阶中子，但是它存在过滤效率低、无法过滤更高阶中子的缺点。他们首次将速度选择器放置于单色器前，以此屏蔽掉大部分中子而仅保留所需要的能量（波长）的中子，因此不但可以几乎完全消除高阶中子，而且可以极大降低非相干散射中子的影响。另外，通过调整分析器能量也可以避免某些特定噪音峰的影响。

2.分辨率可连续调整。传统谱仪所采用的热解石墨过滤器仅在某几个波长才能够起到作用，而三轴谱仪的分辨率只能通过采用固定平行片建造的准直器来调整，因此其分辨率只能采取独立的几个值。该谱仪在采用速度选择器之后，可以随意调整分析器的能量，也就使得分辨率可以连续调整，并且几乎可以达到冷中子三轴谱仪的分辨率。

3.束流强度高。得益于中国先进堆高达60兆瓦的高功率，通过模拟计算在样品处将获得很高的束流强度。同时由于速度选择器的透过率（约80%）比热解石墨过滤器的透过率（约60%）高，这也将进一步增强谱仪的信号。

八、核磁共振谱装置的建立

2009年，郑国庆等开始建造核磁共振装置，即超导及

新功能材料的固体能谱测试平台，由超导磁体和谱仪组成。由于核磁共振对磁场敏感，因此磁体需要具有高均匀度，样品腔区域10立方毫米的体积内磁场均匀性优于10ppm，时间均匀度优于1ppm/时。同时杜瓦可提供1.5K到300K的温度变化范围。谱仪系统可以对1兆赫到200兆赫的信号进行测量，可用于高频率的核磁共振实验，也可用于具有较低频率的核四极矩实验。该谱仪灵敏度高，适合小信号测量。

九、超导国家重点实验室通过国家计量认证

超导实验室于1993年7月30日通过了国家技术监督局的计量认证〔(93）量认（国）字（Z0966）号〕，被授予国家计量合格认证证书。通过计量认证的超导电性测量参数有超导临界温度、超导临界电流、超导体直流磁化率、材料直流磁化率。超导国家重点实验室根据国家有关的计量法规和全面质量管理方法于1993年编写了《质量管理手册》和《仪器校验方法与检测方法通则》。1998年再次通过国家技术监督局的计量认证(复查换证)。

超导实验室多次完成国内各有关单位研制的超导体的临界参数的比对任务，如高温超导体薄膜和带材超导临界电流。通过比对，促进、检查、评估了国内超导材料的研究工作。进行了国内超导性能测量标准化的工作，主要是超导临界电流和超导临界温度的标准测量方法。

参考文献

[1] 程鹏翥，王桂荣，陈桂玉，罗启光，马小华，王祖仑，刘振兴. 低温物理，1981, 3(2):132-135.

[2] Li L, Zhao B R, Zhou P, Jia S Q, Zhao Y X. *J. Low Temp. Phys.*, 1981, 45(3/4):287.

[3] 管惟炎，陈熙琛，王祖仑，易孙圣. 物理学报，1981, 30(9):1284.

[4] 陈莺飞，杨乾声，陶宏杰，王昌衡，刘贵荣，邵力勤. 中国物理，1982,2:499.

[5] Luo Q G, Wang R Y. *J. Phys. Chem. Solids*, 1987, 48:425.

[6] Zhao Z X, Chen L Q, Cui C G, Huang Y Z, Liu J X, Chen G H, Li S L, Guo S Q, He Y Y. *Kexue Tongbao (Chinese Sci. Bull.)*,1987, 8:522.

[7] Zhao Z X, Chen L Q, Yang Q S，Huang Y Z, Chen G H, Tang R M, Liu G R, Cui C G, Chen L, Wang L Z, Guo S Q, Li S L, Bi J Q. *Kexue Tongbao (Chinese Sci. Bull.)*, 1987, 32:661.

[8] Fu Z Q, Huang D X, Li F H, Li J Q, Zhao Z X, Cheng T Z, Fan H F. *Ultramicroscopy*, 1994, 54:229.

[9] Li L, Zhao B R, Lu Y, Wang H S, Zhao Y Y, Shi Y H. *Chinese Phys. Lett.*, 1987, 4:233.

[10] Zhao B R, Wang H S, Lu Y, Shi Y H, Huang X C, Zhao Y Y, Li L. *Chinese Phys. Lett.*, 1987, 4:280.

[11] Zhou X J, Yao Y S, Cheng D, Li J W, Jia S L, Zhao Z X. *Physica* C, 1994, 219:123.

[12] Che G C, Du Y K,Jia S L, Yang Y, Zhao Z X, *Acta Phys. Sin.*, 1994,3(1):64

[13] Li L. *Mater. Sci. Eng.*, 2000, 29:153-181.

[14] Dong X L, Dong Z F, Zhao B R, Zhao Z X, Duan X F, Peng L M, Wang W W, Xu B, Zhang Y Z, Guo S Q, Zhao L H, Li L. *Phys. Rev. Lett.*, 1998, 80:2701.

[15] Li J Q, Uehara M, Tsuruta C, Matsui Y, Zhao Z X. *Phys. Rev. Lett.*, 1999,82:2386.

[16] Zhang W T, Liu G D, Zhao L, Liu H Y, Meng J Q, Dong X L, Lu W, Wen J S, Xu Z J, Gu G D, Sasagawa T, Wang G L, Zhu Y, Zhang H B, Zhou Y, Wang X Y, Zhao Z X, Chen C T, Xu Z Y, Zhou X J. *Phys. Rev. Lett.*, 2008, 100:107002.

[17] Meng J Q, Liu G D,Zhang W T, Zhao L, Liu H Y, Jia X W, Mu D X, Liu S Y, Dong X L, Zang J, Lu W, Wang G L, Zhou Y, Zhu Y, Wang X Y, Xu Z Y, Chen C T and Zhou X J, *Nature*, 2009, 462:335.

[18] Wen H H, Li S L, Zhao Z W, Jin H, Ni Y M, Kang W N, Kim H J, Choi E M, Lee S I. *Phys. Rev.* B, 2001, 64:134505.

[19] Yang H, Liu Y, Zhuang C G, Shi J R, Yao Y G, Massidda S, Monni M, Jia Y, Xi X X, Li Q, Liu Z K, Feng Q R, Wen H H. *Phys. Rev. Lett.*, 2008, 101: 067001.

[20] Zhang Y Z, Deltour R, Wen H H, Jin C Q, Ni Y M, Jia S L, Che G C, Zhao Z X. *Appl. Phys. Lett.*, 2002, 81:4802.

[21] Xiang J Y, Zheng D N, Li J Q, Lang P L, Chen H, Dong C, Che G C, Ren Z A, Qi H H, Tian H Y, Ni Y M, Zhao Z X. *Phys. Rev.* B, 2002, 65:214536.

[22] Li Z Z, Tao H J, Xuan Y, Ren Z A, Che G C, Zhao B R. *Phys. Rev.* B, 2002, 66: 064512.

[23] Ren Z A, Lu W, Yang J, Yi W, Shen X L, Li Z C, Che G C, Dong X L, Sun L S, Zhou F, Zhao Z X. *Chinese Phys. Lett.*, 2008, 25:2215.

[24] Wen H H, Mu G, Fang L, Yang H, Zhu X Y. *Europhys. Lett.*, 2008, 82:17009.

[25] Zhu X Y, Han F, Mu G, Cheng P, Shen B, Zeng B, Wen H H. *Phys. Rev.* B, 2009, 79: 220512.

[26] Ren C, Wang Z S, Luo H Q, Yang H, Shan L, Wen H H. *Phys. Rev. Lett.*, 2008, 101:257006.

[27] Zhao L, Liu H Y, Zheng W T, Meng J Q, Jia X W, Liu G D, Dong X L, Chen G F, Luo J L, Wang N L, Lu W, Wang G L, Zhou Y, Zhu Y, Wang X Y, Xu Z Y, Chen C T, Zhou X J. *Chinese Phys. Lett.*, 2008, 25:4402.

[28] Liu H Y, Chen G F, Zhang W T, Zhao L, Liu G D, Xia T L, Jia X W, Mu D X, Liu S Y, He S L, Peng Y Y, He J F, Chen Z Y, Dong X L, Zhang J, Wang G L, Zhu Y Z, Xu Z Y, Chen C T, Zhou X J. *Phys. Rev. Lett.*, 2010, 105:027001.

[29] Liu G D, Liu H Y, Zhao L, Zhang W T, Jia X W, Meng J Q, Dong X L, Zhang J, Chen G F, Wang G L, Zhou Y, Zhu Y, Wang X Y, Xu Z Y, Chen C T, Zhou X J. *Phys. Rev.* B, 2009, 80:134519.

[30] Han Y, Li W Y, Cao L X, Zhang S, Xu B, Zhao B R. *J. Phys.–Condens. Matt.,* 2009, 21:235702.

[31] Han Y, Li W Y, Cao L X, Wang X Y, Xu B, Zhao B R, Guo Y Q, Yang J L. *Phys. Rev.* Lett., 2010, 104:017003.

[32] Guo Y, Zheng Y F, Bao X Y, Han T Z, Tang Z, Zhang L X, Zhu W G, Wang E G, Niu Q, Qiu Z Q, Jia J F, Zhao Z X, Xue Q K, *Science*, 2004, 306:1915

[33] Bao X Y, Zhang Y F, Wang Y P, Jia J F, Xue Q K, Xie X G, Zhao Z X. *Phys. Rev. Lett.*, 2005, 95:247005.

[34] Fang X, Li Z Y, Long Y B, Wei H X, Liu R G, Ma J Y, Kamran M, Zhao H Y, Han X F, Zhao B R, Qiu X G. *Phys. Rev. Lett.*, 2007, 99:066805.

[35] Han B, Chen G H, Zhang L H, Zhao S P, Yang Q S, Yan S L, Lu R T, *Chinese Phys. Lett.,* 2000,17:847

[36] Peng Z H, Zhang M J, Zheng D N. *Phys. Rev.* B, 2006, 73:020502.

[37] Yu H F, Zhu X B, Peng Z H, Cao W H, Cui D J, Tian Y, Chen G H, Zheng D N, Jing X N, Lu L, Zhao S P, Han S Y. *Phys. Rev.* B, 2010, 81:144158.

[38] Huang J D, Sun L, Li S Z, Zheng Q D, Zhang Q, Li F, Zhang X Q, Li C, He A S, Li H, Gu C Z, Luo Q, Sun Q F, Wang X L, Sun Y F, Wang Y F, Wang Z B, Luo S, He Y S. *Chinese Sci. Bull.*, 2007, 52:1771.

[39] Zhang X Q, He X F, Wang Y H, Duan T, Wang G Z, Zhang Y, Li C G, Zhang Q, Li H, He Y S. *Supercond. Sci. Technol.*, 2010, 23:025007.

[40] He Y S, Li C G. *Superconducting Receiver Front–End and Its Application in Meteorological Radar*//Kouemou G. *Rada Technology.* Viena: IN–Tech Publishing limited, 2009: 385–410.

[41] Zhao L, Wu H, Miao J, Yang H, Zhang F C, Qiu X G, Zhao B R, *Supercond. Sci. Technol.*, 2004, 17:1361

[42] Peng H B, Zhao B R, Xie Z, Lin Y, Zhu B Y, Zhao Z, Tao H J, Xu B, Wang C Y, Chen H, Wu F, *Phys. Rev. Lett.*, 1999, 82:362

第十二章　高压物理和技术

高压物理学是研究物质在高压极端条件作用下的状态、结构、物性及它们的变化规律等物理行为的学科。它需要发展相关的专门的实验技术和方法，以解决高压的产生及在高压下各种物理行为的检测等问题。高压物理的研究对象是凝聚态物质，它在高压下的物理行为普遍存在于地球和宇宙星体内部及核爆炸过程，因此高压物理将是人类认识自然及开启宇宙之门的钥匙。由于在材料、天体和地球等学科研究及特殊技术领域中得到广泛应用，高压物理和技术正在进一步迅速发展。

第一节　发展概述

物理所的高压物理和技术在中国起步较早、规模较大、门类较全、人员先后达百余人，从艰苦创业到发展壮大历经50余年，期间开展了有特色的研究工作，取得了许多成果和进展，建立了科技队伍，培养了科技人才，开创并推进了中国高压物理和技术研究，为国家建设和科技发展及国防建设作出了贡献。

1958年5月，物理所成立了由何寿安负责的合成超硬晶体的401研究组，并开始了早期的实验工作，这是中国第一个高压研究组。1962年9月组建了国内第一个高压-金属物理研究室（又称“六室”）。钱临照任室主任，何寿安任副主任。下设四个研究组：分别是研究金刚石合成和高压物理的601组，组长王积方，副组长沈主同；担任国防任务的602组，组长陈祖德；研究X射线和电子显微镜的603组，组长钱临照（兼），后为杨大宇；研究金属缺陷的604组，组长陶祖聪，次年因组长调动与603组合并。此时物理所高压物理研究步入正规发展阶段，并于1962年建成中国第一台拉杆式4×200吨四面顶压机。1963年在这台压机上用静态高压法最先合成了人造金刚石，1965年又合成了立方氮化硼，1970年实现了动高压爆炸法合成。同时还开展了高压物理基础研究，建立了早期高压研究的设备和技术，如4.5吉帕（GPa）固体压缩率测量设备、4.2吉帕流体静压力设备、4×400吨铰链四面顶压机、4×1000吨拉杆式四面顶压机及紧装滑块六面体容器等。随后物理所无偿把人工合成金刚石的工艺技术推广到大庆油田等工业生产部门，并接纳了国内许多单位人员的进修，还承担多项国防任务，为中国国防研究单位提供一批有用的状态方程数据。

20世纪70～80年代，高压物理研究室进行了高温高压下生长和烧结多晶金刚石（聚晶）的研究、应用和开发，以及超导、磁性和非晶材料等特殊物质的高压合成、物性、状态方程和相变研究。首先研制成功烧结多晶金刚石，推动了人造金刚石在地质勘探、矿山开采、石油钻头上的应用。静态和爆炸人工合成金刚石及国防任务于1978年获中科院重大科技成果奖和全国科学大会奖。随后在高温高压下直接由石墨生长的多晶金刚石和烧结大颗粒多晶金刚石的研究也取得新进展，并应用于人造金刚石拉丝模工业生产。生长型多晶金刚石的研究和应用于1987年获国家发明三等奖，并取得国家发明专利。

1978年12月，物理所成立单一的高压物理研究室（简称“高压室”），何寿安任主任，沈主同任副主任。内设五个组，分别是601组研究金刚石，组长沈主同；602组研究相变和状态方程，组长王积方；603组研究新材料，组长王文魁；604组司国防任务及爆炸合成金刚石，组长陈祖德；605组高压技术，组长何毅。原来从事金属物理的研究人员于70年代转入高压室工作，使物理所高压研究力量得到很大增强。这段时期该室仍承担了多项国防任务，建立了各种大型高压装置和设备，如1200吨、3150吨和5000吨级单缸绕带式压机等。同时还开创了金刚石对顶砧（DAC）高压技术，建立了高压X射线衍射、高压高频超声和高压拉曼光散射实验室。

1984年，物理所调整研究机构。这时参加高压研究的组有沈主同任组长的金刚石晶体生长组（408组），王积方任组长的高压物理和声学测量组（508组），何寿安任组长的材料组（后来组长是王文魁，503组），沈中毅任组长的高压相变与非晶弛豫组（208组），车荣钲任组长的高压技术组（706组）。金刚石技术研发归物理所开发公司管理（K02组，组长刘世超）。机构调整后，从总体上加强了前沿课题的研究。

在基础研究领域，20世纪70～90年代高压研究组开展了高压下物质结构和相变、等温压缩和状态方程，DAC高压X射线衍射，高压非晶合金亚稳相和结构变态，高压相图和非晶固体结构弛豫，兆巴高压下绝缘体及半导体金属化转变，压致非晶化相变，同步辐射高压X射线衍射，高压拉曼散射和光吸收及反射，高压低温下凝聚态声学、电磁学和超导性质等研究，以及金属氢转变压力和超导转变温度的理论估算工作。

1989年，高压研究组首次建立了100吉帕以上的DAC高压X射线实验技术，压力达178吉帕。同年由于国外金属氢的研究有了新的重要进展，于是1990年物理所重建金属氢研究组（512组，组长王积方，后为陈良辰），对金属氢问题进行了跟踪和研究，从此开始了兆巴高压下的物理研究工作。1991～1992年建立了中国第一套高压下同步辐射能量色散X射线衍射实验系统；1995年建成中国第一套DAC高压充气设备系统和技术，首次实现把高压氮气装填在DAC样品室中，并进行了高压拉曼光谱实验；1997年用同步辐射对CsBr进行原位高压X射线衍射研究，压力达115吉帕，这是中国高压同步辐射X射线衍射实验首次突破百万大气压。此外，从液态合金高压淬火直接得到三维块状非晶和纳米晶，以及把高压条件和技术应用到高温超导体的研究中也取得了进展。截至1999年，高压物理和技术的研究工作共获国家、中科院等奖励20项。

高压和高、低温及强磁场结合一起构成了极端条件。物理所于2000年建立了极端条件物理实验室，进行跨学科的研究。其中靳常青负责的C512高压组（2002年后改为EX5组）主要研究内容是新型量子功能材料研制及其调控（超导、巨磁电耦合、多铁性、巡游磁性、带宽调控莫特转变、绝缘体金属化相变等），高能量密度新物质（水合物和氢）的压力合成和调控，高压集成技术研发等。至2010年取得了很多重要研究成果，建立了新的实验技术和测量系统及设备，如同步辐射DAC高压装置、DAC高压电学、磁性、拉曼光谱等测量系统、MagLab电磁测量系统、6×800吨铰链六面顶压机、6-8型双级超高压设备等。

高压室的重要学术活动和交流起始于20世纪70年代，随着中美外交之门的开启，国内与国际科技界的联系开始恢复并逐渐建立。1975年3月，中国派出固体物理考察组赴美进行考察。高压室的鲍忠兴参加考察。他们考察了美国布鲁克黑文国家实验室、阿贡实验室、哈佛大学、麻省理工学院等12个单位。其中有8个单位开展了静态高压方面的工作，主要研究内容有固体在高压下的结构与相变，固体在高压下的状态方程，金属氢、高压下矿物的合成及性质和高压技术等。很多研究工作都是在高压、高温或高压、低温和磁场下进行的。通过考察大家对美国固体物理的基础研究有了进一步了解。

1978年开始，车荣钲、王文魁、徐济安等被派往法国、日本、美国等的高压单位学习，之后通过联系或推荐出国学习和工作的研究人员有15人。

1978年，由中国物理学会主办的第一届全国高压学术讨论会在广州召开。1984年成立中国物理学会第一届高压物理专业委员会，何寿安任主任，经福谦、沈主同任副主任。由专业委员会代表学会两年一次组织全国高压学术讨论会，并于1987年开始出版《高压物理学报》。至2010年全国高压学术讨论会已举办15届。物理所从事高压工作的人员通过参加此类学术会议，加强了与国内外同行的切磋和交流。

1983年7月以何寿安为团长，沈主同为副团长的中国高压物理代表团，出席在美国由国际高压科技协会（AIRAPT）组织召开的国际高压学术讨论会,并顺访5个美国国家实验室。这是高压室的第一次国际交流活动。

1999年11月，根据中俄科学院合作协议，陈良辰等赴俄罗斯执行金刚石对顶砧高压物理合作研究计划，访问了俄罗斯科学院光谱所高压实验室和俄联邦科技部超硬及新材料研究所，进行高压实验和学术交流。

2000～2010年，靳常青研究组积极开展国际合作交流。邀请了美国、德国等的高压物理学家十多人来物理所进行学术交流。同时也派出刘清青等十余人，去美国、日本等的高压实验室访问和合作研究。

第二节　金刚石等超硬材料的高压合成、应用和开发

金刚石是自然界最硬也最宝贵的晶体，它是地质钻探硬地层、加工硬金属和石材不可缺少的重要物资，人称“工业的牙齿”，对国家经济发展具有重要战略意义。但20世纪50～70年代西方国家对中国实行禁运。立方氮化硼是硬度仅次于金刚石，耐热性比金刚石更好的一种晶体，但在自然界尚未发现。常温常压下氮化硼与石墨一样为六角结构，称为白石墨。但在与金刚石人工合成相近的高温高压条件下，用不同触媒也可使六角氮化硼转变为与金刚石结构一样的立方氮化硼。据国外研究表明，要合成金刚石和立方氮化硼必须在5万以上大气压和1600～1700℃高温的条件下进行。为了满足国家战略需求，物理所开展了高温高压下人工合成金刚石的研究工作。

一、早期高压实验条件的建立和高压物理研究

中华人民共和国成立前，国内仅有叶企孙和汤定元在国外从事过较低压力的高压研究，而且是在常温下工作。1956年高压物理被列入中国《1957～1969年科学技术发展远景规划》。

国外分别于1954年和1957年人工合成出金刚石和立方氮化硼（又称巴拉松）超硬晶体。1958年，物理所晶体学组提出合成超硬晶体的攻关目标。介绍国外超硬晶体生长情况的是张乐潓、吴乾章等，初期组织攻关的是田静华、章综等。

1958年5月，物理所成立了由何寿安[1,2]负责的401研究组，这是中国第一个高压研究小组。401组成立后经过调研制定了研究计划和具体措施，开始了早期的实验工作。为合成金刚石和氮化硼超硬晶体，何寿安首先设计了用螺栓加纵向压力保护的活塞－圆筒硬质合金固体介质高压装置。1959年王积方用体积法测出了铋、铊相变曲线，表明压力达到4万大气压。

1959年，401组和411组分别进行高压物理和高压合成工作。为开展高压物理研究，由何寿安、唐棣生、戚德余设计和筹备3万大气压大容积流体静压高压装置。高压合成工作是发展可做高温高压实验的四面顶压机，由何寿安负责设计。这两个装置的材料、加工、热处理等筹备工作均由研究组和工厂加工人员共同完成。

401组利用刚建成的流体静高压装置，研究了3万大气压下轻合金的力学性质和5千大气压下压力对半导体InSb、InAs的霍尔效应及电阻率的影响，并在《物理学报》上发表了文章[3,4]。这是物理所高压物理与技术工作早期发表的关于流体静压的论文，署名“施宁一”就是401组的谐音。同时，还为半导体室研制的塑料半导体作了实验，也取得了较好结果。1960年401组还通过中苏合作关系，向苏联学习高压技术，借苏联高压物理研究所C.C.谢高杨（Секоян）来所访问之机，利用组内烧结的硬质合金高压件，做成了“带状”高温高压容器，王积方等用电阻法在其上获得了铋、铊、钡高压相变曲线，表明压力可达6万大气压。随后利用镍做触媒，在6万大气压和1700℃条件下进行了石墨转变金刚石实验。降温卸压后发现石墨有明显变化，有闪亮点，可划动玻璃，但未做X射线鉴定。同年何寿安和唐棣生等在流体静压装置的高压物理实验中，获得2.4万大气压的结果。

二、人工合成金刚石和立方氮化硼

1962年9月，物理所晶体学研究室高压物理研究组与物化分析组的电子显微镜专业组合并，组建了国内第一个高压－金属物理研究室（又称“六室”）。物理所高压物理研究步入正规发展阶段，由何寿安、沈主同主持高温高压合成金刚石的研究工作。

1962年，何寿安等建成了中国第一台4×200吨拉杆式四面顶压机，并与沈主同、李家璘等于1963年9月建立了压力为6.5万大气压和温度达1600℃的合成实验条件，以纯石墨为原料，加催化剂，在中国最先制得了颗粒度为0.2毫米左右的人造金刚石[5]。

1964年，由沈主同负责的金刚石合成组，进一步开展实验并掌握了金刚石的一些生长规律，实验条件可稳定达到6.5万大气压和1800℃，最高达到7万大气压和2000℃，生长的金刚石颗粒度由0.3毫米到1.5毫米，最大1.7毫米。经X射线分析为单晶，经过硬度测试，质量良好。同时初步研究了不同催化剂、石墨、压力和温度等条件对晶体生长的影响，深入探索了晶体长大的规律。此外，还建立了高温熔炼设备，熔炼出镍、镍铬、镍铬铁合金催化剂，解决了合成金刚石的触媒问题。金刚石的合成工作获得了1964年中科院优秀奖。

1965年，在何寿安等设计的4×400吨铰链式四面顶压机上，进一步用二次加压加温达到6.5万至7万大气压和2000℃，并掌握了合成2毫米金刚石的生长规律，合成出最大为3.5毫米的单晶金刚石。同时还进行了磨料级人造金刚石推广生产的工作。与大庆油田协作研制出人造金刚石钻头，提供金刚石350克拉，其中0.5毫米以上的172克拉，并进行了井下钻探实验。当时大庆油田钻探硬地层非常需要金刚石钻头，但国际上对中国实行禁运。物理所把人工合成金刚石技术和工艺无偿转让给大庆油田、首都钢厂和东华门工厂等工业生产部门。此后，物理所还为中科院地球物理所、地质研究所、上海技物所，北京大学，中国科技大学和中科院地方分院等单位的进修人员进行培训，并为中国国防研究单位提供了一批有用的状态方程数据。

物理所于1965年合成出立方氮化硼。金刚石研究转向优质和大颗粒单晶的生长，质量居于国内领先地位。同时还开展了金刚石合成、生长机理的研究。国内也出现溶剂、催化（触媒）和固相直接转化等典型观点及催溶剂、熔媒等新观点[6,7]。物理所高压室的工作显然对全国同类研究起了启蒙和推动作用。

三、烧结多晶金刚石及钻头

20世纪70年代，六室的人造金刚石研究工作已从优质单晶转向大颗粒多晶（聚晶）。刘世超、王莉君等开始了高压烧结多晶金刚石的研究[8]；同时赵有祥、胡欣德等进行了生长多晶金刚石的研究；李家璘、陈良辰等还开展了双级超高压技术的研究[9]，把压力提高到10吉帕。

图1　烧结型人造金刚石钻头

用镍管扩散法高压烧结多晶金刚石研制成功后，打破了以前国产人造金刚石只能用于工业磨料的局限性，推动了人造金刚石在地质勘探、矿山开采和石油开采钻头上的应用。冶金部桂林冶金地质所勘探技术室和首都钢铁公司地质勘探大队协作，用手镶法把这种优质大颗粒金刚石制成地质钻头（图1），对九级中硬非均质、粗粒度、摩擦性大的岩石进行台架钻进试验，获得了钻进30多米和平均时效达1.8米以上的良好效果。为了提高烧结多晶金刚石的耐热性，还研制了钛–硅和钛–硼等二元掺杂的多晶金刚石块，并进行烧结机理的研究，提出了多晶金刚石中界面强化方法，因而获得了高耐热性的烧结多晶金刚石。1978年“高压技术和人工合成金刚石”获中科院重大科技成果奖和全国科学大会奖，“人造金刚石钻探技术”获全国科学大会奖（合作成果）。

四、爆炸合成金刚石

1970年6月，高压室的陈祖德、李家璘、孙帼显等开始与北京砂轮厂合作，开展了动态高压法合成金刚石的试验（图2）。他们以国外公布的爆炸技术为参考，采用烈性炸药驱动的飞片技术产生高温、高压合成金刚石，经过200多次试验，于1971年1月在回收产物中鉴定有金刚石存在。为了提高回收率、产率和单次产量，测验了各种爆炸参数（炸力大小、平面波发生器等），选择了多种原料（生铁、球铸铁及各种型号石墨板）及改进回收方式，实现每炮15千克炸药产出金刚石粉150克拉，

图2　爆炸法合成金刚石

使之达到稳定高产。他们还试验了一系列提纯方式和分选技术，在国内若干厂家推广产品并批量生产，使爆炸金刚石粉在制作抛光、研磨膏及烧结原料方面获得一定的使用效果。1972年物理所成立动态法人工合成金刚石组（604组）。同年起，以爆炸金刚石粉为原料进行了二次爆炸烧结实验，获得较致密的烧结体，颗粒大多在0.3～0.5毫米以下。从实验结果看到，原料的纯度、颗粒大小、微量杂质含量和爆炸参数的选择及样品组装方式等对烧结体的质量有重要影响。1974年后商玉生、王汝菊、李果鲜等又对爆炸金刚石粉进行了多方面的性能研究，除了对晶体结构、热性能及显微结构的测试外，还研究了比表面和表面吸附物的顺磁共振性能等。1977年用爆炸法合成了立方氮化硼。此外，该组还进行了以爆炸金刚石粉为原料的静压烧结实验，也取得初步结果。以上工作也是1978年中科院重大科技成果奖和全国科学大会奖“高压技术和人工合成金刚石”的一部分。

五、生长多晶金刚石及拉丝模

从20世纪70年代开始，物理所高压烧结多晶金刚石研究得到应用的同时，也开展了超高压高温下生长多晶金刚石的研究。1977～1980年陈良辰、程月英等着重研究了多晶金刚石的显微组织和触媒金属的扩散及分布，生长型和烧结型多晶金刚石的物性—电学和热学性质，温度场和压力场对超高压多晶金刚石生长的影响，并提出了热扩散和压力扩散方程等[10～14]。在这些研究的基础上，1980年底研制成功用片状扩散法生长多晶金刚石。其组织致密而均匀，晶粒细小而交错生长，适于做拉丝成品模（图3），而且工艺稳定，利于推广应用。从1981年起先后在上海拉丝模厂、上海中国电工厂、四川西南电工厂、天津金刚石工具厂和天津漆包线厂等制成成品拉丝模，并进行漆包圆铜线拉丝试验，证明材质性能优良，能拉制直径0.7毫米以下的漆包圆铜线，线材光洁度达到国际电工会议IEC标准，模子使用寿命为硬质合金模的100倍以上，相当或超过天然金刚石模。如1983年四川西南电工厂用生长型多晶金刚石样品制作孔径为0.5毫米的两个成品模在生产线上拉制的成品铜丝，分别达80多吨和110多吨。物理所为该成果召开鉴定会后，一方面进行技术转让和推广应用，在核工业部国营232厂试生产，另一方面由程月英、唐汝明等在物理所进行小批量生产，并在天津金刚石工具厂制作拉丝模。1986年该厂仅一年就生产近1000只生长型人造金刚石拉丝模，取得了一定的经济效益。后来这部分工作和人员连同3150吨、5000吨大压机转到物理所开发公司。刘世超、俞立志等又发展了拉丝模用烧结型多晶金刚石的新品种，由于成本低，小批量投产后一段时间内在全国供不应求，获得了显著的经济效益。“拉丝成品模用生长型多晶金刚石”于1987年获国家发明三等奖，并取得国家发明专利。

图3　生长型人造金刚石拉丝成品模

1984年后，金刚石组还开展了高压下金刚石掺杂烧结机理－界面结合理论和实验的研究[15～18]。推导出拉普拉斯第二定律的一个普适性表达式和金刚石掺杂烧结体系中有关凝聚相界面的结合特征方程，以探索一种特殊组织结构界面的多晶金刚石；选择若干典型掺杂结合元素和熔媒元素，进行高温高压下有关凝聚相界面结合的实验和相应的显微观察及分析，以了解界面结合特征和所用元素的存在形式，进而掌握烧结过程中掺杂效应的本质；进行一种新型多晶金刚石探索性实验，研制成功的WL-1型烧结多晶金刚石具有与陶瓷相似的显微组织结构，金刚石的自体键合和球化掺杂交错并存的界面结合状态。“一种复合掺杂烧结多晶金刚石及其制备方法和用途”获1987年中科院科技进步三等奖。

第三节　高压下状态方程、物性和相变的研究及实验方法

除高压的获得技术外，各类材料在高压下的状态方程等基础研究对材料的应用，具有指导意义。因此这类基础研究曾是高压研究室的重要课题之一。

一、多项国防任务

高压物理方面有关状态方程和相变的国防任务从

1960年开始，并延续了相当长时间。为了建立和发展中国的核武器，需要采用一些特殊材料在静态高压下的状态方程与相变的研究结果，这些数据在国外没有公开发表过。1960年第二机械工业部把代号为“02”的国防任务的一部分交给物理所承担。任务主要有两项：分别是低温测量固体材料的比热，由管惟炎负责；高压测量固体材料的压缩率、热膨胀系数和密度，由陈祖德任组长。任务要求一年完成。在时间紧急、条件艰难的情况下，大家克服重重困难，很快把高压实验装置和技术条件建立起来，如期完成了3万大气压下压缩率等的测量任务。由王积方设计的测压缩率高压容器有做金刚石的带状容器特点，陈祖德、鲍忠兴在此容器基础上把测量压力扩展到了4.5万大气压[19]。

1964～1965年，为了配合地下核试验，高压室承担了国防科委提出的“21号”科研任务，研究一些岩石在高压下的状态方程与相变，为地下核试验的理论计算和设计提供实验结果和数据。1967年王积方、王汝菊等接受了在3万大气压内测量水、四氯化碳液体压缩率的任务[20]。他们同时发现这两种液体在该压力范围内都有相变发生。1960～1968年及1973～1974年两段时间内，陈祖德、鲍忠兴等先后完成了第二机械工业部和中国人民解放军国防科学技术委员会提出的九项国防科研任务。上述工作都得到了两个部委的好评。

1966年，物理所承担了第七机械工业部提出的“6405”项目中的部分任务。为了模拟高空导弹飞行，何寿安等设计和建立了中国第一台发射体的膛速度为每秒4.2千米的双级轻气炮设备，以开展高速碰撞和动态高压下状态方程的研究。这项工作及一部分人员与全部设备于1969年划归到中科院力学所。

1967～1969年，车荣钲、朱宰万等承担了第五机械工业部52所关于装甲钢穿甲机理研究项目，任务是对不同组分装甲钢进行高压下拉伸与剪切等力学实验、高压下压缩率及相变的X射线衍射研究。为此专门设计研制了高压拉伸系统和高压剪切实验机。

1980～1985年，为了配合核防护工程与导弹的抗核加固的设计及核武器的研制，鲍忠兴、张芝婷等又承担了中国人民解放军工程兵部队、航空航天部和核工业部的四项科研任务。

这些国防科研任务主要研究了核燃料、核武器结构材料（如铀、氢化铀、氢化锂、钚、铍、钨、铝合金、不锈钢、碳化硼和石蜡等）、石灰岩和玻璃钢等几十种材料在高压下的状态方程与相变，为中国第一颗原子弹和氢弹、地下核试验、核防护工程和导弹的抗核加固等的设计和研制，提供了重要的研究结果和实验数据，建立起中国自己的数据系列。特别是建立了一种研究多孔材料在高压下第一次压缩时的p-V关系的实验方法，它不仅可以测量p-V关系，而且还能探测材料在高压下的不可逆相变。高压室根据学科的发展和需要，开展了一些基础性研究工作，先后研究了20多种材料（氢化物、岩石、合金钢、半导体、超导体、陶瓷、非晶碳、固体C_{60}和碳纳米管等）在高压下的状态方程和相变。

国防方面的工作也是1978年中科院重大科技成果奖和全国科学大会奖“高压技术和人工合成金刚石”的一部分，另外“多孔材料在高压下的压缩率与相变的研究”和“核武器材料在高压下的物理性质的研究”还分别获得1987年和1993年中科院科技进步三等奖。

二、金刚石对顶砧高压装置及高压X射线衍射技术

20世纪60年代，何寿安等开创了用布里奇曼对顶压砧高压X射线衍射技术研究状态方程的工作。20世纪70年代徐济安与胡静竹陆续在此基础上研究了银、NaCl的P–V关系和KCl的B_1–B_2相变[21]。1978年他们在国内开创了金刚石对顶砧高压X射线衍射技术[22]，压力达30吉帕，并研究了α–$LiIO_3$的状态方程，发现压力直到23吉帕时都不发生结构相变，但其c/a轴比却以很大的速率随压力增加而下降。同时还开展了高温高压原位X射线衍射研究，得到了α–$LiIO_3$和$KLiSO_4$的高温高压与淬火卸压的相结构。为了代培地质研究所研究生，进行了石榴石的高压X射线研究。在高压光学方面，物理所与中科院半导体所合作，开展了77K下GaP的高压拉曼散射、GaP（氮、钽、锌）静压光致荧光和GaAs中氮电子陷阱等的研究。“半导体压力光谱研究”获1983年中科院重大科研成果二等奖。

三、高压超声测量和状态方程研究

1980年，王积方、李华丽、唐汝明等发展了高频超声（10～20兆赫）在高压相变和状态方程研究上的应用[23]（图4）。声可透过厚的透明或不透明介质，进行实时的高压相变探测。通过低压下样品的弹性模量及其1、2阶压力导数的测量，可获得高至几十万大气压以上的状态方程。

图4　高压超声测量装置

高频超声方法有许多特殊的优点，是其他方法不能代替的，而且通过高压下超声测量获知宝贵的氢绝缘相的状态方程，在国内外都没有先例。王积方等从组装仪器入手，采用国外最先进的Papadakis脉冲回波重合法开展工作。其间曾获得中科院声学所查济璇、物理所袁懋森的帮助，组装成能做实验的载波频率达到20兆赫的装置，投入了实验测量。

1984年以后，超声测量的范围从常温扩展到高压低温，进行的工作内容如下：王积方、王汝菊、张良坤等开展对 $\alpha-LiIO_3$、$LiNbO_3$、PZT、钇镓石榴石、非晶碳玻璃等的声学和弹性性质的研究，并用超声方法研究了 $LiKSO_4$ 相变；邓廷璋等与中国科技大学合作建立了液氦温度下超声测量装置，进行了亚稳晶体 $R-Li_{12}Ti_3O_7$ 低温衰减性质、NbFeB磁体低温超声反常衰减现象的研究，对超流氦Ⅱ涡流线与第一声的相互作用等研究，以及对高温超导体等凝聚态物质在高压低温下声学性质的研究。

四、金属氢理论估算和等温状态方程及其他理论研究

20世纪70年代，高压室602组还开展了金属氢理论的工作。其内容包括计算固体氢分子相、电子相能量及转变压力，金属氢的寿命、超导性、能带结构、磁性及降低转变压力的方法等。王积方对研究金属氢的动、静压技术及理论工作做了调研，并在组内介绍了Трубицын计算分子相固体氢能量、维格纳-塞茨（Wigner-Seitz）原胞法计算单原子金属相的能量及贝特（Bethe）计算金属氢寿命等方法。同时徐济安、朱宰万通过对分子相固体氢和原子相金属氢的能量计算，得到了金属氢的转变压力为120 ~ 135吉帕，以及可能的超导转变温度约83.5K[24]。这是花费5年时间，国内唯一的用人工手摇计算机完成的能带论计算。徐济安在1978年召开的广州第一届高压会上对此作了报告。1976年他还提出了一个新的改进型的等温状态方程[25]，在较宽的压力范围内弥补了默纳汉（Murnaghan）状态方程的不足。“一个等温状态方程”获1980年中科院科技成果四等奖。1978年他和赵敏光进行了红宝石荧光的理论研究[26]。在高压下红宝石荧光的波长随压力增高而变长（红移）。研究表明，产生红移的荧光相关的跃迁只与静电参量有关，并计算得到了红移的理论值。“红宝石荧光的高压研究”获得国家教育委员会1988年科技进步二等奖。

五、高压下物质的物性和结构及相变研究

20世纪60年代初，高压室开展的工作有：王积方在3万流体静压力下测量了锗隧道二极管 *V-I* 特性，目的是研究在压力下锗能带结构中各子谷的相对位置；赵有祥、刘世超等研究压力对锑化铟霍尔效应及导电率的影响；陈祖德等研究了钼、钢等在高压下的拉伸断裂；杨大宇、张国华等用电子显微镜和赵毓玲、徐济安等用X射线衍射显微法，同时对铌、铬、钼、钨、钽、钒等体心立方难熔金属进行结构和缺陷的研究。

高压室十分重视利用拉曼谱、X射线、高频超声、霍尔系数及电阻和介电测量[27]等实验手段，开展物质在高压下物理性质和相变的研究。如姚玉书等在介电铁电相变方面开辟了有特色的高压工作[28]，其中关于氘化硫酸三甘肽（DTGS）和掺有丙氨酸的硫酸三甘肽（LADTGS）在压力下相变行为的研究被国内介电学会选送发表在*Ferroelectrics*刊物上。因为压力对这类氢键铁电材料的影响，不但可以了解其相变机理，而且还有实际应用意义。同时还开展了压力下快离子导体的输运行为，$LiIO_3$、NH_4IO_3 和 $LiKSO_4$ 相变及相变动力学的研究[29]。

1983年，物理所建成高压下X射线衍射实验室、高压高频超声和拉曼散射实验室，获得了许多实验结果，对其他单位从事这些方面的研究工作也起到了推动作用。

第四节　超导、磁性和非晶等材料的高压合成及研究

由于高压使原子间距缩小，到一定程度可引起晶体结构和电子结构变化，从而使物质发生质的变化。这是寻找新材料的重要途径。另外，高压能使有些不超导的材料变成超导体（如锗、锑化铟），有时高压则使材料的超导转变温度得以提高。压力还能使非晶态物质变成晶态，或结晶态物质转变成非晶态物质等。

一、铌钛超导合金线和A15型化合物高压合成

1965年，杨大宇负责的603组开展了硬超导体强磁场的研究，并进行了铌锆超导体材料组织结构的分析和超导薄膜的电子显微镜观察，同时也制备出超导温度为14 K的钒三镓超导材料，并探索制备十万高斯强磁场线圈的方法。70年代初该组还进行了镍－锌铁氧体录像磁头材料的高压烧结，并研究了高压对材料致密化过程及晶粒长大的影响，获得了高密度、高耐磨的磁头材料。

1976年，国家超导电工“七五”攻关项目主要由物理所、中科院电工所、有色金属研究院三个单位参加。物理所负责总体，电工所负责超导电工（磁流体发电），有色金属研究院负责提供超导材料铌钛合金。材料是攻关的关键，当时有两个问题不过关，一是拉不出长线，二是超导性能达不到要求。为此物理所超导室把任务委托给从事金属物理研究的603组解决，由王文魁负责。该组与本溪合金厂合作，在冶炼、冷热加工、热处理、包铜等复杂的工艺过程中，提出把高温退火改为水冷固溶淬火，改善超导性能和稳定性；中间热处理改为一次脱溶处理，简化了工艺，拉出超过千米的长线，使工艺性能达到了当时国外水平。他们根据设备条件，采用不同方法改善性能，进行工艺推广。还进行了金相、X射线、电镜等分析及超导性能测试，研究了显微组织对超导临界特性的影响，认为冷加工产生的位错等缺陷上的脱溶弥散分布的第二相，对磁通跳跃起着主要钉扎作用。“铌钛超导合金线的研制”于1978年获中科院重大科技成果奖。

二、极端条件下凝聚体的变态和新亚稳相的形成及结构研究

1979年，由王文魁负责的603组开始把注意力集中到非晶等亚稳相的高压相变和合成的工作，以期系统揭示不同压力下非晶固体的结构变态规律，研究由非晶结构变态所产生的新亚稳相的晶体结构及其形成条件，即非晶成分、压力、温度、压力温度作用时间，亚稳相的超导性，以及结构与超导性的关系。主要研究了铁－硼、铌－硅、钛－硅、钴－硼、镧－金、镧－镓、铁－硅－硼、铁－磷－碳等合金系高压变态过程中的压力影响，提出了非晶合金晶化的一般规律，以及结构转变的三种模式。同时还合成了Fe_4B、Co_4B、正交结构La_4Au、A_2型Ti(Si)过饱和固溶体、A15型Nb_3Si等多种成分或结构亚稳的新结晶相，其中有的具有某些特殊的超导与磁特性[30~33]。“高压下非晶合金的变态”于1988年获中科院科技进步二等奖。

20世纪90年代，在落管微重力无容器环境下，王文魁负责的503组进行了液态金属合金固化的实验，以观察不同冷却速度下的组织结构，研究落管中大块非晶等亚稳相形成规律。同时还进行了高压下非平衡相变的研究，进一步阐明高压下形成大块非晶合金及非晶高压变态机制，建立制备大块非晶等亚稳相的新方法。还通过非晶高压变态，从固相制备纳米晶体，研究其形成过程及稳定性。此外，也进行了氧化物超导体的高压烧结工作，利用高压改变其显微组织结构，并研究它和超导性的关系。“现代化落管的研制和应用”于1992年获中科院科技进步二等奖，“合金的非平衡相变与相演化”于1999年获中科院自然科学二等奖。

503组在微重力无容器环境下，进行了金属合金成核、过冷及亚稳相形成的研究，寻求消除非均匀成核的最佳途径，研究合金的均匀成核与最大过冷能力，改善金属合金的显微组织特性，以获得均匀优质的材料。他们进行了铋系氧化物超导体单晶的空间生长实验，探讨微重力下生长单晶的特点，重力对晶体生长缺陷及微结构的影响。同时研究了金属多层膜的固态反应非平衡相变，建立了二元合金的动力学相图。研究了高压下合金的液固转变，制备金属合金亚稳相、纳米晶体，研究其形成机制。此外，利用返回式卫星还进行过三次非晶形成合金空间搭载试验。“微重力条件下钯系合金的凝固”获1998年中科院科技进步一等奖和1999年国家科技进步二等奖。

503组共培养了硕士、博士研究生10余人，博士生中先后有5人获国家自然科学基金杰出青年基金，2人被

聘为教育部长江学者特聘教授。

另外，姚玉书等开展了氧化物超导体高压合成和物性的研究。他们首先从高压合成铋系超导材料开始，直到合成出国内最早的汞系超导体。其中在高压下合成高性能的N型的(NdCe)CuO_4、无限层氧化物超导体、汞系超导体等领域都是处于领先地位。尤其是在高压下合成YBaCuO型的高T_c的(PrCa)BaCuO超导体，它不能由常规方法得到，因为其离子尺寸太小，高压有助于得到致密结构而能合成这种材料。

三、高压相变和非晶固体结构弛豫研究

20世纪80年代，沈中毅负责的208组建立了高温高压下物性原位精密测量系统，测定了中国第一个高压相图（$LiIO_3$）[34,35]和国际上第一个三元合金系高压相图（铅－锡－镉）[36,37]。开展了相变、相平衡及相变动力学研究，测定了十多种物质的单质、二元系与三元系的压力－温度－组分平衡图。发现了多个高压相，测定了它们的结构并探讨了常压稳定性。对金属合金及化合物的非晶态－晶态转变及其压力效应进行了系统研究。进行了高压下非晶固体结构及物理行为的研究，分析了压应力在非晶固体中的分布与传播，用“刚性逾渗”来说明压致玻璃化的现象本质。用实验和计算模拟说明压缩条件下非晶固体局域结构的变化，研究了在压力下非晶合金结构弛豫过程出现的一系列异常现象。进行了超微粒子的高压压结与烧结研究：在7吉帕、2000℃下对几种亚微米尺寸的氮化硅与碳化硅陶瓷的烧结进行了研究；在7吉帕高压下研究了纳米尺寸的镍、Si_3N_4微粒的压结过程，首次指出纳米固体压结体结构与非晶合金类似。208组培养了硕士、博士研究生12人。

第五节　高压技术及设备和金属氢研究

高压实验技术包括高压的产生和高压下各种物理行为的测试。这是从事高压条件下各类研究的基础，因此高压室从一开始就很重视高压条件的产生和物性测量的特殊技术方法的建立。

一、高压技术及设备的建立

何寿安在1962年建成4×200吨拉杆式四面顶压机后，于1964～1965年还指导设计了4×400吨铰链四面顶压机、4×1000吨和4×2000吨拉杆式四面顶压机及紧装滑块六面体容器等。其间俞立志等配合何寿安做了许多设计工作。流体静压高压容器具有便于做各种物理测量而不损坏样品的优点，其中最出色的是何寿安指导车荣钲（负责设计）等做的双层自动加箍圆筒－活塞流体静压大容积容器（图5）。它是在原来国外3万大气压容器基础上对密封做了创新性技术改进，采用电极塞头锥型密封技术和蘑菇头密封等技术，最后压力可达到4.2万大气压。它具有结构紧凑、操作方便的特点，受到了国外同行的赞扬。“新式三万大气压流体静压力设备”1965年获国家发明成果奖。

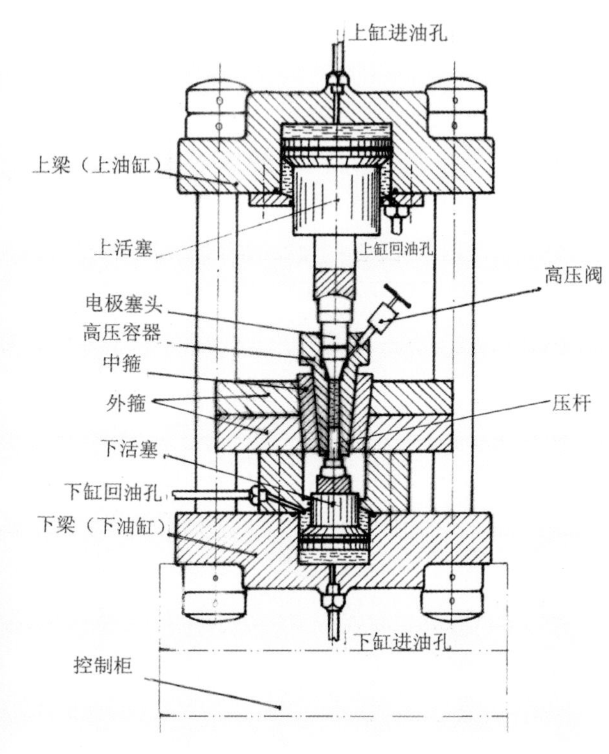

图5　4.2吉帕流体静压力高压设备及结构图

由于物理所的优越低温条件，何寿安让当时刚来所工作的刘彭业建立低温拉伸机，以配合中国科技大学的钱临照做课题研究。为建立高压所需的强X光源，还让陈良辰和徐济安分别自己动手研制安装转靶和细聚焦X光机，以提高X射线实验效率。1963年底开始调研有关转靶X光机的构造、制作和国外发展状况，并从1964年起设计、加工、安装、调试，于1964年底研制成功并出光（图6）。接着对一些材料诸如铝单晶、红宝石、人造金刚石、铌－锆合金丝、镓等进行了照相实验。设备结构简单紧凑、焦点可调，最小焦点为5×0.6平方毫米，管流达50毫安，比功率为667瓦/毫米^2。“转靶X光机的研制”于1966年初参加了中科院1965年度成果展览。细聚焦X光机也于1965年把焦点调试到38×32平方微米。

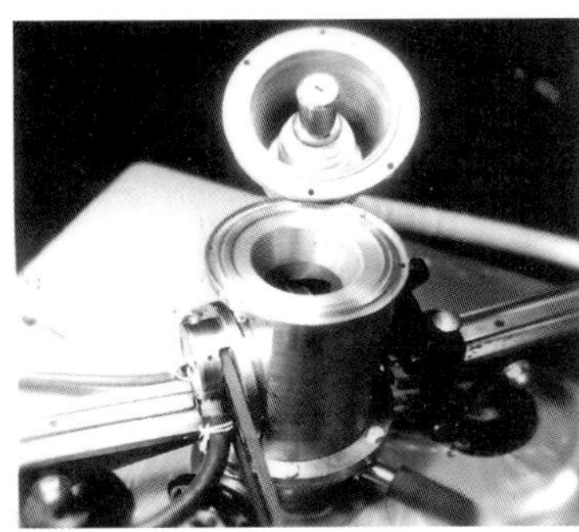

图6 转靶X光机及X光管（右图）

二、金属氢和大型高压设备及小型金刚石对顶砧

20世纪70年代初，国外曾出现过金属氢研究的热潮[38]，前苏联为研究金属氢建造了几层楼高的大压机，美国也有人设计了大球形压力装置。在这种背景下物理所高压室602组（先后由王积方、鲍忠兴负责）开展了金属氢课题的研究，开始是探索金属氢研究的实验技术途径，试验了二级压缩六分割球技术（车荣钲负责）、滑块技术等。同时，由于烧结多晶金刚石、爆炸合成金刚石等的研究也正取得进展，引起国家的重视并给以经费支持。高压室于20世纪70年代中后期用缠绕钢带加预应力的方法研制了1200吨（沈中毅负责，图7）、3150吨和5000吨（何毅负责）单向大型压机。为此1977年还成立了高压技术组（605组），由何毅负责与沈阳液压机厂联合研制大压机和四斜滑面高压容器，并扩展建立800平方米的高压实验楼，不仅放置了两台大压机及其他压机，还有机加工（车、铣、磨、冲压）等设备，由张宝惠、周中治等负责制备高压实验样品。同时，车荣钲、刘世超进行了三斜滑面立方体型高压容器的调研及模拟试验等。“1200吨钢丝缠绕式液压机的研制”获得1980年中科院科技成果三等奖。“YR75－3150、5000型金刚石液压机”获辽宁省1986年优秀科技成果二等奖。何毅还与天津锻压机厂联合研制了一台为钕铁硼加工用的THP73－700型350兆帕冷等静压设备，并获1992年中科院科技进步三等奖。

图7 1200吨预应力绕带式压机

同时物理所从70年代末开始发展小型金刚石对顶砧（DAC）高压装置，它为高压X射线衍射、拉曼光散射等研究提供了重要手段。它的压力可超过100吉帕，因此也是静态高压下氢的金属化研究的实验条件之一。

三、高压技术及服务

1984年，车荣钲负责的706组与刘英烈组合作研制成功CFZ－100型钕铁硼粉末成形机，达到了20世纪80年代国际技术水平。合作单位有山西汽车制造厂、太原市机械局机械研究所、太原市电子研究所。“CFZ－100型自动磁场粉末成形机”于1989年获山西省优秀新产品奖。

706组对物理所内有关研究组进行的合作研究和高压实验技术服务工作有：与周均铭组合作，用X射线衍射和拉曼散射研究超晶格样品高压相变；与拉曼实验室协作，进行高压低温拉曼实验；给梁敬魁组提供高压X射线实验服务；为超导实验室设计氧气介质高压高温设备；为三环公司设计钕铁硼高压成形模具等。

20世纪80年代以后协助其他单位发展高压技术的项目主要有：协助中国地震局地质研究所、中科院地质研究所以及上海技物所掌握有关DAC技术；协助中科院半导体所建立高压光散射技术；协助中国科技大学基础物理中心指导流体静压力实验和高压光学实验室建设；参与指导中国农业大学食品学院研究生课题工作；协助中科院广州地化所建立高压设备；为西安交通大学电子材料研究所设计5吉帕流体静压设备等。

同时进行了物理所DAC高压X射线衍射实验室建设，内容包括金刚石压砧的选料、压砧设计、DAC压机设计、封垫制作的工艺设备、红宝石荧光测压系统、高压X光相机以及高低温DAC等。

1989年，胡静竹、车荣钲、王莉君等首次建立了100吉帕以上的金刚石对顶砧高压X射线实验技术，压力达178吉帕，这是当时中国静高压实验的最高压力。“百万大气压X射线衍射实验技术”获1990年中科院科技进步三等奖。

四、金属氢及高压实验技术

压力诱发某些原来为绝缘体的物质变成金属态，如碘和氙气分别在20万和80万大气压下变成金属碘和金属氙，这是国际高压研究的重要方向。理论上预言在200万以上大气压下使氢气变成“金属氢”是有可能的。这个课题是世界性难题。理论估计金属氢存在于土星与木星内层，金属氢含氢密度高，是理想的清洁燃料。金属氢有分子相和原子相之分，理论认为它们都是高温超导体。

1989年，国外金属氢的研究有了新的重要进展[39,40]，于是物理所指定王积方、车荣钲、陈良辰重建金属氢研究组。1990年物理所正式成立了超高压下绝缘体金属化相变研究组（512组，组长王积方，1993年由陈良辰接任），对金属氢问题加以跟踪和研究，从此开始了兆巴高压下的物理研究工作，并向氢的金属化实验迈进。此课题得到物理所所长基金和中科院院长基金的支持。此外，512组还申请并得到了国家基金的支持。当时512组提出要建立高压拉曼测量实验，以观察氢分子由绝缘相转变为金属原子相时的拆键过程；建立低温高压远红外光吸收测量实验，以观察氢从绝缘相30多电子伏的能隙由于加压使其逐渐变为零，成为金属态的过程。为了进行氢的兆巴高压实验，先要在DAC中装填氢样品，这需要采取特殊高压充气手段，为此该组预订了国外的高压气泵等设备。同时由车荣钲负责设计加工出350吉帕、4.2K高压低温铍青铜DAC，低温光学杜瓦和充气系统等实验装置。

1990年左右，美国哈佛大学J. 埃格特（Eggert）到512组作博士后一年，并参与建立高压光学系统[41]。

高压下碘的金属化相变和氢类似而相变压力较低。1990年开始由陈良辰负责以碘为对象进行深入研究[42]，采用DAC高压X射线衍射技术，压力达77吉帕。用耐腐蚀材料钼、钨作封垫，在室温和无保护气氛下装样，采用钼内标和红宝石荧光测量进行压力校准。碘在常压下为底心正交结构，结果表明随着压力的增加，即分别在21吉帕、44吉帕、71吉帕发生了三个结构相变，由底心正交到体心正交，再到体心四方，最后到面心立方。可以看到开始时随着压力的提高，分子间的距离逐渐接近分子内的距离，而走向分子拆键。碘在16吉帕时已金属化，但仍是分子相。至21吉帕时才发生结构相变。此项工作为氢的金属化相变研究奠定了基础。同时顾惠成、李凤英等还进行了兆巴高压X射线工作，建立了一套稳定的兆巴高压X射线衍射技术，并用它进行了银的状态方程研究，压力达121吉帕。

此外，用DAC高压X射线研究了非线性光学晶体BBO（压力达30吉帕）、LBO（压力达45吉帕）、$LiNbO_3$（压力达40吉帕）和铁电晶体$LiTaO_3$（压力达40吉帕）、$Li_2Ge_7O_{15}$ [43]和Li_2GeO_3（压力均达20吉帕以上）等样品的压致非晶化相变。压力是改变物质中分子或原子间距离的最简单有效手段，从而改变了分子、原子间相互作用力，那样就引起各种相变，尤其是晶态－非晶态转变。从结构上来看，非晶化意味着结构的极度畸变和长程序的消失。同时压力也可产生不同结果，引起非晶到晶态的转变，因此可以进一步探索压致晶态－非晶态－晶态转变，研究其内在规律和微观机制。同时，该组也研究了超导材料（Hg1201、Hg1212、YNi_2B_2C等）、准晶体AlNiCo、半导体$Pb_{0.8}Sn_{0.2}Te$（25吉帕）、过渡金属硼化物TiB（30吉帕）等样品的高压结构、状态方程和相变。

1991年，由车荣钲负责利用中科院高能物理所同步辐射X光光源，建立了中国第一套高压下同步辐射能量色散X射线衍射实验系统[44]（图8）。1992年12月通过鉴定，1993年正式移交给高能物理所管理运行。车荣钲还为高能物理所同步辐射室高压实验站的建设和发展做了

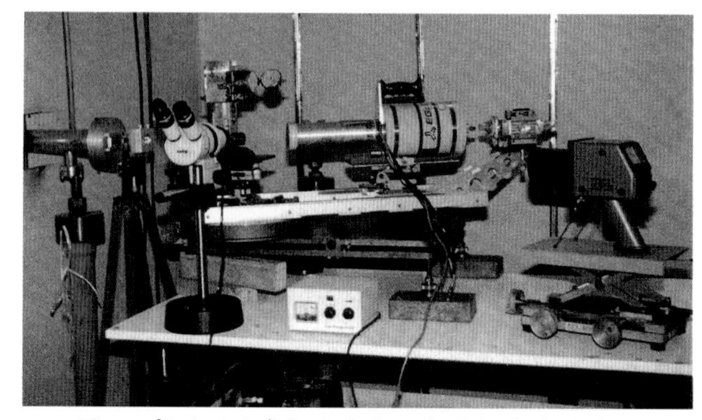

图8　高压下同步辐射能散X射线衍射实验系统

很多工作，该实验站现已向全国开放，成为中国高压同步辐射X射线衍射重要实验基地。

利用同步辐射X射线显著提高了高压X射线实验效率。王莉君、陈良辰等最先用同步辐射产生的强X射线，对 C_{60} 等样品进行了高压相变研究，压力达30吉帕[45]。C_{60} 是分子晶体，分子内是很强 sp^2 共价键，分子间则是较弱的范德瓦尔斯键。在室温下 C_{60} 为面心立方晶体，在高压下晶体稳定性发生变化，从13.7吉帕开始形成低对称相，随着压力的增加衍射线逐渐变宽，强度变弱，压力超过25吉帕开始转化成非晶态，至30吉帕衍射线条完全消失，标志非晶化过程的完成。实验说明 C_{60} 晶体在20吉帕以上，并没有变成金刚石一类 sp^3 杂化键共价晶体，而是存在压致非晶化现象。

1997年用同步辐射对CsBr进行了原位高压X射线衍射实验研究，压力达115吉帕[46]，这是中国高压同步辐射X射线衍射实验首次突破百万大气压。CsBr为碱卤化合物，在常压下为CsCl（B_2 型）结构。同步辐射高压X射线的实验表明，在53吉帕时观测到CsBr最强衍射峰（110）劈裂成两个峰，标志着由简单立方结构向四方结构的转变。在98吉帕以上观察到CsBr由无色透明变为红棕色，但直到115吉帕时仍未观测到样品的金属化现象。

氢等物质金属化相变研究必须具备三个实验条件，即充气系统、低温DAC高压装置和各种测试手段。经过3年的努力，在充气系统和低温DAC高压装置及高压光学系统等三个基本实验条件和设备的建立上获得进展。1995年10月物理所512组建成了中国第一套DAC高压充气设备系统和技术，并首次实现把高压 N_2 气装填在直径为250微米的DAC样品室中，压力达30吉帕以上（图9）。解决了泵油、气源、压缩机、管道、止逆阀、密封圈、磁力测量、转动密封等一系列技术问题，进行了容器应力测试和装气试验；用气动隔膜泵把氮气的压力提高到1500大气压，以便得到更高的初始密度。这为下一步装填其他气体和氢创造了有利条件。

1996年，对充气得到的 N_2 样品进行了高压拉曼光谱实验，压力到40吉帕[47]，这是中国首次实现在DAC中对气体样品（氮）的高压光学研究。绝缘体金属化相变研究是当前高压物理的重要课题，其中双原子分子晶体，如氮（N_2）、氢（H_2）、氧（O_2）、碘（I_2）等的金属化，更被人们关注。除碘外它们在室温下都是气体，金属化压力都在兆巴以上。在金属化前它们往往要经历几次相变，而且仍是分子固体。实验观察到氮的拉伸（stretching）模式的两个拉曼峰，随压力的增加其频率分别从5.2吉帕时的2340/厘米和2347/厘米增加到40吉帕时的2396/厘米和2434/厘米，而且两峰间距随压力增加逐渐变大。在压力接近40吉帕时，在主峰2396/厘米附近出现新的拉曼峰（2402/厘米），这和氮的Pm3n结构畸变相关。高压气体装填技术扩展了实验研究范围，避免了低温装填技术的复杂性，同时还能得到较高的初始密度。这些高压气体装填在DAC中，不仅用作准静水压介质，还可用来研究它们本身的性质，如氮、氢等的相变和金属化。

同时徐丽雯等在国内首次建成一套经济实用的高通拉曼楔形滤光器的光学系统，并对固体苯进行了高压拉曼光散射研究，压力到15吉帕[48]（图10）。从拉曼峰频率和频宽随压力的变化看到，固体苯发生了相变。同时还对L-Alanine和D-Alanine进行了低温（240K）拉曼测量。也测定了KTP和MnBiSiO磁光薄膜及金刚石的拉曼散射谱。此外，用复合法布里－珀罗微腔干涉法研究了17吉帕下金刚石的折射率和色散关系，其折射率以0.0022/吉

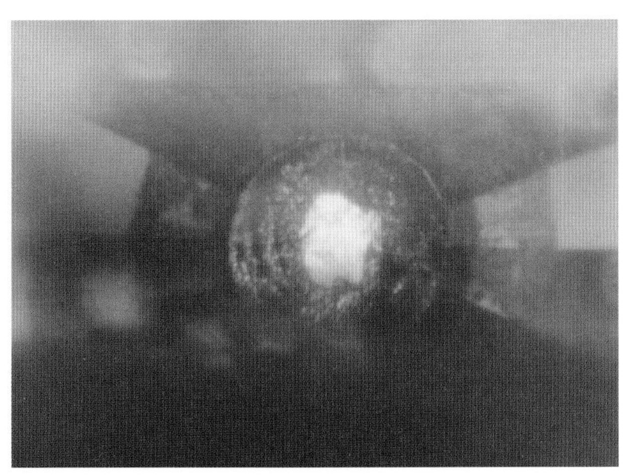

图9 高压 N_2 气装填在DAC样品室

图10 低温高压光学实验装置

帕的速率下降，精度为8×10^{-4}，为氢的金属化研究奠定了实验和理论基础。另外，用光学多道分析仪（OMA）测试正常兔和动脉硬化兔血管壁的荧光谱及DAC高压装置中金刚石的拉曼谱，采用1200克/毫米光栅，分辨率均小于0.2纳米。

1998年，陈良辰、王莉君等用DAC技术和TASCO V–550 UV–VIS分光光度计对硫进行了原位高压光吸收测量，压力达41.6吉帕[49]，这是中国首次实现高压下光吸收的实验研究。同时也用同步辐射原位高压能散X射线衍射技术，对硫进行了结构和相变的对比研究，压力达33.7吉帕。硫由含有8个原子的皱褶环分子S_8构成，每个晶胞包含16个S_8分子，即共有128个硫原子。从硫的吸收边随压力的变化曲线来看，在5吉帕和12吉帕处出现两个拐点，相应在光学观察中看到的是由黄到红和由红到黑的两个颜色变化。从同步辐射高压X射线衍射结果来看，在5吉帕时没有观察到结构变化，但发现由S_8再取向和有序化引起的高压新相。而12吉帕处的拐点对应于S_8完全有序化的另一中间高压相。1999年，他们又用同步辐射原位高压能散X射线衍射技术和电阻测量法，同时对碳纳米管进行了物性和结构的研究，压力分别达51吉帕[50]和20吉帕。碳纳米管的结构和石墨的六角密排结构（hcp）结构相似。从高压X射线衍射实验看到，当压力升到8吉帕以上时碳纳米管（002）线变宽变弱，其部分非晶化；当压力从10吉帕或20吉帕卸压至零时（002）线部分恢复；但当压力升至最高51吉帕时碳纳米管完全非晶化，而且这个相变是不可逆的。

早在20世纪80年代初，鲍忠兴等在金刚石压砧（高压）装置上建立了一种简便的电阻测量方法[51]。1990年又建立了新的电容测量方法[52]，这在国际上是首创，它为研究高压相变提供了新的实验手段，开辟了新的研究领域——介电性质的研究，从此可以用电阻和电容方法同时研究高压下的电学性质和相变。他们系统研究了半导体（Si、Ge、GaP、GaAs、InSb、$Hg_{1-x}Cd_xTe$）、电介质（KH_2PO_4、RbH_2PO_4、$NH_4H_2PO_4$）、固体C_{60}、碳纳米管、庞磁电阻材料（$Ca_4Mn_3O_{10}$、Sr_2CrWO_6、$Sr_{2-x}Ba_xFeMoO_6$）、超导材料（$La_{1.65}Sr_{0.35}CaCu_2O_{4+\delta}Cl_y$、$MgCNi_3$）以及纳米材料（Si、CuO、$CoFe_2O_4$、$ZnFe_2O_4$）等在高压下的电学性质与相变。通过大量研究发现了不少新的相变和新的现象，特别是发现纳米材料与相同成分的体材料在高压下有不同的结果。有些纳米材料的相变压力比相同成分的体材料要高，而且随纳米尺寸的减小相变压力增加；而有的则相反，相变压力比体材料要低，而且随尺寸的减小其相变压力降低。

同时王汝菊、李凤英等用MATEC–6600超声设备，采用脉冲回波重合技术，通过测量声速和声衰减，在高压、高低温等极端条件下对超硬材料（YCX型金刚石、Si_3N_4）、超导材料〔YBaCuO、$(Pb,Cu)SrLaCuO_{5-\delta}$、$MgB_2$、$MgCNi_3$〕、激光材料（$Nd^{3+}$:$YVO_4$四方晶）、非晶合金ZrTiCuNiBe、添加晶须的复合材料、氧化硅玻璃和塑胶玻璃等进行了弹性性能的研究。特别对高温高压下的材料建立了一种在多层固体介质中进行超声测量的方法，时间测量精度提高了一二个数量级，为0.5纳秒，相对精度达10^{-5}。压力温度测量范围也有所提高，如测量了93W合金和2169钢在2吉帕下纵波和横波声速随压力的变化。此外，协助中科院地球化学所、武汉理工大学、中国工程物理研究院流体物理研究所等对玄武岩、钨–钼和钼–钛合金、LY12材料等样品，进行了超声测量和声学性能及状态方程的研究。

1998年以后，与汪卫华研究组合作，用高精度高频超声测量技术、维氏显微硬度和密度测量，结合X射线衍射、差热分析、电子显微镜等分析手段，在常温常压及极端条件下研究了单元素非晶碳、氧化物玻璃、微晶玻璃、稀土基金属玻璃、大块金属玻璃（$Pd_{41}Ni_{10}Cu_{38}P_{21}$、$Zr_{48}Nb_8Cu_{14}Ni_{12}Be_{18}$）等的玻璃态固体的组分、弹性性能、晶化动力学过程、微结构、压力温度效应及脆性塑性等，并制备出新型$Ce_{68}Al_{10}Cu_{20}Co_2$金属塑料和超大塑性$Zr_xCu_yNi_zAl-(M)$金属玻璃。1990～2003年共发表论文59篇。

从以上的论述看到，物理所高压室已建立和发展了四类成熟的现代高压技术和实验手段，即同步辐射高压X射线衍射、高压拉曼散射和光吸收、高压电磁测量及高压超声测量技术，用来对新型材料进行高压物理的基础研究。

第六节 极端条件下新材料的研制

极端条件是由高压、高低温及强磁场相结合共同构成的。2000年物理所将原中科院极低温物理开放实验室和物理所部分低温、高压方面的研究组联合组建了极端条件物理重点实验室，进行跨学科研究。其中靳常青负责的C512高压组（2002年后改为EX5组）的主要研究内容是新型量子功能材料研制及其调控（超导、巨磁电耦合、多铁性、巡游磁性、带宽调控莫特转变、绝缘体金属化相变等），高能量密度新物质（水合物和氢）的压力合成和调控，高压集成技术研发等，十年多来取得了很多重要研究成果和技术进展。

一、超导材料

2001年，日本科学家在金属间化合物MgB_2中发现了具有39K的超导现象，迅速引起了超导研究的又一新高潮。靳常青、禹日成等利用高压合成迅速研制出高质量的MgB_2超导体，并进行了相关的物性和结构测试，最先从电子能量损失谱实验上给出了费米面附近具有空穴态存在的实验依据，很好配合了对其机理的研究。同年美国科学家报道了超导转变温度为8K左右的$MgCNi_3$化合物，这是继MgB_2超导体之后发现的又一个非氧化物超导体。由于它含有磁性元素镍，且是第一个非氧化物的钙钛矿结构超导体，因此引起了人们的关注。靳常青研究组探讨了该化合物的相形成规律及其结构，并首次研究了它在高压下结构的稳定性和电学性质。

2005年，刘清青、靳常青等利用高温高压合成，发现了新的T_c约30K卤氧高温超导体$Sr_2CuO_{2+\delta}Cl_{2-y}$具有比$(Ca,Na)_2CuO_2Cl_2$更长的$c$轴，是研究高温超导体的$[CuO_2]$平面特性的理想结构。2009年靳常青组利用高温高压方法制备出$Sr_{2-x}Ba_xCuO_{3+\delta}$（$0 \leqslant x \leqslant 0.6$）超导样品，其中最高$T_c$为98K（$x$=0.6），成为具有单层铜氧面铜氧化物超导体超导温度的最高值。他们研究讨论了铜氧面外钡离子掺杂引起的顶角氧无序以及晶胞参数（顶角氧到铜氧面的距离、铜氧面内铜氧键长）的变化对超导T_c的影响，顶角氧的无序将降低T_c；随着钡的掺杂浓度的增加将进一步增加体系顶角氧的无序，但T_c却显著上升。研究表明，由于离子半径较大的钡离子部分取代锶离子后，顶角氧到铜氧面间的距离增大以及铜氧面内铜氧键长增大，是该体系T_c显著增加的主要原因。

2008年，日本细野秀雄（Hosono Hideo）研究组发现了T_c=26K的LaFeAs(O,F)超导体，从而掀起了新一轮全球铁基超导研究的热潮。靳常青研究组于同年发现了以LiFeAs为代表的“111”型铁基超导体，观察到T_c为18K的超导转变，成为继“1111”体系和“122”体系后又一个铁砷超导体系。他们的工作得到国际同行的认可。与“1111”和“122”相比，“111”体系的组分和结构相对简单，因而，对该体系物相和结构的研究有助于对铁基超导机理的认识和新材料的设计。随后他们又合成出T_c约为26K的“111”型NaFeAs和T_c约为6K的“111”型LiFeP超导体。2009年又观察到在压力驱动下，NaFeAs的超导转变温度可以达到31K，这是“111”型铁基超导体中最高的超导转变温度。为了在结构上认识压力的作用特征，刘清青、靳常青等在美国布鲁克黑文国家实验室和阿贡国家实验室的同步辐射高压站进行了原位X射线衍射实验，得到了NaFeAs的晶体结构随压力变化而演化的规律，发现NaFeAs随压力上升出现压力诱导的等结构相变，从一个常压四方相过渡到“坍缩”高压四方相。早在2008年靳常青组和刘浩哲等合作，在“1111”体系NdFeAs(O,F)中，在9.9～13.5吉帕范围内发现了压力诱导的四方相的等结构相变。该工作成为铁基超导体中最早发现的压力诱导的等结构相变，入选美国布鲁克黑文国家实验室同步辐射光源（NSLS）2009年的年度进展报告。此后其他研究组相继在“1111”体系别的组分化合物及“122”体系发现了类似的压力诱导的等结构相变。此外，靳常青组还进一步得到了“111”NaFeAs特征晶体结构参量砷－铁－砷键角和砷到铁面距离随压力的演化规律，发现这些结构参量的突变与压力诱导的等结构相变及超导转变温度的变化有关。最高超导转变温度对应常压和高压四方相的转变点及最佳砷－铁－砷键角和砷到铁面的距离，为寻求“111”NaFeAs压力调控的超导物性演化的结构起源提供了实验依据，也为从结构设计上探寻新的铁基超导体提供了重要信息。

在“122”型铁基超导体系中，最佳掺杂钡－122和锶－122的最高超导转变温度约为38K和35K，而钙－122的超导转变温度最高报道约为20K$[(Ca_{0.5}Na_{0.5})Fe_2As_2]$。2010年靳常青组通过进一步提高钙－122的掺杂浓度，制备出$(Ca_{0.33}Na_{0.66})Fe_2As_2$单晶样品，其超导转变温度大于33K。

2010年，靳常青组生长出高质量的p型Bi_2Te_3单晶，并利用金刚石压砧高压低温技术，在三维拓扑化合物Bi_2Te_3中，在3～6吉帕压力范围发现了$T_c \approx 3K$的压力诱导超导转变。这种转变（电阻陡降）的温度随外加磁场的介入向低温端移动，表明转变的超导属性。实验结果表明，在上述压力区间Bi_2Te_3依然保持常压相构型。同时，他们和凝聚态理论与材料计算实验室方忠研究组密切合作，基于实验测量的结构数据，用第一性原理计算证实母体相依然具有拓扑属性。即在呈现超导转变的压力区间，Bi_2Te_3的表面态依然具有狄拉克锥的特征，所以形成体材料超导的p型载流子费米面与Γ点附近的狄拉克表面态相对独立，具有狄拉克锥的表面态的超导应为拓扑超导态。

二、庞磁电阻和新型超硬材料

禹日成、靳常青等于2002年建立了国内第一套集高压、低温、强磁场三种极端条件为一体的物性测量系统（压力100吉帕、温度1.8～400K、磁场0～9特）。2005年利用该系统研究了$Eu_{0.58}Sr_{0.42}MnO_3$在施加压力和磁场下的电输运性质。发现压力和磁场都有利于$Eu_{0.58}Sr_{0.42}MnO_3$铁磁态，抑制反铁磁态。区别在于磁场使全部的反铁磁态转变为铁磁态，而压力使部分的反铁磁态转变为铁磁态，导致相分离现象的出现。1吉帕压力对铁磁转变温度T_c的影响相当于3特磁场的作用，而1吉帕压力对反铁磁转变温度T_N的影响相当于0.85特磁场的作用。同时利用高压合成了层状钙钛矿结构化合物，并用同步辐射高压X射线技术和高压电学测量研究了其结构、相变和物性。对二层锰氧化物$Ca_3Mn_2O_7$进行了电子型掺杂，研究发现在$La_{2x}Ca_{3-2x}Mn_2O_7$系列样品中只有当$x<1.0$时才能形成单相。对高压合成出具有理想结构的三层锰氧化物$Ca_4Mn_3O_{10}$也进行了少量的电子型掺杂研究，用常压方法只能对其进行0.1以内的镧掺杂，而用高压方法可实现0.2的镧掺杂。另外，他们分别用高压和常压方法合成出具有室温庞磁电阻效应的双钙钛矿结构化合物Sr_2FeMoO_6，并对其A位和B位进行了替代研究，合成了$Sr_{2-x}Ba_xFeMoO_6$和$Sr_2FeMo_{1-x}Nb_xO_6$。研究表明，在A位替代研究中随着钡含量的增加，双钙钛矿结构的有序度逐渐增加，并且样品的饱和磁化强度也逐渐增加；Ba_2FeMoO_6中接近理论值$4\mu_B$。在B位替代研究中选择了无磁性的Nb^{5+}离子，发现随着铌含量的增加，样品的铁磁状态逐渐过渡到团簇玻璃态，最终变到自旋玻璃态。

同时他们还对$C_3N_4H_4$和$C_3N_6H_6$进行了高压下的分解研究。1985年美国科学家M.L.科恩（Cohn）从理论上预言了具有致密结构的C—N共价键晶体，在硬度上将相当甚至超过自然界中的金刚石，引起了国际上对C—N化合物的研究热潮。而高压方法是可能制备出C_3N_4体材料的有效方法。在对$C_3N_4H_4$的高压研究中没有观察到C_3N_4相，也没有观察到氮成分的存在。而对$C_3N_6H_6$的高压研究中，在分解产物中检测到了氮成分的存在，通过红外吸收和光电子能谱分析发现产物中有C—N和C—N的键合状态的存在。

三、多铁性材料

2005年，靳常青组进行了铋系钙钛矿结构铁电磁体$BiMnO_3$、$BiCrO_3$和多铁性固溶体$BiMn_{1-x}Cr_xO_3$的高压合成及物性研究。通过变温X射线衍射、差热分析、磁化率、比热、介温谱、电滞回线等测量及原位高压同步辐射X射线衍射技术，首次得到室温以上$BiMnO_3$的介温谱和电滞回线，揭示了$BiMn_{1-x}Cr_xO_3$具有的自旋玻璃磁性和弛豫铁电性。用中子粉末衍射、透射电子显微镜和电子能量损失谱方法还研究了它们的磁结构和晶体结构随温度变化的规律。

同时靳常青组利用高温高压条件烧结了各种晶粒尺寸的$BaTiO_3$纳米铁电陶瓷，并研究了它的变温相变规律和介电性、电滞回线、铁电畴及拉曼散射谱，证明了30纳米的$BaTiO_3$陶瓷仍然保有铁电性。另外，他们还研究了它的压致相变的尺寸效应，从铁电相到顺电相的相变压力由体材料的2吉帕升高到10吉帕时，它的零压体弹模量也随晶粒尺寸的减小而增高。从实验结果看到，随着晶粒尺寸的减小它的铁电性能降低，立方相向四方相转变的居里温度向低温移动，而正交相向四方相转变的温度向高温移动。为了揭示纳米$BaTiO_3$陶瓷的尺寸效应随压力调控的本质原因，在热力学唯象理论的自由能表达式中要考虑加入晶粒尺寸、内部应力以及外部高压的作用，相变温度将和它们相关联。

多铁性材料因具有广阔的应用前景和丰富的物理内涵，备受人们的广泛关注。稀土锰氧化物$RMnO_3$（R为稀土离子）就是其中一个很重要的体系。2008年靳常青组研究了A位离子的化学内压对$Ho_{1-x}Dy_xMnO_3$（$0\leqslant x\leqslant 1$）固溶体相结构物理性质的影响，发现掺杂稀土离子Dy^{3+}所引起的内压力可使具有六方结构的$HoMnO_3$向高压正交钙钛矿结构转变，形成六方相、六方与高压正交混相及高压正交相三个区域。利用Rietveld方法，对$Ho_{1-x}Dy_xMnO_3$的X射线衍射数据进行结构精修，得到了六方相的晶格参数和晶胞体积随Dy^{3+}含量的变化规律。测定其磁化率和比热随温度的变化关系表明，Dy^{3+}对Ho^{3+}的替代增强了稀土离子间的相互作用，使磁有序温度T_2向高温方向移动，而Mn^{3+}自旋重新取向温度T_{SR}则呈现先减小后增加的趋势。

四、磁性材料

靳常青研究组在高压新型类钙钛矿关联体系上进行了较为系统的探索。2008年在18吉帕、1000℃的高压高温条件下，首次成功合成出$BaRuO_3$立方钙钛矿化合物，研究表明它是一个T_c为60K的巡游磁性金属。由于容忍因子$t>1$，$BaRuO_3$钙钛矿的钌－氧键长处于拉伸状态，这和$CaRuO_3$中钌－氧键长弯曲明显不同。作为4d族的重要代表，钌钙钛矿化合物成为研究的重点，其中$ARuO_3$体系（A=钙、锶）巡游磁性的奇特变化引起了人们的关注。等价态化学替代，$SrRuO_3$是T_c为160 K的铁磁金属，而$CaRuO_3$则为顺磁金属。铁磁关联在$CaRuO_3$的消失引起了广泛争论，一种观点认为铁磁和反铁磁相互竞争所致，另一种观点认为费米面处态密度下降导致斯托纳判据失效。$BaRuO_3$立方钙钛矿化合物的发现及对其巡游磁性的研究，为认识$ARuO_3$化合物的奇异磁电共存及演化提供了新视野。研究表明，在$ARuO_3$（A=钙、锶、钡）体系，铁磁关联并未像先前理论预言那样，随钌－氧键长的延展而单调上升。在正交结构的$SrRuO_3$中铁磁关联达到最强，而两侧A位离子半径的缩短（A=钙）和拉伸（A=钡）均导致体系铁磁交换减弱，且发现两侧铁磁关联演化机制明显不同。在键长拉伸侧$ARuO_3$(A＝钡、锶）很好地符合居里－外斯定律，T_c随压力而减小，表明体系铁磁交换的减弱，主要源于共价成分加强所导致的能带展宽效应。而在键长弯缩侧$ARuO_3$(A=钙、锶)，则更好地符合Griffiths相呈现的规律，表明体系铁磁交换主要由非磁团簇稀释所调控。$BaRuO_3$立方钙钛矿化合物的合成，揭示了$ARuO_3$体系中这种出乎意料的不同变化趋势，对建立和修订这个典型巡游磁性关联金属体系的理论模型提供了新判据。由于钙钛矿结构化合物为地幔的主要晶体结构形态，研究高压状态产生的钙钛矿结构化合物及其磁电特性的演化规律，对认识地球内部的物理、化学、地质现象具有重要意义。

五、金属化相变

2006年，靳常青组和美国得克萨斯大学奥斯汀分校周建十合作，利用高压高温成功研制了单相性良好的$Sr(Ca)CrO_3$钙钛矿固溶系列。结果表明，它们具有和其他已知莫特化合物不同的物理特性，表现出严重偏离居里－外斯、泡利型的顺磁态、反常的热电势、奇异的热导行为等；在10吉帕以上，通过高压X射线衍射观察到了压力驱动的金属化相变。实验表明$Sr(Ca)CrO_3$的压致金属化相变是等结构相变。这项工作为研究带宽调制型莫特体系寻找到新的材料体系，对3d电子关联效应随原子间距连续改变所导致的金属化相变提供了直接例证。

靳常青组还进行了高压技术研发，建立了新的实验技术和测量系统及设备，如单级推进压机精密控压控温系统、MagLab三合一物性测量系统（压力100吉帕、温度1.8K、磁场9特）、6×800铰链六面顶压机、6～8型二级推进超高压设备（压力20吉帕、温度2000K）、同步辐射DAC高压装置、DAC高压电学、磁性、拉曼光谱测量系统等。至2010年，共发表235篇论文，培养博士后4人，硕士、博士研究生20人。

压力无疑是研究物质性质的重要参数，它可以改变物质中原子间距离。温度虽然也能改变物质中原子间距离，但伴随有热效应。压力普遍存在于宇宙中，星球中心的压力大到10^3~10^{24}吉帕，以致挤破原子壳层，电子完全简并，导致产生白矮星、中子星、黑洞。通过静压力获得金属氢仍是梦想，所以研究高压物理意义重大。

参考文献

[1] 钱临照，何寿安．物理学报，1955, 11(3):287−292.

[2] 弗仑克耳 Я И．金属理论概要．何寿安，译．北京：科学出版社，1957；布加科夫 В З．金属与合金中的扩散．何寿安，译．北京：科学出版社，1958.

[3] 谭守宇，齐生英，贺一鸣．物理学报，1961, 17(1):45.

[4] 施宁一．物理学报，1961, 17(4):198.

[5] 何寿安，李家璘，成向荣，王文君，沈主同．物理学报，1977, 26(2):100.

[6] 沈主同．科学通报，1974, 19(10):457.

[7] 沈主同．晶体生长//张克从，张乐潓．晶体生长．北京：科学出版社，1981；张克从，张乐潓．晶体生长科学与技术(第二版)．科学出版社，1997.

[8] 刘世超，王莉君，成向荣，孙帼显，李家璘，胡欣德，沈主同．物理学报，1977, 26(4):363.

[9] 李家璘，陈良辰，沈主同．物理学报，1975, 24(4):301.

[10] 程月英，胡欣德，陈景章，张卫平，张红兵，陈良辰．科学通报，1979, 24(4):156.

[11] 程月英，陈景章，陈良辰．物理学报，1980, 29(11):1507.

[12] 陈良辰，程月英．人工晶体，1984, 13(1):27.

[13] 陈良辰，程月英，杨奕娟．人工晶体，1985, 14(2):129.

[14] 陈良辰，程月英．人工晶体，1986, 15(1):71.

[15] 沈主同，王莉君，杨奕娟，聂建军，刘宇明，张军．物理学报，

1978, 27(3):344.
[16] 沈主同，孙帼显，王莉君，王文君．硅酸盐学报，1982, 10(2):204.
[17] 沈主同，孙帼显，池用谦，李德臻．高压物理学报，1988, 2(2):104.
[18] 沈主同，经福谦．物理，1989, 18(9):525.
[19] 陈祖德，鲍忠兴．物理学报，1978, 27(5):591.
[20] 王积方，王汝菊，何寿安．物理，1981, 10(3):154.
[21] 徐济安，胡静竹．物理学报，1977, 26(6):521−525.
[22] 胡静竹，唐汝明，徐济安．物理学报，1980, 29(10):1351.
[23] 王积方，李华丽，唐汝明，查济璇，何寿安．物理学报，1982, 31(10):1423.
[24] 朱宰万，徐济安．物理学报，1979, 28:865.
[25] 徐济安．物理学报，1976, 25:324.
[26] 徐济安，赵敏光．中国科学A, 1980, 12:1160.
[27] 姚玉书，王汝菊，王积方，何寿安，张良坤．物理学报，1985, 34(5):667.
[28] Yao Y S, Li F Y, Lin X S, Zhao Z R, Wang M. *Ferroelectrics*, 1990, 101:267.
[29] 姚玉书，陈红，徐济安，何寿安．物理学报，1981, 30(6):835.
[30] 王文魁，何寿安，刘志毅，徐小平，王守证，黄新明．物理学报，1983, 32(12):1618.
[31] 王文魁，王松涛，陈红，何寿安．物理学报，1984, 33(10):1448.
[32] 秦志成，何寿安，刘振兴，王文魁．物理学报，1986, 35(5):577.
[33] Wang Y J,Wang W K, He S A, Iwasaki H. *Chinese Phys. Lett.*, 1987, 4(1):44.
[34] 沈中毅，张云．科学通报，1981, 26(15):913.
[35] 沈中毅，刘俊，张云，殷岫君，何寿安．物理学报，1983, 32(1):118.
[36] Zhou W Y, Shen Z Y, Yin X J, Zhang Y, Zhao M Y. *High Temp.-High Pressure*, 1988, 20:561.
[37] Zhao M Y, Zhou W Y, Shen Z Y, Shong L Z, Xiao P. *High Pressure Res.*, 1990, 4:502.
[38] 徐济安，朱宰万．物理，1977, 6(5):296.
[39] 王积方．物理，1992, 21(12):705.
[40] 陈良辰．物理，2004, 33(4):261.
[41] Eggert J H, Xu L W, Che R Z, Chen L C, Wang J F. *J. Appl. Phys.*, 1992, 72(6):2453−2461.
[42] Chen L C, Zhang Z T, Che R Z, Yu T N, Wang J F. *Chinese Phys. Lett.*, 1994, 11(2):99−101.
[43] Chen L C, Gu H C, Wang L J, Li F Y, Che R Z, Zhou L, Xiu L S, Lan G X. *Chinese Phys. Lett.*, 1996, 13(7):534−536.
[44] Che R Z, Zhou L, Zhao Y C, Gu H C, Wang Z J, Li F Y, Wang J F, Chen L C. *Chinese Sci. Bull.*, 1994, 39(22):1877−1881.
[45] Wang J F, Wang L J, Chen L C, Chen H, Wang R J, Zhang Z T, Che R Z, Zhou L. *Chinese Phys. Lett.*, 1993, 10(3):159−162.
[46] Wang L J, Chen L C, Li F Y, Gu H C, Zhou L, Che R Z. *Chinese Phys. Lett.*, 1998, 15(4):284−286.
[47] Chen L C, Wang L J, Gu H C, Xu L W, Che R Z, Wang J F. *Chinese Phys. Lett.*, 1997, 14(6):440−442.
[48] Xu L W, Wang R J, Chen L C. *Chinese Phys. Lett.*, 1996, 13(4):293−296.
[49] Chen L C, Wang L J. *Chinese Phys. Lett.*, 1999, 16(9):675−676.
[50] Chen L C, Wang L J, Tang D S, Xie S S, Jin C Q. *Chinese Phys. Lett.*, 2001, 18(4):577−578.
[51] 鲍忠兴，张芝婷，俞汀南．科学通报，1984, 29(14):846.
[52] Bao Z X, Schmidt V H, Howell F L. *J. Appl. Phys.*, 1991,70(11):6804.

第十三章　等离子体物理

等离子体是指正、负电荷的数量或密度基本相等而形成的准电中性物质的集合体。当气体电离后，形成主要由离子与电子组成的混合物，较中性气体的性质有很大改变，称为物质的第四态——等离子体。等离子体物理是研究等离子体的形态和集体运动规律、等离子体与电磁场及其他形态物质相互作用的学科。它是20世纪新兴的物理学科，在20世纪下半叶与受控聚变反应、空间物理及一些重要技术领域相联系，发展迅速。

物理所等离子体物理的研究始于1958年，由光学研究组（一年后成立一室）部分人员发起和承担，集中于高温等离子体和受控热核反应研究。1969年，一室部分人员调至从事激光研究的第三研究室，担任国防任务的103组人员调至第七机械工业部，其余人员完全从事高温等离子体物理研究。1972年初，一室正式成为等离子体物理研究室，李吉士为负责人，后任命为室主任。一室划分为101组、102组和103组，组长分别为聂玉昕、张遵逵和李银安，分别从事激光等离子体、角向箍缩和等离子体焦点研究。同年又先后成立104组和105组，研究内容分别为托卡马克和等离子体理论。

1984年，物理所进行体制改革，取消研究室，重新成立研究组。一室撤销后，新成立的研究组有：101组，组长陈春先，后为杨思泽，研究内容为微波加热和微波诊断；102组，组长郑少白，后为王龙，研究内容为CT-6B装置运行和实验；103组，组长李银安，研究内容为箍缩装置；104组，组长李文莱，研究内容为等离子体诊断；105组，组长蔡诗东，研究内容为等离子体理论。行政上成立第一联合办公室负责管理工作，学术上成立学术小组组织学术活动。学术小组组长为陈春先，1984年陈春先调出后由蔡诗东继任，1996年由王龙继任。这样在CT-6B装置上工作的人员就被划分到101、102、104三个组内，各自独立，互不关联，这给研究工作的开展带来困难。直到物理所专门设立一项联合实验基金，才在一定程度上解决了这个问题。

20世纪90年代，物理所筹建凝聚态物理中心，具有工程性质的受控聚变研究已不适合在所内继续发展，研究队伍开始萎缩。1998年原来的有关研究组合并为一个研究组，组长为杨思泽。1999年物理所加入中科院知识创新工程后，王龙担任组长。2001年该组加入新成立的软物质物理实验室，称SM02组。2002年组长为江南，2005年以后为杨思泽。

第一节　高温等离子体和受控热核反应研究

高温等离子体是指温度在100万度以上的等离子体，在实验室可通过强脉冲放电产生。受控热核反应是指在可控制条件下将两个轻核（常用的是氘、氚）在高温下结合成重核的反应，亦称受控热核聚变。

一、早期快过程类型装置的发展（1958～1972）

（一）早期研究工作

等离子体物理的研究始于1958年，初期研究内容为高温等离子体物理和受控聚变反应。当时的国际背景是美、英、苏等国在历经几年探索之后，认识到该项研究的艰巨性，必须进行国际交流与合作，决定对其解密，于1958年在日内瓦召开的第二届和平利用原子能国际会议上公布了研究结果。学术界对这一研究的前途广泛持乐观态度，认为在不远的将来可获得这种蕴藏丰富的能源，因此在世界范围内掀起一股研究热潮[1]。当时中国科学界与苏联保持密切的学术交流，著名的苏联等离子体物理学家L.A.阿尔兹莫维奇（Artsimovich）和A.A.伏拉索夫（Vlasov）都于1958年到中国讲学。

对从事光谱学研究的一室来说，对等离子体物理有一定知识积累和技术基础。光谱学研究一般使用气体放电作为光源，对电离气体比较熟悉。在孙湘[2]领导下研制出国内第一台真空紫外光谱仪，为高温等离子体研究提供了诊断手段。后由室主任张志三提出高温等离子体和受控聚变反应的研究课题，由103组的孙湘具体负责实施。到1959年底，参加这项工作的有副研究员1人、实习研究员5人，见习员10人。孙湘还组织了一个中关村地区的协作组，联合北京大学等单位人员进行有关知识的学习和交流。1960年1月，孙湘研究组提出了物理所1960～1967年的“受控热核反应研究计划”。

图1　直管强脉冲放电装置手绘图

1958～1959年，研究组研制了两台实验装置。第一台是直管强脉冲放电装置（图1），即直线箍缩装置。使用脉冲电容器40微法，可充至电压30千伏，用针球开关得到放电电流100千安以上，所产生的等离子体估计达到温度100万度，观察到等离子体收缩（箍缩）现象。第二台是环形脉冲放电管（图2）。这个环形管是用八段石英管焊接而成，管的半径分别为5厘米（备用管7厘米），环半径30厘米。使用铁芯脉冲变压器产生放电，使用脉冲电容器20微法充电8千伏时，得到放电电流67千安。配合实验工作发展了等离子体诊断技术，主要有真空紫外光谱仪、具有时间分辨的摄谱装置和磁探针。其中摄谱装置使用转镜原理，时间分辨率达到3微秒。这一工作于1962年1月在哈尔滨召开的第二次电工会议上发表。

图2　环形脉冲放电管

1961年以后，研究组开始转向角向箍缩类型装置的研究，共安装了两台设备，分别进行电磁测量和光学测量。光谱测量的结果在1965年的《物理学报》上发表[3]。在所报道的角向箍缩装置上，使用了硬质玻璃放电管、双匝并联放电线圈、六台并联的3.3微法50千伏脉冲电容器电源以及火花间隙开关，最大放电电流165千安。用光谱仪照相和光电记录两种方法测量了氢的发射谱线轮廓，从斯塔克加宽机制计算了相应的电离子密度为$(1.7\sim2.5)\times10^{16}$/厘米^3。1963年，因研究组要承担国防任务，这一工作暂时停止。但部分人员仍根据类似放电原理，研制出无电极放电等离子体装置，用以作为红宝石和钕玻璃激光器的泵浦光源。

（二）十万焦耳角向箍缩装置的研制

受控聚变研究于1965年恢复。在物理所负责筹建的技术物理中心的方案中有等离子体物理部，包括受控热核反应和高温气体光谱两部分。受控热核反应中，包括磁约束聚变和惯性约束聚变（激光聚变）两课题。在1965年调研时期提出建造一台5万焦耳的角向箍缩作为该项目的前期工作。在物理所恢复受控聚变研究这一决定，是中科院和第二机械工业部（简称“二机部”）双方协商决定的。由中科院负责快过程（主要指箍缩类装置），二机部主攻磁镜。

1966年7月，一室开始筹备研究装置的建造，组建了两个研究组。1967年初，物理所研究人员主动与其他有关单位联系，于1967年3月在物理所举行两次讨论会，讨论如何在国内开展受控聚变研究事宜。参加会议的还有二机部五局、原子能研究所、中科院电工所和力学所，以及中国水利电力科学研究院的人员。会后决定建造一台储能10万焦耳的角向箍缩装置。此期间除去原103组继续承担国防任务外，在叶茂福等的领导下，一室大部分人员都集中于此装置的研制。到1967年12月，一室共有47人参加。此外尚有力学所3人参加。在研制过程中，还得到清华大学和中国水利电力科学研究院的指导和帮助。该装置采用石英放电管，单匝线圈内径8.2厘米，长20厘米。主压缩场储能电容器组电容75微法，最高充电电压50千伏，采用以磁饱和放大器作为控制元件的恒流充电电源充电，放电半周期6.5微秒。还设有450千赫的预电离和3.5千高斯的偏磁场电容器组。三组电容器可按预设的时间程序分别放电。主压缩场电容器组放电采用四个自制的级联开关，同步触发[4]。

经过两年多的努力，这一装置于1969年建成并达到设计指标。1969年12月26日，在使用氘作工作气体时，用闪烁计数器观察到聚变反应产生的中子信号，其产额约每次放电10^5个。这是中国受控聚变实验研究中首次观察到热核聚变中子。在这一装置上还发展了其他多种诊断设备进行实验研究：使用高速扫描相机拍摄了时间分辨的放电照片，观察到等离子体柱径向压缩时的一种径向振荡现象；用软X射线吸收比较法测出捕获的等离子体电子温度达到290电子伏；用磁探针测量了等离子体内部的磁场；用杂质谱线估计了预电离等离子体的温度。

1972年3月10日，用红宝石激光为光源的马赫－曾德尔干涉仪研究角向箍缩装置等离子体，成功获得时间分辨的二维干涉图（图3），得到了等离子体的二维密度分布，观察到粒子的特征约束时间、径向振荡现象和稳定性[5]。这一干涉图被选作《物理》杂志1974年第3卷第1期的封面。这一实验装置以及干涉仪的工作，均在1978年的全国科学大会上获奖。

图3 用马赫－曾德尔干涉仪在角向箍缩装置上得到的干涉图

（三）等离子体焦点装置

角向箍缩装置完成后，研究组开始考虑其他途径。从1968年开始，由李银安领导，设计建造了一台等离子体焦点装置。等离子体焦点也是一种快脉冲放电装置，其特点是能形成高温高密度的等离子体焦点，装置结构简单，适宜用作脉冲中子源和X射线源。该组研制的国内第一台这种类型的装置是同轴型的，主要指标为：内电极半径2厘米，外电极半径4.5厘米，枪长22厘米，使用50千伏36微法脉冲电容器，经自制的真空开关放电，得到最大放电电流360千安。该组用磁探针测量了同轴枪内的磁场，用针孔相机拍摄了等离子体的形状，并确定了焦点的形成和宏观磁流体不稳定性。用X射线吸收比较法测量了等离子体焦点处的电子温度为0.5～1.2千电子伏[6]。1972年3月，在这一装置上用银激活计数器测出了每次放电产生的中子数为10^7～10^8个，并初步测量了其角分布。用闪烁探测器测量了随时间变化的中子信号。

二、托卡马克研究

托卡马克是起源于苏联的一种强磁场环形等离子体装置类型，在当时取得了很高的参数并得到较稳定的等离子体约束。苏联的实验结果在1968年的国际聚变会议上发表，震惊了国际学术界，并引致群起仿效，从此进入了磁约束聚变的托卡马克时代。

（一）CT-6装置的建造

陈春先1970年注意到托卡马克的重要进展，在中科院和物理所的支持下，发起成立了联合北京大学、清华大学的调研组，确定了托卡马克的发展方向，并决定尽快建造一台小型装置作为工程模拟。为此，1972年4月一室成立了104组，组长陈春先，副组长郑少白、李文莱。1972年夏，在物理所举办“暑期等离子体物理和受控热核反应”讲习班，其内容涉及各研究组研究课题的内容和方向、高温等离子体的基础物理知识等，有中科院内外八个单位人员参加。

1972年9月8日，物理所向中科院提交《关于加强等离子体物理和受控热核反应研究的请示报告》，并附10个附件。其中对当时聚变研究趋势的判断是“依然是多途径探索”，但强调“由开端到环形是发展趋势”。附件中包括《关于已将6号电感小型环形实验装置列入1972

年计划的具体建议》。这一装置于1972年开工，命名为CT-6装置（图4）[7]，“CT”是中国托卡马克的意思，“6”指其储能为10^6焦耳。该装置是中国第一台托卡马克装置，1978年获全国科学大会奖。在该装置的工程建设中，主要与以严陆光为首的电工所的研究组合作，同时也得到中科院科学仪器厂、电子学所、机械工业部沈阳真空技术研究所、中国空间技术研究院兰州物理研究所等院内外单位的支持。这些单位将其生产的第一批产品，甚至前一二台产品，送至物理所使用，如科学仪器厂的氦质谱检漏仪、涡轮分子泵，北京分析仪器厂的四极质谱仪等，及时满足了实验的需要。

图4　CT-6装置

CT-6装置的主要参数是大半径45厘米，等离子体小半径12.5厘米，环向磁场2特（实际达到1.6特）。真空室开始为双层不锈钢结构，后改为单层。环向磁场线圈44饼分为22组，铁芯变压器双向磁通0.28韦伯，均用脉冲电容器作电源。真空系统为全金属密封无油超高真空设计，排气先使用分子筛吸附泵和蒸发钛泵系统，后改为涡轮分子泵和溅射离子泵系统。

由于当时条件所限，必须采取各种办法克服许多技术上的困难。0.2毫米厚的不锈钢薄壁密封焊接和几个厘米厚的不锈钢板的等离子体切割都是使用自制设备在实验室内完成的。使用手工制作的“铜排”代替导电壳，放电回路的大电流开关使用铁路上退役的引燃管，而数据采集使用光线示波器。装置只使用了很少的进口设备。

1974年初，装置组装成功。同年7月1日，成功进行了第一次放电。经一年的调试和清洗放电，1975年夏得到了长达30多毫秒，电流达30多千安的平衡、稳定的等离子体，具备托卡马克型放电的特征。除去工程调试外，研究组还在装置上进行了初步的物理实验。与电子学所合作，在其上进行了电子回旋波预电离的实验，证明了这种预电离方法的有效性[8]。

关于CT-6装置上的工程调试结果和物理实验的两篇总结文章在1980年的《物理学报》上发表[9]，并被刚在美国创刊的英文刊物*Chinese Physics*翻译转载。

（二）合肥基地的筹建

物理所在1972年12月11日致中科院的报告中，就中国磁约束聚变研究的长远布局，提出了发展等离子体物理和受控热核反应研究计划的两个阶段任务。第一阶段为建造小型装置，第二阶段为大的中间试验研究。在第二阶段任务中在北京由于条件所限，提到将实验装置建于合肥。

1973年2月，物理所向中科院提出《关于组建合肥受控热核反应实验站的请示报告》。3月，物理所率队向安徽省领导汇报，安徽省委副书记、副省长王光宇和省科委领导都表示同意和支持。3月16日，中科院原则同意这一建议。实验站经费由中科院筹措，业务由中科院安徽光机所和物理所共同负责。陈春先为该站领导小组成员，物理所负责调入人员的审查。物理所十几名职工调往该站。1978年在合肥正式成立中科院等离子体所，李吉士调往该所任副所长，陈春先担任物理所一室主任并兼任等离子体所副所长。两单位进行了长期的合作。CT-6装置的第一个真空室调往合肥实验站，作为该站的第一个托卡马克HT-6的真空室。

1973年3月20日，物理所在向中科院提交的《关于加强受控热核反应与等离子体物理专业人才的培养的报告》中，建议在中国科学技术大学设立受控热核反应与等离子体物理专业。1975年，该校近代物理系的等离子体物理专业正式成立。

在合肥实验站筹建期间，被该站招收的职工暂时在物理所培训或从事合作研究。中国科学技术大学新成立的等离子体物理专业的教师们也在物理所实习。他们都为CT-6的建设贡献了力量。

（三）CT-6装置的升级

CT-6装置的主机机房是在物理所搭建的一临时建筑。1973年，物理所提出建设新的实验楼。这一实验楼于1976年完成，俗称受控楼。1976年起，配合实验室搬迁，对CT-6进行了升级。这是因为CT-6是一个工程模拟装置，对于物理实验而言尚有许多缺陷。主要升级内容为：①用硬段代替波纹管真空室，以扩大等离子体体积，并容许多开诊断窗口；②取消“铜排”，用反馈控制维持平衡；③环向磁场放电回路改为仿真线，以延长放电时间。升级后的装置改称CT-6B（图5），于1978年投入运行。由于使用了平衡场和加热场的两重反馈控制，放电平顶长度可达100毫秒，为开展物理实验提供了理想的设备。这在小型装置中是很少见的。

图5 CT-6B装置

同时还开展了诊断设备的研制。李文莱赴法国进修归来后，迅速在这一装置上研制成功HCN远红外干涉仪，使其成为稳定的常设等离子体密度的测量手段[10]，他研制了系列远红外激光器和双波长多普勒光栅，解决了CD_4的产生方法。同时也用微波干涉仪测量了这一密度。1984年，胡淑琴等利用国产设备，在国内首次用汤姆逊激光散射方法测量了等离子体的电子温度[11]，得到的数值为200电子伏以上，和软X射线吸收比较法测量结果符合。此外，还与电子学所合作，建立了电子回旋辐射发射的测量设备，并用进口的真空紫外光谱仪研究了等离子体发射光谱。

主要物理实验工作有等离子体运行的稳定区研究、用软X射线锯齿振荡研究电子热输运、硬X射线探测及逃逸电子研究等。为配合实验，在运行稳定区和位移稳定性问题上也进行了理论研究。另一项重要研究结果是使用可深入等离子体内部的磁探针，探测到剪切阿尔文波在共振层转化为动力阿尔文波。该工作发表于欧洲聚变会议。

（四）后续阶段的物理实验研究

这一时期，物理所的托卡马克研究陆续纳入"聚变裂变混合堆"863计划项目和中科院重点研究项目。而对于CT-6B装置而言，由于合肥、乐山两基地的发展，从1984年起这一装置的等离子体指标在国内已不占据领先位置。因此在该装置上的工作必须以开展先进的物理实验为主。当时设定了三个实验研究项目，分别是电子回旋波、交流运行和等离子体涨落。研究人员用十余年的时间对这些项目进行深入研究，取得了一些重要实验结果。

1980年，物理所与电子学所合作，积极发展可用于电子回旋波加热的毫米波回旋管技术。电子学所主要负责回旋管，物理所负责高压电源的研制和参与测试。其中物理所研制的一项电源技术获得中科院科技进步二等奖，并广泛被国内同行运用。

用于CT-6B装置的回旋管系统主要有两个：一个是频率为20吉赫，脉冲功率100千瓦；另一个为频率34.34吉赫，脉冲功率150千瓦。脉冲长度均达到10毫秒。使用这样两个加热系统，在CT-6B装置上成功实现了电子回旋波的加热。这一工作发表于1989年的国际受控聚变会议[12]。它不但是国内首次实现的托卡马克电子回旋波加热，而且是国内首次在托卡马克上实现的辅助加热实验。这项工作完成后，根据聚变堆需要解决的主要问题，将研究重点转移到电子回旋波启动上。亦即，不但用工作于电子回旋波段的微波产生初始等离子体，而且还产生一个初始环向等离子体电流。实验表明，使用这套回旋管系统，可以产生密度为10^{12}/厘米^{3}的微波等离子体，得到几百安的环向等离子体电流[13]。同时也进行了这种微波启动和托卡马克启动的衔接实验。郑少白还提出一种新的电流启动方法，即在真空室内安装一对放电电极，用环向磁场和弱的垂直磁场复合得到螺旋场放大放电电流，在实验上得到了1000多安的初始环向电流[14]。

第二项物理研究项目是交流运行。因为托卡马克是脉冲工作的，不符合聚变堆发电的连续性要求，而电磁波电流驱动设备复杂，成本也高。交流运行是一种半连续运行的模式，可在一定程度上克服脉冲运行的困难。研究组在CT-6B装置上首次实现了多周期（2、4、8周期）交流运行，并研究了电流过零时的行为[15]。特别是使用内部磁探针，探测到电流换向过程中磁面的演变，证实了电流过零时存在方向相反的两个电流分量[16]。

第三项物理研究项目是等离子体的涨落和与此联系的反常输运。这是当前高温等离子体研究的前沿课题，CT-6B在这一领域也进行了多方面的实验研究。特别是研究组用小波方法处理多道H_α辐射线强度的时空分布，首次得到等离子体边界区域的相干结构。其尺度为亚厘米量级，时间为20～100微秒[17]。由此计算得到的反常输运系数和用其他方法得到的量级一致。此外还用光谱的多普勒位移测量了杂质离子和主离子（通过电荷交换原子）的极向转动。

由于主要储能设备使用的三氯联苯电容器不符合环境保护要求，为此CT-6B装置于2000年关闭。

（五）SUNIST装置的建造和联合实验室的成立

物理所与清华大学工程物理系合作，从1999年开始筹建一台新的磁约束聚变装置。这一装置选定为球形环，或称球形托卡马克。它是托卡马克类型装置的变种，特点为环径比（等离子体大半径/小半径）低，有良好的约束性能和宏观稳定性，自20世纪90年代问世以来发展很快，业已成为未来聚变堆类型的竞争者之一。

在国家自然科学基金委员会重点基金项目及物理所、清华大学工程物理系两合作单位的支持下，这一装置于2000年开始建设。物理所负责工程设计及电源研制组装，委托电工所负责全部线圈加工，北京机电研究所负责真空室加工，清华大学工程物理系负责主机组装和前期调试。此外，核工业西南物理研究院也参与了论证和设计。这一装置被命名为SUNIST（Sino-United Spherical Tokamak，图6）[18]，2003年11月开始放电。主要指标为大半径0.3米，环径比为1.3，环向磁场0.3特，等离子体电流50千安。

图6　SUNIST装置

2005年12月，清华大学工程物理系和物理所的联合实验室正式成立。实验室主任为清华大学的何也熙，副主任为物理所的杨宣宗。2006年中国正式加入国际热核实验堆项目ITER后，在该装置上承担了多项ITER国内配套研究项目。

（六）磁镜的研究

1979年，杨思泽回国参加物理所等离子体方面的研究。他设计加工了一台小型磁镜装置，这是一种准稳态或稳态直线约束装置。后来，他携此装置到合肥等离子体所。在两所人员合作下，将该装置改建成一台电子环装置HER，即在磁镜位形中产生电子环以减小中心处磁场，增加稳定性。

三、高比压装置和反场箍缩装置

（一）高比压装置

在角向箍缩和等离子体焦点装置取得成功后，开始考虑快过程这条途径在更高水平下的发展问题。1973年，在一室的协调下，决定集中力量建造一台环形带状箍缩的高比压装置GBH-1，名称按照汉语拼音是指高比压（气体动力压强/磁压强）环。1974年项目正式启动，102组和103组合并，称为联合组，承担此项目。组长为洪明苑、张遵逵、叶茂福，1976年改组后为李银安、洪明苑、叶茂福、吴成、祖钦信。为这一装置的建造和托卡马克型装置的发展，研究室调进大批人员，职工人数最高时曾达百余人。1976年举行GBH-1方案论证会确定方案。

计划中的GBH-1是一台矩形截面的环形装置，等离子体形状像一根环形皮带。这种形状可以增加它的比压。装置平均大半径45厘米，预计等离子体电流可达600千安，尚设有偏磁场和预电离场，电容器放电开关采用自己研制的大容量畸变开关。因各组磁场均使用电容器并联放电产生，放电的同步和延迟要求非常准确和稳定。真空室为特制的陶瓷件，由四段黏结而成，亦为关键技术问题。该装置的规模可与国际上同样类型装置相比，技术难度很大（图7）。

到20世纪70年代末期，该项工程虽取得重大进展，但也遇到一些困难。当时的国内环境处于国民经济开始调整时期，经费难以为继。另外，主要由该项目人员组成的中科院等离子体物理考察团于1976年到德国访问期间，了解到尤利希核子研究中心的类似装置TENQ的研究工作已接近尾声，甚至想把该装置送给中

图7　GBH-1的电源和传输系统

方，从而认识到该类型装置已非主流。况且这种装置技术上难度大，物理研究工作十分困难。在这种局面下，1982年7月，中科院数理学部组织了在物理所为期三天的调查。1983年3月16～19日在物理所召开学术评议会，会议决议虽然仍建议在降低指标前提下继续工程建设，但由于上述原因，实际上会议后即停止了工作。

这项工程在实施过程中发展了许多关键技术，而且事后也较成功地实现了转型，但这项工程的下马对受控聚变在物理所的发展有明显影响。

（二）反场箍缩

1983年的学术评议会后，虽然GBH工程没能继续进行，但李银安领导103组利用角向箍缩装置和GBH工程的一些技术成果和器材，继续在此方向上建造了一台反场箍缩装置FRP−1[19]。反场是箍缩类装置新的发展方向，由于等离子体边界区有强的剪切，能在使用常温磁体的条件下产生高的比压值，可建成聚变反应堆。

这一装置采用直径12厘米的水晶放电管，主压缩线圈储能30千焦，还安装有偏磁场、磁镜场、多极场、预加热场等线圈。在实验中，用可移动磁探针测量了磁场的径向分布，观察到中性面内的捕获磁通的振荡现象，并作了理论解释。还采用一种新的快门，用激光干涉获得时间分辨的干涉条纹。

此外，1989年3月以后，在全世界范围内掀起了“冷聚变”研究热潮。各研究组也进行了相关实验工作，但未得到任何确切结果。

第二节　基础等离子体物理过程和应用基础研究

中科院知识创新工程实施以来，等离子体物理实验课题的研究向两方面转变。一方面为有关等离子体物理的基础研究，如非中性等离子体、等离子体内的非线性现象、尘埃等离子体、声致发光等。另一方面为应用基础和应用研究，主要是将在受控聚变研究中发展的技术制成各种类型的低温等离子体装置，用于材料表面改性、功能薄膜材料制备以及卫生、环境、国防等领域。这两类研究所涉及的等离子体装置多为低温等离子体装置。

一、基础等离子体物理过程的研究

（一）非中性等离子体的实验研究

非中性等离子体即纯电子等离子体，它是等离子体概念的扩展，具有和传统等离子体相同或相似的性质，一般用均匀磁场和静电约束。103组在1990年建造了这样一台设备[20]。它是一个圆柱形装置，用偏压灯丝产生等离子体，其中的电子在纵向由150伏的负电压产生的电场约束，在横向由0.024特的轴向磁场约束。在该装置上测量了电子密度和总电子数，还观察到一种虚阴极振荡现象。

（二）等离子体内非线性现象的实验研究

1988年，102组建造了一台表面磁场约束的低温等离子体装置，使用偏压灯丝产生等离子体，用安装在真空室表面的永久磁体产生多极磁场约束。在其上进行了粒子约束、波激发及非线性现象等多种物理实验研究。

在这一装置上进行的实验中，观察到放电的伏安特性曲线上有类似于磁滞回线的双稳态。在其附近可以产生一种振荡现象，这种振荡可以不同形式发展为混沌态。观察到倍周期分叉和阵发两条途径[21]，并从实验数据计算出这一混沌态的关联维数为分维v=2.67。后又在该装置上实现了两条准周期途径[22]。至此，通往混沌态的四条途径全在此装置上得到验证。这一工作发表后，引起了广泛关注，并被多次引用。

101组的姚鑫兹研制出一台稳态电子回旋波等离子体装置，在其上研究了等离子体鞘物理并观察到更复杂的非线性现象。在该装置中用频率为2.45吉赫的连续微波在一个磁镜场中产生等离子体并扩散到工作区[23]。用静电探针测量等离子体电位的涨落，在两种微波功率下观察到两种自振荡频率。随着功率提高，观察到组合频率以及准周期态；功率进一步增加，则出现一定频率比的锁频现象，并在锁频窗口中观察到倍周期分叉。

（三）尘埃等离子体的实验研究和数值模拟

包含微小固体颗粒的等离子体称为尘埃等离子体。固体颗粒充电后与电子、离子分量相互作用，导致更复杂的现象。这是20世纪90年代以后的新兴学科。

103组于1995年建立了一台基础尘埃等离子体装置，它用电容耦合高频电磁波在一个圆柱形真空室内产生本底等离子体，通过气体反应生成固体颗粒悬浮其中，构成二维或准二维尘埃等离子体，在激光照明下，用显微镜观察和记录其运动。他们观察到尘埃颗粒形成晶格以及相变现象。

SM02组继续在此装置上进行有关实验，并且使用一个分子动力学程序进行二维汤川系统（即德拜屏蔽势表示的静电相互作用）的数值模拟。在结构研究方面，模拟了相变、位错、扩散过程以及晶格中杂质粒子的作用。在动力学模拟中，研究了弹性波的色散关系。其中一项重要发现是观察到色散关系曲线上类似于超晶格散射的频率间隔即能隙的存在[24]。

王龙分析了两个衣着粒子（即携带自己的德拜球的带电粒子）之间的相互作用，与德国鲁尔大学的P.K.舒克拉（Shukla）分别独立地导出一个修正的德拜势[25]。它具有一个最低点即平衡点，或者说在远距离吸引，近距离排斥。这一结果及其思想对于研究尘埃等离子体和具有同样作用关系的系统如胶体系统具有一定意义。

（四）声致发光的理论和实验研究

声致发光是用声波压缩悬浮在液体中的气泡使其发光的现象。1990年以后，单泡发光由于其特有的现象曾引起广泛的关注和研究热潮。一般认为在其中能形成很高的温度，102组和中国科学技术大学合作，将等离子体物理方法用于气泡中压缩过程的分析，使用电离速率方程研究它的电离，用多分量磁流体方程研究它的加热和输运过程，得到压缩过程中等离子体参数和组分的二维时空分布。从模型得到的光脉冲和光谱与实验较好地吻合，说明等离子体过程在单泡声致发光中起着重要的作用，由此支持了韧致辐射是发光机制的理论解释。模型还对纯氮气和纯惰性气体在发光强度上的差异给出了合理的解释，成功地模拟出各种惰性气体的光谱，与实验很好地符合[26]。特别是在假设存在激波时，在激波面附近得到非常强的电场[27]。这些结果已被广泛引用。

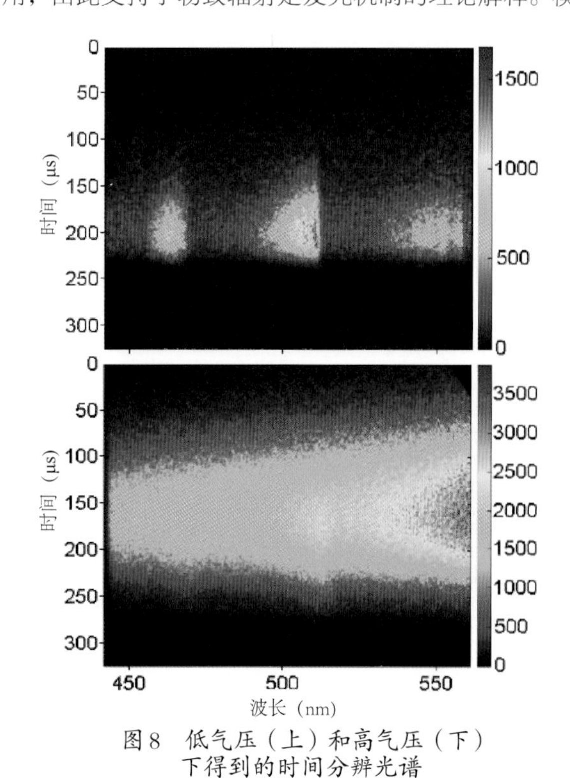

图8　低气压（上）和高气压（下）下得到的时间分辨光谱

2001年以后，SM02组和中科院声学所、化学所合作，共同进行了声致发光的实验研究。他们改进了声学所原来使用的拉管法进行实验，后来又发展了一种新的水锤法。其设备的结构非常简单，但用此法创造了单泡发光的发光功率和一次总能量的新纪录。其一次发光强度很高，以至于可用来作为光源照明几厘米尺度的物体，用普通相机和胶片进行拍摄。此外，在此种实验中，首次用条纹相机得到了声致发光的时间分辨光谱（图8）。从光谱分析可知，在充气压较高时其发光机理接近黑体辐射[28]。

（五）介质阻挡放电的实验研究

介质阻挡放电是一种很简单的放电装置，可以在大气压下运行，适宜用于一些材料处理技术。102组和以后的SM02组则将其用于基础研究，主要研究放电通道的产生和相互作用，以及由它们所组成的二维结构及其动力学[29]。这项工作主要与河北大学合作，用以研究螺旋波等极其丰富的自组织斑图现象（图9）。

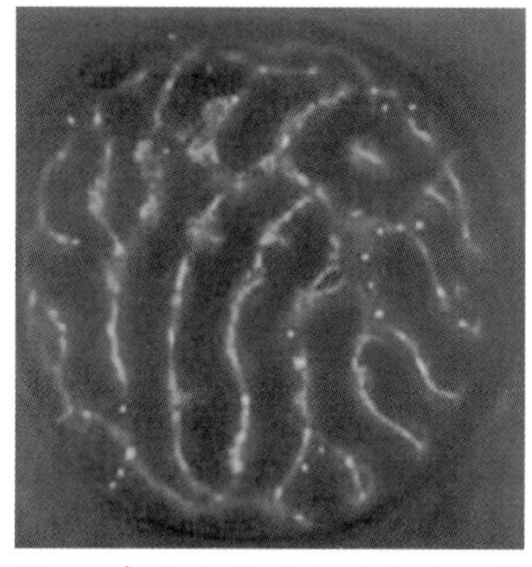
图9　介质阻挡放电形成的斑图

二、应用基础研究和应用研究

（一）等离子体兔毛改性技术

1984年物理所体制改革以后，在开发部成立低温等离子体应用组，洪明苑任组长，致力于将等离子体技术用于材料处理及薄膜制备等应用领域。他们的一项主要成果是用大气辉光或电晕放电处理纺织用兔毛。该组与北京市纺织科学研究所合作，将此技术投放市场，取得一定的社会效益和经济效益。这个组的工作虽因人员调出而未能继续，但他们的工作在低温等离子体应用领域起到带头作用。

（二）脉冲高能量密度等离子体装置

20世纪80年代后期，吴成和杨思泽将在聚变研究中发展出来的脉冲放电技术用于材料处理领域，研制成功脉冲高能量密度等离子体装置[30]。其主体是一等离子体枪，主要参数是：等离子体密度$10^{14}\sim10^{16}$/厘米^3，电子温度10～100电子伏，束定向速度10～100千米/秒，脉冲宽度10～100微秒。作为一种沉积薄膜的方法，它与其他方法的区别和主要优点是：被作用表面在微米尺度高速熔化与固化，形成纳米结构，薄膜瞬间沉积并与衬底材料高速融合生成非平衡相。这一技术在相当长的时期内，在材料处理领域保持先进地位。它可用于镀膜、离子注入、亚稳相合成和表面合金化。

101组和后来的SM02组利用此种技术处理了钢表面以提高其强度、硬度、抗腐蚀等性能，合成了立方氮化硼、氮化铝、氮化钛等多种硬质膜[31]，实现了陶瓷表面合金化和硅表面合金化[32]。在刀具表面改性方面，将氮化钛等薄膜成功应用于高速钢刀具、硬质合金刀具及陶瓷刀具，为发展优异耐磨损性能的刀具工艺奠定了基础。2005年利用此项技术处理的盾构刀头，已在北京地铁十号线芍药居施工段试用。此外，103组也用射频放电和磁控溅射方法研究功能薄膜制备，用射频放电等离子体制备了C_3N_4硬质薄膜[33]。

（三）管件内壁的材料处理技术

101组从1996年开始研究各种管件内壁等离子体材料处理技术，先后提出辅助中心电极法、栅极增强法以及磁约束法等方法进行管件内壁等离子体源离子注入改性研究，并进行了大量实验、理论和数值模拟研究。这项新技术对于强化各种管材的性能，延长其使用寿命至关重要，但是由于其形状的限制，一般放电方法难于使用。他们提出的新方法属于等离子体离子注入，其特点是使用了栅极。它作为产生等离子体的射频放电的电极，也作为加在管件内壁负脉冲电压的地电极，将管内空间隔成两个区域，在扩散区形成电场，可以有效防止等离子体鞘的扩散，延长电压脉冲的长度，增加处理效果（图10）[34]。

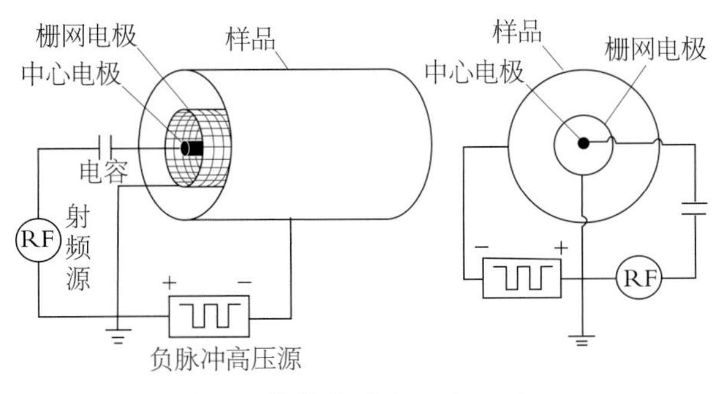

图10　管材内壁表面处理原理

101组已对多种金属进行内壁处理，取得显著效果。此项成果可以广泛应用于国防、机械、汽车、航天航空、化工、石化以及环保等领域内的管状材料的内壁表面处理，以提高材料的耐磨、耐腐蚀、耐高温等性能，进而增加产品的升值潜力。

（四）大气等离子体应用研究

工作于大气压的等离子体设备适用于工业环境以及医疗领域。SM02组将介质阻挡放电用于作物种子处理、废气处理和灭菌的研究。微等离子体的研究发展很快，具有宽广的应用前景，特别是在生物和医学领域。SM02组致力发展一种微型大气等离子体设备的研究与应用。它属于一种等离子体针，可用来研究癌细胞[35]。此外，他们还使用大气等离子体制备了一种纳米锥，用作DNA研究的探针[36]。

（五）大气等离子体化学过程研究

许多应用领域都涉及大气环境下的放电过程。由于大气成分复杂，涉及多种物理化学过程，而且过程复杂，难于用解析方法进行研究。为此，SM02组发展了针对刚性方程组的模拟计算技术，编制了涉及几十种成分、几百种物理化学反应的大气等离子体化学过程模拟程序，包括空间零维和一维（扩散）程序，并计算了各种环境下大气等离子体的产生和演化，用于低目标特征技术等多种应用领域[37]。

（六）等离子体动力加速器

2005～2007年，SM02组与中科院空间中心合作，研制出中国第一台用于空间微小碎片模拟的等离子体动力加速器，将其安装于空间科学中心[38]。

空间碎片是存在于外层空间的固体物质，主要由各种航天器破碎后形成。它们运行速度很高，大型碎片与航天器碰撞后会造成毁坏事故，主要靠监测其运行轨道以避免碰撞。而小型碎片（尺度小于1毫米）因数量巨大，无法避免碰撞，长期的作用会使航天器部件（如观察窗）功能退化。因此必须研制各种颗粒加速设备模拟这一过程，以改进航天器设计。

这一设备的主体是一个等离子体同轴枪，其中放电形成的高密度的等离子体被电磁场加速、压缩后，推动置于喷口处的试验颗粒运动，经漂移管道达到靶室，与靶相互作用，可以实时或放电后取出观察碰撞效应。物理所主要负责总体设计和等离子体源部分。该设备由电容储能脉冲功率源、同轴枪、脉冲阀门、压缩线圈和喷口、漂移管道、测量系统、靶室和抽气系统、控制系统组成。电容器总储能230千焦；最高工作电压30千伏；电容器分为8组，用8个大容量场畸变开关同步触发放电，最大放电电流达到1兆安。使用激光照明和光电倍增管测量颗粒速度。对于20微米的颗粒，最大速度可达16千米/秒。这一设备完成后已通过鉴定并在其上进行了多项空间过程模拟以及基础研究工作（图11）。

图11　用于空间碎片模拟的等离子体动力加速器

第三节　等离子体理论

早在20世纪50～60年代，物理所在进行等离子体实验研究的同时，也注意到相关理论工作的开展。1972年底，成立了以庆承瑞为组长的105组，专门从事等离子体的理论研究和数值模拟[39]。当时的两项主要工作是用数值模拟方法探讨已经建成的十万焦耳角向箍缩装置中，等离子体宏观箍缩运动和中子发射的机理，以及结合在建的GBH装置开展磁流体的平衡和箍缩过程的理论探讨和数值模拟。他们发展了计算平衡问题的数学方法，用一种迭代方法得到自由边界非圆截面磁流体方程的解，讨论了导电壁的作用和稳定性问题。

1978年，蔡诗东任105组组长，1984年任等离子体学术小组组长。他领导105组积极开展业务知识学习和国内外学术交流，培养年轻人才和学术骨干，在过去已取得的成绩基础上，在基础理论和高温等离子体物理许多方面取得了显著成绩，在若干重要前沿领域作出了系统性贡献[40]。

在等离子体基础理论方面，蔡诗东等与吴京生合作，推导出了弱相对论性等离子体的普遍色散关系，并建立了漂移等离子体色散函数的解析计算方法，从而使由非均匀性和相对论效应驱动的微观不稳定性问题可以进行严格的解析处理，为天体、空间和实验室等离子体的许多问题提供了计算方法[41]。在大幅度朗缪尔波的研究中，他们建立了一种解析和模拟的混合计算方法[42]。他们还解释了离子温度梯度不稳定性和等离子体约束的定性关系，推导了反常输运的定标律[43]。

在高温等离子体物理和热核聚变研究方面，蔡诗东等与合作者陈骝等的一项非常重要的贡献是适用于相对论、任意频率、任意磁场位形的等离子体的回旋动力论方程[44]。他们用它来计算各种高温等离子体的不稳定性，并将其推广到计算非局域加热和输运，曾多次被邀作这方面的特邀报告和评论报告。他们将此概念开拓到多年来许多人认为无法适用的反场和中性片位形等离子体。

105组的另一项重要成果是，蔡诗东等与美国M.N.罗森布鲁特（Rosenbluth）和J.W.van达姆（Dam）等合作，提出在托卡马克等离子体中加入高能粒子可抑制气球模不稳定性，使等离子体直接进入高比压的第二稳定区的思想，并以理论工作证明了这一设想[45,46]。105组还把这种致稳作用推广到内扭曲不稳定性[47]，从而可能对锯齿不稳定性和内破裂模起抑制作用，并从加热和输运角度讨论实现高能粒子稳定作用的可能性。他们还证明了高能分量粒子对仿星器与偶极场中的气球模与交换模不稳定性也可能起到抑制作用。

蔡诗东与陈骝1993年预言聚变产物的高能粒子会激发动力束气球模不稳定性[48]，并提出聚变堆设计中会遇到的新问题。这种不稳定性已普遍在实验中观察到。高能分量粒子对托卡马克等离子体的作用这一新思想一经提出，立即引起了国际上许多科学家的反响。随着实验的进展，高能粒子分量等离子体已发展成为一个热门领域。

105组还提出了一项新的磁约束聚变概念。这一聚变堆的设计结合了直线和环形两种概念，由两段类似串列磁镜和两段类似螺旋仿星器段组成[49]。其目的是达到高比压以实现第二稳定区。

蔡诗东及105组的研究涉及等离子体很多重要方面，如发现了等离子体鞘对漂移模的影响，后被实验证实；研究了电阻问题与电阻型模的线性与非线性行为；以及在非线性参量激发、横越磁场不稳定性及无碰撞激波、随机过程与加热、空间离子环问题、托卡马克等离子体增强辐射及极区千米辐射、磁尾中性片及反场问题、弱湍流理论、强湍流与超腔子塌缩模拟、强耦合等离子体等方面的工作。

1997年开始，该组陈雁萍等还开展了具有强耦合特征的尘埃等离子体方面的研究工作，根据粒子间作用特征提出了静态离子球模型，用分子动力学方法模拟得到了单粒子晶格和少数粒子团簇形成的宏观平衡位形[50]。

第四节　学术交流和研究生教育

一、国内外学术活动和学术交流的开展

1972年R.M.尼克松访华以后，中国科学界对外交流的大门开启。1972年2月，诺贝尔物理学奖获得者、原籍瑞典的天体等离子体物理学家H.阿尔文访华，到物理所参观了角向箍缩装置并作了学术报告。随后，诺贝尔物理学奖获得者杨振宁和著名物理学家袁家骝等也来物理所参观角向箍缩装置、等离子体焦点装置和CT-6托卡马克装置。

1974年，美国马里兰大学的吴京生访问物理所，1978年陈骝、谢中立等旅美等离子体物理学家来访。他们后来均保持了和物理所的密切合作。1979年，著名等离子体物理学家H.P.弗思（Furth）和罗森布鲁特访问物理所，陪同来访的华人物理学家刘全生后来在台湾的《物理》杂志介绍了物理所的等离子体实验和理论研究。从此，物理所在等离子体物理方面建立了广泛的国际学术联系和交流。

1974年，物理所派遣李银安赴英国卡拉姆等离子体实验室，李文莱到法国丰特奈-欧罗斯等离子体实验室访问和工作。他们归国后均发挥了骨干作用。

1978年，中国等离子体物理和核物理代表团访美，李吉士任副团长，陈春先为团员。代表团参观访问了多所美国有关研究机构和大学。陈春先在访问普林斯顿等离子体物理实验室时，介绍了在CT-6装置上得到的实验结果。1979年，中国核物理与受控聚变代表团访美。这两次访问与美国能源部和各个研究机构商谈了合作研究及派遣人员互访问题，为后来的交流铺平了道路。中国改革开放以后，更多的研究人员通过不同途径到国外的著名实验室工作，归国后在工作中均发挥了重要作用。

二、学术组织

1980年，陈春先和电工所、力学所及清华大学等单位人员发起成立北京等离子体学会，挂靠电工所，由力学所谈镐生任理事长。该学会还设立全国等离子体科学技术联络组，先后召开五届全国等离子体科学技术交流会，并在北京举办一次“国际等离子体科学与技术会议”，促进了等离子体物理与技术领域的学术交流。1999年该学会宣布结束活动。

图12　中国等离子体研究会第一届学术报告会会场

1985年，蔡诗东和中国科学技术大学近代物理系的项志遴发起成立了中国等离子体研究会（图12），旨在加强中科院各研究所和高等院校之间，以及中国和国外的学术交流和合作，积极培养有关领域的人才。经多年发展，其成员单位多达二十几个。该组织设有执行委员会，主席由蔡诗东担任，1996年以后由复旦大学的陆全康担任。

中国等离子体研究会积极组织学术活动，于1986年在北京、1988年在深圳、1993年在长沙举行等离子体物理学术讨论会，1995年在厦门举行成立十周年等离子体物理学术讨论会暨全球华人物理研究学术讨论会。1991年，在福州举行内容为等离子体中相对论现象的等离子体理论专题讨论会。

1996年以后，中国等离子体研究会与中国核学会的核聚变与等离子体学会、中国力学学会的等离子体物理学会联合举办学术活动，于1996年在武汉、1998年在成都、1999年在大连、2001年在长沙举行等离子体科学和技术会议。

中国等离子体研究会积极组织针对年轻人的培训活动，于1985年在合肥、1987年在大连、1990年在青岛举办了等离子体物理暑期讲习班，1989年在北京举办内容为等离子体诊断的等离子体物理学讲习班。

为鼓励研究会成员单位间的交流与合作，中国等离子体研究会专门设立一项基金，支持一些合作研究项目。各成员单位按期缴纳少量会费。

等离子体研究会在十几年的活动时间里，为活跃学术气氛、培养后继人才等起了很大作用。在双边交流和

研究会框架内，物理所帮助许多学校开展了等离子体物理的研究工作，如协助福州大学、河北大学、厦门大学等高校开展了等离子体理论或实验的研究工作。

2001年，中国等离子体研究会转为中国物理学会的等离子体物理专业委员会。

三、亚非等离子体培训协会

1986年，中国等离子体研究会与一些发展中国家的研究机构和大学在吉隆坡共同发起成立了亚非等离子体培训协会（Asian－African Association for Plasma Training，AAAPT），为国际理论物理中心的网络成员。由此中国等离子体研究会与该组织成员单位开展了不同形式的合作活动，如为马来亚大学研制光谱仪，为印度的一所大学研制等离子体测量仪器，向江西师范大学赠送一台射频等离子体装置，为泰国朱拉隆功大学建造一台角向箍缩装置。

1995年5月24日，根据AAAPT主席李新（Lee Sing）建议，在物理所成立了亚非等离子体培训协会研究与培训中心。亚非等离子体培训协会副主席蔡诗东被任命为该中心主任，李银安为常务副主任。其任务主要是为亚非地区联合培养研究生及开展其他形式培训活动，经费来自国际理论物理中心和AAAPT。这一中心成立后，先后有印度、伊朗、津巴布韦等国的学生来物理所参加培训。

四、蔡诗东基金会

1996年6月20日蔡诗东逝世。根据他“让等离子体物理在中国扎根”的遗愿，1998年在物理所成立了蔡诗东等离子体物理奖励基金会，挂靠物理所和周培源基金会。奖励基金主要来自等离子体理论组节约剩余的经费，外国友人和社会各界的捐献。这一基金主要用来奖励在等离子体物理方面做出优秀科学论文的青年科学工作者和研究生，为此专门设立评选委员会，每年在国内等离子体物理专业的研究生中评选二三名优秀生颁发奖金。截至2010年，共颁发了12届奖学金。

五、研究生教育

1981年11月3日，国务院批准物理所的等离子体物理的博士点和硕士点。30年来，物理所共培养等离子体物理专业博士生33名，硕士生10名，并取得相应学位。在此期间，还有10名博士后进站工作。此外，物理所还与外单位联合培养了多名等离子体物理专业的研究生。

参考文献

[1] 王龙，钱尚介，郑春开，陆全康．物理，2008, 37:38.

[2] 钱尚介，洪明苑，王龙．核聚变与等离子体物理，2000, 20:58.

[3] 洪明苑，叶茂福，孙湘．物理学报，1965, 21:1606.

[4] θ 收缩实验小组．物理，1974, 3:7.

[5] 中国科学院物理研究所激光干涉研究小组．物理学报，1974, 23:1.

[6] 中国科学院物理研究所等离子体焦点组，等离子体焦点实验、受控核聚变编辑组．受控核聚变(1974年会议资料选编). 北京：原子能出版社，1977:215.

[7] 王龙．物理，2008, 37:526.

[8] 康寿万，简佩薰，沈仲卿，郭和忠，卢国铭，袁广扬，邹宗富．核聚变，1980, 1:147.

[9] 中国科学院物理研究所104组，电工研究所403组．物理学报，1980, 29:577; 中国科学院物理研究所104组．物理学报，1980, 29:764.

[10] Li W L, Xu Y G. *Int. J. Infrared Millim.*, 1984, 5:6.

[11] 胡淑琴，连钟祥．物理学报，1985, 34:594.

[12] Luo Y Q, Jiang D Y, Wang L, Yang S Z, Qi X Z, Li Z L, Wang W S, Li W L, Zhao H, Tan F C, Tang J H, Zhang Z X. *Electron Cyclotron Wave Studies on CT−6B Tokamak//12th Int. Conf. on Plasma Physics and Controlled Nuclear Fusion Research*, IAEA−CN−50/E−4−9. Nice, France, October 12−19, 1989.

[13] Han G H, Yao X Z, Yang X Z, Feng C H, Jiang D Y, Qi X Z, Jiang D M, Li Z L, Wang W S, Wang L, Zheng S B, Ren Y F, Yang S Z. *Nucl. Fusion*, 1998, 38:287.

[14] Zheng S B, Yang X Z, Jiang D M, Yao X Z, Feng C H, Jiang D Y, Fang T Z, Wang L. *Nucl. Fusion*, 2000, 40:155.

[15] Yang X Z, Jiang D M, Li W L, Han G H, Wang L, Qi X Z, Feng C H, Li Z L, Zheng S B. *Nucl. Fusion*, 1996, 36:1669.

[16] Huang J G, Yang X Z, Zheng S B, Feng C H, Zhang H X, Wang L. *Nucl. Fusion*, 2000, 40:2023.

[17] Dong L F, Wang L, Feng C H, Li Z L, Zhao Q X, Wang G D. *Phys. Rev.* E, 1998, 57:5929.

[18] Wang W H, He Y X, Gao Z, Zeng L, Zhang G P, Xie L F, Yang X Z, Feng C H, Wang L, Xiao Q, Li X Y. *Plasma Phys. Control. Fusion*, 2005, 47:1.

[19] 吴成，叶茂福，张宝珍，李银安．物理学报，1987, 36:1105.

[20] 王新新，李银安，蒋洪英．中国科学A, 1992, 23:293.

[21] Qin J, Wang L, Yuan D, Gao P, Zhang B. *Phys. Rev. Lett.*, 1989, 63:163.

[22] Fan S H, Yang S Z, Dai J H, Zheng S B, Yuan D P, Tsai S T. *Phys. Lett.* A, 1992, 164:295.

[23] Yao X Z, Jiang D Y. *Phys. Rev. Lett.*, 1997, 79:5014.

[24] Liu Y H, Liu B, Chen Y P, Yang S Z, Wang L, Wang X G. *Phys. Rev.* E, 2003, 67:066408.

[25] Wang L. *Comments on Mod. Phys.* C, 1999, 1:117.

[26] Xu N, Wang L, Hu X W. *Phys. Rev.* E, 1998, 57:1615.

[27] Xu N, Wang L, Hu X W. *Phys. Rev. Lett.*, 1999, 83:2441.

[28] Chen Q D, Fu L M, Ai X C, Zhang J P, Wang L. *Phys. Rev.* E, 2004, 70:047301.

[29] Dong L F, Yin Z Q, Li X C, Wang L. *Plasma Source Sci. Technol.*, 2003, 12:380.

[30] 吴成，江德仪，袁定朴，杨思泽，沈志刚. 核聚变与等离子体物理，1989, 9:178.

[31] Feng W R, Chen G L, Li L, Lv G H, Zhang X H, Niu E W, Liu C Z, Yang S Z. *J. Phys.* D: *Appl. Phys.*, 2007, 40:4228.

[32] Rong C, Zhang J Z, Liu C Z, Yang S Z. *Appl. Surf. Sci.*, 2002, 200:104.

[33] Zhang Z B, Li Y A, Xie S S, Yang G Z. *J. Mater. Sci. Lett.*, 1995, 14:1742.

[34] Liu B, Liu C Z, Cheng D J, Zhang G L, He R, Yang S Z. *Nucl. Instrum. Meth. Phys. Res.* B, 2001, 184:644.

[35] Zhang X H, Li M J, Zhou R L, Feng K C, Yang S Z. *Appl. Phys. Lett.*, 2008, 93:021502.

[36] Chen G L, Zhao W J, Chen S H, Zhou M Y, Feng W R, Gu W C, Yang S Z. *Appl. Phys. Lett.*, 2006, 89:121501.

[37] 王龙，张海峰，邵福球. 物理，2004, 33:18,118.

[38] 黄建国，韩建伟，李宏伟，蔡明辉，李小银，张振龙，陈赵峰，王龙，杨宣宗，冯春华. 科学通报，2009, 54:150.

[39] 庆承瑞，周玉美. 物理学报，1977, 26:177.

[40] Stix T H. *To the Memory of Shih-Tung, My Student*// 中国科学院物理研究所，亚非等离子体培训协会，等离子体研究会. 蔡诗东纪念文集. 北京，1997:184.

[41] Tsai S T, Wu C S, Wang Y D, Kang S W. *Phys. Fluids*, 1981, 24:2186.

[42] Chen L, Tsai S T. *Phys. Fluids*, 1983, 26:141.

[43] Guo S C, Chen L, Tsai S T, Guzdar P N. *Plasma Phys. Control. Fusion*, 1989, 31:423.

[44] Chen L, Tsai S T. *Plasma Phys.*, 1983, 25:349.

[45] Rosenbluth M N, Tsai S T, Dam J W van, Engquist M. *Phys. Rev. Lett.*, 1983, 51:1967.

[46] Dam J W van, Rosenbluth M N, Berk H L, Dominguez N, Fu G Y, Llobet X, Rose D W, Stotler D, Spong D A, Cooper W A, Sigmar D J, Hastings D E, Ramos J J, Naito H, Todoroki T, Tsai S T, Guo S C, Shen J W. *Plasma Phys. and Controlled Nuclear Fusion Res.*, 1987, 2:135.

[47] 陈雁萍，Hastie R J，柯孚久，蔡诗东，陈骝. 物理学报，1988, 37:546.

[48] Tsai S T, Chen L. *Phys. Fluids* B, 1993, 5:3284.

[49] 蔡诗东，陈雁萍，郭世宠，柯孚久，沈解伍，徐民健，俞雪华，周玉美，陈允明，汪诗金，张淳元. 核聚变与等离子体物理，1987, 7:1.

[50] Chen Y P, Luo H, Ye M F, Yu M Y. *Phys. Plasmas*, 1999, 6:699.

第十四章　凝聚态理论

凝聚态是由大量粒子（原子、分子、离子、电子）组成，并且粒子间有很强相互作用的系统。固态和液态是最常见的凝聚态。凝聚态物理学是从微观角度出发，研究凝聚态物质的结构、动力学过程及其与宏观物理性质之间的联系的一门学科。它是以源于19世纪的固体物理为基础的外向延拓。经过半个世纪的发展，已形成了比固体物理学更广泛更深入的理论体系。

凝聚态理论是研究凝聚态物质，主要是固体或液体中出现的各种微观和宏观量子现象。研究的物理对象非常丰富，除常规的磁性理论、半导体理论、金属理论等外，更包含大量新发现的物理现象，如量子霍尔效应、高温超导、近藤效应、冷原子的玻色－爱因斯坦凝聚、超流等，已成为物理学发展的一个重要支柱。

凝聚态理论有很强的应用背景，与统计力学、量子场论、数学、化学、材料科学、量子信息等领域有广泛的交叉，成为这些领域中概念和理论体系创新的推动力。

物理所的理论物理研究人员先后在凝聚态的多体理论、统计物理、超导理论、光学、半导体物理、表面物理、磁性理论等方面，开展了卓有成效的工作，并多次获得国家和中科院的自然科学奖。

第一节　发展概述

物理所的理论研究要追溯到1958年9月，那时物理所开辟了固体物理理论学科研究方向。1959年6月固体理论研究室（理论室）正式成立，主任是李荫远，成员有朱砚磬、陈式刚、霍裕平、张绮香、许政一、潘少华、刘大乾、冷中昂等。1959年陈春先、郝柏林先后从国外留学回国，1961年于渌回国，他们和国内的一批大学毕业生投入到物理所的理论研究工作，使固体理论研究室得到迅速发展。1967年以前研究室已发展到5个研究组，30多位研究人员，研究方向包括半导体、金属、磁学、超导、激光物理中的理论问题，以及多体理论、统计物理等。理论室成立不久就遇上1960～1962年的生活困难时期，研究人员虽有减少，但坚持开展学术活动，每周组织多次学术报告会，互教互学，敞开思想，敢于提问，认真争辩，形成良好的学术氛围。讨论的问题非常广泛，从多体形式理论包括格林函数方法、输运过程理论等，到这些理论在凝聚态物理中的具体应用，涉及超导、铁磁现象和共振弛豫过程等多方面的问题。这种自由讨论的学术氛围，铸就了固体理论室的发展。这个时期理论室人才济济，其中李荫远、陈式刚、霍裕平、郝柏林、于渌后因作出突出贡献先后被选为中科院院士。至2010年，物理所已有11名理论物理工作者先后被选为中科院院士，除以上

5位外，还包括蒲富恪、王鼎盛、李家明、杨国桢、蔡诗东、王恩哥。

同期物理所的磁学研究室里还有一个专门从事理论研究的磁性理论组。1960年由蒲富恪组建，成员有郑庆祺、沈觉涟、严启伟、蔡俊道、赖武彦等，主要从事自旋位形、稀土磁性和磁性相变等的研究。在铁磁共振中的弛豫和线宽的研究中，这个组与磁学实验室的孟宪振、理论室的霍裕平合作，做出了优秀的工作。他们利用线性响应理论，讨论了强交换耦合系统的亚铁磁共振，特别是稀土离子对铁磁共振的影响，给出了系统总磁化率张量的一般表达式，由此可以定出铁磁支与交换支的共振频率和峰宽。所得结果表明，所谓快弛豫及慢弛豫机理不过是铁磁共振的两个分支（横分支与纵分支），从而解释了低温下共振场"反常"等实验结果。

受"文化大革命"的影响，1968～1969年固体理论研究室和磁学室的磁性理论组相继撤销，研究人员被分散到其他实验室。但他们还是结合所在学科，尽力开展理论研究工作。如李荫远在晶体研究室领导开展了碘酸锂的研究。碘酸锂晶体在静电场中具有中子衍射选择性增强、光衍射增强及介电行为改变等现象。李荫远等对这种准一维的离子导体进行了多方面的理论研究，基本上解释了实验观测到的现象。激光研究室的杨国桢、霍裕平和顾本源等进行了关于光学幺正变换及一般线性变换的理论研究，分别提出并讨论了采用多个位相型空间调制器实现一般线性变换的可能性，为实现给定变换设计位相型空间调制器系统的方法、给定变换求相应逆变换的方法，做出有创意的结果。蒲富恪、郝柏林、冯克安、蔡俊道等从事了小天线的理论研究和计算。他们通过直接求解一阶的麦克斯韦方程组的初值问题，取得了波动方程的定态解，并恰当使用积分方程把边界条件同时计入。计算结果表明，在牺牲效率和带宽的条件下，可借助外套磁性介质的办法，缩小天线振子的尺寸。计算还给出了设计外套介质振子的方案。

1972年后的一段时间，理论研究重新得到重视，在磁学室成立了理论与计算机研究组，成员有蒲富恪、郝柏林、于渌、沈觉涟、王鼎盛、蔡俊道、冯克安、董富民、褚克弘、金英淑、毕克茜、刘秀英等。这一时期做的主要工作有临界现象的重正化群理论、相变中的统计模型、磁性自旋波激发和地震活动的统计分析和预报等。在相变和临界现象理论方面，于渌与郝柏林合作，用骨架图方法计算了连续相变的临界指数；沈觉涟对第二类相变对称理论中里夫施茨（Lifshitz）条件的局限性作了分析。在相变和临界现象方面的研究成果，在20世纪70年代后期，对促进国际科技交流发挥了很好的作用。在理论研究的同时，引进了Nova电子计算机，在所内外推广了计算机软、硬件的研制和应用。计算物理的研究实际从60年代就开始了，郝柏林、于渌等计算了离子晶体的电子结构。天线的研究，以及地震活动的有关研究更是大量使用了计算机。

1977年开始了与国外的直接学术交流，美国西北大学的吴家玮首次访问物理所，由理论组接待。1978年他又到物理所学术休假，合作进行量子多体问题和液晶理论方面的合作研究。在访问期间，经领导批准安排了中国访问学者在美国学校进行长期访问，完全由美方支付费用的计划。1979年2月理论组的王鼎盛、沈觉涟和林磊（1978年从美国回国工作），与其他室、组的李铁城、顾士杰、钱永嘉、郑家祺和程丙英共8人，组团去美国西北大学访问。除林磊访问3个月外，其他人都停留两年或更长。这是中国在物理方面最早成批派出的访问学者。访问期间林磊还以物理所和西北大学名义第一次在*Phys. Rev. Lett.*发表文章[1]。1978年全国科学大会召开之后，理论研究更加受到重视。在物理所从事理论研究的热情、规模和水平，都有了显著的恢复和快速发展。从1979年开始，理论组成为一个相对独立的单元。蔡诗东、林磊、李家明、张昭庆等先后从国外归来，加入到物理所的理论研究队伍，还有20世纪80年代以后培养的年青科研人员，如王玉鹏和刘邦贵等，他们都为理论研究的进一步发展打下了基础。

2001年7月物理所凝聚态理论与材料计算实验室（简称理论室）成立，全所理论研究得以集中开展。从这一年开始，理论室的发展迅速。进入中科院知识创新工程以来，本着"开放、流动、竞争、联合"的方针，努力造就高水平的优秀青年理论物理研究人才，并积极开展与国际各理论物理中心的交流。至2010年理论室有6个研究组，科研人员22人，71名在读研究生。科研人员中2人为中科院院士，9人入选中科院百人计划，5人获国家杰出青年基金，1人获香港求是基金会杰出青年学者奖，4人担任国家重大研究计划“量子调控”项目首席科学家。

2001～2010年，研究人员在表面与半导体物理、强关联物理、自旋与轨道电子学、固体物理中的贝里相位效应、低维量子输运与量子信息、冷原子与玻色-爱因斯坦凝聚（BEC）等方面作了大量的研究，取得了一批具有国际影响的重要成果。其中获国际理论物理中心奖1项，杨振宁奖1项，茅以升北京青年科技奖2项，中国物理学会叶企孙物理奖2项等。

理论室的研究工作大多数已进入国际竞争的前沿，并承担了多项国家和省部委的重大和重点研究课题。十年来，理论室在基础理论物理及其相关领域的研究中发挥了重要的作用，与国内外多所大学和研究所建立了良好的学术合作关系，和国内外许多优秀科学家开展了合作研究，如2008年以来方忠、戴希等与美国斯坦福大学张守晟一直保持合作，进行拓扑绝缘体的研究。

第二节　磁性物理

磁学是现代物理学的一个重要分支。现代磁学是研究磁、磁场、磁性材料、磁效应、磁现象及其实际应用的一门学科。

一、磁性理论研究

新中国固体物理理论研究的开拓者之一李荫远，对于磁学理论的研究和磁学人才的培养有重要贡献。他在国外时就了解到高频磁性材料铁氧体对发展电子学、计算机和微波等新技术的重要性，了解其研究工作的进展概况。1956年他回国后看到经济建设对铁氧体材料的迫切需求，因此他不但亲自从事铁氧体理论的研究，还尽力促进铁氧体实验研究的开展。1960年他在物理所和全国性讲习会上，曾较为系统地讲授铁氧体物理学，后来将他与李国栋的讲课讲义整理补充成《铁氧体物理学》出版，成为高等学校磁学专业和有关科研单位及工厂科技人员的重要参考用书。李荫远在磁学理论的几个领域进行了富有成效的工作：①他曾首次将原应用于铁磁性理论的贝特-维斯方法，推广到具有磁亚点阵的反铁磁性，证明二维点阵不能出现反铁磁有序，计算出简单立方和体心立方结构的反铁磁转变温度与交换耦合常数的关系。后来他又将这方法分别推广应用到含有非磁性原子的铁磁固溶体及面心立方点阵上伊辛自旋1/2系统和伊辛自旋1系统的反铁磁性，算出了长程和短程有序度、内能、熵、比热、磁化率等随温度的变化曲线，计算表明它们都在临界点出现突变。②他曾在中子衍射技术应用于磁结构研究初期，对C.G.沙尔（Shull）等从MnO类粉末样品的中子衍射谱推定的反铁磁亚点阵分布和磁矩方向的结论，提出了同一粉末衍射谱强度的磁亚点阵分布，其磁矩指向应符合奈尔点以上四种晶体磁晶形变的模型。这一分歧立即推动了使用单晶样品和高分辨率中子衍射技术的实验研究。后来经过许多人的努力，获得了更丰富的内容。他接着在研究 α-Fe_2O_3 的弱铁磁性时，首次提出了反铁磁畴的概念，并从理论上论证了它的存在根据，还系统地研究了 α-Fe_2O_3 型菱形晶系过渡金属氧化物的超交换作用和磁亚点阵问题。③20世纪50年代中后期，铁磁参量微波放大器和晶体二极管参量微波放大器的研究引起广泛关注。李荫远首次提出了静磁模与磁声模耦合产生参量振荡的理论，计算出调谐条件和选择定则[2]。他又从理论上研究了空间均匀场和不均匀场激发一对静磁模的选择定则，并对旋声理论进行了研究，从而促进了对这一问题的深刻理解。④在20世纪50年代中后期，由于高功率铁磁共振和薄膜自旋波共振的新的实验研究，以及对铁氧体微波放大器和其他非线性微波磁性器件的实验，开始引起对自旋波的重视。李荫远从理论上较为系统地研究了铁磁体中杂质对自旋波的影响和形成自旋波的局域模问题。

蒲富恪参与了量子格林函数方法的早期发展工作，并将此法首先应用到反铁磁性的理论研究中。他建立了稀土元素s-f相互作用理论。他还提出了一个讨论自旋位形的新方法。他得到了磁性体中元激发（凝聚态物质中的“基本粒子”）波谱的精细结果。他建立了介质天线新的积分方程。他与合作者建立了费米系统的量子反散射理论[3]，找到了长程逾渗的规律，得到在微磁学中布朗方程的分歧解。

二、计算磁学研究

王鼎盛从1979年赴美期间，开始从事磁性理论的计算物理研究，针对铜表面上有一到两层镍原子时是否有磁性这个经典问题，研究发现了表面镍原子层具有大于晶体镍磁矩的所谓表面巨磁矩现象，而且界面镍原子层的磁性也仍为磁性活性层。20世纪90年代初他访美期间，与合作者一起完成了对自旋轨道耦合效应所引起的表面各向异性能的第一性原理计算，提出了从电子态层次说明表面磁各向异性的原子对（有效配位作用）模型。主要内容总结综述在国际磁学会大会（ICM−94）的特邀报告中。

在20世纪90年代末期，王鼎盛等致力于研究具有相互竞争的高阶交换作用的磁性体[4]。他们详细研究了面心立方晶格（fcc）铁中磁化能量的变化，不但核查确认了文献已经报道过的高自旋和两种低自旋铁磁态和反铁磁态，而且还发现了亚铁磁态，并进而给出了高阶交换作用常数和它的磁相变点（奈尔点）的第一性原理计算结果。

第三节 表面与半导体物理

表面物理科学研究的是固体表面和界面的各种结构和电子性质。各类计算方法和现代计算机技术的迅猛发展，使得通过计算和模拟，可以实现从原子到宏观水平上的定量研究和预测。对于强有力实验手段的介入与利用，使得在原子水平上，探测表面原子结构及其实时演化成为可能。以硅为代表的半导体是现代电子技术的基础，半导体表面又是表面科学中最为重要、丰富的研究对象。表面重构是半导体表面的一个普遍现象。表面纳米结构及其电磁性质的研究和相关调控手段的探索，是实现下一代实用电子器件的基础。

一、表面相关物理研究

硅是现代计算机技术的核心。硅半导体表面相关的物理问题一直是理论和实验科学工作者共同关注的重要课题之一。其中硅(111)−7×7重构表面相及其相变动力学现象的研究一直是重要的研究课题。2008年刘邦贵等在系统分析了大量实验事实的基础上，提出了描述硅(111)−7×7重构表面及其相变动力学的相场模型[5]。该模型要点是：相变过程中7×7岛衰变时有两个速度不同的过程，快过程反应7×7重构表面相基本特征的变化，慢过程描述随后的大范围原子弛豫。他们的相场模拟结果与低能电子衍射（LEED）实验结果完全一致。该研究合理解释了硅(111)－7×7−1×1相变的动力学现象，同时为半导体重构表面相及其相变研究提供了一个普适方法。2005年王建涛、王鼎盛等系统研究了半导体硅(001)表面铋纳米线的结构稳定性，以及第V族元素（铋、锑）在硅表面上形成“5−7−5双重核心奇数环”纳米线的机理[6]。他们为此提出的“动力学性的表面二量体扭曲协同纳米线自组装”新模型，揭示了表面吸附原子（活性剂）和衬底之间的反应机制。这一成果为在半导体硅表面上制备金属纳米线提供了理论支持，对理解硅表面结构及有关物性具有广泛的科学意义。2008年杨洪新、徐力方、方忠等利用第一性原理深入研究了清洁的金刚石（001）表面的台阶结构，发现在金刚石的（001）表面上，其台阶结构比平整的表面更加稳定。基于此他们对碳元素提出了一个用来探索其再构的计键规则（bond−counting rule），并且应用于金刚石（001）台阶面的再构，理论结果和计算与实验观测完全一致[7]。该研究指出了金刚石表面的台阶化与硅表面台阶化的根本不同，深入认识了金刚石表面台阶的性质，为利用金刚石表面制作各种高可靠性能器件奠定了基础。

二、磁纳米结构的磁性及其控制的研究

探索、认识和掌握磁纳米结构的本征纳米磁性及其控制方法具有重要的意义。2006年刘邦贵组系统研究了具有巨大磁各向异性的纳米磁体的铁磁性及其电流控制机理[8]。他们通过综合研究与分析，发现铂表面的钴单原子自旋链具有很强的单轴磁各向异性，这会导致自旋反转过程中的过渡态势垒效应。他们利用动力学蒙特卡罗（KMC）方法对该系统进行了模拟研究，得到了与实验一致的结果。他们还使用KMC方法，研究了一类典型的、具有巨大磁各向异性的纳米磁体在注入的自旋极化电流作用下的行为和规律。该项研究给出了巨大磁各向异性所引起的纳米铁磁性机理，找到了一类典型的具有巨大磁各向异性的纳米磁体的自旋极化电流控制机理与规律。

第四节 低维强关联物理

随着材料科学及微加工技术的迅速发展，低维关联系统已经成为凝聚态物理的研究前沿。由于维度的降低和尺寸的缩小，量子效应和电子之间的关联作用变得非

常明显和重要，两者结合使得低维多体系统呈现出许多内涵极为丰富的新的物理特性。

一、二维量子系统中电荷的分数量子化

电荷的分数化是微观量子理论研究的一个基本问题。在一个二维量子系统中，电荷的分数化也是一个普遍的物理现象，但其机理一直是个让人困惑的问题。2007年向涛与合作者解决了这个问题[9]。他们发现，在一个二维量子系统内，产生一个分数化的量子激发，等价于在两个开放的二维量子系统的界面上产生一个将两个边界连接在一起的纽结，而对应于这个纽结存在一个孤子解，其电荷是分数量子化的。他们同时还证明，在一个 $U(1)$ 规范不变的量子系统，产生一个分数电荷的激发，其等价于一个对应的 Z_2 规范不变的量子系统，产生一个非阿贝尔的任意子，而后者正是在实验上为实现高容错性的拓扑量子计算而积极寻找的基本量子运算单元。他们的工作揭示了二维量子空间中电荷分数化的微观机理，建立了一个统一描述一维与二维量子系统中电荷分数量子化的物理框架，同时也对研究和发现非阿贝尔任意子有指导意义。

二、低维量子自旋链系统、关联电子系统和统计物理中的严格可解模型

由于传统近似方法不再适用于低维强关联系统，针对一类物理体系的严格结果，无疑是非常重要的。在多体系统的严格解方面，2008年向涛与合作者，在求解各向异性晶体场作用下，在自旋为1的量子伊辛模型的问题上取得了突出进展[10]。他们提出了一套空穴分解方案，得到了这一模型全部本征态的严格解及热力学量的严格结果。他们的方法具有很强的普适性，不仅可以研究自旋为1的量子伊辛模型，还可以普遍用于研究有磁性杂质掺杂的量子磁性系统，这对进一步研究高自旋模型中的量子相变与临界行为有指导意义。1999年王玉鹏提出了第一个严格可解的自旋梯子模型[11]，并成功解释了几个梯型材料的实验现象；构造了一类高自旋冷原子体系中的严格可解模型，并研究了原子间的配对机制；率先利用严格可解模型，研究了低维强关联电子体系中的磁杂质问题；指出标量杂质势与近藤交换作用的竞争会导致“鬼自旋”（非半整数）的形成；最先研究确定了杂质导致的边界临界指数，并建立了边界量子临界现象的普适类理论——“束缚拉亭格液体理论”；指出自旋不守恒系统，仍具有不携带固定自旋的自旋子激发，属于一类新的元激发。

第五节　自旋与轨道电子学

随着微加工和大规模集成电路技术的迅猛发展，传统半导体器件的性能已接近极限。自旋与轨道电子学研究的目的在于，探索以电子自旋和轨道自由度作为信息载体的可能性，以实现功耗更低、速度更快的信息处理器件。这一方面的研究受到了广泛的重视。理论室的研究人员在自旋与轨道电子学器件和材料、自旋霍尔效应、自旋与轨道电子学的理论基础方面，进行了广泛而深入的研究。

一、自旋流理论研究

电子具有电荷和自旋自由度，但在传统的电路或半导体电子器件中仅利用了电子的电荷，而它的自旋一直被忽略。近20年来发现低维纳米尺度自旋在很多性能方面比电荷更优越，这使得人们开始研究和试图利用电子自旋和它的流来制造信息器件。2003年孙庆丰等从理论上设计出一种自旋池装置[12]。该装置能从外微波（THz）场中吸取能量，转变为自旋流。当这自旋池装置与外电路相接时，它将类似于电池的作用，能对外电路输出自旋流。这一工作解决了自旋流的产生问题，为实验上进一步深入研究自旋流各个方面的性质奠定了基础。另外，2007年孙庆丰、谢心澄等发现，在一个只有自旋轨道耦合而没有磁通及其他任何磁性材料的介观量子小环中，存在纯的持续自旋流[13]。在自旋流基础理论方面，施均仁等在深入研究自旋流概念时发现，先前普遍采用的自旋流定义是不完整与不可测量的，恰当定义的自旋流算符应该是自旋位移算符（即自旋算符与位置算符的乘积）对时间的全导数，只有这样定义的自旋流才能满足非平衡态热力学的基本要求，从而可以在实验中直接进行测量。作为一个真正描述自旋输运的概念，这样定义的自旋流具有应有的性质，即在绝缘体中严格为零[14]。

二、自旋与轨道电子学材料计算的研究

2002年方忠等通过LDA−U的方法，对 Ca_2RuO_4 中的轨道有序态进行了系统的研究。Ca_2RuO_4 作为一种过

渡金属氧化物，其基本物理特征就是其中的电荷、自旋、格子、轨道自由度的强耦合[15]。由此导致的各种轨道有序态对系统的电、磁、光学性质具有重要的影响。研究发现，Ca_2RuO_4在其反铁磁态，电子将主要占据Ru-4d_{xy}轨道，因此具有很强的各向异性。理论计算的结果可以很好解释实验中测量到的各向异性光电导率，并且可以自洽解释其他一些相关的实验结果。另一方面，他们认为与重要半导体相容的高自旋极化率磁性材料是未来纳米尺度上的自旋电子器件的理想组件，探索合适的半金属（half-metal）铁磁材料至关重要。2002年刘邦贵等用准确的第一性原理密度泛函理论方法首先证明，闪锌矿结构的CrSb[16]及MnBi[17]具有良好的半金属铁磁性。同时他们还研究了相应半金属铁磁性的形成机理。在此基础上，他们基于准确系统的电子结构和形变结构计算，进一步证明了三个过渡金属硫系化合物CrTe、CrSe和VTe的闪锌矿结构相是优质半金属铁磁体，它们不仅具有很宽的半金属能隙，而且其结构稳定性明显优于已合成的CrAs闪锌矿结构薄膜[18]。2007年在计算的理论基础方面，施均仁等提出了计算晶体材料轨道磁化强度的普适量子公式。一方面，他们在理论上严格证明了该公式对金属、绝缘体以及具有非零陈示性数的反常霍尔绝缘体等系统都普遍有效；另一方面，他们将该轨道磁矩公式进一步推广到具有电子－电子相互作用的一般系统，指出利用推广的密度泛函理论，即流与自旋密度泛函理论（CS-DFT），可精确计算实际材料的轨道磁化强度[19]。这项工作确立了轨道磁化第一性原理计算的严格理论基础，并为系统提高计算精度指出了方法与途径。

第六节　低维量子输运

随着微加工技术和大规模集成电路的迅速发展，计算机的运算速度也在飞速提高。主流芯片内的电子器件尺度现已到几十纳米，达到了经典电子器件工作原理的极限。如果想要进一步的发展，体系的量子行为将显著表现出来，这样就不得不按照量子力学的规律来重新设计新一代的电子器件。这就需要对低维（纳米尺度）量子体系的输运性质开展全面的研究。约在20多年前就已开始了对这一领域的研究，而且这一领域的研究课题一直是前沿热点问题。

一、量子点输运研究

电子隧穿通过有库仑作用的量子点是否还保持相干性，一直是富有意义和争论性的研究课题。通过把量子点嵌入到AB介观环的一臂中，在实验上观测到AB振荡，从而证实电子至少还是部分相干的。2004年孙庆丰、谢心澄和王玉鹏等对这一问题做了深入的研究[20]。他们利用一个开放的多端AB环体系来研究这一问题，证实量子点内的电子－电子库仑作用，不会对输运经过量子点的电子引起任何退相干。另外，在高温或弱耦合时，量子点的输运通常可由单粒子共振隧穿理论来描述，但在低温强耦合条件下，描述高阶隧穿过程的近藤共振效应将变得很重要，并对自旋输运有显著的影响。但对这一过程的理解现还非常有限。2002年王玉鹏、谢心澄等在这一研究方向上取得重要进展，他们从理论上研究了相互作用的量子点在外部旋转磁场下的非平衡自旋输运性质，证明了量子点中的相干自旋振荡可以导致自旋电流的产生。计入库仑关联相互作用后，近藤共振效应受外部进动磁场的影响很大。当磁场的进动频率与塞曼分裂能级满足共振条件时，每个自旋近藤峰就会劈裂为两个自旋共振峰的叠加。在低温强耦合区，这种近藤型共隧穿过程对自旋电流产生重要贡献。这为实验上实现自旋极化电流提供了一个重要途径[21,22]。

二、二维电子气输运理论研究

二维电子气是凝聚态物理的重要研究系统。实验发现二维电子气在极低载流子浓度下存在金属－绝缘体相变，同时在相变点附近还发现了一系列难以解释的奇异现象，如很强的磁电阻效应及电子气的压缩率反常。2002年施均仁和谢心澄在这个领域进行了深入研究，提出所观测到的金属－绝缘体相变，在本质上属于准经典的逾渗相变[23]。他们利用密度泛函理论计算了临界点附近的电子密度分布，发现系统在电子－电子互相与无序的共同作用之下，形成空间上非均匀的电子密度分布。在此基础上他们还计算了电子气的压缩率，发现其随电子浓度有非单调的变化关系，并在电子液滴的逾渗临界密度附近达到极值。这一理论结果与实验上观测到的临界点附近的压缩率反常现象相吻合。此外，2003年他们还研究了高迁移率半导体二维电子气在微波辐射下感生“零电阻态”的效应，提出在二维电子气中观察到的辐射感生“零电阻态”，认为这是系统态密度的振荡结构和光子辅助输运的共同结果。同时他们还给出了一个推广的久保－格林伍德（Kubo-Greenwood）电导公式，用以描述任意系统的光子辅助输运，并指出了反常输运在不同系统之间的本质统一性[24]。

第七节　凝聚态物理中贝里相位研究

1984年，M.V.贝里研究了量子系统的绝热演化。他发现，量子本征态在绝热变化中，除了众所周知的动力学相位外，还会得到一个几何相位，这个几何相位被称为贝里相位，它已成为量子力学中的一个基本概念，并在物理学的各个领域得到了广泛的应用。

一、贝里相位理论研究

随着实验技术的发展，物理学家开始具备对原子尺度上量子体系进行操控的能力。而这些量子操控实验中的探测手段都是经典系统，因而涉及的体系是一个量子经典混合体。2005年吴飙等提出了一个描述和解决这类量子经典混合系统的一般理论方法[25]。他们发现量子子系统会对经典子系统有一个类似于洛伦兹力的反作用。当量子子系统被处理成经典系统时几何力会消失。在纯粹的理论意义上，2006年吴飙、张起提出的正则变换可以被用来统一描述迄今已知的三种绝热几何相位：贝里相、哈内（Hannay）角及吴飙等最近提出的非线性几何相[26]。另外，吴飙等提出新的混合态几何相位有以下特点：首先这个新的几何相位是对一般量子态直接定义的，这不同于贝里相位只对量子本征态有定义，当将其应用于本征态时这个新相位会回到贝里相位；其次这个新的几何相位适用于以玻色－爱因斯坦凝聚体为代表的非线性量子系统，它是描述非线性量子系统中绝热演化不可缺少的物理量。他们的研究在概念上深化了对几何相位的理解。

二、反常霍尔效应、自旋霍尔效应和拓扑绝缘体研究

铁磁材料的霍尔效应存在正比于磁化的反常部分。理论研究表明，内禀反常霍尔电导率能够表达成倒空间中电子占据态的波函数贝里曲率的求和。2003年方忠等详细分析了动量空间中的贝里曲率的奇点问题，首次提出其实质上相应于倒空间的一种磁单极存在形式[27]。这种磁单极并非存在于实空间中，而是存在于晶体的动量空间中。并且这种磁单极具有很低的能量，在实验中很容易被观测到。最直接的方法是测量磁性晶体中的反常霍尔效应。由于磁单极的存在，电子的霍尔输运行为受到很大的影响，导致其反常霍尔系数与晶体的磁化强度呈非线性关系，而并非以前预测的线性关系。基于以上理论，方忠通过从头计算的方法，直接计算了$SrRuO_3$中的反常霍尔系数，将其和实验结果比较，得到了非常一致的结果，从而证明了磁单极存在于晶体的动量空间中。2004年姚裕贵、王鼎盛、王恩哥等对反常霍尔效应的内禀机制进行了深入的研究，利用第一性原理线性缀加平面波（LAPW）方法，精确计算了经典铁磁体铁等的贝里曲率，并得到了反常霍尔电导率。通过理论值和实验结果的相互比较，他们认为室温下经典铁磁体材料铁等的反常霍尔效应主要是由内禀机制即贝里相位引起的，而不是外在散射机制引起的[28]。此外，2006年姚裕贵、方忠等还发展了一套贝里相位效应理论，解释了铁磁材料中由统计力（如温度和化学势的梯度）驱动的反常热电输运现象，并发展了一套可计算反常热电输运系数的第一性原理程序，成功用于解释实验[29]。

三、自旋霍尔效应研究

自旋霍尔效应是一种新型的霍尔效应：由于相对论效应自旋轨道耦合作用的存在，一个纵向加载的电场，除了产生纵向电流以外，还会在垂直于电场的方向上产生自旋流。2002年方忠和姚裕贵在自旋霍尔效应上，开展了深入而广泛的探索，并取得了一些创新成果。他们利用第一性原理方法，计算了半导体和简单金属的自旋霍尔电导率，发现内禀自旋霍尔电导率具有丰富的符号变化，这一点和外在自旋霍尔效应有着本质上的不同。这个属性有可能被用于分辨自旋霍尔效应的内禀和外在机制。他们还首次预言了简单金属钨和金具有较大的自旋霍尔效应且符号相反[30]。同时他们还发现强散射并不会抑制这两种金属中的自旋霍尔效应。也就是说，在强散射情形下，金属钨和金自旋霍尔电导率仍然具有较大的值，这使得它们有可能是一种潜在的可应用于自旋电子学器件中的材料。此外，姚裕贵等利用LMTO方法，深入研究了许多半导体材料中的自旋霍尔效应和轨道霍尔效应，发现由于材料中轨道淬灭效应，使两者并不能相互抵消，从

而解决了以前理论中的分歧。同时他们还发现，利用应变可以操控自旋霍尔效应的强度，并预言了在半导体中存在交流的自旋霍尔效应[31]。戴希、方忠与姚裕贵等利用$k\cdot p$方法，计算了空穴型掺杂的半导体量子阱的自旋霍尔系数。他们发现当掺杂浓度和自旋轨道耦合常数满足某种特定关系时，体系的自旋霍尔系数会突然改变符号[32]。这种随着空穴浓度或者自旋轨道耦合系数的改变而突然变号的性质，是内禀自旋霍尔效应所特有的奇异性质。利用这一有趣的特性，可以验证实验上观测到的自旋霍尔效应是否是内禀的特性，同时还有可能利用这一特性设计出新的自旋电子学器件。

四、三维拓扑绝缘体研究

贝里相位是由周期性结构材料布洛赫波函数在动量空间中的几何拓扑性质决定的。在破坏时间反演对称性的磁性材料中，它成功解释了反常霍尔效应、反常能斯特效应、量子霍尔效应等现象。在保持时间反演对称性的体系中，可以用它来解释内禀的自旋霍尔效应。量子化的自旋霍尔效应，可以在二维拓扑绝缘体的边缘态中实现。拓扑绝缘体也是由固体波函数的拓扑性质决定的，通常用Z_2数来表示，它与时间反演不变操作和贝里相位直接相关。二维拓扑绝缘体先有理论预言，后被实验所证实。三维拓扑绝缘体首先在$Bi_{1-x}Sb_x$的合金中发现，但它的表面态非常复杂，而且体态能隙非常小，因而寻找表面态简单且有大能隙的新型三维拓扑绝缘体，对理论和应用都有重要意义。2009年方忠、戴希与张首晟合作，首次通过第一性原理计算预言了Bi_2Se_3、Bi_2Te_3和Sb_2Te_3是三维强拓扑绝缘体[33]，且它们都具有简单的狄拉克锥形拓扑非平庸的表面态。它们的体能隙都很大，尤其是Bi_2Se_3体能隙有0.3电子伏，远远高于室温，为拓扑绝缘体的实际应用提供了材料基础。这一系列三维强拓扑绝缘体因此被称为下一代拓扑绝缘体。

霍尔效应、自旋霍尔效应都有其量子化的版本，分别对应破坏时间反演对称性的Chern绝缘体和保持时间反演对称性的拓扑绝缘体，但反常霍尔效应的量子化版本还没有在实际材料中实现，因此需要寻找破坏时间反演对称性的二维拓扑绝缘体。2010年方忠、戴希研究组，在他们理论预言的Bi_2Se_3、Bi_2Te_3、Sb_2Te_3等三维强拓扑绝缘体的薄膜中，通过掺杂过渡金属元素（铬或铁）可以实现量子化的反常霍尔效应[34]。这里最关键的问题是通过磁性掺杂，借助范弗莱克（Van Vleck）顺磁性，可以实现磁性的拓扑绝缘体，其磁性居里温度可以达到70K的量级。通过第一性原理计算和理论分析，他们发现这一磁性原子掺杂体系，与一般的稀磁半导体明显不同，这一体系不需要有载流子，仍可保持着绝缘体的状态，而且能实现铁磁的长程有序态。由于薄膜中掺杂原子的自旋极化与强烈的自旋–轨道耦合，在这一体系中无需外加磁场，也无需相应的朗道能级，在适当的杂质掺杂浓度和温度下，就可以观察到量子化的反常霍尔效应。这一发现为低能量耗散的新型电子器件设计指出了一个新的发展方向。

马约拉纳费米子自由度是狄拉克费米子的一半，遵循非阿贝尔统计规律，在量子通信和量子计算上有很高的容错性，有着重要的应用前景。但截至2010年，还没有在实验上观测到马约拉纳费米子的存在。理论研究提出，在三维拓扑绝缘体的表面态，通过超导临近效应，引入s波超导配对机制，可以在拓扑绝缘体和s波超导体形成的界面中实现马约拉纳费米子。但许多实验都受到样品制备工艺的限制，没有能直接在这样的界面处探测到马约拉纳费米子。2010年方忠、戴希和靳常青组合作，在实验上发现Bi_2Te_3在一定压力范围内会表现出p型掺杂的超导电性，而且晶体保持常压下的结构不变。第一性原理计算结果表明，在这样的压力范围内，Bi_2Te_3的电子结构仍然保持三维拓扑绝缘体性质[35]。这一发现可以为实验上制备高品质的拓扑绝缘体s波超导体界面提供新的途径，可以期望探测到马约拉纳费米子。

第八节　多体理论和统计物理

20世纪50年代量子场论方法大量被应用到量子多体和凝聚态理论，陈春先是中国最早介入这方面研究的学者之一。他在20世纪60年代初带领陈式刚、霍裕平、郝柏林、于渌等在理论室组织深入的研讨，对物理所，乃至全国范围的相关研究起了重要的推动作用。当时研究的问题包括格林函数理论、趋向平衡过程、输运过程理论，以及在超导、磁学等方面的应用。在这种学术氛围中于渌从理论上预言含顺磁杂质超导体中存在束缚态[36]，推动了磁性杂质对超导体影响的理论与实验研究。

1972年理论组成员发现“文化大革命”期间国际上

相变与临界现象的研究取得突破，他们采用高强度阅读文献和组织学术报告的方式，迅速有效地补课，尽快赶上国际发展潮流。他们还边学边干，积极投入相变现象的理论研究中。于渌、郝柏林发展了骨架图展开方法，计算临界指数的$\varepsilon=4-d$展开，讨论了空间维数d任意的经典n标量场四端顶角的骨架图展开和临界指数的计算，给出了临界指数按ε展开到三次项的表达式[37]，与当时国际研究最新结果一致。他们在“补课”期间积累的资料成为20世纪80年代初给国内研究生和青年学者举办培训班的教材，写成受读者欢迎的科普书《相变和临界现象》(于渌、郝柏林著，科学出版社，1984)，对培养青年学者发挥了很好的作用。

1977年周光召邀请郝柏林和于渌参与他和苏肇冰开展的闭路格林函数研究，发展统一描述平衡与非平衡过程的理论框架。这方面的研究后来被总结在综述文章中[38]，该综述因被大量引用，获得2000年度ISI经典引文奖。这项研究工作获2000年国家自然科学二等奖。

第九节　原子分子物理和光学方面的理论研究

一、原子分子物理研究

李家明从事原子分子物理、计算物理、理论物理方面的研究，研究内容围绕着发展量子多体理论和计算方法，该法可以对原子、分子、团簇体系的物理性质和有关动力学过程进行定量的理论计算和描述。

1. 建立了相对论性多通道量子数亏损理论。他还将他所建立的第一性原理理论计算方法，直接计算相对论性多通道量子数亏损理论的物理参数。这为分析高离化度、高Z原子激发态的能级结构，奠定了理论基础。在此基础上2004年他又建立了新的一套理论计算方法R－eigen[39]，这种方法可以更有效研究电子的关联作用，以面向21世纪相关领域研究趋向精密化的需求。

2. 根据非相对论性和相对论性的原子自洽场理论，从理论上计算了各种原子动力学过程，如电子碰撞激发(广义振子强度密度分布)、离子－原子碰撞激发、原子内壳层双X射线衰变，以及离化态原子光电离等原子动力学过程。总结了离化态原子X射线吸收截面的规律。还建立完成了离化态原子基态和激发态能级的数据库，该数据库已在国家重大战略研究计划“惯性约束聚变研究”中发挥出了作用。

3. 根据理论计算的X射线吸收数据，与中科院上海光机所高功率激光物理联合实验室的实验测量配合，从理论上模拟了激光内爆玻璃微球靶的多分幅X射线阴影照相诊断实验。阐明了激光内爆动力学过程并可测量激光内爆时的密度。还阐明了激光内爆动力学过程X射线发射的时间特性。

4. 把原子的理论方法拓展到分子，建立了非相对论性多重散射的分子自洽场理论计算方法。该法可以计算分子激发态的结构。完成了分子内壳层X射线吸收谱的理论计算方法，并阐明了分子内壳层阈值附近的能级结构及其在表面物理上的应用。还总结了一些分子里德堡态能级结构的规律，继续探索分子超激发态结构理论框架。

5. 把研究工作扩展到团簇，提出研究团簇演化的键价优选法，并致力于建立“基于第一性原理的紧束缚分子动力学”程序。团簇可以被认为是孤立原子（或分子）和大块物质之间的桥梁。这方面的研究可以面向纳米科学发展的理论需要。

二、非线性光学研究

在无机非线性光学晶体的研究上，中国因发现硼酸盐系列晶体（BBO、LBO、CBO等）而享有国际盛誉。但在20世纪90年代前只进行了基于有限团簇的量子化学的计算研究，它与实际的晶体相去甚远，误差较大，因而在对其光学非线性产生的物理机理认识上有严重分歧。1997年王鼎盛和顾宗权等发展了基于电子能带算法的晶体非线性光学性质的计算方法，并用该法对复杂实用的硼酸盐系列非线性光学晶体的电子结构和光学性质作出了正确的分析。这项研究中王鼎盛等与中科院软件所孙家昶等协同攻关，发展了矩阵特征值并行算法[40]，这一贡献和其他并行算法研究一起获得了2000年国家科技进步二等奖。

第十节　冷原子物理与玻色－爱因斯坦凝聚

以玻色－爱因斯坦凝聚为代表的冷原子物理是新兴起的一个科学领域，其所展现出的独特量子力学波动性、宏观量子相干性及人工可调控性，使得它毫无疑问地成为物理学中前所未有的全新量子态物质，业已成为当今世界竞相研究的前沿领域。

一、冷原子物理研究

刘伍明等在玻色－爱因斯坦凝聚体的干涉、光晶格中玻色－爱因斯坦凝聚体的量子隧穿、费希巴赫（Feshbach）共振作用下原子相互作用参数随时间变化的玻色－爱因斯坦凝聚体中的孤子、非线性朗道－齐纳（Landau-Zener）隧穿、光晶格中玻色－爱因斯坦凝聚里的动力学不稳定性等方面开展了卓有成效的工作。

1.发展可调参数低维量子多体系统的可积模型的一般方法并得到精确解，解释了玻色－爱因斯坦凝聚干涉现象，预言了可调幅和调频的原子激光，发现了分数量子涡旋态等。刘伍明等通过他们发展的反散射方法，获得了非线性薛定谔方程的长时间精确解，发现具有相互作用的两个或多个玻色－爱因斯坦凝聚体，当它们相互交叠在一起时将发生干涉现象，且干涉条纹不是均匀等间隔的，而是中心条纹宽、两边窄，在某些参数下条纹还是弯曲的。他们定量解释了美国麻省理工学院W.克特勒（Ketterle）的实验结果，该实验图片作为2001年诺贝尔物理学奖三张图片的第二张。他们还获得了两个或多个玻色－爱因斯坦凝聚在扩散过程中的能级分布，以及如何用非弹性光子实验发现能级分布等。2005年他们发展了达布（Darboux）方法，得到具有外势的相互作用系数随时间变化的非线性薛定谔方程的精确解，发现在费希巴赫共振条件下外势中原子间相互作用参数随时间变化的玻色－爱因斯坦凝聚，可以产生调幅和调频的原子激光。该工作被认为是关于费希巴赫共振条件下玻色－爱因斯坦凝聚及其稳定性的最早工作之一，引发了新的理论和实验研究[41]。

2.发展量子隧穿的周期瞬子方法，预言光晶格中冷原子在能带间的量子隧穿效应并被实验所证实。发现了非阿贝尔约瑟夫森效应、光子约瑟夫森效应等。2002年刘伍明等发展了在有限温度、高低能区都适用的计算量子隧穿的周期瞬子方法[42]，使得计算有限温度量子隧穿变为可能，从而解决了量子力学基本理论中的一个难题。周期瞬子方法填补了热助量子隧穿的计算空白，把隧穿理论推广到有限温度，在原子物理、光学、凝聚态物理以及高能物理都有重要应用。他们研究了在重力作用下光晶格中冷原子在能带间的量子隧穿效应，而且该效应已被实验所证实；还研究了量子隧穿逃逸率的温度依赖关系和转变温度等。2008年意大利佛罗伦萨大学G.M.蒂诺（Tino），从实验上验证了他们论文中预言的光晶格中冷原子在能带间的量子隧穿效应，证实了周期瞬子的计算结果。该论文是第一个定量的理论计算，引发了新的理论和实验研究。他们发现了微腔极化凝聚体的光子约瑟夫森效应和双光学势中两个旋量玻色－爱因斯坦凝聚体之间的非阿贝尔约瑟夫森效应等。

3.发展了动力学团簇方法，预言了光晶格中冷原子的相互作用、维度、晶格结构、组分等参数可调控的量子多体系统的超流态、莫特绝缘态、费米液体态等新物态和量子相变等。特别是长程偶极关联的影响，如光晶格中多体玻色子系统的量子相变、光晶格中偶极玻色子的超流－莫特绝缘体相变、光晶格中冷原子的磁性量子相变、人造阻挫二维三角光晶格中冷原子的量子相变、六角光晶格中相互作用狄拉克费米子的磁性量子相变等。

二、宏观量子凝聚研究

在一个依赖于某些外界参量的量子系统中，有两种极限：一种是准经典极限普朗克常数$h \to 0$，在这个极限下量子系统表现得越来越像经典系统；另一种是绝热极限，也就是外界参量随时间的变化率。2006年吴飙等在一个有相互作用的两模玻色子体系中，重新研究了这两种极限的可对易性。他们发现，这两种极限在相互作用足够强时是不可对易的。亦即先取准经典极限，后取绝热极限，系统会表现出一种行为；但如果先取绝热极限，后取准经典极限，系统会表现出另一种行为。这个结果有两个重要的意义：①用平均场理论在绝热极限下得到的结果可能和系统的真实量子行为相差很远，甚至完全不符；②由于N是实验上可调节的量，他们的结果如用玻色－爱因斯坦凝聚是可以被实验验证的[43]。

第十一节 量子信息与计算

量子信息与计算是过去十几年发展最迅速的研究领域之一，已经取得了许多重要进展，同时也提出了一系列深刻的理论问题。范桁和周端陆在研究各种形式的量子克隆机、VBS态的量子纠缠性、局域幺正变换不变的多体量子关联度、量子态不可分定理等方面，开展了大量工作。

一、量子纠缠

量子纠缠在量子计算和量子信息处理中起着关键性的作用，如在量子态隐性传输和量子密码中，量子纠缠态不可或缺。量子计算机超越经典计算机之处就在于量子纠缠态的存在。另一方面，随着对量子纠缠概念的深入了解，又反过来把它作为描述量子系统状态的基本量之一。这为准确描述量子系统提供了一种全新的视角。实际上可以用量子纠缠的概念重新对一些物理系统进行更深入的研究。范桁等研究了量子纠缠在VBS态中的体行为和边界行为，发现量子纠缠的变化和系统的关联函数存在紧密的联系，从而提出了量子纠缠也可以作为量子相变中的序参量。

二、量子态多体关联的度量

在量子信息和计算中，量子态是一种基本的信息载体，如何对量子态中的多体关联进行分类和刻画，是一个对量子信息本身和对量子多体物理都具有基本意义的问题。周端陆等在此方向上开展了一系列探索性的工作。首先他们给出了多体关联的概念，并将统计学中的Gummulant参量引入到多体关联的度量当中，证明了基于它就可以定义一个合法的多体关联的度量。他们指出了多体量子关联的度量与有阈值的秘密共享方案之间的联系，给出了集团态有阈值的秘密共享方案容量的解析表达式。2008年他们针对W.K.沃特斯（Wootters）等提出的多体量子关联度的概念，首次计算了特殊非全同多体量子态的非平庸的多体关联，并从新的角度证明了集团态多体关联的解析表达式[44]。另外，他们还将此方法推广到全同粒子系统，首次对全同多粒子系统任意量子态定义了关联度的概念，从而澄清了以前关于全同粒子关联的一些含糊的观念。

参考文献

[1] Lin L. *Phys. Rev. Lett.*, 1979, 43:1604.

[2] 李荫远. 物理学报, 1958, 14(3):225-232.

[3] 蒲富恪, 郑庆祺. 物理学报, 1962, 18(2):81-90.

[4] 王鼎盛, 蒲富恪. 物理学报, 1976, 25(4):340-341.

[5] Xu Y C, Liu B G. *Phys. Rev. Lett.*, 2008, 100:056103.

[6] Wang J T, Wang E G, Wang D S, Mizuseki H, Kawazoe Y, Naitoh M, Nishigaki S. *Phys. Rev. Lett.*, 2005, 94:226103.

[7] Yang H X, Xu L F, Fang Z, Gu C Z, Zhang S B. *Phys. Rev. Lett.*, 2008, 100:026101.

[8] Li Y, Liu B G. *Phys. Rev. Lett.*, 2006, 96:217201.

[9] Lee D H, Zhang G M, Xiang T. *Phys. Rev. Lett.*, 2007, 99:196805.

[10] Yang Z H, Yang L P, Dai J H, Xiang T. *Phys. Rev. Lett.*, 2008, 100:067203.

[11] Wang Y P. *Phys. Rev.* B, 1999, 60:9236.

[12] Sun Q F, Guo H, Wang J. *Phys. Rev. Lett.*, 2003, 90:258301.

[13] Sun Q F, Xie X C, Wang J. *Phys. Rev. Lett.*, 2007, 98:196801.

[14] Shi J R, Zhang P, Xiao D, Niu Q. *Phys. Rev. Lett.*, 2006, 96:076604.

[15] Jung J H, Fang Z, He J P, Kaneko Y, Okimoto Y, Tokura Y. *Phys. Rev. Lett.*, 2003, 91:056403.

[16] Liu B G. *Phys. Rev.* B, 2003, 67:172411.

[17] Xu Y Q, Liu B G, Pettifor D G. *Phys. Rev.* B, 2002, 66:184435.

[18] Xie W H, Xu Y Q, Liu B G. *Phys. Rev. Lett.*, 2003, 91:037204.

[19] Shi J R, Vignale G, Xiao D, Niu Q. *Phys. Rev. Lett.*, 2007, 99:197202.

[20] Jiang Z T, Sun Q F, Xie X C, et al. *Phys. Rev. Lett.*, 2004, 93:076802.

[21] Zhang P, Xue Q K, Wang Y P , Xie X C. *Phys. Rev. Lett.*, 2002, 89:286803.

[22] Zhang P, Xue Q K, Xie X C. *Phys. Rev. Lett.*, 2003, 91:196602.

[23] Shi J R, Xie X C. *Phys. Rev. Lett.*, 2002, 88:086401.

[24] Shi J R, Xie X C. *Phys. Rev. Lett.*, 2003, 91:086801.

[25] Wu B, Liu J, Niu Q. *Phys. Rev. Lett.*, 2005, 94:140402.

[26] Zhang Q, Wu B. *Phys. Rev. Lett.*, 2006, 97: 190401.

[27] Fang Z, Nagaosa N, Takahashi K S, et al. *Science*, 2003, 302:92.

[28] Yao Y G, Kleinman L, MacDonald A H, et al. *Phys. Rev. Lett.*, 2004, 92:037204.

[29] Xiao D, Yao Y G, Fang Z, et al. Phys. Rev. Lett., 2006, 97:026603.

[30] Yao Y G, Fang Z. Phys. Rev. Lett., 2005, 95:156601.

[31] Guo G Y, Yao Y G, Niu Q. *Phys. Rev. Lett.*, 2005, 94:226401.

[32] Dai X, Fang Z, Yao Y G, et al. *Phys. Rev. Lett.*, 2006, 96:086802.

[33] Zhang H J, Liu C X, Qi X L, Dai X , Fang Z , Zhang S C. *Nat. Phys.*, 2009, 5:438.

[34] Yu R, Zhang W, Zhang H J, et al. *Science*, 2010, 329:61.

[35] Li Y Y, Wang G A, Zhu X G, et al. *Adv. Mater.*, 2010, 22:4002.

[36] 于渌. 物理学报, 1965, 21(1):75.

[37] 于渌, 郝柏林. 物理学报, 1975, 24(3):187−199.

[38] Chou K C, Su Z B, Hao B L, Yu L. *Phys. Rep.*, 1985, 111:1.

[39] Han X Y, Lan V K, Li J M. *Chinese Phys. Lett.*, 2004, 21:54.

[40] 孙家昶, 邓健新, 曹建文, 王鼎盛, 张文清, 黎军. 科学通报, 1997,42(8):818−822.

[41] Liang Z X, Zhang Z D, Liu W M. *Phys. Rev. Lett.*, 2005, 94:050402.

[42] Liu W M, Fan W B, Zheng W M, Liang J Q, Chui S T. *Phys. Rev. Lett.*, 2002, 88:170408.

[43] Wu B, Liu J. *Phys. Rev. Lett.*, 2006, 96:020405.

[44] Zhou D L. *Phys. Rev. Lett.*, 2008, 101:180505.

第十五章　光谱技术在物理研究中的应用

光谱技术是利用光谱学方法研究物质结构、物质与电磁辐射相互作用以及对所含成分进行定性、定量分析的应用技术。它的研究对象包括原子、分子、晶体以及凝聚态物质等。光致发光、拉曼散射、布里渊散射、红外吸收光谱等光谱学技术是研究激子、电子激发、分子振动、晶格振动、磁振子、等离激元等重要元激发和元激发之间相互作用的重要工具。20世纪60年代以来，激光的出现提供了空前优异的光源，再加上其他设备的改进，光谱学方法显示出多方面的优越性，得到突飞猛进的发展。光谱学研究不仅在物理学、化学方面占有重要地位，在材料科学、生物学、医学、矿物学及石油化工、纺织工业、玻璃陶瓷工业等领域和部门也日益成为不可缺少的实验研究方法或常规的鉴定手段。

第一节　发展概述

物理所布里渊散射和表面增强拉曼散射光谱实验组（室）的前身是磁学研究室的微波磁性研究组（205组）。1979年4月，该研究组改名为“布里渊散射与磁光光谱研究组”。1982年6月，该组单独成立“布里渊散射与磁光光谱研究室”。1984年4月，改称“布里渊散射与表面增强拉曼散射研究组”。1986年该组被划入光学室，简称为311组。在此期间，负责人均为张鹏翔。

1982年，物理所建立拉曼散射和荧光光谱公用平台，隶属于高压实验室，负责人是商玉生。1984年改名为“拉曼散射和荧光光谱公用实验室”，负责人贾惟义。1986年该实验室划入光学室，简称为310组，组长刘竟青。1993年311组并入310组，组长刘竟青。1996年底，该组隶属于光物理实验室技术组。2002年物理所成立技术部，将该组的人员与设备归入技术部的电子学科学仪器部。2004年底，他们与化学分析公用实验室合并，隶属于技术部的分析测试部，负责人刘玉龙。为了开展凝聚态物理和材料的光谱学研究，物理所把开展光谱学研究的通用型大型精密仪器集中在分析测试部，为全所科研服务，成为方便用户、面向社会开放的专业测试中心。对于分析测试部的仪器装备，实行“所管共用，资源共享”的管理模式，由专人管理，负责用户接待、咨询、收费、样品收集与分配、测试报告审核。分析测试部先后承担过国家重点基础研究发展计划（973计划）、国家高技术研究发展计划（863计划）、国家自然科学基金等科研项目。以测试服务为主，本组研究为辅，用研究带动技术进步，全面提高测试质量，在扩展大型仪器的测试功能和升级改造及自主研制方面，取得了重要成果。同时拥有完整、先进、成套的振动光谱学方面的专用仪器和相应的辅助测试附件，如拉曼散射光谱、布里渊散射光谱、光致发光光谱、傅里叶变换红外光谱和全谱直读等离子体（ICP）光谱等设备。分析测试部的公用服务和科研工作在国内外享有良好声誉，多年来共培养硕士和博士研究生30余人，有的已成为国内光散射研究领域的骨干或领军人物。

物理所是中国最早开展光散射研究的单位之一。1981年7月，在物理所召开了“第一届全国光散射大会”筹备会。在1981年12月召开的“第一届全国光散射大会”上，与会代表建议成立光散射专业委员会。1982年，中国物理学会和中国科学技术协会批准此项提议。1982～

2010年，中国物理学会光散射专业委员会共举办16届全国光散射学术大会，物理所参与了每一届大会的组织和学术工作。

第二节　磁光晶体与磁光光谱

光学在20世纪60年代以后有了重大发展，尤其是激光器的出现和非线性光学的兴起都为研究磁性物质的光磁效应提供了新的前景，对磁性物质的研究开始转向非金属合金，此时多种半导体或绝缘体的铁氧体出现，这些都丰富了磁性体光学性质的研究内容。1976年，205组在对微波铁氧体物理、单晶生长及其微波器件研究的基础上，开始进行磁光效应、磁光材料和磁光器件的研究，以用于刚起步的光通信技术。磁光作用导致光在介质中传播时的非互易性质可用来做法拉第器件，包括磁光隔离器、磁光调制器、磁光开关等。用于此目的的材料可以是铁磁材料、顺磁材料，甚至反铁磁材料。205组贾惟义和徐孝贞等首先使用Bi_2O_3+B_2O_3作助熔剂和籽晶助熔剂缓冷这两种生长方法，先后生长出晶体尺寸在2×3×5立方毫米和8×10×10立方毫米的$Bi_xY_{3-x}Fe_5O_{12}$（简称Bi–YIG）单晶。此种单晶具有较大的磁光法拉第旋转角，在光通信波长1.5微米左右有很好的透明度。他们在国内率先发表了有关Bi–YIG单晶生长和物性研究论文[1,2]。

测量磁光材料的磁光特性需要相应的磁光测试设备，当时国内外均无商品化的磁光光谱仪。1977年，205组的王焕元等开始自己动手建造。他们用高压氙灯作光源，用NaCl棱镜作红外分光器，光谱仪的狭缝用两片刀片替代，研制了做磁光效应实验的电磁铁。在自己设计加工的手动偏光转盘上安装起偏器与检偏器，还设计研制了弱光检测系统。这些光电元器件便组合成了全国第一台可变磁场的可见–近红外法拉第磁光光谱仪。用氦氖激光器为定标光源，经过不同波长激光器的标定，该仪器测量精度达到设计要求。贾惟义等以一台废弃量糖仪改装成的磁旋光仪为主体，自行配备了从紫外至近红外的可调谐光源，自己加工配置了透射式法拉第效应和表面反射式的克尔效应的光学系统，设计安装了起偏器与检偏器偏光转盘的弱光探测系统和光学低温杜瓦系统，从而完成了样品温度从77～300 K可变的低温磁光效应实验设备。该设备探测波长宽、磁场强度大、检测灵敏度好、自动化程度高，不仅为研究磁性材料的磁光效应、非磁性$LiKSO_4$的多相变过程和$Bi_4Ge_3O_{12}$等的旋光性提供了必要条件，也为部分中科院所属研究所和高等院校提供了测试服务。

贾惟义等在尖晶石型铁氧体（如γ–Fe_2O_3）与石榴石型铁氧体（如Bi–YIG、YIG）的磁光光谱研究中发现，其磁光效应同样是来自Fe^{3+}离子的电子跃迁，但受不同次晶格的晶场的影响，磁光偏转角大小与对应波长都是不同的。这为研制波长可调制的磁光材料提供了有用信息。

王焕元等在研究Bi–YIG单晶中Bi^{3+}对磁光增强作用时发现，Bi^{3+}具有大的自旋–轨道耦合系数，导致Bi–YIG材料中法拉第和克尔磁光效应随Bi^{3+}含量的增加而增强。同时，也发现通过助熔剂法得到的Bi–YIG晶体中，其铋含量在晶体内部呈梯度分布，晶体表面与中心铋含量极不均匀。由此通过测量来自Bi–YIG晶体中切片的克尔磁光光谱，再对照克尔磁光偏转角的大小，便能测定晶体内铋含量[3]。205组获得国家发明三等奖的微波铁氧体$\{Bi_{3-2x}Ca_{2x}\}[Fe_{2-y}In_y](Fe_{3-x}V_x)O_{12}$（简称In–BCVIG）单晶，在低频微波（0.5～4吉赫）波段中显示了独特的特点。电子工业部的768厂和798厂均用该研究组研制的单晶材料制成电调谐滤波器和电调谐振荡器，其中将电调谐振荡器组装成的数字化扫频仪出口至波兰、朝鲜等国。该研究组发现，铋的加入使In–BCVIG单晶显示出良好的磁光特性[4]。但微波铁氧体In–BCVIG单晶是在含有氧化铅的助熔剂中生长的，其中总是少不了铅离子的进入，造成了较大的光吸收。为了得到大的法拉第旋转角及小的光吸收，既要增大单晶体中的铋离子含量，又要避免使用氧化铅作助熔剂。为此，他们发明了无铅助熔剂生长工艺，所得的无铅In–BCVIG单晶不仅自然晶面完整、产量高、颗粒大，而且透光性能好、磁光优值高、磁化强度低，容易调整居里点，有更好的温度稳定性。这类材料改变晶体中次晶格饱和磁化强度（$4\pi M_s$），其法拉第旋转会从正转变到负转。这些优点使其在磁光应用中有很强的竞争力[5]。如In–BCVIG单晶的法拉第旋转角大于70°/毫米，用它做法拉第旋转角为45°的器件，单晶片厚度仅需0.65毫米左右，而用YIG单晶片厚度却要2.1毫米。1990年，“一种含铋的铁石榴石磁光单晶材料的制造方法”获得中国专利授权。1995年11月该项专利获得中国专利优秀奖。

第三节　拉曼散射研究与技术应用

激光拉曼散射是研究物质结构的重要手段之一。在固体物理中拉曼散射能提供有关物质内的元激发（声子、电子、磁子等）及元激发之间互相作用的信息。从20世纪70年代开始，物理所多个研究室均提出进口拉曼光谱仪的要求，但一直未能如愿。考虑到研究组对固体材料的声子谱和自旋波谱的迫切需要，布里渊散射与磁光光谱研究组想自己动手组建一套拉曼光谱仪。

1980年，物理所给布里渊散射与磁光光谱研究组配备了一台民主德国蔡司公司制造的双光栅单色仪（GDM-1000），这为组建拉曼光谱仪提供了便利。张鹏翔、王焕元、刘玉龙和曹克定等参与了拉曼光谱仪系统的设计和加工、光子计数系统的研制和激光光源的配备。他们仅用6个月便组装成物理所第一台具有较高技术水平的激光拉曼光谱仪系统。物理所的固体拉曼散射和表面增强拉曼散射实验研究，是从这台激光拉曼散射光谱仪起步的。

1982年，何寿安负责筹建拉曼散射和荧光光谱公用实验室的工作。张鹏翔、商玉生等参加了购置设备的论证和筹划。在何寿安的主持下，完成了以下工作：①安装调试了三套测试系统。一套美国SPEX1403双光栅拉曼光谱仪，配以美国光谱物理公司171型锁模氩离子激光器；一套配有显微镜装置的SPEX1403三光栅拉曼光谱仪；一套配有美国普林斯顿仪器公司光学多道分析仪（OMA）的SPEX1877三光栅谱仪系统。第一套双光栅拉曼光谱仪使用效率最高，此后的大多数服务和研究工作都在此系统上进行。②在物理所内成立了美国SPEX光谱仪公司中国维修中心和美国光谱物理公司激光器维修中心（隶属于物理所物科光电公司）。③培训人才。开展激光技术和光谱仪讲座，培养出一批技术人员。

1992～2010年，光谱测试机组凭借自身人员研究能力和工作经验，在全力完成公用测试服务的同时，积极申请各种研究项目，获得3项973计划项目子课题，参与国家自然科学基金委1项重点基金项目、2项面上项目。他们投入了大量的自筹经费，在升级改造旧有设备的同时，先后购置了世界上技术指标最先进、测试功能最齐全的各类光谱仪，积极为所内外提供测试服务，使分析测试部发挥出越来越重要的作用。

1998年，光谱测试机组成员自筹经费，组织技术队伍对1983年引进的美国SPEX1403拉曼光谱仪进行升级改造。他们提出了光谱仪的系统控制硬件、软件和数据处理软件的设计要求，并参与系统调试和验收工作。在Windows操作系统下编制的控制软件，具有抗干扰能力强、数据采集重复性好、重复扫描误差小的优点，并且操作简便、界面友好、数据通用。新设计的宏观散射光收集光路，可组合多种不同散射配置，转换方便，适合做极端条件的实验。这套控制系统的研制，不仅满足拉曼光谱公共测试服务的需求，还帮助其他高校的同类拉曼光谱仪提高功能。

进入21世纪后，物理所在纳米物理和材料、超导、半导体超晶格、超硬材料、巨磁阻和铁电与压电等材料的制备与研究中取得了令人瞩目的成就。科研人员都想用拉曼散射来表征材料的成分、结构及其基本物理性质，以扩大研究成果。但受现有光谱仪能力的限制，他们的物理思想无法在实验上得到验证。鉴于物理所研究的需要，2002年，刘玉龙等购买了当时世界上技术指标最先进，能对各类材料进行拉曼光谱测量的设备——法国Jobin-Yvon T64000三级模块式拉曼光谱仪。这台新型拉曼光谱仪的引进，不仅为物理所各研究组的研究带来了便利，同时也吸引了许多中科院所属研究所和全国各地高等院校的研究组前来测试，提高了机组的运行效率和利用率。这也为物理所光谱技术的发展和设备的不断更新打下了良好基础。此后，他们又购买了带有光谱成像功能且具有高分辨率的JY-HR800显微拉曼光谱仪。T64000三级模块式拉曼光谱仪和JY-HR800显微拉曼光谱仪的组合，使物理所的拉曼光谱测试功能迈上了更高的台阶。

物理所在30多年拉曼光谱学的研究中，对光与物质相互作用规律的认识愈益深入，所做出的较有影响的工作是在表面增强拉曼光谱和固体及纳米材料的拉曼散射研究方面。

1974年M.弗莱施曼（Fleischmann）等发现吸附于银胶上的吡啶分子，其拉曼光谱强度得到很大的增强，由此诞生了一项新的光散射研究领域——表面增强拉曼散射光谱学，简称SERS。这一现象伴随产生了相当多的不解之谜并展示出其广阔的应用前景，从而引起国内外广大研究者的兴趣，成为当时光散射研究的热点之一。物理所是国内最早也是较为系统对SERS开展研究的单位之一。1981年，布里渊散射与磁光光谱组的王焕元、张鹏翔和莫育俊在自建的拉曼光谱仪上，观测到电化学池中不同粗糙度的电极表面与在施加不同电压下表面吸附吡啶分子而增强的拉曼散射光谱。这是中国首例有关SERS的研究报告，由此在物理所开辟了一个新的光散射研究领域。在随后多年的研究中，他们建立了多种SERS的实验方法和吸附衬底，包括电化学池、银胶、银镜以及机械抛光等体系，成为国际研究SERS的研究组中实验手段最全者之一。而且他们用化学沉积方法制备的银镜吸附衬底属于国际首创，除国内几个研究单位采用外，日本、美国和韩国的同行也已经采用银镜作为SERS的吸附衬底。

由于产生SERS的机制存在很大争议，为此布里渊散射与磁光光谱组设计并进行了多项有重要意义的实验研究，包括增强拉曼光谱与距离的关系、增强拉曼光谱与表面粗糙度的关系、吸附分子的增强与波长的关系、铝表面是否有SERS效应的研究，以及在蓝色激光激发下首次在铜表面上观察到了增强效应等[6]。这些研究结果很难用已有的理论模型进行解释，因为这些结果表明非电磁增强的存在，以及对于电磁增强部分其变化规律也与流行的表面等离子模型所预言的结果分歧很大。在此基础上，他们分别提出了具有新物理思想的两种模型，即天线共振子模型和同时计入物理和化学增强的理论模型，并用这两个模型较好地解释了有关的实验结果[7]。这些研究促进了对SERS机制认识的深化，并为发现新现象、新应用以及寻找新的SERS衬底提供了理论依据。

在发展实验方法和进行机制研究的基础上，该组还进行了应用研究，即在理论上研究SERS活性衬底上荧光增强和淬灭机制后，从实验上适当控制条件实现荧光淬灭而拉曼散射得到增强[8]。应用这一技术对核黄素、维酶素分子、C_{60}分子等进行拉曼散射研究，得到了它们高质量的拉曼光谱，进而为这些物质的研究和分析起到了重要作用[9]。如水中的六价铬离子是公害之一，用SERS技术检测六价铬离子的灵敏度可达0.03ppm，与现有其他方法的检测灵敏度相近，且有可分辨价态的优点，为环境污染检测新的方法提供依据。他们还利用SERS技术研究了固液等温吸附特性和吸附动力学以及咪唑一银、苯并三氮唑银的化学反应，取得了有意义的结果。

有关SERS的研究获得国家发明专利1项。在国内外SCI学术刊物上发表了80篇论文，并为国内外同行所引用。表面增强拉曼散射的机制和应用研究项目获得1989年中科院自然科学三等奖。

在固体及纳米材料的拉曼散射研究方面，顾本源提出过一种简便识别旋光性单轴晶体拉曼光谱中横模（TO）和纵模（LO）方法[10]。贾惟义等在研究 α－石英（单轴晶体）单晶时，通过改变散射配置，观察到晶体的旋光性对拉曼偏振选择定则的影响，在不同散射配置下，声子模式散射强度的不对称就是来源于极性拉曼模式的TO和LO模式的劈裂，并且理论和实验相符[11]。

在李萌远的指导下，杨华光在对 α－$LiIO_3$ 单晶拉曼散射研究时，发现当沿晶体的c轴加静电场时，在 α－$LiIO_3$ 单晶的拉曼光谱中，除了其声子的拉曼模式外，还出现了一个随施加电场强度而出现的拉曼模式，也称“串线”，谱峰强度随电场而改变。他们通过分析认为，这是由于离子输运引起的空间电荷涨落，使 α－$LiIO_3$ 极化率张量和拉曼张量主轴方向发生涨落所致[12]。

C_{60}奇特的物性和应用前景，使得它成为20世纪90年代的热门研究课题之一。有关C_{60}的光谱、结构、能级、电磁等物理化学性质的报道与日俱增。310研究组对C_{60}材料，包括其单晶、粉末、薄膜和LB膜及其在低温和压力下的拉曼和荧光光谱进行过系统的研究，并取得一些重要的研究成果。理论分析中C_{60}分子只有10个振动模式，而在其一阶拉曼光谱中实际观察到13个或15个拉曼模式。为此，刘玉龙等与解思深研究组合作，在获得高质量C_{60}薄膜的前提下，开展了C_{60}分子的基频拉曼和高阶拉曼散射的理论和实验研究。在200～3200波数范围内的拉曼光谱中，除观察到10个（$2A_g+8H_g$）基频拉曼模式外，还发现了16个很弱的拉曼振动模式。他们在推导的泛音模和组合模的特征标的基础上，指认这些弱小的拉曼峰来自于高阶拉曼散射。理论计算和实验结果相符。这是世界上最完整的研究C_{60}分子拉曼光谱的结果。该结果在*Phys. Rev.* B 上发表后，受到国内外同行的关注，并被收入国内外学术专著[13]。

第四节　布里渊散射研究与技术应用

布里渊散射以光子为探针，测量凝聚态物质中声子、自旋波等多种元激发，是研究物质基本性质（弹性、磁性、相变）及多种交叉效应（压电、磁弹、光弹等）的重要手段。国际上广泛使用这项技术开展铁电晶体和金属磁性超晶格等功能材料的基础和应用研究。布里渊散射也为集成铁电学和自旋电子学的诞生和发展作出了重要贡献。物理所曾参与相关的国际科技合作研究项目，对发现一系列新的声子、自旋波新模式作出了相应的贡献。

20世纪70年代，张鹏翔在德国马普学会金属研究所作访问学者时，曾有过开展布里渊散射的经历，并率先进行了金属非晶态中的自旋波和声子的布里渊散射研究。为此，物理所决定组建布里渊散射光谱仪，由张鹏翔负责具体工作。张鹏翔等购买了美国Burleigh公司出品的单级多通法布里－珀罗（FP）干涉仪为布里渊散射光的分光系统，并用该公司的FP干涉仪的控制/数据采集系统（DAS-1）为信号的采集系统。在购买美国光谱物理公司的氩离子激光器（265-09型）为激发光源的基础上，自己设计加工了具有方便组合成背向、直角和前向散射配置的消色差的光收集光学系统，以及带半导体冷却装置的光子计数系统。他们在1980年6月建成了国内第一台完整布里渊散射光谱仪。这台光谱仪的主要技术指标与性能，如对比度大于10^6，干涉锐度大于55，整机稳定（抗震动、抗温度漂移等）工作时间长达5小时以上，均达到国际相应设备的指标。在这台光谱仪上先后开展了掺铁或铬的铌酸锂的弹性与物性和$LiKSO_4$单晶的结构相变的研究，并在透明和不透明材料的声子与磁振子等其他低频元激发的研究中取得一些重要成果[14~16]。这台布里渊散射光谱仪的研制成功，对推动中国布里渊散射光谱仪的研制和推广起了重要作用，当时上海同济大学、南京大学的布里渊散射光谱仪的组建都是在物理所的具体帮助下完成的。

鉴于物理所在布里渊散射研究方面的工作基础与获得的成果，张鹏翔研究组与德国尤利希研究中心固体研究所建立了良好的合作关系。1984年4月派出庞玉璋到该研究所的P.格林贝格（2007年诺贝尔物理学奖获得者之一）研究组作访问学者，与格林贝格合作进行金属多层膜的布里渊散射研究。1986年在铁磁和非铁磁性金属组成的超晶格中，发现了新的自旋波模式——磁阻反常变化，引起了人们的广泛关注。为使双方能更深入地进行磁性材料中自旋波的布里渊散射合作研究，物理所必须提升已有的布里渊散射光谱仪的灵敏度和稳定性，格林贝格希望物理所能拥有由串接多通FP干涉仪组成的布里渊散射光谱仪。1987年，格林贝格向德国大众汽车公司申请到向中国资助的科学研究基金。1992年，布里渊散射光谱仪中的扫描与分光系统——串接多通FP干涉仪到达物理所。但是由于物理所该组遇到诸多困难等原因，组建新型串接多通布里渊散射光谱仪的工作被中止。2001年，在物理所的支持和帮助下，刘玉龙获得中科院大型设备升级改造专项经费。瑞士JRS科仪公司总裁J.R.桑德尔科克（Sandercock）同意将闲置十年的FP系统运回瑞士，为这套系统做免费升级改造。刘玉龙等设计加工了可做背向、直角和前向散射的宏观/共焦显微的收集散射光系统，于2002年4月组建成功中国第一台具有宏观/显微光路、高灵敏度、高分辨率、高稳定性的新一代布里渊散射光谱仪。2002年10月通过了中科院组织的专家组验收。2004年，格林贝格访华时特意访问了该实验室并给予高度的评价。

在多年晶体声学声子和磁性材料的自旋波的布里渊散射光谱学研究中，刘玉龙等不仅掌握了布里渊散射的技术，并且对光与物质中各类元激发及它们相互作用规律的认识愈益深入，做出了一些有影响的研究工作。

一、用布里渊散射测定晶体弹性系数和压电系数

从1981年开始，布里渊散射与磁光光谱组开展用激光布里渊散射测量定向晶体中的声子的声速和声速各向异性，进而推算其弹性系数的工作。用布里渊散射测量弹性参数国外已有报道，是弹性测量的基本方法之一，但多采用大块、多块晶体。张鹏翔等发明一种经X射线定向、直径仅为1毫米的单晶小球作激光布里渊散射，使小球分别沿它的三个主轴转动，再测得它三个方向的声子声速和声速各向异性参数，然后用计算机处理测量结果，从而同时给出该材料的全部弹性参数和压电参数（压电晶体）。该方法对7个晶系32个点群的不同样品都适合，尤其适合晶体尺寸很小的新材料的弹性系数测量。该测量方法以光束为探针，对样品无损伤，由测量引入的干扰很小。此法与传统的超声法相比，在严格控制测试条件下，其精度与超声法相近，其测试声频频段（吉赫）则可与超声法（兆赫）互为补充。该研究成果获得1988年中科院自然科学二等奖。

二、磁性石榴石晶体的光学与声学自旋波的光散射研究

以前对光学磁振子的拉曼散射研究主要集中在反铁磁材料上，因为大多数亚铁磁材料是不透明的，在可见光区域法拉第旋转很小，加之有很强的声子散射，所以

开展亚铁磁材料中光学磁振子的拉曼散射研究很困难。对铁磁和亚铁磁材料的光散射研究主要用布里渊散射（声学磁振子）。Bi－YIG中磁光增强效应为用拉曼散射观测光学磁振子提供了机会。在含铋系列Bi－YIG单晶的偏振拉曼散射研究中，实验发现随着铋含量的增加，处在低频区域的声子散射强度减小，而在高频区域的声子散射强度增加，这种现象有利于光学磁振子的观测。他们在入射光的偏振和散射光的偏振方向互相垂直时（VH偏振），发现在$x=0.54$和0.92的样品出现一个新峰。随铋含量的增加，新峰的拉曼频移增大和散射强度增强。经不同激发波长、不同温度和不同偏振状态下的系统研究，在观察该拉曼峰的频率和散射强度的变化后，确认此峰是来自Bi－YIG晶体的光学支自旋波散射。从变温度的实验发现，此峰在10K下频移最大，散射强度最强；随温度的升高，此峰的频移变小，散射强度变小，峰宽变大；在样品的居里点附近，此峰基本消失。用布里渊函数拟合所得的实验结果，理论与实验非常吻合，因而确认此峰来自光学磁振子的拉曼散射。这个结果的理论和实验分析得出的重要结论在于，抗磁性的铋离子进入YIG晶体后，由于铋离子有大的离子半径，随其含量的增加，引起该晶体内对磁性有贡献的八面体和四面体次晶格畸变，这种变化有利于晶体内的超交换作用加强，从而导致其磁光和磁性变化。

$Y_3Fe_5O_{12}$（YIG）是典型的亚铁磁材料，在微波和光通信等领域有广泛的应用。抗磁性的铋离子替代部分钇后形成$Y_{3-x}Bi_xFe_5O_{12}$(Bi－YIG)。Bi－YIG有独特的磁学特性，如随铋含量的增加，其磁光旋转角增大，居里温度增加等，但物理起因并不清楚。刘玉龙等在1985年开展了对其自旋波的布里渊散射的研究，观察到其体自旋波的进动系数随铋离子含量的增加而升高的起因。该结果成为获得1989年中科院自然科学二等奖的重要内容之一。在先进的布里渊光谱仪上，通过不同波矢激发，可观察到Bi－YIG晶体中体自旋波和新的自旋波模式的频率和强度变化。实验发现，在不同波矢激发下，体自旋波的频率有规律地移动，而新的自旋波模式的频移几乎不变。通过理论计算和实验对比，证实其一个新的声学支型的自旋波来自$K=0$的一致进动的静磁模[17]。该文在*Phys. Rev.* B上发表，学者给予很高的评价，认为对Bi－YIG晶体中的声子和自旋波的布里渊散射研究，不仅提供了晶体结构和电子态的信息，还解释了Bi^{3+}进入YIG后磁性反常的原因，使有关工程技术人员和磁学同行受益。

参考文献

[1] 徐孝贞，贾惟义，刘朝信．物理学报，1980, 29:1558.

[2] 林启芬，徐孝贞，刘朝信．物理学报，1982, 31:1680.

[3] 王焕元，徐孝贞，张鹏翔，刘朝信．物理学报，1981, 30:154.

[4] 张鹏翔，刘玉龙，王焕元．物理学报，1982, 31:865.

[5] 刘玉龙，张鹏翔，李顺芳．物理学报，1992, 41:1182.

[6] Mo Y J, Mörke I, Wachter P. *Surf. Sci.*, 1983, 133:L452.

[7] 郭立伟，张鹏翔．化学物理学报，1989, 2:186.

[8] 潘多海，苗润才，李秀英，张鹏翔．物理学报，1989, 38:965.

[9] Siu G G, Liu Y L, Xie S S, Xu J M, Li T K, Xu L G. *Thin Solid Films*, 1996, 274:147.

[10] 顾本源．物理学报，1985, 34:269.

[11] 贾惟义，裴立伟．物理学报，1984, 33:1092.

[12] 杨华光，李晨曦，许政一．物理学报，1983, 32:539.

[13] Liu Y L, Jiang Y J, Liu J Q, Mo Y J. *Phys. Rev.* B, 1994, 49:5088.

[14] 蒋最敏，刘玉龙，张鹏翔．物理学报，1987, 36:951.

[15] Liu Y L, Mou D, Li X Y, Zhang P X. *IEEE Trans. Magn.*, 1988, 23:3329.

[16] Zhang P X, Pang Y Z. *J. Magn. Magn. Mater.*, 1990, 86:296.

[17] Siu G G, Lee C M, Liu Y L. *Phys. Rev.* B, 2001, 62:094421.

第十六章　表面物理

表面物理（或表面科学）是研究固体表面附近几个原子层内具有的异于体内结构和物理性质的学科，它是一门从20世纪60年代末期发展起来的综合性学科。其特点是在低于10^{-10}托（1托=1毫米汞柱=133.3帕）的超高真空下，研究材料表面的成分、结构和电子态、声子态以及当有气体吸附时，这些特征的变化。表面科学的发展与超高真空技术、高质量单晶以及单晶样品表面的制备、各种电子能谱技术、电子技术、计算机技术和其他许多实验手段的发展有密切联系。表面科学的研究成果对半导体物理、金属物理、超高真空物理以及化学催化等学科产生了重要的影响。

第一节　发展概述

中国科学家在20世纪60年代末开始关注表面科学的研究，充分意识到表面科学的发展将为中国电子工业、石油化工和钢铁工业等带来深刻变化。源于对凝聚态物理研究前沿的密切关注，物理所也逐步开始在表面科学领域的工作。

一、实验室的建立

1972年，美籍华人朱兆祥（R.Tsu）应邀在中科院半导体所介绍了半导体超晶格概念。当时物理所磁学研究室（简称“磁学室”）正在组织新课题研究方向调研，受朱兆祥报告内容的启发，一致认为应该将半导体超晶格物性研究作为长远的研究方向。磁学室副主任王震西立即组织开展文献和可行性调研，并走访专家，听取意见，决定从研制分子束外延设备起步，闯出一条“半导体超晶格物理研究”之路。调研小组撰写的课题调研报告得到物理所领导施汝为、管惟炎的高度评价。1974年，物理所将课题报告上报中科院，得到相关领导的认可，并组织了项目论证，直接拨款100万元作为分子束外延设备的研制费。项目于1975年正式启动。在这个时期，“分子束外延设备研制和表面物理”研究组挂靠在磁学实验室，先后担任组长的有陆华、刘振祥、赵中仁、周均铭等。

1977年11月，全国自然科学规划会议提出了开展表面物理研究的建议。1978年，物理所与复旦大学物理系共同组织了表面物理讲习班。1978年秋，林彰达被任命为分子束外延和表面物理研究室的筹建负责人。1979年，“分子束外延设备研制和表面物理”研究组的许多成员到日本和美国研究表面科学的实验室作访问研究，并陆续全部回国。1981年9月，物理所引进了第一台表面分析设备X射线光电子能谱仪（VG ESCA Lab5）。1982年秋，物理所和浙江大学物理系在杭州联合举办了中国物理学会表面物理分会的第一次全国性会议。

1983年，国家计划委员会决定分期组建一批国家重点开放实验室。中科院将成立表面物理国家重点开放实验室列入计划并进入筹建阶段。1983年12月，国家计划委员会正式批准该实验室由物理所和半导体所共同筹建，并同意拨款150万美元用作实验室筹建费。表面物理国家重点实验室筹备小组由物理所林彰达任组长，半导体所许振嘉任副组长。1987年9月，表面物理国家重点实验室建成（以下简称“表面室”），并向国内外开放。实验室的研究方向定位于与信息科学、纳米科学和能源科学应用有直接联系的表面/界面研究。聘请国内外专家组成学术委员会。还成立了表面室技术组，负责维护、维修仪器设备，配合研究人员完成研究任务，并开展实验技术、实验方法的探索和研究。当时由王昌衡担任组长，王佑祥任副组长。

表面室在成立之初的8年时间里（1987～1995），在材料表面界面磁性以及非线性光学晶体的理论研究、轻元素薄膜的合成及性质研究、高电子迁移率晶体管用异质结构材料表面和界面分析、硅基光电与器件集成等方向取得不少成绩，并承担完成了多项国家973计划、863计划重大科研项目，得到了多项科技奖励。实验室部分研究人员还应国际著名学术出版社邀请，撰写了6篇研究综述、评论文章或专著[1～6]。

二、研究进展与人才培养

1994年，中科院启动“百人计划”，1998年又启动“知识创新工程”。表面室在人才引进、科研条件改善、科研合作与交流等方面得到了有力的支持，进入高速发展阶段。在中科院知识创新工程重要方向性项目，国家自然科学基金委员会重点项目、仪器研制项目以及优秀创新群体项目，科技部973计划和国家重大科学研究计划“量子调控”“纳米研究”等项目的资助下，表面室取得了许多重要科研进展，主要包括：①纳米结构薄膜生长及表面动力学问题研究，表面室因该项目获得2001—2002年度中科院重大创新贡献团队称号；②原子尺度的薄膜/纳米结构生长动力学，2003年获得北京市科学技术一等奖；③全同金属纳米团簇研究，入选2003年中国十大科技进展新闻；④薄膜/纳米结构的控制生长和量子操纵研究，2005年获得中科院杰出科技成就集体奖；⑤轻元素新纳米结构的构筑、调控及其物理特性研究，2009年获得北京市科学技术一等奖。

表面室自成立之初就注重与国际先进科研集体进行学术交流和科研合作。1988年，中科院院长周光召邀请诺贝尔物理学奖获得者K.M.B.西格班来表面室访问，进行学术讲演及对实验室学术方向的指导，西格班还邀请表面室科研人员去他的实验室进行合作研究。1990年前后，日本东北大学金属材料研究所的樱井利夫曾多次来表面室访问，进行学术交流，并接受薛其坤到他的研究室工作，与物理所开展博士研究生的联合培养。

表面室于1990年举办了由联合国教科文组织资助的“国际表面物理讲习班”，主要对象是亚洲第三世界国家的学者，有近40位来自印度、斯里兰卡、泰国、马来西亚、巴基斯坦等国的学者出席了会议。1991年，该室承办中国高等科学技术中心资助的“表面和界面物理讨论会”，主要对象是国内高等院校和研究机构的研究人员和研究生，近60人出席了讨论会。诺贝尔物理学奖获得者李政道和著名物理学家黄昆亲临指导并发表演讲，李政道还为表面室题词“表面生新枝，物理结硕果”。

1996年，德国卡尔斯鲁厄研究中心纳米技术研究所P. von布兰肯哈根（Blanckenhagen）来表面室访问，讨论进行中德纳米科学合作的问题。从1997年开始，表面室和德国举办了3次双边纳米科学会议，包括1997年在德国卡尔斯鲁厄召开的“中德纳米结构探针显微镜和自组装基础讨论会”，2000年在北京举办的“中德青年纳米论坛”和2004年在德国卡尔斯鲁厄举办的“纳米科学、纳米结构组装模拟基础问题讨论会”。

2000年，在中科院“知识创新工程”的支持下，由物理所所长王恩哥和美国橡树岭国家实验室张振宇倡议，“中国科学院国际量子结构中心”成立。该中心着眼于新的量子现象及物理概念的发掘与研究，集中了国内外从事低维物理和纳米科学及相关领域研究的优秀华人青年物理学工作者。中心还邀请包括诺贝尔物理学奖获得者崔琦在内的10余名国内外资深科学家组成了学术委员会，指导中心的工作。该中心的成立，使表面室在低维物理和纳米科学及相关领域的研究水平取得了显著提升。

表面室自成立以来，共培养了200余名研究生、博士后。截至2010年底，王恩哥、薛其坤当选中科院院士，5人获得国家杰出青年科学基金，13人获得中科院“百人计划”支持。表面室培养的许多人才，在国内外高等院校或研究机构任教授、研究员或首席科学家，成为表面物理研究领域的中坚力量。

截至2010年底，表面室有固定研究人员25名，设6个研究组，研究方向包括：

SF01组（组长白雪冬）：表面小系统的形成与演变机理。开发透射电镜（TEM）中的原位扫描探针技术，研究表面低维结构的电输运、光学等性质，原子尺度表征界面离子传输过程及其相关的物理和化学性质；制备并调控轻元素新纳米结构，研究其新奇的物理和表面光电化学性质。

SF03组（组长曹则贤）：表面动力学过程与薄膜生长。低温等离子体发生机理及其在薄膜生长方面的应用。

SF04组（组长马旭村）：低维纳米结构的控制生长与量子效应。研究量子薄膜、拓扑绝缘体薄膜等材料的分子束外延（MBE）生长动力学、电子结构及其新奇量子现象；探索量子薄膜和拓扑绝缘体薄膜上的表面化学反应和催化的基本规律。

SF05组（组长陆兴华）：单分子及表面元激发的测控和动力学研究。发展激光耦合原位时间分辨隧道电子谱仪等新型测控技术，研究表面单个分子和元激发的探测、控制及其动力学过程，光与物质的相互作用，纳米等离激元，有机生物分子与表面相互作用，新能源物理和纳米机械等。

SF06组（组长郭建东）：氧化物人工低维结构的生长与性能调控。发展过渡金属氧化物表面与薄膜制备的原子尺度精确控制方法，以及多尺度、多维度的高分辨率激发谱学分析技术，探索人工低维结构功能的设计与调控。

SF08组（组长梁文杰）：单分子及纳米结构的电子输运研究。

第二节　金刚石薄膜生长

金刚石是材料科学中硬度最高且化学性质又非常稳定的材料。与其他材料相比，在室温下金刚石的热传导率最高，同时它又是电绝缘体。它的禁带宽度很宽，适合作为光学器件的窗口材料。它又是制作抗高温、抗辐射的半导体器件的良好材料。另一方面，金刚石的饱和电子速度、电子迁移率和空穴迁移率分别为硅的2.7倍、1.5倍和2.7倍，所以它是一种高温（及常温）、高速、高功率和高密度的理想电子材料。但金刚石结构必须在高温高压条件下才能形成，这种苛刻的生长条件限制了金刚石的生产和应用。20世纪70年代初，苏联科学家发现在富氮的条件下，在低压下也能生成金刚石。为了开展金刚石的器件应用，必须要在异质衬底上外延金刚石单晶薄膜。因此很多科学家都集中精力研究金刚石的异质外延。

20世纪90年代初，表面室承担了国家自然科学基金委重点基金项目“从原子水平上研究薄膜材料的表面与界面”、国家高技术研究发展计划（863计划）项目“金刚石膜的应用基础研究”及国家教委基金项目“金刚石膜生长基材表面吸附结构及相变研究”。林彰达研究组认为低压条件下石墨结构是稳定相，碳原子的自发连接必然形成石墨，而不是金刚石。金刚石的生长必然是由碳氢化合物或基团在衬底表面的吸附、相互连接而最后形成金刚石这样一个动力学过程。运用表面分析技术和手段，可以从头至尾研究膜的生长全过程，这对研究其生长机理有着重要作用。林彰达等在实验中采用了高分辨电子能量损失谱，并配合其他表面分析技术，测量膜生长过程中衬底表面吸附碳氢基团的振动谱。从振动频率和振动模式可以知道吸附物的结构、形态、吸附位置以及吸附物与衬底的相互作用等。

通过系统的研究，研究人员阐明了金刚石（111）面和（100）面生长的基本模式、原子氢和原子氧在生长中的作用、各种碳氢化合物气源的贡献以及晶形显露的规律和控制，解决了一些重要的机理问题，在国际会议上对该项研究作了报告[7~9]。其中关于晶形显露规律的结果是国际上首次给出的准确解析。冯克安等还从理论研究中发现CH_2接近金刚石（100）面活性位的距离越小，反应的鞍点能越低，由此指出了CH_2是（100）面主要前驱物的生长机制，澄清了之前认为CH_2对金刚石生长起主要作用的观点。表面室的研究人员还发展出一种在光滑衬底表面生长金刚石的新形核方法，能够实现均匀快速地形核，使其密度达到10^{11}/厘米^2，明显优于国外在微波等离子体系统中加负偏压的方法，为高质量的异质外延生长奠定了基础。林彰达等不仅注意到界面的原子结构匹配问题，而且还提出了界面电子结构的匹配问题。研究人员采用金刚石膜生长中衬底和碳氢化合物气源的剪裁和接枝技术，在较低温度下生长出高质量的金刚石膜，也可生长出高度取向多晶膜。研究人员利用比较简陋的生长设备，在经过表面处理的硅（100）衬底上外延出金刚石（100）和（111）单晶膜，其最大线度约6微米，即有1万～2万个原子行与衬底保持着外延关系。他们还证明了硅衬底可以直接外延金刚石，而中间不需要SiC过渡层，为金刚石外延提供了新的途径。

“原子尺度的亚稳态金刚石膜生长、形核和异质外延的机理研究”在1997年获得中科院自然科学一等奖。

第三节　轻元素新纳米结构

1995年，王恩哥在表面室组建了研究组，确立了轻元素纳米结构和表面生长动力学研究方向，取得了系统深入的研究成果。

碳纳米管和石墨烯在未来电子学应用方面被人们寄予厚望，但它们的电学性质不可控仍然是一个难题。研究组从1995年开始，一直在轻元素（硼、碳、氮）及其化合物纳米结构电子学性质的调控、结构－性质表征和物性研究等方面开展工作。从2001年开始，该研究组自主研发了原位透射电镜性质测试与结构分析实验装置和技术。面向学科发展和未来的重要应用需求，研究组还增加了离子电迁移过程及其相关物性机理研究的方向。

实验研究最重要的基础是单根、分离、超长、单/双壁碳纳米管的控制生长与控制掺杂，为深入性质表征和器件探索提供特定需求的纳米管样品，如生长在特制狭缝基片上的单根悬空纳米管、直径可控的纳米管、纯半导体性纳米管、生长在特定电极上的纳米管等。在石墨烯结构制备方面，重点是石墨烯几何尺寸控制、单原子层氮化硼与三元硼碳氮纳米片及其异质结构的制备。

研究组在制备锯齿型手性石墨锥管的工作基础上，与美国佐治亚理工学院的王中林合作，发展了一种等离子体低温化学气相沉积技术，制备出各层手性一致、结构完整的多壁碳纳米管[10]。他们首次发现从锯齿型到扶手椅型的多壁碳纳米管中，只有少数几种特殊的手性管呈择优分布。这项工作在多壁碳纳米管可控制生长的研究方面迈出了一大步[11]。他们还在三元硼碳氮单壁纳米管制备方面，采用等离子体辅助热丝化学气相沉积生长技术，通过设计高选择性的催化剂材料，系统优化生长参数，首次实现了硼碳氮单壁纳米管结构的直接合成。在结构表征方面，他们与日本国立材料科学研究所板东义雄（Bando Yoshio）研究组合作，制备出结构完整、硼和氮含量较高的三元共价硼碳氮单壁纳米管[12]。这项工作是轻元素纳米结构研究方面的重要进展，在国际上引起同行的广泛关注。

研究低维材料的新结构、新性质以及新的器件性能，要求实现对单个纳米结构的操纵和测量。该研究组着眼于解决科学前沿问题，自行研发了先进的纳米操纵和纳米测量仪器，即原位微区结构分析与性质测试联合系统。白雪冬等在高分辨透射电子显微镜中设计制造了扫描隧道显微镜，利用透射电镜为扫描探针导航，将两者的结构表征功能和纳米操纵功能结合起来，实现对单个纳米结构的物性测量，并原位表征材料的微观结构。此仪器的探针调节范围在毫米量级，调节精度达到0.1纳米。除了用来测量单个纳米材料场发射性质和输运性质外，还可测量力学、光学以及开展多种物理/化学问题的研究，具有应用的综合性和灵活性。与商业化设备相比，该仪器的最大优势在于可以根据科研发展的需要，随时进行改造，以满足新的测量需求。表面室拥有该仪器核心部分的知识产权，申请了5项专利。他们还针对单个纳米结构的电学、光学、光电转换等性质，进一步开展了原位透射电镜扫描探针综合物性测量系统平台的研发工作[13]。

由于在轻元素新纳米结构研究中取得的杰出成就，该研究集体获得了2001～2002年度中科院杰出研究奖（王恩哥）、中国物理学会2005年度“周培源物理奖”（王恩哥），“轻元素新纳米结构的构筑、调控及其物理特性研究”获得2009年度北京市科学技术一等奖。在轻元素材料研究领域，日本板东研究组、德国格罗贝尔特（Grobert）研究组、墨西哥特罗内斯（Terrones）研究组等联合撰写综述文章，将王恩哥研究组的工作作为一个成功典例。他们系统地引用了研究组的5篇论文，详细介绍了该组的成果。著名科学家C.N.R.拉奥（Rao）也详细介绍了该研究组“获得了高质量BCN单壁纳米管”。板东研究组指出，王恩哥研究组“系统的碳掺杂能带工程研究是纳米管最终实现为人类服务的关键技术之一”。*Nature*出版集团亚洲材料专刊（2008-11-11）在研究亮点栏目专题报道了“中国科学院白雪冬和王恩哥研究组用硼和氮掺杂的方法，大量制备出半导体性纳米管”。美国化学学会*Anal. Chem.*在新闻专栏撰文评论纳米锥的发现和意义。德国弗劳恩霍夫（Fraunhofer）应用研究促进协会通讯、英国物理学会都撰文报道了纳米锥的发现。

第四节 表面低维结构生长动力学

王恩哥研究组还一直致力于从第一性原理出发，紧密结合实验研究，理解并设计表面的原子过程，发现、调控新奇的物理性质。这个研究群体被国际同行称为“北京小组”。2003年在中科院首届创新重大成果评比中获得第一名；2004年“原子尺度的薄膜/纳米结构生长动力学：理论和实验”获得北京市科学技术奖一等奖和国家自然科学二等奖。2003年，王恩哥获海外华人物理学会亚洲成就奖，并被选为英国物理学会理事。

半导体表面再构是一个普遍发生的现象，而准确确定表面再构是一项十分复杂的工作。20世纪80年代末，由M.D.帕什利（Pashley）和D.J.查迪（Chadi）分别提出并不断完善的“电子计数模型”（Electron Counting Model），在确定许多半导体表面的再构中取得成功，并被进一步推广用于理解表面缺陷和台阶的形成过程等方面。在半导体表面沉积金属原子会改变原来半导体表面的再构。王恩哥研究组在大量第一性原理计算并进一步与实验结果比较的基础上，提出了一个“普适电子计数模型”(Generalized Electron Counting Model，GEC)。按照这个模型，沉积在表面上的金属原子起到一个电子库的作用，即当表面发生再构需要额外的电子时，这个电子库可以贡献电子；而当表面发生再构出现多余电子时，这个电子库可以把多余的电子吸纳。利用这一理论，以镓砷表面为例，详细计算了各种金属原子吸附时可能诱导出的表面再构，成功解决了实验上长期存在的一些矛盾。利用该模型，还可进一步预言新的表面再构。“普适电子计数模型”的建立，为人们深入探索复杂表面的再构规律，了解掺杂纳米团簇的形成过程有重要作用。

该研究组还通过理论模拟从原子尺度上深入探索了表面纳米结构形成的动力学过程和自组织机理。与实验工作紧密结合，研究了金属原子在镓砷(001)-2×4表面吸附所引起重构的改变。通过第一性原理计算确认了金吸附诱导的3×4再构，铋诱导的1×4再构及其表面存在的本征的铋二聚体缺失现象，都与GEC相吻合。

如果纳米团簇能够像晶体中具有特定原子序数的原子一样，具有自己特定的大小，并自发排列成周期性有序结构，这就构成了一种自然界不存在的新的凝聚态物质形式。如果能同时做到这两点，就可以用大多数的物理研究工具对个别团簇的性质和它们的相互作用进行正确的表征。因为大部分金属电子费米波长在1纳米左右，这类团簇构成的器件有希望在室温工作。但是，制备尺寸相同且空间分布具有严格周期性的纳米团簇阵列是极其困难的。薛其坤研究组巧妙利用周期纳米模板上的幻数原子成簇现象，在硅（111）衬底上利用分子束外延方法，制备出由全同的金属纳米团簇周期排列而成的两维人造晶格（图1）。这类新的物质形式提供了一个探索新的基本物理现象和规律的理想系统，在纳米电子学、超高密度信息储存、纳米催化和量子计算与信息处理等很多方面有着潜在的应用价值。这是近年来凝聚态物理及纳米科学领域的一个重要进展。薛其坤研究组还利用扫描隧道显微镜/谱和第一性原理总能量计算，确定了金属铟、镓和铝团簇的原子结构，澄清了周期点阵的稳定性及形成原因[14,15]。这是第一个令人信服的表面上团簇的原子结构模型，它对理解其电子结构、建立宏观物性和微结构关系以及发现其新的效应奠定了基础。

图1　硅（111）面生长出的全同铟量子点

针对如何理解和控制量子点或原子岛形状与大小分布的问题，王恩哥研究组证明，在外延生长中，利用入射粒子潜能的转化和原子表面扩散的对称性破缺过程对比，可以进行有效控制。在原子水平上解释了为什么在正入射或小角入射时只能获得正方形原子岛，而掠角入射时却能获得长方形原子岛；并对国际已经争论了近十年的问题——铂/铂（111）表面三角形岛的翻转和温度升高时岛的形状从紧致到分形转变等，给出了圆满的答案[16,17]（图2）。研究人员在2001年美国物理学会（APS）年会和2002年美国材料研究学会（MRS）秋季年会作特邀报告。

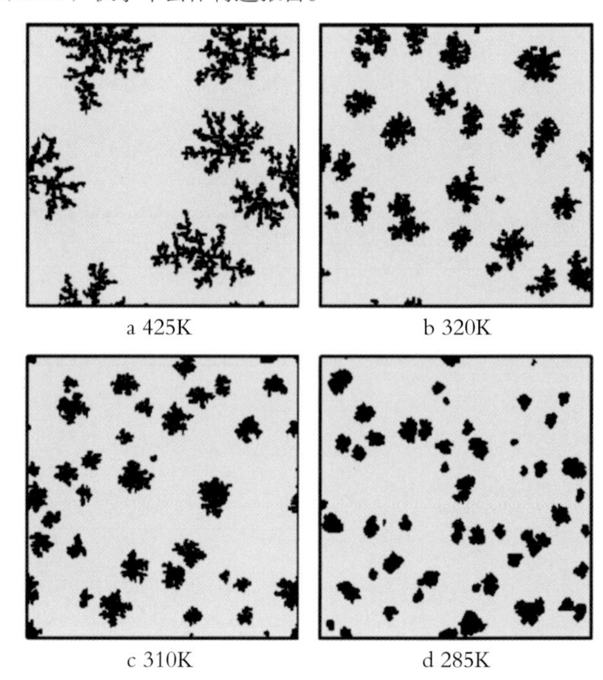

图2　不同温度下原子沉积在有活性剂的表面上得到不同分形维度的岛

在新材料的探索中，揭示生长过程表现出来的各种微观规律是人们长期追求的目标之一。随着先进生长手段和原子尺度表征技术的发展，表面室取得了许多重要突破。一般在低温下，分子束外延技术往往会使表面上长出一些小的原子岛；而在高温时，岛上的沉积原子容易掉下来跑到表面上。但所有以前的研究都忽略了一个过程：原子的向上扩散，即原子从表面可以跑到岛上去。

表面室研究人员与意大利和美国的同行合作，在铝表面的同质外延生长中，首次在实验和理论上直接证明了这一原子的向上扩散运动。首先观察到在这一生长体系中，大的量子点和小的原子岛并存。系统的研究发现，这些具有特定小面的量子点是亚稳的，它们只能在一个特殊的生长温度区域内，并只有当薄膜厚度超过一定值之后才能发生。这是用现有的生长理论无法解释的。通过深入的密度泛函理论计算，研究人员发现在这个生长过程中，存在一个原子“真正”向上的扩散运动。这是因为在这个体系中，原子沿台阶边缘和跨越内角的向上扩散运动对应的势垒，在一些情况下是负的。这个新的发现加深了人们对薄膜生长动力学的认识，同时利用这个“新”的原子运动规律可以更好地控制薄膜的制备过程，丰富现有的材料体系。

纳米结构一旦制备之后，其稳定性问题是发展器件研究的关键。这个问题涉及原子在岛内的热激活过程，以及离开岛的扩散通道。实验研究发现，不同的金属表面，其三维纳米结构的退化过程是完全不同的，这些退化过程则对应着不同的原子扩散机制。研究人员认为，主要存在着两种不同的原子层间交换机制：一是多位置质量传输机制，即原子可以从上层周边的任何位置翻过台阶到下层来；二是选择位置质量传输机制，即原子只能从上层周边的某些位置〔如扭折（kink）、角〕翻过台阶到下层来。这种不同的层间质量传输机制会导致不同的三维岛退化过程。基于动力学蒙特卡罗模拟，表面室研究人员提出一个扩散通道决定退化过程模型，揭示了制约原子岛稳定性的微观机理。这个新的模型可以解释实验观察现象，为纳米结构的器件应用奠定了基础[18]。这项工作分别在2002年美国材料研究学会秋季年会和国际材料研究学会联盟（IUMRS）年会作特邀报告。这一系列工作被美国知名学者M.G.拉加利（Lagally）等在*Nature*上发表专文《薄膜的攀岩者》作了高度评论。

2005年，王恩哥研究组在硅表面上实现了极限厚度（单原子层）铝薄膜的生长，并且获得了完美的界面[19]；继续的生长过程还显示出具有奇异原子层间距的铝岛结构[20]；以硅表面上的单层铝薄膜作为过渡层，还获得了原子级厚度可控的银薄膜，并把临界厚度降为两原子层。研究人员还提出了关于单原子层铝膜的生长机理，即单原子层铝膜在硅(111)−$\sqrt{3}\times\sqrt{3}$−铝表面上生长时，总是伴随着一种全同团簇的出现，而这种团簇在薄膜的形成过程中逐渐消失。通过实验分析和计算表明，这种团簇的成分是$SiAl_2$[21]。实验表明，硅(111)−$\sqrt{3}\times\sqrt{3}$−铝表面上的硅吸附原子在薄膜生长过程中起到了一种媒介作用，其余沉积到表面的铝原子结合成团簇，最后团簇聚集再放出硅吸附原子，形成铝−1×1薄膜。这种独特的生长模式克服了铝−1×1薄膜形成过程中需要打破$\sqrt{3}\times\sqrt{3}$−铝再构的障碍，在硅表面上获得了单原子层铝膜。

第五节　表面与低维结构新奇量子现象

薛其坤研究组的研究工作主要涉及利用扫描隧道显微镜、高/低能电子衍射、光学探针以及各种表面分析手段，研究各种金属、半导体表面晶体结构及化学性质、异/同质结薄膜外延和低维纳米结构的生长动力学和控制问题。他们在微电子工业上具有广泛用途的化合物半导体镓砷和镓氮生长表面的两维晶体结构、光学性质以及相关异质结外延中应力释放问题、铟砷/镓砷量子点的形成机理和稳定性、纳米团簇的生长、$C_{60}/C_{84}/C_{70}$在半导体上的薄膜生长等研究中做过比较系统的工作。

一、低维结构的量子阱态研究

按照量子力学原理，电子在一维方势阱中受限运动时，其能级将变成分立的，这些分立的能级称为量子阱态。量子阱态的形成会导致材料奇特的物理和化学性质。半导体或绝缘体衬底上的金属薄膜材料是一个理想的一维方势阱体系。由于金属电子的费米波长很短（1纳米左右），要观察到显著的量子效应，薄膜的厚度就要达到纳米尺度且其形貌要有原子级的平整度。但对于绝大多数金属/半导体异质结体系（如铅/硅），要控制重复性地制备出高质量的薄膜材料是极其困难的。因此制备金属材料的一维方势阱体系在材料科学上是一个很大的挑战。

薛其坤研究组采取低温生长方法，在硅衬底上制备出具有原子级平整度且在宏观范围内均匀的铅薄膜，并实现了薄膜厚度逐个原子层变化的精确控制，这实际上就是制备出一个理想的、势阱宽度可调的一维方势阱体系。他们又进一步深入研究了量子效应对电子结构的影响，根据量子阱态随薄膜厚度的变化，精确地确定了铅的能带结构，从理论上完美解释了量子效应调制铅薄膜的特殊生长模式和薄膜的幻数稳定性，观察到量子阱态

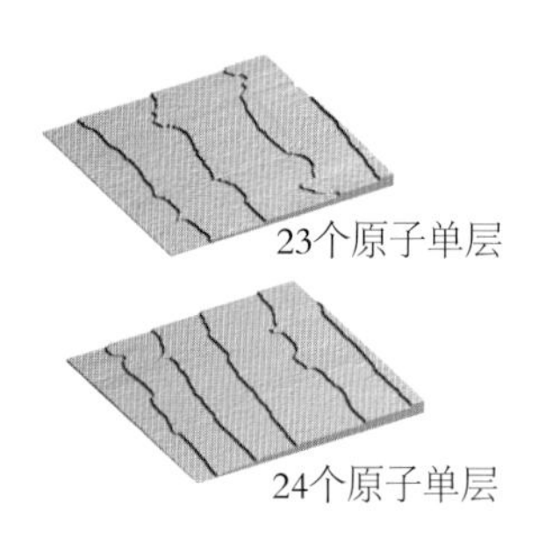

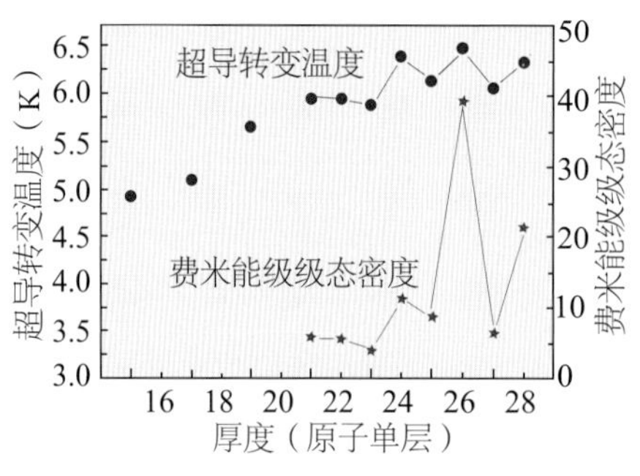

图3　原子级平整的铅薄膜及其超导转变温度随厚度的振荡变化

的形成对费米能级附近电子态密度和电声子耦合强度的调制行为[22]，从而发现了由量子效应导致的一系列的奇异材料性质，诸如超导转变温度[23]、热膨胀系数、功函数、临界磁场、表面扩散势垒[24]以及表面化学活性[25]等随薄膜厚度（原子层数）的振荡现象（图3）。这是国际上首次从实验上实现了对金属体系“一维方势阱问题”的系统研究，并利用它实现了对物质基本参量的量子调控。该工作在固体物理的发展上具有重要意义。其中关于超导转变温度振荡的文章在*Science*发表后引起国际上很大反响。*Science*在发表该文的同时，还邀请著名科学家江台章（T.C.Chiang）撰文在同期的Perspectives栏目上对该工作进行了评价。此后全世界各大科技网站都对该工作进行了报道，该研究组在相关的重要国际学术会议上都作了邀请报告。该工作还入选中科院发布的2005年中国科学家具有代表性的部分工作，并作为重要部分获得2005年中科院杰出科技成就集体奖。薛其坤于2006年获得何梁何利基金会科学与技术进步奖。

二、拓扑绝缘体的研究

拓扑绝缘体是21世纪发现的一种新的量子物态，是物理学备受重视的一个前沿研究领域。这类材料的体能带结构是典型的绝缘体，但在其表面存在着穿越费米面的电子态，因而总是金属性的。拓扑量子态遵从相对论型的无质量粒子的狄拉克方程，受时间反演对称性的保护，是继石墨烯之后在凝聚态物质中找到的另一个二维狄拉克费米子体系。这些独特的性质使得拓扑绝缘体在室温自旋电子学、拓扑量子计算以及暗物质的探测等方面，都有重要的应用前景。2009年，物理所方忠、戴希研究组通过理论计算，首次预言了可在室温下存在的三维强拓扑绝缘体系列材料。2010年，他们又发现在拓扑绝缘体材料（Bi_2Se_3、Bi_2Te_3、Sb_2Te_3）的薄膜中，通过掺杂过渡金属元素（铬或者铁）可以在没有外加磁场的情况下，实现量子霍尔效应，这一现象被称为量子化反常霍尔效应。

在拓扑绝缘体的实验研究方面，吴克辉等以铋修饰的硅(111)重构表面为模板，生长出高质量硒化铋(Bi_2Se_3)单晶薄膜，并且发现Bi_2Se_3薄膜以五原子层为单元（单位

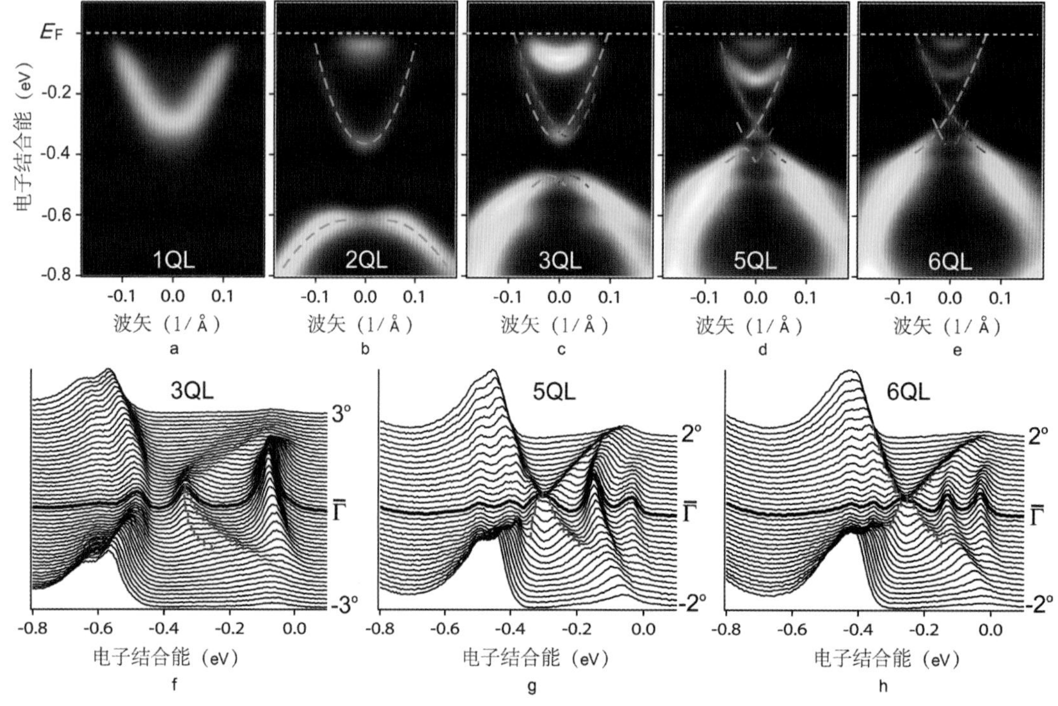

图4　硒化铋薄膜从1QL到6QL薄膜的角分辨光电子能谱图（a ~ e）和对应的能量分布曲线（f ~ h）

原胞，QL）生长，厚度极限可达1纳米，为深入了解拓扑绝缘体这种新物质态提供了研究基础[26]。研究组利用绝缘的$SrTiO_3$（STO）作为衬底，生长出高质量的Bi_2Se_3薄膜。该薄膜具有很低的载流子浓度，结合栅压的调节，成功地将薄膜的费米能级（E_F）降到了能隙内，并且测量低场磁电导与栅压的依赖关系，结果发现在载流子浓度很低的时候，磁电导与栅压有很强的依赖关系，同时纵向以及霍尔电导也发生了异常变化[27]。马旭村研究组与薛其坤研究组合作，利用分子束外延（MBE）技术，在Si(111)、SiC(0001)、Al_2O_3、STO等衬底上，外延生长出原子级平整的和低缺陷密度的Bi_2Te_3、Bi_2Se_3、Sb_2Te_3单晶薄膜，从而建立了高质量拓扑绝缘体薄膜的分子束外延生长动力学，实现了对薄膜厚度的逐层控制[28,29]。通过细致研究Bi_2Se_3薄膜的能带结构随厚度增加时的演化，观察到厚度小于6QL时，薄膜中存在有限尺寸效应[30]（图4），从图中可以清楚地看到狄拉克表面态的能隙打开和Rashba型的劈裂。

研究组还观察到Bi_2Se_3拓扑绝缘体表面态在磁场下的朗道量子化现象，发现朗道能级的能量与$\sqrt{nB}$成正比。这说明表面态可由二维无质量狄拉克费米子来描述[31]。三维拓扑绝缘体量子薄膜的成功制备为理论预言的量子反常霍尔效应、巨大的热电效应、激子凝聚等效应的研究提供了基础，为拓扑绝缘体的研究和应用打下了很好的材料基础，对发展新的自旋电子器件具有重要的指导意义。该成果入选由科技部评选的“2010年度中国科学十大进展”。

第六节 其他研究工作

表面室的研究工作除上述内容外，还包括各种表面薄膜的制备及其物性研究，具体内容如下所述。

一、高温超导薄膜制备

表面室在成立之初就与其他学科开展广泛紧密的合作。20世纪80年代末，表面室配合物理所的高温超导攻关项目，不仅提供了全面的表面分析服务，还利用瑞士引进的UMS-500超高真空镀膜机，在1987年5月率先制备出钇钡铜氧高温超导薄膜。

二、磁性薄膜各向异性的起因

1993年，王鼎盛和美国西北大学A. J. 弗里曼（Freeman）合作，创造了一种“状态跟踪”的方法，可以精准地确定过渡族元素的磁性薄膜沿不同方向磁化时的能量差，容易地计算实际薄膜材料磁各向异性能，回答了以3d、4d或5d元素为基片的钴薄膜磁各向异性原因，从而解决了这一长久以来困扰着物理学家的难题。论文发表后[32]，立即受到物理学界的重视。

三、氧化物薄膜研究

1999年初，郭沁林加入王恩哥研究组。他利用表面室旧的大型仪器，包括VG ESCA LAB5多功能电子能谱仪（1981年从英国进口）、LH ELS-22高分辨电子能量损失谱仪（1987年从联邦德国进口）和MIQ-156二次离子质谱仪（1987年从英国进口），进行有序氧化物薄膜的原位研究及表面化学方面的科研工作。研制出的氧化物薄膜有FeO、Fe_2O_3、Fe_3O_4、MgO、NiO、ZnO、TiO_2、Ti_2O_3、CeO_2、Ce_2O_3、CrO_2、Cr_2O_3、Al_2O_3、V_2O_3等，还制备出带隙可调材料$Mg_xZn_{1-x}O$薄膜。在此基础上，他还研究了金属和稀土元素与氧化物薄膜表面的相互作用，包括金、银、铜、钯、锶、钒、钆和铈等，并开展了水在氧化物表面的吸附、脱附研究工作。随后郭建东研究组将研究体系拓展到复杂过渡金属氧化物的人工低维结构，系统研究了$SrTiO_3$单晶表面处理方法对表面原子结构的影响，并进一步应用于$SrTiO_3(110)$薄膜的分子束同质外延生长，实现了对表面金属元素沉积量的原位、实时、灵敏监测。

四、有机分子及其自组装薄膜研究

吴克辉和郭建东研究组详细研究了并五苯分子在有序表面上形成的自组装结构及其形成机理。马旭村研究组开展了针对分子在表面吸附行为和特殊电子态的研究。梁文杰研究组开展了对单分子器件结构输运性质的研究。

五、表面水结构研究

水在自然界中一直扮演着十分重要的角色。2002年初，美国科学家P.J.费布尔曼（Feibelman）在*Science*上发表文章指出，水分子在钌（0001）表面不能形成完整二维薄膜结构，即水的OH键在钌（0001）表面可能会被打断，从而发生水的分解。该文发表后引起较大轰动。有人认为这一结果为将水直接作为未来的氢能源找到了一种可能性。王恩哥研究组开展了水在金属表面吸附状态和相互作用的研究，利用基于密度泛函理论的第一性原理分子动力学方法，研究了水在铂（111）表面上的存在形式。结果发现与费布尔曼的文章所述完全相反的现象，即水在金属铂（111）表面不会发生分解，这表明水可以很好地覆盖在这种金属上面。重要的是，这项研究首次证明了在水双层（water bilayer）中存在强弱不同的两种氢键，即一个上层的强氢键和两个下层的弱氢键。这一发现给出研究水和其他一些氢键化合物在金属表面吸附时与界面发生作用的一般规律。利用这一新的研究结果，研究人员还用第一性原理方法计算出水在铂（111）表面的振动谱，并首次给出了各种可能的振动模式。这些结果解释了高分辨电子能量损失谱的实验，为深入探索水在金属表面上的相互作用规律和物理性质开辟了新途径。该研究组还进一步发现一种新的有序的二维冰（图5），它由四角形和八角形的氢键网格交替组成，与一种特殊形式的地板铺装图案极其相似，现在把这种完全不同于体相的新的冰结构命名为镶嵌冰（tessellation ice）[33]。分子动力学研究确认了该二维冰相中存在两种不同的氢键，即四角形水环是由强氢键作用组成的，而相邻的四角形水环之间通过弱氢键作用连接成了八角形网格。在这个水的氢键网络结构中，所有的水分子都被四个氢键所饱和，完全满足形成冰的两个基本条件。该研究表明这种镶嵌冰可以在室温下（300K）稳定存在。这是人们首次发现一种化学键构型上完全不同于已知体态冰和受限冰的新的二维冰结构。专家认为，这项成果不但丰富了对冰的认识，在应用方面也同样十分重要，它为深入探索水与表面的相互作用规律和解释相关的物理性质开辟了新途径。该工作在国际上产生一定影响，美国和荷兰两个研究组的实验已初步证明这种有序结构存在的可能性。

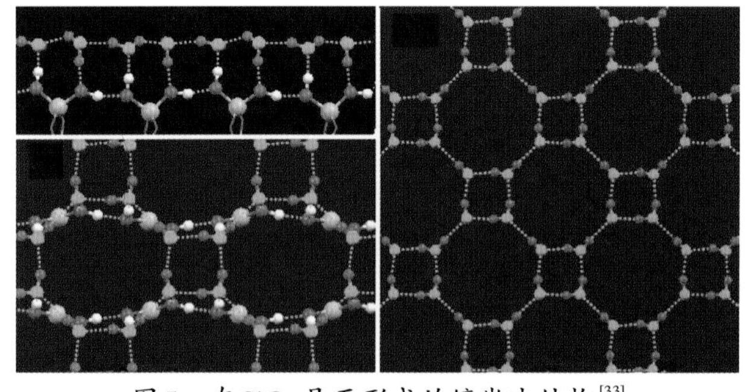

图5 在SiO_2晶面形成的镶嵌冰结构[33]

六、表面应力驱动生长研究

应力是影响有机与无机世界里各种生长过程的重要因素，因此是生长与形态研究所必须考虑的关键因素。自2004年起，曹则贤研究组与浙江理工大学李超荣合作研究曲面上的应力驱动自组装[34]。他们发现，应力屈曲花样与系统的拓扑和几何性质有密切的关系。2008年，曹则贤研究组同美国哥伦比亚大学陈希研究组合作，在先前工作的基础上，研究了球面上的皱褶模式随应力和曲率半径的变化，给出了三角皱褶花样和类迷宫的皱褶花样之间的清晰边界。实验结果和模拟计算都验证了同样的模式相变行为。进一步通过对旋转椭球面上皱褶模式随应力过载、表皮相对厚度和形状因子变化规律的研究，他们发现在给定的参数范围内应力花样是稳定的，而大范围的参数改变则能重现大自然中的多种瓜果表面的形貌（图6）。相关的数值计算和利用无机材料得到的实验结果有力支持了叶序学的力学原理，指出许多瓜果形貌的变化是力学行为而非基因行为。此研究结果为理解生物形貌多样性提供了新的视角。上述工作得到国际同行的高度赞扬，有4篇文章被选为发表期刊的封面故事[35~38]，获得了包括*Nature*杂志等国际媒体的报道，受到生物学网站推荐，并被收入英国剑桥大学出版社出版的专著中。

图6 生长过程中的表面应力可以用来解释各种水果的外在形貌

七、仪器研制

自从中科院“知识创新工程”开展以来，表面室还研制了多种大型研究和分析仪器，如电子回旋共振微波等离子体化学气相沉积（ECR-PECVD）、金属氧化物化学气相沉积（MOCVD）、偏压热丝等离子增强化学气相沉积（HF-CVD）、MBE、磁控溅射和电子束蒸镀等各种大型薄膜生长系统。表面室引进和研制的样品生长和分析测试设备还有电子场发射测量装置、真空探针台、超高真空室温扫描隧道显微镜（STM）-MBE-Auger联合系统、MBE-变温STM等，以及TEM-STM联合系统、低温MBE-STM-原位输运测量系统、激光耦合原位时间分辨STM系统（图7）等。

图7 深紫外光耦合扫描隧道显微镜

参考文献

[1] Xu Z J. // Maex K, Rossum M van. *Properties of Metal Silicides*. London: The Institution of Electrical Engineers, 1995.

[2] Wu R Q, Wang D S, Freeman A J. *Electronic Structure Theory of Surface, Interface and Thin Film Magnetism*//Pu F C, Wang Y J, Shang C H. *Aspects of Modern Magnetism*. Singapore: World Scientific Publishing Co., 1996:90−104.

[3] Wu R Q, Wang D S, Freeman A J. *Magnetism in Low Dimensional Systems: Magnetic Properties of Thin Films*//Hubbard A T. *The Handbook of Surface Imagine and Visualization*. Florida: CRC Press Inc., 1995.

[4] Wang E G. *Prog. Mater. Sci.*, 1997, 41:241.

[5] Wang E G. *Adv. Mater.*, 1999, 11:1129.

[6] Xue Q K. *Prog. Surf. Sci.*, 1997, 56:1.

[7] Sun B W, Zhang X P, Zhang Q Z, Lin Z D. *Appl. Phys. Lett.*, 1993, 62:31.

[8] Sun B W, Zhang X P, Lin Z D. *Phys. Rev.* B, 1993, 47:9816.

[9] Sun B W, Zhang X P, Zhang Q Z, Lin Z D. *J. Appl. Phys.*, 1993, 73:4614.

[10] Xu Z, Bai X D, Wang Z L, Wang E G. *J. Am. Chem. Soc.*, 2006, 128:1052.

[11] Xu Z, Bai X D, Wang E G. *Appl. Phys. Lett.* 2006, 88:133107. (Selected in *Virtual J. Nanoscale Sci. & Technol.*, April 11, 2005)

[12] Wang W L, Bai X D, Liu K H, Xu Z, Golberg D, Bando Y, Wang E G. *J. Am. Chem. Soc.*, 2006, 128:6530.

[13] Liu K H, Gao P, Xu Z, Bai X D, Wang E G. *Appl. Phys. Lett.*, 2008, 92:213105.

[14] 王恩哥. 物理学进展, 2003, 23:1.

[15] 王恩哥. 物理学进展, 2003, 23:145.

[16] Wu J, Wang E G, Varga K, Liu B G, Panfelides S T, Zhang Z Y. *Phys. Rev. Lett.*, 2002, 89:146103.

[17] Xu Y Q, Liu B G, Wang E G, Wang D S. *J. Phys.* D: *Appl. Phys.*, 2001, 34:1137.

[18] Liu S J, Huang H C, Woo C H. *Appl. Phys. Lett.*, 2002, 80:3295.

[19] Jiang Y, Kim Y H, Zhang S B, Ebert P, Yang S Y, Tang Z, Wu K H, Wang E G. *Appl. Phys. Lett.*, 2007, 91:181902.

[20] Jiang Y, Wu K H, Tang Z, Ebert P, Wang E G. *Phys. Rev.* B, 2007, 76:35409.

[21] Teng J, Zhang L X, Jiang Y, Guo J D, Guo Q L, Wang E G, Ebert P, Sakurai T, Wu K H. *J. Chem. Phys.*, 2010, 133:014704.

[22] Zhang Y F, Jia J F, Han T Z, Tang Z, Shen Q T, Guo Y, Qiu Z Q, Xue Q K. *Phys. Rev. Lett.*, 2005, 95:096802.

[23] Guo Y, Zhang Y F, Bao X Y, Han T Z, Tang Z, Zhang L X, Zhu W G, Wang E G, Niu Q, Qiu Z Q, Jia J F, Zhao Z X, Xue Q K. *Science*, 2004, 306:1915. (Highlighted as Perspectives in *Science*, 2004, 306:1900)

[24] Ma L Y, Tang L, Guan Z L, He K, An K, Ma X C, Jia J F, Xue Q K, Han Y, Huang S, Liu F. *Phys. Rev. Lett.*, 2006, 97:266102.

[25] Ma X C, Jiang P, Qi Y, Jia J F, Yang Y, Duan W H, Li W X, Bao X H, Zhang S B, Xue Q K. *Proc. Natl. Acad. Sci. USA*, 2007, 104:9204.

[26] Zhang G H, Qin H J, Teng J, Guo J D, Guo Q L, Dai X, Fang Z, Wu K H. *Appl. Phys. Lett.*, 2009, 95:053114.

[27] Chen J, Qin H J, Yang F, Liu J, Guan T, Qu F M, Zhang G H, Shi J R, Xie X C, Yang C L, Wu K H, Li Y Q, Lu L. *Phys. Rev. Lett.*, 2010, 105:176602.

[28] Song C L, Wang Y L, Jiang Y P, Zhang Y, Chang C Z, Wang L L, He K, Chen X, Jia J F, Wang Y Y, Fang Z, Dai X, Xie X C, Qi X L, Zhang S C, Xue Q K, Ma X C. *Appl. Phys. Lett.*, 2010, 97:143118.

[29] Li Y Y, Wang G A, Zhu X G, Liu M H, Ye C, Chen X, Wang Y Y, He K, Wang L L, Ma X C, Zhang H J, Dai X, Fang Z, Xie X C, Liu Y, Qi X L, Jia J F, Zhang S C, Xue Q K. *Adv. Mater.*, 2010, 22:4002.

[30] Zhang Y, He K, Chang C Z, Song C L, Wang L L, Chen X, Jia J F, Fang Z, Dai X, Shan W Y, Shen S Q, Niu Q, Qi X L, Zhang S C, Ma X C, Xue Q K. *Nat. Phys.*, 2010, 6:584.

[31] Cheng P, Song C L, Zhang T, Zhang Y Y, Wang Y L, Jia J F, Wang J, Wang Y Y, Zhu B F, Chen X, Ma X C, He K, Wang L L, Dai X, Fang Z, Xie X C, Qi X L, Liu C X, Zhang S C, Xue Q K. *Phys. Rev. Lett.*, 2010, 105:076801.

[32] Wang D S, Wu R Q, Freeman A J. *Phys. Rev. Lett.*, 1993, 70:869.

[33] Yang J J, Meng S, Xu L F, Wang E G. *Phys. Rev. Lett.*, 2004, 92:146102.

[34] Li C R, Zhang X N, Cao Z X. *Science*, 2005,309:909.

[35]Zhang X N, Li C R, Zhang Z, Cao Z X. *Appl. Phys. Lett.*, 2004, 85:3570.

[36] Li C R, Ji A L, Cao Z X. *Appl. Phys. Lett.*, 2007, 90:164102.

[37] Li C R, Ji A L, Gao L, Cao Z X. *Adv. Mater.*, 2009, 21:4652.

[38] Gao L, Ji A L, Li C R, Cao Z X. *Chinese Sci. Bull.*, 2009, 54, 7:849.

第十七章　计算物理与计算材料科学

计算物理是利用计算机对复杂物理系统开展计算和模拟等研究的新兴学科。“计算机”这个概念已有久远的历史，但能模拟实际物理体系的实用型计算机却是在第二次世界大战期间产生的。功能强大的通用型计算机则产生于出现大规模半导体集成电路的20世纪70年代，从此计算机进入高速发展期。美国洛斯阿拉莫斯实验室于1944年利用当时最强大的计算机进行的原子弹爆炸模拟，被公认为是利用计算机模拟复杂物理体系的第一个重要实例。此后，利用计算机求解复杂物理问题，作为一种方法迅速应用于物理学的众多领域，并推广到材料、化学、生物、医学等学科。计算物理作为一门独立的学科自此基本形成。20世纪80年代初，“计算科学”这个名词开始出现，显示出计算物理对整个科学体系的贡献。计算物理研究范围广泛，包括利用计算机的物理学研究的各个方面。但大多数计算物理的研究是在经过时间检验的正确物理原理的基础上，建立研究对象的物理模型（包括方程和边界、初始条件），利用计算机对这些方程进行求解，由此得出相应的物理结果。此外，也可以通过计算机的计算和模拟来探索一些复杂物理系统的复杂现象。就物理学的研究手段而言，计算物理已经与实验物理和理论物理并列，形成三种科学研究方法。中国已经开展了大量的计算物理研究与教学工作，取得了丰富成果。

物理所与计算机相关的研究工作可以追溯到1972年，当时物理所购买了一台PDP类的Nova计算机（Nova1200），一批研究人员对相关硬件和软件开展了学习与探讨，还利用这台计算机开展了一些科学研究。20世纪70～90年代，随着一批华人学者的归国以及国内一批学者留学归来，物理所的计算物理研究得到长足发展，在基于量子力学的计算研究方面取得了重要成果。在此期间，物理所在计算机设备方面加大投入，1981年引进了IBM370计算机，所内部分实验室也购买了计算机系统，这些对推动物理所计算物理的发展起到了重要作用。

自1998年中科院开展知识创新工程以来，物理所对与计算物理相关的科研投入大幅度增加，更多计算物理方面的学者加入物理所，使计算物理及其相关方面的研究形成较大规模。2002年购买了两台IBMp690超级计算机，2010年购买了一套曙光大型计算机系统，同时相关研究组也相继添置了多种类型的计算机。这个时期，物理所计算物理方面的研究成果无论数量还是质量都有了长足进展。本章中介绍的大部分研究成果都是在此期间完成的。

至2010年底，物理所的计算物理研究主要集中在凝聚态理论与材料计算实验室、表面物理国家重点实验室和光学物理重点实验室。研究方向有第一性原理表面物理计算研究（1980～2010），基于量子力学的原子物理研究（1980～2008），与表面相关的非平衡态动力学研究（1998～2010），功能材料及其物理的第一性原理计算研究（1990～2010），强关联电子系统、拓扑绝缘体及其相关现象和材料的计算研究（2004～2010），以及相关计算方法与软件开发（1980～2010）等。

第一节　表面、表面吸附及其结构

实际的固体材料总是有限的，表面问题总是不可避免。各种器件中普遍使用两种或两种以上的材料，因此界面的研究至关重要。与无限的固体相比，表面与界面具有更大的多样性和复杂性。研究表面原子结构的实验手段多种多样，最直观有效的手段是扫描隧道显微镜（STM）和可以实时监控表面原子结构变化的低能电子显微镜（LEEM）。如果将一个无限的完整单晶固体沿一个平面切成两个半无限固体，其表面原子的环境将变得不均衡，偏离原来的位置，或垂直于表面弛豫，或平行于表面重构（或称再构），由此会产生丰富多彩的表面结构。如果没有重构，表面将继承原来晶体的平移对称性，记为1×1结构；当出现重构以后，就意味着表面对称性的破缺或部分破缺，表面平移对称性就会变成$n \times m$（这里约定：n和m都大于或等于1，但n乘以m等于一个正整数）。研究得最多的金属表面是铜、银、金、铂等表面，研究得最多的半导体表面是硅、锗、砷化镓等具有丰富重构的表面。在上述表面上吸附亚单层（不超过一层）的其他原子或分子，就会得到更加丰富的表面结构。

随着计算机和计算物理的发展，已经可以在基于量子力学的第一性原理计算层面上，研究上述表面结构及其吸附原子和分子系统的原子构型、形成路径和相应势垒，以及相应的电子结构。本节以下内容涉及物理所对表面吸附的电子结构、受限条件下水的复杂形态、金属诱导的半导体重构和半导体表面上的纳米结构的研究。

一、表面相互作用与吸附理论

王鼎盛在1979～1981年旅美期间，曾研究过具有严格二维平移周期的表面电子态。他回国后在1984～1990年致力于研究平移周期性已显著降低了的亚单层吸附系统。王鼎盛等与王宁合作提出了jellium/slab模型[1]，得到了亚单层吸附时表面电子态能量随覆盖度变化的正确关系，以及各种碱金属与不同的过渡金属基片的相互作用规律。这组研究工作在1996年获得中科院自然科学二等奖。

二、受限条件下水的复杂形态

水在自然界和生命体中的形态一直是备受关注的课题。冰作为水的固态形式，极其广泛地存在于人类的生态圈中，发挥着不可替代的重要作用。冰表面不同于冰体内的性质，目前对冰表面的研究还处于非常初始的阶段，甚至对冰的表面结构这个最基本的问题仍然不十分清楚。

王恩哥等提出在受限系统中寻找冰的新相。他们通过第一性原理总能计算和分子动力学模拟，在二氧化硅表面找到了一种新的二维冰结构，并将它命名为镶嵌冰。他们进一步阐明这种冰可以在室温下稳定存在，这是首次预言在表面上的一种完全不同于体结构的新冰[2]。这项成果引起了国际同行的兴趣，荷、美科学家小组设计了专门实验，用高分辨光学共振谱证实了他们预言的室温下表面上的单层冰。他们在表面水膜中发现强、弱两种不同的氢键网络，建立了一个双氢键模型，并证明了它的普遍性[3]。他们还在分子层次上提出了一个分析表面亲疏水能力的物理公式，该公式与实验规律相符合。

王恩哥等与英国伦敦大学A. 米歇利德斯（Michaelides）合作，利用密度泛函理论，从原子尺度上系统研究冰相Ih/XI的体内和（0001）表面性质。他们发现在72K时体内可能出现的有序–无序相变在表面上将不会出现，即直到预融化之前，冰相Ih的（0001）表面将一直保持一个较有序的状态。他们首次定义了一个确定冰表面结构的与表面悬挂氢数目有关的新序参量[4]。利用这个新的序参量，他们成功解释了冰表面吸附/脱附及预融化等重要现象。

三、金属诱导的半导体表面再构的“普适电子计数模型”理论

表面再构是表面物理研究中的基础问题之一。20世纪90年代初，王恩哥在法国开始研究金属原子吸附诱导的半导体表面再构，回国后他继续在这方面开展深入研究。2006年，王恩哥等从第一性原理出发，证实金属原子起到一个电子库的作用，即当表面再构需要添加额外的电子时，这个库能提供电子；而当表面再构需要去掉多余的电子时，这个库能把多余的电子吸纳。在此基础上，他们提出“普适电子计数模型”理论，为深入探索复杂表面形成规律奠定了基础[5]。

四、硅表面纳米结构的第一性原理研究

王建涛、王恩哥、王鼎盛等通过第一性原理计算，系统地研究了半导体硅（001）表面上铋锡纳米线的结构稳定性以及形成“5-7-5双核奇数环”结构的动力学过程，提出了“动态双原子扭曲辅助的纳米线自组装”形成机理，揭示了表面吸附原子和硅表面双空位线缺陷之间的反应机制。研究发现，当Bi_2在硅表面扩散时，一旦被表面线缺陷捕获，在垂直于线缺陷的方向将存在一定的应力，导致硅表面3层原子的局域重构，通过表面2、3层硅原子间的旋转而形成“5-7-5双核奇数环”结构[6]。

王建涛、王恩哥、王鼎盛等利用从头算法，分析了V族元素四聚物Sb_4和Bi_4在硅（001）表面的结构稳定性和分解扩散路径，提出了“两步双重分段旋转”分解新机制。研究发现，与一步直接分解机制相比，两步分段分解机制具有较低的反应势垒，在分解反应过程中表面吸附铋原子和表面硅原子之间键的破坏最少。该成果被《科技导报》选为2006年中国重大科学进展的30项工作之一[7]。

王建涛、王恩哥等通过第一性原理计算，首次揭开了硅表面幻数锰原子团簇的自组装机理。这项研究的一个重要发现是证实了锰在硅（001）面上形成一种由幻数原子团簇组成的线性链。造成这种特殊结构的原因是，由于沿着锰纳米线生长方向存在一定的应力，它使表面槽上的2个锰原子形成“类双原子变形”结构，而在硅表面上的1个锰原子被挤压到表面原子层内，形成了具有3个原子为周期的幻数锰原子团簇纳米线。这些结果为在半导体硅表面上制备磁性纳米结构提供了理论依据，对理解硅表面重构及有关物性具有科学意义[8]。

第二节 非平衡态动力学现象

非平衡态动力学现象研究是物理学的主要组成部分之一，这种现象在各种器件中也普遍存在。非平衡态动力学现象研究涉及物理学的各个分支，这一节介绍物理所计算物理所涉及的领域，即表面生长原子动力学、强各向异性纳米磁体系统的自旋动力学、半导体重构相变过程中的纳米相动力学。

一、发现并证实表面原子运动的一些新规律

通过扫描隧道显微镜（STM）实验研究，可以在原子水平上确定表面结构，这使表面原子动力学及生长形貌的动力学蒙特卡罗（KMC）模拟可以与实验相互印证，促进了相关原子动力学的模拟研究。对于很多系统，表面上的原子过程可以简化为有限的几种最基本因素，即原子扩散系数、原子之间结合能等。这样，实际的生长动力学可以通过简单的模型来模拟，利用为数不多的参数就可以进行与实验可比的模拟研究。

王恩哥、刘邦贵等提出了反应限制集聚理论（RLA），用以揭示表面活性剂作用下外延生长过程中的原子成核规律。RLA理论已在多个系统中被实验证明，它已同经典的扩散限制集聚理论一起成为研究生长初期原子成核的基本理论之一[9]。他们率先开始纳米结构稳定性的研究，建立了扩散通道决定退化过程的物理模型，并得到了STM实验的证明[10]。他们提出了原子扩散对称破缺模型，证明原子边角扩散势垒的竞争结果最终决定原子岛的形状，对这一争论了十年的问题给出了合理解答[11]。这些工作与相关的实验工作共同获得国家自然科学二等奖1项（2004）和省部级科技奖3项。

王恩哥等用KMC方法模拟了金属表面原子向上运动并证明了它的普适性，在这个方向做出了一系列工作[12,13]。2002年，美国M.G.拉加利（Lagally）等在*Nature*的*News and Views*专栏以《薄膜的攀岩者》(*Thin-Film Cliffhanger*)

为题，评论他们的工作称："使人们最终研究清楚了在薄膜或晶体生长中，原子从一层翻跃到另一层的微观机理。"美国K.费希特霍恩（Fichthorn）和德国M.舍夫勒（Scheffler）在*Nature*的*News and Views*专栏以*A Step up to Self-Assembly*为题评论他们的发现，称这是"向自组织生长迈进了一步"。王恩哥等还开发了基于第一性原理的KMC方法。

二、强各向异性纳米磁体的动力学磁性

纳米磁体已经用于磁存储，将来可能实现与现代半导体技术相结合的磁信息运算与处理等。根据统计物理基本原理，典型纳米系统在无有利外力作用的情况下，应该没有热力学平衡下的铁磁长程序。但实验显示，在铂表面的钴单原子自旋链于低温下表现出明显的铁磁性，颗粒尺寸约10纳米的磁记录材料可以在室温条件下保持磁信息达10年之久。这就要求发展合适的非平衡动力学理论和方法来描述这种纳米系统的动力学特性。强各向异性纳米磁体系统的磁矩可以有很长的寿命，但其磁性又与块体磁性不同，需要合适的理论来研究。

刘邦贵等提出一个适用于热激发起主导作用的自旋动力学蒙特卡罗（DMC）方法，并将该方法用于研究铂表面的钴单原子自旋链、复合自旋链等系统的非平衡态动力学磁性。通过模拟研究发现，铂表面的钴单原子自旋链的磁性，是一种纳米体系所特有的非平衡态动力学纳米铁磁性。这类复合自旋链系统的注入自旋极化电流，可以有效影响甚至控制固定自旋的磁化[14,15]。该方法对具有较强磁各向异性的纳米磁体系统具有很好的实用性，磁矩尺度可以小到几个玻尔磁子，也可以大到数千个玻尔磁子。他们又将Landau-Zener量子自旋隧穿效应纳入到DMC模拟框架中，得到一个包括经典和量子效应混合的DMC模拟方法。他们将这个方法应用于典型的Mn_{12}单分子磁体系统，首次得到不同温度和扫场率下与实验可比的模拟磁化曲线[16]。这个方法适用于具有较强单轴磁各向异性和量子自旋隧穿的纳米磁体系统，包括单分子磁体系统。

三、半导体表面重构相变的纳米相结构动力学

硅(111)-7×7重构表面发现于1959年，其结构模型完成于1985年。该重构表面相在1125 K时通过表面相变回归为1×1相。现代低能电子显微镜（LEEM）的运用，使实时观测依赖于时间的表面相变过程成为可能。自2000年以来的LEEM实验显示，7×7纳米岛的面积衰减呈线性行为，衰减率基本上是由其初始岛面积决定的常数，这与通常的想象相去甚远。刘邦贵等提出用一个双速相场模型来描述这个半导体重构表面及其相变动力学现象，其相场模拟结果与LEEM实验完全一致，从而解释了相关的实验现象[17]。他们还将这种方法应用于其他的典型半导体重构相变和外延生长动力学模拟研究，并解释了相关实验现象。

第三节　功能材料及其物理

各种功能材料及其组合构成了各式各样器件的心脏。在物理所计算物理研究的范畴内，主要研究基本磁性物理、非线性光学晶体及其物理、与自旋电子学相关的磁性材料及其物理。以下主要介绍对这些方面的第一性原理研究。

一、磁性物理的第一性原理计算研究

磁各向异性主要有两个来源，即源于磁偶极相互作用的形状因素及源于相对论的自旋轨道耦合。前者相对来说比较清楚，后者的作用和影响要复杂得多，特别是在表面和界面处。但表面和界面处的磁各向异性特性对相关器件的性能却有着重要的影响。20世纪90年代初王鼎盛访美期间，与合作者一起实现了对自旋轨道耦合效应引起的表面磁各向异性的第一性原理计算，提出了从电子态层次说明表面磁各向异性的原子对（有效配位作用）模型[18]。

最典型的简单铁磁材料只有最近邻自旋耦合，其磁交换常数可以只有一个，并且在单个原子上的自旋值是固定的。但大多数实际磁性材料中，自旋之间的耦合远没有这么简单，并且自旋值也可能不是一个固定值。王鼎盛和周玉美等在20世纪90年代末，致力于研究具有相互竞争的高阶交换作用的磁性体，给出了它们的高阶交换作用常数和磁相变点（奈尔点）的第一性原理计算结果[19]。

二、非线性光学晶体的第一性原理计算研究

在无机非线性光学晶体的研究上，中国因发现硼酸盐系列晶体（BBO、LBO、CBO等）而享有国际盛誉。但在20世纪90年代前仅有基于有限团簇的量子化学的计算研究，它与实际的晶体相去甚远，误差较大，因而

在对其光学非线性产生的物理机理的认识上有严重分歧。王鼎盛和顾宗权等发展了基于电子能带算法的晶体非线性光学性质的计算方法，对复杂、实用的硼酸盐系列非线性光学晶体的电子结构和光学性质作出了正确分析[20]。这项研究中，王鼎盛等与中科院软件所孙家昶研究组协同攻关，发展了矩阵特征值并行算法。该工作和其他并行算法研究共同获得2000年国家科技进步二等奖。

三、与半导体相容的高自旋极化率铁磁材料的计算研究与设计

计算机硬盘的容量一直在高速增长，这也引发了人们进一步探索自旋电子学材料和器件的兴趣。现代半导体技术的巨大成功，更使得探索半导体自旋电子学材料和器件具有巨大的吸引力。刘邦贵等从2002年开始进行与半导体相容的高自旋极化率铁磁材料的第一性原理计算研究与设计。他们通过第一性原理研究，发现了闪锌矿结构的CrSb等具有半金属（half-metal）性[21]。他们通过系统的第一性原理总能和电子结构计算，发现CrTe、CrSe和VTe具有典型的半金属性和较好的结构稳定性，预测了9个纤锌矿结构的半金属铁磁体[22]，弄清了这类材料的半金属性的形成机理，还提出了一个实用稀磁半导体TB理论。他们关于CrTe的计算研究成果直接促成了闪锌矿CrTe相的实验合成。

国际上有几个实验研究组都发现，在氮化铝（AlN）和氮化镓（GaN）中掺入铬和锰等过渡金属，可以得到具有很高居里温度的稀磁半导体。考虑到实验研究的困难，在第一性原理层面上研究这些材料的结构和磁性机理就变得很有吸引力。刘邦贵等通过研究发现，在AlN中规则掺入铬和锰可得到很好的半金属材料，还理清了氮化物磁性半导体中的磁性原子和空位的相互作用及对其铁磁性的贡献[23]。通过元素替代、化合价和键长调控，他们还设计出较稳定的、具有高自旋极化率的新型铁磁性晶体材料。

四、界面电阻的计算研究

决定体系的电子输运性质的是体散射和界面散射两方面。在金属多层膜中发现巨磁电阻效应以来，理论与实验争论的一个焦点是巨磁电阻产生的根源，各类唯象理论很难确定其根源究竟是体散射还是界面散射。夏钶等利用新发展出的散射矩阵理论程序包（基于LMTO-ASA）处理了该问题，认为不同金属的布洛赫波函数的匹配对界面电阻起主导作用，而界面处的缺陷作用与具体的材料有关，有可能降低或增高界面电阻。他们所得到的钴－铜界面电阻理论计算结果，与已有实验测量在数值上吻合[24]。

为进一步验证对这一问题的理解，2003～2009年夏钶等与美国密歇根州立大学的J.拜斯（Bass）长期合作并进行了一系列的双盲研究。双方首先确定实验上可以生长的金属界面，在不知道对方结果的情况下，理论计算与实验测量各自单独进行，最后同时告知界面电阻数值。一系列的双盲对比很成功，对于晶格匹配的金属间界面，理论计算的界面电阻通常在实验测量的误差范围以内，仅极个别的误差在30%；而对与晶格不匹配的界面，误差通常在50%左右甚至更高，其原因是理论上和实验上很难得到界面处的准确原子排列[25]。

五、自旋转矩的计算

传统上对自旋的操作是通过磁场来实现的，但磁场无法被屏蔽在一个小的区域内，随着电子元件尺度的减小，通过磁场操作自旋的缺点将进一步表现出来，因此通过电流对自旋进行操作是未来信息技术的发展方向。与磁矩对传导电子的自旋相关散射相对应，自旋极化的传导电子也将对局域磁矩产生一个扭矩。自2005年，夏钶等发展了一套计算非共线磁结构的自旋转矩的方法。整个体系的散射态波函数通过与电极中布洛赫波函数匹配的边界条件求得。他们利用求出的散射态波函数，计算整个体系的自旋转矩。在此基础上，他们探索研究了反铁磁合金材料中的弹道自旋输运问题，提出原子自旋极化率这一概念，即没有宏观磁矩的反铁磁材料也能被电流在原子尺度上自旋极化。正是由于存在这种原子尺度上的极化，在一个完全补偿的反铁磁自旋阀和反铁磁畴壁中仍然得到了很强的自旋转矩。研究表明，反铁磁材料中自旋转矩的大小与铁磁材料比较接近，但衰减却比铁磁材料慢。通过动力学模拟，他们发现反铁磁材料中的自旋转矩同样能推动反铁磁的畴壁运动，而且由于反铁磁材料的退磁场几乎为零，所以磁矩更容易受自旋转矩的控制，实现相对较低的临界电流[26]。

第四节 电子关联、多自由度耦合及相关材料

随着固体物理研究的不断深入，电子关联、多自由度

耦合及其作用问题正越来越多地被揭示出来。反常霍尔效应与正常霍尔效应之所以不同，是由于多种因素综合作用的结果。在过渡金属氧化物中，对其丰富物性起关键作用的因素，是体系中的轨道自由度及其与电荷、自旋、晶格自由度的相互耦合。铁基超导与铜氧化物高温超导有着类似的特性，其中的电子关联、自旋、轨道等的耦合起到重要作用。自旋霍尔效应及其反效应都是通过电子自旋与轨道的耦合而产生的普遍效应。量子自旋霍尔效应和拓扑绝缘体是新近才被发现的，其中守恒量和拓扑性质起到了关键作用。拓扑绝缘体是由固体波函数的拓扑性质决定的，它与时间反演不变操作和贝里（Berry）相位直接相关。量子化的自旋霍尔效应可以在二维拓扑绝缘体的边缘态中实现。

贝里相位在反常霍尔效应、自旋霍尔效应、拓扑绝缘体等的理论研究中有着极为重要的地位，它是由周期性结构材料的布洛赫波函数在动量空间中的几何拓扑性质决定的。在破坏时间反演对称性的磁性材料中，它成功解释了反常霍尔效应、反常能斯特效应、量子霍尔效应等。在保持时间反演对称性的体系中，可以用它来解释内禀的自旋霍尔效应。

一、反常霍尔效应的第一性原理计算研究

反常霍尔效应是与正常霍尔效应同期发现的。实验发现，它正比于材料的磁化强度，由起源于相对论的自旋-轨道耦合决定，但其最重要的理论进展是近期通过贝里相位理论实现的。2003年方忠与日本永长直人（Nagaosa Naoto）等合作[27]，2004年王恩哥、王鼎盛等与美国得克萨斯大学的牛谦等合作[28]，分别发展了精确计算反常霍尔电导率的第一性原理计算方法。他们通过综合分析阐明了反常霍尔效应的物理机制，其定量结果显示了反常霍尔效应中基于贝里相位的内禀部分的重要性。因为该部分成果以及关于过渡金属氧化物中自旋轨道物理的研究成果，方忠获得2008年国际理论物理中心奖（ICTP Prize）。

二、多自由度耦合材料的物性研究

在高对称的立方钙钛矿结构中，多个轨道的能量简并会导致轨道的量子涨落，从而导致系统的基态具有某种特定的自旋和轨道的量子有序态。另一方面，过渡金属氧化物中强的电-声耦合，又可能导致系统中出现Jahn-Teller（JT）结构畸变。这些JT畸变会消除系统中轨道简并性，压制轨道量子涨落，导致与结构一致的静态轨道有序态的出现。这种量子轨道涨落与JT轨道物理间的竞争，是对多种t2g过渡金属氧化物中奇异物性的争论焦点。2004年，方忠等利用自己发展的第一性原理计算方法，对YVO_3和$LaVO_3$体系中的轨道物理进行了详细研究。结果指出，在YVO_3和$LaVO_3$中起主要作用的是系统中的JT结构畸变，而不是量子轨道涨落。这些JT畸变会导致系统的基态具有各种特定的自旋和轨道有序态，从而可以很好地解释各种实验中观察到的奇异物性，如自旋波中的能隙等[29]。他们又研究了$Ca_{2-x}Sr_xRuO_4$中的轨道物理，提出了通过调控轨道自由度而获得的物性相图[30]。

三、铁基超导材料的物性研究

2008年初，方忠、戴希等通过第一性原理计算，详细研究了LaOMAs (M=V~Cu) 系列材料的电子结构和磁性相图，计算得到的电子结构与后来的角分辨光电子能谱（ARPES）测量结果在定性上基本一致。他们还分析了洪德耦合在LaOMnAs、范托夫奇点导致的斯通纳不稳定性在LaOCoAs中的作用，解释了相应磁性基态形成的原因，指出铁（镍）基超导母体处于磁不稳定性边缘的事实[31]。他们预言了铁基超导材料母体中的自旋密度波（SDW）态，并指出其超导电性与磁不稳定性间的关系，该SDW态已成为铁基超导机理研究领域的基本出发点之一[32]。他们还提出了可能的轨道配对机制[33]，通过LDA-Guzwiller方法研究了关联效应对其电子结构的影响，并指出洪德耦合的重要性[34]。

四、自旋霍尔效应的第一性原理研究

与电荷输运中的反常霍尔效应一样，自旋输运中的霍尔效应也存在内禀和外在两种机制的争论。内禀自旋霍尔效应也是来源于动量空间波函数的贝里相位。2005年，方忠和姚裕贵利用第一性原理计算，研究了硅、砷化镓等半导体和钨、金等简单金属的内禀自旋霍尔效应，发现内禀自旋霍尔效应随着载流子、杂质散射强度等的变化有复杂的符号变化，这进一步反映了动量空间中自旋贝里曲率的复杂分布和磁单极子奇异点的存在。而外在自旋霍尔效应在弱散射下主要由造成斜（skew）散射的散射势形式决定，不会随着载流子、散射势强度的变化而发生符号的改变，所以该项研究在区分自旋霍尔效应的内禀和外在机制的贡献上有重要意义[35]。

2006年，戴希、方忠、姚裕贵和张富春合作，运用Luttinger模型哈密顿量研究了p型砷化镓量子阱中内禀自旋霍尔效应随Rashba自旋－轨道耦合强度和空穴掺杂浓度的变化情况，发现当费米面落在轻重空穴带交叉点附近时，会有共振形式的内禀自旋霍尔电导率，这有助于区别外在机制引起的自旋霍尔效应。该项工作还给出了相应的量子阱参数可以供实验制备和实现[36]。

五、拓扑绝缘体材料的第一性原理研究

传统意义上的材料可分为“金属”和“绝缘体”两大类，而拓扑绝缘体介于这两大类材料之间，是一种新的量子物态，无论对理论还是应用都具有重要意义。2009年，方忠、戴希等首次通过第一性原理计算，预言了Bi_2Se_3、Bi_2Te_3和Sb_2Te_3是三维强拓扑绝缘体，它们都具有简单的狄拉克锥形拓扑非平庸的表面态。它们的体能隙都很大，尤其是Bi_2Se_3有0.3电子伏，远高于室温，为拓扑绝缘体的实际应用提供了材料基础[37]。这一系列三维强拓扑绝缘体因此被称为新一代拓扑绝缘体。该成果入选2010年度中国科学十大进展。

2010年，方忠、戴希等从理论上预言了在Bi_2Se_3、Bi_2Te_3、Sb_2Te_3等三维强拓扑绝缘体的薄膜中通过掺杂过渡金属元素（铬或铁）可以实现量子化的反常霍尔效应。在这一体系中无须外加磁场，也无须相应的朗道能级，在适当的杂质掺杂浓度和温度下就可以观察到量子化的霍尔效应。这一发现为低能量耗散的新型电子器件设计指出了一个新的发展方向[38]。

第五节　相关计算方法与软件开发

无论是第一性原理计算，还是各类模拟研究，其计算方法的发展都是极为重要的。物理所在基于密度泛函理论的物性计算、平衡和非平衡蒙特卡罗模拟、相场模拟以及相关程序和软件的开发等方面做了大量工作，取得了重要进展。部分涉及计算方法及其程序、软件方面的内容已经融入本章上面诸节，本节介绍BSTATE程序包、LDA－Guzwiller方法发展、贝里曲率及拓扑物性的计算方法发展三个方面的工作。

一、BSTATE程序包

2003年以来，方忠等发展了大型并行化第一性原理计算的BSTATE (Beijing Simulation Tool for Atom Technology)程序包，使得不依赖于国外软件的第一性原理计算在国内成为可能。该程序包基于平面波赝势的基本构架，采用了多种新型方法进行有效组织，使之非常适合于研究大型复杂体系及关联电子系统，成为国际相关领域中为数不多的能够处理强关联体系的程序包之一。

二、LDA-Guzwiller方法发展

方忠等开创性地将Gutzwiller变分方法(GVA)和密度泛函理论结合起来，实现了LDA－Gutzwiller方法。该方法提高了LDA方法处理强关联体系的精度，同时对弱关联体系的处理也可以回到LDA的结果。此外，该方法的精度可以和LDA－DMFT（动力学平均场理论）方法相比拟，而其在计算速度上又远优于LDA－DMFT[39]。

三、贝里曲率及拓扑物性的计算方法发展

由于自旋－轨道效应的存在，在晶体的倒空间（动量空间）中普遍存在着由于贝里曲率导致的标度场，而此标度场又会导致许多新奇量子效应的出现，如反常霍尔效应、自旋霍尔效应、拓扑绝缘体等。方忠等发展了系统的贝里曲率计算方法及拓扑物性计算方法，并在BSTATE程序包中实现[40]。

第六节　计算机硬件与系统

进入21世纪以后，高性能计算几乎涉及物理学的所有分支，在物理所，相关的学科包括材料、纳米、磁学、表面、光学、高压乃至软物质等众多学科。正因为计算物理具有的重要作用，2002年物理所购买了两台IBM p690超级计算机（e-Server，如图）。IBM p690在当时为IBM

IBM p690超级计算机

高端产品，具体配置有64颗IBM Power4 CPU、128G内存以及1000G磁盘阵列，两台计算机由高速交换机相连。

自2003初IBM p690开始运行以来，该机发挥了重要作用，几乎是满负荷全时运行，完成了大量的研究工作。在此基础上，物理所于2005年成立了量子模拟科学中心。该中心集中了一批人才，为全所的计算机模拟工作服务并开展合作研究。到2010年，这两台IBM计算机已经安全满负荷运行7年。尽管计算机本身运行正常，但其计算能力已经落后于计算机领域的迅速发展，满足不了科学计算的需求，因而在2010年使其退役，代之以一套大型曙光计算机系统。

参考文献

[1] Wang N, Chen K L, Wang D S. *Phys. Rev. Lett.*, 1986, 56:2759.

[2] Yang J J, Meng S, Xu L F, Wang E G. *Phys. Rev. Lett.*, 2004, 92:146102.

[3] Meng S, Xu L F, Wang E G, Gao S W. *Phys. Rev. Lett.*, 2002, 89:176104.

[4] Pan D, Liu L M, Tribello G A, Slater B, Michaelides A, Wang E G. *Phys. Rev. Lett.*, 2008, 101:155703.

[5] Zhang L X, Wang E G, Xue Q K, Zhang S B, Zhang Z Y. Phys. Rev. Lett., 2006, 97:126103.

[6] Wang J T, Wang E G, Wang D S, Mizuseki H, Kawazoe Y, Naitoh M, Nishigaki S. *Phys. Rev. Lett.*, 2005, 94:226103.

[7] Wang J T, Chen C F, Wang E G, Wang D S, Mizuseki H, Kawazoe Y. *Phys. Rev. Lett.*, 2006, 97:046103.

[8] Wang J T, Chen C F, Wang E G, Kawazoe Y. *Phys. Rev. Lett.*, 2010, 105:116102.

[9] Liu B G, Wu J, Wang E G, Zhang Z Y. *Phys. Rev. Lett.*, 1999, 83:1195.

[10] Li M Z, Wendelken J F, Liu B G, Wang E G, Zhang Z Y. *Phys. Rev. Lett.*, 2001, 86:2345.

[11] Wu J, Wang E G, Varga K, Liu B G, Pantelides S T, Zhang Z Y. *Phys. Rev. Lett.*, 2002, 89:146103.

[12] Zhu W G, Mongeot F B de, Valbusa U, Wang E G, Zhang Z Y. *Phys. Rev. Lett.*, 2004, 92:106102.

[13] Mongeot F B de, Zhu W G, Molle A, Buzio R, Boragno C, Valbusa U, Wang E G, Zhang Z Y. *Phys. Rev. Lett.*, 2003, 91:016102.

[14] Li Y, Liu B G. *Phys. Rev.* B, 2006, 73:174418.

[15] Li Y, Liu B G. *Phys. Rev. Lett.*, 2006, 96:217201.

[16] Liu G B, Liu B G. *Phys. Rev.* B, 2010, 82:134410.

[17] Xu Y C, Liu B G. *Phys. Rev. Lett.*, 2008, 100:056103.

[18] Wang D S, Wu R Q, Freeman A J. *J. Magn. Magn. Mater.*, 1994, 129:237.

[19] Zhou Y M, Wang D S, Kawazoe Y. *Phys. Rev.* B, 1999, 59:8387.

[20] Duan C G, Li J, Gu Z Q, Wang D S. *Phys. Rev.* B, 1999, 60:9435.

[21] Liu B G. *Phys. Rev.* B, 2003, 67:172411.

[22] Xie W H, Xu Y Q, Liu B G, Pettifor D G. *Phys. Rev. Lett.*, 2003, 91:037204.

[23] Shi L J, Zhu L F, Zhao Y H, Liu B G. *Phys. Rev.* B, 2008, 78:195206.

[24] Xu P X, Xia K, Zwierzycki M, Talanana M, Kelly P J. *Phys. Rev.* Lett., 2006, 96:176602.

[25] Sharma A, Theodoropoulou N, Wang S, Xia K, Pratt W P Jr, Bass J. *J. Appl. Phys.*, 2009, 105:123920.

[26] Xu Y, Wang S, Xia K. *Phys. Rev. Lett.*, 2008, 100:226602.

[27] Fang Z, Nagaosa N, Takahashi K S, Asamitsu A, Mathieu R, Ogasawara T, Yamada H, Kawasaki M, Tokura Y, Terakura K. *Science*, 2003, 302:92.

[28] Yao Y G, Kleinman L, MacDonald A H, Sinova J, Jungwirth T, Wang D S, Wang E G, Niu Q. *Phys. Rev. Lett.*, 2004, 92:037204.

[29] Fang Z, Nagaosa N. *Phys. Rev. Lett.*, 2004, 93:176404.

[30] Fang Z, Nagaosa N, Terakura K. *Phys. Rev.* B, 2004, 69:045116.

[31] Xu G, Ming W, Yao Y, Dai X, Zhang S C, Fang Z. *Europhys. Lett.*, 2008, 82:67002.

[32] Dong J, Zhang H J, Xu G, Li Z, Li G, Hu W Z, Wu D, Chen G F, Dai X, Luo J L, Fang Z, Wang N L. *Europhys. Lett.*, 2008, 83:27006.

[33] Dai X, Fang Z, Zhou Y, Zhang F C. *Phys. Rev. Lett.*, 2008, 101:057008.

[34] Wang G T, Qian Y M, Xu G, Dai X, Fang Z. *Phys. Rev. Lett.*, 2010, 104:047002.

[35] Yao Y G, Fang Z. *Phys. Rev. Lett.*, 2005, 95:156601.

[36] Dai X, Fang Z, Yao Y G, Zhang F C. *Phys. Rev. Lett.*, 2006, 96:086802.

[37] Zhang H J, Liu C X, Qi X L, Dai X, Fang Z, Zhang S C. *Nat. Phys.*, 2009, 5:438.

[38] Yu R, Zhang W, Zhang H J, Zhang S C, Dai X, Fang Z. *Science*, 2010, 329:61.

[39] Deng X Y, Dai X, Fang Z. *Europhys. Lett.*, 2008, 83:37008.

[40] Yao Y G, Ye F, Qi X L, Zhang S C, Fang Z. *Phys. Rev.* B, 2007, 75:041401.

第十八章　固体离子学、电池物理、太阳能材料与器件

本章内容包括20世纪80年代初期在物理所开始的固体离子学与电池物理研究及21世纪初开展的太阳能材料与器件研究两部分。

第一节　固体离子学与电池物理

1981年7月固体离子学研究室（十五室）成立。1984年物理所撤销研究室建制，该室改为固体离子学研究组；2002年并入新成立的纳米物理与器件实验室，编为N02组；2009年划归新成立的清洁能源实验室，编为E01组。1996年前负责人是陈立泉，1996年后负责人为黄学杰。

固体离子学室一成立就确定了发展目标：3年内在国内立足，6年内在国际上有一席之地，最终成为国际一流水平研究室。1986年6月亚洲固体离子学会成立，陈立泉被推选为副主席，这标志着该实验室固体离子学研究成果受到国际同行的认可。

固体离子学研究组研究固体电解质、锂电池及锂离子电池已有30年，在该领域享有较高的国际声誉。从1991年开始研究锂离子电池及相关材料起，固体离子学研究组主持并承担了中科院“八五”重点项目锂离子电池（1991～1995），科技部863计划和973计划项目，如863计划课题新型正极材料的研究（2001～2005）、纳米负极材料的研究与开发（2003～2005）、高功率锂离子电池及其管理模块（2002～2005），973计划课题绿色能源材料的基础研究（2003～2007），以及国家发改委新材料产业化示范工程、军用973项目和预研项目高比能电池（2000～2004）。1994～2000年先后两次承担福特－中国发展基金项目车用锂离子电池材料研究，多次承担国家自然科学基金委的研究课题等。研究成果“圆柱形锂离子电池研究及中试技术”曾获中科院科技进步二等奖，因发现液氮温区氧化物高温超导材料曾获中科院科技进步特等奖和国家自然科学一等奖。陈立泉2003年获何梁何利科学与技术进步奖，2007年获国际电池材料协会终生成就奖。黄学杰获求是杰出青年奖。已发表SCI论文200余篇，他引超过3000次，其中一篇论文曾获ISI经典引文奖；曾作过30余次国际会议邀请报告；已申请50余项专利，30多项获得授权，部分授权专利已转移到工业界。该研究组一直坚持研究人员和研究生由具有物理、化学和材料三个学科背景的人员组成，实现学科交叉、融合，截至2010年有中国工程院院士1人、研究员5人、副研究员2人、技术岗位5人，学生50余人。在锂离子电池、固体离子学研究方面，整体装备水平处于国内外先进水平。

一、固体离子学研究

固体离子学主要研究凝聚态物质中离子和电子的输运现象及其在离子器件中的应用，早期研究传导一价阳离子（Li^+、H^+、Na^+、Ag^+、Cu^+）的晶态快离子导体如锗酸锌锂和硅钒酸锂。研究内容逐渐扩展，除晶态材料外还研究非晶态和聚合物，既研究体材料又研究薄膜材料，既研究氧化物又研究硫化物，应用目标是锂二次电池。对氧离子和质子传导材料及其在固体氧化物燃料电池、质子膜燃料电池和清洁能源中的应用作过较多研究，对与离子传导相关的传感器和电致变色器件也作过少量研究。

由于能源问题日益受到国内外广泛关注，研究目标逐渐聚焦到锂电池及相关材料，陈立泉曾经主持并承担中科院“六五”的锂离子导体、“七五”的固态锂充电电池等重点课题，主持并承担“七五”国家863计划高技

术储能材料专题锂二次电池及相关材料，主要研究混合相聚合物电解质和钒氧化物正极材料以及在聚合物锂电池中的应用。

从1993年底开始，固体离子学研究组与中科院、政府机关和企业单位接触，宣传锂离子电池国内外的研究进展和重要性，竭力争取经费支持，尽早开展锂离子电池产业化研究。经过多方面努力，于1994年找到合作伙伴，由企业出资金并派人到物理所与科研人员一起开始锂离子电池产业化研究。1996年研制出A型锂离子电池并通过鉴定，完成了研发合同。其后，又先后与其他公司合作实现了锂离子电池产业化。

在锂离子电池实现产业化以后，应用研究主要集中在高能量、高功率、长寿命、高安全性、宽温度范围的高性能锂离子电池材料研制与产业化。自2001年起一直参与国家863计划电动汽车重大项目动力锂电池的研究，北京奥运会与上海世博会均有他们参与制造的星恒动力锂电池电动汽车提供交通服务。

除上述研究内容外，其他研究方向还有：

1. 纳米材料中以离子和电子传导为重点的纳米离子学和离子输运，材料表面、界面和体相晶体结构对电子结构的影响，功能纳米材料（纳米颗粒、纳米线、纳米管、纳米薄膜和人工纳米结构）的可控制备、表征和物理性质与电化学特性以及新储锂机制、储锂过程的热力学与动力学等研究。承担的国家级重点项目研究内容包括：磷酸盐材料离子电子输运行为的研究，纳米合金、纳米碳管、纳米孔硬碳球储锂特性，纳米氧化物、氟化物和硫化物在异相嵌锂和脱锂过程中物相、微结构和表面结构的变化，不同类型的纳米颗粒与液体电解质溶液或聚合物电解质的相互作用，储锂材料的表面纳米包覆层对体材料相变和电化学性能的影响，新型室温熔盐电解质和固体电解质的研究，长寿命储能型锂离子电池的研究，稀土纳米氧化物中氧离子的传导特性等。

2. 计算材料学研究。从2000年开始，陈立泉与凝聚态理论与材料计算实验室王鼎盛合作，开展对储能材料的第一性原理计算和分子动力学研究，逐步发展与二次电池材料相关的计算材料学。

3. 固体氧化物燃料电池和清洁能源研究。陈立泉早在1980年中科院组织召开的第一次能源会议上，就介绍了固体氧化物燃料电池（SOFC），其后两次参与主持与燃料电池相关的香山科学会议。由于SOFC的应用前景在当时不太明朗，因而把主要精力放在国家更急需的锂电池方向，但并未放弃对SOFC的研究。1997～2000年黄学杰等研究过离子、电子空间分布可控材料$La_{0.9}Sr_{0.1}InO_{3-x}$，并验证了具有独创性质的单层燃料电池概念。2003年后着重研究CeO_2的离子导电性和纳微结构花状CeO_2空心微球的制备和催化性能。通过第一性原理计算与实验相结合，研究了掺杂CeO_2的原子、电子结构以及掺杂对氧离子和电子输运性质的影响。

4. 下一代二次电池（储能电池和动力电池以及特殊应用要求的电池）基础研究，如室温钠离子电池、锂硫电池、锂空气电池、全固态电池等。

此外，还应特别指出固体离子学室在物理所氧化物高温超导体研究中的重大贡献（参见第十一章“超导物理、材料和应用”）。

二、锂离子电池研究

锂离子电池是利用锂离子在正负极之间来回脱嵌获得电流的电池，其正负极均采用具有自由脱嵌锂离子功能的层状或隧道结构的活性材料。

（一）硅基负极材料的研究

硅基负极材料具有高比容量、储量丰富、环境友好等特点，成为锂离子负极材料研究的热点，有望替代已商业化使用的石墨负极。研究组1999年在国际上首次报道硅纳米颗粒及纳米线在室温具有1700毫安・时/克和900毫安・时/克的可逆比容量（图1）[1]，发现循环过程中巨大的体积形变、界面反应、纳米

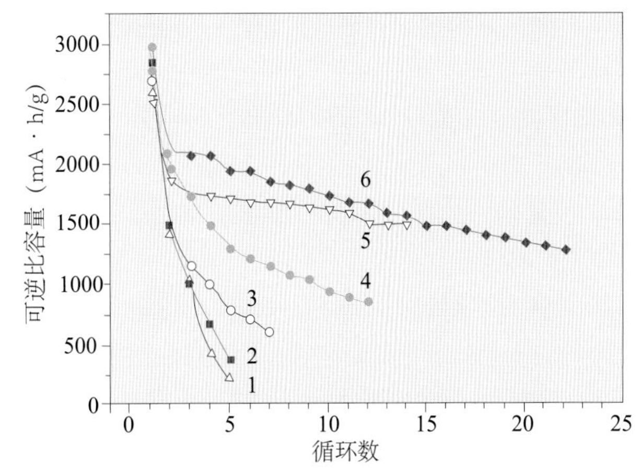

图1 锂离子电池硅负极循环性比较

电池：Si/ 1 *M* $LiPF_6$, EC-DEC (1:1)/Li

曲线5的电流密度为0.8mA/cm², 其他曲线为0.1 mA/cm²

1 微米硅/炭黑(4:4), 0.0～0.8V 2 微米硅/炭黑(4:4),0.0～2.0 V

3 纳米硅/炭黑(4:4), 0.0～2.0V 4 纳米硅/炭黑(9:1), 0.0～0.8 V

5 纳米硅/炭黑(4:4), 0.0～0.8 V 6 纳米硅/炭黑(4:4), 0.0～0.8 V

颗粒的团聚等现象，这些问题阻碍了其产业化进程。因此，该组又深入研究了硅负极的界面反应、体积膨胀、裂纹演化、电化学团聚，并提出纳米硅碳元宵结构复合材料的设想，该材料可逆比容量为950毫安·时/克，200周后比容量保持在70%，有效改善了首周效率和循环性[2]。通过在硅颗粒表面沉积银颗粒，使银促进生成的固体电解质（SEI）膜起到了导电网络和缓冲体的作用，从而提高了硅的电化学循环性[3]。相关材料已获专利授权，为后续产业化提供了有力支撑。

（二）正负极层状材料的研究

$LiCoO_2$是商品化锂离子电池的主要正极材料，具有电化学性能稳定、易于合成等优点。它的理论比容量为274毫安·时/克，但其实际使用的比容量仅介于130～150毫安·时/克之间。为了能够更多利用锂离子，研究组对$LiCoO_2$表面包覆进行研究，发现表面包覆能够提高这种材料的容量和稳定性，并且发现材料表面能够生成固体电解质（SEI）膜[4]，进一步利用原位X射线衍射技术研究了$LiCoO_2$在宽电位范围的结构演变[5]。

材料$LiCrO_2$与$LiCoO_2$的结构类似，且元素铬具有多个价态（+3、+4、+6），存在多电子反应的可能，因此受到了一定的关注。研究组制备了$LiCrO_2$正极材料，发现这种材料在微米尺度没有电化学活性，但在纳米尺度下表现出电化学活性。在此基础上，利用球差校正的透射电镜技术和硬、软X射线吸收谱，并结合第一性原理计算，研究了$LiCrO_2$在脱嵌锂过程中的结构演变，发现这种材料在第一周循环以后出现了大量的Li−Cr互占位。这种互占位极有可能阻碍锂在材料中的扩散，导致材料的电化学性能变差。

以Li_2MnO_3稳定的富锂相层状材料是国际上研究的另一个热点，它可以达到250毫安·时/克或更高的比容量，但由于这类材料存在类超晶格结构且包含多种阳离子，晶体结构复杂，对其在电化学过程中的反应机理尚不十分清楚。研究组对这类材料的母体材料Li_2MnO_3进行了研究，利用第一性原理计算和第一性原理分子动力学，系统研究了Li_2MnO_3的基本结构、原子混排、基本电化学物性、析出氧气的可能性和锂的扩散动力学，并利用球差校正的透射电镜技术和硬、软X射线吸收谱，研究了Li_2MnO_3材料在不同脱锂态的原子结构和锰、氧等元素的电子结构，提出了氧参与电荷转移的可能性。在此研究基础上，对Li_2MnO_3进行了掺杂改性，通过掺杂钼、镍等元素显著提高了材料的比容量和循环稳定性。

此外，研究组还研究了尖晶石材料$LiNi_{0.5}Mn_{1.5}O_4$和$Li_4Ti_5O_{12}$，氟化硫酸盐$LiFeSO_4F$，锂离子电池负极材料过渡金属氧化物SnO、硅、硬碳球、聚合物包覆等。

（三）橄榄石结构磷酸盐正极材料的研究

橄榄石结构的磷酸铁锂（$LiFePO_4$）是一种重要的锂离子电池正极材料，它具有廉价、无毒、安全性良好等优点，被认为是第二代电动汽车的电池正极。但磷酸铁锂本身的离子电导率和电子电导率均较低，且需要较高的合成温度，从而提高了使用成本，这些缺点限制了它的产业化进程。研究组从2003年开始在国内首先研究磷酸铁锂的材料改性和脱嵌锂机理问题，并取得了一系列成果。通过第一性原理计算，证明了铬掺杂可以大幅提高磷酸铁锂的电子电导率[6]。2004年与国际上另外两个研究组同时在理论上预测了磷酸铁锂的一维锂离子传输通道，这一理论已经得到实验支持并被同行广泛认可[7]。在实验上对磷酸铁锂的合成进行了探索，提出使用氟化锂作为前驱体合成磷酸铁锂的新方法，该法可以降低磷酸铁锂的合成温度，从而减少合成过程的能耗[8]。2005年首次提出对磷酸铁锂进行铁位掺杂，以提高其倍率性能[9]，更新了人们对于磷酸铁锂掺杂的认识。同时，他们还展开了对磷酸铁锂固溶体的探索[10]，通过与国外一些研究组合作，研究了磷酸铁锂的脱嵌锂动力学。

利用相关手段探讨了锂离子传输的动力学机制。利用球差校正的透射电镜技术（STEM），研究了铌掺杂$LiFePO_4$中阶的形成和可能迁移机制：在晶格中垂直于b方向，沿ac平面移动；进一步结合第一性原理计算，通过构建不同的$LiFePO_4$脱锂态模型（两相、混排和n阶），发现阶是一种热力学亚稳态，两相分离是热力学基态；进一步的研究证明，这种热力学亚稳态的阶在动力学上的传输是有力的，更本质的原因是由于脱锂后Fe^{3+}的存在导致的Fe−O八面体扭曲，进而影响了锂空位最近邻的锂离子的输运动力学，但基本不影响次近邻的输运过程。

在$LiMPO_4$（M = Fe、Ni、Co）的研究方面，与德国H. 博伊森（Boysen）合作，利用变温中子衍射技术研究了锂离子在晶格结构中的扩散动力学。在800℃时，锂离子的扩散活化能分别为：$LiFePO_4$，0.42电子伏；$LiNiPO_4$，0.5～1.0电子伏；$LiCoPO_4$，1.7电子伏。进一步的研究显示，活化能与材料的合成温度有依赖关系。

三、固体氧化物燃料电池研究

（一）花状氧化铈（CeO_2）微球制备

研究组发展了一种新方法，在水热条件下成功地组装了单分散的、具有花状形貌和微纳结构的空心CeO_2微球。该微球平均直径在2～3微米，由20～30纳米厚的纳米层作为花瓣，交织构成开放的三维多孔结构。该材料具有高的比表面积（92.2米^2/克）、大的孔体积（0.17厘米^3/克）和显著的水热稳定性，并且易于掺杂，可以很好地分散负载的第二相，在掺杂后仍能保持其多孔结构。它兼有介孔材料和中空球的特性，作为催化剂载体显示出特有的优势。结合多种化学和物理的表征手段，研究了CeO_2微球的控制因素、反应机制，以及形貌、物相和组成随时间的变化，讨论了其生长过程，提出了一个可能的形成机制，即同时聚合－沉淀反应、形貌重构和矿化机制。

（二）乙醇制氢

研究了负载CuO、NiO的花状CeO_2微球催化剂用于乙醇水蒸气重整制氢的反应活性和水热稳定性。作为乙醇的水蒸气重整催化剂，花状结构的CeO_2–Cu催化剂在300℃下H_2的选择性达到最大值74.9 mol%，而CO的选择性降到气相色谱的检测极限之下。在300～500℃的温度范围内产生了富H_2的气体混合物，在550℃的温度下运行60小时，乙醇的转化率和几种产物的选择性没有明显的变化，表明催化剂具有优异的水热稳定性，这对于氢燃料电池使用的乙醇重整器来说是一个好的选择。

（三）CO氧化

负载金的花状CeO_2微球催化剂，在室温下对CO气体的转化率高达80%，在200℃以上几乎转化完全，表明这一氧化反应是一个有效的低温转化过程。

（四）碳基低温固体氧化物燃料电池研究

通过第一性原理计算了掺杂CeO_2的原子、电子结构以及掺杂对氧空位生成能的影响；计算了CO在CeO_2不同晶面吸附的特异性，金属原子铜、银、金在CeO_2不同晶面吸附的特点；基本实现了掺杂、负载以及共负载花状CeO_2基催化材料的可控制备；研究了系列催化剂在CO氧化、CH_4重整、乙醇重整、氧气还原反应方面的催化特性，并对氧空位、可变价元素、纳米晶粒尺寸对产物选择性的影响有了进一步的认识，发现研制的催化剂在上述反应中显示出优异的催化活性。研究了积碳及其抑制方法；研究了钐掺杂花状CeO_2以及新型阴极材料$Ba_{1-z}Co_{0.7-x}Fe_{0.2+x}Nb_{0.1}O_{3-\delta}$（$z=0\sim0.1$，$x=0\sim0.3$, BCFN），后者在1000℃以下不与GDC（钆掺杂CeO_2）发生反应。以BCFN作阴极、GDC作电解质构建的阳极支撑的单电池，用H_2作燃料气，空气作氧化剂，在600、650℃下电池最大输出功率分别达到744、1010毫瓦/厘米^2，电池界面电阻分别为0.083、0.050欧·厘米^2。研究发现掺入第二相氧化物Li_2O后CeO_2电解质烧结温度可降低至800℃；制备的电解质片在600℃下电导率达到0.015西/厘米，相对密度达到95%以上。

（五）单层固体氧化物燃料电池研究

研究了掺杂$LaInO_3$氧化物的结构和电化学性质，发现$La_{0.9}Sr_{0.1}InO_{3-x}$在不同氧分压下表现出不同的电导机制，在高氧分压下表现为空穴和离子的混合导体，在低氧分压下表现为电子和离子的混合导体，而在中间氧分压下以离子导体为主，即$La_{0.9}Sr_{0.1}InO_{3-x}$随氧分压的变化表现为一种氧的浓度梯度材料。其电导性质说明它可用来制造出单层燃料电池：如果一片$La_{0.9}Sr_{0.1}InO_{3-x}$的一边是$H_2$，靠氢气侧自然形成阳极。另一边是$O_2$，靠氧气侧自然形成阴极。片层中部是氧离子传导的电解质层。将$La_{0.9}Sr_{0.1}InO_{3-x}$应用于实际的单层燃料电池，用$H_2$(92mol%Ar)作燃料气，用空气作氧化气，在800℃下，最大短路电流密度为12毫安/厘米^2，最大功率密度3毫瓦/厘米^2。

四、锂离子电池的产业化

物理所是1987年启动的国家863计划锂二次电池专题的主持和承担单位，陈立泉作为专题负责人主持了专题研究计划的制订和实施以及11个子课题研究的协调。该计划在聚合物电解质、电极材料和电池的设计、制作方面取得了丰富的成果，为其后中国锂离子电池的研究、开发和产业化群体的形成，在知识、技术和人才方面都奠定了坚实的基础。

陈立泉等在国内最早开展锂离子电池研制，通过与企业合作，依靠自己的技术，建成电池实验线，在国内首次研制成功A型锂离子电池，并于1996年初通过了中科院鉴定，电池性能达到国际先进水平。

为了探索出一条适合中国国情的将实验室成果转化为生产力的有效途径，与企业合作，依靠物理所的专有技术，以国产设备和国产原材料为主，于1998年12月建成了国内第一条年产20万只18650型锂离子电池中试生产线，电池成品率和各项性能处于国际先进水平，解决了批量生产锂离子电池的各种科学问题、技术问题和工程问题。黄学杰等积极参与锂离子电池公司的组建，实现了锂离子电池的产业化，推出NP2000广播级摄像机专用锂离子电池。1999年8月，物理所、成都地奥集团等五个单位，成立北京星恒电源有限公司，注册资金1000万元，2000年公司增资扩股，注册资本5000万元，物理所占40%，在北京建成生产基地（一期）。2001年启动动力电池中试项目、电解液项目和负极材料项目；2002～2003年建成锂离子动力电池中试线；2003年建成改性锰酸锂正极材料中试线，电解液技术转让给上海图尔实业有限公司生产，完成燃料电池混合轿车用高功率锂离子电池及其管理模块研制等。

2003年成立苏州星恒电源有限公司（简称星恒公司），开始了车用动力电池的产业化进程。星恒公司主营业务是大容量、高功率型锂离子动力电池的生产及销售，产品主要应用在电动自行车、照明设备、医疗设备、电动工具等领域。该公司是国内动力锂电池产品线投资规模最大的企业，产能为3600万安·时/年。其大容量（10安·时电池）、高功率（7.5安·时）锂离子电池，在2004年11月顺利通过美国UL认证，为中国的动力锂电池进军海外市场打下基础。星恒公司是欧洲三大电动自行车电池供应商之一，是国内第一个轨道交通车辆锂离子电池供应商。物理所近15年的技术储备及国家多年来通过863计划、973计划、发改委等项目的支持，给星恒公司打下了坚实的技术基础。研发上的持续投入、国际技术交流、高端技术人才的引进，使星恒公司在核心技术上始终与国际接轨，并把多项国内外自主知识产权的技术专利应用于锂电池产品、生产工艺上。星恒公司基础研究基地设在物理所，拥有一支十多年来一直承担国家863计划等高科技项目的研发队伍。公司拥有物理所锂充电技术的使用和经营权，产品研发基地和工程部设在苏州，已具备日产9000万安·时的产能。

2010年，由苏州星恒电源有限公司和上海燃料电池汽车动力系统有限公司合资成立上海恒动汽车电池有限公司，具备年产2万套电动汽车电池组的能力。

第二节　太阳能材料与器件

太阳能是一种“取之不尽、用之不竭”的清洁能源。太阳能的利用主要包括光热转换、光电转换和光化学能转换三种形式。如何高效利用清洁的太阳能来应对能源危机和环境压力，如何巧妙控制光子来传递信息，不仅蕴含着重大的基础科学问题，也是关系到人类社会可持续发展的战略问题。

2002年孟庆波从日本回国加入物理所，开展太阳能材料与器件方面的研究。早期的研究主要是固体电解质敏化太阳能电池方面的工作。2004年成立独立的研究组，为纳米材料与器件实验室N06组，研究方向拓展为新型薄膜太阳能电池材料与器件、太阳能光分解水催化材料和光催化分解水制氢评价装置，以及胶体光子晶体自组装及机理研究。2009年，研究组调入清洁能源实验室，编为E02组。在原有研究方向基础上，开展太阳能光电转换（新型薄膜太阳能电池应用基础研究、分色聚焦太阳能电池系统的集成与评价、光伏智能微网的设计与关键技术研发）、光热转换（传热面结垢、阻垢机理研究及应用）、光催化材料与性能（太阳光分解水制氢、光降解）及胶体光子晶体自组装及机理研究。

2002～2010年，研究组主持并承担了“十五”“十一五”国家863计划高技术新材料专题（固态纳晶太阳能电池）、国家973计划基础研究子课题和国家自然科学基金项目等。研究成果已发表100余篇SCI文章，论文被引用2000余次；应邀作国际和国内会议邀请报告50余次；获授权国家发明专利25项。已培养博士研究生16名、硕士研究生5名（含2名联合培养）。基于上述工作，孟庆波于2005年“百人计划”结题获得优秀奖，2007年获得了国家杰出青年基金。

一、敏化太阳能电池研究

敏化太阳能电池是一种高效廉价的薄膜太阳能电池。吸附敏化剂的多孔半导体光阳极、电解质和对电极是这种电池的三个不可分割的组成部分。2002～2010年，孟庆波研究组在敏化太阳能电池各组成部分新材料的合成与器件的制备方面做了大量研究[11,12]。根据结构分类，主要的研究进展如下：

（一）电解质研究

电解质在电池中的主要作用是对染料正离子的还原

再生及电池内部的空穴传输。2002年孟庆波就全面开展了染料敏化太阳能电池（DSC）电解质方面的研究，最初的研究主要集中在基于无机p型半导体CuI的全固态DSC上。CuI为性能优异的p型半导体材料，但在器件制备过程中CuI会形成微米级的晶粒，无法有效进入纳米多孔膜中，导致电池的效率非常低。通过引入离子液体，抑制CuI在器件制备过程中的结晶速度，提高电池中纳米结构电极材料与固体电解质的界面接触性能，同时结合光阳极的表面改性，有效提高了电池的光电转换效率，电池效率由0.4%提高到3.8%，获得了当时此类电池的最高转换效率[13]。该工作获得1项日本授权专利。工作发表后，得到了染料敏化太阳能电池创始人瑞士联邦工学院M.格雷策尔（Grätzel）的好评，该论文已被引用近200次。

为进一步提高固体电解质太阳能电池的效率，开展了新型固体电解质材料的合成。2004年，孟庆波与陈立泉合作，在国际上首次合成了碘化锂-三羟基丙腈加成化合物。这种加成化合物具有三维碘离子迁移通道，为首个单碘离子导体。将其应用于固体DSC中，电池效率达到5.48%[14]。在此工作基础上，他们设计并制备了系列碘化锂加成化合物（准）固体电解质，发展了环境友好的LiI/乙醇/纳米SiO_2复合电解质。为了进一步降低电池材料的成本，2006年他们发展了原位合成方法，制备出系列成本低廉、环境友好的AlI_3电解质[15]，采用AlI_3/乙醇/聚乙二醇固体复合电解质的电池效率已超过6%。

为了解决含碘电解质对大多数金属腐蚀和对可见光吸收的问题，研究组于2008年开展了非碘氧化还原电对方面的研究。他们合成出系列含硫有机化合物氧化还原电对（TMTU/$[TMFDS]^{2+}$），并将此电对用于DSC的电解液中。采用碳材料为对电极，电池效率已经达到4.5%[16]。此种新型氧化还原电对可避免常规含碘电解质对金属强腐蚀性的缺点，对于常见的铝、铜和不锈钢金属衬底无腐蚀作用，可显著降低电池的成本。当用于柔性金属衬底背入射的DSC中，可避免电解质吸光带来的效率损失。

（二）新颖非铂对电极研究

敏化太阳能电池对电极的作用主要是收集外电路的电子，并催化还原电解液中的氧化态物质。DSC中最常用的对电极是铂/掺氟氧化锡（FTO）电极，铂对I^-/I_3^-等氧化还原电对具有很高的催化活性和较低的过电位。然而铂毕竟是贵金属材料，昂贵的价格会限制其在电池大规模生产中的应用，FTO玻璃基底也存在一定的局限性，如成本较高、面电阻较大以及运输中易碎等，开发高效非铂对电极是对电极领域研究的重要方向。

从2006年开始，孟庆波研究组在国内率先开展新型非铂对电极的研究。他们与陈立泉、李泓等合作首次将廉价易得的硬碳球应用到对电极中[17]，替代贵金属铂，达到了与铂对电极电池效率相当的水平，这种电极具有可大面积应用和降低电池成本的优点。该工作发表后引起了同行的广泛关注，文章已被引用150余次。2009年进一步将柔性石墨纸引入到对电极中，代替FTO导电玻璃，首次制备了全碳的柔性对电极。2010年开发了导电聚合物柔性对电极，电池效率达到7.4%，并对电极表面的电化学行为进行了系统研究。

（三）DSC光阳极的制备与优化

在特殊结构光阳极的制备方面，也做出了一些有意义的成果。为了实现柔性光阳极的低温制备，研究组发展了一种具有自主知识产权的溶胶涂覆化学后处理技术，在室温下成功制备了以柔性导电聚合物为衬底的光阳极，所制备的全柔性ZnO基DSC效率达到了3.8%[18]。在光阳极薄膜修饰方面，发展了一种简单丝网印刷方法在导电玻璃与纳晶多孔膜之间制备较薄的致密底层，能够起到抑制暗反应、减少暗电流、有效抑制电荷复合作用，大幅度提高了DSC的光电转换效率。

（四）量子点敏化太阳能电池

进一步提高电池效率和降低成本，关键在于如何发展宽吸光范围、高消光系数和稳定性好的低成本敏化剂。无机半导体量子点（QDs）诸如CdS、CdSe、PbS、InP、$CuInS_2$、Cu-In-Se等，具有能带可调、光吸收范围宽、吸光系数大、稳定性好等优点，而且还表现出很强的量子限域效应，其带隙大小与量子点的颗粒尺寸相关，即可通过调节量子点的颗粒大小来调节带隙的宽窄，是一类理想的可见光捕获剂。研究发现，纳米半导体量子点材料具有优越的与光相互作用的特性，可产生多激子效应，即当其受高能光子撞击时释放电子的数量是吸收光子数量的两倍以上。这意味着光电转化效率能够得到大幅度的提高，量子点太阳能电池理论效率可高达44%。并且纳米量子点可以通过简单的化学反应得以实现，其材料价格将非常低廉，可望使太阳能发电的成本与煤发电的成本相抗衡。将量子点用作敏化剂形成量子点敏化太阳能电池，不但电池的稳定性显著提高，而且成本低廉，是敏化太阳能电池的重要发展方向。

从2007年开始，研究组在量子点敏化太阳能电池方面做了一系列创新性的研究结果。通过系统优化基于TiO_2纳米粒子光阳极的孔隙率、孔径尺寸和比表面积，采用化学浴沉积方法将CdS和CdSe量子点沉积在光阳极上，可有效提高光捕获效率和电子收集效率，电子收集效率达到了95%，电池光电转换效率接近5%，为当时此类电池的最高效率。

采用新型的碳材料等作替代材料，取代基于铜片的Cu_2S对电极，如选取石墨纸或导电石墨与Cu_2S纳米颗粒作为对电极复合材料，获得了接近4%的光电转换效率。在此基础上，发展了系列新型的碳与硫化物（Cu_2S、PbS、$CuInS_2$等）复合对电极，不仅显著提高了电池稳定性，并且首次制备了量子点敏化太阳能电池模块；发展了超级水凝胶电解质，率先获得了基于准固体电解质的量子点敏化太阳能电池，其效率超过4%。

（五）掺氟氧化锡透明导电薄膜制备及指标评价

掺氟氧化锡（FTO）是DSC广泛使用的导电透明材料，但至今没有实现柔性化，关键在于无法解决FTO高温制备与柔性基底不耐高温的矛盾。研究组发展了一种转移法，解决了上述技术难题，并自主设计开发了超声喷雾热解系统，获得了高质量FTO/PET（聚对苯二甲酸乙二醇酯）柔性透明导电材料，其导电性能、抗弯折能力等指标均优于商品ITO/PET（ITO为掺铟氧化锡），且成本只有国外同性能相似产品（ITO/PET）售价的2%[19]。在自行研制FTO导电薄膜的同时，提出了一个评价DSC中FTO玻璃性能的新指标M_{TC}，该指标与DSC效率成正比，可以指导DSC电池中最重要材料FTO玻璃的筛选，对于DSC产业化、节约成本、提高电池性价比具有指导意义。

在上述工作的基础上，研究组进一步发展了“电极逆向制备法”来制备柔性光阳极，打破了传统的先有导电基底材料、再制备多孔半导体薄膜光阳极的常规制备模式。利用此法制备的柔性电池效率与玻璃基板上的电池效率相当，这为发展全柔性敏化太阳能电池提供了关键技术。

（六）DSC模块设计、制备工艺和技术的研究、发展和优化

电池模块性能的提高和制备工艺的优化是DSC实现产业化的关键所在。提高电池模块性能不仅要优化电池的关键材料，提高制备工艺水平，还必须对模块内部电池单元的连接方式进行研究和优化。传统电池模块内部的连接方式可以分为并联、串联模式。二者各有优缺点。并联方式制备工艺比较简单，但会产生较大的电流，热损耗较大，而串联方式制备工艺复杂，不易实现电流匹配，会造成额外的能量损失，模块效率普遍不高，且封装后电池稳定性差。孟庆波等发展了一种数值模拟方法，

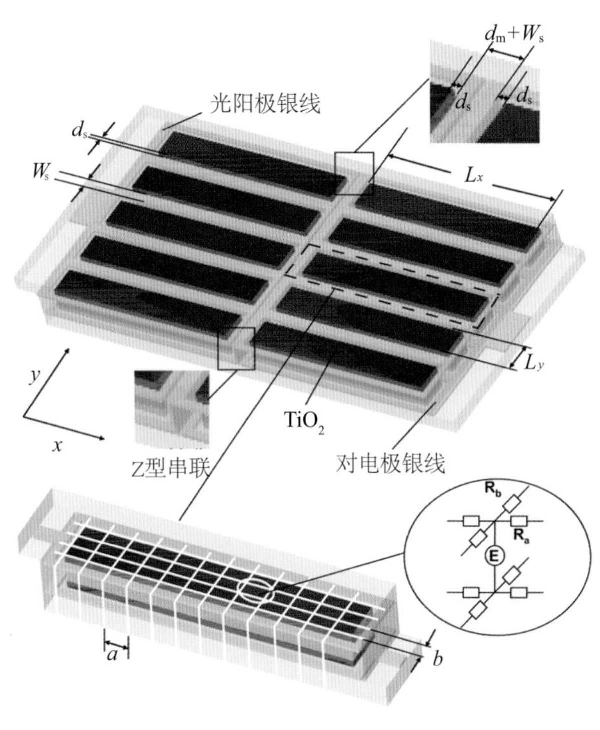

a DSC模块的结构域网格划分

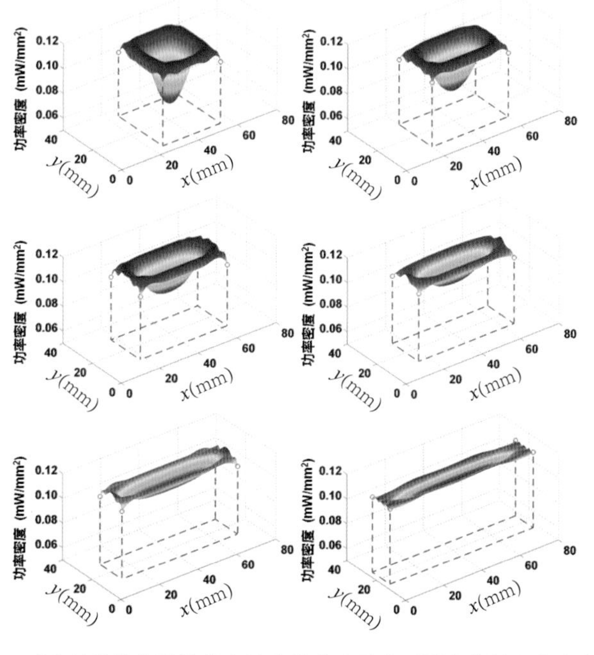

b 对应几种结构设计的电池电流分布及焦耳损失能量密度分布

图2 DSC模块能量损耗机制

研究了不同结构、不同工作状态下DSC模块的能量损耗机制，首次阐明能量损失由焦耳损失和不同步损失两部分组成（图2）。根据这一新机制，基于最高效率小面积电池（11.1%），设计了具有自主知识产权的电池模块，模块理论效率可达10.57%。此项工作对其他类型太阳能电池的模块设计和制备同样具有指导意义。

二、新型衍射光学器件设计、制备及分色聚焦太阳能电池的集成与评价

提高太阳能电池转换效率和降低成本是促进太阳能电池广泛应用的关键，而获得高效太阳能电池的一个重要途径是发展多结太阳能电池，即采用不同带隙的太阳能电池去吸收太阳光谱中不同波段的能量。与串联多结太阳能电池相比，并联多结太阳能电池采用光学系统实现分色聚焦，优点在于电池单元独立制备与工作，电池材料的选择空间较大、集成方案灵活。这种并联多结电池的核心是分色元件，而广泛使用的分色聚焦光学系统结构复杂，成本高，因而不利于大规模应用。

基于物理所在衍射光学方面长期的工作积累，杨国桢与孟庆波等在杨–顾算法基础上引进新的设计方法，设计并加工了同时具有高效率分色和聚焦功能的单一衍射光学元件（图3）。这种分色聚焦方案与传统的相比，可以根据最佳性能电池和能够达到全光谱吸收总体最高转换效率的电池组合进行优化设计，光学系统简单紧凑，且可通过现代微加工和复制技术进行批量生产，使成本大大降低，从而为高效率太阳能电池的广泛应用提供了一种廉价的制备途径。而且所设计的分色聚焦光学系统，不仅可以与传统的太阳能电池相配合，还能够和新型太阳能电池协同优化设计，加速了并联多结太阳能电池系统的集成及应用步伐。

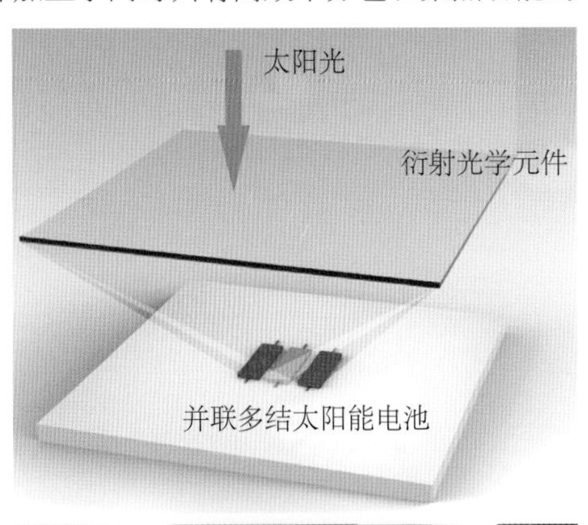

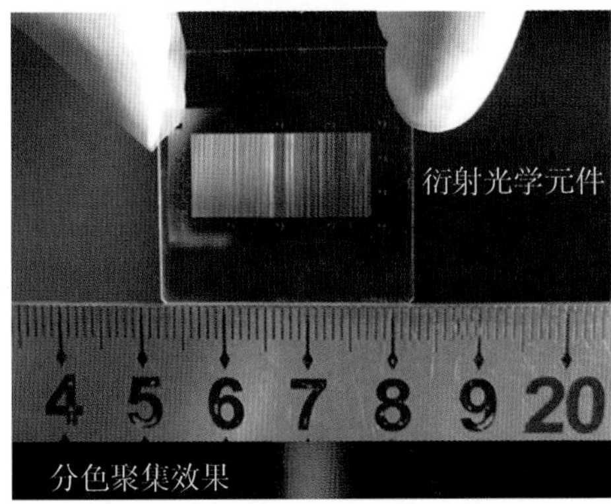

图3　基于单一衍射光学元件的分色聚焦方案和原型器件及实际分色效果

三、光谱响应谱仪的研制

光谱响应是表征太阳能电池性能的重要参数之一，它是指输出到外电路的电子数与入射单色光子数之比，即光电量子效率（IPCE）。IPCE值越高，表明太阳能电池对太阳光的利用更充分，因此IPCE的正确和准确测量是非常重要的。太阳能电池的种类非常多，它们的工作原理各不相同，因此它们某些特性（如响应速度）的差别很大。为了获得正确和有用的信息，在进行IPCE测量时，必须根据电池的种类和特点选择合适的测量方法、测量条件及相应的测量装置。

美国测量与材料标准协会曾给出一种测量IPCE的标准程序及实验设备，该标准采用的是交流法测量输出的电流。交流法具有信噪比高的优点，即使信号的幅值很小也可以得到比较精确的测量结果，但交流法主要适用于电流响应速度快的太阳能电池，如硅系太阳能电池和薄膜太阳能电池等的测量。对于电流响应速度较慢的敏化和有机/无机杂化等新型太阳能电池，由于电池的电容特性比较显著，使用交流法时常会产生较大的测量误差。针对上述问题，研究组从2007年开始自主研制IPCE测试系统（图4），并在2010年研制成功。该系统集成了直流、交流和准

图4　自主研发的太阳能电池IPCE测试系统

交流三种IPCE测量方法，与传统的交流法所采用的配件相比，自主研制的IPCE谱仪做了全新的改进，实现了非常低频率下（小于3赫）交流信号的测量。此IPCE谱仪可进行光电流时间响应曲线的测量，同时还配置了光强可调的偏置光源，可实现不同光照条件下太阳能电池光电响应特性的测量。设计编写的虚拟仪器软件实现了数据的自动处理和实时显示。该系统可普遍适用于包括硅基太阳能电池、染料敏化太阳能电池、有机太阳能电池等在内的各种太阳能电池的IPCE及光电流时间响应的测量，这方面的研究已经申请国家发明专利，并获得授权。利用自主研制的IPCE测量系统，研究组利用不同的测量方法和光照条件，对染料敏化太阳能电池IPCE测量结果的影响进行了系统研究，通过分析测量误差，最终给出了正确测量染料敏化太阳能电池IPCE的方法和参数设置条件[20]。该工作发表后，受到了国内外同行的广泛关注。

四、太阳能光热方面工作

太阳能热水器是利用太阳光能将水从低温加热到高温，以满足人们日常生活、生产需要，是太阳能热利用的重要方式，但占据国内95%市场份额的真空管式太阳能热水器在使用过程中存在一个难以避免的问题——结垢。水垢危害性极大，可严重影响水的温度和质量，而且结垢会导致热效率降低、循环量减少、金属内壁腐蚀、传感器失灵、使用寿命降低等问题。孟庆波等系统地研究了动静态体系中水垢沉积规律，并通过理论分析热水器水垢的生长状况，提出新阻垢机理并研究了不同方式对阻垢效果的影响，为研发阻垢热水器提供了理论基础。

五、智能光伏微网的设计与关键技术研发

分布式光伏发电已逐渐成为光伏应用的主流，实现分布式光伏发电和可靠性供电的关键在于智能微网的发展。近年来，孟庆波研究组致力于小型光伏智能微网的设计和关键技术的研发，重点研究了清洁能源智能微网关键控制参数选取和设置的科学问题，探索新的智能微网系统集成技术和系统管理方案。

六、胶体光子晶体自组装及机理研究

光子晶体是由两种或两种以上具有不同介电常数的材料，在空间周期性排列而形成的一种人造晶体。由于介质对光的布拉格衍射作用，使得光子晶体存在着若干个电磁波不能通过的频率范围，称为光子带隙。上述性质使光子晶体具有独特的调节光传播和分布的功能，从而使其在制造光开关、滤波器、发光二极管、激光器、光波导及光纤等光子器件，以及光子芯片和光通信领域，具有广泛的应用前景。另一方面，作为一种周期性多孔结构的胶体光子晶体，在化学、材料等领域也有广泛的应用，如可用作催化剂载体、太阳能电池光阳极、吸附介质、光催化剂等。

高质量光子晶体的制备一直都是光子晶体最重要的研究领域之一。自组装方法在制备晶格常数在亚微米量级大面积的光子晶体及复合结构光子晶体等方面具有显著优势，胶体小球自组装是一种制备三维光子晶体的简便、低成本的方法。孟庆波研究组提出了一种控压等温加热垂直生长法，也称双参数法，即体系中气体的总压强和温度可分别独立控制。此法通过同时调节生长环境中的压强和温度，在保持近沸腾状态下，使生长速率在大范围内可精确调节至最佳并得到稳定的控制，在极大缩短生长时间的同时，能使生长温度降低至接近室温。此法突破了之前自组装法对胶体小球材料、粒径和晶体质量要求严格的局限性。另外，2000年孟庆波就发现了不同粒径粒子的协同自组装效应，提出了协同自组装法。此法通过胶体小球和纳米粒子的协同自组装，可一步制备反蛋白石，即模板的制备与填充同时完成。该法比传统的模板填充法更简便，且晶体质量显著提高。利用此方法成功制备出高质量、大面积单晶结构的二氧化硅和二氧化钛反蛋白石，但此法制备样品需要数天的时间。基于前期发展的二参数方法，孟庆波等引入第三个控制参数——特征红外光，发展了红外辅助的快速协同自组装方法，也称作三参数法，即体系内的气体总压强、温度、特征红外光强度，可分别独立控制[21]。此法利用水对特征红外光强烈吸收的特性，升高液体表层温度而不改变生长环境的体相条件，极大增强了蒸发诱导的毛细流和小球的有效输运，使小球在自组装过程中形成高度有序的结构。它不但适合制备单元结构的反蛋白石结构，还非常容易制备高质量的多尺度有序的多孔膜结构。此法将复合结构的胶体光子晶体的生长时间，由数小时缩短至30分钟内，这是多尺度有序多孔膜走向大规模应用过程中的重要一步。

为了进一步系统研究三维胶体光子晶体的自组装机

理，孟庆波研究组自主设计并开发了控温、控压下胶体光子晶体自组装实时观测装置，利用该装置精确控制胶体晶体的生长条件并对蒸发诱导的自组装过程进行了系统的实时研究，提出液流中粒子的传输过程由液体的动力学性质决定，液体的动力学性质可以通过雷诺数来进行分析。同时还开发了一套高信噪比微区光谱测量系统，首次将该系统应用于研究一元及复合胶体光子晶体蒸发诱导自组装的动力学过程，并提出了相应的生长机制。这套实时反射谱测量系统是表征胶体晶体生长结构和光学性质之间联系的强有力工具，所发现的缺陷产生机制对于调控胶体晶体生长条件并获得高质量大面积晶体具有指导意义。

参考文献

[1] Li H, Huang X J, Chen L Q, Wu Z G, Liang Y. *Electrochem. Solid-State Lett.*, 1999, 2(11):547−549.

[2] Li H, Wang Z X, Chen L Q, Huang X J. *Adv. Mater.*, 2009, 21:4593−4607.

[3] Wu X D, Wang Z X, Chen L Q, Huang X J. *Electrochem. Commun.* 2003, 5:935−939

[4] Wang Z X, Wu C A, Liu L J, Wu F, Chen L Q, Huang X J. *J. Electrochem. Soc.*, 2002, 149(4):A466−A471.

[5] Liu L J, Chen L Q, Huang X J, Yang X Q, Yoon W S, Lee H S, McBreen J. *J. Electrochem. Soc.*, 2004, 151(9):A1344−A1351.

[6] Shi S Q, Liu L J, Ouyang C Y, Wang D S, Wang Z X, Chen L Q, Huang J. *Phys. Rev.* B, 2003, 68 (19):195108.

[7] Ouyang C Y, Shi S Q, Wang Z X, Huang X J, Chen L Q. *Phys. Rev.* B, 2004, 69(10):104303.

[8] Wang D Y, Hong L, Wang Z X, Wu X D, Sun Y C, Huang X J, Chen L Q. *J. Solid State Chem.*, 2004, 177:4582.

[9] Wang D Y, Li H, Shi S Q, Huang X J, Chen L Q. *Electrochim. Acta*, 2005, 50:2955.

[10] Wang D Y, Wang Z X, Huang X J, Chen L Q. *J. Power Sources*, 2005, 146:580.

[11] Luo Y H, Li D M, Meng Q B. *Adv. Mater.*, 2009, 21:4647−4651.

[12] Li D M, Qin D, Deng M H, Luo Y H, Meng Q B. *Energy Environ. Sci.*, 2009, 2 (3):283−291.

[13] Meng Q B, Takahashi K, Zhang X T, Sutanto I, Rao T N, Sato O, Fujishima A, Watanabe H, Nakamori T, Uragami M. *Langmuir*, 2003, 19(9):3572−3574.

[14] Wang H X, Li H, Xue B F, Wang Z X, Meng Q B, Chen L Q. *J. Am. Chem. Soc.*, 2005,127(17):6394−6401.

[15] Xue B F, Fu Z W, Li H, Liu X Z, Cheng S C, Yao J, Li D M, Chen L Q, Meng Q B. *J. Am. Chem. Soc.*, 2006,128(27):8720−8721.

[16] Li D M, Li H, Luo Y H, Li K X, Meng Q B, Armand M, Chen L Q. *Adv. Funct. Mater.*, 2010, 20:3358−3365.

[17] Huang Z, Liu X H, Li K X, Li D M, Luo Y H, Li H, Song W B, Chen L Q, Meng Q B. *Electrochem. Commun.*, 2007, 9(4):596−598.

[18] Liu X Z, Luo Y H, Li H, Fan Y Z, Yu Z X, Lin Y, Chen L Q, Meng Q B. *Chem. Commun.*, 2007, 27: 2847−2849.

[19] Huang X M, Yu Z X, Huang S Q, Zhang Q X, Li D M, Luo Y H, Meng Q B. *Mater. Lett.*, 2010, 64:1701−1703.

[20] Guo X Z, Luo Y H, Zhang Y D, Huang X C, Li D M, Meng Q B. *Rev. Sci. Instrum.*, 2010, 81:103106.

[21] Zheng Z Y, Gao K Y, Luo Y H, Li D M, Meng Q B, Wang Y R, Zhang D Z. *J. Am. Chem. Soc.*, 2008, 130(30):9785−9789.

第十九章　空间材料科学与实验技术

空间材料科学是研究在微重力、强辐射、高真空等空间环境因素影响下，材料的结构、特性、制备及其物理、化学性质和使役功能的一门新兴学科。

空间材料科学与实验技术主要包含两个方面：一是研制模拟空间环境的实验设施、装置及相关技术或方法，如落管、电磁或静电悬浮装置、超声悬浮装置、原子氧模拟装置、晶体生长过程的实时观察技术；二是研制在空间飞行器或飞行平台（如火箭、卫星、飞船和空间站）上进行空间材料科学实验的实验设施、装置及相关技术或方法，如空间晶体生长实验装置（包括高温晶体生长炉和水热晶体生长、溶液晶体生长、胶体晶体生长实验装置）、无容器加工平台、颗粒物质运动实验装置等。

空间材料科学的发展依赖于空间技术的进步。在空间环境的特殊条件下，从事材料科学研究需要特殊的实验装置和技术。研制这些特殊实验装置的费用很高，空间实验机会难得，因而每一次空间材料科学实验都十分珍贵。

物理所空间材料科学的研究始于1986年的国家高技术研究发展计划（863计划），陈熙琛与陈万春最早介入此领域研究。863计划下达后，物理所组织部分科研人员，对国际空间材料科学研究进行了系统的调研，并在此基础上撰写了相关报告。

1987年1月，由中科院组织发起，在北京召开了中国空间站应用研讨会。国防科工委、航天工业部、电子部等部门的主要领导都在会上作了报告。中科院由周光召作了主题报告。陈熙琛和陈万春参会并分别就空间金属材料加工和空间晶体生长的发展状况，在分会场上作了介绍。物理所最早的空间微重力材料科学实验是从1987年中国的第9颗返回式卫星搭载开始的。卫星搭载实验是利用卫星提供的空间、重量和能源等资源，进行空间微重力环境下的材料与物理科学实验。到2006年为止，物理所多个研究组在返回式卫星系列上进行了近10次的材料与物理科学实验。

物理所在863计划航天领域开展的主要工作包括：①论证和制订中国空间材料科学的发展规划，即陈熙琛主持863计划航天领域205主题“载人空间站系统及其应用”里的205-1专题“空间材料与加工”。从1993年开始，王文魁作为863计划航天领域专家委员会成员，负责微重力科学领域的发展战略规划，陈万春任863计划航天领域“空间站专题组”和“空间科学和应用专题组”专家。②研制地面模拟空间材料科学实验装置，如建立落管模拟空间的微重力环境、电磁悬浮模拟空间的无容器环境。③寻找空间实验的机会并进行材料科学实验的探索性实验，如利用中国返回式卫星进行搭载实验。

1992年中国开始实施载人航天工程，物理所作为载人航天工程一期和二期空间应用系统中空间材料科学分系统的挂靠单位，负责空间材料科学任务的实施和后续任务的规划，物理所多个研究组承担了空间科学实验任务。

第一节　空间材料科学的规划和管理

物理所的科技人员1986年开始参加863计划航天领域有关空间材料科学方面的规划和管理工作。1992年中国载人航天工程启动后，参与其中空间材料科学的计划与管理。也参与了中科院相关空间计划的编写工作。

一、参与863计划航天领域的工作

1987年1月中国空间站应用研讨会之后，物理所负责进行“空间材料与加工”的专题论证，由林泉负责组织与人员安排。王文魁、陈万春、沈电洪、陈佳圭、王龙、刘培铭等作为主要成员，参加由陈熙琛负责的论证工作组，进行有关科学研究方向和实验技术的调研论证工作，并成立了由葛培文负责的论证办公室。1988年2月至1989年11月，研究论证过程分为前6个月的调研与交流，8个月的概念研究、初步方案形成、深化与研讨，最后撰写出概念研究报告并通过专题评审。

该项工作1994年作为《载人空间站系统及其应用概念研究报告》的主要组成部分，获得了国防科工委国防科技软科学科学技术进步二等奖。

空间材料科学论证办公室成立于1987年，成员有潘明祥和郭伟立。办公室的工作主要是以下三个部分：①配合205-1专题专家组，对收集检索到的国外与空间材料科学有关的上千份信息进行整理分析与分类，形成综述。②根据专家组的计划安排，组织召开不同层次和规模的学术讨论和交流会。③组织翻译出版欧洲空间局专家主编的*Fluid Science and Materials Science in Space*一书。

863计划实行专家委员会与主题专家评审制，每届专家任期五年。王文魁担任第二届航天领域专家委员会成员，陈万春先后任空间站专题组、空间科学和应用专题组主题专家和微重力科学责任专家。王文魁和陈万春在第三届航天领域专家委员会任期内任顾问专家，仍参加专家委员会和主题专家组的项目评审。

第二届、第三届863计划航天领域的空间站专题组与空间科学和应用专题组在任期内完成的任务是：①组织调研、制订和论证中国空间实验室（空间站）发展计划；②组织调研、制订和论证“国家微重力实验室”建设计划；③制订和发布专题组年度项目指南；④研制完成中国空间实验室1:1实体模型，并运行实验硬件，它作为863计划十周年的成果，曾在中国人民革命军事博物馆展出。这些工作为中国空间站的设计和空间材料科学的发展奠定了基础。

二、参与载人航天工程有关工作

中国载人航天工程于1992年9月21日启动，根据规划工程分三期实施。第一期由七个系统组成，其中第二个系统为空间科学与应用系统，包括空间材料科学在内的多个分系统，由中科院负责。“空间材料科学分系统”负责单位为物理所，1996年以前杨国桢任指挥，后由俞育德担任，至2004年结束。主任设计师是聂玉昕，雷子明负责分系统计划调度、项目经费管理与协调工作，秦志成负责分系统联合调试实验室的管理与协调工作。物理所多个研究组参与空间材料实验研究工作。

从1993年下半年到1999年11月20日第一艘“神舟”飞船发射，空间材料科学分系统有关单位研制的多工位晶体生长炉，在“神舟”1号飞船上顺利完成了电性能实验。在2001年1月10日和2002年3月25日发射的“神舟”

2号和“神舟”3号飞船上，成功按设定空间实验流程完成了各六个样品安瓿的实验。

在载人航天工程第二期，空间材料科学分系统负责单位仍为物理所，指挥为冯稷，主任设计师是潘明祥。二期的空间材料科学实验安排在飞船和空间实验室（“天宫”1号和“天宫”2号）进行。物理所也有研究组参与。

载人航天工程三期的空间材料科学领域论证与总体实施方案于2006年开始。2008年底设立了“空间站材料科学与基础物理实验实施方案研究”课题，课题组组长为冯稷。作为项目组主要成员的潘明祥和曹则贤负责空间材料科学实施方案的编写。

2010年12月，组建了由13人组成的空间材料科学领域论证工作组，潘明祥为工作组组长，曹则贤为工作组成员。

三、参与中国空间科学微重力科学领域发展规划有关工作

2007年10月，中科院正式启动了“至2050年中国重点科技领域发展路线图战略研究”工作，空间科技是18个战略领域之一。冯稷和曹则贤参加了此项研究工作。曹则贤作为空间领域战略研究组的成员，负责微重力科学领域空间材料科学子领域发展规划的制定。2009年初，《太空之路——中国至2050年空间科技领域发展路线图研究报告》一书由科学出版社出版发行。

2010年3月31日，国务院第105次常务会议审议通过了中科院“创新2020”规划，规划明确要求通过组织实施战略性先导科技专项，形成重大创新突破和集群优势。作为实施空间科学战略性先导科技专项的安排，空间领域战略研究组开展“空间科学项目发展规划深化研究”，根据后续工作的需要，自2010年初由潘明祥接替曹则贤参与发展规划深化研究工作。

第二节　空间金属与合金的凝固

金属与合金凝固的研究是空间材料科学的重要组成部分，其中也包括液态金属与合金的润湿性研究。

一、卫星搭载实验

1987年初，中科院半导体所与中国空间技术研究院兰州510所合作，研制出中国第一台空间用多用途材料加工炉。它是以砷化镓（GaAs）单晶体的空间生长实验为主，同时利用炉膛外部的余热和空间，兼顾进行其他一些材料的实验，希望做到一炉多用。物理所陈熙琛研究组的铋－镓偏晶合金凝固和铝－铌颗粒界面反应与复合两个实验样品，随材料加工炉在1987年8月5日发射的返回式卫星上搭载。这个实验是不成功的，主要原因有两个方面：一是研制的加工炉对炉膛外的样品无法按要求进行温度和冷却的控制，温场也不对称；二是铋－镓这样较低凝固点的样品不适合在无快速冷却的炉子中进行实验。

在1988年的中国返回式卫星上，陈熙琛研究组进行了铝－铟偏晶合金和铝－铌颗粒界面反应和复合这两个样品的实验，王文魁研究组进行了钯镍磷金属玻璃形成合金的凝固实验。从回地的铝－铟及铝－铌样品分析发现，由于加热炉对附属搭载的样品温度及冷却条件依然没有得到改善，实验仍不成功。因此在空间实验条件没有得到改善的情况下，陈熙琛研究组不再进行这样的搭载实验。

1990年，在中国的返回式卫星上，王文魁研究组再次进行了钯镍磷合金的凝固实验。

1996年10月22日发射的返回式卫星上，成功使用由陈佳圭研究组负责研制的多组合功率移动炉，进行了包括直径达1英寸的砷化镓单晶生长（半导体所）、钯镍铜磷金属玻璃形成与合金的凝固（物理所）及熔体润湿与凝固（物理所）等多种样品的实验。

2005年，李明研究组与中科院金属所合作，在中国返回式卫星上进行了银基合金和半导体化合物熔体润湿性研究。

二、熔体与固体的润湿性及界面反应研究

熔体与固体的润湿性及界面反应研究是麦振洪研究组与金属所丁炳哲等负责，自1993年起在载人航天工程第一期工程项目支持下开展的合作研究项目。实验重点研究在空间微重力环境下，银基合金和半导体锑化镓熔滴形貌变化、液/固界面的润湿过程及熔滴凝固前后接触角的差异以及液/固界面反应及特性表征。他们通过自行设计研制的空间熔体润湿与凝固过程研究的装置，解决了一系列受资源制约而产生的技术难题。该项研究的空间实验在1996年10月22日发射的返回式卫星上成功进行，获得的主要结果包括：①微重力环境中，银－铜－锡合金与铁基片间的接触角为59°，而重力场环境

中为30°；银－铜－锡/铁界面也存在明显不同。②锑化镓/磷化镓接触角为87°，锑化镓/氮化硼接触角为135°，而重力场环境中分别为80°和130°；空间凝固的熔滴比地面凝固的熔滴致密，有良好金属光泽等。他们继续深入1996年的实验，改进了实验技术，于2005年在中国返回式卫星上，再次进行了银基合金和半导体化合物熔体润湿性实验。一方面实验结果验证了1996年空间实验发现的现象，另一方面改变实验参数后又出现新的结果。如对银－铜－锡合金熔滴，当温度为800℃时发现的微重力环境下与铁基片接触角约为131°，表面出现明显的条纹，而地面接触角则为102°；对锑化镓熔滴温度为800℃时，空间熔滴的接触角约为140°，而相对应的地面实验样品的接触角约为135°。

三、金属合金的扩散与凝固

1993年起，"空间热学及热力学测量——高温熔体扩散系数测量"作为载人航天工程一期工程项目立项的地基预研项目，是由潘明祥研究组与王文魁研究组共同承担的课题。潘明祥研究组一方面与乌克兰舍甫琴科大学物理系V. I. 洛佐维（Lozovy）合作，探索用电阻加毛细管法进行合金熔体扩散系数的实验研究。他们创建了在扩散退火过程中，采用测量毛细管单元的一小段电压降来计算杂质在液态金属中扩散系数的方法。这是一种新的原位动态测量方法，其特点是对对流、气体杂质和热电现象的敏感性。另一方面还一起探索用掩膜技术加能谱分析技术进行合金熔体中的扩散研究（图1）。这种方

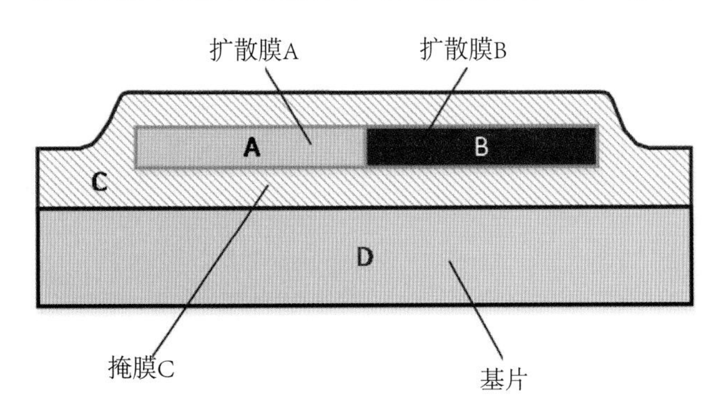

图1　掩膜法制备的熔体扩散单元示意图

法是用高温下不与扩散物质相反应的一种高熔点材料作衬底，再用薄膜制备技术将扩散的两种物质分别镀在衬底上，最后在上面覆镀一层高温下不与扩散物质相反应的材料。这样制备好的扩散偶，在高于两种扩散物质的熔点之上进行扩散反应一定的时间，最终用能谱等成分分析技术获得扩散数据，然后进行进一步分析。这项工作于1998年底完成[1]。

四、计划在"和平"号空间站上的实验

"微重力下硅铝－镍铝－铜锗复合共晶定向生长"是由863计划航天领域专家委员会征集项目建议后，由苏联最终选定在该国"和平"号空间站上进行合作实验的项目。项目负责人为陈熙琛，目标是利用空间站在有人照料与长时间在轨飞行条件下，探索合金定向凝固过程中复合共晶形态的转变，以及杂质对晶体生长界面稳定性的影响。该项目1991年开始实施，后因苏联解体等原因，未能实现在"和平"号上的实验。

五、偏晶系液相分离及凝固过程

偏晶系是一个大系，仅金属二元系中就有300余种。由于它在液态中一定的成分、温度区内，将从单一液相分成两个液相，如若两液相的比重差很大时，在重力场中它将分成上下两层难以混合。从理论上来讲，从单一液相中产生另一新的液相而后长大形成两种新液相的物理过程中，蕴藏着一些很重要的物理问题，如以朗道自由能为基的液相调幅分解等。陈熙琛研究组在1990～1992年从不同方面开展了偏晶系液相分离及凝固过程研究，获得国家自然科学基金、中科院重中之重项目、863计划的多方资助。他们采用高空气球、液态快速淬火等方法，用扫描电子显微镜、液态结构测量并结合计算机模拟等手段，研究取得了一些有意义的结果，由此增加了对其液相分离和凝固过程的认识。如用扫描电镜原位法测出来分离的时间，可说明液相分离过程符合一般动力学过程，即开始时较慢，一旦形成足够多核心后将增快速度，而在终止阶段又趋缓慢的分离规律。液态结构分析给出的结果认为，偏晶系与共晶系之间有相同之处，即分成三个成分区段和边界成分，集团的结构在过热度很高的情况下尚能保持。计算机模拟给出的结果证明了在液态存在Ostward熟化过程。

六、Al-Mg_2Si合金在微重力下的定向共生复合生长

"Al-Mg_2Si合金在微重力下的定向共生复合生长"研究是载人航天工程第一期空间材料科学实验项目"金属合金及玻璃的空间制备"中的子课题。该课题又分成"$Pd_{40}Ni_{10}Cu_{30}P_{20}$合金在微重力下的过冷固化实验"和

“Al-Mg_2Si合金在微重力下的定向共生复合生长”两个分课题，分别由王文魁和潘明祥负责。

潘明祥负责的分课题，其内容是先在地面进行金属间化合物及共晶合金的定向凝固研究，然后结合“神舟”飞船的空间资源条件和正在研制的空间实验设备，用多工位晶体生长炉的技术设计和能力，进行用于空间实验的合金类型和合金成分的优化。所涉及的合金类型包括高熔点铁－铝和钛－铝金属间化合物单晶的制备、铝－铜、铝－镍及铝－镁－硅共晶合金的定向生长。1995年3月在完成了方案研制后，确定在飞船上进行Al-Mg_2Si合金的定向共生复合生长，1998年9月底完成初样阶段的研制，1999年底完成“神舟”2号飞船正样产品的研制。

在地面研制工作及与空间实验装置在地面进行多次联调匹配实验的基础上，该团队对Al-Mg_2Si（化学组成为86wt%Al-9.3wt%Mg-4.7wt%Si）样品分别在“神舟”2号和“神舟”3号飞船上进行了两次实验。与地面实验的样品比对分析，主要科学结果表明：①微重力对Al-Mg_2Si共晶合金的定向生长有影响。空间凝固样品中的共晶团比地面的粗大，且定向生长效果比地面样品的差；空间和地面样品中片层厚度没有显示出明显差异，但空间样品中平均片层间距比地面样品中的小（图2）。②空间和地面样品中的元素镁和硅都存在明显的波动，但空间样品中元素硅的波动更明显；空间样品中元素镁和硅在界面处的富集效应不如地面样品中的明显[2]。

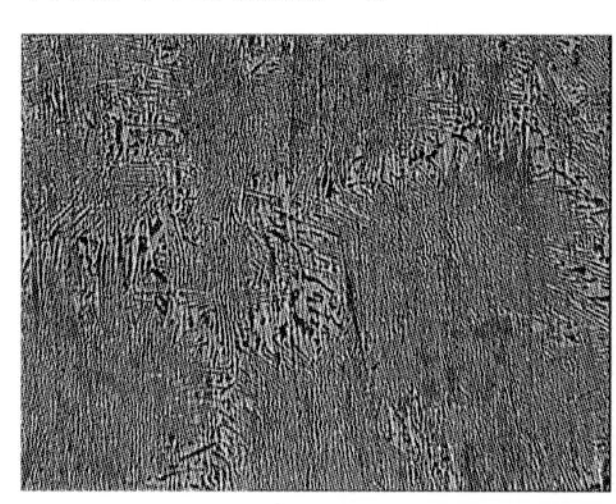
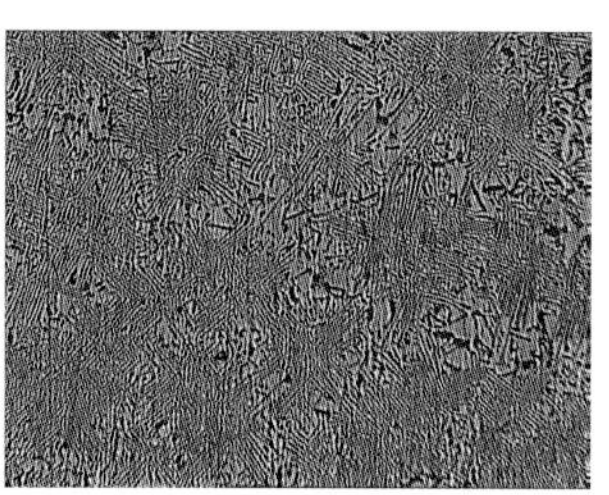

图2　在2001年发射的“神舟”2号飞船上进行Al-Mg_2Si共晶合金定向复合生长实验

空间回地（左）及地面（右）对比实验合金锭样重熔生长区的横截面扫描电镜二次电子像

“神舟”3号上的一个安瓿中封装了两个样品，一个是与“神舟”2号飞船上化学组成相同的Al-Mg_2Si（尺寸为Φ8.0毫米×60毫米），实验时定向凝固的速度比“神舟”2号上的快；另一个是易形成非平衡结构的$Nd_{60}Fe_{20}Al_{10}Co_{10}$合金（81.5wt%Nd-10.5wt%Fe-2.5wt%Al-5.5wt%Co，尺寸为Φ7.8毫米×15毫米）。与地面实验的样品比对分析，主要科学结果表明：样品在空间已发生了重熔与凝固，Al-Mg_2Si合金中存在着明显的宏观缩孔，而NdAlFeCo样品没有观察到这样的缺陷。空间与地面重熔凝固的Al-Mg_2Si合金样品外观表面形貌及宏观缺陷存在差异。空间凝固样品中的共晶团比地面的粗大，且定向生长效果比地面样品的差，实际上没有发生定向生长。空间和地面获得的样品（Al-Mg_2Si共晶合金和$Nd_{60}Fe_{20}Al_{10}Co_{10}$合金）间都不存在明显的结构差异。空间制备的Al-$Mg_2Si$共晶合金与地面的在径向存在纵波传播速度的差异，但在轴向存在横波的传播速度差异，而$Nd_{60}Fe_{20}Al_{10}Co_{10}$合金样品基本不存这种差异。

七、金属与合金深过冷与凝固研究

王文魁研究组1987年开始采用落管技术（参见第四章“金属和非晶物理”），在卫星搭载和“神舟”飞船上，开展钯基块体金属玻璃形成合金深过冷与凝固的研究工作。

1988～1996年王文魁研究组进行了三次钯基合金的卫星搭载试验。1988年秦志成负责将$Pd_{40}Ni_{40}P_{20}$合金用助熔剂B_2O_3包裹并真空封装在石英安瓿内，将其搭载在返回式卫星上的移动样品区熔晶体生长炉主加热器外侧的保温棉毡中，期望在850～900℃下重熔与凝固，获得空间微重力下圆整的小球，并考察其凝固形成的结构特征。本次实验获得了直径为5毫米、圆整度比地面形成的较高的合金球，其外观表面光泽度也高于地面的。样品中还出现了部分非晶相，而这种合金在地面相近的条件（冷却速度）下无法获得非晶相[3]。

1990年王文魁研究组对$Pd_{40}Ni_{40}P_{20}$合金又进行了第二次卫星搭载实验。他们对回地样品凝固组织进行了地面比对分析，其最主要结果是重力及微重力条件下，该合金的凝固组织都是由初生磷化物树枝晶和三相共晶

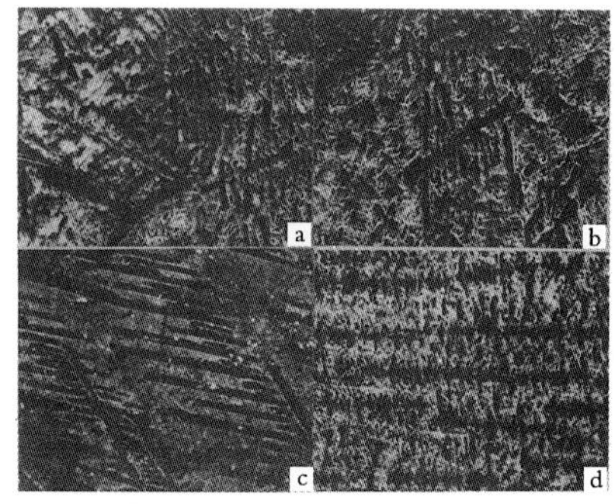

图3　在1990年中国返回式卫星上进行的$Pd_{40}Ni_{40}P_{20}$合金实验及与地面实验的比对结果

a、b为空间微重力下凝固获得的合金微观组织形态

c、d为地面的合金微观组织形态

($NiPd$、Pd_3P、Ni_5P_2)组成，但它们形态却有较大差别。从形貌上看，微重力条件下长成的树枝晶，其一次枝晶较短(125～300微米)，而且出现了星形初生组织；同样冷却条件下的地面样品中，一次枝晶较长(500～800微米)，远远大于微重力条件下的一次枝晶长度，且无星状初生相(图3)[4]。

王文魁研究组经多方面研究和准备后，在“神舟”飞船实验及地基研究工作基础上，于1996年在中国返回式卫星上进行了$Pd_{77.5}Al_6Si_{16.5}$合金微重力条件下的凝固实验。对实验结果研究发现，重力及微重力条件下得到的组织均为Pd_3Si初生相和由Pd_3Si加钯固溶体组成的共晶组织。但微重力条件下，初生相呈粒块状，共晶组织为网状；重力条件下，初生相呈典型的树枝状，共晶组织为典型层片块结构特征。分析认为，组织形貌的差异是由于重力引起的浮力对流，改变了液相原子的传递能力，同时减小了溶质边界层的厚度而造成的。

从1990年起，王文魁研究组与陈佳圭研究组采用B_2O_3助熔剂包裹技术封装$Pd_{40}Ni_{40}P_{20}$合金，拟在美国航天飞机G-432搭载桶中进行重熔凝固实验，但1998年1月的搭载实验未成功。

2000年，按载人航天工程一期的工程研制计划，王文魁研究组在对LaAlNi、ZrAlNiCu、MgYCu、PdNiP、ZrTiCuNiBe及PdNiCuP等易形成非晶的合金进行深入研究的基础上，确定$Pd_{40}Ni_{10}Cu_{30}P_{20}$合金是在飞船上进行实验的材料，认为将其实现熔体过冷可能获得三维块状金属玻璃。在地面研制工作与空间实验装置在地面进行多次联调匹配实验的基础上，准备了用助熔剂包裹的四个$Pd_{40}Ni_{10}Cu_{30}P_{20}$合金的正样样品安瓿，在2002年3月发射的“神舟”3号飞船上成功进行了重熔与凝固实验。对回收的样品与地面的进行比对分析结果表明，空间凝固的样品表面光滑明亮，外形为规则标准球形。同一小球的最大与最小直径之差，是地面凝固的对应样品的1/10以下。空间微重力条件下，获得了比地面更大的过冷度，以约0.85K/秒的冷却速率形成了直径3.04毫米的$Pd_{40}Ni_{10}Cu_{30}P_{20}$非晶合金球。该非晶合金球的差示扫描量热测量曲线中，出现两个晶化放热峰，其晶化过程中有新亚稳相形成。这一现象以前没有发现过，在理论上还不能得到解释。

1999年，“微重力条件下钯系合金的凝固”项目获国家科技进步二等奖。

第三节 空间晶体生长

物理所的主要研究项目是α-$LiIO_3$晶体及半导体单晶在微重力下生长的研究。

一、晶体成核和生长地面研究

在863计划航天领域专题组的安排下，陈万春研究组开始研究低温溶液体系的晶体成核和生长课题。他们的研究目标是探索哪些凝胶体系或水溶液体系适合于在微重力条件下生长出优质的单晶体。在探索了α-$LiIO_3$、β-$LiIO_3$、KIO_3、KB_5、TGS〔$(NH_2CH_2COOH)_3\cdot H_2SO_4$，正硫酸三甘肽〕、$KLiSO_4$、$NaBrO_3$和$NaClO_3$等多种单晶体的生长后，首选α-$LiIO_3$晶体的生长作为中国返回卫星搭载项目。

1989～1991年，中科院执行国家“七五”计划重中之重项目“微重力的基础研究”。陈万春负责的“空间微重力条件下的晶体理论和生长方法研究”是该项目的课题之一，目标是探索空间晶体生长的机理和方法，为空间微重力实验奠定基础。主要研究用全息双频光栅剪切干涉仪实时观察晶体的生长过程，以及通过激光全息术研究晶体生长的溶液浓度分层现象。1991年3月由中科院数理化学局组织专家组评审验收[5]。

二、α-$LiIO_3$晶体的空间生长

1988～1994年，863计划航天领域专家委员会和载人航天工程资助陈万春研究组共进行了5次空间搭载实验，研究课题均为非线性光学晶体α-$LiIO_3$单晶生长。前3次由863计划项目支持，卫星发射时间分别在1988年8月、1990年10月和1992年10月。

第一次空间搭载实验的结果为微重力条件下生长α-$LiIO_3$晶体提供了第一手实验资料，在空间成功生长出α-$LiIO_3$晶体，探索了微重力对晶体形态的影响。这次空间实验共生长单晶体14块，其中最大单晶体直径为7毫米，长度为7.2毫米，此外在空间还自发成核形成α-$LiIO_3$晶体。第二次因结晶器封装不严，溶液有泄漏现象，在发射基地终止空间搭载实验。第三次空间搭载实验的结果是验证第一次空间实验结果；增加空间样品的纵横比，以利于晶体品质鉴定和物性研究；研究碱性溶液中的晶体生长特性。这次空间实验共生长单晶体18

块，其中最大单晶体直径为3.2毫米，长度为14.9毫米[6]。

自1993年起，由载人航天工程项目支持，分别于1993年10月和1994年7月进行了第四次和第五次卫星搭载实验。这两次实验由陈万春研究组与麦振洪研究组合作完成。陈万春研究组主要负责空间晶体生长实验，以及在地面进行晶体性能等研究；麦振洪研究组主要负责晶体质量的分析研究。第四次空间搭载实验的目标是研究晶体的杂质分凝现象，因科学卫星未返回，没有获得结果。第五次空间搭载实验的结果是再次研究碱性溶液中的晶体特性和杂质分凝现象，检验β－$LiIO_3$结晶系统在微重力条件下的稳定性。这次空间实验共生长单晶体22块，其中最大单晶体直径为7.3毫米，长度为6.0毫米。麦振洪和陈万春两个研究组密切合作，用微区X射线形貌术、X射线荧光分析、介电测量等多种测试技术，对空间生长和地基实验的样品进行研究，发现微重力条件下β－$LiIO_3$自发杂晶的总量小于α－$LiIO_3$；出现α－$LiIO_3$孪生晶体的概率小于地面对比实验的同类晶体；空间晶体样品完美性和完整性优于地面的样品，杂质浓度分布比地面样品均匀；介电常数高于地面样品；α－$LiIO_3$晶体光轴方向生长率极化性能转变的临界pH值向碱性方向平移等（图4）[7]。研究成果在1997年获中科院科技进步二等奖。

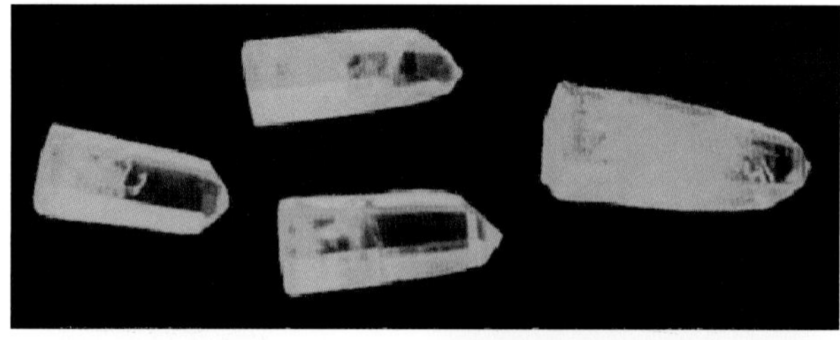

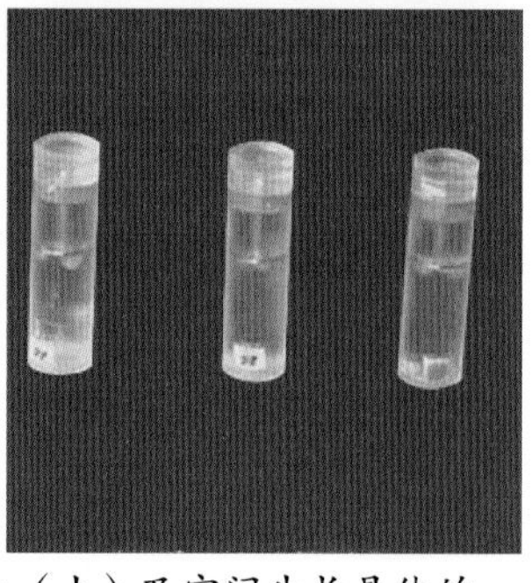

图4 空间生长的α－$LiIO_3$（上）及空间生长晶体的专用实验装置（下左）和晶体生长单元（下右）

陈万春研究组和其他单位合作，研制出多台不同的晶体生长实验装置，并进行了近7年的地基实验研究。在中科院和科技部的支持下，他们利用自行研制的实验设备完成了空间大量晶体生长的地基实验，如α－$LiIO_3$晶体生长的溶液浓度分层现象研究，重力对TGS晶体生长固／液界面浓度边界层影响的研究，溶菌酶晶体生长过程中固／液界面流动体系的流体特性研究，$AlPO_4 \cdot H_2O$（沸石分子筛）晶体生长研究，蛋白质晶体的生长机理研究等。2000年后，低温溶液晶体生长组开始氯酸钠结晶过程中的手性对称破缺研究，并被列为载人航天工程二期空间材料科学实验项目。

三、晶体生长固－液界面过程和对流－扩散耦合效应研究

“晶体生长固－液界面过程和对流－扩散耦合效应研究”是国家攀登计划预研项目“微重力科学若干重大基础性的交叉学科研究”的课题，陈万春为课题负责人。该课题又分为5个子课题，其中陈万春负责“透明晶体生长原位实时动力学过程研究”，许应凡负责“非透明介质界面熔化／凝固过程研究”，李超荣负责“晶体生长杂质效应研究”。

课题组于1997年1月启动，2001年完成，同年11月通过由中科院基础科学局组织的验收。物理所承担3个子课题的主要研究成果是：①研制了“透明晶体生长原位实时观察装置”的全套设备，采用马赫－曾德尔干涉加载波技术，对于TGS晶体固／液界面边界层进行了实时原位观察和分析，发现TGS晶体生长过程中（010）界面上的溶液浓度比（010）面高2%～3%，（010）面溶质边界层厚度大于（010）面的边界层厚度；②解决了用傅里叶变换处理单幅干涉图像计算方法问题，编制了界面浓度场分布定量化计算软件；③完成了应用“透明晶体生长原位实时观察图像”进行晶体生长速率定量化计算的软件编制；④通过$KNbO_3$、TGS、$Ba(NO_3)_2$、$Sr(NO_3)_2$等晶体生长固／液界面过程与流体输运过程的耦合效应的研究，获得了新现象、新概念和新知识[8,9]。

四、半导体单晶的空间制备

从1992年起，葛培文等与日本东京大学电子工程系西永颂（Nishinaga Tatau）等合作，在中国返回式卫星上生长了一根Φ6毫米×30毫米的锑化镓（GaSb）单晶。对空间生长的晶体的研究显示，晶体在空间生长部分无I类生长条纹，说明晶体生长时既无自然对流，也没有Marangoni对流（图5）。位错密度测定表明，晶体在空间生长期间，熔体未与坩埚器壁接触部分，位错密度非常低，接近于零；而熔体与坩埚器壁接触部分其位错密度高[10,11]。

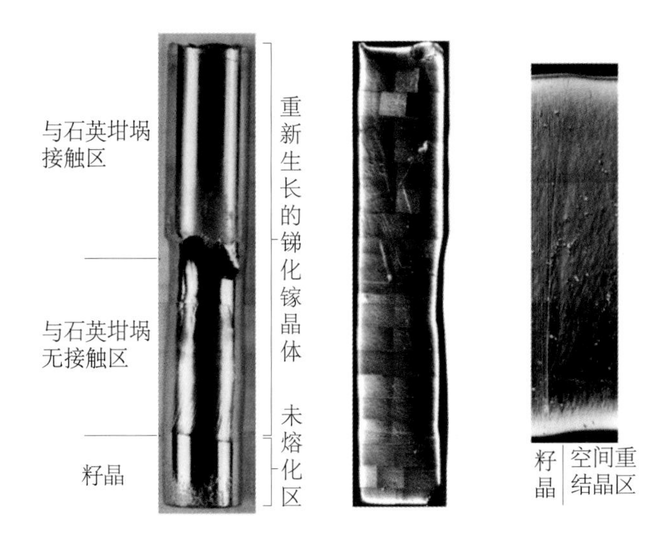

图5　1992年在中国返回式卫星上中日合作生长的GaSb单晶外观形态（左）和腐蚀后的照片（中、右）

五、微重力晶体生长的模拟计算研究

空间实验机会少且耗资巨大，计算模拟在微重力科学研究中有特殊的地位，发达国家在微重力晶体生长研究上均开展计算模拟。葛培文研究组从1989年起开展了这一项目的研究，他们是当时国内唯一系统开展微重力晶体生长计算模拟的研究组，并取得了可与国际同行进行交流的成果。工作是在溶液晶体生长体系上开展的，主要结果如下：①建立一个二维模型；②计算了不同微重力水平下，溶液中溶质浓度、温度分布和生长速率等晶体生长参数；③计算了重力对溶质边界层厚度的影响，以及对流和扩散在不同微重力水平下对溶质输运的贡献；④计算了不同微重力水平下g跳和温度波动对晶体生长参数的影响[12]。

第四节　颗粒物质的运动行为

颗粒物质作为一种离散态复杂体系，在日常生活、工业技术和自然界普遍存在。对颗粒物质运动行为的研究，在基础研究和应用方面都有重要价值。厚美瑛从2006年开始利用微重力条件所开展的研究工作取得了多项结果。在微重力下的颗粒物质运动行为研究方面，她自2006年起开展的中法合作得到了欧洲空间局的重视与支持，并与法国巴黎中央大学P.埃韦斯克（Pierre Evesque）合作，于2006年3月和10月两次参加欧洲空间局资助的法国抛物线飞机（Airbus300）飞行实验，研究了g跳与振动驱动的颗粒运动的关系。这两次飞行实验虽然只能提供微重力在0.01g的量级，并且持续时间只有20秒左右，但仍为他们的研究提供了难能可贵的参数验证机会，为以后的参数设计及获取有用数据打下良好的基础。

厚美瑛于2006年10月至11月间应邀在法国访问工作，除参加了第45次由欧洲空间局资助的抛物线飞行实验外，还在欧洲空间局巴黎总部召开的关于空间站“振动驱动微重力下的颗粒运动行为研究”研讨会上作了报告，提出颗粒物质的空间三维相分离实验与空间输运研究等方案，得到了法方的积极支持。在国家自然科学基金委国际合作局、中科院国际合作局和人事教育局及法国科学院与航天局的支持下，2008年厚美瑛研究组派出两名研究生赴法学习工作一到三年，并以此项目为主要合作课题。在法方推动下，于2009年建立了中法微重力科学联合实验室。

厚美瑛于2006年9月在“实践”8号返回式卫星上，在国内首次开展了微重力条件下以小幅振动为驱动的颗粒物质运动行为的研究，得到颗粒处于“气态”运动时的速度分布，发现了速度分布与热平衡状态气体分子的麦克斯韦－玻尔兹曼分布不同，揭示出与修正热平衡态模拟完全不同的新结果[13]。

第五节　空间材料科学实验技术与设备

与极低温、高压、强磁场一样，微重力也是一种难得的极端物理条件。微重力环境抑制了流体的重力对流，消除了流体静压力产生的不利影响，为晶体生长创造了难得的“安静”条件。随着中国航天事业的发展，微重力材料科学研究是物理所的一个学科方向。不论是将材料研究送上航天器，还是在地面模拟微重力环境效应，都需要研制符合航天要求的硬件装置，需要电子学与机械设计的配合。这样，空间实验技术便成为陈佳圭研究组（703组）的一个重要研究内容。

一、落管的研制

落管是模拟微重力环境的地面装置，是一个抽真空的垂直长管（落管），顶端有一熔融金属炉，使熔融的液滴自由坠落，在到达底部前的时间为微重力时间。落管可以在地面进行材料凝固、深过冷和亚稳相等研究。落管越高，获得的微重力时间越长，能研究的液滴直径也越大。美国建成地上100米落管，日本是利用废矿井建成地下800米落管。

1987年在863计划的支持下，物理所组织多个研究组的部分人员共同研制5米落管，完成5米落管建设，包括样品熔融与滴落设备、管体中真空获得与检测、样品的输入和回收装置。达到管体真空度为10^{-7}帕，电阻炉最高温度为1500℃，样品直径≤1毫米，微重力水平为$10^{-4}g$。落管的关键技术是样品的熔化与自由下落及下落过程中的非接触测温。5米落管初步试验和研究了这些关键技术的特点，为以后更高落管的建设提供了技术支撑与经验。

1990年，通过863计划专家组的论证，703组在物理所建设20米落管，当年建成，1992年完善运行。20米落管的真空度优于5米落管，微重力水平可达$10^{-6}g$。样品的熔化方法除电阻炉外，还设计研制了15千瓦的电磁悬浮炉，使其能进行更多种材料的实验，论证了用二氧化碳激光器熔化样品的可行性；实现了对样品的非接触技术测温，如用光学多道分析器（OMA）、二极管（0.2～1.1微米）、硫化铅（PbS）探头（1～3微米）、热敏电阻（8微米）和双波长红外测温。20米落管布置有6个测温点，具有可连续进行10个样品实验的样品输入和回收系统，整个实验过程都用计算机控制。在20米落管上进行了AlFeCu、CuZr和PbSe等材料的凝固实验。1992年10月获中科院科技进步二等奖。

1993年根据国家863计划，国防科工委建立微重力科学与应用国家实验室，要建立100米落塔和落管。703组通过论证与评审，承担落管任务，并将原20米落管转让并负责安装在金属所继续使用。

由于落塔与落管都是建在100米的塔中，落管高度为50米，可得到3.2秒的微重力时间，703组按照先进指标的要求作了全新的设计与加工。建成后交付正常使用的落管实际自由坠落的高度为52米（图6），管直径200毫米，垂直度误差小于2毫米，管体真空可达10^{-5}帕（可充入惰性气体）。落管收集室的真空度≤2×10^{-5}帕，真空保持时间≤7小时。为了满足各种材料的μg实验要求，提供了三种熔融炉实现试样的熔炼手段，如主要的电阻加热炉（850～1200℃）、电子束轰击炉（500～2500℃）和电磁悬浮炉（500～2500℃，可悬浮熔炼直径4毫米的铝球）。落管采用两台计算机联机进行数据交换，一台计算机作为控制机，控制真空泵、真空规、压强计等，以

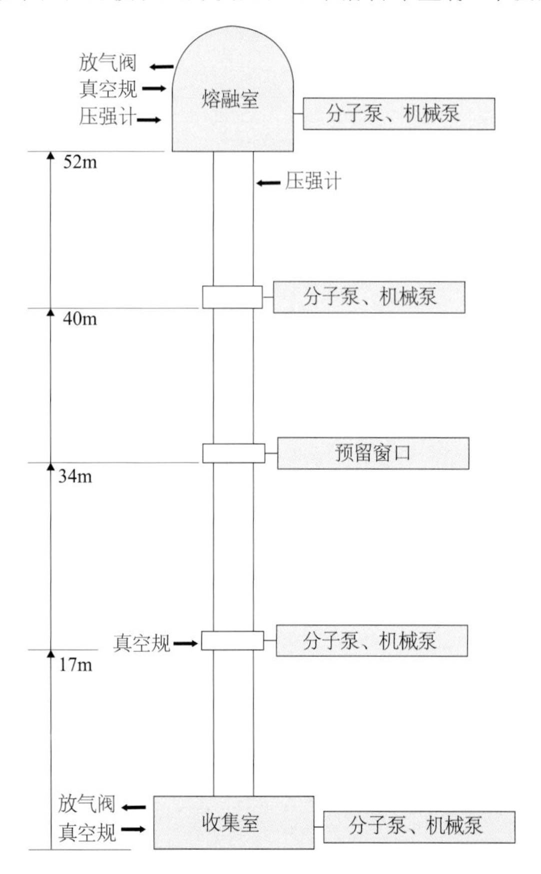

图6　建于力学所国家微重力实验室的52米落管的框图与落塔建筑

及泵、管、水阀的调控与硬件的自我保护。而另一台计算机是处理机，采集快门、高压电源、PbS探头、测温仪和各层窗口的动态测温探头的多通道数据，数据处理和反馈，能对工作状态等各种参数进行测定、处理与记录，包括软件的操作保护。

二、空间组合式功率移动晶体生长炉的研制与飞行实验

703组通过两年功率移动法晶体生长炉的研究，于1996年底在中国返回式卫星上进行了空间材料科学的搭载实验。功率移动炉是中国首次研制的用微处理器无反馈开环编程，控制多段独立炉丝可提供脉冲占空比的可变加热，达到材料实验的区熔、等温和梯度等温度要求。功率移动炉可以避免机械驱动装置振动对微重力环境的干扰，能避免材料的热容与潜热引起温度控制精度差的缺陷。同时由于采用了大容量数据采集与存储技术，得以实现高精度的控温与完整的数据分析。

搭载实验装置是卫星中一个独立的部分，包括3个炉体、控制器和数据采集存储器，总重约20千克（不含电池）。3个生长炉主要分别用于GaAs晶体（直径30±0.5毫米×200毫米，移动区熔温度T=1284℃，熔炼时间6.4小时）生长、中日合作的InGaSb晶体生长和扩散（等温706℃），以及空间熔体表面与界面的特性实验。通过协调温场、利用余热和分区配套绝热的技术，还完成了PdAuSi亚稳相、铋系超导材料、铝基复合材料凝固和空间热学参数等共11项12个样品的空间微重力实验。在搭载飞行过程中有5个地面遥测遥控通道和24个测温通道，以供3个炉子的控制和数据存储。

空间搭载是多单位协作的研究项目，其中物理所703组完成功率移动炉的研制，兰州510所按航天要求完成炉的加工调试及与卫星总体的协调。这次搭载实现了国内首次直径大于1英寸的GaAs空间晶体生长，其他实验亦都很成功。该成果获航天部1997年科技进步一等奖。

三、空间电磁悬浮炉的研制

空间电磁悬浮（简称EML）是一种长时间微重力环境下无容器材料的加工技术。国外是将电磁悬浮设备直接用于空间实验，样品定位与加热都用高频大电流完成。物理所的实验方案是高频电流产生的磁场只做重力补偿的样品定位，用激光加热熔炼，以节约能源。

在863计划航天领域专家委员会的支持下，物理所于1994年以“空间无容器技术研究”课题立项开展研究，该工作属空间实验室材料加工设备的前期探索。1996～2000年，“空间无容器技术研究”课题负责人是聂玉昕，与陈佳圭研究组和王文魁研究组合作对EML的各项关键技术进行全面的研究和攻关，并研制出适用于空间EML的原理样机。

国外EML研制中均用三维的三对线圈作悬浮定位和熔炼，几乎占用了装置的全部空间位置，物理所改用一对线圈只作空间微重力变化的补偿，留出了观察、激光

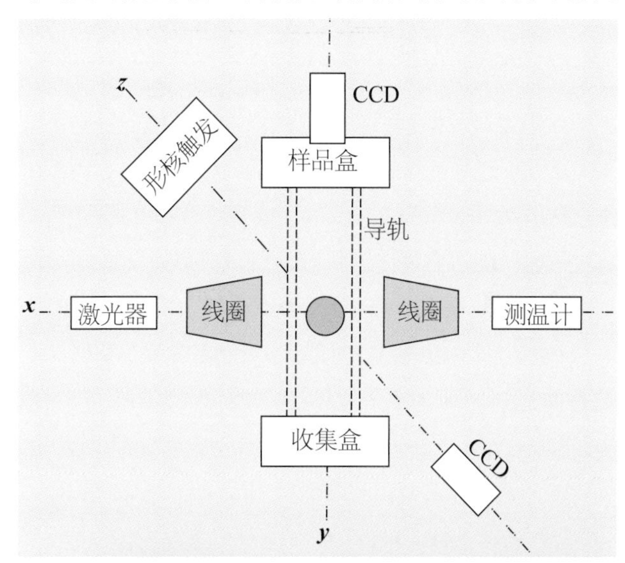

图7　空间EML实验各部件配置的示意图和部分实验装置的实体照片

加热、测温、输运样品所需要的空间位置。研制了用平行光质心二维CCD监测样品位置及实时反馈定位控制系统；样品的输送盒和收集盒及相应的控制，以实现样品的移动和更换。

物理所研制的空间EML装置（图7）达到的水平为真空度≤1.5×10^{-5}帕、悬浮样品直径3～6毫米、激光束加热样品温度≤1600℃。单轴线圈电磁控制悬浮样品的定位使用射频为400千赫或150千赫，线圈电流18.2安（约30瓦）所产生的磁场可以控制3毫米的铝球克服$10^{-2}g_0$的扰动，定位精度小于1毫米。12位ADC采集数据，数据存储容量为64千比特，悬浮样品数为10个（用弹夹式输运装置样品数可增加到数十个），还可采用金属针形核触发样品凝固；并具有快速响应非接触式测温技术（双波长红外非接触测温范围为600～2000℃，测温误差在±10℃）。系统的整体运行可通过遥控EML计算机和数据采集传输系统。

实验和计算的结果表明，使用激光加热悬浮体是切实可行的。如光功率约40瓦的二氧化碳激光加热时，在20秒时间内可使直径3毫米的钢球熔化，并使其升至1600℃的温度。在空间搭载实验时可使用半导体激光器，以减小激光器的体积、电源尺寸和重量，而且波长较短（近红外），便于样品吸收，提高效率。

该项目于2000年6月通过863计划航天领域专家组组织的验收，2001年3月样机在“863计划15周年成就展览会”上展出。

四、在NASA搭载桶中的实验和空间热学参数测量

1988年美国国家航空航天局（NASA）负责国际合作的李傑信访问物理所时提出，可以为中国提供20个航天飞机上搭载的独立密封GAS圆桶（容积≈直径500毫米×700毫米，载荷不超过90千克），进行空间实验的机会。搭载桶由美方提供，中方自行设计实验载荷与电源，在合适的航天飞机航班上飞行。中科院积极支持此项合作，1991年703组启动G-432搭载桶的实验。

根据过去在中国卫星上的搭载经验，703组开始研究适用于G-432的新型功率移动法晶体生长炉（图8），由葛培文组研制炉体。在研制过程中与NASA相关部门保持密切的联系，提供申请、技术和安全等文件、装配和测试数据，并加以修改与沟通。1996年研制的晶体生长炉在中国返回式卫星上成功进行了实验，进一步完善G-432功率移动炉的设计，提高性能和可靠性。

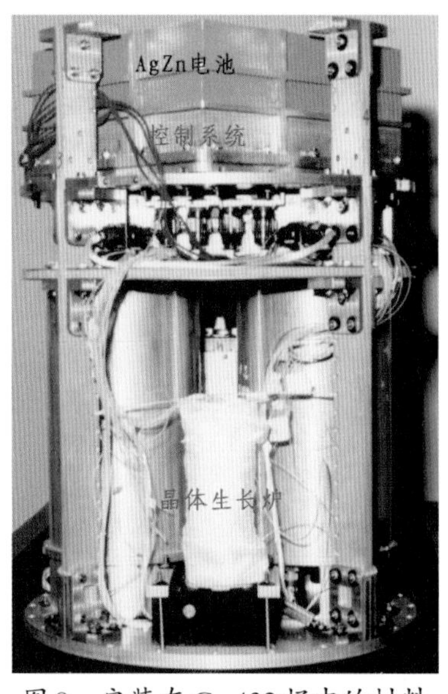

图8　安装在G-432桶中的材料科学实验炉系统

G-432桶中安装两个晶体生长炉，分别由两个控制器控制。其他金属合金实验是利用晶体炉的余热进行，一个是熔体的浸润角测量，另一个是空间热学参数测量。1997年秋，在NASA的肯尼迪航天中心安装G-432桶，1998年初在航天飞机第STS-89航班飞行。但由于NASA航天飞机航班的时间延迟和其他因素，空间实验未能通电，导致空飞而返，实验未能如愿进行。

1997年后，对功率移动炉再作进一步改进，拟在G-438搭载桶上生长GaAs单晶。提出了一种两阶段的温场移动模式，采用内部总线是16位的80C186作为CPU。为提高运算速度，改G-432的开环控制为闭环控制，用积分分离的PID控制算法，消除积分饱和增加了系统的稳定性，控温精度可达±0.3℃。G-438只做了前期研究，没有进入实施阶段。

空间热学参数的研究也是中国载人航天工程一期的子课题，是研究在无重力对流下的温度和温场分布并将其与地面的数据进行比较，以提供地面模拟空间实验的修正依据。通过地面模拟搭载桶内对各种气压下的传导热损失和熔炉中心温度随时间变化，完成了不同热源和热电偶位置变化的系统测量，以及熔炉绝热性能计算和各部件相对布局的研究。1996年对国内卫星搭载的地空数据进行比较，得到了初步的结果。还进一步专项设计了在G-432桶中进行空间热学参数的测量，以便得到更准确的结果，但后来因无效飞行未能得到结果。

五、美国航天飞机G-433搭载桶实验研究

“美国航天飞机G-433搭载桶实验”是载人航天工程批准的两所合作研究项目。根据载人航天工程应用系统总体部的安排，在G-433搭载桶内安排两个搭载项目：①南京紫金山天文台承担“宇宙尘和空间碎片捕集器研制”；

②物理所承担“空间溶液晶体生长”。晶体生长项目由陈万春研究组负责，航天工业部502研究所和电子工业部第18研究所作为合作单位，也参加该项目。他们分别承担空间温度控制器和空间用电池的研制工作。

晶体生长项目的总体目标是：用低温溶液晶体生长方法，在空间生长出一二种晶体，并对空间和地面所生长晶体进行品质鉴定和物性分析。通过空－地对比实验，探索微重力对于晶体生长过程的影响，为中国飞船搭载和空间站上的晶体生长实验作准备。

G-433桶搭载项目的进展分三个阶段：①初样研制阶段（1994～1995），②正样研制阶段（1996～1998），③G-433搭载桶的总装和联试（1998～2000）。在六七年的时间里，陈万春研究组研制完成多套空间晶体生长实验硬件，包括原理样机、工程样机和正样。为使空间搭载实验获得成功，根据应用系统总体部和美国航天飞机空间搭载实验规范，物理所和南京紫金山天文台进行了四次总装和联试。

联试结果表明：G-433桶整体和各分系统运行正常。应用系统总体部总指挥张厚英和美国航天飞机GAS项目总指挥已分别于1998年8月7日 和1998年9月8日在文件上签字批准待命上天。由于美国轰炸中国大使馆事件，影响到航天飞机合作项目。尽管中国科学院与美国国家航空航天局多次交涉，美方还是中断了合作关系，致使最终未有机会在航天飞机上做实验。

六、空间晶体生长实验装置研制

为跟踪国际高技术研究水平，发展中国的微重力科学研究，中科院于1992年10月成立“国家微重力实验室”论证组。经论证组的多次论证，“晶体生长实时原位观察实验装置”立项作为“国家微重力实验室”的建设项目之一。该实验装置的主要功能是用光学方法测量晶体生长速率、生长形态和固/液生长界面，诊断溶液或熔体中流场、浓度场和温度场及其对晶体生长过程的影响，进而可用于优选空间晶体生长的最佳条件。该装置是地面实验设备，包括三套实验系统：①透明晶体生长实验系统，含晶体原料合成和提纯设备、结晶材料筛选等四部分；②实时原位观察系统，包括氩离子激光器、非球面透镜光学器件、光学错位和相移器件等六部分；③纯水处理系统，包括水循环系统、离子交换柱系统和水质诊断和检测三部分。项目负责人是陈万春。物理所负责研制透明晶体生长实验系统和纯水处理系统，合作单位北京大学负责研制实时原位观察系统。该项目于1999年4月通过863计划航天领域专家验收。

1995年陈万春研究组又与北京大学和南京大学合作，开展了863计划项目“空间溶液晶体生长关键技术研究和原理样机研制”研究，研究目标是攻克空间溶液晶体生长原位实时观察的关键技术，并研制先进的小型化原理样机。该原理样机把小型化的晶体生长系统、光学原位实时观察系统两个装置组合在一起，并配备固/液界面光散射观察系统，实现遥控操作功能，为未来在中国空间站上的晶体生长实验做准备[14]。

七、空间半导体区熔生长仿真系统研制

为提高空间晶体生长实验的成功率，在可变温场空间晶体生长炉研制的基础上，结合863计划的任务，葛培文研究组研制了空间半导体区熔生长仿真系统。该系统采用一个数学模型仿真单晶区熔生长，把可变温场空间晶体生长炉实时输出的、反映炉内温场变化的热电偶信号作为边界条件，实时计算出反映晶体生长进程的生长参数。研究人员可在地面中央控制台前了解空间实验状况，并发指令改变空间实验进程，实现对空间晶体生长的遥测遥控。该系统的研制为日后空间材料生长实验系统的研制打下了基础，1998年12月通过中科院组织的鉴定[15]。

参考文献

[1] Zhao D Q, Wang W H, Zhuang Y X, Zhang M, Pan M X. *Phys. Stat. Sol.* A, 1999, 174:337.
[2] Pan M X, Li S P, Zhao D Q, Wang W H, Wen P, Yu Y D, Nie Y X, Zhao S X, Zhuang Y X, Chen X C. *Sci. China* G, 2003, 46:158.
[3] 白海洋, 秦志成, 许应凡, 王文魁. 科学通报, 1990, 36:1142.
[4] 刘日平, 孙力玲, 贺端威, 张湘义, 赵建华, 秦志成, 许应凡, 王文魁. 中国科学, 1997, 27:344.
[5] Chen W C, Ma W Y, Shu J Z. *Sci. China*, 1993, 36:842.
[6] Chen W C, Mai Z H, Ma W Y, Jia S Q, Xu L. *J. Cryst. Growth*, 1990, 99:1273.
[7] Chen W C. *Adv. Astro. Sci.*, 1996, 91:365.
[8] Chen W C, Mai Z H, Kato K. *Chinese Phys. Lett.*, 1998, 15:613.
[9] Chen W C, Liu D D, Ma W Y, Xie A Y, Fang J. *J. Cryst. Growth,* 2002, 234(1−3):413.

[10] Ge P, Nishinaga T, Li C, Huo C, Nakamura T, Huang W, Volushin A E, Molov A A. *Sci. China* A, 2001, 44:762.

[11] Nishinaga T, Ge P, Huo C, He J, Nakamura T. *J. Cryst. Growth*, 1997, 174:96.

[12] Huo C R, Ge P W, Xu Z Y, Zhu Z H. *J. Cryst. Growth*, 1991, 114:486. 1992, 125:135.

[13] Hou M, Liu R, Zhai G, Sun Z, Lu K, Garrabos Y, Evesque P. *Microgravity Sci. Technol.*, 2008, 20:73.

[14] Chen W C, Liu D D, Dang J T. *J. Jpn. Soc. Microgravity Appl.*, 2007, 24:15.

[15] Li C R, Ge P W, Pang Y Z, Zhai Y L, Huo C R, Yu Y D, Zhu Z H. *Cryst. Res. Technol.*, 2003, 38:734.

第二十章　纳米物理与器件

纳米物理与器件研究是纳米科学与技术的组成部分。纳米科学技术是在分子层面上控制、操纵最基本的单元体，并按照人们的意志摆布它们，使其构成具有特殊功能材料的学科。主要是在纳米（10^{-9}米）尺度内，通过物质的反应、输运以及相转换的控制，来创造新材料、新器件，并利用它们在纳米尺度内呈现的奇异特性，探索物质运动的新现象和新规律。它是20世纪80年代末逐步发展起来的交叉、前沿学科研究领域，在信息、材料、能源、环境、化学、生物、医学、微电子、微制造和国防等方面具有广泛的应用前景，已成为全世界关注的重要前沿科技。

第一节　发展概述

1981年扫描隧道显微镜（STM）的发明，为探测研究物质的纳米结构及其物性开辟了新的途径。1985年C_{60}被发现后，使全碳分子纳米材料的结构和物性研究居凝聚态物理的前沿。物理所的纳米科学与技术研究也随即开始，取得了诸多研究成果。

一、研究组的设置及研究方向

中国科学院北京真空物理开放实验室（中科院第一批开放实验室）20世纪80年代中期在国内较早地开展了扫描隧道显微学及其应用的研究，并将研究重点从传统的真空物理及其应用转到纳米科学技术领域。

1996年6月，根据中科院的指示，北京真空物理开放实验室归并到中科院凝聚态物理中心，人员编制由中科院科学仪器厂划到物理所。实验室更名为“中国科学院物理研究所真空物理重点实验室”。

1997年1月1日，真空物理重点实验室正式纳入物理所编制，行政、业务由物理所直接领导。解思深担任实验室主任，高鸿钧任实验室副主任。学术委员会由24位中外专家组成，原真空实验室主任庞世瑾任实验室学术委员会主任，高鸿钧兼实验室学术委员会秘书长。外聘美国、加拿大共6位教授为客座研究员。

1997～2001年，真空物理重点实验室由4个研究组组成。其中CV01组主要研究半导体表面的原子操纵及纳米自组装体系的形成、生长与机理，CV02组从事有机功能薄膜的制备、凝聚态特性及其应用于超高密度信息存储的研究，CV03组是关于超硬材料金刚石和$\beta-C_3N_4$薄膜的探索研究，这3个是原真空实验室的研究组；CV04组是物理所从事纳米材料与介观物理研究的研究组，主要研究方向为纳米碳管的制备及其凝聚态特性。2002年，实验室顺利通过了5年一次的国家重点实验室（含部分部门开放实验室）评估。

2001年在原真空物理重点实验室的基础上，吸纳了物理所的其他研究组，组建成“纳米物理与器件实验室”（简称“纳米实验室”）。原真空物理实验室仍属于中科院院级的开放实验室。纳米实验室由高鸿钧任主任，朱道本任学术委员会主任，师昌绪、王大珩和赵忠贤为学术委员会高级学术顾问。成立之初由5个研究组（编号为N01、N02、N03、N04及N05）组成。

N01组主要从事SiC单晶和GaN晶体生长研究以及低维材料制备、新型双折射晶体材料的探索、多晶X射线衍射结构分析、超导单晶$(La, Ba)_2CuO_4$晶体生长。组长为陈小龙。

N02组主要研究锂在碳纳米管的储存、锂在含孔材料中的反常极化现象、锂添加纳米Al_2O_3的复合聚合物电解质研究、电动车用锂离子电池的研发等。组长为黄学杰。

N03组主要研究扫描隧道显微镜的纳米云纹实验、氧化铝模板（AAO）表面自组织条纹的形成、DL-缬氨酸分子晶体结构研究等。组长为杨海强。

N04组主要从事纳探测-有机分子束外延-低温扫描隧道显微学，磁性金属纳米粒子的制备及表征，硫醇包裹的金属纳米粒子的合成的研究等。组长为高鸿钧。

N05组主要从事单电子器件研究、纳米器件的制备技术研究、纳米器件的多功能单片集成等。组长为王太宏。

2004年N03组撤销；2005年N05组撤销。

2005年纳米实验室新增设了N06组，主要从事纳晶染料敏化太阳能电池和光子晶体的研究。组长为孟庆波。

2009年5月，物理所科研布局调整，隶属于纳米物理与器件实验室的“纳米离子学与能源材料”(N02)、“太阳能材料与器件”(N06）两个研究组分出，并以此为主体组建了新的清洁能源实验室。同时纳米实验室又新成立了低维纳米材料及其物理研究组（N07)，主要开展石墨烯纳米条带的可控制备、石墨烯纳米器件的设计加工和制作及相关物理特性方面的研究，组长张广宇。原软物质物理实验室的徐红星组调入纳米实验室，成立纳米等离子体及其应用研究研究组（N03)，研究方向是基于金属纳米结构的表面等离激元共振的等离激元光子学，即在纳米尺度上对光进行操控和研究，组长徐红星。徐红星担任了新一届纳米物理与器件实验室主任，朱道本任学术委员会主任。

二、重要科研成果及人才培养

解思深研究组关于定向生长多壁碳纳米管的工作，被美国科学信息研究所评为1981～1998年最有影响力的文章之一，获经典引文奖（ISI Citation Classic Awards)。他们制备出的管径接近理论极限的0.5纳米最细碳纳米管，被评为2000年中国基础研究十大进展之一。因为碳纳米管的研究工作，项目主要完成人解思深被授予1999年桥口隆吉基金奖、2000年何梁何利基金科学与技术进步奖和2002年周培源基金会物理奖等多项重要奖项。碳纳米管系列研究工作还分别被评为1998年、2000年“中国基础科学研究十大新闻”，获2001年中科院自然科学一等奖，2002年国家自然科学二等奖。

北京真空物理开放实验室在并入物理所后，以扫描隧道显微镜为主要研究手段，紧紧围绕原子操纵的机理这一核心内容，对硅（111）表面的原子操纵的机理及其稳定性进行了详细研究。另一个主要项目“超高密度信息存储的研究”，获由两院院士评选的“1997年度中国十大科技进展”“2001年度中国基础研究十大新闻”。

2002年，高鸿钧获“第七届中国青年科技奖”。同年，高鸿钧获中国真空学会“真空科学成就奖”。2008年，高鸿钧、时东霞等与化学所的合作成果“原子分子操纵、组装及其特性的STM研究”获国家自然科学二等奖。2008年，高鸿钧获海外华人物理学会“亚洲成就奖”。2009年10月，高鸿钧在量子结构构造的理解与控制研究方面的基础性贡献，获发展中国家科学院（TWAS）2009年度物理奖。2010年，高鸿钧获德国“洪堡研究奖”(Humboldt Research Award)。

1996～2010年底，纳米物理与器件实验室（包括原真空物理开放实验室）共培养了127名博士研究生，13名博士后。实验室与北京大学、中国科技大学、山东大学、兰州大学等单位合作，联合培养了博士研究生11名、硕士研究生11名。

三、学术交流活动

1996年9月8～12日，实验室主办了第四届国际纳米科学与技术会议（NANO IV)，这也是唯一一次在亚洲举办的国际纳米科学技术系列性会议。

2001年5月25～27日，由真空物理重点实验室和中国真空学会表面与纳米科学专业委员会共同主办了“2001年纳米和表面科学与技术全国会议”。

在真空物理重点实验室时期，该室学术委员会主席庞世瑾担任中国真空学会理事长，实验室副主任高鸿钧担任真空学会副秘书长，而中国真空科技领域中的知名学者吴全德、华中一、袁磊、薛增泉等都以不同形式参与过实验室的工作。

纳米物理与器件实验室成立后继续坚持开展广泛的学术交流。2003年，该实验室和中国真空学会表面与纳米科学专业委员会共同主办了“纳米和表面科学与技术全国会议暨国际真空科学技术与应用联合会第92届执委会八学科亮点研讨会”，此后又组织了两届该领域的系列会议。

2005年，纳米物理与器件实验室和中国真空学会表面与纳米科学专业委员会共同主办了“纳米和表面科学与技术全国会议”。

2007～2010年，中科院“纳米材料及其器件物理研究”国际合作团队研讨会连续在物理所举行。

高鸿钧自2005年起担任国际真空、科学与技术应用联合会（IUVSTA）纳米科学委员会副主席，2010年当选为该委员会主席，这是华人科学家首次担任该国际组织主席一职。

2009年，高鸿钧担任中国真空学会副理事长，郭海明任中国真空学会副秘书长。

第二节　碳纳米管的控制生长、结构及性能的研究

碳纳米管作为典型的一维量子材料自1991年被发现以来，由于其独特的结构、奇特的物理性质和卓越的力学性能而具有潜在的广泛应用前景，已成为新型功能材料和结构材料的重点研究对象之一，并有望为材料科学带来一场革命。在国家自然科学基金委、科技部和中科院的共同支持下，解思深研究组在碳纳米管的控制生长、结构及性能的研究工作中取得多项原创性研究成果。

一、碳纳米管的制备

纳米材料与介观物理研究组于1990年建立，组长解思深，编号412，开展全碳分子（主要是富勒烯和碳纳米管）纳米材料和其他相关纳米材料的制备、结构与物性的研究。2003年编入先进材料与结构分析实验室，组别A05。2008年周维亚接任该研究组组长。

1992年初，解思深研究组在国内率先开展了碳纳米管研究。针对碳纳米管制备过程中，碳纳米管的直径、取向和结构无法控制的问题，经过1994～1996年3年的努力，发明了多壁碳纳米管制备过程中对碳纳米管直径和取向进行控制的模板生长方法。在孔内含有纳米催化剂颗粒的、多孔的二氧化硅的衬底上生长出大面积的、高密度的、离散分布的定向碳纳米管阵列（图1），初步实现了对碳纳米管直径和取向的控制，并已获中国发明专利。在改进生长工艺后制备出的离散分布、高密度和高纯度的定向碳纳米管阵列中，几乎所有的碳管呈直线状，它们的直径均匀（约20纳米）、彼此平行、均保持与衬底垂直，碳纳米管之间的距离为100纳米左右，其间只含少量杂质，解决了碳纳米管的混乱取向和相互纠缠的问题[1]。在美国国家科技委员会（NSTC）、技术委员会（CT）和纳米科技与工程联合工作组（IWGN）编写的《世界范围内纳米结构的科学与技术调研》（*Nanostructure Science and Technology, A World Study*）中，将该研究组定向生长多壁碳纳米管的方法列为四种主要方法之一。据科技部科技信息研究所统计，《定向生长多壁碳纳米管》一文[1]被评为1998年全国单篇引用数第四和1999年全国单篇引用数第一；该文章还被美国科学信息研究所评为1981～1998年最有影响力的文章之一，获经典引文奖。

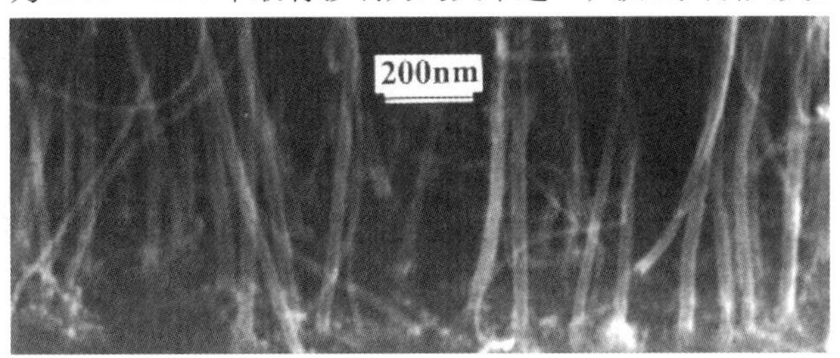

图1　化学气相沉积法制备的定向生长的大面积、离散分布的多壁碳纳米管阵列

碳纳米管的生长模式是长期争论的科学问题，1998年解思深研究组实现了碳纳米管生长模式的控制，用新工艺实现了催化剂颗粒集中在碳纳米管顶部的顶端生长方式[2]，并大批量地制备出大面积、离散分布的超长碳纳米管阵列[3]。制得的碳纳米管直径均匀（约20纳米），间距为100纳米，长度达2～3毫米（图2），比当时国际上碳管的长度提高了一二个数量级。碳纳米管阵列自衬底上易于剥离，根部呈自然开口状态，是当时报道的最简单的获得开口碳管的方法。相关文章在*Nature*上发表，并受到国内外学术界的高度评价。英国《金融时报》对该项工作进行了报道。

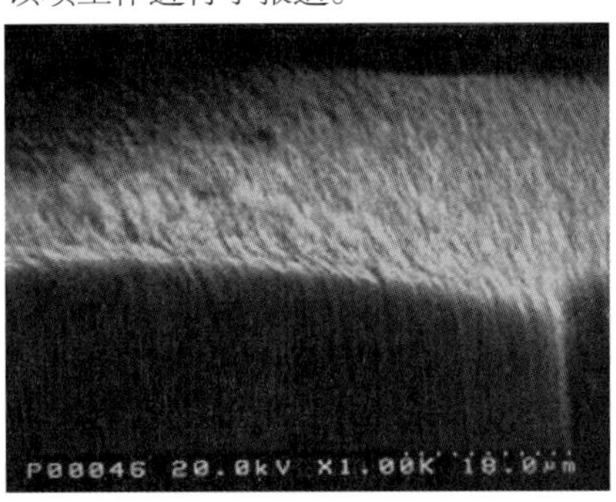

图2　根部呈自然开口状态的定向碳纳米管阵列

在电弧放电法生长多壁碳纳米管的动力学研究中，得到了分形、弥散及图斑生长的3种模式；在制备单壁碳纳米管的研究中，产量和质量均接近国际水平。2000年利用碳纳米管

作为阳极材料，二次电弧放电，制备出当时世界上内径最细的（0.5纳米）的碳纳米管，其管径接近了当时的理论极限（0.4纳米），这项开创性的工作在*Nature*上发表[4]。另外指出了通过制备最细碳纳米管可能实现碳纳米管的结构控制生长的技术路线。英国广播公司新闻在线对此结果给予了报道，该成果被评为2000年中国基础研究的十大进展之一。

2002年，研究组利用浮动催化化学气相沉积法以硫为促进剂，合成出了双壁碳纳米管[5]，2006年改变实验条件，制备出单壁碳纳米管束的环形结构[6]，开展了一系列的相关物性研究。

2004年，研究组利用改进的浮动催化化学气相沉积法直接合成出宏观尺度单壁碳纳米管无纺布[7]，在此基础上于2007年直接制备出高导电、透明、高力学强度的单壁碳纳米管宏观尺度薄膜，为开展单壁碳纳米管宏观尺度薄膜的应用基础研究奠定了基础。通常获得碳纳米管薄膜的主要方法是将已制备好的碳纳米管分散于液体中，通过纯化-过滤-沉积等工序得到宏观尺度的薄膜。采用这种制备方法制备的薄膜，由于碳管束之间的连接都是较弱的搭接，导致薄膜的电导率和力学强度只有单束碳纳米管的1%。该研究组发展了直接制备宏观尺度高导电、高强度、透明单壁碳纳米管薄膜的化学气相沉积（CVD）方法，制备出由单壁碳纳米管束组成、无支撑的、面积可达100厘米^{2}以上的薄膜，薄膜具有厚度可调（100～1000纳米）、高透明度（约70%）、高电导率（约2000西/厘米）、高强度（约360兆帕）等特点，解决了薄膜的均匀性、纯度、厚度控制等一系列问题。相比利用后处理方法得到的薄膜，直接生长的单壁碳纳米管薄膜中碳管束之间保留着在高温下形成的天然良好接触，导致其力学强度及电导率分别提高了一个数量级（比强度超过金属薄膜）。特别是对于厚度为100纳米左右的超薄碳纳米管薄膜，良好的均匀性大大降低了光散射，令其表现出透明的形貌特点（可见光透过率70%），优良的力学性能保证其能够方便地转移到任何基底上，高电导率使其作为柔性透明导电材料有着良好的应用前景。该项研究工作在*Nano Lett.*上发表[8]，被评为当期的热点文章。

二、碳纳米管的物性研究

超长碳纳米管开辟了用常规实验手段研究碳纳米管性质的方向，并首次用常规实验手段研究了碳纳米管力学、热学性能，是国际领先的工作。研究组用超长碳纳米管和一种小型拉伸装置，直接研究了碳管的拉伸特性，得到碳管的杨氏模量和抗拉强度[9]；用原子力显微镜技术得到单根碳纳米管的径向压缩弹性模量与形变呈非线性关系[10]；研究了碳纳米管热传导、热电势和比热等热学性质[11]。用四波混频的方法观测到碳纳米管的三阶光学非线性效应[12]。定向、开口碳纳米管阵列的电子场发射研究获得先进指标[13]。

将连续介质的弹性理论和微分几何的理论应用到具有六方网状结构的碳纳米管中，引入轴向螺位错得到碳纳米管自发弯曲曲率的合理解释，并推演出具有微形变碳纳米管的总弹性自由能表达式、微形变碳纳米管的平衡形状方程和可能的形状，如正弦曲线状、扭曲状、念珠状等。理论结果与实验相符[14]。

对由碳纳米管薄膜拧制而成的碳纳米管纤维样品的拉伸曲线测试结果表明，碳纳米管纤维的拉伸强度为550～800兆帕，杨氏模量9～15吉帕，比原始的碳纳米管薄膜的拉伸强度提高了一倍多。测量了处于拉伸状态下的薄膜及纤维的拉曼光谱，研究了其在宏观应变之下的变化规律，据此分析了碳纳米管宏观薄膜及纤维结构中的微观力学过程，发现宏观样品中只有百分之几的形变是来自于碳管的轴向拉伸，其余均来自于其中碳管的定向和滑动。提出了宏观碳管结构中应变传递因子的概念，并将其用于碳纳米管薄膜及纤维杨氏模量的预测，预测结果与实验值能够非常好地相符。分析了由薄膜拧制成纤维的过程，指出对薄膜的拧制所引入的预拉伸和径向压力分别提高了碳管的定向度和管束间耦合强度，使得碳纳米管纤维相比薄膜有更好的力学性能。结合测试结果分析了碳纳米管纤维的直径、扭转角对其力学性能的影响，其结论可用于其他方法制备的宏观碳纳米管纤维/绳。相关结果在*Adv. Mater.*上发表[15]，并被选为内封面。

三、碳纳米管若干可能应用的设计

针对纳米尺度碳纳米管新型增强体，需要设计结构新颖的力承载与传递结构单元。为此，获得高性能的碳纳米管增强复合材料的关键是提高碳管含量、增大界面强度，使碳管在基体中能够定向且尽量伸直。直接将碳纳米管分散到聚合物基体中虽然简单易行，但并不适合碳纳米管这种纳米尺度的新型增强材料，需要用新思路发展不同于传统复合材料工艺的新方法。解思深研究组与国家纳米科学中心张忠研究组等单位开展合作研究，利用CVD方法预先制备出宏观尺度连续的碳纳米管网络，作为新型的应力传递载体，实现了碳纳米管和聚合物分子链段在分子尺度内相互耦合，使材料宏观应变传递到碳纳米管轴向应变的传递效率是常规方法制备的碳管增强复合材料的数倍。研究结果表明，碳纳米管的体积含量可达30% ~ 50%，力学强度可达1.6吉帕，高于同等体积含量的碳纤维增强复合条带。在传统复合材料混合定则基础上，创新性地提出了适用于碳纳米管增强复合材料新的混合定则，用以描述碳纳米管增强体与聚合物在分子尺度的耦合对复合材料宏观力学性能的影响（图3）。研究结果在*Nano Lett.*上发表[16]，并被Nature China网站以*Composites: True Strength Lies Within*为题作为研究亮点予以专门报道。

充分利用直接生长的柔性碳纳米管薄膜高导电、高力学性能、高自吸附力等特点，将碳纳米管薄膜应用于卷绕式超级电容器。液相法平铺碳纳米管薄膜扩展了碳纳米管薄膜面积和厚度，解决了碳纳米管薄膜面积和厚度在制备大容量超级电容器方面的限制。直接利用碳纳米管薄膜作为电极材料，无需金属薄片作为集流器，既简化电容器的结构又减轻了超级电容器的重量；由于碳纳米管薄膜电极的等效串联电阻小，因此这种薄膜电极材料的能量密度和功率密度得到了有效的提高，计算得到电极的质量比电容为35法/克，能量密度为43.7瓦·时/千克，最大功率密度为197.3千瓦/千克。该项工作已获得中国发明专利。

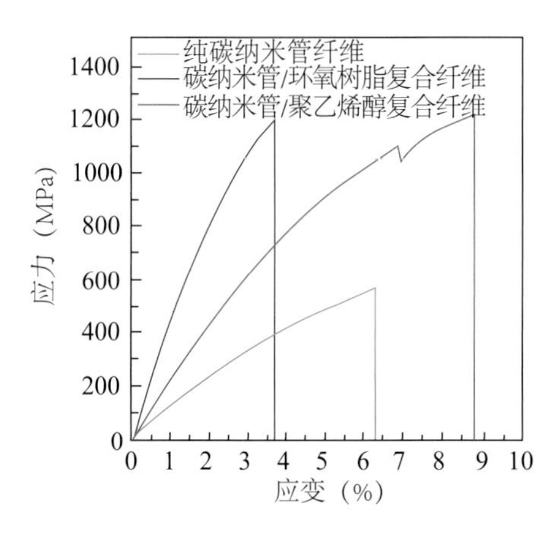

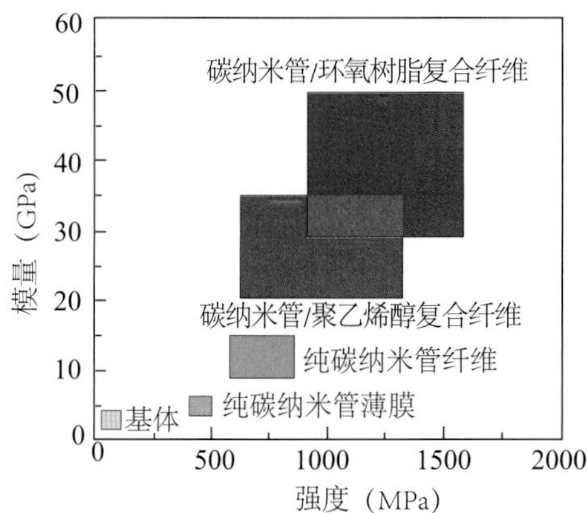

图3　碳纳米管复合纤维的拉伸曲线（上）和聚合物基体、碳纳米管宏观结构及复合纤维的力学性质汇总（下）

国际组织及各国政府、科技界等对如何预防电磁波干扰给予高度重视，并制定了严格的法规来限制电磁波辐射容量。为防止电磁波辐射造成的干扰与泄漏，采用电磁屏蔽材料进行屏蔽是主要的方法。解思深研究组与中国航空工业第一集团公司北京航空材料研究院合作研究的成果“碳纳米管无纺布电磁屏蔽复合材料的制备方法”，获得了中国发明专利。该发明的目的是提供一种重量轻、屏蔽效率高且能保持高透明性的单壁碳纳米管无纺布电磁屏蔽复合材料的制备方法。

2009年，鉴于物理所在新材料探索、材料物理及材料应用等方面的系列研究成果受到国际同行的广泛关注，应德国*Adv. Mater.*约稿，由物理所撰写的14篇文章组成的专刊于当年12月出版，关于碳纳米管（其中涉及碳纳米管无纺布、连续碳管网络和纤维）的研究进展是其中5篇评论之一[17]。

第三节　未来信息材料及其器件物理

现代电子学正经历一个从微电子学到纳米电子学的发展过渡时期。作为电子学的主流器件之一的信息存储器件，密度达到10^{10}比特/厘米^{2}就称为超高密度。鉴于扫描探针显微镜的发展，技术方面已不存在障碍，当时比较可行的办法是用传统的存储原理与扫描局域探针技术相结合，利用存储材料的相变、电荷存储、化学反应和电学性质变化等特性，对其用扫描探针施加局域的电、磁、光、热等作用，将扫描探针显微镜的高分辨特性转化为信息的超高密度存储。

一、有机功能材料及其在信息存储中的应用

真空物理实验室自1989年转入物理所前即已开始了有机功能材料及其在信息存储中的应用的探索和研究，

至1996年取得了重大突破。该项目的科研人员所寻求的是具有电学双稳态的有机电荷转移复合物薄膜材料，他们研制了主要用于制备有机复合薄膜的离子团束－飞行时间质谱（ICB-TOFMS）联合系统，发现了奇特的、具有反对称性的自组装“海马”分形结构。高鸿钧与合作者建立了在纯数学复空间中，计算模拟出的“海马”与真实物理体系中的“海马”间的关系。该研究成果是1998年美国物理学会年会的特邀报告之一，其分形图案被选作国际期刊*Fractal*的封面，还被美国田纳西大学选中用作招生简章材料。

高鸿钧等于2000年在对硝基苯甲腈（PNBN）薄膜上实现了写入和擦除最小点径为0.6纳米（为单个小分子的水平）的信息点阵（图4），相应存储密度比国外1998年的结果又提高了一个数量级，这是当时世界上信息存储密度最高的实验结果。在两个小时的扫描过程中，信息记录图案非常稳定，没有发生可观察到的变化。该项成果入选1997年中国十大科技进展；2001年，“超高密度信息存储的理论和实验研究”入选中国基础研究十大新闻。

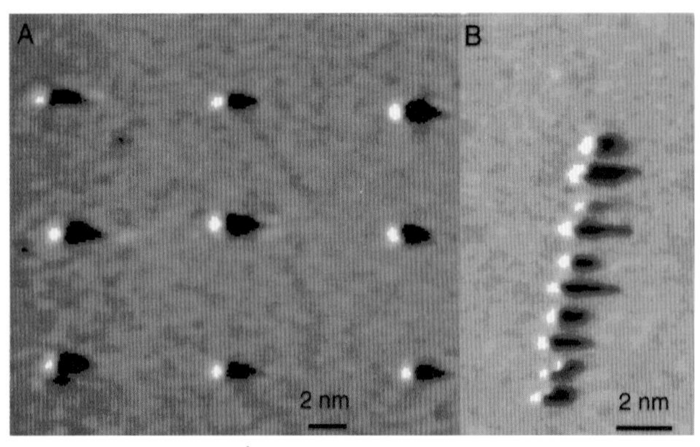

图4　在PNBN薄膜上得到的直径0.6纳米的存储点，对应存储密度达到10^{14}比特/厘米^2

此后，科研人员对信息功能材料进行了系统探索，致力于设计具有优良结构与特性的有机分子，首次在轮烷分子固态薄膜中实现了分子导电性的转变和超高密度信息存储。通过STM针尖在轮烷分子薄膜上施加电压脉冲，在分子尺度上诱导了两个数量级的非常稳定的导电特性转变，在薄膜上重复记录了尺寸为3～4纳米的信息点。进而又在单个分子和亚分子的水平上，研究了单个H_2分子的结构与电导转变。这是该类分子结构与电导转变的直接证据[18]。

二、原子操纵与纳米加工研究

原子操纵与纳米加工研究主要在原真空物理实验室取得的成果基础上进行。真空物理实验室在国内率先开展了这项研究，在原子操纵方面曾开展对硅表面的单原子群体的移植及机理的研究，独创应用电流扫描法，首次实现了沿表面特定晶格方向的单原子有序移植，其宽度为硅表面的单胞。同时，首次将沟槽中移出的硅原子又在指定的位置沉积为一维结构，解决了原子操纵四个难题中的两个，使具有中国特色的原子操纵处于国际前沿。在硅表面用原子操纵的方法写下纳米尺寸的数字“100”（图5）和汉字“中国”等，被媒体誉为“搬动原子写中国”。该项研究被评为1994年国家十大科技进展之一。

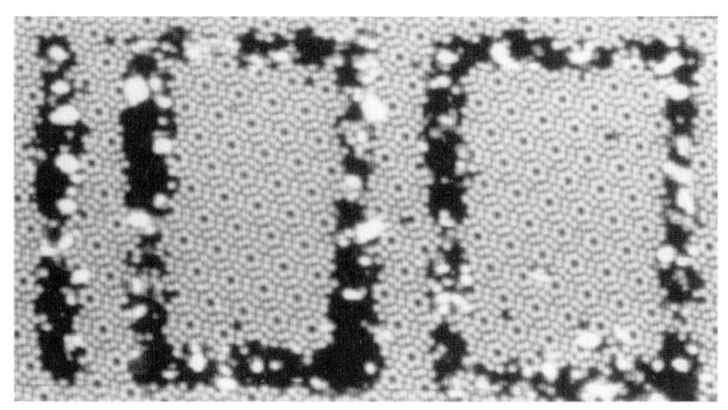

图5　在硅（111）表面用原子操纵的方法写下纳米尺寸的数字“100”

研究人员继续以STM为主要研究手段，对硅（111）表面的原子操纵机理及其稳定性进行了详细研究。2002年以后，对原子操纵的研究逐渐转移了研究的重点。

由研究组自行设计，德国Omicron公司制造生产的UHV-Nanoprobe-OMBE-LTSTM系统，是中国自行设计的世界上第一台可原位研究体系的表面纳米结构、电子态结构与纳米体系电子输运性质的综合系统。该设备还用于有机功能材料的合成、制备与组装，单分子结构与特性、纳米电子和分子器件结构与特性及超高密度信息存储的研究。

纳米探针主要用于纳米电学性质的测量，所以其针尖的位置、形态、定位精度、防震设施、前置电流放大等方面并不适合于获得原子分辨。实验中经过科研人员认真研究，改进针尖制备工艺，尽可能降低噪声干扰，获得了高定向裂解石墨（HOPG）的原子分辨图像。

三、低维纳米材料的生长及结构特性表征

鉴于金属磁性纳米粒子在催化、发光材料、高密度磁存储材料以及纳米器件等领域具有潜在的应用价值，它们的制备和组装技术是纳米科技的前沿课题之一。

2002年，高鸿钧研究组采用高温还原法、金属有机物热解法、醇热解还原法等方法，制备出不同晶相的磁性表面活性剂包覆的金属钴纳米粒子，得到不同粒径分布的单分散的金属钴纳米粒子。另一项工作是硫醇包裹的金属钯纳米粒子的合成，因为金属钯在有机合成、环境保护、能源领域有着重要的作用。研究表明，其催化效果强烈地依赖于钯颗粒的尺寸。

自2003年起研究组开展硼一维纳米结构材料的探索研究。2004年，采用高温液相还原方法，制备出单分散的磁性金属Co、Co/Pd、Co/Pt、Fe_3O_4纳米粒子和半导体量子点CdSe，得到尺寸均一、分布窄的磁性纳米粒子，并自组装形成了大面积的Co、Fe_3O_4、Co/Pd超晶格结构。通过调节不同表面活性剂的摩尔比，可以调控纳米粒子的尺寸。

Fe_3O_4具有特殊的半金属铁磁特性，在高密度信息存储、催化剂、生物制药和化学传感器等领域有很大的应用价值，是最受关注的磁性纳米材料之一。2005年研究组利用等离子体溅射$\alpha-Fe_2O_3$基底的方法，在未使用任何模板和催化剂的条件下，首次成功制备出大面积高定向的一维Fe_3O_4“纳米金字塔”阵列[19]，该成果对高密度信息存储和纳米结构的磁性研究具有重要意义。

研究组采用碳热还原法，2007年在硅基底上首次制备出大面积的单晶硼纳米锥。结果显示，不同硼纳米锥的电导率与本体硼纳米锥相比，提高了一个数量级。首次得到了硼纳米锥的场发射特性，发现硼纳米锥具有较低的开启电场。硼一维纳米结构材料有望成为一个新的显示器材料，这一结果也是当时第一次报道硼纳米结构材料的场发射特性[20]。

四、扫描隧道显微镜成像机制研究

对Si(111)－7×7表面上顶戴原子（adatom）和静止原子（rest atom）的直接观察，是扫描隧道显微镜（STM）出现以来所追求的目标之一。然而直到2003年，国际上没有一个研究组能用STM同时直接“看到”Si(111)－7×7单胞中的12个顶戴原子和无层错半单胞中的6个静止原子。2004年，高鸿钧等利用室温超高真空扫描隧道显微镜，通过改进扫描隧道显微镜针尖，首先用扫描隧道显微镜同时清晰地分辨出单胞中的所有6个静止原子和12个顶戴原子，并且静止原子的亮度与无层错半单胞中心顶戴原子的亮度相同（图6）。该成果显示了自STM发明20年以来最高分辨的Si(111)－7×7的STM图像，表明通过对STM针尖的进一步修饰和改进，可以获得表面纳米结构中更加精细的电子结构信息，这对纳米和表面科学领域具有重要意义。

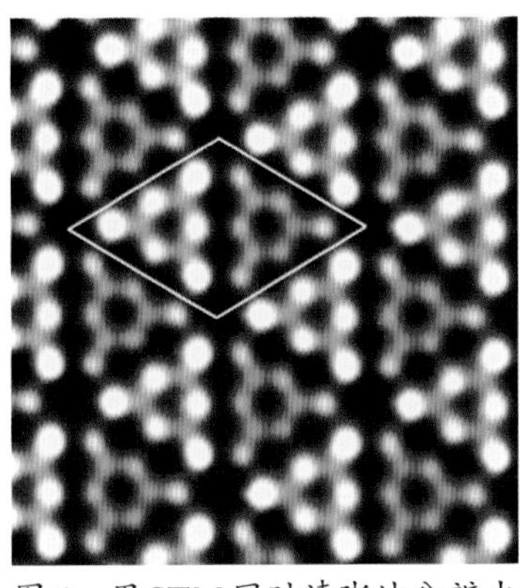

图6　用STM同时清晰地分辨出单胞中的所有6个静止原子和12个顶戴原子，得到了国际上最高分辨的Si(111)－7×7表面STM图像

高鸿钧等在Si(111)－7×7表面研究的基础上，系统研究了锗在该表面上的初期吸附。2005年他们发现初期吸附时单个的锗原子位于Si(111)－7×7表面的顶戴原子位置，并优先取代有层错半单胞内角顶戴原子的位置，STM图像中锗原子所在位置的起伏度远小于它的共价半径，证明存在锗替代硅的吸附机制。该实验结果与理论结果完全符合，解决了20多年来锗在Si(111)－7×7表面上初期吸附位置在理论和实验上一直悬而未决的问题[21]。

2006年，高鸿钧研究组研究了特殊的针尖状态对STM成像的可能贡献，得到对二萘嵌苯（perylene）分子特定电子态的选择性成像，提出了反衬度分子像是由于二萘嵌苯分子吸附在钨针尖表面而成像的模型。这项工作证明了二萘嵌苯分子轨道作为STM针尖轨道的成像机制，扩展了对分子纳米体系STM成像结果的认识，并且完善了扫描隧道电子显微学的成像理论[22]。

五、功能有机分子在金属表面的自组装和界面结构研究

高鸿钧研究组对纳米分子体系及其在单晶表面上的组装、相互作用机制和生长特性进行了系统研究，拓展了对有机功能分子纳米体系的控制能力，发展了有机功能分子在固体表面生长的理论与方法[23]。

纳米结构的很多应用是通过有机功能分子的吸附来实现的。可控、有选择性地在纳米结构的不同表面，吸附上具有不同功能的分子，对设计及组装功能纳米结构具有重要意义。通常是采用模板方法来实现纳米结构（包括功能分子纳米结构）的可控制备，如何采用非模板方法实现功能纳米结构的可控自组装和选择性吸附极具挑战性。研究组与合作者开创了一种新的外延生长A/B有

序纳米结构的新途径——非模板选择性自组装，对三维有序组装和各类纳米功能器件的构造具有重要的参考价值和指导意义[24]。

研究组在前期研究了两种有机分子在银单晶不同表面上的选择性吸附工作的基础上，注意到理论计算模拟得到的氧原子垂直入射X射线驻波（NIXSW）相干长度虽与实验结果基本符合，却仍有一定的差异。他们首次提出在NIXSW实验中X射线可能会激发分子中芯电子，使分子从基态跃迁到激发态，分子中产生带有正电荷的芯能级空穴，使得处于外层的价电子从其基态（EIS）迅速重新分布到一个新状态（EFS），以屏蔽所产生的正电荷空穴。该项工作对设计、保护工作于射线辐射下的分子电子器件具有参考价值[25]。

2006年，研究组建立了四探针扫描隧道显微镜－分子束外延（MBE-4P-STM）联合系统，对氧化锌纳米线进行原位的压力诱导电学性质变化的研究，发现在压力诱导作用下，氧化锌纳米线的直流电导会显著降低五个数量级，从而出现金属性与绝缘性的转变。他们还用该四探针电学测量系统研究了单壁碳纳米管／环氧聚合物合成体的直流电导，得到了不同碳纳米管质量分数（p）样品的电导性质，电磁屏蔽效率与直流电导之间的依赖关系也与电磁屏蔽理论十分符合，由此证明单壁碳纳米管／环氧聚合物合成体可以作为一种有效的电磁屏蔽材料[26]。

2007年，研究组利用低温扫描隧道显微镜及扫描隧道谱，在对吸附于金（Au）表面的磁性分子酞菁铁（FePc）的测量中，发现分子中心铁原子在金表面的吸附位置对Kondo效应影响很大。理论分析表明，分子中心铁原子在金表面的吸附位置，不仅影响到局域自旋与自由电子耦合相互作用的强弱，还会影响扫描隧道谱测量中隧穿电子的通道。这是首次报道吸附位置对单分子Kondo效应的调控作用，该结果为单分子自旋态的量子调控提供了新思路[27]。

2008年，研究组实现了具有固定偏心轴的单分子马达及其大面积有序阵列的构筑，首次实现了金表面上具有固定偏心轴的单分子转子及其大面积的有序组装。他们使用的分子是$(t\text{-}Bu)_4$-ZnPc，分子中的氮原子和金表面的金原子形成化学键，为分子提供了一个固定的转动轴，且不在分子的中心，偏心轴为单分子转子的功能扩展提供了平台。此外，他们利用金表面的重构结构首次实现了单分子转子的大面积组装，为分子马达的集成提供了思路[28]。

高鸿钧等与美国范德比尔特大学S. 庞泰利代斯（Pantelides）研究组合作，对金属有机体系中电场对分子扩散的调控进行了深入研究。他们用STM在液氦温度（约77K）下观测到酞菁铁分子在Au(111)表面的扩散现象，并在外加电场的作用下调控了分子在表面的运动和静止，从而实现了分子自组装结构可控和可逆的分解和再组装。同时结合密度泛函理论（DFT）计算，详尽分析了外加电场对控制分子和基底相互作用及对分子在表面扩散势垒的影响，将人为的可控设计和自发的分子自组装特性结合在一起，给设计和构筑纳米尺度下的分子电子器件提供了一条新途径[29]。

分子在表面的动态体系，在科学研究和实际应用中具有非常重要的价值和意义，适用于表面催化、构型转变、分子马达等多种研究方向。研究组通过研究液氦温度下两个典型的表面动态体系，即Au(111)表面的$(t\text{-}Bu)_4$-ZnPc分子马达体系和Au(111)表面的FePc分子流体体系，应用时间分辨隧穿电流谱结合第一性原理计算，确定了体系中分子的构型和吸附能分布，首次通过对时间分辨电流谱的分析获得了FePc在Au(111)表面上吸附能差的分布曲面，解决了在分子动态体系研究中存在的困难问题[30]。

六、高质量单晶石墨烯薄膜的生长制备和结构特性研究

2006～2009年，研究组发现含碳的钌（Ru）单晶在超高真空环境下，经高温退火处理可使碳元素向晶体表面偏析，形成外延单层石墨烯薄膜。他们通过优化生长条件，可获得理想的毫米级外延石墨烯二维单晶材料，并以详尽的实验与理论研究对此进行了证实。这种高质量石墨烯二维量子结构的获得，是中国科学家在该研究领域中独具特色的工作[31]。

研究组随后又提出了固体表面自组织“石墨烯量子点”的新概念，发现了钌表面的石墨烯表现出零维的量子岛（点）特性，构筑了“石墨烯量子点阵列”。该成果为自组织“石墨烯量子点”材料在量子器件中的潜在应用提出了新的概念，并提供了实验与理论依据[32]。

研究组在Ru(0001)表面制备出毫米级高度有序、连续的单晶石墨烯材料后，又用这种单层石墨的莫尔条纹作为基底模板，生长了有机分子薄膜。他们发现，这种莫尔条纹对分子的生长具有调制作用。利用功能有机分

子在Ru(0001)上的石墨烯表面进行自组装，可以形成二维笼目分子晶格。通过这一方法得到的笼目晶格，不仅实验方法简单，而且形成的晶格不会由于基底的影响而使自旋屏蔽。当改变酞菁分子中心金属原子时，分子的自旋也会发生改变，这样可以研究不同自旋下笼目晶格的自旋阻挫。

同期研究组在该表面上还制备出单分散的铂纳米团簇及其阵列，同时还发现了这种团簇的层状生长模式。他们首次使用了一种新的模板Ru(0001)上的外延石墨烯，制备出了铂纳米团簇阵列，这种模板对多种元素具有普适的限制作用[33]。

七、纳米信息器件的构建及其物理研究

王太宏研究组（N05组）对于单电子器件与传统器件的集成，在发展超敏感探测技术方面开展了一系列研究工作，实现了单电子器件与传统高迁移率晶体管的集成，发现可用单电子来调控传统晶体管的动作[34]。这种集成方法很可能是单电子器件走向实用的突破口。利用这种方法，他们还制备出对电荷超敏感的射频单电子晶体管。

王太宏研究组还发展了常规光刻法的纳米加工技术，“纳米电极对”技术和纳米线/纳米管的定位、排序技术。他们采用斜蒸发、异向腐蚀、高电位均匀和模板转换等手段，发展了常规光刻法的纳米加工技术。这种技术具有低成本、快速、大量和无损伤等特点，所制备的两种“纳米电极对”适合于产业化的应用研究。他们研究了光电、敏感多功能纳米器件的单片集成，包括新型高K栅介质、碳纳米管晶体管、碳纳米管互连、透明氧化锌晶体管和纳微机电技术，制备出可产业化的传感器及变送电路。他们受国内企业委托，全面开展了纳米线/纳米管传感器的研究，在生产线上制备出两种纳米传感器，即酒精传感器和硫化氢气体传感器。

2009年，张广宇研究组（N07组）利用等离子辅助化学气相沉积系统、Janis低温强磁场真空系统等设备，以及自己设计的石墨烯NEMS(纳米机电系统)开关器件，在石墨烯纳米条带的可控制备、石墨烯纳米器件的设计加工和制作，以及相关物理特性的研究方面取得了一系列进展。石墨烯NEMS开关器件，即石墨烯悬浮于接触电极（漏极）之上，与栅极形成一个电容，其形变量受栅极电压调控，而石墨烯两端用金属电极（源极）固定，在石墨烯发生形变时与漏极连通或关断。2009年他们利用氢等离子体刻蚀石墨烯，发现石墨烯的面内各向异性刻蚀现象，这种技术是实现具有特定边缘结构（如锯齿形）的石墨烯可控加工的重要手段。他们加工了线宽小于20纳米的石墨烯纳米条带，还加工了其场效应晶体管，开关比达到100以上。2010年，他们通过改进的加工工艺，实现了对线宽小于10纳米的周期性石墨烯纳米结构的可控加工，使其具有全同的锯齿形边缘结构。还利用一种新型低温（550℃）生长技术（等离子体增强CVD），实现了纳米石墨烯在多种基底（SiO_2、玻璃、Al_2O_3、蓝宝石、Si、云母）上的无催化剂生长。所生长的纳米石墨烯薄膜厚度/层数可控，生长过程中无需任何催化剂辅助。此外，他们在4英寸的玻璃基片上直接生长石墨烯，成品可用作透明导电薄膜。

第四节 等离激元光子学

等离激元光子学（plasmonics）是快速发展的一门新兴学科，它在纳米尺度上对光进行操控与研究，其物理基础是金属纳米结构的表面等离激元共振。表面等离激元（surface plasmons，SPs）是金属中自由电子在界面的集体振荡，这种光学特性强烈依赖于金属的材料、结构及周围的环境。表面等离激元可以分为传播的等离激元和局域的等离激元两种类型。基于这两种等离激元的共振特性，金属纳米结构表现出很多奇异的光学性质，使得等离激元光子学在信息科技、生物化学探测、疾病治疗、清洁能源和超分辨成像等很多方面都具有重要的潜在应用。

2005年初，徐红星加入物理所工作，成立等离激元光子学及其应用研究组，2009年该研究组调入纳米物理与器件实验室。由于在等离激元光子学研究方面所取得的突出成绩，他获得2006年度国家杰出青年科学基金，2010年获第十一届中国青年科技奖。

徐红星研究组一直致力于等离激元光子学这一领域的研究，在纳米尺度操控光强、光偏振、光传播、光学力等方面做出了系统工作。他们和合作者首次探测到单个生物分子的表面增强拉曼光谱，从理论和实验两个方面完整解释了表面增强拉曼光谱的主要机理[35,36]。他们发现的金属纳米结构纳间隙的巨大电磁增强效应，是单分子表面增强光谱和其他一些非线性效应的基础。由此发展起来的相关研究领域成为美国物理学会2010年3月会议的一个主题分

会(Z2：Plasmonic Nanogaps)的讨论内容。其他原创性工作还包括：在单分子操控的研究方面，论证了利用表面增强光学力进行单分子捕获的可行性；提出了表面增强拉曼光谱与表面增强荧光的统一理论；首次实现了基于等离激元的纳米全光逻辑，为未来片上集成的光信息处理技术提供了新的可能性。

一、研究了多种不同体系的纳间隙电磁增强效应

对于单个的金纳米线–纳米颗粒耦合的体系，研究组系统测量了表面增强拉曼散射强度对激光偏振方向的依赖关系，发现当入射激光偏振方向垂直于纳米线时，在纳米线和纳米颗粒之间的间隙可产生巨大的电磁场增强，而且该增强效应对纳米颗粒的形状变化并不敏感(图7a)。这项工作在实验上明确证实了通过金属纳米颗粒耦合产生的电磁增强是表面增强拉曼光谱的主要原因。他们首次提出在表面增强拉曼散射中，局域电场增强随入射偏振角度有$\cos^2\theta$的依赖关系，而拉曼发射则与入射激光的偏振无关，因此最终的拉曼增强与入射偏振角度是$\cos^2\theta$的关系[37]。在纳米尺度对光的偏振调控的研究上，他们和以色列魏茨曼(Weizmann)研究所的G.哈兰(Gilad Haran)研究组合作，发现非对称金属纳米颗粒聚集体的表面等离激元的天线效应可改变单个分子发光的偏振方向，可用于制备纳米尺度的光偏振旋转器(图7b)[38]。另外，还对其他多种体系的表面增强拉曼散射特性进行了研究，包括金属纳米孔洞–纳米颗粒、STM针尖–纳米颗粒、纳米花等体系[39]。

二、在纳米尺度上实现对光传播的操控

在纳米尺度上实现对光传播的操控是研发未来纳米光芯片和新型高效传感器的关键，是等离激元光子学领域国际上竞争非常激烈的研究方向。徐红星研究组研究了集成纳米光学芯片的原理和相关技术，取得了很多原创性成果，包括：①利用金属纳米线中传播的等离激元，实现了单分子水平上的表面增强拉曼散射（SERS）的远程激发，解释了这一超灵敏远程激发SERS的机制。②发现了金属纳米线中传播的等离激元与量子点的激子的双向相互作用和相互转化。研究表明，等离激元的传播可以远程激发量子点产生激子，在此过程中能量直接从传播的等离激元转移到激子；并证明了相反的过程，即受激量子点的激子衰减可以激发等离激元[40]。③发现在银纳米线一端激发等离激元传播时，纳米线另一端的出射光沿与纳米线轴线成45°～60°的角度定向发射，而沿着纳米线轴线方向没有出射光。他们与美国莱斯大学的P.努德兰德（Peter Nordlander）组合作，通过纳米线中正向、反向传播的等离激元的法布里–珀罗共振图像，从理论上解释了这种新奇现象[41]。④发现通过光照射银纳米线的一端激发纳米线中传播的等离激元，使其在另一端以光的形

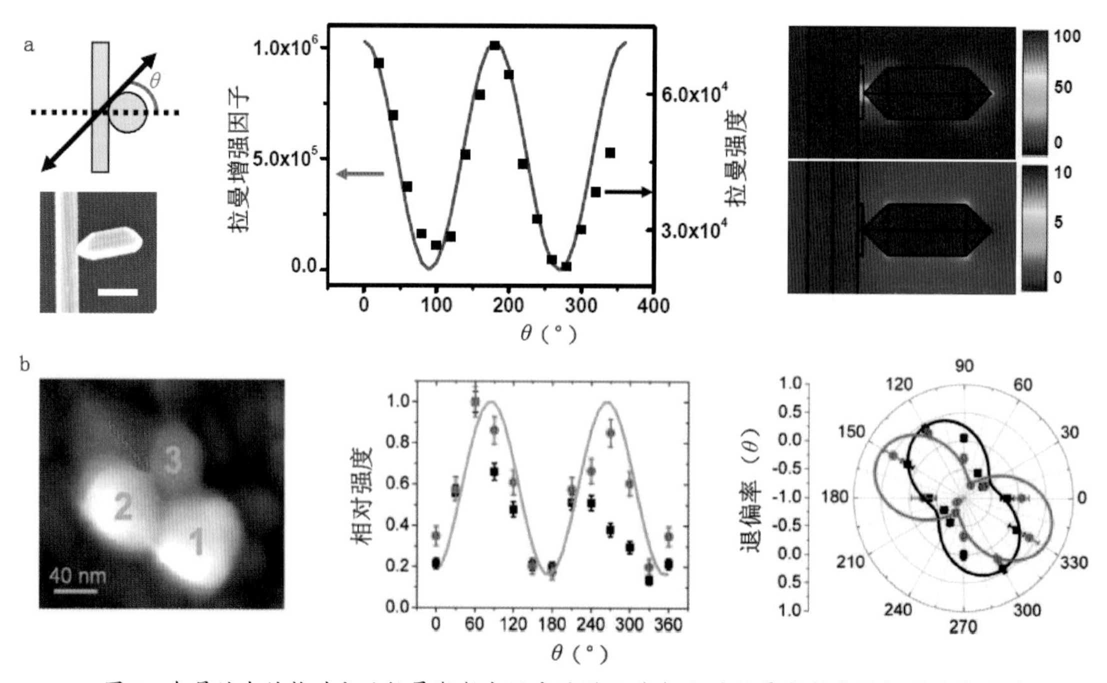

图7　金属纳米结构对分子拉曼散射光强度的增强（a）和对拉曼散射光偏振的旋转（b）

式发射时，有些纳米线波导可保持入射光的偏振，即具有保偏特性，这种特性非常依赖于纳米线的端面形貌。研究发现这与纳米线中不同等离激元模式的激发效率和衰减系数有关。⑤在金属纳米线波导的分叉结构中，通过改变入射光的偏振方向，可以控制等离激元传向不同的波导分支，从而实现纳米尺度的光子路由器；而且在相同的波导分叉结构中，能够控制不同波长的光分开传向不同的波导分支，从而实现纳米尺度的光子信号分离（图8a）[42]。⑥利用量子点的荧光成像，研究了纳米线上等离激元的局域电场强度分布特性，通过调控激发光的偏振和相位等条件，实现了对局域电场强度分布和输出光信号的调控（图8b）；在纳米线网络结构中，利用对输入输出光信号的控制，实现了基本的逻辑运算，并证实四端器件可实现半加器的功能。这些研究成果为未来片上集成光信息处理技术提供了新的可能性。

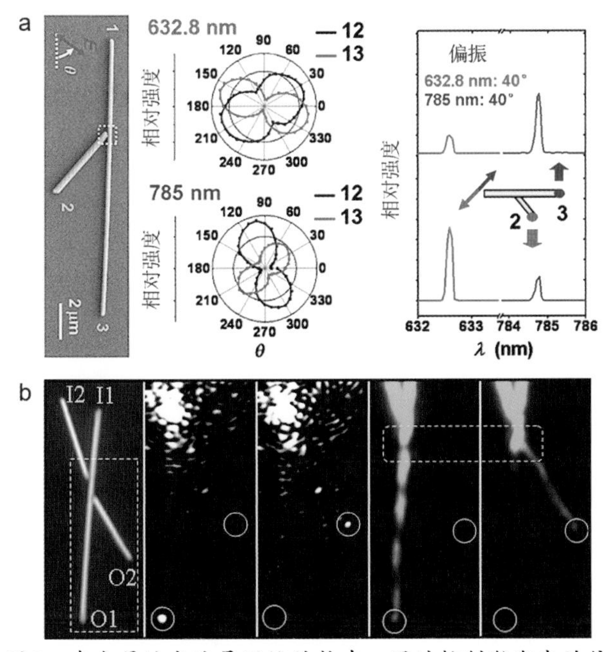

图8　在金属纳米波导网络结构中，通过控制激发光的偏振（a）和相位（b）实现对输出光信号的调控

三、自主研制了国内首台高真空针尖增强拉曼系统

高真空针尖增强拉曼系统结合了扫描隧道显微镜和微区拉曼光谱仪两个系统的优点，具有高的空间分辨率和光学灵敏度；用金/银制作的针尖，除了实现扫描功能外，在激发光照射下可产生很强的局域电磁场，因而可以增强分子的拉曼散射信号。该系统将在研究表面等离激元增强的单分子拉曼光谱及光催化反应等方面发挥重要作用。

参考文献

[1] Li W Z, Xie S S, Qian L X, et al. *Science*, 1996, 274:5293.
[2] Pan Z W, Xie S S, Chang B H, et al. *Chem. Phys. Lett.*, 1999, 299:97.
[3] Pan Z W, Xie S S, Chang B H, et al. *Nature*, 1998, 394:631.
[4] Sun L F, Xie S S, Liu W, et al. *Nature*, 2000, 403:384.
[5] Ci L J, Rao Z L, Zhou Z P, et al. *Chem. Phys. Lett.,* 2002, 359:63.
[6] Song L, Ci L J, Sun L F, et al. *Adv. Mater.*, 2006, 18:1817.
[7] Song L, Ci L, Lv L, et al. *Adv. Mater.*, 2004, 16:1529.
[8] Ma W J, Song L, Yang R, et al. *Nano Lett.*, 2007, 7:2307.
[9] Pan Z W, Xie S S, Lu L, et al. *Appl. Phys. Lett.*, 1999, 74:3152.
[10] Shen W D, Jiang B, Han B S, et al. *Phys. Rev. Lett.*, 2000, 84:3634.
[11] Yi W, Lu L, Zhang D L, et al. *Phys. Rev.* B, 1999, 59:R9015.
[12] Liu X C, Si J H, Chang B H, et al. *Appl. Phys. Lett.*, 1999, 74:164.
[13] Pan Z W, Au F C K, Lai H L, et al. *J. Phys. Chem.* B, 2001, 105:1519.
[14] Xie S S, Li W Z, Qian L X, et al. *Phys. Rev.* B, 1999, 54:16436.
[15] Ma W J, Liu L Q, Yang R, et al. *Adv. Mater.*, 2009, 21:603.
[16] Ma W J, Liu L Q, Zhang Z, et al. *Nano Lett.*, 2009, 9:2855.
[17] Zhou W Y, Bai X D, Wang E G, et al. *Adv. Mater.*, 2009, 21:4565.
[18] Feng M, Gao L, Du S X, Deng Z T, Cheng Z H, Ji W, Zhang D Q, Guo X F, Lin X, Chi L F, Zhu D B, Fuchs H, Gao H J. *Adv. Funct. Mater.,* 2007, 17:770.
[19] Liu F, Cao P J, Zhang H R, Tian J F, Xiao C W, Shen C M, Li J Q, Gao H J. *Adv. Mater.*, 2005, 17:1893.
[20] Liu F, Tian J F, Bao L H, Yang T Z, Shen C M, Lai X Y, Xiao Z M, Xie W G, Deng S Z, Chen J, She J C, Xu N S, Gao H J. *Adv. Mater.*, 2008, 20:2609.
[21] Wang Y L, Gao H J, Guo H M. *Phys. Rev. Lett.*, 2005, 94:106101.
[22] Deng Z T, Lin H, Ji W, Gao L, Lin X, Cheng Z H, He X B, Lu J L, Du S X, Hofer W A, Gao H J. *Phys. Rev. Lett.*, 2006, 96:156102.
[23] Shi D X, Ji W, Lin X, He X B, Lian J C, Gao L, Cai J M, Lin H, Du S X, Lin F, Seidel C, Chi L F, Hofer W A, Fuchs H, Gao H J. *Phys. Rev. Lett.*, 2006, 96:226101.
[24] Du S X, Gao H J, Seidel C, Tsetseris L, Ji W, Kopf H, Chi L F, Fuchs H, Pennycook S J, Pantelides S T. *Phys. Rev. Lett.*, 2006, 97:156105.
[25] Ji W, Lu Z Y, Gao H J. *Phys. Rev. Lett.*, 2006, 97:246101.
[26] Li N, Huang Y, Du F, He X B, Lin X, Gao H J, Ma Y, Li F,

Chen Y, Eklund P C. *Nano Lett.*, 2006, 6:1141.

[27] Gao L, Ji W, Hu Y B, Cheng Z H, Deng Z T, Liu Q, Jiang N, Lin X, Guo W, Du S X, Hofer W A, Xie X C, Gao H J. *Phys. Rev. Lett.*, 2007, 99:106402.

[28] Gao L, Liu Q, Zhang Y Y, Jiang N, Zhang H G, Cheng Z H, Qiu W F, Du S X, Liu Y Q, Hofer W A, Gao H J. *Phys. Rev. Lett.*, 2008, 101:197209.

[29] Jiang N, Zhang Y Y, Liu Q, Cheng Z H, Deng Z T, Du S X, Gao H J, Beck M J, Pantelides S T. *Nano Lett.*, 2010, 10:1184.

[30] Liu Q, Zhang Y Y, Jiang N, Zhang H G, Gao L, Du S X, Gao H J. *Phys. Rev. Lett.*, 2010, 104:166101.

[31] Pan Y, Zhang H G, Shi D X, Sun J T, Du S X, Liu F, Gao H J. *Adv. Mater.*, 2009, 21:2777.

[32] Zhang H G, Greber T. *Phys. Rev. Lett.*, 2010, 105:219701.

[33] Pan Y, Gao M, Huang L, Liu F, Gao H J. *Appl. Phys. Lett.*, 2009, 95:093106.

[34] Wang T H, Li H W, Zhou J M. *Appl. Phys. Rev.*, 2003, 82:3092.

[35] Xu H X, Bjerneld E J, Käll M, Börjesson L. *Phys. Rev. Lett.*, 1999, 83:4357.

[36] Xu H X, Aizpurua J, Käll M, Apell P. *Phys. Rev.* E, 2000, 62:4318.

[37] Wei H, Hao F, Huang Y Z, Nordlander P, Xu H X. *Nano Lett.*, 2008, 8:2497.

[38] Li Z P, Shegai T, Haran G, Xu H X. *ACS Nano*, 2009, 3:637.

[39] Liang H Y, Li Z P, Wang W Z, Wu Y S, Xu H X. *Adv. Mater.*, 2009, 21:4614.

[40] Wei H, Ratchford D, Li X Q, Xu H X, Shih C K. *Nano Lett.*, 2009, 9:4168.

[41] Li Z P, Hao F, Huang Y Z, Fang Y R, Nordlander P, Xu H X. *Nano Lett.*, 2009, 9:4383.

[42] Fang Y R, Li Z P, Huang Y Z, Zhang S P, Nordlander P, Halas N J, Xu H X. *Nano Lett.*, 2010, 10:1950.

第二十一章　软物质物理

软物质或称凝聚态软物质，是指处于固体和理想流体之间的复杂态物质，因其易变形，所以被形象地称为软物质。软物质的基本特性是对微小作用力敏感、非线性响应以及具有自组织行为等，其结构单元之间相互作用弱（约为kT量级），由热涨落和熵主导其运动和变化。软物质物理典型的研究范围包括大分子、胶体、复杂流动系统、颗粒物质以及生命物质等传统凝聚态物理难以覆盖的研究对象和领域。生命系统是典型的软物质系统。

20世纪90年代初期，物理所的科研人员开始了对电流变液的研究。为拓展研究方向，凝聚研究队伍，联合化学、生物领域科研力量，推动中国在软物质研究方面的进程，争取获得某些方面的突破，物理所于2001年4月13日成立软物质物理实验室（以下简称“软物质室”）。软物质室由生物大分子结构分析方法、DNA与蛋白质的动力学、单分子生物物理、超快光谱、离散颗粒的响应与动力学和电流变液及应用、等离子体等研究组组建构成，王鹏业任实验室主任。2009年12月，经中国科学院批准，中国科学院软物质物理重点实验室成立（以下简称“软物质室”），李明任实验室主任。

软物质室以基础研究为主，并向应用基础研究延伸，着重解决软物质与生命物质中的重要科学问题。其研究方向集中在离散颗粒物质的集团响应与动力学、单分子与单细胞生物物理、生物大分子的静态和动态结构研究。软物质室的等离子体物理和生物大分子结构分析方法方面的工作分别在等离子体物理与晶体学学科中表述，在此略去。

第一节　离散颗粒物质的集团响应与动力学

离散颗粒物质的集团响应与动力学，主要涉及由颗粒组成的复合体系的物理和相关材料性质的研究。以孙刚为组长的液态物理研究组，相继开展电流变液、颗粒物质以及复杂液体的结构和性质等相关研究课题。

一、电流变液的研究

电流变液是由介电颗粒和绝缘液体组成的胶体，其剪切强度可在电场作用下连续、快速、可逆调节。它是最好的智能材料之一，可用于实现机–电转换的智能控制，具有广泛和重要的应用前景。1992年，陆坤权看到了电流变液的研究报道，注意到国际上对复杂液体的重视，在研究组内开启了电流变液研究课题。他们主要集中在对纯介电型电流变液的结构和性质的研究，包括电场中两球间作用力测量和研究、颗粒在电场中的取向和结构变化、结构引起的介电性质非线性效应、剪切强度随电场频率的变化关系和剪切强度与颗粒介电常数和电导率的依赖关系等。通过对纯介电型电流变液的研究，逐渐认识到纯介电型电流变液的屈服强度有限，无法满足实际应用的要求。国际上的理论计算也表明，这类电流变液屈服强度的上限约为几千帕。为了克服纯介电型电流变液的弱点，他们于1997年提出在高介电常数颗粒中添加极性分子的设想，并于2000年获得了屈服强度高达30千帕（在3千伏/毫米电场强度下）的电流变液，为当时国际最高水平。2003年该研究组与香港科技大学合作，在国际上首先推出了屈服强度超过100千帕的电流变液，论文发表在*Nat. Mater.*上[1]。陆坤权和沈容又独立制备了多种高屈服强度的电流变液[2]，其中有的综合指标已达到了可应用的标准，并在2004年的第九届国际电（磁）流变液会议上公布这些研究结果，引起了同行关注。后又在美国举行的第十届国际电（磁）流变液会议上作邀请报告。2004年以后，孙刚和王强也加入到电流变液的研究中，并针对这种新型电流变液的物理机理展开研究。通过X射线衍射分析、热失重同步质谱、热失重同步红外谱等方法，对该类电流变液的有效成分作了分析，发现介电颗粒中所吸附的水分子是导致高屈服强度的必要因素。由于水分子是一种极性很强的分子，吸附在颗粒中的水分子在电场的作用下可能重新分布并取向，最终导致屈服力大大增强。在这一设想下，他们建立了相应的理论模型并作相应计算，得到了与实验基本相符的结果。此时，物理所制备的电流变液材料的性能已处于国际最高水平，拥有自主知识产权，并与中科院宁波材料所合作进行材料开发研究。研究组在该领域共发表论文50余篇，申请发明专利6项。

二、颗粒物质研究

颗粒物质在自然界中广泛存在，它所展示出的物理现象非常丰富。随外界条件的改变，颗粒物质可处于类气态、类液态、类固态或这些状态的中间态。颗粒物质的流动性质也与一般流体不同，在颗粒流中经常会出现奇异的变化，不同种类的颗粒流会向不同的地方流动，互相分离。颗粒物质中的这些新奇现象，还不能被连续介质方程或统计物理方法所解释，而这两种方法是研究多体问题的主要方法。因此，研究颗粒物质需要对这些基础物理概念和方法进行扩展和改良。

2000年起，厚美瑛和陆坤权等在颗粒流的稀疏态-密集态转变方面开展了实验与分子动力学模拟研究。首先通过外加电场控制颗粒流，电场可使颗粒极化并导致成拱现象，重力的驱动作用和电场诱导成拱阻滞作用的竞争，使体系中出现密度的波动和流动状态的改变。当逐步增加控制电场的电压并至某个临界值时，初始状态稀疏的颗粒流会突然转变为密集态；当控制电压反向逐步减低时，密集态的颗粒流会在一个不同的临界值转变回到稀疏态，出现磁滞现象。这一现象的机理研究表明，在重力驱动的颗粒流体系中也具有类似电场控制情形下的磁滞特性。这种转变体现为出口处颗粒流量的突然减小。他们揭示了转变的临界流量与临界出口尺寸关系的标度律[3]。同年，他们研究了单个大颗粒在振动流化的小颗粒床中的运动行为，发现了重的大颗粒在振动流化颗粒床中快速向上，而轻的大颗粒则在颗粒床中快速下沉的所谓“反巴西果现象”，并证明间隙气体的存在是造成反巴西果现象的重要条件[4]。他们还研究了流化颗粒体系的等效浮力和阻力作用，发现在颗粒床表面缓慢下沉的球形物体受到的支撑力（等效浮力），与沉入的深度满足很好的幂律关系，慢速向颗粒床中推入的各种形状的物体，在颗粒床的浅层和深层部分受到的阻力曲线有一个从凹到凸的转变。对于流化颗粒床受高速冲击时，冲击物体受到的阻力、颗粒床被冲击流化后形成的溅射和喷柱、颗粒床表面留下的类似陨石坑的形貌等现象，他们的研究发现：在准二维情形下，侵入物所受的阻力主要与其穿行速度成正比的黏性阻力有关；而在三维情形下，则是与其所在位置深度成正比的静压阻力在起作用。二者可以用一个统一的理论模型很好地进行描述。他们还进行了颗粒流能量耗散的研究[5]。

2006年起，厚美瑛等开始在中国“实践”8号卫星上进行空间颗粒运动行为研究的搭载实验项目，得到了宏观颗粒气体“分子”速度的统计分布，发现稀疏颗粒气体的速度分布接近负e指数分布。他们曾在法国抛物线飞机上进行了多次边界条件对速度分布影响的验证实验，为这项研究提供了实验数据。他们还模拟研究在无重力情况下的稀疏颗粒气体因耗散而形成颗粒团簇的现象。该现象具有空间对称性自发破缺的特点，类似于气液体系中范德瓦尔斯分子气体相的分离行为，这种行为可用颗粒流体动力学的理论来描述。他们提出的理论，可计算得出相分离的不稳定边界。他们还研究了三维体系的相分离行为，得出了丰富的相分离形貌，计算给出了三维情形下体系的临界点、临界点附近的两相共存边界及亚稳分解边界[6]。

2008年，厚美瑛等开展了颗粒气体的非线性动力学现象的研究。该项研究是通过实验观察两种不同颗粒在两个连通的样品仓中粒子数的分布，分析得到了振荡布居出现的相图，并阐述了振荡现象的产生是一个超临界霍普夫分岔过程[7]。

孙刚等通过实验和分子动力学的模拟，展开了颗粒流通过瓶颈时的特性研究。他们首先观测了在该体系中发生的稀疏流与密集流间的转变条件及其随时间的变化规律，此后又通过分子动力学模拟给出了在瓶颈附近的局部流量与密度的变化关系。结果表明，局部流量与密度的变化关系，在体系中颗粒数固定的条件下是一个连续函数，其特征为流量在中间密度上有一个极大值和在高密度区有一个端点，并在此端点流量-密度关系以负斜率终止。通过仔细讨论流量与密度的反馈关系，他们发现在固定入口流量的条件下，正斜率的流量-密度关系可保证体系是稳定的（或亚稳定的），而负斜率的流量-密度关系将导致体系不稳定。在固定入口流量的条件下，存在四种流动状态：稳定稀疏流、亚稳定稀疏流、不稳定密集流和稳定密集流。稀疏流向密集流的转变是一个有一定随机性的定态问题，从而否定了相变的解释[8]。类似的流动状态的转变也出现在交通流当中。通过借鉴对颗粒流的研究方法，固定入口流量的交通流也可归类为稳定稀疏流、亚稳定稀疏流、非稳定密集（拥挤）流和稳定密集（堵塞）流四种状态。按照这个新的解释，他们发现通过调节入口流量来控制瓶颈地段的交通流量的方法有缺陷，提出了用固定车辆数来控制交通流的新方法[9]。孙刚等还通过实验和分子动力学模拟方法展开了对两种颗粒在真空中的振动分离的研究。他们仔细观察了在该体系中出现的不完全分离相，发现部分轻球在上面形成一个纯轻球层，而重球与剩下的轻球混合形成下面的混合层，并将这种分离状态称为轻混状态。以这一图像为依据，他们将轻球层厚度与总层厚度比值的两倍定义为一个描写分离程度的序参量，并利用它研究了振动分离与振动频率和振幅，以及两种球密度比的变化关系[10]。他们还研发了一套能控制振动体系真空度的实验装置。利用它可跟踪各种振动分离状态随真空度的变化关系，从而对振动分离现象进行分类。他们归纳出由密度差引起的轻混状态，由气压梯度引起的混轻状态，以及由尺寸差引起的巴西果状态等几种不同的分离相，并对引起这几种振动分离相的物理机制作了初步的分析。

三、液体结构和性质研究

相对于气态和固态，人们对液态结构和性质的认识还很不深入，对高温熔体的研究则更为缺乏。液态不仅普遍存在，还是制备固体材料的母相，因而这方面的研究极其重要，如晶体生长的机理和质量控制均与对液态的认识密切相关。鉴于液态物理研究的重要意义，陆坤权和李晨曦自1990年起在国内率先展开了对液态物理的研究，并建立了高温熔体X射线吸收精细谱（XAFS）的实验方法[11]。这种方法可研究无序态物质的微观结构，为液态结构研究提供新途径。在开发XAFS实验方法的同时，他们还研制了测量高温熔体物性（如密度、黏度、电导率、热电势等）的方法和设备，并利用这些方法和设备研究了一系列高温熔体的物性随成分、温度的变化规律，在一些熔体中确立了物性变化规律与熔体结构的关系。

2006年起，王强和李晨曦展开了对受限水及受限水溶液的研究。他们通过控制介孔中的含水量，得到了介孔内受界面不同程度影响的受限水状态，并对这些状态作了介电损失谱、拉曼谱、差热分析等一系列测量。通过对测量结果的分析，他们发现在发生毛细凝聚现象前，介孔水的吸附为界面水膜逐渐变厚的孔径向生长模式[12]。得到了介孔材料内在不同受限状态下水的液固转变行为，扩展了被广为采用的Gibbs-Thomson公式在受限水相变温度表征的适用条件[13]。他们发现随水膜厚度的减小，介孔内的界面水更倾向于具有低配位的水近邻结构，这一点与自由二氧化硅表面水的结构正好相反。他们详细讨论了介孔材料内水合离子第一配位层的结构特点与体相状态下的差别，XAFS实验研究得到界面水中部分水合离子第一配位层内水分子减少和异号离子增加的现象；观察到介孔内有异号离子配位的吸附在介孔内表面二价铜离子的真空热还原现象，以及随后室温条件下水分子含量控制的一价铜的氧化过程。

第二节 单分子与单细胞生物物理

从单分子和单细胞层次上对生物过程进行研究，是理解复杂生命现象的基础。自20世纪90年代以来，单分子研究技术诸如光镊、磁镊、玻璃微管、单分子荧光、原子力显微镜等迅速发展起来，使人们能够直接操纵并观测单分子或单细胞的运动变化特性以及外界条件对它们的影响。以这些技术为主要手段的大量研究成果，极大地提高了人们对复杂生命现象的认识。

2002～2010年，软物质室先后建立了上述实验研究设备，王鹏业和李明两个研究组对DNA、组蛋白、解旋酶等生物大分子的动力学特性及运动机理进行了研究。此外，王鹏业等也在单细胞层次上初步研究了药物对细胞生长特性的影响。理论方面，王鹏业等通过布朗动力学方法，研究DNA与组蛋白的相互作用动力学，提出组蛋白八聚体旋转模型，解释了DNA与组蛋白八聚体的作用过程[14]；通过建立可调的组蛋白手征性模型，模拟核小体手征性的形成，发现DNA的缠绕方向强烈依赖于组蛋白的手征性[15]；他们还模拟了由染色质重组复合体引起的DNA弯曲对组蛋白定向滑移的影响[16]；通过改变DNA与组蛋白八聚体之间的相互作用力，研究了组蛋白修饰对核小体结构的影响[17]。

解旋酶广泛存在于从病毒、细菌到人体几乎所有的生命体内，参与DNA复制、修复、重组等重要核酸代谢活动，在一系列生命过程中均扮演着重要角色。它们的异常可导致一些严重疾病的发生。对它们的研究，不仅具有基础科学意义，还将加深对有关疾病起因的深入了解，为寻求新的治疗方法提供线索。这两个研究组应用单分子荧光显微技术，结合荧光共振能量转移方法，在单分子水平上系统研究大肠杆菌RecQ解旋酶（*E.coli* RecQ）的DNA解旋酶特性，发现了RecQ分子间的相互抑制效应[18]。在腺嘌呤核苷三磷酸（简称ATP）浓度低的情况下，RecQ分子之间不但失去了原有的协同性，而且还出现相互的抑制作用。这种相互抑制效应发生的原因是RecQ解旋酶分子的构象变化受到了相邻分子的限制。根据已有的解旋酶晶体结构的特点，可以推断该相互抑制效应广泛存在于超家族1和超家族2中的所有解旋酶。该工作揭示了RecQ解旋酶的运动机理确实符合蠕虫爬动（Inchworm）模型。

窦硕星等应用快速停流（stopped-flow）反应动力学系统，深入系统地研究了*E.coli* RecQ[19]、PcrA、Bloom、RecQ5等多种解旋酶的DNA解旋动力学特性及工作机理。通过预稳态、单转换、多转换等实验，系统测定这些解旋酶的解旋速度、步长、持续解旋能力等动力学参数及其单体或双体工作聚集状态，澄清了国际上原先关于解旋酶工作特性或机理中的一些有争议的问题。利用单分子磁镊装置，李明等对UvrD解旋酶的解旋机制进行了深入研究[20]，发现UvrD解旋酶在单聚体状态下只能沿单链DNA运动，不能对双链DNA进行解旋。只有在双聚体状态下，UvrD才能对双链DNA进行解旋。结合已经报道的有关UvrD解旋酶的晶体结构、生化特性方面的研究结果，提出了一种关于该酶的应变蠕虫二聚体协同工作模型。

利用磁镊装置，李明等研究了DNA分子在不同凝聚剂作用下的凝聚动力学过程，观察到DNA的非连续凝聚特性，发现DNA在凝聚剂作用下会形成直径约为100纳米的圆环[21]。该研究结果对于理解生物体内DNA分子的高度凝聚状态的形成机理具有启发作用。利用原子力显微镜和磁镊装置，王鹏业等对DNA分子在顺铂等抗癌药物作用下其结构和力学变化特性进行研究，发现顺铂分子对DNA分子同时产生短程和长程交连作用[22]，在分子层次上进一步揭示了铂类抗癌药物的作用机制。该实验结果对于探索新型抗癌药物具有指导作用。

利用活细胞实时荧光观测技术，以量子点为荧光探针，王鹏业等在单细胞层次上定量研究了效果显著的抗癌药物——紫杉醇对细胞表皮生长因子内吞过程的影响。发现紫杉醇除具有稳定微管以抑制肿瘤细胞增殖的功能外，还能有效阻止表皮生长因子的内吞及其胞内运输过程。以往研究表明，表皮生长因子及其信号通路参与多种肿瘤细胞的增殖及扩散，因而是癌症治疗中的重要靶点。该研究对进一步了解紫杉醇的抗癌机理、探索紫杉醇与其他抗癌症药物的联合治疗作用具有参考价值。

第三节　生物大分子的静态和动态结构

在超快时间分辨X射线分子动态结构测定方法普及之前，具有结构信息的时间分辨光谱技术，仍然是研究生物大分子动态结构的有效手段。另一方面，新生肽链是如何折叠成具有确定的空间三维活性结构问题，即蛋白质折叠问题，仍然是生命科学有待进一步回答的重要科学问题。

一、生物大分子动态结构研究

翁羽翔研究组基于国内红外激光技术（一氧化碳气体可调谐激光器），于2005年研制了脉冲升温－时间分辨中红外光谱仪，获得的时间分辨率为30纳秒，吸光度差值分辨率优于5‰。光谱范围能够覆盖整个酰胺I带，是国际同类研究设备中光谱范围最宽的一套设备，能够测量酰胺I带的脉冲升温－时间分辨红外全谱（1580～1720厘米$^{-1}$）。该设备的技术难点是探测光为中红外光，要求聚焦后焦斑小，脉冲加热激光才能进行有效的脉冲升温。普通的红外光源诸如红外辐射棒很难聚焦成小于1毫米的光斑，而且非相干红外光源的单色强度低，无法满足瞬态时间分辨红外光谱的要求。

细胞色素C是研究蛋白质折叠过程的模式蛋白质。研究组对该蛋白质的折叠过程进行了研究。细胞色素C含有一个血红素基团，其中心为一个铁离子与卟啉环平面内的四个氮原子配位，轴向与蛋白质环折结构中蛋氨酸的硫原子配位形成铁与硫键。以往的研究依据铁离子的可见瞬态吸收光谱的变化，给出铁与硫键断裂的时间常数为300纳秒，但无法确认是蛋白质局域结构先发生变化导致铁与硫键断裂，还是铁与硫键先断裂再导致蛋白质的失稳。该研究组应用脉冲升温－纳秒时间分辨中红外光谱追踪蛋白质环折结构的变化，发现环折结构向无规结构变化的时间常数为140纳秒，并在其他结构单元的变化中观察到约300纳秒的动力学分量，确定是蛋白质局域结构的失稳导致铁与硫键的断裂，并引起蛋白质的进一步失稳，从而阐明了细胞色素C热不稳定的原因[23]。

光合细菌捕光天线色素蛋白复合体LH2晶体结构数据表明，它具有C9对称的圆环状结构。叶绿素分子组成两个色素环：其中一个色素环由单体叶绿素分子构成，吸收光谱位于800纳米；另一个由9对叶绿素二聚体分子构成，吸收光谱在850纳米。国际上数个研究小组依据单分子光谱的实验结果，在*Science*和*Proc.Nat.Acad.Sci.*上发表文章提出在非晶体状态下LH2畸变为椭圆形分子，从而揭示了LH2蛋白质分子结构畸变的可能性。该研究组通过在LH2溶液中引入纳米粒子，使其和LH2蛋白质的静电相互作用，诱导LH2在纳米粒子表面上的进一步结构畸变。他们应用飞秒时间分辨激光光谱证实，膜蛋白的畸变导致激子态寿命变短[24]。该项工作为系统开展蛋白质结构畸变对叶绿素分子聚集体激子态调控研究奠定了基础。

另外，该研究组还独立发展了新的飞秒时间分辨瞬态荧光测量方法。该方法基于非相干光也可以进行非线性光学光－光放大的原理，利用非线性光学晶体激光放大技术，将非相干荧光放大成激光[25]。该方法的时间分辨率小于100飞秒，单脉冲（150飞秒）的探测极限小于19个光子。对于相干光子，可实现单光子放大。由此实现的单光子开关原理性实验被*Nat.Photonics*选为亮点工作，称中国科研人员实现了单光子弱光束控制强光束的全光开关。

二、 结构生物学研究

计算结构生物学是结构生物学研究的重要方面之一。2002～2010年，江凡等一直从事计算结构生物学研究，发展了一个用于解析蛋白质晶体结构的新的分子置换法[26]，开发了一套软件包SOFTDOCK[27]，该软件包用于计算蛋白质复合物的结合构型和能量。他们使用蛋白质相互作用的预测方法，连续参加国际复合物结构预测评估（CAPRI）工作，获得了两次较好的结果；在蛋白质折叠机制的理论计算研究方面，提出成核假设[28,29]，即蛋白质折叠的起始由其局部小肽段组成的折叠核心诱发和引导。通过统计计算分析，他们发现蛋白质折叠的两个物理过程，即成核过程和疏水塌陷过程，一个在先，另一个在后（或同时）；一个是二维过程，另一个是三维过程[29]。由此，他们发展了一整套蛋白质结构预测方法和软件，对于小蛋白的结构预测准确度达到较高水平。

参考文献

[1] Wen W J, Huang X, Yang S, Lu K Q, Sheng P. *Nat. Mater.*, 2003, 2:727–730.

[2] Lu K Q, Shen R, Wang X Z, Sun G, Wen W J, Liu J X. *Chinese Phys.*, 2006, 15:2476–2480.

[3] Hou M Y, Chen W, Zhang T, Lu K Q, Chan C K. *Phys. Rev. lett.*, 2003, 91:204301.

[4] Yan X Q, Shi Q F, Hou M Y, Lu K Q, Chan C K. *Phys. Rev. Lett.*, 2003, 91:014302.

[5] Hu G Q, Li Y C, Hou M Y, To K. *Phys. Rev.* E, 2010, 81:011305.

[6] Liu R, Li Y C, Hou M Y, Meerson B. *Phys. Rev.* E, 2007, 75:061304.

[7] Hou M Y, Tu H E, Liu R, Li Y C, Lu K Q, Lai P Y, Chan C K. *Phys. Rev. Lett.*, 2008, 100:068001.

[8] Huang D, Sun G, Lu K. *Phys. Rev.* E, 2006, 74:061306.

[9] Sun G, Chang Q, Sheng P. *Phys. Rev. Lett.*, 2003, 90:104301.

[10] Shi Q, Sun G, Hou M, Lu K. *Phys. Rev.* E, 2007, 75:061302.

[11] Wang Y R, Lu K Q, Li C X. *Phys. Rev. Lett.*, 1997,

79:3664–3667.

[12] Wang L W, Wang Q, Li C X, Niu X J, Sun G, Lu K Q. *Phys. Rev.* E, 2007, 76:155437.

[13] Liu X X, Wang Q, Huang X F, Yang S H, Li C X, Niu X J, Shi Q F, Sun G, Lu K Q. *J. Phys. Chem.* B, 2010, 114:4145–4150.

[14] Li W, Dou S X, Wang P Y. *J. Theor. Biol.*, 2004, 230:375.

[15] Li W, Dou S X, Wang P Y. *J. Theor. Biol.*, 2005, 235:365.

[16] Li W, Dou S X, Xie P, Wang P Y. *Phys. Rev.* E, 2006, 73:051909.

[17] Li W, Dou S X, Xie P, Wang P Y. *Phys. Rev.* E, 2007, 75:051915.

[18] Pan B Y, Dou S X, et al. *J. Biol. Chem.*, 2010, 285:15884.

[19] Zhang X D, Dou S X, et al. J. Biol. Chem., 2006, 281:12655.

[20] Sun B, Wei K J, Dou S X, Li M, Xi X G, *EMBO J.*, 2008, 27:3279.

[21] Fu W B, Wang X L, Zhang X H, Li M. *J. Am. Chem.* Soc., 2006, 128:15040.

[22] Hou X M, Zhang X H, et al. *Nucleic Acids Res.*, 2009, 37:1400.

[23] Ye M, Zhang Q L, Li H, Weng Y X, Wang W C, Qiu X G. *Biophys. J.*, 2007, 93:2756–2766.

[24] Chen X, Zhang L, Weng Y X, Du L C, Ye M P, Fujii R, Rondonuwu F S. *Biophys. J.*, 2005, 88:4262–4273.

[25] Han X F, Weng Y X, Wang R, Chen X H, Luo K H, Wu L A, Zhao J. *Appl. Phys. Lett.*, 2008, 92:151109.

[26] Jiang F. *Acta Cryst.* D, 2008, 64:561–566.

[27] Li N, Sun Z H, Jiang F. *Proteins*, 2007, 69:801–808.

[28] Jiang F. *Protein Eng.*, 2003, 16:651–657.

[29] Jiang F. *Sci. Technol. Adv. Mater.*, 2005, 6:860–866.

第二十二章　微纳加工技术在物理研究中的应用

微纳加工技术是指在介观和纳米尺度上，为从事材料与结构的性质与应用研究提供的加工技术手段。为适应凝聚态物理与相关交叉学科研究的需求，探索在纳米尺度下物质的变化规律、新奇的物理性质及其在信息、能源、生物等领域的应用，促进国家在纳米科学与技术领域的发展，物理所于2001年10月筹建微加工实验室，2003年9月微加工实验室建成并正式运行。该实验室的主要任务是：适应在纳米尺度上凝聚态物理基础研究和应用基础研究的多样性要求；以积极灵活的方式为物理所和国内外其他单位的研究服务，并产生高水平的研究成果；促进物理所及中国基础物理与应用物理研究，促进中国纳米科技发展，成为国内微加工技术、学术交流和人才培养的重要基地。

微加工实验室通过设立开放课题为科研工作提供技术支撑。实验室学术委员会每年从申请的开放课题中，确定所内外重点开放课题30～40项，并根据执行情况逐年调整。到2010年底，已累计资助200余项。实验室为具有创新性的研究方向提供人力和物力支持。在*Nature*系列、*Phys. Rev. Lett.*、*J. Am. Chem. Soc.*、*Nano Lett.*、*Adv. Mater.*、*Phys. Rev.* B和*Appl. Phys. Lett.*等国际刊物上合作发表论文200余篇，有效配合了物理所实验室和所外研究单位的科研工作，对他们完成所承担的国家科研项目起到了支撑和促进作用。微加工实验室获授权发明专利12项。

微加工实验室拥有包含万级、千级和百级的近500平方米超净实验室，主要装备见下表：

超净实验室主要装备

微纳加工设备	亚微米紫外线掩模对准系统、电子束直写系统、聚焦离子束刻蚀与沉积系统、纳米压印机等
刻蚀设备	反应离子刻蚀系统、感应耦合等离子体刻蚀系统、微波等离子体去胶系统等
薄膜沉积设备	磁控溅射系统、热蒸发薄膜沉积系统、化学气相沉积系统、原子层沉积系统、电子束蒸发系统、等离子体增强化学气相沉积系统等
测量设备	双探针扫描电镜系统、台阶仪、扫描探针显微镜、探针台、半导体特性测量系统、近红外–可见光透射光谱探测系统、可见光发光二极管（LED）芯片光电测试系统、综合物性测量系统（PPMS）等
辅助设备	超声引线仪、涂胶机和热板、超纯水系统、显微镜、电热鼓风干燥箱、恒温水浴箱、退火炉等

在实验室的组织管理方面，编制了比较详细完备的实验室运行手册，建立了明确的工作人员管理制度和岗位职责、实验室和仪器设备的管理制度、各级用户服务条例和服务标准，并编制了用户指南和相关网页、详细的设备操作与维护说明书，全方位向用户介绍微加工实验室的公共技术服务项目和标准。

至2010年，微加工实验室已发展到7名固定工作人员，培养博士研究生12人、硕士研究生2人。冯稷自2002年至2004年初任实验室主任，2002年至2006年任实验室学术委员会主任。顾长志自2004年初任实验室主任。解思深自2007年任实验室学术委员会主任。

第一节　微纳加工工艺

针对物理所各实验室研究所涉及的各种材料的微纳加工问题，微加工实验室利用光学曝光技术、电子束曝光技术、聚焦离子束加工技术、复制技术、刻蚀技术、薄膜生长技术及相关的表征方法和辅助加工及测量技术，开展了制作纳米尺度人工结构的工艺研究，掌握了多种微加工技术在不同材料上应用的特点和规律，在微纳加工技术领域形成了自己的特色工艺。

一、光学曝光技术

光学曝光技术是最早和最成熟的微细加工技术，被广泛应用于半导体集成电路生产。其工艺步骤主要包括样品前处理和匀胶、前烘、曝光、后烘、显影、坚膜和图形转移。从2002年起，微加工实验室根据研究组科研工作的需要，系统开展了紫外曝光技术的研究工作，采用紫外光源制作微米、亚微米结构图形，解决了多种正胶、负胶的曝光工艺，以及部分双层胶和双面对准工艺，基片尺寸最大可达6英寸，图像分辨率为线宽0.5微米。2006年采用紫外光刻技术在$BrSrTiO_3$薄膜上制作出新型周期结构的相移器，同时研制出微波波段的左手材料。2007年研制出卫星用低频段高温超导滤波器。2008年在双面生长YBCO薄膜的MgO衬底上制作出改善群延迟特性的三极微带均衡器。

由于太赫兹波段的电磁波在传感、探测等方面的巨大应用潜力，因此该波段的人工超材料研究具有重要意义，但传统的曝光、溶脱工艺不能保证高质量太赫兹人工超材料的制备。2008年，微加工实验室利用紫外曝光系统和S1813/LOR双层胶显影、溶脱技术，制备出高质量的太赫兹人工超材料，并系统地完善了整个工艺过程的条件优化。这项工作为太赫兹人工超材料的进一步研究提供了扎实的工艺基础，也为其他通过紫外曝光溶脱的小尺寸图形的制备提供了新的方法[1]。

二、电子束曝光技术

电子束光刻技术是利用高能电子束辐照高分子聚合物使之发生化学反应而实现纳米图形加工的主要微纳加工技术之一。高能电子束波长极短，具有极高的分辨率。2002年，微加工实验室开始研究电子束曝光（EBL）纳米图形结构技术，掌握了PMMA、SAL-601、HSQ、ZEP-520等光刻胶曝光工艺、小尺寸高密度图形的电子束曝光技术、复杂图形的制备及曝光技术，实现了最小10纳米线宽、50纳米周期的光栅结构制备。采用铝/PMMA双层胶工艺，实现了绝缘石英衬底上最小线宽40纳米、单元尺寸200纳米的U形结构阵列。2003年开发出二维光子晶体的加工工艺。2004年发展了一维纳米材料电极的制备方法。2005年制作出面积小于0.25平方微米的超导约瑟夫森结。2006年制作出20纳米的磁性隧道结、磁纳米点接触及介观磁结构。2007年研制出红外波段的超材料。2008年研制成功全金属纳米结构磁逻辑电路。2009年对EBL样品台进行了升级改造，从而实现了大面积纳米尺度图形的一致、均一的曝光。另外还引入临近效应校正软件，实现了更精细的曝光，基片尺寸最大可达6英寸，实现了小于10纳米线条的加工。2010年加工出亚波长金属纳米结构和高精度的光刻模板。

负性抗蚀剂HSQ，由于其高分辨率、低边缘粗糙度及高抗刻蚀性，成为电子束抗蚀剂中研究的热点。2006年，微加工实验室利用Raith150电子束曝光设备，对HSQ抗蚀剂的低能曝光特性进行了系统研究，探讨了曝光能量、显影液浓度等对该抗蚀剂的对比度、灵敏度及分辨率的影响，利用浓度为2.5%（TMAH）的显影液，曝光能量为10千电子伏，在50纳米厚的HSQ抗蚀剂上，实现了12纳米分辨率图形的曝光[2]。

此外，显影条件对电子束抗蚀剂最终的曝光结果会产生很大影响，显影条件主要包括显影液类型及浓度、显影时间、显影温度。2007年，微加工实验室研究了不同种类电子束抗蚀剂（ZEP-520、HSQ、SAL-601）的曝光特性随着显影液温度变化的情况，得到了不同种类抗蚀剂的对比度、灵敏度等特性同显影温度的变化关系。利用高温显影在厚度为60纳米的HSQ抗蚀剂上，实现了线宽为10纳米、周期为45纳米的图形的曝光[3]。

采用正性抗蚀剂制作金属图形的方法，一般只适用于小面积由金属覆盖图形的加工。但对于单纯的负性抗蚀剂，曝光后所产生的图形形貌为顶切结构，因此很难直接利用负性抗蚀剂实现负性金属图形的制作。2008年，微加工实验室将当时分辨率最高的负性电子束抗蚀剂HSQ与剥离效果好的正性电子束抗蚀剂PMMA相结合，形成双层抗蚀剂工艺，利用HSQ曝光高分辨率的图形，采用氧气等离子体刻蚀的方法，将HSQ的图形转移到底层的PMMA抗蚀剂上，形成有利于剥离的具有底切剖面的负性抗蚀剂图形，从而实现大面积金属覆盖图形的制作[4]。

2010年，微加工实验室采用可调平样品台替代原有的固定样品台，引入激光自动调平系统，并对其控制软件及图形发生器进行升级。对于表面均匀的样品，经过预调平后进入样品室，再配合软件控制的压电传感器调节，将曝光的样品表面调平，从而使电子束在样品表面的每个区域具有相同的聚焦高度，实现大面积、一致性的曝光。而对于本身起伏比较大的样品，在预调平的基础上，利用激光高度传感调平系统，探测不同曝光区域的样品高度，通过调节聚焦高度或样品台的高度，实现大面积曝光的一致性。同时，利用邻近效应校正软件，摸索出邻近效应的校正参数，实现不同尺度的图形混合曝光，以及不同疏密程度的图形在不同区域给定不同的曝光剂量，从而实现整体均一的曝光结果。

三、聚焦离子束加工技术

聚焦离子束加工技术是利用聚焦离子束（FIB）与物质相互作用进行加工的技术。由于离子质量大，聚焦束斑小，可以直接溅射样品，因而被广泛用于纳米结构的直接加工以及各种微纳器件和低维纳米人工结构的制作。从2002年起，微加工实验室研究了FIB对不同材料的刻蚀工艺，沉积金属和绝缘层的工艺，复杂图形的转换及刻蚀与沉积，FIB加工过程中的污染情况及解决方法。2003年实现了用FIB沉积一维材料测量用的电极。2004年实现了透射电子显微镜（TEM）样品、光子晶体的制备和集成电路的失效分析。2005年用双束系统中电子束辅助沉积的方法得到高长径比铂纳米柱。2006年用FIB技术结合其他薄膜生长工艺，获得了有广泛应用前景的大面积纳米锥阵列。2008年实现了在自支撑SiN薄膜上制备孔径为6纳米的小孔。2009年实现沉积自由站立的钨纳米线结构。2010年配备了操纵探针，实现了低维材料的纳米操纵和原位测量。

2005～2007年，微加工实验室在FIB系统上安装了一套包含辅助刻蚀气体源和加热器的气体注入系统，实现了碳基材料诸如金刚石、碳氮、碳化硅、非晶碳和聚合物等碳基低维结构的制备，使FIB技术适用于更为广泛的高可靠性低维碳基材料研究。同时该系统还增加了EDX能谱分析器和纳米探针原位物性测量系统，可开展对低维材料的电学、力学、磁学、光学和生物等性能的动态原位物性研究，实现了材料制备、微加工与表征的一体化。

聚焦离子束技术已广泛应用于器件的修饰、纳米电极、原型器件、纳米结构图形的制备及纳米材料的生长等方面。尤其是三维图形的加工功能，使它在纳米科学的研究中作用独特。2010年，微加工实验室采用束流为1皮安、束斑为7纳米的离子束生长了自由站立的三维钨纳米结构，并研究了其导电与超导物性。同时还探索了一种将自由站立的纳米材料与衬底分离后进行电学等特性测试的有效方法。研究结果表明，FIB-CVD在垂直纳米电极与配线生长、脱离掩模版的纳米器件制备，如超导器件的制备上，具有潜在的应用前景[5]。

纳米超导量子干涉器件具有单自旋测试的灵敏度，但这些器件只能测量与器件平面垂直的场信号。要对平行于衬底的场分量进行准确的测量，就需要制备垂直于衬底的探测线圈。将平行于衬底和垂直于衬底的探测环路相结合，可以实现空间磁信号的精确探测。2010年，微加工实验室利用FIB直写工艺生长超导体纳米结构，实现了超导量子干涉器件的三维纳米探测线圈的制备。对外加局部场后线圈的响应特性的研究表明，其迈斯纳屏蔽渗透深度为330纳米，与BCS理论一致[6]。

四、刻蚀技术

刻蚀技术是图形转移技术中最重要的组成部分之

一，也是微纳加工技术的一个重要内容。微加工实验室从2002年开始研究反应离子刻蚀技术、等离子体刻蚀技术、电感耦合等离子体深刻蚀〔含深硅刻蚀工艺（Bosch工艺）、低温工艺、纳米刻蚀工艺〕技术，以及各种刻蚀方法对硅、氧化物、Ⅲ－Ⅴ族半导体、金属、光刻胶等各种材料的刻蚀特性和材料选择比，获得了大面积纳米结构的刻蚀方法，包括具有重要应用意义的纳米锥直接刻蚀制备方法。

表面纳米化技术有助于发展新型的光学、电学、力学器件及各类传感器。特别是具有优异理化性能的金刚石膜表面纳米化，对高性能器件的发展至关重要。其中，表面锥型纳米结构的制作有利于器件的可靠性，从而引起人们的关注。2006年，微加工实验室采用无掩模的自组织选择性离子溅射方法，实现了大面积金刚石膜的表面纳米化，制作出形状、密度可控的金刚石纳米锥阵列。他们对影响金刚石纳米锥阵列形貌的实验参数进行了系统的研究，结果表明甲基离子对金刚石纳米锥的形成起到了关键作用。这是一种简便的、低成本的表面纳米化加工技术[7]。

第二节　低维人工结构的物性

在低维人工结构物性的测量方面，重点发展了低维人工结构本征物理性质的原位测量。结合微加工工艺技术，研究维度与尺寸变化对结构物性的影响规律，从而形成低维人工结构的可靠、稳定和可重复的制造技术，进一步探索能够实现常温量子现象的人工结构的制作。配合其他实验室开展纳米材料物性的研究，包括二维光子晶体结构与通信器件、太赫兹与红外波段左手材料和人工超材料、超导量子结构与量子计算、纳米尺度磁隧道结与信息存储器件、纳米尺度点接触与全磁性金属逻辑电路、低维纳米材料的电输运特性与纳电子原型器件、纳米线的敏感特性与传感器、场发射纳米阵列与显示器件、生物器件结构与大分子探测器等。

一、电输运特性

纳米材料作为纳米科技发展的物质基础，引起了人们的广泛关注。随着微纳加工技术的发展，人们可以对单个低维纳米材料或结构进行准确的物性测量，从而获得它们的本征特征。从2002年起，微加工实验室具备了对单个低维纳米材料进行电极制备的能力，通过利用电子束曝光或聚焦离子束沉积的方法，制备出纳米材料电极。与物理所部分研究组合作，开展了大量的纳米材料物性方面的研究工作。在这一过程中，电输运性质的研究主要集中在以下材料：碳纳米管、氟掺杂BN纳米管、NiSi纳米线、一维聚合物纳米材料、单晶硼纳米锥；KMnO纳米线、混合价态的$TlIn_4S_5Cl$四元化合物纳米线、单束螺旋型CdS纳米带、ZnO纳米线、铁基超导体、Ga_2O_3纳米线、自由站立的钨纳米结构等。

研究结果表明，基于弹道输运特性，碳纳米管所承载电流的能力，比当前使用的铝或铜金属互连线高几个数量级。以往观察到流经金属性单壁碳纳米管的电流饱和在20～25微安，对应的量子电导为$2G_0$。对多壁碳纳米管的测量，发现其饱和电流与单壁的碳纳米管基本具有相同的数量级。但由于电极接触与测量方法的问题，对多壁碳纳米管的电流测量实际上只是来自多壁管外层管壁的贡献，并没有反映出大量内层管壁的导电作用。2005年微加工实验室在钨衬底上制备了分立的多壁碳纳米管，并采用自建的双探针扫描电镜原位测量系统，使测量电极与单根多壁碳纳米管的每层管壁均能实现完美接触，极大地提高了多壁碳纳米管的电流承载能力。该系统所测得的外径为100纳米的多壁碳纳米管在室温下的饱和电流可达到7.27毫安，对应的量子电导为$490G_0$，且与管的长度无关。这一研究结果表明，在多壁碳纳米管中实现了多通道弹道输运。理论研究表明，对于大直径的多壁碳纳米管，在室温下电子的平均自由程可达几十微米，且温度能显著提高有效通道数。理论上得到的量子电导与实验结果符合得很好。这项工作使多壁碳纳米管的饱和电流和量子电导提高了两个数量级以上，为实现多壁碳纳米管在纳电子器件与电路方面的应用奠定了基础[8]。

金属硅化物具有电阻率低、电子平均自由程长等优点，因而在未来的微纳米电子器件中有很好的应用前景。2007年，微加工实验室利用聚焦离子束切割覆盖于硅衬底上的SiO_2薄膜，形成纳米尺度的沟道，再通过金属沉积和退火等工艺，制作出尺寸和位置可控的NiSi纳米线，这种“自上而下”制作金属硅化物纳米线的方法，克服了过去“自下而上”合成方式致使尺寸和位置难以精确控制的缺点，更有应用价值。此外，还研究了不同线宽的NiSi纳米线的电输运性质，发现线宽减小到32纳米时，可能由于电子散射概率增大，其电阻率会明显增大[9]。

二、磁学特性

从2004年开始，微加工实验室在磁性纳米结构方面，从制备、输运性质到逻辑电路设计都进行了广泛深入的研究。2006年采用紫外光刻和反应离子刻蚀技术，发展出一种利用纳米尺度的自旋电子学器件有效观测自旋翻转信息的新方法。2006～2007年结合FIB刻蚀和离子注入技术，发展了一种简单有效在$La_{2/3}Ca_{1/3}MnO_3$薄膜上获得高磁电阻的新技术和一种构筑晶界的新方法。

2006年，微加工实验室利用电子束光刻技术制作出因瓦合金的纳米点接触结构，并在10～300K的温度范围内测量了纳米结构的电流电压特性。结果表明，当温度低于50K的情况下，电流电压曲线呈现出非线性和不对称现象。这是由于点接触结构使磁畴的畴壁被束缚在点接触的位置，当自旋极化电流通过时，自旋电子受到畴壁散射的结果[10]。

2007年，微加工实验室采用电子束光刻技术，在室温无磁场条件下，研究了具有不同矫顽力的NiFe合金、镍和铁的纳米点接触结构中电子的输运特性。结果表明，随着铁磁金属矫顽力的增加，钉扎磁畴的纳米点接触宽度减小，但推动畴壁运动的电流密度有所增加[11]。

2008年，微加工实验室通过铁磁金属因瓦合金纳米点接触结构的设计和纳米加工，在认真研究电流驱动畴壁与纳米点接触电阻关系的基础上，设计并制作出基于畴壁运动的逻辑“非门”电路。这种逻辑电路在室温条件下可直接用电信号驱动，并且使用电信号探测，具有集成度高、成本低、兼容性好和功耗低等特点，能够在磁性材料的居里温度以下正常工作（600℃），并能与现今的CMOS平面工艺完全兼容。由于电路以全金属结构实现，能够获得比现今的半导体电路更高的载流子密度和更细的线宽，为新型高密度纳米电路的研制奠定了基础[12]。

三、光特性

二维光子晶体（PC）因其存在光子带隙而日益引起人们的兴趣，已成为光学领域的研究热点。光子晶体的概念是从半导体材料推演而来的，高低折射率的材料交替排列形成周期性结构，就可以产生类似于半导体中禁带的光子带隙。与传统的光器件相比，光子晶体具有明显的优越性和重要的应用前景，可用于制作反射镜、天线、光开关、光放大、光波导、微腔、无阈值激光、光通信等方面。

2005～2010年，微加工实验室与物理所光物理重点实验室合作，利用聚焦离子束刻蚀、电子束光刻和感应耦合等离子刻蚀，或者以两者结合的方式制备了多种结构和材料的光子晶体，包括部分空气桥式硅膜二维光子晶体、亚波长金属孔阵列、高分辨三端过滤器、在近红外及中红外具有双重透过带的cross-dipole分形槽阵列、多通道过滤器、对近红外波段光增强透过的H型周期金属结构阵列、光子晶体共振腔波导等。对制备的光子晶体特性进行以下方面的研究：通过人工缺陷的引入，实现了不同的光子晶体器件，如光波导、共振器、过滤器等；应用在频率选择、微波天线等领域的分形结构；周期性的亚波长金属结构阵列对光的透过有增强作用；基于表面等离激元激励与耦合作用的光学异常透射现象；集成光电路中的光弛豫、时域光信号处理及非线性光学放大中具有潜在应用的慢光获得等。

2006年，微加工实验室与光物理重点实验室合作，利用电子束曝光及反应离子刻蚀技术，在厚度为200纳米的金膜上加工了线宽为120纳米、周期为1.5微米的两级cross-dipole分形槽阵列，并对其在红外波段的光透过性进行了实验和理论方面的研究。发现由于该结构的自相似性，导致在近红外及中红外波段具有双共振波长的增强透过峰[13]。

四、场发射特性

场发射材料是微电子材料研究中的一个热点领域。早期场发射材料大多采用金属尖阵列，但由于金属材料场发射阈值电压较高，所以将注意力转移到具有良好的化学特性与热稳定性、高熔点、高热导率、高击穿电压及高电子载流子迁移率等方面，特别是极小的电子亲和势甚至是负电子亲和势的材料上。自2002年开始，微加工实验室研究了具有上述特点的诸如金刚石、类金刚石、立方氮化硼（c-BN）、氮化铝（AlN）、碳化硅（SiC）和纳米管锥等材料的场发射特性。

如何获得具有高的长径比、低的功函数和良好导电性的场发射体，一直是真空电子学领域所关心的问题。2005年，微加工实验室采用无掩模等离子体刻蚀技术，在多孔硅衬体上制备出长径比高、取向性一致和分布均匀的纳米硅锥阵列。场发射测试结果表明，这种具有碳涂敷层的纳米硅锥阵列具有优异的场电子发射性能[14]。

高长径比的锥形纳米结构可以提供较高的力学和热学稳定性，其应用范围可得到进一步的拓展，因而受到普遍重视并积极探索锥形纳米材料的制备与器件应用。2005年，微加工实验室采用热灯丝化学气相沉积技术，利用铂作为催化剂，在金衬底上生长出尖端曲率半径小于10纳米的碳纳米锥管阵列，获得了优异的场发射特性。该纳米结构材料的发射阈值仅为0.27伏/微米，0.6伏/微米时的电流密度高达1.9毫安/厘米^2，表现出作为场发射显示器件的潜力[15]。

五、左手材料及电磁波传播特性

人工超材料由于具有的特殊物理性质，一经研制成功，便成为科学界研究的热点。早期的工作主要集中在微波波段，当电磁波频率进一步提高时，所要加工的超材料的尺寸将随之减小，从而增加了高频波段超材料制作的难度。对于太赫兹波段人工超材料光学特性的认识现在还很有限。太赫兹波段的电磁波，因其在传感、探测等方面的巨大应用潜力，故在该波段的人工超材料研究具有非常重要的意义，但传统的曝光、溶脱工艺不能保证高质量太赫兹人工超材料的制备。

微加工实验室于2004年开始对人工超材料进行研究，采用紫外光刻技术、电子束光刻技术，结合双层胶工艺、薄膜生长技术、溶脱技术，于2006年分别在石英和FR-4衬底上制作出左手材料、微米尺度的开口谐振环（SRR）阵列和高质量的太赫兹波段的超材料。2007年在绝缘石英衬底上实现了单元尺寸200纳米、最小线宽40纳米的银U形结构阵列。2008年制备出由不同金属及衬底材料组成的，在太赫兹频段具有磁响应的人工超材料。2010年制备出最小单元尺寸100纳米、线宽20纳米的互补型开口谐振环（CSRR）超材料结构。

通过对以上制备的结构进行进一步的研究，验证了负折射现象的存在。2006年，微加工实验室测得了负折射率和左手频率随衬底介电常数变化的关系，观察到电耦合到磁共振的现象，发现太赫兹电磁波透过能量的峰值随电磁波的偏振方向与样品的夹角有规律性的周期变化。2007年，该室采用优化工艺制备的超材料具有高的光学透过性。2008年还发现SRRs器件的电磁响应对表面纳米级厚度的填充液层具有高敏感性。

开口谐振环被用来产生负的磁导率，从而实现人工超材料的特殊物理性质，成为21世纪初期的研究热点。但通常研究的电磁波频率在微波波段，对具有广泛应用的太赫兹频段的研究报道较少。2006年，微加工实验室与光物理重点实验室合作，采用紫外曝光和溶脱技术，制作出微米尺度的开口谐振环阵列。利用太赫兹时域光谱仪研究开口谐振环在两种入射情况下的电磁响应特性，发现只有在电激发存在的情况下，开口谐振环才能作出磁响应，并观察到电耦合到磁共振的现象[16]。

具有特异电磁传播特性的人工超材料是当前研究的一大热点，但之前的研究大都集中在如何通过改变超材料的几何结构和尺寸来控制其特殊电磁传播的特性。2008年，微加工实验室与光物理重点实验室合作，利用改进的双层胶紫外光刻、热蒸发镀膜及溶脱技术，制备出由不同金属及衬底材料组成的，在太赫兹频段具有磁响应的人工超材料。他们还利用太赫兹时域频谱仪获取样品透射谱，研究了材料的改变对其磁响应的影响，并提出新的响应模型，从而证实了利用材料的组合来控制组合材料电磁特性的可能[17]。

第三节　低维人工结构的器件与集成

在基于低维人工结构的纳电子与纳机械原型器件方面，微加工实验室开展了包括高温超导滤波器、可提高灵敏度及区别信号与噪声的多端纳米传感器、n-ZnO/i-MgO/p-Si双异质结可见盲紫外探测器、碳纳米管铁电场效应晶体管的本征记忆功能器件、场发射显示器件及光通信器件等研究。长期目标是发展各种功能的纳米结构与器件的集成，形成多功能纳米器件。

一、高温超导滤波器

2004～2010年，微加工实验室与超导国家重点实验室合作，利用紫外光刻技术进行了以下研究：在$BrSrTiO_3$薄膜上制作的阻抗匹配相移器特性、高温超导微波滤波器、高温超导微带均衡器、高功率容量窄带双模高温超导块状滤波器、L-带双工器的高性能设计与制备，以及使用共面波导过滤器表征铁电薄膜特性等。

二、生物器件

纳米流体器件可用来操纵生物分子，因此其制造与应用技术一直引起人们的广泛关注。特别是单个DNA分子在输运中的行为，可借助纳米流体器件来观察和分析，以实现基因的快速测序。微纳加工技术在制作纳米流体器件方面显示出巨大的潜力。2005年，微加工实验室与物理所软物质物理实验室、西北大学合作，利用FIB技术，在以下方面进行了积极的有益尝试：在纳流体通道中操纵DNA分子、在微流体通道中DNA溶液的形态研究、可用于生物单分子研究的纳米柱阵列，以及可用于生物分子探测的纳米孔洞的制备等[18]。

三、多端纳米传感器

在各种各样的纳米传感器中，基于电性能的纳米传感器响应快，灵敏度高，直观易操作，特别具有吸引力。2008年，微加工实验室与国家纳米科学中心合作，通过多端纳米器件的探索，找到了攻克这项研究难题的有效途径。他们利用化学气相沉积（CVD）方法，制备出大量的ZnO四角结构。利用电子束直写技术，在单分散的ZnO四角结构与衬底相接触的3个端点上沉积金属电极，从而形成一种三端电性能器件。与基于纳米线/纳米管的两端纳米器件相比，这种多端器件可以对一个外界信号，同时测量出两个电压信号响应。这些电压响应曲线之间可以相互比较：如果每个电压响应曲线都对信号作出了相应的响应，则可判断这个信号是真的信号；反之，如果一个响应信号没有同时在两个响应曲线上作出同步的反映，则这个信号就可被判断为噪声。由此可以相当准确地判断出信号的真伪，从而显示出多端器件在区分信号与噪声方面的优势[19]。

四、纳米发电机

单壁碳纳米管的管径约1.5 纳米左右，是一种非常理想的纳米通道。2008年，微加工实验室与国家纳米科学中心合作，通过构建单根单壁碳纳米管多端器件，采用了一种新型的四电极测量方法，首次对“内腔含水”的单根单壁碳纳米管进行研究。研究证明，水进入到碳纳米管的内腔后，纳米管上的电流/电压能够驱动管内的水分子流动，流动速度与电流的大小呈线性关系（纳米泵)。同时，水的流动会在碳管中产生一个电动势（发电机)。这种水分子的定向运动，会使碳纳米管中的载流子产生定向运动。当载流子积累到一定程度后，其定向运动达到平衡，此时就建立起稳定的电动势。这种一根开口的单壁碳纳米管就可被用作“电动马达”和“发电机”[20]。

五、紫外探测器

ZnO是第三代半导体的核心基础材料，它优越的光电性能使其在光电器件中应用价值巨大。研制可在可见光环境中工作的紫外探测器是这一领域的研究重点。2009年，微加工实验室与表面物理国家重点实验室合作，设计并利用分子束外延技术生长了高质量的n-ZnO/i-MgO/p-Si双异质结，研制出基于这种材料的可见盲紫外探测器。在此pin 结构中，可见光透过n-ZnO薄层被p-Si中的耗尽层吸收后，产生光生电子-空穴对中的电子，电子在内建电场作用下向n-ZnO区运动时，无法跨越p-Si/i-MgO界面的高电子势垒（3.2伏)，随即与空穴复合而阻止后继光生过程的发生，使器件对可见光没有响应。相反，紫外光能在n-ZnO层中全部被吸收，由于空穴势垒较低（0.83伏)，大部分空穴能跨越n-ZnO/i-MgO界面，产生可观的光生电流。该研究还发现，较厚的MgO层是此结构能实现可见盲紫外探测性能的关键[21]。

六、铁电场效应晶体管

碳纳米管独特的结构和电学性质，为基于其研制成的电子器件的广泛应用提供了巨大潜力。2009年，微加工实验室与表面物理国家重点实验室合作，借助电子束光刻技术，研制成功以外延铁电薄膜为栅介质的单壁碳纳米管场效应晶体管，从而开发出一种基于碳纳米管的铁电场效应晶体管存储器件单元。它利用铁电薄膜的极化对碳纳米管导电通道电流进行调制。实验表明，通过对漏极/栅极施加脉冲信号，就能向铁电薄膜写入不同方向的极化状态；测量通过器件的电流，就可非破坏性地读取事先写入铁电薄膜中的极化状态，从而实现铁电场效应晶体管的存储功能。器件可以进行大量多次的可重复性操作，存储器可在小于1伏的操作电压下工作[22]。

七、碳纳米管自供电系统

纳米器件所需能耗极低，且用于构建器件的纳米材料具有极大的体表面比，因此表面能在纳米尺度器件的应用领域很有吸引力。2010年，微加工实验室与国家纳米科学中心合作，利用单壁碳纳米管收集了乙醇的表面能，并将之转化成电能。他们发现，在这种乙醇电热器状结构的设计中，在表面应力的作用下，乙醇在碳纳米管毛细管中流动，可在结构两端获得一开路电压。在有乙醇流动的情况下，恒定的开路电压可持续存在；每一器件能提供1770皮瓦的电能，可用于自供电电热调节器[23]。

第四节　微纳加工技术交流与推广

微纳技术是当今高科技发展的重要领域之一。微纳技术依赖于微纳米尺度的功能结构与器件。实现功能结构与器件微纳米化的基础是先进的微纳加工技术。中国在微纳技术方面发展迅速，国内一些高校和科研单位陆续建立了微纳加工技术机构。引进先进的微纳加工设备仅仅是建立了硬件环境，发展微纳技术还需有相应的软件环境，其中最重要的是人才培养与技术交流。这不仅包括设备的使用与操作，更主要的是掌握微纳加工的基础与应用知识。微加工实验室作为公共技术平台，自建立以来，在微纳加工技术推广方面做了大量工作，主要包括举办微纳加工技术培训班，出版微加工简报，举办公共技术系列讲座，进行设备独立操作培训等，开展了广泛的技术推广和微加工知识传授，为国内微加工技术人才的培养作出了积极贡献。

一、举办微纳加工技术讲习班

自2005年开始，微加工实验室每两年主办为期一周的“微纳加工技术讲习班”，免费向国内从事纳米科技的研究者开放。每期讲习班均吸纳来自全国40～50个中科院各研究所和高等院校的300～400名科研人员和研究生参加，累计参加人数超过千余人。讲习班将微纳加工技术基础知识讲授和前沿专题讲座与先进微加工设备介绍相结合，聘请国内外知名学者就微纳加工技术的发展与应用作前沿专题讲座。讲习班通过全面介绍微纳加工技术的基础知识与最新发展，使学员对这一领域的加工技术及其应用有了全面和系统的了解，为科研工作中的应用奠定了基础。这对中国微纳科学与技术的发展和人才的培养起到积极的促进作用。

二、创办《微加工简报》

《微加工简报》从2005年开始，由微加工实验室全体工作人员和学生编辑出版，至2010年底已出版24期，发往国内60余家高校和科研机构，广泛介绍国内外在微纳加工技术与应用领域的最新进展，特别是采用微纳加工技术在物理、化学、生物、信息等相关领域的原创性结果，为科技人员和高校师生的科研工作提供参考和帮助。

三、举办公共技术讲座

微加工实验室从2006年开始，创办了面向凝聚态物理研究的“公共技术系列讲座”，至2010年底已举办38期。讲座吸引了来自中关村周边地区的中科院各研究所和高等院校师生参加，累计人数达1600余人次。公共技术系列讲座邀请国内外相关技术领域的专家，就与凝聚态物理基础与应用研究有关的先进技术知识进行全面介绍，用以提高科技人员的整体素质、前沿意识和创新能力，在科研工作中开展原创性工作。

四、设备独立操作培训

为充分发挥微加工实验室先进的微纳加工设备在科研工作中的作用，实验室自建立时开始，即对所内科技人员和研究生开展了独立操作设备的培训。自2006年开始，每年春秋两季各举办一次，至2010年底已培训1500余人次，使他们能够熟练掌握与自己科研工作相关的多项微纳加工技术与方法。他们中的大部分人员已在国内外新的工作岗位上成为掌握微纳加工技术的骨干力量。

参考文献

[1] Xia X X, Yang H F, Sun Y M, Wang Z L, Wang L, Cui Z, Gu C Z. *Microelectron. Eng.,* 2008, 85:1433.

[2] Yang H F, Jin A Z, Luo Q, Gu C Z, Cui Z, Chen Y F. *Microelectron. Eng.*, 2006, 83:788.

[3] Yang H F, Jin A Z, Luo Q, Gu C Z, Cui Z. *Microelectron. Eng.*, 2007, 84:1109.

[4] Yang H F, Jin A Z, Luo Q, Li J J, Gu C Z, Cui Z. *Microelectron. Eng.*, 2008, 85:814.

[5] Li W X, Gu C Z, Warburton P A. *J. Nanosci. Nanotechnol.*, 2010, 10:7436.

[6] Romans E J, Osley E J, Young L, Warburton P A, Li W X. *Appl. Phys. Lett.*, 2010, 97:222506.

[7] Wang Q, Gu C Z, Xu Z, Li J, Wang Z L, Bai X D, Cui Z. *J. Appl. Phys.*, 2006, 100:034312.

[8] Li H J, Lu W G, Li J J, Bai X D, Gu C Z. *Phys. Rev. Lett.*, 2005, 95:086601.

[9] Wang Q, Luo Q, Gu C Z. *Nanotechnology*, 2007, 18:195304.

[10] Xu P, Xia K, Yang H F, Li J J, Gu C Z. *Appl. Phys. Lett.*, 2006, 88:033108.

[11] Xu P, Xia K, Yang H F, Li J J, Gu C Z. *Nanotechnology,* 2007, 18: 295403.

[12] Xu P, Xia K, Gu C Z, Tang L, Yang H F, Li J J. *Nat. Nanotechnol.*, 2008, 3:97.

[13] Sun M, Liu R J, Li Z Y, Feng S, Cheng B Y, Zhang D Z, Yang H F, Jin A Z. *Phys. Rev.* B, 2006, 74:193404.

[14] Wang Q, Li J J, Ma Y J, Bai X D, Wang Z L, Xu P, Shi C Y, Quan B G, Yue S L, Gu C Z. *Nanotechnology*, 2005, 16:2919.

[15] Li J J, Gu C Z, Wang Q, Xu P, Wang Z L, Xu Z, Bai X D. *Appl. Phys. Lett.*, 2005, 87:143107.

[16] Quan B G, Xu X L, Yang H F, Xia X X, Wang Q, Wang L, Gu C Z, Li C, Li F. *Appl. Phys. Lett.*, 2006, 89:041101.

[17] Xia X X, Sun Y M, Yang H F, Feng H, Wang L, Gu C Z. *J. Appl. Phys.*, 2008, 104:033505.

[18] Wang K G, Yue S L, Wang L, Jin A Z, Gu C Z, Wang P Y, Feng Y C, Wang Y C, Niu H B. *Microfluid Nanofluid*, 2006, 2:85.

[19] Zhang Z X, Sun L F, Zhao Y C, Liu Z, Liu D F, Cao L, Zou B S, Zhou W Y, Gu C Z, Xie S S. *Nano Lett.*, 2008, 8(2):652.

[20] Zhao Y C, Song L, Deng K, Liu Z, Zhang Z X, Yang Y L, Wang C, Yang H F, Jin A Z, Luo Q, Gu C Z, Xie S S, Sun L F. *Adv. Mater.*, 2008,20:1772.

[21] Zhang T C, Guo Y, Mei Z X, Gu C Z, Du X L. *Appl. Phys. Lett.*, 2009, 94:113508.

[22] Fu W Y, Xu Z, Bai X D, Gu C Z, Wang E G. *Nano Lett.*, 2009,9(3):921.

[23] Liu Z, Zheng K H, Hu L J, Liu J, Qiu C Y, Zhou H Q, Huang H B, Yang H F, Li M, Gu C Z, Xie S S, Qiao L J, Sun L F. *Adv. Mater.*, 2010, 22:999.

第二十三章　中国散裂中子源及其靶站谱仪

当能量为吉电子伏量级的质子入射重核（钨、汞等元素）之后，在重核内与核子发生级联碰撞敲出部分中子，同时激发重核，在重核的退激过程中“蒸发”出中子，1个能量为吉电子伏的质子可产生20～30个中子，大大提高了中子的产生效率，按这种原理工作的装置称为“散裂中子源”。散裂中子源的特点是在比较小的体积内可产生比较高的脉冲中子通量，其中子通量突破了核反应堆中子源的上限，而且散裂中子源不使用核燃料，没有核临界问题，仅产生少量放射性核废料，是公认的新一代高效安全的强流中子源。结合各种靶站谱仪构成的大型科学装置，广泛用于各种科学研究和应用之中。

2000～2010年，物理所参与了中国散裂中子源的立项、靶站设计、谱仪设计以及关键设备的预制研究工作。

第一节　中国散裂中子源立项

2000年7月，中科院院长路甬祥认为散裂中子源对中科院多学科基础研究具有重要意义，并责成开展散裂中子源的调研。物理所磁学国家重点实验室中子散射研究组参与了立项调研工作。2006年初，该组与磁学室脱离，独立为“北京散裂中子源靶站谱仪工程中心（筹）”。

一、参与中国散裂中子源立项研究

2001年2月，在主题为“21世纪中子科学的发展”的香山科学会议上，章综和严启伟提出用较短的时间自建一台能量0.1兆瓦的散裂中子源，尽快开展中子散射方面研究的倡议。2001年5月和8月，在主题为“中国散裂中子源研究”的院士咨询研讨会上，国内外专家就散裂中子源作了专题报告，会议讨论通过了建设25赫、100千瓦的中国散裂中子源（CSNS）方案。

2002年7月，由物理所和中科院高能物理所联合承担的项目“多学科平台散裂中子源的关键技术的创新研究”，开始CSNS质子加速器、靶站和中子散射谱仪的概念设计和主要关键技术创新性研究。张杰为项目负责人，严启伟为子课题“靶站关键技术创新研究”负责人，张泮霖为子课题“谱仪选型和概念设计”负责人。中科院将CSNS靶站谱仪概念设计和关键技术研究工作交由物理所负责完成，是因为物理所中子散射研究组已在中子散射技术及其应用领域从事研究20余年，是国内中子散射重要的研究基地，有丰富的国际合作和建造中子散射谱仪的经验。该组成员80年代曾与法国科学家和原子能研究院合作，成功地建造出具有国际水平的中子散射三轴谱仪和单晶四圆衍射仪，并利用这两台仪器开展了一系列工作，如林泉等利用中子非弹性散射研究了晶体的旋声性，观察到在某些旋声晶体中左旋的和右旋的圆偏振声子可能具有不同寿命的现象。

2004年6月，“多学科平台散裂中子源的关键技术的创新研究”结题并取得多项技术突破。利用蒙特卡罗模拟，计算出扁平钨靶的中子产量、发热、温度分布和热应力分布以及慢化器、反射体和屏蔽体的发热等，为靶站设计奠定了基础。谱仪设计采用国际通用软件包，计算并优化了中子导管、斩波器、准直器和探测器的参数，还计算了谱仪分辨率、样品台有效中子通量、频宽等谱仪性能。

2003年1月，科技部973计划国际科技合作重点项目“多学科应用的散裂中子源”立项，2004年5月项目结题，张杰为项目负责人，项目主要成员包括章综、严启伟、张泮霖和王芳卫。项目组先后与国际上主要的散裂中子源，如德国ESS、英国ISIS、瑞士PSI、美国SNS和日本原子能院签署了合作协议。基于这些合作协议，实现了合作双方中子科学技术信息交流和人员互访。依靠概念设计和关键技术创新性研究，通过广泛开展国际合作，得出的初步结论是采用现代国外先进技术，精心设计和施工，用较小的投资和较短的时间，在中国建成居世界前列的先进散裂中子源是完全可行的。

二、参与北京散裂中子源相关工作

2005年6月1日，中科院计划财务局主持召开CSNS项目建议书专家评审会。与会专家一致认为，CSNS与同步辐射光源的作用相辅相成，与核反应堆相互补充，作为物理学、化学、生命科学、材料科学、生物学、工业应用和新型能源开发等众多学科的基础研究和应用研究平台意义重大。专家们对CSNS已经取得的研究进展、概念设计表示满意，建议将中国散裂中子源（CSNS）改为北京散裂中子源（BSNS）。7月19日，国家科教领导小组原则上通过BSNS建设工程。

2005年11月27日，中科院计划财务局和基础科学局组织召开BSNS前期预制研究专家评审会，同意启动BSNS预制研究。张杰为预制研究项目负责人，梁天骄为子课题“靶站设计和关键技术预制研究”负责人，王芳卫为子课题“中子散射谱仪预制研究”负责人，冯稷为子课题“BSNS建设项目选址”负责人。2006年2月27日，“北京散裂中子源靶站谱仪工程中心（筹）”（以下简称“工程中心”）在物理所挂牌成立。

工程中心对北京周边地区地形地貌、地质状况、周边环境、人文状况、地价等各方面情况进行了初步调查，并组织召开了选址工作核环境专家咨询会。咨询专家组对五个备选场址给出了初步评价意见。

三、参与中国散裂中子源立项和建设工作

2006年4月，路甬祥建议将中国散裂中子源建在广东省。散裂中子源项目名称由北京散裂中子源改回中国散裂中子源（CSNS）。

2006年6月，路甬祥带领项目组主要负责人赴广东省考察选择建设场地，拟选场址初步确定为东莞市。7月15日，物理所在东莞市主持召开了CSNS选址工作专家咨询会，听取专家们的意见和建议。

2007年2月13日，中科院与广东省人民政府签署了《中国科学院、广东省人民政府关于中国散裂中子源项目暨广东东莞散裂中子源国家实验室合作备忘录》，双方共同向国家申请在广东省东莞市建设中国散裂中子源。

2008年10月6日，国家发改委向中科院正式下达散裂中子源国家重大科技基础设施项目建议书的批文，散裂中子源项目正式立项东莞市。高能物理所为项目法人，物理所为共建单位。

2010年5月6～8日，CSNS工程经理部组织召开了第二届CSNS中子技术国际顾问委员会评审会。8位国际知名的散裂中子源靶站谱仪方面的专家组成的中子技术国际顾问委员会，对CSNS实验分总体所承担的靶站谱仪的初步设计工作进行了评审。专家们听取了工程总体、实验分总体、中子物理、靶体、慢化器、反射体、高通量粉末衍射仪、多功能反射仪、小角散射仪、实验控制及公用设施等方面共20个报告，其中物理所项目组提交了有关中子物理和谱仪方面的8个报告，并且与有关技术人员进行了深入的交流和讨论。

第二节　中国散裂中子源靶站设计

CSNS主要包括质子加速器、中子靶站和中子散射谱仪。如下页图1所示，离子源产生的负氢离子束，经低能输运线（LEBT）、射频四极加速器（RFQ）、中能输运线（MEBT）和漂移管直线加速器加速后，通过剥离变为质子束注入快循环同步加速器进行累积和加速，产生流强高、脉冲短的质子束流。质子加速器总体设计指标为：打靶质子束流功率100千瓦，脉冲重复频率25赫，每脉冲质子数1.56×10^{13}，束流能量1.6吉电子伏，中子积分通量每单位质子、每单位立体角弧度10^{-2}。

靶站是CSNS的中子源部分，其物理功能是将加速器输出的高能质子在靶站内转化为适合中子散射谱仪利用的中子（1电子伏至0.1毫电子伏）。靶站物理设计为靶站各系统的工程设计提供基本参数和技术支持，工程中心在CSNS前期设计阶段的主要工作内容包括：①基于

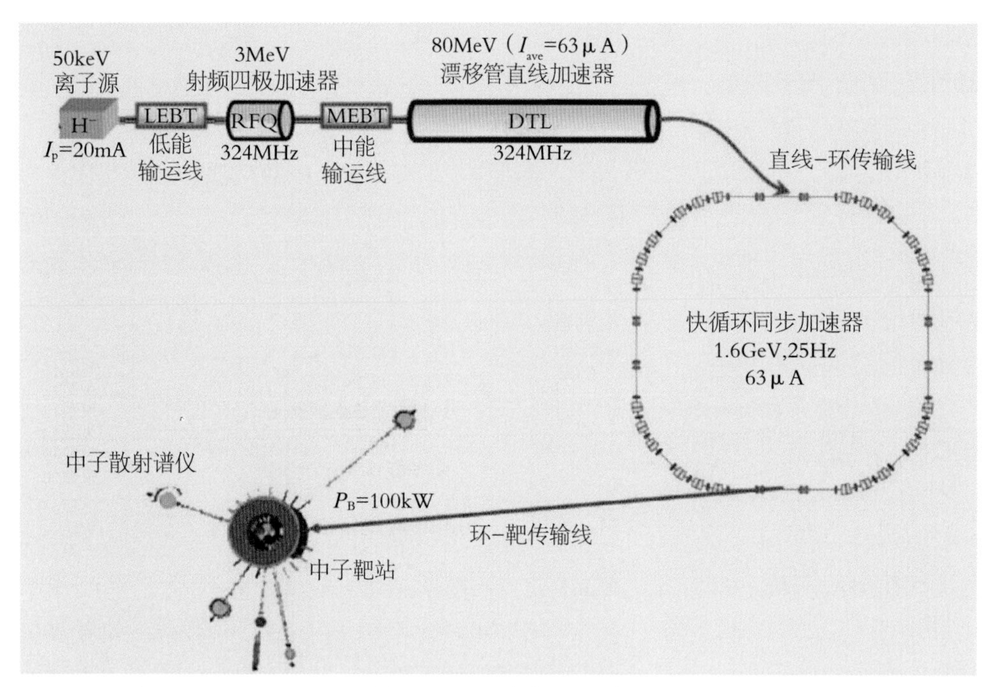

图1　CSNS构成示意图

是产生谱仪所需的能量范围、脉冲形状的中子脉冲，并尽可能提高中子强度，为谱仪设计提供慢化器输出的中子性能参数。此项工作包括以下几个方面。

（一）计算方法校验

通过和国外已有实验数据的中子学计算和实验结果进行对比，2004年完成MCNP4C-LAHET的计算方法、结果准确性验证，2008年完成MCNPX2.5的计算方法、结果准确性验证。

中子散射谱仪对靶站提供的中子脉冲的能谱（波长）、中子脉冲峰值、形状以及宽度等的需求，进行靶站的中子学设计与优化，确定靶-慢化器-反射体（TMR）等的几何构型、尺寸、材料等基本参数，同时进行参数优化研究，尽可能提高慢化器输出的中子强度；计算慢化器输出的中子性能，作为输入参数供中子散射谱仪设计使用；TMR的物理设计与优化，与TMR的工程设计以及中子散射谱仪设计迭代进行；确定与加速器的物理接口。②基于辐射安全需求，进行靶站和谱仪的屏蔽设计，确定和优化靶站屏蔽体、谱仪束线、热室、维护区、冷却回路等区域为屏蔽瞬发辐射和缓发辐射所需的屏蔽材料、尺寸。③进行靶站部件的活化强度与辐射后热的计算，为靶站部件遥控维护、缓发辐射屏蔽、放射性废物处置、安全分析、环境影响评价等提供依据。④进行靶站部件辐照损伤分析，为靶站重要部件的寿命评估和TMR的优化设计提供依据。⑤进行靶站部件热量沉积计算和部件冷却热分析，为各部件的冷却回路设计、低温系统设计等提供依据。⑥进行靶站物理性能测试设备研制，开展靶站中子物理实验、屏蔽实验、活化实验等实验研究工作，检验基于蒙特卡罗计算的设计工作，并进一步优化靶站各系统的物理设计。

一、靶站中子学设计和优化

靶站中子学设计利用蒙特卡罗模拟程序进行，目的

（二）不同靶站方案的中子学初步设计

2007年完成耦合液氢慢化器-退耦合窄化液态甲烷慢化器-退耦合水慢化器构型的中子学初步设计。2009年完成转动靶方案的耦合液氢慢化器-退耦合窄化液氢慢化器-退耦合水慢化器构型的中子学初步设计。2010年完成兼顾500千瓦升级潜力的靶水平维护、慢化器反射体垂直维护方案的耦合液氢慢化器-退耦合窄化液氢慢化器-退耦合水慢化器构型的中子学初步设计。

（三）优化中子学设计

根据谱仪要求，对TMR几何构型、尺寸和材料等设计参数进行大量的优化，如选择钨为散裂反应靶材料，为兼顾500千瓦升级，靶体截面尺寸由0.13米×0.05米优化为0.17米×0.07米；选择铍为反射体材料，尺寸由直径0.7米优化为上部反射体直径0.4米；选用仲氢为低温慢化器材料，耦合仲氢慢化器由早期的矩形型优化为圆柱型，直径为0.15米、高度0.1米等。

（四）中子学性能数据

给出了各慢化器输出的中子能谱、中子脉冲形状、中子空间分布和γ射线特性，提供给各台谱仪进行谱仪物理设计，下页图2为现阶段优化方案的耦合液氢慢化器发射面的中子强度空间分布和各束线的中子勒谱。

二、靶站屏蔽物理设计

工程中心根据需要屏蔽的辐射源项，进行屏蔽物理

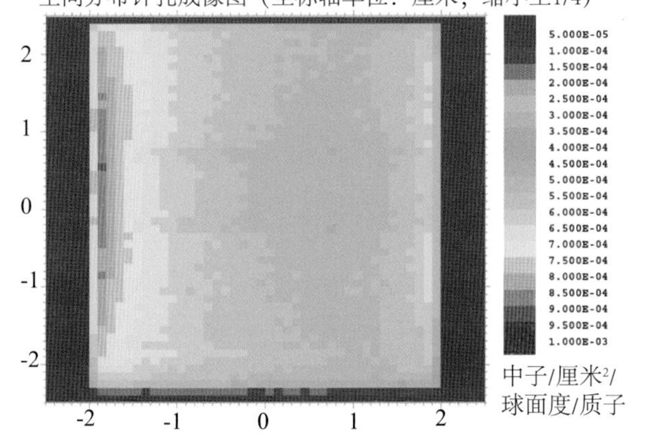

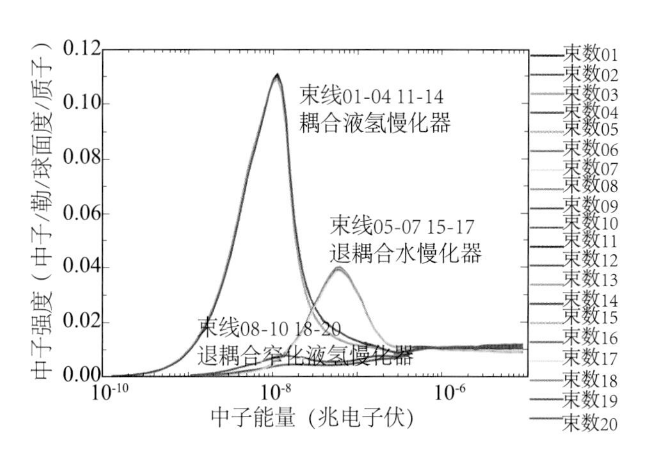

图2　耦合液氢慢化器发射面的中子强度空间分布（左）和各束线的中子勒谱（右）

设计，主要处理中子、γ 粒子的辐射输运问题，按辐射防护标准计算确定辐射屏蔽材料以及结构。

（一）瞬发辐射源项

完成质子轰击钨靶后从靶中逸出的中子、光子和其他粒子的能谱与分布的计算，以及各中子束道的中子光子源项计算。图3显示了1.6吉电子伏高能质子轰击钨靶后不同方向产生的中子及能谱。

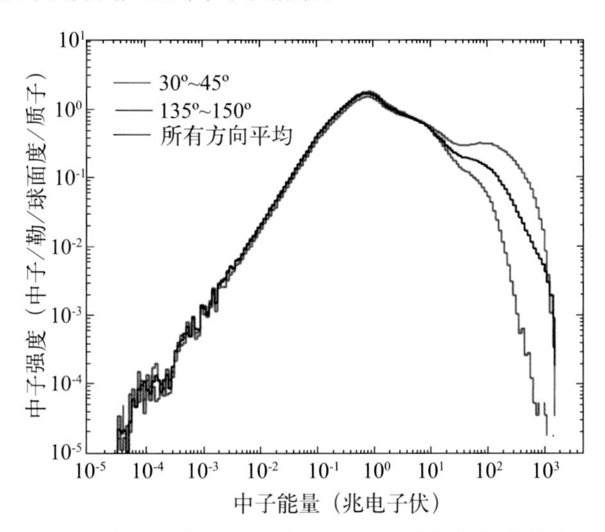

图3　1.6吉电子伏质子轰击钨靶后不同方向的中子及能谱（0°表示质子入射方向）

（二）屏蔽设计校验

利用部分高能实验装置屏蔽实验结果（TIARA facility in JAERI 68MeV Proton p–Li7 target，ISIS Target station 800MeV Proton，RAL），对MCNPX屏蔽计算方面的正确性和适用性校验。结果表明，MCNPX能很好地描述不同材料的屏蔽效果。

（三）靶站屏蔽物理设计

利用Moyer经验公式、程序DOORS、MCNPX对靶站屏蔽进行设计，确定半径为4.8米的钢加上1.2米厚的重混凝土（密度不低于3.6×10^3千克/米^3）可以满足500千瓦屏蔽要求；选用台阶式中子束线开关；基板下部浇注2.5米厚普通混凝土可以使主要核素的比活度低于国家排放标准。

（四）谱仪屏蔽设计

计算水慢化器逸出进入高通粉末谱仪孔道的中子通量及能谱，完成高通粉末谱仪孔道屏蔽初步设计。离开靶站后，除地基由普通混凝土浇筑外，中子束线其他方向上的屏蔽主要由一定厚度的钢与重混凝土组成。随离慢化器距离的增加，中子束线屏蔽高度与宽度不断减少，同时钢的用量也不断减少。

三、活化、后热计算及缓发辐射屏蔽设计

靶站部件通过散裂反应以及中子活化等生成的核素，覆盖了质子数从1到靶元素钨74的广阔范围，其产额、放射性强度、衰变类型、半衰期、核素毒性等各不相同。工程中心采用高能粒子输运程序LAHET、FLUKA、MCNP4C、MCNPX、CINDER90等，对CSNS靶站部件活化强度、辐射后热及感生放射性的屏蔽进行计算。

（一）确定散裂反应核素和分布

确定散裂反应核素半衰期、放射射线、射线最大能量、年剂量限值、活化强度及毒性份额。

（二）靶站部件活度和缓发屏蔽计算

计算得到靶、反射体、慢化器及其容器等靶站部件的放射性活度随运行时间和衰变时间变化，计算得到不同运行条件下的缓发辐射源项，依据缓发源项计算确定部件维护时的屏蔽需求，如热室厚度为1米，材料为重

混凝土；反射体与慢化器维护时铅屏蔽桶最大厚度为0.18米，如图4所示。

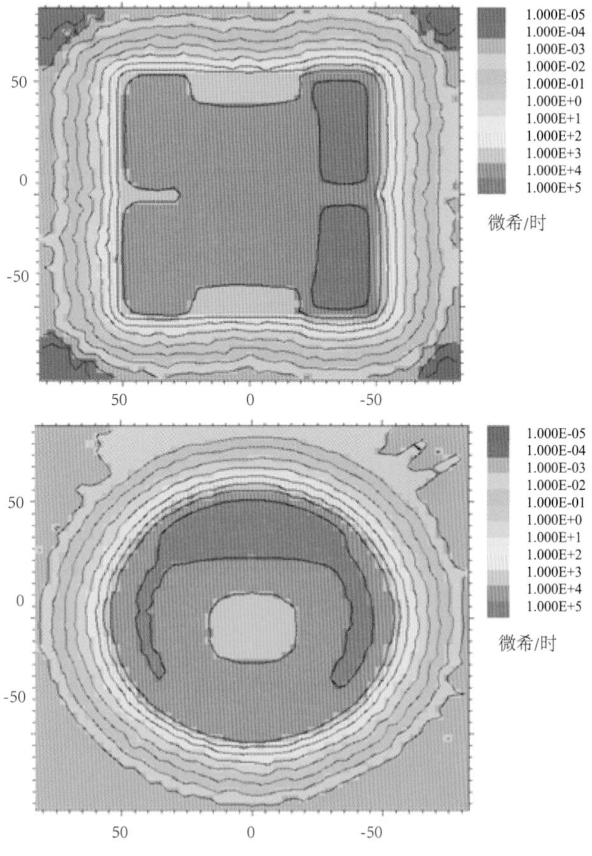

图4　质子束辐照6年冷却7天后慢化器反射体缓发辐射屏蔽计算的垂直（上）和水平（下）方向的剂量分布

（三）靶辐射后热计算

确定不同钽包覆层厚度下钨靶的辐射后热，为安全分析提供依据，如功率500千瓦运行5年后，5×10^{-4}米钽包覆的钨靶的辐射后热在停机冷却7天仍大于1800瓦。

（四）环境影响评估

完成靶站的空气、冷却水、地下水和土壤等的活化计算，结合屏蔽物理设计和部件活化计算等，完成CSNS环境影响报告书和CSNS职业卫生评价报告书的靶站谱仪部分。

四、辐照损伤计算

散裂中子源靶站部件长时间受高能质子和中子等粒子轰击，辐照损伤严重，直接影响靶、靶容器、慢化器等靶站核心部件的使用寿命，确定靶和容器的辐照损伤值对散裂中子源安全稳定运行以及合理设计十分重要。工程中心的工作包括如下几个方面。

（一）中子与质子引起的损伤能量截面计算

2008年完成了不同能量中子、质子辐照钨、不锈钢SS316和铝合金6061等材料的损伤能量截面以及原子离位截面的计算。

（二）靶站部件的DPA分布计算

通过计算获得了不同质子束空间分布条件下靶、靶容器、慢化器容器、反射体容器、氦容器内水冷屏蔽体、质子束道等的DPA（原子平均离位次数）分布及峰值，为确定靶截面尺寸、反射体－水冷屏蔽体边界等提供依据。

五、热量沉积计算

质子打靶后90%以上能量沉积于靶站内，产生的热量需由不同的冷却介质（水、空气、液氢等）带走以保障运行安全，通过计算得到的各部件的热量沉积分布结果，将作为下一步热工水力分析的热源项，进而为冷却回路及低温系统设计提供设计需求。完成靶站内各部件如靶、慢化器、反射体、容器、重水、氦容器及屏蔽体等中的热量沉积，图5显示了靶站中心0.3米×0.3米区域的热量沉积分布结果。

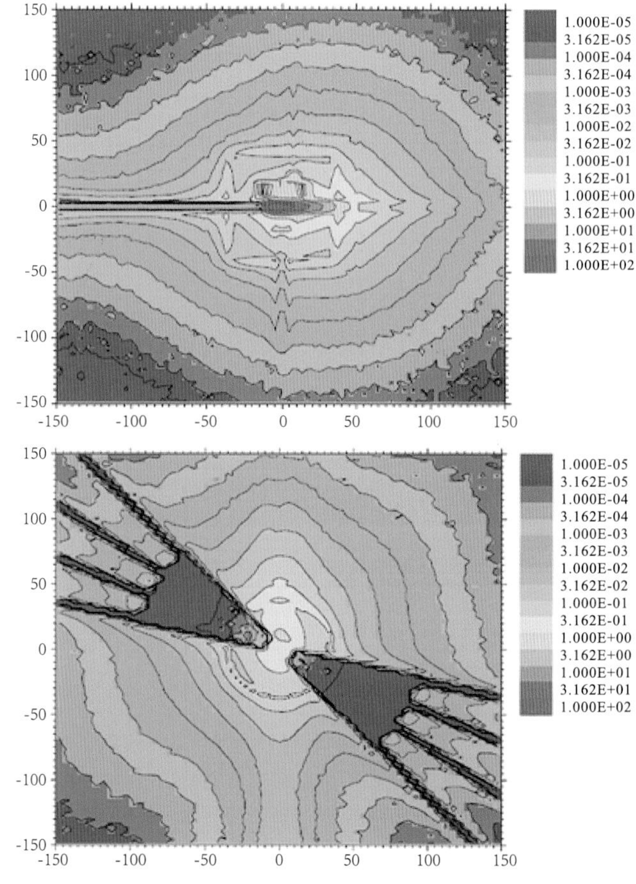

图5　500千瓦时靶站中心0.3米×0.3米的垂直截面（上）和水平截面（下，耦合液氢慢化器高度）的热量沉积分布结果（单位10^3瓦/米^3）

六、性能测量和中子物理实验

靶站中子性能的测量主要包括中子通量测量、中子能谱测量、中子脉冲形状测量以及中子二维位置成像测量等。2009年，工程中心完成了基于飞行时间方法的能谱测量系统、基于活化法的热中子通量标定、基于中子影像板的中子空间分布测量等测量方法和仪器设备的调研，2010年开始基于时间聚焦几何的中子脉冲形状测量系统的研制。

靶站中子物理实验方面，通过合作在国内创造实验条件。2008年，项目组参与合作设计小型加速器驱动的中子源，已经完成设计，它将为CSNS靶站的中子物理实验提供实验平台。2010年与中科院兰州近代物理所合作，准备高能质子打靶产生的中子产额和活化散裂产物的测量实验，已完成水浴法测量中子产额和 γ 谱学测量散裂产物的实验方案设计。

第三节　中国散裂中子源谱仪设计

中国散裂中子源谱仪是用于中子散射实验的装置，它的设计分为谱仪的总体设计和一期拟建谱仪的物理设计部分，后续部分视施工情况及经费状况再定。

一、谱仪总体设计

中子散射谱仪是散裂中子源应用的最主要部分，是整个工程成败的关键之一。CSNS靶站共有3个慢化器、20条中子孔道。王芳卫、张泮霖等参照国际散裂中子源多学科应用的现状和未来20年科学的发展，根据不同散射谱仪设计对慢化器、中子飞行距离和中子探测器所需空间的要求，对相应的中子谱仪进行了初略的全局规划（图6）。

二、一期拟建谱仪的物理设计

根据国内用户需求和国际相关领域的发展及经费状况，CSNS项目一期拟建设高通量粉末衍射仪、多功能反射仪和小角散射仪三台谱仪，物理所主要负责前两台的物理设计。

（一）高通量粉末衍射仪

高通量粉末衍射仪（HIPD）主要用于研究物质的晶体结构和磁结构，主要应用领域包括物理、化学、生物、材料等学科，如原子的占有率及热振动参数测定、极小样品的衍射实验、随时间变化的动态测量、高压条件下的衍射实验、完全未知的新结构测定、磁有序和磁相变研究等。

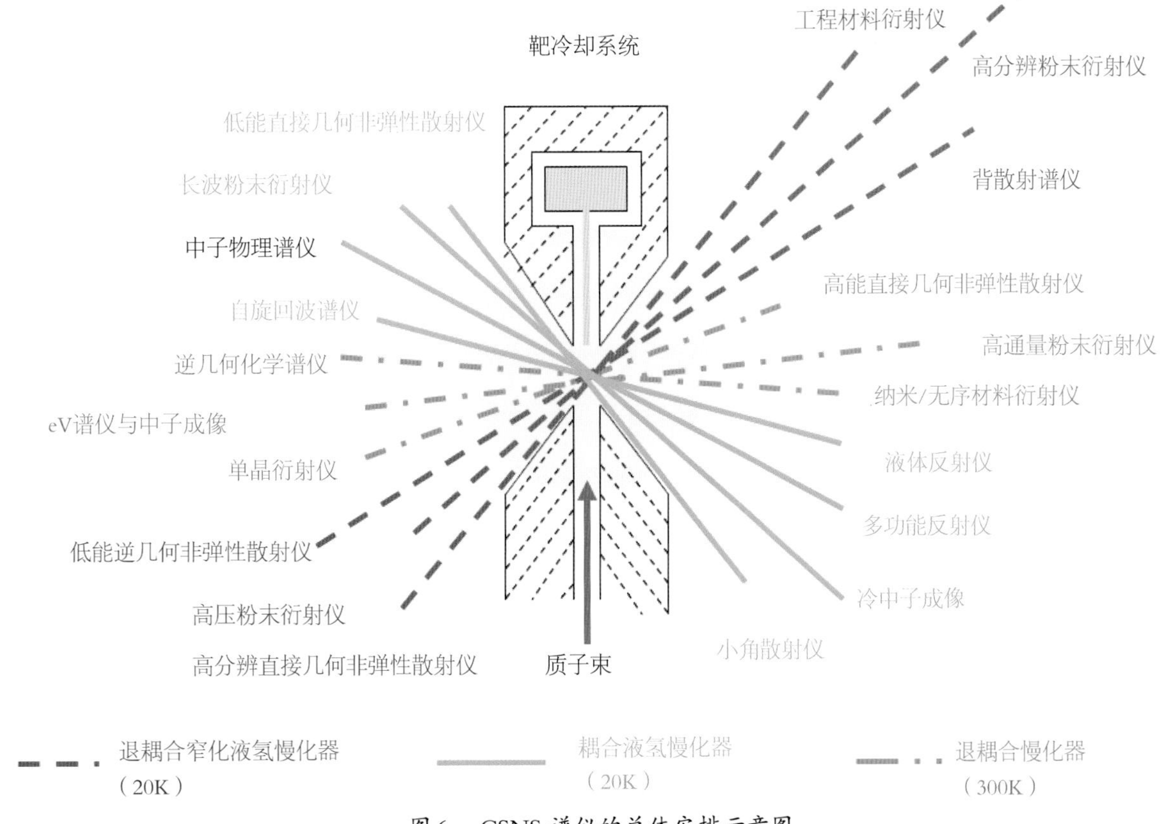

图6　CSNS谱仪的总体安排示意图

HIPD谱仪的基本结构如图7所示，其中包括中子导管、T_0斩波器、带宽限制斩波器、样品室和散射室、监测器、探测器及数据获取系统、数据集成和分析系统、直射束吸收体（beam stop）及屏蔽设施等。

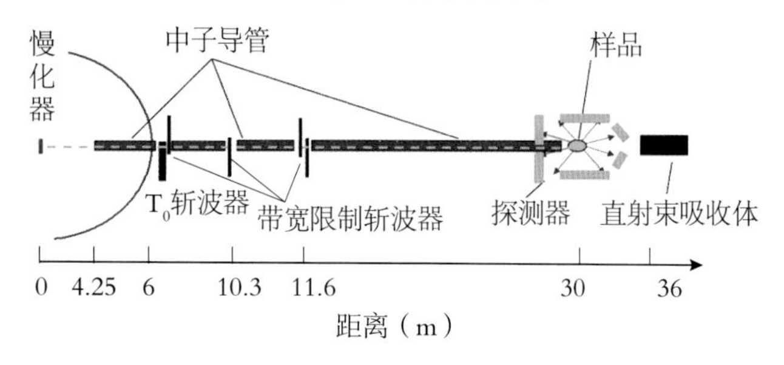

图7　HIPD谱仪的基本结构示意图

HIPD谱仪的设计参数如表1所示。

表1　HIPD谱仪的设计指标

中子带宽（$\Delta\lambda$）	4.5 Å
最大中子束宽	0.04(h)m × 0.04(w) m
样品位置的中子通量	10^7/(cm^2·s)
最佳分辨率（$\Delta d/d$）	0.2 %

使用蒙特卡罗程序，模拟计算了谱仪各主要部件，为技术参数的确定提供物理依据。图8为多晶铝蒙特卡罗模拟的衍射谱。根据模拟结果估计，对于1克量级的样品，收集一套能满足结构精修的衍射数据需要时间为几分钟到十几分钟，加上良好的屏蔽，能够满足小样品的结构、磁结构测定，大样品的结构或磁相变研究等用户需求。

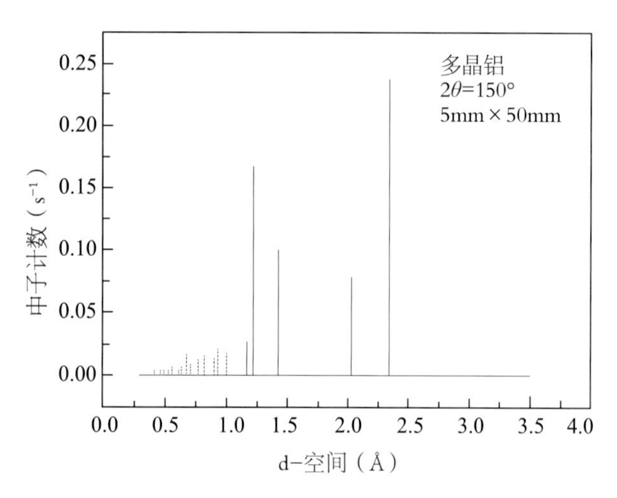

图8　多晶铝蒙特卡罗模拟的衍射谱

（二）多功能反射仪

多功能反射仪是通过分析来自样品的反射中子研究物质的表面和界面结构。由于中子具有磁矩，是直接测定磁结构的重要手段，因此极化反射中子可用于磁性薄膜的研究。

多功能反射仪的样品为垂直放置，其基本参数如表2所示。作为一种多功能反射仪，其设计的主要功能有固体薄膜的中子反射率测量、磁性薄膜的极化中子反射率测量、非镜面反射特性研究、掠入射小角散射 (grazing-incidence small-angle scattering)、中子超镜薄膜测量、原位薄膜材料的生长及其中子反射率测量。多功能反射仪主要应用领域包括各种新型薄膜材料的结构、磁性低维结构及表面磁性等。

表2　多功能反射仪的基本参数

	说明	基本参数
慢化器	耦合液氢	20K，10cm × 10cm × 5 cm
距离L_1	慢化器到样品	19.5 m
距离L_2	样品到探测器	2 m
样品处通量	100 kW	3.8 × 10^7 /(cm^2·s)

依照谱仪的设计要求，采用VITESS程序模拟了不同中子光路的中子传输情况，给出了谱仪的主要部件和设计参数（表3）。

表3　多功能反射仪的基本部件和设计参数

谱仪部件		说明	设计参数
中子光学部件	束线开关内导管	>$2\theta_c$超镜镀层	2m，尺寸4cm × 6cm
	多层弯导管	3.5θ_c超镜镀层	4m，曲率半径100m，5通道
	直导管	>$2\theta_c$超镜镀层	4m，尺寸4cm × 6cm
	聚焦导管	>$2\theta_c$超镜镀层	4m，出口尺寸2cm × 3cm
	带宽转子	1500～3000转/分钟	3只
探测器	二维探测器	二维位置灵敏	20cm × 20cm，位置分辨率2mm × 2mm
	束流监测器		2只
散射室	样品台	6维调节	1只
	入射臂		长2.5m
	反射臂	2维可移动	长2.0m
	狭缝	2维可调节	3只
极化组件	极化器	中子超镜型	1只
	分析器	中子超镜型	1只
	自旋反转器		2只
基本样品环境			原位样品镀膜 1.8T电磁铁 5～800K变温

第四节　关键设备与技术的预制研究

CSNS是中国第一台散裂中子源装置，投资预算是美国或日本同类装置建造经费的10%左右，不可能一切都依赖进口，大量的技术和设备要在国内研发和制造，很多关键技术必须开展预制研究。通过预制研究，掌握关键技术和关键部件的制造工艺，研制一些关键设备样机，为后续批量制造做好准备；同时通过与厂家合作研发关键部件与设备，有利于提升中国相关工业水平，降低造价，锻炼技术队伍。

一、钨靶材料

CSNS将采用有扁平截面的多片厚度不同的钨片叠合而成的靶体，靶体采用重水冷却，重水稳定地流过相邻靶片之间的间隙，将散裂反应产生的热量带出靶体。工程中心通过采用抗辐射损伤和腐蚀的措施，可有效降低辐射损伤和腐蚀对靶材的影响，提高靶体的使用寿命。

（一）钨靶包覆

对于散裂中子源，用户都希望中子的产量尽可能高，这样钨就成为优选材料。项目组对钨、钽的热等静压（HIP）和在钨板上超音速等离子喷涂钽的两种方法，做了大量的研究工作并取得了阶段性的成果。通过国际合作，结合国内的生产厂家，开发了自有的HIP工艺，找出针对自有材料的最佳的HIP条件，并成功试制了钨钽结合面完好的靶模块。

（二）等离子喷涂

与装备再制造技术国防科技重点实验室合作进行钨靶上钽的超音速等离子喷涂，并取得比较满意的初步结果。喷涂样品的扫描电镜结果显示，在两种材料的结合面处明显观察到了材料在喷涂过程中的扩散，部分地方结合良好。

（三）制备钨铼合金

与钢铁研究总院合作，制备了含26%铼的钨铼合金，具有很好的延展性。初步分析结果显示，该合金具有很高的质量密度。超声波检测表明，合金块内部结构完整，致密性好。

二、退耦合窄化氢慢化器材料与加工工艺

退耦合窄化氢慢化器能为分辨率要求高的谱仪提供脉冲宽度窄、形状合适的长波中子，是CSNS靶站选用的三个慢化器之一。在前期预制研究中，重点优化铝合金容器结构设计以选择合理厚度、研究B_4C制备工艺、A6061T6与Invar36异种金属焊接。

（一）退耦合窄化氢慢化器结构设计

退耦合窄化氢慢化器选用铝合金A6061T6，慢化工质采用超临界仲氢，工作压力为1.6兆帕，设计值为1.9兆帕，正常运行时的温度20K。退耦合氢慢化器外形尺寸0.1米×0.05米×0.1米。过渡圆角处是薄弱区域，局部加厚。上顶面最小厚度7×10^{-3}米，大侧面壁厚6.5×10^{-3}米，小侧面壁厚5×10^{-3}米，距上表面18×10^{-3}米处，应力及应变能都较小，设立为焊缝。整体应力最大为60.8兆帕，焊缝部位最大应力为31.2兆帕，最大变形量9.22×10^{-5}米，位于大侧面中心。

（二）退耦合窄化材料与加工工艺

常用的退耦合窄化材料包括碳化硼（B_4C）、镉（Cd），以及银铟镉（AIC）合金，预制研究主要针对B_4C。工程中心与牡丹江金刚钻碳化硼有限公司合作高纯度烧结B_4C片，检测结果显示硼含量大于60%（重量百分比），相对密度大于98%，即气孔率小于2%，基本达到前期预研要求。为降低B_4C加工难度，将B_4C粉与铝粉烧结为B_4C－铝复合板。样品相对密度为60.2%。硼含量为43.6%（重量百分比），符合制备要求。

（三）铝合金与因瓦合金异种材料焊接

CSNS低温慢化器管线选择因瓦合金Invar36材料，但在散裂反应中心，为减少中子吸收，低温管线材料仍为铝合金A6061T6，因此工程中心在预制研究中将A6061T6与Invar36异种金属焊接作为关键技术研发。他们与北京航空工程设计研究所（625所）合作，使用摩擦焊实现A6061T6/Invar36异种材料焊接。扫描结果表明在离圆心距离为1×10^{-2}米以外的区域，焊接界面基本焊合。焊接界面过渡层厚度5×10^{-7}米，强度基本达到A6061T6强度的80%。

三、中子带宽选择转子样机的研制

（一）机械设计及加工

带宽选择转子样机（下页图9），整体大小为长0.419米、高0.794米、宽0.72米，总重量约122千克。动平衡测试显示，动平衡指标达到ISO 1940/1或ANSI52.19标准中的G1.0标准。

（二）相位控制

相位控制通过在PC中运行的PCI运动控制卡上位

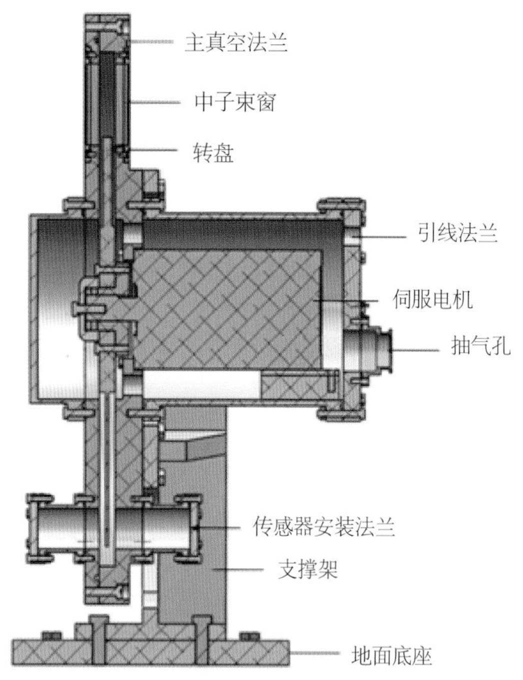

图9　带宽选择转子样机设计图和实物照片

机编程来实现。运动控制卡一方面接收来自伺服驱动器输出的旋转编码器信号，检测定时信号和TDC信号，另一方面输出位置脉冲给伺服驱动器，实现闭环控制。在转子模型机上的相位控制试验显示相位控制的精度达到 $\pm 25\times10^{-6}$ 秒左右。

四、中子导管

中子导管在散裂中子源谱仪中用作中子传输的部件。工程中心在预研中主要解决中子导管的多层膜工艺，实现 m=2（2倍镍的全反射角）以上的大样品多层膜的均匀、稳定制备。

2006年，工程中心在国内第一次建造成功了可以在大尺度衬底（0.5米长，0.1米宽）上实现高精度控制薄膜厚度的磁控溅射设备，摸索出了 m=2的大样品多层膜的均匀薄膜制备工艺，解决了界面粗糙度的控制等技术难题。m=2的中子超镜薄膜的中子反射率达80%，已经进入样件加工阶段。

第五节　中国散裂中子源用户和研究生培养

CSNS是一个多学科应用的平台型大科学装置，用户优先是CSNS建设所遵循的基本原则。中国中子散射研究相对落后于西方发达国家，如何发展和壮大国内用户队伍是工程中心非常重视的一项工作。除组织专家到全国主要大学和研究院所介绍中子散射技术在各研究领域的应用外，工程中心2004～2006年每年夏天在物理所组织召开“散裂中子源多学科应用研讨会暨CSNS用户会”，相继邀请几十位国内外专家学者讲授有关中子源的知识和谱仪的特点，特别是在物理、化学、生物、材料、能源等多学科的应用。2004年面向青年学者和研究生举办了中子散射暑期讲习班。2007年4月26～29日，“第十八届先进中子源国际合作会议”在广东东莞市召开，这是先进中子源国际合作会议首次在中国举办。2008年11月11、12日，CSNS项目组与东莞市政府和中国高等科技中心在东莞市联合举办了第四届CSNS用户会，会议的主要议题是CSNS一期三台谱仪的建设方案。从2009年开始，每年一届的用户会名称统一为“国家中子源多学科应用研讨会”（2009年在物理所召开，2010年在中山大学珠海分校召开）。

同时，工程中心组织成立了国内中子散射用户联盟，张绍英负责日常工作，明确了用户联盟的任务和日常工作的原则和重点，为将来成立中子散射用户委员会打下了良好的基础。2004年12月8日，工程中心组织召开了“物理所散裂中子源用户研讨会”，会议决定成立“物理研究所散裂中子源用户专家组”，确定了用户专家组人员名单，落实首批国内用户覆盖百余个不同研究课题。用户的积极参与将对建好和长期用好中国散裂中子源起到积极和重要的推动作用。

2000～2010年，工程中心培养研究生8名，博士后1名。

第二十四章　其他学科

本章共设八节，记叙物理所开展时间比较短或研究规模相对较小的六个学科和两项20世纪60～70年代经历的任务。两项任务其中一项是在陕西汉中建设技术物理实验中心，称“325工程”，只完成了其中的低温和超导部分；另一项是参与毛泽东的遗体保护任务及毛主席纪念堂工程，称“一号任务”。本章各节按时间排序。

第一节　电学和无线电技术

中研院自1928年成立起，就在物理所设立了无线电学组，对电学特别是无线电开展了开拓性的研究。当时正值真空二极管和真空三极管发明不久，科学界处于对无线电的研究热潮中，丁燮林和陈茂康等从购置标准电阻、电容、电位差计、惠斯通电桥、恒温池、标准频率发生器等仪器设备开始，又用大量时间自制或改装了150瓦短波发报机、长短波收音机、无线电广播机、振子整流器、手摇发电机、外差式收报机和约20米高的无线电发射铁塔等基本设施，逐步开展起电学和无线电方面的研究。按研究内容分，有液滴的电性研究、电离层研究、无线电技术研究等。抗日战争末期，由于研究地址的一再搬迁，这方面的研究没有继续下去。在约15年的时间里，主要的工作内容和结果如下：

一、液体表面性质对电性影响

丁燮林和林树棠等系统研究了液体和绝缘固体的摩擦生电、极性液体和无极性液体从毛细管滴下的定量液滴在各种条件下的变化。1929年研究了对毛细管中的汞加以电位时，汞液滴大小及汞表面张力随电位极性和大小的变化。1935年研究了电场大小和频率对不同液体液滴的影响，结果表明对无极性液体诸如苯、二硫化碳及四氯化碳等，其液滴大小不因电场及电场频率的变化而变化；对水、乙醇和丙酮等这类极性液体，其液滴大小随电场的加强而缩小，在一定场强和频率下液滴大小也随频率而变化。但对另一类极性液滴诸如二甲苯胺、三氯化磷等，则存在临界频率，在此频率以上场强才影响液滴大小；而且在一定场强下，在此临界频率以上和以下，液滴大小随频率变化的趋势正好相反。这类研究一直延续到1943年，他们研究了电场对各类液体在毛细管中上升高度的影响，结果表明无极性液体上升的高度，无论直流或交流电场作用液体都会增高，但直流电场对极性液体没有影响。

二、电离层研究

利用1935年6月19日上海日偏食和1941年9月21日福建日全食的机会，物理所开展了多项研究。陈茂康率朱恩隆、张熙用临界频率法研究了电离层的视高及游离强度，通过观测确定了电离层的F层的离化是紫外线作用的结果，而电离层的E层的离化除紫外线外也有非紫外线的作用[1]。

三、无线电技术研究

围绕无线电技术，陈茂康、蔡金涛及其助手开展了长期而系统的工作。作为无线电的基础，在已有米波的基础上，他们就如何产生分米波的课题开展了真空三极管和阴极射线管的结构改造，力求将使用频率进一步提高。1930年在阴极射线管内用形同齿轮的栅，以间断截取电子而增强频率；1933年以电话耳机连于齿轮和金属圈之间，即可听到频率400赫的声音，再加一个500倍的扩大器，即可在耳机式的震颤图上显出频率400赫的曲线图。他们对分米波的特殊测量方法和对真空管振荡器的频率调控方法也做了研究[2]。

四、研制超短波收发报机

用超短波收发信息不易泄露，且天线短，便于携带，因而有很多优势。当时欧美军警机关多采用超短波收发报机通信。为此陈茂康、胡刚复等于1937～1939年研制了两套超短波收发报机，试验结果良好，为进一步大量制造打下基础。

五、高频地波的射程研究

波长10～200米地波虽不适于长距离通信，但对时常处于移动位置的发报机，其短程通信用地波发送则更轻便可靠。另外，飞机在雾天也要用地波辅助降落，因此了解高频地波的射程对有关应用设计是重要的。此类问题当时极少有理论考虑，陈茂康、胡刚复从理论上研究高频地波的射程，所得结果与前人实测结果相当符合。

六、无线电电路稳定性的研究

陈茂康、胡刚复研究了无线电电路中有关稳定性的问题，如直流电路的稳定性、反馈电路的稳定性，特别是负阻抗在电路中的稳定性问题。负阻抗可分为电流控制式和电压控制式，他们从理论上考虑了负阻抗电路与反馈电路的应用，以提高振荡电路的振幅稳定性，还利用负阻抗特性增进了滤波器的滤波效果。他们还进行了再生电路中反馈因素的理论研究。

七、研制振荡器

1934～1935年，潘承诰用电波标准频率设备研制成三相振荡器。测试结果是，受相等电压变更后，频率的改变随电容的大小作波动式变化。振荡器分为调栅式、调极式和哈特勒式3类。接着又研制了三极三相高频振荡器。1935年曾制成振荡器七八种，特性各异，但可发生三相振荡，且在电容随意变更时能显示完美正弦波形的，仅有两三种。

八、制成150瓦广播电台

1930年康清桂利用自制无线调幅器，制成150瓦广播电台，1932年正式与国内指定地区通信，也可以接收美、欧、日大功率电台的电信。1939年改装了无线电广播机，加装收音放大器及调幅器，可报话、广播两用，输出功率100瓦。

九、水晶压电性研究

严济慈与钱临照合作，系统地研究了水晶压电和扭电现象及其在无线电上的应用，即实心和空心圆柱长短、半径大小与由扭力所产生的电量的关系，还研究了水晶扭电的反现象。实验中他们发现，将水晶圆柱放在无线电振荡器中能产生共振，与压电水晶片无异，可用作温度系数为零的无线电稳频器。这项工作对于控制、检测无线电波频，以及后来在抗日战争期间实际生产水晶振荡器提供了理论基础。

十、为抗日战争研制仪器和设备

在抗日战争期间，中研院物理所一度转移至桂林，在设备不全、电源和干电池供应不足等困难条件下，研究人员仍为广西全省无线电通信网的设计与建设倾尽全力，完成包括全省收发报机的分期安排计划、所需技术及报务员的培训，乃至所需收发报机的制造（材料从香港采购）等工作。他们还为广西省研制了收发报机、振子整流器、长途电话用增音器、无线电定向仪和探矿仪等许多急需的设备。特别是他们还面向军事急需，直接为抗日战争前线和后方研制所需的仪器设备，如飞机用的地速仪、飞机投弹瞄准仪和反投弹瞄准器、供飞机降落用的高频10～200米地波应用公式、探声仪、炮位定位器、飞机方向指示器、地雷爆炸控制器、超短波收发报机等军用精密仪器，为中国的抗日战争作出了贡献。

第二节　地球物理和科学考察

地球物理学是以地球为研究对象的应用物理学科。中研院物理所和北研院物理所分别开展了地磁测量、日食观测、地球重力测量、物理探矿以及经纬度测量等工作，当时称为“大地物理”或“地文物理”。此外，中研院物理所还参与了西北科学考察、新疆铁道路线测量等野外科学考察工作。

一、地磁测量

鉴于中国在太平洋西岸的地理位置，20世纪30年代之前，俄、英、法、德等国先后在北京、上海、香港、青岛建立地磁台进行观测，但中国人未参与工作。20世纪30年代初，中研院物理所和北研院物理所的科技人员由参与合作到独立主持，开展了地磁测量与相关研究工作。

（一）中研院物理所的工作

中国科技人员独立开展地磁测量起源于中研院物理所。中研院物理所成立后即制订了地磁测量的计划并开始筹备。1932～1946年先后建立永久性和临时性地磁台5个，地磁测量遍及多个省市和地区。这些测量数据为绘制1:600万系列“1950.0年代中国地磁图”提供了所需资料。

1.地磁台的建立。1932～1946年，中研院物理所先后在南京紫金山、昆明凤凰山、桂林雁山、福建崇安和重庆北碚设立地磁观测台，开展测量工作。

①南京紫金山地磁台。1930年中研院物理所所长丁燮林开始筹备地磁测量工作。该所在南京紫金山选定台址，先后由潘孝硕、周寿铭、陈宗器负责台站的建设和管理。1933年开始进行观测。在此期间中研院物理所还自制了地磁偏角仪，设计了便携式地磁仪。1935年台站建成，1937年完成自动记录仪器的安装，并经过改良提高了偏角仪的灵敏度。这是第一座由中国自己设计建造的地磁观测台，它的建成表明中国在建筑材料的无磁性和台址的均衡性测量方面，可以满足精细观测的要求（图1）。

图1　南京紫金山地磁台

当时参加地磁台工作的有陈宗器、陈志强、周寿铭、林树棠、吴乾章等。台站使用的地磁观测仪器包括英国剑桥仪器公司制造的亥姆霍兹线圈、舒斯特标准水平分量磁强计1套、施米斯轻便分量磁强计1套、标准感应仪1套、磁法磁强计1套以及丹麦制造的拉柯HDZ分量记录仪1套。中国学者能独立安装、调试及使用这些当时的精密测量仪器，标志着中国具备了进入现代科学实验研究行列的条件。此外，该地磁台还装备了1套中研院物理所工厂试制的HDZ分量绝对值测量电流计。

1937年日本军队占领南京后，该地磁台停止工作，仪器运至广西桂林。1946年中研院物理所复员后，紫金山地磁台复建并继续开展工作。

②昆明地磁台。1937年12月丁燮林前往湘、汉、滇、桂等地勘查地址，决定在昆明筹设地磁观测台，选择东郊羊方凹村凤凰山作为地磁台址。1938年冬开始动工，至1939年建成记录室、标准室，墙顶均用石材砌成，既避免金属杂质干扰又持久耐用。在地磁台附近还建有一座宿舍。

③雁山地磁台。1938年中研院物理所迁到广西桂林后，先将地磁台迁至三江县丹洲，并在桂林附近寻觅地磁台地址。1940年底陈宗器等在雁山四周测定地磁各要素的数值，经过分析选择山顶作为地磁观测台址，随即开始地磁台设计及招投标等建筑事项。1941年地磁台由丹洲迁至雁山，夏天开始有正式观测记录。该地磁台内的设备于1944年迁往重庆北碚。

④福建及北碚地磁台。为观测1941年9月21日的日全食，在福建崇安建立一座临时地磁观测台，装置各项地磁标准及记录仪器。1944年底中研院物理所由广西迁至重庆北碚，建立临时地磁观测台。

2.地磁测量及研究。1933～1946年，中研院物理所与有关部门合作，培训测量人员，进行7省市50余处的地磁测量，开展日食对于地磁影响的专题研究，还做了地磁探矿的探索，取得重要成果。

①地磁测量。1933年，随着南京紫金山地磁台的建立，中国科技人员开始独立开展地磁测量。1936年3～6月，由中研院物理所陈宗器负责，对中国东部及东南沿海的广东、福建、浙江和上海4省市14个点进行了地磁测量，这是中国学者主持进行系统地磁测量的开始。1939年11月，中研院物理所与国民政府陆地测量局合作，设立地磁观测网，改制仪器，培训测量人员，制作全国地磁偏差表。

1939～1944年，陈宗器、陈志强、周寿铭等在广西、福建等地进行地磁测量。其中广西雁山地磁台日常工作包括地磁要项（HDI）绝对测量、地磁变化（HDZ）自动记录、仪器常数比较与测定、观测数据整理及地磁数值推算等5方面的工作。他们与福建气象厅合作，在福建全省测量地磁10余处。

1946年初，陈宗器、吴乾章等按照国际通用标准对重庆北碚进行了详细的地磁测量，共测15个点，写出《北碚地磁志》，并附有偏角D、倾角I、水平分量H的日变曲线的等值线图。1946年4～9月，刘庆龄、胡仁岳等对四川省进行了16个点的地磁测量。1946年9月至1947年初，刘庆龄等借复员东返的机会，在长江沿线5省市共测量地磁21个点。1946年中研院物理所复员后，在南京紫金山复建地磁台并恢复观测。

②测量日食对地磁的影响。1941年9月21日中国可观察到日全食，当时正值抗日战争时期，原定合作的各国学者均未成行，中国科学家独立完成了这次测量。中国科学家分东南、西北两队进行日全食测量，中研院物理所陈宗器带领陈志强、吴乾章等组成的东南队在福建崇安进行测量。

测量这次日全食的地磁效应、电离层效应，有助于研究太阳微粒辐射对无线电通信的影响。这些既是当时国际上地球物理研究的新领域，也对中国的抗日战争具有重要意义。为此，当时中央广播电台台长带队赴现场向全国直播，并在英、美等国同步转播。这次对日全食的地磁测量研究获得4项成果：当日全食时，地磁水平分量约减少40单位，垂直分量约减少35单位，地磁偏角偏西1.2弧分；用图解方法求得地磁向量的末端偏于极西，即水平分量东西向分量不变，而其南北向分量逐渐向北增加；日全食时地磁的向量差与空中各层电流感应生成的磁场方向相反，可知这种磁扰向量确系受日食影响所致；地磁的变化与当地光蚀同时发生，所以地磁变化系受太阳紫外线辐射影响所致。

③地磁理论研究。中研院物理所1941年进行地磁感应仪构造及误差理论和致转地磁仪应用的研究。1943～1945年在地磁研究方面共取得3项成果：地磁探矿估计矿储量，必须先知矿石磁化系数，磁化区域磁体对于地表磁场强度异常的图式，已由理论上正确求得；观察北极星以推算方位纬度法，只需知北极星的赤纬及观测此星在任何时段的高度与水平位置，这可省去天文年历及无线电收音机的繁累；通过中国地磁的长期变化，求得变化趋势及数值，即可推得特殊变化的区域。

（二）北研院物理所的工作

北研院物理所在北平（今北京）和华南进行了地磁测量。1932年，北研院物理所购买了德国的阿斯加里式磁倾仪和英国的斯式磁强仪，同年夏天特约研究员桂质廷等在北平先农坛等处测量地磁。1934年底开始，北平研究院通讯研究员卜尔克（P.Burgaud，法国人）主持了有中国学者龚惠人等参加的地磁测量，测定珠江流域地磁场的长期变化，于1935年在北研院物理所丛刊发表《华南地磁之长期变化》。

二、地球重力测量

（一）中研院物理所的工作

中研院物理所认为，测量地面的重力值，可以研究地球重力场，进而了解地球形状及地球内部构造和物质组成；从实际应用来看，重力测量特别是重力异常值，对于探察矿址和油气分布等有重要意义。该所将重力测量列入研究计划，所长丁燮林主持了重力测量仪器的研制。1929年，他设计了一种新的测量重力加速度g值的可逆摆，即“新摆”，它既可排除测量转动惯量的困难，又不必测定摆的重心位置，显著降低了测量g值的误差。“新摆”由中研院物理所金工厂制造，1930年投入使用。同时丁燮林先后研制出新式“浮秤”“重力秤”，用于重力的相对值测量。

（二）北研院物理所的工作

在20世纪30年代初，已有便携式相对测量重力仪满足大规模测量的需要，北研院物理所开始有计划测定中国领土的重力加速度。

从1933年5月起，北研院物理所开始建立中国重力测量网的工作，聘任雁月飞（P.Lejay，法国人）作为特约研究员，使用荷－雁氏弹性摆，以上海徐家汇天文台为原点，在中国交通较为方便的地区进行重力测量。5月7日至7月26日，雁月飞以及该所助理研究员鲁若愚首先在中国华北地区进行重力加速度测量工作。此次测量以北平为基点，太原为次基点，测点包括河北、山西、察哈尔、山东和河南5省。各测点之间距离平均为100千米。测量结果和数据分析在《国立北平研究院五周年工作报告》上发表。根据对此次测量数据的分析认为，在所测量的区域内，自东至西重力均依次减小，而且等较差并不直接受高度的影响。

雁月飞和鲁若愚合著的《华北东部重力加速度之测定》《华北东部重力加速度之概况》2篇论文曾在法国科学院宣读，其核心内容是包括实测数据与归算值以及由此得出的《华北东部重力加速度布氏等较差曲线图》。

1933年2月至1935年7月，北研院物理所雁月飞和张鸿吉等在中国东南沿海、华中以及西南地区完成了173个测点的重力加速度测量。1935年他们合作发表《长江流域重力加速度之测定》《长江流域重力加速度之概况》，同时发表的还包括《中国布格等较差曲线图》等3幅曲线图。1937～1939年，北研院物理所在云南省、贵州省和广西省继续进行重力测量。

1933～1939年，北研院物理所先后测量中国18个省重要城市的重力加速度点共220余处。由于使用的荷－雁氏弹性摆没有恒温设备，所以测得的重力加速度精度不够高，误差约为5～10毫伽（1伽≈ $10^{-3}g$）。

1947年2月，北研院物理所迁回北平，恢复了地球物理方面的研究工作。顾功叙、张忠胤、曾融生等对雁月飞与鲁若愚、张鸿吉在1934～1939年间测得的中国南部各省208个测点重力加速度值作了分析，绘制出重力异常分布图，并进行了重力加速度均衡改正的研究，发表了《中国境内208处重力加速度测点之海陆均衡变差》（一）、（二）2篇论文。

三、野外测量和科学考察

（一）经纬度测量

北研院物理所成立时即有测量中国北部各地经纬度的计划，并向法国订购等高仪等仪器。1931年4月仪器运到，6月底朱广才出席全国经度会议之后，在上海徐家汇天文台校准这批仪器，在返回北平途中即先测定南京的经纬度。1932年，北研院物理所测量北平城内及郊区3处的经纬度，9月鲁若愚等开始沿津浦铁路测量天津、济南、铜山、南京、杭州等处经纬度。

1934年，北研院物理所应国民政府黄河水利委员会邀请，委派朱广才、翁文波参与精确测量从西安沿黄河至山东利津8个基点的经纬度，以利于水利工程的进行。这是该所开展的有利于国计民生的工作。测量时所用主要仪器包括S.O.M.式棱镜等高仪、Leroy恒星表，还使用了自动记时仪，因此准确度比以前有所提高。该项工作从测量到数据的计算整理，历时半年。

（二）磁法和电法勘探

抗日战争开始后，北研院物理所地球物理方面的工作转向物理探矿。应国民政府资源委员会西南矿产测勘处等的邀请，采用电阻系数法、自然电流法等物理方法，先后探测了云南和广西的矿区达12处，推知矿床地下分布状况和蕴藏量，为进行科学开采、有效利用矿产资源提供了依据和帮助。

1938年顾功叙到北研院物理所任研究员，带来1套旧的磁力仪和1套从英国购置的电法勘探仪器。1939～1946年，顾功叙在王子昌、张鸿吉、胡岳仁等协助下，先后利用磁法、自然电流法和电阻率法，在云南易门军哨、安宁砂场和贵州威宁章赫、水城观音山等铁矿区，云南巧家落雪、汤丹等铜矿区，云南鲁甸铅银矿区，云南会泽矿山厂铅锌矿区和昭通褐煤区，以及云南个旧锡矿区，开展了地球物理勘探工作。顾功叙等依据以上工作编写了5篇探测报告和《中国西南山区大地电流调查一些新异常结果》《国立北平研究院物理研究所重力地磁和地球物理勘测工作》2篇文章。

1938年3月中研院物理所与地质所合作，用电阻方法进行磁性探矿。1942年为国民政府资源委员会、广西省政府桂平矿务局培训一批地磁探矿工程师，为空军机场用电阻探测一处异常土穴、测量经纬度及磁偏角。

（三）科学考察

1929年10月至1933年5月，中研院物理所派助理研究员陈宗器参加中瑞联合西北科学考察团，工作内容为测定经纬度及子午线、测量地形及绘图。1933年10月至1935年2月，又派陈宗器参加铁道部绥新公路查勘队。陈宗器随考察团走遍了内蒙古多处、祁连山、柴达木盆地、哈密、吐鲁番、塔里木河流域等人烟稀少的地区。考察中曾到海拔4000米的地区，空气稀薄、呼吸困难、温差大，以至绘图墨水被冰冻。在戈壁缺水的地区，曾有负重的马匹被渴死。考察期间，考察团多次历经饥饿、露宿等困难，还受到过匪患及地方叛兵事件的影响。5年多时间里，考察团在极其艰苦的条件下，完成了夏季地温变迁的观测、沙丘测量及其迁徙情形、额济纳河支流及其面积的测量、居延海岸斜度等考察工作，并写出详细报告。这次考察开创了中国西北荒原地理科学事业。

中研院物理所的地球物理工作于1947年2月划归中央研究院气象研究所，北研院物理所的地球物理工作于1950年划归中国科学院地球物理研究所。

第三节　成分分析与应用

物质的成分和结构分析，是凝聚态物理和材料科学研究的基础。固体物理和凝聚态物理是应用物理所和物理所的主要研究方向。在20世纪50年代，应用物理所就开展了成分分析工作，并组建了研究组。前期（在20世纪50～70年代）物理所的物质成分分析，以化学分析为主要手段，也有部分发射光谱分析工作（人员和设备由光谱室调入）。20世纪80年代以后，逐步转入以仪器分析为主，相继引入电感耦合等离子体原子发射光谱仪、X射线荧光光谱仪、拉曼光谱和傅里叶变换红外光谱等仪器和技术，显著提升了成分分析的精度和效率，所需的人员也相应减少，他们所承担的任务和工作量却没有减少。

1953年应用物理所固体发光室（三室）郭照斌进行过铝铜镍（AlCuNi）的成分和结构分析。1956年施汝为所长决定由张赣南、郭照斌和陈建邦组建了化学分析组（简称化分组）。张赣南为第一任组长，1979～2000年化分组组长是赵玉珍。1985年化分组归属七联办，编制为701组。2000年后化分组由施洪钧负责。2002年物理所成立技术部，化分组与拉曼光谱组合并为分析测试部。

一、成分分析在凝聚态物理和材料研究中的应用

1953年郭照斌为铝铜镍三元合金系中 τ 相晶体结构变迁的研究进行了成分分析，该研究项目于1954年完成。1957年，陆学善在莫斯科第二届国际晶体化学会议上宣读了题为《铝铜镍三元合金系中 τ 相晶体结构》的报告，这里包含有应用物理所最初的成分分析工作。随后物理所的多项研究工作都需要成分分析工作的支持与配合。

（一）磁学研究中的成分分析

1956年，化分组成立初期主要工作是对磁性材料的成分进行分析。例如为铝镍钴（AlNiCo）合金脱溶硬化机理等研究项目进行成分分析。该研究项目在国内首先做出了晶粒取向度约为95%的铝镍钴－V磁钢，最高磁能积达到当时的国际最高水平。

1959年在多晶和单晶微波铁氧体材料制备过程中，化分组先后对钇铁石榴石（YIG）、掺杂钇铁石榴石、钇镧石榴石、钇镱石榴石、钇钆石榴石以及铋钙钒石榴石铁氧体等样品进行了成分分析。

1978年王震西等开始了NdFeB永磁材料的研究工作，这一时期化分组对NdFeB永磁合金进行了成分分析，对这个项目的科研成果转化为产业起到了积极作用。在此后的磁性材料研究中化分组参与了许多项目的组分分析，如：1993年对沈保根的Sm_2Fe_{17}的分析；郭慧群在1997年开展的SmDyFeCo的大磁致伸缩的研究；1998年吴光恒Ni_2MnGa、Co_2MnSi、NiMnSb样品的研究；此外还有$La_{0.7}Ca_{0.3}MnO_3$、$La_{2-2x}Sr_{1+2x}Mn_2O_7$、$SrTiO_3$:Nb、$Ni_{19}Fe_{81}$等薄膜样品的成分分析。

（二）晶体学研究中的成分分析

1969年化分组并入晶体学室后，也为该室有关晶体学研究工作开展了成分分析，以后化分组一直参与晶体学各个项目的研究工作。

20世纪60年代后期，在提拉法晶体生长过程中，化分组分析了$NaBaNb_2O_5$、$BaSrNb_2O_5$、$LiNaNb_2O_5$、钇铝石榴石（$Y_3Al_5O_{12}$，YAG）、钆镓石榴石（$Gd_3Ga_5O_{12}$）、铽镓石榴石（$Tb_3Ga_5O_{12}$）等样品的成分。其中YAG晶体是1965年前后发现的新型激光晶体材料，性能优良，是固体激光器中使用最多的材料。1978年，物理所“钇铝石榴石晶体生长和性能研究”获得中科院重大科技成果奖。

70年代初化分组参与在碘酸盐体系中探索新型非线性光学材料以及碘酸锂（$LiIO_3$）多型性的研究工作，进行了成分分析。该研究在1980年获中科院科技成果一等奖；70年代中期的对铌酸锶钠锂单晶进行了成分分析。

1986年物理所有关钛酸钡单晶生长及光折变性能的研究被纳入国家首批863计划。1993年化分组参与对钛酸钡晶体掺入Ce^{3+}（Ce:$BaTiO_3$）的成分分析，“掺铈钛酸钡晶体光折变器件及制作方法”1997年获中国专利优秀奖。

1992年开始对吴星的钒酸钇（YVO_4）晶体进行成分分析；还有对铝铋酸钡晶体和蓝光倍频材料$K_3Li_2Nb_5O_{12}$单晶的成分分析。

90年代后期至2010年间对陈小龙组的半导体晶体材料GaN、AlN、SiC的主成分及杂质元素进行了成分分析。

此外，化分组分析过的晶体样品还有红宝石、水晶、Nd:YAG、Nd:GGG、Nd:YVO_4、$KNbO_3$、LASAT和$SrTiO_3$等。

（三）超导研究中的成分分析

1986年底开始，化分组对LaSrCuO、YBaCuO、LaBaCuO等超导体进行了成分分析，有效配合了物理所探索新的高温超导体的研究。

1987年初物理所公布了独立研制出的YBaCuO液氮温区超导体的元素成分，其中元素成分测定是由化分组完成的。液氮温区氧化物超导体的发现获中科院科学进步特等奖和国家自然科学一等奖，化分组为此作出了积极的贡献。此外化分组还进行了LaBaCuO、LaSrCuO、

GdBaCuO和NdBaCuO的成分分析。

2008年，由于相继发现了一系列具有不同结构的铁基超导体FeSe、KFe_2Se_2，化分组开展了大量的成分分析工作。主要对FeSe、KFe_2Se_2、$Ba_{0.67}K_{0.33}Fe_2As_2$、$Li_{1-x}FeAs$、$FeSe_xTe_{1-x}$、KNaFeAs等样品进行了成分分析。物理所在铁基超导体的研究中，取得了多项重要成果。

（四）在非晶态物理方面的应用

1987～2002年在采用深过冷技术制备块体钯系金属玻璃研究过程中，化分组对PdNiP和PdAuSi及PdNiCuP合金进行了成分分析。

1994～1997年，在块体非晶合金的研究中，化分组对$Zr_{41}Ti_{14}Cu_{12.5}Ni_{10}Be_{22.5}$进行了成分分析，至1998年底此合金制备成功。在稀土基块体非晶合金的合成过程中化分组对$Nd_{65}Al_{10}Fe_{25-x}Co_x$及$Pr_{60}Cu_{20}Ni_{10}Al_{10}$进行了成分分析，汪卫华等的金属玻璃研究工作获2010年国家自然科学二等奖。

（五）在固体离子学和电池物理中的应用

物理所固体离子学研究组先后由陈立泉和黄学杰负责，从1991年开始研究锂离子电池及相关材料起，承担了中科院“八五”重点项目锂离子电池，科技部863计划和973计划项目，以及国家发改委新材料产业化示范工程等许多项目。该研究组的这些重大科研项目中各种材料的成分确定都是由化分组来完成的。其中包括锂离子电池正极材料磷酸铁锂（$LiFePO_4$）的成分分析。该研究组通过化分组提供的分析数据共发表SCI论文200余篇，作过30余次国际会议邀请报告，获得专利50余项。在固体离子学与锂离子电池研究及产业化方面取得显著成绩。

二、成分分析相关的仪器和设备

物理所化分组利用化学分析方法，解决了大量材料和样品的成分分析任务，和多个研究组配合，取得了多项重要的研究成果。20世纪50～70年代开展的发射光谱分析，以棱镜或光栅光谱仪分光，照相干板摄谱，用比长仪、投影仪及显微光度计测量谱线的波长和强度，成分分析主要是用传统的化学分析方法，操作烦琐，效率较低。直到1980年前后，化分组引进了美国PE703型石墨炉原子吸收分光光度计、Thermo－Jarell－Ash公司的750型光电直读光谱仪和Kevex0700型X射线荧光光谱仪，化分组利用仪器进行成分分析的比重逐步上升，传统的化学方法的比重逐步下降。后来化分组先后引进了美国Thermo－Jarell－Ash公司的IRIS/AP型全谱直读光谱仪和IRIS Intrepid Ⅱ型全谱直读光谱仪，化分组利用传统的化学方法进行成分分析的工作在20世纪80年代基本结束。利用仪器分析方法，可以完成各研究组需要的成分分析任务。因效率提高，所需人员也很少。

第四节　红外物理与技术

红外物理与技术是研究红外辐射的产生、传播、转化和测量的理论和应用的科学。现代红外技术是1940年前后在德国发展起来的。当时德国研制成硫化铅红外探测器，主要是热敏型探测器，并将其应用于军用设备。美国在第二次世界大战后继续开展红外技术的多方面研究。1956年，应用物理所汤定元参加全国十二年科学技术发展远景规划的制定工作，在起草的《半导体的光电现象和热电现象的研究》一文中，提出开展硫化铅等红外探测器的研究。1958年，红外技术在中国成为热门研究课题，全国研制硫化铅探测器的单位约有30个，但到1959年之后，研究机构数量锐减。

1958年，物理所承担了国防任务中硫化铅红外探测器的研制。1960年3月，物理所成立了专门研制红外探测器的红外物理研究室（九室）。全室共有30多位工作人员，分为硫化铅、掺杂锗、锑化铟3个研究组，均参与了国防科委负责的“59号任务”。1962年，汤定元兼任该室主任。1964年该室研制出的红外探测器元件可以供给有关单位使用，此后还开展了与红外探测器有关的一些性能及基本物理问题的研究。1965年红外物理研究室成建制调入昆明物理研究所。

一、硫化铅红外探测器的研制

1953年，汤定元领导研究组采用真空蒸发的方法开展制备硫化铅（PbS）薄膜的研究，对红外技术研发开始有所涉及。1958年12月，汤定元接受了硫化铅探测器的试制任务。参与这项工作的包括来自9个单位的科研人员，其中有6位是物理所职工。这项任务开启了中国科技工作者有应用目的的红外探测器的研究。

汤定元采用化学沉淀和高温敏化法处理制备硫化铅红外探测器。经过半年努力，研制出的硫化铅红外探测器性能优良，为红外技术在国内的发展起到推进作用。与此同时，研究组还建立起一套包括黑体辐射源、噪声频谱和光谱响应等的测试设备。他们对红外探测器主要技术参数所采用的测试方法和建立的测试设备与1959年美国公布的有关内容相符。

在此期间，汤定元利用一个直径30厘米的球面反射镜和硫化铅红外探测器，研制成功中国第一个红外探测演示系统，探测到100米以外点燃的香烟头。这套系统曾在1959年底中科院举办的成果展览会上展出，并为以后红外雷达的研制提供了技术支持。研究人员还用这套设备与国防部有关单位进行了飞机目标辐射的测量并取得一些有用数据。这是在国内首次进行目标辐射的测量。

1960年，硫化铅研究组由王传珏负责。直到1962年，该研究组继续探索如何提高探测器的水平和稳定性的问题。他们经过对历年制作的探测器的性能水平的分析，发现不同季节制成的探测器的测试水平有明显变化。研究人员通过积累的大量数据证实，只有在每年10月至次年4月间制作出的探测器才具有高水平，这表明温度对于保证探测器的水平和稳定性具有重要影响，因此必须建立恒温实验室。

1964年，研究组进行了硫化铅薄膜光电现象的研究、红外探测元件稳定性的实验，建立了较为标准的黑体辐射测量设备，解决了保护密封问题，从而提高了化学敏化制备元件的水平。实验包括：①高温法。通过预热，降低载流子浓度，改善沉淀膜均匀性等实验，使元件水平稳定在可探测率$D \approx 3\times10^8 \sim 4\times10^8$（500K），并使成品率达到50%以上。②化学法。通过改善光学性质，改善均匀性，降低噪声等途径，使元件水平提高到可探测率$D \approx 4\times10^8 \sim 5\times10^8$（500K）。③进行−60～50℃温度冲激、长期加偏压及光照、高湿度下放置等实验。了解器件性能变化情况，并进行保护膜、密封等技术的研究。

在试制硫化铅探测器的过程中，汤定元主持编译了《红外光电探测器及其材料》一书，1960年由科学出版社出版。

二、锗掺杂红外探测器的研制

1955年，汤定元领导研究组开展了锗材料的研究工作，为以后研制碲镉汞长波红外探测器奠定了基础。在红外探测技术中，对于8～14微米窗口，在碲镉汞制备工艺解决之前，只有通过锗掺杂解决。

九室成立后，锗掺杂研究组由田静华负责。研究组建立了拉制锗掺杂单晶的设备，研究锗掺杂单晶的生长技术。该研究组于1960年制备出滤光片用的锗单晶。1964～1965年进行了掺杂锗红外光电现象的研究及红外探测器件的研制，制备掺金锗单晶及其元件探测研制，并建立寿命测量设备。他们用直拉法制备了p型各种不同r值的掺金锗单晶以及n型$r<1$的掺金锗单晶。用这种材料研制出的器件，结构基本定型。他们建立的测试系统可逐步提高元件的可探测率，为开展稳定性工作及提高元件性能研究创造了有利条件，为研制红外探测器奠定了有利基础。

三、锑化铟红外探测器的研制

物理所锑化铟红外探测器的研究始于1960年。在“59号任务”中，研究组的工作包括制造锑化铟单晶、参数测量及其红外物理的研究，负责人是黄启圣。

单晶制造方面，研究组建立了直拉单晶设备。经过提纯、掺杂、拉制实验，制备出高纯度锑化铟材料，其纯度达到2×10^{13}厘米$^{-3}$（杂质含量补偿后），单晶长15厘米，提供了全p型和n及p型材料，为研制红外探测器打下了坚实基础。中科院半导体所用此材料研制出性能良好的室温光电导器件，而且制品可以推广。基础研究方面，汤定元和黄启圣于1965年在《物理学报》上发表了《锑化铟中载流子的复合过程》一文[3]，论述了用定态光电导和光磁电的方法测量p型、n型锑化铟在85～290K之间的电子及空穴的寿命。在室温附近，所有样品的载流子寿命都趋于同一值，在290K时为3×10^{-8}秒。通过寿命的绝对值、温度依赖关系及掺杂对寿命的影响，可以确定在室温附近起主要作用的复合过程是带间碰撞复合过程。在200K以下，p型样品中的电子寿命与空穴寿命有很大差别，这表明有陷阱作用。用位于价带之上0.05电子伏的复合中心和位于导带之下0.11电子伏的电子陷阱，能完满地解释200K以下的寿命与温度的依赖关系。以上工作为测量锑化铟在室温和降温时的光磁效应，研究其室温寿命机制及制备器件奠定了基础。

1966年，吴自强和汤定元发表《p型锑化铟中的噪声》一文[4]，介绍了测量高纯的p型锑化铟样品在液氮温度的噪声频谱。结果表明，一般频谱由产生复合噪声和调制噪声组成，前者与热平衡载流子浓度p_0的二次方成反比，后者与p_0成反比。因此，材料愈纯产生复合噪声所占的比重愈大，产生复合噪声的数值和频谱与已有的理论相符合。由此，噪声频谱可以确定多数载流子寿命，并给予了理论解释。

四、参与国防任务的其他工作

1958年12月，汤定元接受了承担导弹用的硫化铅探测器的试制任务，参与者共18人，来自9个单位，包括物理所的黄启圣、吴自强、王子丰、梁景虎、曹秀排。为此，物理所在北京东皇城根建立了实验室，并补充和完善了实验设施。1959年6月以后，外单位来参加试制任务的人员陆续离开，但实验室并未撤销。

1960年5月11日，国防科委和中科院新技术办公室组织的关于试制红外雷达的会议在物理所召开，物理所、电子学所、长春光机所、自动化所相关人员参加，会议确定任务代号为“59号”，由国防科委领导，物理所牵头。会议决定组成一个办公室，下设总体、光学系统、光敏元件、显示及跟踪、扫描5个组，办公室及总体组设在物理所。物理所参与总体组、扫描组的工作，并负责光敏元件组。总体组决定红外雷达使用200毫米直径的抛物面反射镜及硫化铅光敏电阻，并尽量使用低温条件。

1960年6月，物理所光敏元件组制备出合乎要求的9个光敏元件和滤光片用的锗单晶，送至长春光机所。同时开始低温测量，还试制了低温容器。

1961年10月，甲机（第一部机器）完成总装总调，表明光敏元件性能有待提高；乙机（第二部机器）基本完成安装调试，进行了局部联合实验。

1962年，汤定元参加了十年科学技术发展规划中制定有关问题的广州会议光学组的讨论，参会者同意将“红外物理与技术”这一学科改为“光学及红外技术”。同年4月汤定元在物理所兼任第九研究室主任，决定重点进行红外探测器研制的工艺设备和测试设备的建设。除了原有的3个研究组外，又成立了有卞南华等参加的任务组。

1965年，根据中科院党组的决定，物理所九室与中科院西南分院昆明物理所合并，建立红外技术研究基地。九室的研究任务及30多名工作人员迁至昆明。

第五节　电介质物理

电介质是在电场作用下可建立极化或极化状态发生变化的物质。电介质物理是凝聚态物理的一个分支，其研究内容主要是极化的微观机制和极化过程，以及在各种外界条件作用下极化状态的变化和由此引起的物理性能的变化。电介质及其物理涉及范围非常广泛，研究对象包括气体、液体和固体。电介质物理是各种电介质材料制造和应用的基础。

物理所的电介质物理研究始于20世纪50年代后期，其研究室是按中科院要求设立的中国最早的电介质物理研究单位之一。李从周1959年由苏联留学回国到物理所工作，在当时的发光研究室（三室）建立了电介质物理研究组，随后周立春、董长江、朱镛、陈正豪、俞祖和、吴述尧和陈庆振等先后加入。初期成立了静电照相（306组）和铁电（305组）两个小组。1965年发光研究室成建制调往长春后，物理所电介质物理研究室（十一室）成立，李从周任室主任，设静电照相、铁电材料和压电材料3个研究组，未设组长，均由李从周领导。该室承担了多项与电介质物理有关的重要科研任务，如研制发射人造卫星（简称“651工程”）中用于“东方红”卫星工程的压电陶瓷滤波器，7081任务的压电陶瓷滤波器和武器引信材料及武器引信小型化工作等。以下是物理所20世纪50～80年代电介质物理研究工作的部分进展。

驻极体是极化弛豫时间很长的电介质。驻极体由于表面电荷的存在，在周围空间中建立电场，电场的方向由正极指向负极。根据形成条件不同，驻极体分为光驻极体、电驻极体、热驻极体、放射线驻极体等。20世纪50年代后期，李从周等曾开展过二元系光敏驻极体静电成像的研究（包括基础和应用两方面）。他们将光敏半导体氧化锌和有机电介质复合形成高暗阻光导体系，当用色素添加物或者用形成色心的方式改变这种体系的吸收光谱时，可使光电响应的谱区由紫外扩展至整个可见光区，而且这种体系存在显著的界面极化现象。他们还研究出一种带电的、可维持半年以上处于悬浮状态的且能使上述体系潜像显示的静电显示液，并用电泳原理对这种悬浮机理作了解释。

压电体是在静态力或动态力的作用下表面出现电荷，而在静电或交流电的作用下体内出现应变的一类电介质。压电体是结晶复群中20类不具有对称中心的物质。20世纪60年代初期，物理所和中科院声学所、中科院上海硅酸盐所，几乎同时研制出当时国际上尚未公开的不同类型的锆钛酸铅（简称PZT）铁电压电体。李从周等把温度稳定性良好的PZT用于滤波器，推导出用这种材料制作梯形滤波器的设计方程。研制出的滤波器的性能是中心频率50千赫处的插入损失为3分贝，带宽8千赫，阻带衰减80分贝。他们用掺杂改性控制杂质缺陷，在-80～80℃的温区内，压电振子的稳定度达1×10^{-5}/℃。

铁电体是在居里温度以下具有自发极化的电介质，这种物质是因在电场作用下呈现电滞回线（与铁磁体在磁场作用下呈现磁滞回线有些类似）而得名。铁电体都是压电体，凡是压电性质特别强的压电体都是铁电体。铁电体主要用于储能、换能、遥感和非线性光学（如倍频、混频、调制、光存储、开关等）研究与应用中。20世纪50年代后期和60年代初期，李从周等开展了以钛酸钡为基础或与钛酸钡类似的、用于储能和换能的铁电体的研究。

1970年，电介质物理研究室撤销，其人员调入到物理所其他研究室，如激光、晶体、表面物理等。该室撤销后，物理所仍根据工作的需要，进行了电介质物理方面的研究工作。

钛酸锶单晶通常用焰熔法生长。1978年，物理所研究人员首先改用熔体籽粒晶缓冷法制备钛酸锶，得到在当时有关文献中所见到的尺寸最大的钛酸锶单晶。他们用霍尔效应测得这种单晶的导电类型为n型，并用氧双电荷缺位解释了它的正电子湮没谱和顺磁共振谱。

1984年，物理所研究人员生长出少有的几种高温铁电体之一的正钒酸钙单晶，并对其进行了光散射研究。这种材料在1100℃以下时的对称性为3*m*点群，每个单胞有7个分子，呈现很大的无序性。忽略分子轴间小的偏离，求得室温时总共有12个内振动模，18个外振动模，它们都是拉曼和红外活性的。

20世纪80年代初期，物理所与冶金部北京地质研究所合作，用介电谱研究各地的赤铁矿（分子式为$\alpha-Fe_2O_3$），发现赤铁矿都具有大介电常数，从而提出了凡赤铁矿都具大介电常数这一概念。他们还对赤铁矿的极化和弛豫作了定性解释，为赤铁矿的有效探测提供了理论和实验根据。赤铁矿因其只有微弱的磁性，因而用介电谱法比磁探法探矿更有效。

第六节　技术物理实验中心

技术物理实验中心是指20世纪60～70年代物理所在陕西略阳规划建设的“325工程”，原计划建设6个部，但至20世纪70年代只建成了其中的低温技术和超导物理两部分。

一、规划

1965年中科院根据当时国际物理学发展态势和在高新技术领域的应用潜力，结合国内形势和物理学的发展现状，决定在“三线地区”（指中国中西部地区）组建一个从事技术物理研究的专门机构——技术物理实验中心。该中心设6个部，分别是等离子体与受控热核反应、固体电子学（微电子学）、低温技术、超导物理、强磁场和超高压。该项目由国家科委批准，计划投资7500万元。由中科院新技术局领导，物理所承建。经物理所组织考察，决定在陕西汉中略阳附近的山沟里建设。

“325工程”是当时物理所非常重要的工作，该所学术秘书室在工程的规划中发挥了重要的作用。

二、建设情况

1966年“文化大革命”开始以后，中科院和物理所原有领导机构已无法正常工作，“325工程”的筹建工作完全停顿。至1966年底，国家科委主任聂荣臻批示“成熟一个部，建一个部”，派秘书甘子玉到中科院了解情况，召开会议，传达聂荣臻的指示。考虑当时物理所五室的科研工作比较正常，决定由该室负责组建低温技术和超导物理两个部。

（一）方案调研和论证

低温技术和超导物理两个部的建设方案调研工作由物理所业务处白伟民负责，五室由王昕元负责，主要参加人员有洪朝生、管惟炎、朱元贞、曾泽培、郑国光、李宏成等。他们前往国内涉及低温技术和超导研究与应用的相关研究院所、大学和工厂，了解工作情况和对低温技术与超导研究的需求。由于处于“文化大革命”时期，一些单位工作不正常，调研工作进行得比较艰难。1967年6月，物理所起草了综合报告，内容包括建设这两个部的背景、国内外研究现状、低温技术和超导研究应用前景及在国防上的应用潜力及该机构的研究方向、研究室设置和重点、科研人员数量、大型科研装置和技术支撑条件建设等。该报告经中科院修改后，形成项目建议书报送到国家科委。

1967年7月在北京科学会堂举行了该项目建设的方案论证会，国内与低温及超导有关的研究院所、大学及国防科委系统有应用需求的单位代表数百人参加。朱元贞代表物理所作项目方案报告。钱学森作大会主题报告，他介绍了国防应用前景与对低温技术和超导研究的要求，肯定了该项目建设的必要性和重要性。他明确指出物理所提出的方案规模太小，不能适应国防科研需求，建议修改。会后，国防科委、国家科委、中科院、十院、物理所共同商定把两个部划入国防科委，成立低温技术研究所。

（二）建设过程

国防科委委托十院筹办低温技术研究所，物理所组织基建班子。物理所革委会指派罗正纪、李吉士在“325工程”建设工地负责管理。“325工程”基建项目由西北工业建筑设计院负责设计，物理所五室配合该院扩大初步设计，由王昕元负责。他们对低温研究大楼、超导研究大楼、低温站、低温大型设备与中型设备调试实验室等进行工艺设计，提出实验仪器设备及机械加工设备清单，呈报上级批准后，组织了设备订货。

1967～1971年，五室在该所建设期间为组建科研队伍，陆续扩大编制，人员最多时达148人，还委托物理所工厂代该所培训了技术工人。

该所于1971年基本建成，运转后由国防科委十院管辖，定名为1016所。物理所将“325工程”移交给十院，只有少数需解决家庭两地分居的科技人员和技术工人调入该所。后因当地的环境难以满足科研要求，最终该所迁至安徽省合肥市。

除低温技术和超导物理两个部以外，技术物理实验中心的其他各部都未进入建设阶段。

第七节　一号任务

1976年9月9日，毛泽东逝世，中央将其遗体的保护和瞻仰任务定为“一号任务”。物理所激光研究室（三室）、低温研究室（五室）和工厂的部分人员参与了该项任务中遗体的低温保存和保护、水晶棺设计和遗容照明等方面的工作。

一、遗体的低温保存和保护

1976年9月11日，物理所职工于书吉受中科院指派到人民大会堂北京厅参加由时任中共中央第一副主席华国锋主持的毛泽东遗体保护和瞻仰工作的会议。会上当被问及遗体长期保护方法时，他提出利用液氮冷却的惰性气体氩冷却遗体的方案，并说明这一方案需回所与专家讨论并做一系列实验后方能实施。9月12日，物理所立即组织有关专家、科研人员、工人讨论制订方案并实施。洪朝生等认为利用液氮冷却的惰性气体氩来冷却遗体这一方案合理、可行，可以保证水晶棺内温度控制在对遗体保护最有利的范围内。水晶棺内外温差可能导致的棺外表面结霜问题也可以解决。五室和工厂部分人员立刻按分工搭建遗体冷却设备，用有机玻璃板制成一个实验用模拟水晶棺，准备惰性气体和液氮装置等。当天该装置就被运到人民大会堂，连同设备及操作维护人员一同交付遗体保护组使用。参加此项工作的还有杨克剑、王昕元、王殿英等。

二、为遗体保护和瞻仰所作的基础性工作

毛泽东追悼会后，中央又布置毛泽东遗体长期保护、瞻仰任务，包括建设毛主席纪念堂和成立水晶棺组。水晶棺组的核心任务是使人们在瞻仰遗容时感到毛泽东与生前一样，栩栩如生。在这一阶段物理所承担了水晶棺组的多项工作。

（一）水晶棺侧壁角度的计算和实验

水晶棺设计任务要求在光照强度，配色，消除重影，红外、紫外光辐射的剂量掌控等方面严格控制。为此三室专业人员对水晶棺侧壁的角度进行了科学计算，并搭建1:1的实验装置进行实测。据此选定水晶棺侧壁的角度，并指出如配合水晶玻璃的镀膜技术，可以保证绝大多数瞻仰人群在水晶棺侧面看不到反射像和重影。这一结果提供给“一号任务”领导机构作为水晶棺的设计依据。参加此项工作的有杨国桢、顾世杰等。

（二）水晶棺的镀膜

水晶棺侧壁材料（水晶玻璃）的折射率高于空气的折射率，其表面必然存在对瞻仰人群和环境的反射像和多个反射面造成的重影现象。为消除这类现象，三室科研人员提出在侧壁材料上镀介质膜的方案。采用镀光学增透膜的方法消除反射是业界首选的方法，但在当时国内的条件下，像水晶棺这么大的材料能否镀膜，镀层均匀性如何保证，短期内能否找到可大面积镀膜的设备，这些问题经过他们讨论和调研后均得到解决，认为镀膜方案可行。他们请“一号任务”有关领导参观了中科院北京天文台兴隆站用于镀大尺寸天文望远镜镜面的镀膜机，说明水晶棺镀膜方案技术上是可行的。后来毛主席纪念堂的水晶棺采用了镀膜方案。聂玉昕、卢振中等参加此项工作。

（三）红外、紫外光辐射剂量的研究

在毛泽东遗体的保护工作中，红外、紫外等光辐射

对遗体保护的影响一直被高度重视。三室人员在查阅大量资料的基础上，用多种光源对可能涉及的材料做了实验。特别是在人头医学标本上进行实测，提出了在遗体瞻仰和长期保存过程中允许红外、紫外光辐照剂量的上限。有关数据上报"一号任务"指挥部，也在物理所承担的工作中遵照执行。

（四）遗体形变的研究

为了检测毛泽东遗体在保护过程中的形变，考察、评估不同遗体保护药剂和方法的效果，三室承担了遗体形变的测量工作。经研究，采用方便、快速、对遗体影响最小的摩尔条纹法测量头部的形变。摩尔条纹法是通过观察、测量投射到被测物体上的网格位置变化得到其形变信息。遗体形变组与北京中医学院的中药保护药剂组用人头医学标本共同做了大量的实体处理和形变测量，有关结果上报"一号任务"指挥部。物理所参加此项工作的有张鸿钧、陆伯祥等。

三、毛主席纪念堂工程中的遗容照明及"光整容"

三室还承担了为毛泽东遗容照明及"光整容"的任务。这一任务是为了保证人们瞻仰毛泽东遗容时，能看到栩栩如生的形象，而且所用方法对遗体没有任何不利影响。整个装置运行时要求隐秘，不能分散瞻仰人的注意力。

科研人员提出了用"外投光"方法进行照明及光整容。外投光方法是从水晶棺外，向遗容两侧投射经形体、色彩校正的影像。该方法可全面、细致地校正遗容的色彩和视觉形象。这一方案已在遗容复制像及人头医学标本上做了多次实验和参数调整，均得到满意结果。外投光方法除了效果全面、细致外，还有对棺内热辐射小、设备简单、运行可靠性高（采用自动光源切换装置），对水晶棺和遗体无干扰（在纪念堂侧壁设有专用外投光工作室），以及便于应付突发事件等优点。与外投光并行的另一种方法是其他单位提出的"内投光"方法。两种方法被毛主席纪念堂作为并行方案采用，在纪念堂建设和水晶棺设计上均为两种方法各自留出工作空间。参加"外投光"工作的人员有许祖彦、吴令安、杨国祯、朱化南、王玉堂、蔡妙全、张勇、俞祖和、刘承惠、卢振中等。参加"一号任务"光学方面工作的除物理所科研人员外，还有中科院感光化学所部分人员（负责彩色胶片的拍摄和色彩校正）和中央工艺美术学院的画家（负责对被光整容的实体模型作彩色修正和布色）。

物理所一号任务前期由常龙存负责领导协调。于书吉、陈庆振负责与毛主席纪念堂指挥部沟通、联络。

物理所上述工作全部完成后，编制并提交了详细的技术档案。物理所参与的一号科研任务项目在1978年全国科学大会上获奖。物理所十余人获得毛主席纪念堂工程先进工作者称号（图2）。

图2　1977年物理所参加一号任务的部分人员在毛主席纪念堂前的合影

前排左起：薛大鹏、许祖彦、蔡妙全、吴令安、唐淑桃；
后排左起：卢振中、朱化南、杨国桢、王玉堂、聂玉昕、陈庆振

第八节　离子束实验室

加速器技术属核技术范畴，是核物理与核技术领域的重要分支。加速器是用电场加速带电粒子，用电磁场控制粒子轨道的装置。从加速器中可引出载能电子束、质子束、离子束，都有广阔的应用前景。下面仅介绍离子束技术在物理所科研中的应用。

在多学科的推动下，为探讨加速器技术在固体物理和材料中的应用，1981年物理所组建了离子束实验室。实验室的管理前期（1981～1989-06）由刘家瑞负责，后期（1989-07～2000）由朱沛然负责。

实验室主要从事离子束与固体介质和原子碰撞相互作用的研究，探讨边缘学科的前沿课题和重要应用课题，包括离子束分析，离子注入改性、掺杂、损伤，固体中离子输运过程及有关的重要基础数据。这是一个跨学科研究的领域，涉及材料科学、表面物理、半导体材料与工艺、原子和分子物理、地质矿产、生态环境和生物医学等很多学科。实验室人员由研究员、高级工程师和技

术人员组成，最多时达十余人。实验室拥有和负责管理的大型设备主要有：200千伏离子注入机，由物理所提供经费购买，用以开展固体材料中离子注入改性工作；2×1.7兆伏串列加速器（美国生产），用以推动核技术在固体材料、生物医学、环境保护等领域的应用；非标准兆伏扫描质子微探针主件（澳大利亚生产），20世纪80年代末由中科院和物理所共同出资购买。这些大型设备长期正常运行，维护良好，从未发生主体故障，在国内同类进口设备中是保持较好的。

对外服务是实验室的重要职责，实验室参加中科院和国家教委组织的中关村大型仪器服务中心，每年提供20～50项分析服务，进行了上千项的环境、矿物、晶体材料样品分析，不仅发挥了仪器功能，还获得了实验室运行和维护费用。实验室承担了6项国家自然科学面上基金和1项重点基金，在推动科研工作的同时，也提供了基本的经费保障。在国内外重要学术刊物上发表论文250余篇，其中部分文章被国际科学文献索引收录，有的论文发表十年后还被引用。获得中科院科技成果三等奖1项（1986）和多项对外服务奖项。人才培养方面，实验室培养硕士、博士和博士后20多人。学术交流方面，实验室每年接待国内外学者的参观访问，并派出多位成员赴美国、日本、澳大利亚、荷兰等国考察访问，进行合作研究[5～7]。积极参加国内外重要学术会议，如国际核技术应用讨论会、国际小加速器应用会、国际微束会、全国表面界面会、全国凝聚态物理会、全国材料科学工程会议等，每年为相关会议提供二三篇研究报告。

实验室利用各种测量手段，采用多种研究方法，在半导体材料、超导材料、大气环境、原子碰撞物理等领域，为中科院院属研究所和高等院校等有关单位提供技术服务并开展课题研究。

一、离子束分析方法研究

载能离子束由加速器或注入机引出，具有定向传输、能量单一可调、质量和电荷可选择的特性。离子注入机可提供低能离子（10～200千电子伏），因其配置了气体和固体离子源，故而可获得多种元素的离子束，还可采用多电荷离子扩展能区。并配有片状样品靶室、高低温靶室（液氦温度至800K）、束扫描面积可调（5×5～50×50毫米^2），可开展各种材料（金属和非金属、半导体、磁性材料、超导材料、金刚石薄膜等）的注入改性研究和原子、离子碰撞过程研究。串列加速器可提供兆电子伏离子束（200千电子伏至10兆电子伏），由于具有很好的溅射负离子源、高的传输效率和低的表面辐射剂量率，因此是比较理想的离子束分析装置，可用于兆电子伏离子注入和材料特性分析。离子束分析方法建立在2×1.7兆电子伏串列加速器上。实验室委托物理所工厂自制了4条高真空管道、离子与靶材料相互作用高真空靶室、气体离子源，购置了管道开关磁铁、三维测角仪、多道分析器、探测系统、数据采集处理系统，结合200千伏离子注入机输出低能离子束，建立了可产生离子能量从20千电子伏至10兆电子伏的多种离子注入和分析系统，供不同实验需要[8,9]。

（一）背散射／沟道分析

背散射是入射离子与靶原子核间的大角度库仑散射现象，通过对背散射离子能量、散射产额和散射离子能谱的测量，可以确定靶原子的质量、含量和深度分布。它是固体表面层元素成分、杂质含量和元素浓度的深度分析不可缺少的手段，是一种非破坏性定量分析的方法。对低质量数物质衬底上重元素的深度分辨率可达20～100埃，通常用He^+为入射离子。实验室还完成了用H^+和Li^+作入射离子的实验[10,11]。

带电离子入射到单晶中沿着晶轴或晶面运动时，与靶原子的近距离相互作用出现明显下降，而沿其他方向则和非晶靶完全一样，这种强烈的方向效应称为“沟道效应”。它是研究晶体微观结构的一种分析技术。当它与背散射、核反应分析和质子激发X射线发射组合，可以构成多种沟道效应的分析方法，能对晶体的微观结构、单晶的缺陷、晶格的损伤、杂质原子的定位等进行直接分析。方法简单、快速、准确，是表面、界面分析的有力工具，在固体物理、半导体材料、大规模集成电路中被广泛应用[12]。实验室开展的工作有：

1. 离子注入单晶、异质结和超晶格的损伤研究。在离子注入单晶（Si、GaAs、$LiNbO_3$）、异质结（InGaAs/GaAs）、超晶格（AlGaAs/GaAs）的损伤研究方面，实验室与中科院半导体所、北京大学微电子中心、山东大学物理系合作，在国内首先开展兆电子伏离子注入，并用背散射／沟道分析（RBS/channeling）对离子注入的损伤、离子束退火的物理机制进行了比较系统深入的研究，观察到许多重要现象[13,14]。如AlGaAs/GaAs超晶格比GaAs晶体更难损伤，有不同的损伤阈值；$LiNbO_3$晶体光波导的形成；利用缺陷相互作用，抑制硼、磷注入硅中的扩散；稀土离子注入硅中的双偏析相变等。这些研究为材料的开发利用提供了实验依据。

2.高T_c超导薄膜的离子束分析研究。高T_c氧化物超导薄膜的研究十分引人注目。进行这方面的研究必须探索薄膜中元素组分和氧含量与薄膜材料的性能和结构的关联。离子束分析技术对此提供了一个既精确定量，又方便快捷的非破坏性分析方法。实验室与物理所超导实验室合作，用兆电子伏质子RBS能谱分析，测量不同单晶衬底上的高T_c超导薄膜（YBaCuO和GdBaCuO）的氧含量，再用RBS能谱分析其他元素的组分比，得到了很好的结果。两种方法的联用，为研究提供了更多信息[15]。根据在样品不同位置的RBS能谱，比较获取的元素组分、含量，为制备薄膜的均匀性和调整制膜参数提供了新的途径。

3.反应堆不锈钢容器内壁材料的氦行为研究。实验室与北京科技大学材料系合作，采用离子注入技术，在短时间内模拟氦的长期辐照产生的聚集效应，用离子束等分析方法研究了注入氦的起泡过程、氦泡结构及氦的释放特性，氦在金属中的捕获、扩散及分布行为，模拟和分析材料在反应堆中的损伤及损伤过程[16]。该项工作已被中国核科技报告收录（CNIC−00543，1991）。

4.化学气相沉积（CVD）金刚石薄膜的离子注入研究。化学气相沉积金刚石薄膜的应用广受关注。离子注入可成功掺杂硅和GaAs半导体材料，实验室研究人员由此想到离子注入可掺杂CVD金刚石膜。他们与物理所表面物理实验室合作，研究了120千电子伏B^+离子注入掺杂、退火及电阻变化。实验表明，随注入剂量增加，金刚石膜内损伤随之加大，当剂量达1×10^{16}厘米$^{-2}$时，金刚石膜已完全非晶化。经退火处理，可使硼进行外扩散。在最佳注入剂量范围$3\times10^{15}\sim5\times10^{15}$厘米$^{-2}$，退火后电阻急剧下降，与未注入时相比下降9个数量级。这说明掺杂制得了p型金刚石膜[17]。这对金刚石膜电子器件研制有实际意义。另外还进行了120千电子伏H^+注入调制硼掺杂的金刚石膜的研究。注入H^+后，导电薄膜变成了绝缘体；退火后，电阻重又降低。这表明离子注入调制能够改变金刚石膜结构及其导电性能。

（二）其他分析方法

1.核反应分析（NRA）。将一定载能离子入射到靶核上产生共振核反应，通过测量出射粒子（α、β、γ）的能量和产额，确定被分析样品中元素的种类、含量和深度分布。这一方法适于测量重基体中微量轻元素（如碳、氮、氧、氟等），灵敏度可达0.01ppm，非破坏性，分析深度为表面几微米[18]。利用窄共振核反应，还可有良好的深度分辨率。该方法是表面分析技术中的又一重要工具。实验室利用NRA分析了样品中氢的深度分布。

2.质子激发X射线发射（PIXE）。用高速质子（2～3兆电子伏）轰击样品，使待测样品物质中的原子受激电离，当其外层电子填充内壳层空穴时，可发射特征X射线，通过测量能谱中射线的能量和曲线下的面积，就可以进行靶材料中元素定性和定量分析。PIXE具有灵敏、快速、取样量少、无损分析等特点，相对灵敏度为0.1ppm ～1ppm，绝对灵敏度为10^{-12}克，最小可达10^{-16}克。作为多元素同时分析方法，PIXE具有独特地位。实验室建立了PIXE分析系统，对不同地区采集的大量气溶胶样品进行PIXE分析，取得了大量的实验数据。

3.弹性反冲分析（ERD）。使用较重的载能离子入射材料靶，探测被反冲出的较轻的靶物质原子，这是探索轻元素的另一分析方法。该方法可以获得轻元素（氢、氦）的含量和深度分布。实验室开展了ERD，用$^{19}F^-$作入射离子，得到了轻元素氢和氦的深度分布信息[19]。

4.兆伏离子注入。兆伏离子入射材料，可开展高能离子注入形成深埋层、掺杂、晶格损伤等研究。离子的种类、能量、剂量均可选择，不受固溶度限制。实验室建立了束扫描控制装置，离子扫描注入面积最大为50×50毫米^2，扫描不均匀度好于5%。

5.扫描质子微探针。将2～3兆电子伏质子束准直，聚焦到微米量级并在一微区表面扫描，可开展材料表面微区的X射线分析，即微米技术与PIXE相结合的分析方法。物理所与中科院兰州近代物理所合作研制了实时扫描数据采集系统。这是一套复杂的精密设备，中科院半导体所提供了部分经费支持，地质矿产研究院参与配合调试系统，初步获得5微米束斑。该方法适用于半导体材料、大规模集成电路[20]、生物医学、地质矿物的微区元素分析。

二、离子与电子、原子、分子的碰撞激发态研究

该项研究包括离子（Ar^+、Ne^+）与电子、原子（He、Ne、Ar）、分子（H_2、O_2）的碰撞激发态研究[21,22]，以及高离化态离子（Ne^{4+}、O^{5+}、N^{6+}）与原子（He、Ar）的碰撞激发态研究[23]。实验室研究了离子与原子碰撞过程中单电子俘获过程、多电子俘获过程、电离过程、电荷交换过程，计算了发射截面，以寻找长寿命的新谱线，

为高离化态离子与原子碰撞提供了许多新的重要数据，也为天体物理、等离子体物理研究提供了基础数据。

三、对外服务

实验室还对外单位提供分析服务。

（一）为中科院生态中心测量大量的大气气溶胶样品

大气气溶胶样品取自北京、天津、江西、甘肃等地及许多洁净地区，如南极长城站、西藏迦加巴瓦峰、湖南张家界等地。实验室用PIXE法分析处理，获得各地大气的元素含量与分布。数据表明，南极是地球上最洁净地区，许多城市存在大气污染。实验室还对污染的可能来源进行了分析。

（二）为中科院贵阳地球化学所测量大量矿岩样品

实验室用PIXE法分析矿岩样品中所含元素种类、含量，对比其中几种元素含量比例的变化，以此寻找岩矿中微量金的生成状况，为中国探测矿岩中微量金的分布提供了可靠依据。

（三）与中科院兰州近代物理所合作，开展了离子注入掺杂有机薄膜导电性能研究

实验室选择Al^+、Fe^+、Cu^+离子，在不同能量、不同剂量下注入掺杂到有机薄膜中，发现大多数样品绝缘性未变，但有少量有机薄膜的导电性能发生了改变。

2002年，实验室全套设备由物理所调拨到武汉大学，离子束实验室工作结束。

参考文献

[1] Ts' en M K, Chu E L, Liang P H. *Chinese J. Phys.*, 1936, 2(2):169.

[2] Tsai C T, Ts' en M K. *Chinese J. Phys.*, 1933, 1(1):82.

[3] 黄启圣，汤定元. 物理学报, 1965, 21(5):1038−1048.

[4] 吴自强，汤定元. 物理学报, 1966, 22(2):205−213.

[5] Bubb L, Chives D J, Liu J R, et al. *Nucl. Instr. Meth.* B, 1984, 2:761.

[6] Zhu P R, Lamp F W. *J. Phys. Chem.*, 1985, 89(25):5344−5347.

[7] Zhu P R, Naramoto H, et al. *Philos. Mag. Lett.*, 1999, 79(8):603−608.

[8] 朱沛然，江伟林，徐天冰，等. 核技术, 1993, 16(10):607.

[9] Wang K M, Shi B R, Zhu P R, et al. *J. Appl. Phys.*, 1994, 76(6):3357.

[10] Yin S D, Liu J R, Zhang Q C, et al. *Chinese Phys. Lett.*, 1986, 3:381.

[11] 朱沛然，江伟林，徐天冰. 物理学报, 1992, 41:2049.

[12] Jiang W L , Zeng Z S, Zhu P R. *Solid State Commun.,* 1991, 80(3):225−230.

[13] Si B R, Xu T B, Zhu P R, et al. *Phys. Lett.* A, 1993, 175(5):341.

[14] Zhao Q T, Xu T B, Zhu P R, et al. *Appl. Phys. Lett.*, 1993, 62(24):3183.

[15] Jiang W L, Zhu P R, Xu T B, et al. *Nucl. Instr. Meth.* B, 1993, 83(4):552−556.

[16] 李玉朴，王佩漩，朱沛然，等. 物理学报, 1989, 38(7):1122−1127.

[17] Wang S B, Zhu P R, Feng K A. *J. Vac. Sci. Technol.* B, 2000, 18:1997.

[18] Lu X T, Zeng Z S, Liu J R. *Nucl. Phys.*, 1986, 3:257−262.

[19] Liu J R, Zhu P R, Feng A Q, et al. *Chinese Phys. Lett.*, 1987, 4(6):249−252.

[20] Zhu P R, Liu J R, et al. *Vacuum*, 1989, 39:151.

[21] 潘广炎，于德洪，杨锋，等. 科学通报, 1989, 24:1881.

[22] Yu D H, Lei Z M, Pang G Y, et al. *Phys. Rev.* A, 1989, 39:2931.

[23] 杨锋，潘广炎，等. 中国科学A, 1992, 4:405.

第四篇

职工队伍

研究所的基本任务是出人才和出成果，没有高水平的科技人才，不可能产生高质量的科学与技术研究成果。优化职工队伍的结构和高层次人才的引进与培养，是研究所持续发展的基本条件。本篇包括职工和人物两章。

第一章　职工

本章含职工人数、职工队伍的人员结构和职工中的高端人才三节，分述如下。本章图、表使用的数据均为各年度统计节点数据，由于历史资料的缺失，个别年份的数据不完整。

第一节　职工人数

物理所职工队伍，从1928年中央研究院物理研究所成立时的10人发展到2010年的456人，在80多年的发展进程中，人员数量变化呈现分时期的明显特征。1958年以前的30年内，人员数量缓慢增加，1958年、1959年职工人数突增至1400余人，形成高峰（含一批复员和转业军人）。1960年以后职工人数开始减少，到90年代初期职工人数大体稳定在800～1000人的规模。此后随着研究所的改革和中科院知识创新工程的启动，物理所职工队伍中科技人员的比例逐渐提升，职工人数逐渐下降，人员规模保持在500人左右。

1928年，中研院物理所成立时，职工仅有10人，此后人员逐渐增加，人数最多的为1935年，总数达到39人。1948年，由于从上海迁到南京时减员，职工仅有25人。

北研院物理所的职工人数资料不完整，1934年记录为9人，1935年为13人，1943年为28人，1945年为23人。

1950年，中科院应用物理所成立时人员总数为48人，几年后人数逐年增加。1953年初，制订了第一个五年计划（1953～1957），在“一五”期间物理所人数从110人增加到374人。1958年物理所调入大量复员和转业军人，使职工人数开始呈现迅速增长趋势。1960年6月人员数曾达到2030人，此后开始精简人员和机构。1960～1962年共精简952人，精简人员大部分为复员军人和转业军人。20世纪60年代末期，人员总数基本维持在1000人以下。进入70年代，物理所人员数量保持在1000人左右。80年代，物理所开始实行定编定员，人员调控措施逐步显现成效，1980～1989年由1015人减至885人。90年代，进一步实行人员数量调控，1990～1999年由895人减至522人。此后人员数量维持在500人左右。2010年，物理所在编人员总数456人。应当说明，20世纪80年代以后物理所职工人数虽然减少，但研究生与博士后的数量是同步增加的，这使物理所科技工作量保持稳步增长的态势。1950～2010年职工数量随年度的变化趋势如图所示。

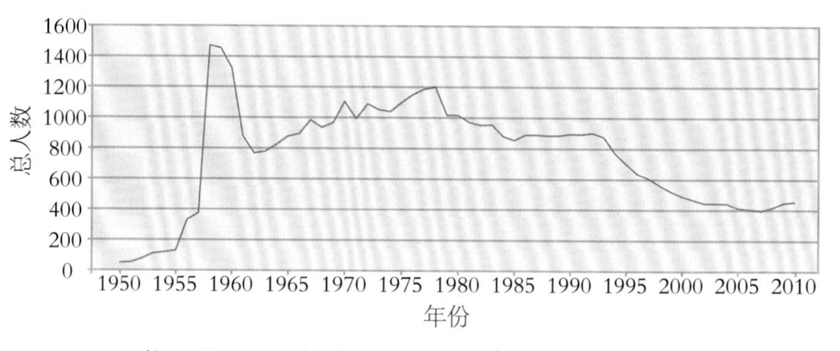

物理所职工人数随时间的变化情况（1950～2010）

第二节　人员结构

物理所的人员结构，分为研究、技术、管理及支撑系统四部分，每个历史时期的结构比例有所不同。但从总体看，物理所作为基础科学研究机构，研究队伍所占比例较大，这一特点在建所初期和后来的发展过程中都有明显体现。

中研院物理所聘用专任研究员、副研究员、助理研究员、助理员、技术人员以及管理员等，与其他研究所共同聘用事务员、会计员、庶务员。此外还聘用兼任研究员于特定时间内到研究所工作，特约研究员（或通讯研究员）遇有特殊研究事项时临时参加所内的工作。1928～1948年中研院物理所人员总数在20～40人之间。建所初期，该所研究人员占全体人员的比例保持在80%以上。1933年，该所仪器厂、地磁观测台开始工作，增加了管理人员，致使研究人员比例略有下降。抗日战争期间物理所承担的工作多是为国防服务的项目，技术人员增加较多、研究人员比例明显下降。1928～1948年中研院物理所职工的分布见表1。

北研院物理所聘用专任研究员、副研究员、助理研究员、技术员等，与其他研究所共同聘用事务员、会计等，通讯研究员及特约研究员由北研院聘任。从有统计记录的1943～1949年的数据来看，北研院物理所研究人员比例在20%～50%，而技术人员占的比例在45%～75%。

表1 1928～1948年中研院物理所职工的分布

年份	职工总数	研究员					副研究员	助理研究员	助理员	练习助理员	技术人员	其他人员
		专任	兼任	通讯	特约	名誉						
1928	10	4							4			2
1929	20	3			5				8			4
1930	26	5			7	1			10			3
1931	23	6			7				8			2
1932	24	5			7	1			7			4
1933	29	4	1	8		1			7			8
1934	38	5	1	9					11	1		11
1935	39	5	1	9				1	11	1		11
1939	21	6	1						9			5
1943	29	4						1	1		21	2
1945	23	4						2	3		13	1
1948	25	7	2				2	2	4		5	3

注：表中未包含工人数。

中科院应用物理所聘用研究人员、技术人员及行政人员。1950～1957年，应用物理所职工人数逐步增长，研究人员在职工中的比例在37%～54%。研究人员中增加较多的是大学毕业生，而高级职称（研究员、副研究员及高级工程师）人员数目变化不大，研究员数量仅从5人增至8人。这一阶段，该所高级职称人员在研究人员中的比例逐步下降。1950～1957年应用物理所职工的分布见表2。

表2 1950～1957年中科院应用物理所职工的分布

年份	职工总数	研究人员	技术人员	助理业务人员	行政人员	其他人员
1950	48	18	8	13	9	
1951	52	23	6	12	11	
1952	76	39	2	16	19	
1953	110	57	2	28	12	11
1954	119	56	3	31	27	2
1955	128	70	3	35	19	1
1956	276	107	6	113	49	1
1957	374	156	87			

1958～1960年，中科院物理所科研人员及高级职称人员数目的变化不大。1959年5月全所职工人数1454名，其中研究员10名，副研13名，助研17名，研究实习员126名，见习员371名，行政人员192名，其他人员26名，工厂职工699名。科技人员占职工总数的37%，高级职称人员占科技人员总数的4%、占职工总数的1.6%。1960年物理所开始精简人员，职工队伍规模迅速缩小。1961～1965年职工总数变化不大（760～880人），由于争取到中国科技大学等高校的毕业生到所里工作，科技人员占职工总数的比例明显上升。

1978年以前，物理所高级职称人数占科技人员总数的比例很低，直到1972年仍只有高级职称人员16人，占科技人员总数3%。1966～1978年物理所职工情况见表3。

1978年以后，物理所重新恢复了职称评聘，高级职称人员占科技人员总数的比例发生了变化。1980年全所共有1015人，科技人员680名，行政人员104名，工人231名。科技人员占职工总数约67%，高级职称人员占科技人员总数9.4%。20世纪80年代以后，随着职工人数和管理机构的精简，科研人员比例逐渐增高。2010年全所职工总数456人，其中科研人员268人，技术系统99人，管理人员46人，高级职称人员283人。科技人员占职工总数的80%，高级职称人员占科技人员总数77%。1979～2010年物理所职工情况见表4。

表3 1966～1978年物理所职工数和科技人员数

年份	职工总数	科技人员	年份	职工总数	科技人员
1966	895	318	1973	1052	743
1967	983	381	1974	1039	726
1968	935	513	1975	1099	725
1969	967		1976	1150	742
1970	1104	668	1977	1186	668
1971	993		1978	1199	676
1972	1089	625			

表4 1979～2010年物理所职工的分布

年份	职工总数	科研、专业技术人员				管理人员	其他人员
		高级	中级	初级	小计		
1979	1017				628	146	243
1980	1015				680	104	231
1981	970	49	428	114	591		
1982	951	51	423	108	582		
1983	956	63	437	108	608		
1986	889	162	389	118	669		
1987	889	188	334	110	632		
1988	884	217	333	90	640		
1989	885	224	315	153	692		
1990	895	268	305	142	715		
1991	893	268	295	152	715		
1992	901	296	272	161	729		
1993	876	312	286	117	715		
1994	771	299	233	96	628	55	88
1995	701	295	196	79	570		
1996	636	291	144	55	490	57	89
1997	607	288	145	41	474	48	85
1998	562	271	127	40	438	42	82
1999	522	267	115	24	406	39	77
2000	490	267	91	17	375	35	80
2001	468	250	83	20	353	34	81
2002	445	241	72	19	332	32	81
2003	445	239	80	13	332	30	83
2004	443	248	73	15	336	35	72
2005	412	244	46	8	298	31	83
2006	404	235	46	11	292	32	80
2007	394	234	46	13	293	39	62
2008	415	241	54	12	307	40	68
2009	447	258	58	16	332	46	69
2010	456	283	64	20	367	46	43

物理所管理人员占职工总数的比例1975～1981年一直保持在15%左右。此后，通过精简管理机构和管理人员，该比例逐步下降，进入中科院知识创新工程后，一直保持在7%～10%。

第三节　高端人才

中科院物理所及其前身的中研院物理所、北研院物理所、中科院应用物理所，各个历史时期都凝聚了一批著名的物理学家在其中工作。在中研院物理所任职的研究员有丁燮林、杨肇燫、胡刚复、陈宗器、严济慈、陈茂康、吴有训、康清桂、吴维岳、潘承诰、顾静徽、赵元、施汝为、萨本栋、赵忠尧等。在北研院物理所任职的研究员有李书华、严济慈、钱临照、饶毓泰、陆学善、顾功叙等。他们中有多位是中国现代物理学的奠基人。20世纪50年代在中科院应用物理所和物理所任职的高级研究与技术人员有严济慈、陆学善、施汝为、钱临照、潘孝硕、何寿安、张志三、吴乾章、许少鸿、王守武、汤定元、洪朝生、刘益焕、马大猷、应崇福、徐叙瑢、陈能宽、李荫远、王守觉、孙湘、成众志、曾泽培、周坚、吴锡九、林兰英等，还有在应用物理所和物理所兼职（含合聘）的科学家余瑞璜、葛庭燧、赵广增、唐有祺、黄昆等。他们在开拓一些新的学科领域和推动学科发展及应用方面，发挥了重要的作用。

20世纪60年代以后，一批较为年轻的学术带头人活跃在物理所的各学科领域，章综、蒲富恪、孟宪振、范海福、李方华、陈式刚、霍裕平、郝柏林、陈春先、管惟炎、梁栋材、梁敬魁、于渌、王鼎盛、林泉、许祖彦、张殿琳、赵忠贤、陈立泉、王震西、杨国桢、蔡诗东、解思深、沈保根等，他们对物理所的发展和进步作出了重要贡献。还有几位著名的科学家李林、王天眷、李家明和郭可信先后调到物理所工作，他们也发挥了重要的作用。

20世纪90年代以后，又有一批优秀的年轻人在物理所工作，王恩哥、张泽、高鸿钧、张杰、薛其坤等就是其中的代表。

到2010年底为止，在物理所及其前身（中研院物理所、北研院物理所、中科院应用物理所）工作过的中央研究院院士、中国科学院学部委员、中国科学院院士和中国工程院院士共有60人。在本篇的人物一章，有他们生平和工作的简要介绍。

1994年，中国科学院启动“百人计划”，这是一项高标准的人才引进与培养计划。“百人计划”给予入选者200万元的启动经费，这是当时国内支持强度最高的。物理所1995年引进第一位百人计划入选者王恩哥。截至2010年底，累计引进百人计划入选者54位，名单及入选年度如下：

王恩哥（1995）　彭练矛（1996）*　张　杰（1998）
薛其坤（1998）　王太宏（1998）　李建奇（1998）
曹则贤（1998）　王楠林（1998）　成昭华（1999）
翁羽翔（1999）　禹日成（1999）　王岩国（1999）
邹炳锁（2000）　李　明（2000）　高鸿钧（2000）

邱祥冈（2000）　盛政明（2000）　程波林（2000）
贾金锋（2000）　蔡建旺（2000）　韩秀峰（2000）
顾长志（2000）　李庆安（2000）　孟庆波（2001）
唐为华（2001）　夏　钶（2002）　曹立新（2002）
孙庆丰（2003）　方　忠（2003）　李志远（2004）
高世武（2004）　吴　飙（2004）　周兴江（2004）
孙　阳（2004）　吴克辉（2004）　陈　澍（2004）
徐红星（2005）　施均仁（2005）　范　桁（2005）
郭建东（2005）　戴　希（2005）　张广宇（2008）
李永庆（2008）　胡勇胜（2008）　陆兴华（2009）
陈黎明（2009）　李世亮（2009）　郗学奎（2009）
孟　胜（2009）　任治安（2009）　梁文杰（2009）
杨昌黎（2009）　谷　林（2010）　杨义峰（2010）

（*彭练矛在中科院北京电子显微镜实验室入选，1997年随该实验室并入物理所）

1994年，国家自然科学基金委员会设立杰出青年科学基金项目，资助国内及尚在境外即将回国定居工作的优秀青年学者，在国内进行自然科学研究。截至2010年底，物理所有45人获得国家杰出青年基金。名单及入选年度如下：

彭练矛（1994）*　王恩哥（1995）　沈保根（1995）
张　泽（1996）*　薛其坤（1996）　黄新明（1996）
吕　力（1997）　李晓峰（1997）　靳常青（1997）
张　杰（1998）　王玉鹏（1998）*　闻海虎（1998）
陈小龙（1999）　汪卫华（1999）　王太宏（1999）
王鹏业（2000）　王楠林（2000）　饶光辉（2000）
高鸿钧（2001）　成昭华（2001）　孙继荣（2002）
魏志义（2002）　李建奇（2002）　白海洋（2002）
李　明（2003）　韩秀峰（2003）　贾金锋（2003）
方　忠（2004）　盛政明（2004）　李志远（2005）
周兴江（2005）　孙庆丰（2005）　刘伍明（2005）
徐红星（2006）　孟庆波（2007）　白雪冬（2007）
高世武（2008）　金奎娟（2008）　吴　飙（2008）
夏　钶（2008）　顾长志（2008）　翁羽翔（2009）
李玉同（2009）　雒建林（2010）　马旭村（2010）

（*彭练矛、张泽在中科院北京电子显微镜实验室入选，1997年随该实验室并入物理所。王玉鹏在中科院低温技术实验中心入选，1999年调入物理所）

2008年，中共中央组织部设立“千人计划”，物理所丁洪、谢心澄成为首批入选专家。截至2010年底，物理所先后有5人入选“千人计划”，入选者名单及入选年度如下：

丁　洪（2008）　谢心澄（2008）　戴鹏程（2009）
郑国庆（2009）　赵予生（2010）

2008年物理所入选中共中央组织部首批“国家海外高层次人才创新创业基地”。

第二章　人物

在物理所80多年的历史中，许多人为物理所的建立和发展作出了重要贡献。限于篇幅，本章简要介绍其中一部分人：历任研究所所长、党委书记、中央研究院院士、中国科学院学部委员和院士、中国工程院院士以及长期在物理所工作的学科创建人。在物理所工作时间不是很长的院士和曾在物理所工作后在其他单位当选院士的专家，列入本章第二节的人物榜中。

第一节　人物简介

李书华（1890～1979）

字润章。1890年2月10日生于河北昌黎。1912底赴法国留学，1918年获图卢兹大学理学硕士学位，1922年在巴黎大学获法国国家理学博士学位，同年回国。1922～1928年任北京大学物理系教授、系主任。1925～1926年任中法大学教授。1928～1929年任北平大学副校长兼代理校长。1929～1948年任北平研究院副院长及该院物理研究所专任研究员，1929年11月至1931年初，兼物理研究所所长。1931～1932年任国民政府教育部政务次长、部长。1943～1945年任中央研究院总干事。他参与创建北平研究院，为该院的建设、组织和发展起了极其重要的作用。1948年当选为中央研究院院士。1949年7月抵达巴黎，曾任职于巴黎大学。1951～1952年在德国汉堡大学任访问教授，讲授中国语言。1952年入美国，任纽约哥伦比亚大学访问教授，从事中国科技史研究。20世纪50年代后期退休。1979年7月5日卒于美国纽约。

李书华早年在法国研究极化膜的渗透性。20世纪50年代初在法国研究大分子的物理和化学性质。在哥伦比亚大学期间，他利用该校东亚图书馆的资料，从事中国科学技术史研究，撰写了有关指南针、造纸与印刷术、机械史等方面专著和论文。

从20世纪20年代到40年代末，李书华在国内发表了许多科学普及、科学史研究和科学教育、国际合作方面的文章。他是中国物理学会第一、第二届会长（1932～1935）。在建设北京大学物理系、创建中法大学、北平研究院物理所和中国物理学会等方面都作出了重要贡献。从20世纪50年代起，他所作的关于中国科技史的研究，对于传播中国科学文化有一定作用。

丁燮林（1893～1974）

字巽甫。又名丁西林。1893年9月29日生于江苏泰兴。1913年毕业于上海南洋公学。1919年在英国伯明翰大学获物理学硕士学位。1919年任北京大学物理系教授兼理预科主任、物理系主任。1928～1946年任中研院物理所第一任所长兼研究员。1933年7月至1934年5月、1936年2～5月任中央研究院总干事。1946～1949年在山东大学任教。1950～1958年任中华全国科学技术普及协会副主席、中国科学技术协会副主席。1960年以后历任文化部副部长、中国对外文化联络委员会副主任、中国人民对外友好协会副主任、第一至第三届全国人大代表、第二和第三届全国政协委员。1974年4月4日卒于北京。

丁燮林担任中研院物理所所长期间，充分利用有限

的经费，精心规划、苦心经营，组织研究人员建立了一批实验室，开展研究工作。1928～1937年，在丁燮林的主持下，中研院物理所开展了电学、无线电学、光谱学、磁学等研究和地磁测量，并派研究人员参加科学考察，取得了一些科研成果。鉴于当时国内的迫切需要，1932年12月他在南京紫金山主持创建了第一座由中国独立建造的地磁观测台，开创中国的地磁观测和研究。以后又在昆明、桂林一带陆续建立地磁观测台，积极推动地磁的研究及测量工作。他在物理所建立并施行较为严谨的管理规范，陆续从国外购进所需的器材、设备和书刊，建成藏书较丰富的图书馆，还建立物理仪器厂，为物理所维修、制造实验仪器，为科研工作提供条件保障并节省了经费。

丁燮林关心教育事业，重视教学仪器生产。由于当时中国教学、科研仪器的生产几乎处于空白，在他的领导下，物理所的仪器厂批量生产了教学所需的分析天平、显微镜、经纬仪等，供全国各地中学教学使用。他亲自主持各类仪器的设计，主持编写实验讲义随仪器附送，对国内中学物理教学内容的充实起了重要作用。物理所仪器厂还为中央研究院各研究所以及国民政府资源委员会、兵工署等机构制造、维修仪器。

抗日战争期间，丁燮林奔走于南京、上海、昆明、重庆、桂林之间，历尽艰辛，组织了物理所多次迁移，尽最大努力减少运输中的损失、维持研究工作。他组织物理所研究人员进行无线电广播机的装设并训练技术人员，为广西一带建立了通信网；制造振子整流器，为战时通信提供便利；改装了手摇发电机，为野外探测工作提供便利；改装了晶片滤波式外差收报机，解决了依赖进口的问题；同时他组织力量制造军用望远镜、地雷爆炸控制器、飞机用地速仪、飞机投弹瞄准仪等多种战时急需的仪器设备，还为西南联合大学等高校制造实验仪器。

吴有训（1897～1977）

字正之。1897年4月26日生于江西高安。1920年毕业于南京高等师范学校。1921年底赴美国芝加哥大学，随A.H.康普顿从事物理研究。1926年获博士学位。同年回国，参与江西大学的筹备工作。1927年8月任南京中央大学物理系副教授，兼系主任。1928～1945年历任清华大学教授、物理系主任、理学院院长，西南联合大学理学院院长。1945年10月任中央大学校长。1948年任中研院物理所所长。1948年先后在美国哈佛大学和麻省理工学院进行短期访问。同年当选为中央研究院院士，年底任上海交通大学教授。1950年夏任中科院近代物理所所长，同年12月起任中国科学院副院长。1955年当选为中国科学院学部委员（院士），兼数理化学部主任。1977年11月30日卒于北京。

吴有训对近代物理学的贡献主要是全面验证康普顿效应。康普顿最初发表的论文只涉及石墨一种散射物质。为证明这一效应的普遍性，吴有训做了7种物质的X射线散射曲线，证明只要散射角相同，不同物质散射的效果都一样，变线和不变线的偏离与物质成分无关。1924年，他与康普顿合作发表论文《经过轻元素散射后的钼K_a射线的波长》。1926年，他单独发表《在康普顿效应中变线与不变线的能量分布》和《在康普顿效应中变线与不变线的能量比》两篇论文。这些成果毋庸置疑地证实了康普顿效应，并发展和丰富了康普顿的工作。康普顿于1927年获诺贝尔物理学奖。

1928年，吴有训任教于清华大学物理系以后，尽管教学和行政工作繁重，但他仍坚持科学研究。他发表了有关X射线散射的论文50余篇。他积极组织开展近代物理学的研究，是国内开展近代物理实验的先驱者之一。他培养了许多物理学人才。他在中科院工作期间，对中国科技事业的发展作出了重要贡献。曾任中国物理学会会长和理事长、全国自然科学专门学会联合会和中国科学技术协会副主席、第三届全国政协常委、第三和第四届全国人大常委。

严济慈（1901～1996）

字慕光。1901年1月23日生于浙江东阳。1923年毕业于南京高等师范学校数理化部和东南大学物理系，获学士学位。同年11月赴法国留学，1925年获巴黎大学数理硕士学位，1927年获法国国家科学博士学位。同年回国，在上海大同大学、中国公学、暨南大学和南京第四中山大学等校任教授，兼任中研院物理所筹备委员。1928～1930年再次赴法国深造。1931～1949年任北研院

物理所研究员、所长，兼任镭学所所长。1932年参与筹建中国物理学会，先后任秘书、常务副理事长和理事长，是中国物理学会的创建者之一。1948年当选中央研究院院士。中国科学院成立后，任办公厅主任。1950～1951年任中科院应用物理所所长。1952年任中科院东北分院院长。1955年当选为中国科学院学部委员（院士）、技术科学部主任。1978～1983年任中科院副院长。1958年中国科技大学成立后任物理系教授，1960年任副校长，1980～1983年任校长。1980～1986年任中国科学技术协会副主席。1996年11月2日卒于北京。

严济慈是中国现代物理学研究的开创者之一，他在学术上的重要贡献主要在水晶压电效应、光谱学和应用光学领域。他对水晶在电场作用下的伸缩和光性能的改变，空心水晶柱被扭起电和振荡等现象做了大量研究，有许多新发现，揭示了不同于克尔效应的水晶压电及光双折射关系和新效应。在光谱学方面，他研究了氢、氖原子和分子的连续光谱；研究了钠、铯和铷在电场下的紫外连续光谱，发现了其主系移位现象；研究了外加气体对上述三种碱金属吸收光谱的影响、铷分子的带光谱及其离解能等问题。他对臭氧的紫外吸收光谱的研究具有重要意义。在应用光学方面，以压力对照相乳胶感光性能影响的研究而闻名。在抗日战争期间，严济慈及其同事和学生制造了许多压电水晶振荡器和测距镜，为抗战作出了重要贡献。

严济慈编著了多种数学和物理方面的教科书，培养出多位著名科学家。他是第一、第二届全国人大代表，第三至第五届全国人大常委，第六、第七届全国人大常委会副委员长。

施汝为（1901～1983）

字舜若，1901年11月19日生于江苏崇明（今属上海）。1925年毕业于南京东南大学物理系。同年到清华大学物理系任助教。1930年赴美国留学，1931年获伊利诺伊大学物理系硕士学位，1934年获耶鲁大学物理系博士学位。随后回国，任中研院物理所研究员。1948年曾代理过中研院物理所所长工作。1950年任中科院应用物

理所磁学研究组组长。1955年当选为中国科学院学部委员（院士）。1956～1981年任中科院物理所所长，后为名誉所长。1983年1月18日卒于北京。

1925年，施汝为开展了中国国内最早的现代磁学研究，并于1931年在《国立清华大学科学报告》（英文版）上发表了研究论文《氯化铬及其六水合物顺磁磁化率的测定》。1934年在中研院物理所建立了中国第一个现代磁学研究的实验室，先后研究了镍钴合金单晶、多晶合金及纯钴多晶体的磁性。他还研究了热处理和磁场热处理对铝镍钴系永磁合金磁性的影响，效果显著。他对铝镍钴系永磁合金，特别是对铁钴系和镍钴系铁磁单晶体磁性的系统研究，被公认是国际上这方面的奠基性和开创性工作。因1937年抗日战争爆发中央研究院奉命西迁，他带了必要的研究设备，包括沉重的电磁铁，率一组人员历尽千辛万苦，辗转数千里，绕道越南赴桂林，在极为艰难的条件下，仍边撤离边开展研究，在国内外发表论文数篇。1945年他作为物理所代表，参加接收日本政府在上海建立的自然科学研究所。1946年1月1日被国民政府授予胜利勋章。他连续24年担任中科院物理所所长，为物理所的发展作出了重要的贡献。他将科研领域扩大，研究组也扩大成研究室。在他的领导下，物理所在1959年就发展成为规模较大，以固体物理为主，学科齐全的研究所。

施汝为于1952年起历任第二届全国政协委员、第三和第五届全国人大代表。1958年兼任中国科技大学物理系主任。1963～1981年任中国物理学会副理事长兼秘书长，后为名誉理事，对中国物理学会的各项工作都有重要贡献。

萨本栋（1902～1949）

字亚栋。蒙古族。1902年7月24日生于福建闽侯。1921年毕业于清华学校（即后来的清华大学）。1922年赴美国斯坦福大学学习机械工程，获学士学位。1924年入伍斯特工学院，翌年获电机工程学学士学位。旋即转学物理，1927年获理学博士学位。1928年回国任清华大学物理系教授。1935年应邀赴美国俄亥俄大学电机工程系任客座教授。1937年回国任厦门大学校长。1946年任

中研院总干事兼物理所所长。1948年当选为中央研究院院士。1949年1月31日，卒于美国旧金山。

萨本栋的重要学术贡献是提出用双矢量（即并矢）方法解决电路的计算和分析问题，开拓了电机工程的一个新研究领域。他的《应用于三相电路的并矢代数》论文发表后颇有影响。他用英文写成的《并矢电路分析》《交流电机基础》两书提出了许多新的观点，后者于1946在美国出版，被美国许多大学选为教材。

萨本栋兼任中研院物理所所长期间，主持建成了南京九华山的物理大楼，推动原子核物理实验室的成立。自1932年中国物理学会成立起，萨本栋担任过学会会计、秘书和副理事长等职，并对统一物理学名词译名有贡献。他是著名教育家，编著的《普通物理学》和《普通物理实验》是中国最早用汉语正式出版的大学物理教材，使用了近20年之久。任厦门大学校长期间，正值抗日战争的艰苦岁月。他苦心筹划，迅速迁校长汀，倾注全力办学。他亲自授课，担任数门专业课程的教学工作，并于1948年整理出版了一部《实用微积分》教材。1945年抗日战争胜利后，致力于恢复和建设中央研究院。

陆学善（1905～1981）

1905年9月21日生于浙江吴兴。1923年就读于之江大学理科，翌年进入国立东南大学（后改名为中央大学）物理系。1928年毕业后任清华大学助教。1930年进入清华大学理科研究院学习。1933年研究生毕业后被选派赴英国留学。1934年在诺贝尔物理学奖获得者W.L.布拉格教授主持的晶体学研究室从事金属X射线晶体学的研究工作。1936年获英国曼彻斯特大学物理学博士学位。同年回国，任北研院镭学所（上海）研究员。1950年任中科院应用物理所副所长。1951～1955年任代理所长，并任中国物理学会常务理事兼秘书长。1955年当选为中国科学院学部委员（院士）。1959年任第三届全国政协委员。1964年当选为第三届全国人大代表。1981年5月20日卒于北京。

陆学善是中国第一代从事X射线晶体学研究的物理学家，其主要学术成就有：①20世纪30年代创立了利用点阵常数测定相图中固溶线的方法，至今仍作为一种经典方法被广泛沿用。50年代在合金相中发现了一类由CsCl型结构为基本结构单位、空缺有序分布所形成的超结构相。这一结果被有关专著作为典型的例子加以引用。60年代应用X射线衍射和差热分析方法测定了一系列镓－过渡族金属体系的相图和晶体结构分析工作。随后又开展对稀土合金的研究。②发展了X射线粉末衍射方法。提出修正偏心和吸收流移常数的方法，使粉末照相法点阵常数测量的精度对于立方晶系可达五十万分之一，被国际晶体学著作引用。后又提出X射线粉末衍射指标化的一种新图解法，使指标化结果快速可靠。他对此编制了计算机程序，是国内首次使用电子计算机程序对未知结构的粉末衍射图谱进行指标化的工作。他还提出用X射线衍射强度测定晶体的德拜特征温度及其各向异性与非均匀性的新方法。1990年出版了他编著的《相图与相变》一书。他在物理所筹建了晶体学研究室，并使之成为中国晶体学研究的重要中心之一。他培养了一批晶体学专家，其中有四位当选为中国科学院院士。

陆学善在日本占领上海时期，想方设法完好地保存科研工作所必需的仪器设备。上海解放前夕，他毅然谢绝出国工作的邀请，与上海科技界人士一道，有效地保护了科研资料和设备。“文化大革命”期间，他编写了《激光基质钇铝石榴石的发展》一书。20世纪70年代后期，他写了《中国晶体学史料掇拾》一文，1984年发表在戴念祖主编的《科技史文集》第12辑上。

钱临照（1906～1999）

1906年8月28日生于江苏无锡。1925～1929年在上海大同大学物理系就读，师从胡刚复、严济慈。1931年“九一八”事变前曾在东北大学物理系任助教，之后在北研院物理所任助理员，随严济慈研究石英的压电及其振荡现象、压力对感光材料的影响。1934～1937年就读于伦敦大学研究生部。1937～1945年在昆明北研院物理所从事应用光学

研究。他曾与严济慈在昆明郊区建立小规模光学车间，制造显微镜、水平仪各100余台，供抗日战争后方之用。1945年，钱临照到中研院物理所工作，开始研究金属单晶体，设计出一台高灵敏度的拉伸机（可测出10^{-5}的应变量），供研究金属单晶微形变用。1948年冬至1949年初，任中央研究院代理总干事，受命参与中央研究院的迁台活动。他往返台湾与大陆之间，目睹南京政府内部腐败，毅然留在大陆。中华人民共和国建立后，他在中科院应用物理所任研究员。1955年当选为中国科学院学部委员（院士）。1958年任中国科技大学教授，1978～1984年兼任副校长。1981年在该校创建了自然科学史研究室。1999年7月26日卒于合肥。

钱临照在应用物理所从事金属物理研究工作，他与何寿安、刘民治合作在1956年完成锡单晶的微蠕变和铝单晶表面上刻痕所导致的滑移特征两项工作，并使用国内仅有的两台进口电子显微镜观察铝单晶的滑移带的精细结构；他和杨大宇及苏联专家合作，进行预形变后铝单晶范性的研究。他与杨顺华合写了10万字的《晶体中位错理论基础》一文，并收入《晶体缺陷和金属强度》一书中。他还从事一项玻璃表面的研究工作，证明微裂缝在玻璃表面的存在。

钱临照1943～1978年任《物理学报》编辑委员、副主编、主编。1980～1984年当选为中国科学技术史学会首任理事长。1980～1982年当选为中国电子显微镜学会首任理事长。他是第三届全国人大代表和第五、第六届全国政协委员。

顾功叙（1908～1992）

1908年6月25日生于浙江嘉善。1929年毕业于上海大同大学。1929～1933年任浙江大学助教。1936年获美国科罗拉多州矿业学院硕士学位。后在加州理工学院工作2年。1938年回国，任北研院物理所研究员。1950年任中科院地球物理所研究员、副所长。先后兼任中国地质委员会委员、地质部地球物理勘探局副局长兼总工程师、地球物理勘探研究所所长。1955年当选为中国科学院学部委员（院士）。1977年当选为国际大地测量和地球物理联合会中国委员会主席。1978年起任国家地震局地球物理研究所研究员、副所长、名誉所长等职。1992年1月14日卒于北京。

在北研院物理所期间，顾功叙及其助手，先后利用磁法、自然电流法和电阻率法，在云南各地铁矿区、铜矿区、银矿区、铅锌矿区、褐煤区以及锡矿区，开展了地球物理勘探工作。撰写了5篇探测报告和《中国西南山区大地电流调查一些新异常结果》《国立北平研究院物理研究所重力地磁和地球物理勘探工作》2篇文章。北研院物理所迁回北平后，顾功叙及助手分析了1934～1939年测得的中国南部各省208个测点重力加速度值，绘制了重力异常分布图；并进行了重力加速度均衡改正的研究，发表2篇论文《中国境内208处重力加速度测点之海陆均衡变差》(一）和（二）。顾功叙多年从事地球物理勘探的领导工作，对科学地应用地球物理方法普查石油、煤田和金属矿产资源作出许多重要的贡献，培养了物理勘探人才。他的“开展区域大普查和地质填图”“地球物理和地质密切结合”以及“不同条件下合理应用综合方法”等观点，对中国金属矿藏地球物理勘探实际工作有重要影响。20世纪50年代他参与领导了“大庆油田发现过程中的地球科学工作”，对大庆油田的发现作出了重要贡献。1966年河北邢台地震发生后，他全力转入对地震和地震预报的研究工作，也产生了重要的影响。

顾功叙是第一至第七届全国人大代表。代表作有《地球物理勘探基础》。1982年获国家自然科学一等奖。

吴乾章（1910～1998 ）

原名吴宗朱。1910年10月29日生于海南澄迈。1928年8月毕业于广东省第六师范学校。1933年1月毕业于南京中央大学物理系。1934年8月考取中研院物理所第一批研究生，1936年毕业并留所。1949年留学英国曼彻斯特大学理工学院物理系，攻读X射线晶体学。1951年到中科院应用物理所工作，历任晶体学研究室副主任、主任、所学术委员会委员等职。并在中国原子能研究院兼任六室主任，负责中子衍射研究。先后担任中国硅酸盐学会、北京硅酸盐学会、四机部第11所、地质部地质力学研究所等单位的多项兼职。1998年10月10日卒于北京。

1937年中研院物理所西迁，吴乾章在艰难条件下坚持一路进行地磁测量和普查。1941年，他参加了赴福建崇安研究日全食与地磁场关系的观测工作，在中国首次获得日全食对地磁影响的完整资料。1951～1957年，他利用X射线多晶衍射物相分析方法，开展了鞍钢提高炼钢平炉耐火材料使用寿命研究，对提高钢产量起到了作用。1958年，他与原子能所共同开展了用中子衍射方法研究晶体结构的工作，并倡导将X射线、电子和中子衍射三种技术相结合。1958年起，他负责物理所晶体生长研究工作，开展了水热法生长水晶的研究，生长出大块高质量水晶晶体，为后来国内人工水晶产业化奠定了基础。1960年起，他在物理所开展了用火焰法生长红宝石的研究，生长出红宝石晶体。物理所用红宝石晶体较早研制成功红宝石激光器和大能量红宝石激光器。此后吴乾章参与物理所进行的一系列晶体的生长研究，并作出了贡献。1970年以后，他特别强调晶体生长研究和相图联系，推动了晶体生长研究的深入，产生了广泛影响。1980年，他提出了“难长晶体的单晶生长”研究方向，并亲自参加实验研究工作。他提出并参与了超导单晶生长，这是超导单晶生长早期工作之一。

吴乾章是中国硅酸盐学会晶体生长与材料专业委员会发起人，1979～1994年担任主任。他积极推动《人工晶体学报》期刊出版，并任第一、第二届编委会主任。

潘孝硕（1910～1988）

1910年10月31日生于浙江吴兴。1933年毕业于南京中央大学物理系。同年进入中研院物理所任助理员。

1938年赴美国留学。1939年获麻省理工学院物理学硕士学位，1943年获理学博士学位。先后任麻省理工学院工业合作部研究员、哈佛大学水声实验所研究员、新伦敦美国海军部水声实验所研究员。1946年回国，先后任南开大学物理系教授、系主任和南京大学物理系教授。1950年夏调到中科院应用物理所，以后一直在物理所工作。1957年任磁学组组长，后任磁学研究室主任。1988年12月28日卒于北京。

1933年，潘孝硕参加了南京紫金山地磁台的建台和地磁观测工作。1934年他和施汝为建立了中国第一个磁学研究实验室，开展磁学研究。主要研究的是铁－贵金属、铁－稀土金属合金磁性和磁化机制。他系统研究了纯铁和铁钴合金在不同温度的正常磁化曲线，以及在各种温度下接近饱和时的磁化过程。1938～1946年在美国留学和工作期间，研究磁致伸缩超声器件。20世纪50年代，主要研究工作是铝镍钴永磁合金的不同热处理。1952年他和施汝为成立了铝镍钴永磁合金和热轧硅钢片的磁性两个研究课题。1955年提出开展铁氧体磁性材料及高频磁性和铁磁共振的研究。1959年开始负责磁学室的领导工作。他陆续开展了金属磁膜和矩磁铁氧体、微波铁氧体及其物理基础铁磁共振的研究，还建立了电子学组和理论组，使磁学研究室发展成研究内容广泛、力量雄厚的磁学研究基地。“文化大革命”期间进行科研工作虽很困难，他将自己订阅的美国《应用物理》等期刊上的重要文献翻译成中文，供年轻人阅读。1975年在他的倡议下，磁学研究室开展了非晶态磁性材料的研究。他还支持了磁泡研究，关心各种新技术，如穆斯堡尔效应、中子衍射和核磁共振等在磁学研究上的应用。他重视对年轻人的培养，1952年组织了“现代磁学”课，为年轻人了解磁学学科的内容打好基础。当时正值多所大学建立磁学专业，都派青年教师到物理所来进修，后他们大都成为国内创办第一批磁学专业的骨干。1958年中国科学院创办中国科学技术大学，潘孝硕是物理系磁学教研室主任，亲自编写铁磁学讲义，逐一安排落实磁学专业的课程设置等项工作。他对物理所研究生的教育和培养工作也作出了贡献。

潘孝硕是九三学社成员，第四至第六届全国政协委员，中国电子学会应用磁学分会第一届主任（1979～1984）。

李德仲（1910～2007）

1910年12月26日生于辽宁营口。1932年在东北大学学习时加入中国共产党。1932年至1949年9月历任中共县委书记、省直中特委秘书长、地委书记、省委秘书长、省委副书记、军区副政委等职。1949年10月至1958年3月历任吉林省委代书记、省政协主席、煤炭部基建总局副局长。1958年3月任中科院应用物理所副所长，10月任物理所党的领导小组组长、机关党委书记。1962年调离物理所（未免职）。1962～1982年先后在甘肃省、中科院机关、中科院109厂、中科院空间科学与应用中心任职。

1982年由党中央派遣参与地方领导班子考察、整顿等工作。1985年起担任国务院扶贫领导小组顾问。曾任中共七大候补代表，第一、第六、第七届全国政协委员。2007年1月28日卒于北京。

李德仲在物理所任职期间，建立了党的领导小组和机关党委及其下属党组织机构。此后陆续建立物理所党组织的各项制度，探索党领导科学研究的经验。他团结干部群众，调动科研人员积极性，组织制订并实施“开展科学研究必须有自己的各类人才”的计划。他走访国务院专家局和国内高等院校，争取到一批大学毕业生名额，使物理所迅速补充了一批高素质人才。通过国家民政部门争取到一批复员转业军人的名额。通过以上各项措施，使物理所的职工人数大幅增加。他还组织制订了目标明确的人才培训计划，对于从国外归来的年轻学者、刚毕业的大学生和其他人员采取不同培训方式，使一批年轻有为的科学家脱颖而出，入所的中学毕业生和复员转业军人普遍提高了文化水平和操作技能。他参与了研制109计算机的组织工作。从1960年开始，他贯彻“一手抓任务、一手抓生活”的指示，在北京附近建立农产品生产基地，组织种粮度荒，增加了研究人员的粮食、副食供应，确保了研究工作的顺利进行。

郭佩珊（1912～1985）

1912年生于河北定县（今定州市）。1930年考入天津北洋大学，1933年加入中国共产党，曾任北洋大学学生会总干事，领导开展学生运动。1935年进入武汉大学机械系学习，是武汉大学救国会主要负责人之一。1938年根据中共中央长江局的指示考入空军机械学校，并任云南省工委青年工作委员会组织委员。1941年进入昆明空军第十飞机修理厂，帮助盟军修复和改进飞机性能，受到嘉奖与破格提升。1949年底参与组织了昆明机场起义，支援昆明保卫战。1958年3月至1963年担任科学出版社副社长。1965年7月调入中科院物理所，后任副所长。1972年10月至1977年7月任物理所党的领导小组组长。1985年卒于北京。

郭佩珊在物理所工作期间，分管科技管理工作、党的工作。1966年他协助所长筹备技术物理实验中心、勘察地址。1972年他主持了物理所党组织的重建，恢复党的领导小组，实行研究所内党的一元化领导制度，实现老中青三结合的领导干部队伍结构。他组织物理所部分科研人员和干部到“五七干校”参加劳动。1972年为政治运动中受到审查的部分职工安排了适当工作，发挥他们的业务专长。同年他组织了物理所的清产核资工作，建立了相关规章制度，加强了对物资器材的管理。

张成美（1914～1983）

1914年11月生于河北曲阳。1932年7月16日加入中国共产党。1937～1948年任中共区委书记、县委组织部长、县委书记等职务。1949～1960年任中共地委委员、市党委书记、地委工业部长、市委部长、省农机局副局长等职务。1961～1972年在中科院物理所工作，任副所长、党委书记，党的领导小组组长、机关党委书记。1972年11月调入中科院大气物理所任党委书记。1977年11月起在中科院行政管理局任党委副书记，代理局长、党委书记。1983年4月4日卒于北京。

张成美在物理所工作期间，分管党务和科研保障工作。他注重围绕科研任务开展党的工作。在党的建设方面，加强了民主集中制，规范了党的活动，开展了党员教育、组织发展工作。1961年底开始在物理所贯彻国家科委制定的《关于自然科学研究机构当前工作的十四条意见（草案）》和中科院制定的《中国科学院自然科学研究所暂行条例》（《七十二条》），开展整风运动。协调各部门正确贯彻党对科学研究工作的政策和规定。在分管的技术支撑部门，加强了管理，保证研究工作的需要。在职能部门提倡为科研服务的工作方法和作风，精简会议和文件报表。1960～1962年困难时期，在后勤工作中抓好粮食及副食基地的生产，改进食堂和集体宿舍的管理。1961～1962年组织了精简人员的工作。1966年参与了技术物理实验中心在陕西选址的工作。

马大猷（1915～2012）

1915年3月1日生于北京，祖籍广东潮阳。1936年毕业于北京大学物理系。1937年赴美国留学，先后在加利福尼亚大学洛杉矶分校和哈佛大学攻读研究生，1940年获哈佛大学博士学位后即回国。1940～1946年任清华大学及西南联合大学副教授、教授。1946～1952年任北京大学教授兼工学院院长。1952～1955年任哈尔滨工业大学教授兼教务长。1955年在中科院应用物理所开始组织声学研究工作。1956年组建中科院电子学研究所，任副所长兼声学研究室主任，为中国的声学发展做了开创性的工作。1964年中科院声学所成立时任副所长。1970～1978年随声学所两个研究室调整到物理所，任声学研究室主任。1978年后调回声学所工作。1955年当选为中国科学院学部委员(院士)。2012年7月17日卒于北京。

马大猷是房间声学中简正振动方式（简正波）理论的奠基者之一。这一理论已广泛应用于微波技术和水声学之中。1959年设计并领导建造了中国第一个消声实验室，独创性地设计了以三面全反射和三面全吸收的原则而构成的卦限消声室。20世纪50年代末，组织并领导了语言声学研究，提出了语言和统计分布服从瑞利分布的新观点。他领导了人民大会堂的音质设计。20世纪70年代，他在喷注噪声及其理论和应用方面进行了系统性的研究工作。在湍流注噪声的压力关系、小孔注噪声A声级的计算公式及其近似表达式、多孔材料的出流性质，以及冲击噪声与湍流噪声的相干等方面作出了创造性的成果。他还解决了微穿孔板吸声结构的设计理论和实验应用问题。

马大猷1978年获全国科学大会奖，1980年获中科院重大成果奖，1981年获国家自然科学奖，1997年获德国夫琅和费协会金质奖章及建筑物理所ALFA奖，1998年获何梁何利基金科技进步奖。1978年起任中国科学技术大学研究生院副院长、中国声学学会理事长等职。1978～1993年任国际声学委员会委员。1980～1985年任中科院数理学部副主任。长期担任《声学学报》主编。曾任全国政协第二、第三、第五、第六届委员和第七、第八届常委，第三届全国人大代表，民盟中央副主席。

甘柏（1917～　　）

1917年2月生于江苏徐州。1937年参加革命工作，1938年2月加入中国共产党。1937年10月至1950年12月先后任中共区委书记、县委书记等职。1950年12月至1977年8月先后在东北工业部机械管理局、第三机械工业部、第二机械工业部等部门工作，担任副局长、司长、党委书记等职。1977年7月至1980年10月任中科院物理所党的领导小组组长、党委书记。1980年11月至1982年12月任中科院数理学部副主任。1982年12月离休。

甘柏在物理所任职期间，开始实施党委领导下的所长分工负责制。主持制定《党委领导下所长分工负责制》（暂行）、《所党委约法三章》，规定了党委会的工作任务、工作方法、工作制度，明确了党委的任务和所长的责任，党委主要任务是政治领导，所长负责全所科研业务工作和所务会议制度。1978年带领所党委与所长配合，开展业务整顿，明确各研究室的研究方向和任务。参与所内整顿科研秩序，保证科研人员“六分之五”的业务工作时间。调动科研人员积极性，所领导班子成员中增加了科技人员，党委委员中科技人员达到60%以上。

应崇福（1918～2011）

1918年6月15日生于浙江宁波。1940年毕业于华中大学物理学系。1944年在西南联合大学清华研究院获硕士学位。1940～1941年及1944～1948年在华中大学物理系任教。1948～1952年在美国布朗大学留学，1952年获博士学位，后任该校应用数学系助理教授。1955年回国，先后在中科院应用物理所、电子学所和声学所工作，曾任研究室主任和副所长。1970～1978年随声学所的两个研究室调整到物理所，任超声研究室主任。1979年以后一直在声学所从事超声学研究工作。1993年当选为中国科学院院士。2011年6月30日卒于北京。

应崇福是中国超声学的奠基者之一。他研究了固体缺陷对超声的散射，以光弹法做出实验验证，建立了固体中声散射的经典理论。他研究了超声换能器的原理和应用。在超声检测、激光超声、声空化、功率超声和声表面波研究等方面均有建树。20世纪70年代在物理所工作期间，他领导超声室承担了多项国防和经济建设急需的超声检测任务，为中国国防和经济发展以及中国超声学的发展作出了重要贡献。

应崇福1985年获国家科技进步二等奖，1986年和1988年获得中科院科技进步一等奖。著有《超声学》和《超声在固体中的散射》。曾任《应用声学》《无损检测》和《物理》期刊主编、中国声学学会理事长、中国机械工程学会副理事长。

王守武（1919～2014）

1919年3月15日生于江苏苏州。1941年毕业于上海同济大学电机系。先后在昆明机械厂、中国工合翻砂实验工厂和同济大学工作。1945年赴美国留学，1946年获普渡大学工程力学硕士学位，1949年获普渡大学工程力学博士学位，在普渡大学任助理教授。1950年回国，1950～1960年在中科院应用物理所任副研究员、研究员、半导体研究室主任。1960年调入中科院半导体所，历任研究员、代所长、副所长，中科院109厂厂长。1980年当选为中国科学院学部委员（院士）。2014年7月30日卒于美国。

王守武是中国半导体科学技术的主要奠基人之一。他在中科院相继筹建了应用物理所半导体研究室、半导体研究所、晶体管厂、半导体测试中心和微电子中心。组织领导并参与研制了中国第一块锗单晶、第一只晶体管、第一个砷化镓激光器、第一块半导体大规模集成电路，提高集成电路的成品率，在半导体材料和器件的相关理论和技术上作出了一系列开创性的贡献。

王守武在中国科技大学、清华大学等院校兼任教职多年，培养了许多半导体技术专家。曾任《半导体学报》主编、国务院电子计算机和大规模集成电路领导小组集成电路顾问组组长、中科院微电子研究所名誉所长等职务，多次获科技进步奖和科研成果奖。2000年获何梁何利基金科技进步奖。他是第三、第四届全国人大代表，第五至第七届全国政协委员。

李荫远（1919～　）

1919年6月23日生于四川成都。1938年进入四川大学物理系。1941年转学考试入西南联合大学，1943年毕业到清华大学工作。1947年初赴美国留学，1948年获华盛顿州立大学硕士学位，1951年获伊利诺伊州立大学博士学位。1952～1955年在卡内基理工学院任研究人员，1955年在威斯汀豪斯公司磁性材料实验室兼职。1956年回国，一直在中科院物理所任研究员。1959～1966年任固体理论研究室主任，1972～1977年任晶体学研究室主任，1978～1983年任副所长，1980～1999年任物理所学术委员会副主任、主任。1980年当选为中国科学院学部委员（院士）。

李荫远的主要学术成就有：①1944年将杨振宁赴美前留下的研究合金有序化的手稿整理和发展，得出面心立方合金Cu_3Au有序化的一次近似理论。②1947年将此方法扩展到Cu-Au系统任何成分比的有序化的相图。1951年以《Bethe-Weiss方法在反铁磁体理论中的应用》作为博士论文结业。1952年设计了单频聚焦X光束的配件并作出固体表面结构引起小角散射的理论分析。他投入铁氧体的研究，完成了对几类氧化物磁结构的理论探讨，通过中子衍射研究指出磁结构的中子衍射图样中存在系统缺失。后来人们依此列出了各种晶系磁结构衍射图样中可能出现的系统性缺失。③1962年他与李国栋合作出版专著《铁氧体物理学》，1978年出版了增订本。④20世纪60年代初就注意到激光器的发明及其远大的前景，力主在物理所开展激光工作。他很早就认识到穆斯堡尔效应和核磁共振在固体物理领域中有着重要的应用，促使物理所较早建立起这两项探测方法。他在所内较早关注C_{60}和纳米科技，建议开展相关研究。⑤1964年发表了《论高阶辐射过程Raman效应及其在光谱学中的应用》的论文，首次预见到非线性光学中吸收双光子的拉曼效应，次年即被美国物理学家在实验上证实。1973年他研究光学上的多种非线性效应的物理过程，与杨顺华合著

《非线性光学》一书。⑥他组织对非线性光学晶体碘酸锂进行系统的研究，发现两种新现象，认为这是来自碘酸锂的准一维离子导电特性，还进一步指出所有准一维离子导体都应具有这类现象。该论断不久便在$KTiOPO_4$晶体的实验中得到充分的验证。

李荫远先后多次获得国家自然科学奖和中科院重大成果奖。1978年李荫远被国务院学位委员会指定为第一批博士生导师。连续两届当选为中国物理学会常务理事。1984年创办了*Chinese Physics Letters*(《中国物理快报》)。曾任《中国科学》和《科学通报》的编委。

黄昆（1919～2005）

1919年9月2日生于北京，祖籍浙江嘉兴。1941年在燕京大学物理系获学士学位，任西南联大物理系助教。

1944年获北京大学硕士学位。1945年赴英国留学，1948年获布里斯托大学博士学位。此后在英国爱丁堡大学物理系、利物浦大学理论物理系从事研究工作。1951年底回国任北京大学物理系教授，曾任物理系副主任，1956～1960年兼任中科院物理所副所长。1977年调入中科院半导体所，1977～1983年任半导体所所长。1955年当选为中国科学院学部委员(院士)。1980年当选为瑞典皇家科学院外籍院士。1985年当选为第三世界科学院院士。1987～1991年任中国物理学会理事长。获2001年度国家最高科学技术奖。2005年7月6日卒于北京。

黄昆在固体物理学的一些领域中进行了开拓性工作。1947年提出固体中杂质缺陷导致X射线漫散射理论，成为研究固体中杂质缺陷的一项有力的手段，被称为“黄散射”。1950年黄昆与A.里斯一起提出多声子的光辐射和无辐射跃迁的量子理论，是研究固体杂质缺陷光谱和半导体载流子复合的奠基性工作，被称为“黄－里斯理论”，或和S.I.佩卡尔提出的相平行理论一起被称为“黄－佩卡尔理论”。1950～1951年提出描述离子晶体光学振动的一对唯象方程（被称为“黄方程”），预言极性晶体中横光学声子和电磁场的耦合模式，被命名为声子极化激元，1963年被拉曼散射实验所证实。极化激元已成为分析固体某些光学性质的基础。黄昆与M.玻恩合著的《晶格动力学理论》一书是公认的这一学科领域的权威著作。1978年以后，黄昆在固体理论研究方面又取得了新进展。其中关于无辐射跃迁绝热近似和静态耦合理论等价性的证明，澄清了20多年来国际上在这方面理论发展中存在的一些疑难问题。1988年他和朱邦芬解决了半导体超晶格和量子阱中光学声子模式问题，被称为“黄－朱模型”。

黄昆回国至“文化大革命”前，主要从事教学工作。1956～1958年任北京大学、复旦大学、南京大学、吉林大学和厦门大学五校联合举办的半导体专门化主任，为中国培养了许多半导体物理和技术人才。先后编写了《半导体物理学》(与谢希德合著)、《固体物理学》等教材，在中国高等院校固体物理、半导体物理的教学工作中发挥了重要的作用。

汤定元（1920～　）

1920年5月12日生于江苏金坛。1942年在中央大学物理系毕业。1942～1948年任中央大学物理系助教。

1948～1951年先后留学于美国明尼苏达大学和芝加哥大学物理系，1950年获硕士学位。1951年回国。1951～1960年任中科院应用物理所助理研究员、副研究员。1960～1964年任中科院半导体所副研究员、研究员。1964年起任中科院上海技术物理所研究员。1977～1985年任上海技术物理所副所长、所长。1985年后任上海技术物理所学术委员会主任。1991年当选为中国科学院学部委员（院士）。

汤定元在留美期间，发现金属铈的新颖相变，首创金刚石高压容器。回国后在应用物理所从事半导体光电物理与器件的研制工作，在窄禁带半导体和碲、镉、汞材料的物理特性及其器件研究方面多有成就。1954年下半年，由黄昆牵头，他和王守武、洪朝生等就如何发展中国的半导体事业作了详尽而全面的讨论，提出并采取了多项措施，为1956年国家十二年科学技术发展远景规划中的半导体项目作了比较充分的准备。1958年从事红外物理研究和红外探测器研制，红外探测器已成为中国人造卫星、军用和民用高科技装置之一。1960年调入半导体所后，仍然负责物理所红外物理和红外探测器的研制工作。他有13项物理学科研成果被列入国际科学手册之中。曾多次获得国家自然科学奖和科学技术进步奖。

汤定元是第五和第八届全国政协委员，第六和第七届全国政协常务委员。曾任中国光学学会副理事长、中科院上海技术物理所红外物理国家重点实验室学术委员会主任。先后兼任中国科技大学教授、半导体教研究室主任，上海科技大学教授、技术物理系主任等职。他主持撰写和编译出版了10本科技专著和科学普及书籍，担任过12种科技期刊的编委、副主编和主编。

张志三（1920～2003）

1920年6月22日生于河北玉田。1939年考入西南联合大学，1943年毕业于该校物理系。毕业后进入北研院物理所（昆明）。1946年，他随该所回到北平。中国科学院成立后，继续在中科院应用物理所、物理所工作。从1959年起长期担任物理所光学研究室主任，1989年在物理所退休。2003年9月29日卒于北京。

20世纪50年代初，张志三负责检测美国在朝鲜战场上投掷的细菌弹各组成部分的元素成分。他利用光谱分析技术完成了任务，受到了卫生部的奖励。张志三等于1952年初在应用物理所举办了发射光谱分析学习班，为厂矿培养了20余名技术人员。同年夏，他应邀赴黄石市钢铁厂，协助建立发射光谱分析实验室，通过他所建立的快速分析法，可在3分钟内完成一个钢铁样品的数种杂质的定量分析。20世纪50年代，大连石油研究所提出确定国产石油成分及质量的任务。张志三与该所人员合作，在物理所建立了拉曼光谱实验室，为中国石油工业的拉曼光谱分析打下了基础。他和张洪钧利用拉曼光谱技术进行了弱键（特别是氢键）的研究，观测了几种分子氢键的结合方式，其中包括罗谢尔盐。为全面研究分子振动光谱，张志三等1958年在物理所建立了红外光谱实验室，进行天然和合成物质中分子种类及主要成分和结构的研究，积累了许多数据和资料，为当时的国内同行所关注。激光出现后，他及时作了介绍，并建议进行研究。1962年初他和徐积仁等设计了共轴螺旋形脉冲氙灯，利用物理所晶体室生长的红宝石晶体，于当年7月制成与国外报道结构不同的激光器。其特点是激光振荡阈值低，光泵耦合效率高，研究结果在《科学通报》上发表。1977年后他带领研究生进行了色心激光器的研究，其研究结果对色心激光器的发展提供了有益的参考。

张志三多次参与制订中国光学研究的发展规划。曾任中国物理学会常务理事、原子与分子物理专业委员会主任、中国光学学会副理事长、基础光学专业委员会主任等职务。他是中国首批博士生导师，培养硕士和博士研究生16名。20世纪50年代，他曾在北京大学兼课，为中国科学技术大学物理系光学专业授课。曾任中国多所大学的兼职教授。

洪朝生（1920～　）

1920年10月10日生于北京。1940年毕业于清华大学电机工程系，同年入西南联合大学电机工程系任助教。1945年赴美国留学，1948年获麻省理工学院物理学博士学位。先后在美国普渡大学和荷兰莱顿大学工作。1952年回国，先后在清华大学、北京大学任教。1953年任中科院应用物理所研究员，后任物理所低温研究室主任、副所长。1980年任中科院低温技术实验中心主任。同年当选为中国科学院学部委员（院士）。

洪朝生1950年在半导体锗单晶的输运现象的实验研究中发现杂质能级上的导电现象，提出半导体禁带中杂质导电的概念，这一工作成为无序系统输运现象实验研究的开端，引发了国际上对无序系统电子输运机制的探索。1953年，他到中科院应用物理所负责组建低温物理实验室，主持研制低温研究设备，1956年研制成功氢液化器，1959年研制成功氦液化器，并在国内推广。20世纪60～70年代，他领导低温研究队伍为中国航天事业研制了大型空间环境模拟系统，提供卫星上天前的空间环境模拟试验条件。1980年领导组建中科院低温技术实验中心，推广和提高液氦温区低温技术，促进低温实验工作与超导电技术应用。1998年低温技术实验中心被整合为中科院理化技术所。

洪朝生是中国低温技术、低温物理的开创者。1978年获全国科学大会奖，1989年获中国物理学会胡刚复物理奖，2000年获国际低温工程理事会门德尔森奖。20世纪60年代参与创办了中国科学技术大学低温物理专业。曾任中国物理学会副理事长、中国制冷学会副理事长、国际低温工程委员会副主席、第五至第八届全国政协委员。

徐叙瑢（1922～　）

1922年4月23日生于山东济南。1945年毕业于西南联合大学，后任教于北京大学物理系。1951～1955年在苏联科学院列别捷夫物理研究所攻读研究生，获数理科学副博士学位。1955～1965年历任中科院物理所副研究员、研究员、发光研究室主任。1966～1987年任中科院长春物理所研究员，1978年任所长。1980年当选为中国科学院学部委员（院士）。1980～1985年任中科院长春分院副院长。1988～1993年任中科院激发态物理开放实验室主任。1987～1995年任天津理工学院材料物理所所长。1996年任北京交通大学物理系教授、光电子技术研究所所长。

徐叙瑢是中国发光学的开创者和奠基人之一，长期从事发光物理及其应用研究。1959年，他和许少鸿等组建了中国第一个发光学研究室，其研究领域包括光致发光、阴极射线致发光、高能粒子发光和电致发光等，开创了固体中电子激发态行为的研究，在发光材料及其应用方面也做了大量工作。20世纪70年代，徐叙瑢验证了电致发光过程中的电子倍增过程，探讨了激发能在晶体中传输现象，进而研究了激发态的发光动力学及其瞬态光学性质，提出了分层优化设计薄膜电致发光屏的思想，从而大幅度提高了这种发光屏的性能。他重视发光学应用与开发工作，开展了利用荧光进行癌症早期诊断的研究，提出的血清荧光诊断恶性肿瘤的方法获得成功。在建立中国的发光学研究基地、培养人才、创建发光学会、开展国际交流方面都作出了重要贡献。

徐叙瑢1956年参加了国家十二年科学技术发展远景规划的编制工作。1956年任《中国科学》与《科学通报》编委。1963年任中国物理学会副秘书长。1980年任中国物理学会发光学分会的首任理事长。1981年和1985年任国务院学位委员会第一届和第二届学科评议组成员。1984年任《发光快报》《发光学报》主编和发光学国际组织委员会委员。1986年任国家自然科学基金委员会学科评议组成员、吉林省科技协会副主席。1987年和1993年当选为天津市第十一届和第十二届人民代表大会代表。1991年被联合国教科文组织授予“科技之星”称号，“癌血清特征荧光”获中科院科技进步二等奖，1999年获何梁何利基金科技进步奖，2005年科普图书《营造绚丽多彩的光世界》获国家科技进步二等奖，2010年“固态阴极射线发光及相关发光材料”获高等学校科学研究优秀成果一等奖。

何寿安（1923～1989）

1923年3月15日生于浙江临海。1945年毕业于厦门大学电机工程系。1947年进入中央研究院物理所，1950年后一直在中科院物理所工作。早年研究金属力学性质和利用电子显微镜进行物理研究工作。1958年根据国家科学发展的需要，负责建立中国第一个高压研究组，开创了高压物理和高温高压合成金刚石的研究。1962年负责组建高压－金属物理研究室，此后长期领导静态高压物理研究工作。先后任物理所高压－金属物理研究室副主任、高压物理研究室主任，1978年任物理所副所长。1989年5月27日卒于北京。

何寿安于20世纪50年代从事金属单晶的形变机理研究，并最早用电子显微镜研究金属缺陷和位错，发展了金属单晶的制备和定向技术、微量拉伸形变测定和单晶形变的电子显微观察等技术。分别于1957年、1958年翻译出版了俄文金属物理专著《金属理论概要》和《金属与合金中的扩散》。1962年建成了中国第一台拉杆式4×200吨四面顶压机，并于1963年在这台压机上用静态高压法最先合成出人造金刚石。同时还开展了高压物理基础研究，建立了早期高压研究的设备和技术，包括4.5吉帕固体压缩率测量设备、4.2吉帕流体静压力设备、4×400吨铰链四面顶压机、4×1000吨拉杆式四面顶压机及紧装滑块六面体容器等。1978年后领导建立各种大型高压装置，如1200吨、3150吨和5000吨级单缸绕带式压机等。同时还发展了金刚石对顶砧（DAC）高压技术，领导建立了物理所高压X射线衍射、高压高频超声和高压拉曼光散射实验室，培养了一批静态高压物理实验工作者。20世纪70～80年代，进行了超导及新功能材料的高压合成，开展了高压下晶态物性、结构相变、非晶态物质的结构变态和非晶固体结构弛豫等的研究，发表论文60多篇。此外，承担了多项国防任务。为了模拟高空导弹飞行，领导设计和建立了中国第一台发射体的膛速度为每秒4.2千米的双级氢气炮设备，以开展高速碰撞和动态高压下状态方程的研究。

何寿安负责领导的“人工合成金刚石”获1964年中科院优秀奖，“新式三万大气压流体静压力设备”1965年获国家发明成果奖，“高压技术和人工合成金刚石”1978年获中科院重大科技成果奖和全国科学大会奖。何寿安曾任中国物理学会高压物理专业委员会第一届主任委员、《高压物理学报》副主编、国际高压协会通讯执行委员、第三届全国人大代表。

郭可信（1923～2006）

1923年8月23日生于北京，祖籍福建福州。1941年考入浙江大学化工系。1946年赴瑞典皇家工学院留学，

并在乌普萨拉大学、荷兰代尔夫特皇家理工学院从事合金钢中碳化物及金属间化合物的研究。1956年回国到中科院金属所工作，任研究员、室主任、副所长。1980年4月任中科院沈阳分院副院长。1980年9月任辽宁省科学技术协会主席。1982年6月任中科院沈阳分院院长。1985～1993年任中科院北京电子显微镜开放实验室主任。1997～2006年任中科院物理所研究员。1980年当选为中国科学院学部委员（院士）。2006年12月13日卒于北京。

郭可信的研究工作集中在合金中晶体结构与缺陷及准晶的研究。留学瑞典期间，在合金钢碳化物结构方面做出了原创性的工作，代表论文已被列为国际经典文献。20世纪60年代率先开拓了透射电镜显微结构研究工作。70年代开展电子衍射图的几何分析及自动标定的计算机程序设计，特别是将“约化胞”用于电子衍射标定未知结构的分析研究工作。80年代在国内率先引进高分辨电子显微镜，开始从原子尺度直接观察晶体结构的研究，1982年晶体精细结构的电子衍射与电子显微像的研究获国家自然科学三等奖；主持研制场离子显微镜/原子探针，1984年获中科院科技进步二等奖；在四面体密堆相新相等畴结构研究中发现了6个新相及多种畴结构，获中科院科技进步一等奖；1985年发现五重旋转对称和钛镍钒二十面体准晶，在国际学术界产生重要影响，并于1987年获国家自然科学一等奖；1988年发现八重旋转对称准晶及十二重旋转对称准晶，并获国家自然科学三等奖；1988年发现稳定铝铜钴十重旋转对称准晶及一维准晶，并获中科院自然科学二等奖。1993年获第三世界科学院（今发展中国家科学院）物理奖。1994年获何梁何利基金科技进步奖。他还与美国贝勒医学院、美国得克萨斯州立大学及中科院生物物理所等合作开展了多种二十面体病毒颗粒的电子显微三维重构的研究。在长期的科研工作中，郭可信为中国材料科学、晶体学、电子显微学的发展培养出一批优秀人才。

郭可信曾被授予瑞典皇家工学院技术科学荣誉博士、瑞典皇家工程科学院外籍院士、日本金属学会荣誉会员、印度材料学会荣誉会员等荣誉称号。1980年与钱临照等共同发起并创建了中国电子显微镜学会，1982～1996年连任理事长。1992～1996年任亚太地区电子显微学会联合会主席。曾任多家显微学及材料科学领域期刊的顾问和编委。他系统总结了近20年的准晶研究工作，著有《准晶研究》一书。主编了《电子衍射图在晶体学中的应用》和《高分辨电子显微学》两本专著。曾任第三、第五、第六届全国人大代表。

李林（1923～2002）

原名李熙芝，1939年改名李林。蒙古族。1923年10月31日生于北京，祖籍湖北黄冈。1941～1944年就

读于广西大学。1946～1948年赴英国伯明翰大学攻读金属物理专业，获硕士学位。1948～1951年转赴剑桥大学学习，获理学博士学位。1951年10月回国。1952年任中科院上海工学实验室副研究员。1958年任中国原子能科学研究院金属物理研究室副主任、研究员。1973年调入中科院高能物理所，从事超导磁体和超导线材的研究。1978年调入中科院物

理所，任超导材料研究室主任。1980年当选为中国科学院学部委员（院士）。2002年5月31日卒于北京。

20世纪50年代，李林从事球墨铸铁的研究，研究成果用于浇铸汽车曲轴和活塞环，对中国汽车生产作出了直接的贡献。她参与发现石墨和氟的反应不敏感，是高炉中理想的内衬耐火材料，研究成果获国家自然科学三等奖。包头钢铁厂利用这一研究成果发展成为中国特种钢生产基地。她还进行了渗碳性硼钢的研究，得到可以代替苏联汽车钢板的低成本的渗碳型硼钢。李林在反应堆材料辐照效应的研究中，和同事创造了核燃料和元件复型的制作方法，得出“我国自行研制的元件能满足大型反应堆运行的要求”的结论。20世纪70年代后期，李林投入到超导材料的研究中，1978年在物理所领导超导体薄膜的研究工作，和同事研制出成膜设备，解决了亚稳相薄膜生长和稳定机制问题。1981年首次在国内生长出当时最高T_c超导体Nb_3Ge薄膜。1987年3月和同事首次在国内生长出液氮温区超导体YBaCuO薄膜，1988年12月将该薄膜在液氮温度的临界电流密度提高到10^6安/厘米^{2}以上，达到国际先进水平，研究成果于1991年获中科院科技进步一等奖，1992年获国家科技进步二等奖。90年代后期，李林专注于高温超导体和相关氧化物薄膜和电子器件应用的研究工作，和合作者研制了一台多功能激光成膜设备，获中科院科技进步一等奖、国家科技进步三等奖。她是国内最早推动高温超导体薄膜微波滤波器空间应用的科学家之一。

李林1954～1958年任上海市第一、第二届人大代表，1956～1958年任上海市妇联委员、执委，1958～1963年任全国政协青年委员，1958～1966年任全国妇联委员、执委，1978～1997年任第五至第八届全国政协委员，1990年起任中国电子显微镜学会理事，1990～1995年任中国材料学会理事。

王守觉（1926～　）

1926年6月27日生于上海，祖籍江苏苏州。1949年毕业于同济大学电机系。同年先后进入北平研究院镭学研究所（上海）和物理所，任助理员。1953～1956年就职于第一机械工业部第二设计分局任主任设计师。1956～1960年在中科院应用物理所和物理所任助理研究员、副研究员。1960年后调到半导体研究所，任研究员、室主任、所长。1980年当选为中国科学院学部委员（院士）。

王守觉是中国半导体器件和微电子学科的奠基人之一。1956～1958年在应用物理所期间制成中国首只锗合金扩散高频晶体管，频率由2兆赫提到200兆赫，解决了研制计算机对高速晶体管的需要。1963年在中国首先研制成硅平面工艺和平面器件，用于109丙型计算机的研制。1978年首先发表了一种集成高速模糊逻辑电路DYL，并研究了其精确信号线路在系统中的应用，依此研制的高速数模转换器电路，使中国集成8位数模转换器的转换时间由80纳秒缩短至4纳秒以内。1990年起致力于神经网络模式识别等机器形象思维的基础理论与实际应用研究，在神经网络模式识别的理论和技术研究等方面取得重要进展。

王守觉1964年获国家发明奖和国家新产品一等奖，1980年获中科院重大成果一等奖，1983年、1992年和1996年获中科院二等奖，1986年获中科院三等奖，1996年获国家发明奖，2001年获北京市科技进步一等奖和何梁何利基金科技进步奖。曾任同济大学信息工程学院名誉院长、半导体与信息技术研究会名誉主任、《电子学报》和*Chinese Journal of Electronics*编委会主任、中国电子学会副理事长、中国神经网络委员会主席。

管惟炎（1928～2003）

1928年8月18日生于江苏如东。1946～1949年在东北解放区做教育工作。1951～1952年先后就读于清华大学、北京大学物理系。1953～1957年先后在苏联列宁格勒大学、第比利斯大学和莫斯科大学物理系学习。1957～1960年为苏联科学院物理问题研究所研究生，从事低温物理、液氦超流的研究。1960年回国到中科院物理所工作，从事超导研究。1966年起历任中科院物理所副研究员、低温研究室副主任、研究员、副所长、所长、所学术委员会主任。1984年9月至1987年1月任中国科学技术大学校长、研究生院院长、安徽省科协主席。1980年当选为中国科学院学部委员（院士）。2003年3月20日卒于台湾。

管惟炎的科学研究工作集中于液氦超流和超导方面。他在苏联时对液氦超流提出了新的实验方法，解决了卡皮查热阻的可逆性问题；对P.L.卡皮查发现的超流液氦与固体界面温度跃变现象进行了系统研究，提出了界面传热的新模型。1960年回国后，首先根据国防需要建立了一套从室温到液氦温度的比热测量装置，为中国研制第一颗原子弹提供了可靠的铀的比热数据。他多年集中力量开展了第Ⅱ类实用超导体材料的研究。通过铅铋合金脱溶的实验研究，得到了第Ⅱ类超导体高临界参数起源的新证据。研究了Nb_3Sn的正常－超导相变时的比热反常现象，证明了第Ⅱ类超导体相变时有着和第Ⅰ类超导体相同的热力学关系。在烧结型Nb_3Sn磁体“冻结场”研究中，证实了强磁场超导材料具有宏观不均匀性。在对非晶态超导体铝硅、铝硅锗研究中，首先发现了负磁阻效应。1976年组织召开了第一届全国超导学术研讨会议。

管惟炎1981～1985年任物理所所长期间，推进了所长负责制和科研管理体系的改革：撤销研究室，实行研究组长责任制，研究组的成员组合由组长和研究人员双向选择进行，促进人员流动；清理研究课题，解决了课题分散和重复的问题，调动了中青年研究和技术人员的工作积极性；建立了科研成果转化的实体机构，加强了科技支撑体系；逐步建立起了对研究组评估考核制度。

管惟炎曾任《低温物理》《固态物理通讯》《固态物理与化学》期刊编委，中国物理学会秘书长、副理事长，中国制冷学会副理事长，国务院学位评议组成员，中科院数理学部凝聚态物理专业组组长，美国伊利诺伊大学、联邦德国吉森大学、卡尔斯鲁厄核中心、美国马里兰大学、美国休斯敦大学超导中心、德国于利希核中心、台湾清华大学等客座教授。译有《物理学史的方法论和问题》。著有《超导电性——第Ⅱ类超导体与弱连接超导体》《超导电性——物理基础》《超导研究75年》等专著。

章综（1929～　）

1929年5月16日生于江苏宜兴。1948年考入中央大学理学院物理系，1952年毕业于南京大学物理系。以后一直在中科院物理所工作。1959～1962年在苏联科学院半导体研究所铁氧体、铁电体实验室进修。1978年起任物理所研究员。1978～1982年先后任物理所磁学研究室主任、副所长。1980年当选为中国科学院学部委员（院士）。1982～1984年任中科院数理学部副主任，1984～1992任数理学部主任。

1952年入所后，他在陆学善的指导下，用X射线粉末衍射为主的方法研究了铝铜镍三元合金系的部分相图，解决了长期遗留下来的 τ 相晶体结构的疑难问题，首次发现单相区内晶体结构可按一定规律变化，修正了“一个单相区只能有一种晶体结构”的传统观念，1957年同时在《物理学报》和《中国科学》（英文版）上发表了《铝－铜－镍三元合金的相图及 τ 相的晶体结构变迁》一文，结果为晶体化学和物理学方面的有关专著收录。1959年在苏联期间研究了单晶和多晶体石榴石型铁氧体的软磁特性及其机理，阐明了$Fe^{2+}-Fe^{3+}$间的电子扩散过程对石榴石型铁氧体射频磁谱的影响。还报道了当时具有最高起始磁导率的多晶石榴石型铁氧体。1962年回国后，主要研究软磁铁氧体材料和变价离子对镍锌铁氧体的磁导率及磁后效的影响。用严格的实验证明，Fe^{2+}对镍锌铁氧体的起始磁导率μ_0并无直接影响。1969年研制试验了几项特殊用途的小型介质接收天线，研究成果获1978年全国科学大会奖。另一项目“歼击机导航天线的改进”获中科院科技成果三等奖。1976年唐山地震后，姜惟诚、柯永丰、孙克键和章综4人与北京地质仪器厂合作，参加了北京市为地震预报组织的以核磁共振方法全自动、高精度测量地磁场分量的会战任务。他们都较好地完成了各自承担的任务。其中，章综研制的逆变器电源部件采用了铁氧体磁芯和较高的变换频率，与过去工厂使用的逆变器相比较，具有体积小、重量轻和效率高等优点。1982～1992年他被调往中科院数理学部，主要从事科研管理工作。1978年起，在钱三强的倡导下，章综在中国科学院与法国原子能委员会合作研制中子散射谱仪的项目中担任中方负责人，通过物理所和中国原子能科学研究院等国内单位与法方的共同工作，于1983年在中国的101反应堆的实验大厅内建成四圆中子衍射仪和三轴中子散射谱仪。参加此项工作的严启伟等获1984年中科院科技成果二等奖。

章综曾任磁学国家重点实验室学术委员会主任、中国物理学会常务理事、全国自然科学名词审定委员会副主任等。

王玉田（1929～　　）

1929年8月11日生于河北束鹿（今辛集市）。1945年8月5日参加中国共产党。1947～1948年在晋冀鲁豫边区北方大学工学院学习，任学生党支部书记、院团支部书记、院党总支委员。1949年9月进入哈尔滨工业大学预科学习。学习期间曾任哈工大学生会主席、团委书记。1957～1975年在哈尔滨工业大学工作，历任仪器系党总支书记、团委书记，导弹系主任兼总支书记，政治部干部部副部长。1975～1978年任河北省机械设计院副院长。1978～1980年任中科院高能物理所加速器部党总支书记、高能加速器全国联合设计处党委副书记。1980年2月至1983年7月，任中科院空间中心总体研究设计部主任。1983年9月至1987年，任中科院物理所党委书记、正局级巡视员。1988年离职休养。

王玉田任物理所党委书记期间，与所长配合完成了物理所科研和管理体制改革试点工作。配合所长确定研究组作为物理所科学研究的基层组织、建立研究组长负责制和课题评审制度。在试行所长负责制的过程中，支持所长责权结合，充分发挥所长的领导作用。党委集中精力搞好党的建设和思想政治工作，对党员在执行党的路线方针政策、遵纪守法、联系群众以及思想作风、道德品质等方面实行监督，发挥保障作用。确定党小组、党支部的设置与研究组的对应关系，由各学术片联合办公室主任承担研究组的事务性工作并兼任党支部书记。他提出党的建设要结合所风建设，从机关作风抓起，把思想工作做到科研业务中去。他参与制订后勤保障系统、科研技术支持系统和科技成果开发系统的改革方案。

章洪琛（1929～　　）

1929年12月23日生于山东青岛。1949年6月参加工作，1950年6月加入中国共产党。1956～1958年在铁道部干部学校学习、毕业。1949～1963年在青岛、济南铁路部门工作，先后任技术员、副处长等职。1963～1965年任兖州地区党委书记。1965～1980年在国家科委、中科院机关任处长等职。1980年10月至1982年5月任中科院物理所党委代理书记、党委书记。1982年调入中科院机关，任行管局局长、中科院副秘书长。

章洪琛在物理所任职期间，在党委工作中以为科研工作服务、为科学家服务的思想为指导，调整思想政治工作的方式和内容。主持修订了《物理所党委工作职责》，参与制定《物理所所务委员会工作条例》，进一步明确党委和所长的职权范围和决策程序，推进了党委领导下的所长负责制。恢复了党内民主生活会制度。他推进规范化管理，主持制定《各职能部门职责范围》《物理所办公会议制度》等管理制度，初步建立全所科研和其他各项工作的秩序。他带领党委会及各党支部，组织了工资调整中的思想工作，举办党员轮训，发挥党支部联系党员和群众的作用，制定《党支部工作条例》。他在所领导班子内分管科研条件保障工作，为改善科研环境，组织力量清理了科研楼内的公共部位，绿化了园区。他还争取经费建造平房宿舍，解决了部分职工的住房困难。

蒲富恪（1930～2001）

1930年7月18日生于四川成都。1952年毕业于清华大学物理系。同年10月任中科院应用物理所研究实习员。1956年9月赴苏联留学从事磁性理论研究。1960年10月在苏联科学院数学研究所获副博士学位。同年回到中科院物理所组建磁学研究室理论组并任组长，先后担任助理研究员、副研究员。1978年任中科院物理所研究员。1986年担任中科院物理所学术委员会委员，1990年任中科院理论物理所学术委员会委员。1991年当选为中国科学院学部委员（院士）。2001年5月2日卒于北京。

蒲富恪的科研工作主要集中在磁学领域的理论研究。在留学苏联期间，应用统计物理中的双时格林函数方法，改进了反铁磁的量子理论，首次建立在整个温度

区域内适用的磁化强度公式。回国后从事自旋位形和稀土金属中磁互相作用理论研究工作。20世纪60年代，他与合作者一道，完成了用推迟格林函数理论对铁磁共振线宽的研究，导出稀土金属s-f间接交换作用的哈密顿量，解释了新的赝偶极作用和各向异性来源。20世纪70年代在天线理论的研究中，建立了一个与原偏微分方程边值问题完全等价的天线电流一维积分方程以代替Hallen方程，并与合作者一起把它用于介质天线，求得数值解和部分解析解。1978年获全国科学大会奖。80年代初期在微磁学的研究中，他与合作者超越前人线性近似，首创用非线性方程分支理论研究微磁学理论中磁化分布的连续-不连续变化，提出和解决了初始成畴问题，建立铁磁体中磁矩连续-不连续变化的统一理论。其结果为国际同行所推崇，在1985年国际磁学会议（ICM）上作特邀报告，并获1986年中科院科技进步一等奖和1987年国家自然科学三等奖。后期的研究方向主要集中在量子完全可积系统及有关的凝聚态物理理论的研究，在量子完全可积系统中，与他人合作发展了费米型量子反散射理论，精确求解了二维量子完全可积系统的首例——DSI模型。

蒲富恪1979年起担任磁学期刊*J. Magnetism and Magnetic Materials*的顾问。1984～1989年当选国际理论物理中心协联成员。1988～1994年任国际纯粹与应用物理学联合会磁学分会委员。1989年任中国物理学会磁学分会主任委员。

梁敬魁（1931～　）

1931年4月28日生于福建福州。1955年毕业于厦门大学化学系。1956年为苏联科学院巴依科夫冶金研究所金属合金热化学和晶体化学专业研究生，1960年获副博士学位。同年回国到中科院物理所工作，曾任晶体学研究室副主任、主任，相图与相变研究室主任。1983年3月至1987年6月任中科院福建物质结构所所长。1987年7月调回物理所，任研究员、所学术委员会副主任。1993年当选为中国科学院院士。

梁敬魁长期在固体物理、晶体结构化学和材料科学三个学科的交叉领域，从事前沿性的基础和应用基础研究工作，主持的主要研究成果有：①完成“地下核试验测温装置”的研制。在中国首次地下核试验测温工作中获得成功。1978年获中科院重大科技成果奖。②利用粉末衍射法测定了一系列无机化合物的晶体结构。“X射线多晶衍射方法的建立和发展”获1986年中科院科技进步三等奖。③构筑了大量无机体系的相图。其中“碘酸盐相图、相变和结构研究”获1987年中科院科技进步二等奖。④“碱与碱土等金属硼酸盐体系相图、相变和相结构的研究”获1988年中科院科技进步二等奖。⑤“液氮温区氧化物超导体的合成、相关系和晶体结构”获1991年国家自然科学三等奖。⑥“稀土富过渡族金属三元系相图、化合物晶体结构和磁性能的研究”获2004年北京市科学技术一等奖。作为主要参加者的获奖成果有：①应用X射线双晶衍射方法，观察到α-$LiIO_3$在静电场作用下衍射强度异常现象，是1980年中科院科技成果一等奖“静电场作用下α-$LiIO_3$单晶体基础理论研究”的组成部分。②构筑了铌酸锶-铌酸钠-铌酸锂三元系相图，是1980年中科院科技成果三等奖“铌酸锶钠锂晶体的生长、性能和相图研究”的组成部分。③确定了稀土体系高T_c氧化物超导体的理想组分和晶体结构，是1989年国家自然科学一等奖“液氮温区氧化物超导体的发现”的组成部分。

梁敬魁曾被评为中科院先进工作者、优秀中共党员、杰出贡献教师等荣誉称号，1999年获何梁何利基金科技进步奖。曾任中科院化学部常委、中国晶体学会副理事长、中国物理学会和中国化学学会常务理事、福州结构化学国家重点实验室学术委员会主任、北京动态与稳态分子结构和北京稀土材料化学与应用两个国家重点实验室学术委员会副主任、国际晶体学联合会仪器委员会委员等职。著有《相图与相结构》(上、下册)、《高T_c氧化物超导体系相关系和晶体结构》(获1995年全国优秀科技图书二等奖)、《粉末衍射法测定晶体结构》(上、下册)、《新型超导体系相关系和晶体结构》。

李方华（1932～　）

1932年1月6日生于香港，原籍广东德庆。1956年毕业于苏联列宁格勒大学物理系。以后一直在中科院物理所工作。1982～1983年任日本大阪大学应用物理系访问学者半年。1998～1999年任香港城市大学材料物理系

客座教授半年。1993～2002年任国际晶体学联合会电子衍射委员会委员。1996～2000年任中国电子显微镜学会理事长。1998年任国际材料研究中心顾问委员。1993年当选为中国科学院院士。1998年当选为第三世界科学院（今发展中国家科学院）院士。

早期，李方华将中国引进的第一台电子显微镜改装成透射、反射两用的电子衍射仪，在国内最早开展了单晶和非晶电子衍射结构分析，并发展了分析方法。从而最早在中国用衍射方法测定了晶体中的氢原子位置，并针对两类大小悬殊原子组成的非晶，建立了简便测定原子配位数的新方法。近30余年，她着重于高分辨电子显微学的研究。20世纪70年代后期提出将衍射晶体学与高分辨电子显微学相结合，以摆脱传统方法测定晶体结构的局限性。据此，80年代合作建立了一套全新的、从头测定晶体结构的电子晶体学图像处理方法。该方法从一幅不反映晶体结构的高分辨像出发，复原出晶体的结构图，再结合电子衍射强度，把结构图的分辨率从0.2纳米提高至0.1纳米，以显示出全部原子。同时，她推导出高分辨像强度的新解析式，建立了实用的像衬理论，使该方法既合理且更有成效地运用于实际。90年代以来，她提出并建立一套测定原子分辨率晶体缺陷的电子晶体学图像处理方法。仍从一幅像出发，复原的缺陷结构图分辨率可达电镜信息极限，并可识别间距远小于电镜点分辨本领的异类原子。此外，80～90年代她从实验和理论上研究了准晶的相位子缺陷，与合作者们最早报道了从二十面体准晶到体心立方晶体之间的一系列中间态，阐明相位子应变的作用，推导出准晶与晶体之间转变的关系式，在此基础上提出一种推演准晶结构的新方法，且获实际应用。

李方华作为第一完成人获集体奖5项，有1984年中科院科技成果二等奖，1989年和1991年中科院自然科学二等奖，1992年中科院自然科学一等奖，以及2005年国家自然科学二等奖。另获个人奖5项，有1991年中国物理学会叶企孙物理奖，中国电子显微镜学会1992年桥本初次郎奖和1994年钱临照奖，2003年欧莱雅－联合国教科文组织世界杰出女科学家成就奖，以及2009年何梁何利基金科技进步奖。共发表论文200余篇，专著《电子晶体学与图像处理》一部。在国际性学术会议作邀请报告和在国际讲习班上担任教员40余次。电子显微学领域的顶级期刊*Ultramicroscopy*于2003年出版一期专集，祝贺她70岁生日。

梁栋材（1932～ ）

1932年5月29日生于广东广州。1955年毕业于中山大学化学系。1960年在苏联科学院元素有机化合物研究所获副博士学位，回国到中科院物理所工作。1965～1967年在英国皇家研究所和牛津大学任访问学者。1970～1978年调往中科院南海海洋所。1978年调入中科院生物物理所，任蛋白质晶体学研究室主任，1983～1986年任生物物理所所长。1980年当选为中国科学院学部委员（院士）。1985年当选为第三世界科学院（今发展中国家科学院）院士。

在中科院物理所工作期间，梁栋材主要从事有机化合物和生物大分子空间结构与功能关系的研究。测定了一批有机物晶体结构，并与协作单位一起建立了中国第一个用于晶体结构分析的计算程序库。20世纪60年代末作为负责人之一参加了猪胰岛素晶体结构的测定工作。1968年该研究团队制备出中国独有的乙基汞胰岛素衍生物单晶体，解决了多对重原子同晶型置换的晶体制备、多对同晶型置换法中的相位推演、电子密度图的分析跟踪等关键问题，并于1969～1974年该团队先后获得分辨率为4埃、2.5埃、1.8埃的三方二锌胰岛素的晶体结构。这是中国解出的第一个蛋白质晶体结构，也是当时国际上少数几个解出的高分辨率蛋白质晶体结构之一。1978年以后，梁栋材在生物物理所主持胰岛素三维结构与功能研究组，该组的1.2埃胰岛结构精化及1.5埃B链羧端去五肽胰岛素结构测定等研究成果达到国际先进水平。先后测定了胰岛素及衍生物的三维结构共17个，对胰岛素分子三维结构特征要素、分子运动特征及胰岛素分子与受体结合作用机制等提出一些有价值的见解。20世纪90年代他在一些具有重要生物功能的酶分子以及在藻类捕光系统中藻胆蛋白色素复合物三维结构与功能研究上取得了重要结果。90年代末他积极推动并参与中国结构基因组学研究。此后，他对原核生物和真核生物DNA损伤修复的同源重组修复（HRR）途径中的功能蛋白及其复合物进行结构生物学研究。

梁栋材1986～1995年任国家自然科学基金委员会副主任，曾任第二和第四届中国生物物理学会理事长。著有《X射线晶体学基础》(中、英文版）一书。1982年和1989年获国家自然科学二等奖，1986年和1992年获中科院自然科学二等奖，1987年获中科院自然科学一等奖，1992年获首届王丹萍科学技术奖，1995年获何梁何利基金科技进步奖，2004年获北京市科学技术一等奖。

范海福（1933～　）

1933年8月15日生于广东广州。1956年毕业于北京大学化学系。以后一直在中科院物理所工作。1991年当选为中国科学院学部委员（院士)。2000年当选为第三世界科学院（今发展中国家科学院）院士。

范海福1956年在吴乾章指导下从事X射线衍射的光学模拟研究。1959～1960年主持测定了在中国发现的新矿物香花石和黄河矿的晶体结构。1959年提出在中国建立晶体学的自动化计算技术，倡议由中科院物理所和计算所合作启动中国第一个单晶体结构分析电子计算机程序库的编制工作。1959年提出用单晶体X射线衍射分析方法测定中药有效成分的、原子尺度的三维结构。1961～1964年主持测定了一系列中药有效成分，其中包括在中国发现的新天然氨基酸南瓜子和使君子氨基酸的晶体结构。范海福从20世纪60年代开始研究晶体学中的直接法。X射线晶体结构分析的实验方法在大多数情况下只能记录衍射波的振幅而“丢失”了波的相位。晶体学中的“直接法”是从一组衍射振幅直接导出相位的方法。1965年他提出将直接法与重原子法相结合，还提出用直接法破解单对同晶型置换法或单波长异常衍射法中的相位模糊问题。后者是国际上直接法进入蛋白质晶体结构分析领域的早期探索。20世纪60～80年代初，范海福等针对赝对称性引起的相位模糊问题进行了系统的研究。他们提出了一系列新方法，其中包含国际上第一个不依赖尝试法的、直接求解超结构的方法。70年代后范海福和李方华等合作，在电子显微学中引入直接法，创立了一种新的图像处理方法，可将高分辨电子显微像的分辨率成倍地提高。80年代后范海福等将三维空间的直接法推广到四维或更高维的空间，建立了直接从头求解非公度调制结构的方法。范海福一直致力于在蛋白质晶体学中拓展直接法的应用，使直接法在蛋白质晶体结构分析的相位推演和模型构建中发挥了重要作用。相关的计算程序OASIS已被国内外多个著名的研究单位采用。

范海福先后获得1987年国家自然科学二等奖、1991年中国物理学会叶企孙物理奖、1996年第三世界科学院物理学奖、1998年何梁何利基金科技进步奖，以及2006年陈嘉庚数理科学奖。曾任中国科学技术大学物理系和分析测试中心、中山大学化学系和物理系及北京大学生命科学院兼职教授。1987起任国际晶体学会中国委员会委员。1987～1993年任第十四、第十五届国际晶体学会、晶体学计算委员会委员。

郝柏林（1934～　）

1934年6月26日生于北京。1953～1954年就读于北京俄语专修学校二部，1954～1959年先后在苏联乌克兰哈尔科夫工程经济学院矿山系和国立哈尔科夫大学物理数学系学习，获优秀学士学位。1959年回国分配到中科院物理所理论室(七室)工作。1961～1963年在苏联莫斯科大学物理系和苏联科学院物理问题研究所作研究生。1960年参加创建物理所高分子半导体研究室(十室)；1963年起任物理所助理研究员、七室副主任，1978年破格提升为研究员、任副所长。当年参与创建中国科学院理论物理研究所，并从1979年起任该所研究员、研究室主任，1984～1987年任副所长，1990～1994年任所长。2005年任复旦大学物理系教授和复旦大学理论生命科学研究中心主任。1980年当选为中国科学院学部委员（院士)。1995年当选为第三世界科学院（今发展中国家科学院）院士。

郝柏林从事理论物理、计算物理、非线性科学和理论生命科学等领域的研究工作。1969～1974年他组织天线小型化的计算任务，其成果“套磁介质天线的研究”1978年获中科院重大成果奖。1966～1976年，他潜心研究和求解了一个三维晶格上的具有四元数转移概率的无规行走问题，“三维晶格统计模型的封闭近似解”获1987年中科院科技进步二等奖。1974年他与合作者用骨架图方法计算连续相变临界指数，把主要临界指数计算到4阶，包括与比热有关的指数，证实标度关系成立。1994年他完全解决了多峰映射的周期轨道计数问题。2001～2005年他参与中国籼稻基因组测序计划，与合作者共同完成专门针对水稻基因组的找基因程序BGF。2004年他与学生提出基于全基因组、不用序列联配来阐明细菌亲缘关系和分类系统的组分矢量方法（CVTree）。20世纪90年代获得过多种奖励，如“实用符号动力学”获1992年中科院自然科学一等奖和1993年国家自然科学二等奖，1997年获国防科工委科技进步二等奖。“统一描述平衡和非平衡系统的格林函数理论研究”获1999年中科院自然科学一等奖和2000年国家自然科学二等奖。2000年获美国科学信息研究所颁发的1981～1998年经典引文奖。2001年获何梁何利基金科技进步奖物理学奖。2007年因对《物理改变世界》丛书的贡献获国家科技进步二等奖。

20世纪70年代，郝柏林在物理所对引进计算机和推广计算机在物理研究中的应用起过重要的作用。他在1978年中国物理学会庐山年会期间组织中国第一次统计物理学研讨会，在1986年的第16届和1992年的第18届国际统计物理大会上作邀请报告，1995年担任在厦门举行的第19届国际统计物理大会主席。

张殿琳（1934～　）

1934年11月13日生于陕西三原，祖籍陕西临潼。1956年毕业于西北大学物理系。同年考入北京俄语学院留苏预备部。1957年7月至1958年8月由留苏预备部派往中科院物理所实习，1958年秋季开学返回。1959年暑假改派西北大学物理系任教。1964年考取洪朝生研究生，1967年1月留所，以后一直在物理所工作。2001年当选为中国科学院院士。

张殿琳的科研工作集中在准晶物性、电荷密度波（CDW）性质和相变行为。在二维（D相）准晶的物性方面，发现沿准周期方向电子－声子相互作用的质量增强效应。在D相准晶的隧道谱中发现一系列低能尖峰，有可能显示准晶长程序的能谱效应。发现D相准晶多种输运性质，包括电导、热电势、霍尔系数和热导的强烈各向异性，并且电导和霍尔系数的行为对所测量的几种体系具有普适性，这方面的工作已成为D相准晶物性的原始文献。提出D相准晶费米面和准布里渊区边界存在着强烈的相互作用。发现D相准晶强烈各向异性的电子－声子相互作用。观察到D相准晶电子能谱中多个很小能量尺度的态密度反常峰。成功生长出完全取向（十次对称轴垂直膜面）的D相准晶膜，是当时世界上唯一生长成的这种膜，对深化D相准晶物性的研究具有重要意义。他领导的研究组克服微小样品处理和测量微弱信号方面的重重困难，揭示D相准晶多方面的不同于晶体材料的电子性质，对了解准晶物理问题作出了重要贡献。在电荷密度波方面的研究有：在电荷密度波材料$NbSe_3$中观测到在通过第一相变点时，其电子态密度是连续变化的。在远高于相变点直接观察到赝能隙的存在。用隧道谱跟踪电荷密度波的能隙的形成过程，并用隧道谱研究了磁场对CDW能隙的影响。研究了影响CDW热滞过程的因素。在$K_{0.3}MoO_3$上观察到接近完全锁模的相干峰。仔细研究了蓝青铜的阈值电场。在准晶和CDW物性的研究中发展了一系列新的检测方法，解决了测量的困难：如测量霍尔系数的“相干双交流法”，测量小样品热电势的“载波调制交流法”，测量热导的“温度扫描比较电桥”，测量磁化率微小变化的“高频谐振电桥”，测量非晶硅中Si-H键微小光致变化的“调制红外谱方法”，测量非晶硅可能存在的光致体积变化的“差分膨胀计法”等。

张殿琳主持的“二维准晶强烈各向异性输运性质的发现和研究”1994年获中科院自然科学一等奖，1997年获国家自然科学三等奖。由于对“固体输运性质等研究中的实验技术”的突出贡献，张殿琳1997年获中国物理学会胡刚复奖。他和中科院半导体所合作的氢化非晶硅的工作2000年获中科院自然科学二等奖。

霍裕平（1937～　）

1937年8月16日生于北京，祖籍湖北黄冈。1959年毕业于北京大学物理系。同年到中科院物理所工作。1974年调入中科院合肥等离子体所。1979年应邀赴美国普林斯顿高等研究院工作一年。1982年任中科院合肥等离子体所所长、中科院合肥分院院长兼党委书记。1996年任郑州大学教授。1993年当选为中国科学院院士。

霍裕平长期从事理论物理的研究工作，研究内容涉及凝聚态物理、光学和光信息处理、非平衡态统计理论、高温等离子体物理和受控热核聚变等领域。在国内外主要刊物上发表了多篇有重要影响的论文，并出版专著《非平衡态统计理论》。20世纪60年代初，他与孟宪振合作，发展了强耦合共振系统的理论，解决了稀土离子引起铁氧体铁磁共振诸多特异反常的现象。70年代初，他与杨国桢等合作，将泛函分析方法引入光信息学中，讨论了现代光学设计的基本问题——用全息光学系统实现任意光学变换。1982年他任合肥等离子体所所长期间，领导和组织了大型超导托卡马克的建设与研究工作。1998年起任国家重点基础研究发展计划（973计划）专家顾问组成员，能源领域小组召集人。2003～2007年任国际热核聚变实验堆（ITER）计划中国专家委员会首席科学家，组织和领导了中国参加ITER计划科学和技术方面工作。2007年后至郑州大学任教，组织和领导改革大学基础物理教材工作。

霍裕平1978年获全国科学大会奖，1984年获中科院科技成果二等奖，1986年获中科院科技进步一等奖，1987年获国家“五一”劳动奖章，1989年获“全国先进工作者”称号。2000年获“河南省科技功臣”荣誉称号。曾任中国物理学会常务理事、国家高技术研究发展计划（863计划）能源领域专家委员会委员等。

于渌（1937～　　）

1937年8月22日生于江苏镇江。1961年毕业于苏联国立哈尔科夫大学理论物理专业。同年回国到中科院物理所工作。1979年转入中科院理论物理所。1979～1981年在美国哈佛大学和加州大学圣巴巴拉理论物理研究所作访问学者。1986～2002年受聘于意大利国际理论物理中心(ICTP)，任研究员、凝聚态物理部主任。2002年10月全时回国工作，任中科院交叉学科理论研究中心主任，2006年转物理所工作。1990年当选为第三世界科学院(今发展中国家科学院）院士，1999年当选为中国科学院院士，2005年当选为美国物理学会会士。

于渌主要从事高温超导、强关联电子体系、低维量子系统等方面的研究。在强关联系统理论与超导理论、相变和重正化群、非平衡统计物理方法、低维量子系统理论等多个领域进行了大量的研究工作。在有机导体理论方面有英文专著出版，在相变和统计物理等方面有3种中文著述，发表学术论文近200篇。从理论上预言含顺磁杂质超导体中存在束缚态，推动了磁性杂质对超导体影响的理论与实验研究。参与倡导闭路格林函数研究，给出描述平衡与非平衡统计物理的统一理论框架。提出导电高分子准一维系统中孤子型元激发应满足的拓扑性边界条件。他与郝柏林合作，用骨架图展开方法计算了连续相变临界指数，准确到小参量ε（$\varepsilon=4-d$, d是空间维数）的3阶；与苏肇冰合作，发展黄昆的晶格弛豫理论，研究了准一维导体中局域性元激发的动力学和相关物理效应；用自洽方法研究了空穴在反铁磁背景上的运动；研究了超导涨落并预言电阻在转变温度附近有极大值；用规范场理论研究了高温超导问题；研究了低维量子系统中的新奇量子现象。

于渌1987年获中科院科技进步一等奖，1999年获中科院自然科学一等奖，2000年获国家自然科学二等奖、美国科学信息研究所（ISI）经典引文奖，2007年获国家科技进步二等奖。2007年被授予美国物理联合会(AIP)泰特（Tate）国际物理学领导才能奖。

杨国桢（1938～　　）

1938年3月14日生于湖南湘潭，祖籍江苏无锡。1956年考入北京大学物理系，1962年本科毕业，1965年研究生毕业。1966年开始在中科院物理所工作，历任副研究员、研究员、研究室主任、开放实验室主任、副所长、所长（1985～1999），其中1983年、1984年分别为美国劳伦斯－伯克利国家实验室访问学者、美国哈佛大学应用科学系访问副

教授。1999年当选为中国科学院院士。

杨国桢长期从事理论物理、光学物理和凝聚态物理等领域研究工作。在光学一般性变换、光学系统相位恢复问题、超短脉冲激光谱线超加宽理论、表面和界面非线性光学、激光分子束外延及氧化物薄膜等研究方面，取得开创性的重要研究成果，并在中国成功获得液氮温区氧化物超导研究中作出了重要贡献。还曾组织领导由国家有关部门赋予的相关重大科技项目。发表论文500余篇。获得国家级科技成果奖5项，包括国家自然科学一等奖1项、国家自然科学二等奖2项，其他部省级科技成果奖5项。1988年被授予"国家级有突出贡献中青年专家"称号。2004年获何梁何利基金科技进步奖。1998年当选为美国物理学会会士。2008年当选为英国物理学会名誉会士。

在所长任职期间，杨国桢与领导班子成员一起，积极致力治所理政，以扎实有效的改革措施，全面推动物理所的建设与发展，显著提升了物理所的发展优势和学术地位，并为后续的发展创新奠定了基础和创造了有利条件。

杨国桢曾任国家超导专家委员会第二首席专家兼国家超导中心主任，国家973计划第一、第二届顾问组成员，中科院北京物质科学研究基地管理委员会主任，中科院数理学部主任，中科院学部主席团执行委员会成员，中国科技大学理学院院长，中国物理学会理事长，国际纯粹与应用物理学联合会副主席及量子电子学专业委员会和国际量子电子学专业委员会委员，以及联合国教科文组织物理学顾问委员会委员等。他是第九、第十届全国人大代表。

蔡诗东（1938 ~ 1996）

1938年5月1日生于福建东山。1960年毕业于台湾东海大学物理系。1965年获美国达特茅斯学院物理学硕士学位。1969年获美国普林斯顿大学博士学位。1969 ~ 1973年先后任美国加州大学圣地亚哥分校讲师、马里兰大学助理教授。1973年11月回国，到中科院物理所工作，历任副研究员、研究员、等离子体理论组组长、等离子体学术小组组长、物理所学术委员会委员等职。1995年当选为中国科学院院士。1996年6月20日卒于北京。

蔡诗东在基础和聚变等离子体理论研究，特别是关于具有高能粒子的等离子体磁流体动力学不稳定性方面，作出了杰出贡献。他预言的熵漂移不稳定性、鞘对漂移模的作用都被实验所证实。他建立了热流非对角元与逆磁对流项相消的恒等式（被称为蔡氏等式）；对大幅度波的研究提出了解析与数值模拟混合算法，大大减少了计算量。他用离子温度梯度不稳定性定性解释了普林斯顿托卡马克装置的实验结果，得到离子反常输运与电流的定标关系；推导出弱相对论性普遍色散关系，并建立了漂移等离子体色散函数的解析计算方法。他与合作者将原回旋动力论方程推广到任意频率、任意磁场位形和相对论情形，扩大了适用范围；提出了高能分量粒子致稳的新概念，证明了高能分量粒子对托卡马克等离子体气球模等不稳定性的抑制作用；发现了高能分量粒子会激发一些新型不稳定模，已被实验所证实。

蔡诗东1985年与中国科技大学近代物理系等单位共同创立中国等离子体研究会，并担任主席。后又参与建立亚非等离子体培训协会，担任副主席。他为国内培养出一批等离子体理论研究人才，并推动了亚非发展中国家的等离子体研究。1985年起先后担任复旦大学、福州大学、大连理工大学、华中理工大学等校兼职教授。1987 ~ 1988年任中国高等科技中心特别成员。1991年当选为美国物理学会会士。1992年被授予"国家级有突出贡献中青年专家"称号。他是第七、第八届全国政协委员。

许祖彦（1940 ~　　）

1940年2月25日生于四川邛崃。1963年毕业于中国科技大学技术物理系。同年到中科院物理所工作，从事激光物理与激光技术研究。2008年转入中科院理化技术所工作。2001年当选为中国工程院院士。

许祖彦的主要研究方向为光学非线性过程、可调谐激光、全固态激光研究和应用。指导学生发现光学参量效应相位匹配折返现象的普遍性，并以此科学发现为原理提出专利

设计，合作研制出多波长光参量激光器，首次实现多波长激光宽调谐；首次实现LBO光参量振荡和高效三倍频；首先将BBO光参量振荡效率和功率提高到商业化应用水平；发明光参量激光复合腔调谐技术；合作研制YAG-染料-拉曼移频激光器；率先在国内研究大功率全固态激光器，合作研制出千瓦级基频、100瓦级二倍频、10瓦级三倍频和毫瓦级六倍频器件；发明KBBF晶体棱镜耦合技术，实现1微米激光的六倍频和深紫外宽调谐激光输出，并成功应用于国际第一台深紫外激光角分辨高能量分辨光电子能谱仪，用该仪器首次直接观测到高温超导材料的费米口袋，论文发表在*Nature*上，开拓了研制深紫外波段先进科学仪器的新领域；首先在国内实现激光全色大屏幕投影显示，推动了中国大色域显示技术的发展。

许祖彦先后获得国家发明二等奖、国家科技进步二等奖、中科院发明一等奖、中科院科技进步一等奖等10余项奖项，并获何梁何利基金科技进步奖和求是基金会杰出科技成就集体奖；任国家863计划专家委员会顾问、国家973计划专家委员会顾问、国家重大专项专家组成员、中科院功能晶体与激光技术重点实验室学术委员会主任、中国激光杂志编委、中国科技大学光学与光学工程系主任等；发表论文200余篇，获得专利60余项，其中包括美国、日本发明专利；参与制定国家中长期科技战略规划，执笔撰写了《激光高技术战略研究报告》；参与编写著作两部；培养博士、硕士研究生40余名。

陈立泉（1940～　）

1940年3月29日生于四川南充。1964年毕业于中国科学技术大学物理系。同年到中科院物理所工作，曾任研究组长、晶体学室副主任、固体离子学室副主任，兼任刊物室主任。1976～1978年在德国马普学会固体研究所作访问学者。2001年当选为中国工程院院士。

陈立泉早期从事晶体生长研究，1976年去德国后转攻固体离子学。回国后建立了固体离子学实验室，在中国率先开展锂电池及相关材料研究。从“六五”到“八五”一直主持中科院重点课题“全固态锂电池”的研究，曾负责国家863计划二次锂电池专题，为中国锂电池的研究、开发奠定了基础。在国内首先研制成功锂离子电池。依靠自有技术，以国产设备和国产原材料为主，建成国内第一条锂离子电池中试生产线，解决了锂离子电池规模化生产的科学技术与工程问题，实现了锂离子电池的产业化，为使锂电池从基础研究走向了产业化作出了重要贡献。他曾是物理所高温超导材料研究的负责人和主要研究者。他参加研制出一系列世界领先水平的高温超导材料，首次发现70K超导迹象，研制出液氮温区超导体并首次公布了材料为YBaCuO化合物。在国内率先研制出铋系等氧化物超导体，为中国高温超导材料处于国际先进行列作出了重要贡献。

陈立泉1987年被授予“国家级有突出贡献中青年专家”称号。曾获国家自然科学一等奖、中科院科技进步特等奖和二等奖，2007年获国际电池材料协会终生成就奖。曾任法国科研中心波尔多固体化学所、日本东京工业大学、荷兰代尔夫特理工大学客座教授，清华大学化学系、中南大学化学化工学院、中科院青岛生物能源过程所兼职教授。1987～1995任国际固体离子学会理事。1986～1990年参与创建并任亚洲固体离子学会副主席，创建并相继任中国固体离子学会副理事长、理事长和名誉理事长。2004年起任中国硅酸盐学会副理事长。2004～2010任中国工程院化工冶金和材料学部常委、副主任。

林泉（1940～　）

1940年7月23日生于河南洛阳，祖籍安徽金寨。1957年入北京大学物理系学习。1961年12月加入中国共产党。1963年9月至1967年9月在中科院物理所读研究生，后在物理所磁学研究室从事科研工作。1979～1981年作为洪堡学者在联邦德国进修。1984年1月任物理所副所长，1987年1月至1989年11月任物理所党委书记兼副所长。1989年9月被物理所聘为研究员。1991～1995年任国家科委基础研究与高技术司司长。1995年11月至2001年2月任国家科技部秘书长、党组成员。1998～2004年兼任联合国大学理事会理事。2001年3月起任科技部973计划专家顾问

组副组长。2005年当选为欧亚科学院院士。

林泉在任物理所党委书记期间，配合所长理顺了党群工作和行政工作的关系。他参与对科研、行政工作的决策讨论，尊重所务会的决定。党委通过民主协商和民主生活会、职代会、所务扩大会、所长办公会等使研究所的决策建立在民主基础上，发挥监督保障作用。20世纪80年代，林泉利用中子散射研究了晶体的旋声性，发现一些晶体中左旋声子与右旋声子寿命不相等的现象，以及在一些晶体中部分离子替代可导致晶体在旋声性方面出现类似于磁性晶体中亚铁磁性的结果。文章发表在美国*Phys.Rev.Lett.*上。1986年他开展了对高温超导体中超导电子配对机理的研究。由于当时在*Phys.Rev.Lett.*上已发表了几篇关于高温超导体中氧的同位素效应文章，结论都是高温超导体中存在着同位素效应，即BCS的电－声子相互作用仍是超导电子的配对机制。林泉等铜的同位素实验表明，在当时实验精度范围（±0.2K）内，不存在同位素效应。不同于当时国际学术主流认可存在同位素效应的看法。但其后，几位作者陆续声明是他们的实验有误。李政道、赵忠贤等都认为林泉的研究结果含义深刻，因此物理所把这一研究成果列为申报中科院关于高温超导特等奖中的基础研究工作之一。1988年被授予“国家有突出贡献中青年专家”称号。

林泉在科技部近十年工作中，推动了一些对中国科技发展有一定影响的工作，如推动并确立了香山科学会议制度，推动了将海洋高技术纳入国家高技术研究发展计划（863计划），参与并推动了国家重点基础研究发展计划（973计划）的实施等。

王鼎盛（1940～ ）

1940年10月24日生于四川南川（今属重庆）。1962年毕业于北京大学物理系，1966年中科院物理所研究生毕业后，一直在中科院物理所工作。1987～1990年任表面物理国家重点实验室主任。1979～1981年和1991～1993年两次赴美国西北大学访问。1998～1999年任日本东北大学客座教授。2005年当选为中国科学院院士。

王鼎盛的研究集中在磁性体表面和界面性质的理论、表面吸附和表面电子性质理论、固体电子结构与磁性的理论计算方法、非线性光学晶体物理性质的理论计算等方面。王鼎盛等通过计算在非磁材料上的超薄铁磁膜的物理性质，说明并不存在磁性“死层”，并预言在超薄铁磁薄膜中原子的磁矩可以显著大于在体材料中的磁矩，后为实验所证实。发展了磁晶各向异性的理论计算方法，提出的有效配位作用分析方法被同行采用；发展了磁体中高阶交换作用的计算；发展了从第一性原理出发对表面吸附层的电子结构的计算，比较严格地处理了电荷转移问题和基底的影响，率先实现了从第一性原理出发计算实际晶体的非线性光学性质等。对中国计算物理科学的发展作出了贡献。

王鼎盛1986～1994年任中国国家自然科学基金委员会数理学部第一、第二届主任，1996～2003年任国际纯粹与应用物理学联合会磁学委员会委员，1993～1999年任*Laser Focus World*杂志国际顾问，1984年起任《中国物理快报》责任副主编，1993～2010年任*J.Computer-Aided Material Design*期刊顾问，2008年起任《中国科学：物理，力学，天文学》辑主编。1996年获中科院自然科学二等奖，1998年获中科院科技进步二等奖，2000年获国家科技进步二等奖，2001年获中国物理学会叶企孙物理奖。

赵忠贤（1941～ ）

1941年1月30日生于辽宁新民。1964年毕业于中国科学技术大学技术物理系。同年到中科院物理所工作。1973年12月加入中国共产党。1967～1972年任国防任务研究组业务负责人。1974～1975年在英国剑桥大学等地进修。1979～1984年任超导材料研究室副主任。1984～1986年在美国能源部埃姆斯实验室等地作访问学者。1991～2000年任超导国家重点实验室主任。1987年当选为第三世界科学院（今发展中国家科学院）院士。1991年当选为中国科学院学部委员（院士）。

从1976年起赵忠贤致力于高临界温度超导体的探索研究。1986年9月IBM瑞士苏黎世实验室的J.G.柏诺兹和K.A.缪勒关于BaLaCuO系统中可能存在临界温度

为35K的超导相的文章发表。赵忠贤、陈立泉等最先在国内开展研究。1986年12月研制出超导临界温度分别为48.6K和46.3K的LaSrCuO和BaLaCuO超导体并观察到70K的超导迹象。1987年2月19日研制出液氮温区超导体BaYCuO，出现抗磁性的温度为93K，于2月24日向全世界首先公布了化合物的元素成分。此后与合作者在高温超导材料探索、机理和关键技术方面取得了一批结果。如合成了一些新的铜氧化合物超导体，在单层铜氧化合物单晶中观察到魔数掺杂浓度和相应的本征超导相，提出了123结构铜氧化物超导体量子磁通线应力钉扎模型。2004年与薛其坤等合作发现了量子尺寸效应导致的超导临界温度振荡。2008年带领团队合成了绝大多数临界温度50K以上的铁基超导体并创造了55K临界温度记录。

赵忠贤1987年获第三世界科学院物理奖，1988年获首届陈嘉庚物质科学奖，1990年研究集体获国家自然科学一等奖，1992年获首届王丹萍科学奖，1997年获何梁何利基金会科技进步奖，2002年作为化学所合作者获国家自然科学二等奖，2005年获中科院杰出科技成就集体奖，2009年获求是基金会杰出科技成就集体奖。1998～2000年任中科院数理学部主任，2000～2008年任学部咨询评议委员会主任，1998～2008年任中国科学院学部主席团成员，2001年起连续10年任中国科学技术学会副主席。曾任第十五届中共中央候补委员，第八、第九、第十一届全国政协委员。

邵有余（1941～ ）

1941年3月11日生于湖北武汉。1966年3月加入中国共产党。1966年北京航空学院本科毕业。1967～1968年在国防科委626研究所工作。1968～1970年在济南军区农场接受再教育。1970～1975年在解放军总后勤部2348工程二处工作。1975年8月到中科院物理所工作，历任团委书记、人事处长等职。1986年2月至1989年11月任物理所党委副书记，1989年11月至1999年6月任物理所党委书记，其间1995～1999年兼任副所长。2001年退休。

邵有余任物理所党委书记期间，维护所长负责制，带领党委成员全力配合所长对研究所的改革和管理。他适应国家改革开放新形势，对新体制下的党群工作进行了大胆探索，将其重点转移到以科研为中心的轨道。坚持思想政治工作紧密配合科研工作，将党的工作由过去长期沿用的以集中式大型活动和政治学习为主的方式调整为以针对性、日常性为主和及时进行思想协调的方式，着力营造政通人和的良好科研工作氛围。与所长共同建立了所务会与党委会联席会议制度、职工代表大会制度、所情通报会制度，推进科学决策和民主管理。党政密切配合，有序推进精神文明建设。他为加强基层党支部工作，在所内定期为支部书记组织专题研讨会或讲座、组织支部书记参加中科院思想政治工作研讨会的活动。从1991年开始与中科院大连化学物理所等共同发起“研究所党的工作研讨会”。在协助所长分管人事工作中积极参与和推动人事分配制度改革，承担多项中科院试点任务，为制定有关规范、拟定工资改革方案、建立新型人事制度、促进人员流动和加强队伍建设进行了有效工作。

1992年获“中央国家机关优秀党务工作者”称号，1997年获全国“《半月谈》思想政治工作创新奖”，1997年获“全国重视老龄工作功勋奖”，1998年获“全国优秀工会积极分子”称号，2000年获中科院“双文明建设标兵”称号。

解思深（1942～ ）

1942年2月18日生于山东青岛。1965年毕业于北京大学物理系。同年到宁夏钢铁厂任技术员。1983年在中科院物理所获理学博士学位。1984～1986年在美国科罗拉多大学电机工程与计算机科学系从事博士后研究。回国后一直在中科院物理所工作，历任副研究员、研究员。2003年当选为中国科学院院士。2004年当选为发展中国家科学院院士。

解思深与梁敬魁、李方华、冯国光合作，较早提出YBaCuO超导化合物具有氧缺位的三层钙钛矿型基本单胞沿z轴有序排列的结构。后来又从实验上证实了超导相的超导转变温度随固溶成分而变化。较早合成了BiSrCaCuO体系，并测定了其超导相的结构。1992年以后，他研究了纳米材料的合成、结构、性能和应用。发展了把纳米催化剂颗粒嵌入碳纳米管的模板生长工艺，制备出离散分布的、高密度和高纯度的定向碳纳米管阵列，这在碳纳米管的专著中多次被引用，被评为1998年中国十大基础研究进展之一和1999年中国十大科技新闻之一。首次制备出当时世界上最细的碳纳米管，已接近理论极限，还开展了对碳纳米管生长机理和物理性质及碳纳米管形状的计算研究。通过可选择性地控制生长直线型单壁碳纳米管或碳纳米管环，得到了大量、离散的单壁碳纳米管环。他与国家纳米科学中心孙连峰合作，提出了全新的碳纳米管的物理分离法。此外还在碳纳米管与聚合物的纳米复合材料以及碳纳米管内填充金属和半导体的研究等方面取得了进展。发展了制备大面积碳纳米管无纺布及透明薄膜的方法，制备出宏观尺度的碳纳米管薄膜及纤维，从而为应用基础研究创造了条件。他还首先制备出硅纳米线和高度有序氧化锌纳米棒阵列；提出并制备了碳纳米管薄膜超级电容器、纳米线阻变存储器等。

解思深1989年获国家自然科学一等奖，1991年获国家自然科学三等奖，1991年获国务院学位委员会授予的“作出突出贡献的中国博士学位获得者”称号，1998年获中科院科技进步三等奖，1999年获桥口隆吉基金会材料奖，2000年获何梁何利基金科技进步奖，2000年获美国科学信息研究所1981～1998年经典引文奖，2001年获中科院自然科学一等奖，2002年获国家自然科学二等奖和周培源物理奖。发表论文300余篇，著有《高温超导》《高温超导电性》等著作。

王震西（1942～　）

1942年9月3日生于江苏海门。1964年毕业于中国科学技术大学技术物理系。同年到中科院物理所工作。

1985年任北京三环新材料高技术公司总经理，1999年任北京中科三环高技术股份有限公司董事长兼总裁。1995年当选为中国工程院院士。

王震西长期从事稀土和非晶态材料的磁性研究。20世纪60年代在物理所参与研制成功中国第一代国防用多种微波铁氧体材料和器件，获中科院重大科技成果奖。1973年赴法国格勒诺布尔磁学实验室作访问学者，合作发现了非晶态稀土－过渡金属合金中的磁矩空间有序排列的新型磁结构，将其命名为“磁矩空间有序（散磁性）”，被国际磁学界广泛应用。回国后积极推进中国非晶态材料的研究和应用，负责制订国内第一部非晶态材料的全国发展规划，共同组织发起全国第一届非晶态材料和物理学术讨论会，合作主编了中国第一部非晶态物理学专著《非晶态物理学》。20世纪70年代末期，当国内大多数实验室都致力于开发Sm-Co系第一代、第二代稀土永磁材料时，他及时转向稀土－铁系新一代永磁材料的研究，并率先采用离子注入、真空溅射和快速冷凝技术，独立开展了钕铁硼永磁合金的研究，实验结果和美国通用汽车公司的材料性能相当。1983年在国际上普遍采用高纯钕作为原材料的情况下，他的研究组于1984年5月研制成功“低纯度钕稀土铁硼永磁合金”，性能达到用高纯钕制备的钕铁硼合金的先进水平。1985年他负责组建北京三环新材料高技术公司。采用自主开发的工艺技术，自筹资金，在宁波建立了中国第一条钕铁硼工业生产线。2000年由三环公司发起设立的北京中科三环高技术股份有限公司在深圳证券交易所上市，成为中国稀土磁性材料第一家上市公司。2010年该公司已发展成为全球第二大、国内最大的稀土永磁材料研究、开发、生产企业，同时也是中国高端钕铁硼材料的技术领先者。

王震西1980年获中科院重大科技成果奖，1986年获中科院科技进步一等奖，1988年获国家科技进步一等奖，同年获全国首届科技企业创业奖金奖，1989年被国务院授予“全国先进工作者”称号，1996年获中国材料研究学会成就奖，1999年获教育部科技进步一等奖，2000年获何梁何利基金科技进步奖。曾任中国科协常委、中国物理学会理事、中国稀土学会常务理事、中国材料学会副理事长、欧美同学会副会长。

李家明（1945～　）

1945年11月16日生于云南昆明。1968年毕业于台湾大学工学院电机工程系。1974年获美国芝加哥大学物理系博士学位，其后任该校研究助理。1975～1976年转入匹兹堡大学物理天文系任研究助理。1977～1978年任罗切斯特大学光学研究所资深研究助理。1979年起历任中科院物理所副研究员、研究员。1997年任清华大学物

理系教授、原子分子纳米科学研究中心主任。2004年任清华大学物理系、上海交通大学物理系双聘教授。1991年当选为中国科学院学部委员（院士）。1992年当选为第三世界科学院（今发展中国家科学院）院士。

李家明长期从事原子、分子激发态结构及其动力过程的理论研究，发展了多通道量子亏损理论。应用量子电动力学于高能原子过程，建立了相对论性多通道量子亏损理论，为分析高离化度、高Z原子的激发态能级结构建立了理论基础；建立了超越自洽场的多通道原子理论计算方法和非相对论性多重散射的分子自洽场理论计算方法。他还致力于团簇物理的理论研究。发表论文160余篇，合作出版专著《X射线激光》。

由于李家明在原子分子理论方面作出的贡献，1986年获国际理论物理中心（ICTP）卡斯特勒（Kastler）奖。1990年获中科院自然科学二等奖，被评为中科院有突出贡献的中青年专家。1991年被评为中科院“七五”重大科研任务先进工作者。1992年获中科院自然科学二等奖。1994年被国防科学技术工业委员会评为在863计划科研工作中的先进个人。2001年获中国人民解放军总装备部和国家科技部863计划十五周年先进个人奖。2002年获何梁何利基金科技进步奖。他是第六至第十届全国政协委员，国务院学位委员会物理学科评议组成员，曾任国家863计划416和804专题专家组成员，中国物理学会原子分子物理专业委员会主任，国家973计划项目专家组成员，北京大学、中国科技大学兼职教授。

沈保根（1952～　）

1952年9月1日生于浙江平湖。1971年加入中国共产党。1976年毕业于中国科学技术大学物理系。1977年到中科院物理所工作。历任副研究员、研究员。1986～1988年在德国鲁尔大学作洪堡访问学者。1995年在荷兰阿姆斯特丹大学作访问学者。1999～2001年任中科院物理所党委书记，1999～2003年任物理所学位委员会主任，2000～2006年任磁学国家重点实验室主任。2001～2008年任中科院副秘书长，2001～2006年兼任中科院学部联合办公室主任、院士工作局局长，2001～2008年任中科院学部主席团执委会秘书长。2003～2008年任陈嘉庚科学奖基金会秘书长。2008年起任中科院物理所副所长，2009年起任磁学国家重点实验室主任。

沈保根在任物理所党委书记期间，配合所长抓好领导班子的建设。组织了以增强领导干部的责任感和廉洁自律性为主题的党性党风教育。重新设置了党支部和支部委员会，使研究室支部书记中的科研人员比例占70%以上，基层党支部的工作与科研工作、行政管理和支撑体系的工作更加有效配合。依据物理所人员结构的变化，做好新党员发展，壮大党员队伍，提高了科研骨干、研究生和青年职工中新党员的比例。

沈保根的主要研究工作有：①制备出了具有单一硬磁相磁化行为的低钕快淬钕铁硼永磁新材料，解释了纳米复合永磁材料的磁性耦合机理，发现了室温单轴各向异性的2:17型钐铁镓化合物，成功合成出高温下晶体结构稳定的钐铁镓碳新型稀土永磁材料。②发现了一级相变镧铁硅基大磁热效应材料，室温最大磁熵变超过传统材料稀土钆的2倍，利用中子衍射、穆斯堡尔谱、电子结构计算和磁性测量等手段，研究了镧铁硅基化合物磁热效应的物理机制，证明了巨大磁热效应与晶格负热膨胀和巡游电子变磁转变行为有关，给出了正确表征相分离一级相变体系熵变的方法。③研究了非晶态合金的磁、电性质，解释了铁基非晶态合金中的低温电阻反常现象和非共线磁结构引起的低原子磁矩、低居里温度和大高场磁化率等反常物理现象；合成出多个稀土锰基氧化物新体系，研究了它们的磁性和输运性质。

沈保根是中国电子学会常务理事、应用磁学分会主任，中国物理学会理事、磁学专业委员会主任。发表学术论文360余篇，被他人引用4500余次。1995年获国家杰出青年科学基金，1996年获共青团中央“中国青年科学家奖”提名奖，1997年获香港求是基金会“杰出青年学者奖”，1997年被中国科学院授予“基础研究的攀登者”称号，2005年和2010年分别获北京市科学技术一等奖。

张泽（1953～　）

1953年1月29日生于天津。1980年毕业于吉林大学物理系。1983年、1987年在中科院沈阳金属所先后获得

硕士、博士学位。1987～1997年在中科院北京电子显微镜实验室工作，1990年任研究员，1993年任实验室主任。1997年调入中科院物理所，任研究员、电子显微镜实验室主任。2003～2010年任北京工业大学副校长。2010年3月任浙江大学材料系教授。2001年当选为中国科学院院士。

张泽主要从事用原子层次显微结构分析方法系统研究准晶、低维纳米材料的结构及其性能的关系，并取得了创造性研究成果。在急冷条件下复杂晶体生长及其特殊衍射现象探索中，发现钛－镍－钒五次对称准晶。他将晶体中衍射衬度理论方法引入准晶缺陷研究，在铝－铜－钴十次对称准晶中发现位错。他还系统研究了五次对称准晶位错布氏矢量，为准晶缺陷研究提供了新方法和新理论。在低维纳米材料的显微结构及其物性关系研究中，发现了氮化镓过渡层中的新结构，揭示了缺陷组态对结构稳定性的影响，还发现了弯晶等缺陷对纳米硅线生长的影响，提出了新的生长机理。

张泽1987年获首届吴健雄物理奖，1988年获中国青年科学家奖和北京市科学家奖，1999年获何梁何利基金科技进步奖，并获国家自然科学一等奖等9项国家及部委级奖励。他是第九至第十一届全国政协委员。曾任中国科协党组成员、书记处书记，中国电子显微镜学会理事长，中国分析测试协会副理事长，中国物理学会副理事长，中科院技术科学部常务委员会委员、学部副主任，亚洲晶体学会主席等职务。

王恩哥（1957～ ）

1957年1月24日生于辽宁沈阳，祖籍上海。1982年毕业于辽宁大学物理系，1990年获北京大学物理系博士

学位。1990～1991年为中科院物理所博士后。1991～1995年为法国里尔表面与界面实验室和美国休斯敦大学博士后、副研究员。1995～2009年在中科院物理所任研究员，1997～1999年任表面物理国家重点实验室主任，1999～2007年任物理所所长。2004～2009年任北京凝聚态物理国家实验室（筹）主任。2008～2009年任中科院副秘书长和研究生院常务副院长。2009年后任北京大学物理学院教授。2007年当选为中国科学院院士。2008年当选为发展中国家科学院院士。

王恩哥主要从事表面纳米结构的形成和稳定性机理、输运特性、制备和物理性质等表面物理的前沿研究，在薄膜/纳米结构的表面生长动力学、轻元素化合物的制备与物性、水和物质相互作用等方面做出了许多重要工作。他与合作者共同提出了表面活性剂作用下的反应限制集聚理论，发现了吸附分子导致二维岛对称性转变的规律，以及潜能对原子岛形状演变的控制；探讨了表面纳米结构的稳定性机理；发现并解释了原子向上运动机理；建立了水与固体表面相互作用的双氢键模型；发现了新的二维冰；用CVD方法合成了纳米锥、CN纳米钟、DCN纳米管和C纳米锥，并研究了它们的物理性质。

1999～2007年，王恩哥任物理所所长，以“建成国际一流凝聚态物理研究基地”为目标，带领领导班子协调全所力量，在凝练科研目标、调整科研布局，改进管理体制机制，吸引、培养国际顶尖人才，营造学术氛围、科研环境等方面取得效果，提升了物理所的综合创新能力。

王恩哥1996年获求是基金会杰出青年学者奖，1998年被授予“国家有突出贡献中青年专家”称号，2003年获海外华人物理学会亚洲成就奖，2003年和2008年获北京市科学技术一等奖，2004年获国家自然科学二等奖，2005年获发展中国家科学院物理奖、德国洪堡研究奖和周培源物理奖，2010年获首届“十佳全国优秀科技工作者”称号和何梁何利基金科技进步奖。曾任中国物理学会秘书长。

孙牧（1957～ ）

1957年11月23日生于辽宁沈阳。1978年9月考入哈尔滨工业大学材料科学与工程系，1982年7月获工学学士学位，同年分配至中国人民解放军空军某部任教官。1986年9月考入哈尔滨工业大学研究生院，1989年3月获工学硕士学位。1986年8月5日加入中国共产党。1993年从军队转业至中国农垦总公司东北分公司。1994年9月考入中科院物理所，1997年7月获理学博士学位，同年进入物理所工作。在物理所期间，历任助理研究员、

副研究员、研究员，科技处副处长、处长、所长助理、副所长、党委副书记。2007年7月起任物理所党委书记兼纪委书记。

孙牧担任物理所党委书记期间，主持全所党群工作。认真贯彻落实上级的路线、方针、政策，坚持“围绕中心，服务大局”，重视和加强基层党组织建设，不断改进政治思想工作的方式方法，深入开展党风廉政建设工作，注重从优秀青年科研骨干中发展党员，大力开展创新文化建设，不断挖掘、弘扬和传承物理所的优秀传统文化，努力营造宽松和谐的研究所氛围，组织策划了“中科院物理所成立80周年庆典”及领导编纂《中国科学院物理研究所志》等重要活动。担任副所长期间，分管行政、后勤、财务、资产、离退休、保密、质量管理、监察审计及载人航天工程空间应用系统空间材料分系统等工作，积极推进管理创新和所务公开，在研究所管理的制度化、规范化和科学化方面作出了重要努力。

张杰（1958～　）

1958年1月31日生于山西太原，祖籍河北邢台。1982年和1985年在内蒙古大学物理系先后获学士和硕士学位。1988年在中科院物理所获博士学位。1985年加入中国共产党。1989～1990年在德国马普学会量子光学所从事博士后研究。1991～1998年任英国牛津大学物理系研究员、课题组组长。1999～2004年任中科院物理所研究员、光物理重点实验室主任、副所长。2004～2006年任中科院基础科学局局长。2006年任上海交通大学校长。2003年当选为中国科学院院士。2007年当选为德国科学院院士和亚太物理学会联合会主席。2008年当选为发展中国家科学院院士。他是中国共产党第十七届中央委员会候补委员，上海市第十三届人大代表。

张杰长期从事强场物理、X射线激光和激光核聚变“快点火”等方面的研究工作，在波长14纳米至6纳米的近水窗波段实现了X射线激光的饱和输出，解决了通向水窗的主要物理难题；研究了X射线激光的最佳泵浦脉冲结构，为X射线激光的小型化作出了贡献；对相对论强激光作用下电子在固体表面的高速运动进行了探索，产生了波长最短的固体高次谐波；测量了与快点火激光核聚变相关的“钻洞”速度，并揭示出其中的物理规律；对超热电子的产生和传输机制进行了深入研究，揭示了静电分离势对超热电子的影响，实现了高能超热电子的定向发射和在低密和高密等离子体中的定向传输，揭示了等离子体定标长度和激光偏振对超强激光与等离子体相互作用的影响等。他在物理所领导建立了高功率的“极光”系列激光器系统和强场物理实验室，开展了强场物理方面的理论和实验研究，使该实验室具有一定的国际影响力。担任*Optics Express*等五家国际重要学术刊物的编委、副主编和主编。

张杰曾获中科院先进工作者、中科院优秀共产党员、全国先进工作者等称号。曾获发展中国家科学院物理奖、中科院杰出科技成就奖、国家自然科学二等奖、何梁何利基金科技进步奖、海外华人物理学会“亚洲成就奖”、中国青年科学家奖、求是基金会杰出青年学者奖、国家杰出青年基金、中科院百人计划优秀奖、中科院科技进步奖、国防科工委科技进步奖、中国物理学会饶毓泰物理奖、中国光学学会王大珩光学奖等。曾任国家863计划惯性约束聚变主题专家组成员、中国物理学会学术交流委员会主任、英国物理学会会士、国际纯粹与应用物理学联合会专业委员会委员、联合国经济合作与发展组织理事、亚太物理学会执行委员会委员。被聘为中科院西安光机所瞬态光学与光子技术国家重点实验室学术委员会主任和中科院物理所光物理实验室学术委员会主任。

薛其坤（1963～　）

1963年12月19日生于山东蒙阴。1984年在山东大学光学系激光专业毕业，获理学学士学位。1984～1987年在山东曲阜师范大学物理系任教。1990年获中科院物理所理学硕士学位，1994年获中科院物理所博士学位。1994～2000年在日本东北大学金属材料研究所工作。1998年任中科院物理所研究员、研究组组长，1999年任表面物理国家重点实验室主任。2004～2008年兼任国家纳米科学中心首席科学家。2006年任清华大学教授、物理系副主任，2010年任清华大学理学院院长、物理系主任。2005年当选为中国科学院院士。

薛其坤的研究工作主要涉及利用扫描隧道显微镜、高/低能电子衍射、光学探针以及各种表面分析手段研究各种金属、半导体表面晶体结构和化学性质、异/同质结薄膜外延和低维纳米结构的生长动力学和控制。在化合物半导体GaAs和GaN生长表面的两维晶体结构、光学性质以及相关异质结外延中应力释放问题、InAs/GaAs量子点的形成机理和稳定性、纳米团簇的生长、$C_{60}/C_{84}/C_{70}$在半导体的薄膜生长等方面做过系统的研究。发展完善了Ⅲ－Ⅴ族化合物半导体表面再构的基本规律，开展了半导体硅衬底上金属超薄膜量子尺寸效应的研究，定量建立了金属薄膜体系量子效应和材料性能间内在联系，发现了薄膜热膨胀系数、功函数、超导转变温度等的量子振荡现象，开展了有序纳米结构的自组织生长研究，发明了若干原子尺度精确控制生长技术，解决了异质外延生长纳米有序结构的难题。研制了几套低温生长及原子尺度原位检测装置。

薛其坤1997年获国家杰出青年基金，1998年入选中科院“百人计划”，1999年被评为中科院“十大杰出青年”，2002年获中科院“重大创新贡献团队”奖，2003年获北京市科学技术一等奖，2004年获国家自然科学二等奖和中国青年科技奖，2005年获中科院杰出科技成就集体奖，2006年获何梁何利基金科技进步奖，2010年获发展中国家科学院物理奖。

王玉鹏（1965～　）

1965年3月28日生于山东德州。1984年毕业于山东大学光学系，1994年在中科院物理所获理学博士学位。

曾在德国奥格斯堡大学物理系、拜罗伊特大学物理系及美国斯坦福大学、佛罗里达州立大学等从事访问研究。1996年任中科院低温中心研究员。1999年6月起任中科院物理所研究员、研究组长。2001年起任物理所所长助理、凝聚态理论与材料计算实验室主任，2003年任物理所副所长，2006年任物理所常务副所长，2007年任物理所所长。

王玉鹏对低维量子自旋体系、低维关联电子体系的杂质问题、冷原子多体问题等进行了深入系统的理论研究，从严格解进而建立普适类这一独特入手点在低维多体领域做出了有国际影响的工作。他提出了第一个有明确物理意义的、超出一维的量子严格可解自旋梯子模型，被国际同行称为“王氏模型”，并用于解释一大类梯型化合物中的磁化平台、比热和磁熵等典型实验现象；最早获得了两个关联系统中近藤问题的严格解，预言了铁磁耦合近藤屏蔽和鬼自旋等新的物理现象，建立了杂质附近的量子临界性质的新普适类，被国际同行称为“束缚拉亭格液体普适类”，并用于解释有机导体中的光电导和表面实验现象；构建了求解可积模型的统一理论框架——非对角贝特试探解（Bethe ansatz）方法，解决了数学物理领域40多年的著名难题；提出了“螺旋自旋子”概念，对自旋子这一重要物理概念的理解作出了重要贡献。他提出了受限冷原子体系的多体共振散射理论并提出了第二类一维冷原子体系的严格可解模型，很多国际上研究携带自旋的玻色子凝聚机理的工作都源于该结果；得到了强关联费米子的严格基态，被认为是理解该体系的标志性结果。

王玉鹏2007年开始担任物理所所长，根据研究所面临的形势和所长任期目标，领导制订了《物理研究所综合配套改革试点实施方案》。努力整合物理所的集成优势，构建和谐环境，加强支撑条件建设，完善评价机制，促进原创性研究，使得一批高水平研究成果涌现出来；完善人力资源管理机制，建立精干高效的人才队伍，使物理所综合实力持续增强，国际影响力大幅提升。

王玉鹏1998年获国家杰出青年基金、获香港求是基金会“杰出青年学者奖”，2001年获中科院青年科学家奖，2004年获第八届“茅以升北京青年科技奖”，2005年获第三届全国优秀科技工作者称号、获中国物理学会叶企孙物理奖。任国家重大研究计划量子调控项目首席科学家，*International Journal of Modern Physics* B、*Modern Physics Letters* B 期刊主编，*Journal of Physics* A 编委。

第二节　人物榜

在物理所工作时间不是很长的院士、著名物理学家和曾在物理所工作后在其他单位当选院士的专家见表。

在物理所工作过的部分

姓名	生卒日期	籍贯	在物理所工作的时间	在物理所的研究领域
饶毓泰	1891-12-01～1968-10-16	江西临川	1932～1933年北研院物理所 1937～1947年北研院物理所 （通讯研究员）	光学、光谱学
胡刚复	1892-03-24～1966-02-19	江苏桃源	1928～1931年中研院物理所	X射线谱学
赵忠尧	1902-06-27～1998-05-28	浙江诸暨	1945年任中研院物理所研究员 （半年后被派去美国，1950年回国）	实验核物理
余瑞璜	1906-04-03～1997-05-19	江西宜黄	1950～1952年中科院应用物理所 （兼任研究员）	X射线晶体学和金属物理
蔡金涛	1908-07-01～1996-11-28	江苏南通	1931～1933年中研院物理所	电磁计量
吴健雄	1912-05-31～1997-02-16	江苏太仓	1935～1936年中研院物理所	原子分子物理
葛庭燧	1913-05-03～2000-04-29	山东蓬莱	1950～1952年中科院应用物理所	金属物理及金属内耗
钱三强	1913-10-16～1992-06-28	浙江吴兴	1936～1937年北研院物理所	分子光谱
林兰英	1918-02-07～2003-03-04	福建莆田	1957～1960年中科院应用物理所	半导体材料及物理
颜鸣皋	1920-06-12～2014-12-24	浙江慈溪	1955～1957年中科院应用物理所 （兼任研究员）	金属物理和材料科学
唐有祺	1920-07-11～	江苏南汇 （今属上海浦东新区）	1953～1957年中科院应用物理所 （兼任研究员）	晶体结构分析
陈能宽	1923-05-13～	湖南慈利	1955～1960年中科院应用物理所	金属物理

院士和著名物理学家

当选院士时间及所在单位	主要贡献	其他（任职、获奖等）
1948年在北京大学当选为中央研究院院士 1955年在北京大学当选为中国科学院学部委员（院士）	在观测铷和铯原子光谱线的反斯塔克效应的实验中，观测到这两个元素主线系谱线的分裂和红移	北京大学教授、理学院院长，西南联大物理系主任。全国政协委员、常委
	在X射线谱学研究方面有重要贡献。是中国近代物理学事业的奠基人之一。1918年在南京师范学校创建了中国最早的物理实验室，先后培养了许多著名物理学家	南京高等师范学校和东南大学教授、物理系主任，厦门大学理学院院长，浙江大学文理学院院长，大同大学校长等职 1987年中国物理学会设立胡刚复物理奖，奖励在物理实验技术方面有重要贡献的物理工作者
1948年当选为中央研究院院士 1955年在中科院物理所（原近代物理所）当选为中国科学院学部委员（院士）	中国核物理、加速器和宇宙线研究的奠基人之一。最早观察到正负电子对产生和湮没的现象；主持建成中国第一和第二台静电加速器；先后培养了许多物理学人才	中央大学物理系主任，中科院近代物理所、原子能所和高能物理所副所长，中国科技大学近代物理系主任。全国人大第一和第二届代表，第三至第六届常委。1995年获何梁何利基金科技进步奖
1955年在吉林大学当选为中国科学院学部委员（院士）	提出X射线晶体结构分析的新综合法和固体分子经验电子理论	清华大学教授，吉林大学教授、物理系主任。中国民主同盟中央委员
1980年在第七机械工业部二院当选为中国科学院学部委员（院士） 1985年当选为国际宇航科学院院士	在国内首先研制成功晶体管脉冲多路通话试验样机，对中国电信工程和电磁计量方法研究起到推动作用，为中国航天事业作出了重要贡献	第七机械工业部二院副院长兼第二总体设计部主任，中国电子学会第一、第二届副理事长，中国计量测试学会第一届副理事长。全国人大代表，全国政协委员
1958年在哥伦比亚大学当选为美国科学院院士 1994年当选为中国科学院外籍院士	1957年用β衰变实验证明了在弱相互作用中宇称不守恒	美国哥伦比亚大学教授，1975年任美国物理学会第一位女性会长
1955年在中科院沈阳金属所当选为中国科学院学部委员（院士）	发明了测量金属内耗的装置低频扭摆（葛氏扭摆）和金属晶粒间界内耗峰（葛峰），是金属内耗研究奠基人之一	中科院沈阳金属所研究员、副所长，中科院合肥分院副院长，合肥固体物理所所长、名誉所长
1955年在中科院原子能所当选为中国科学院学部委员（院士）	与何泽慧合作发现铀的三分裂和四分裂现象，组织和领导中国的核武器研制工作	中科院原子能所研究员、所长，中科院计划局局长、副院长，第二机械工业部副部长，中国物理学会副理事长、理事长，中国科协副主席、名誉主席。获“两弹一星”功勋奖章
1980年在中科院半导体所当选为中国科学院学部委员（院士）	研制成功锗、硅元素半导体单晶材料，创制开门式单晶炉。在中国首先开展了空间材料研究（生长砷化镓单晶）	中科院半导体所研究员、材料研究室主任、副所长。全国人大代表、人大常委，中国科协副主席
1991年在航空材料研究所当选为中国科学院学部委员（院士）	主持金属材料疲劳与断裂方面的应用基础研究和应用研究，为飞机安全设计、合理选材提供大量实验数据和理论依据	航空材料研究所研究员、金属物理研究室主任、副所长兼总工程师。获国家发明奖、国家及部委自然科学奖、科技进步奖、航空报国突出贡献奖、航空金奖和何梁何利基金科技进步奖
1980年在北京大学当选为中国科学院学部委员（院士）	组建了中国第一个单晶结构分析研究组，测定了中国第一批单晶结构，为中国晶体学和结构化学的发展做了奠基性的工作。后来他又将研究对象扩展到生物分子、纳米材料等领域	北京大学教授、物理化学研究所所长，国际晶体学联合会第十四届执委会副主席，中国化学会和晶体学会理事长。全国政协第八、第九届常委。获国家自然科学二等奖两次、国家科技发明二等奖一次
1980年在第二机械工业部当选为中国科学院学部委员（院士）	在原子弹、氢弹研制中，领导和组织了爆轰物理、特殊材料冶金、实验核物理等学科的实验与验证	第二机械工业部核武器研究院副院长、科技委主任，核工业部科技委副主任。获国家自然科学一等奖、国家发明二等奖、国家科技进步特等奖、“两弹一星”功勋奖章

续表

姓名	生卒日期	籍贯	在物理所工作的时间	在物理所的研究领域
王启明	1934-07-03～	福建泉州	1956～1960年中科院应用物理所	物理电子学和光电子学
陈式刚	1935-11-28～	浙江温州	1958～1963年中科院物理所	理论物理
周邦新	1935-12-29～	江苏苏州	1956～1960年中科院应用物理所	材料科学
汪承灏	1938-01-10～	江苏南京	1970～1978年中科院物理所	超声学、物理声学
张裕恒	1938-01-29～	江苏宿迁	1961～1971年中科院物理所	低温物理
常文瑞	1940-09-02～	辽宁锦州	1964～1975年中科院物理所	胰岛素的晶体结构分析

当选院士时间及所在单位	主要贡献	其他（任职、获奖等）
1991年在中科院半导体所当选为中国科学院学部委员（院士）	率先在中国研制成功连续发射的室温半导体激光器。研制成功半导体量子阱集成光电子器件	中科院半导体所研究员、所长，集成光电子学国家重点实验室及国家电子工艺研究中心学术委员会主任，中科院研究生院和浙江大学、厦门大学兼职教授
2001年在中国工程物理研究院北京应用物理与计算数学研究所当选为中国科学院院士	在理论物理和核武器理论与设计方面取得多项重要成果，是中国混沌研究的主要开拓者之一	北京应用物理与计算数学所研究员、研究室副主任。获国家科技进步二等奖1项，部委级成果奖多项，出版专著4部
1995年在中国核动力研究设计院当选为中国工程院院士	解决了核工程中有关材料的关键性难题和生产中的质量问题。对锆合金及腐蚀性能进行系统研究，解决了某工程核元件单棒“白点”问题	中国核动力研究设计院研究员、四所所长，上海大学材料研究所所长。获国家科技进步一等奖
2001年在中科院声学所当选为中国科学院院士	建立了压电晶体表面激发的广义格林函数理论，给出了压电晶体表面源产生的衍射场严格分析，得到了声表面波在表面栅阵产生散射场的准确表达。提出压电可调频换能器的结构和压电振动阻尼原理	中科院声学所研究员。获国家级奖4项，中科院重要成果奖6项以及中国物理学会饶毓泰物理奖
2005年在中国科技大学当选为中国科学院院士	在超导电性、巨磁阻效应和低维物性的基础研究方面有多项重要研究成果	中国科技大学教授，中科院强磁场科学中心首席科学家，中科院结构分析开放实验室主任。获中科院自然科学一等奖，国家自然科学二等奖
2005年在中科院生物物理所当选为中国科学院院士	在生物大分子结构与功能研究和光合作用相关（膜）蛋白的结构生物学研究方面取得多项重要研究成果	中科院生物物理所研究员。获国家自然科学二等奖，中科院科技进步一等奖、杰出科技成就奖，北京市科学技术一等奖等多项奖励以及何梁何利基金科技进步奖

第五篇

科技成果与推广、国际交流与合作

物理所是以凝聚态物理的基础研究为主的研究单位，研究课题的选择及其研究成果的先进性和创造性是研究水平高低的重要标准。这种探索性很强、认识未知世界的事业是人类共同的事业，离不开国际同行间频繁的交流与合作，而研究成果的主要表现形式则是研究论文和专著。另外，获得国内外各种重要科学奖励也是研究成果的表现形式之一。

物理所虽然是以开展基础研究为主，但研究中必然产生出一些新材料、新工艺、新技术和新设备等，有些是具有实用价值和应用前景的，因此申请各类专利也成为研究成果的表现形式之一。对某些已经具备应用开发价值的成果，则面临成果转化和产业化的工作。本篇将围绕物理所的科技成果、成果的推广与产业化，以及国际交流与合作三方面分别叙述。

第一章　科技成果

中研院物理所和北研院物理所为中国的物理学发展奠定了基础，培养了人才，为中国早期的物理学发展作出了贡献。当时的研究领域主要为光谱学、光学、电学和无线电、地球物理、放射学和晶体学。在抗日战争时期，北研院物理所开发制造了用于无线电发报机的水晶振荡片，其价格只有进口材料的1/4～1/5，满足了当时战时通信的迫切需求，是中国最早的科技与应用结合的典范。

1950年，在两院物理所合并的基础上成立了中国科学院应用物理研究所。根据国家的发展需求和中科院的要求，应用物理所在这个时期主要以发展固体物理为主，同时担负一定的工业技术研究任务，半导体等学科成为固体物理新的生长点。1958年应用物理研究所更名为物理研究所。这其后的20余年中，物理所取得了许多重要科技成果：研制出中国第一台氢液化器，研制出中国第一批锗高频大功率晶体管，参与研制出中国第一台晶体管计算机（109机），研制出中国第一根硅单晶，在国内首次成功生长出高质量的水晶晶体，研制出中国第一台氦液化器，在国内首次成功合成金刚石，与国内单位合作完成1.8埃猪胰岛素晶体结构测定，研制出中国第一台托卡马克CT-6B装置，研制出中国第一台稀释制冷机，建立中国第一代超导隧道结测试系统等。

1984年，物理所率先进行科技管理体制改革，一手抓基础研究，一手抓应用开发，集中力量承担国家重大科技项目，确定了“将物理所建成具有国际科技水平、规模适中的全国物理学研究中心”的发展目标。1994年3月物理所被列入国家科委基础性研究所改革试点单位。至此物理所已经成为一所以凝聚态物理为主，包括凝聚态物理、光物理、原子分子物理、等离子体物理、理论物理等的多学科综合性的研究机构。在此期间，物理所在各学科领域做出了一批具有特色、高水平的科技成果：

在磁学研究方面，成功制备出了钕铁硼磁体，其性能处于当时世界领先水平，相关成果获1988年国家科技进步一等奖。1985年初，在中科院的支持下，北京三环新材料高技术公司正式组建。到2010年三环公司已经成为全球第二大钕铁硼磁性材料制造商。

在超导研究方面，1987年初成功研制了液氮温区的高温超导体——钇钡铜氧（YBaCuO）超导材料，获1989年国家自然科学一等奖。

在晶体学研究方面，发展直接法进行晶体结构分析，建立了一套系统的实用算法，并将这种算法纳入直接法电子计算机程序系统SAPI。这是当时国际上求解含赝平移对称性晶体结构最有效的直接法程序，相关成果先后获国家自然科学二等奖、第一届陈嘉庚物质科学奖等奖项。

在纳米材料研究方面，成功制备出长达2～3毫米的超长定向碳纳米管列阵，并实现利用常规实验手段测试碳纳米管的物理特性。该研究成果发表在1996年英国《自然》杂志第274卷上。这是首次将碳纳米管的长度提高到毫米量级，引起科技界的广泛关注，相关成果2002年获国家自然科学二等奖。

在仪器设备研制方面，研制成功中国首台具有国际先进水平的激光分子束外延设备，使中国在激光分子束外延领域内成为世界上继日本、美国之后第三个拥有这种新型高精密制膜设备与技术的国家。

1998年，物理所作为首批进入到中科院知识创新工程试点单位，进入了高速发展的新时期，具有重要影响的基础和应用研究成果不断涌现：

成功制备出结构完整、硼和氮含量较高的三元共价硼碳氮（DK7）单壁纳米管。同时发展了一种等离子体低温化学气相沉积技术，制备出各层手性一致、结构完整的多壁碳纳米管。

通过扫描隧道显微镜（STM）同时清晰地分辨出Si（111）-7×7单胞中的所有6个静止原子和12个顶戴原子；在轮烷分子固态薄膜中实现了分子导电性的转变和超高密度信息存储。相关工作两次入选“中国十大科技新闻（进展）”。

研制出一种集聚合物塑料和金属的特点于一身且具有非晶结构的新型材料，将之命名为“金属塑料”。这种材料在很多领域都具有潜在的应用和研究价值。它不仅为深入认识金属玻璃的相变规律以及过冷液体提供了理想的模型材料，而且将聚合物塑料和金属这两类材料有机结合起来，为开发新材料开辟了新途径。

与中科院理化所、成都光电所、长春光机所、光电研究院等单位合作，于2002年在国内首次实现全固态激光全色显示，2006年成功研制出国内首台140英寸大型背投全固态激光彩色投影电视样机。该技术成果已被2008年奥运会比赛场馆中的国家游泳中心（水立方）采用。

成功实现锂离子电池产业化，由物理所控股的苏州星恒电源有限公司是中国领先的高功率车用锂离子电池制造商，在锂电动力自行车领域的市场占有率为中国第一。

成功实现碳化硅产业化，与合作方共同成立国内首家致力于碳化硅晶片研发、生产和销售的公司——北京天科合达蓝光半导体有限公司，在国内首次建立了一条完整的从切割、研磨到化学机械抛光的碳化硅晶片中试生产线。

研制一种新型磁随机存取存储器（MRAM）原理型器件，克服常规MRAM所面临的相对功耗高、存储密度低等瓶颈问题，可以显著地提升研制高性能低成本MRAM产品的可行性，有利于加快国际上

MRAM产品研发及产业化的步伐。

与理化所等单位合作，研制出国际首台真空紫外激光角分辨光电子能谱仪，该系统的设计、装配、调试等全部独立完成，具有自主知识产权，主要技术指标均处于国际领先地位，在该能谱仪上进行的超导物理研究已取得重要进展。

自1997年起，物理所开展了超强飞秒激光装置研制和应用的研究，先后研制成功峰值功率1.4太瓦的“极光”Ⅰ装置、20太瓦的“极光”Ⅱ装置以及大于350太瓦的“极光”Ⅲ装置。利用这些激光装置开展了一系列有重要影响的高能量密度物理实验，并取得重要进展。

物理所成功完成了超高真空低温（变温）强磁场双探头STM与分子束外延联合系统的研发。该系统被用于开展半导体衬底上原位制备的超薄单晶金属薄膜中电荷与自旋输运特性的研究，并已获得研究成果。

第一节　论文

中研院物理所和北研院物理所建立以后，研究人员在国内进行研究的工作成果开始见诸国外刊物。1933年中国物理学会在创办《中国物理学报》后，一些研究成果也在该刊发表。北研院物理所一直是国内最活跃的物理学研究机构之一，发表论文近百篇，为物理学在中国的植根和发展作出了杰出的贡献。

1932年，严济慈与钱临照合作，在压力对照相乳胶感光性能的影响方面展开了研究，在法国《科学院周刊》发表了一篇论文。1934年在钱临照去英国伦敦大学之前，两人在水晶圆柱体在扭力下产生电荷及其电振荡方面的研究成果发表在英国《自然》杂志上。这是中国物理学家在国内的独立研究成果发表在国外刊物上的论文。

据统计，中研院物理所和北研院物理所从建所到1949年共发表200多篇论文。大部分论文以英文、法文、德文发表于欧洲各国和美国的各种学报和学术刊物上，如法国《科学院周刊》、德国《自然科学》、英国《自然》、美国《物理评论》等；一部分论文发表在国内的各类学报上，如《中国物理学报》《国立中央研究院物理研究所集刊》《国立北平研究院物理学研究所丛刊》等。

1950年6月成立了应用物理研究所。施汝为是应用物理所磁学研究组第一任组长，他以国内生产铝镍钴永磁的工厂所希望解决的热处理问题作为先行课题开展研究。那时虽忙于大型设备的安装调试，测量仪器的成龙配套，但他仍然用运来的电磁铁做出了新中国第一篇磁性材料研究论文。

1979年林磊在美国《物理评论快报》上发表了关于液晶的论文。

1996年，美国《科学》杂志上刊登了解思深研究组

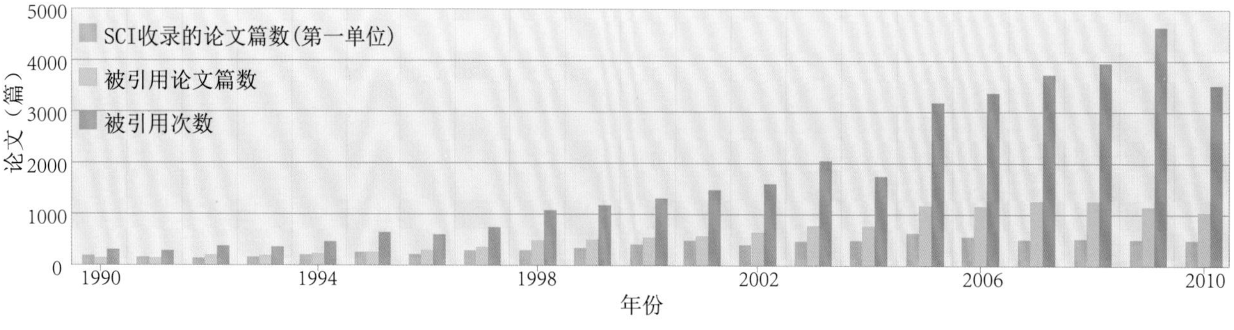

图1　1990～2010年发表的SCI论文数及论文被引用数据

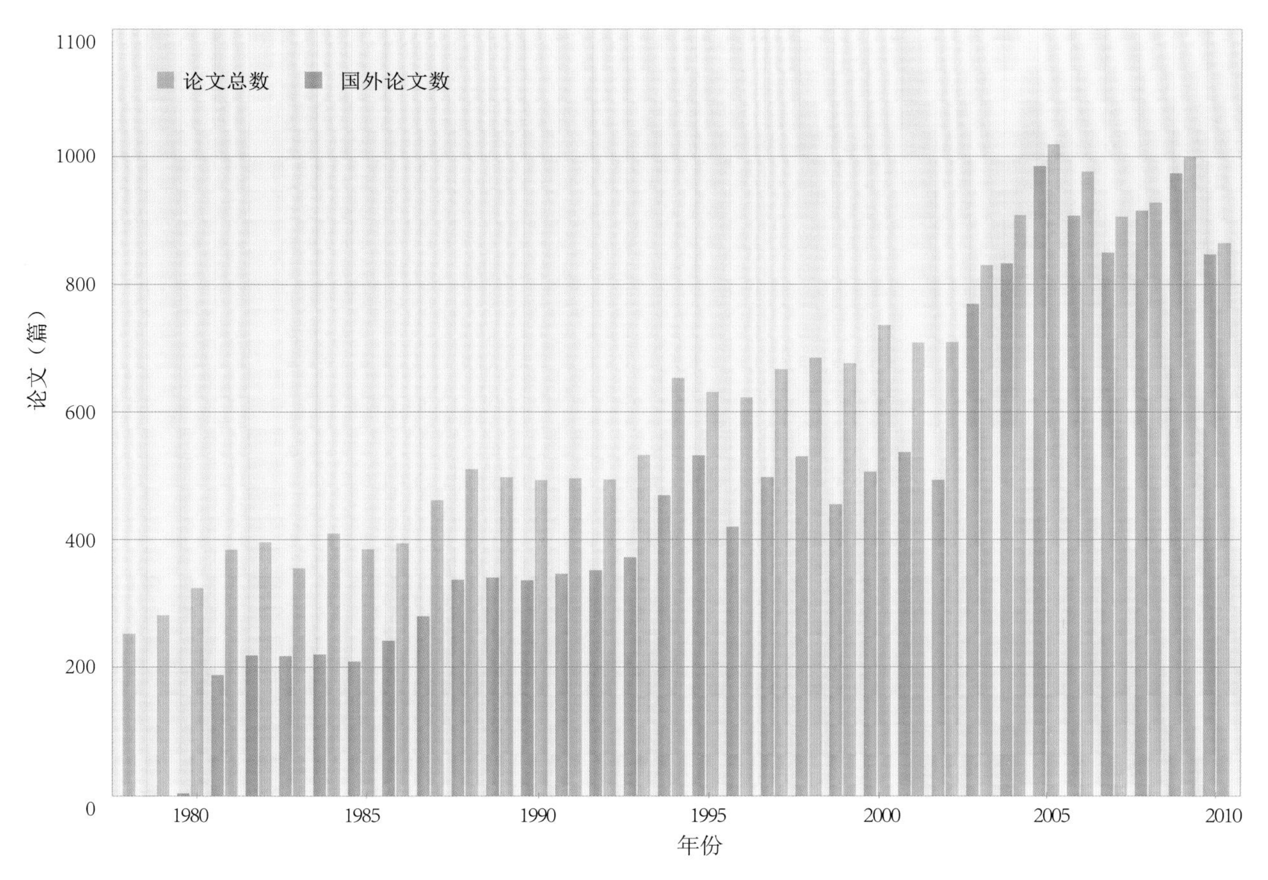

图2 1978～2010年物理所每年发表论文总数以及在国外发表论文的数目

关于大面积、定向碳纳米管列阵制备的新方法的研究文章，国际同行高度评价了这项工作。这标志物理所在定向碳纳米管的制备领域内取得了国际领先的研究成果，被列入1996年国内十大科技新闻。这篇文章的引用达1100多次，是截至2010年物理所引用频次最高的文章。

1999年进入知识创新工程以后，物理所发表研究论文的数量和水平都有明显的提高。图1统计了1990～2010年发表的SCI（Science Citation Index）论文数及被引用论文的篇数和次数，由图可见，进入知识创新工程以前，论文被引用次数均在1000次以下，以后则逐步提高，2010年已接近6000次。图2是自改革开放以来物理所每年发表论文总数及在国外刊物发表论文数目的统计，可明显看出发表论文在数量上的增加，从总数平均100篇增加到800篇以上，而在国外刊物发表的论文数则是从零增加到年均800篇左右。从论文水平上看，物理所在《自然》《科学》《物理评论快报》《美国化学会刊》等高水平期刊上发表论文的年平均数也在迅速增加，2003年以后都保持在年均20篇以上（图3）。因此，物理所论文的收录和被引用数持续位居全国科研机构前列。

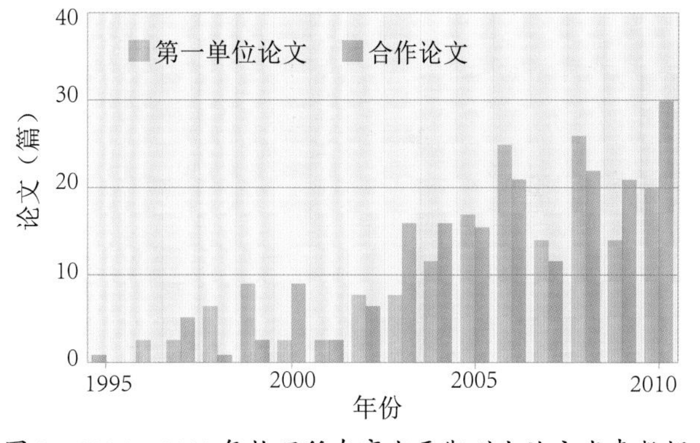

图3 1995～2010年物理所在高水平期刊上论文发表数据

2008年在铁基超导浪潮中，物理所与国内同行关于铁基高温超导的研究工作入选美国《科学》杂志十大科技进展。在全球三大资讯提供商之一的美国汤森路透公司在2009年统计的“2008年世界最受关注的自然科学论文”前20名中，物理所有3篇文章入选，有2篇关于铁基超导的论文被引频次超过500次。

第二节 专著

由物理所科技人员编撰或参与编撰的专著见表1，其中不含译著、科学普及类作品及会议论文集。

表1 物理所职工编撰的专著统计

著作名称	出版社	作者	年份
晶体管电子学	人民邮电出版社	罗无念、成众志	1958
铁氧体物理学	科学出版社	李荫远、李国栋	1962
钇铁石榴石谐振子电调滤波器	科学出版社	中国科学院物理所205组（张鹏翔、沈觉涟、莫育俊等）	1972
超导电材料	科学出版社	中国科学院物理研究所《超导电材料》编写组	1973
非线性光学	科学出版社	李荫远、杨顺华	1974
声阻法检测原理	科学出版社	李明轩	1976
超导电性——第Ⅱ类超导体和弱连接超导体	科学出版社	吴杭生、管惟炎、李宏成	1979
超导电性——物理基础	科学出版社	管惟炎、李宏成、蔡建华、吴杭生	1981
晶体生长	科学出版社	张克从、张乐潓	1981
非晶态物理学	科学出版社	郭贻诚、王震西	1984
磁泡	科学出版社	磁泡编写组（刘英烈、韩宝善、于志弘、李靖元等）	1986
微弱信号检测	中央广播电视大学出版社	陈佳圭	1987
模-数和数-模转换器	电子工业出版社	陆志梁、成宗仁	1988
微弱信号检测——仪器的应用和实践	中央广播电视大学出版社	陈佳圭、金瑾华	1989
相图与相变	中国科技大学出版社	陆学善	1990
磁记录材料	电子工业出版社	都有为、罗河烈	1992
相图与相结构（上、下册）	科学出版社	梁敬魁	1993
高T_c氧化物超导体系的相关系和晶体结构	科学出版社	梁敬魁、车广灿、陈小龙	1994
Physical and Non-Physical Methods of Solving Crystal Structures	Cambridge University Press, London	M.M.Woolfson（沃尔夫森），H.F.Fan（范海福）	1995
Aspects of Modern Magnetism	World Scientific Publishing Co., Singapore	F.C.Pu（蒲富恪），Y.J.Wang（王荫君），C.H.Shang（尚昌和）	1996
光学混沌（非线性科学丛书）	上海科技教育出版社	张洪钧	1997
晶体生长科学与技术	科学出版社	张克从、张乐潓	1997
非线性光学	中国科学技术出版社	叶佩弦	1999
当代磁学	中国科技大学出版社	李国栋	1999
粉末衍射法测定晶体结构（上、下册）	科学出版社	梁敬魁	2003
准晶研究	浙江科学技术出版社	郭可信	2004
新型超导体系相关系和晶体结构	科学出版社	梁敬魁、车广灿、陈小龙	2006
非线性光学物理	北京大学出版社	叶佩弦	2007
薄膜结构X射线表征	科学出版社	麦振洪、李明、李建华、罗光明	2007
铜氧化物高温超导电性实验与理论研究	科学出版社	韩汝珊、闻海虎、向涛	2009
电子晶体学与图像处理	上海科学技术出版社	李方华	2009

第三节　专利

1985～2010年，物理所共获授权专利643项，其中国外专利3项。部分专利技术如《新一代固态全色激光显示》已显现广阔的应用前景；另有部分专利技术已经以技术入股的形式进入产业化，如以锂离子电池专利为核心技术的苏州星恒电源有限公司。《一种二次锂电池》(ZL97112460.4)、《一种具有红、绿、蓝三基色激光彩色显示装置》(ZL200410069055.4）等21项专利已许可公司实施,《一种SiC单晶生长压力自动控制装置》(ZL200310113522.4）等3项专利已经转让给企业。物理所现有控股、参股公司10个，其中以知识产权入股的有7个。

2008年，王庆、李泓、黄学杰、陈立泉的专利《热解硬碳材料及其制备方法和用途》获得欧洲专利局的授权，获得英国、德国专利保护。

2009年，彭子龙、韩秀峰、赵素芬、王伟宁、詹文山的专利《一种基于垂直电流写入的磁随机存取存储器及其控制方法》获得美国专利局（USPTO）授权。

图4是1985～2010年物理所申请专利〔包括《专利合作条约》专利和外国专利〕和获专利授权的数据。

第四节　获奖

经过多年的努力，物理所取得了一系列重大科技成果。以“液氮温区氧化物超导体的发现及研究”“低纯度钕铁硼永磁材料”“定向碳纳米管的制备、结构和物性研究”为代表的一批原创性重要研究成果，获国际、国内奖励共300多项，其中国家自然科学奖16项，国家科技进步奖12项，国家发明奖5项，发展中国家科学院（原第三世界科学院）物理奖4项。表2、表3、表4是其中部分获奖项目的统计。

1978年，物理所共有10个独立完成项目和13个合作完成项目获全国科学大会奖。获奖项目名称如下：

碘酸锂晶体的生长和基础研究

微波吸收材料

六号托卡马克环形受控热核实验装置和试验

光学一般性变换

喷注噪声的研究：①小孔喷注噪声及小孔消声器，②喷注湍流噪声的压力关系

引力规范理论研究

快速磁膜存储器

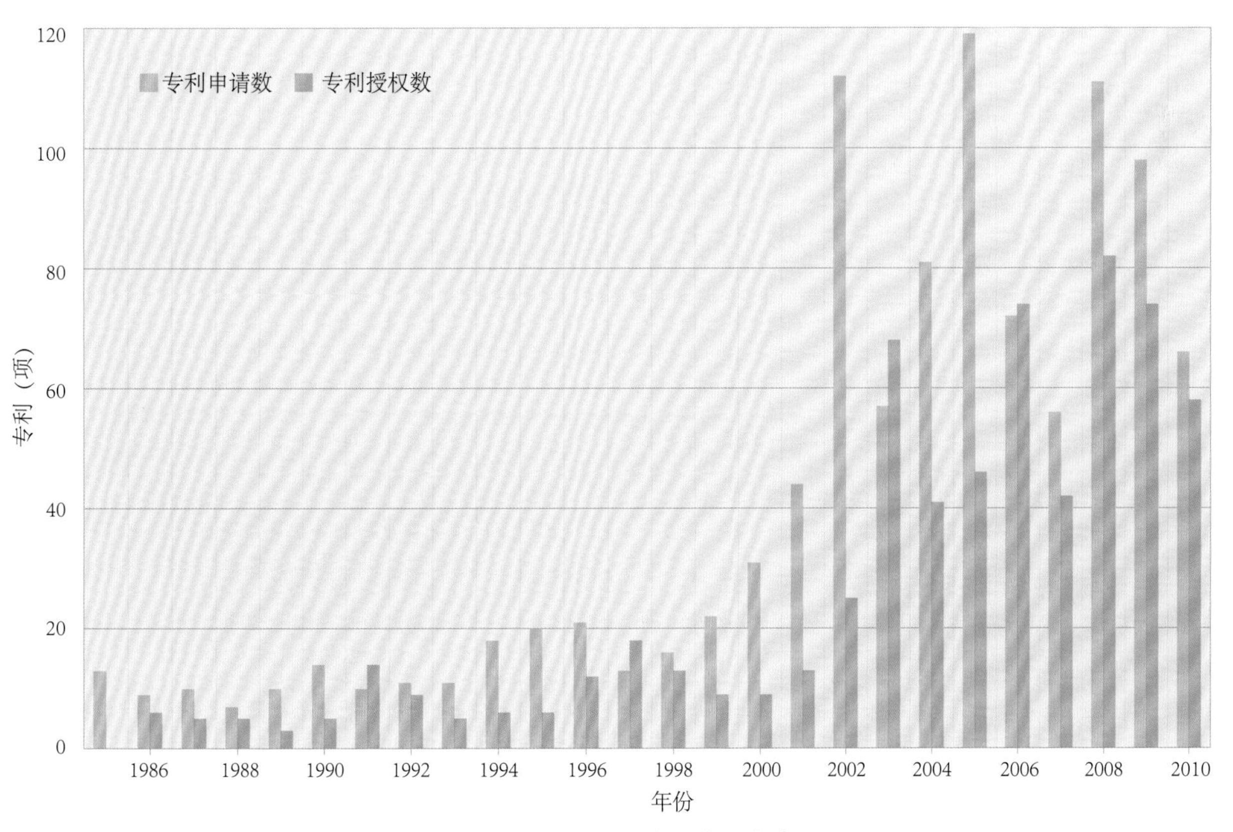

图4　1985～2010年物理所历年的专利申请数和授权数

表2 获国家和北京市科技奖励情况统计表

年份	国家科技奖励											北京市奖励	
	全国科学大会奖	自然科学奖				科技进步奖			技术发明奖			科技奖	
		一等	二等	三等	四等	一等	二等	三等	一等	二等	三等	一等	二等
1978	23												
1979											1		
1980													1
1982			1								1		
1985							1	1					
1987			1	1	1		1				1		
1988						1							
1989		1											
1991				1			1						
1992							1			1			
1993							1						
1994													1
1995				1				1					
1996							1						
1997				1				1					
1998										1			
1999							1	1					
2002			1									1	1
2003			1										
2004			2									1	2
2005			1									1	
2006			1									2	
2007													2
2008			1									1	
2010			1										
小计	23	1	10	4	1	1	7	4	0	2	3	6	7
	23	16				12			5			13	
	56											13	

注：1957年1月，由中科院首次颁发1956年度科学奖金（自然科学部分），直至1982年才再度颁奖，评奖、颁奖工作改由国家科委负责，并改称“国家自然科学奖”。

1978年，全国科学大会召开，对科技成果进行了隆重表彰，标志着科技奖励制度恢复。

1979年，开始颁发国家技术发明奖。1994年停评一年。

1985年，开始颁发国家科技进步奖。1986年、1994年分别停评一年。

自2000年开始，国家自然科学奖、技术发明奖、科技进步奖只设一、二等奖，2003年增设特等奖。

1980年，开始颁发北京市科技奖。

表3　获中国科学院科技奖励情况统计表

年份	优秀奖	科学奖励大会	重大科技成果奖		科技进步奖			自然科学奖			发明奖		杰出科技成就奖
			一等	二等	特等	一等	二等	一等	二等	三等	一等	二等	集体
1965	8												
1978		30											
1980			4	2									
1982				1									
1983			1	2									
1984			1	5									
1985			1	6									
1986						3	4						
1987						1	2						
1988					1		4						
1989						1			2	1			
1990								1	1	1			
1991						1		1	1				
1992						2	2	1	1	1			
1993						1				3			
1994							1	1	2	1			
1995						2			2	2			
1996						1			2				
1997							1	1	1	1	1		
1998						2							
1999							1		1				
2000							1		1				
2001												1	
2005													1
2007													1
小计	8	30	7	16	1	14	16	5	14	10	1	1	2
	8	30	23		31			29			2		2
	125												

注：1978年，中科院召开了科学奖励大会，奖励全院1949～1978年取得的重大科技成果。

1980年，开始颁发“中国科学院重大科技成果奖”。

1986年，“中国科学院重大科技成果奖”改设为“中国科学院科学技术进步奖”。

1989年，中科院将单一的科技进步奖改设为“中国科学院自然科学奖”和“中国科学院科学技术进步奖”。

2004年，中科院取消自然科学奖、科技进步奖和发明奖三大科技奖项，开始颁发“中国科学院杰出科技成就奖”，每两年颁发一次。

表4　获重要个人或集体奖项情况统计表

奖项	获奖者
中国物理学会 胡刚复物理奖	张殿琳（1996－1997） 顾长志（2006－2007） 周兴江（2008－2009）
中国物理学会 饶毓泰物理奖	叶佩弦、傅盘铭（1990－1991） 杨国桢、顾本源（1994－1995） 张　杰（2002－2003） 盛政明（2006－2007）
中国物理学会 叶企孙物理奖	李方华、范海福（1990－1991） 沈保根、成昭华（1996－1997） 王鼎盛（2000－2001） 王玉鹏（2004－2005） 王楠林（2008－2009）
周培源物理奖	解思深（2000－2001） 王恩哥（2004－2005） 汪卫华（2008－2009）
中国光学学会 王大珩光学奖	张　杰（2002）
中国科协求是杰出青年 成果转化奖	黄学杰（2001）
中国青年科技奖	尚昌和（1998）　闻海虎（2002） 高鸿钧（2002）　薛其坤（2004） 成昭华（2006）　徐红星（2010）
陈嘉庚科学奖	赵忠贤（1988）　范海福（2006）
求是杰出青年 学者奖	王恩哥（1996）　沈保根（1997） 王玉鹏（1998）　彭练矛（1998） 张　杰（1999）
求是杰出科技 成就集体奖	许祖彦（2007） 赵忠贤、王楠林、闻海虎、 任治安、陈根富、祝熙宇（2009）
何梁何利基金科学 与技术进步奖	赵忠贤（1997）　范海福（1998） 梁敬魁（1999）　张　泽（1999） 解思深（2000）　陈立泉（2003） 杨国桢（2004）　张　杰（2006） 许祖彦（2006）　李方华（2009）
桥口隆吉基金会材料奖	解思深（1999）
美国物理联合会国际 物理学领导才能奖	于　渌（2007）
海外华人物理 学会亚洲成就奖	王恩哥（2002）　张　杰（2004） 高鸿钧（2008）　闻海虎（2010）
亚太物理学会 联合会杨振宁奖	方　忠（2010）
国际理论物理 中心卡斯特勒奖	李家明（1986）
国际理论物理中心奖	方　忠（2008）
欧莱雅-联合国教科文 组织世界杰出 女科学家成就奖	李方华（2003）
发展中国家科学院 （原第三世界科学院） 物理奖	赵忠贤（1986）　范海福（1996） 王恩哥（2005）　高鸿钧（2009）

（上接389页）

一批小型介质天线的研制及介质天线单元振子的理论计算和实验研究

高压技术和人工合成金刚石

低温技术设备的研制与推广

一号科研任务

胰岛素晶体结构的测定

超导临界温度理论

激光波导纤维通信

强子结构的层子模型

人造金刚石钻探技术

大型微波无反射暗室

在外场作用下中子衍射强度的增强现象

KM3大型空间环境模拟试验设备－15K氦制冷机及氦流程的设计与加工

10升液氦冷藏罐

汽轮螺杆压气机

超导同步发电机

超深井用压电陶瓷换能器YG-1型高温探头

1982～2010年，物理所获国家自然科学、科技进步和技术发明一等奖和二等奖项目共21项。以下是获奖项目简介。

一、猪胰岛素晶体结构的测定

奖励等级：国家自然科学二等奖（1982年）

主要完成单位：物理研究所、生物物理研究所、北京大学化学系和生物系

主要完成者：梁栋材、李鹏飞、林正炯及其研究集体

1965年，中国科学工作者成功合成出具有全部生物活性的结晶牛胰岛素。中科院物理所、生物物理所和北京大学等单位于1969年成立北京胰岛素晶体结构研究组，于1970年9月、1971年1月和1973年分别完成了4埃、2.5埃和1.8埃分辨率的猪胰岛素晶体结构的测定。

胰岛素是一种生物激素，是最小的一类蛋白质。结构测定的目的是确定胰岛素分子各个原子在三维空间的相对位置和相互关系（即确定每个原子的坐标）。大量实验表明，蛋白质的性质（生物活性）不但和它的化学组成（通称一级结构）有关，也和其空间结构（通称三维结构）有着密切的关系。因此，测定胰岛素的晶体结构，可为进一步研究其生物活性的作用机理，探讨其结构和

功能的关系提供重要基础。

胰岛素晶体结构的测定，包括胰岛素单晶体的培养、重原子衍生物的制备、X射线衍射数据的收集和预处理、结构因子相角的求算、电子密度图的分析和解释、结构模型的建立和精修等主要步骤。胰岛素晶体结构测定的成功为中国在生物大分子晶体结构研究方面积累了经验，培养了人才，奠定了继续前进的基础。

二、分子束外延技术的研究

奖励等级：国家科技进步二等奖（1985年）

主要完成单位：物理研究所、半导体研究所、上海冶金研究所、沈阳科学仪器研究制造中心、航天部兰州物理所

主要完成者：孔梅影、李希宁、李爱珍、周均铭、谢琪

分子束外延（MBE）设备是综合性很强的高、精、尖设备，涉及超高真空、精密机械加工、自动控制、电子光学、电子能谱、质谱和弱信号检测等多方面的技术。由于此技术的重要性和高难度，分子束外延设备是国外对中国禁运的物资。为了打破西方对中国分子束外延设备的封锁，1974年和1975年，中科院物理所和半导体所分别提出发展MBE技术。在中科院的组织和领导下，分别与航天部兰州物理所、中科院沈阳科学仪器厂和北京科学仪器厂等单位合作研制成功中国第一代Ⅰ型和Ⅱ型两台不同型号的MBE设备。利用研制的MBE设备，半导体所、物理所1983～1985年先后研制成功高纯MBE GaAs、n-AlGaAs选择掺杂异质结和量子阱结构以及掺硅和铍的n型和p型GaAs、AlGaAs等一系列材料，性能达80年代初国际水平，为中国全面开展“超晶格微结构”这一新兴的前沿研究领域创造了条件。

1986年以后，在Ⅰ型、Ⅱ型设备研制基础上又推出了Ⅲ型和Ⅵ型MBE设备，使设备性能提高到一个新水平。全国已有国产MBE设备近20台，利用它们已研制出Ⅲ－Ⅴ、Ⅱ－Ⅵ、Ⅳ－Ⅵ等多种不同体系新材料和高电子迁移率晶体管（HEMT）、赝配高电子迁移率晶体管（PHEMT）、异质结双极晶体管（HBT）、多量子阱半导体激光器（MQWLD）、量子阱调制器、量子阱光双稳开关、量子阱远红外探测器等一系列新型超晶格微结构器件，低维物理的研究也获得了一批高学术水平的研究成果。

三、直接法处理晶体结构分析中的赝对称性问题

奖励等级：国家自然科学二等奖（1987年）

主要完成单位：物理研究所

主要完成者：范海福、郑启泰、姚家星、千金子、古元新、郑朝德

该工作对X射线单晶体结构分析中的一个困难问题——由赝对称引起的衍射周相不确定性问题进行了系统的研究，阐明了这一问题的成因、表现形式，以及建立了解决这一问题的方法理论，并建立了一套系统的实用的算法。用这套算法进行了比较完整的实例试验，并成功解决了若干个原属未知的含赝对称性晶体结构问题。将上述算法纳入了直接法电子计算机程序系统SAPI（图5）。该程序系统是当时国际上唯一能够自动处理晶体结构中赝对称性问题的程序，已被国外两家分析仪器公司（日本的RIGAKU公司和美国的MSC公司）采用为单晶体结构分析的主程序。

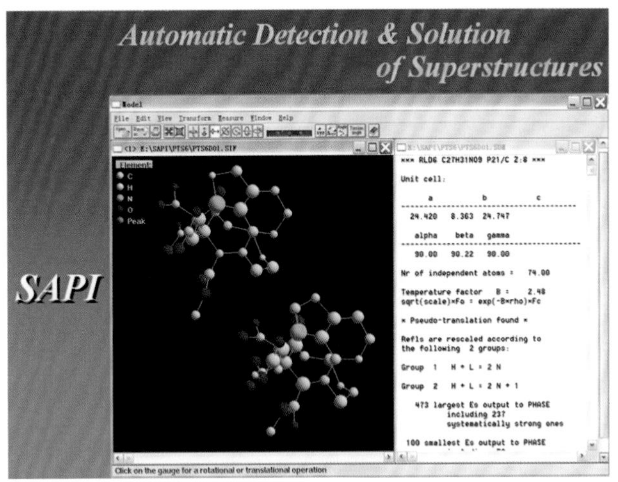

图5　SAPI程序界面。SAPI程序是世界上第一个能够自动检测并求解晶体“超结构”的直接法程序

四、YAG-染料-拉曼移频宽调谐激光系统

奖励等级：国家科技进步二等奖（1987年）

主要完成单位：物理研究所、电子部第11所

主要完成者：邓道群、周寿桓、娄采芸、许祖彦、王蕙茹及其研究集体

YAG-染料-拉曼移频宽调谐激光系统是一种从紫外可见到近红外的窄线宽高功率宽调谐相干光源，它在激光光谱学、非线性光学、材料科学、激光同位素分离、生物遗传工程、激光医学及国防军工等许多领域都有重要的应用。1985年前这种高功率窄线宽的激光系统尚属西方战略控制的高技术设备。物理所在国内首先研制成功这类激光系统，打破了西方的封锁禁运。

该激光系统采用Nd:YAG脉冲激光二、三次谐波泵

浦有机染料，在可见光波段获得可调谐、窄线宽的高功率激光，继而用高气压氢拉曼移频技术将激光输出波段扩展到紫外及近红外。纳秒级Nd:YAG激光器采用衍射极限输出的虚共焦非稳腔作为本振级，其输出功率高、光束质量好，只通过一级放大即获得800毫焦的基频输出。采用Ⅰ类BBO晶体及Ⅱ类KDP晶体作倍频器获得大于330毫焦的倍频光。采用KDP三倍频晶体获得大于140毫焦的三倍频激光输出。可调谐染料激光器采用一级振荡二级放大方式。染料激光振荡器应用国产2400条/毫米全息光栅掠入射调谐、布儒斯特棱镜扩束及偏振匹配技术实现窄线宽运转，并通过步进马达控制正弦机构实现线性波长扫描。此外，还设计了压电微扫描装置以精细扫描输出。采用自发辐射与受激发射的分离技术实现低噪声运转。染料激光器最大输出能量65毫焦/脉冲，线宽0.05～0.03埃。在高压拉曼稳频器的研究中，探讨了气压、器件长度、泵光强度、光场分布等因素，设计了最佳的参数器件，获得了三级斯托克斯及六级反斯托克斯频移输出，从而实现了0.23～1.89微米的调谐激光输出，总体技术水平达到20世纪80年代国际水平。在此基础上又研制了BBO晶体紫外频率扩展系统，使染料激光输出波段扩展到100～200纳米，在不增加Nd:YAG激光器放大级的情况下，采用剩余1.06微米光倍频方式，提高泵源能量，使染料激光器最大输出达到100毫焦。

五、低纯度钕稀土铁硼永磁材料

奖励等级：国家科技进步一等奖（1988年）

主要完成单位：物理研究所、电子学研究所

主要完成者：王震西、曹用景、姚宇良、黄永成、龚伟及其研究集体

物理所和电子学所在多年从事稀土合金及非晶材料的磁性和钐钴类第一、第二代稀土永磁合金的基础研究及制备技术、工艺，调试、分析磁化机制等方面研究的基础上，自1983年底共同研究国际上1983年9月首次宣布的第三代稀土永磁材料，采用粉末冶金工艺，包括合金熔炼、粉碎球磨制粉、磁场取向成型、烧结和磁化等五个部分。在制备过程中，由于掌握合理的配方，严格控制各种工艺条件，从而获得优异的磁性能，当时实验室样品最大磁能积为42兆高·奥以上，达到国际先进水平，在国内处于领先地位。后又对部分工艺做了改进，探索出一条工艺简便，适于国内生产，具有特色的新路子，很快推广到工厂生产。

第三代稀土永磁合金的原料成本主要取决于钕的纯度。国际上当时都采用纯度较高的（95%～99%）金属钕作原料。为降低成本，提高第三代永磁合金的实用价值和经济效益，选用了低纯度钕稀土铁合金（含稀土85%，铁15%，稀土总量中含钕85%～92%）为原料，研制成功低纯度钕稀土铁硼永磁合金。磁性能和其他物理特性均达到了国际上用纯度较高的（95%以上）金属钕研制钕铁硼永磁合金的先进水平。这样低纯度的富钕稀土铁硼永磁合金在国际上是第三代稀土永磁材料研究工作的新进展。两所还进一步革新、完善了具有特色的工艺技术，重复性和一致性都很好，为中试和大规模生产奠定了基础，并找到了一条用国产廉价低纯度钕稀土铁合金取代高纯度钕生产第三代稀土永磁材料的新途径。

低纯度钕稀土铁硼永磁合金价格低、性能好，不仅广泛应用到电子、汽车、电机、仪器、仪表、化工等工业部门，而且能够开辟新的应用领域，对中国永磁材料的更新换代和赶超世界先进水平，具有重大意义。

两所在1984年和宁波磁性材料厂合作筹建全国第一条钕铁硼生产线。次年开始批量生产。

六、液氮温区氧化物超导体的发现

奖励等级：国家自然科学一等奖（1989年）

主要完成单位：物理研究所

主要完成者：赵忠贤、杨国桢、陈立泉、杨乾声、黄玉珍及其研究集体

该项研究在探索高临界温度氧化物超导体的研究中作出了突出贡献，特别是液氮温区氧化物超导体的发现对超导性的科学理解提供新的依据，并为超导技术发展展示了广阔前景。

研究工作与国内外的综合比较如下：

1. 1986年9月瑞士J.G.柏诺兹和K.A.缪勒发表了关于LaBaCuO系统中可能存在转变温度为35K的超导相的文章，10月测出抗磁效应，证实这种氧化物系统的超导性。不久日本田中昭二（Tanaka Shoji）等重复了他们的结果，同时又得到SrLaCuO超导体。赵忠贤等在1986年9月开始研究，12月制出起始转变温度为48.6K和46.3K的SrLaCuO和LaBaCuO超导体，当时世界上只有少数几个实验室做出这两种超导材料。SrLaCuO起始转变温度

48.6K是当时世界最高纪录，在这类氧化物中还发现70K超导迹象，这一结果引起全世界极大关注。

2. 1987年2月初美国吴茂昆和朱经武等发现90K附近超导氧化物，但未公布任何成分信息。赵忠贤等在1987年2月19日独立研制出YBaCuO液氮温区超导体，抗磁出现温度93K，并于2月24日向全世界首先公布元素成分，这一发现已为世界各国承认。接着与国外同时独立用多种稀土元素替代获得十几种液氮温区超导体，最早的一批结果在1987年3月27日发表。

3. 在液氮温区氧化物超导体发现后，物理所科技人员对其特征进行了详细研究，获得了一批重要的研究结果。在世界上最早用持续电流方法确定YBaCuO超导态电阻率上限2×10^{-8}欧·厘米，首先确定123相YBaCuO在实验误差±0.2K范围内无铜的同位素效应。与国外同时用霍尔效应确定YBaCuO超导体载流子为空穴型；用点接触隧道证明YBaCuO超导体存在能隙。确定了通常工艺制备的YBaCuO晶粒超导电性存在壳层构；烧结材料存在合作弱连行为；证明在微波中YBaCuO的约瑟夫森结感应台阶高度服从贝塞尔函数，与通常超导体相同；与国外同时确定YBaCuO超导相的结构为正交（123）结构；用半满哈伯特模型得出在某些参数范围反铁磁－超导共存对系统能量有利。这些结果均属国际先进水平。

七、光折变材料钛酸钡单晶

奖励等级：国家科技进步二等奖（1991年）

主要完成单位：物理研究所

主要完成者：吴星、朱镛、姜彦岛、张治国、杨华光及其研究集体

光折变材料指光致折射率变化的材料。在这类材料中，入射的光子引起电荷迁移，形成空间电场，该电场通过电光效应改变了材料的折射率。因此，光折变材料的必要条件是能吸收光子、有可移动的荷电载流子并有非零的电光系数。

晶体的光折变效应具有重要应用价值，最受关注的是钛酸钡（$BaTiO_3$）单晶，它具有优异的光折变性能，具有高的自泵浦相位共轭反射率和二波混频（光放大）效率，在光信息存储方面有巨大的潜在应用前景；同时它也是重要的衬底基片材料。利用钛酸钡晶体可制作二波耦合光放大器等光学器件，且它又是光学基础研究中四波混频的理想研究对象。

但多年来国际上公认它是难以生长的晶体，不能使用一般的熔体凝固结晶的生长方法，而必须使用熔盐法生长。钛酸钡的导热率小，降温过程中又有晶型相变，因此晶体生长困难。1985年，吴星等人提出生长钛酸钡单晶的新想法，1986年物理所有关钛酸钡单晶生长及光折变性能的研究被纳入了国家首批863计划。吴星研究组由于有较好的熔体生长基础，能对相变、孪生、多畴等问题作应对处理。他们自己设计并加工了多套适合用于钛酸钡单晶生长的熔盐提拉法生长设备，1986年稳定生长出大尺寸的钛酸钡单晶，于1988年12月6日在北京通过鉴定。物理所即时组织了晶体学室与光学室相关研究组，在钛酸钡单晶性质和光学器件方面进行攻关研究，用此钛酸钡单晶使二波耦合放大率达20 000倍以上，自泵浦相位共轭反射率大于60%，达到当时国际最高水平。并提出“背向散射加四波混频机制”及相应的完整理论。还观察到两束互不相干入射光各自的相位共轭反射光，提出两作用区四波混频自振荡解释模型等。

物理所还扩大了生长钛酸钡单晶的能力，小批量制备出钛酸钡光折变晶体元件，销售到世界各地实验室作为研究样品。

八、聚偏氟乙烯薄膜激光辐射探测器

奖励等级：国家技术发明二等奖（1992年）

主要完成单位：物理研究所

主要完成者：王树铎、范良藻

激光科学技术的发展，对激光强度测量仪器特别是探测器，提出了许多新的技术要求。该发明是一种具有宽的光谱响应，能直接承受较高的功率密度，具有大敏感面积和腔型结构，可用于测量脉冲激光能量，并发展到能测等离子体辐射、微波和X射线的热释电型辐射探测器。

1969～1970年问世的聚偏氟乙烯（PVDF）压电薄膜，已被发现有热电性能，但因其居里温度只有102℃，无法直接承受激光辐射。该发明首先将原只能用于弱红外探测的PVDF薄膜探测器发展到可用于直接测量激光，并使其在敏感面积、形状、可承受的功率密度和光谱响应范围等主要技术性能方面，超过了原有昂贵的铁电晶体和陶瓷等材料制作的激光探测器。

该发明用超薄（50～100微米）石墨吸收体取代原有探测器用的黑色涂层，使探测器既具有面效应器件灵

敏度高的优点，又具有体效应器件耐强辐射的性能。使激光探测器可承受的峰值功率密度从1兆瓦/厘米²提高到100兆瓦/厘米²，是美国Laser Precision Co.产品RJP−735探测器的100倍。光谱响应范围0.19～2.5微米。

该发明采用热解、定向沉积的方法研制了薄膜腔型吸收体，首次实现了腔型热释电探测器。吸收体质量仅0.6～0.8克，是传统“碳斗”的1%。而锥腔型热释电探测器的灵敏度和响应速度均比量热型“碳斗”提高了1000倍。

该发明进一步开发了等离子体辐射、微波辐射和X射线的脉冲辐射能量计，并实现了建立功能材料基础上的PVDF多功能传感器。

该发明开发了IP−500系列激光探测器产品。除在国内推广使用，满足科研、生产激光测量的需求外，还批量出口到美国。

九、溅射法制备Y(Gd)BaCuO高温超导薄膜工艺、膜的结构及超导性能研究

奖励等级：国家科技进步二等奖（1992年）

主要完成单位：物理研究所

主要完成者：李林、李宏成、赵柏儒、王瑞兰、张鹰子及其研究集体

Y(Gd)BaCuO高温超导薄膜是铜氧化物高温超导基础研究和研制超导电子器件的关键材料。1987年3月首次在国内用磁控溅射法制出$YBa_2Cu_3O_{7-\delta}$薄膜，超导转变温度达89.5K（图6），1988年底率先在国内将其临界电流密度达到$J_c \geq 1.34\times10^6$安/厘米²（77K下）。1989年采用磁控溅射原位法研制出高质量c轴取向的$Y(Gd)Ba_2Cu_2O_{7-\delta}$薄膜，$T_c \geq 93K$，向国内外有关单位提供了进行电子器件研制和基础研究用的薄膜。该成果获得两项国家专利，发表文章60余篇。

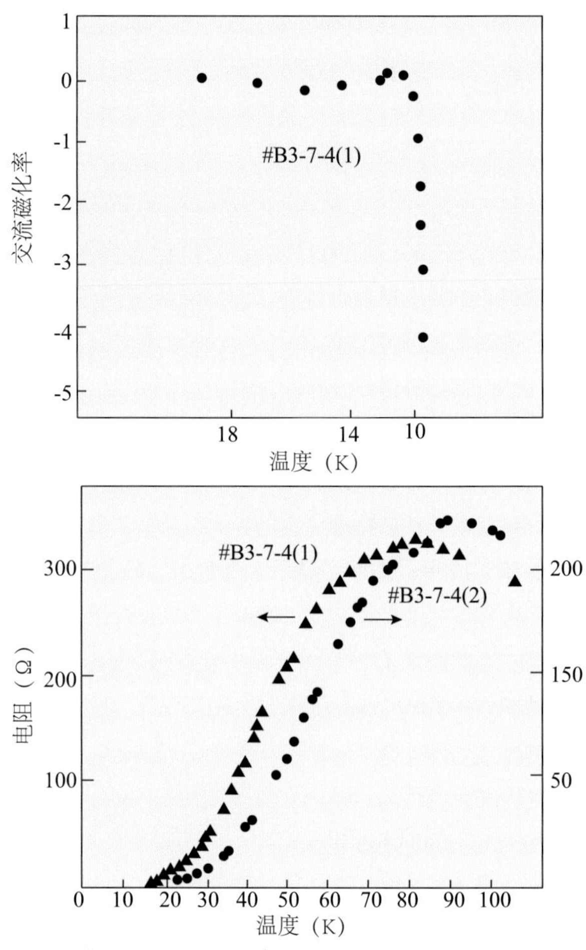

图6　第一个BaYCuO薄膜电阻和交流磁化率转变测量结果（发表在《中国物理快报》1987年第4卷第6期286～288页）

十、多功能、智能化激光功率/能量测量仪器

奖励等级：国家科技进步二等奖（1993年）

主要完成单位：物理研究所

主要完成者：王树铎、刘丹、于光伟、丁新生、丁维华及其研究集体

激光功率、能量测量仪器是激光技术研究、发展和应用中必不可少的测量仪器。面对激光科学技术发展对测量仪器提出的不断更新的要求，热释电型探测器和配套智能化的测量结果指示计代表了当时世界激光测量仪器的发展趋势。1975年美国以RJ−7000系列命名的激光能量计当时居世界领先地位，中国曾大量进口。但其探测器峰值功率破坏阈值仅1兆瓦/厘米²，只适用于弱激光的测量。“多功能、智能化激光功率/能量测量仪器”主要技术性能指标不仅达到，而且超过RJ−7200型辐射计，价格仅是进口仪器的1/4。以R938型为代表的多功能、智能化激光能量计和LP、LE、LPE型系列化的激光功率/能量计的开发生产，已能满足现有全部200瓦/200焦以下各种激光的连续平均功率和脉冲能量的测量，不仅替代了进口产品，满足了国内激光研究、开发和应用中强度测量的需要，而且实现了对美国、日本和德国的出口。

在探测器的研究方面，该项目研制了包括量热型和热释电型两种类型共11个品种型号的宽光谱响应探测器（包括两项中国专利和一项美国专利）。由于在吸收体材料及结构设计、新型功能材料（PVDF薄膜）的应用和

专用敏感元件（超微型热电偶）制作等方面设计和工艺上的创新，取得了把脉冲激光破坏阈值提高100～300倍（100兆瓦/厘米^{2}以上）；灵敏度和响应速度提高（大于10毫伏/毫焦，小于2毫秒），最高分辨率达到1微焦/微瓦的性能指标。激光功率/能量计产品系列的开发，满足了当时所有200瓦/200焦以下激光强度测量的要求。使用者超过220个单位，并有少量仪器整机全套出口到美国、日本、德国等国家。

十一、$Ce:BaTiO_3$单晶生长及物理性质

奖励等级：国家科技进步二等奖（1996年）

主要完成单位：物理研究所

主要完成者：朱墉、吴星、惠梦君、杨昌喜、王昌庆及其研究集体

钛酸钡单晶具有很好的光折变性能，尤其是用钛酸钡单晶制作的相位共轭反射镜的性能良好，但仍然有相当多的不足，达不到实用器件的要求，严重制约了光折变器件的实际应用。

1990年，物理所在对钛酸钡单晶深入研究的基础上，通过掺入某些过渡族元素或稀土元素离子，以改善钛酸钡晶体光折变性能作了大量的研究工作。1992年发现一种性能特别优良的光折变晶体$Ce:BaTiO_3$，随即被认为是在可见光波段已知性能最好的光折变材料，受到国内外专家的好评和赞誉，被认为是在光折变材料研究方面取得的一项重要突破。

掺铈钛酸钡晶体问世之后一直为世界上很多从事光折变研究的实验室青睐，由于晶体生长十分困难，价格十分昂贵，当时每年向国外出口。

十二、多波长光参量激光器

奖励等级：国家技术发明二等奖（1998年）

主要完成单位：物理研究所、福建物质结构研究所

主要完成者：许祖彦、吴柏昌、刘翔、陈创天、邓道群及其研究集体

在863计划的课题任务中，物理所开发了BBO/LBO晶体多波长光参量激光器，研制成实用化演示样机。达到主要技术指标为：输出波长数4～6；连续调谐（不更换任何元件）范围0.64～2.6微米；输出峰功率大于10兆瓦；能量转换效率23%；激光脉宽30皮秒；全波段扫描约为5分钟，人机对话自控操作。是应用新现象、新原理开发成功的新器件。

多波长光参量激光器主要有以下4项创新点：①发现LBO晶体激光倍频时，其相位匹配存在折返现象；②出现相位匹配折返现象有普遍性，即所有非线性光学晶体，无论是混频和光参量效应，无论采用何种匹配方式，均存在相位匹配折返现象；③首次在实验上观察到角调谐LBO晶体光参量放大器在相位匹配折返区同时输出4～6个波长激光；④首先研制成宽调谐多波长光参量激光器，与世界上其他品种的多波长激光器相比，具有调谐范围最宽、输出功率最高、皮秒脉冲运转等特色。已开发出704OPA型3个型号的多波长光参量激光器产品，可使用BBO、LBO等多种非线性光学晶体，采用多种波长激光泵浦，可产生多波长宽调谐输出。这一成果是材料、器件长期结合研究开发的结果。多波长参量激光器已提供国内外使用，产生了一定的社会经济效益。

十三、微重力条件下钯系合金的凝固

奖励等级：国家科技进步二等奖（1999年）

主要完成单位：物理研究所

主要完成者：王文魁、孙力玲、刘日平、秦志成、白海洋及其研究集体

在空间使用助熔剂技术研究合金的凝固过程在国际上是首次，空间环境提供微重力条件可克服浮力对流对凝固的影响，助熔剂可抑制表面张力驱动对流和器壁形核的不利作用，降低非均匀成核率。采用合理的研究对象可以最终获得真正由纯扩散控制的合金凝固过程。物理所在这方面的研究工作比国外利用同类实验方法（德国科学家利用美国航天飞机进行的D2飞行任务）的研究工作早5年。空间实验机会难得、费用昂贵，在大量地基实验基础上，研究者解决了真空封装、测量、助熔剂与样品和器壁反应等关键技术，成功在卫星搭载实验中使用助熔剂技术，实现了纯扩散控制的合金凝固过程。首次定量评估了浮力对流对合金固/液界面前沿溶质原子传输能力的贡献，给出相同过冷度条件下，自然对流引起的物质传输系数与微重力条件下近纯扩散物质传输系数的定量关系，取得了微重力条件下合金凝固实验的突破性研究成果。为中国下一步利用飞船和未来空间站开展合金凝固研究奠定了坚实基础，并对于正确认识并合理利用空间资源作出了重要贡献。

十四、定向碳纳米管的制备、结构和物性的研究

奖励等级：国家自然科学二等奖（2002年）

主要完成单位：物理研究所

主要完成者：解思深、李文治、潘正伟、孙连峰、周维亚及其研究集体

在碳纳米管的生长机理及碳纳米管的取向、直径和结构的控制生长方面，物理所做出了开创性工作。1996年发明了定向生长碳纳米管的模板方法，制备出离散分布、高密度和高纯度的定向碳纳米管阵列，解决了碳管的混乱取向和相互纠缠的问题。1998年制备出长度为2～3毫米多层碳纳米管阵列，比当时已有碳纳米管的长度提高了一二个数量级，使得可用常规方法研究碳管的性质。首次研究了长碳纳米管束的热学、力学、光学等性质，开口碳纳米管阵列的电子场发射研究取得先进指标。2000年制备出最细内径为0.5纳米的碳纳米管，与理论极限仅差0.1纳米；指出通过制备最细碳纳米管可能实现其结构的控制生长。据科技部科技信息研究所统计，《定向生长碳纳米管》的论文被评为1998年全国单篇引用数第四名和1999年、2000年、2001年全国单篇引用数第一；还被美国科学信息研究所评为1981～1998年最有影响力的文章之一，获经典引文奖。该项目系列研究工作分别被评为1998年和2000年“中国基础科学研究十大新闻”、1999年“中国十大基础研究进展”之一。

十五、求解光学逆问题的一种新方法及其在衍射光学中应用

奖励等级：国家自然科学二等奖（2003年）

主要完成单位：物理研究所

主要完成者：杨国桢、顾本源、董碧珍、汪力

该研究成果提出了可适用于处理广泛存在的一般的非幺正变换系统的新方法（包括理论和算法）。主要成果有：

1.首次提出了一般线性变换（不局限于傅里叶变换）系统中的振幅和相位恢复的新方法（YG算法）。包括：提出逆问题可分为三类，即纯相位型、纯振幅型、振幅相位混合型的重构问题；推导出重构信息场，求解丢失的相位或振幅信息的完整方程组，并给出求解它们的有效实用迭代算法；处理和解决了多种变换系统中的振幅－相位重构问题。数值研究结果表明，新方法得到的结果明显优于德国科学家提出的一种实际算法（GS算法）。

2.新方法还创造性地应用于一般光学系统中各种衍射光学元件的设计中，实现设计和制作集多种光学功能于一体的衍射相位元件，包括空间横向坐标（x,y）、空间纵向（轴向）坐标（z）、多波长（λ）以及两种偏振态（P）的调制，同时还实现各种单参数、双参数及三参数型的调制，部分结果已为实验所验证，从而开辟了衍射相位元件设计的新途径（图7）。

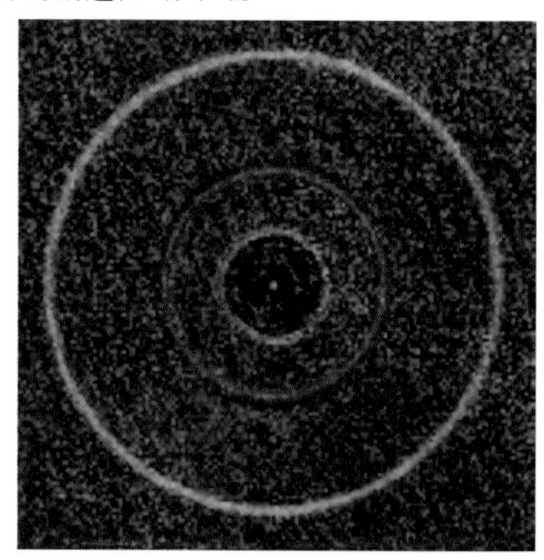

图7　具有多波长分波传输和分别会聚功能的衍射光学元件，使入射多色平面波出射出彩色三环图形

该研究结果已在国内外重要学术刊物上发表论文20余篇，被他人引用100多次，得到同行的高度重视和广泛好评，YG算法已被编入专著并应用于衍射光学元件等方面的设计。

十六、原子尺度的薄膜/纳米结构生长动力学：理论和实验

奖励等级：国家自然科学二等奖（2004年）

主要完成单位：物理研究所

主要完成者：王恩哥、薛其坤、贾金锋、刘邦贵、张青哲

该项目含以下成果：

1.提出反应限制集聚理论（RLA），发现在表面活性剂作用下存在一个新的壳层屏蔽效应，从而导致反常的原子集聚过程。该理论已成为研究薄膜/纳米结构生长的两个基本理论之一。

2.证明原子的边－角扩散是决定量子点形状的关键过程，圆满解答了表面物理实验上争论了近十年的形状变化问题，并提出了控制纳米结构形成的新方法。

3.建立扩散通道决定不同退化过程的物理模型，发现了制约原子岛稳定性的微观机理，为纳米结构的器件应用奠定了基础。

4.发现一种“幻数团簇－纳米模板”的控制生长方法，首次制备出全同纳米团簇周期点阵——一种新的二维人造晶格。利用该方法可以在2～3英寸基板上实现大面积生长，面密度高达10^{13}个/厘米^2。已在多种金属及其合金上实现。

该项目先后发表SCI论文30余篇（包括*Phys. Rev. Lett.* 6篇）。应邀在美国物理学会、美国材料学会和国际材料联合会年会等重要国际大型会议上作特邀报告32次。20篇代表性论文被引用230次。*Nature*三次分别以“就是这样”“克隆纳米团簇”和“薄膜的攀岩者”，*Science*以“在硅上整齐播种”，美国物理学会*Phys. Rev. Focus*以“纳米团簇的梦幻”，《美国材料学会通报》以“Al纳米团簇有序阵列”为题先后进行了报道。英国和美国的媒体也对该研究成果给予了高度评价。

十七、高温超导体磁通动力学研究

奖励等级：国家自然科学二等奖（2004年）

主要完成单位：物理研究所

主要完成者：闻海虎、李世亮、杨万里

高温超导体自从1986年底被发现后，有关它的物理和应用的研究都获得了很大的发展。磁通动力学领域是高温超导科学的一个重要领域，因为它不仅涉及超导态性质和复杂系统相变的一些重要科学问题，同时对强电应用具有重要指导意义。该项目对高温超导体磁通动力学和相图的一些重要问题进行了创新性的研究，获得的重要成果包括：

1.对于高度各向异性的高温超导体，证明了在高磁场时，因为磁通系统的二维特性，因此没有真正的零电阻态。发现磁场诱导的低场三维特性向高场二维特性的转变，并且实验验证了二维涡旋玻璃标度规律（图8、图9）。图9中，H_{c2}代表上临界磁场，H_{irr}代表磁通运动的不可逆磁场，T_{KT}代表Kosterlitz-Thouless相变温度，B_{cr}代表磁通系统从低场的三维向高磁场的二维过渡场。

2.实验证明了熔融织构和单晶等高温超导块材中的磁通钉扎形式是临界温度涨落钉扎，而不是早期在薄膜中发现的平均自由程涨落钉扎。提出“小尺度正常芯钉扎”模式对磁化“鱼尾”效应进行解释。

3.通过创新实验，首次清楚地证明了高温超导体的磁通布拉格玻璃转变线在低温下没有截止点，指出布拉格玻璃转变在低温下依然发生，以及证明在此转变磁场以上的相区不存在3D涡旋玻璃相。

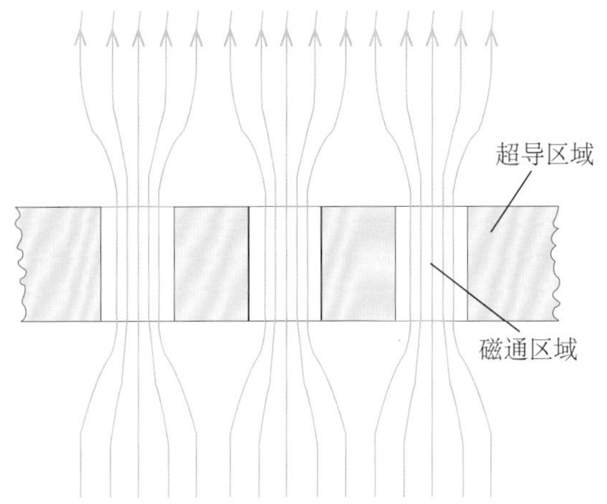

图8　磁通态的侧视断面图
（磁通被约束成一根一根的量子磁通线）

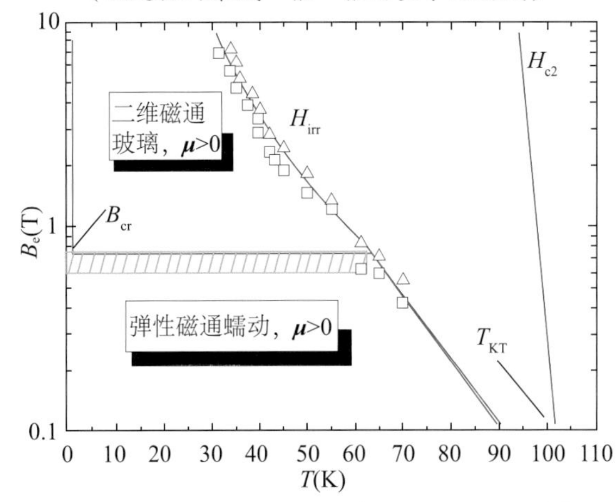

图9　$Tl_2Ba_2CaCu_2O_8$层状超导体的磁场－温度相图

4.通过抗磁磁化对超导临界特性的测量，澄清了国际上关于过掺杂高温超导体的上临界磁场具有极度正曲率反常的认识。

该系列工作发表论文40余篇，包括在*Phys.Rev.Lett.*发表4篇论文，受到国际同行的广泛引用（截至2004年7月他人引用达315篇次）。主要完成人在国内外重要学术会议作邀请报告30余场，其中包括第五、第六届国际高温超导材料和机理大会（M^2S-HTSC），以及1998年德国物理年会。该系列工作解决了高温超导磁通动力学领域中的一些重要问题，促进了该领域的发展。

十八、微小晶体结构测定的电子晶体学研究

奖励等级：国家自然科学二等奖（2005年）

主要完成单位：物理研究所

主要完成者：李方华、范海福、万正华、胡建军、汤栋

该项目属凝聚态物理的基础研究，旨在发展测定晶体

结构的新技术，以了解材料性能、结构和工艺之间的关系，为提高材料性能、探索高性能新材料服务。微小晶体是指尺寸太小，难以用X射线单晶衍射分析研究其结构的晶体，如许多新型功能材料的晶体。电子晶体学是借助电子射线与晶体的相互作用来研究晶体结构的科学。

该项目建立了一种测定微小晶体结构的新方法，克服了尝试法的局限性：一是结合高分辨电子显微像和电子衍射花样来提高像的分辨率；二是借助衍射分析技术把任意一幅显微像转换为晶体结构图像。该项目主要研究内容：①建立了一个高分辨电子显微像衬度的新理论。②把衍射晶体学中的多种分析方法，特别是直接法，引入高分辨电子显微学中，建立了一套全新的电子晶体学图像处理技术，它包含解卷处理和电子衍射强度校正等新方法。③该项目技术已应用于测定6个无机氧化物新晶体的结构。④研究开发了电子晶体学图像处理专用的可视化程序包。

该项目共发表论文36篇，包括多篇重要期刊邀请的特约论文，SCI检索他引126次。应邀在国际性学术会议上作邀请报告31次。该成果得到国际同行广泛承认和高度肯定。

十九、超强激光与等离子体相互作用中超热电子的产生和传输

奖励等级：国家自然科学二等奖（2006年）

主要完成单位：物理研究所

主要完成者：张杰、盛政明、李玉同、魏志义、董全力

该项目属于激光等离子体物理领域，是强场物理领域的重要研究课题，也是快点火激光核聚变研究的核心问题。研究者利用自主建立的强场物理研究平台，通过实验、理论和数值模拟研究的密切配合，取得了一系列重要进展：发现了超短超强激光吸收机制相互转换的规律；提出了电子加速的随机加速等新机制；实现了超热电子的定向发射和控制；直接证实了快点火聚变新方案中锥形靶对超热电子的聚焦作用，解决了困惑6年之久的锥靶中子增强之谜等（图10）。

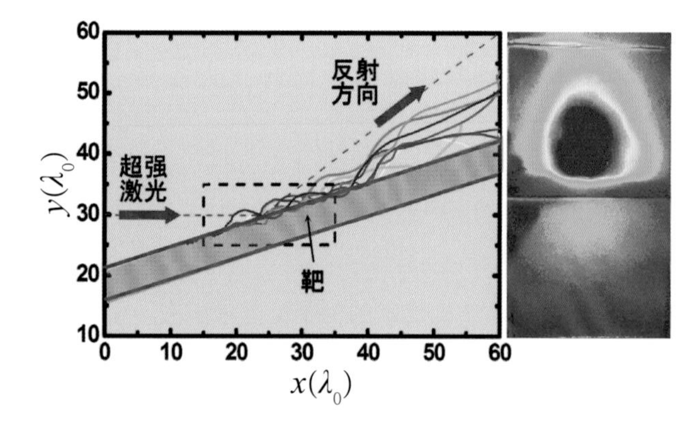

图10　在超强激光与等离子体相互作用研究中，观测到沿靶面方向发射的高能超热电子束，证实了空心锥靶对电子的引导作用

该项目在*Phys.Rev.Lett.*发表论文11篇，在影响因子超过2.0的国际学术刊物发表论文41篇，在重要国际学术会议上作特邀报告30多次，成果得到国内外同行的广泛认可。

二十、原子分子操纵、组装及其特性的STM研究

奖励等级：国家自然科学二等奖（2008年）

主要完成单位：物理研究所、化学研究所

主要完成者：高鸿钧、宋延林、时东霞、张德清、庞世瑾

自1993年起围绕低维纳米结构材料的组装机制及其功能特性，研究者系统研究了材料表面的结构特性及其原子分子操纵和纳米加工，研究了纳米结构的组装、生长和功能特性，取得了一系列在国际上有影响力的创新性成果。提出了一种提高STM观察材料表面精细结构及其电子结构的新途径，得到自STM发明以来最高分辨的Si(111)−7×7的STM图像，首创“大电流法”操纵提取原子，在硅表面实现了原子级平整沟槽的纳米加工；建立了锗在Si(111)−7×7表面上初期吸附的“替代机制”，解决了锗在Si(111)−7×7表面上初期吸附位置长期以来悬而未决的问题，揭示了金属纳米粒子成核生长的动力学机制；实现了单分子操纵，首次在单个分子的水平上实现了电导转变及其超高密度的信息存储。以上工作得到了包括诺贝尔奖获得者J.波兰尼和G.宾尼希以及其他国际科研机构的高度赞誉。

该项目发表SCI论文55篇，其中*Phys. Rev. Lett.* 3篇，*Adv. Mater.* 8篇，*J. Am. Chem. Soc.* 2篇。论文被SCI引用785次，其中10篇代表性论文被他人引用251次。这些成果对功能纳米结构的构筑和纳米器件的前沿基础研究具有重要的科学意义。

二十一、非晶合金形成机理研究及新型稀土基块体非晶合金研制

奖励等级：国家自然科学二等奖（2010年）

主要完成单位：物理研究所

主要完成者：汪卫华、潘明祥、赵德乾、白海洋

大块非晶合金是近20年采用现代快速冷凝冶金技术获得的性能独特的新材料，在诸多高技术领域有重要应用或有潜在应用前景。相对于比较完善的晶体材料理论体系，非晶材料尚有大量科学问题有待于研究解决。非晶合金的形成机理、具有特殊性能非晶合金材料的探索是材料科学的前沿课题。已有的许多表征非晶形成能力的判据主要用于成分探索，不能控制和预测非晶性能和稳定性。该项目获得如下3项主要发现：

1.通过调控非晶材料弹性模量来控制非晶合金性能和形成的弹性模量判据。提出非晶的形成、形变、弛豫都可用流动来描述，其流动的势垒由弹性模量决定，弹性模量是控制非晶形成和性能的关键参量的学术思想。建立了非晶弹性模量（包括杨氏、切变和体弹模量，泊松比）与其液体性质如振动特性、玻璃转变、力学性能和形成能力等的关联。这些判据为研究非晶领域的重要科学问题，探索性能可控的非晶合金材料，提供了新的方法和理论，在非晶材料与物理的研究中发挥重要的作用。

2.兼有金属和塑料重要特性的非晶合金材料金属塑料的发现。根据弹性模量判据，设计研制出多种既有塑料的热塑性、稳定性和形成能力，又具有金属合金优良力学和导电特性的非晶材料。这类集聚合物塑料和金属合金的特点于一身的新型非晶合金被称为金属塑料。其玻璃转变温度的高低，可依据模量判据通过掺杂不同的金属组元来调节。这为改进传统金属材料的加工工艺提供新思路，在很多领域有潜在应用价值。这项工作提出了“金属塑料”这一新概念，引发更多的探索，将聚合物塑料和金属这两类广泛使用的材料特性有机结合，研制出更多把塑料和金属的特点集成在一起的新材料。

3.根据弹性模量判据探索新型稀土非晶材料方面的成果。该项目根据弹性模量判据，结合微量掺杂方法，研制出10多种有自主知识产权、具有功能特性的以稀土元素为基的大块非晶新材料，并对其性能进行了研究，在大磁熵、重费米子及超导特性的研究方面取得了多项有科学与应用价值的结果。

该项目的研究成果不仅加深了对非晶态材料形成机理的认识，且在非晶合金形成规律及材料探索、特别是具有潜在应用前景的稀土基块体非晶合金研制方面作出重要贡献。研制出有自己知识产权的新材料15种，授权专利15项，发表文章80多篇，文章被引用3000多次。8篇代表性文章被他人引用720多次。多种科学期刊诸如*Nature*、*Phys. Rev. Focus*、*Nat. Mater.*等发表专题评论评价该项工作。金属塑料工作被评为2005年中国基础研究十大进展之一。在重要国际学术会议作邀请或大会报告12次。

1979～1999年，物理所获国家自然科学、科技进步和技术发明三等奖和四等奖项目共12项（表5）。1999年7月，国家科技奖励制度改革，国家自然科学奖、技术发明奖和科技进步奖在奖项设置上取消三、四等奖。

表5　获国家三等奖和四等奖项目统计表

年份	成果名称	奖励名称	等级	主要完成人
1979	掺钕铋钙钒石榴石单晶材料	国家技术发明奖	三等奖	李顺方、贾维义、庞玉璋
1982	优质大尺寸碘酸锂单晶生长新工艺	国家技术发明奖	三等奖	贾寿泉、李永津、陈万春
1985	宽光谱响应数字式激光功率/能量测试仪	国家科技进步奖	三等奖	王树铎、何启楦、荣书琴
1987	拉丝成品模用生长型多晶金刚石	国家技术发明奖	三等奖	陈良辰、程月英
1987	铁磁体磁化分布连续-不连续变化的微磁学理论	国家自然科学奖	三等奖	蒲富恪、李伯臧
1987	液晶光学双稳态中混沌运动	国家自然科学奖	四等奖	张洪钧、戴建华、王鹏业
1991	液氮温区氧化物超导体的合成、相关系和晶体结构	国家自然科学奖	三等奖	梁敬魁、解思深、张玉苓、车广灿、成向荣
1995	GaAs/AlGaAs量子阱红外探测器单管及四元线列	国家科技进步奖	三等奖	陈正豪、周小川、周均铭、钟战天、崔大复
1995	四波混频光谱术	国家自然科学奖	三等奖	叶佩弦、傅盘铭、俞祖和、米　辛、张瑞华
1997	多功能激光淀积设备暨激光法制备YBaCuO高温超导薄膜	国家科技进步奖	三等奖	周岳亮、吕惠宾、崔大复、杨国桢、李　林
1997	二维准晶强烈各向异性输运性质的发现和研究	国家自然科学奖	三等奖	张殿琳、林淑媛、王云平、吕　力、王雪梅
1999	激光分子束外延设备和关键技术研究	国家科技进步奖	三等奖	杨国桢、吕惠宾、崔大复、袁懋森、雷震霖

第二章　科技成果的推广和开发

中科院物理所是从事物理学基础研究和应用基础研究的单位，研究成果涉及具有特殊结构特性和物理特性的材料和器件，如何将研究成果转化为服务于社会和人民的产品，在各历史阶段曾具有不同的形式。

1949年以前，仅是由科研人员和工人自己动手，小批量制造一些产品，如中研院物理所在抗日战争时期生产了一些飞机投弹瞄准仪、方向指示器、炮位定位仪、地雷爆炸控制器和超短波收发报机等军事用品支援前线。而北研院物理所1938年内迁至昆明时，就建有15人的光学工厂，在严济慈领导下进行150倍显微镜的研制和生产，以满足抗日战争时期后方部分学校的需要。但比较有规模的成果推广和转化还是在1949年以后。

第一节　科技成果的无偿推广

1978年中国改革开放前是计划经济时代，这时除研究人员自己进行必要的小批量生产，如少量特殊晶体、磁性薄膜、特殊测试仪器等外，物理所成果转化的主要途径是向对应工厂及完成军工任务后的对应部门无偿推广，或与工厂等有关部门联合研制。

1959年为空军代制千克级的雷达用发光材料。研制成功可在−60℃到120℃范围工作的宽温磁芯后，立即于1964年在第四机械工业部的第十二研究所和798厂推广生产。人工合成金刚石技术和工艺于1965年推广到大庆油田、首都钢厂和东华门工厂。中国最早的隐身材料——微波吸收材料的研究成果，于1966年推广到北京泡沫塑料厂和一得阁墨汁厂合作生产，并成立了红波微波吸收材料厂，建成中国第一个微波暗室。109丙机用磁膜存储器研制任务完成后，其磁性薄膜制备工艺于1969年在北京磁性材料厂推广生产。爆炸合成金刚石工艺于1970年推广到北京砂轮厂批量生产。1974年将精密声级计和电容传声器推广给湖南衡阳仪表厂生产。1977年将汉语高自然度数字声码器推广给江苏常州无线电总厂生产。1976年和1978年分别将锁相放大器和取样积分器等微弱信号检测设备推广至江西庐山电子仪器厂。高档记录磁粉的研究成果于1979年在广州磁性材料化工厂推广生产，同年将几类模－数转换器推广到北京半导体器件研究所。1980年快速瞬态记录仪推广到成都科仪厂及第三机械工业部611所小批量生产。还有多种声学设计推广到特定部门甚至全国，如基于小孔消声器理论的各种消声器在全国各工业部门得到应用，加应力的压电换能器迅速推广到全国等。

第二节　科技成果的自主开发

1977年，物理所为解决当时所内职工待业子女就业问题，将这些“知识青年”安排在工厂各车间或服务部门协助工作，并发给一定报酬。1981年将这一机构定名为“物理所技术服务中心”，是从属于物理所的具有“企业”性质的单位，负责人为薛大鹏。为了扩大工作范围，技术服务中心还从物理所工厂、各科处、实验室聘请部分全职或兼职的技术人员，将部分有应用前景的成果产品化，如激光器、钇铁石榴石单晶、电弧炉、电磁铁等在所内组织生产，通过这个机构而推广到市场。到2000年物理所决定该服务中心结业，其业务工作则转入“北京物科光电技术公司”等部门。

“北京物科光电技术有限公司”是物理所组建的公司，它原是1984年10月18日注册成立的“中国科学院物理研究所研究开发公司”，简称“物科公司”。该公司以发挥物理所的知识和技术专长，加速推广其科技成果，实现科技成果的经济效益和社会效益为主要任务，物科公司一直兼有物理所开发部的功能，负责所内科技成果转化、技术转让，代表物理所与地方单位开展横向联系等工作。后逐步发展成为物理所技术和产品推广的窗口。1984年第一任经理由当时科技处副处长杨海清兼任。1985～1991年，朱化南担任经理及公司法人代表。1991～1995年改由胡伯清任总经理。1994年更名为“北京物科光电技术公司”。1995年由朱化南任总经理。2001年为了贯彻全国技术创新大会的决定，促进科技企业的发展，公司改为股份制，定名为“北京物科光电技术有限公司”，注册资本580万元，其中物理所占63.6%。董事会的5名董事中3名董事由物理所派出。董事长先后由俞育德、吴建国、陈东敏、冯稷担任，并任公司法人代表，唐宁任公司总经理。

1984年，公司成立时包含的项目较多，有材料表面等离子处理（组长洪明苑）、光导塑料全息照相（组长陆伯祥）、微机应用（组长刘培铭）、数据采集卡产品（组长陆志梁）、抑菌圈测试仪（组长朱耀明）、激光功率/能量计（组长王树铎）、磁性材料及测试仪器的研发（组长李顺方）、钕铁硼永磁材料的研发（组长纪振兴）、仪器维修（组长王立林）、美国SPEX公司光谱仪产品技术服务（组长商玉生）、美国光谱物理公司激光器产品技术服务（组长陈乐群）、德国Bruker公司产品核磁共振仪技术服务（组长金朝鼎）等。当时公司明确要以技术、产品、市场作为公司发展的根本，对项目、人员进行调整，对技术含量较高的项目予以重点支持，确定人工晶体、真空科学仪器、激光技术、科学仪器和材料进出口贸易四个发展方向，同时还制定了一系列规章制度，实行制度化管理，营业额逐步增长。调整后的物科公司产业化项目划归下述七个部门。

一、数据采集与处理项目组

在原电子学研究室802组的基础上组建。负责人先后为陆志梁、徐淑馨、黄旭光。他们根据自己的知识积累和长期工作经验，把产品定位为“开发国内没有或可替代进口”的水平。主要完成三方面的工作：

1. PC总线128/256通道数据采集箱（DAS）。针对国外的通用接口DAS系统价格昂贵、接口复杂的状况，1985年项目组研制成工业控制用12位多通道DAS。其总线控制指令和数据传输速度快，可保证传输的准确性和稳定性，使用方便，且售价不到进口产品的20%。1986年又为电工所中美合作磁流体发电实验装置提供了320通道12位DAS，使中国磁流体发电数据采集接近世界先进水平。该成果获1988年度中科院科技进步三等奖。为北京化工二厂研发出全隔离型14位多通道DAS，其中两项技术改造成果获北京市科技二等奖。

2. PC总线系列快速瞬态卡。该项目组研发了四种双通道瞬态卡。其中普及型瞬态卡销售了200多张。1992年又在国内首先研发成功16通道2兆赫 12位瞬态卡和超高速瞬态卡等。

3. 9000系列多通道瞬态波形存储分析系统。1987年以来，该项目组先后研制成功多种规格的多通道瞬态波形存储分析系统。分别用于物理所“托卡马克6号实验装置”（1987）、中国科大等离子体实验装置（1988）、中科院力学所研制的“高雷诺数跨音速二维管风洞”测试系统（1993）等。该系统获1994年度中科院科技进步三等奖。

1988年，电子工业出版社发行了陆志梁主编的《模－数和数－模转换器》一书。

2006年，物科公司为磁学实验室研发了“磁致伸缩测量系统”，采用全数字技术，可快速、精确地完成应变曲线、*B*–*H*曲线、交流磁化率、动态应变、频率－阻抗等综合性磁学参数测量（图1）。

图1　全数字技术的综合性磁性参数测量系统

二、真空设备研发项目组

在整合物理所技术服务中心部分人员的基础上于

1997年设立。产品定位是为各类实验室制备新材料的真空设备及其他磁测量等设备，市场面向国内外科研部门和高等院校。很多独特的设备功能和新的设计思想都源于与物理所一线科技人员的交流。2006～2010年的平均年销售额近300万元。国内研发新材料的科研院所和高等院校大都使用过他们的产品，并有多种设备销售到美国、巴基斯坦、加拿大、越南等国的高等院校。如具有吸铸功能的非自耗真空电弧炉；适用于制备非晶态片状样品的电弧炉；制备非晶态条带的真空甩带机，它可将甩带铜轮线速度由40米/秒提高到国际最高水平80米/秒；可同时具有甩带/吸铸功能的真空甩带机（图2）；可翻转浇铸的真空感应加热炉；适用于超导科研需要的真空焊接炉、真空退火炉等。部分用户由于经费问题，希望将两种功能的设备共用一套真空设备，为此又研制生产了电弧熔炼及高频感应双工炉、电弧熔炼及甩带的双工炉等。

图2　2000年推出的高真空甩带、吸铸一体机，该机兼具制备非晶条带和大块成型非晶的功能

利用物理所技术力量强的特点，可以为特需用户研发专用设备。如2002年为中科院物理所设计制造了上吸铸电磁悬浮炉、新型脉冲激光淀积薄膜装置，以及磁测量设备（振动样品磁强计）。2004年为聊城大学设计制造了多对向靶磁控溅射设备。2005年为湘潭大学设计制造了钽管加热炉，加热温度高达2000℃。2007年为兰州理工大学设计制造了自蔓延高温材料合成炉。

三、激光功率/能量探测项目组

在1984年成立，组长王树铎。他们长期在光物理研究室从事激光功率计研制，获国家奖、中科院奖多次，国内外专利多项。该组在激光功率/能量探测、热和温度计量、红外探测等领域所做主要工作如下：

1.激光功率/能量探测。激光功率/能量探测器在国内外激光应用领域均有广泛的市场需求。该项目组陆续开发出激光功率/能量计的系列化激光测量仪器产品，其中“LPE-1型激光功率/能量测试仪”获中国科学院科技成果奖一等奖（1985）；“宽波段响应、数字式激光功率/能量测试仪”获国家级科技进步奖三等奖（1985）；“薄膜腔型激光辐射探测器”获第15届日内瓦国际发明与新技术展览会镀金牌奖（1987）；“PVDF薄膜辐射探测器”获国家发明奖二等奖（1992）；“多功能、智能化激光功率/能量测量仪器”获国家科技进步奖二等奖（1993，图3）。项目组每年以50～200套的批量生产保持了国内激光功率/能量探测器和测量仪器的主要市场地位。激光探测器等产品还持续向美国批量出口。

图3　多功能、智能化激光功率/能量测量仪器

2.承担国家项目。该项目组先后承担了国家科委“六五”重点科技攻关项目“激光功率和能量计量与测试”；完成国家“七五”重点科技攻关项目“多功能、智能化激光功率/能量测量仪器”并产品化，承担国家863项目委托任务“ICF实验散射光和激光吸收能量精密测量”，包括“64路阵列、双通道等离子体卡计及散射光测试系统”和“热释电型4π盒式卡计”。成果获国防科工委科技进步三等奖（1991～1995），获得三项中国和美国专利。

该项目组1996年受建设部委托，研发集中供热分户计量装置热量表，1999年4月完成。由建设部组织鉴定。该成果1999年11月获得《国家重点新产品》证书。2000年9月列为《建设部2000年科技成果推广转化指南项目》。2004年负责人王树铎被国家建设部增选为国家建设部专家委员会委员。

3.六氟化硫红外检漏摄像仪的研制。这是用于在线检测电力系统高压电器绝缘气体六氟化硫泄漏的高新技术产品，它根据六氟化硫气体分子的特征谱带，采用红外图像探测技术及图像信号数字处理技术，将不可见的六氟化硫气体泄漏部位影像显示在监视器的屏幕上。该产品具有公司自主知识产权，关键技术已获得国家发明专利。该项研究获得科技部和中关村中小企业创新基金的支持，已通过了验收。

四、晶体生长项目组

物理所晶体学研究室在1958年就组建起人工晶体生长研究组（401组），具有用多种方法生长各种复杂晶体的丰富经验。1999年以401组部分人员为基础，物科公司建立晶体生长项目组，下设晶体加工组，负责人白维明；还有基片研发组，负责人是李宁玲。晶体产品是物科公司的重要开发项目。

1.公司建立初期（1984～1986）销售的晶体。主要有碘酸锂（$LiIO_3$）、钆镓石榴石（GGG）等物理所研究组研发的晶体。碘酸锂是物理所第一块销往国外（美国）的晶体。后来成功生长出国际公认的难以生长的晶体钛酸钡（$BaTiO_3$），以及获美国专利的掺铈或铑钛酸钡晶体（Ce：$BaTiO_3$、Rh：$BaTiO_3$）。钛酸钡晶体的销售一直维持在较高的份额（图4）。另外，还将其开发成新型外延薄膜衬底，使这一产品一直销售不衰。20世纪90年代初，物理所401组率先在国内生长出掺钕钒酸钇（Nd:YVO_4）晶体，公司与401组共同加强对钒酸钇晶体的开发，使公司成为当时国内外最具影响的钒酸钇晶体的供应商之一。

图4　钛酸钡光折变晶体（后排长方体）和薄膜衬底基片（前排晶片）

2.国家“九五”863计划项目。1997～2000年公司承担了国家“九五”863计划项目“高温超导薄膜和结技术”的“高温超导薄膜基片”工作，负责人朱化南。任务是提供国内超导薄膜用的、表面微粗糙度在1纳米以下的钛酸锶（$SrTiO_3$）、蓝宝石（Al_2O_3）等基片，并研制铝酸锶钽镧（LSAT）和掺Nb的$SrTiO_3$等新基片。

2000年，公司已具备向国内外提供大尺寸多种高温超导基片的能力，使所有基片的微粗糙度均达到3纳米以下。成功研制出新型高温超导基片晶体LSAT，并将其加工成基片，为申请科技部中小企业创新基金项目奠定了坚实的技术基础。

3.首届科技部中小企业创新基金项目。2001年科技部设立中小企业创新基金项目计划。公司以LSAT单晶为题申请了此项目。项目名称为“新型多用途大尺寸LSAT单晶中试生产”，负责人朱化南。LSAT正好适应第三代移动通信系统中高温超导滤波器的产业化需求，且物科公司已成功生长出了LSAT晶体（图5），具备这种晶体的生长、加工技术和中试条件，从而在众多竞争者中脱颖而出。申请被批准，获得支持经费85万元。利用项目资金，公司还添置了大型铱金坩埚（3千克）和大型程控内圆切割机，使公司具备了大直径晶体生长和切割的必要条件。2003年7月24日以高分通过验收。

图5　直径2英寸的铝酸锶钽镧晶体

4. 1999年将原401组晶体生长和加工的部分设备和工作人员转入公司体制。负责人先后为为王昌庆，张春林。晶体项目组除继续已有晶体产品的研发、生产外，还恢复了对光折变$BaTiO_3$晶体的研发，加强对激光用高质量Nd:YVO_4晶体的研发，使物科公司一度成为美国Coherent公司在国内的第二供货商。同时铝酸锂（$LiAlO_2$）生长技术获得突破，无散射成品率大幅提高，还重点加强铽镓石榴石（TGG，光隔离器的优选功能材料）晶体技术的深入研发，从而巩固了国内外的市场份额，确立了TGG作为公司晶体的支柱产品的地位。

五、法拉第旋转器项目组

成立于1998年，组长邓道群。对法拉第旋转器的市场定位是研发国内空缺的大口径法拉第光学旋转器产品。该项目组承担了“九五”863计划有关通光孔径Φ40毫米大口径法拉第光学旋转器的研制任务。2000年将实用化的法拉第光学旋转器提供给激光聚变中心。此后又为中科院上海光机所提供30多台波长1053纳米Φ40毫米大口径法拉第光学旋转器，用于“神光”Ⅱ激光系统及强激光实验室。2000年11月通过了863相关专题专家组的验收。随后又提供了30多台产品给有关单位。

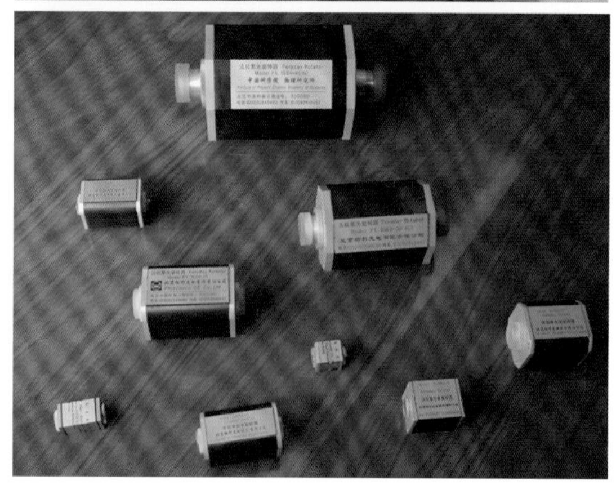

图6 Φ100毫米的大型法拉第旋转器（上图，该器件已用于激光聚变研究中心的高能激光实验装置上）和多种不同尺寸、规格的法拉第旋转器（下图）

2001～2002年项目组又承担了“十五”863计划有关Φ100毫米特大口径法拉第光学旋转器研制任务。于2002年底完成并超过了所规定的技术指标，并于2003年3月通过了验收。在完成863任务的基础上，根据市场需求还开发出波长1064纳米通光口径分别为4、6、10、12、15、20、30毫米的法拉第光学旋转器产品。此外，还开发出其他波长用的小口径法拉第旋转器产品（图6）。

六、聚晶金刚石项目组

成立于1985年，负责人先后是刘世超、季松泉、张宝惠。聚晶金刚石产品的基本技术来自于物理所高压物理室。产品可广泛应用于地质钻探钻头、拉制各种金属线材的拉丝模等产品。拉丝模用生长型金刚石聚晶是根据物理所一项专利开发生产的，后又发展了拉丝模用烧结型金刚石聚晶的新品种，在国内畅销，1994～1995年的年销售额均超过百万元，且有少量出口。此外，根据金刚石拉丝模的市场需求，公司还与物理所工厂合作，办起金刚石拉丝模车间。使用公司的金刚石聚晶作为拉丝模模芯，制造出成品拉丝模对外销售。2008年该项目停止运营。

七、国外科学仪器技术服务中心

20世纪80年代初期，中国科研院所和高等院校陆续进口大批国外先进仪器。进口仪器设备安装、调试和维修等工作，完全依赖国外公司的技术服务人员通过境外往返服务才能完成。致使技术服务的周期长、费用高，也使仪器设备得不到充分的利用。为解决这一具有全国性影响的问题，1984年，在中国科学院及物理所领导的推动下，与几家重要的国外仪器厂家洽谈，先后在物理所建立了美国光谱物理公司（Spectra- Physics，激光器生产厂家）、美国SPEX（光谱仪器生产厂家）、德国Bruker（核磁共振仪器生产厂家）共三个国外仪器技术服务中心。这些技术服务中心挂靠在中国科学院东方科学仪器进出口公司，由东方公司和物理所共同管理。中科院物理所研究开发公司成立后即由该公司管理。

SPEX服务中心因SPEX公司的变动，于1986年撤销；Bruker服务中心于1995年并入该公司在中国的总代理而结束与物理所的合作。而光谱物理服务中心从建立起一直连续工作，其负责人先后为陈乐群、姚振益。技术服务的激光器类型，从早期的氩离子激光器等，到后来的半导体激光器、准分子激光器、皮秒和飞秒锁模激光器、环形掺钛蓝宝石激光器等。其中不乏调试、维护难度很高的激光器，服务中心都能圆满完成服务工作。现维修业务的品种，覆盖了光谱物理公司的所有产品，且完全不需美方派员。该服务中心多次获得光谱物理公司授予的全球最佳服务中心的奖牌。光谱物理技术服务中心，已为国内引进并提供技术服务的各类激光系统800余台套，为国内大专院校、科研院所、企业等提供了及时、充分的技术保障，特别是保证了一些重大项目的建设。

第三节　科技成果的联合开发

由于物理所是从事物理学基础性研究的研究所，很难仅仅通过物理所的力量将研究成果达到规模化的生产和市场化的管理。因此，随着改革开放的进程，曾尝试将科技成果脱离物理所而直接进入市场，或是与多家单位联合，共同实现科研成果的产业化等多种方式。物理所研究员陈春先早在1980年10月就提出在科技力量雄厚的北京中关村建立中国的“硅谷”，他自己创办了国内第一家民办科技机构“北京等离子体学会先进技术发展服务部”。他提出将海淀区建为“新技术扩散区”的建议，探索加快科技成果转化为生产力的新途径。1983年成立“北京华夏新技术开发研究所”并任所长。他还提出建设“中关村科技特区”的构想。不久中关村便纷纷成立了各种技术开发公司，包括曾是物理所职工的陈庆振创办的“科海公司”，计算所的“联想公司”，以及“四通公司”等，由此带来中关村的“电子一条街”，后又发展成为中国第一个国家级高新技术产业开发区。经过几十年的发展，“中关村”已成为中国高科技产业的代名词并享誉国内外，陈春先也被誉为“中关村第一人”(图7)。

图7　陈春先在其公司

一、低纯度钕稀土铁硼永磁材料及其产业化——三环公司

作为新材料重要组成部分的稀土永磁材料，广泛应用于能源、交通、机械、医疗、信息技术、家电等行业，其产品涉及国民经济的很多领域。

1983年，在中科院物理所王震西的带领下，物理所磁学室和电子所稀土磁钢组合作，成功研制出中国第一块磁能积达到38兆高·奥的低纯度钕铁硼磁体。1985年在周光召的倡导和支持下，王震西负责组建北京三环新材料高科技公司(简称“三环公司”)，开创了一条科技成果产业化的新路。公司采用自主开发的工艺技术，自筹资金，在宁波建立了中国第一条钕铁硼工业生产线(图8)。物理所在三环公司占有16%股份，主要是技术股。2000年依托三环公司为母体设立的北京中科三环高技术股份有限公司在深圳交易所上市，这是中国稀土磁性材料第一家上市公司，2010年销售收入24亿元，净利润2.1亿元。公司已发展成钕铁硼年产达15 000吨，是全球第二大、国内最大的稀土永磁材料生产商，同时也是国内高端钕铁硼材料的技术领先者。三环公司起到了将物理所的科研成果转化为社会效益和经济效益的作用，为中科院高技术成果产业化树立了范例，同时每年也为物理所带来一定的经济收益。

图8　三环公司的各种稀土钕铁硼永磁材料产品

二、新环公司

为了将物理所的钕铁硼研究成果进一步转化，物理所与三环公司、新加坡科星公司合作，于1988年共同组建了从事钕铁硼生产的北京新环技术开发有限公司(简称“新环公司”)，合同有效期15年。第一任董事长由中科院开发局的朱琴珊兼任，副董事长为物理所杨国桢、三环公司王震西和新加坡的陈公哲，任期3年。第二任和第三任董事长为章综，副董事长不变。总经理是赵中

仁。物理所以100万元不动产和40万元技术股，以及部分人员投入，共占公司25%股份。新环公司很注重企业管理，成为该产业第一个通过ISO 9001认证的企业，生产的产品性能在国内领先，特别是防腐保护有特色，因此多用于计算机硬盘，小型永磁电机等高档产品，产品几乎全用于出口。三方合作合同到期后，三环公司购买了新加坡股份，拥有了70%的股份，物理所拥有30%的股份；公司搬离物理所，公司建筑按合同归物理所所有。2005年新环公司关闭，业务并入中科三环子公司——三环瓦克华（北京）磁性器件有限公司。

三、黄石理华磁性材料公司

1986～1987年，湖北省黄石磁带厂与物理所多次联系，要求物理所向其转让磁记录材料“$\gamma-Fe_2O_3$磁粉”的生产技术，以作为该厂转型升级的主打产品。随后物理所派出由副所长带队、磁粉材料科研成果主要持有人和所开发部（即物科公司前身“物理所研究开发公司”）负责人赴黄石磁带厂考察。经多次协商，双方于1987年合资成立“黄石理华磁性材料公司”，注册地点在黄石磁带厂。甲方黄石磁带厂提供中试及生产场地、建厂资金的大部和部分技术、管理人员。物理所以“物理所研究开发公司”名义提供技术、少部分资金和部分技术、管理人员。1987年4月物理所派出3名技术人员常驻黄石负责中试设备设计、制造，另有负责工艺的科研、技术人员根据需要在黄石与物理所两地往返做条件实验。1989年前后因资金链断裂中试停顿约一年，后黄石供电局入资，建成了中试车间，于1991年生产出磁粉样品并试销少许，但因产品批量小、产品性能稳定性差等原因，以及新出现的磁带替代产品使得磁带市场萎缩，磁粉市场受到很大冲击。1992年黄石理华磁性材料厂撤销，物理所派出人员撤回。

四、上海蓝宝光电材料有限公司

1997年，物理所周钧铭研究组在砷化镓（GaAs）衬底上成功生长出立方GaN和六方GaN薄膜，为研制氮化镓（GaN）的发光器件打下了良好基础。这项技术受到社会上多家投资者的关注，最后物理所选定上海的一家公司和一家外资公司合作，于2001年5月共同组建上海蓝宝光电材料有限公司（简称“蓝宝公司”）。物理所提供技术和部分设备，上海公司和外资企业投入资金。蓝宝公司在物理所建立氮化镓研发中心，在MOCVD设备上研制高亮度GaN基的LED 。物科公司代表物理所参与公司的谈判和组建，并作为蓝宝公司的法人股东。蓝宝公司先后解决了氮化镓基外延材料、器件工艺与器件后工艺的主要关键技术，并研制出国际先进水平的外延材料及器件，具备了由中试向规模生产的技术转移的基础（详见第三篇第六章第五节“宽禁带半导体”）。

五、锂离子电池产业化

20世纪90年代，物理所陈立泉研究组在锂离子电池的生产技术上获得重大突破。1996年1月，A型锂离子电池研究通过中科院院级鉴定，这项技术可用于规模化生产锂离子电池。物科公司受物理所委托，参与该项目与合作方的谈判、制定公司章程、选定厂址和公司组建的全过程。1997年9月物理所与厦门金龙集团合作成立北京富利龙电池有限公司（注册资金100万元，物理所以技术股占30%，金龙集团以资金投入占70%）。1998年8月，该公司推出NP2000广播级摄像机专用锂离子电池。1998年12月年产20万只18650型锂离子电池的中试线也通过了验收。

图9　32伏/40安·时汽车电池模块

1999年，北京富利龙电池有限公司重组，厦门金龙集团退出，物理所与成都地奥集团、北京高新技术投资有限公司成立北京星恒电源有限公司。2000年公司增资扩股，注册资本5000万元，物理所占40%（主要为技术股份）。物理所朱化南、俞育德和陈立泉出任星恒公司董事，周孝良任监事。此外，2003年联想集团投资入股成立苏州星恒电源有限公司，开始了车用动力电池的产业化进程。公司总部及动力锂电池生产

图10　2010年上海世博会上173辆装载星恒锂离子电池的电动车辆进行了示范运行

基地落户苏州高新区，注册资本19 200万元，已具备了日产9000万安·时的产能（图9）。苏州星恒已成为国际上三大电动自行车锂离子电池供应商之一，其车用锂离子动力电池已成功应用于混合电动汽车、纯电动汽车以及动车组、城市地铁和磁悬浮等轨道交通车辆（图10）。

六、SiC产业化—北京天科合达蓝光半导体有限公司

物理所自1999年开展碳化硅（SiC）晶体生长研究工作，在攻克晶体生长关键技术并获得高质量晶片之后，率先在国内开展了SiC晶体的产业化工作。2006年9月与上海汇合达投资管理有限公司和新加坡吉星蓝光半导体有限公司合作成立了北京天科合达蓝光半导体有限公司（下简称天科合达公司），注册资本8300万元。其中，物理所以知识产权入股，持有天科合达公司30%股份。2007年12月完成新疆厂房装修及设备采购。2008年9月完成产品中试，可小批量生产SiC产品。2009年2月批量对外销售高质量的SiC晶片。2009年6月完成苏州厂房装修及设备采购，9月进入批量加工SiC晶片阶段。2010年1月天科合达公司以1:2溢价增资扩股，注册资本达到10 375万元。股权变更后，物理所持有天科合达公司24%股份。

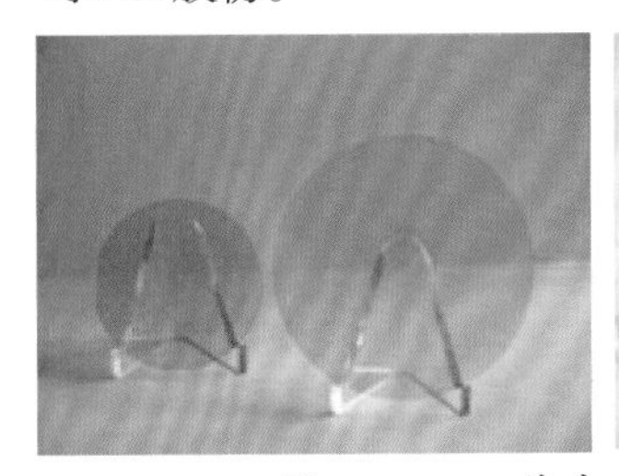

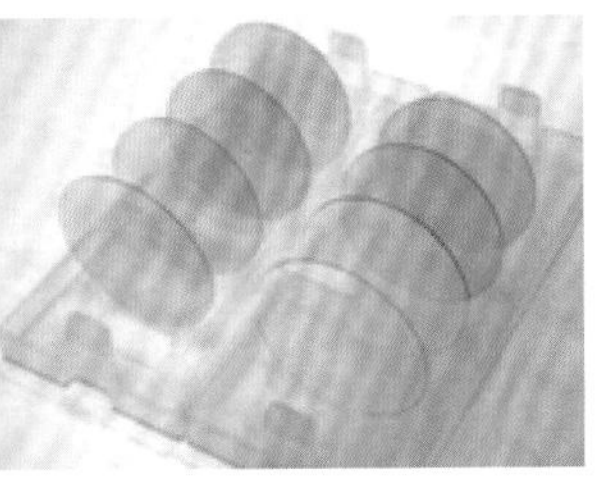

图11　2～4英寸碳化硅晶片产品

天科合达公司拥有独立的研发中心和新疆、苏州两个生产基地，在国内首次建立了一条完整的从晶体生长、加工、检测到清洗封装的SiC晶片生产线，具备了年产30 000片SiC晶片的产能，规模位居国内首位。2～4英寸导电和半绝缘SiC晶片的技术指标达到国际同类产品的先进水平（图11），天科合达公司已成为国际SiC单晶衬底的主要供应商之一，产品在电力电子器件、高亮度发光二极管和射频功率器件等领域获得广泛应用。晶片批量供应国内数十家科研院所、高校和企业，推动了国内SiC相关的基础研究，带动了下游产业的发展，促进了国内SiC半导体产业链的形成。晶片出口至日本、俄罗斯、韩国、美国、法国、德国、新加坡、意大利和澳大利亚等20多个国家和地区，客户包括日本产业技术综合研究所、三菱电机、丰田电装、罗姆半导体、富士电机、日立和东芝等国际著名科研机构和企业。

七、大屏幕全固态激光显示

在国家863计划、中科院知识创新工程和北京市政府的支持下，从1996年开始，物理所与中科院理化所、成都光电所、长春光机所、光电研究院等单位合作，研究全固态高功率红绿蓝三基色激光投影显示技术。2006年初，许祖彦研究团队成功研发出了60~200英寸系列激光显示样机，经中科院和信息产业部联合科技成果鉴定，认为“总体达到国际先进水平，色域覆盖率等关键指标国际领先”，在国内首次实现激光大屏幕投影显示，率先证实了激光显示是可实现大色域、高画质视频图像显示的先进技术，标志中国激光显示技术由技术研究转向工程化和产业化攻关（图12）。国务院总理温家宝、王大珩均亲临物理所观看激光显示样机。同时，经各类人群的演示观看，通过统计数据确定了激光显示图像人眼观看起来是美好的，是为群众所广泛认可的，有广阔的市场前景。该技术成果已被2008年奥运会比赛场馆之一的国

图12　140英寸大型背投全固态激光彩色投影电视样机

图13　用于生产InGaAlP四元系LED材料的金属有机物化学气相沉积设备

家游泳中心（水立方）采用。

八、发光二极管产业化

依托物理所长期积累的发光二极管（LED）外延片的技术成果，2007年物理所的LED技术向上海宇体光电有限公司转让并取得成功，从而解决了大功率、高亮度GaN基LED外延材料及器件工艺的关键技术，产品已得到市场的认可。2008年物理所又与天津中环电子信息集团合作，成立了天津中环新光科技有限公司，共同承担了天津市重大科技攻关项目“超高亮度红光发光二极管外延片功率型芯片产业化及应用示范工程”。中环集团一期投入3000万元，进行生产和研发。该公司产品常规红光的LED亮度超过130毫坎德拉（mcd），居于市场中高档产品水平，可部分缓解国内芯片公司对高档外延片的紧迫需求。接着公司又实施二期扩产，准备研发黄光、黄绿光、高亮度外延片（图13）。

第三章　国际交流与合作

自然科学研究的基本任务就是探索、认识未知世界。科学研究是为了增进知识，包括自然界各方面的规律，以及利用这些知识去发明新的技术而进行的系统的创造性工作。因此科学研究必然是全人类共同的事业，必然离不开国际间的学术交流与合作。在物理所的各个发展阶段，国际交流与合作都对物理所的学科建设与发展、研究人才的培养、研究水平的提高起了重要的作用。

第一节　进修和考察

研究和技术人员间的互访是国际交流的最基本形式，而物理所科技人员去国外研究机构短期或长期访问，了解国外最新进展、研究思路、最新设备和最新成果等，回国后可直接提高国内的研究水平。因此物理所在各个历史阶段都非常重视派出研究人员去国外考察和进修。

1. 中研院创立初期，由于研究工作处于起步阶段，当时的国际交流也处于起步阶段。中研院物理所于1929年先后派严济慈赴法国、饶毓泰赴德国考察，任务都是考察两国的重要物理研究机构及国立标准局的组织情况、建筑和设备情况等，为中研院物理所今后的发展提供借鉴。同时分别聘请德国莱比锡大学物理学家W.K.海森伯和德国探险家W.费煦纳为名誉研究员和通讯研究员。1936年又曾派张煦到美国留学。20世纪40年代由于战争的影响，科技界的国际交往几乎中断，到1948年才有中研院物理所所长吴有训到美国考察。

2. 20世纪50～60年代，由于当时西方对中国的封锁，应用物理所和物理所的国际交流对象以苏联及民主德国等东欧国家为主。中苏间的各种交流都是根据中苏两国政府的122项国家合作计划以及中苏两国科学院的合作计划进行的。苏联科学院副院长I.P.巴尔金院士于1955年5月和6月两次参观物理所各个研究组时，就提出过许多具体建议。物理所所长施汝为以及李德仲、王守武、洪朝生、徐叙瑢等也多次访问苏联，确定了具体执行计划。计划包括两方面：派年轻人去苏联进修或攻读学位，请苏联专家来华办讲习班和指导科研工作。涵盖的领域包括固体理论、晶体生长、超导体、超高压下的固体物理、磁学、金属强度研究、电子衍射应用于固体结构、计算技术研究的科学基础、低温物理、固体发光、电介质物理、原子和分子光谱、半导体及其技术等。

物理所从1954年开始，先后派出蒲富恪、章综、张寿恭、王焕元、孟宪振、张乐潓、李从周、殷士端、连志超等年轻人到苏联学习进修或攻读学位。另外还派了一些短期考察人员，如张志三、陈能宽、潘孝硕、林兰英、李方华、黎在兴、陈兴信、吴锡九、周帅先、庄蔚华等就光谱物理、金属物理、磁学和铁氧体物理、半导体物理与技术、电子衍射等方面作考察和交流。后来他们大多成为物理所的重要研究骨干，有些人成为中科院学部委员、院士。

3. 随着1972年中美关系解冻，美籍华裔物理学家、诺贝尔奖获得者杨振宁和李政道，以及著名物理学家吴健雄、袁家骝等先后访问中国，并参观了物理所，促进了中国科学界的开放步伐。这使物理所立即开始对美国等西方国家开展科技交流与合作的探索。随着1978年中国的改革开放，物理所的国际交流也全面展开。交流的主要形式仍然是研究人员的互访。仅就1990～2010年的统计，出访4623人次，年均220人次，共出访过30多个国家与地区。

①公派年轻人到西方主要研究机构学习进修是当时交流的重要内容之一。1973年物理所首先派王震西到法

国奈尔磁学实验室进修。1974年后先后又派赵忠贤、王听元和李银安到英国的国家物理实验室、剑桥大学等单位进修。李文莱到法国的等离子体实验室、陈立泉和张鹏翔到德国马普学会固体物理研究所、林泉到德国卡斯鲁尔研究中心、詹文山和杨伏明到日本东京大学固体物理研究所进修，车荣钲、王文魁、徐济安等也被派往法国、日本、美国等的高压物理机构学习等。这些到国外学习进修的人员，后来大都成为各研究领域的带头人，有些还成为中国科学院学部委员、院士或中国工程院院士。

②1975年4月，物理所章综、王金凤和鲍忠兴参加了卢嘉锡为团长的中华人民共和国固体物理代表团赴美访问。他们考察了美国布鲁克黑文国家实验室、阿贡实验室、哈佛大学、麻省理工学院等12个单位，了解到最新的研究动态、研究新领域等，对物理所确立新的研究课题和提高研究水平很有帮助。1974年郭佩珊、贾寿泉和吴令安还访问了巴基斯坦。

③美国西北大学物理系主任吴家玮继1977年首次访问物理所后，1978年再次到物理所进行量子多体问题和液晶理论方面的合作研究。1979年物理所选派8名研究人员到美国西北大学进行访问研究，费用由美方支付。他们是王鼎盛、钱永嘉、李铁城、郑家祺、沈觉涟、顾世杰、程丙英、林磊，由此开启了物理所与各国进行的访问交流。很快大批研究人员争取到国外的各类奖学金和研究基金资助，先后以访问学者、攻读学位等形式到西方许多大学和研究机构进修。物理所的研究人员大都有了较长期在国外进修的机会，使他们开阔了眼界，接触到国际研究前沿，对他们自身研究水平和创新意识的提高极为有益。

图1　1979年李荫远（前右二）率中子散射代表团访问美国

④各种学术代表团的出国访问，针对性更强，如：

1978年物理所李吉士、陈春先参加的中国等离子体物理和核物理代表团访美，参观访问了多所美国有关研究机构和大学。陈春先在访问普林斯顿等离子体物理实验室时，向他们介绍了物理所在CT-6等离子体实验装置上得到的实验结果。1979年这个代表团再次访美，与美国能源部及多个研究机构商谈了合作研究及派遣人员互访事宜，为后来的交流铺平了道路。

1979年，以李荫远为团长，由物理所的章综、原子能研究院的杨桢和曹天青、中科院院部的韩大星等组成的中子散射代表团访问美国（图1）。

1984年，以张乐潓为团长、罗河烈参加的代表团应朝鲜科学院物理研究所邀请前去讲学。1987年以罗河烈为团长、魏玉年参加的代表团，再次去朝鲜讲学。

1991年，以詹文山为团长的磁学代表团一行6人，访问了俄罗斯的有关磁学研究单位和大学，恢复了磁学室与原苏联磁学界停止了30年的交往和合作。

1999年11月，根据中俄科学院合作协议，陈良辰等赴俄罗斯执行金刚石对顶砧高压物理合作研究计划，访问了俄罗斯科学院光谱所高压实验室和俄联邦科技部超硬及新材料研究所，进行高压实验和学术交流。

第二节　来访和讲学

邀请国外著名科学家来物理所访问，对物理所工作提出建议，报告他们的最新研究成果或新的研究设想，开办讲座等，这种来访无疑是加强彼此了解很重要的途径。在各个历史阶段物理所都很重视邀请国外著名科学家来物理所访问。

1. 北研院物理所曾多次邀请国外著名科学家参观访问，其中有1932年初法国物理学家P.朗之万到北研院物理所参观访问，1934年12月美国物理化学家、诺贝尔化学奖获得者I.朗缪尔，1935年7月英国物理学家、诺贝尔奖获得者P.A.M.狄拉克，以及1937年6月丹麦物理学家、诺贝尔奖获得者N.玻尔等，先后访问了北研院物理所。

2. 1954年前后苏联列宁格勒大学物理系原子光谱专家W.A.科诺瓦洛夫多次到光学组讨论工作。1958年苏联等离子体物理学家L.A.阿尔兹莫维奇和A.A.伏拉索夫也来物理所讲学。1960年前后按中苏两国合作计划来物理所工作1～3个月的苏联专家有：从事低温物理研究的

B.A.列宾捷尔院士和A.E.苏托夫卓夫、从事电介质物理研究的E.A.康诺洛娃、从事固体理论研究的E.D.舒金、从事半导体物理研究的B.K.苏巴舍也夫、从事磁学和铁氧体物理研究的A.G.古列维奇、从事高压物理研究的C.C.谢高杨、从事晶体生长研究的A.T.吉多娃和B.C.阿依拉别佳茨。他们在华工作都很认真负责，除就各领域系统讲课、培养专业人才外，还对低温液化设备的改进、电介质物理研究课题计划等提了不少中肯的建议，有些人还动手建了2台单晶炉和7套温差电测试设备，制备了压力可达6万大气压的“带状”高温高压容器。

通过中苏科学交流计划的执行，对当时物理所科研项目的确定、人员的培养和研究水平的提高起了很重要的作用。

20世纪50～60年代的其他重要国际交往还有：

1954年，民主德国总统W.皮克为祝贺毛泽东的生日，赠给中国一台蔡司公司制造的C型静电式电镜，安装在应用物理所；民主德国的安德烈就磁性薄膜问题于1963年来物理所为国内同行讲学一个月。

1954年，日本东京大学校长茅诚司来物理所访问，这次访问还为20年后物理所向日本选派进修人员起了铺垫作用。1957年3月，以诺贝尔奖获得者汤川秀树为团长的日本物理代表团访问中国，也参观了物理所。

1960年后，英国女晶体学家D.M.C.霍奇金（1964年诺贝尔化学奖获得者）多次访问物理所晶体室，保加利亚的加伊舍夫通讯院士也到晶体室讲学和工作一个月。

3. 20世纪70年代，改革开放有利于物理所邀请国外著名科学家来物理所访问和讲学，其中包括许多诺贝尔奖获得者的来访。1972年2月，诺贝尔物理学奖获得者、瑞典的天体等离子体物理学家H.阿尔文访华，到物理所参观了等离子体室的角向箍缩装置并作了学术报告。杨振宁和李政道1972年访问物理所，不久诺贝尔奖获得者、美国非线性光学专家N.布洛姆伯根到物理所参观访问。后来美国诺贝尔物理奖获得者R.霍夫斯塔特来物理所参观过高功率玻璃激光器产生等离子体的实验室，并报告美国激光核聚变研究进展。

1975年9月，BCS超导微观理论创立者之一、诺贝尔物理学奖获得者J.巴丁为团长的美国固体物理代表团访问了物理所，这是中华人民共和国成立后第一个美国科学家代表团访问物理所，恢复了中断多年的中美物理界的直接交流。他们重点参观了超导和低温研究室等有关实验室。其中美国科学院院士、美籍华裔科学家张立刚也是代表团成员。

1982年后，应邀访问磁学室的著名磁学专家有美国的G.T.拉多（Rado），英国的E.P.沃尔法思（Wohlfarth），日本的武井武、近角聪信、安达健五，荷兰的K.H.J.布朔（Buschow）、F.R.de布尔（Boer），奥地利的H.R.基希迈尔（Kirchmayr）等十余人。

20世纪80年代以后访问物理所的有诺贝尔奖获得者有俄罗斯的A.M.普罗霍罗夫、第三世界科学院（今发展中国家科学院）院长萨拉姆（图2）、高温超导体的发现者K.A.缪勒、表面物理学家K.M.B.西格班，西格班还邀请表面物理室科研人员去他的实验室合作研究，李远哲等也访问了物理所。

图2　第三世界科学院院长、诺贝尔奖获得者萨拉姆访问物理所

仅就1990～2010年的不完全统计，有诺贝尔奖获得者26人次到访过物理所。其中美国普林斯顿大学的崔琦来物理所多次；瑞士IBM苏黎世实验室的H.罗雷尔于2000～2007年4次访问物理所，开展合作研究，该实验室的另一位诺贝尔奖获得者J.G.柏诺兹也于1992年和2009年来访；美国斯坦福大学的D.D.奥谢罗夫于2003年和2007年来访；美国劳伦斯－伯克利国家实验室的朱棣文于2006年和2007年来访；美国加州圣巴巴拉大学的W.科恩于2006年和2009年来访；其他还有1997年德国的R.L.穆斯堡尔，法国的C.科昂－塔努吉，以及美国的R.B.劳克林、H.L.施特默、I.贾埃沃来访。

4. 据统计，有美国、俄罗斯等15个国家与地区（含港、台）的71人次各国科学院（含第三世界科学院）院士到访过物理所。其中被选为中科院外籍院士的有美国加州大学伯克利分校的沈元壤、香港科技大学的朱经武、美国卡内基研究院的毛河光、香港科技大学的张立刚、美国朗讯公司贝尔实验室的卓以和，以及诺贝尔奖获得者美国普林斯顿大学的崔琦和劳伦斯－伯克利国家实验室的朱棣文、美国威斯康星大学的张永山等。

1972年和1974年美国科学院院士沈元壤两次访问物理所，1978年再次到物理所从事非线性光谱学方面短期工作，后来他又多次来所讲学和工作，由于他对中国科学事业的贡献，被选为中国科学院外籍院士，被物理所推荐为中国科学院国际科技合作奖候选人，并于2009年获得中国科学院第二届国际科技合作奖。2009年中国科学院又推荐他为中华人民共和国友谊奖候选人，沈元壤于2010年获此殊荣（图3）。

图3　沈元壤(中)与物理所科研人员交流工作

1975年美国科学院院士张立刚作为J.巴丁为团长的美国固体物理代表团成员访问了物理所，对物理所的第一代分子束外延设备的总体设计方案提出了中肯意见。以后张立刚又多次访问物理所，与表面物理实验室建立了深厚的友谊。1979年在分子束外延设备最终调试阶段，他还亲临沈阳科仪厂，关心设备研制情况。

1982年6月吴健雄、袁家骝再次访问物理所。美籍华裔科学家毛河光1991年5月、1993年6月及后来多次来物理所作访问报告，进行学术交流。这对于物理所开展高压物理的前沿课题研究起了重要作用。2009年，先后还有美国科学院院士R.赫姆利（Hemley）、美国高压地球物理联合会会长R.C.利伯曼（Lieberman）、原国际高压科学和技术协会会长B.尼利斯（Nillis）、加拿大研究院院士谢硕（J.S.Tse）等美国、日本、瑞典、德国的高压物理学家来物理所高压组交流访问。

5.据统计1990～2010年国外专家来访有5798人次，年均约270人次，有46个国家与地区的来宾到访过物理所。其中有31个国家的科学院院长等102人次和各国政要、使馆官员等到访过物理所。其中包括苏联科学院、罗马尼亚科学院、乌克兰科学院、蒙古科学院、捷克科学院、英国皇家学会、意大利高等研究院、保加利亚科学院、瑞典皇家工程院、法国国家科研中心、立陶宛科学院等的院长。还有23个国家与地区（含港、台）及国际机构和组织的69人次及各国大学及学会领导人、19个国家与地区（含港、台）的76人次研究所的所长、21个国家（含欧盟）的84人次企业负责人、其他社会机构等要人到访过物理所。

6.有不少华裔科学家对物理所的工作作出了贡献，如吴京生、陈骝、谢中立等旅美等离子体物理学家来访。他们后来均保持了和物理所的密切合作。

1978年6月，美国福特汽车公司高级研究员王正鼎访问物理所，就激光光谱等研究提了不少具体建议，并赠送了一批研究器材。

1980年7月，美国韦恩州立大学郭保光倡议的微处理机应用讲习班在物理所开班，历时1个月，以8085单板机系统为对象，让学员做实验。参加学习的有国内20多个单位的60多位学员。这次学习班对提高国内的计算机应用水平起到了重要作用。物理所的高宗仁负责讲习班的具体组织和安排。

第三节　合作研究

就共同关心的课题，与有关国外研究者合作，各自发挥自身优势，共同完成并发表研究成果，这是国际合作在更深层次的发展。物理所参与的这种合作研究也愈来愈普遍。

1.中研院时期曾派研究人员参加西方国家在中国开展的科研活动。1929～1933年，中研院物理所委派陈宗器参加主要由德国和瑞士科学家组成的对中国西北地区的联合科学考察。4年中他们历尽自然环境的艰辛，以及土匪和叛军的掳劫，对祁连山、罗布泊、戈壁、额济纳河、肃州等青海、甘肃西部、新疆地区开展了多学科的考察。这次考察开创了中国的科学考察事业。1933年北研院物理所协助桂质廷和英国的F.C.布朗（Brown）一起对北平东北及西南两处的地磁做了测量。并购买了一批地磁测量设备。同年北研院物理所还派鲁若愚和院特约研究员、法国雁月飞（P.Lejay）一起，历时3个月，对华北的山西、河北两省广大地区作了重力加速度测量。

2.20世纪80年代开始逐步发展与国外研究团体的合作研究。在1978～2010年的30多年里，物理所执行的院级合作项目包括中科院与美国国家基金会、英国皇家学会、意大利国家研究委员会、德国马普学会、德国夫琅和费协会、法国原子能署、荷兰教育科学部、丹麦皇家文理学院、比利时国家科学基金会、法国国家科研中心、俄罗斯科学院、瑞典皇家科学院、澳大利亚科学院、匈牙利科学院、芬兰科学院、波兰科学院、捷克科学院、乌克兰科学院、白俄罗斯科学院等都有科学合作协议，还有中科院南－南合作基金的多次来访项目和资助项目、中科院“引进国外技术、管理人才项目（外国专家局）”、中科院世界银行贷款“重点学科发展项目”、中科院与第三世界科学院合作项目、中科院与日本学术振兴会学术交流备忘录、中科院与新加坡南洋理工大学协议、中科院与巴基斯坦纳萨加利暑期学校合作议定书、中科院与加拿大研究理事会科学合作谅解备忘录、中科院王宽诚博士后工作奖励基金、中科院外国专家特聘研究员计划、中科院留学经费择优支持项目、中科院公费留学计划项目、中科院留学回国人员科研启动基金项目、中科院国际合作重点项目、中科院“爱因斯坦讲习教授”计划项目等等共40余项。国际合作研究全面开展。

3. 1978年在中科院副院长钱三强的倡导下，以章综为负责人，物理所与中国原子能科学研究院、中科院低温技术实验中心合作，通过中法合作项目在国内建设中子散射研究基地。组建初期，在国内举办了多期中子散射学习班，请美籍华裔物理学家陈守信、法国物理学家G.佩皮（Pépy）和B.法尔努（Farnoux）等讲授中子散射课程。与此同时，又先后派出十几名科技人员到法国、美国进修。通过6年的努力，在中国原子能研究院建立起中子三轴谱仪、中子四圆衍射仪和中子小角散射谱仪。1985年中子三轴谱仪（图4）及中子四圆衍射仪的研制获中国科学院科技进步二等奖。由此培养出的研究集体，后来成为国家973计划项目散裂中子源的立项调研、靶站和谱仪设计建设的骨干力量。2002年7月，中科院知识创新工程重要方向项目“多学科平台散裂中子源的关键技术的创新研究”启动后，与德国ESS、英国ISIS、瑞士PSI、美国SNS、日本原子能研究院都建立了合作关系，签有合作协议。

4. 物理所各研究领域从不同渠道开展的合作研究：

①晶体结构研究方面的合作。1982年，李方华应日本学术振兴会邀请，访问大阪大学应用物理系桥本研究室，携带了中国新发现的氟碳铈钡矿和黄河矿开展研究。1990年前后，李方华等又与日本学者桥本初次郎合作，进行了中国的岫岩玉和蛇纹石矿物微结构的研究。

图4　中法合作项目研制的中子三轴谱仪

1986～2003年，范海福研究组通过中科院与英国皇家学会的科技交流协议，与英国约克大学沃尔夫森（Woolfson）研究组在直接法研究领域开展了20多年的合作研究，还与M.M.沃尔夫森（Woolfson）合作撰写了一部专著*Physical and Non-Physical Methods of Solving Crystal Structures*。

1993～2000年，郭可信请中科院生物物理所的徐伟在北京电镜实验室建立低温电镜技术，并与植物所的匡廷云、美国得克萨斯大学休斯敦医学院的周正洪、北京师范大学的薛绍白等合作，开展了生物大分子三维重构研究。

1998年7月，梁敬魁与美国国家标准和技术研究所（NIST）中子部，开展晶体结构和磁结构的合作研究。2003年饶光辉作为访问学者及随后的在读博士生都充分利用NIST的设备，收集了一系列化合物的粉末中子衍射数据。

②磁学研究方面的合作。1980年磁学室派技术人员去法国，与法国奈尔实验室合作研制超导磁场提拉样品磁强计（CF-2型）共3台，分别提供给法国奈尔实验室、北京大学物理系、中科院物理所，1991年启用。这是当时中国唯一的磁场达到8特、低温达到1.5K的极端条件磁测量设备。

1985年，赵见高与美国D.J.泽尔迈尔（Sellmyer）合作申请到为期两年的中国科学院－美国国家科学基金会的国际合作项目。1987年王荫君与赵见高又延续申请了该合作项目。通过合作不仅就非晶态稀土合金和薄膜进行了合作研究，而且互派有十余人次的人员交往，合作持续了十余年。1988年，杨伏明在与荷兰教育科学部科学技术合作备忘录的框架内，积极推动了中科院物理所与荷兰范德瓦尔斯－塞曼（Van der Waals–Zeeman）研究所的长期合作研究计划。1988年，磁学研究室作为国家科委的中国－罗马尼亚科技合作项目的中方主体，就合作研制大功率稀土永磁电机达成协议并最终完成了协议。

③等离子体物理研究方面的合作。1983年后，蔡诗东多次和美国物理学家陈骝合作，研究了等离子体回旋动力论方程，作邀请报告和评论报告。1993年又合作预言聚变产物的高能粒子会激发动力束气球模不稳定性，已被实验证实。蔡诗东还和美国M.N.罗森布鲁特（Rosenbluth）及V.达姆（Dam）合作，提出托卡马克等离子体中加入高能粒子可抑制气球模不稳定性，等离子体直接进入高比压的第二稳定区的思想，并作了理论证明。

1986年，中国等离子体研究会与一些发展中国家的研究机构和大学在吉隆坡共同发起成立亚非等离子体培训协会（Asian–African Association for Plasma Training，简称AAAPT），该协会为国际理论物理中心的网络成员。由此，物理所和中国等离子体研究会与该组织成员单位开展了不同形式的合作活动，如物理所为马来西亚大学研制光谱仪，为印度的一所大学研制了等离子体测量仪器，向江西师范大学赠送了一台射频等离子体装置，为泰国曼谷朱拉隆功（Chulalongkorn）大学建造一台角向箍缩装置等。

1995年5月24日，根据AAAPT主席李新（S.Lee）建议，在物理所成立了亚非等离子体培训协会研究与培训中心。蔡诗东被任命为该中心主任，李银安为常务副主任。其任务主要是为亚非地区联合培养研究生及开展其他形式培训活动，经费来自国际理论物理中心和AAAPT。这一中心成立后，先后有印度、伊朗、津巴布韦等国家的学生来物理所参加培训。

④金属和非晶物理研究方面的合作。从1988年开始，中科院物理所与乌克兰金属物理所合作开展熔体液态结构的研究。陈熙琛与乌克兰科学院金属物理研究所A.B.罗曼诺瓦进行了近十年的合作，在合金液态结构与平衡状态图的定性和定量相关性、准晶结构的热稳定性和液态结构反演方面取得了研究结果。

1988年，在国家科委的主持下，王文魁代表中科院物理所与联邦德国空间模拟所签订了关于开展合金形核过冷研究的合作协议。该所的D.M.黑尔拉赫（Helach，后任德国金属物理学会会长）到物理所进行学术交流，物理所也派遣博士生到该所进行联合培养。

2000年起，亚稳态材料研究组与香港城市大学物理学系在非晶合金研究方面建立长期合作交流关系。

⑤半导体物理和表面物理研究方面的合作。1989年，MBE–IV型分子束外延设备代表中国的高科技发展水平，全套设备运往莫斯科，参加苏联举办的“科技在中国”大型展览会。物理所周均铭和沈阳科仪厂谢琪在现场和与会人员进行技术交流。1989年物理所与英国GV Semicon公司合作，为民主德国科学院电子物理研究所制造和安装分子束外延设备。

1990年前后，日本东北大学金属材料研究所的樱井利夫曾多次来表面物理室访问，进行学术交流，同时与物理所开展联合博士生的培养，先后接受薛其坤、王鼎盛、周均铭等到他的研究室工作。

⑥低温物理研究方面的合作。至2010年，极端条件室与国际上多个著名的低温物理实验室建立了常年的合作互访关系，包括法国国家科研中心的低温中心、芬兰赫尔辛基的低温物理实验室等。与美国在犹他大学新建的亚mK极低温实验室也建立了双边合作关系，包括派学者互访和共同培养研究生等。该实验室的筹建人杜瑞瑞多次到物理所进行访问和讲学。通过有效的国际合作，该室的研究组得到了一些国际上最好的实验样品，包括贝尔实验室制备的、迁移率高的二维电子气材料样品。

吕力研究组与国际上从事不同实验技术的研究组〔如戴鹏程的中子散射、美国洛斯阿拉莫斯（Los Alamos）国家实验室和麻省理工学院（MIT）的超快光谱等〕合作，研究铁基超导体在其他方面的物理行为，以揭示背后的物理机理。

2000～2010年，靳常青研究组积极开展国际合作，邀请了美国、德国、日本等的高压物理学家十多人来物理所进行学术交流。同时也派出刘清青等十余人去美国、日本等国的高压实验室访问和合作研究。

⑦光物理研究方面的合作。20世纪80年代初，美国费城德雷克塞尔（Drexer）大学L.M.纳杜西（Naducci）曾在物理所作多讲量子光学讲座，与光学室的同行在《科学通报》上联名发表了论文。

美国南佐治亚大学张景园和光物理实验室有长期的合作，时间是从20世纪90年代初至2008年，合作内容主要在激光物理和激光器技术方面。光物理实验室主要参与人员是许祖彦和冯宝华。

⑧理论和计算物理研究方面的合作。研究室的许多课题都有国际合作，如2003年方忠与日本永长直人（Nagaosa Naoto）等合作，2004年王恩哥、王鼎盛等与牛谦等合作，分别发展了精确计算反常霍尔电导率的第一性原理计算方法。2008年后，方忠、戴希等与美国斯坦福大学张守晟一直保持合作，进行拓扑绝缘体的研究。

5. 申请中科院的合作团队项目，是开展国际合作研究的一种形式。2005～2010年超导研究室获得中科院“超导国际合作团队项目”，国内成员是超导实验室骨干，有8位国外超导领域优秀研究人员，每年举行一次学术交流活动。

物理所纳米研究方面先后组织了几次联合实验室，如1999年前的纳米材料与技术联合实验室（香港科技大学、长春应化所、化学所、物理所、半导体所）、材料联合实验室（香港城市大学与物理所）、新材料合成与检测技术联合实验室（香港大学、物理所、化学所、半导体所、感光所、上海有机所）。依托于“具有明确目标导向的交叉和重大科学前沿基地”，“纳米材料及其器件物理研究”国际合作团队于2007年7月召开纳米材料、器件和物理性质国际研讨会。该团队也获得中科院的国际合作团队项目资助。2009年China NANO国际会议，徐红星作为分会共同主席组织了Nano-Optics and Plasmonics分会。此外，徐红星还参与组织了多次国际交流会议。他们与美国、瑞典和西班牙等国相关研究组建立了密切的合作关系。

“非晶材料和物理研究团队”于2009年组织召开了非晶材料和物理的未来研究方向学术讨论会。本次研讨会由中科院和国家外国专家局共同资助。参加本次讨论会的有物理所及团队其他合作成员、10多位受邀国内外知名学者，以及研究生40多人。

6. 空间实验方面，早在1988年美国国家航空航天局（NASA）负责国际合作的李傑信访问物理所时就提出，可以为中国提供20个航天飞机上搭载的独立密封GAS圆桶（容积≈直径500毫米×700毫米，载荷不超过90千克），进行空间实验。中科院积极支持此项合作，1991年703组启动G-432号搭载桶的实验。703组研制了适用于G-432的新型功率移动法晶体生长炉，1997年秋在NASA的肯尼迪航天中心安装G-432桶，1998年初在航天飞机第STS-89航班飞行。但由于NASA航天飞机航班的时间延迟和其他因素，空间实验未能通电，实验未能如愿进行。在美国航天飞机G-433号桶内安排了物理所承担的“空间溶液晶体生长”搭载项目。联试结果表明G-433桶整体和各分系统运行正常。由于其他方面的因素，该桶最终未有机会在航天飞机上做实验。

厚美瑛2006年10月参加了第45次由欧洲空间局资助的抛物线飞行实验，还在欧洲空间局巴黎总部召开的关于空间站“振动驱动微重力下的颗粒运动行为研究”研讨会上作了报告。在国家自然科学基金委国际合作局、中科院国际合作局和人事教育局及法国科学院与航天局的支持下，2008年厚美瑛研究组派出两名研究生赴法学习工作1～3年，并以此项目为主要合作课题。在法方推动下，2009年建立了中法微重力科学联合实验室。

7. 2000年，在中科院“知识创新工程”的支持下，由物理所所长王恩哥和美国橡树岭国家实验室张振宇倡议，“国际量子结构中心”成立（图5）。该中心着眼于新的量子现象及物理概念的发掘与研究，集中了国内外从事低维物理和纳米科学及相关领域研究的优秀华裔青年物理学工作者。中心还邀请包括诺贝尔物理学奖获得者崔琦在内的10余名国内外资深科学家组成了学术委员会，指导中心的工作。该中心的成立，使表面室在低维物理和纳米科学及相关领域的研究水平得到了显著提升。王恩哥等提出在受限系统中寻找冰的新相。他们在二氧化硅表面找到了一种新的二维冰结构，并将它命名为镶嵌冰。首次预言在表面上的一种完全不同于体结构的新冰。荷、美科学家小组设计了专门实验，用高分辨光学共振谱证明了他们预言的室温下表面上的单层冰。王恩哥等与英国伦敦大学学院（UCL）A. 米歇利德斯（Michaelides）合作，利用密度泛函理论，从原子尺度上系统研究冰相Ih/XI的体内和（0001）表面性质。

图5 中国科学院常务副院长白春礼（前右一）祝贺“中国科学院国际量子结构中心”成立

8. 美国普林斯顿大学的诺贝尔奖获得者崔琦于2003年、2005年、2006年、2008年和2009年五次访问物理所，并于2005年在物理所建立崔琦讲座，每年由他邀请、推荐其他诺贝尔奖获得者来物理所讲学。2006年又建立了崔琦实验室，对物理所相关研究水平的提高有益（图6）。

图6　2008年崔琦（前排右三）来物理所参加学术讨论会

9. 2001年，物理所开始试行国际评价制度。2001年、2003年、2007年分别组织实施了国际专家评价工作，20余个国家和地区以及国内知名大学和科研院所相关研究领域的著名专家，对物理所的科研方向和研究工作提出了评价意见和建议。2008年，物理所被科技部和国家外国专家局授予首批“国家级国际联合研究中心”称号。

第四节　国际会议

参加国际会议可以集中而全面了解特定研究领域的最新进展，是受欢迎的国际交流形式，但参加人员有限。中科院物理所早期是以参加国际学术会议为主要交流方式。在国家改革开放后，随着中国实力和研究水平的提高，也逐渐开始在国内组织国际学术会议，这样可以克服参加人员有限的缺点。组织国际会议的方式之一，是申请将国际常规的大型专业会议在中国召开，这是对中国实力和研究水平的检验；另外也可集中邀请国外专家学者来中国，举办学术研讨会等专业会议，这也是非常有效的国际交流途径。

1. 改革开放前，由于国家经济实力有限，国际交流的范围也有局限，因此能参加国际会议的机会不多。1956年亚太电子显微学大会在日本召开，钱临照向大会提交了学术报告，并由李林代为宣读，这是物理所第一次参加国际学术交流会议。1957年，陆学善和章综参加在莫斯科召开的第二届国际晶体化学会议，宣读了题为《铝铜镍三元合金系中 τ 相晶体结构》的报告，潘孝硕应邀参加了印度科学大会联合会第44届年会。1959年，王守武、徐叙瑢参加了由民主德国、匈牙利和捷克主办的固体物理讨论会等。

2. 改革开放以后，梁敬魁、范海福和杨翠英作为中国晶体学代表团的成员，出席在波兰华沙召开的第11届国际晶体学大会，会后应邀参观访问了波兰、英国在晶体学研究方面有重要影响的大学和实验室。1978年张寿恭去意大利参加了第16届国际应用磁学会议（INTERMAG），1979年张寿恭与刘英烈又去美国参加了第3届国际磁泡会议（ICMB）。1979年物理所派出了参加国际低温物理会议的代表团，赴法国参加第15届国际低温物理会议，参加人员有管惟炎、赵忠贤、李宏成。1980年，洪朝生参加第八届国际低温工程会议（ICFC-8）并访问了联邦德国，考察低温技术和超导研究发展情况，回国后详细介绍了会议和考察内容，整理出了相关材料共十部分，这个报告对物理所低温和超导研究人员有重要的启发和参考作用。1983年物理所派出了以何寿安为团长、沈主同为副团长的中国高压物理代表团，出席在美国由国际高压科技协会（AIRAPT）组织召开的国际高压学术讨论会，并顺访5个美国国家实验室。1985年，以管惟炎为团长的中国科学家代表团应邀赴日本参加第一届中日双边超导学术讨论会（日本仙台），对当时新超导体材料的研究进行交流。1987年，赵忠贤应邀在美国物理学会三月会议作特邀报告，他是高温超导专场的五位特邀报告人之一。由此，参加国际会议已进入常态。

3. 1978年秋，王震西和北京大学杨应昌组织了稀土磁性讲习班，请法国奈尔实验室主任R.勒迈尔（Lemaire）和D.吉沃尔（Givord）、D.吉纽（Gignoux）、B.芭芭拉（Barbara）等系统讲授了稀土磁性理论和实验。国内从事磁学研究的单位都派人参加学习，对推动国内的稀土磁性研究起了很好的作用。

4. 随着物理所的研究课题、研究水平与国际上日益接近，就有可能考虑组织双边和多边的国际会议，甚至申请组织大型国际会议。1985年秋应日本学术振兴会第131薄膜委员会的邀请，以李林为团长、周均铭与黄绮为团员赴日本访问，并商定由中科院物理所与日本学术振兴会联合主办中日薄膜学术讨论会。此学术会议每3年1次，在中国共召开了6次，前4届大会主席为李林，后2届由周均铭任主席。1986年9月组织了非晶态半导体国际讨论会，有十余位国际知名学者参加。1987年7月，超导中心参与组织了北京国际高温超导电性学术研讨会

（BHTSC'87），随后在1989年和1992年又参与组织了2次国际会议BHTSC'89和BHTSC'92。

5. 1988年，以磁学实验室为基础，联系国内同行参加了在巴黎召开的国际磁学会议（ICM-88），这是由联合国教科文组织资助、国际纯粹与应用物理学联合会（IUPAP）磁学分会负责的大型会议。会上以中国物理学会的名义向会议提交了“申请在中国组织ICM-94年国际磁学会议”的报告。IUPAP磁学分会经认真讨论后，一致同意中国的申请。后来因为其他原因ICM-94没有在中国召开。但申请这种大型国际会议仍是一次有益的尝试。

6. 举办国际性的讲习班、论坛等形式也有助于加强国际同行对物理所的了解，物理所举办过多次这类活动。表面物理实验室1990年举办了由联合国教科文组织资助的“国际表面物理讲习班”（The International School on Surface Physics），主要对象是亚洲第三世界国家的学者，共有近40位来自印度、斯里兰卡、泰国、马来西亚、巴基斯坦等国学者出席了会议。

1995年8月，在联合国教科文组织、国际理论物理中心（ICTP）、中国科学院和国家自然科学基金委的联合支持下，磁学实验室组织并主持了现代磁学国际暑期学校（Modern Magnetism International Summer School），聘请了国内外十多位著名磁学界科学家作讲座，学员来自俄罗斯、匈牙利、罗马尼亚、尼泊尔、印尼、印度等11个国家，达百人以上。主要讲座内容由世界科技出版有限公司（World Scientific Publishing Co.，新加坡）出版。

1996年9月8～12日，物理所主办了第四届国际纳米科学与技术会议（NANO IV），这是唯一的一次在亚洲举办的国际纳米科学技术系列性会议。1996年，德国卡尔斯鲁厄研究中心纳米技术研究所P. von 布兰肯哈根（Blanckenhagen）来表面物理实验室访问，并讨论进行中德纳米科学合作的问题。从1997年开始，双方合作举办了3次双边纳米科学会议，包括1997年在德国卡尔斯鲁厄召开的“中德纳米结构探针显微镜和自组装基础讨论会”，2000年在北京举办的“中德青年纳米论坛”和2004年在德国卡尔斯鲁厄举办的“纳米科学、纳米结构组装模拟基础问题讨论会”。

1997年2月28日至3月4日，超导实验室参与举办了第五届国际高温超导材料和机理（M^2S-HTSC-V）大会（北京）。1998年，通过中科院国际合作计划，超导实验室与比利时鲁汶（Leuven）大学建立了正式合作关系，中方负责人赵忠贤。先后于1998年、2005年在鲁汶大学，2000年在物理所，举行了三次双边讨论会。双方有多人次互访，开展合作研究，合作发表学术论文10余篇。2002年起，超导实验室和中科院理论所、清华大学共同发起举办北京高温超导前沿论坛，并自2004年起每年举办一次，邀请国际上从事超导机理研究的优秀华裔科学家和国内的科学家参加。

2000年9月物理所主办了第十届国际分子束外延会议，国外与会者超过150人。

2000年以后，物理所主办了国际X射线激光会议、亚洲原子分子物理会议等多个国际会议。张杰任会议主席。

2003年，物理所组织承办了第三届国际块体非晶材料学术研讨会。汪卫华是大会主席之一。来自20多个国

图7　第三届国际块体非晶材料学术研讨会

家和地区的130名科学家和研究人员参加（图7）。2010年组织召开中德非晶物理和材料研讨会，以“架起非晶合金中物理和材料科学桥梁”为主题，会议由中德科学基金研究交流中心资助，由物理所主办。

2004年5月17～19日，在国家自然科学基金委员会和中国科学院的共同支持下，物理所主办了“中美纳米科技研讨会”。2010年5月6～8日，物理所主办了“中韩能源科学研讨会”，解思深任中方主席。

2008年3月31日至4月1日，在中国科学院的支持下，物理所举办了阿秒激光科学技术国际研讨会，魏志义任组委会主席。来自中国、奥地利、意大利、美国、韩国及日本的20位专家作邀请报告，130余人参加了会议。

2010年，超导国家重点实验室主办了2010年“中美新超导体探索双边会议”（北京），由实验室学术委员会主任赵忠贤和美国空军科学研究局（AFOSR）H.维斯托克（Weinstock）担任会议主席。参加会议的美方代表16人，台湾“中研院”的吴茂昆参加了会议。

到2010年，物理所在国际交流与合作的氛围中得到了发展，各种形式的国际交流与合作已经在许多研究组常态化。

第六篇 管理体系

物理所所务会是所务管理的决策机构。1955年成立的学术委员会和1958年成立的中共党的领导小组（后改为党委会）也参与研究所的决策。物理所职能部门承担管理中的事务性工作，为研究所日常运行提供服务。

中研院物理所和北研院物理所不设职能部门，由一名科研人员兼任秘书协助所长处理日常管理工作，聘用事务员承担事务性工作。应用物理所成立初期除了由秘书协助所长工作外，还成立器材、图书、教学等专业事务组承担一般事务性工作，各事务组均由一名科研人员兼任负责人，成员包括事务员、管理员。1954年成立行政办公室，下设各职能组。1958年各职能组改为科，以后根据物理所发展的需要，职能部门经过多次调整，至2010年底，物理所的职能部门有综合处、科技处、人事处、研究生部、财务处和科学工程处。

本篇包括行政管理、人事管理、科技管理、财务和资产管理、研究生教育和博士后工作、党群组织六章。

第一章　行政管理

本章主要涉及应用物理所、物理所的行政管理部门的职能、行政管理体制、规章制度建设、档案管理及安全保卫等公共事务管理工作。中研院、北研院时期物理所的行政管理工作参见第二篇“历史沿革”部分。

1950年应用物理所建所初期，行政管理部门有业务组负责科研、器材、教学和审查工作，事务组负责生活后勤工作。1954年初成立研究所行政办公室，王守愚任主任，办公室下设秘书、人事、器材、图书、总务等若干小组。1958年春行政办公室下设各组改为科，并增设了教育、保卫、财务、膳食各科，统一由行政办公室领导。1960年管理机构调整，保留行政办公室。1970年成立的办事组和政工组行使行政办公室职能。1972年11月恢复行政办公室。1975年成立党政合一的联合办公室。1979年恢复党委办公室，行政办公室独立。1993年行政办公室与党委办公室合并成立党政联合办公室。1999年党政联合办公室更名为综合处。综合处负责全所行政、党务、工青妇等群众组织的日常工作、文书档案、信息宣传、安全保卫、房产管理、文化建设、物业监管等工作，是保障研究所各项工作正常运转的综合行政管理部门。

1954～2010年，物理所行政管理部门负责人先后为王守愚、姜虎文、王建勋、李俊杰、桂正耀、黄兴章、樊于灵、周友益、胡欣、吴奇、陈伟。

第一节　行政管理体制

一、所务会议及所务会议制度

所务会议是所领导班子集体分析全所形势，对全所重大工作作出决策和评价，部署重大任务，提出重要问题，研究讨论研究所重要工作的会议。所办公会议是各管理部门协调开展工作的会议。

中研院物理所设立所务会议制度，由所长、秘书、各组主任及专任研究员组成，所长为主席。所务会议的内容包括制订工作计划，制定各项规章制度，审议基金管理及财政事项、机构设置和人事任免，决定图书和设备的采购、与国内外学术机构的交流、科研著作出版及奖励等。应用物理所成立了由高级研究人员组成的核心组，在制订科研计划等方面起到领导作用，还建立了所务会议制度，决定全所机构设置、制定规章制度。这一时期所务会议尚未形成定期召开的规范。1959年，物理所制定了《所务会议暂行组织条例》。“文化大革命”时期，物理所行政、学术、党组织的领导机构均不能正常开展工作，所务会议停止。1978年，物理所实行党委领导下的所长分工负责制，恢复了所务会议制度，规定所务会议由所长、副所长和党委书记组成，定期召开，讨论决定研究所方向任务、发展规划、机构设置、人员调整、规章制度等重大事项。此后，所务会议坚持定期召开，会议制度逐步完善。

应用物理所成立后，各职能部门陆续成立，建立了由职能部门负责人参加的联合办公会。会议定期召开，部门间及时沟通工作进展、协调开展工作。物理所1975年通过了《中共物理所领导小组关于建立所办公会议制度的决定》，规定了所办公会议讨论、解决问题的范围是所业务行政各职能机构及各研究室需请所领导决定的重大问题，所工作计划和涉及部门较多的重大问题，科技规划、计划、研究方向任务的确定、调整，重要的学术活动安排。所办公会议每两周召开一次。1981年物理所修改颁布了《物理所办公会议制度》，明确了物理所办公会议由所长或副所长主持，由各职能部门主要负责人参加。其主要任务是：传达所党委、所务会的重要决定，由所长或副所长布置全所各职能机构的工作；在各部门工作交流的基础上加强配合与协调；交流经验，改进工作。所办公会议一般每月召开一次。

2002年物理所通过《物理所所务扩大会制度》，对所务扩大会制度作了补充、修订：规定了所务扩大会议由所长主持，党委书记、副所长、所长助理、职能部门负责人参加，并对所务扩大会议的议程作出规范以提高会议的效率。

二、党政联席会议制度

1984年物理所实行所长负责制，同年建立了所务委员会与党委会联席会议（党政联席会）制度，以确保所长科学决策和推进民主管理。此后党政联席会议每年至少召开一次，讨论重大事项，作出阶段性重要决策。参加人员包括领导班子成员、党委委员、职能部门负责人、科研人员代表等。

1984年3月，党政联席会议决定进行机构调整，撤销研究室建制，实行研究组长负责制。

1993年1月，党政联席会议决定职能部门调整为科技处、人教处、财务处、党政联合办公室；提出物理所深化改革的基本设想，并在组织重大创新性课题、争取开拓性成果、建设良好学术环境、开发拳头产品、科技工作向年轻一代转移、争取建立凝聚态物理中心等方面提出了具体目标和做法。

1996年，党政联席扩大会议讨论加快改革步伐的问题，凝聚态物理中心的筹建工作由此启动。

1998年，党政联席扩大会议讨论提出做好科技骨干新老交替，实行绩效津贴制度。

1999年，党政联席扩大会议制定了物理所机关改革方案，通过公开招聘、竞争上岗的形式聘任职能部门负责人。

三、务虚会议制度

为进一步推进民主决策，对涉及物理所改革和发展的重要事项与重大决策进行充分的酝酿，1999年，所党委和所务委员会决定以后每年联合组织召开一次务虚会议，讨论全所重点工作。

2000～2010年间，务虚会议上相继提出和讨论了以下问题：各处室结合自身工作报告了对物理所未来发展的设想和建议；提出“建设微加工实验室”和“国际评价体系”；提出建立所领导轮流值班制度，成立技术部；讨论科技目标及面临的压力和挑战；提出设立“海内外联聘教授”；确定“凝聚态物质及其量子现象的研究”为创新三期重点研究方向，提出积极促进光电、清洁能源、空间材料等研究中心的建立，建议购买液氦生产设备，成立液氦车间；建议成立“物理所清洁能源中心”和“北京散裂中子源谱仪工程中心”，设立所级层次“引进国外杰出人才计划”（“小百人”）；提出成立物理所战略专家咨询委员会；提出加强北京凝聚态国家实验室建设；建议成立“物理所国际合作工作小组”；建议启动编纂《中国科学院物理研究所志》。

四、处长联席会议制度

为了更好地贯彻落实所务会议精神与各项决议，更有效开展对研究所各方面的管理与服务，专门建立了处长联席会议制度。

处长联席会议由主管行政工作的所领导牵头，由一位副所长具体负责，综合处负责组织协调工作，各职能部门的正、副处长（办公室主任、副主任）、处长助理等部门领导参加联席会议。联席会议的核心工作是执行所务会的各项决议，强化处室间沟通协调并解决涉及多部门联合的具体问题，收集、反映科技人员亟待解决的问题，促进中层管理队伍建设，提升管理水平。联席会议以定期会议为主，包括专题研讨、参观学习等。

第二节　规章制度建设

物理所行政管理规章制度的建立最早可追溯至1928年颁布的《国立中央研究院物理研究所章程》。该章程比较详尽地规定了研究所的宗旨、组织规划、基本制度，并经过多次修订逐步完善。应用物理所成立后，陆续制定了一些必要的规章制度。在1954～1960年期间制定了科技、财务、人事、保卫、保密、器材、档案、出版等方面的规章制度，并在不同时期根据实际需要对有关制度作了修订。1956年第一届学术委员会颁布了《中国科学院应用物理研究所学术委员会暂行组织规程》。1959年制定《物理所职工岗位职责和工作要求及考核办法》，建立起责任制，加强了对研究工作的计划管理。

1966～1976年“文化大革命”的十年间，各项工作都受到不同程度的干扰，制度建设也被削弱甚至破坏。

1978年，物理所制定《中国科学院物理研究所工作条例》和《物理所党委领导下所长分工负责制》(暂行)，恢复所务会议制度，实行党委领导下的所长分工负责制。1981年制定《物理所所务委员会工作条例》《物理所办公会议制度》《学术委员会职责范围以及职能部门的职责范围》，从党委领导下的所长分工负责制过渡到党委领导下的所长负责制。1984年党委和所务会联席扩大会议确定机构调整，撤销研究室建制，实行研究组长负责制。先后颁布《中国科学院物理研究所各部门职责范围》《工厂职责范围》《图书情报室职责范围》《联合行政办公室职责范围》等，系统规范了所长、所务会、学术委员会、各职能部门、科技支撑体系各部门及群众组织的职责范围。

从1984年实行所长负责制后，物理所坚持把规章制度建设作为研究所建设发展的重要工作，纳入重要议事日程。在招生、留学、考核、津贴发放、住房、医疗、专利、民主管理等方面制定、实施了一系列规章制度，并在1986年、1991年、1996年先后编印了规章制度汇编，逐步形成了较为合理、严密、系统的管理规范。

1998年，物理所成为中科院首批进入知识创新工程试点单位的研究所。制定了《中国科学院物理研究所关于实施绩效津贴的试行办法》，在全院率先启动绩效津贴制度。进入知识创新工程以后，按照“按章办事，依法办所”的要求，在研究组评价、论文发表、成果转化、经费管理、人才招聘、各类人员管理、安全、房产、计划生育等方面补充完善了一批规章制度，并于2000年形成制度汇编。

2001年，物理所试行《物理所国际专家评价制实施办法》，2002年制定《物理所所务扩大会制度》《物理所沟通会制度》《物理所大型仪器设备管理办法》等。在随后的十年内，物理所根据工作需要陆续在人事管理、研究生管理、科技管理、财务管理、资产管理及综合管理等方面制定完善了一系列规章制度。在此期间，由综合处负责，分别在2002年、2004年、2008年、2010年四次对规章制度收集整理、汇集成册在所内印发。

第三节　档案管理

档案是在科技生产和管理活动中直接形成的具有保存价值的各种文字、图表、声像等形式的历史记录，是记载和反映物理所运行管理、科技活动及其他各项工作的重要史料和凭证。档案管理是物理所管理工作的重要组成部分。

1928～1949年，中研院物理所的档案由中研院总办事处统一管理，北研院物理所的档案也由总办事处管理。中科院成立时，接收了中研院物理所和北研院物理所的档案清册及部分档案。

1951年，中科院应用物理所将重要文件整理保存，开始建档立卷形成文书档案。1960年2月1日，根据（60）物密字第001号《关于建立技术档案的通知》的要求，物理所开始对研究工作中所形成的文件材料集中整理、统一保管，并对1959年以前的科学研究资料进行归档。到1964年上半年，物理所档案由各有关部门分头管理：科技项目档案由业务处情报科管理；设备档案由业务处器材科管理；基建档案由行政办公室的基建科管理；党政文书档案由行政办公室的秘书科保密室管理；人事档案由人事科管理；会计档案由财务科管理。全宗档案逐步规范成文书档案、科技档案和人事档案三大部分，分别由行政办公室（1999年后为综合处）、科技处和人事处管理，并分别建立档案室。文书档案室包括文书档案（含声像档案）、会计档案（1984年开始接收）、著名人物档案、死亡人员档案（1992年开始接收）；科技档案室包括科技档案、成果档案、基建档案、仪器设备档案；人事档案室包括职工档案、工资档案等。

1996年为加强全所档案管理工作，经物理所所务会议研究决定成立物理所综合档案室，由科技处长俞育德任主任。此时全所专职档案人员3名，兼职档案人员51名（分布在各研究组）。同时档案室开始配备计算机，实现了用计算机进行检索。

2005年，为贯彻中科院公文处理、档案管理等四个标准，物理所成立了“贯标”工作领导小组，孙牧任组长。

2006年，中科院下发关于科研课题档案、文书档案、著名人物档案、会计档案、基本建设项目档案、科研仪器设备档案等一系列建档规范。物理所据此制定了相应的综合档案管理办法，进一步完善了档案工作的各项管理制度，包括档案库房管理制度、档案借阅规定、综合档案室管理规定、档案人员岗位责任制、档案工作人员保密守则等。

一、文书档案

物理所文书档案从1951年开始建档立卷。保留下来的1951年文书档案有5卷，其中1卷移交中国科学院档案馆永久保存。

1980年，恢复了物理所办公室机要档案室，配备了一名专职管理干部，由副所长盛礼奇和所办公室主任黄兴章主管文书档案工作。

1984年印发了《物理所文书档案工作暂行办法》。同年8月，根据国家和中科院文书档案工作标准要求，对物理所历年来积存的文书档案材料进行了一次清理归档立卷鉴定工作。为此组织了一个清理积存文书档案材料工作小组，组长为吕绍增。

1991年制定了《物理所办公室文书档案若干工作制度》，建立物理研究所文书档案管理小组。同年通过中科院办公厅文书档案管理工作检查验收，并获办公室文书工作先进集体。为更好地利用档案，1992年对1951～1989年的文书档案中的涉密材料做了清查鉴定，将一批涉密档案做了降密、解密等密级调整。

2002年，物理所成立文书档案鉴定小组，李和风任组长。2003年调整物理所档案鉴定小组，孙牧任文书档案鉴定小组组长。

根据中科院档案管理部门的要求，物理所于2005年1月将文书档案295卷、照片89张移交给中科院档案馆永久保存。

2005～2008年，物理所按照《中国科学院文书档案建档规范》将1981年以后的文书档案进行了重新整理和编目。

此外，物理所还为曾在所内工作过的中科院院士、工程院院士以及为研究所发展作出重大贡献的人员建立了名人档案，截至2010年共形成6个全宗，14卷。

1988年1月，物理所在中科院“1987年北京地区机关档案工作检查”中获得合格证书。1997年档案工作接受了中科院组织的验收，物理所档案管理达到了院一级标准。2007年在贯彻中科院公共事务管理标准考评中，物理所获得公文、档案、安全、信息宣传4个管理标准工作一级达标单位，档案管理工作同时获得了先进集体称号。2009年物理所获得了中科院一期档案进馆工作先进集体称号。

截至2010年，物理所文书档案等各类档案统计情况见表1、表2、表3。

表1 物理所1951～2010年文书档案案卷统计表

年 份	永久（卷）	长期（卷）	短期（卷）	合计（卷）
1951～1980	334	244	68	646
1981～1990	166	372	195	733
1991～2000	131	352	72	555
2001～2010	135	369	84	588

表2 物理所声像档案统计表

类别	年份	张数	册（盘）
照片	1999～2004	59	7
数码照片	2004～2007	116	2
DVD光盘	2006～2009	16	6
所级领导及院士照片	1928～2010	93	1
所庆影集照片	1988	88	1

表3 物理所会计档案统计表

类别	年份	册（卷）	件数
财务报告类（预决算表）	1951～2010	25	128
工资册	1971～2006	119	441
会计账簿类	1974～2010		920
会计凭证类	1993～2010	4387	4387
其他类（银行对账单）	1994～2010		50

二、科技档案

科技档案是在科研活动中形成的原始记录材料，是科技活动过程中的真实反映。物理所的科技档案主要包括研究所年度计划、项目申请书、年度总结、结题报告、实验记录、检测报告、成果鉴定报告、发表论文、撰写专著、成果鉴定等材料。

物理所现存最早的科技档案可以追溯到1948年中研院物理所进行的“小型拉伸机的制备及用它研究铝的弹性后效”中的论文、实验记录和实习报告。应用物理所成立后对科技活动中的研制任务书、研制报告、使用情况报告、测试报告及测试方法、测试结果、鉴定证书等都进行归档管理。物理所在1964年开始将实验记录统一收集管理，形成科技档案的一部分。1980年物理所对全所科技档案进行了重新整理，档案室的档案也逐步完善，并且归档的种类不断增多。1983年印发了《中国科学院物理研究所科学技术档案工作暂行办法》。

针对科技档案管理的需求，物理所科技处于1995年制定了《物理所科研档案管理制度和档案室职责》。随着科技档案管理工作不断发展的要求，于2005年对其进行了修订。

2002年成立物理所科技档案鉴定小组，张杰任组长。2003年调整物理所档案鉴定小组，王玉鹏任科技档案鉴定小组组长。

截至2010年底，科技档案室存放档案种类见表4。

表4　物理所科技档案统计表

档案种类	科技	科技管理	仪器设备	研究生论文	基建	奖状	专利证书
数量	2165卷	360卷	261卷	1596册	399卷	312张	320册

物理所一直重视科技档案管理工作，并获得一系列荣誉：1983年5月，在中科院恢复整顿科技档案工作中，物理所获京区科技档案工作先进单位称号。1986年9月，物理所在中科院年度科研项目档案检查评比中成绩优良，获得了表彰。1998年8月，物理所被中科院评为院一级科技档案管理事业单位称号。2009年8月，物理所荣获中科院档案进馆工作先进集体称号。

三、人事档案

人事档案是档案管理的一部分。由于人事档案的特殊性，除死亡人员档案纳入文书档案管理外，人事档案一直由人事处单独建室专门管理。

1981年，按中央组织部要求，组织物理所全所干部职工填写干部履历表，重新整理了职工档案。1982年建立了考绩档案。1986年，为落实知识分子政策，根据中央精神，人事处与党委办公室共同对人事档案进行了清理，去除“文化大革命”等运动审查留下的资料。1987年，对职工档案材料再次进行了清理和补缺。1989年，清理考绩档案，按单位顺序登记造册。

1990年，人事处对全部档案散件材料进行了登记、分类和装订。对不完整的材料进行了搜集补齐。此外，还建立了相应的人事档案管理办法及借阅规则。

2002年，中科院人教局人事档案审核，物理所以合格成绩达标。2010年中科院人教局组织了干部人事档案的审核工作，物理所以99.65分的成绩考核为优秀。

第四节　安全保卫工作

安全保卫工作主要包括交通、治安、保密、消防、环境和实验室安全等方面。1956年应用物理所成立保密委员会，制订了保密工作条例，规定了保密工作的范围、办法，同时恢复治安保卫委员会，乔星南任主任。1958年，物理所成立保卫科，归所办公室领导，同年印发《中国科学院应用物理研究所保密工作暂行条例草案》和《安全工作条例》。1960年成立保卫处，刘俊才任副处长。1977年改为保卫科，谢章先任副科长。1980年恢复保卫处，夏明任副处长。1993撤销保卫处，安全保卫职能划归党政联合办公室。

本着“安全第一，预防为主，消除隐患，综合治理”的原则，物理所成立了安全保卫委员会，并制定了《物理所安全保卫委员会制度》。安全保卫委员会下设安全管理办公室，负责贯彻执行物理所安全保卫委员会有关安全工作的各项规章制度。安全保卫委员会先后制定（修订）并颁布了《物理所安全保卫责任制条例》《物理所安全教育制度》《物理所安全检查制度》《物理所消防安全管理制度》《物理所化学危险品管理制度》《物理所剧毒物品管理制度》《物理所安全奖惩条例》等一系列规章制度，为安全保卫工作的规范化管理奠定了基础。

随着物理所科技工作的发展，安全保卫工作的重点逐渐由传统的交通、治安安全向实验室安全转移。2010年在安全管理委员会主任孙牧的提议下，建立了分布于每个研究组的实验室安全员队伍，重新修订整理了有关实验室安全的规章制度，编写了《物理所实验室安全手册》。其内容涵盖了紧急情况处理须知、安全管理分级责任制、实验室水电使用及防火通则、实验室废弃物处理规定、易燃易爆腐蚀性等危险化学品使用安全、高压气瓶及高压容器使用安全、低温液体使用安全、射线使用安全、激光使用安全、剧毒物品使用安全、放射性物品及设施使用安全、机加工设备使用安全、实验室安全规程、实验室安全培训、实验室安全检查、实验室安全考核与奖惩等内容。该手册在帮助实验室工作人员快速了解实验室安全工作要领，提高实验室安全意识和技能，推动实验室安全工作方面具有重要意义。

根据物理所科技工作的需要，2005年启动物理所保密资质申请，2006年6月通过了国家二级保密资质认证。2007年底通过国军标质量管理体系资格认证。

物理所安全管理工作确保了研究所科技活动的正常开展，多次受到上级主管部门的表彰。

第二章　人事管理

人事管理是物理所管理体系的重要组成部分，包括聘用制度、职务评聘、考核管理、薪酬福利、职工教育培训、人才培养与引进和离退休职工管理等工作。

在中央研究院（1928~1949）期间，人事工作由总务部门负责。1956年应用物理所在行政办公室下设立人事组专门负责人事工作。1957年2月人事组更改为人事科。1960年3月经中科院批准成立人事处。1984年，物理所在行政机构调整中将人事与教育合并，成立人事教育处。2003年撤销人事教育处，人事处再次成为独立管理部门。

1958~2010年，人事部门负责人分别为门忠臣、林争光、王德厚、李俊杰、李勇、吕绍增、潘友信、石庭俊、邵有余、金铎、刘琪、李和风、陈伟、邸乃力。

第一节　聘用制度

中华人民共和国建立后，物理所的聘用制度一直执行国家和中科院的相关政策。2000年，物理所职工全部纳入了合同化管理。此后伴随国家《劳动合同法》的出台，合同化管理更加规范和完善。

1982年，物理所为促进人员流动，逐步实现队伍结构的合理比例，在3个实验室进行了定编定员试点工作。

1984年，物理所开始实行定编定员工作，即采取定编定员、自由组合和领导调配相结合的办法，促进了人员的合理交流与输送。定编之后，在研究组实行科技人员内部的招聘和双向选择制，在管理部门中实行选聘制，对部分需要进一步考察的职工实行试用制。此次聘用制度改革试点打破了原有人事制度的僵化局面，促进了人员的双向流动，使科技和管理队伍结构更加合理，人员更加精干，为以后全面实行聘用制打下了良好基础，积累了经验。

1985年，物理所为继续做好人员流动，采取了切块定编和双向流动等措施。编内编外可以互相转换，应聘、临时应聘和待聘同时并存。全所编制分成4个系列，即研究组、技术服务部门、机关干部和工人、机动编制。各单位编制调整都要在系列内进行，不允许突破。1989年10月《待聘人员的管理办法》经所务会批准，开始执行。

1997年，根据中科院的要求和物理所发展的需要，开始建立按需设岗和按岗聘任的人事管理制度。首先在35岁以下的年轻人中试行，2000年扩大为全员聘用合同制。

2000年，物理所试行秘书制，这是建立现代研究所运行机制的新尝试。秘书与管理部门共同形成研究所的管理网络。2003年实行按需设岗，对中科院核定的创新岗位人员编制进行了核定和分配，对各研究单元的创新岗位人员实行总量控制。同年完成了实验室公共技术岗位的设置工作。2004年组织了技术和管理岗位的全员聘用。为适应研究所对人才的特殊需要，转换用人机制，人事处研究制定了《中国科学院物理研究所项目雇员管理办法（试行）》，进一步规范了编制外人员的聘用和管理。2008年《劳动合同法》出台后，人事处根据法律法规修订了《聘用合同书》，深化了全员聘用制的规范管理。

第二节 职务评聘

职务评聘工作在物理所一直做得严谨规范。中研院物理所对研究岗位有明确的设定。研究人员设研究员、副研究员，分为专任、兼任及特约三类。依照规定，评聘需提经院务会议通过，由院长聘任。对尚不具备规定资格，但在学术上有特殊贡献者，可由所长提请院长转交评议会审查同意，院长可聘其为研究员或副研究员。

北平研究院时期，物理所研究员分专任、兼任及特约三种。此外，另设助理研究员，协助研究员承担研究工作。同时还设有练习员及研究生，在研究员指导下从事研究训练。

中科院应用物理所时期，按中科院有关规定，职务评聘需通过业务答辩、外文考试、政治思想和业务鉴定的流程进行评审，随后报研究所审批，经中科院平衡后由研究所正式批准公布。

1966～1976年，受“文化大革命”运动的影响，物理所的职务评聘工作未能正常进行。

1977年，中科院贯彻国务院关于恢复技术职称的指示，选定物理所为试点单位开展专业技术职称的评审工作。1979年，技术职称范围从研究技术人员扩大到管理人员和支撑系统的人员。物理所大多数职工的职称得到晋升，其中少数科技人员被破格晋升。

1985年，中共中央作出科技体制改革的决定，物理所又成为中科院专业职务聘任制先行试点单位，聘任工作更加完善和规范。程序包括自由申报，学术片筛选，同行评议，评审小组确定推荐人选，学术委员会听取申请人报告以及投票表决等过程。

1986年，根据中科院关于行政职务及任职条件的有关规定，物理所第一次进行了行政职务的定职工作。1988年在中科院干部局的指导下，开展了工人技师聘任试点工作。成立考评委员会，制定试点工作细则。

经过十年的努力，物理所技术职称的范围覆盖了各类人员，聘任工作进入了程序化的轨道。

2004年，为规范岗位聘任委员会的工作制度，促进岗位聘任委员会工作的有效开展，根据岗位聘任的工作要求，人事处研究制定了《中国科学院物理研究所岗位聘任委员会议事规则》，规范了岗位聘任工作的条件和流程。2007年按照国家人事部的部署，顺利完成了专业技术岗位首次分级工作。

第三节 考核管理

从20世纪80年代开始，物理所实行了职工年度考核制度。职工每年填写《年度考核登记表》，由所在部门和人事处填写考核意见，本人签字，以此作为职称和薪级调整的重要依据。

一、科技岗位的考核管理

1979年起，物理所恢复和建立了科技人员的技术档案，组织初中级研究技术人员填写《业务考核登记表》，高级研究技术人员填写《业务工作情况小结》，并建立档案。1988年，物理所建立了对35岁以下青年科技人员的考核奖励制度，经过理论考试、实际操作、工作业绩及工作态度四方面的严格考核，评选出优秀和表扬的名单，由所长颁发荣誉证书及奖金。随后又分别实施了对45岁以下青年高级研究和技术人员的考核奖励。

二、管理岗位的考核管理

1984年始，物理所管理部门的考核实行以岗位责任制为依据的分级考核办法，即在平时考察的基础上，年底对管理人员进行集中考核，考核包括服务对象、处内同事、处长、主管所领导四个方面的评价意见。在集中考核的基础上，还对处长进行考核。1997年始，在对管理部门考核评议基础上，物理所每年组织一次全所管理工作经验交流会。

2007～2010年，物理所对管理部门的考核方式改为由主管所领导听取分管管理部门人员的工作报告并进行评议，所领导班子听取各管理部门负责人的年度总结报告，并进行评议。

第四节 薪酬福利

物理所是国家全额拨款的事业单位，其薪酬福利政策完全执行国家和中科院的统一政策。

一、工资制度

物理所职工的工资政策一直执行国家事业单位职工统一工资标准，工资发放足额及时。同时根据国家和中科院的统一部署进行职工工资的调整。1950～2010年，先后历经四次工资制度改革和多次工资标准的调整。

1951～1955年，国家没有统一的工资制度，供给制和工资制并存。1955年7月国家废止了供给制，一律改为工资制，从此结束了供给制和工资制并存的局面。1956年6月，国务院作出了《关于工资改革的决定》。同年7月，国务院公布了《关于工资改革中若干具体问题的规定》，实行直接用货币规定工资标准的制度，即职务等级工资制。这是中华人民共和国成立以来第一次全国性的重大工资改革，奠定了中国工资制度的基础。

1957～1983年，国家进行了多次工资调整，规范了工资标准。

1985年，国家机关事业单位工资制度改革，由职务等级工资制过渡为结构工资制。根据《国家机关和事业单位工作人员工资制度改革方案》等文件精神，将机关事业单位的工资制度与企业的工资制度分离，由职务等级工资制过渡为结构工资制。职工工资由基础工资、职务工资、工龄津贴和奖励工资四部分组成。这是第二次工资制度改革。

1993年10月，根据国家《关于机关和事业单位工作人员工资制度改革问题的通知》精神，进行了事业单位工资制度的第三次重大改革。

自1995年起，中科院试行岗位工资（津贴）制度，即将30%活的工资部分统一管理，依据岗位再进行分配。随后物理所作为全院五个试点单位之一开始试行绩效工资制。经过几年的探索，为中科院推行由基本工资、岗位津贴、绩效奖励组成的三元结构工资制提供了经验，同时也率先提高了本所职工的工资待遇。

2001年，中科院发布《中国科学院知识创新工程试点全面推进阶段深化收入分配制度改革的实施办法》，使三元结构分配制度更加完善。同时实行了法定代表人的年薪制。期间物理所还根据自身发展的需要，实施了对特殊人才的协议工资制、对项目聘用人员的合同工资制。

2006年，中科院发布《中国科学院关于事业单位工作人员收入分配制度改革措施实施意见》，对三元工资制进行了进一步补充和完善。

为稳定职工队伍，使收入分配机制更加科学合理，自2003年起物理所根据自身发展现状，多次调整三元工资结构比例。

二、福利制度

物理所非常重视职工的各种福利，建立了完善的福利制度。

（一）职工福利

职工福利制度始于20世纪50年代，每年按规定在院拨事业经费中提取，用于职工集体福利及个人困难补助等。

（二）保健工作

早在20世纪50年代，物理所就实行了保健津贴制。1973年中科院统一调整了对从事有毒有害岗位工作的职工实行保健津贴的标准，按工种不同分五个等级，标准为3～5元/月。1980年起调整为四个等级，保健费也相应增加。1990年再次调整等级标准。物理所职工享受公费医疗，每年参加所里组织的一二次身体健康检查。

（三）休假制度

物理所职工享受国家规定的各种休假待遇，包括法定假、公休假、探亲假、保健假、婚假、丧假、女职工产假、哺乳假等。自1987年起，根据中科院规定物理所职工享受暑期高温假。

（四）疗养、休养

职工疗养、休养制度始于20世纪80年代。每年按照中科院分配的名额组织职工到指定疗养地疗养。20世纪90年代初开始，物理所自行组织每年一次的所内职工疗养。

第五节　职工教育与培训

以提高职工专业知识和技能为目的的职工教育与培训，是物理所一直提倡、重视的工作之一。职工教育与培训的方式方法包括创办技术学校、举办各种培训班、派出学习等，内容包括基础知识、外语、专业技术和实验技能等。20世纪50～80年代，物理所在职工教育和培训方面做了很多工作，取得了明显效果（见表）。90年代以后，由于职工学历结构发生很大变化，大部分为博士毕业生，所以培训内容多以实验手段和实验方法为主。

20世纪50年代，考虑到部分青年职工理论基础较差，专业知识匮乏，物理所专门为其开设系统的教育培训课程，绝大部分助理研究员和实习员都参加了学习培训。培训课程分为基础理论课和专业课程，其中固体电子论课程由黄昆讲授。

20世纪60年代初期，一批大学毕业生充实到物理所，其中一部分不是物理专业毕业，为此举办了物理学专门培训班，由物理所研究员为他们讲授物理学基础知识。

20世纪80年代开始，物理所多次举办外语、计算机、物理学基础理论和实验技能、加工工艺等各类培训班，为培养和提高职工专业素质和业务能力发挥了重要作用。

派出学习是职工培训的另一重要形式，物理所建立了相关制度。在不同历史时期，物理所坚持选派优秀中青年科技骨干到国外一流研究机构学习深造。20世纪50年代，物理所先后多批次派出多人去苏联学习，很多人学成回国后成为所内科技骨干和学科带头人。改革开放之后的1978～1982年，物理所又以访问学者、进修人员名义派出多人赴欧美及日本学习和工作。之后职工公派出国学习培训成为常态。当时相当多的科技人员得到了出国学习、进修和工作的机会。

第六节　人才培养、选拔和引进

建所之初，中研院物理所聘任了一批优秀物理学研究人员。20世纪50～60年代前期，物理所领导多次走访教育部及各大学等单位，争取优秀大学毕业生和留学人员来所工作，以派出留学访问、出国参加国际学术会议、邀请国外学者来所讲学、科学家推荐等各种方式培养、发现、选拔和引进人才。

1956～1988年职工培训情况

年份	培训内容及形式	人数
1956	俄文突击班	
1961	初级研究人员掌握外语能力，大部分的研究室举办了英文或俄文的短期突击班	
1963	去北京大学、中国科学技术大学等高等院校旁听基础课和专业课	81
	英文、法文、德文、日文等外语学习班	110
	电视大学学习物理、化学、中文、高等数学、机械制图等课程，28人分科目结业	100
1973	特种工艺训练班	
1979	举办外语学习班15个	300
	举办青年文化班	13
	参加电视大学全科学习	9
	参加电视大学单科学习	20
1980	微机讲习班	
1981	举办了5个英语学习班	81
	举办了BASIC语言、计算机程序设计基础、FORTRAN语言等计算机编程学习班	
	举办了高等数学、电工学、固体物理的基础课补习班，46名工农兵大学生半脱产学习了九个半月，14人参加电视大学电子学专业脱产班	
	工厂青年参加中学数学和机械制图班	30
	科技人员去外单位进修	88人次
	科技人员到英语培训中心脱产培训半年	14
1982	业余英文学习班和两期FORTRAN语言学习班	
	组织了59人次去外单位进修和继续电大等学习	
1983	计算机语言学习班	295
	2个英文、1个研究生俄语学习班和法语学习班	59
	组织了基础课程的学习班和夜大、电大等学习	
1985	本着继续鼓励职工参加业余学习，严格控制脱产进修的精神和学用一致的原则，所里自办各种训练班和学习班共9期	270
	去所外参加各类大中专业余学习	30
	参加其他业余学校学习	76
1988	举办各种形式的培训班，近80人参加	

1979年后，物理所明确提出了“人才是第一资源”的理念，通过营造文化环境和完善制度为实施人才战略提供保障。先后成立高级人才招聘委员会、人才工作小组、国际合作工作小组、海外博士后招聘委员会等组织机构，在所务会、所党委的领导下，推进对各层次人才的引进和培养工作。同时各类人才入所都需经过入所答辩。答辩程序严谨，标准严格，始终坚持严进宽出。

1990年，物理所制订了人才工作的十年规划。1994年首次在海内外公开招聘中科院“百人计划”优秀青年科技人才。1997年，物理所成立了由13位专家组成的“百人计划”终期考核小组，对“百人计划”入选者执行期内的工作进行检查和评估。截至2010年，物理所共引进院“百人计划”优秀人才54人，他们在各自的研究领域均取得突出成绩，并已成为学科带头人。

2000年，物理所为吸引国内外顶尖科技人才，充分利用海外人才资源，促进高水平、多学科、深层次的国际合作，以“不求所有，但求所用”为宗旨，建立国际量子结构中心。

2001年，物理所建立了一个较为完整的人才引进体系，由中科院引进国外杰出人才计划、所引进杰出人才计划和一般人才引进计划等三个层次构成。

2002年，物理所制定了《中国科学院物理研究所人才引进工作实施细则》，规范了“百人计划”招聘岗位设置、人才引进条件和引进程序等。

2005年，物理所首次尝试在美国物理学会年会举办专场“国际人才招聘会”。同年设立“科技新人奖”，评选物理所优秀青年科技新星，每年评选两次。

2006年，根据物理所人才结构的布局，设立了所级层次的“引进国外杰出人才计划”，也称所级“百人计划”，并明确了相关政策。截至2010年底，累计引进36位所级“百人计划”入选者。

2006年，物理所制定了《中国科学院物理研究所创新三期引进国外杰出人才计划实施办法》，对院级和所级百人计划等国外杰出人才的引进进行了规范和完善，明确了人才启动支持经费和津贴标准。

物理所在引进选拔优秀人才的同时，还注意制度和环境建设，为青年人才的快速成长创造条件，包括允许优秀副研究员独立开题、建立副研究员博导遴选制度、专门为青年科技人员组织学术研讨、设立科技新人奖等。

2008年，以国家“千人计划”项目为依托，物理所引进首批“千人计划”领军人才，至2010年先后有5人入选。

2009年，物理所制定《海外博士后计划管理办法》，旨在吸引国际优秀青年科学家来所工作，充分发挥流动人才队伍的重要作用。

2010年，根据形势的变化，物理所适时提高了院所两级“百人计划”的科研启动经费和住房补贴标准，以增强人才引进的竞争优势。

第七节　离退休职工管理

离退休职工管理工作由人事处负责，其基本任务是贯彻落实国家关于离退休职工的各项政策和规定，使离退休职工能够健康快乐地安度晚年。

物理所一直高度重视离退休职工管理工作，始终关心离退休职工群体，离退休职工管理工作一直由所党委书记主管。1986年12月，人事处下设离退休职工管理办公室，具体负责日常事务，并配备两名专职人员。从1989年起，离退休职工管理办公室专职人员减为1人，另1人为返聘人员。

物理所离退休职工人数变化如图所示，进入20世纪90年代以后，离退休职工人数开始迅速增加，至2002年增速减缓。2010年在522名离退休人员中，70岁以下的离退休人员占23%，70～80岁的占70%，80岁以上的占7%。

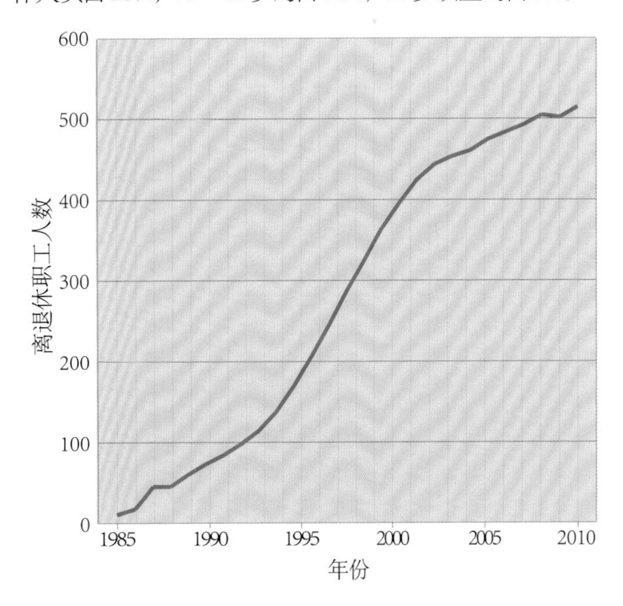

1985～2010年物理所离退休职工数

从1990年起，物理所实行每月一次的离退休职工例会制度，借此向离退休职工宣传党和国家的新政策，通报中科院和物理所的工作进展。离退休党支部每季度召开一次支委会，重大事项都经支委会集体讨论。

为丰富离退休职工的退休生活，物理所离退休工作办公室为老同志组织了多种文体活动，订阅了各类书刊、报纸，组织离退休职工进入老年大学学习。为充分体现研究所对离退休职工的关心与爱护，常年坚持走访慰问离退休老职工，尤其是年老、体弱、重病或生活困难的老职工。每年组织春、秋两次郊游，年底组织离退休职工座谈会，每年春节组织一次全体离退休职工团拜会。坚持每年组织全体离退休职工进行一二次体检，保障医药费按时足额报销，坚持做到对老职工的临终关怀。

第三章 科技管理

科技管理是物理所所务管理的重要组成部分，所务委员会、学术委员会根据国家需要，结合物理所的科技优势和条件，制定研究所的发展规划和学科布局。科技管理部门协调组织科技规划、计划的实施，承担科技管理的具体事务性工作，并为科技工作的正常开展提供服务和保障。

1952年应用物理所成立业务组，其职能之一是负责研究所的科技管理。1958年成立计划业务处，负责物理所科技工作的计划和日常管理，担任处长的有姜虎文、赵黎、李运臣、白伟民、陈一询、盛礼奇、王震西。1984年业务处改为科技处，担任处长的有詹文山、祖钦信、李福桢、俞育德、张杰、闻海虎、孙牧、王建涛、程波林、高鸿钧、文亚。

关于物理所的学科布局与研究方向，在本书的第一篇概述中的第一部分已有比较详细的叙述，这里不再重复。

第一节 科技管理组织形式

中研院物理所和北研院物理所科技活动的主要组织形式是研究室和研究组。中科院应用物理所成立时的科技活动以研究室的形式进行，1952年缩编成组。1959年研究组又扩大为研究室，实行研究课题的所、室两级管理模式。

1984年物理所被列为中科院科技体制改革试点单位，开始试行研究组长责任制，率先迈出了改革步伐。面对当时研究所存在课题分散、重复及数量过多的状况，物理所采取了先撤销研究室后进行研究课题调整的做法，实行研究组长负责制。明确每年进行一次研究组考核，每三年进行一次课题调整。同时，在撤销研究室以后，按照学科方向设立7个学术片。学术片不是行政管理机构，只负责对研究组的学术指导和学术交流，从而更有利于充分发挥研究组的活力。在一段时期内，学术片制度对促进所内各研究组间的学术交流起到了积极作用，学术片制度一直实行到2002年。

1984年，原国家计划委员会组织实施国家重点实验室建设计划。1987年物理所和半导体所合建的表面物理国家重点实验室成为由国家计委批准并资助建设的第一批国家重点实验室之一。随后的1990年和1991年，磁学国家重点实验室和超导国家重点实验室相继成立。

为进一步优化学科布局，随后又相继整合或新建了光物理等9个中科院重点实验室，实行所、室、组三级管理。研究组是科技活动的最小独立运行单元，实验室负责学术方向的把握、人才举荐和公共技术平台建设。

为进一步凝练学科方向，发挥团队优势，物理所于2010年开始试行学科方向大组制，每个学科方向确定一名召集人。

第二节 科技计划、项目与经费管理

20世纪50年代，应用物理所根据国家建设需求，承担了一系列工业技术研究任务，如人工合成金刚石、氦液化器、人造压电水晶、场致发光材料等项目。这类项目主要涉及当时的工业应用研究和国防工业，项目执行时集中人力、物力进行集体攻关。随着时间的推移，物理所承担的项目逐渐分为应用研究、国防委托和推广研究几大类。到20世纪50年代末，物理所开始承担一些基础研究项目，所承担的项目总数从1950年的10项逐步发展到每年100项左右。20世纪50年代后期，物理所基本仍处于“以任务带动学科”为主的发展模式，应用基础研究、应用研究的比例占到全所研究项目的80%以上，基础研究仅占10%以内，推广研究占10%左右（见表）。这期间物理所为国民经济建设和国防事业的发展，作出了重要贡献。

1958年物理所承担的项目情况

项目分类	项目数	比例（%）
基础研究	6	6.3
应用基础研究	22	23.1
应用研究	60	63.2
推广研究	7	7.4

一、科技计划和项目管理

中研院物理所、北研院物理所根据当时实际情况制订工作计划，由于经费少、从国外订购的仪器设备往往不能及时运到、时局动荡等原因，未形成严格的计划管理。应用物理所成立后于1951年开始制订年度科技计划，1953年开始执行第一个五年计划，经过几年探索，开始了有计划的发展。1956年，应用物理所制订十二年发展规划，并在1960年进行检查。1963年制订物理所七年（1963～1969）发展规划，并于1964年召开规划检查大会。1975年，制订物理所十年（1976～1985）科学发展规划，1976年进行检查。1985年制订十年规划。这些规划是物理所编制年度计划和安排项目的重要依据。

从1950年开始，应用物理所每年制订科技项目工作计划，并在年终进行项目总结。总结一年来全所项目的执行和完成情况，并按照国家和社会的需求，及时对项目设置进行调整。

1972年以后，根据国家对中科院工作应向长远性、探索性、综合性方面转移的指示精神，物理所的科技工作方向开始向基础研究方向倾斜。到1982年，物理所的基础研究项目已经占全所项目的55%左右，应用基础研究和应用研究占45%左右。在全所的规划中强调要逐步加强基础研究，特别要重视开辟新的研究领域，同时注重开展应用研究。期间，物理所与其他部门合作，共同承担了有关国民经济、国防建设和社会发展的重大课题。

20世纪80年代初，中国开始进行科技体制改革，取消原有国家全额拨款方式，逐渐引进竞争机制。1982年，中科院成立基金会，物理所申请的五个项目经评审获得重点项目支持。1983年国家发布“六五”科技攻关重点项目，物理所五个项目入选，同年制订科技计划并编制预算。1986年国家自然科学基金委员会成立，物理所积极组织科技人员申请各类基金。到2010年底，国家自然科学基金项目一直是物理所的重要项目经费来源之一，物理所每年基金申请通过率都在40%左右。

1985年，国家科技运行机制和管理制度改革进一步深化，科技经费转而依靠申请国家科技项目通过竞争获取。一系列国家研究项目相继问世，如国家自然科学基金委的面上项目、重点项目和杰出青年基金项目，科技部高技术研究发展计划（863计划）、重大项目攻关计划、国家重点基础研究发展计划（973计划）项目，中科院“重大”及“重点”项目、知识创新重要方向性项目，科技部重大科学研究计划项目等。由物理所自主安排的研究项目的数量逐渐减少，由研究组申请并获得的国家自然科学基金委、科技部、中科院等各种渠道的项目经费逐渐成为物理所科技经费的主要来源。

物理所在不断探索新的科技工作组织模式的同时，注意科技项目的全过程管理。2007年成立了由资深专家组成的战略专家咨询委员会，对全所学科发展和前瞻布局进行评议并提出建议。在科技项目管理方面，强化了研究所在项目申请过程中的组织作用，逐步实现由原来科技人员个人申请向研究所有组织申请的转变，同时不断加强项目实施的全过程管理。如组织相关专家对国家重大科技项目立项提出建议；组织所内相关研究力量申请各类国家项目，并对项目申请书进行审核把关；在项目通过相应部委的初评后组织相关专家进行所内预答辩；在项目获批后进行全程监督管理，组织年度总结、中期总结，直至项目结题并归档。

二、经费管理

经费管理工作一直与国家的科技体制和科技政策密不可分，也与物理所的科技组织形式密切相关。1982年以前，物理所的经费来源几乎全部来自中科院拨经费。1982年起，中科院设立了科学基金，用于支持自然科学研究项目。1986年国家设立了自然科学基金，开始引入了科技经费的竞争。随后，863计划、973计划等国家各类科技计划逐步设立，竞争性经费占物理所科技经费的比例逐年提高，逐渐成为物理所科技经费的主要来源。

20世纪80年代初期之前，经费管理的模式体现了计划经济的特征。业务处负责编制年度预算计划，经所务会讨论决定并批准预算。1984年，物理所实行研究组组长负责制后，研究组成为经费核算单元。

2001年，根据国家各类科技计划相关管理办法中实行课题制的要求，科技处对各研究组的核算账号按任务来源进行了梳理，制定了账号命名规则，保证了课题经费的独立核算和专款专用。

2003年9月，物理所制定了《物理所科研经费管理暂行条例》，2004年9月又对该条例作了修订，增加了政府采购的相关内容。

2005年，按照中科院统一部署，经费管理纳入中科院资源规划项目（ARP）系统，与财务系统实现了对接。

2010年2月，物理所对《物理所科研经费管理暂行条例》再次进行修订，印发了《物理所科研经费管理办法》，对各类经费进行分类管理。同时建立了研究所预算领导小组和研究组预算员制度，加强了预算执行管理。

截至2010年底，物理所大约70%的经费收入来自国家的各类科技计划。各类科技项目都有相应的管理办法，每个项目或课题都有项目或课题预算，物理所科技处、财务处对经费的使用行使监督、管理职能，保证经费按预算执行。

第三节　科技评价

1950～1983年，物理所每年年底由研究室（组）上报一年来的工作总结。1984年国家开始科技体制改革，物理所实行了研究组长责任制。根据当时的历史状况，物理所实行严格的研究组考核分类与淘汰机制。在研究组汇报工作的基础上，经学术委员会评议，将研究组工作状况分为几类。这种考核每年进行一次，到第三年所有研究组重新开题。这种定期考核开题的考核评价体制，从1984年开始成为物理所科技管理的一项重要制度。通过优胜劣汰、优化组合、引入竞争，调动了科技人员的积极性，保障了研究组的活力，对推进研究工作的健康快速发展，实现出成果、出人才的办所目标发挥了重要作用。

为了提高物理所学术论文在国内外的影响，鼓励科技人员在国际有影响的核心刊物上发表高水平的学术论文，物理所在1994年发布《关于鼓励在国际著名杂志发表论文的规定》，并在1998年和1999年先后对规定作了补充，对在*Phys. Rev. Lett.*、*Nature*、*Science*、*J. Am. Chem. Soc.*四类刊物上发表文章者给予个人和科技经费的奖励。这种奖励办法在一定时期内发挥了积极作用，物理所的高端论文从20世纪90年代的每年不足10篇发展到了2010年的近50篇。在高端论文多年稳定增长的情况下，为淡化论文奖励的负面影响，该奖励办法于2009年6月废止。

为了在研究方向的制定、科技目标的凝练和科技工作的考核等方面更加科学化和国际化，物理所于2001年9月制定了《物理所国际专家评价制实施办法》。国际专家评价制的形式包括现场评价和信函评价。现场评价即邀请国内外相关领域的学科带头人和著名专家学者来所听取工作报告，进行现场考察，并直接给出评价意见。信函评价为每三年一次聘请国内外知名学者对物理所学术方向进行系统评价，并以信函形式反馈意见。物理所已经于2004年、2007年、2010年进行了3次国际评价工作。评价专家由来自中国、美国、日本、德国、法国、英国、荷兰等23个国家和地区的相关研究领域的国际著名专家学者组成。国际评价使物理所课题调整与评估体系朝着国际化目标又向前迈进了一步，这是物理所较为成功的与国际接轨的评价尝试。

为鼓励不同实验室不同研究组间的合作，营造有利于原始创新和系统性科技成果产出的良好氛围，物理所从2006年开始将对研究组的考核改为学术交流会的形式。

第四节　科技成果管理

物理所自建立以来非常重视科技成果的应用，无论是在抗战时期还是在中华人民共和国成立以后，都为国家的经济建设和国防事业作出过积极贡献。

改革开放以后，国家提出科技要为经济建设服务和科技是第一生产力的指导方针，大力倡导科技成果的转化和产业化，中科院适时提出一院两制的构思。物理所研究员陈春先于1980年10月提出在中关村建立中国“硅谷”，并率先创办了国内第一家民营科技机构。在这样的背景下，为使广大科技人员继续专心从事研究工作，同时鼓励一部分科技人员集中精力从事成果的转化和产业化，物理所于1984明确提出了基础研究和成果转化两条线相对独立互不交叉的指导思想，并于同年成立了技术开发部（物科光电公司前身），从而为科技成果转化和产业化工作的健康发展奠定了良好基础。

在稀土永磁材料、锂离子电池等相继实现产业化的成功经验基础上，物理所于2004年制定了《物理研究所技术转移及产业化管理暂行条例》，2006年制定了《中国科学院物理研究所科技成果转化实施办法》，为推动和规范科技成果转移转化提供了制度保证。

物理所在科技管理过程中还注重优秀科技成果的奖励申请和有应用价值研究成果的专利申请。

1978年，在全国科学大会上物理所获奖的研究成果有10项，与其他单位合作获奖的成果有13项。截至2010年底，物理所共获得国家级科技奖励包括：国家自然科学一等奖1项，二等奖10项，三等奖4项，四等奖1项；国家科技进步一等奖1项，二等奖7项，三等奖4项；国家技术发明二等奖2项，三等奖3项。

物理所在奖励申报工作中一直坚持从组织申报、所内评估、材料报送、过程跟踪到档案管理等各个环节的全程管理。在20世纪80～90年代还组织多次成果鉴定会，对所内科技成果进行评估鉴定。

随着1984年3月《中华人民共和国专利法》的公布，物理所知识产权保护工作纳入日常管理。成立了物理所专利办公室，并取得了专利代理资格，由专人负责专利的申请及管理。在1985年4月1日专利法生效当天，就由物理所专利办公室代理申请了7项专利，包括3项发明专利和4项实用新型专利。到1993年物理所专利办公室一共为所里代理申请专利59项。此后随着国家专利制度的不断完善和专利代理机构发展的逐渐成熟，专利代理工作从2002年开始转为委托所外代理机构完成。

2000年11月30日，物理所制定了《物理所专利工作条例》，进一步完善了专利管理的流程和奖励措施。其中规定本所职工申请的职务发明专利所需各种费用自授权之后2年之内由物理所承担，第三年后由研究组承担。为了鼓励发明创造，还规定对发明人或设计人予以一定的奖励。

物理所的专利管理工作主要包括对专利申请的审核、委托撰写相关文件及提出正式申请、跟踪申请过程并提醒、办理专利费用减缓与资助、缴纳各种费用、数据统计及档案管理等。截至2010年底，物理所共申请专利1001项，授权643项，递交国际专利申请78项。

第五节　学术活动与交流

物理所一直注重学术环境的建设，尊重学术自由、提倡学术争鸣成为物理所的一种文化，多种多样的学术活动是物理所科技活动的重要内容。

1956年，应用物理所开始不定期编发工作简报，以便沟通全所工作进展情况。1965年，为了便于项目管理和学术交流，物理所开始印刷发行《研究工作简讯》，主要对执行中的科技项目进展情况进行通报。1976年开始编发《科研生产简报》，主要通报各个项目中取得的重要成果情况。1981年开始发行《中国科学院物理研究所简报》，通报最新科技进展和取得的重要成果情况。直到2010年底，物理所的科技简报一直保持每年30～40篇，1997年底又增加了网络学术交流模式。

1984年，物理所试行研究组长负责制，每年年底进行全所范围的研究组考核和总结交流。这种传统延续至今，成为所内各研究组之间学术交流和成果展示的重要平台，也是国内外同行全面了解物理所科技工作的有效途径。

为了加强与国内外学术界的交流，2000年开始创办“凝聚态物理中关村论坛”，邀请国内外的知名科学家就当今凝聚态物理及其交叉科学技术领域中的前沿和热点问题进行交流。至2010年已经举办200多期，包括多位诺贝尔奖获得者在内的中外知名科学家曾为论坛作精彩报告。为增进所内研究人员的学术交流，2001年创办“凝聚态物理前沿讲座”，由物理所的研究员轮流主讲，介绍凝聚态物理研究中的前沿和热点工作以及自己的工作进展。到2010年共举办100余期。“工作午餐会”创办于2001年，每两周一次。采用沙龙式的交流方式，为科技人员营造更为自由、宽松、和谐的学术氛围和环境，激发和活跃创造性思维，增进情感交流。2003年，物理所设立“崔琦讲座”，每年由崔琦邀请一名诺贝尔奖获得者或世界一流的物理学家来物理所进行短期访问和学术交流，同时对物理所的研究工作进行指导和评估。到2010年底已经举办6期。

“明理时空论坛”创办于2004年，主要目的是促进研究生之间的学术交流，提高研究生的学术素养，激发科技创新能力。到2010年底共举办50余期讲座。2005年，物理所成立青年学术小组。同年创办“青年科学论坛”，为全所青年研究人员提供展示自己的舞台和学术交流机会，鼓舞和开拓青年研究人员的信心和视野。“青年科学论坛”每年召开两次，同时在会上颁发“科技新人奖”,以表彰优秀青年人员在科技工作中作出的积极贡献。2009年，物理所青年学术小组启动“苹果树月谈”，由青年科技人员参加，每月定期举行一次学术交流活动。

“公共技术系列讲座”创办于2006年3月，由微加工实验室主办，该系列讲座每月举办一二次，主要介绍与物理研究工作相关的最新实验技术和进展情况。到2010年底共举办30余期。

“女科学家俱乐部”创办于2007年，旨在加强女性科技人员之间的相互交流和学习，分享经验，交流情感。

第六节 专家委员会

物理所的前身中研院物理所未设立专家委员会，由所务会讨论提出科研工作计划并评议科技成果。北研院物理所也未设立专家委员会。应用物理所于1955年设立学术委员会，至2010年底（“文化大革命”时期除外）这一机构在物理所的决策中发挥重要作用，2007年又成立了战略专家咨询委员会。

一、学术委员会

物理所学术委员会成立于1955年10月，同时制定了《物理所学术委员会暂行工作细则》。规定学术委员会是一个学术评议机构，其任务是讨论和审议研究工作方向、研究工作计划，评价科技成果、提出推广建议，评定与推荐对科学工作者的奖励，初步审查科技人员晋级、定级，初步审查并通过学位论文等。第一届学术委员会由17位委员组成，主任由代所长施汝为担任。

第二届学术委员会成立于1977年9月，共有28名委员，主任为施汝为。根据原有管理文件重新制定了《物理所学术委员会条例》(试行)，明确了学术委员会的性质和任务，规定学术委员会成员应体现老中青三结合的原则及物理所各学科的代表性。历届学术委员会组成与任期见附录。

二、战略专家咨询委员会

2007年，物理所成立战略专家咨询委员会，杨国桢为主任。该委员会是物理所重要的咨询机构，对物理所当前重要问题和未来发展规划提供咨询意见，是物理所的智囊团。战略专家咨询委员会每年召开三四次会议，委员会任期为5年。

第一届战略专家咨询委员会名单如下：

主任：杨国桢

成员（按姓氏笔画排列）：

于　渌　王恩哥　王鼎盛　许祖彦　李方华
李荫远　张　杰　张殿琳　陈立泉　范海福
林　泉　金　铎　赵忠贤　章　综　梁敬魁
解思深

第四章 财务和资产管理

财务与资产管理是所务管理的重要组成部分，始终围绕着研究所的中心工作，为全所科技活动和研究所运行发展提供经费保障。

1950年，应用物理所成立以后，财务工作曾先后作为行政、物资管理部门工作的组成部分，由专人承担财务核算工作。1958年设立财务科，期间除承担研究所的经费核算和财务管理外，还承担所内工厂的核算工作。1986年，财务科改为会计室。随着国家对科技经费投入的加大以及研究所内部管理的需要，1993年设立财务处，分散在各部门的财务人员统一纳入财务处编制，集中办公，增加了对基建、工会、中国物理学会、所办公司、工厂及独立核算部门的经费核算和管理。2001年因工作调整，将研究所职工住房管理工作纳入财务处，财务处改称资产财务处。同年所办公司转制，公司财务独立，其财务管理与研究所财务分离。2003年资产财务处更名为财务处。

1952年，应用物理所设立业务组负责仪器设备的管理工作。1954年初成立应用物理所办公室，业务组在办公室统一领导下工作。1960年研究所成立器材处，专门负责全所仪器设备的计划、购置及日常管理。1961年器材处与业务处合并。1978年3月器材管理从业务处中分离成立了物资处。1998年物资处撤销，其人员及职能并入科技服务中心。2001年科技服务中心转制，成立北京中科宏理物业管理有限公司。同年科技装备资产及材料验收管理并入科技处，职工住房管理并入财务处。2003年职工住房管理工作划归综合处。

20世纪50年代至2010年，财务部门负责人分别为李莉香、张保绵、杨景荣、钟炳华、王郁、王芳，资产部门负责人先后为白文彬、张子云、贾克昌、王念先、王树辉。

第一节 财务制度与财务管理

为保证各种经费的合理使用，物理所按照国家相关制度及本所的实际，制定内部财务管理办法及控制措施。

一、财务制度与预算管理

中华人民共和国成立以后的30年间，根据自身科学技术活动的特点，物理所一直按基础研究类型科研单位进行管理，执行国家《事业行政单位会计制度》，采用收付实现制。财务管理形式为全额预算管理，即经费限额拨款、结余上交。

1979年以后，财务管理实行全额预算包干制，即由中科院核定年度经费预算数并全部拨付研究所，超支不补，结余留用。1988年中科院统一执行国家《科学研究单位会计制度》，采用借贷记账法。1993年中科院实行经费全成本核算。1998年执行国家《科学事业单位财务制度》和《科学事业单位会计制度》，明确科学事业单位的会计记账方法采用借贷记账法，实行核定收支、定额或者定项补助、超支不补、结余留用的预算管理办法。

二、财务管理

为确保经费使用效率，严格履行国家财税制度，提高服务水平，财务处不断改进核算办法，加强收入与支出的审核与管理。同时根据国家相关财务制度并结合物理所实际，制定了一系列内部管理办法和控制措施并逐步加以完善。包括关于内部审计工作暂行规定、关于会计档案管理、关于北京物质科学研究基地知识创新工程专项经费管理、关于财务管理和岗位责任制、关于政府采购管理细则、关于固定资产管理、关于国内差旅费和会议费报销暂行规定、关于管理部门公务招待及采购管理、关于基建项目财务管理、关于财务管理暂行规定、关于调整劳务酬金发放标准、关于移动通信费用报销管理、关于贵金属管理、关于科研经费管理等。

财务经费预算管理是依据《中华人民共和国预算法》，按照中科院的统一要求进行编制。“以收定支，收支平衡”是编制预算的基本原则。预算编制按照轻重缓急，统筹兼顾，保证重点，不做赤字的原则，科学合理地安排资金。执行国家的预算编制程序、政府采购和国库集中支付制度。

财务决算是按《科学事业单位财务制度》和中科院年终决算编制要求，根据研究所年度全部经费收支状况进行编制并上报中科院汇审。

关于财务核算及课题经费管理，物理所从1979年开始对科技课题实行以研究组为单位进行核算。随后按国家、中科院的有关规定，从重点项目入手开始尝试按课题独立核算，直到2006年全部实行按课题进行核算。

1980年以后，物理所的科技项目和经费数量迅速增长，改进财务管理理念、探索现代化财务管理手段成为当务之急。为此物理所于1986年率先将基于BASIC语言自行开发的核算软件用于日常账务处理、课题经费核算、工资发放及资产管理，结束了以往为研究组建经费卡片，按月提供纸质经费流水账的传统做法。后又通过dBase数据库、FoxPro数据库的使用对核算软件的功能不断扩展和完善。2003年正式使用了商业软件《新中大财务软件》。2006年按照中科院的统一部署，引入中科院ARP信息管理系统，以先进的信息技术为依托，实现了网上报销、审核、核算、信息查询等功能。为适应社会货币流通方式及消费观念的改变，以及保障资金安全的需要，1998年实现了全所职工和研究生工资银行代发直接入卡，2007年启用网上银行支付系统。

从1987年开始，财务处还为中国物理学会、国家超导技术联合研究开发中心、北京物质科学研究基地、多个所办公司、全国超导标准化技术委员会、陈嘉庚科学奖基金会等机构代理财务核算工作。2007～2009年还为中科院物理所苏州技术研究院代理财务核算工作，实施异地监管。

第二节　财务收支状况

1985年以前，物理所经费来源主要是国家事业费拨款。1985年以后，随着科技体制的改革，拓宽了科技经费来源的渠道。基本运行经费由中科院预算核定拨款，科技经费通过竞争评议获得，物理所的经费收入呈现逐年稳步增长。

1951～1957年应用物理所期间，经费收入全部来源于财政拨款（图1）。

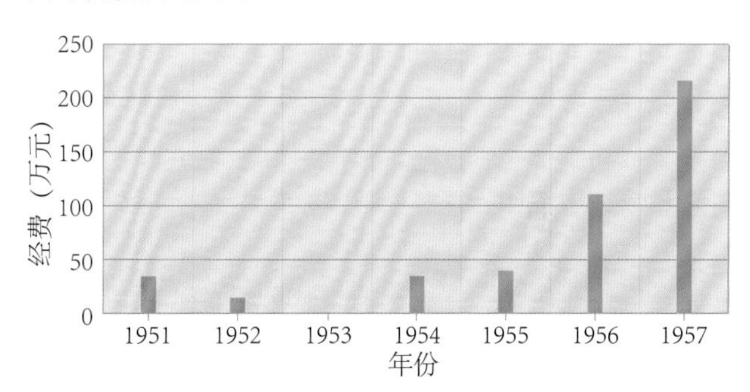

图1　1951～1957年经费收入情况（1953年数据缺失）

1959～1983年，经费收入全部来源于财政拨款（图2）。从20世纪70年代末，经费总收入开始超过1000万元。

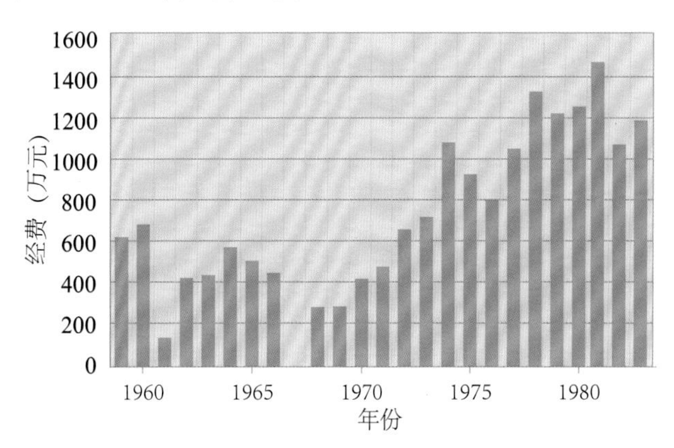

图2　1959～1983年经费收入情况（1967年数据缺失）

1985年，国家推行科技体制改革，拓展了科技经费来源渠道，增加了竞争性科技经费，从此改变了以往仅由财政拨款的单一模式。其中院内经费来源于财政的基本事业费及科技项目拨款，院外经费主要来源于国家自然科学基金项目及科技部863计划项目。从1996年开始，经费总收入达到5000万元以上，院内、院外经费基本持平（图3）。

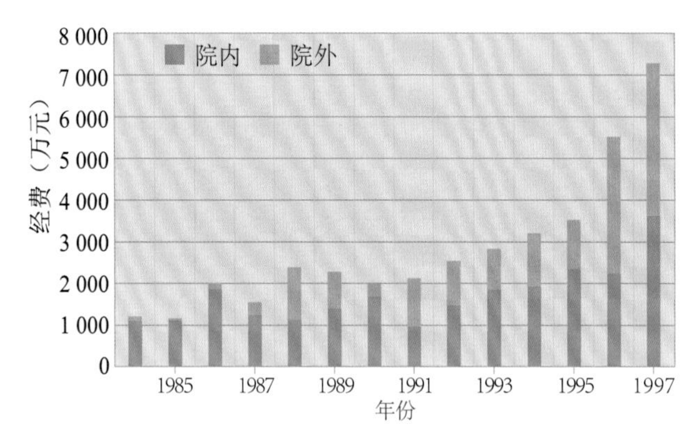

图3　1984～1997年经费收入情况

1998年，物理所成为中国科学院知识创新工程试点单位之后，院内经费来源于知识创新工程经常性经费及创新专项研究经费，院外经费主要来源于国家自然科学基金项目、科技部863计划项目、科技部973计划项目及其他国家任务经费。随着物理所科技竞争实力的增强，科技经费总量迅速攀升，2009年经费总收入超过3.5亿，院外经费超过院内经费（图4）。

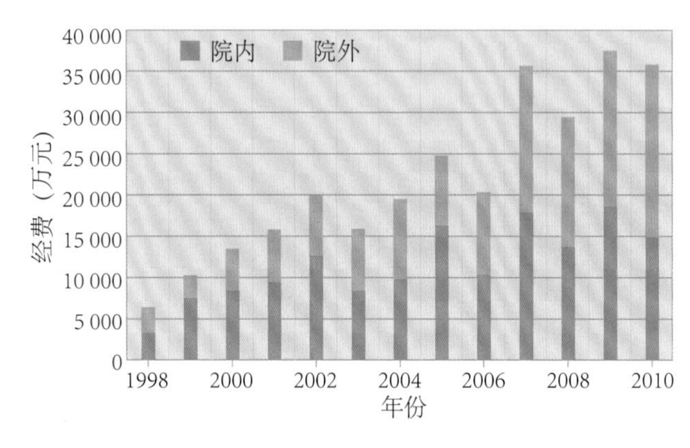

图4　1998～2010年经费收入情况

第三节　资产管理

一、仪器设备资产管理

物理所建所初期，底子薄，仪器设备不多，无专门机构负责仪器设备的管理。随着1952年应用物理所设立业务组、1960年物理所设立器材处，仪器设备的计划、购置、验收、使用、所内调拨调剂、资产清查、报废处置等制度相继出台，且不断完善。

1963年，物理所为每台设备建立详细的资料卡片，并作动态记录。各研究组设专人负责本组仪器设备的领用、保管和记录，并定期接受研究所资产管理人员的核查，确保账、物、卡三者相符。这一管理模式在资产管理工作中发挥了重要作用。同年还建立了仪器设备的使用、维护和维修、大型仪器操作规程及保管、仪器设备损坏送修等制度。

1967年7月，物理所建立了仪器设备资料库，收集了大量目录、样本、说明书等资料，内容涵盖无线电、电工、热工、真空、光学、自动化、物化分析等仪器仪表的国内外资料，极大方便了全所科技人员，受到科技人员的好评。

1972年7～11月，物理所进行了一次大规模的清产核资，对发现的问题及时采取措施，并进一步完善了相关规章制度，为后来的每年一次清产核资打下了良好基础。

1980年，物理所开始收取仪器占用费，以提高科研仪器的使用效率，解决设备更新的资金来源。1982年建立了仪器设备数据库明细账，分为动态（人员信息）和静态（设备账目信息）两部分。根据清产核资的要求建立详细目录、设备编号、国家分类代码、名称、型号、购买日期、已使用年限、数量、原值、使用状况、备注等信息，每月进行账账核对，每年进行账物核对。1985～1986年，针对物理所科技体制改革情况，相继制定了有关物资器材管理的9个管理规定。

1980年以前，仪器设备购置完全由研究所统一计划、统一购置，体现了计划经济的时代色彩。1980年以后，随着科技体制改革的深入，仪器设备的订货、采购、拨款等程序都发生了变化，形成由实验室或研究组根据需要提出计划、自主选型采购，研究所参与过程管理的新模式。

2003年1月，《中华人民共和国政府采购法》实施，物理所按照政府采购法的相关规定进行仪器设备的招标、订货和采购。2007年6月《物理所固定资产管理办法》实施，明确了固定资产管理工作中各部门和人员的职责、固定资产入账价值标准、固定资产变动审批手续、固定资产使用规定及损坏赔偿办法等相关内容。

1998年中科院知识创新工程启动后，国家对科研仪器设备的投入明显加大。截至2010年底，物理所仪器设备资产管理从机构设置、制度建设、管理模式等都更加科学化、标准化、规范化，仪器设备资产已近7亿元（图5）。

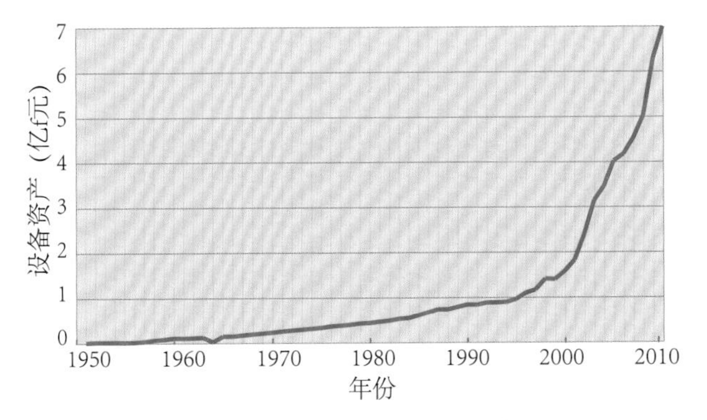

图5　物理所1951～2010年设备资产统计

二、图书资产管理

1950年，中科院应用物理所建所时，图书馆从原中研院物理所和北研院物理所接收了一批图书期刊，由所办公室指派专人整理并向读者开放。1956年成立图书组。到1961年底按照图书馆专业分类法，完成了首批图书期刊的造册登记工作。从1992年开始采用计算机管理图书。到2004年完成了在架期刊全部条目录入计算机管理系统。至此图书馆的管理与资产统计工作从纸质手工操作进入电子化时代。

物理所图书馆在力所能及的范围内，曾十多次以调拨方式向其他新建研究所以及大学的图书馆无偿赠送期刊与图书，支援兄弟校、所的建设。

从2001年开始，物理所参加由中科院图书馆牵头组织的电子文献检索平台、电子期刊在线使用平台集团采购，开始了图书馆文献资源数字化的进程。

截至2010年，物理所图书馆藏总量将近29万册，其中期刊约26万册，图书约3万册，总值近2700万元。入藏最早的科技文献可上溯到1824年。2003年以来，图书馆电子资源发展迅速，该项经费大约每年增幅13%，极大方便了科技人员快速获取科技信息。图书馆馆藏书刊册数统计（图6）。

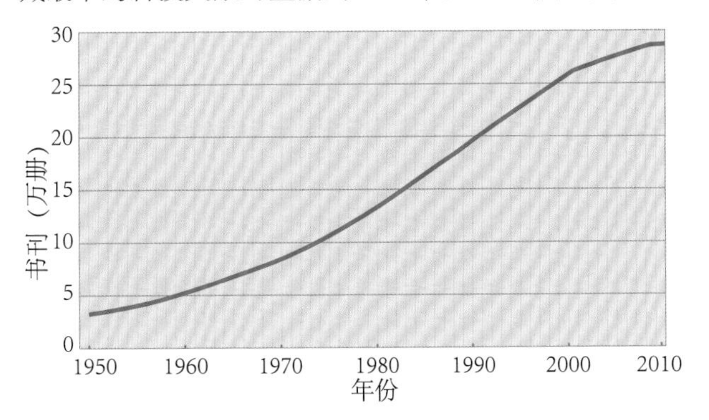

图6　物理所1950～2010年馆藏书刊统计

三、房产管理

（一）科研用房管理

科研用房指开展科研活动，包括科研、生产及办公的用房，是保障科研活动的最基本条件。研究所的科研用房是院、所固定资产的一部分。

科研用房的分配和调配由用房单位提出申请，所房屋主管部门在核实需求的情况下，根据实际房源情况提出分配及调配方案，报主管所领导批准，予以实施。

随着科研活动的深入开展，物理所在优先保障科研用房需求的情况下，不断完善房屋内的基础设施。截至2010年，大部分科研用房内除了水电暖的正常保障外，还增添了循环水、压缩空气、氦气回收、废气排放等专用管道。在方便科研活动的同时，有效地节约了资源、保护了环境。

物理所科研用房面积情况见图7。

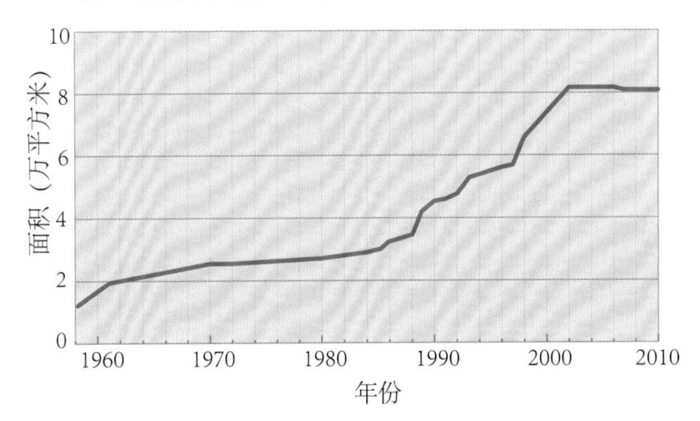

图7　物理所1958～2010年科研用房面积统计

（二）职工住房管理

1950～1994年，物理所执行的是计划经济时代福利住房分配制度。1994～1998年间，根据国家住房制度改革方案，执行公房出售制度。1999年以后，国家停止住房实物分配，建立了住房补贴制度。

1950～1955年，物理所职工住房记载甚少。1956～1994年，职工住房主要为国家福利房，实行住房租赁分配制。分配的基本原则以职工职称、职务、年龄、工龄、家庭人口状况等因素为依据。1981年，物理所制定了《关于成立物理所分房委员会的通知和分配黄庄等地宿舍的若干规定（试行）》和《关于分配中关村和魏公村地区宿舍的初步分配方案》。1993年，物理所自筹经费建成的2

幢高层职工住宅楼投入使用。同年11月，物理所制定颁布了《物理所职工住房分配条例》，规范了住房分配及管理办法。

从1994年开始，根据国家住房制度改革方案，物理所开始将职工现有福利房以房改成本价格向职工出售，房产属性从租赁变为个人资产。

1999年，根据中央关于《在京中央和国家机关进一步深化住房制度改革实施方案》的通知精神，物理所停止住房实物分配，开始向职工发放住房补贴。1999～2010年，物理所向职工发放各类住房补贴共计约7000万元。

1999～2002年，物理所与中科院和房地产开发商协调联系，先后申请到新科祥园、枫林绿洲经济适用房，组织了麒麟家园、知春时代等商品房的团购，为广大职工尤其是中青年科研骨干解决了住房难题。

2003年，为满足研究所可持续发展的要求，决定将研究所管理的一部分住房作为出租公寓，解决杰出人才临时住房问题，并制定了《物理所出租公寓使用管理办法》。

2003年11月，为贯彻职工住房制度改革政策，妥善解决物理所新入所职工的住房问题，依据国务院、北京市人民政府和中科院关于住房制度改革的有关政策，制定了《物理所关于解决新入所职工住房问题的暂行办法》及《物理所集体宿舍管理办法》。

2007年8月，为妥善解决物理所“引进国外杰出人才计划”入选者的住房补贴发放问题，根据国家和中国科学院相关政策的规定，制定了《物理所关于“引进国外杰出人才计划”入选者住房补贴发放的暂行办法》及“关于印发《中国科学院物理研究所人才住房管理暂行办法》的通知”，加强了引进人才住房的管理。

根据国家深化住房制度改革的政策精神，物理所结合实际情况，自2010年起，对“千人计划”“引进国外杰出人才计划”入选者全部实行住房货币化，并相应提高住房补贴标准，制定了《关于实行人才住房货币化的决定》。

第五章　研究生教育和博士后工作

物理所的研究生教育工作可追溯至20世纪30年代。根据中研院章程，中研院物理所于1934年8月招收了首批3名研究生，1935年又录取了3名研究生。后研究生招生工作停滞，直至应用物理所1955年再次招收研究生。

研究生培养初期，只有学历教育没有学位授予。1978年，物理所再度恢复招收研究生，并于1982年首次授予学位。1982年至2010年底，物理所累计授予理学硕士学位422人，授予理学博士学位1203人，出站博士后302人（参见附录二）。毕业研究生中有6人成为中国科学院院士，出站博士后中有1人成为中国科学院院士。获得全国百篇优秀博士学位论文8篇，获中国科学院优秀博士学位论文13篇（表1、表2），由解思深指导的博士研究生马文君的学位论文获北京市优秀博士学位论文。

中科院数学物理学部学位评定委员会成立于1981年，物理所学位评定委员会成立于1985年，截至2010年底已是第七届（参见附录三）。学位评定委员会的主要职责包括统筹规划学位与研究生教育工作，提出招收和培养研究生的学科、专业与类型，审定研究生培养方案，遴选研究生导师及学位授予。

1981年，经国务院批准，物理所有博士学位授予点4个，即凝聚态物理、理论物理、等离子体物理和光物理。1998年物理所成为国务院学位委员会批准的首批物理学一级学科授予单位之一，也成为全国首批建立博士后流动站的单位之一。

1991年，在国务院学位委员会、国家教育委员会组织的首次研究生教育质量评估中，物理所的凝聚态物理专业获全国第一名，光学专业获得全国第二名，等离子体物理和理论物理专业获得全国第三名。在2002年和2006年的第二次和第三次全国一级学科整体水平评估中，物理所均获得全国物理学一级学科第一名。

2010年底，物理所在学研究生总数649人，其中硕士生240人，博士生409人，在岗博士生导师127人。

1978～2010年，物理所研究生教育管理机构负责人为游光培、井宛平、王松涛、邸乃力、张宏伟。

表1　获全国百篇优秀博士学位论文的博士研究生

年份	获奖人	博士学位论文题目	指导教师
1999	李文治	碳纳米管的催化热解方法制备、结构和物性研究	解思深
2001	李志远	近场光学和光子晶体中电磁场的研究	顾本源
2003	厉建龙	低维纳米结构的分子束外延生长和变温扫描隧道显微镜研究	薛其坤
2005	倪培根	反Opal及二维非线性光子晶体的研究	张道中
2006	张广宇	微波辅助化学气相沉积制备一维新的碳纳米材料及其结构表征	王恩哥
2007	张艳锋	Si(111)衬底上Pb薄膜的低温生长、电子结构和量子效应研究	薛其坤
2009	张　博	非晶金属塑料	汪卫华
2010	柳延辉	块体金属玻璃的室温变形机制与超大塑性	汪卫华

表2　获中国科学院优秀博士学位论文的博士研究生

年份	获奖人	指导教师	年份	获奖人	指导教师
2004	倪培根	张道中	2007	郗学奎	汪卫华
2004	董全力	张　杰	2007	曾中明	韩秀峰
2005	王业亮	高鸿钧	2008	张　博	汪卫华
2005	李绍春	薛其坤	2008	魏红祥	韩秀峰
2005	张广宇	王恩哥	2009	柳延辉	汪卫华
2006	骆　军	梁敬魁	2010	孟建桥	周兴江
2006	张艳锋	薛其坤			

第一节　专业设置

物理所根据本所研究方向设置招生专业。1928年，中研院物理所成立之初确定的主要研究方向为无线电及通信、重力测定、地磁测定、检验原料之物理性质、校准仪器、大气力学研究和国防物理问题。1955年中科院应用物理所增设了磁学和晶体范性两个招生专业。1956年招生专业扩大为光谱学、磁学、固体理论问题、半导体物理、晶体学、金属物理和低温物理。1958年中科院物理所增加了固体发光专业。

1981年11月3日，经国务院批准，物理所获博士学位授予点4个，即凝聚态物理、理论物理、等离子体物理及光物理。硕士学位授予点5个，即凝聚态物理、理论物理、等离子体物理、光物理及无线电电子学。1998年6月经国务院学位委员会批准，物理所获得物理学一级学科学位授予权，招生和培养均按物理学一级学科进行。

1998年，物理所获得招收港、澳、台人士攻读博士、硕士学位授予权，同年又获得招收培养外国留学生攻读博士、硕士学位授予权。

2010年，物理所开始招收并培养全日制工程专业学位研究生，专业为集成电路工程，后又增列了材料工程和光学工程2个专业。这3个专业均为工程硕士研究生培养点。

第二节　研究生招生

物理所研究生招生工作可以分为5个发展阶段，即首次招生（1934）、初创阶段（1955～1965）、恢复时期（1978～1984）、自主发展（1985～2000）、全院统一管理（2001～2010）。

一、首次招收研究生

1934年8月，吴乾章、柴祖彦、梁百先等通过考试成为中研院物理所的首批研究生，1935年招收曹友信等3名研究生。1936年，北研院物理所曾计划招收研究生，并做好了招生准备，但因时局动荡，未能实施。

二、初创阶段

1955年5月12日，中科院成立了以吴有训为主任的研究生招生委员会，9月15日开始研究生招生报名。根据国家建设和科学发展的需要，全院共招收研究生50名，其中应用物理所招收研究生2名，分别为孟宪振（磁学，导师施汝为）和杨顺华（晶体范性学，导师钱临照）。

1956年，物理所扩大了研究生招收名额，计划招收17名。经考试实际录取7名，分别为张遵逵（光谱学，导师赵广增）、朱砚磬（磁学，导师李荫远）、郑庆祺（固体理论，导师李荫远）、顾雁（固体理论，导师李荫远）、庄蔚华（半导体物理，导师王守武）、陶祖聪（金属物理，导师陈能宽）、唐棣生（金属物理，导师陈能宽）。此后，因形势变化招生暂停。1961年恢复招收研究生，1961～1965年招生名单如下：

1961年：白传登　章其瑞　张裕恒

1962年：顾世杰　李宏成　汤洪高　王鼎盛　郑少白　钟国柱

1963年：吉光达　林　泉　贾惟义

1964年：高　振　胡伯清　居　悌　陆坤权　孟庆安　万　达　王　龙　吴常泳　虞家祺　张殿琳　张新夷　张泽湘　郑德娟　朱振和（图1）

1965年：常龙存　陈　桥　陈昭杰　崔长庚　董锦明　樊正堂　郭慧群　蒋长庚　麦振洪　聂玉昕　舒启茂　孙维平　徐鲁溪　张鹏翔　张绪信　朱振福（图2）

图1　1964级研究生在物理所主楼前合影

三、恢复时期

物理所因“文化大革命”而中止12年之久的研究生招生工作于1978年得以恢复。由于研究生教育长期停滞，当年报名人数多达1000余人。经过严格的笔试、面试筛选，最终录取42人，名单如下：

刘寄星　胡北来　万柏坤　章其初　徐暮良
王永忠　陈笃行　刘家岗　沈玉堂　董锦明
李伯臧　李士杰　谭　江　王世亮　李永贵
王迺权　刘济林　张富春　解思深　杨晓青
杜树镛　林成天　韩福森　陈庆汉　谢学纲
沈慧贤　唐一华　李毅民　陈继康　王佐民
沈建中　黎建修　刘宏亚　徐步新　阎永廉
许章保　王庭籍　冯　群　庞反修　郑斯清
陶荣甲　孙宝申

1979～1983年共招收了80名硕士研究生，1981年和1983年共招收了9名博士研究生。

四、自主发展期

为使研究生的培养更加系统全面，满足国家对高质量科技人才的迫切需求，快速提升中国基础科学研究的水平，经中科院人事教育局批准，物理所于1984年成为直接攻读博士学位试点单位，研究生培养也转为以培养博士研究生为主。

这期间先后制定了《物理所研究生招生及培养改革试行办法》和《博士生资格考试的试行办法》。主要内容为：①物理类研究生将不分导师、不分专业，统一招生；②新生入学后，先在研究生院进行为期一年的基础训练；③通过博士资格考试（笔试和面试）的学生可以选择研究方向和导师，经主管所长批准后，即可直接攻读博士学位。1984～1994年，物理所共招收研究生301名，其

图2　部分中科院1965级研究生在天安门前合影

中有57人通过考试直接攻读博士学位。

为满足实验物理既要求坚实的理论基础又要有较强动手能力的需要，1985年物理所开始尝试从工科院校招收一部分研究生。经过专门的训练，这些研究生毕业后大都成为实验物理的业务骨干和拔尖人才。此外，物理所根据学科发展的需要，还陆续招收了化学、生物、材料等交叉学科的研究生，拓展了物理所的研究方向。

进入20世纪90年代以后，随着研究工作的快速发展和导师数量的增加，生源不足问题突出。为扩大博士生的招生规模，物理所提出了“走出去，请进来，主动出击，变被动为主动”的招生方针。一方面鼓励导师赴相关高校讲学、报告、宣传。另一方面物理所每年组织多个“导师宣讲组”到各高校作招生宣传。1994～2000年共组织了几十个宣传组，参与导师达100多人次，生源不足问题得以有效解决，招生规模不断扩大。

1995年3月，物理所在总结直接攻读博士学位工作的基础上提出了硕博连读试行方案。同年6月物理所被中科院教育局批准为硕博连读培养试点单位。在《物理所硕博连读选拔的试行办法》中，规定了选拔条件、选拔程序、硕博连读生的生活待遇和学制等事项，这一工作后来被推广到中科院全院。

1999年8月，物理所学位委员会讨论并通过了“为适应知识创新工程和科学发展的需要大力发展研究生教育”的方针，从此研究生招生数量进入了快速增长阶段。

五、全院统一招生管理

为适应国家和社会对高层次创新人才培养的需求，充分发挥中科院的综合优势，2000年12月，经国务院学位委员会、教育部批准，中科院组建成立研究生院。研究生院将全院研究生教育进行体制改革和资源整合，实行“统一招生、统一教育管理、统一学位授予”和“院所结合的领导体制、师资队伍、管理制度、培养体系”方针。确定了在研究生院集中课程教学、在研究所完成学位论文的“两段式”培养模式。此后物理所的研究生工作全部纳入研究生院统一管理。

2003年，物理所根据知识创新工程总体布局和发展规划，进一步规划了研究生的发展规模。经研究确定，科技人员编制与在学研究生的比例为1:2，在学研究生的规模为600人左右。2005年在学研究生人数达到649人。2000～2010年招收研究生数量情况见表3。

表3　2000～2010年招收研究生数量

学位＼年份	2000	2001	2002	2003	2004	2005	2006	2007	2008	2009	2010
硕士	33	50	60	81	119	121	116	115	115	118	123
博士	41	73	97	150	122	130	133	130	128	126	129

为了加强与高等院校在人才培养与科技交流方面的合作，实现强强联合，优势互补，物理所于2005年与国内部分重点大学建立了大学生联合培养基地，成为国家“科教结合、协同育人”的先行者。首批建立联合培养基地的高校有北京大学、清华大学、复旦大学、南京大学、吉林大学、山东大学、浙江大学、武汉大学、中国科学技术大学和北京师范大学。随后又与四川大学、中山大学、南开大学建立了联合培养基地。通过联合培养基地，加强了研究生、本科生的交流，开辟了优势资源培养人才的新途径，同时也保障了物理所的研究生生源质量。

为落实国家“科教结合、协同育人”方针，物理所还先后于2009年和2010年与中国科技大学和山东大学联合共建了本、硕、博贯通的严济慈物理学英才班。

第三节　研究生培养

一、初创期

中研院章程规定，研究生学制为2年，期限内成绩合格者由研究院给予证书。1934年，中研院物理所第一批研究生之一吴乾章，指导教师为潘承诰，研究内容是参与建立全国的时间标准系统。在潘承诰的带领下，吴乾章利用国外的石英钟并用无线电播出时间标准信号，显著提高了当时勘探、找矿和地图测绘的精确度。

1955年，根据国家建设和科学发展的需要，中科院招收了中华人民共和国成立后的第一批研究生，培养目标确定为“具有一定的马列主义水平，掌握本门学科的坚实基础和国家建设的实际知识，能独立进行专业的创造性的科学研究工作。”

1955～1965年，物理所招收的研究生学制为4年，没有学位授予。物理所在这段时间招收的研究生人数、培养规模和研究生导师都较少。研究生培养实行导师负责制。1964年后，研究生的外语、政治课在中国科技大学研究生院（北京）集中上课，专业课在所内学习，由导师考核，论文研究在导师指导下进行。

1965年以前，物理所的研究生培养尚未形成规模，培养模式也在摸索之中，但还是积累了不少有益的经验，为以后的研究生培养打下了一定的基础。

物理所这个时期培养的研究生中已有3人当选为中科院院士。他们是张裕恒、王鼎盛、张殿琳。

这一时期，物理所还为中国科技大学技术物理系的初创作出了贡献。1958年中国科学技术大学在北京成立，按照“全院办校，所系结合”的指导方针创建了技术物理系，首任系主任即为物理所所长施汝为。物理所在所内帮助建设了技术物理系专业实验室，并承担了专业课的教学任务。物理所各研究室主任兼任技术物理系各专业教研室主任，王守武任半导体教研室主任、吴锡九任固体电子学教研室主任、洪朝生任低温物理教研室主任、徐叙瑢任发光教研室主任、吴乾章任晶体学教研室主任、潘孝硕任磁学教研室主任、李荫远任固体理论教研室主任等。此外，每个专业都由物理所相关研究室指定对口联系人，如张寿恭负责磁学专业，陈佳圭负责固体电子学专业，曾泽培负责低温物理专业，张广基负责光学专业等。在开设的专业课程中，低温物理、铁氧体物理、固体发光、激光物理、超导物理等均为国内首次开课。所内一批知名专家都曾兼任专业课教师并亲自授课。

二、恢复时期

1978年，中国研究生教育得以恢复，物理所首批研究生于1978年10月4日入学。在北京中国科技大学研究生院学习一年专业基础课后，回物理所在导师指导下完成论文。其间一部分研究生中途放弃了国内学业，出国后相继获得国外学位。

1982年4月27日，物理所35位研究生获得首批硕士学位。由于解思深和韩福森的硕士论文完成出色，答辩委员会建议在此基础上进行修改后可作为博士论文参加答辩。一年后他们通过博士学位的课程考试和论文答辩，于1983年12月被授予理学博士学位，成为物理所首批博士学位获得者。解思深于2003年当选为中科院院士。

经过5年的摸索，物理所于1984年制定了《物理所研究生管理、培养及学位授予工作暂行规定》，使研究生培养工作逐步恢复并走入正轨。

三、自主发展期

经过了恢复期之后，物理所在扩大研究生数量的同时开始思考如何提高研究生培养质量，为此先从加强管理入手，于1984年将教育科从科技处剥离，成立人事教育处，强化了教育工作的主体地位。同时物理所于1984年进行了直接攻读博士学位试点。这项工作旨在克服硕士、博士两段式培养的弊病，使研究生培养更加系统全面扎实。这项工作是物理所重视研究生培养质量的有益尝试和重要举措。

为加强管理部门与研究生的联系，及时了解研究生的学习和生活动态，物理所于1985年组建了第一届研究生会，首届研究生会主席为张杰。

1991年10月，国务院学位委员会、国家教育委员会对首批博士、硕士学位授权点及其研究生教育质量进行综合评估。物理所凝聚态物理专业获全国第一名，光学专业获得全国第二名，等离子体物理专业和理论物理专业分别获得全国第三名。

1992年，物理所建立了研究生考核制度，制定了《物理所研究生年度考核条例》。自1992年起每年第四季度作为研究生年度考核季。考核分为学术片和研究所两级。对考核不合格或存在问题的学生，由导师与学生共同制定改进措施或淘汰。

1984～1994年，经过十年的直接攻读博士学位试点，物理所累计通过博士资格考试的57人中多数都获得博士学位。其平均年龄为26岁，平均学习年限为4.3年。他们在学期间，人均发表论文数比两段式博士生人均发表论文数高出16%，且绝大多数为优秀论文。他们中有12人获得中科院院长奖学金，占总人数的35%。经过严格的筛选和精心的培养，实现了“快出人才、出好人才”的预期目标。此项试点工作于1996年获得中科院教学成果二等奖。

1995年6月，在直接攻读博士学位试点经验基础上，物理所开始尝试硕士博士连读培养，简称硕博连读，颁布了《物理所硕博连读研究生选课指导》。对学制规定：硕博连读生学制5年，若工作出色提前完成论文者，经批准可提前答辩，但最短不得少于3年；如因故不能按时答辩者，经批准可延期答辩，但最长不得超过5年半。

1996年，物理所进入首批中科院“博士生重点培养基地”，同年制定了《新入所研究生开题报告的规定》。

1997年制定了《中国科学院物理研究所攻读博士学位研究生培养方案》，对学习年限、指导力量配备、课程学习、中期考核、科技成果与学位论文、培养计划制订等都作出了具体规定。1998年，物理所制定了《中国科学院物理研究所研究生学籍管理规定》，内容涵盖入学注册、在学纪律、退学条件、导师调换、毕业等各个方面。同年由研究生会创建了“星星论坛”，论坛完全由学生自己组织，旨在交流工作、抒发情感、启迪思想。2000年，物理所颁发了《关于物理所研究生发表论文要求的通知》。通知要求：博士生在学期间发表第一作者SCI论文不少于3篇；硕博连读生在学期间发表第一作者SCI论文不少于4篇；硕士生在学期间发表第一作者SCI论文不少于2篇。

自1978年恢复研究生教育工作以来，经过多年研究生教育管理实践的积累，物理所总结出研究生培养的十六字方针：“前沿培养，全面训练，严格管理，引入竞争”。前沿培养，即前沿的课题，良好的环境，广泛的国际交流合作；全面训练，即科技能力、学风与心理素质的综合训练；严格管理，即建章立制，科学规范；引入竞争，即引入各种竞争机制，激发学生的创新热情。这十六字方针在随后的研究生教育工作中发挥了积极的指引作用。

这个时期，物理所培养的研究生中有两人当选为中科院院士，分别是1988年在物理所获博士学位的张杰和1994年在物理所获博士学位的薛其坤。

四、全院统一管理时期

2002年，在第二次全国一级学科整体水平评估中，物理所获得全国物理学一级学科整体水平第一名。同年根据本所科研状况和科研要求，结合本所学生多层次发展特点，物理所试行了弹性学制的培养模式，并制定了《关于物理所弹性学制的试行办法》。

2003年7月，随着导师与学生队伍的不断扩大和进一步加强研究生管理工作的需求，经所务会研究决定，原人教处的人事、教育职能分离，成立研究生部，专门负责教育工作。同年将原《物理所研究生年度考核条例》作了修订，更名为《物理所研究生年度考核与学术交流管理条例》，标志着此项制度从最初的以研究生考核为主旨，发展为以研究生学术交流为主旨，并已成为物理所研究生培养活动的重要内容。

2004年，物理所对研究生新生入所教育进行了新尝试，将入所教育分为所级和实验室教育两部分进行。编印出版了《新生入学指南手册》。这一年，为辅助研究生培养工作，全面提高他们的思想素质，将“星星论坛”更名为“明理时空论坛”。论坛涉及人文、历史、国家重大事件、思想教育、身心健康、人生感悟等多个方面。

2006年，全国学位与研究生教育发展中心开展了第三次全国一级学科整体评估，经过自评与同行评审等程序的评审，物理所获得总分95分，与南京大学并列物理学一级学科评估第一名。

为进一步强化“重质量、轻数量”的指导思想，2009年物理所修订了《物理研究所研究生申请学位资格的科研成果规定》。对公开发表学术论文没有达到数量要求，但经所学位委员会认定工作极为优秀者，仍可认定其学位资格。同年为适应新形势发展的需要，物理所修订了《物理研究所研究生培养方案》。

2010年，为缓解研究生心理压力，成立了心理咨询诊室。

20世纪80～90年代，物理所毕业研究生绝大多数选择出国深造。进入21世纪，随着国家科技事业的快速发展和改革的不断深化，越来越多的毕业研究生选择留在国内科研单位和高等学校。2004～2010年毕业研究生就业情况见表4。

表4　2004～2010年毕业研究生就业情况

年份	毕业人数	出国人数	国内就业人数				就业率（%）
			科研单位	高等学校	博士后	企业及其他	
2004	80	34	4	12	13	16	99
2005	100	45	2	26	9	16	98
2006	118	46	8	28	13	22	99
2007	134	53	10	32	14	22	98
2008	124	60	19	25	12	5	98
2009	130	50	20	15	13	24	94
2010	118	45	24	15	10	22	98

第四节　研究生导师

1934年，中研院物理所的第一批研究生中吴乾章的指导教师为潘承诰，梁百先的指导教师为陈茂康。

1955年，应用物理研究所共招收研究生2名。其中，孟宪振的指导教师为施汝为，杨顺华的指导教师为钱临照。1956年，应用物理所招收研究生时，招生导师有孙湘、赵广增、施汝为、潘孝硕、向仁生、李荫远、王守武、成众志、陆学善、刘益焕、陈能宽、洪朝生。

1958年，物理所根据当时形势的需要采取集体培养方法，不指定专门导师。集体培养导师有王守武、汤定元、兰继熹、成众志、吴锡九、林兰英、王守觉、赵广增、孙湘、张志三、施汝为、潘孝硕、向仁生、李荫远、徐叙瑢、许少鸿、陆学善、吴乾章、刘益焕、洪朝生、曾泽培、周坚、钱临照、陈能宽、何寿安、黄昆、张祖绅等。

1961～1965年，物理所招生导师（按招生时间排序）有吴锡九、管惟炎、洪朝生、李荫远、张志三、吴乾章、张乐潓、潘孝硕、徐叙瑢、曾泽培、孟宪振、陆学善、章综、李国栋、许少鸿、范海福、李方华、孙湘、陈春先、林彰达等。

自1978年恢复招生工作后，导师的遴选工作也经历了如下三个阶段：

第一阶段1978～1980年：物理所只招硕士生。他们的导师由研究所从研究人员中确定。首批招收研究生的导师有陈春先、张遵逵、施汝为、潘孝硕、郝柏林、张志三、张洪钧、李荫远、陆学善、梁敬魁、贾寿泉、张乐潓、范海福、吴乾章、管惟炎、曾泽培、马大猷、李沛滋、应崇福、查济璇、秦荣先等。

第二阶段1981～1993年：自1981年实施《中华人民共和国学位条例》以后，国务院于1981年、1984年、1986年、1990年和1993年先后批准了5批研究生指导教师。物理所获批的研究生指导教师分别是：李荫远、蒲富恪、陈春先、洪朝生、李林、潘孝硕、章综、张志三（第一批）；李家明、林磊、蔡诗东、范海福、何寿安、梁敬魁、王天眷（第二批）；陈熙琛、李方华、杨国桢（特批）；李铁城、王鼎盛、张昭庆、冯国光、罗河烈、傅克坚、叶佩弦、张洪钧（第三批）；林彰达、王文魁、赵忠贤、徐积仁（第四批）；沈觉涟、王龙、陈立泉、李宏成、陆坤权、麦振洪、张泽、张殿琳、周钧铭（第五批）。

第三阶段1994～2010年：1994年，根据国务院学位委员会《关于改革博士生指导教师审核办法的通知》精神，物理所开始自行遴选确定博士生的指导教师，制定了《中国科学院物理研究所自行审批增列博士生指导教师的实施细则》和《中国科学院物理研究所博士研究生指导教师上岗条例》，还修订了《中国科学院物理研究所研究生指导教师职责》。1995～2010年物理所批准的博士生导师名单见附录一。

2003年，物理所在岗博士研究生导师达到90人，其中45岁以下的导师51人，占导师队伍的57%。这些青年导师中多数为近期从国外回国的新上岗研究人员。为了确保研究生的培养质量，及时发现研究生培养工作中存在的问题，提高青年导师的培养水平，经所务会和所学位评定委员会研究决定，在研究生培养工作中试行“教育督导制”，制定了《物理研究所教育督导制暂行规定》。教育督导制，即在物理所学位评定委员会下设立由教育督导员组成的教育督导组。其作用是对青年导师进行培训监督，在导师和学生之间进行沟通协调，参与研究生年度考核、优秀研究生评审及毕业论文的审查。同年经过严格的选拔，首批教育督导员由7名博士生导师担任，他们是王鼎盛、陈立泉、陈兆甲、麦振洪、赵柏儒、詹文山、陈正豪。

2008年，物理所教育督导组进行了换届，由王鼎盛任组长，成员有刘伍明、吴令安、陈立泉、陈赓华、麦振洪、郑东宁、段晓峰、郭沁林、顾长志、詹文山。2010年又进行了调整，调整后仍由王鼎盛任组长，成员有刘伍明、吕惠宾、汪卫华、陈小龙、陈立泉、麦振洪、郑东宁、段晓峰、赵宏武、郭沁林、顾长志、詹文山。

为确保研究生培养质量，2009年物理所制定了《博士学位研究生指导教师招收研究生数量的指导意见》。意见规定：以实验工作为主的博士生导师，一般每年最多招收3名研究生，累计在读研究生一般不超过10名。以理论工作为主的博士生导师，一般每年最多招收2名研究生，累计在读研究生一般不超过7名。

2009年，物理所还制定了《物理研究所博士研究生指导教师上岗补充条例》，规定优秀副研究员可担任博士生指导教师。同年遴选工作开始试行。

第五节 博士后工作

物理所博士后流动站始建于1986年，是全国首批建立博士后流动站的单位之一。流动站招收理论物理、凝聚态物理、等离子体物理、光物理4个专业的博士后研究人员。

1986年7月，物理所首位博士后李光伟入站，合作导师为王鼎盛，研究方向为表面物理理论。至1990年底在站博士后达13人，已初具规模。1997年共入站博士后26人，为年度入站数量之最，截至1998年底共有在站博士后50人，在站博士后数量也达到最高。随后因国外大量吸引中国博士毕业生到国外作博士后，使物理所在站博士后数量逐年递减，维持在20～30人规模。

早期物理所博士后的日常管理工作归属人事教育处。

2003年随着研究生部的成立，博士后的日常管理工作也随即归属研究生部。

1990年2月，首位美国籍博士后J. H. Eggert入站，中文名字艾翰真，合作导师为杨国桢。同年11月第二位美国籍博士后顾理勉入站。1992年张殿琳招收了美国籍的马太（Matthew J. Marone）为其博士后。2003年物理所制定了招收海外留学博士后及外籍博士后的规定，使博士后管理工作更加规范。同年物理所又先后制定了《物理所博士后考核办法》和《物理所博士后管理规定》。

2005年，在全国首次博士后科研流动站评估中，物理所获全国优秀博士后科研流动站。

2010年，物理所根据《中国科学院博士后管理暂行办法》，重新制定了《中国科学院物理研究所博士后管理办法》。同年人力资源社会保障部和全国博士后管理委员会开展了第二次博士后综合评估工作，物理所博士后科研流动站再次被评为全国优秀博士后科研流动站。

博士后的培养工作成为物理所吸引、培养和储备人才的重要途径之一。至2010年先后在站工作过的博士后有320名（参见附录二）。博士后经过两年流动站的工作，科研能力和学术水平都有一个质的飞跃。大多数博士后出站不久即成为所在单位的科技骨干、学术带头人和领导骨干。如博士后王恩哥1991年出站，1995年入选中国科学院首批“百人计划”，1999～2007年担任物理所所长，2007年当选为中科院院士，2008年当选为发展中国家科学院院士。还有许多博士后被各高校和中科院作为“长江学者”“百人计划”“杰出人才”引进，形成了一个以博士后为主体的高层次青年优秀人才群体，优化了科技队伍结构，促进了学科的发展。

第六章 党群组织

从20世纪50年代开始，物理所建立了中共党的组织、工会组织、共青团组织。20世纪80年代建立了职工代表大会、妇女工作组织。

第一节 中共物理所委员会

中共中科院物理所党的组织始建于1954年（时称应用物理所），随着研究所的发展和中共党员人数的增加，经上级党组织批准，先后建立党支部、党的总支部、党的领导小组、党的委员会，作为所一级党的领导机构。随着职工和研究生队伍的扩大，物理所党员数量逐渐增多，截至2010年底，中共物理所委员会下设15个党支部，共有党员727名。物理所党的组织在上级党组织的领导下，结合本单位实际情况，在贯彻执行和宣传党的方针政策、党组织自身建设、参与所务管理、营造良好氛围以及传承和丰富研究所文化等方面，开展了一系列工作。

一、党的组织机构沿革

中研院物理所及北研院物理所没有中国共产党的组织。南京解放前夕，中研院物理所李寿枏参加了中共地下党组织，在阻止物理所迁往台湾，保护图书、仪器，护院护所的活动中发挥了作用。应用物理所成立时，仅有黄有莘等几位中共党员，参加中科院党支部的活动，后编入中科院东区党支部。

（一）物理所党的领导机构

1954年5月，中共应用物理所支部成立，全所共有20余名党员，王守愚任支部书记。这是在应用物理所建立的第一个中国共产党的独立组织。1956年12月22日，中共应用物理所总支部委员会成立，姜虎文任总支部书记，张静仪任副书记。党总支部下设4个党支部，共有党员53名。

1958年10月7日，中科院党组批准物理所成立党的领导小组，李德仲任组长。其后党的领导小组经过几次调整，先后担任过党的领导小组组长的还有张成美、郭佩珊、甘柏。

1958年10月，物理所党员大会选举产生中共物理所机关委员会，负责实施党的领导小组的各项决定和党内的各项工作。机关党委书记为李德仲，下设2个总支部、15个党支部。1964年7月9日，第二届机关党委成立，张成美任机关党委书记。

1965年12月，中科院党委决定物理所党的领导小组改行党委制。1966年3月，首届中共物理所委员会成立，委员8名，张成美担任党委书记。物理所党委隶属于中共中国科学院委员会。1966年7月下旬“文化大革命”开始，所党委不再能履行职责。1969年2月物理所开始整党建党。1972年党的领导小组恢复工作，1977年11月15日，中共物理所第二届委员会成立。此后物理所党委作为物理所党的领导机构一直延续，至2010年底历经9个任期。甘柏、章洪琛、管惟炎、王玉田、林泉、邵有余、沈保根、王恩哥、孙牧先后任党委书记。2001～2003年沈保根调出期间，吴建国副书记主持日常工作。第二、第三届党委曾设立常务委员会。历届党组织任期见附录三。

（二）所属党支部的设置

物理所党组织的下属党支部按研究所直属机构设置。1956年研究室设立党支部时，支部书记由科技人员兼任。1961年为减少科技人员兼职，研究室的支部书记改由专职行政干部担任。1984年物理所取消研究室之后，各学术片的党员组成党支部，支部书记由联合办公室主任兼任。1999年以后学术片撤销，建立实验室，各实验室的党支部书记由科技骨干兼任。管理、支撑、后勤各部门党支部书记由部门内的党员兼任。

（三）党组织的办事机构

1958年，物理所成立了机关党委办公室，负责党委的事务性工作。1966年成立中共物理所政治部作为党委的办公机构，下设组织、宣传、干部、保卫四个处。1979年撤销政治部，设立党委办公室。1993年党委办公室与所办公室等机构合并，成立党政联合办公室。1999～2010年底党委办公室设在综合处。

（四）中共物理所纪律检查机构

1980年8月，中共物理所纪律检查组成立，盛礼奇任组长。1983年成立中共物理所纪律检查委员会，盛礼奇任书记。此后物理研究所纪律检查委员会实行任期制，至2010年底历经7个任期。盛礼奇、谢章先、孙牧先后担任纪委书记。1995～2007年物理所纪委未设书记，由副书记主持工作。

二、党员队伍

应用物理所成立初期，全所只有少量党员。随着职工队伍的扩大，党员人数逐渐增加，1954年建立党支部时已有20余名党员。党支部建立后，发展新党员的工作提上日程，党员队伍逐步扩大。1958年大批转业军人进入物理所，转业军人中党员比例较高，物理所的党员队伍因此形成增长高峰。1960年半导体研究室和109厂的党员划入半导体所，1961～1962年一批党员下放离开物理所，致使全所党员数量大幅度减少。1962年以后党员数量总体呈平稳上升趋势，增加的党员一部分来自入所职工和研究生，另一部分是本所党组织发展的新党员。1951～2010年党员人数变化情况见图1。

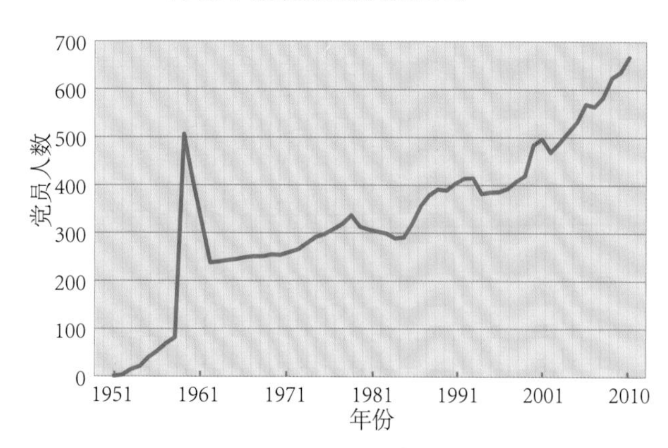

图1　物理所1951～2010年党员人数变化情况

从党员队伍结构来看，1980年以前，物理所党员主要是在职职工党员。1981年以后，随着全所人员结构的变化，离退休党员和研究生党员数量呈明显增长趋势，在职职工党员比例呈下降趋势。2000年以后，离退休党员和研究生党员人数均超过在职职工党员人数（图2）。

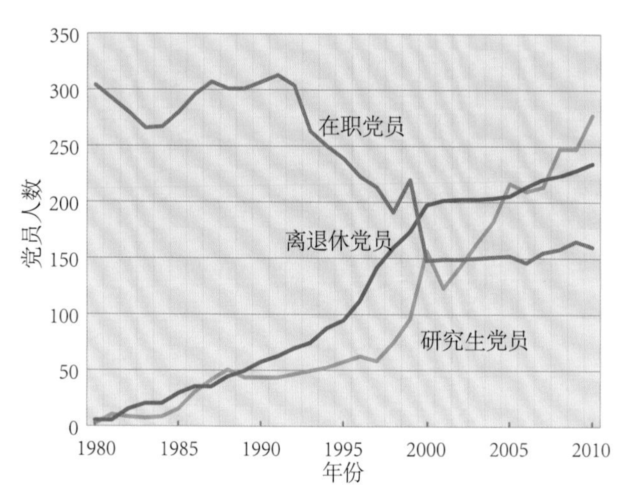

图2　1980～2010年物理所党员队伍结构的变化

物理所党组织注重在科技人员中发展新党员，1972～2010年科技人员党员在全部职工 党员中所占比例从45%左右逐步上升到70%以上。

20世纪90年代以后，物理所的研究生和青年科技人员逐步增加，党委特别注意吸收青年人尤其是青年科技人员入党，以保持党组织的活力。

物理所党员职工曾多次获得国家各种荣誉。1993年李林被评为全国建功立业标兵。2004年吴令安获全国三八红旗手称号。2001年7月李方华被评为国家机关工委优秀共产党员。此外，还有多名党员获得中科院党组和京区党委的表彰。

三、党的工作

1955年，应用物理所党的组织建立初期，其任务是领导全所思想工作与行政工作。1958年物理所党的领导小组建立，作为全所的领导机构，领导全所各项工作。1977年开始实行党委领导下的所长分工负责制和研究室主任负责制。1984年开始实行所长负责制，所党委起监督保证作用。

（一）创建党的组织

20世纪50年代，应用物理所成立初期，党的组织开始建立。党的工作重点是教育党员加强自身修养，在职工中起模范带头作用，组织党课教育，发展新党员。党支部要求新入所的大学生树立“当好科学家的助手”的观念，在党员中宣传贯彻科技工作理论联系实际、为社会主义经济建设贡献力量的指导方针。

随着党员人数的不断增加，经应用物理所党支部申请，上级党委批准，1956年成立应用物理所党总支委员会。党总支委员会根据党员的分布在研究室设立两个党支部，行政部门和工厂各一个党支部。各党支部要求党小组每周活动一次，内容包括党员汇报个人思想，讨论发展新党员。围绕当时“以任务带学科”的形势，党组织通过政治学习的方式要求党员树立“科学为政治服务”的观念，强调“红专”结合。

（二）实行党对研究所的全面领导

1958年，物理所建立了党的领导小组，是全所的领导机构。党的领导小组直接领导全所各项工作，决定重要事项。主要工作包括贯彻执行党的路线方针政策，保证出成果、出人才，贯彻党的知识分子政策，做好职工的思想工作。

这个时期，物理所的规模迅速扩大，领导小组通过党组织系统和行政机构的相互配合，实现对各项工作的管理。行政领导协调各职能部门，机关党委协调工会、人事、团委、保卫部门给予配合，各支部联系研究室。党的领导小组定期召开全所党组织负责人和职能科室负责人参加的所务会，保证党的方针政策在科技业务和各项工作中的贯彻。针对大批复转军人和青年学生充实到职工队伍的状况，党的领导小组组织制订了目标明确的人才培训计划。经过几年的努力，一批年轻有为的青年科学家脱颖而出，从社会上招收的中学生和从部队分配来的大量复转军人普遍提高了文化水平和科学实验技能。在党的领导小组组长李德仲提出的“全所上下齐努力为多出成果、多出人才而奋斗”的号召影响下，所里出现了科技人员埋头做研究，附属工厂和行政后勤人员全力服务于科研，人人为出成果、出人才尽心献力，积极努力工作的氛围。

这一阶段，党员队伍迅速扩大，组织机构及党内各项规章制度逐步建立，党委会、总支部委员会、支委会、支部大会、党小组会定期召开。每周设立党委接待日及党员活动的固定时间。各总支、各党支部定期作出全面工作总结，提交给机关党委。

1960～1961年，国家经济困难时期，党的领导小组积极贯彻上级党组织“一手抓任务、一手抓生活”的指示，一方面做好职工的思想工作，要求大家做好克服困难的思想准备；另一方面积极组织开荒种粮种菜、养猪养鸡，将收获配发给职工，终于度过了困难时期。

1961～1963年，《关于自然科学研究机构当前工作的十四条意见》《中国科学院自然科学研究所暂行条例》颁布，党的工作更加务实、规范。党的领导小组组织了对文件内容的学习，并采取一系列具体措施贯彻落实两个条例。如制定了《物理所研究室工作条例》，规定减少研究人员兼职及非业务活动；研究室的党支部书记由科技人员兼任改为由专职行政干部担任；提倡学术上的百家争鸣、尊重知识分子；控制非学术会议时间以保证科研工作；要求行政人员了解业务、改进工作；器材管理部门号召节约、严格管理等。在开展“五反”运动中强调不要把锋芒指向知识分子，严肃谨慎分清界限，尽量减少对科研工作的影响。

1964年，党的领导小组建立双周碰头会制度、无会议日制度。实行党的领导、专家负责、群众民主三结合的群众路线。党的领导小组贯彻严格、严肃、严密的“三严”作风，对研究工作全面检查。要求党的干部和高研人员交朋友，请所里的全国人大代表和政协委员传达大会精神。同年党的领导小组在全所举行了一次拜师会，要求青年科技人员向老科学家拜师结对，形成尊重老专家的良好氛围。

“文化大革命”开始以后，党委书记多次被批斗，停止了工作，物理所党的工作不能正常开展。1967年春解放军代表进驻物理所，同年9月成立了“三结合”的革命委员会。1972年10月，物理所党的领导小组恢复工作，郭佩珊担任组长。1976年10月以后党的工作开始逐步进入正轨。1976年10月28日，物理所召开落实政策大会，为“文化大革命”时期立案审查的同志恢复名誉。

（三）实行党委领导下的所长负责制

1977年，物理所第二届党委成立，开始实行党委领导下的所长分工负责制和研究室主任负责制。1978年7月15日制定了《物理所党委领导下的所长分工负责制》（暂行），规定党委的主要任务是：政治领导，保证党的路线方针政策的贯彻落实；组织力量保证出成果、出人才；做好后勤保证工作。对科技业务和后勤方面的工作，经党委讨论决定后由所长、副所长组织实施，党委定期听取汇报，检查工作。所长对全所科技业务工作负责，并恢复所务会议制度。

1978年，党委与所务委员会在全所开展业务整顿，明确各研究室的方向任务，以及扭转频繁政治运动冲击科研、以政治运动指挥科研工作、搞突击献礼等错误做法，恢复科研秩序，保证科技人员业务时间。同时，调动广大科技人员的积极性，恢复技术职称评定，解决职工两地分居，积极发展科技人员入党。所领导班子吸收了5名科学家，党委委员中60%以上是科技人员。

经过一段时间的实践，1980年所党委制定了《物理所党委工作职责》(试行)、《所党委约法三章》，规定了党委会的工作任务、工作方法、工作制度，明确了所长的责任，实现了从党委领导下的所长分工负责制到党委领导下的所长负责制的过渡。

1980年以后，党委建立起每半年召开一次生活会的制度。1981党委制定了《党支部工作条例》。

（四）在研究所发挥监督保证作用

从1984年开始，物理所开始试行所长负责制，党委的主要任务转变为以科技为中心，发挥监督保证作用。

1984年2月1日，时任所长管惟炎和党委书记王玉田向中科院领导汇报了物理所的改革设想，改革的主要内容有：实行所长负责制，实行研究组长负责制，成立联合办公室统揽研究组的行政事务和政治思想工作，加强技术支撑系统，建立科技成果转化的实体机构，建立双向选择和人员流动机制等。这项改革设想得到院领导的支持。在物理所改革过程中，党委多次组织座谈会，广泛征求党员和职工意见，深入讨论和分析阻碍研究所发展的问题及解决问题的改革思路，从而充分统一了对改革的认识，为改革方案的顺利实施奠定了基础。

1984年3～7月，物理所完成了研究组的调整，撤销研究室，成立学术片和联合办公室，建立了技术支撑体系和科技成果转化的实体机构，建立双向选择和人员流动机制。所党委起草了《物理所科研和管理体制改革阶段总结》，在全所组织讨论，推进改革的深入发展。8月14日，向中科院正式提交试行所长负责制的报告，主要内容是：所长对研究所工作负全面领导责任、向院长负责；党委的主要任务是抓好党的建设和思想政治工作，对业务行政工作发挥监督保证作用。随后中科院党组对物理所《关于试行所长负责制的请示报告》作出批复，同意物理所实行所长负责制，所党委发挥监督保证作用。实行所长负责制以后，建立了所务会与党委会联席会议制度和职工代表大会制度，以确保所长科学决策和推进民主管理。

研究室撤销后，研究系统每个学术片成立联合办公室。按照在科技基层单位建立党支部的原则，在各学术片建立党支部，联合办公室主任担任党支部书记。思想工作和行政管理密切结合，使基层党组织对科技工作的保障作用落到实处。

1984年12月至1985年6月，根据《中共中央关于整党的决定》，物理所党委按要求认真组织开展了整党工作。1986年至1987年2月底，按照中央组织部要求解决历史遗留问题，包括清理档案并收回受株连家属档案中的材料，退赔查抄物品，解决“文化大革命”之前遗留问题等。

1993年1月，物理所所务会、党委会联席会议提出物理所深化改革的基本设想，并在组织重大创新性课题、争取开拓性成果、建设良好学术环境、开发拳头产品、科技工作向年轻一代转移、争取建立凝聚态物理中心等方面提出了具体目标和做法。对管理、支撑、后勤系统进一步精简机构、分流人员，党委办公室并入党政联合办公室。党委强调党的工作要和行政工作密切配合，在深化改革中有针对性地解决思想问题、化解矛盾、调动职工积极性。1996年所党政联席扩大会讨论加快改革步伐的问题，凝聚态物理中心的筹建工作由此启动。1998年所党政联席扩大会讨论提出做好科技骨干的新老交替，实行绩效津贴制。

这一时期，党的工作方式从集中组织政治学习转向以日常性思想工作为主，思想教育工作由过去长期沿用的集中式大型活动为主，调整为经常性、针对性更强的方式。党委集中力量抓干部教育、群众组织和党支部建设。党委建立支部书记联席会议制度，布置党委和行政的各项工作，传达上级党组织的文件精神，通报所内重要决策、重大事项，交流工作经验和体会，讨论分析职工思想动态，总结工作，成为所党委与各基层单位沟通交流的重要渠道。为加强基层党支部的力量，党委通过思想工作研讨会的形式对支部书记进行培训，研讨会每年组织一二次。此外，还组织支部书记轮流参加中科院思想政治工作研讨会。

1999年，物理所党政领导班子同步换届之后，党委根据上级党组织的统一部署，结合新班子的特点，在领导班子和处以上干部中开展以“讲学习、讲政治、讲正气”为主要内容的党性党风教育。同年6月党政联席扩大会制定了物理所机关改革方案。

1999年，物理所各学术片撤销，实验室陆续成立，联合办公室逐步合并、撤销，实验室党支部书记改由科技人员兼任。同年所党委和所务委员会开始联合组织召开每年一次的务虚会，讨论全所重点工作。2002年支部书记联席会议由沟通会取代。

1999～2010年，物理所党委配合所务委员会先后完成和实施了管理部门的机构精简与整合、全员岗位聘用合同制、秘书制、定性与定量相结合的研究组考核、首席工程师制、国际专家评价制、项目聘用制、协议工资制、后勤转制及人员转岗分流、技术支撑体系建设、设立“科技新人奖”、物理所战略专家咨询委员会等工作，为推进物理所在新形势下的健康快速发展提供了有力支撑。

回顾物理所的发展历程，所党委充分认识到传统文化在研究所发展中的重要作用。2003年所党委作出决定，以建所75周年为契机，大力挖掘、整理、提炼和传承物理所的优秀传统。以创新活动为载体，以制度建设为保证，以价值导向为核心，将无形的理念与有形的制度相融合，激发传统文化的影响力和凝聚力，营造积极、健康、民主、和谐的研究所氛围。

根据“以人为本、治学严谨、作风踏实、环境宽松”的文化理念，将物理所文化精髓凝练为“穷理、有容、惟才、同德”；搜集并设置了物理所历史文物展柜；先后举行了施汝为诞辰105周年、陆学善诞辰100周年纪念活动；举办了建所75周年、80周年纪念活动；开辟了“物理所的回忆”网上专栏；拍摄了物理所80年纪录片；编辑印制了《求索八十载辉煌物理人》画册；组织策划了研究生毕业典礼并使其常态化；决定并组织实施了物理所所志的编写；每年举办一次学术道德讲座。

（五）党的纪律检查工作

党的纪律检查组成立后，配合党委组织党员学习《党内生活若干准则》《中国共产党纪律处分条例》。对党风党纪状况进行了全面分析，有针对性地开展工作。至2010年底，先后制定了《物理所内部审计工作暂行规定》《物理所党风廉政建设责任制》。执行“企业业务招待费向职代会报告制度”“礼品登记报告制度”，监督执行 “干部收入申报规定”。在民主评议党员等活动中，配合党委开展调查工作。设立实物及网上意见箱，对群众举报的问题认真调查处理，对实名举报信件全部有反馈。

第二节 工会和职工代表大会

物理所工会成立于1953年，在组织群众性的文化体育活动、组织职工参加社会公益性活动、保障职工合法权益以及职工福利等方面开展工作。物理所职工代表大会成立于1986年2月26日，其宗旨是在研究所内完善所长负责制下的民主管理，工作重点是发挥职工的民主参与、民主管理和民主监督作用，关心职工切身利益，维护职工合法权益。

一、工会、职工代表大会的组织机构

物理所工会、职代会成立后，组织机构逐步健全。1953年物理所工会的组织形式为工会委员会，洪朝生担任首届工会主席（图3）。1986年物理所职代会成立，本着精简高效的原则，采取职代会常设主席团、工会委员会合一，职代会、工会代表大会合一，职代会代表、工会代表合一的工作形式，邵有余担任首届职代会主席。

“文化大革命”期间工会组织机构瘫痪，工作停顿。

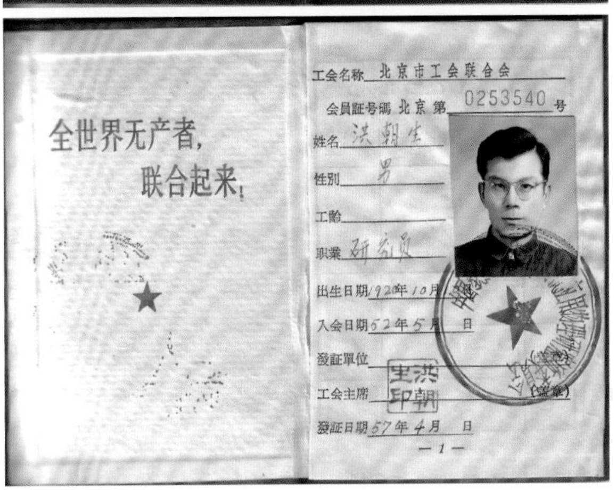

图3 20世纪50年代的工会会员证

1979～1985年，物理所工会组织恢复，工作逐步走上正轨，选举产生了新的工会委员会，重新组建了基层分会，并发放了会员证。截至2010年底全所共有15个基层分会。

1958年，物理所成立工会办公室。1986年职代会产生后，工会办公室承担工会、职代会的事务性工作。1993～1999年，工会办公室隶属于党政联合办公室，1999～2010年工会办公室设在综合处。

历任工会职代会主席为洪朝生、何寿安、乔星南、邵有余、谢章先、沈保根、唐宁、吴奇、古丽亚。

物理所工会委员会、职代会代表大会每年召开一次。工会委员会和职代会常设主席团每年就所内各项重大问题不定期召开会议。所工会委员会与职代会实行任期制，一般为四年一届，从1991年开始与党委同步换届。

根据工作需要，职代会主席团和工会委员会还内设了民主管理、福利保障、制度建设、文体教育和提案工作5个小组，以及工会经费审查委员会，以便更有针对性地开展工作。

二、工会会员队伍

随着研究所的发展，物理所工会会员队伍日益壮大，入会率逐年递增。

20世纪60年代初，物理所工会会员占全所职工人数的64%。到1991年底会员人数已占全所职工人数的98.5%。此后，入会率始终在95%以上，会员总数也明显增加。

1984年，物理所开始吸收研究生加入工会组织。1995年工会会员968人，其中研究生会员195人。2004年研究生会员数首次开始超过职工会员数。至2010年底共有会员1044人，其中职工会员493人，研究生会员551人。物理所是中科院最早吸收研究生入会的少数几个研究所之一。1999年编写了《研究生入会提纲》，主要涉及会员权利与义务、入会条件与程序等事宜。

三、工会、职代会工作情况

物理所工会、职代会成立以来，从丰富职工文化生活、努力搞好群众福利工作、维护职工合法权益、参与民主管理、民主监督等方面，努力开展工作。

1953～1965年，工会利用黑板报等形式，宣传党的方针、路线、政策，号召和动员职工努力工作。组织职工参加社会公益性活动，如认购公债、普选、粮食统购统销、爱国卫生运动、修建水库等。

在国家经济困难期间，物理所工会配合党委建立了农副产品生产基地，为职工解决主副食品供应不足问题。同时还组织互助储金会，向领导及有关部门反映职工生活困难，争取给予困难补助。这些工作在当时的特定历史条件下，在相当程度上缓解了职工生活困难，稳定了职工队伍，保障了研究所科技工作的正常开展。

工会成立初期，为活跃职工体育活动，在东皇城根42号院内开辟一块滑冰场，工会主席洪朝生曾个人出资购买一批冰鞋，由金工厂配备冰刀，供职工使用。

1979年以后，为物理所全体职工办理过财产保险，每年组织职工疗养，积极协助职工解决子女上学、入托问题。

1984年，物理所率先试行科技体制改革，工会积极配合所党委所务会发挥作用：一是帮助职工转变观念，认清改革形势；二是向领导和职能部门提出近千条改革建议，广泛反映职工的意见、诉求和心态；三是带头执行改革决策。在工会的配合支持和协调下，改革与稳定的关系处理得比较好，物理所一系列改革举措得以顺利实施。

1986年，配合物理所新职工入所教育，编写了《工会基本知识》和《分工会工作条例》。

物理所工会、职代会十分重视对职工和学生的革命传统教育，每年有计划地组织相关活动。如参观焦庄户地道战遗址、雷锋资料馆、吴运铎纪念馆、平西抗日战争纪念馆、新文化运动陈列馆、农村改革样板——北京南宫村、天安门国旗护卫队、林县红旗渠等传统教育基地，激励职工的爱国爱党热情。

1998年，物理所首批进入知识创新工程，在围绕中心服务大局的工作总方针指导下，工会职代会更加注重在参与研究所民主管理方面发挥作用，强化了研究所重大事项工会职代会审议制度，审议通过了一系列有重要影响的管理办法和规定。每年召开职工代表大会，审议《所长工作报告》《所长述职报告》《财务预决算报告》《业务招待费使用情况报告》《工会工作报告》《工会经审报告》等，制定和通过工会职代会决议。

随着中科院人事制度改革的深入，物理所工会、职代会还把预防劳动争议、协调劳动关系作为一项重要工作，成立了人事争议调解委员会。在所属工厂精简人员、所办公司改制和后勤转制、管理机构精简、研究组调整、岗位聘用合同制等工作推进过程中，工会职代会积极配合研究所搞好调查研究，设身处地为职工利益着想，通过宣传、教育、座谈会等多种形式做职工的思想工作，使得这些工作能在物理所顺利平稳地完成。

2007年设立了“物理所频道”。2008年为支持北京举办奥运会，工会组织了职工和研究生代表队参加北京市大型长跑和登山等系列活动。

2008年汶川大地震，物理所工会组织职工支援灾区捐赠活动。2010年青海玉树地震、甘肃舟曲特大泥石流灾害，工会配合党委组织落实捐款，为急需帮助的灾区人民送去温暖和希望。两次捐款分别有860人和764人参加，总额分别达到10万元和7万元。

此外，物理所工会、职代会成立了各种兴趣协会，常年组织职工和研究生参加各种体育比赛。通过选拔组成所队参加全院比赛，并多次获奖。

工会会费由财务处单独立账专门管理，每年向全体职工公开并接受监督。工会财务工作连续多年受到中科院工会的表彰。

四、工会、职代会组织获得的部分奖项

1. 1988年，物理所高临界温度超导体联合研究组被北京市总工会授予“首都五一劳动奖状”先进集体荣誉称号。

2. 1993年，第四联办分工会获全国总工会“模范职工小家”称号。

3. 1995年，物理所工会获中央国家机关工会联合会“模范职工之家”称号。

4. 2003年，物理所工会被中华全国总工会授予“全国模范职工之家”称号。

5. 2007年，物理所工会获国家体育总局2007年“全民健身与奥运同行”活动优秀组织奖。

第三节 统战工作

截至2010年，先后有7个民主党派在物理所职工中发展成员，其中九三学社9名、中国国民党革命委员会1名、中国民主同盟1名、中国民主促进会1名、中国农工民主党1名、中国致公党2名、台湾民主自治同盟2名。全所先后有民主党派成员和侨眷台属等97名。

物理所民主党派成员虽少，没有建立独立基层组织，但有些成员在其所在党派里还担任了重要职务。1992年3月杨思泽当选为台盟北京市第六届委员会委员，后当选为台盟中央委员。2002年12月何豫生当选为中国农工民主党第十三届中央常务委员会委员，2003年3月任中国农工民主党中央科技工作委员会主任。2009年10月朱恪被任命为民革中国科学院委员会副主任委员。另外，2名归侨曾任中科院归国华侨联合会委员。

物理所有2名民主党派成员和5名无党派人士先后当选中国科学院院士，多人兼任国外知名大学教授。许多物理所的民主党派人士与无党派人士不仅在物理学领域有一定成就，还为国家的管理建言献策。先后有潘孝硕、洪朝生、陆学善、李林、聂玉昕、蔡诗东、杨思泽、李家明8位职工担任全国政协委员，陆学善担任全国人大代表，何豫生担任海淀区人大副主任，高鸿钧担任中央统战部的信息联络员，这些同志多次向全国政协会议提出议案，积极参政议政。

中共物理所党委与各方面统战人士建立广泛联系，认真听取他们的意见，了解他们的思想状况和工作状况，及时解决他们的实际困难。根据领导干部联系实验室科技骨干的制度，每位所领导与相应实验室统战人士建立固定联系。实行党员领导干部民主生活会向党外人士通报制度。召开党员领导干部民主生活会之前，通过座谈、访谈等形式，每年听取党外人士的意见和建议，民主生活会的情况也及时向他们通报。实行全所重要工作向党外人士通报制度。根据工作需要及时召开由民主党派各组织负责人、侨联负责人、无党派代表人士、各级人大代表参加的会议，通报所内重要工作、研究所改革与发展重大事项，传达上级有关文件或指示的精神，并听取他们的意见和建议，以便改进工作。贯彻对民主党派工作的方针政策，支持民主党派成员参加所在党派的各项活动，必要时提供相应条件。充分发挥在本所工作的各级人大代表、政协委员参政议政的优势，尊重他们的权利，支持他们参与各项社会活动，并提供相应的保障。每年组织统战人士的联谊活动。各民主党派成员、无党派人士、归国人士和侨眷台属等与物理所的中共组织齐心协力，为物理所的发展作出了重要贡献。

第四节 共青团组织

20世纪50年代，应用物理所成立了团支部，陈一询、

庄蔚华先后担任团支部书记。1958～1966年共青团组织在所党委的领导下，组织青年团员做科技生产的突击队，做战胜艰难险阻的生力军。团委组织青年深入开展学习毛泽东著作和学习雷锋活动，普及了马克思列宁主义、毛泽东思想，促进青年勇攀科技高峰的意志。

1966年随着“文化大革命”的开始，团组织基本停止了活动。“文化大革命”结束以后，物理所开展了整团建团工作。1976年召开共青团第三次团员大会，恢复了团委。十年动乱给青年心灵造成了极大伤害，为帮助他们重新点燃精神文明之火，团委响应团中央号召，开展“学雷锋、树新风”活动，积极为建设社会主义多作贡献。

1980年改革开放以后，共青团组织在党委领导下，认真学习与贯彻党中央和团中央的路线、方针、政策，坚持以邓小平理论、“三个代表”重要思想和科学发展观为指导，紧密结合科技生产实际，开拓创新，锐意进取，勇攀科学高峰。团委组织青年开展了“五讲四美三热爱”“四有新人”“青年志愿者”、创建“青年文明号（岗位）”、捐助“希望工程”等活动，向青年宣传党和国家的方针政策。团委组织带领广大青年紧密围绕研究所中心任务，立足本职岗位，艰苦奋斗，开拓创新，为物理所创新跨越发展、推动和谐奋进的物理所建设作出了贡献。

1958～2010年，物理所团委书记分别为刘俊才、石庭俊、邵有余、张益明、庞维、袁莉、陈小龙、张绍英、李泓、古丽亚、李继伟。

第五节　妇女工作委员会

1986年7月，物理所成立了第一届物理所妇女工作小组，由3名成员组成，张益明担任组长。1992年4月，物理所妇女工作小组换届，选出第二届妇女工作小组，张凤云担任组长。此后物理所妇女工作小组改为妇女工作委员会。至2010年担任妇女工作委员会负责人的有米辛、丁馥、王幼明、吴令安、陈漪萍。妇女工作小组完成任期内的各项工作，包括计划生育宣传工作、“三八妇女节”组织联欢会和舞会、关心女职工身体健康组织工间操及太极拳锻炼、开展寒暑假中小学生校外活动、职工家属安抚和慰问以及维护女职工合法权益工作等。妇委会活动经费来自工会经费预算。

女科学家俱乐部于2006年设立，是物理所女科学家自发组建的交流平台，目的在于促进沟通、增进感情。内容包括介绍自己的科技工作、某一领域最新的研究成果、国际女科学家动态、女性在家庭与工作的关系、女性健康与保健等大家普遍关注的问题。此外，结合女职工特点，还开展了各类有益于女职工身心健康的文体、联谊、咨询等活动。

从2008年3月的“三八妇女节”开始，每年举办“三八妇女节”女性专题讲座，受到广大女职工的好评。积极发挥妇委会桥梁纽带作用，及时反映女职工的意见、建议和要求，代表和维护女职工的合法权益。组织女职工新春座谈会，听取大家的意见和建议，不仅增进了彼此的了解，也增强了对物理所的向心力。

妇委会获得院妇工委“2001年度中科院（京区）基层妇委会工作奖”。2002年，物理所妇委会获中科院基层妇委会年度工作奖。2001年，李方华获中科院首届“十大杰出妇女”荣誉称号，2003年李方华获得“欧莱雅－联合国教科文组织世界杰出女科学家成就奖”，这是中国科学家首次获此殊荣，受到全国妇联副主席顾秀莲等领导的接见。

第七篇
科技支撑体系

科技支撑体系是科技工作的物质保障。80多年来，物理所在基础设施的建设与维护、仪器设备的研制与维修、信息资源服务与管理以及办公、生活等方面为科研工作和全所人员提供了具有特色的技术支持与服务。本篇包括基本建筑设施、仪器设备、附属工厂、图书情报与计算机网络、后勤服务5章，介绍其发展概况。

第一章 基本建筑设施

物理所及其前身中研院物理所、北研院物理所应用物理所、先后在上海、南京、北京以及昆明、桂林、重庆等地建立实验室及配套设施，在多次迁移中保证了科研工作的正常进行。1959年中科院物理所开始迁到北京中关村，经过50余年的建设，使研究所的用房面积不断增加，基本设施不断完善，为研究工作提供了可靠保障；也为全所职工、在读研究生以及来所的国内外专家、学者的工作和学术交流、正常生活提供了相应的条件。

第一节 中研院物理所的建筑设施

中研院物理所建所时的所址设在上海，自1938年开始先后迁移到昆明、桂林、重庆。1946迁回上海，1948年又迁到南京。

一、上海地区的建筑设施

1928年，中研院物理所与中研院另外两个研究所在上海霞飞路（今淮海路）899号临时所址合建实验室16间。1929年花费1.1万两白银，在临时所址后院建实验室两层，共8间，1930年3月又建成金工室。

1931年1月，中研院物理所和化学所、工程所接受中华教育文化基金董事会资助的基金56万元（包括追加），在上海白利南路（今长宁路）865号兴建理工实验馆，由建筑师安那设计，和兴公司建造，于1933年夏天落成。理工实验馆共4层，所有研究室、检查室及仪器工厂均集于一处。该楼从1946年开始称为杏佛实验馆，后虽经多次修缮改造，但正面及两侧面外观仍保留原貌，2005年10月被列入上海市“优秀历史建筑”。

1934年，中研院物理所所长丁燮林指定助理员张季言另址扩建仪器工厂，1935年在理工实验馆旁购地，兴建了仪器工厂的厂房，总造价3.3万元，由徐鑫堂设计，协泰营造厂中标建造。1935年9月1日动工，1936年1月底完成。仪器工厂厂房为3层钢筋混凝土结构，每层面积60方，共180方（注：史料记载的数据）。另加一层木结构阁楼30余方。第一层用于办公室、机器室、天平砝码室、钳工室、材料室；第二层用于玻璃室、真空装置室、电学仪器室、绘图室、精细仪器室、工具室、磨玻璃机器室、实验室；第三层用于电镀室、油漆室、木工室、检验室、教室；阁楼为成品储藏室。

1937年8月13日日军入侵淞沪，中研院物理所先后迁至沪西、公共租界、法租界坚持工作。在法租界曾购地用于仪器厂继续生产。

1946年，中研院物理所由重庆迁回上海，此时理工实验馆旧址已由工学所使用，因此物理所在自然科学研究所原址（后称在君实验馆）暂时安置。

二、迁移至西南各地的建筑设施

1938～1944年期间，随着抗日战争战事发展，中研院物理所多次迁移，为坚持工作，先后在昆明、长沙、桂林、重庆等地设立实验室、工厂和地磁台。中研院物理所磁学实验室于1938年迁至昆明，研究室设于昆明圆通街，1940年又迁到桂林。无线电实验室于1938年迁至桂林。附属工厂于1940年迁至桂林，在城内四川会馆的大殿内坚持生产。

1944年底，中研院物理所从桂林迁至重庆北碚桃园（图1），所内建筑包括实验、办公、后勤服务及生活等设

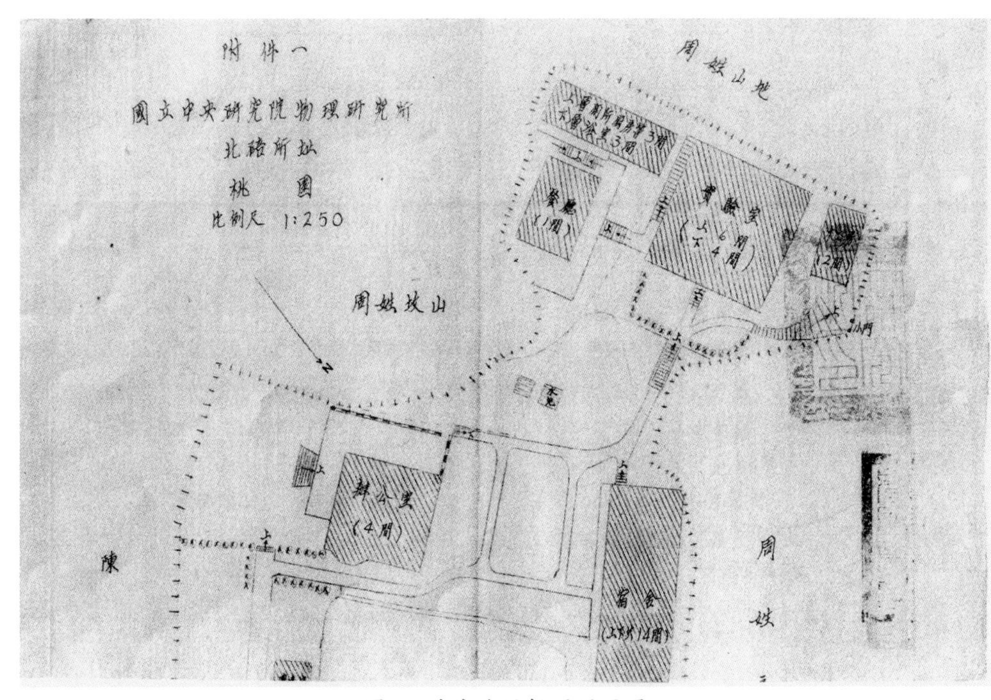

图1　重庆北碚桃园园区图

施。1946年10月物理所复员时，将该处全部建筑及设施赠予中国西部科学院。

三、南京地区的建筑设施

1946年6月，中研院决定在南京九华山小韩家庄购地建设数理化研究基地，实现将各所集中于南京的计划，并认为物理所应优先迁移，为此成立3人考察组，物理所施汝为参加了考察工作。物理实验楼设计为地上4层，于1948年建成。1948年4月，物理所由上海迁至南京鸡鸣寺路1号工作，后迁至小韩家庄新建成的物理实验楼（今中科院南京分院地理与湖泊研究所实验楼）。

四、地磁观测台建设

1930～1946年，中研院物理所计划于国内各地设立地磁观测台，以便普遍研究中国境内各地地磁分布的状况，先后在南京紫金山、昆明凤凰山、桂林良丰雁山、重庆北碚等地设立了地磁观测台。

1.紫金山地磁观测台。1930年6月至1936年，中研院物理所所长丁燮林主持在南京紫金山建成地磁台室、宿舍、标准室、记录室，完成地磁台的基本建设。这是第一座由中国人自己主持建造的地磁观测台。

2.昆明凤凰山地磁观测台。1937年12月，中研院物理所所长丁燮林前往湘、鄂、滇、桂等地勘查选址，准备迁移，决定在昆明东郊凤凰山建造地磁观测记录室、标准室及宿舍。该处房屋的墙、顶均用石砌，既避免了铁类磁性，又持久耐用。

3.良丰雁山地磁观测台。中研院物理所迁到桂林后即积极寻觅地址，1939年8月初前往良丰雁山四周测定地磁各要素的数值，结果所得的数值之差甚微，表明此处可以建筑地磁观测台，随即着手绘制地磁台建筑图及投标建筑事宜。1942年建造完成。

4.临时地磁观测台。为观测1941年9月21日的日全食，在福建崇安建立一座临时地磁观测台，装置各项地磁标准及记录仪器。1944年底中研院物理所由广西迁至重庆北碚，建立一座临时地磁观测台。

第二节　北研院物理所和中科院应用物理所的建筑设施

1930～1937年、1945～1959年期间，北研院物理所和中科院应用物理所所址均设在北京（原北平）东城大取灯胡同42号院内。

一、北研院物理所的建筑

1929年11月，北研院物理所成立时暂时借用中法大学居礼学院的房舍。1929年冬天，北平研究院购买了北平东城大取灯胡同42号（原为4号，今北京东皇城根北街16号）舍地7亩，供总办事处和物理、化学两所使用。1930年春在院内原有平房后14.8米的位置动工修建理化实验楼，10月底完成（图2）。该幢楼房地下1层、地上3层，地上每层面积480平方米。有锅炉房及配套供暖设施，上下水管道，卫生洁具。地上墙体为砖墙，支柱、楼板、楼梯、柁及地下室围墙为钢筋混凝土结构，室内地面为水泥或铺设水磨石、美国松木板。物理所在1层设立物理实验室，在该楼地下室内设立金工室、吹玻璃室、磨

图2　北平研究院理化实验楼立面图

玻璃室，放置加工设备。

1932年，北研院镭学所结晶学研究室在北平东城大取灯胡同42号院内理化楼成立。1936年该所迁到上海，租用福开森路（今武康路）395号，后该建筑由上海市徐汇区政府列入“不可移动文物”。1950年结晶学研究室划入中科院应用物理所后迁回北京。

1938～1945年抗战期间，北研院物理所迁至昆明，先后在黄公东街10号、西山、郊区黑龙潭租用房舍开展工作。

二、中科院应用物理所的建筑

1950年6月，中国科学院宣布应用物理研究所成立，所址仍在北京大取灯胡同42号院内，是北研院物理所原址。应用物理所成立后，在理化实验楼后面建造平房，用于木工室、玻璃加工室。

1950年10月，应用物理所在大取灯胡同42号院内开始建物理楼，由中国建筑企业公司设计承建。该楼结构为砖混结构，地上4层，地下1层，总面积3735平方米。该楼正面嵌有时任中科院院长郭沫若题写的“物理楼”。这是中国科学院成立后，京区首批科研建筑之一。

1951～1959年，应用物理所在该院内建成低温车间、半导体中间工厂厂房。

1958年，中国科学院应用物理研究所改名为中国科学院物理研究所（以下简称中科院物理所），1959年该所迁往中关村现址。但中科院物理所半导体研究室及半导体中间工厂仍在大取灯胡同42号院内，1960年在此建成中科院半导体研究所。半导体所迁出后，科学出版社迁到此处。

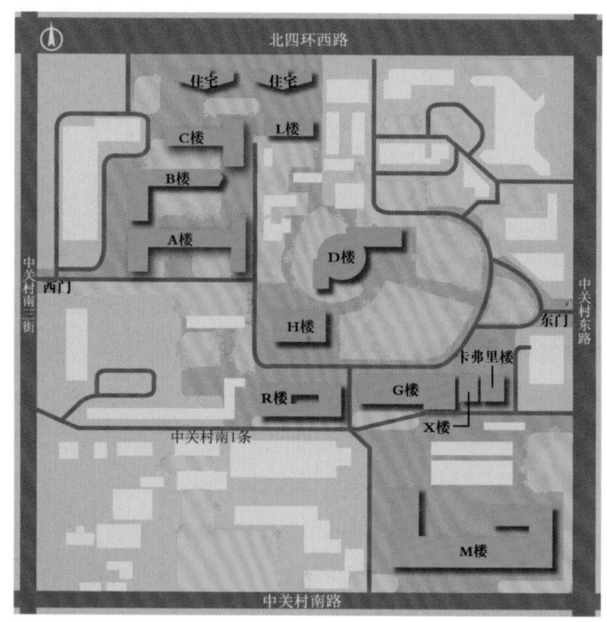

图3　物理所园区图

第三节　中科院物理所的建筑设施

中科院物理所在中关村的园区包括南三街8号及中关村南一条甲3号（以下称402院），从1956年开始建设，1958年建成第一批建筑，1959年开始迁入。此后随着研究所的发展，建筑面积逐步增加，园区规划不断调整。至2010年底，园区面积86 073平方米（图3），建筑总面积81 473平方米。

中科院物理所于1959年设立基建科。1986年9月4日成立基建办公室，何毅任基建办公室主任。1999年6月7日成立园区建设领导小组，吴建国任组长。2003年9月12日设立园区建设办公室，曹占英任办公室主任。2007年7月10日成立知识创新工程三期基建工程指挥部，冯稷为总指挥。2009年12月28日成立中科院物理所基建工作领导小组，王玉鹏任组长。

一、中关村园区的建设

中关村南三街8号院和402院，于20世纪50年代初步划定范围，形成物理所园区。此后，随着中国科学院的统一规划，物理所园区规划及面积有所调整。

（一）中关村园区的形成

1956～1970年，物理所在中关村园区内建成一批工作和生活用房，全所完成从北京东城大取灯胡同到中关村的搬迁。园区内科研、办公以及各种辅助设施、配套设施逐步完善，保证了这一时期研究所发展的需要（表1）。

这个时期的基本建设大都集中在1965年之前，1966～1972年，物理所没有大面积的基建工程。20世纪60年代后期，物理所在园区北部为解决已婚年轻职工的住房困难而建了约30余间简易平房，这些简易平房延续使用至1990年拆除。

表1 1956～1970年部分建筑项目

建筑物名称	建筑面积（平方米）	建筑结构	地上层数	竣工年份	总投资（万元）	拆除年份
物理大楼	11 695	混合	5	1958	280.7	
402楼（晶体学室）	2 800	混合	2	1961	54.0	2009
低温车间/低温室	540	混合	1	1958	9.7	
五室车间平房/东南平房	600	砖木	1	1960	3.6	1999
金工车间（北厂房）	1 574	砖木	1～2	1958	11.0	1999
南大车间（南厂房）	1 760	砖木	1	1961	12.3	1996
水晶玻璃车间	450	混合	1	1961	3.6	1999
锻工车间	540	混合	1	1961	3.8	1999
配电室	263	混合	1	1959	4.2	
汽车库	520	砖木	1	1960	3.6	1999
办公楼（小红楼）	1 070	混合	2	1960	20.3	1999
食堂	1 450	混合	1	1960	13.1	1994（改建）
磁天平实验室	333.3	混合	1	1964		
器材库	780	砖木	1	1964年前		1990
锅炉房	540	混合	1	1965	9.2	1991（改建）
炮房	约450	混合	1	1970年前		1990

（二）中关村园区的发展

1973～1998年，物理所在中关村的园区内完成的建筑总面积为60 190平方米，其中科研、办公及配套设施25 929平方米，住宅28 061平方米，食堂、招待所6 200平方米。增加新建筑的同时，对旧建筑及配套设施亦进行了必要的改造，并调整了园区规划，为发展中的科研事业提供了基本条件（表2）。

表2 1973～1998年部分建筑项目

建筑物名称	建筑面积（平方米）	建筑结构	地上层数	竣工年份	总投资（万元）	拆除年份
受控热核反应楼	3 046	混合	4	1975	63.0	
炮楼-五室超净室	271	砖木	2	1979	10.8	
电镜电源楼	420	混合	2	1981	11.3	
弱磁实验室	509	混合	2	1984	12.9	
高压楼	803	混合	2	1980	15.1	2005
束流实验室	300	混合	1	1984	11.0	2009
束流室扩建	390	混合	2	1985	11.5	2009
402晶体学楼	300	混合	2	1986	10.4	2009
晶体缺陷实验楼	690	混合	2	1987		2009
知青楼	548	混合	2	1985	15.4	2008
表面物理实验楼	643	混合	2	1986	24.5	2008
西三楼	2 424	混合	3	1989		2008
锅炉房	2 245	混合	3	1991（扩建）	823（含设备）	
超导凝聚态物理楼	7 470	现浇框架结构	4	1992	527	
器材物资楼	2 140	混合	4	1992	310	
新环永磁中试楼	3 200	框架结构	4	1992	257	
高层住宅楼	19 019	现浇混凝土框架	12	1993	1 630	
招待所、食堂	6 200	混合	6	1994	697	
研究生宿舍楼	9 042	框架	6	1998	1 682	

其中，1980～1986年物理所逐年申请每项在300平方米以下的零星建筑共计5 081平方米，按照1984年制定的基建规划整合成2层或3层的建筑，包括知青楼、表面物理实验楼、西三楼和束流实验室等，从而缓解了科研实验用房的紧张状况。

至20世纪80年代，物理所园区的环境及水、电、暖气等基本设施已不能适应科研事业发展的需要，面临进行全面改造。1984年，物理所对园区建设与改造作了全面规划，委托中科院设计院制定了改造、扩建和新建规划，将物理所院内分为科研区（包括辅助用房）、开发区、生活区、预留区，根据原有楼房的高度、位置、质量等因素制定改造方案。此后的改造遵循了这个规划，争取条件、逐步实施。同时妥善处理了新建、改建和科研工作的关系。

根据1998年的统计，物理所园区总面积82 470平方米。随着超导凝聚态物理楼的建成，对全所环境做了进一步治理，增加绿化面积、改造了园区内主要道路。超导凝聚态楼和物理大楼之间移植多种树木，建成楼间花园。园区内有玻璃温室一座，培育绿色植物，用于公共场所的美化。经过旧楼改造，新建工程，为现代科研工作提供了良好的环境和设施。

（三）中关村园区的调整

1999年，中关村南三街8号院划入中科院基础科学园区。物理所结合建设凝聚态物理综合楼的规划，拆除了建于20世纪60年代的金工车间、办公楼等一部分两层以下建筑以及一批临时建筑，增加了园区内的绿地面积及停车位，整体环境明显改观。2001～2003年，基础科学园区分期施工改造，改造项目包括道路、广场铺装、室外照明、电信电缆、雨水污水疏导工程及绿化工程。2003年3月，中科院批准基础科学园区改造项目，包括室外给排水、雨水管道、电力电信改造工程、新建道路、围墙、大门及传达室工程、广场铺装、绿化工程及喷水池、路灯工程，2005年完成园区东门建设。2007年，中关村基础科学园区做出新的规划，物理所凝聚态物理研究平台及量子物态和新材料探索与应用研究平台两个基建项目启动，设计为一座整体建筑。

1999～2010年，物理所新建科研、办公及配套建筑，为科研工作提供了更好的条件（表3）。

表3　1999～2010年建筑项目表

建筑物名称	建筑面积（平方米）	结构	层数	竣工年份	总投资（万元）
园区食堂改造	3 260	框架	4	2002	1 045
凝聚态物理综合楼	16 390	框架	地上9层，地下1层	2002	8 447
卡弗里楼（和理论物理所共用）	1 879	框架	地上6层，地下1层	2007	2 520
凝聚态物理研究平台及量子物态和新材料探索与应用研究平台	42 857	框架	地上10层，地下1层	2012（2010年在建）	20 321

二、中关村园区内的主要建筑设施

中科院物理所在中关村的主要建筑包括科研及办公建筑和科研辅助建筑以及生活建筑。

（一）科研及办公建筑

1. 物理大楼。1954年开始设计、1956年开始施工，建筑面积11 695平方米，砖混结构。该楼地上5层，局部有地下室，总投资280万元，1958年建成，1959年投入使用。该楼按照物理所规划学科特点的要求设计，是当时中关村各实验楼中设计要求最复杂的建筑。随着科研工作对实验室要求的不断变化，除了日常维修外，物理所对该楼进行了几次较为集中的改造。1979年10月进行了抗震加固。1987年对楼内上下水系统、循环水系统和供电系统进行改装。1993年对物理大楼进行全面改造，重新粉刷了公共走廊的墙壁，加吊顶棚，更换铝合金窗户，装修卫生间，更换电梯等。1998年在物理大楼内进一步完善了循环水系统，外墙面贴瓷砖装饰，解决了地下室渗水问题等。2002年12月开始，物理大楼与超导凝聚态物理楼同时改造，两楼改造总投资2754.82万元。物理大楼除抗震加固外，还包括室内地面、墙面、顶棚更新，供电、照明、动力、弱电、避雷接地等系统调整以及空调、采暖、卫生、消防、压缩空气、排气、氦气回收系统的全部更新。对物理大楼的几次改造，力求适应科研工作的需求，不断增加大楼的使用功能，以保持旧建筑的活力。在物理所园区调整时，该楼编号为A楼。

2. 402楼。1961年建成，总面积2800平方米，投资54万元，地上2层，局部有地下室，砖混及钢混结构。该楼位于402院内，主要用于晶体学实验室。该楼于2009年拆除。

3. 高温等离子体受控热核反应楼。1973年11月开工建设。1973年国家批准在物理所建立受控热核反应研究实验室，当时称为4011工程，后称为高温等离子体受控热核反应楼。根据不同实验的要求，该工程建造时分成西厅、中段和东厅，其中东、西厅均为一层，中段为四层。建筑总面积3046平方米，砖混结构。总投资63万元，于1975年11月竣工。安装在东厅的高温等离子体实验装置停止使用后，1997年11月物理所将东厅改造为2层，增加面积639平方米，同时改装了水、电、暖管线路以及门窗，改造投资76万元。2001～2002年，物理所对高温等离子体受控楼做整体改造，包括内外装饰、消防、动力、弱电、空调、换气、上下水及照明设施等，将该楼东厅一层南侧部分改建成微加工实验室用超净间，同时在东厅西侧建成净化机组设备间，满足了公共技术平台建设的要求。在物理所园区调整时，该楼编号为C楼。

4. 超导凝聚态物理楼。1990年7月开工，1992年3月竣工。建筑面积7470平方米，现浇框架结构，地上4层，总投资527万元。该楼设计符合防磁、防震等要求，建设布局上与物理大楼有走廊连接。超导凝聚态物理楼建循环水用积水池，可节省大量水资源。该楼建成后，由超导实验室、表面物理实验室、磁学实验室等3个国家重点实验室和计算机房、晶体缺陷分析实验室使用。该楼的建成，缓解了全所科研用房的拥挤和分散状况，明显改善了科研环境。2002年12月超导凝聚态物理楼与物理大楼同时改造，改造项目包括：房间使用功能布局调整，室内地面、墙面、顶棚更新，供电、照明、动力、弱电、避雷接地等系统调整，空调、采暖、卫生、消防、压缩空气、排气、氦气回收系统的全部更新改造。在物理所园区调整时，该楼编号为B楼。

5. 器材物资楼。1990年7月开工建设，1992年3月竣工，地上4层，总面积2140平方米，投资310万元。建成后用作器材仓库，1999年改为图书馆和办公室用房，后改造用作实验室。该楼编号为L楼。

6. 新环永磁中试楼。1990年12月开工，1992年2月竣工，建筑面积3200平方米，地上4层，框架结构，总投资257万元。该楼按照钕铁硼中试生产工艺流程和年产规模设计，供物理所与三环公司及新加坡方合作建立的新环公司使用。它的建成，促进了科研开发工作。在物理所园区调整时，该楼编号为X楼。

7. 凝聚态物理综合楼。2000年10月19日开工，2002年7月11日竣工。该楼建筑面积16 390平方米，总投资8447万元，地上9层，地下1层，框架结构。凝聚态物理综合楼的设计符合防磁、防震、防尘、超净、恒温等特殊要求，是园区内一座现代化、标志性建筑。它的建成使全所工作条件得到改善。该楼编号为D楼。

8. 凝聚态物理研究平台及量子物态和新材料探索与应用研究平台。2009年11月开始建设。其中凝聚态物理研究平台由国家发改委批复立项，批准建筑面积21 999平方米，投资10 663万元；量子物态和新材料探索与应用研究平台由中科院批复立项，建筑面积20 858平方米，投资9658万元。两个平台互相衔接，整体设计，同期建设，地上 10层，地下1层 ，框架结构。建设位置在402院内。该项目由中外建工程设计与顾问有限公司设计，由中铁建设集团有限公司施工。这是物理所历史上最大规模的基建项目，至2010年底仍在建设中。该楼编号为M楼。

（二）科研辅助建筑及生活建筑

1. 附属工厂。1958年建成面积1574平方米、砖木结构的金工车间，1961年建成1760平方米、砖木结构的大型设备车间（南厂房），从而保证了附属工厂迅速扩大的需求。20世纪90年代，在物理所园区改造中这两处厂房均被拆除。

2. 职工食堂。1960年建成，面积1450平方米，平房。1994年底物理所将食堂改建成餐厅及招待所，食堂2层、招待所6层，总面积6200平方米，砖混结构，综合造价697万元。食堂改善了职工和研究生就餐环境，招待所为物理所对外学术交流提供了条件。2002年将原有食堂改造为基础科学园区食堂，食堂四层，招待所仍为六层，总投资1045万元，改造后总面积8208平方米。该楼编号为H楼。

3. 锅炉房。1965年建成，面积540平方米，混合结构，用于园区供热装置。1991年将原有锅炉房改扩建为2245平方米的新锅炉房。为了不影响全所的供热任务，改扩建工程压缩至7个月，实现了当年改建、当年供暖。改造后的锅炉房，承担周边30多万平方米建筑物的供暖任务，提高了能源利用率。随着北京热力供应的统一规划，1999年物理所将锅炉房内燃煤锅炉作报废处理，将高9米的原锅炉间进行加层改造，采用钢柱、钢梁、预制水泥板结构，改造后总面积增至3077平方米，作为后勤部门的仓库、办公室和附属工厂厂房。将原泵房改建成北京市热力公司“物理所热力交换站”，负责中关村东区15万平方米建筑物的供暖。在物理所园区调整时，该建筑编号为R楼。

4. 高层住宅楼。1991年9月开工，1993年9月竣工。这是物理所在园区内宿舍区建成的两座住宅楼，均为地上12层，地下1层，结构为现浇混凝土框架剪切墙，总建筑面积19 019平方米，总造价1630万元。这是中科院各研究所在中关村地区建成的首批高层住宅。这两座住宅楼建成使用后明显改善了职工的住房条件。这两座楼编号为中关村南三街1号楼、2号楼。

5. 研究生宿舍楼。1998年建成。20世纪90年代中期以后，物理所流动人员不断增加，住房需求日益增长。物理所投资1682万元，建成研究生宿舍楼， 1998年建成投入使用。该楼地上6层，建筑面积9042平方米，为物理所的研究生和流动人员提供了较好的居住条件。在物理所园区调整时编号为G楼。

第二章　仪器设备

物理所是以实验物理为主的多学科综合性研究机构，实验设备在科研工作中占有重要地位。物理所从建立时开始，根据实际需要，科研装备建设实行引进和自主研制相结合的方式。引进设备包括国内外采购和租用等途径。科技人员自主研制的仪器设备，解决了实验的特殊需要，也解决了经费不足及国外技术封锁等困难，在研究工作中发挥了重要作用。

物理所科研设备和仪器装备的变化经历了以下各节阐述的几个阶段。

第一节　中研院物理所和北研院物理所的仪器设备

中研院物理所和北研院物理所创建初期正值中国现代科学的起步阶段，资金和国内科研仪器市场都非常有限。从两个研究所成立到1937年，购买的设备数量不多，且多为国外进口，自主研制则是获得仪器设备不可缺少的另一条途径。两个研究所陆续建立光谱、无线电、磁学、结晶学等实验室、地磁观测台以及检测室、金工厂、仪器厂、锅炉、电力等配套设施，设备总数量逐年增加。

1937～1949年，由于战争的影响，两个研究所曾多次迁移，一部分设备只能封存起来，携带的设备在辗转迁移中损失严重。这期间由于资金没有保证，增添设备很少。

一、中研院物理所的装备

中研院物理所成立后，从1929年开始陆续购置仪器设备，以电子、光学、地学方面的居多，还有附属工厂的车床等设备。其中包括从英国订购的地磁仪器、测温装置，向美国订购的无线电仪器、电流表及电压表等实验室通用器材，向德国订购的特制真空管等。1930年该所购置了X射线装置、高压设备、测温装置、电波测试器等一批仪器设备。1932～1936年该所建立仪器工厂和紫金山地磁台，因此陆续购置各种机床及地磁观测设备。1948年为筹建核物理实验室，由赵忠尧从美国购回一批核物理实验器材，这些器材当时国内均不能制造。

中研院物理所研制的仪器，除了用于本所科研实验外，还向其他科研及教育机构提供产品。从1928年开始，该所所长丁燮林主持了重力测量仪器“新摆”和“重力秤”的研制，用于当时地球重力测量。1932年该所建成了中国最早的科学仪器厂，开始自行研制仪器设备，以科研设备及光学元件加工为主。除了为本所制造、维修仪器设备以外，还逐渐扩大到为中研院其他各研究所服务。仪器厂制造的一套H.D.Z分量绝对值测量电流计，装备在物理所自己设计建立的紫金山地磁台。1934年，仪器工厂主任张季言等研制成功水银玻璃温度计，打下了国内热工仪表技术的基础。1934～1938年，仪器工厂仿制成功的产品有低倍生物显微镜、多倍制图仪、金属度盘经纬仪等。

抗日战争期间，中研院物理所在迁往桂林、昆明、重庆的途中损失一部分仪器设备。1948年下半年，为抵制迁往台湾，该所的员工将图书、设备分散到上海及南京保存，将这些图书、设备留在大陆，为中科院成立后开展物理研究准备了条件。

二、北研院物理所的装备

北研院物理所从1930年开始购置仪器设备，包括各种摄谱仪、显微光度计、各种光源及抽真空装置等光谱学实验仪器，各式静电计、高压电池、波长计、电表，压电实验仪器；用于地球重力测量的荷－雁氏重力摆、施米斯水平向地磁场分力测磁器、地磁感应器及棱镜等高仪；还有用于X光和晶体构造实验方面的三套X光设备等。附属工厂有车床、铣床、钻床、切磨玻璃机器及检定光学仪器等设备。在抗日战争初期还购置了一套感应炉。

北研院物理所自制的玻璃仪器

北研院物理所认为“研讨特殊问题，所需仪器，恒必特制，始克应用。整套之舶来品，不第索价奇昂，而远隔重洋，制器者不能受吾人之指挥，以致往往所购不合所需。故本所为节费用及便利研究计，有设立工厂自制仪器之计划”。该所先后设立金木工厂、玻璃仪器制造室和光学仪器厂，制造科学实验需要的仪器（如图）。抗日战争期间，北研院物理所迁到昆明后，光学仪器厂陆续生产的光学仪器，除满足本所需求外，还供应其他单位。在昆明制造显微镜时，需要能测定毫米级曲率半径的球径仪，当时中国还没有这项技术，钱临照等对一台光谱仪加以改装，完成球径的测量，这一设计直到20世纪50年代还曾被许多光学工厂采用。

抗日战争爆发前，北研院物理所将一部分光学仪器运到上海封存，1949年6月将这些设备运回北平。

资料显示，从两院研究所建立到抗日战争开始前，中研院物理所对历年采购设备均有记录，北研院物理所也有设备增添的记录（表1）。

表1　中研物理所、北研院物理所的设备情况

年份	中研院物理所	北研院物理所
1929	向国外订购仪器11万元，40余件	
1930	向国外订购仪器设备12.3万元，6批	开始向国外订购仪器
1931	增仪器设备4万元，工具零件1万元	新到仪器4批、使用多种外币订购
1932	增仪器设备0.8万元，理工馆装置0.25万元	有各类仪器近20具
1933	增仪器3.4万元，机器1.2万元	
1934	增仪器1.1万元，工厂及检验室设备共3万元	有仪器设备约值18万元
1935	增仪器设备共1.5万元	增各种设备18件
1936		增各种设备7件
1937～1945	1938年由上海迁至昆明的设备约2万元	抗战期间增车床2台、钻床1台
1946		增添直流发电机
1947		拥有各学科、金工厂、煤气设备
1948	共有仪器数百件、机器数十部	

第二节　中科院应用物理所的仪器设备

中科院应用物理所成立后，接收了北研院物理所的设备并将分散在上海、南京的中研院物理所的仪器设备陆续集中到北京，逐渐充实了研究工作必要的物资条件。应用物理所建所时的仪器设备仅有比长仪等万元以上仪器4台，以及感应炉、显微光度计、单晶炉等，还有一些陈旧仪器设备。

20世纪50年代，应用物理所实验室仪器设备逐步改善，但由于技术系统不完善、资金不足，仪器设备不能完全满足科研工作的需要。

一、引进的主要设备

1952年，应用物理所安装了英国制造的一套EM2/1M型电子显微镜，这是中国自己装配的第一台电子显微镜。为此，应用物理所邀请了北京的生物学家、医学家、细菌学家和矿业方面的专家举行一次座谈会，使大家了解电子显微镜的性能，以充分利用这台设备，在十个月内来所参观的有340人。1954年民主德国赠送给中国一台C型静电式电镜，安装在物理所。这两套电子显微镜都只能透视照相而不能反射照相。

1952年，应用物理所安装了3英寸阴极射线示波器、伏特－安培电源、制造实验电子线路底座等。1955～1957年，苏联科学院赠送给物理所一批发光研究需要的设备，解决了测量发射光谱、闪光光谱等技术问题，为发光实验室的建设奠定了基础。

二、自行设计研制的设备

1951年10月，应用物理所成立了电学组，制造了两件为半导体研究用的特制仪器。1952年该组制造了烧氧化铜整流器的设备及温度控制器。这

一时期陆续研制成功高温电炉、低温液氮装置、比特型大电磁体、大口径磁场热处理等设备，以及灵敏度高、稳定性好的磁致伸缩仪、磁天平及测量磁各向异性的磁转矩仪和带温度装置的无定向磁强计等装置。

1952年，应用物理所设计制造了利用电子管的温度控制器，完成水晶片研磨机的设计与装配，并向电信局水晶工厂推广。1952～1954年发光实验室开始绕制焙烧材料的高温炉，搭建单色仪，制作了标准灯。该室还设计和调试了弱光光度计，建立了测量慢衰减过程的设备。20世纪50年代中期，光谱学研究组利用国外的凹面反射光栅设计并加工了一台2米正入射真空紫外光谱仪，研制成一台水晶毛细管放电的电容放电光源。利用此光源，该组完成了光谱仪的调试工作，为等离子体研究提供了诊断手段。1958～1959年，光谱研究组研制成直管强脉冲放电装置，使用40微法脉冲电容器，可充至电压30千伏，用针球开关得到了放电电流100千安以上，还研制成环形脉冲放电管。

1953年，应用物理所开始建立低温设备。科研人员研制出林德型氢液化器，一般零部件由物理所附属工厂加工，热交换器等特殊部件在实验室研制，总装配也在实验室完成。1956年11月氢液化器研制成功，每小时产出液氢达到10升，为低温物理研究创造了条件。这一时期物理所还建立了生产氢气的1500安低压电解槽以及氢气纯化和纯度分析装置。1959年氦液化器调试成功，首次获得了液氦。经多次试验，1964年12月又试制成新结构的氦液化器，物理所把设计提供给其他单位，在国内多个单位推广应用，推动了中国低温物理和超导研究的发展。

半导体研究室成立后，陆续研制了测试晶体管的多种设备以及微波测试设备，设计制造了中国第一台拉制锗材料的单晶炉。1957年该室用自制设备拉出中国第一根锗单晶棒。

至1957年底，应用物理所共有仪器设备4000余件，其中较为贵重的有电子显微镜、金相显微镜、石英光谱仪、显微光度计、X射线机、高频感应炉、液化气体设备、精密电桥以及比长仪等，附属工厂有车床、刨床、铣床、钻床等。

第三节　中科院物理所的仪器设备

1958～2010年的50年中，物理所通过引进和自行研制等途径，使科研设备的增长不断适应学科领域的调整需求，为科研工作提供了重要保障。一部分自主研制的设备还获得科技成果奖。

一、1959～1978年

1959年，物理所从城内搬迁至中关村，开始进入迅速发展时期，原有研究组扩充为研究室，陆续开辟新的学科领域，对仪器设备的需求明显增长。1960年物理所增设了器材处，此后陆续增置了一批仪器设备，研究室得到了新装备。这个时期设备进口渠道有限，自行研制设备及配件在实验中仍发挥重要作用。1962年成立了仪器修理组，除负责维修仪器外还承担非标准仪器设备研制、制作，为自主研制科研设备提供了更好的支持。

（一）引进的主要设备

20世纪60年代，物理所各研究室购置的仪器设备有200多项，如进口光学干涉仪，开展全息照相研究课题。20世纪70年代购买了一台PDP类的Nova计算机、引进了IBM计算机，推动了物理所计算物理的发展。

20世纪70年代，物理所从联邦德国购买了全自动粉末衍射仪，其中一台具有入射线和反射线单色仪的高精度和高分辨率的测角仪，并有高温衍射附件，还附有高低温粉末衍射单色聚焦照相机、高分辨率高精确度Guinier-Hägg单色聚焦照相机；从美国进口了综合热分析仪；从日本进口了低中温比热仪。使晶体研究室具备了国内领先，乃至与国外实验室相当的从事相图、相变和晶体结构方面研究的设备条件。

1975年以后，磁学研究室相继引进磁天平、振动样品磁强计、核磁共振谱仪、穆斯堡尔谱仪、磁转矩仪等先进设备，使研究条件得到明显改善。

由于全所对液氮的需求增长，物理所购买了两台国产液氮机，生产液氮，保证了供应。

（二）自主研制的设备

1958年，物理所组建了人工晶体生长研究组后，逐步开展了包括水溶液法、水热法、焰熔法、助熔剂法、熔体法（提拉法）等各种晶体生长方法的研究，改造或自己设计加工多套单晶生长设备，其中“优质掺钕钇铝石榴石晶体生长和自动控温系统的研究”获中科院科技成果二等奖。超导研究组先后自行设计和研制了5台不同类型的高真空镀膜设备，用于薄膜生长研究。

1959年，物理所成立磁性薄膜研究组，该组承担109系计算机磁膜随机存储器研制任务，所需设备几乎全部是自行设计研制。包括具有大面积均匀偏磁场的高真空镀膜机、磁膜静态和动态磁性测试仪、磁膜加工成存储器的各步骤所需的大部分设备和仪器等。这一工作的完成获得了全国科学大会奖。

20世纪60年代初，经晶体学研究室设计，由附属工厂制造出X射线粉末衍射照相机。还设计加工了测定物质相变需要的热分析仪。

1963年，物理所自制的设备有单色仪、磁控管、新型高温炉、大型高压釜等12项。

20世纪60年代，利用生长出的大尺寸红宝石单晶材料，光谱学研究室和晶体学研究室合作，研制成一级振荡两级放大的红宝石激光器，在国内同类设备中输出能量最大。高压与金属研究室建成国内第一台拉杆式4×200吨四面顶压机，在这台压机上用静态高压法在国内最先合成了人造金刚石，又合成了立方氮化硼。建立了早期高压研究的设备和技术，如4.5吉帕（GPa）固体压缩率测量设备、4.2吉帕流体静压力设备、4×400吨铰链四面顶压机、4×1000吨和4×2000吨拉杆式四面顶压机及紧装滑块六面体容器等。此外，还研制安装了转靶和细聚焦X光机，以建立高压所需的强X光源。20世纪70年代中后期建立了各种大型高压装置和设备，如1200吨、3150吨和5000吨级单缸绕带式压机及四斜、三斜滑面立方体型高压容器等。

1966年，光谱研究室开始筹备研究角向箍缩装置的建造，于1969年建成。1969年12月26日，使用氘作工作气体，用闪烁计数器观察到核聚变反应产生的中子信号，产额约每次放电10^5个。这是中国在受控核聚变实验研究中首次观察到聚变中子。该研究室从1968年开始设计建造了一台等离子体焦点装置，特点是能形成高温高密度的等离子体焦点，适宜用作脉冲中子源和X射线源。1972年3月在这一装置上用银激活计数器测出了每次放电产生的中子数为10^7～10^8个，并初步测量了其角分布。用闪烁探测器测量了随时间变化的中子信号。

1972年，高温等离子体物理研究室成立，开始进行托卡马克（CT-6）装置研制，1974年7月1日该装置进行第一次放电。经过一年的调试和清洗放电，得到长达30多毫秒，电流30多千安的平衡、稳定的等离子体，具备了托卡马克型放电的特征。后与中科院电子学所合作，在该装置上进行了电子回旋波预电离的实验，证明了这种预电离方法的有效性。从1976年起，对CT-6进行了升级，于1978年投入运行。由于使用了平衡场和加热场的两重反馈控制，放电平顶长度可达100毫秒。

磁学研究室与中科院化工冶金所合作，研制成流态化磁粉的还原和氧化设备，解决了大规模生产需要。1975～1989年物理所参与分子束外延设备的研制，负责设备的总体方案、承担分子束炉和温度自动控制设备的研制，推进了分子束外延技术的发展。

1975～1978年，为开展超导物理研究，物理所开始研制稀释制冷机，研制成第一台能达到34mK温度的设备。在研制过程中，解决了液氦的高流阻、低温密封等关键技术问题。在这台设备上观察到银锗超导合金的渗流现象、钛钯合金的超导温度随成分而变化的异常行为，还做过电荷密度波（CDW）隧道谱等研究工作。"DR100-10稀释制冷机"获中科院科技成果二等奖。1978年以后开始研制另一台稀释制冷机，制冷功率较大，最低温度达45 mK，在100 mK温度下制冷功率为65微瓦。

20世纪70年代，物理所从美国购买一套单级多通法布里-珀罗（Fabry-Perot，FP）干涉仪、控制/数据采集系统以及氩离子激光器（265-09型），在此基础上自己设计加工了光收集系统和带半导体冷却装置的光子计数系统，于1980年6月组建成国内第一台完整的布里渊散射光谱仪。这台光谱仪的主要技术指标与性能达到了国际相应设备的水平。在这台光谱仪上先后开展了掺Fe或$Cr:LiNbO_3$的弹性与物性研究、$LiKSO_4$单晶的结构相变研究，并在透明和不透明材料的声子与磁振子等其他低频元激发的研究中取得一些重要成果。

二、1979～1998年

这一时期，随着国家的改革开放以及物理所学科研究领域的扩展与深入，仪器设备条件有了较大改观，进口设备的数量增加，重点装备了公共实验室。20世纪80年代中期至90年代，物理所先后建立3个国家重点实验室和3个中科院开放实验室，这些实验室的运行经费有一定渠道给予保证，配置了一批大型、高值设备，科研装备水平明显提高。20世纪90年代中、后期，物理所使用中科院装备更新升级专项经费更新配置了一批大型仪器设备，使全所的实验设备整体水平有了大幅度提升。为使仪器设备充分发挥作用，实行资源共享，物理所成立了电镜、转靶X光机核磁共振谱仪等公用实验室，在仪器设备公用方面开辟了新途径。

（一）引进的主要设备

1981～1982年，物理所购入一批电子及电工仪器，如宽带示波器、数字仪表、繁用电压表、精密电源等，更新了各实验室仍使用的老式设备。还购置了图像增强器、自动粉末衍射仪、超声测量仪、磁控溅射台、能谱仪、四极质谱计、单晶炉、可调染料激光器、高温微量差热天平等一批精密仪器设备。同时为解决高精尖仪器设备的不足，实行仪器设备租用，将通用高端电子、电工、自动化、热工等仪器设备，包括进口锁相放大器、数字电压表、数字频率计、宽频脉冲示波器、取样示波器、X-Y记录仪等集中一起，面向各研究组实行租用制，提高了设备使用率，并节省了外汇。

1984～1997年，物理所先后购置了拉曼光谱仪、60千瓦转靶X光机、穆斯堡尔谱仪、90兆核磁共振谱仪、红外加热单晶生长装置、高分辨电子显微镜、表面分析综合谱仪、俄歇能谱仪、高分辨电子能量损失谱仪、全自动X射线衍射仪、傅里叶红外分光光度计、Ⅲ－Ⅴ族分子束外延设备、硅分子束外延设备、多功能溅射系统、超真空镀膜机、原子力显微镜、近场扫描显微镜等仪器设备。

1987年，物理所从英国进口一台稀释制冷机，开展了电荷密度波和准晶样品低温隧道谱等实验研究。

1990年，磁学国家重点实验室开始筹建，陆续引进了超导量子干涉磁化率仪（SQUID）、转靶X射线衍射仪、单晶生长炉、永磁回线测量系统、薄膜测厚仪等，还购置了磁力显微镜等重要装置，使该实验室研究条件大幅度提升。

1988～1991年，超导国家实验室建立期间，先后从英、美、日本等国家进口测量设备，除了为超导实验室的研究提供测试以外，还为物理所其他实验室提供测量服务。1989年该实验室购置的H-9000NA分析型电子显微镜，用于超导块材和薄膜晶体结构的研究。以后陆续购置配件，对该电镜进行了一系列升级改造，开展强关联材料的电子显微学研究。

1991年，物理所购买了DEC System 5000/200型计算机系统，用以满足全所科研的需求。1995年在PC机上安装NOVELL网络软件，将物理所情报室CCOD资料检索软件，由单机搬到NOVELL服务器上，使联网计算机能方便地做CCOD资料检索工作。1997年物理所购买了一套高速网络系统，使物理所的局域网络传输速率由原来10兆比特/秒提高到100兆比特/秒。

1996年，北京电子显微镜实验室进入凝聚态物理中心，将Philips CM200/FEG等6台进口的透射电镜带入物理所，2002年物理所又从美国进口了Tecnai F20透射电镜和XL30扫描电镜。

（二）自主研制的设备

1979～1983年，物理所研制了以微处理机为核心的穆斯堡尔谱仪、单项瞬变过程采集系统、电介质特性测试仪自动化联机系统。

1980～1981年，磁学研究室与法国奈尔实验室合作研制了CF-2型超导磁场提拉样品磁强计，这是当时中国唯一的磁场达到8特、低温达到1.5K的极端条件磁测量设备。还自行研制了射频磁控溅射设备、脉冲强磁场磁测量系统、真空快淬设备等。这些设备使磁学室的研究条件得到明显改善。

1984年，物理所开展X射线吸收精细结构谱方法（EXAFS）和固体原子近邻结构研究。由于当时国内还没有同步辐射装置，科研人员对已有的转靶X射线源进行改造，形成了一套当时国内功能最强的实验室EXAFS设备，以及与之相配套的数据处理与分析程序库。

20世纪80～90年代，物理所研制出电弧炉、薄带状金属玻璃制备用的铜辊快速急冷甩带机、电磁悬浮炉、电阻加热熔体液淬炉、电子束浮区晶体生长炉、离子束溅射镀膜机，为后续块体非晶合金的研制打下重要的基础。

20世纪80年代后期，物理所在国内率先开展了激光脉冲沉积薄膜技术的研制工作，与沈阳科仪中心合作，研制成功I型和II型脉冲激光沉积设备，并在国家“863计划”大面积超导薄膜的攻关过程中，制备出电流密度为10^6安、表面微波电阻小于300微欧的2英寸YBaCuO超导薄膜。1988年，物理所建造了表面磁场约束的低温等离子体装置，使用偏压灯丝产生等离子体，用安装在真空室表面的永久磁体产生多极磁场约束。进行了粒子约束、波激发及非线性现象等多种物理实验研究。物理所与沈阳科仪中心合作，全部选用国产材料、仪器和元部件，于1995年研制出中国第一台激光分子束外延设备（Ⅰ型激光分子束外延设备）。并使用该设备实现复杂结构钙钛矿氧化物薄膜、异质结和超晶格材料的原子尺度控制的层状外延生长，薄膜层厚达到原子尺度的控制，薄膜、异质结和超晶格的表面和界面达到原子尺度的光滑。“激光分子束外延设备和关键技术研究”获国家科技进步奖三等奖。在Ⅰ型激光分子束外延设备的基础上，物理所和沈阳科仪中心合作，研制出Ⅱ型激光分子束外延设备。使用该设备首次在全氧化物pn结上观测到电流和电压的磁调制现象与正磁电阻效应；首次在镧锰氧化物和镧锰氧化物相关pn结上观测到10^{-10}秒超快光电效应。“Ⅱ型激光分子束外延设备及其应用研究”获北京市科学技术一等奖。

1984～1997年，物理所还自行或参与研制了分子束外延设备，CT-6B托卡马克实验装置、中子谱仪、小角度散射仪、4.2K低温真空扫描隧道显微镜（STM）、晶体生长设备，以及用于空间材料实验的国内第一座5米落管和20米落管。设计研制出功率移动炉，实现了空间晶体生长，研制的电磁悬浮炉，能在空间进行更多种材料的实验，获中科院科技二等奖。1996年10月22日发射的返回式卫星上，运用物理所研制的多组合功率移动炉，进行了包括直径达1英寸的砷化镓单晶生长、钯镍铜磷金属玻璃形成与合金的凝固及熔体润湿与凝固等多种样品的实验。

1997～2001年，物理所参与“微重力科学若干重大基础性的交叉学科研究”课题，研制了“透明晶体生长原位实时观察装置”的全套设备，采用马赫－曾德尔（Mach-Zehnder）干涉加载波技术，对于TGS晶体固/液界面边界层进行了实时原位观察和分析。

三、1999～2010年

1998年，物理所作为中科院“知识创新工程”试点单位之一，科研项目的经费有较大增长，加速了科研仪器设备的更新。2001年“知识创新工程”进入全面推进和优化完善阶段，科研装备建设更加注重整体部署和均衡发展；更加注重高精度、高性能、具有国际先进水平的新一代科研装备的引进；更加注重运用新原理、新方法和新技术研制有自己特点的先进科研仪器；更加注重研究实验平台的建设。

（一）引进的主要设备

2001～2010年，物理所购置了金属气相沉积装置、电子能量损失谱仪系统、精密光学浮区系统、磁性高真空穆斯堡尔联合系统、日立S5200型超高分辨率扫描电镜、IBM690型高性能计算服务器、大分子单晶X射线衍射仪、综合物性测试系统等一批先进的科研装备，使物理所各研究领域的样品制备、分析测试、物性表征能力有了较大的提升。

随着物理所各学科方向的发展，对微加工技术条件提出了更高的要求。由于研究样品尺寸和材料的多样性，单纯依靠各实验室建立小规模超净间及微加工条件已不能满足科研工作的需要。2002年物理所成立微加工实验室，集中购置了表面形貌测量仪、反应离子刻蚀系统、亚微米紫外掩模对准系统、聚焦离子束/电子束双束系统、电子束曝光系统等一批先进的微加工仪器设备。2007年以后又先后引进了原子层沉积系统、电子束蒸发沉积系统、感应耦合等离子体刻蚀系统等设备，进一步完善了微加工实验室设备配置。使物理所具有了从亚微米到几个纳米、样品尺寸上限在4～6英寸的微加工能力，基本满足这一时期基础研究和应用基础研究的微加工需求。

2004年，物理所购进日本生产的浮区单晶生长炉，超导实验室率先生长了10多种不同组分和掺杂的高质量单晶样品$Bi_2(Sr_{2-x}La_x)CuO_6$和高质量Bi2212、掺Pb的Bi2201，以及一系列拓扑绝缘体$Bi_2(Se,Te)_3$单晶样品。

（二）自主研制设备

随着科学技术的快速发展，技术分工越来越细，对研制技术人才专业化的要求也越来越高。物理所在研制有自身特点的科研仪器过程中，加强了与国内外科研机构、大学、企业的合作，引进既有创新科学思想又有科研仪器研制经验的人才，研制出一批极具特色的先进实验装备，包括材料样品制备仪器、物性测量表征仪器等，为物理所开展原创性研究提供了具有优势的条件。1998～2010年，物理所通过自主创新，研制仪器设备69台，其中价值100万元以上的27台。

在样品的原位制备、原位操纵、表征设备方面，物理所自主研制成功中国第一台可实现原位制备的研究介观体系表面结构及其特性随环境温度变化、电子学特性、电光和力学特性的探针测试系统。研制的超高真空、低温（变温）、强磁场、双探头扫描隧道显微镜与分子束外延（MBE）联合系统，具备纳米尺度下多维度的输运测试的实验手段，拥有既能在强磁场协助下操纵自旋态，又能通过隧道结进行自旋极化载流子的局域注入和探测的能力。该设备研制成功后，科研人员可以在凝聚态前沿物理的许多方面开展深层次的研究，如原位开展纳米材料的输运研究、纳米材料自旋相关的输运研究，以及原位开展材料各向异性的研究等。

2006年，物理所和中科院理化所合作研制的“超高能量分辨率真空紫外激光角分辨光电子能谱仪”，在国际上第一次把真空紫外激光这一新光源成功应用在角分辨光电子能谱技术上，它同时具有好于1毫电子伏的超高能量分辨率、光子流量为4.5×10^{14}光子/秒的超高光束流强度和对材料体性质敏感等独特优势，能够比现有仪器测到更多、更深层次的材料的电子结构，把现有的光电子能谱技术提高到一个新的台阶。2008年利用该设备发现了一种新的电子耦合模式，2009年又发现了20多年未被找到的“费米口袋”。

2006年，物理所研制成功峰值功率大于350太瓦（TW）的“极光”Ⅲ装置，获得了单脉冲能量近11焦耳、脉冲宽度31飞秒（fs）的超短超强激光脉冲输出，使物理所成为当时国际上具有百太瓦级超短超强激光能力为数不多的几家科研机构之一。利用该装置取得系列重要科研成果，获得中国科学院杰出科技成就集体奖。同时研究人员也开发成功包括飞秒激光振荡器、飞秒光学频率梳、同步飞秒激光器等系列仪器设备，提供用户成功开展了研究工作。

在低温技术方面，物理所2009年研制完成的核绝热去磁极低温实验装置，实现了600μK极低温条件。

物理所和中国科学院沈阳科学仪器中心联合研制的“Ⅱ型激光分子束外延设备”是具有自主知识产权和技术特点的国际先进的激光分子束外延设备。在氧化物薄膜层状外延生长过程中，能观测到近千个周期的RHEED强度振荡。此台设备的研制还带动了国内相关领域的研究，设备已销售到国内20多个科研院所和大学、出口到新加坡等国家和地区。

至2010年底，物理所仪器设备总值为69 667万元。

1985～2010年，物理所科研设备研制项目中获得国家科技进步二等奖3项、三等奖4项，国家技术发明二等奖2项，北京市科学技术奖2项。

第三章　附属工厂

附属工厂是物理所技术支撑系统中历史最悠久的部门之一。从1928年建所，附属工厂在不同历史时期紧密配合科研工作，为科研设备的维修、研制提供了保障。此外，还研制并批量生产科研、教学、军事用的仪器设备，以满足国内研究机构和大、中学校以及军政机构的需要。

第一节　中研院物理所和北研院物理所附属工厂

中研院物理所和北研院物理所都设立了维修维护、改造科研仪器设备的机构。中研院物理所附属工厂的负责人先后有张季言、王书庄、周寿铭、潘德钦、程兆坚。北研院物理所附属工厂的技术员有楼绍江、弓文俊等。

一、中研院物理所附属工厂

中研院物理所成立后，国内市场难以买到研究工作需要的实验设备，进口设备又价格昂贵，于是1930年3月借用中央研究院工程所的房屋设立金工室，承担实验设备维修改造工作。至1931年金工室共有车床、铣床、钻床各一台，由瑞士进口精度较高的分度仪和分弧机各一台。由于建筑面积狭小，光学加工、玻璃加工就在实验室内完成。

1932年，中研院物理所在金工、木工、光学和玻璃加工室的基础上建立起仪器工厂，这是中国最早的科学仪器厂之一，它除了维护维修本所研究设备和检验设备外，还为中研院内外9个机构维修各种设备。1933年，物理所迁入中研院理工实验馆，仪器工厂承担了房屋的装修和设备安装任务，并为本所制造仪器20余项，还为中研院15个单位制造或修理仪器39项。由于任务的增加，投资1.2万元增加了一批金工、木工机器，还扩充了检验室。这时仪器工厂有10余台机床、各种木工机器以及1套磨玻璃器具，有37名工人。1934年又购置了车床、平面磨机、磁通计等加工和检验设备，各种机床达到40余台，工人约100名。这一年仪器工厂为物理所加工制造10余项装置，为中研院内7个单位、院外18家机构维修物理实验仪器约100件套。中华教育基金会、中英庚款董事会等机构向物理所仪器工厂订制中学物理实验高级设备100套，每套付费600元。据1932～1934年中研院年度报告中的记录，累计有47家单位委托物理所仪器工厂进行各种仪器的修理、制造。

1935年，中研院物理所仪器工厂完成所内仪器维修改造6项，所内检验及通用仪器维修改造15项，所内各装置修理配制、新房屋装修。制造高中物理仪器，接受14家企业和中华书局的委托加工任务。

为进一步扩充工厂规模以适应所内外修造任务的需

图1　中研院物理所附属工厂使用的美国通用电气公司生产的小型立式钻床

要，物理所所长丁燮林指定助理员张季言另址扩建仪器工厂新厂房，1936年1月底竣工。仪器工厂搬入新厂房后，增加了工人和新设备。仪器工厂的设备增加到50多台，包括瑞士进口的刻长机、刻度机，英国及美国进口的机床（图1），德国进口的雕刻机和精密机床，磨镜头的粗磨机、精磨机和抛光机。仪器工厂很重视对工人的培养，逐步建立起工种齐全、技术熟练的工人队伍，包括不少机械行业中的技术能手。这时仪器工厂已经能单独生产多种科研、教学仪器设备。

仪器工厂能生产的比较尖端的产品包括：航空测量用的实体投影仪和纠正仪、陆地用的经纬仪与水平仪，地质探矿用的测量仪器及便携式袖珍测量器及天文、气象方面用的仪器；教学仪器有显微镜、分析天平、分光镜、经纬仪；还可以批量生产千分尺和游标卡尺。1936年工厂维修了本所设备20余项，为中研院外30多家机构维修仪器，制造教学仪器约200套，并培训教师使用设备。仪器厂制造的高中教学用的气压计，不用抽气机即可自行装置，在当时是国内的创举。教育部给仪器厂的一份订单就包括中学物理、化学实验仪器5600套，这些仪器都编有丁燮林编写的实验讲义随箱发出，为使用者提供方便。直到20世纪50年代有的学校还在使用这些仪器和讲义。

1938～1944年抗日战争期间，仪器工厂在随物理所多次迁移中坚持生产。1939年仪器工厂在上海法租界时曾购地建厂，以“大中和记科学仪器公司”名义继续生产。1940年中英两国政府协议在香港成立的光学仪器厂，指明要用物理所仪器工厂的设备和人员生产光学仪器，由丁燮林任董事长，英国出资共同经营。物理所仪器工厂的一部分迁到香港，另一部分迁至桂林。1941年香港沦陷，仪器工厂再次迁移，主要设备在途中丢失，剩下的一些辅助设备几经周折才运到桂林，在四川会馆的大殿内坚持生产仪器。1944年仪器工厂迁往重庆，途中设备受到重大损失，一部分工人和技术人员失散。

抗日战争时期，物理所仪器工厂试制特种望远镜，制造各项精密仪器提供给西南联大、云南大学等学校及军政机关，为使用者解决了外汇汇率高，进口设备昂贵的问题。

1946年，仪器工厂随物理所复员回到上海，1948年初又随物理所由上海迁至南京。在南京，仪器工厂增加了磨光机、米制车床、精密刻度机等设备。1948年底仪器工厂将设备分别存放在上海和南京博物院地下室，使其留在了大陆。

二、北研院物理所附属工厂

1929年，北研院物理所建立后，由于实验需要的一些设备不能在市场上买到，所以附设一个小型工厂以解决问题。北研院物理所附属工厂包括金工、木工、玻璃制造、光学零件加工等工种。1931年初在新建的实验楼地下室内放置加工设备，设立金工室、吹玻璃室、磨玻璃室，到1932年底有吹玻璃及磨玻璃设备、进口车床、钻床、磨刀机等，在仪器维修方面具有玻璃加工和金属加工能力。1934年工人开始学习磨镜头和平片等光学仪器零件制造技术，同时试制晶体割切片，取得比较理想的结果。另外，试制平行或垂直光轴水晶片、吸光管的水晶窗、压电水晶振荡片等产品，质量接近国外生产的同类产品，价格则远低于进口商品。

1935年，物理所开始将金木工厂、玻璃仪器制造室加以扩充并建立光学仪器制造厂，购买通用式铣床1部，成型机等光学加工设备6套。这时工厂有车床、铣床、钻床及直流发电机。制出分析气体用的放射管，氢放射管、水银扩散唧筒、水银弧光灯、高度真空气压计，生产了水晶透镜、各种三棱镜、玻璃透镜、光学平片、方解石偏光镜，水晶振荡器。到1937年光学仪器厂制造的光学零件质量水平已接近进口的产品。

1938年4月，附属工厂随北研院物理所迁至昆明，途经越南海防时设备全部损失。到昆明后购置了车床两台，钻床一台，继续生产光学仪器。1938～1945年，由于仪器进口渠道被日军封锁，北研院物理所在昆明急抗日战争之需，为军方设计显微镜等多种仪器的光学配件，工厂承担了制造任务。在工厂制造的水准仪、望远镜、显微镜映器等光学配件中，有的产品质量与德国蔡司公司的同类型产品相仿。物理所的研究人员试制成切割水

图2 北研院物理所金工厂

图3　北研院物理所光学元件车间

晶的简单设备，工厂批量制成水晶振荡片，供给后方专科以上学校、医院、道路测量机构、无线电台及盟军使用，对于战时电讯技术的改进具有推动作用。这期间仪器厂还为资源委员会、陆地测量机构、学校、研究机构修配各种光学仪器。物理所在昆明期间的主要产品包括1000片水晶振荡片、500架显微镜配件、400套测量仪、50套缩微胶片放大器，用户对物理所工厂的产品质量十分满意。至1945年，工厂有弓文俊、楼绍江等5名技术员、8名练习技术员。

1946年初，工厂随物理所迁回到北平，5名技术人员随同迁来。到北平后增加了工人，添置了直流发电机一台，向美国订购精密车床两台。1947年工厂有磨制玻璃镜头设备4台，检验用光学仪器多套（图2、图3）。

第二节　中科院应用物理所和物理所附属工厂

1950年，中科院应用物理所成立后，在原北研院物理所工厂的基础上建立了附属工厂，是研究所的直属机构。物理所附属工厂经历了创建、发展、改革的曲折历程，2002年附属工厂划归物理所技术部。先后担任附属工厂厂长的有弓文俊、苏海亮、史纯良、纪振兴、贾克昌、管振辉、丁化善、石贵春、高太原。

一、创建时期（1950～1957）

1950年，中科院应用物理所成立后，在北研院物理所工厂的基础上由技术员弓文俊、柴芝芬和几名工人组成了金工车间。随后陆续更新设备，增添了车床、钳床、铣床、刨床、磨床等设备，厂房逐步扩大，扩充了玻璃、水晶、木工、电工等工种。金工车间设在实验楼地下室，木工间、水晶玻璃加工车间设在平房内。1953～1957年，各车间的技术人员和操作工人从12人逐步增加到69人。在管理方面，订立了师徒合同、逐步提高了维修设备的技术；建立估工定时制度，实行计划管理，提高了工作效率；建立了采购、工具管理、分工管理等制度。逐步发展成为工种齐全、能适应科研需要的附属工厂。

当时应用物理所的科研经费有限，同时面对西方国家的经济及技术封锁，购置先进实验设备、购买器材的渠道有限，科研仪器及配件需要由工厂加工，附属工厂完成多项修配仪器任务。此外，附属工厂还配合科研工作者完成上级或所外交来的仪器制造任务。

建厂之初，附属工厂水晶车间在为本所维修研制实验设备的同时还接受重工业部、军委通讯部的任务，生产了晶体振荡片、培训了技术人员。为军委通讯部、广播事业局等机构磨制晶体振荡片2000多片，光学车间磨平面、球面，磨圆柱外径的技术均有提高，完成各种规格的显微镜片700余套，全年制造成套的仪器470套（件），完成修配任务1160件。

1954年，附属工厂为实验室制造与修理的成套仪器约80件。配合了材料科学的需要生产出国内第一台单晶炉、高压釜。单晶炉曾参加中科院成果展览会，高压釜曾长期为晶体学研究室使用。这时附属工厂能为实验室修理较为精密的X光机用的变压器、热电偶等。1955年附属工厂完成计划任务291项、临时工作1110项，制出光栅光谱仪外罩和X光机高压电源变压器、拉曼散射光谱仪配件等。1956年超额完成计划工时，还完成多项临时任务，制造改装和修理的主要项目包括油扩散泵13个、全套真空系统5套、压力计10件，还包括要求较高的精密拉伸机、高温真空炉、切割机、光谱仪真空磨口以及木制实验台、样品柜、翻砂模，电流计、电表、16千瓦调压变压器和水晶片、石英振荡片、铁氧体制备设备、电磁铁等。产品质量合格率达98%，基本保证了研究工作的需要。1953～1960年，工厂将小冲床改装为5个头，提高了效率。这一时期还为中科院制造60台机床。

20世纪50～60年代，工厂配合结晶学研究组研制成一批X射线粉末照相机（图4），试制粉末照相机需要多个工种配合，由木模、翻砂、热处理、机加工、水晶玻

图4　物理所附属工厂制造的X射线粉末照相机

璃工联合作业，充分体现了物理所工厂规模虽小，但工种较为齐全的特点。该产品曾参加了中科院举办的成果展览。

二、发展变化时期（1958～1979）

这一时期，物理所附属工厂经历了从急速扩大到逐步缩小的过程。从1958年开始，随着附属工厂的任务大量增加，原有设施有待扩充。1959年附属工厂开始向中关村新建的厂房搬迁。一批复员军人充实到工厂，工人和技术人员数量迅速增加，达到699名。附属工厂设立了5个车间，以及设计科、生产科、工具室、下料室等机构。从1960年开始，一部分工人陆续下放离开附属工厂。1972年工厂共有146人，分为9个组，1978年设立3个科室、5个工段。

此外，从1958年开始，物理所高压、低温、半导体、晶体等研究室都建立了中间工厂，配合研究成果的推广。后来这些中间工厂随着研究任务的调整，而被逐渐调整为不同的机构。其中半导体室的中间工厂（109厂）成为中科院微电子厂的前身，低温研究室中间工厂改为低温车间，水晶玻璃中间工厂并入光学室。其他中间工厂亦陆续并入研究室或附属工厂。1965年电工车间与研究室抽出的一部分电子学力量合并成立电学仪器室（十二室）。

这一时期，附属工厂的工种包括金工、木工、玻璃、光学抛光、水晶加工、热加工、翻砂、电工等。工厂厂房包括机械加工南、北车间，玻璃水晶车间，锻工、木工和下料车间，总面积约4000多平米，加工设备100多台，包括4米龙门刨床、2米单臂刨床、1.6米立式车床、80吨冲床、300吨压机、2.4米折弯机、C650加长车床和大小空气锤等大型设备，以及T611型坐标镗床、滚齿机、插齿机、德国制造的大型立式铣床和各式磨床等精密设备。

工厂还通过争取院内外工厂协助的途径完成自身不能加工的项目，尽力满足研究室的需求。配合科研工作完成的主要任务包括：工厂配合低温研究室创建低温车间，生产杜瓦瓶、膨胀机和液化器。在没有现成设备的条件下，利用爆炸成型技术试制杜瓦封顶，生产出合格的杜瓦瓶。配合磁学研究室试制成各种类型电磁铁。1963年工厂的金、木、铸造等工种完成1000件（台）任务，水晶玻璃工完成20 000多件零件的磨制加工，工厂试制电子仪器22件，修配仪器300余件。配合高压物理研究室等生产四面顶压机，为研制人造金刚石提供设备保证。完成大电磁铁的加工。用国产器材试制出性能稳定的红外光谱仪上用的放大器。还试制了电子式静电计等。参加过多项国防和军工任务，如配合制作地下核试验测温装置的攻关任务。1963～1965年，工厂配合光谱学研究室和晶体学研究室试制并生产二氧化碳激光器、氩离子激光器、大能量红宝石激光器、光具座和光学平台，还为光学研究提供了必要设备。这一期间，工厂在配合光谱学研究室研制脉冲氙灯的研制过程中，玻璃组经过多次摸索试验，解决了石英与玻璃及钨棒焊接的难题，填补了国内技术空白。1967年工厂承担了中科院革委会下达的“立体照相机”的设计和试制；与中科院印刷厂合作，批量生产出立体照相机。1973年，受控热核反应需要掌握超高真空、精密焊接、高压大电流、特殊电子工艺等技术的工人，工厂为此开办了特种工艺训练班，配合了科研需要。1974年工厂配合等离子体研究室研制托卡马克装置，曾投入极大的力量参与该任务的制作与安装。先在工厂厂房内作整体初步安装，成功后才移进实验室调试运行。工厂还参与磁学室研制成功数十种型号的微波吸收材料，并正式投入生产。上半年完成180项大型任务和364项小型任务，重点支持氦液化器小批量生产项目。1975年工厂开始配合磁学研究室试制甩带机、电弧炉，获得成功并得以生产使用，这一技术后来转入物理所技术开发公司。1976年，工厂参加了毛泽东遗体保护和供群众瞻仰的透明棺的试制并完成任务。20世纪50～70年代工厂为配合磁学室制作各种类型电磁铁，配合光学室生产光学平台，特意购进龙门刨床和立式车床。加工电磁铁厄铁所用材料规格是非标准件，购进的材料均是几吨重的热轧毛坯料。为了加工成型，工厂师傅和技术人员磨制出不同刀具，利用龙门刨先行破料而后加工成型，最终解决了没有成型料的难题。绕制电磁铁线圈是工厂发明的一项独特技术。由于没有专门的绕线机，只能设法在铲床和车床上绕制，经过多次尝试、改进技术才绕制出各种规格不同线圈。在加工光学平台两米多长一米多宽大平面的加工刀具问题上，师傅们集思广益，磨制各种非标宽刃刀具，反复实验，才使得加工件表面光洁度满足了研究室使用要求。

三、改革时期（1980～2001）

20世纪70年代末，随着改革开放的形势变化及科研体制的改革，科研设备的研制和维修开始实现社会化，工厂的任务逐步减少。经过不断调整内部结构、缩小编制，完善经济核算制度，工厂逐步实现了对内有偿服务，对外加工增加收入。经过调整，人员逐年减少，收入逐年增加（图5），劳动效率明显增长，也减轻了研究所的经济负担。1988年工厂开始试行独立核算制度，1989年基本达到收支平衡，1990年开始有结余。1993年开始逐步走向自负盈亏。在经济核算改革的同时，工厂注重提高管理水平、保证为科研工作服务的质量、保证产品质量。1996年，工厂淘汰了部分大型设备，拆除了大设备厂房，使用大设备加工的任务委托社会力量解决，这一举措明显降低了生产成本。1999年工厂主要设备有60台，但精度高的先进设备不足。2001年添置了一批数控机床。

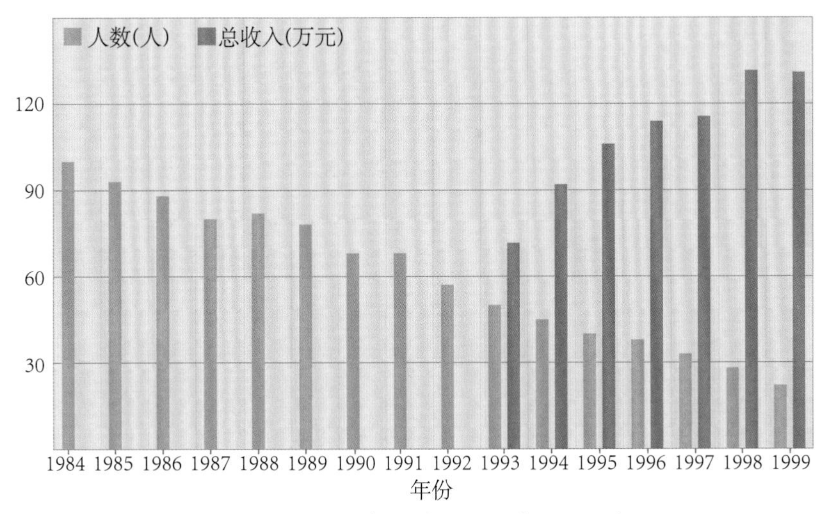

图5　1984～1999年附属工厂人员及收入变化

这一时期完成的主要任务：

（一）对内服务

20世纪90年代开始，工厂向物理所内实验室提供了10台单晶炉和一台红宝石生长炉。为所内清洁能源实验室制作各种电池盒，并将此项技术推广到相关高校和研究所。2002年为光物理实验室加工真空靶室装置，并先后加以改装，实验室反映良好。为中国返回式卫星和美国航天局GAS桶搭载实验加工了所需的零件和设备。这期间，工厂为了配合所内金刚石科研成果的推广，利用研究室自制的金刚石试制成功不同规格的拉丝模，形成批量产品。工厂配合非晶半导体研究项目组研制生产用于光学电学参数测试的低温恒温器30余台，该产品曾获国家专利和中科院科技进步三等奖，并曾先后销往中科院研究生院、南开大学、汕头大学、美国等。

工厂与物理所开发公司合作制造球磨机、电磁铁等仪器设备，改装了甩带机、电弧炉。不但推广了所内的科研成果，还开拓了市场，为自身带来经济效益。1994年开始与北京辉光技术研究所合作，为所内实验室提供多台大型真空设备。

（二）对外加工

在对外加工初期，工厂与北京表面研究所合作，为康巴斯大石英钟制作一批镀金外壳。1992年为解放军第二炮兵部队“燕山计算机研究中心”生产2000A全军第一台汉字计算机电源、机箱、工作台及扭矩测试仪等首宗大批外协加工任务。不仅取得了可观收入，还获取了外协加工经验，增强了创收的信心。为中科院生物物理所制作海军用于核潜艇上的“控制箱”，解决了不锈钢孔带冲孔及点焊接加工工艺技术难题，并受到对方的好评，从而得以长期合作和使用。

从2000年开始，附属工厂为中科九章公司制作“雷电预警装置”，为天气预报和特殊重要场所的预报作出贡献。为中科院空间中心和北京普码泰克真空科技有限公司制作各种“离子源”“靶室”，经过常年合作积累了一定的经验。为军事医学科学院微生物流行病研究所制作“鼠笼”、采样器、大粒子接收器，在2008年北京奥运会、2010年上海世博会上得以使用。为中科院力学所、北京理工大学制作不同材质的“穿甲弹头”和“尾翼”，用于测试其速度和穿透能力。还为中科院工程热物理所、化学所、电工所、理化技术研究所，以及北京大学、清华大学、北京理工大学等高校加工各种设备和完成日常修配任务。

四、调整时期（2002～2010）

2002年4月，附属工厂进入物理所技术部，称为机械加工厂。2010年底，技术部机械加工厂拥有门类齐全的机加工设备30余台套，固定资产500余万元，厂房面积约800平方米，员工19名。其中技师3名，高级技工8人，中级技工3人，专业工艺技术人员4名，管理人员1名。

这一时期，物理所投资100万元为工厂购置数控车床、数控工具铣床、大型立式铣床和精密车床各1台，加工的效率、精度、表面光洁度得到提高（图6）。经过数控机床编程培训，有5名青年员工具备熟练使用数控设备能力。12名中青年员工通过国家机关技术工人等级考试，取得高级技工资格。

图6　附属工厂购进的数控机床

期间，机械加工厂为光学实验室加工极光一号装置真空光路和压缩室一套，完成从零部件加工、材料热处理、焊接成型、安装调试和抽空检漏的全部制造过程，第一次拥有了制造成套真空设备的经验和业绩。为光学、表面、超导实验室制造真空室4台套。在使用不锈钢框架和超硬铝板结合加工大尺寸真空室方面取得了经验。为超导实验室加工多套石墨、叶蜡石样品模具。为清洁能源实验室制造锂电池实验器具600套。为光学实验室极光三号装置制造真空室3台套。2009年所内加工量比重明显增加，与所内研究组科研项目增长同步增加。机械加工厂还参与中科院北京地区机加工技术服务中心调研论证和筹建工作。

工厂内部管理逐步改善，撤销等离子切割和气割下料工种，改由原材料供应商下料后供货，节约场地，减少库存，毛坯质量明显提升。停止自行机床维修，改由效率更高、成本更低的专业维修队伍负责机床维护维修。

2008年，为军事医学科学院生产医学采样器30台套；为气象预报公司生产雷电报警器传感器3500套。这些产品被安装在北京奥运会场馆使用。

2010年，经中科院计划财务局批准，机械加工厂于4月初开始“先进工艺与异形机加工技术服务中心”组建工作，此中心是中科院北京地区机加工技术服务中心的四个分中心之一。

80多年来，附属工厂一直以为科研服务，为科学家服务为宗旨，为科研一线提供了强有力的支撑和保证。附属工厂除了为所内外科研成果作出有形贡献外，还向外培养输送了一批人才和技术骨干。

第四章　图书情报与计算机网络

物理所图书、情报和计算机网络构成信息资源服务与管理系统。承担信息资源渠道的建设、运行、开发与维护。为全所科研、管理、学术交流提供安全、稳定、畅通的信息通道。

第一节　图书情报

物理所图书馆是一个开架式专业图书馆，亦是国内物理学类较为系统、完整的文献收藏部门之一。馆藏以理论物理、凝聚态物理、光物理、原子和分子物理以及等离子体物理为主，并适当收集相关学科书刊。物理所图书馆作为科研工作的基础支撑部门，为全所科研工作提供文献信息服务。从20世纪80年代后期开始，图书馆逐步建立起对文献资源的计算机管理和网络化服务。截至2010年底，馆舍面积约600平方米，收藏科技图书期刊约29万册。

一、历史沿革

物理所的前身中研院物理所及北研院物理所，分别建立了图书室，在20世纪20年代后期至30年代中期，藏书逐年增加。中研院物理所1928年即开始订购专业图书和期刊。1932年初淞沪会战中损失一部分图书，此后逐年又有所补充，至1937年抗日战争之前图书室已相当完备。抗日战争开始后，图书室随物理所迁移。北研院物理所于1930年开始订购书籍，以后逐年增加。1937年7月至1946年期间，两所历经多次迁移，图书期刊有所损失，但也有少量补充。

图1　图书情报室编辑的资料

图2　从以纸本为主的图书馆阅览室（上）到电子阅览室（下）

1950年，中科院应用物理所成立时，从中研院物理所和北研院物理所接收了一批期刊和图书。1954年，应用物理所办公室成立后，指派钮步嵩负责管理期刊和图书并对读者开放，同年建立图书阅览室。1957年成立物理所图书委员会，负责指导图书阅览室建设和书刊采购、审批等工作，推动了图书阅览室的发展。1958年图书阅览室更名为图书馆，拥有500平方米的馆舍。到1961年底基本完成全部图书期刊的造册整理工作，为科学系统管理图书期刊资源奠定了基础。

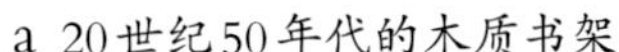

a 20世纪50年代的木质书架　　b 20世纪90年代的钢质书架　　c 2000年的密集架

图3　图书馆实体馆藏的变迁

1963年，物理所成立了情报资料科，隶属业务处，从事科技情报收集、分析、翻译及内部和机密资料管理和阅览等工作。1972年情报资料科与图书馆从业务处独立出来，合并为图书情报室。20世纪80年代初期，情报工作主要有：调研、编辑、出版《国外物理学主要研究机构介绍》系列；大型实验设备等信息调研；组织出版《物理所动态》及《外籍学者来所报告集》等内部刊物；编撰《物理所年报》；定期为所内各研究组提供专题检索服务（图1）。1998年图书情报室改为图书馆，隶属于图书刊物室，2002年图书馆隶属于技术部。

1999年，图书馆面积增加到近1000平方米。随后由于期刊资源电子化的发展，读者对阅览室的需求大幅度降低，同时图书馆书架亦从开放架换成密集架，图书馆总面积减至600多平方米（图2、图3）。

担任图书馆负责人的有钮步嵩、刘再力、黄兴章、黄锡成、吴令安、丁馥、朱绮伦、汤蕙。

二、馆藏特色

物理所图书馆入藏最早的科技文献可上溯到1824年出版的期刊。还有许多国内外的主要物理学期刊从创刊入藏起至今未断。其中包括*Nature*等世界著名期刊以及对检索文献极为有用的*Science Abstract* A、B系列等。中研院物理所图书室1929年时约有图书500册，约值国币万元，以专著、汇刊、丛书、个人全集及其他参考书籍居多，包括英、德、法3种文字。北研院物理所图书期刊涉及领域包括天文及数学、力学、理论物理、光学、近代物理、电磁学、热学、声学等，并订有英、法、德、美、印度等国出版的物理期刊。中研院物理所和北研院物理所收藏的图书期刊情况分别见表1、表2。

表1　1928～1948年中研院物理所图书期刊统计

年份	图书数量（册）	期刊数量
1928	500	19种
1929	504	600册
1930	674	80种/700册
1931	728	100种
1932	900	110种
1933	1419	118种
1934	2244	122种
1935	2409	150余种
1936	图书室相当完备	
1937	将全部图书期刊4000余册移入上海霞飞路1337号，仍陈列供阅读	
1938	迁滇图书期刊计200余册，约值5000元	
1939	复员后补充，书籍期刊共8500卷，刊物40余种	

表2　1930～1947年北研院物理所图书期刊统计

年份	图书数量（册）	期刊数量（种）
1930		26
1931	200	30
1932	242	31
1935	增159	续订41
1936	增77	续订43
1947	2000	多种、其中全套12

为适应科学研究的前沿性，物理所图书馆收藏的重点为期刊及专业工具书，特别是与科研领域相关的核心期刊。图书馆馆藏以理论物理、凝聚态物理、光物理、原子和分子物理以及等离子体物理等为主，也适当收集了一些相关学科，如数学、化学、电子学、生物物理、计算机等有关书刊，是国内收藏物理类文献较为系统和完整的图书馆之一。图书馆至2010年拥有的纸本馆藏按年代分布见表3。表中数据表明图书馆馆藏以期刊为主，以保证研究人员能够获得世界上的最新、最前沿的研究进展。在图书馆订购的1000多种外文期刊中，约有100

表3　图书馆纸本馆藏年代分布表

出版年代	中文期刊（册）	西文期刊（册）	俄文期刊（册）	日文期刊（册）	中日文图书（册）	西文图书（册）	合计（册）
1824～1950	41	28 457	983	546	87	1 669	31 783
1951～1960	848	12 296	1 530	518	1 278	2 802	19 272
1961～1970	679	21 304	2 630	1 901	1 196	4 062	31 772
1971～1980	2 119	32 631	3 443	3 330	1 549	4 605	47 677
1981～1990	7 034	42 086	3 459	3 426	2 489	3 628	62 122
1991～2000	8 150	45 604	2 815	3 170	1 905	1 571	63 215
2001～2010	6 498	19 297	635	826	1 316	2 095	30 667
合计	25 369	201 675	15 495	13 717	9 820	20 432	286 508

种核心期刊，其中约30种保持了从第一卷开始的连续纸本订购。进入21世纪之后，新增期刊基本采用电子刊物的形式，内容包含物理学中的新兴研究领域，如纳米科技和介观物理，以及与化学、生物等的交叉领域。截至2010年，图书馆30 000余册藏书主要以物理类图书为主，物理类图书以凝聚态物理专业为主，几乎涵盖物理学各基础学科领域（表4、表5）。

表4　2010年图书馆馆藏图书分布

分类	工程技术	工具书	化学	计算机	生物物理	数学	天文学	物理	综合
册数	1 791	2 426	1 373	1 420	57	2 742	64	17 635	2744

表5　2010年图书馆馆藏物理类图书分布

类别	电磁学	光学	力学	凝聚态	热学	综合
比例（%）	18	18	7	34	6	17

图书馆收藏有最早从1824年出版的*Annalen der Physik*。*Annalen der Physik*是一本从1790年开始发行的德国物理学期刊，拥有200多年的传统，一些标志着20世纪物理学重大进展的论文最初是发表在此期刊上的，如爱因斯坦1905年两篇狭义相对论论文。创刊于1877年的*Zeitschrift fur Kristallographie und Mineralogie*是世界上最古老的期刊之一，以原创的文章、信件、综述等形式刊登有关晶体学方面的理论与实验研究成果。由于陆学善的捐赠，图书馆有幸收藏了该刊从第一卷开始的印本。

由英国皇家学会出版的*Proceedings of the Royal Society* A以发表数学、物理、工程方面有开创性及影响力的研究论文著称于世，如J.C.麦克斯韦的电磁学理论、J.D.沃森和F.H.C.克里克对DNA结构的详细描述等。该刊除了被科学引文索引收录外，还被其他30余个涉及化学、地理等的索引库收录。图书馆完整收藏了该刊从1905年创刊卷到2001年的印本。

俄文期刊*журнал экспериментальной и теоретической физики*及其英文翻译版*Soviet Physics-JETP*是国内图书馆收录相对最为完整的期刊之一，这是俄罗斯科学院出版的最重要的物理学期刊之一，收录的文献涉及物理学中绝大多数研究领域，美国物理学会从1955年开始几乎同步组织翻译出版该刊的英文版。物理所图书馆有俄文版1938～2002年的完整收藏。

图书馆收藏的*Chinese Physics*是国内绝少保存的珍品，由李荫远赠送。这套期刊1981～1992年间由美国物理学会翻译出版，旨在向世界介绍中国物理、天文学者的优秀工作，全部文献节选自物理与天文学的中文期刊。

图书馆还收藏有珍贵的大型工具书若干套，如从北研院物理所接收的*Handbuch der Physik*，最具权威性的无机、有机化学大型参考书*Gmelins Handbook der Anoganischen Chemie*和*Beilsteins Handbuch der Organischen Chemie*，从1978年开始出版至今的稀土材料手册*Handbook on the Physics and Chemistry of Rare Earths*等。

三、为科研服务与获奖情况

物理所图书馆从成立开始就一直秉承着服务于科研工作的宗旨。1930年中研院物理所完成图书目录卡片编造，分为著者、书名、科目3种索引方式方便读者检索。抗日战争开始后，物理所迁入广西，在简陋条件下图书室仍向读者开放。

20世纪60～70年代，在社会环境深刻变化的形势下，图书部门仍坚持开放。图书期刊的采购、编目、上架等常规性工作没有间断。物理所克服外汇紧张的困难，始终连续定购核心期刊，馆藏量持续增长。即使在动荡的1966～1976年以及唐山大地震造成书架倒塌的情况下，图书馆也没有停止向读者开放。图书期刊在当时是科研人员了解外界科研工作的重要渠道。

20世纪80年代后期，科研信息的获取越来越方便，图书馆开始探索开发计算机管理与检索系统、图书期刊资源逐步电子化、网络化。1992年图书馆完成在架图书条目的计算机录入工作，随后通过所内局域网向读者提供在线检索图书信息的服务。2002年图书馆建成电子阅览室供读者在线使用电子期刊及检索等。2004年数量更多的在架期刊条目全部录入完毕并开放在线检索，图书馆的管理与服务工作从纸质手工操作进入电子化阶段。

在图书期刊的资源建设方面，图书馆对核心期刊的订购从未间断，订阅了从1958年开始的*Physical Review Letters*，从1962年开始的*Applied Physics Letters*等多种国外快报类刊物的航空版，这在还没有电子刊物的20世纪50～70年代是快速获取该类刊物的唯一方法。1975年美国固体物理代表团访问物理所，有成员在图书馆看到最新一期*Physical Review Letters*时，认为非常及时。蔡诗东在回国工作前，两次到物理所图书馆参观，认为图书馆基本能满足他的需求。图书馆丰富的馆藏资源不仅吸引了所内外的专家学者前来借阅，也牵动了一批物理学家包括陆学善、吴有训、李荫远等，以及所外研究人员和其他研究机构向图书馆无偿捐赠书刊，大大丰富了图书馆的馆藏。物理所图书馆不仅服务于所内外研究人员，还在力所能及的范围内，以调拨方式支援其他研究所以及大学的图书馆建设。2001年中国正式加入世界贸易组织，图书馆订购影印本的历史从此结束，国外期刊单价以近十倍的比例大幅上升。尽管订购外文期刊的经费陡然上升，图书馆从2002年起仍然保持了大约50%核心外文期刊的订购，从而保障了科研工作的基本需求。这一历史性转变，也使得图书馆不再是一个仅服务于所内人员的部门，而是以更加开放的姿态与中科院其他科研单位的图书馆、国内高校图书馆甚至国外图书馆合作实现资源互补与共享。2004年物理所图书馆加入由中科院图书馆发起组织的全文传递系统。这一举措成为一种非常重要的图书资源补充手段。

2001年，物理所图书馆与中科院图书馆等5个成员单位一起，首次以集团采购的形式订购了文献检索平台Web of Sciences。与此同期，还获得了美国物理学会主要物理学电子期刊的访问权。2002年参加高校文献采购集团，订购了爱思唯尔（Elsevier）出版社以期刊为主的数据库Science Direct。至2010年底，图书馆订购的包括中文、外文的全部纸质期刊150种左右，电子期刊4000余种，涉及近20个数据平台，其中包括以中科院图书馆牵头的集团采购期刊及物理所根据需要单独订购的期刊。电子期刊文献的年下载量逐年升高，2008年的全年下载量为20余万次，到2010年超过40万次。至2010年底，物理所图书馆可在线阅读的图书平台有3个，图书的馆藏仍以纸本为主。

物理所图书馆一方面以资源建设为己任，另一方面结合时代特征开展多形式的信息服务，包括馆际互借、电子全文传递等，既方便了所内读者足不出户就能迅速获取外馆信息资源，也方便了所外人员获得物理所图书馆订购的科研资源。从2004年开展以来，仅全文传递一项服务每年都在千次以上。

物理所图书情报室参加了由北京图书馆、中国科学技术情报研究所主持的《汉语主题词表》中物理类词表的主编工作。该项工作获1986年国家科技进步二等奖。1984年物理所图书情报室与中科院文献情报中心合作创办了《中国物理文摘》（中英文检索类双月刊），此后又发展成中国科学院物理情报网。双方还将积累起来的中国物理文献数据库推入国际联机检索科技文献系统（STN），为中国物理文献进入国际交流作出了贡献。物理所图书情报室作为主要参与者完成的工作，如《中国物理文献检索系统》1986年获中科院科技进步三等奖，《中国物理学文献数据库》1995年获中科院科技进步二等奖。

第二节 计算机网络

物理所的计算机网络创建于1992年，由计算机应用组负责。2002年物理所成立技术部，下设网络中心，制定计算机网络管理的各项规章制度，负责所内计算机网络的管理规划和方案设计以及组织实施。在物理所计算机网络系统上，建立信息系统及应用系统，制定物理所网络系统和信息化的各种硬件和软件平台标准。1992～2010年先后担任计算机应用组和网络中心负责人的有何秋英、朱绮伦、侯旭华。

一、计算机网络系统建设

1992年，物理所参加了中科院的“中关村地区教育和科研示范网”（NCFC）项目，完成物理所局域网络系统的设计、安装、调试工作，使DEC机接入NCFC。1994年NCFC与国际互联网的全功能连接正式开通运营，物理所内35台计算机可直接利用局域网或直接通过NCFC进行国内外电子邮件通信。1995年联网计算机能方便地做CCOD资料检索工作。1997年物理所购买了一套高速网络系统，使所内的局域网络传输速率明显提高，各主要建筑物通过网络连接，组成所内的局域网，网络IP地址扩充为256个。共有160台计算机和网络服务器相连，建立了260个用户账号。此时的网络应用已由单一的邮件服务，扩展到了域名和WWW服务。1999年，物理所上网计算机增至350台，用户账号增至340个。为解决IP地址紧张的问题，安装、调试了代理（Windows NT）服务器，通过Windows NT上网的计算机有38台。

2002年，计算机应用组对D楼进行了网络布线和网络系统接入，购买了交换机。计算机网络设备从原来的5台交换机增加到12台交换机，IP地址扩充为512个。全所联网计算机、用户账号均有增加。

2003年12月，物理所网络系统三期项目建设完成，光纤主干网的速率提高到1000Mbps（兆位/秒），到达各个信息点的速率从原来的10Mbps提高到100Mbps，为整体的网络建设目标奠定了良好的物理基础。通过对物理所网络核心交换机、二层交换机和邮件服务器进行全面升级调整，建成一个以带千兆防火墙模块的思科Catalyst 6509和思科Catalyst 4006为交换核心且具有良好扩展性的千兆网络系统。此时的交换机数量增至40台。同时扩大了整个物理所的网络辐射范围，网络覆盖了所内的所有楼宇。随着网络系统的建设，所内用户不断增加（表6）。

表6 物理所计算机网络用户变化

年份	联网计算机数（台）	邮箱用户数（个）
1994	35	
1996	91	220
1997	160	260
1999	350	340
2002	400	570
2003	500	700
2006	650	974
2007	850	980
2010	1400	1045

到2010年底，为了保证物理所网络系统安全、稳定地正常运行，配备了华为路由器1台、中兴路由器1台、防火墙1台、Dr.com宽带认证系统1台，以及41台交换机。其中有思科交换机33台、D-Link交换机8台。此外，还有服务器13台，用于所级ARP系统、DNS服务、Web服务、认证日志、基线网络监控、经费查询、防火墙日志等。

二、计算机网络服务

（一）物理所网络的运行与管理

2004年，计算机网络中心将邮件服务器更换成IBM Server 5100，操作系统选用Linux，将邮件服务器、域名服务器从Alpha 4100服务器移植到IBM Server 5100服务器。在新的邮件系统上安装EQManager（V2.0）邮件网关管理系统和eqmail电子邮件系统。新邮件系统提供Webmail服务，增加了垃圾邮件过滤功能。邮件服务器上的用户数达到700个。完成了物理所网站的改版。

2005年，为规范物理研究所网络管理，制定了《物理所网络管理及服务办法》《物理所计算机网络保密管理办法》《物理所计算机网用户守则》《网络中心主机房和弱电间管理制度》等一系列规章制度。

2006年，网络中心更换邮件服务器，升级邮件网关系统和电子邮件系统，将原有邮件服务器上的用户信息和邮件信息移植到新邮件服务器上。2007年，物理所网络系统防火墙更换成天融信 NF4000，网络中心管理的邮箱用户达980个。

2008年，网络中心完成CNGI科研机构驻地网建设，完成卡弗里楼（物理所部分）网线铺设，配备交换机，开通网络；改造机房设施，升级DNS服务器Bind版本。2009年，为了加强对物理所计算机网络的管理，重新规划分配用户上网使用的IP地址，为每个研究组分配一段经NAT转换成的局域IP地址，取消了代理服务器。此外，还购买Dr.com带宽计费系统和网络监控系统；开通了IPv6互联网。2010年，物理所完成了所邮件系统迁移至中科院邮件系统的工作，所内开通了IP语音通信系统和桌面视频会议系统。

到2010年底，物理所联网计算机增至1400台，邮箱账号增至1045个。计算机网络应用已经扩展到包括电子邮件服务、Web服务、域名服务、图书馆信息服务、视频服务、科学计算、科研管理、IP语音通信等多项应用，并在全所范围内开通IPv6。

（二）物理所网站运行维护和信息发布

1997年底，完成了物理所的网站制作，并对外发布。2004年完成物理所网站改版。2006年更换Web服务器并升级系统。2007年更新物理所中、英文主页及维护各级附属网站的内容，根据需要，调整了各子、专题网页的结构，设计编写了建所80周年专题网页、基本建设专栏网页。2008年对物理所研究组、处室网站进行集中管理，新建了一台Web服务器，共计56个Web服务集中到这台服务器上，进行集中统一管理。物理所网站以中科院综合排名第三名的成绩，获得院属单位优秀网站称号。同年，利用物理所网站对物理所成立80周年所庆活动进行了现场直播。

2009年，配合中科院网站群建设，重新改版了物理所的中、英文网站，并将内容迁移到中科院网站群。还开通物理所内部办公系统，其中提供给全所用户使用的功能包括内部通知、仪器设备共享、日历、会议室预定、电话查询、所务通报、IP地址申请等。

2010年，对物理所中文网站科普栏目进行改版，后该栏目被评为“中科院优秀科普栏目”。还编写了科研用房管理系统、所务办公系统、党群园地新版网站、研究生管理系统、导师管理系统、传达室邮件通知、视频会议网上申请、所志网站和负责所志网站内容更新、改版基建网页和负责基建网站内容更新以及改版技术部主页等。

（三）所级ARP系统的建立与运行维护

2005年，物理所配合中科院的ARP项目建设，完成所级ARP项目必备的硬件环境搭建和软件平台的建设，并制定了《ARP系统运行维护管理制度》《ARP权限管理制度》《ARP系统运行和维护手册》《Co-office系统和Portal系统运行和维护手册》等管理制度。该系统开始运行。

2007年，物理所部署ARP所级系统标准版（V1.1），完成ARP系统标准版补丁检查和ARP所级系统标准版查询平台用户权限配置。2008年，物理所升级所级查询系统到V1.2版，升级档案系统到V3.41版，对ERP、Co-office进行系统优化，升级到V1.2版。2009年，物理所完成了所级ARP系统的硬件环境的升级和软件平台的升级工作。2010年，物理所完成了所级ARP系统的V1.3、V1.4版的应用部署与推广工作。

第五章 后勤服务

物理所的后勤系统承担着全所的基本设施维修维护，包括房屋建筑，场地、道路，水、电、供暖设备设施，卫生环境，园区绿化，还承担物资供应、运输、电话总机等配套工作。此外，还提供打字复印等办公服务及包括食堂、招待所、集体宿舍管理、医疗保健、托儿所等在内的生活服务。后勤系统的服务范围及运行体制随着科研工作的需求和社会形势的发展而调整。

第一节 机构变迁

中研院物理所设事务员或庶务员负责后勤事务，北研院物理所由业务人员兼做后勤事务，两个研究所均没有专门的后勤机构。

应用物理所成立后，于1952年设立事务组，承担全所生活后勤工作事务。1954年应用物理所成立办公室，内设总务组，负责后勤事务，1958年总务组改为总务科。1964年12月物理所成立行政科，罗明为科长；成立膳食科，胡云霄为科长。1970年物理所成立后勤组。1974年设立行政处，下设卫生所、食堂、托儿所、基建、车队、总务6个科，后勤人员总数80余人。1981年，行政处管辖的食堂和车队试行经营管理，开始了后勤系统管理机制的改革探索。1985年后勤系统开始引入内部成本核算。1991年物理所机构调整，后勤系统的总务、房产、医疗保健、园区绿化、食堂、文具供应等工作划归行政处，运输车队、物资采购工作划入条件处，水、电、暖设备维修工作划入动力室。在行政处担任负责人的有李俊杰、陆光、吕少增、张子云、贾克昌、那和平。

1993年，物理所后勤系统成立科技服务中心，开始涉及工作性质、运行机制、经费来源、分配与管理等的全面改革。科技服务中心的改革目标是提高服务质量、服务与创收并进，实行准成本核算。科技服务中心下设电子仪器工程部、动力维修服务部、食堂、锅炉房、卫生室、绿化组、车队、办公服务部（打字、文具、电话、照相）。担任中心主任的有邵有余、胡伯清、吴建国。

2001年12月，科技服务中心转制为宏理物业公司，是物理所控股、企业职工参股的具有独立法人资格的股份制物业管理企业。公司成立了股东会和董事会，实行董事会领导下的总经理负责制，担任该公司总经理的有田红旗、于昊、孙崇庚、李旭。

1995年，物理所的食堂和招待所扩建后成立具有独立法人资格的物科宾馆，至2010年底担任物科宾馆负责人的有钟炳华、张凤云、窦艳。

第二节 主要工作

物理所是以实验物理为主的研究机构，拥有较多的基础设施和众多职工、学生，对这些设施的维修和维护，以及对广大职工、学生提供办公服务和生活服务成为后勤服务部门的主要工作。

一、基础设施的维护维修

1.房屋建筑的维修改造。20世纪50年代，应用物理所的大型基本建设项目由中科院统一实施，后勤部门承担小型基建项目、房屋维修以及水电暖配套设施的安装和维护，还保证施工需要的器材采购供应。完成的主要项目有实验楼地下室的修建，低温实验室、工会活动室的建筑、园区铺设沥青路面等。

在物理所迁入中关村园区的过程中，后勤部门配合基建主体工程的建设，为各实验室配套装修和设备安装做了大量工作，保证了全所搬迁顺利完成。

20世纪80年代，随着科研工作发展和学科调整，物理所的基础设施面临全方位改造，除了日常维修外，后勤部门还完成了几个综合改造项目，解决了402楼的地下室渗水、更新了供电线路，为晶体实验室安装了专用电路，完成了该楼的综合治理。为A楼更换了下水管道，安装了循环水系统，每月可节约数千吨用水量。承担各实验楼室专项维修改造，实验室、办公室粉刷和油漆等多项维修任务。1985年完成109项维修任务，1986年完成402束流室等7个建筑的装修以及150多项维修改造任务。

20世纪90年代，超导凝聚态楼、永磁中试楼和两栋高层住宅楼先后竣工，在后勤部门的全力协助下，水暖电配套设施按时完成。更换了主楼窗户，扩大供暖面积。完成主楼内部装修改造。对全所进行综合治理，美化环境。改建食堂，实验楼改造、治理所内环境，使园区环境逐步改观。

2000年，科技服务中心完成实验楼维修等重要任务，解决了凝聚态楼自来水与循环水分离的问题。宏理物业公司成立后，经营范围包括房屋建筑主体、设备与设施的管理与维护，环境卫生、绿化、保洁，运输、代理订货，技术加工，特种物资的采购、保管与发放，医疗保健，复印、信件收发及其他服务项目等。2002年D楼建成，全所实验室布局大规模调整，后勤部门配合这次调整提供了仪器搬运、园区物业管理、设备采购等配套服务，还完成了危险品管理，医疗保健和住宅管理、园区二期改造任务。2003年6月完成永磁中试楼内部基础设施配套改造，多个实验室搬入。2006年对X楼水电暖消防等基础设施进行改造，为物科宾馆中央空调系统增设一台干式变压器，为物理所增加电功率200千瓦。2007年为A、B、C、D楼安装氦气回收管道，节约氦资源。2008年完成物科宾馆水电暖改造，住宅楼地下室消防系统，安监系统施工。2009年将D楼生活用水改造为无负压市政直供，修建住宅楼残疾人坡道，完成操场照明设备施工，更新住宅楼2部电梯。2010年更新A楼电梯，为A、B楼实验室、低温车间用循环水系统安装制冷机组。

2.供暖。物理所锅炉房的主要设施建于1965年，每年冬季为全所供暖，由后勤部门负责管理和维护。1981年更新锅炉，建起了新锅炉房，共有3台10万吨级燃煤锅炉，为物理所和周边十几个单位解决供暖问题。1988年锅炉房改造，为具有热电冷联产效能的集中联片供热单位。1991年将锅炉房改造成热力交换站，将燃煤供暖变为热力集团的一次热水通过交换器的二次热水供暖方式，解除了污染环境问题。锅炉房当年改造当年供暖，保证科研工作正常进行。1992年动力室与有关部门完成了水暖电及实验室改造等大量配套工程，更新了部分地下供暖管线。到2010年底，热力交换站总供暖面积达164 539平方米（图1）。

图1 宏理公司管理的热力交换站

3.园区环境和绿化。物理所的后勤部门承担全所的环境维护和绿化工作。栽种了乔木、灌木、绿篱，修建了温室花房。20世纪50～60年代栽种的雪松、水杉、毛白杨等均已长成参天大树，形成景致。1986年曾种花5000多盆。1993年结合基建工程的进展，绿化美化所内环境。1996年落实了园区规划中的道路翻修、扩大绿化面积等任务。2000年随着一批旧建筑拆除，铺新草坪3000平方米，平整绿地5000平方米。宏理公司成立后设有绿化班组，负责全所的绿化工作。2002年D楼启用，完成楼内3个中厅的绿化种植和布置。2004年配合完成园区二期改造。2006年在园区内多处设置景观石，栽种花草灌木，营造园林小景观。2002～2010年共种植各种树木854棵，种植绿篱1300多米，培育花卉10万余盆，铺草坪3500多平米，每年节日在所内摆花1万余盆，实现了三季有花，四季常青，全所绿化率达90%以上，多年为物理所赢得市、区、院级绿化先进、卫生先进，北京市爱国卫生红旗单位等荣誉（图2）。

4.通信。1984年物理所电话总机开始启用，开通内部电话，既满足需求又节省费用。1988年总机中继线予以完善，相应改善了通信条件。20世纪90年代，随着物理所建筑面积的扩大，电话数量逐渐增加。1998年将全所400门电话由总机中继线控制改为程序控制直拨电话，

图2　园区内由后勤部门种植和维护的草坪和乔木

开通了国内长途电话和国际电话的直拨功能，明显提高了通信能力。

二、办公服务与生活服务

1、物资供应。后勤部门以集中采购方式为全所供应实验、办公需要的各类消耗材料，其中包括特殊物资的供应和管理，如化学试剂、危险品等，有效地配合了职能部门的安全管理。1953年应用物理所只有一名管理员负责器材采购、发放。配合科研工作的需求，保证器材供应，努力做到按需采购、供应及时。1960年物理所增设器材处，在物资条件保障方面增置了大批仪器设备，保证了科研工作的需要。1964年以后器材部门进一步加强管理，根据需要不定期举办各室积压物资交流会，力求做到物尽其用，减少积压，并大力提倡器材物资的回收复用。还建立和健全了仪器登记制度，仪器设备的使用、维护、维修制度，大型仪器操作规程和专人保管制度，材料统计领发制度，多余材料回收制度，仪器损坏送修制度以及贵重物品保管等一系列制度。1988年开始改进库房管理，加速了物资周转，削减库存。1993年部门体制改革后，利用市场机制疏通物资来源渠道，建立信息管理系统。宏理公司成立后设立物资组，专门负责全所科研器材和办公用品采购、国外订货，以及库房管理和维修用料等的采购。2010年共采购科研用器材、材料、办公用品230余万元，采购维修改造施工用料110余万元。物资组还承担废旧化学品、危险化学品管理，提供实验室废液和化学药品的收储，使危险品的处置规范化，从而减少了安全隐患。

2.运输。后勤系统车队成立于20世纪60年代。1993年开始引入经营管理，向所内有偿提供交通运输服务。曾经拥有大型客车2辆，小型客车4辆，中型客车1辆，越野车1辆，皮卡车1辆，中型货车1辆，大货车1辆等，担负职工班车、接送专家、外宾等所内客运服务及全所采购运输等货运服务。随着运输服务社会化程度的提高，大型客车、越野车、皮卡、中型货车、大货车逐渐报废淘汰。2010年底车队共有车9辆，其中小客车6辆，公务舱1辆，中型客车2辆。2001～2010年车队安全行车130多万千米，连续多年被地区安委会评为交通安全先进单位。

3.食堂。食堂是物理所后勤系统建立较早的单位，从20世纪50年代开始设立。当时社会上餐饮业不发达，在食堂就餐是住在集体宿舍职工的唯一选择。食堂工作人员在为职工提供餐饮服务的过程中，尽量满足不同需求，努力减低成本。在国家经济困难时期，后勤部门在职工伙食和生活福利方面做了不少工作。20世纪50年代后期技术攻关时期，食堂增添了夜餐和冷饮供应。20世纪60年代初国家经济困难时期，食堂还承担副食基地的生产管理，克服困难，收获粮食和油料，不仅改善了全体职工的伙食，还基本解决了困难职工补助的问题。1991年食堂完成了天然气管道及灶具安装。由于在食堂就餐人员不断增加，1994年、2001年食堂作过两次较大规模的改造扩建，提供更为便捷、舒适、安全的就餐环境。之后还购置了一套理化检测设备，对食品原材料进行安全检测，是中科院属研究单位的餐厅最早拥有此设备的单位。物理所食堂多次受到海淀区、中关村街道和中科院的表彰。

4.医疗保健。物理所卫生所对职工和研究生患者的小病基本可以治疗，可提供常见病的基本药品，为患者提供就医方便。从20世纪50年代开始为全所各类人员定期组织体检。职工和研究生取药、打针、换药均可解决。宏理公司成立后，卫生所成为公司的一个独立班组运行。2010年底共有员工5名，主要以方便全所人员常见病诊治拿药，医疗报销，并提供院士、科学家等医疗保健咨询服务。2003年卫生所出色完成非典防控工作。卫生所负责定期组织对全所人员健康体检。

20世纪60～80年代，后勤部门还开办了托儿所。入托的职工子女曾达到100多名，部分保育员经过专门培训。这一机构在当时解决了职工的后顾之忧。

第八篇

学会办公室、期刊编辑部及其他

在物理所编制里，还有几个机构的工作内容不限于物理所内，如中国物理学会办公室，物理类期刊的编辑部，中国科学院物质科学基地办公室。本篇分别记叙这几个机构的历史沿革和工作情况，其中包括“物理所人”对上述几个组织和工作的贡献。

第一章　中国物理学会办公室

中国物理学会是中国物理工作者的群众性学术团体。学会办公室是中国物理学会的办事机构。在理事会/常务理事会的直接领导下，组织召开全国会员代表大会、理事会及常务理事会议，执行理事会/常务理事会的有关决议，举办重要的纪念活动，协助各工作委员会开展学术交流、知识竞赛、科学普及、编撰书籍等活动，组织各项物理奖评选活动，建立和加强与国际物理学界之间的联系，完成上级主管单位中国科协部署的各项工作，发展会员，维护学会网站等。

第一节　中国物理学会简介

1931年冬，法国物理学家P.朗之万随国际联盟中国教育考察团到中国考察教育。他在北平（今北京）物理学界人士举行的欢迎会上提出建议，中国物理学工作者应联合起来成立中国物理学会，促进中国物理学的发展。在他的建议下，中国物理学会于1932年8月在清华大学科学馆召开了成立大会暨第一次年会。

中国物理学会实行全国会员代表大会、理事会、常务理事会制度。截至2010年，共召开了9次全国会员代表大会。李书华、叶企孙、吴有训、严济慈、周培源、钱三强、黄昆、冯端、陈佳洱、杨国桢曾先后担任物理学会理事长（前期称会长）。

中国物理学会成立时，人数不多的物理学工作者自发组织起来，在艰难环境中勤奋工作，努力探索发展中国物理学的道路。抗日战争爆发后，学会的各项活动受到严重影响，即便如此，依然坚持组织召开了若干次年会，尤其在抗战最为艰苦的1942年，还举行了“牛顿三百周年诞辰纪念会”。中华人民共和国建立后，学会得以逐渐发挥它在教学、科研、生产和国防建设中的作用，而且在国际学术界也建立起应有的地位。1951年召开的中国物理学会第一届全国会员代表大会，标志着中国物理学事业在新形势下的变化。正如周培源在开幕词中所说，学会不仅要关注高等学校的教育和研究所的科研工作，还应注意中学物理教育及应用和普及工作。“文化大革命”导致学会工作被迫中断。“文化大革命”后学会恢复工作，并于1978年在庐山召开重要的“中国物理学会年会”。年会决议要求学会开展学术活动，促进国内外学术交流；办好学术刊物；大力开展科学普及工作；加强学会的思想和组织建设等。

中国物理学会包括8个工作委员会、1个办事机构和28个分会、专业委员会。中国物理学会的组成还包括31个省、直辖市、自治区物理学会，它们在各省、直辖市、自治区科协的领导下开展各项事业和活动。

中国物理学会及其分会、专业委员会每年组织开展各类学术活动约70次。每年组织全国中学生物理竞赛，组织选拔优秀选手参加国际物理奥林匹克竞赛。

中国物理学会主办的学术期刊共有11种，其中*Chinese Physics Letters*（《中国物理快报》）、*Chinese Physics* B（《中国物理B》）、《物理》《物理学报》的编辑部设在物理所。学会所属分会、专业委员会主办的学术期刊共有12种。

为纪念中国老一辈物理学家，鼓励在中国物理学各个领域作出突出贡献的物理学工作者，中国物理学会共设立了8项物理奖，先后是胡刚复、饶毓泰、叶企孙、吴有训物理奖，周培源物理奖，王淦昌物理奖，谢希德物理奖，以及黄昆物理奖。

中国物理学会加入的国际/地区性组织有2个。早年加入国际纯粹与应用物理学联合会（International Union of Pure and Applied Physics，IUPAP），周光召(1993～1999)、杨国桢（1999～2002）、陈佳洱（2005～2008）曾先后担任该组织副主席。作为发起学会之一，1990年加入亚太物理学会联合会（Association of Asia Pacific Physical Societies，AAPPS），陈佳洱（1998～2000）、张杰（2008～2010）曾先后担任该组织主席。

中国物理学会的业务主管单位是中国科学技术协会，接受中国科协和社团登记管理机关中华人民共和国民政部的业务指导和监督管理。

回顾中国物理学会的近80年历史，它的每一个进步与发展都饱含着中国一代代物理学家辛勤的工作和所付出的心血和汗水，而这些物理学家当中不乏物理所人。中国物理学会的成长与进步和众多物理所人的努力与奉献密不可分。这里限于篇幅，只能列出其中的一部分人员：

李书华　会长
丁燮林　副会长
杨肇燫　名词委员会主任
严济慈　理事长、副理事长、《中国物理学报》主编
施汝为　副理事长、秘书长
萨本栋　副理事长
钱临照　名词委员会主任
管惟炎　副理事长、秘书长
李荫远　出版工作委员会主任
徐叙瑢　副秘书长
洪朝生　学术交流委员会主任
梁敬魁　出版工作委员会主任
杨国桢　理事长、副理事长、秘书长
赵忠贤　副理事长
聂玉昕　出版工作委员会主任
王恩哥　秘书长
王玉鹏　秘书长
吕　力　出版工作委员会主任
吴令安　女物理学工作者委员会主任
程义慧　副秘书长
田淑琴　副秘书长
谷冬梅　副秘书长

第二节 中国物理学会办公室的工作

早期的中国物理学会没有常设办事机构，学会事务是在少数物理工作者的自发组织下开展的。随着学会的不断发展和壮大，到20世纪70年代末设立学会的办事机构。学会办公室自成立之初，即挂靠在物理所，属于物理所编制。学会办公室负责人由理事会/常务理事会聘请，通常还兼任中国物理学会副秘书长，是物理所编制人员。程义慧、田淑琴、谷冬梅先后担任学会副秘书长兼办公室主任。

一、组织召开全国会员代表大会

根据章程，中国物理学会每4年组织召开1次全国会员代表大会，讨论通过理事会工作报告，修改会章，选举产生新一届理事会等。

二、组织重要纪念活动

学会办公室在中国物理学会理事会/常务理事会的领导下，组织或与相关单位联合组织开展了许多具有重要意义的活动，如中国物理学会成立50周年纪念大会（1982，北京），中国物理学会成立60周年纪念大会（1992，清华大学），首届国际华人物理学大会（1995，汕头），中国物理学会成立70周年庆祝会（2002，北京大学），纪念周培源诞辰100周年科学论坛（2002，北京），当代科学交叉的典范——纪念DNA双螺旋分子模型建立50周年（2003，沈阳），2005-世界物理年系列纪念活动（2005），王淦昌百年诞辰系列纪念活动（2007，北京），吴大猷诞辰100周年纪念会（2008，北京）等。这些活动为弘扬中国老一辈物理学家的科学精神，缅怀他们为中国物理学事业所作出的杰出贡献，鼓励和教育青年一代物理学家健康成长，向公众普及科学知识，促进中国物理学的繁荣与发展，都起到了积极的推进作用。

三、组织各项物理奖评选活动

为纪念中国老一辈物理学家在开创中国物理学事业和创建中国物理学会所作出的贡献，中国物理学会于1987年设立了胡刚复（实验技术）、饶毓泰（光学、声学、原子和分子物理）、叶企孙（凝聚态物理）、吴有训（原子核物理）物理奖（图1），并于1989年组织颁发了首届

胡刚复、饶毓泰、叶企孙、吴有训物理奖。1996年受周培源基金会委托，中国物理学会设立周培源物理奖评审委员会，并于1997年组织颁发了首届周培源物理奖。1999年遵照王淦昌的生前意愿，中国物理学会设立王淦昌物理奖，奖励在粒子物理及惯性约束核聚变研究中作出重要贡献的物理工作者，并于2001年组织颁发了首届王淦昌物理奖。为鼓励投身于中国物理研究和物理教育的女物理工作者，学会于2006年设立谢希德物理奖，并于2007年组织颁发了首届谢希德物理奖。2009年常务理事会决定将黄昆物理奖（固体物理和半导体物理）纳入中国物理学会各项物理奖的评奖体系，并于当年组织颁发了首届黄昆物理奖。

图1　1990−1991年度中国物理学会4项物理奖颁奖合影后排左二为物理所李方华，后排右一为物理所傅盘铭

以上8项物理奖每2年评选并颁发1次。学会办公室负责各奖项的部署推荐、组织评选活动，以及召开颁奖大会等具体工作。

四、组织国际交流与合作

（一）与国际纯粹与应用物理学联合会的交流

国际纯粹与应用物理学联合会（IUPAP）是国际上最具有权威性的物理学工作者的群众团体，各国家/地区以物理学会为团体会员加入该组织。1984年以周光召为团长的中国物理学会3人代表团参加了在意大利举行的“第18届IUPAP全体大会”。此后，中国物理学会组织代表团参加了每一届全体大会，并分别于1988年、2000年在北京承办“IUPAP执行委员会会议”“IUPAP执行委员会和专业委员会主席联席会议”，2000年会议同期还组织召开了*Physics in China*专题报告会，取得了成功。

近十年来，学会办公室直接负责与IUPAP各项事务的联系工作，包括组织参加IUPAP全体大会，推荐各职位候选人，以及筹集资金、缴纳会费等。

（二）与亚太物理学会联合会的交流

由著名物理学家杨振宁发起，亚太物理学会联合会（AAPPS）于1990年成立，并在韩国召开了第一届全体大会。中国物理学会作为发起成员之一加入该组织。中国物理学会于1997年在北京举办了“第四届AAPPS全体大会暨第七届亚太物理学术会议”，于2010年在上海举办了“第七届AAPPS全体大会暨第十一届亚太物理学术会议”。

学会办公室始终与AAPPS保持着良好的沟通关系，特别是在谷冬梅担任AAPPS司库期间（2008～2010），中国物理学会进一步发展了与亚太各国/地区物理学会之间的友好往来。学会办公室每年负责筹集资金，按时交纳会费及赞助费。

（三）与各国物理学会的交流

中国物理学会自成立之初，就十分重视与国际物理学界的交往与合作。近十余年来，中国物理学会与多个国家物理学会签署协议并开展了多方面的交流与合作。学会办公室是国际交流中的中国物理学会代表机构。

1.英国物理学会（IOP）。为加强与中国物理学会的联系，英国物理学会早在2000年就在物理所设立了办事处。十余年来，两学会的交往持续而有效地进行着。2006年两学会签署合作协议书；2010年两学会就会员合作事宜，又签署了一份专项协议书。2007年，以理事长杨国桢为团长的中国物理学会5人代表团应邀访问IOP（图2）；2010年，IOP首席执行官R.柯比−哈里斯（Robert Kirby−Harris）等一行3人应邀访问中国物理学会。2007年，IOP推荐专家在中国物理学会“秋季会议”上作大会邀请报告。截至2010年，学会主办的5种英文期刊，先后与英国物理学会出版社（IOPP）签署合作协议，加快了这些期刊的国际化进程。

2.欧洲物理学会（EPS）。借“2005−世界物理年”

图2　2007年4月中国物理学会代表团应邀访问位于英国布里斯托尔的英国物理学会出版社，代表团成员均来自物理所

之机，中国物理学会与欧洲物理学会建立了联系。2005年以副理事长王乃彦为团长的中国物理学会代表团，应邀赴瑞士出席欧洲物理学会“世界物理年”纪念活动；同年时任欧洲物理学会主席M.胡贝尔（Martin Huber）应邀访问中国物理学会，并在“秋季会议”上作大会邀请报告。2006年秘书长王恩哥应邀访问欧洲物理学会，两学会于同年签署合作协议。2008年时任欧洲物理学会主席F.瓦格纳（Friedrich Wagner）应邀访问中国物理学会，并在“秋季会议”上作大会邀请报告。2009年以理事长杨国桢为团长的中国物理学会代表团，应邀赴波兰出席欧洲物理学会“第40届波兰物理学家大会暨第7届非正式物理学会交流会”。另外，2009年和2010年欧洲物理学会也分别推荐专家在中国物理学会“秋季会议”上作了大会特邀报告。

3.美国物理学会（APS）和美国物理联合会（AIP）。中国物理学会与美国物理学会、美国物理联合会的交往由来已久。2005年3个学会在北京联合组织“世界物理年”庆祝活动（图3）。2008年中国物理学会协助APS在北京成功举办“*Physical Review Letters*（《物理评论快报》）创刊50周年庆祝会”。2010年学会会刊《物理》与AIP主办期刊*Physics Today*签署合作协议。

4.韩国物理学会（KPS）。中国物理学会与韩国物理学会曾于1995年签署备忘录。2009年以李英白（Young Pak Lee）主席为团长的韩国物理学会3人代表团访问中国物理学会，两学会重新签署了备忘录。根据备忘录，两学会于2010年分别在韩国大田和中国天津组织召开了第一、第二届中－韩物理学会联合论坛。

5.德国物理学会（DPG）。2002年是中国物理学会成立70周年。为了表示祝贺，德国物理学会向中国物理学会赠送图书*Memorandum on Physics*（《新世纪物理学》）200册，中国物理学会随后组织专家将该书编译并出版了中文版。德国物理学会主席K.乌尔班（Urban）曾先后于2002年、2004年造访中国物理学会。2006年副理事长张泽应邀访问德国物理学会，两学会签署了合作协议。

中国物理学会与日本物理学会、越南物理学会等其他国家/地区物理学会也都保持着良好的沟通与联系。

五、组织中国物理学会秋季学术会议

中国物理学会秋季学术会议的前身是“跨世纪物理学前沿问题研讨会”。自2001年起，该会议由中国物理学会主办，更名为中国物理学会秋季会议，随后又更名为中国物理学会秋季学术会议，简称“秋季会议”。会议由秋季会议组织委员会负责具体组织工作，由中国知名的综合性大学具体承办，每年一届。2001年首届“秋季会议”在上海召开，由复旦大学承办，参会人数170余人。到2010年“秋季会议”已成功举办了10届，会议规模从最初的100余人增加到了1500余人。会议影响不断扩大，是中国物理学界综合性最强、影响最广泛的学术会议之

图3　2005年5月中国物理学会与美国物理学会、美国物理联合会联合举办世界物理年中美物理学家联谊会，物理所多人参加会议

一，为青年学者开阔视野提供了一个很好的平台。

六、组织全国中学生物理竞赛及国际物理奥林匹克竞赛

“全国中学生物理竞赛”是由中国科协领导、中国物理学会主办、全国中学生竞赛委员会（简称“竞赛委员会”）组织开展的全国性竞赛活动，每年举办一次。1985年在北京举办了首届竞赛，参赛人数40 000余人。到2010年该赛事已经举办了27届，2010年的参赛总人数达460 000余人，经过层层选拔最后参加总决赛的选手共280人。这项赛事为各高校选拔优秀的物理人才提供了重要的参考，受到社会的广泛关注。

自1986年起，中国物理学会开始组织选拔优秀选手，参加一年一度的“国际物理奥林匹克竞赛”。1994年中国物理学会在北京成功承办了“第25届国际物理奥林匹克竞赛”。除2003年外，每届选派5名选手参赛，均取得了令人瞩目的成绩。2009年的竞赛在墨西哥举行，中国队的史寒朵荣获了总成绩第一、实验成绩第一和女生第一共三项单项奖，成为了本次竞赛的最大亮点。

七、其他工作

学会办公室在理事会/常务理事会的领导下，组织开展并完成或协助完成的工作还包括：1979～1987年，组织专家编撰第一版《中国大百科全书・物理学》。1991～2004年，编印出版《中国物理学会通讯》，每季度一期，发放至学会所属各分支机构，交流学会工作情况，直到学会开通了网站后才停刊。1991年起，组织专家编撰《中国科学技术专家传略・理学篇》物理学卷。截至2010年，已经出版了1～3卷，第4卷已经完成编撰工作，交付科学普及出版社进行校对、排印工作。2000年，组织编写《21世纪学科发展丛书》。2002年，组织编写《中国物理学会七十年》一书。2002年，协助物理名词委员会编纂出版《英汉物理学词汇》。《新编英汉物理学词汇》也已于2010年完稿。自2002年起开始发展团体会员，收缴团体会费；自2004年起开始收缴个人会费。2005年，组织专家编写出版“世界物理年科普挂图”。这套挂图为各地区开展“世界物理年”纪念和宣传活动提供了良好的科普教材，受到了全国各大、中学校的普遍欢迎。学会办公室积极参与并认真完成中国科协部署的各项重要工作。如2006年组织完成《我国科技期刊中不端行为调查、分析研究和治理建议》、2007年组织专家编写《物理学学科发展报告》等。为此，中国物理学会自1997年至2003年连续荣获“中国科协先进学会”称号，是中国科协所属理科学会中唯一一个连续四届获此殊荣的学会。2007年中国物理学会再次荣获“第六届中国科协先进学会奖”。2000～2009年，组织专家编撰《中国大百科全书》（第二版）物理学部分。

第二章 期刊编辑部

至2010年底，在物理所曾设有编辑部的物理类期刊有5个，分别是《物理学报》《中国物理B》《物理通报》《物理》和《中国物理快报》。

第一节 《物理学报》编辑部

《物理学报》原名为《中国物理学报》（*Chinese Journal of Physics*），是中国第一份物理类综合性学术期刊，由中国物理学会设立学报委员会主持编辑出版，旨在国内外物理学同行的交流，是该学科的代表刊物。《物理学报》重点报道中国物理及其相关交叉学科的优秀研究成果，为推动中国物理学发展，促进学术交流及培养优秀人才作出了贡献，赢得了国内外学术界的高度评价，已成为中国物理学界国际学术交流的重要窗口和桥梁，在中国科技期刊中有着重要地位和影响。

1933年10月，《中国物理学报》创刊号在上海出版，由中国物理学会印刷发行。创刊初期，学报文字以英、法、德文为限，每篇附中文提要。至1936年共出版6期。1937年学报出版至第三卷第一期，抗日战争爆发后1939年出版第三卷第二期。1940年出版第四卷第一期。1944年5月在中国物理学会四川分会的努力下，学报在成都出版第五卷第一期，1945年出版第六卷第一期。在抗战8年中，共出版6期学报。抗战胜利后，1946年学报移至北平出版。1950年学报第七卷第五期和第六期分别于9月、12月出版。自第七卷第五期起，改由中国科学院印刷出版。从1953年的第九卷第一期起改名为《物理学报》(学报外文改为拉丁文名*Acta Physica Sinica*)，发表论文以中文为主，附英文摘要，每年出版3期。学报从1955年起改为双月刊，1959年改为月刊。1960年付印前的一些加工工作改由物理所负责。物理所增配人员协助《物理学报》编委会做具体工作。作为物理学会和刊物的挂靠单位，设立刊物组，其业务由当时物理所所长施汝为直接领导。1966年7月至1973年12月《物理学报》停办。1971年中国科学院下发有关自然科学期刊复刊的有关文件。中国物理学会和物理所积极酝酿、筹备《物理学报》复刊，1973年6月经中国科学院正式批准学报复刊，刊期为双月刊。1974年1月正式复刊。1980年起学报改为月刊。自创刊到2010年底，学报已出版59卷547期（图1）。

《物理学报》创刊早期发表了严济慈、陆学善、赵忠尧、钱临照、张文裕、王承书、周培源、吴大猷、钱伟长、施汝为、林家翘、王竹溪、杨振宁、王淦昌、何泽慧、朱洪元、胡宁、黄昆、黄祖洽、邓稼先、于敏、葛庭燧、周光召、王守武、吴有训、钱三强等老一辈物理学家的一批重要文章。

学报从创刊开始就受到国际物理学界的关注，早在1936年学报的论文摘要就被美国的《物理文摘》收录，被国外物理学界引用。学报从1999年第一期起被SCI检索系统收录，是中国最早期被SCI收录的期刊之一。自2003年第一期开始，被接收为SCI收录的核心期刊（SCI-CD，称光盘版）。截至2010年底，学报被SCI-CD、SCI-E、Scopus、CA、INSPEC、JICST、AJ和MR等检索系统收录，被国内各相关数据库作为核心期刊收录。学报的SCI影响因子多年来居国内中文

图1 《物理学报》封面

物理类综合性期刊之首，在国际同类期刊中排名处于中上水平。据SCI数据库统计，2010年《物理学报》影响因子1.259，总被引频次8556次。根据科技部中国科技信息研究所统计的期刊数据，《物理学报》影响因子和被引频次多年来在国内物理类期刊中均名列前茅。自1999年以来，《物理学报》连续多年获得国家自然科学基金委员会重点学术期刊基金、中国科协精品科技期刊基金和中国科学院科学出版基金资助。

1990年、1992年、1996年《物理学报》获得中科院“优秀科技期刊一等奖”；2000年获得中科院“优秀期刊奖特等奖”；1992年、1997年获得国家新闻出版总署评定的“全国优秀科技期刊二等奖”；2001年获国家新闻出版总署“《中国期刊方阵》双高(高知名度、高学术水平)期刊”称号；2001～2010年获得中国科技信息研究所评定的“百种中国杰出学术期刊”；1999年、2003年分别获得国家新闻出版总署颁发的“首届国家期刊奖”“第二届国家期刊奖”；2008～2010年获中国科协“中国科协精品科技期刊”称号；2009年获中国期刊协会等颁发的“新中国60年有影响力的期刊”；2010年获国家新闻出版总署颁发的“中国出版政府奖期刊奖”。

物理所人为学报的创立和发展作出了重要的贡献。学报创刊时，北研院物理所所长严济慈即担任首届主编，为学报初期的发展起到重要作用。李荫远1973～1994年担任学报副主编，后一直到2010年底担任学报的荣誉顾问。管惟炎和李荫远为学报在1974年的复刊做了大量的工作。1987～2010年梁敬魁、叶佩旋、赵忠贤、张杰和于渌先后担任学报副主编，刘素娟、刘大乾和章志英先后担任学报编辑部主任。

第二节 《中国物理B》编辑部

Chinese Physics B (《中国物理B》), 创刊于1992年，创刊名为*Acta Physica Sinica* (Overseas Edition)〔《物理学报(海外版)》〕。中国物理学会考虑到当时中国物理学界及《物理学报》编委会与编辑部的要求，为适应日益增多的中外学术交流，决定创办一本与《物理学报》齐名的中国物理学英文学术期刊，并确定该刊办刊宗旨为“面向国际物理学前沿领域，及时报道物理学各领域中创新科研成果和最新进展，主要报道物理学中凝聚态物质的学术成果”。*Acta Physica Sinica* (Overseas Edition) 与《物理学报》同期出版，内容与《物理学报》不重复，但与《物理学报》同属一个编委会和编辑部。时任主编黄祖洽先生为*Acta Physica Sinica* (Overseas Edition) 创刊号撰写了前言。李荫远和王鼎盛为期刊的创办与发展做了大量工作。

Acta Physica Sinica (Overseas Edition) 所载论文虽然与《物理学报》不重复，但由于两刊刊名拉丁拼音相似，易引起读者误解，故从2000年1月起刊名更改为*Chinese Physics*。为使中国物理学会主办的主要物理类期刊系列化，进一步促进国内外学术交流，中国物理学会决定，*Chinese Physics* 由2008年1月起再次更名为*Chinese Physics* B(图2)。自此不在刊登高等物理与核物理领域的文章。发文领域主要包括凝聚态物理、理论物理、原子分子物理、光学、等离子体物理、软物质、交叉物理。

Chinese Physics B创刊后，由科学出版社负责国内外发行，从1996年第1期起改由中国物理学会和物理所发行。

图2 《中国物理B》封面

从2001年1月起，*Chinese Physics* B与英国物理学会出版社(IOPP)合作，由IOPP负责纸刊和网刊的海外发行。双方合作后，期刊海外发行量和影响力显著提高。据IOPP的统计数据显示，该刊在IOPP发行包括109个国家和地区的1700多个平台；在IOPP网站的下载量逐年递增，月平均下载量由2004年的1800篇次/月升至2010年的13 000篇次/月，表明国际影响力在不断提升。

Chinese Physics B从1993年起被SCI检索系统收录。从2003年第一期开始，被接收为SCI核心期刊(SCI-CD)。被SCI、SCI-E、CA、INSPEC、JICST、AJ等国际检索系统收录。SCI主要评价指标连续多年在国内物理类期刊中名列前茅，影响因子在中国物理类期刊中已经有9年排名第一。2010年SCI影响因子为1.631，总被引频次为2973次，这在中国综合性物理类期刊中分别排名第一和第三，在国际80种同类期刊中分别排名第24和第30位。

Chinese Physics B获得过很多荣誉和奖项：2001年，被国家新闻出版总署评为中国期刊方阵“双效”(社会效

益、经济效益好）期刊，多次被中国科技信息研究所评为“百种中国杰出学术期刊”，连续多年获得中国科学院科学出版基金、国家自然科学基金委员会重点学术期刊基金和中国科协精品科技期刊基金资助。

为早日将*Chinese Physics* B办成国际一流物理学期刊，编辑部在审稿和编辑出版方面严格按照国际规范，并不断提高期刊学术质量，积极组约优秀稿件，加强国际宣传。物理所良好的科研环境和浓厚的学术交流氛围为保证期刊学术质量提供了优越条件。*Chinese Physics* B多年来刊登了物理所范海福、赵忠贤、杨国桢、沈保根、高鸿钧等的很多优秀文章，得到了国内外物理学界的广泛好评。物理所李荫远、梁敬魁、叶佩弦、赵忠贤、张杰、于渌等先后担任*Chinese Physics* B副主编，为期刊的发展做出了很大贡献。

第三节 《物理通报》编辑部

中国物理学会主办、中科院物理所及其前身应用物理所承办的《物理通报》创刊于1951年5月。它以中学物理教师为主要读者对象，兼顾大学物理教师和研究单位初级科技人员的阅读需求。《物理通报》为月刊（1961～1963年为双月刊）。作为创刊号的《物理通报》第一、第二期合刊，刊登题为《本报的目的和内容》的文章，详细介绍了《物理通报》创刊的背景、目的和内容，提出《物理通报》应刊登的14个方面的内容，如物理教学的报道和讨论，对物理学进展做深入浅出的介绍，物理学应用介绍，物理学史料介绍，物理学名词讨论，书评，物理学会及会员消息，世界物理学动态等。《物理通报》每期均邀请国内著名物理学家撰写深入浅出的专论文章，介绍物理学的最新进展和动向。1966年7月《物理通报》停刊，它的作用为以后创刊的《物理》《物理教学》和《大学物理》所代替。

《物理通报》首任主编为杨肇燫，副主编为陆学善、何成钧、朱光亚。陆学善自1951年5月创刊至1951年12月一直任副主编。他协助主编杨肇燫，认真负责地做好《物理通报》创刊号第一、第二期合刊的编辑组稿工作，协助主编撰写《本刊的目的和内容》一文，从文中可以看出《物理通报》内容基本上涵盖了后来的《物理》《物理教学》和《大学物理》的主要内容。其首篇是中国物理学会理事长周培源的题为《中国物理学应结合祖国广大人民的需要》的文章，还有王竹溪的题为《五十年来物理学发展概况》以及王淦昌、葛庭燧等撰写的物理学前沿和物理学应用评述介绍文章。《物理通报》创刊号末尾还刊登了由主编杨肇燫和副主编陆学善撰写的《编辑缀言》和《征稿简则》两文，从而为《物理通报》作出了奠基性的贡献。

黄昆1953年1月至1957年12月任《物理通报》副主编，1958年1月至1961年12月任《物理通报》主编。他是北京大学物理系教授兼物理所及其前身应用物理所研究员，从1953年1月起分工负责专论栏。他认真负责，把专论栏办得很有生气和活力。他亲自撰写专论栏文章，如1953年第四期发表的《表面张力》一文，在当时的中国物理学界和大中学物理教师中产生了较深影响。《物理通报》专论栏和其他栏目选题和内容的不断改进，使其发行量大增，由1953年1月的6800册增加到第11期的15 880册。

张志三是物理所光学研究室主任，从1962年开始至1966年7月任《物理通报》主编。《物理通报》从1961年开始由月刊变成双月刊。张志三任主编后积极依靠编委会和编辑部，做出了1964年恢复月刊的决定，并为此做了一系列的工作。《物理通报》如期于1964年恢复月刊，专论栏的文章质量也有较大提高。《物理通报》于1966年7月停刊。张志三任主编期间，编辑部主任为程义慧。

第四节 《物理》编辑部

《物理》创刊于1972年，致力于传播与普及当代物理学及其交叉学科的前沿新进展和新知识，促进物理学与相关学科的相互交叉和渗透，促进学术讨论和信息交流，沟通科研与产业，推动中国物理学的发展（图3）。

图3 《物理》封面

1971年初，物理所收到中科院下发的有关自然科学期刊复刊的文件，经郭佩珊和施汝为研究决定创办《物理》，筹备工作是在施汝为直接领导下进行的。由楼兆美负责的《物理》编辑部召开一系列小型调查会，听取对办刊方针和内容的意见，在《物理学报》尚未复刊的情况下，确定了集《物理学报》和《物理通报》于一身的《物理》办刊方针。1972年6月《物理》正式出版发行，《物理》是“文化大革命”期间所有自然科学期刊中第一个创刊的刊物。1973年下半年，《物理》编辑部召开过3次座谈会，就办刊方针、内容及栏目的设置等听取研究人员、大学教师、企业界科技人员三类读者的意见，确定了6个方面的重点内容，并设置了与此相对应的15个栏目。1974年开始《物理》由季刊改为双月刊，办刊方针有所调整，改为主要刊登评述和介绍物理学研究成果及其应用，成为普及与提高相结合的综合性刊物。1981年《物理》改为月刊。从2000年起《物理》改为国际通行大16开本，彩色封面，印刷装帧质量大幅度提高，并加强期刊的整体策划，受到读者和专家的广泛好评，从而提升了期刊的影响力。在经营方面，2001年起聘用专职人员开辟广告业务，2005年起扭亏为盈，实现自负盈亏。在发行方面，也由过去完全依靠邮局发行，发展到邮局－代理－自办发行模式，扩大了发行量。在网络平台方面，编辑部逐步完善信息化办公装备，建立期刊网站，使用网络采编系统。

物理所的许多科研人员都为《物理》贡献了力量，在第一届《物理》编委会任期内，副主编应崇福（时任物理所研究员）对《物理》办刊方针的调整和新征稿简则的制定发挥了重要作用。在第二届《物理》编委会工作任期内，副主编徐积仁对上届编委会制定的编辑方针和内容提出了符合实际的修改建议，制定了新的征稿简则，明确了《物理》的读者对象，并第一次对文章的可读性提出了明确的要求。编辑部主任冯禄生组织了一批科学性和可读性均好的文章，受到读者的好评。2000年以后古丽亚担任编辑部主任期间，加强整体策划和提高质量，吸纳优秀论文，打造精品栏目。

《物理》作为国家科技部“中国科技论文统计源期刊”（中国科技核心期刊），多次获得新闻出版总署、中国科协、中国科学院等评定的优秀期刊称号。2008年经过中国精品科技期刊遴选指标体系综合评价，《物理》被中国科学技术信息研究所评选为中国精品科技期刊。自创刊以来，《物理》杂志始终坚持自己的办刊宗旨，为读者奉献选题新颖、语言通俗的评述性文章，并不断设置一些有特色的栏目，如研究快讯、物理学和高新技术、实验技术、物理学史和物理学家、物理学与社会、物理教育、问题讨论、人物、书评和书讯、物理新闻与动态、科学基金、学生园地等栏目。读者对《物理》也给予了“紧跟前沿、信息量大、可读性强，在国内物理学期刊中独树一帜”的高度评价。近年来，《物理》无论是在内容、风格还是栏目设置等方面一直在不断探索，力求让更多的读者满意。

第五节　《中国物理快报》编辑部

Chinese Physics Letters（《中国物理快报》）是中国物理学会于1984年创办，中国科学院主管，物理所承办的英文学术月刊。它坚持国际上高级快报类刊物的选稿原则，强调研究成果的首创性及对推动其他研究的重要性，内容包括理论物理、核物理、原子与分子物理、电磁学、声学、光学、热学、力学、流体、等离子体物理、固体物理、与物理学交叉的学科及地球物理、天体物理等。从内容到形式基本实现了与国际接轨（图4）。

图4　《中国物理快报》封面

1983年，中国物理学会、中科院决定筹建英文版*Chinese Physics Letters*，物理所决定由李荫远和王鼎盛领导这项工作，所图书馆刘再立参与，并抽调几位一线的科研人员，成立了《中国物理快报》编辑部。1984年，正式创刊，出版两期。自1985年规范的英文版学术月刊步入正轨。创刊初期（1984～1990），《中国物理快报》编辑部负责编辑，由科学出版社负责出版发行，国外发行由德国斯普林格（Springer）公司负责。至1991年编辑部直接负责国内出版发行，国外发行由美国Allerton公司负责。2001年与英国物理学会出版社（IOPP）合作，IOPP负责该刊的国外发行及电子版的制作，每篇文章的参考文献可进行超级链接。

《中国物理快报》自1986年起连续被SCI收录（当年全国只有6种期刊被收录）。据SCI发布的2010年《期刊引文报告》(*Journal Citation Reports*)，《中国物理快报》的影响因子为1.077，总被引频次为5298。据英国Ulrich数据库报告，国际上收录《中国物理快报》的检索系统为13个。

《中国物理快报》在审稿制度方面与国际著名刊物美国《物理评论快报》基本相同，为了对每篇来稿给予公正评价，坚持每稿两审以上，且保持两审稿人不同单位，审稿人与作者不同单位。优秀稿件经编委推荐、执行主编审批，可当期即时发表。在编辑规范方面，采用美国物理联合会（AIP）编辑出版的期刊规范，对发表论文的文体、格式、图表等严格要求。根据不同文章的图示需求，作者可选择彩色印刷。为了更快地传播科学研究成果，缩短文章的发表周期，从2001年起《中国物理快报》每期页码基本不限，2009年将文章页码改为文章编号，文章一旦被接受，将很快会与读者见面。

《中国物理快报》连续多年获中国科协的经费资助，国家自然科学基金委员会的重点学术期刊专项基金支持，中国科学院出版基金资助。国家新闻出版总署期刊评比中该刊连续三届获国家期刊奖。

《中国物理快报》从创刊到在国内外物理学界产生重要影响，物理所人都为此作出重要的贡献。历任《中国物理快报》编委会副主编有李荫远、王鼎盛、王龙、吴令安、向涛。编辑部主任有程鹏翥、魏惠同、李秀芳、武建劳。多年来，物理所的各位副主编为该刊把关定向，具体指导编辑部工作，代表刊物与国内外科学家进行学术交流、约稿；物理所各个研究领域的专家支持《中国物理快报》的审稿，为筛选优秀稿件做了大量工作。物理所一些前沿科研成果，发表于《中国物理快报》以后，迅速被国内外同行引用，从而提升了该刊在国际物理学界的影响。物理所的学术氛围为该刊的发展提供了良好的环境。

第三章　中国科学院北京物质科学研究基地办公室

物质科学是以物理学与化学为主，以及与之相关的交叉学科形成的学科群。物理学和化学这两门学科，原本就有着千丝万缕的联系，特别是在20世纪90年代初以来的进一步交叉融合，为生命科学等其他学科的发展提供了重要契机。而物质科学作为基础科学，其重要性还在于对高新技术及其产业兴起的强大推动力和支柱性作用。

中科院在实施知识创新工程首批试点中，决定组建北京物质科学研究基地（简称基地），基地于1999年9月正式成立。基地由物理所、化学所、低温技术实验中心和感光化学所经整合重组为3个研究所，主要包括：以物理所为核心，通过与低温技术实验中心有关部分整合，进一步充实凝聚态物理中心（物理所）；以化学所为核心，结合感光所有关部分，形成分子科学中心（化学所）；以低温技术实验中心和感光所为主，与物理所和化学所有关部分组成理化技术所，并与新组建的人工晶体中心整合，建立理化技术研究发展中心。基地办公室设立在物理所。

物质科学基地建立适应自身特征的机构设置及其运作模式：基地成立指导委员会，作为基地的最高决策机构。由中科院副院长白春礼任主任，其成员由中科院有关部门领导、有关科学家和科技管理专家组成。主要职责是贯彻落实中科院及有关部门关于基地的建设方针、目标及规划，以及审议和评估基地各组成单位知识创新工程试点的实施进展等。基地设立管理委员会，是基地的执行机构。物理所前所长杨国桢任主任，其成员由中科院基础局领导及基地所属研究所所长组成。主要职责是组织实施指导委员会的决议和研究、批准基地的具体工作计划，以及组织协调重大科技项目和其他相关工作等。基地办公室负责处理基地业务、日常的行政性事务。基地不再单设学术委员会，由基地管理委员会按需要组织有关学者、专家对重大科技项目进行学术评估，提出意见和建议。

根据基地的发展目标，其任务分为两个阶段实施。一期工作包括推动落实研究所相关学科调整，凝练科技创新目标；择优支持重大科技创新项目，促进跨所、跨学科相互合作和优势互补；开发应用科技成果，促进高新技术产业化；协助相关研究所组织开展重点实验室、国家工程中心的有关评估和验收工作；筹建中科院纳米科技中心，并使其纳入国家纳米科技中心；组织开展国内外学术交流活动等。

这一期内，经评审分两批择优支持重大科技创新项目共30个。其中基础研究取得重要进展的如“在电子层次上探讨薄膜生长和表面小系统问题”研究项目，取得了表面活性剂作用下反应限制集聚理论、利用潜能转化控制表面上纳米结构的形状和分布的两项研究结果，分别发表在美国《物理评论快报》上；“高温超导体机理研究中电子相的本征不均匀性”研究项目，围绕电子相的本征不均匀性问题，系统研究了高温超导体电子态的相图，提出了电子态相图对高温超导机理的认识与解释的模型，其论文也刊登于《物理评论快报》。

在上述工作基础上，基地二期主要工作为加强技术创新平台建设，促进基础研究成果转化与应用，与相关企业联合开发生产。基地在分三批支持的15个重点科技成果转化项目中，获授权专利22项，包括关键技术33项。其中多个项目取得了显著效益。

中科院旨在通过全院一些学科的基地建设，构建新型科技创新模式，此举体现了科技体制机制的创新性。而北京物质科学研究基地是其中之一，并具有非独立法人地位的特点及其相应的运作方式，其工作富有成效，得到了各方的充分肯定和积极评价，也为此次知识创新工程试点提供了有益的尝试和探索。根据中科院的总体部署与要求，物质科学基地工作于2006年圆满结束。

大事记

大事记记录物理所的重要事件，按时间排列，具体日期不详的重要事件，记录在当年或当月大事之末。

1928年	·3月，中研院理化实业所成立，所址设在上海霞飞路（今淮海路）899号。所内设物理组，丁燮林被聘为物理组主任
	·7月，中研院理化实业所物理组改为中研院物理所，丁燮林被聘为物理所所长
	·中研院制定物理所6年工作计划
1929年	·1月，中研院物理所颁布所章程
	·10月，中研院物理所派助理员陈宗器参加西北科学考察团工作，任务是测量经纬度，测量地形及绘图，测定重力加速度及地磁
	·11月，北研院物理所成立，由北研院副院长李书华兼任所主任（后称所长），暂借用中法大学居礼学院实验室开展工作
	·中研院物理所开展了地球重力加速度测量等3项研究课题
1930年	·10月20日，位于北平东皇城根大取灯胡同42号（今北京东皇城根北街16号）的北研院理化实验楼落成，北研院物理所迁入
1931年	·1月，严济慈就任北研院物理所主任（后称所长）
	·7月6日，中研院物理所派研究员陈茂康参加组织工业标准委员会的工作
	·7月，北研院物理所朱广才参加全国经纬度测量会议并提交4项提案。会议结束后在南京测量经纬度
1932年	·1月4日，法国物理学家P.朗之万参观北研院物理所
	·1月初，北研院与中法大学合作设立镭学研究所，严济慈兼任所主任（后称所长）。该所X射线研究室是中科院物理所结晶学研究室的前身
	·5月，北研院物理所严济慈与钱临照的论文《压力对于照相片感光性之作用》在法国《科学院周刊》第194卷上发表
	·7月，中研院院长蔡元培参观北研院物理所
	·中研院物理所建立了中国最早的科学仪器工厂
1933年	·5月，北研院物理所开始建立中国重力测量网的工作，首先在华北5省测量，并写出论文《华北东部重力加速度之概况》和《华北东部重力加速度之测定》，发表在法国《科学院周刊》上
	·9月，位于上海白利南路（今长宁路）865号的理工实验馆建成，中研院物理所迁入
	·北研院物理所严济慈、钟盛标精确测定的臭氧吸收系数被国际臭氧委员会定为标准，各国气象学家用以测定高空臭氧层厚度的变化达30多年
1934年	·7月，北研院物理所与黄河水利委员会合作，开始沿黄河测定了8个点的经纬度作为基点，12月完成
	·12月11日，美国物理化学家、诺贝尔化学奖获得者I.朗缪尔参观北研院物理所
	·中研院物理所首次招收研究生，录取了吴乾章、柴祖彦、梁百先3名研究生
	·施汝为在中研院物理所建立中国第一个磁学实验室
1935年	·1月19日，严济慈当选为法国物理学会理事
	·3月28日至6月7日，中研院物理所派陈宗器参加长江口以南港口地磁测量，恢复旧的观察站并建立多处新站
	·7月16日，英国物理学家、诺贝尔奖获得者P.A.M.狄拉克参观北研院物理所
	·7月，北研院物理所与上海徐家汇天文台合作，完成华北、华中、东南沿海以及西南地区的重力加速度测量
	·12月，中研院物理所在南京紫金山建成中国独立设计建造的第一座地磁观测台

	·12月，中研院物理所投资3.3万元兴建的仪器厂新厂房投入使用
1936年	·北研院物理所严济慈与钱临照合作，掌握了切割水晶晶体的新方法，降低了压电水晶振荡片的制造成本
	·北研院物理所开始尝试物理探矿方面的工作
	·陆学善到北研院镭学研究所从事用X射线研究晶体结构的工作
1937年	·6月4日，丹麦物理学家N.玻尔访华期间参观北研院物理所
	·10月初，中研院物理所迁入上海租界临时办公
1938年	·3月，中研院物理所与地质所合作，用电阻方法进行磁性探矿
	·4月，北研院物理所的研究实验设备随人员迁至云南昆明。为了配合应用光学研究工作，在昆明设立了光学仪器厂
	·7月，中研院物理所磁学研究人员及设备迁至昆明，同时在昆明凤凰山筹建地磁台
	·8月，中研院物理所无线电研究人员及设备迁至桂林继续工作，并开办训练班，为地方培养出一批无线电技术人才
1939年	·年初，中研院物理所地磁台工作人员及设备迁至广西三江
	·9月，北研院物理所钱临照在中国物理学会学术报告会上作了题为《晶体的范性与位错理论》的报告，这是位错理论在中国的首次公开介绍
	·11月，中研院物理所与陆地测量局合作，筹划全国地磁观察，培训测量人员，代制全国地磁偏差表
1940年	·中研院物理所与陆地测量局合作，完成24处地磁观测网的建立
	·中研院物理所在昆明的磁学实验室迁到桂林
	·北研院物理所迁至昆明市郊黑龙潭
1941年	·9月21日，中研院物理所地磁台派陈宗器、陈志强、吴乾章等从广西出发穿越日军占领区到福建崇安观察日全食
	·中研院物理所与陆地测量局、福建省气象局合作，进行闽、浙、赣地区地磁测量
1942年	·中研院物理所陈宗器等撰写的《一九四一年日食观察报告》发表于《日食观测委员会专刊》上
1943年	·11月，北研院物理所严济慈因发明磨制晶体新方法对国防科学颇有贡献，受到国民政府奖励
1944年	·12月，中研院物理所在桂林的实验室和工厂迁至重庆北碚，途中一批图书、仪器被日军飞机炸毁
1945年	·中研院物理所与陆地测量局合作，完成西南大部分省的地磁测量
	·抗日战争期间，北研院物理所开展应用光学研究，先后向军政部门、学校、医院、工厂及工业研究部门提供光学、电学仪器及零件
	·抗日战争期间，北研院物理所顾功叙、王子昌、张鸿吉和胡岳仁等，先后探测了云南和贵州的矿区达12处，推知矿床地下分布情形和蕴藏量
1946年	·1月1日，中研院物理所丁燮林、杨肇燫、施汝为、王书庄、陈宗器、陈志强、林树棠、朱恩隆、潘德钦、吴乾章、程兆坚等获国民政府授予的“胜利勋章”
	·年初，北研院物理所从昆明迁回北平
	·夏，北研院物理所严济慈获国民政府颁发的三等“景星勋章”，以表彰其为抗日战争所作的贡献
	·7月，丁燮林辞去中研院物理所所长职务，萨本栋兼任中研院物理所所长
	·秋，中研院物理所迁至原上海自然科学研究所大楼内
1947年	·2月，中研院物理所地磁台划归气象研究所
	·冬，中研院物理所金属物理研究室建立
1948年	·4月1日，中研院物理所萨本栋、赵忠尧和北研院物理所严济慈、李书华当选为中央研究院首届院士
	·4月，中研院物理所一部分从上海迁至南京鸡鸣寺路1号工作，后迁至九华山小韩家庄新址
	·10月10日，北研院镭学研究所结晶学研究室划归北研院物理所

	·11月，吴有训被聘为中研院物理所所长
	· 中研院物理所建立原子核实验室
1949年	·4月，中国人民解放军南京市军事管制委员会接收了中研院物理所
	·6月11日，中国人民解放军上海市军事管制委员会接收了北研院物理所结晶学研究室
	·10月上旬，北研院物理所受中央军委委托，研制成中国第一架“巴拿马瞄准镜”
	·11月1日，中国科学院在北京成立。5日，中科院接收了北研院物理所
1950年	·3～4月，中科院先后接收了中研院物理所和北研院物理所结晶学研究室
	·6月20日，中科院宣布应用物理研究所成立，严济慈任所长，陆学善任副所长。原北研院物理所地球重力研究组调整到地球物理研究所，顾功叙等随同调往
	·10月，位于北京东皇城根大取灯胡同42号院内的应用物理所物理楼奠基
	·12月，中研院物理所留在上海的全部仪器、图书运到北京
	·12月，应用光学研究室和光学仪器厂划归中科院科学仪器馆筹备处，人员、设备一同调往
1951年	·6月25日，严济慈调往中科院东北分院工作，由陆学善任应用物理所代理所长
	·7月5～7日，应用物理所第一次工作会议召开，陆学善主持会议并作了工作报告，会议讨论了各项提案。所内外专家36人出席，中科院副院长吴有训参加会议并发言
	·10月6日，匈牙利科学院院长伊斯特万 · 鲁斯尼亚克来应用物理所参观
	·10月，成立以半导体物理为研究中心的电学组，由王守武、汤定元等负责
1952年	·6月，中研院物理所留在南京的主要设备运到北京
	·7月16日，完成中国第一台电子显微镜（进口）的安装
	·9月，3名工作人员赴大冶及重庆的钢铁厂协助建立光谱分析实验室，在中国首次利用光谱分析来控制钢铁产品的质量
	·12月，许少鸿与黄有莘等建立中国第一个发光学实验室
	· 年底，由于应用物理所研究室规模小、人数少，缩编为研究组，包括光谱学、磁学、结晶学和电学4个研究组
	· 张志三等配合反细菌战工作，通过光谱分析方法分析细菌弹弹壳的化学成分，受到卫生部的奖励
1953年	· 年初，应用物理所制订了第一个五年计划，明确本所研究范围是除原子核物理以外、有关物质的构造及性质研究，确定以固体物理为中心。开始实行研究工作的计划管理，按照计划开展34项课题研究
	· 年初，电学组改为半导体研究组，包括新开设的固体发光研究
	· 成立低温物理研究组，开始建立低温实验设备
1954年	· 年初，成立应用物理所办公室，王守愚任主任，所办公室下设秘书、人事、器材、图书、总务组
	·5月，成立中共应用物理所支部，王守愚任党支部书记
	·5月，开始生产液态空气，提供给本所有关实验组及少数外单位使用
	·10月，中科院决定在应用物理研究所成立温度与电压计量研究小组，钱临照负责
	· 日本东京大学校长茅诚司来应用物理所访问
1955年	·5月，苏联科学院副院长I.P.巴尔金院士来访，确定中苏交流的具体安排
	·6月3日，陆学善、施汝为、钱临照当选为中国科学院学部委员（院士）
	·10月25日，经中科院院务会议批准，应用物理所第一届学术委员会成立，委员17名，施汝为任主任
	·11月14～20日，徐叙瑢参加了苏联半导体学术会议
	· 结晶学组贾寿泉与北京大学化学系、中山大学化学系的有关人员合作，在唐有祺指导下，在国内首次用X射线衍射方法测定了单晶体结构
1956年	· 年初，建立声学研究组
	· 年初，应用物理研究所第一批2名研究生入学

	·7月28日，中科院常务会议决定在应用物理所成立半导体研究室，以锗、硅材料和器件研究为主攻方向
	·9月，声学研究组划归中科院电子学所筹备处
	·9月，根据科学规划的紧急任务成立固体发光研究组、金属物理研究组。这时全所的研究机构有半导体研究室和光谱学、磁学、晶体学、固体发光、低温物理、金属物理和物化分析7个研究组
	·11月，自行研制的氢液化器调试成功，首次获得液氢
	·12月22日，中共应用物理所总支部委员会成立，书记姜虎文，下设4个党支部
	·12月25日，施汝为被任命为应用物理所所长
	·12月下旬，派出王守武、黄昆等高级研究人员赴苏联考察半导体物理的研究
1957年	·1月14～20日，潘孝硕参加印度科学大会联合会第44届年会
	·3月25日，陆学善、章综参加在莫斯科举行的苏联第2届晶体化学会议
	·3月，诺贝尔奖获得者、日本物理学家汤川秀树率领的物理代表团访问应用物理所
	·10月21～24日，汤定元参加民主德国物理学会举行的固体物理及发光材料报告会
	·11月，半导体研究室用自行研制的单晶炉，拉制成功中国第一根锗单晶
	·11月，半导体研究室器件组研制出中国第一只晶体三极管
	· 施汝为作为科学考察团的一员，访问苏联
1958年	·1月，半导体研究室制成第一批性能稳定的锗合金晶体管
	·7月，半导体研究室在改进的锗单晶炉里，拉制出中国第一根硅单晶
	·8月，半导体研究室试制成高频大功率晶体管，为研制锗晶体管计算机创造了条件
	·9月30日，中科院院务会议批准应用物理研究所更名为物理研究所
	·9月，低温物理研究室研制成功氦液化器
	·10月7日，中科院党组批准李德仲任物理所党的领导小组组长
	·10月，成立物理所机关党委、团委、工会3个办公室
	· 位于中关村的物理大楼、低温车间和金工车间竣工
1959年	·1月，半导体中间工厂在北京东皇城根大取灯胡同42号院内开工
	·6月，把研究组扩大为研究室，全所有光谱学、磁学、固体发光、晶体学、低温物理、金属物理、固体理论、固体电子学和半导体9个研究室及物化分析组
	·7月，成立业务处，加强了对研究工作的计划管理
	· 下半年，各研究室、各职能部门开始分批从东皇城根大取灯胡同42号院迁至中关村新址
	· 物理所研制的中国第一台氦液化器开始供应研究所需的液氦
1960年	· 年初，建立了红外物理和高分子物理2个研究室
	·5～6月，物理所职能部门调整为所办公室、机关党委办公室、业务处、人事处、保卫处、器材处和教育处
	·7月1日，半导体研究室从物理所分出，建立中科院半导体所，随同调出240多名职工
	·11月，开始精简人员，下放265人支援农业
	· 金属物理研究室划归中科院沈阳金属物理所，随同调出30多人
	·《物理学报》《物理通报》两刊物编辑部由科学出版社划入物理所
	· 按中苏合作条约，苏联专家10人来物理所工作1～3个月
1961年	· 年初，由于国家经济困难，物理所在北京郊区和天津宁河县创办了粮油副食生产基地
	·6月，开始精简下放第二批人员共446名
	·402楼、工厂南厂房、水晶车间、玻璃车间和锻工车间竣工
1962年	·6～9月，精简下放第三批人员241名
	·9月，建立高压－金属物理研究室（六室）。钱临照任室主任，何寿安任副主任

1963年	·9月，在自主研制的中国第一台拉杆式4×200吨四面顶压机上用静态高压法在国内首次合成了人造金刚石
	·建立学术秘书室，职责是协助所长对研究所学科发展和建设进行调查研究，提出建议，组织学术活动
1964年	·9月4日，中科院党组任命张成美任物理所党的领导小组组长
	·10月16日，组成161人的四清工作队，前往四川郫县、灌县等地参加农村四清工作
	·下半年，高压实验室合成1.7毫米长的金刚石，经显微镜和X射线结构分析证明成品性能良好，可以付诸实用
	·冬，在北京郊区和天津宁河县建立的粮油副食生产基地结束工作
1965年	·年初，建立电介质物理研究室（十一室）
	·2月10日，"新式三万大气压流体静压力设备"获国家发明奖
	·2月，高分子物理研究室撤销，原属化学所人员返回
	·2月，红外物理研究室划入昆明物理研究所，39人随同迁出
	·5月，人工合成金刚石、低温液体和氢气的生产供应、大块优质水晶的人工合成研究、强磁场硬超导体的研究、摄谱仪改装、光冲量计、照度计、激光器用红宝石的生成及其性能的研究等8项成果获中科院优秀奖
	·8月，固体发光研究室划出，组建中科院长春物理所，徐叙瑢、许少鸿等40多人随同调出
	·8月，组成第二批100余人的四清工作队，前往山西省运城参加四清工作
	·10月，成立电子仪器研究室（十二室）
1966年	·1月，根据中科院党委的决定，中共物理所委员会成立，由张成美担任书记。成立政治部，作为党委的办事机构
	·5月，成立技术物理实验中心筹备处（代号"325工程处"），在陕西汉中筹备建立技术物理实验中心
	·7月下旬，物理所"文化革命委员会"（革委会）成立
1967年	·春，"文化大革命"的"支左"军代表进驻物理所
	·5月，"胰岛素晶体结构测定"项目启动，由物理所、生物物理所、计算所及北京大学等单位30多位科研人员组成联合研究组
	·7月，物理所"革命委员会"（革委会）成立
1968年	·1月，设立物理所革委会办公室，业务处改为生产办公室
	·3月，政治部改为政工组，行政处改为后勤组
	·9月，工人、解放军毛泽东思想宣传队进驻物理所
	·11月3日，物理所将325工程已建成的低温技术和超导物理两部分移交给国防科委第十研究院
1969年	·4～11月，先后组织三批共160余名职工到湖北省潜江县中科院"五七"干校
	·秋，研究室、工厂和各职能部门改为连队编制，每个连队设正副连长和指导员，全所编为12个连队
	·冬，固体理论研究室被撤销
	·12月26日，新建成的十万焦耳角向箍缩装置放电中成功观测到聚变反应产生的热核中子，这是中国核聚变研究首次得到热核中子
	·激光研究室成立
	·光谱学研究室以及其他部门从事国防任务的60余人调往七机部二院207所
	·电子仪器研究室被撤销
1970年	·3月，所革委会办公室改为办事组，生产办公室恢复为业务组
	·10月，中科院领导的相对论批判组交由物理所代管
	·10月，空气声和超声2个研究室从声学所划入物理所，编为九室、十二室
	·电介质物理研究室被撤销

1971年	·首次采用氦制冷系统的大型空间环境模拟设备（KM3）建成投入运行，该设备由低温研究室和附属工厂研制
1972年	·2月，等离子体物理研究室成立
	·2月，诺贝尔奖获得者、天体等离子体物理学家H.阿尔文到物理所参观角向箍缩装置并作了学术报告
	·3月23日，物理所革委会办公会议决定：取消基层组织的连队编制和称号，恢复研究室和工厂的编制及名称
	·6月底至7月初，诺贝尔物理学奖获得者、美籍华裔物理学家杨振宁和李政道相继来物理所参观，提出要加强基础学科和理论研究及刊物、情报交流的建议
	·10月15日，物理所党的领导小组恢复工作，郭佩珊担任组长
	·10月26日，设立业务一处负责科技计划及图书情报管理、业务二处负责器材和财务管理，设立办公室负责房产、基建和后勤管理，设立政治处
1973年	·8月，由物理所与生物物理所和北京大学有关人员组成的北京胰岛素晶体结构研究组完成1.8埃猪胰岛素晶体结构的测定工作
	·12月，“支左”军代表从物理所撤出
1974年	·7月1日，新研制的托卡马克装置首次放电成功，标志着中国第一个托卡马克装置投入运行
	·12月10日，郭佩珊及贾寿泉、吴令安随中国科学家代表团出访巴基斯坦
1975年	·9月，由诺贝尔物理学奖获得者J.巴丁率领的美国固体物理代表团访问物理所，参观了低温物理研究室。这是中华人民共和国成立后访问物理所的第一个美国科学家代表团
	·11月，总面积3046平方米的受控热核反应楼竣工
1976年	·9月，组织一室、三室、五室、附属工厂参加了毛泽东遗体保护和纪念堂建设的“一号任务”
1977年	·7月14日，中科院党组任命甘柏为物理所党领导小组组长
	·9月，物理所第二届学术委员会成立，施汝为任主任
	·11月15日，中共物理所第二届委员会成立，甘柏任书记
1978年	·3月18日，在全国科学大会上物理所独立完成的10项研究成果获奖，与其他单位协作完成的13项研究成果获奖。大会后30项研究成果得到中科院奖励
	·5月17日，罗马尼亚总统N.齐奥塞斯库来物理所参观
	·7月15日，物理所制定了《物理所党委领导的所长分工负责制》(暂行)，恢复所务会议制度
	·9月25日，中科院批准物理所成立所务委员会，由施汝为等15人组成
	·9月，低温研究室一部分人员调到中科院气体厂组建低温技术实验中心
	·10月24日，空气声和超声两个研究室共160多人调回声学研究所
	·秋，开始恢复招收硕士研究生
	·11月，成立表面物理研究室、理论物理研究组 ·部分理论物理研究人员调整到新组建的理论物理研究所
1979年	·2月，成立了超导材料研究室
	·2月，物理所选派8名科技人员赴美国西北大学进行访问研究，由美方提供经费
	·3月，成立固体能谱研究室
	·11月，设党委办公室、人事处
	·实行科研课题同行评议制度与择优资助的经费管理
	·试行科技成果有偿转让合同制，以促进科技成果转化、应用，调动科技人员积极性
1980年	·4月，WXP-5等7种微波吸收材料、光导热塑全息记录片及其应用研究、静磁场作用下α-碘酸锂单晶的基础理论研究、分子束外延设备4项成果获中科院科技成果一等奖
	·7月12日，中共物理所第三届委员会成立，甘柏任书记

	· 8月，物理所第三届学术委员会成立，施汝为任主任
	· 8月，中共物理研究所纪律检查组成立，盛礼奇任组长
	· 10月，等离子体物理实验室主任陈春先等创办了北京第一个民办科技机构“北京等离子体学会先进技术发展服务部”
	· 10月26日，李荫远、洪朝生、李林、管惟炎、章综当选为中国科学院学部委员（院士）
	· 高压实验楼竣工
1981年	· 6月，制定《物理所所务委员会工作条例》（试行）
	· 7月4日，将原晶体学研究室分为晶体学、相图相变与晶体结构、固体离子学3个研究室
	· 10月12日，中科院党组任命章洪琛为物理所党委书记
	· 12月，中科院成立数学物理学部学位评定委员会，物理所开始招收博士研究生
1982年	· 年初，磁学室与法国有关单位合作研制超导磁场提拉样品磁强计（CF－2型）投入使用，这是当时中国唯一的磁场达到7特、低温达到1.5K的极端条件磁测量设备
	· 2月17日，相对论与引力研究室划入中科院高能物理所
	· 3月29日，光学研究室划分为原子分子物理及光信息处理研究室和激光物理研究室
	· 5月6日，建立光散射和磁介质光谱学研究室
	· 5月24日，管惟炎代理党委书记
	· 6月25日，著名美籍华裔物理学家吴健雄、袁家骝来物理所访问座谈
	· 9月24日，理论研究组改为理论研究室（十二室）
	· 10月，“猪胰岛素晶体结构的测定”获国家自然科学二等奖
1983年	· 8月10日，杨沛然等建立中国第一代超导隧道结DC-SC-SQUID系统，并与长春地质学院协作，建立起超导微桥DC-SQUID系统
	· 9月24日，中共物理所第四届委员会及第二届纪委成立，王玉田任党委书记，盛礼奇任纪委书记
	· 10月，“光学全息编码解码系统”获中科院科技成果一等奖
	· 10月，物理所研制出钕铁硼永磁材料，中国成为国际上少数几个研制出第三代稀土永磁合金的国家
	· 11月13日，物理所职能部门调整为所办公室、党委办公室，人事处、业务处、行政处、物资处、保卫处，财务科
1984年	· 1月10日，中科院党组批准物理所新一届领导班子成立，管惟炎任所长
	· 3月24日，物理所党委和所务会联席扩大会议确定机构调整，撤销研究室建制，以研究组为科研基本单元，成立科技咨询研究开发服务公司
	· 5月10日，经所学术委员会及相关专家评议，完成课题调整，全所设70个研究组。根据各组的研究方向划分为7个学术片，成立了各学术片的联合办公室
	· 8月，物理所与计算所合作完成的“29Mb十一片可换磁盘组”获中科院科技成果一等奖
	· 9月1日，开始实行所长负责制
	· 11月2日，中科院批准成立“三环新材料开发公司”，开始了中国最早的钕铁硼永磁材料的生产
	· 组织物理所第一次对外开放日，接待约700人次
1985年	· 1月30日，物理所第四届学术委员会成立，管惟炎、洪朝生、李荫远、杨国桢、林泉为负责人
	· 5月28日，杨国桢被任命为物理所所长
	· 9月9日，第二届物理所学位评定委员会成立，李荫远任主任
	· 10月，“LPE-1型激光功率/能量测试仪”获中科院科技成果一等奖
1986年	· 2月26日，召开物理所第一届职工代表大会
	· 3月17日，物理所第五届学术委员会成立，李荫远任主任
	· 11月，低纯度钕铁硼第三代永磁材料、铁磁体磁化分布连续-不连续变化的微磁学理论、200兆比特可换磁盘组及磁盘伺服盘刻划装置（合作）3项成果获中科院科技进步一等奖

	·李家明获国际理论物理中心卡斯特勒奖
1987年	·1月14日，中共物理研究所第五届委员会成立，林泉担任党委书记
	·2月，赵忠贤和陈立泉等研制出液氮温区超导体BaYCuO，超导转变温度达93K
	·7月，“YAG-染料-拉曼宽调谐激光系统”获国家科技进步二等奖
	·8月，建成中国第一个5米高的落管，并完成了样品熔化、双波长测温、计算机数据处理等基本实验手段
	·9月，赵忠贤获第三世界科学院（今发展中国家科学院）物理奖
	·9月，表面物理国家重点实验室建成，并向国内外开放
	·赵忠贤当选为第三世界科学院院士
1988年	·6月9日，举办物理所建所60周年庆祝活动，中科院院长周光召参加
	·7月，“低纯度钕稀土铁硼永磁材料研究”获国家科技进步一等奖
	·8月，“直接法处理晶体结构分析中的赝对称性问题”获国家自然科学二等奖
	·赵忠贤获陈嘉庚物质科学奖
1989年	·11月25日，中共物理所第六届委员会成立，邵有余任党委书记
	·11月，“光折变材料钛酸钡单晶”获中科院科技进步一等奖
1990年	·8月，“液氮温区氧化物超导体的发现”获国家自然科学一等奖
	·10月，“采用单个全息透镜的光学变换研究”获中科院自然科学一等奖
	·磁光薄膜组采用扩散掺杂法制备的锰铋铝硅磁光膜材料，成为物理所第一次向美国、日本和西欧国家申请的专利
1991年	·2月13日，国务委员吴学谦来所视察，会见科学家并讲话，宋健、温家宝、周光召、王佛松等陪同
	·4月，超导国家重点实验室成立
	·5月27日，成立动力与维修室，成立技术条件处，撤销物资处
	·11月，蒲富恪、范海福、赵忠贤、李家明当选为中国科学院学部委员（院士）
	·12月16日，物理所第六届学术委员会成立，李荫远任主任
	·“四波混频光谱术”获中科院自然科学一等奖
1992年	·5月31日，物理所多位专家出席海峡两岸物理学家会议
	·6月8～19日，大陆首批科学家应台湾“中央研究院”院长吴大猷邀请到台湾参加学术交流，李林作为代表团成员随同前往
	·10月，“高分辨电子显微学中图像处理理论和方法的研究”获中科院自然科学一等奖
	·10月，“利用新型非线性光学晶体开发高效率宽调谐激光器件”和“金属有机源分子束外延设备和MBE-IV型分子束外延设备”两项成果获中科院科技进步一等奖
	·10月，“聚偏氟乙烯薄膜激光辐射探测器研究”获国家技术发明二等奖
	·10月，“溅射法制备Y(Gd)BaCuO高温超导薄膜工艺、膜的结构及超导性能研究”获国家科技进步二等奖
	·超导凝聚态物理楼竣工
1993年	·1月4日，所务会、党委会联席会议决定职能部门调整为科技处、人事教育处、财务处、党政联合办公室，组建科技服务中心承担后勤工作
	·1月，成立以青年科技人员为主的青年学术会，旨在促进青年学者间的学术交流
	·7月5日，物理所主办的“'93青年学者凝聚态物理讨论会”举行
	·7月30日，超导国家重点实验室通过中科院和国家技术监督局的计量认证，成为第一个通过计量认证的国家重点实验室
	·10月，“GaAs/AlGaAs量子阱红外探测器单管及四元线列”获中科院科技进步一等奖

	·11月，梁敬魁、李方华当选为中国科学院院士
	·12月25日，由国家科委组织的基础研究所改革试点座谈会在物理所召开，惠永正、韦钰、陈佳洱、胡启恒等人参加
	·12月，“多功能、智能化激光功率能量测量仪器研制” 获国家科技进步二等奖
1994年	·6月12～17日，物理所通过由国家科委、国家教委、中科院专家组成的评议组的考评，成为国家科委基础性研究所试点单位之一
	·11月，招待所和食堂改建工程竣工
	·11月，“二维准晶强烈各向异性输运性质的发现和研究”获中科院自然科学一等奖
	·12月5日，光物理实验室作为中科院院级开放实验室正式成立
1995年	·3月25日，物理所新一届领导班子成立，杨国桢任所长
	·4月10日，所务会决定图书情报室与刊物室合并，成立刊物图书室
	·5月24日，亚非等离子体培训协会研究与培训中心在物理所成立，蔡诗东任中心主任
	·5月31日，中共物理所第七届委员会成立，邵有余任党委书记
	·7月12日，全国人大常委会委员长乔石视察物理所，中科院院长周光召等陪同参观了超导国家重点实验室，听取了物理所所长杨国桢及实验室主任赵忠贤的介绍
	·9月23日，磁学国家重点实验室正式成立
	·10月，建成中国第一套DAC高压充气设备和技术，为开展气体样品的高压物理研究提供了条件
	·10月，与中科院金属所、大庆油田合作的“磁处理技术在油田的应用研究”获中科院科技进步一等奖
	·11月7日，蔡诗东当选为中国科学院院士
1996年	·6月15日，中科院凝聚态物理中心成立，杨国桢任凝聚态物理中心主任
	·6月20日，物理所第七届学术委员会成立，谢希德任主任
	·9月，物理所主办了第四届国际纳米科学与技术会议（NANO IV），是唯一一次在亚洲举办的国际纳米科技系列会议
	·11月，“多功能激光淀积设备暨激光法制备YBaCuO高温超导薄膜”获中科院科技进步一等奖
	·12月，“Ce:BaTiO$_3$单晶生长及物理性质研究”获国家科技进步二等奖
	·范海福获第三世界科学院（今发展中国家科学院）物理奖
1997年	·1月1日，中科院电镜开放实验室和真空物理开放实验室由中科院科仪中心转入物理所
	·9月，赵忠贤获“何梁何利基金科学与技术进步奖”
	·12月，“原子尺度的亚稳态金刚石膜生长，形核和异质外延的机理”获中科院自然科学一等奖
1998年	·6月9日，召开庆祝建所70周年大会、举办所情展览，中科院院长路甬祥到会讲话并参观展览。物理所网页正式对外发布
	·6月，研究生公寓建成投入使用
	·10月，范海福获“何梁何利基金科学与技术进步奖”
	·12月15日，中科院党组会议批准物理所成为中科院首批进入知识创新工程试点单位
	·12月，“多波长光参量激光器研制”获国家技术发明二等奖
	·12月，“激光分子束外延设备和关键技术研究”等两项成果获中科院科技进步一等奖
	·12月，402组建成了方形（18650型）锂离子电池中试线，与成都地奥集团、北京高新技术投资公司等组建北京星恒电源有限公司
	·李方华当选为第三世界科学院（今发展中国家科学院）院士
	·根据蔡诗东生前的遗愿，设立“蔡诗东等离子体物理奖励基金”，用以奖励在等离子体物理方面做出优秀科学论文的青年科学工作者和研究生
	·全所电话通信设施改造完成，由程控设备替换总机中继线，提高了通信能力
1999年	·2月23～24日，经过学术委员会评议，所务会批准39个研究组进入知识创新工程试点范围

	·5月19日，物理所新一届领导班子成立，王恩哥任所长
	·6月28日，中共物理所第八届委员会成立，沈保根任党委书记
	·7月5日，物理所通过公开招聘、竞争上岗的形式聘任职能部门负责人
	·8月27日，物理所第八届学术委员会成立，赵忠贤任主任
	·9月，北京物质科学研究基地成立，由杨国桢担任管理委员会主任，其办公室设在物理所
	·10月21日，梁敬魁、张泽获“何梁何利基金科学与技术进步奖”
	·10月，杨国桢当选为中国科学院院士
	·11月10日，“物理所科研战略研究小组”成立
	·12月13日，阿尔巴尼亚总统R.迈达尼来访
	·12月，“微重力条件下钯系合金的凝固研究”获国家科技进步二等奖
2000年	·年初，设立“凝聚态物理中关村论坛”，邀请国内外知名科学家就凝聚态物理及其交叉科学技术领域中的前沿和热点问题进行交流
	·1月1日，中国科学院低温技术实验中心的低温物理开放实验室转入物理所
	·8月25日，中共中央政治局常委、国务院副总理李岚清视察物理所
	·10月19日，解思深获“何梁何利基金科学与技术进步奖”
	·10月26日，国际量子结构中心成立
	·范海福当选为第三世界科学院（今发展中国家科学院）院士
2001年	·4月13日，软物质物理实验室成立
	·6月8日，纳米物理与器件实验室成立
	·7月12日，凝聚态理论与材料计算实验室成立
	·9月29日，开始全面实施《物理所国际专家评价制实施办法》
	·11月28日，北京物科光电技术公司转制为北京物科光电技术有限公司
	·11月，张殿琳、张泽当选为中国科学院院士，许祖彦、陈立泉当选为中国工程院院士
	·12月29日，科技服务中心转制为宏理物业管理有限公司，承担全所公共设施维修、后勤服务及物业管理工作
	·设立“凝聚态物理前沿讲座”，由物理所研究人员轮流主讲，介绍凝聚态物理研究中的前沿和热点工作以及自己的工作进展
2002年	·2月28日，“定向碳纳米管的制备、结构和物性的研究”获国家自然科学二等奖
	·3月25日，物理所技术部成立，由电子学与科学仪器部、微加工实验室、图书馆与网络中心、机械加工厂、刊物室组成
	·4月28日，以物理所在分子束外延领域的研究成果与圣雪绒股份有限公司等组建“北京圣科佳电子有限责任公司”
	·8月，凝聚态物理综合楼投入使用
	·10月18日，诺贝尔物理学奖获得者H.罗雷尔再次来物理所表面国家重点实验室访问
	·12月，由招待所和食堂改建成的物科宾馆和物科餐厅投入使用
2003年	·2月26日，李方华获“欧莱雅–联合国教科文组织世界杰出女科学家成就奖”
	·6月，物理所新一届领导班子成立，王恩哥任所长
	·7月4日，中共物理所第九届委员会成立，王恩哥兼任党委书记
	·7月7日，物理所第九届学术委员会成立，赵忠贤任主任
	·9月8日，由原人事教育处拆分设立人事处和研究生部
	·11月14日，物理所与清华大学工程物理系合作研制的球形环托卡马克装置SUNIST放电成功，这是中国第一个球形环托卡马克装置

	· 11月17日，诺贝尔物理学奖获得者、美国普林斯顿大学崔琦对物理所进行工作访问，并商定在物理所设立“崔琦讲座”
	· 11月，解思深、张杰当选为中国科学院院士
	· 11月，经国家科技部批准，以物理所为依托单位，开始筹建北京凝聚态物理国家实验室
	· 12月，陈立泉获“何梁何利基金科学与技术进步奖”
	· 诺贝尔物理学奖获得者、美国斯坦福大学D.D.奥谢罗夫应邀来物理所访问并作学术报告。他于2007年再次访问物理所
2004年	· 2月20日，“求解光学逆问题的一种新方法及其在衍射光学中的应用”获国家自然科学二等奖
	· 2月，王恩哥、陈东敏被聘为北京凝聚态物理国家实验室（筹）主任
	· 6月21日，由物理所研究生部和学生会创办的“明理时空论坛”举办第一讲
	· 11月1日，国务院总理温家宝和国务委员陈至立由中科院院长路甬祥陪同来物理所视察
	· 11月，杨国桢获“何梁何利基金科学与技术进步奖”
	· 12月，解思深当选为第三世界科学院（今发展中国家科学院）院士
2005年	· 3月，“原子尺度的薄膜/纳米结构生长动力学：理论和实验”“高温超导体磁通动力学研究”两项成果获国家自然科学二等奖
	· 3月，物理所首次在美国物理学会年会举办人才招聘答辩现场会，为吸引海外优秀人才到物理所工作开辟“直达通道”
	· 3月，物理所设立“科技新人奖”
	· 9月，王恩哥获第三世界科学院（今发展中国家科学院）物理奖
	· 9月，物理所12位参加抗日战争的老同志获党中央、国务院和中央军委颁发的“中国人民抗日战争胜利60周年纪念章”
	· 11月，王鼎盛、薛其坤当选为中国科学院院士
	· 物理所与光电研究院等单位合作研制成功140英寸大型背投全固态激光彩色投影电视样机
2006年	· 1月，“微小晶体结构测定的电子晶体学研究”获国家自然科学二等奖
	· 2月27日，北京散裂中子源靶站谱仪工程中心（筹）和中科院物理所清洁能源中心成立
	· 3月15日，中科院物理所苏州清洁能源中心在苏州成立
	· 3月16日，物理所创办公共技术系列讲座，举行第一讲
	· 6月6日，范海福获陈嘉庚数理科学奖
	· 6月7日，物理所通过中科院ARP所级系统实施工作验收
	· 6月，物理所自筹资金设立所级层次的“引进国外杰出人才计划”（“小百人”计划）
	· 7月12日，王恩哥获德国洪堡基金会洪堡研究奖
	· 11月15日，许祖彦、张杰获“何梁何利基金科学与技术进步奖”
	· 12月14日，诺贝尔物理学奖获得者朱棣文应邀来物理所作学术报告，受聘为“物理所荣誉教授”
	· 12月28日，物理所和理化技术所联合研制的“真空紫外激光角分辨光电子能谱仪”通过中科院主持的鉴定，该仪器为国际第一台超高能量分辨率真空紫外激光角分辨光电子能谱仪
2007年	· 2月27日，“超强激光与等离子体相互作用中超热电子的产生和传输”获国家自然科学二等奖
	· 5月9日，物理所新一届领导班子成立，王玉鹏任所长
	· 6月30日，由物理所参与成立的北京天科合达蓝光半导体有限公司研制的首批中试碳化硅晶片产品下线，在国内首次建成一条完整的碳化硅晶片中试生产线
	· 7月10日，由物理所全所院士和部分专家组成的发展战略专家咨询委员会成立，杨国桢任主任
	· 7月21日，中共物理所第十届委员会成立，孙牧任党委书记
	· 10月12日，物理所第十届学术委员会成立，赵忠贤任主任

	·10月15日，科技部部长万钢一行到物理所视察指导工作
	·11月22日，台湾“中研院”物理所所长吴茂昆一行首次来访
	·12月27日，王恩哥当选为中国科学院院士
2008年	·3月，物理所率先合成超导临界温度为41K的$CeFeAsO_{1-x}F_x$体系，突破麦克米兰极限
	·4月初，物理所利用高压技术，制作出不掺氟的SmOFeAs，超导临界温度提升至55K，是世界上铁基超导材料的最高临界温度
	·5月，物理所开展对四川汶川特大地震救灾工作，捐款共188 980.50元，捐款人数达1105人
	·6月9日，举行物理所成立80周年庆祝大会，周光召、杨振宁等出席大会并致辞
	·6月9日，王玉鹏与台湾“中研院”物理所所长吴茂昆代表双方签署了合作协议
	·10月23～26日，所长王玉鹏、副所长吕力等赴台北参加为庆祝“中研院”物理所建所80周年举办的学术研讨会
	·11月10日，王恩哥当选为发展中国家科学院院士
	·11月13日，诺贝尔物理学奖获得者、美国伦瑟雷尔技术学院I. 贾埃沃访问物理所，并作学术报告
	·12月28日，物理所入选首批“海外高层次人才创新创业基地”，谢心澄和丁洪入选首批“海外高层次人才引进计划”（“千人计划”）
2009年	·1月9日，“原子分子操纵、组装及其特性的STM研究”获国家自然科学二等奖
	·1月22日，国务委员刘延东等领导到物理研究所视察工作
	·3月6日，“苹果树月谈”启动，这是由青年学术小组组织建立的青年科研人员定期交流活动
	·3月10日，所务会决定成立物理研究所国际合作工作小组，加强对国际合作工作的协调和管理
	·3月24日，诺贝尔物理奖获得者J.G. 柏诺兹再次访问物理所，并作学术报告
	·8月17日，清洁能源实验室成立
	·9月，王玉鹏被聘为北京凝聚态物理国家实验室（筹）主任
	·10月，高鸿钧获发展中国家科学院物理学奖
	·11月10日，李方华获“何梁何利基金科学与技术进步奖”
	·11月，戴鹏程、郑国庆入选2009年度“海外高层次人才引进计划”（“千人计划”）
2010年	·1月，中科院软物质物理重点实验室成立
	·6月9日，《中国科学院物理研究所志》的编纂工作启动
	·7月5日，物理所成立“国际合作研究中心”，为国际青年物理学者与中国研究者建立稳定的合作关系。启动“国际青年学者”计划，主要招聘具有一定海外经历的优秀青年人才
	·12月8日，德国《固体物理A辑》（*Physica Status Solidi* A）物理所专刊正式出版，共发表论文13篇，从不同侧面展示了物理所在固体物理领域所取得的进展
	·“非晶合金形成机理研究及新型稀土基块体非晶合金研制”获国家自然科学二等奖
	·方忠、戴希等从理论上预言了在Bi_2Se_3、Bi_2Te_3、Sb_2Te_3等三维强拓扑绝缘体的薄膜中通过掺杂过渡金属元素（铬或铁）可以实现量子化的反常霍尔效应
	·美国科学院院士、中国科学院外籍院士沈元壤再次访问物理所，他自1972年后多次来所访问，曾获中科院国际合作奖，2010年获中华人民共和国友谊奖

一、职工名单和博士生导师名单

从1928年到2010年，物理所职工人数变化很大，从个人的调动，到成建制的调进调出，大批转业军人调入后来又分批下放，这都给编制职工名单造成了很大的困难。这次在查阅了大量档案材料的基础上，请多位老职工回忆和确认，经过反复核实，将名单呈现于此。由于部分历史时期档案的缺失及其他原因，此名单难免有错误和遗漏，恳请读者将发现的错误和遗漏及时反馈，以供本书再版时订正。

此处所列博士生导师名单仅为1994年以后物理所批准的名单，1994年以前的情况比较复杂，详见第六篇第五章第四节。

（一）职工名单

丁　岩　丁　洪　丁　燕　丁　馥　丁才文　丁大伟　丁化善　丁古余
丁立辉　丁先立　丁丽辉　丁贤才　丁国文　丁奎恩　丁美英　丁维华
丁新生　丁新民　丁新盛　丁聚恩　丁燮林　卜恩贤　刁宏伟　刁金亮
刁建民　刁维汉　于　冰　于　昊　于　洪　于　渌　于　鲲　于风銮
于书吉　于永春　于光伟　于自和　于全芝　于庆台　于志弘　于志伦
于茂贵　于春梅　于洪伟　于艳梅　于桂菊　于晓峰　于海峰　于家凤
于隆基　于景波　于景堂　于福连　万　达　万贤功　万钟济　万逸民
万嘉琮　千金子　门守强　门忠臣　弓文俊　卫　伟　马　财　马　俭
马　彦　马　超　马士贤　马大猷　马小华　马久燕　马广才　马天增
马元杰　马少陆　马少波　马文漪　马玉龙　马功夫　马北海　马立平
马永田　马旭村　马庆鸿　马运田　马丽华　马肖燕　马秀兰　马秀英
马秀美　马国兴　马明荣　马金章　马建生　马荣福　马俊如　马洪林
马宣文　马振营　马章锁　马淑祥　马景龙　马增弟　马德兴　马燕鸣
王　于　王　专　王　可　王　龙　王　东　王　刚　王　华　王　旭
王　玗　王　芳　王　利　王　序　王　灿　王　纯　王　郁　王　岩
王　佳　王　建　王　彦　王　洪　王　宪　王　健　王　萍　王　晶
王　富　王　禄　王　强　王　静　王　瑾　王　磊　王　毅　王　凝
王于康　王大川　王大地　王大成　王小生　王小玲　王小梅　王久丽
王广有　王子丰　王子昌　王开平　王天祥　王天眷　王元龙　王云平
王五妮　王太宏　王长林　王仁智　王凤臣　王凤莲　王文书　王文华
王文军　王文君　王文洪　王文倩　王文理　王文魁　王文新　王书庄
王书慧　王玉山　王玉田　王玉兰　王玉芝　王玉芹　王玉波　王玉贵

王玉唐　王玉梅　王玉堂　王玉琴　王玉鹏　王正刚　王世国　王世善
王平书　王占立　王业亮　王立吉　王立林　王立松　王立莉　王立新
王兰欣　王汉英　王永江　王永忠　王永谦　王永霞　王幼明　王亚坤
王有勤　王存宝　王成功　王成栋　王成玺　王同舟　王则甫　王廷英
王伟明　王传珏　王传新　王华祥　王自峰　王自强　王向东　王全坤
王会生　王兆华　王兆翔　王庆云　王庆福　王亦忠　王齐云　王汝菊
王汝敬　王兴文　王兴华　王宇和　王守武　王守国　王守信　王守觉
王守竞　王守愚　王如泉　王观澍　王进伏　王进萍　王远礼　王志成
王志华　王志宏　王志涛　王志清　王志强　王芳卫　王克宁　王克定
王丽生　王连生　王连忠　王连贵　王听元　王秀云　王秀芬　王秀芳
王兵兵　王佐卿　王佔清　王希龙　王应久　王宏玉　王启明　王启蓉
王坤山　王茂胜　王松涛　王松渊　王尚书　王昌庆　王昌衡　王明雨
王忠春　王忠铨　王岩国　王岳群　王佩芳　王金凤　王金坤　王金昌
王金玲　王金栋　王念先　王育人　王法会　王宗桥　王宛平　王建中
王建立　王建民　王建勋　王建涛　王建萍　王玳娟　王荣九　王荫君
王树先　王树铎　王树森　王树辉　王威玺　王贵友　王选源　王秋方
王俊山　王俊生　王衍泽　王剑宏　王胜利　王胜强　王亭慧　王庭鸢
王彦云　王美旭　王洪明　王洪春　王祖仑　王郡雨　王素全　王素英
王素琴　王振文　王振兴　王振英　王莉君　王荷莲　王晋忠　王桂芹
王桂英　王桂玲　王桂琴　王桂蓉　王原柱　王晓丽　王晓明　王晓棠
王晓翠　王晓霞　王恩哥　王积方　王积玉　王爱迪　王唐金　王海龙
王海洁　王海清　王润娴　王悟善　王家库　王家荣　王理周　王彬彬
王雪华　王雪峰　王雪梅　王逶迤　王焕元　王清礼　王清华　王淑芬
王淑英　王淑惠　王绮文　王维敏　王超英　王喜红　王联治　王朝果
王鼎盛　王晶晶　王黑娃　王皖燕　王渭池　王瑞兰　王瑞民　王瑞传
王楠林　王鹏业　王腾仙　王腾智　王新麟　王慎元　王福芝　王福成
王福章　王殿英　王肇佑　王增源　王震西　王影萍　王德存　王德昌
王德春　王德厚　亓中民　井孝墩　井宛平　韦　钦　韦永承　韦廷柱
韦锡甫　支金标　历锡周　尤大森　尤少山　尤振华　车广灿　车荣钲
贝同谦　牛小娟　牛克山　牛宏达　牛其华　牛金生　牛继忠　毛文富
毛心桥　毛廷德　毛建明　毛荣达　毛韵瑗　毛镇道　毛翰香　仇维礼
风元中　卞秀珍　卞南华　文　亚　文星群　方　忠　方　跃　方万明
方万宝　方子松　方光银　方自深　方声恒　方秀英　方述彬　方清松
方琴仙　方敦三　尹　林　尹　彦　尹　渤　尹士英　尹士旗　尹世杰
尹永龙　尹华伟　尹丽颖　尹秀芬　尹绍兰　尹树松　尹铭寿　尹燕生
孔庆其　孔祥伍　孔祥宗　孔繁永　邓　莹　邓　鲁　邓少杰　邓文海
邓永红　邓存熙　邓廷璋　邓妙添　邓恢国　邓焕之　邓焕南　邓道群
邓弼兴　甘　柏　甘景玉　古元新　古丽亚　左洪银　左海辰　石　岩
石天相　石友国　石文安　石永清　石秀珍　石金瑞　石荣光　石贵春
石庭俊　石教全　石敬泉　石德宪　龙书琴　平　祥　卡良华　卢　纪

卢文毫　卢正启　卢庆伍　卢宏彦　卢宏燕　卢忠章　卢彦敏　卢振中
卢惠芳　业汉奎　叶　萍　叶式中　叶志明　叶应奇　叶启茂　叶茂福
叶佩弦　叶家鼎　叶维江　申永民　申自山　申庆凤　申明学　申忠俭
申承民　申根祥　申淑惠　田　野　田　锦　田广仁　田玉杰　田玉莲
田百顺　田志华　田丽荣　田连地　田时秀　田利荣　田秀琴　田忠山
田砚华　田种运　田素兰　田海燕　田章全　田焕芳　田淑琴　田敬转
田静华　史兴顺　史志瑞　史启武　史纯良　史国宝　史朋亮　史跃龙
冉启泽　冉隆军　丘懋森　付凤美　付玉华　付全贵　付庆合　付国强
付岳松　付京华　付春红　白　丹　白　明　白　鸽　白元根　白凤琴
白文彬　白玉海　白成锐　白伟民　白传登　白如海　白英俊　白迺智
白海洋　白雪冬　白维明　白德启　仝晓民　包先格　包昌林　包养浩
包淑云　冯　群　冯　稷　冯　巍　冯少敏　冯文清　冯世明　冯立清
冯则信　冯远冰　冯志文　冯克安　冯秀根　冯伯儒　冯希荣　冯改样
冯国光　冯国良　冯国星　冯国胜　冯明臣　冯所椿　冯宝华　冯春华
冯树祥　冯思民　冯家明　冯培珍　冯崇禹　冯敏英　冯雅岚　冯禄生
冯瑀正　兰玉成　兰秉善　兰继熹　宁太山　宁永俭　宁静娴　司金海
皮相山　边勇波　边艳菊　邢　波　邢　星　邢志刚　邢金昇　邢栓才
邢维瑜　邢雅娟　邢耀秀　吉光达　巩华荣　巩德启　芝云格　权启荣
过携石　成　晓　成向荣　成众志　成希敏　成昭华　毕　文　毕克茜
毕建清　曲学基　吕　力　吕　莉　吕士楠　吕大元　吕大炯　吕万芳
吕文刚　吕付和　吕如榆　吕秀臣　吕作来　吕伯超　吕国华　吕佩德
吕京利　吕诗勤　吕绍增　吕俊锡　吕振庆　吕振荣　吕维乾　吕惠宾
吕曦良　朱　俊　朱　恪　朱　涛　朱　镛　朱乃成　朱大江　朱小娟
朱广才　朱元贞　朱友清　朱少芝　朱化南　朱文杰　朱文凯　朱文森
朱世元　朱北沂　朱达生　朱华芳　朱自熙　朱兆胜　朱汝华　朱进生
朱志英　朱伯荣　朱沛然　朱怀仕　朱良佑　朱明安　朱明波　朱岳群
朱金龙　朱金林　朱宗霞　朱春丽　朱砚安　朱砚磬　朱昭发　朱庭英
朱振和　朱振福　朱根寿　朱晓波　朱恩隆　朱海忠　朱家聚　朱宰万
朱跃明　朱章铨　朱惜辰　朱绮伦　朱惠敏　朱湘安　朱煜光　朱福先
朱福彧　朱震刚　朱德增　朱警生　乔九若　乔东明　乔亚光　乔均录
乔阿光　乔国正　乔荣文　乔星南　乔振河　乔振荣　伍乃娟　伍吉才
伍尚友　任　聪　任士元　任大周　任之波　任兆杏　任秀荣　任国平
任育峰　任治安　任建国　任孟眉　任续基　任献瑞　任嘉猷　华达海
华钧正　华新宇　向　涛　向士斌　向仁生　向世明　向民安　向民学
邬承就　庄宛如　庄贵臣　庄泉清　庄蔚华　庆承瑞　刘　仁　刘　丹
刘　双　刘　宁　刘　赤　刘　松　刘　岩　刘　珍　刘　玲　刘　虹
刘　钧　刘　俊　刘　洁　刘　勇　刘　敏　刘　维　刘　琪　刘　琳
刘　鼎　刘　锐　刘　斌　刘　翔　刘　群　刘干文　刘士炳　刘大乾
刘万金　刘万银　刘广义　刘广同　刘广德　刘广耀　刘义俊　刘元刚
刘云初　刘友根　刘长生　刘长乐　刘长助　刘长海　刘长德　刘仁章

刘文庄	刘文杰	刘文意	刘心记	刘玉龙	刘玉东	刘玉如	刘玉杰
刘玉洁	刘玉祥	刘玉瑞	刘世远	刘世运	刘世超	刘东屏	刘东源
刘旦华	刘四毛	刘立正	刘永才	刘永生	刘永郎	刘民治	刘邦贵
刘亚夫	刘再立	刘再荣	刘在琴	刘存虎	刘存惠	刘达豪	刘成武
刘成信	刘成鼎	刘成新	刘成赞	刘当婷	刘先然	刘传文	刘传林
刘伍明	刘延鹗	刘行仁	刘全祥	刘兆民	刘庆岭	刘宇明	刘守勤
刘安庄	刘红珍	刘红亮	刘进才	刘赤子	刘孝信	刘志军	刘志明
刘志诚	刘志茹	刘志新	刘志毅	刘克己	刘来群	刘利华	刘秀文
刘秀兰	刘秀英	刘秀林	刘体汉	刘宏斌	刘启森	刘茂森	刘英烈
刘林野	刘松明	刘国东	刘国贤	刘忠齐	刘忠佳	刘凯生	刘秉林
刘金龙	刘金芳	刘金玲	刘金庭	刘育英	刘学亮	刘学琴	刘宝印
刘宝全	刘宝利	刘宗德	刘宜平	刘宜信	刘建荣	刘承惠	刘春成
刘荣华	刘荣鹃	刘茹全	刘铁群	刘显庆	刘贵忠	刘贵荣	刘虹雯
刘品清	刘钦松	刘泉林	刘俊才	刘衍芳	刘庭元	刘炳仁	刘洪和
刘洪学	刘洪梓	刘洪琪	刘恒富	刘素娟	刘素霞	刘振玉	刘振兴
刘振虎	刘振祥	刘根成	刘晓东	刘晓峰	刘铁军	刘积英	刘爱莲
刘爱清	刘竞青	刘益焕	刘海润	刘润春	刘家树	刘家祥	刘家瑞
刘祥龙	刘祥杰	刘培荣	刘培铭	刘培森	刘盛炎	刘盛藻	刘章成
刘清青	刘清波	刘淑坤	刘淑琴	刘淑雯	刘维华	刘彭业	刘朝信
刘朝晖	刘雄标	刘景炎	刘智新	刘道丹	刘道信	刘裕锐	刘献铎
刘锡祥	刘新民	刘煜坤	刘福锁	刘殿玉	刘翠霞	刘慧贞	刘增言
刘燕燕	刘霞飞	齐士钤	齐上雪	齐尔恂	齐志辉	齐志强	齐忠民
齐宝华	齐宝忠	齐建为	齐荣瀚	齐俊杰	闫丽琴	闫秀菊	闫明朗
闫振清	闫振福	闫晓青	闫新中	闯家有	关承章	关洪泽	米　辛
米玉华	米忠路	江　山	江　凡	江　南	江　洋	江　潮	江伟林
江良民	江樟荣	江德仪	池用谦	汤　栋	汤　晓	汤　蕙	汤金城
汤定元	汤洪高	安坤革	安祥钧	安淑珍	许　波	许　涛	许　智
许少鸿	许书麟	许世发	许龙山	许匡兴	许光奇	许汝钧	许秀荣
许应凡	许应凯	许昌荣	许金田	许宝珍	许政一	许涴钧	许祖彦
许振昌	许振嘉	许振蕃	许根全	许敬林	许惠珍	许善兴	许蔚智
许蕴梅	许慰智	许燕萍	那和平	阮元森	阮观书	阮时芳	阮祖启
孙　力	孙　刚	孙　阳	孙　克	孙　牧	孙　选	孙　琪	孙　湘
孙　競	孙力玲	孙小梅	孙天祯	孙太生	孙长富	孙欠知	孙玉鹏
孙正席	孙世栋	孙东生	孙东林	孙立民	孙永义	孙吉奎	孙仲全
孙向东	孙兆来	孙庆丰	孙守轩	孙红岩	孙志福	孙克键	孙克儒
孙秀珍	孙秀锦	孙冶洲	孙贤智	孙国英	孙金城	孙金歌	孙京平
孙承平	孙修权	孙洪生	孙泰仁	孙振学	孙虔智	孙海平	孙家修
孙谈计	孙继荣	孙萌涛	孙帼显	孙崇庚	孙象贤	孙维平	孙善香
孙痴夫	孙翠翠	孙增铭	阴耀祖	纪世瀛	纪振兴	纪爱玲	纪海鸿
寿函森	麦振洪	严　征	严太华	严仁悰	严仁博	严正贤	严戊其

严秀莉　严宏伟　严启伟　严易峰　严济慈　严铁成　芦清波　苏　延
苏　阳　苏　媛　苏　楠　苏云格　苏少奎　苏玉环　苏芳中　苏丽雯
苏隽超　苏海亮　苏琳文　苏敬亭　苏敦珍　苏福泽　苏德明　苏燕玲
杜　林　杜　峰　杜　竞　杜小龙　杜长兴　杜世萱　杜世鳌　杜全开
杜怀凤　杜春民　杜福琪　巫英坚　李　凡　李　卫　李　刚　李　伟
李　华　李　旭　李　兴　李　兵　李　君　李　苗　李　林　李　明
李　泓　李　政　李　洁　李　勇　李　莹　李　铁　李　健　李　晴
李　楠　李　虞　李　慕　李　璇　李　霈　李三保　李士恕　李士金
李大万　李大建　李小亭　李山林　李子荣　李子殷　李飞华　李开兴
李元俊　李无瑕　李云龙　李云生　李中堂　李长华　李长春　李长胜
李长惠　李仁松　李从周　李风翔　李凤英　李凤超　李文秀　李文昌
李文莱　李文富　李文瑞　李方华　李心慈　李书华　李玉兰　李玉同
李玉环　李巧珠　李正田　李世亮　李世蓉　李平分　李平福　李东飞
李东顺　李仕良　李冬梅　李立爱　李汉城　李宁玲　李训生　李永庆
李永承　李永荣　李永津　李永康　李民富　李发喜　李吉士　李有宜
李达夫　李成文　李尧亭　李至广　李光伟　李先武　李先春　李华飞
李华丽　李会来　李会新　李合云　李兆霖　李庆安　李兴德　李守柱
李如一　李如杨　李寿枬　李寿喜　李进斌　李运臣　李志远　李志敏
李志鹏　李芳欣　李克伦　李克学　李克胜　李克强　李甫田　李丽岩
李利香　李秀芳　李秀英　李秀珍　李秀根　李秀清　李伯臧　李希武
李沛滋　李沈军　李宏成　李词德　李改明　李奉延　李茂元　李果鲜
李国光　李国红　李国政　李国栋　李国强　李昌立　李明轩　李忠林
李忠瑞　李鸣皋　李和凤　李金万　李金凤　李金城　李金锡　李念东
李京增　李泽生　李学云　李学锋　李宝环　李宗利　李建华　李建奇
李春成　李春光　李春红　李春芳　李春丽　李玲钧　李荣山　李荣华
李荫远　李树才　李树文　李厚德　李思明　李香薇　李顺方　李顺朴
李俊文　李俊杰　李俊亮　李俊海　李炳光　李炳昭　李洪海　李津洲
李艳华　李振中　李振忠　李振波　李振铭　李晓峰　李晓萍　李铁城
李健山　李润民　李家方　李家明　李家俊　李继伟　李培生　李培泉
李雪云　李晨曦　李银安　李章伟　李清平　李清河　李淑芳　李淑科
李维兰　李维城　李维鹏　李维新　李超荣　李惠章　李雅兰　李景尧
李景春　李富贵　李裕民　李瑞宁　李瑞安　李楚建　李锡铭　李锦林
李锦昌　李鹏飞　李颖伯　李靖元　李福和　李福桢　李殿清　李静波
李静学　李静维　李静然　李嘉麟　李榕旭　李肇辉　李翠英　李影芝
李德仲　李德华　李德贤　李德忠　李德新　李德臻　李毅民　李燕平
李赞良　李壁祥　杨　卉　杨　发　杨　华　杨　欢　杨　芳　杨　杰
杨　晔　杨　锋　杨　璋　杨九昇　杨大宇　杨开德　杨云腾　杨从宽
杨公民　杨凤台　杨凤菊　杨文治　杨文起　杨文煌　杨玉龙　杨玉光
杨玉芬　杨玉荣　杨玉瑞　杨正才　杨立红　杨训仁　杨训恺　杨亚文
杨廷全　杨伏明　杨华光　杨会堂　杨红缨　杨运田　杨孝民　杨克俭

杨克敏 杨来兴 杨伯友 杨沛然 杨君慧 杨英彩 杨林平 杨林源
杨尚青 杨国桢 杨昌喜 杨昌黎 杨昌翰 杨明金 杨忠兴 杨金才
杨金铭 杨泽森 杨治贵 杨宝宗 杨承宗 杨春林 杨树林 杨思泽
杨思琴 杨钦宝 杨重兴 杨顺华 杨俊三 杨俊平 杨俊萍 杨弈娟
杨宣宗 杨祖诏 杨捍东 杨晓华 杨恩泽 杨恩琴 杨玺贞 杨海方
杨海涛 杨海清 杨海强 杨乾声 杨盛裕 杨跃年 杨银兰 杨彩英
杨淑琴 杨敬超 杨景荣 杨道富 杨槐馨 杨锡琨 杨新安 杨福禄
杨肇嫌 杨翠英 杨德水 连志超 连钟祥 肖　宏 肖　岩 肖　铭
肖　楠 肖丰玲 肖文德 肖玉玲 肖庆华 肖孚匡 肖思远 肖家恰
肖超亮 肖瑜复 肖德利 肖德祐 肖燕英 时　光 时东霞 吴　成
吴　枫 吴　奇 吴　非 吴　星 吴　桢 吴　维 吴　燕 吴　飙
吴万朝 吴小文 吴天恩 吴元佑 吴元根 吴水标 吴生荣 吴令安
吴乐渔 吴乐琦 吴兰生 吴汉明 吴永生 吴有训 吴光恒 吴先保
吴自强 吴名辉 吴冰青 吴宇志 吴安仁 吴好管 吴运玺 吴志平
吴志动 吴志勋 吴志森 吴克辉 吴连法 吴秀清 吴秀琴 吴希真
吴青岭 吴茂海 吴述尧 吴述亮 吴咏时 吴金龙 吴京利 吴法俊
吴泽堂 吴宗麟 吴学蔺 吴建国 吴荣青 吴荣德 吴禹智 吴祖安
吴振球 吴根洪 吴健雄 吴健辉 吴培均 吴培珍 吴乾章 吴逸民
吴寄萍 吴维岳 吴棣伟 吴锡九 吴福章 吴德昌 吴德荣 利淑香
邱元武 邱长青 邱平录 邱时森 邱建阁 邱祥冈 何　为 何　青
何　珂 何　荣 何　荦 何　萌 何　毅 何木芝 何少龙 何凤杰
何文旭 何玉芝 何玉修 何世庭 何本炎 何平江 何田华 何田海
何延海 何伦华 何如海 何寿安 何志高 何连华 何良基 何启光
何启楦 何武基 何其伟 何忠良 何宝喜 何宝善 何树开 何秋英
何跃勇 何敏学 何维帆 何景福 何登龙 何豫生 佟　桢 佟飞锏
佟仲昭 佟希成 佘永柏 佘朝文 余　明 余士杰 余长凤 余济康
余素芳 余桂菊 余朝文 余景棠 余瑞璜 谷　林 谷冬梅 邸乃力
狄宝洁 狄宝清 狄聚浦 邹　薇 邹育英 邹炳锁 况建平 应天林
应崇福 应堃宁 冷允彻 冷忠昂 辛立志 辛其初 辛厚文 冶宏振
汪　力 汪　容 汪卫华 汪汉廷 汪光川 汪钊星 汪金省 汪诗金
汪承灏 汪家升 汪淑惠 汪淑静 沐建林 沙志邦 沙频之 沈　华
沈　容 沈　谅 沈　嚎 沈云野 沈中毅 沈电洪 沈主同 沈立康
沈仲卿 沈汝魁 沈志工 沈宏利 沈林度 沈建祥 沈顺清 沈保根
沈俊毅 沈觉涟 沈彬源 沈淑惠 沈解伍 沈福岑 沈福琳 沈蕙春
沈蕴雪 宋　云 宋　琪 宋小会 宋云成 宋友庭 宋风臣 宋文林
宋心田 宋玉芬 宋玉林 宋正伦 宋世元 宋廷昭 宋全庆 宋兆胜
宋利珠 宋林松 宋知用 宋法华 宋宝全 宋美珍 宋炳文 宋振和
宋德祥 宋燕君 初大平 初桂荫 迟瑞东 张　夕 张　云 张　文
张　兴 张　军 张　迅 张　芸 张　严 张　苏 张　彤 张　君
张　玮 张　范 张　杰 张　昊 张　泽 张　勃 张　胤 张　亮

张　勇　张　莉　张　晔　张　涛　张　娟　张　超　张　强　张　磊
张　蕾　张　耀　张人龙　张大义　张大平　张万静　张小军　张小惠
张夕阳　张广成　张广宇　张广基　张卫平　张子云　张子裕　张元生
张元仲　张友华　张巨华　张日新　张长发　张长宏　张仁坤　张从周
张凤云　张凤兰　张凤菊　张文龙　张文安　张文泉　张斗胜　张允田
张玉芳　张玉苓　张玉林　张玉河　张玉香　张巧生　张正武　张世芳
张东香　张占祥　张生利　张生群　张乐澧　张立华　张立保　张立康
张立增　张永寿　张永荣　张永奎　张永福　张民石　张加怀　张幼文
张考雄　张扩基　张亚光　张芝婷　张在宣　张有珑　张成美　张廷德
张伟杰　张传文　张延哲　张自安　张自惠　张向群　张全平　张兆祥
张庆丰　张庆占　张庆沾　张汝明　张守玉　张守让　张守名　张守信
张安邦　张安迅　张红兵　张寿恭　张进才　张进龙　张远仪　张远合
张孝慧　张志三　张志友　张志林　张志明　张志亭　张志瀛　张芳林
张克诚　张克勤　张来东　张时明　张利华　张秀兰　张秀芝　张秀芳
张秀英　张希贤　张沛凤　张宏伟　张宏均　张宏毅　张良坤　张启林
张启富　张劲锋　张青春　张青哲　张其寿　张其初　张其瑞　张松友
张贤齐　张贤宣　张昊旭　张国成　张国华　张国良　张国祥　张明兴
张明清　张易生　张典卿　张岩雄　张和金　张季言　张秉钧　张金平
张金霞　张念昌　张京生　张泮霖　张泽学　张泽湘　张泽渤　张泽溥
张治国　张学录　张学栋　张宝珍　张宝惠　张宗蠡　张定成　张居中
张绍庆　张绍英　张春生　张春仙　张春林　张栋樑　张柏玲　张树英
张树德　张厚先　张奎恩　张昭庆　张思和　张思俊　张钟麟　张香兰
张香珠　张重兰　张保绵　张俊先　张洪刚　张洪春　张洪钧　张济舟
张祖仁　张祖坤　张振龙　张振松　张哲义　张莲萍　张晋昌　张晋儒
张桂兰　张晓芳　张恩来　张恩耀　张铁成　张铁军　张爱珍　张凌云
张效昌　张益明　张家训　张家启　张家騄　张家森　张预民　张培根
张培舜　张盛玉　张雪强　张常理　张敏生　张鸿吉　张鸿博　张淑芬
张淑莲　张淑誉　张淳源　张隆林　张绪信　张绮香　张维平　张维信
张综平　张蒂华　张惠芳　张景智　张普昌　张道中　张道范　张富生
张富春　张裕恒　张裕旋　张媛成　张瑞华　张瑞兆　张献礼　张献忠
张椿龄　张锡华　张锡清　张锦香　张鹏翔　张新夷　张煌志　张满红
张满银　张殿琳　张静仪　张蕴芝　张德玉　张德忠　张德钦　张德俊
张遵逵　张遵德　张镜澄　张鹰子　张赣南　张赣琴　陆　光　陆　华
陆　勇　陆　颖　陆　璋　陆文清　陆龙龙　陆兴华　陆志梁　陆伯祥
陆坤权　陆学善　陆美玲　陆洪超　陆济民　陈　弘　陈　扬　陈　伟
陈　红　陈　岚　陈　良　陈　烈　陈　捷　陈　萍　陈　唯　陈　铭
陈　琦　陈　锋　陈　瑜　陈　锦　陈　廉　陈　澍　陈　耀　陈一询
陈一霞　陈万春　陈小龙　陈小波　陈元生　陈元松　陈云琪　陈长庆
陈风华　陈文禧　陈书潮　陈玉臣　陈正丰　陈正豪　陈世达　陈东培
陈东敏　陈代远　陈乐群　陈立凡　陈立安　陈立泉　陈汉初　陈式刚

陈有芹　陈光汉　陈光溶　陈竹生　陈廷杰　陈伟力　陈仲甘　陈全英
陈兆甲　陈庆振　陈江华　陈兴信　陈守太　陈如棠　陈志林　陈志学
陈志荣　陈志强　陈丽冰　陈来友　陈肖兰　陈肖梅　陈秀美　陈秀梅
陈伯平　陈希成　陈希清　陈应平　陈沛云　陈良辰　陈灵义　陈武振
陈茂康　陈莹瑜　陈尚义　陈国幼　陈国庆　陈国彬　陈国璋　陈昌铨
陈明华　陈明远　陈迪榕　陈岩松　陈秉章　陈佳圭　陈佩欣　陈金凤
陈金荣　陈金贵　陈京兰　陈庚华　陈学明　陈宗器　陈定楚　陈建华
陈春先　陈荃芳　陈荣普　陈相伦　陈树棠　陈咸亨　陈昭杰　陈贵田
陈品瓒　陈信书　陈信智　陈炳淦　陈洪超　陈冠冕　陈祖斌　陈祖德
陈祚杰　陈耕燕　陈素英　陈素娟　陈振邦　陈振奎　陈莺飞　陈桂玉
陈桂林　陈根富　陈家耀　陈祥伦　陈能宽　陈雪生　陈敏秀　陈淑英
陈维武　陈维德　陈朝义　陈雁萍　陈景章　陈景惠　陈景然　陈智长
陈普芬　陈登相　陈锡清　陈锡靖　陈锦添　陈韵芳　陈满培　陈熙基
陈熙琛　陈漪萍　陈黎明　陈德安　邵长录　邵玉英　邵立勤　邵式平
邵有余　邵全远　邵杏云　邵岫瑜　邵彦平　邵家林　邵智明　郃长录
郃全远　武长白　武庆芳　武纪文　武明奎　武建劳　武亮奎　苗永珍
苗杉杉　苗雨春　苗慧君　苟天思　苑亚南　苑瑞良　范　玮　范　杰
范　桁　范　慧　范飞镝　范元春　范世玉　范世浩　范永全　范亚琴
范有恒　范先河　范全明　范希武　范松华　范国朝　范海福　范淑玉
茅宏迪　林　山　林　坚　林　奇　林　泉　林　海　林　萍　林　磊
林　曦　林元桂　林元福　林友苞　林长茂　林文桂　林玉聪　林兰英
林有余　林有亲　林成天　林仲茂　林争光　林秀云　林启贞　林忠竹
林金谷　林净光　林治兰　林宗茂　林定源　林建明　林春心　林树棠
林香祝　林莲荣　林清景　林淑媛　林瑞烟　林彰达　郁元桓　郁俊友
欧阳恒忠　郅柏青　卓小伍　卓小钰　尚大山　尚昌和　国学宝　易孙圣
易怀仁　易起元　罗　田　罗　明　罗　臬　罗　晞　罗　强　罗士领
罗文林　罗玉中　罗正纪　罗光明　罗会仟　罗启光　罗奇生　罗征元
罗京明　罗河烈　罗治光　罗春平　罗艳红　罗唐生　罗增义　罗耀全
罗懿祖　季　平　季阳阳　季秀斌　季松泉　季宝斋　竺长新　竺晓山
竺清炎　岳修华　金　铎　金士锋　金才政　金少华　金书林　金龙焕
金吉铭　金在昌　金纪玉　金进文　金作文　金英淑　金荣英　金奎娟
金贻荣　金莉娜　金爱子　金崇君　金朝鼎　金福俊　金殿义　周　军
周　坚　周　英　周　放　周　萍　周　棠　周　煌　周　霆　周　毅
周　镭　周小川　周开平　周元柏　周友益　周中治　周玉美　周玉清
周玉谦　周世炽　周帅先　周申渠　周立中　周立京　周立春　周永申
周永柏　周邦新　周存柱　周光永　周先明　周兴江　周孝良　周坚中
周秀花　周怀礼　周其林　周昇区　周明波　周忠良　周岳亮　周佩珍
周宝庆　周宝兴　周建军　周建智　周春常　周荣海　周树华　周贵恩
周思孟　周品高　周钧铭　周俊凤　周俊思　周美毛　周洋溢　周健飞
周康平　周维亚　周维城　周维浩　周景林　周献文　周廉白　周廉明

周静华	周端陆	周鹤亭	庞　维	庞玉璋	庞世瑾	庞根弟	庞海清
郑　红	郑　岩	郑　萍	郑大章	郑大瑞	郑少白	郑长发	郑仁寿
郑文献	郑东宁	郑幼凤	郑师海	郑庆祺	郑志强	郑步远	郑启泰
郑国光	郑国庆	郑学诗	郑宗尚	郑宗爽	郑建和	郑树玉	郑保亮
郑美华	郑洪涛	郑晓年	郑家祺	郑宾陞	郑敏华	郑朝德	郑德娟
单　磊	单天熙	单文新	单怀高	单欣岩	宗　健	宛振斌	郎俊芝
郎宪农	郎祝山	郎蕴琪	房同珍	房吕言	房照艳	房福全	居　立
居　悌	孟　奇	孟　革	孟　胜	孟　溦	孟广梓	孟庆安	孟庆波
孟庆惠	孟丽琴	孟希财	孟宪民	孟宪振	孟宪轼	孟宪棫	孟宪鹏
孟继宝	孟惠茹	孟福坤	孟德佑	春玉峰	赵　元	赵　伟	赵　红
赵　纬	赵　林	赵　明	赵　岩	赵　琦	赵　廉	赵　黎	赵士平
赵大军	赵万东	赵小康	赵广增	赵天石	赵云卿	赵中仁	赵中新
赵见高	赵介清	赵凤琴	赵文启	赵文武	赵文谦	赵玉芝	赵玉英
赵玉珍	赵玉瑢	赵世显	赵世富	赵立武	赵立德	赵永利	赵永清
赵芝淑	赵有祥	赵光林	赵同云	赵自明	赵会平	赵庆友	赵庆祥
赵汐潮	赵汝文	赵纫秋	赵志清	赵志斌	赵连江	赵连珠	赵秀兰
赵秀华	赵秀杰	赵应国	赵宏武	赵其芳	赵国章	赵忠尧	赵忠贤
赵忠醇	赵法原	赵学诗	赵学根	赵宗源	赵春荷	赵柏儒	赵树卿
赵保祥	赵俊英	赵洪洲	赵振甫	赵哲英	赵铁男	赵凌奎	赵海源
赵继民	赵理曾	赵银凤	赵彩云	赵淑芳	赵雅琴	赵景洪	赵新利
赵新喜	赵满兴	赵福珍	赵毓玲	赵慧兰	赵德全	赵德启	赵德乾
赵懿龙	郝　权	郝士庭	郝兰池	郝考元	郝同功	郝兴隆	郝志然
郝建芳	郝柏林	郝新喜	郝藏之	荀淑萍	荣文启	荣美玲	荣淑琴
胡　月	胡　伟	胡　辛	胡　忻	胡　明	胡　欣	胡　炜	胡　强
胡　勤	胡大兴	胡云鹏	胡月逢	胡凤霞	胡文友	胡文智	胡书新
胡占宁	胡永福	胡刚复	胡江平	胡丽丽	胡秀兰	胡伯平	胡伯清
胡国华	胡国海	胡昌义	胡凯生	胡季凡	胡岳仁	胡欣德	胡金杰
胡周中	胡宝德	胡建芳	胡彦久	胡济众	胡勇胜	胡晓明	胡海涛
胡康祥	胡清云	胡淑琴	胡维钧	胡蓉仙	胡锡江	胡锦恒	胡静竹
胡德初	胡鑫康	茹作让	茹学美	茹学举	南洪斌	柯　豪	柯　磊
柯永丰	柯孚久	查济璇	柏寿奎	柳　俊	柳吉林	柳尚青	柳翠霞
厚美英	战庆长	冒维杨	星跃山	星强国	钟　生	钟子琪	钟权德
钟列平	钟纳天	钟苑祥	钟国柱	钟炳华	钟格义	钟夏平	钟晓春
钟高琦	钟盛标	钟盛森	钟锁林	钟集昌	钟富昌	钟毓濠	钮步嵩
段久有	段红敏	段保全	段晓峰	修淑清	禹日成	侯　玮	侯　氢
侯万兴	侯广坤	侯立琪	侯旭华	侯纪良	侯肖虎	侯淑云	侯淑珍
侯德森	俞友高	俞凤奎	俞占水	俞立志	俞汀南	俞志高	俞伯良
俞宏君	俞育德	俞荫龙	俞祖和	俞振中	俞铁城	俞雪华	俞敏子
郗学奎	饶光辉	饶余安	饶毓泰	施世全	施仲坚	施汝为	施汝全
施均仁	施佩芳	施洪钧	施洪恩	施瑞良	闻　平	闻海虎	姜　伟

姜　炜　姜　菡　姜　谦　姜　潮　姜友石　姜长山　姜文甫　姜在善
姜兆学　姜庆和　姜如文　姜应堂　姜虎文　姜彦岛　姜烈汉　姜章荣
姜惟诚　娄文翰　娄廷珍　娄美珍　洪志荣　洪明苑　洪侣端　洪朝生
洪惠正　宫　蒂　祖钦信　祝光明　费　彬　费士良　费少明　费邦治
费琳生　姚　湲　姚天祺　姚文英　姚玉书　姚玉良　姚汉章　姚成国
姚光辉　姚进珍　姚连兴　姚建清　姚建德　姚荣金　姚振益　姚家星
姚裕贵　姚福根　姚鑫兹　贺　建　贺建伟　贺福银　骆　军　骆天相
秦　江　秦　勇　秦吉英　秦志成　秦良玉　秦星明　秦炳耀　袁　俭
袁　莉　袁士俊　袁有祥　袁宝龙　袁宝林　袁定朴　袁信林　袁津润
袁恩普　袁盘海　袁彩文　袁殿启　袁懋森　都鲁超　耿立翁　耿秀敏
聂小媛　聂玉昕　聂建军　聂家才　莫　海　莫开铨　莫中廉　莫可桂
莫有德　莫育俊　莫福源　晋国庆　晋桂珍　桂正耀　桂立新　桂根法
桂璐璐　索艾光　贾凤祥　贾玉山　贾世利　贾寿泉　贾进林　贾志富
贾克昌　贾应元　贾金锋　贾学军　贾顺连　贾海强　贾海燕　贾淑贤
贾惟义　夏　吟　夏　明　夏　钶　夏玉全　夏秀萍　夏秋生　夏晓翔
夏鸿昶　夏淑英　原素琴　顾长志　顾功叙　顾世杰　顾本源　顾志贤
顾宗义　顾荣光　顾荣先　顾树国　顾家祥　顾惠成　顾鹤宾　柴芝芬
柴守来　党高贵　钱　天　钱　俊　钱三强　钱生法　钱永嘉　钱聿泰
钱志生　钱临照　钱莹洁　钱培森　钱锡留　钱德法　钱露茜　候典尧
候锡儒　倪代秦　倪泳明　倪培根　徐　四　徐　扬　徐　刚　徐　军
徐　良　徐　瑶　徐乃贤　徐力方　徐小平　徐广州　徐开胜　徐开维
徐天冰　徐云辉　徐友刚　徐凤枝　徐凤祥　徐文承　徐正弼　徐正碧
徐世秋　徐世馥　徐龙林　徐民健　徐有余　徐廷瑚　徐庆桐　徐汝鋆
徐红星　徐孝贞　徐丽雯　徐秀云　徐秀英　徐秀敏　徐体祥　徐明春
徐金兰　徐建荣　徐建辉　徐春华　徐柏玉　徐贵昌　徐叙瑢　徐济安
徐恒录　徐恒富　徐振业　徐振军　徐根兴　徐根富　徐积仁　徐敏华
徐焕章　徐鸿霆　徐淑慧　徐淑馨　徐鲁溪　殷　华　殷　雯　殷士端
殷玉嘉　殷兴明　殷秀兰　殷岫君　殷绍唐　殷鹏程　殷耀祖　奚　卫
翁广太　翁文生　翁文波　翁尧钧　翁羽翔　翁红明　翁晓苟　凌　肯
凌仲硅　凌启芬　凌积生　凌增连　高　凡　高　旺　高　炬　高　振
高　原　高　捷　高　鹏　高小平　高太原　高玉贵　高玉惠　高世武
高存秀　高会荣　高汝庭　高志强　高里河　高伯龙　高宏珠　高国昌
高国儒　高明勤　高宗仁　高宗毅　高建国　高树桢　高俊富　高彦良
高洪喜　高祖德　高根海　高鸿钧　高淑静　高植权　高景来　高聚宁
郭　阳　郭　昇　郭　玲　郭　钧　郭　萍　郭　锋　郭牛林　郭仁广
郭文康　郭世宠　郭可信　郭东升　郭永彪　郭永康　郭伟力　郭全中
郭红莲　郭志勇　郭丽伟　郭秀兰　郭秀芬　郭作斌　郭沁林　郭其良
郭佩珊　郭佩瑾　郭建东　郭春华　郭树权　郭胜康　郭养波　郭海中
郭海明　郭海善　郭海鹰　郭家溢　郭淑芳　郭淑娇　郭淑清　郭照斌
郭锡全　郭福元　郭慧群　郭德水　郭德全　唐　宁　唐　冰　唐　庆

唐　谦	唐云俊	唐不畏	唐介森	唐为华	唐生金	唐永杰	唐有祺
唐汝明	唐启祥	唐英举	唐明道	唐金荣	唐金勇	唐学源	唐绍厚
唐宪臣	唐继辉	唐淑桃	唐棣生	唐新桂	唐福海	浦显福	涂正康
涂永清	涂锡光	容锡燊	宰洪泽	诸伯连	陶　昉	陶　莹	陶士瑞
陶中达	陶世平	陶世尧	陶四新	陶希圣	陶宏杰	陶承明	陶祖聪
姬国书	姬忠庆	桑永和	桑金荣	桑宝金	基孟生	黄　正	黄　矛
黄　宏	黄　昆	黄　贵	黄　跃	黄　绮	黄　辉	黄开栋	黄天生
黄天荃	黄文艳	黄玉珍	黄世明	黄可桂	黄冬林	黄立成	黄芝双
黄有莘	黄先应	黄伟文	黄旭光	黄兴章	黄志华	黄启圣	黄旺根
黄国业	黄学杰	黄学琍	黄宗弟	黄宗湖	黄建平	黄承伟	黄南堂
黄树春	黄顺康	黄美容	黄炳祥	黄振俨	黄桂玉	黄桂清	黄清贵
黄照荣	黄锡成	黄锡毅	黄新明	黄碧英	黄碧莲	黄德济	黄毅英
萧济时	萨本栋	梅笑冰	梅增霞	曹　彬	曹义强	曹少纯	曹玉荣
曹玉婷	曹功勤	曹石英	曹占英	曹立新	曹永革	曹则贤	曹伟章
曹传华	曹克定	曹利民	曹秀排	曹秀勤	曹佑思	曹余慧	曹建明
曹俊鹏	曹津生	曹效文	曹家仁	曹接莲	曹梅英	曹琪娟	曹越祥
曹谦益	戚嘉陵	戚德余	戚霞枝	龚　伟	龚玉芝	龚玉峰	龚亚南
龚志豪	盛　楠	盛礼奇	盛政明	盛耕雨	盛锡京	雪　源	常　成
常　秋	常　满	常大为	常万里	常文瑞	常龙存	常东升	常永义
常存玉	常志鹏	常英传	常保玉	常翠芬	鄂　云	崔　岷	崔　佳
崔　堑	崔　琳	崔大复	崔广义	崔义泉	崔长庚	崔文栋	崔玉芳
崔兆义	崔利伟	崔秀芝	崔树范	崔钦生	崔章吉	崔淑敏	崔登高
崔瑞恒	崔滨生	崔增智	笪天锡	康　宁	康　瑾	康寿万	康希章
康贻生	康锡泉	章　钛	章　钦	章　综	章庆生	章如威	章志英
章志荣	章其初	章荣根	章思俊	章洪琛	章晋昌	商广文	商玉生
商永生	商金荣	望贤成	阎兆海	阎贵泉	阎秋兰	阎爱华	阎梦华
阎银福	梁天骄	梁文全	梁文杰	梁正海	梁自瑞	梁进才	梁宏林
梁松年	梁学锦	梁栋材	梁炳文	梁洪儒	梁素云	梁振国	梁晓玲
梁家碧	梁敬魁	梁景虎	梁德余	寇秀琴	屠　安	屠　焰	屠炳臣
屠铸才	隋建生	彭　杰	彭子和	彭长四	彭功文	彭乐生	彭先会
彭先金	彭廷玉	彭兴举	彭怀德	彭练矛	彭荣芬	彭钦军	彭淑中
彭湘和	彭瑞萍	彭镜全	斯培福	葛　阳	葛中久	葛永振	葛传珍
葛香玉	葛庭燧	葛炳辉	葛培文	董　成	董　均	董　树	董　靖
董子文	董长江	董世迎	董全力	董全临	董兆国	董国媛	董宜寿
董孟生	董经武	董树文	董晓莉	董爱华	董海彬	董斯贤	董富民
董锦明	董碧珍	敬天义	敬文光	敬明显	敬宝富	蒋　华	蒋　健
蒋大文	蒋义枫	蒋天琪	蒋友洪	蒋长根	蒋心辉	蒋玉喜	蒋永全
蒋地明	蒋荣全	蒋贵臣	蒋钦山	蒋洪英	蒋培植	韩　忠	韩士吉
韩大星	韩天均	韩正田	韩永茂	韩永锡	韩圣兼	韩共和	韩行侠
韩全生	韩旭东	韩志斌	韩秀峰	韩金林	韩宝善	韩建国	韩贵宝

韩顺辉	韩恒茂	韩海年	韩淑玲	韩富贵	韩新铭	韩福森	韩翠英
惠梦君	覃　俭	粟达人	景秀年	智升慧	嵇天浩	程干箴	程义慧
程月英	程文芹	程丙英	程先凤	程兆坚	程叔方	程明昆	程波林
程宝成	程建邦	程树坤	程家贞	程继文	程鹏翥	程耀荣	傅　琦
傅广发	傅正民	傅克坚	傅盘铭	傅德中	焦正宽	焦仲元	焦明晖
焦宝林	焦俊义	焦俊栓	焦继顺	焦继斌	储　晞	储谦谨	舒言泰
舒启茂	舒昌清	鲁　欣	鲁大中	鲁小松	鲁元湘	鲁玉梅	鲁际国
鲁若愚	童寿生	童和原	童雪明	曾元洪	曾中麟	曾玉岩	曾石安
曾传相	曾庆田	曾辛若	曾良宪	曾泽培	曾建国	曾钦秀	曾衍宝
曾盛民	湛吉庆	温玉兰	温志杰	温培良	滑玉莲	滑锡山	游光培
游俊明	谢　平	谢　白	谢　英	谢　侃	谢小龙	谢小刚	谢心澄
谢成武	谢仿卿	谢安云	谢志国	谢财洁	谢秀兰	谢应鑫	谢启扬
谢苑林	谢尚洲	谢国华	谢国恩	谢金来	谢起鹏	谢恩堂	谢章先
谢瑞生	谢福明	谢德民	谢德纯	靳秀玲	靳建国	靳常青	靳福慧
蒲冶青	蒲富恪	蒙如玲	楼立人	楼绍江	赖小霞	赖武彦	赖瑞生
甄殿凯	雷　翎	雷子明	雷文藻	雷振喜	雷森柏	虞心南	虞红春
虞茂桂	虞家琪	路　强	路文春	路学辛	简　斌	简永刚	简佩薰
简洪梅	腾晓梅	腾晨明	詹文山	詹达三	鲍元松	鲍玉珍	鲍忠兴
鲍淑云	解　述	解思深	解淑玲	窦　艳	窦硕星	褚克弘	綦国恩
綦淑华	蔡　荔	蔡　瑾	蔡小惠	蔡开兴	蔡长林	蔡先亨	蔡声宏
蔡丽红	蔡秀兰	蔡秀荣	蔡妙全	蔡松时	蔡金涛	蔡诗东	蔡建旺
蔡政顺	蔡荣弟	蔡俊道	蔡根兴	蔡淑香	裴力伟	裴裕卿	管志强
管振辉	管惟炎	鲜　明	雒建林	廖杨生	廖显伯	廖德荣	端少卿
谭　俭	谭广文	谭永奎	谭进阁	谭良平	谭启文	谭奇义	谭忠涛
谭春林	谭振林	谭维廉	谭富传	翟　朴	翟永亮	翟光杰	翟亦山
翟清永	翟富贵	熊光楠	熊旭明	熊秀钟	熊作炼	熊伯健	熊其云
熊季午	熊艳云	熊维新	缪　强	缪凤英	缪祥生	缪祥松	樊　纯
樊　林	樊　洁	樊　涛	樊于灵	樊正堂	樊世勇	樊生海	樊汉节
樊建民	樊慧传	暴永兰	黎　红	黎　洪	黎　斌	黎在宁	黎维舜
黎辉兰	滕　浩	颜　雷	颜世彪	颜任光	颜鸣皋	颜嘉祥	潘　文
潘　英	潘　钊	潘八龙	潘广兆	潘广炎	潘习哲	潘元宗	潘友信
潘少华	潘孝硕	潘明祥	潘承诰	潘新宇	潘德钦	潘鑫书	薛大鹏
薛中华	薛四新	薛成仁	薛廷俊	薛进敏	薛其坤	薛荣坚	薛啸宙
薄　勇	霍　庆	霍旺生	霍岩岩	霍崇儒	霍裕平	穆秀敏	戴　希
戴　晧	戴仁松	戴光伟	戴守愚	戴声伟	戴金壁	戴建华	戴哲芝
戴根华	戴道阳	戴鹏程	鞠　蕊	藏玉明	魏　文	魏　正	魏　红
魏　敏	魏子谦	魏长茂	魏玉兰	魏玉年	魏兰旗	魏永承	魏吉安
魏华昌	魏守安	魏红祥	魏志义	魏宝芳	魏保宽	魏宪勤	魏祝君
魏惠同	籍全权	Pierre Richard					

（二）博士生导师名单

1995年：

王荫君　傅盘铭　陈佳圭　杨乾声　赵见高　姜彦岛　顾本源　詹文山
赖武彦　潘少华

1996年：

郑少白　杨思泽　沈保根　李伯臧　王震西　张道中　聂玉昕　陈正豪
许祖彦　解思深　饶光辉　赵柏儒　陶宏杰　王恩哥　黄　绮　彭练矛
庞世瑾　郭可信

1998年：

张　杰　吕　力　吴　星　严启伟　韩宝善　王玉鹏　金　铎　何豫生
陈兆甲

1999年：

闻海虎　薛其坤　高鸿钧　周岳亮　车广灿　靳常青　吴光恒　孙　刚
陈庚华　段晓峰　闫新中　张治国　陈小龙　王岩国

2000年：

邹炳锁　李庆安

2001年：

成昭华　汪卫华　刘邦贵　黄学杰　李建奇　郑东宁　孙继荣　王楠林
王太宏　汪　力　王鹏业　魏志义

2003年：

郭沁林　董　成　白海洋　刘伍明　李　明　程丙英　杨宣宗　盛政明
顾长志　邱祥冈　韩秀峰　曹则贤　贾金锋　吕惠宾　吴令安　禹日成
赵士平　周维亚　唐为华　周　放　冯宝华　冯　稷　翟光杰　蔡建旺
张泮霖　翁羽翔　王云平　陈东敏

2005年：

周兴江　孟庆波　陈　弘　高世武　孙　牧　吴　飚　孙庆丰　方　忠
金奎娟　窦硕星　厚美瑛　江　凡

2006年：

雒建林　夏　钶　李志远　徐红星　赵宏武　王芳卫　程波林　杜小龙
王兆翔　王渭池　孙力玲

2007年：

于　渌　向　涛

2008年：

马旭村　王建涛　白雪冬　孙　阳　李　泓　范　桁　姚裕贵　施均仁
郭建东　谢心澄　潘明祥　戴　希　丁　洪

2009年：

王兵兵　刘宝利　周端陆　李世亮　郗学奎　孟　胜　任治安　戴鹏程
李　定

2010年：

刘国东　杜世萱　李永庆　李玉同　吴克辉　张广宇　陈　澍　陈黎明

时东霞　胡凤霞　郭丽伟　曹俊鹏　梁文杰　董晓莉　谢　平　杨昌黎

陆兴华　胡勇胜　贾海强　曹立新　王如泉　任　聪　李冬梅　胡江平

杨义峰　谷　林　Pierre Richard

二、获学位的研究生名单和博士后名单

（一）获学位的研究生名单

1978年前的研究生教育制度变化较多，也不稳定，具体研究生名单可参见第六篇第五章第二节有关部分。1978年，中国的研究生教育得以恢复和稳定，物理所首批研究生于1978年10月入学，1982年有35位获得硕士学位。1982～1985年的学位是由中科院数理学部的学位评定委员会授予的。1984年物理所开始自主培养，因此自1985年11月物理所学位评定委员会开始发布第一号学位授予公告后，逐年发表学位授予公告。

1982年8月授予硕士学位人员（中科院数理学部学位授予公告第二号）

章其初　万柏坤　王永忠　陈笃行　冯　群　王廷籍　李士杰　李永贵
王迺权　王建伟　解思深　林成天　陈庆汉　许章保　唐一华　李伯臧
刘家冈　沈志工　吴荣青　刘宏亚　阎永廉　徐步新　罗海英　周　欣
周大卫　沈慧贤　张泮霖　孙树伟　严柏生　刘济林　王忠和　殷绍唐
徐文兰　刘志明　舒昌清

1983年12月授予博士学位人员（中科院数理学部学位授予公告第七号）

解思深　韩福森

1984年1月授予硕士学位人员（中科院数理学部学位授予公告第八号）

王心宜　赵光林　曹忠胜　刘　俊　李京燮　焦大东　储少岩　韩福森
严启伟

1985年3月授予硕士学位人员（中科院数理学部学位授予公告第十五号）

徐　刚　何　刚　田伯刚　刘全华　刘　荧　王鹏业　汤　栋　周子聪
胡伯平　郑庆荣　赵景泰

1985年5月授予博士学位人员（中科院数理学部学位授予公告第十七号）

舒昌清

1985年11月授予硕士学位人员（物理所学位授予公告第一号）

高　炬　郭有江　吴一中　童培庆　俞基群　樊海涛　梁晓玲　饶光辉
张金平　万绍宁　潘晓川　马景宇

1986年11月授予硕士学位人员（物理所学位授予公告第二号）

胡永军　杨林源　段红敏　洪熙春　陈建湘　洪景新　吴晓京　吴小文*
陈　杨　姜　武　陈凯来　孙继荣　毕保康*　陈　良　徐继海　赵圣之
谭晓玲　王尧基　韦彦珍　杨世才　董子文　邢　星　袁彩文　黄新明
陈　跃

1986年11月授予博士学位人员（物理所学位授予公告第二号）

张景园 *

* 吴小文为科大研究生院硕士研究生；毕保康为低温中心硕士研究生；张景园为科大研究生院博士研究生。

1987年11月授予硕士学位人员（物理所学位授予公告第三号）

吕　力	项伟平	许怀东	牟　端	普小云	吕兴民	张富来	徐贤挺
赵书清	李　栋	简　斌	赵　鸿	张南宁	封爱国	唐一民	张士勇
高文玉	徐国斌	严易峰	赵　华				

1987年11月授予博士学位人员（物理所学位授予公告第三号）

徐云辉　厉彦民　沈慧贤

1988年12月授予硕士学位人员（物理所学位授予公告第四号）

郭伟立	王玉鹏	凌吉武	王黎辰	徐　光	李　伟	赵建国	贺　挺
杨世平	马忠权	张建华	屈世显	赵金奎	刘　磊	任　洋	赵铁男
胡　飚	唐华斌	胡季帆	胡典文	李劲松	张东生	许俊豪	郝际发
陈征远	冷群文	李　华	李英俊				

1988年12月授予博士学位人员（物理所学位授予公告第四号）

谢学纲	郝　权	刘　苇	史引焕	董　成	王鹏业	饶光辉	巫英坚
王会生	张　杰	杨继春	段红敏	陆　勇			

1989年12月授予硕士学位人员（物理所学位授予公告第五号）

郑春阳	傅肃嘉	全成日	林明喜	马北海	毛再先	贺楚光	刘旭峰
毛建民	唐　宁	罗华强	王公堂	江　潮	霍德旋	李静维	董建峰
张慧云	徐柏玉	孙连峰	张凤鸣	何　苗			

1989年12月授予博士学位人员（物理所学位授予公告第五号）

仝晓民	秦　江	张瑞华	吴晓京	赵士平	严志华	张大鸣	储谦谨
黄照荣	惠梦君	李政孝	郑林锦	单　军	武汝前	王立新	谢苑林
陈　琦	汪　力	陈　杨	郭　震				

1990年12月授予硕士学位人员（物理所学位授予公告第六号）

吴　雷	柳忠元	董　键	熊　明	赵治华	李学峰	安德昌	王　斌
师文生	邱祥冈	李敬东	管泽彤	李庆安	薛其坤	胡四清	黄祖伟
赵金涛	王　琦	许汝峰	李　军	刘永谦	殷桂梅	邹　宏	谢强华
杨用武	罗春平	万先勤	王云平	罗文林	黄旭光	王仁杰	王希秋
曹少纯	许　志	张　宏					

1990年12月授予博士学位人员（物理所学位授予公告第六号）

孙继荣	任志锋	杨　力	向士斌	王大地	侯　氢	王永刚	许应凡
杨　杰	周海天	刘金芳	潘广兆	姜小波	高士武	李超荣	董　均
李建奇							

1991年12月授予硕士学位人员（物理所学位授予公告第七号）

易怀仁　李印峰　李　明　黄　琳　陆七一　龙向村　陈　战　陆　斌
张劲锋　张东明　吴冰青　刘延伟　杜庆洪　郑婉华　黄承伟　张俊先
吴　非　王继有　梁建珍　简洪梅　张宏愿　陈　颂　张卫东　吴　云
冉中原　田是秧　欧阳吉庭

1991年12月授予博士学位人员（物理所学位授予公告第七号）

文建国　程亦凡　赵　华　范松华　白海洋　肖家华　徐宏伟　陈小龙
王文华　金　佩　靳常青　刘　磊　胡建军　冯　巍

1992年12月授予硕士学位人员（物理所学位授予公告第八号）

史俊杰　王兆翔　汤　晖　袁四齐　黄　宏　崔会军　孙　飚　马立平
党海燕　明瑞法　杨　旸　陈曦东　俞明君　胡传民　崔　岩　吴建华
齐雪松　苏　航　王　可　赵及文　吴永平　李自力

1992年12月授予博士学位人员（物理所学位授予公告第八号）

李志强　付石友　刘益民　莫有德　张占祥　杨昌喜　季阳阳　李中文
邱祥冈　李静维　张　杰　郑幼凤　许　琰　陈立凡　龚尚庆　毛自力
陈　弘　张建平　王玉鹤　吕　力　潘明祥

1993年12月授予硕士学位人员（物理所学位授予公告第九号）

贺劲松　方　芳　黄建涛　郑国庆　王观明　丁雪舟　赵希顶　应　峰
周　镭　王建波　金勤海　黄　丁　徐　炜

1993年12月授予博士学位人员（物理所学位授予公告第九号）

李庆安　王桂华　李梅花　鄢晓华　毛建民　王太宏　汪卫华　付正清
杨　援　洪艳华　李建华　王长安　孙碧武　曹　蕾　翁羽翔　钟列平
张慧云　李顺朴　李艳玲　赵学根　魏晓莉　胡季帆　侯肖虎　钱志强

1994年9月授予硕士学位人员（物理所学位授予公告第十号）

王芳卫　孟广庆　王建立　张晓卫　郭晓江　钟　群　谭　新　杜玉扣
胡承勇　张裕飞

1994年9月授予博士学位人员（物理所学位授予公告第十号）

蔡建旺　胡　炜　王慧田　廉英武　谢　平　叶　茂　许世发　唐为华
洪新国　吴　雷　田永君　周兴江　杜全钢　薛其坤　沙炳东　彭应国
周维列　黄达祥　王玉鹏（在职）

1995年9月授予硕士学位人员（物理所学位授予公告第十一号）

黎　军　郑丽珍　褚　卉　孙　健　张　敏　李云飞　杨国林　袁振宇
张晓玫　曾祥冰　殷京江　陈启瑾　刘　翔　李和风

1995年9月授予博士学位人员（物理所学位授予公告第十一号）

邹　宇　赵立波　董丽芳　李淑祥　闫鹏勋　李尧亭　温维佳　朱雄伟
唐云俊　李　飚　吴建华　俞成涛　王建平　王开鹰　赵　江　尹华伟

金奎娟 王聪 李国宝 黄碧英 李宇新 马立平 张富祥 闵金荣
刘军政

1996年8月授予硕士学位人员（物理所学位授予公告第十二号）

张培鸿 赵宏伟 郁艳 林玲 葛永文 钟晓燕 袁恩洪 钱新波
闫志忠 陈立功 肖莹 柳东 何文光 刘彦巍 李春苓 孙冶洲
郭朝晖 王远飞 赵日安 杨多贵 周葆所 朱平 徐阳

1996年8月授予博士学位人员（物理所学位授予公告第十二号）

王建国 成昭华 李建国 孙梅 赵平波 赵国忠 郭永权 张国庆
鲍淑清 王敬华 黄卫东 张家森 马建伟 马连喜 李来风 宫华阳
赵同云 鲁中华 聂家财 孙吉军 郭洪霞 赵彦明 张明 于文
郑晓风 郭丽伟 张志娴

1997年10月授予硕士学位人员（物理所学位授予公告第十三号）

蒋金晗 张毅 朱成 软新发 梅东滨 赵贞勇 张黎 马啸
岑峰 赵昆 居彬 许勇 李影 董晓 邹开红 陈永生
高逢辰 马海荣 周雁 王天相

1997年10月授予博士学位人员（物理所学位授予公告第十三号）

曹立新 司卫东 王建立 杨晋玲 郑敏 张凌云 赵生旭 胡安明
施颖 刘伟锋 杨乾锁 孙牧 张满红 赵菁 黎军 黄明强
严宏伟 李文治 郝延明 王芳卫 史继荣 高宏 翟宏营 武建劳
杨海涛 朱爱军 张新惠 罗广礼 邵福球 张平 王正民 熊旭明
马昆 王有贵 周镭 李阳 王云平 王永强 李宏强

1998年8月授予硕士学位人员（物理所学位授予公告第十四号）

牛安富 杜江 徐宁 马勇 厉建龙 金莉 王利军 龚政
黄为为 徐秀俐 谢刚 宣毅

1998年8月授予博士学位人员（物理所学位授予公告第十四号）

王兆翔 刘嵘 刘日平 贺端威 张向东 杨启光 殷爱民 赵志伟
程立森 唐成春 何京良 徐军 沈京玲 刘泉林 张云波 王素敏
杨昌平 门守强 兰玉成 徐海 王荣瑶 常保和 吴源 秦越岭
蒋华 刘骏 吴建平 李健 姚久胜 耿文通 刘国东 王金国
高义华 侯玉敏 徐路 赵虎 何万中 熊玉峰 路东辉 段纯刚
彭长四 罗光明 颜君

1999年8月授予硕士学位人员（物理所学位授予公告第十五号）

赵海豹 罗湘宁 易伟 张天辉 李丹 彭海兵 张亮 杨书强
王会武 扬帆 刘恩生 景秀年

1999年8月授予博士学位人员（物理所学位授予公告第十五号）

姜宏伟 李志远 江莹冰 刘玉东 李泓 李春苓 张红霞 张岩

曹大呼　徐　远　陈　澍　寇谡鹏　张恒利　赵建华　张湘义　张　军
迟明军　周光文　徐　刚　王　晶　高靓辉　刘　波　刘　斌　顾　强
许汇颖　黄　丰　王正川　温戈辉　陈秀梅　王志宏　梁　兵　倪代秦
杜　寰　何海丰　蔡柳春　黄建国　陈　玲　刘保亭　王晶云

2000年8月授予硕士学位人员（物理所学位授予公告第十六号）

杨　东　熊　翰　梁　创　刘金全　陈　朗　陈　冬　李秀玉　李晓东

2000年8月授予博士学位人员（物理所学位授予公告第十六号）

王荣平　王瑞峰　李晓航　轩林震　刘旭春　吴克辉　王玉光　阳世新
余登科　李克强　何亦宗　张雪强　周镇华　孙连峰　梁冰青　陈　熹
徐　明　李邵雄　王　强　王俊忠　王文虎　高　旻　高海啸　何洪鹏
李晶泽　吴立军　杨万里　郝　昭　马旭村　吴　静　李志强　张燕锋
韩　冰　刘宁宁　陈　怡　郭向欣　许景周　赵　彤　李春光　徐明春
孙志刚　梁天骄　徐　宁　王明雨　林岚岚　王双保

2001年8月授予硕士学位人员（物理所学位授予公告第十七号）

吕铁铮　赵　鹏　孟晓东　陈　广　孙海峰　唐　兵　陶　鲲

2001年8月授予博士学位人员（物理所学位授予公告第十七号）

李茂枝　陈　凡　王利民　王　迪　陈　珂　王正道　李宏伟　郭建东
贾海强　钟振扬　杨书强　张爱珍　赖云忠　金艳红　胡文斐　姚新程
王焕华　刘洪飞　刘淑梅　刘祖琴　王　晶　刘　娟　王伟宁　张　健
曹立民　陈　唯　陈克求　韩苍穹　张文勇　王乙潜　师丽红　梁晓燕
侯　玮　厉建龙　龚伟志　宣　毅　张鹏云　蔡　纯　廖　静　胡国彬

2002年9月授予硕士学位人员（物理所学位授予公告第十八号）

赵志文　许加迪　李俊文

2002年9月授予博士学位人员（物理所学位授予公告第十八号）

李　玲　高　星　李卫东　周　斌　同宁化　李　晖　费永杰　王学进
李　工　王　海　李润伟　钱　霞　张　玥　王文洪　胡凤霞　万　里
唐东升　何声太　闫　隆　王　庆　张臻蓉　何伦华　李壮志　徐雅琼
康　宁　赵永男　李世亮　刘翠秀　陈向明　刘新海　王延帮　王桂玲
谢爱芳

2003年4月授予博士学位人员（物理所学位授予公告第十九号）

孔　翔　谢征微　陈正林　罗鹏顺　孙海林　袁　鹏　董全力　潘　洁
腾　浩　贺　蒙　钟定永　赵立强

2003年9月授予硕士学位人员（物理所学位授予公告第二十号）

刘东方　张峰会　沈全通　朱　青　张　琦　邓彬彬　吴　峰　常君弢

2003年9月授予博士学位人员（物理所学位授予公告第二十号）

阎兆立　谈国太　闻　平　张树玉　杜高辉　车仁超　倪培根　郭红莲

刘广耀 刘立君 杨海方 杨 光 韩英军 王文冲 梁学锦 肖文德
吴孝松

2004年3月授予博士学位人员（物理所学位授予公告第二十一号）

胡桂青 张 军 杨海朋 刘志勇 杨 辉 朱晓波 王怀斌 刘 熙
王 薇

2004年8月授予硕士学位人员（物理所学位授予公告第二十二号）

张 瑛 周 锋 孔宇鹏 刘利峰 赵 莉 张丽娟

2004年8月授予博士学位人员（物理所学位授予公告第二十二号）

孟 胜 吴晓东 张谷令 李东昇 张广宇 张秋菊 刘丽华 杨海涛
王志新 王久丽 施思齐 王业亮 袁华军 贾连锁 杨林涛 樊海明
简基康 于洪波 孙 江 郭海明 宋有庭 付立民 刘卫芳 王 勇
周振平 尚勋忠 支春义 沈 峰 朱文光 李绍春 任治安 林学春
李春勇 张细利 王淑芳 张 蕾 戴 雷 段 苹 胡小永 冯晓梅
朱亚彬 王伟田 孙玉成 李平雪 王文军 陈桂香 张福昌 欧阳钟文
闫小琴 刘 洪 王会武 荣传兵 毕 勇 陈建荣 胡勇胜 王义全
彭 炜 郎佩琳 苍 宇 陈岐岱

2005年3月授予硕士学位人员（物理所学位授予公告第二十三号）

李玲玲 侯岩雪 汤玉林

2005年3月授予博士学位人员（物理所学位授予公告第二十三号）

龙云泽 李喜珍 王智勇 陈 斌 熊昌民 张爱国 苗 君 赵 力
向建勇 王光军 王兆华 彭晓昱

2005年8月授予硕士学位人员（物理所学位授予公告第二十四号）

窦新元 冯玉清 刘首鹏 秦 琦 王远峰 张 喆 赵 俊 王 霆
张 达

2005年8月授予博士学位人员（物理所学位授予公告第二十四号）

刘丽峰 相文峰 李秀宏 杨 浩 郭海中 张艳锋 韩守振 孔祥燕
李惠青 刘玉颖 刘 震 孙志培 王守宇 杨玉平 姚爱云 代 波
樊振军 方以坤 高 燕 胡海宁 胡 进 寇志起 李飞飞 李秋红
梁迎新 刘 飞 刘福生 刘喜斌 鲁希锋 马 骁 牛春晖 桑红毅
苏 会 王 芳 王红霞 刘春香 马博琴 张 辉 张秋琳 李玉现
黄 峰 李雪辰 李晓龙 刘立伟 刘英豪 骆 军 梅增霞 欧阳楚英
秦晓梅 王德宇 王健雄 王 志 吴曙东 武 莉 杨瑞枝 赵 梅
曹 立 何玉平 张晓娜 郑俊娟 孔维和 孔文婕 李 辉 马拥军
王佳伟

2006年3月授予博士学位人员（物理所学位授予公告第二十五号）

李培刚 王皖燕 魏育新 郗学奎 张立新 燕 飞 张庆利 郑志远
丰 敏 何 珂 景怀宇 贾玉磊 令维军 田金荣 于全芝 杨健君

赵言辉　钟建平　李　昆　窦瑞芬　陈玉金　符秀丽　李　正　于迎辉

2006年8月授予硕士学位人员（物理所学位授予公告第二十六号）

戴　涛　时成瑛

2006年8月授予博士学位人员（物理所学位授予公告第二十六号）

韩海年　马士华　彭钦军　孙　梅　田　洁　赵嵩卿　朱学敏　左战春
贺鹏斌　陈仁杰　董爱锋　胡书新　黄延红　李社强　李　伟　梁雅琼
柳　娜　柳祝红　罗述东　孟庆端　钱　钧　石　玉　孙春文　唐春艳
田　鹤　王天兴　夏爱林　杨　华　岳双林　朱丽娜　朱小红　冯　帅
冯志芳　耿爱从　曾毓群　张怀若　张志勇　费义艳　金　展　郑　君
李　英　刘国强　房同珍　方靖海　王瑞红　陈寒元　刘清青　王玉梅
徐鹏翔　安玉凯　鲍新宇　蔡建臻　陈雷鸣　陈卫然　代学芳　高建华
郭　娟　黄建冬　纪爱玲　金传洪　李大鹏　李琳艳　林　晓　刘道坦
刘广同　刘建永　马永昌　苗雁鸣　潘安练　齐笑迎　全保刚　石友国
宋　礼　汤美波　唐雁坤　王　晶　王　勇　王治涛　肖荫果　薛勃飞
曾中明　詹清峰　张鸣剑　张谢群　张兴栋　张　毅　赵怀周　赵小伟
丁　硕　都鲁超　关东仪　刘运全　吕国伟　沈　鸿　施宇蕾　王学军
徐新龙　张　玲　张　芹　周庆莉

2007年4月授予博士学位人员（物理所学位授予公告第二十七号）

杨晓冬　陈兴海　王　鹏　武慧春　徐　慧　马海强　李　红　迟振华
李志华　马丽颖　聂　棱　秦志辉　王登京　余　愿　张　博　丁　翔
彭　政　王学昭　杜银霄　高　红　黄德财　李　松　孙玉平　田焕芳
王　健　王立莉　王　萍　吴　昊　肖长江　杨　勇

2007年7月授予硕士学位人员（物理所学位授予公告第二十八号）

刘　朋　胡志辉　田晓庆　马　明

2007年7月授予博士学位人员（物理所学位授予公告第二十八号）

石丽洁　刘　永　熊　波　卓　伟　陈光良　冯文然　顾伟超　刘瑞斌
胡柱东　高　利　马海峰　马利波　齐　云　魏彦锋　张　旺　冯振杰
付星球　耿红霞　郭艳群　何　明　雷　鸣　雷　芸　李含冬　李　勇
廖达前　刘东方　刘喜哲　罗万居　米　欣　倪　经　沈娇艳　舒　杰
宋　蕊　王　翀　王得勇　王菲菲　王　刚　王海英　王　强　王喜娜
魏红祥　肖睿娟　谢燕武　徐　鹏　颜建锋　杨仁福　袁洪涛　曾兆权
张红娣　张丽娇　张志华　朱绍将　邹君鼎　曹玲柱　孙志辉　于乃森
刘　慧　李　倬　刘光娟　刘玉资　冉诗勇　刘利峰　孙宝娟　郑客飞
竺　云　曹慧波　程志海　丰家峰　杨天中　张增星　汪　洋　吴　东
袁　洁　郭东辉　邢志刚　路军岭　吴　凡　周忠堂　孙志斌　郝作强
陈亚辉　刘元好　任　承　任　坤　盛　艳　陶海华　王素梅　翟艳花
赵　慧　赵丽明　严　伟　韩　鹏　郭　林

2008年4月授予硕士学位人员（物理所学位授予公告第二十九号）

刘霞

2008年4月授予博士学位人员（物理所学位授予公告第二十九号）

蒋占峰　韩铁柱　肖从文　柳延辉　彭智慧　姚立德　赵作峰　赵景庚
何为　龙有文　王宏　何尧　王越　郑浩　许智　季威
丰平　薛欣宇　邓智滔　胡亦斌　陈民

2008年7月授予硕士学位人员（物理所学位授予公告第三十号）

林袁　展飞　曾艳　赵华英　彭子晖　李长辉

2008年7月授予博士学位人员（物理所学位授予公告第三十号）

罗小兵　赵永红　党贵芳　吕国华　牛二武　苏俊　陈立军　刘海青
申彩霞　唐喆　徐野川　韩宇男　宋小会　杨慧　唐令　贺晓波
蔡伟伟　邢燕霞　宋波　杨立红　罗鸿志　王永田　闫丽琴　蒋中伟
李政　汪金芝　杨白　贾琳　张继业　余鹏　蔡格梅　王艳春
张颖　白莹　纪丽娜　刘延辉　徐源　梁重云　孙亮　高锦华
李南　江颖　李翡　郑中玉　张俊荣　罗强　吴丹　谢彬
丰海　王宗利　朱学亮　马继云　于淑云　刘凯　金魁　邢丽丽
王迪　杜关祥　刘海华　彭铭曾　刘赵杰　江军　向彦娟　黄彦
张强　李子安　郭艳峰　祖敏　杜允　周军　仇杰　刘国珍
李志鹏　Rehana Sharif　王旭　徐妙华　李景娟　邢杰　赵环
刘荣鹃　韩晓锋　曹宁　屈娥　奚婷婷　叶满萍　何民卿　赵静
朱江峰　熊志刚

2009年4月授予博士学位人员（物理所学位授予公告第三十一号）

王广涛　李立　高丽娟　裴晓将　沈全通　葛炳辉　孙劲鹏　万威
余勇　姜鹏　杨留响　鲍慧强　闫静　杨身园　赵静　田继发
蔡莉　吴鸿业　王晓玲　杨欢　鲍丽宏　Mydeen Kamal　宁伟
方煦　梁文锡　翁苏明　Muhammad Abbas Bari

2009年7月授予硕士学位人员（物理所学位授予公告第三十二号）

高奎意　李明　刘翌　明文美　夏昕　程贤坤　俞翔

2009年7月授予博士学位人员（物理所学位授予公告第三十二号）

朱莉芳　李大芳　张开成　张永平　齐建勋　郭伟　王晓晖　赵建芝
李雪明　于健　樊洁　朱志永　刘永刚　谭长玲　刘当婷　付文博
王振中　张文星　金贻荣　Muhammad Kamran　Shamaila Shahzadi　成淑光
宋俊涛　李辉　陈允忠　董巧燕　方磊　廖棱　黎松林　马丽
李国科　曾伦杰　侯锡苗　刘开辉　张洁　黄娆　魏红　薛名山
李岗　段利兵　颜俊　彭同华　孙博　元冰　王跃辉　张兴华
施松林　吕伟明　高博　王琰　李绍　慎晓丽　罗会仟　马文君
马超　黄万国　孙达力　彭先德　于涛　高路　孟建桥　贾颖
刚建雷　张敬源　滕静　朱金龙　李云龙　李立飞　郭炳焜　刘奕帆
夏晓翔　刘军　肖国亮　李可心　高汉超　张天冲　董靖　王永

符汪洋　覃启航　张　喆　李奇楠　张小富　王伟民　车　明　周斌斌
周　勇　宁廷银　张　翼　刘娅钊　赵研英　张　炜　孙毅民　崔前进
杜仕峰　鲁远甫

2010年4月授予硕士学位人员（物理所学位授予公告第三十三号）

孔祥波　巢晓晖

2010年4月授予博士学位人员（物理所学位授予公告第三十三号）

姜玉铸　张海军　刘　健　陈晓芳　沈　俊　王小建　李　青　游淑洁
冯少敏　唐　林　温　才　杨　晔　骆意勇　梁　朔　胡　昊　韩　烨
管志强　李　志　高伟波　马　杰　吴　蕊　丁国建　胡婉铮　杨　杰
李　恒

2010年8月授予硕士学位人员（物理所学位授予公告第三十四号）

祁建青　张　帅　魏爱东　张　磊　张盈利　马庆磊　原　昆

2010年8月授予博士学位人员（物理所学位授予公告第三十四号）

徐　宝　庄嘉宁　李永峰　刘贵斌　俞弘毅　蔡小明　蔡　子　崔晓玲
邓小宇　江　华　李　健　李宗国　刘循序　马余全　徐　刚　张晓斐
陈　睆　孙家涛　蔡金明　管泽雷　付英双　季帅华　郇　庆　郭　熹
李位勇　武丽杰　宁艳晓　张　童　李丛鑫　张宇栋　庞　斐　储海峰
赵宏鸣　于海峰　丁　皓　惠　超　江　楠　刘　奇　杨　冰　连季春
刘　锐　潘秉毅　孙志强　边勇波　曹文会　陈　静　崔　彬　杜海峰
冯国星　高　鹏　胡春莲　黄映洲　金士锋　李建福　李　苗　李正才
刘东屏　刘海云　刘晓峰　刘兆君　卢江波　陆　伟　陆　颖　牟　刚
王　佳　王　佳　王建国　王丽娟　王　帅　王永磊　温振超　吴彬新
杨　洋　衣　玮　禹习谦　张千帆　张文涛　张　鑫　赵　林　周玉荣
刘　峰　董晓刚　陈希浩　华一磊　李江艳　刘　骞　刘　晔　陆　珩
牛金艳　施玉显　温　娟　许长文　杨　芳　杨　峰　于志浩　宗　楠

（二）博士后名单

丁　芃　于　杰　于艳梅　于爱芳　于熙泓　万正华　马　太　马大衍
马宏伟　马海强　马燕云　王　平　王　刚　王　灿　王　欣　王　磊
王　毅　王小兵　王凤平　王文龙　王文东　王汉廷　王灯山　王兴权
王兴军　王连文　王兵兵　王取泉　王凯歌　王育人　王建青　王建涛
王贵鼎　王晓光　王晓锐　王恩哥　王宾民　王雪华　王常生　王新新
王溶洲　王福合　王德亮　文灵华　尹相国　孔羽飞　孔麟书
艾合买提·阿不力孜　艾翰真　安　康　卢　峰　卢正启　卢朝清
申承民　申萍娟　田　野　史克英　代建清　白雪冬　冯　桁　冯　琳
冯江林　司余海　边　赞　刑力谦　师文生　吕文刚　吕军华　朱　涛
朱文杰　朱北沂　朱明骏　朱嘉林　庄　辞　庄卫东　庄怀玢　庄艳歆
刘　刚　刘　欢　刘　浩　刘　斌　刘　鑫　刘元富　刘世炳　刘邦贵
刘伍明　刘身烨　刘青梅　刘国才　刘宝利　刘艳江　刘晓东　刘浩哲

闫阿儒 闫明朗 闫新中 江　雷 江　鹏 江兆潭 江安全 江雅新
许兴胜 孙　刚 孙力玲 孙甲明 孙清江 孙敬华 孙煜杰 阴津华
纪安春 苏治斌 杜　强 李　勇 李　祥 李　敬 李　鹏 李云静
李玉国 李玉宝 李列明 李成明 李光伟 李志坚 李英骏 李国纪
李河清 李宗利 李承祥 李俊杰 李艳荣 李晋斌 李海容 李银柱
杨　杰 杨　涛 杨　智 杨光参 杨会生 杨志林 杨武保 杨鸿儒
杨槐馨 肖长永 吴　涛 吴英杰 吴忠华 吴宗华 吴晓睿 吴喜泉
何向军 何培松 何琛娟 余小鲁 余光日 邹小平 况建平 冷　静
沐建林 沈　容 宋功保 宋立红 宋宏伟 张　平 张　志 张　虎
张　珂 张　勇 张　勇 张　起 张　铭 张　颖 张广才 张天江
张文卓 张文清 张书峰 张永平 张灶利 张宏伟 张武寿 张明亮
张建忠 张绍英 张秋琳 张洪艳 张艳阳 张葳葳 张慧娟 陈　军
陈　岩 陈　凯 陈广超 陈远富 陈国义 陈裕启 陈毓川 武振羽
武鹏飞 英敏菊 范文斌 林　瑗 林景泉 欧阳吉庭 欧永成 尚大山
尚昌和 罗　旋 罗铭方 金　瓯 金　灏 金光生 金崇君 周　放
周　晔 周玉琴 庞根弟 郑加安 郑新和 单　磊 房晓俊 房铁峰
屈一至 孟庆波 赵　昆 赵士平 赵玉峰 赵永刚 赵宏武 赵素芬
赵维巍 赵新杰 郝　田 郝亚江 郝雅琼 胡芳仁 胡国琦 胡晓明
柳尚青 战再吉 钟夏平 郜　涛 禹日成 闻海虎 姜　伟 姜宗福
姚裕贵 袁忠勇 袁建奎 聂西凉 夏江帆 顾　辉 顾　辉 顾有松
顾理勉 柴卫平 徐　晨 徐成斌 徐庆宇 徐妍妍 徐春华 殷　雯
高宏刚 高宏伟 郭　阳 郭　裕 郭丽萍 郭新军 唐一平 唐璧玉
黄　正 黄　雯 黄庆国 黄青松 曹永革 曹泽贤 曹俊鹏 曹培江
常　虹 梁立红 梁学磊 彭子龙 彭海波 彭润伍 彭毅萍 董　斌
董凤忠 董宇辉 董宏伟 董振富 董晓莉 韩秀峰 韩德华 程太旺
鲁　欣 谢文辉 谢仿卿 谢琼涛 雷　奕 雷建林 慈立杰 满宝元
窦硕星 褚卫国 蔡　浩 蔡田怡 蔡金芳 蔡建伟 廖旺才 翟光杰
熊　刚 熊　纲 樊红雷 稽天浩 滕　达 颜　雷 潘正伟 潘庆礼
潘明虎 薄　勇 戴陆如

三、历届所务会、党委会、学术委员会和学位委员会名单

（一）物理所历届所领导班子任期及名单

所长（任期）	副所长（任期）	所长助理 （任命时间）	研究所名称
丁燮林（1928-07～1946-07）			中研院物理所
萨本栋（1946-07～1948-11）			
吴有训（1948-11～1949-04）			
李书华（1929-11～1931-01）			北研院物理所
严济慈（1931-01～1949-11）			
严济慈（1950-06～1951-06）	陆学善（1950-06～1951-06）		中科院应用物理所
陆学善（代理，1951-06～1955）			
施汝为（代理，1955～1956-12）			
施汝为（1956-12～1981-05）	黄　昆（1956-12～1960-06）		中科院应用物理所 中科院物理所
	李德仲（1958-03～1964-09）		中科院应用物理所 中科院物理所
	张成美（1961-09～1972-10） 郭佩珊（1966-01～1977-07） 马大猷（1972-11～1978-12） 管惟炎（1977-10～1981-05） 乔星南（1977-10～1980-06） 李荫远（1978-10～1983-08） 洪朝生（1978-10～1983-08） 何寿安（1978-10～1983-08） 郝柏林（1978-10～1979-07） 章　综（1978-10～1982-09） 盛礼奇（1978-10～1984-01）		中科院物理所
管惟炎（1981-05～1985-05）	杨国桢（1984-01～1985-05） 林　泉（1984-01～1985-05） 盛礼奇（1984-01～1985-05）		中科院物理所
杨国桢（1985-05～1999-05） 1987年1月换届 1991年换届 1995年换届	林　泉（1985-05～1990-02） 盛礼奇（1985-05～1995-03） 聂玉昕（1989-11～1999-05） 詹文山（1992-01～1999-05） 邵有余（1995-03～1999-05） 胡伯清（1995-03～1999-05）	贾克昌（1988-03） 聂玉昕（1988-12） 麦振洪（1991-03） 俞育德（1996-03） 吴建国（1997-02）	中科院物理所
王恩哥（1999-05～2007-05） 2003年6月换届	张　杰（1999-05～2004-01） 俞育德（1999-05～2003-06） 吴建国（1999-05～2006-01） 李和风（2002-06～2003-06） 孙　牧（2003-06～2007-05） 王玉鹏（2003-06～2007-05） 冯　稷（2004-06～2007-05）	王玉鹏（2001-05） 李和风（2001-05） 孙　牧（2002-04） 冯　稷（2002-09） 吕　力（2003-07） 王松涛（2003-07） 高鸿钧（2006-04）	中科院物理所
王玉鹏（2007-05～　　）	孙　牧（2007-05～　　） 冯　稷（2007-05～　　） 吕　力（2007-05～　　） 高鸿钧（2007-05～　　） 沈保根（2008-02～　　）	方　忠（2008-11） 顾长志（2008-11）	中科院物理所

（二）物理所历届中国共产党组织领导成员及任期

党支部

（1954–05 ~ 1956–12）

书　记：　王守愚　1954–05 ~ 1955–03
　　　　　姜虎文　1955–03 ~ 1956–12

委　员：　王守愚　姜虎文等5名

党总支

（1956–12 ~ 1958–10）

书　记：　姜虎文

委　员：　田静华　张静仪　陈咸亨　施汝为　姜虎文　徐叙瑢　高树桢　章　综
　　　　　蔡政顺

党的领导小组

（1958–10 ~ 1977–07）

组　长：　李德仲　1958–10 ~ 1964–09
　　　　　张成美　1964–09 ~ 1966–03

成　员：　李德仲　张成美　施汝为　姜虎文　徐叙瑢　唐永杰　翟　朴

1961年增补李运臣为小组成员，1964年7月增补王德厚、管惟炎为小组成员。

组　长：　郭佩珊　1972–10 ~ 1977–07（1975年郭佩珊病休、吴枫代理组长）
　　　　　甘　柏　1977–07 ~ 1977–11

成　员：　王晋忠　甘　柏　乔星南　刘雄标　李运臣　张玉芳　施汝为　郭佩珊
　　　　　常龙存　管惟炎

1972年增补高原为副组长，1975年增补杨凤台、张晋儒、盛礼奇为小组成员，1977年9月增补陆光为小组成员。

第一届党委

（1966年3月成立）

书　记：　张成美

委　员：　王德厚　乔星南　李运臣　肖　岩　张成美　孟宪振　施汝为　郭佩珊

第二届党委

（1977–11 ~ 1980–07）

书　记：　甘　柏

常　委：　甘　柏　乔星南　吴　枫　盛礼奇　管惟炎

委　员：　于书吉　甘　柏　石庭俊　乔星南　吴　枫　张晋儒　陆　光　郝柏林
　　　　　施汝为　高　凡　盛礼奇　管惟炎　薛大鹏

1978年3月增补章综为委员，1979年10月增补章综为常委。

第三届党委
（1980-07 ~ 1983-09）

书　记：　甘　柏　1980-07 ~ 1980-10
章洪琛　1980-10 ~ 1982-05（代理书记、书记）
管惟炎　1982-05 ~ 1983-09

常　委：　甘　柏　盛礼奇　章　综　章洪琛　管惟炎

委　员：　王震西　甘　柏　白文彬　李　林　张贤宣　陈一询　林彰达　盛礼奇　章　综　章洪琛　梁敬魁　管惟炎

1981年8月增补吕绍增委员。

第四届党委
（1983-09 ~ 1987-01）

书　记：　王玉田

委　员：　王玉田　李　林　林　泉　盛礼奇　梁敬魁　管惟炎

1985年增补谢章先、邵有余、詹文山为委员。

第五届党委
（1987-01 ~ 1989-11）

书　记：　林　泉

委　员：　麦振洪　陈立泉　邵有余　林　泉　盛礼奇　谢章先　詹文山

第六届党委
（1989-11 ~ 1995-05）

书　记：　邵有余

委　员：　麦振洪　杨国桢　邵有余　祖钦信　盛礼奇　谢章先

第七届党委
（1995-05 ~ 1999-06）

书　记：　邵有余

委　员：　麦振洪　杨国桢　沈保根　陆坤权　邵有余　胡　欣　詹文山

第八届党委
（1999-06 ~ 2003-07）

书　记：　沈保根（2001年7月增补吴建国副书记主持工作）

委　员：　王恩哥　吴建国　沈保根　张　杰　陈小龙　胡　欣　俞育德

2001年9月增补李和风委员。

第九届党委
（2003-07 ~ 2007-07）

书　记：　王恩哥（2003年12月增补孙牧副书记主持工作）

委　员：　王恩哥　冯　稷　孙　牧　张　杰　胡　欣　闻海虎　解思深

第十届党委

（2007–07 ~ 2012–06）

书　记：　孙　牧

委　员：　王玉鹏　王恩哥　冯　稷　孙　牧　陈小龙　闻海虎　解思深

（三）物理所历届学术委员会名单

应用物理所学术委员会

（1955年10月成立）

主　任：　施汝为

委　员：　王竹溪　王守武　叶企孙　严济慈　吴有训　余瑞璜　陆学善　周同庆
赵广增　饶毓泰　施汝为　洪朝生　钱临照　黄　昆　葛庭燧　程开甲
潘孝硕

物理所第二届学术委员会

（1977年9月成立）

主　任：　施汝为

副主任：　马大猷　洪朝生　管惟炎　郝柏林

委　员：　马大猷　王竹溪　王守武　王震西　严济慈　李荫远　杨国桢　吴乾章
何寿安　应崇福　汪德昭　张乐潓　张志三　陆学善　陈一询　陈春先
赵忠贤　郝柏林　施汝为　洪朝生　钱人元　郭汉英　谈镐生　黄　昆
梁敬魁　管惟炎　潘孝硕　戴元本

秘　书：　王震西

物理所第三届学术委员会

（1980年8月成立）

主　任：　施汝为

副主任：　管惟炎　洪朝生　章　综　李荫远　何寿安

委　员：　马大猷　王竹溪　王守武　王震西　严济慈　李　林　李从周　李荫远
杨国桢　吴乾章　何寿安　应崇福　汪德昭　张乐潓　张志三　张赣南
陆学善　陈一询　陈佳圭　陈春先　范海福　林彰达　赵忠贤　郝柏林
施汝为　洪朝生　秦荣光　钱人元　郭汉英　谈镐生　黄　昆　章　综
梁敬魁　蔡诗东　管惟炎　潘孝硕　戴元本

秘　书：　王震西

上届聘请的所外学术委员，本届继续留任。

1981年7月选举管惟炎为学委会主任，增选李林为副主任；增选杨国桢、赵忠贤为学术委员会秘书。

物理所第四届学术委员会

（1985年1月成立）

负责人：　管惟炎　洪朝生　李荫远　杨国桢　林 泉

委 员：　马大猷　王守武　王鼎盛　王震西　叶佩弦　许祖彦　严济慈　李 林
李方华　李荫远　李家明　李银安　杨国桢　杨海清　何寿安　应崇福
汪德昭　陆坤权　陈佳圭　范海福　林 泉　林彰达　赵忠贤　郝柏林
洪朝生　钱人元　高宗仁　郭汉英　谈镐生　黄 昆　章 综　梁敬魁
褚克弘　蔡诗东　管惟炎　戴元本

秘 书：　王鼎盛　王震西　陈佳圭

物理所第五届学术委员会

（1986年3月成立）

主 任：　李荫远

副主任：　管惟炎　洪朝生　杨国桢　林 泉

委 员：　于 渌　王鼎盛　王震西　甘子钊　叶佩弦　冯 端　刘家端　许祖彦
李 林　李方华　李正武　李荫远　李家明　李银安　杨国桢　杨海清
何寿安　陆坤权　陈佳圭　范海福　林 泉　林彰达　尚尔昌　赵忠贤
郝柏林　洪朝生　钱人元　高宗仁　章 综　梁敬魁　谢希德　蒲富恪
詹文山　褚克弘　蔡诗东　管惟炎

秘 书：　王鼎盛　王震西　陈佳圭

1988年12月增补麦振洪担任学术委员会秘书，杨乾声、赵见高、祖钦信、聂玉昕为学术委员会委员。

物理所第六届学术委员会

（1991年12月成立）

主 任：　李荫远

副主任：　章 综　杨国桢　聂玉昕　陆坤权

委 员：　于 渌　王 龙　王鼎盛　王震西　甘子钊　叶佩弦　冯 端　刘竞青
许祖彦　麦振洪　李 林　李方华　李正武　李荫远　李家明　李银安
杨国桢　杨海清　杨乾声　陆坤权　陈佳圭　范海福　林 泉　林彰达
庞根弟　赵见高　赵忠贤　郝柏林　胡伯清　洪朝生　祖钦信　聂玉昕
高宗仁　章 综　梁敬魁　谢希德　蒲富恪　詹文山　解思深　蔡诗东

秘 书：　刘竞青　麦振洪　解思深

物理所第七届学术委员会

（1996年6月成立）

主 任：　谢希德

副主任：　苏肇冰　杨国桢　张立纲　赵忠贤　章 综　梁敬魁

常务委员：

王恩哥　甘子钊　闵乃本　苏肇冰　杨国桢　张立纲　张 泽　赵忠贤
黄 昆　章 综　梁敬魁　谢希德　解思深

委　员：　王　龙　王恩哥　王鼎盛　王震西　甘子钊　冯　端　朱化南　朱经武
闫新中　许祖彦　麦振洪　苏肇冰　李　林　李方华　李荫远　李家明
杨国桢　杨乾声　闵乃本　沈元壤　沈保根　张　泽　张立纲　张道中
张裕恒　陆坤权　陈佳洱　范海福　林　泉　金　铎　周均铭　庞世瑾
郑厚植　赵忠贤　俞育德　饶光辉　洪朝生　祖钦信　聂玉昕　顾秉林
徐志展　郭可信　陶瑞宝　黄　昆　章　综　梁敬魁　彭练矛　谢希德
蒲富恪　詹文山　解思深　蔡诗东

物理所第八届学术委员会

（1999年8月成立）

主　任：　赵忠贤

副主任：　杨国桢　梁敬魁　苏肇冰　章　综　解思深　张　泽　王恩哥　张　杰

常务委员：

甘子钊　李方华　梁敬魁　吕　力　闵乃本　聂玉昕　彭练矛　饶光辉
沈保根　苏肇冰　王恩哥　王玉鹏　闻海虎　解思深　薛其坤　杨国桢
张　杰　张　泽　章　综　赵忠贤

委　员：　王　龙　王玉鹏　王恩哥　王鼎盛　王震西　甘子钊　吕　力　朱化南
许祖彦　孙　刚　麦振洪　苏肇冰　李　林　李方华　李荫远　李家明
杨国桢　吴光恒　闵乃本　沈保根　张　杰　张　泽　张利华　张道中
张裕恒　陆坤权　陈小龙　陈立泉　陈佳洱　范海福　林　泉　欧阳钟灿
金　铎　周均铭　郑厚植　赵忠贤　郝柏林　俞育德　饶光辉　闻海虎
洪朝生　聂玉昕　顾秉林　章　综　梁敬魁　彭练矛　靳常青　蒲富恪
詹文山　解思深　薛其坤　霍裕平

1999年12月增补汪卫华、李建奇、孙牧、杨乾声、黄学杰，2000年12月增补唐宁，2001年12月增补成昭华、高鸿钧、王鹏业、冯稷为学术委员会委员。

物理所第九届学术委员会

（2003年7月成立）

主　任：　赵忠贤

副主任：　解思深　梁敬魁　苏肇冰　王恩哥　杨国桢　张　杰　张　泽　章　综

常务委员：

成昭华　陈东敏　冯　稷　方　忠　甘子钊　高鸿钧　高世武　顾长志
解思深　李方华　李建奇　梁敬魁　吕　力　闵乃本　聂玉昕　彭练矛
饶光辉　沈保根　苏肇冰　王恩哥　王鹏业　王玉鹏　闻海虎　薛其坤
谢心澄　杨国桢　张　泽　张道中　章　综　赵忠贤　张　杰

委　员：　于　渌　王　龙　王　迅　王玉鹏　王恩哥　王鼎盛　王楠林　王鹏业
王震西　甘子钊　冯　稷　成昭华　吕　力　朱邦芬　许祖彦　孙　刚
孙　牧　苏肇冰　李方华　李建奇　李荫远　李家明　杨应昌　杨国桢
杨乾声　吴光恒　邹广田　闵乃本　汪卫华　沈学础　沈保根　张　杰
张　泽　张道中　张裕恒　张殿琳　陆坤权　陈小龙　陈东敏　陈立泉

陈式刚　陈难先　范海福　林　泉　欧阳钟灿　金　铎　郑厚植　赵忠贤
郝柏林　俞育德　饶光辉　闻海虎　洪朝生　聂玉昕　夏建白　顾长志
顾秉林　高鸿钧　郭可信　唐　宁　黄学杰　章　综　梁敬魁　彭练矛
靳常青　詹文山　解思深　薛其坤　霍裕平

2006年3月增补谢心澄、高世武、方忠为学术委员会委员、常务委员，增补王楠林为常务委员。

物理所第十届学术委员会

（2007年10月成立）

主　任：　赵忠贤

副主任：　章　综　杨国桢　于　渌　解思深　龚昌德　葛墨林　梁敬魁　王恩哥
王玉鹏

常务委员：

于　渌　王玉鹏　王恩哥　王鹏业　王楠林　王鼎盛　方　忠　孙　牧
叶朝辉　冯　稷　吕　力　李方华　李建奇　朱邦芬　成昭华　向　涛
邹广田　陈立泉　陈东敏　杨国桢　张　杰　张裕恒　张殿琳　赵忠贤
闻海虎　顾长志　高世武　高鸿钧　龚昌德　章　综　梁敬魁　谢心澄
葛墨林　解思深　薛其坤

委　员：　于　渌　王　牧　王玉鹏　王孝群　王恩哥　王鼎盛　王楠林　王鹏业
王震西　方　忠　甘子钊　石　兢　叶朝辉　冯　稷　冯世平　成昭华
吕　力　朱邦芬　向　涛　许宁生　许京军　许祖彦　孙　刚　孙　牧
孙昌璞　苏　刚　李　明　李方华　李建奇　李荫远　李家明　杨国桢
吴光恒　邹广田　闵乃本　汪卫华　沈学础　沈保根　张　杰　张广铭
张伟平　张富春　张裕恒　张殿琳　陈　鸿　陈小龙　陈子亭　陈东敏
陈立泉　陈难先　范海福　林　泉　林海青　欧阳钟灿　欧阳颀　金　铎
金奎娟　金晓峰　周兴江　郑厚植　孟庆波　赵忠贤　侯建国　饶光辉
闻海虎　洪朝生　夏建白　顾长志　顾秉林　徐红星　翁征宇　高世武
高鸿钧　郭建东　资　剑　陶瑞宝　黄学杰　龚昌德　章　综　梁敬魁
彭练矛　葛墨林　韩秀峰　谢心澄　靳常青　解思深　薛其坤　霍裕平
魏志义

（四）物理所历届学位评定委员会名单

第一届数学物理学部学位评定委员会

（1981年12月成立）

主　席：　钱三强

委　员：　马大猷　王竹溪　王绶琯　邓照明　甘　柏　冯　康　朱洪元　杨澄中
吴文俊　谷超豪　沈　元　陆启铿　陈　彪　林同骥　胡济民　洪朝生
钱三强　黄　昆　彭桓武

第二届物理所学位评定分委员会
（1985年9月成立）

主　任：　李荫远

副主任：　洪朝生　杨国桢　林　泉　何寿安

委　员：　于　渌　麦振洪　李　林　李家明　杨海清　张洪钧　陈一询　陈立泉　陈熙琛　范海福　林彰达　梁敬魁　蒲富恪　蔡诗东　管惟炎

第三届物理所学位委员会
（1991年12月成立）

主　任：　杨国桢

副主任：　麦振洪　詹文山　陈佳圭

委　员：　王鼎盛　许祖彦　麦振洪　李　林　李荫远　李家明　杨国桢　张洪钧　陈立泉　陈佳圭　陈熙琛　范海福　林彰达　郑少白　赵忠贤　洪朝生　章　综　梁敬魁　蒲富恪　詹文山　蔡诗东

第四届物理所学位委员会
（1996年6月成立）

主　任：　杨国桢

副主任：　麦振洪　詹文山　王恩哥

委　员：　王　龙　王恩哥　王鼎盛　吕　力　许祖彦　麦振洪　李　林　李家明　杨国桢　杨乾声　汪　力　沈保根　陈立泉　范海福　周均铭　赵忠贤　饶光辉　洪朝生　章　综　彭练矛　蒲富恪　詹文山　蔡诗东

第五届物理所学位委员会
（1999年6月成立）

主　任：　沈保根

副主任：　张　杰　闻海虎

委　员：　王　龙　王玉鹏　王恩哥　王鼎盛　吕　力　孙　刚　麦振洪　李　林　汪　力　沈保根　张　杰　杨国桢　范海福　周均铭　赵忠贤　饶光辉　闻海虎　黄学杰　章　综　彭练矛　靳常青　蒲富恪　解思深　薛其坤　魏志义

第六届物理所学位委员会
（2003年7月成立）

主　任：　王玉鹏

副主任：　张　杰　闻海虎

委　员：　王玉鹏　王恩哥　王鼎盛　王楠林　王鹏业　方　忠　冯　稷　成昭华　吕　力　许祖彦　李方华　李建奇　沈保根　张　杰　张道中　张殿琳　赵忠贤　闻海虎　顾长志　高世武　高鸿钧　梁敬魁　谢心澄　薛其坤

第七届物理所学位委员会

（2007年10月成立）

主　任：　高鸿钧

副主任：　王鼎盛　闻海虎

委　员：　于　渌　王玉鹏　王恩哥　王鼎盛　王楠林　王鹏业　方　忠　冯　稷

成昭华　吕　力　向　涛　许祖彦　李　明　李　泓　李方华　李建奇

沈保根　张殿琳　陈小龙　金奎娟　周兴江　孟庆波　赵宏武　赵忠贤

闻海虎　顾长志　徐红星　高世武　高鸿钧　郭建东　梁敬魁　谢心澄

戴　希　魏志义

2009年11月增补李泓、金奎娟、周兴江、孟庆波、徐红星、郭建东、戴希为委员。

四、其他计量单位与SI单位的对照和换算

量的名称	其他计量单位		SI单位		换算关系
	名称	符号	名称	符号	
长度	英尺	ft	米	m	1 英尺 = 12英寸 = 0.304 8 米
	英寸	in	厘米	cm	1 英寸 = 2.540 0 厘米
	埃	Å	米	m	1 埃 = 10^{-10} 米
面积	市亩		平方米	m^2	1 市亩 = 10市分 ≈ 666.67 $米^2$
重量	克拉	Ct	毫克	mg	1 克拉 = 200 毫克
压力，压强，应力	巴	bar,b	帕[斯卡]	Pa	1 巴 = 10^5 帕
	托	Torr			1 托 = 133.322 帕
	标准大气压	atm			1 标准大气压 = 101.325 千帕
	毫米汞柱	mmHg			1 毫米汞柱 = 133.322 帕
磁感应强度(磁通密度)	高[斯]	Gs	特[斯拉]	T	1 高 = 10^{-4} 特
磁场强度	奥[斯特]	Oe	安[培]每米	A/m	1 奥 = 1 000/(4π) 安/米
能	电子伏[特]*	eV	焦[耳]	J	1 电子伏 ≈ 1.602 177 × 10^{-19} 焦
级差	分贝[尔]*	dB			1 分贝 = 0.1 贝
灵敏度	ppm	ppm			1 ppm = 1/1 000 000
信息量	比特	bit,b			
信息传输速率，比特率	比特每秒	bit/s,b/s,bps			

* 可与国际单位制（SI）单位并用的中国法定计量单位。

内容索引

说明

一、本索引是全书篇名、章名、节名和章节内容的主题分析索引。索引主题按汉语拼音字母的顺序并辅以汉字笔画、起笔笔形顺序排列。同音时，按汉字笔画由少到多的顺序排列，笔画数相同的按起笔笔形横（一）、竖（丨）、撇（丿）、点（丶）、折（乛，包括𠃍乚𡿨等）的顺序排列。第一字相同时，按第二字，余类推。索引主题中夹有外文字母、罗马数字和阿拉伯数字的，依次排在相应的汉字索引主题之后。索引主题以拉丁字母、希腊字母和阿拉伯数字开头的，依次排在全部汉字索引主题之后。

二、篇名、章名、节名和专设简介的人名用黑体字，章节内的主题用宋体字。

三、不同概念（如节名）具有同一主题名称时，分别设置索引主题；同名索引主题后括注简单说明或所属类别，以利检索。

四、索引主题之后的阿拉伯数字是主题内容所在的页码，数字之后的小写拉丁字母表示索引内容所在的版面区域。本书正文的版面区域划分如右图。

a	c
b	d

A

B

C

D

E

F

G

H

K

L

Q

R

S

T

W

X

Y

Z

字母

数字

后记

在物理所成立80周年之际，所务委员会决定开展所志编纂工作，成立了《中国科学院物理研究所志》编纂工作领导小组、顾问委员会、编纂委员会。2010年6月所志编纂工作正式启动。所志编纂经过篇目设计，资料征集，以及编写、修改、审核等阶段的紧张工作，于2014年6月底将全部文稿交付中国大百科全书出版社编辑出版。

所志编纂工作得到所领导和包括离退休职工在内的全体职工的大力支持。虽然直接参与撰稿的作者只有几十人，但为所志提供资料和图片，参加座谈和讨论，阅读稿件并提出修改、补充意见和建议的人数数以百计。所志编纂委员会召开过多次会议，在资料征集阶段开过数十次座谈和讨论会，包括曾在物理所工作但早已离开物理所的一些老专家和老同志也来参加讨论，为所志提供资料和线索。编纂委员会执行小组为所志编写工作召开的各类座谈和讨论会百余次。所志工作调动了全所职工的积极性，这是所志编写工作能够按计划完成的重要保证。物理所原办公室主任李俊杰、原党委书记邵有余曾编写过物理所简史，为这次所志的编纂提供了重要线索。

除本所人员外，还有许多人为所志编写工作作出了重要贡献。中国大百科全书出版社范宝新先生全程参与了所志编写工作。中科院自然科学史所王扬宗先生、中科院史专家樊洪业先生、《北京志》副主编李宝田先生以及北京市地方志办公室的领导和专家对物理所志编纂工作提出了指导意见。中科院植物所志编写组介绍了他们编写所志的经验。中科院自然科学史所戴念祖先生认真阅读所志初稿，提出了多项重要的意见和建议。中国大百科全书出版社承担了所志的出版任务，他们在所志的编写过程中，也提出了许多重要的意见和建议。我们谨代表所志编纂委员会向所有为物理所志编纂工作作出贡献和提供帮助的同志表示衷心的感谢。

物理所经过80多年的历程，经历了战争和深刻的社会变革，多次迁移，历史资料浩繁却并不集中，很多档案散失。收集这80多年的物理所档案和主要文献并不容易。我们查阅过保存在中国第二历史档案馆、国家图书馆、中科院档案馆、植物所图书馆和物理所的档案资料，但所见仍不完整，且囿于人员、时间所限，查阅中必有疏漏。为收集历史资料，我们还访问了多名早期在物理所工作过的老专家和老同志，得到了许多重要的信息。非常遗憾的是，我们没有联系到20世纪30～40年代中研院物理所和北研院物理所研究工作的亲历者。

所志的撰稿人绝大部分是物理所的职工，我们小组的成员也一样。我们在物理所工作的时间不很长，对物理所历史的学习和了解有限，之前也没有编写所志的经历，限于水平，所志中难免出现错误和重要遗漏，对此我们深表歉意。如果读者发现所志中的错误和重要遗漏，请及时反馈，以便再版时改正和补充。

《中国科学院物理研究所志》编纂委员会执行小组

2014年6月30日

本书主要编辑、出版人员

社　　长　　龚　莉

副总编辑　　刘　杭

主任编辑　　朱杰军　马　蕴

责任编辑　　过茜燕

编　　辑　　薛　钊　周　茵

索引编辑　　薛　钊　过茜燕　周　茵　王昕若

辅助编辑　　孙邵峰

责任校对　　窦红娟

校　　对　　狄　爽　闫卉娇　闵　娇　张灵犀

责任印制　　徐继康　乌　灵

装帧设计　　中国大百科全书出版社美术设计中心

排版制版　　北京嘉年尚品科技开发有限公司